Introdução à química
FUNDAMENTOS

Dados Internacionais de Catalogação na Publicação (CIP)
(Câmara Brasileira do Livro, SP, Brasil)

Zumdahl, Steven S.
   Introduçao à química / Steven S. Zumdahl, Donald J. DeCoste; tradução Noveritis do Brasil; revisão técnica Robson Mendes Matos. - São Paulo: Cengage Learning, 2015.

Título original: Introductory chemistry.
8. ed. norte-americana.
Bibliografia
ISBN 978-85-221-1804-5

1. Química I. Título.

14-12505   CDD-540

Índice para catálogo sistemático:
1. Química   540

Introdução à química

FUNDAMENTOS

Tradução da 8ª edição Norte-americana

Steven S. Zumdahl
University of Illinois

Donald J. DeCoste
University of Illinois

Tradução
Noveritis do Brasil

Revisão técnica
Robson Mendes Matos
DPhil. – University of Brighton - UK
Professor Associado III – Universidade Federal do Rio de Janeiro (UFRJ) – Campus Prof. Aloísio Teixeira – Macaé

Austrália • Brasil • Japão • Coreia • México • Cingapura • Espanha • Reino Unido • Estados Unidos

Introdução à química: fundamentos
Tradução da 8ª edição norte-americana
Steven S. Zumdahl e Donald J. DeCoste

Gerente editorial: Noelma Brocanelli

Editora de desenvolvimento: Viviane Akemi Uemura

Supervisora de produção gráfica:
Fabiana Alencar Albuquerque

Título original: Introductory Chemistry – A Foundation – 8th edition

(ISBN 13: 978-1-285-19903-0; ISBN 10: 1-285-19903-0)

Tradução: Noveritis do Brasil

Revisão técnica: Robson Mendes Matos

Copidesque: iEA Soluções Educacionais

Revisão: Raquel Benchimol de Oliveira Rosenthal e Rosângela Ramos da Silva

Diagramação: Triall Composição Editorial

Indexação: Casa Editorial Maluhy

Capa: MSDE/MANU SANTOS Design

Imagem da capa: Alice-photo/Shutterstock

Especialista em direitos autorais: Jenis Oh

© 2015, 2011 Cengage Learning

© 2016 Cengage Learning Edições Ltda.

Todos os direitos reservados. Nenhuma parte deste livro poderá ser reproduzida, sejam quais forem os meios empregados, sem a permissão por escrito da Editora. Aos infratores aplicam-se as sanções previstas nos artigos 102, 104, 106, 107 da Lei nº 9.610, de 19 de fevereiro de 1998.

Esta editora empenhou-se em contatar os responsáveis pelos direitos autorais de todas as imagens e de outros materiais utilizados neste livro. Se porventura for constatada a omissão involuntária na identificação de algum deles, dispomo-nos a efetuar, futuramente, os possíveis acertos.

A Editora não se responsabiliza pelo funcionamento dos links contidos neste livro que possam estar suspensos.

Para informações sobre nossos produtos, entre em contato pelo telefone **0800 11 19 39**

Para permissão de uso de material desta obra, envie seu pedido para
direitosautorais@cengage.com

© 2016 Cengage Learning. Todos os direitos reservados.

ISBN 13: 978-85-221-1804-5
ISBN 10: 85-221-1804-3

Cengage Learning
Condomínio E-Business Park
Rua Werner Siemens, 111 – Prédio 11 – Torre A – Conjunto 12
Lapa de Baixo – CEP 05069-900 – São Paulo – SP
Tel.: (11) 3665-9900 Fax: 3665-9901
SAC: 0800 11 19 39

Para suas soluções de curso e aprendizado, visite
www.cengage.com.br

Impresso no Brasil
Printed in Brazil
1 2 3   16 15 14

Sumário

Prefácio xv

1 Química: uma introdução 1

1-1 Química: uma introdução 2

QUÍMICA EM FOCO: Dra. Ruth —Heroína do algodão 4

1-2 O que é química? 5

1-3 Solucionando problemas com a utilização de uma abordagem científica 5

QUÍMICA EM FOCO: Um problema complexo 6

1-4 O método científico 8

1-5 Aprendendo química 9

QUÍMICA EM FOCO: Química: um importante componente de sua educação 10

Para revisão 11

Questões de aprendizado ativo 11

Perguntas e problemas 12

2 Medidas e cálculos 14

2-1 Notação científica 15

2-2 Unidades 18

QUÍMICA EM FOCO: Unidades críticas! 19

2-3 Medidas de comprimento, volume e massa 19

QUÍMICA EM FOCO: Medida: passado, presente e futuro 21

2-4 Incerteza na medida 22

2-5 Algarismos significativos 24

2-6 Solução de problemas e análise dimensional 29

2-7 Conversões de temperatura: uma abordagem para a solução de problemas 33

QUÍMICA EM FOCO: Termômetros minúsculos 37

2-8 Densidade 40

Para revisão 44

Questões de aprendizado ativo 45

Perguntas e problemas 46

Problemas adicionais 51

Problemas para estudo 54

3 Matéria 55

3-1 Matéria 56

3-2 Propriedades físicas e químicas e mudanças 57

3-3 Elementos e compostos 60

3-4 Misturas e substâncias puras 61

QUÍMICA EM FOCO: Concreto: um material antigo renovado 62

3-5 Separação de misturas 64

Para revisão 66

Questões de aprendizado ativo 66

Perguntas e problemas 67

Problemas adicionais 69

Problemas para estudo 70

Revisão cumulativa dos capítulos 1 a 3 71

4 Princípios químicos: elementos, átomos e íons 73

- 4-1 Os elementos 74
- 4-2 Símbolos para os elementos 76

QUÍMICA EM FOCO: Oligoelementos: pequenos, porém cruciais 77

- 4-3 Teoria atômica de Dalton 78
- 4-4 Fórmulas de compostos 79

QUÍMICA EM FOCO: Um nanocarro com tração nas quatro rodas 81

- 4-5 A estrutura do átomo 81
- 4-6 Introdução ao conceito moderno de estrutura atômica 84
- 4-7 Isótopos 84

QUÍMICA EM FOCO: Mostre-me teu cabelo e te direi de onde és 86

QUÍMICA EM FOCO: Contos do isótopo 88

- 4-8 Introdução à tabela periódica 89

QUÍMICA EM FOCO: Interrompendo a ação do arsênio 92

- 4-9 Estados naturais dos elementos 92
- 4-10 Íons 96
- 4-11 Compostos que contêm íons 99

Para revisão 102

Questões de aprendizado ativo 103

Perguntas e problemas 105

Problemas adicionais 109

Problemas para estudo 110

5 Nomenclatura 112

- 5-1 Nomeando compostos 113
- 5-2 Nomeando compostos binários que contêm um metal e um ametal (Tipos I e II) 113

QUÍMICA EM FOCO: Açúcar de chumbo 114

- 5-3 Nomeando compostos binários que contêm apenas ametais (Tipo III) 121
- 5-4 Nomeando compostos binários: revisão 123

QUÍMICA EM FOCO: Quimiofilatelia 126

- 5-5 Nomeando compostos que contêm íons poliatômicos 127
- 5-6 Nomeando ácidos 129
- 5-7 Escrevendo fórmulas com base nos nomes 131

Para revisão 132

Questões de aprendizado ativo 133

Perguntas e problemas 133

Problemas adicionais 136

Problemas para estudo 139

Revisão cumulativa dos capítulos 4 e 5 140

7 Reações em soluções aquosas 164

- **7-1** Prevendo a ocorrência de uma reação 165
- **7-2** Reações de formação de sólidos 165
- **7-3** Descrevendo reações em soluções aquosas 174
- **7-4** Reações que formam água: ácidos e bases 176
- **7-5** Reações de metais e ametais (oxirredução) 179
- **7-6** Maneiras de classificar as reações 183

QUÍMICA EM FOCO: Reações de oxirredução lançam o ônibus espacial 184

- **7-7** Outras maneiras de classificar as reações 185

Para revisão 189

Questões de aprendizado ativo 190

Perguntas e problemas 191

Problemas adicionais 195

Problemas para estudo 197

Revisão cumulativa dos capítulos 6 e 7 198

6 Reações químicas: uma introdução 143

- **6-1** Evidências de uma reação química 144
- **6-2** Equações químicas 146
- **6-3** Balanceando equações químicas 150

QUÍMICA EM FOCO: O besouro com o tiro certeiro 152

Para revisão 157

Questões de aprendizado ativo 158

Perguntas e problemas 158

Problemas adicionais 161

Problemas para estudo 163

8 Composição química 200

- **8-1** Contando por pesagem 201

QUÍMICA EM FOCO: Plástico que fala e ouve! 202

- **8-2** Massas atômicas: contando átomos por pesagem 204
- **8-3** O mol 206
- **8-4** Aprendendo a solucionar problemas 211
- **8-5** Massa molar 214
- **8-6** Composição percentual dos compostos 220
- **8-7** Fórmulas de compostos 222
- **8-8** Cálculo de fórmulas empíricas 224
- **8-9** Cálculo de fórmulas moleculares 230

Para revisão 232

Questões de aprendizado ativo 233

Perguntas e problemas 234

Problemas adicionais 238

Problemas para estudo 241

9 Quantidades químicas 242

- 9-1 Informação dada pelas equações químicas 243
- 9-2 Relações quantidade de matéria-quantidade de matéria 245
- 9-3 Cálculos de massa 248

QUÍMICA EM FOCO: Carros do futuro 256

- 9-4 O conceito de reagentes limitantes 256
- 9-5 Cálculos envolvendo um reagente limitante 260
- 9-6 Rendimento percentual 267

Para revisão 269

Questões de aprendizado ativo 269

Perguntas e problemas 272

Problemas adicionais 277

Problemas para estudo 279

Revisão cumulativa dos capítulos 8 e 9 280

10 Energia 282

- 10-1 A natureza da energia 283
- 10-2 Temperatura e calor 284
- 10-3 Processos exotérmicos e endotérmicos 286
- 10-4 Termodinâmica 287
- 10-5 Medindo as variações de energia 288

QUÍMICA EM FOCO: Café: quente e rápido 289

QUÍMICA EM FOCO: A natureza tem plantas quentes 291

QUÍMICA EM FOCO: Caminhar sobre brasas: magia ou ciência? 293

- 10-6 Termoquímica (entalpia) 294

QUÍMICA EM FOCO: Queimando calorias 296

- 10-7 Lei de Hess 297
- 10-8 Qualidade *versus* quantidade de energia 299
- 10-9 Energia e o nosso mundo 300

QUÍMICA EM FOCO: Vendo a luz 303

- 10-10 Energia como força motriz 304

Para revisão 308

Questões de aprendizado ativo 309

Perguntas e problemas 310

Problemas adicionais 312

Problemas para estudo 313

11 Teoria atômica moderna 314

- 11-1 Átomo de Rutherford 315
- 11-2 Radiação eletromagnética 316

QUÍMICA EM FOCO: A luz como um atrativo sexual 317

- 11-3 Emissão de energia por átomos 318
- 11-4 Níveis de energia do hidrogênio 319

QUÍMICA EM FOCO: Efeitos atmosféricos 320

- 11-5 Modelo atômico de Bohr 322
- 11-6 Modelo da mecânica ondulatória para o átomo 323
- 11-7 Orbitais do hidrogênio 324
- 11-8 Modelo da mecânica ondulatória: desenvolvimento adicional 327
- 11-9 Arranjos eletrônicos nos dezoito primeiros átomos da tabela periódica 329

QUÍMICA EM FOCO: Um momento magnético 332

- 11-10 Configurações eletrônicas e a tabela periódica 333

QUÍMICA EM FOCO: Química do bóhrio 335

- 11-11 Propriedades atômicas e a tabela periódica 337

QUÍMICA EM FOCO: Fogos de artifício 340

Para revisão 341

Questões de aprendizado ativo 342

Perguntas e problemas 343

Problemas adicionais 346

Problemas para estudo 348

12 Ligação química 349

- **12-1** Tipos de ligações químicas 350
- **12-2** Eletronegatividade 352
- **12-3** Polaridade da ligação e momentos dipolo 354
- **12-4** Configurações eletrônicas estáveis e cargas nos íons 355
- **12-5** Ligação iônica e estruturas dos compostos iônicos 358
- **12-6** Estruturas de Lewis 360

QUÍMICA EM FOCO: Farejando com as abelhas 363

QUÍMICA EM FOCO: Escondendo o dióxido de carbono 365

- **12-7** Estruturas de Lewis de moléculas com ligações múltiplas 365

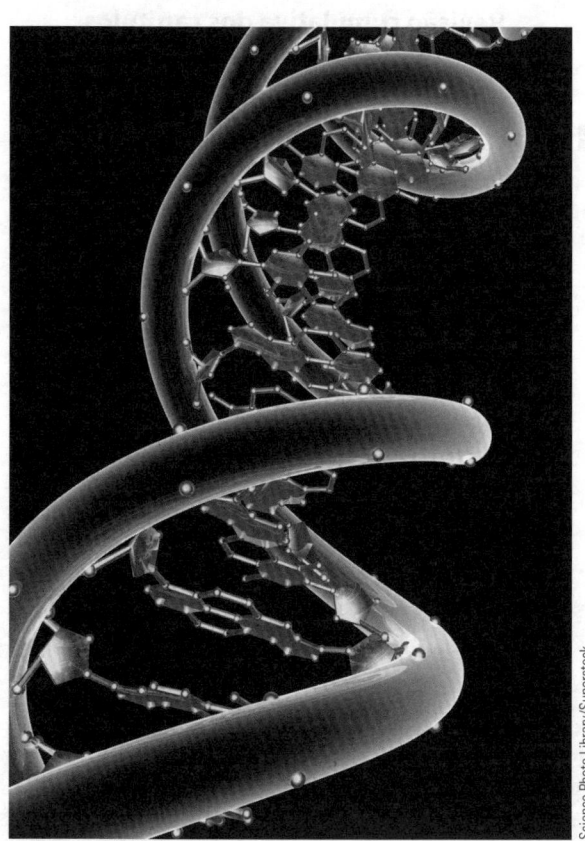

QUÍMICA EM FOCO: Brócolis – Alimento milagroso? 367

- **12-8** Estrutura molecular 371
- **12-9** Estrutura molecular: modelo RPNEV 372

QUÍMICA EM FOCO: Paladar – É a estrutura que conta 373

- **12-10** Estrutura molecular: moléculas com ligações duplas 378

Para revisão 380

Questões de aprendizado ativo 380

Perguntas e problemas 381

Problemas adicionais 385

Problemas para estudo 386

Revisão cumulativa dos capítulos 10 a 12 387

13 Gases 390

- **13-1** Pressão 391

QUÍMICA EM FOCO: Impressões digitais da exalação 393

- **13-2** Pressão e volume: lei de Boyle 395
- **13-3** Volume e temperatura: lei de Charles 400
- **13-4** Volume e quantidades de matéria: lei de Avogadro 405
- **13-5** A lei de gás ideal 407

QUÍMICA EM FOCO: Os lanches também precisam de química! 412

- **13-6** Lei de Dalton das pressões parciais 413
- **13-7** Leis e modelos: uma revisão 418
- **13-8** Teoria cinética molecular dos gases 418
- **13-9** Implicações da teoria cinética molecular 419

QUÍMICA EM FOCO: A química dos *airbags* 421

- **13-10** Estequiometria dos gases 421

Para revisão 425

Questões de aprendizado ativo 425

Perguntas e problemas 427

Problemas adicionais 431

Problemas para estudo 434

15 Soluções 462
15-1 Solubilidade 463
QUÍMICA EM FOCO: Água, água, em todo lugar, mas... 466
15-2 Composição das soluções: introdução 467
QUÍMICA EM FOCO: Química verde 468
15-3 Composição das soluções: porcentagem em massa 469
15-4 Composição das soluções: concentração em quantidade de matéria 471
15-5 Diluição 475
15-6 Estequiometria de reações de soluções 478
15-7 Reações de neutralização 482
15-8 Composição das soluções: normalidade 484
Para revisão 488
Questões de aprendizado ativo 489
Perguntas e problemas 490
Problemas adicionais 493
Problemas para estudo 495
Revisão cumulativa dos capítulos 13 a 15 496

14 Líquidos e sólidos 435
14-1 A água e suas mudanças de fase 437
14-2 Exigências de energia para as mudanças de estado 438
QUÍMICA EM FOCO: As baleias precisam das mudanças de estado 439
14-3 Forças intermoleculares 442
14-4 Evaporação e pressão de vapor 444
14-5 Estado sólido: tipos de sólidos 447
QUÍMICA EM FOCO: Gorilla Glass 448
14-6 Ligação nos sólidos 449
QUÍMICA EM FOCO: Metal com memória 453
QUÍMICA EM FOCO: Diamantes artificiais 454
Para revisão 455
Questões de aprendizado ativo 456
Perguntas e problemas 457
Problemas adicionais 459
Problemas para estudo 461

16 Ácidos e bases 499
16-1 Ácidos e bases 500
16-2 Força ácida 502
QUÍMICA EM FOCO: Carbonação: um truque legal 504
QUÍMICA EM FOCO: As plantas reagem 505
16-3 Água como um ácido e como uma base 506
QUÍMICA EM FOCO: Ferrugem de aviões 509
16-4 A escala de pH 509
QUÍMICA EM FOCO: Indicadores ácido-base de variedades de jardins 514
16-5 Calculando o pH de soluções de ácidos fortes 514
16-6 Soluções tamponadas 516
Para revisão 517

Questões de aprendizado ativo 518
Perguntas e problemas 519
Problemas adicionais 522
Problemas para estudo 524

17 Equilíbrio 525

17-1 Como ocorrem as reações químicas 526
17-2 Condições que afetam as velocidades de reação 527
17-3 A condição de equilíbrio 529
17-4 Equilíbrio químico: uma condição dinâmica 531
17-5 A constante de equilíbrio: introdução 532

17-6 Equilíbrios heterogêneos 536
17-7 Princípio de Le Chatelier 538
17-8 Aplicações envolvendo a constante de equilíbrio 545
17-9 Equilíbrios de solubilidade 547

Para revisão 550
Questões de aprendizado ativo 550
Perguntas e problemas 552
Problemas adicionais 556
Problemas para estudo 558

Revisão cumulativa dos capítulos 16 e 17 559

18 Reações de oxirredução e eletroquímica 561

18-1 Reações de oxirredução 562
18-2 Estados de oxidação 563
18-3 Reações de oxirredução entre ametais 566

QUÍMICA EM FOCO: Envelhecemos por oxidação? 568

18-4 Balanceando reações de oxirredução pelo método da semirreação 570

QUÍMICA EM FOCO: Jeans amarelo? 571

18-5 Eletroquímica: introdução 576
18-6 Baterias 579
18-7 Corrosão 581

QUÍMICA EM FOCO: Aço inoxidável: é o fundo do caroço 582

18-8 Eletrólise 583

QUÍMICA EM FOCO: Lareira movida a água 584

Para revisão 585
Questões de aprendizado ativo 585
Perguntas e problemas 586
Problemas adicionais 589
Problema para estudo 591

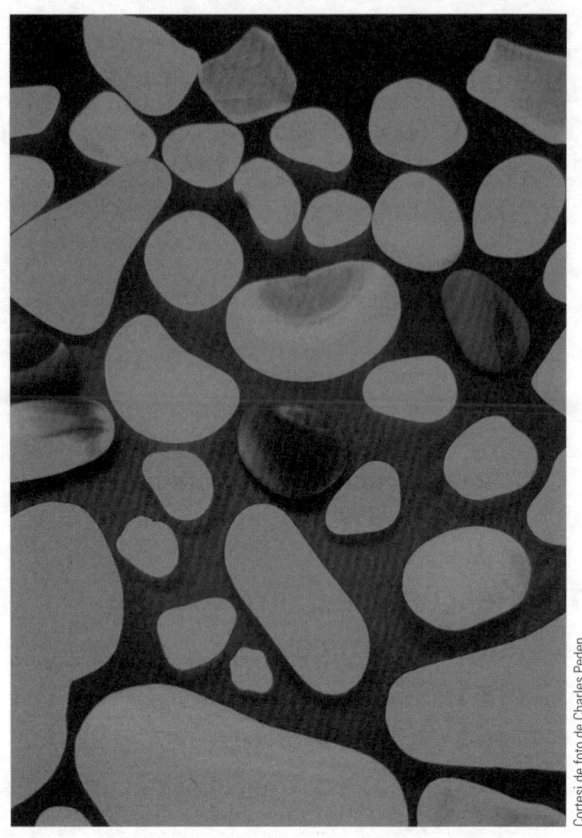

19 Radioatividade e energia nuclear 592

19-1 Decaimento radioativo 594
19-2 Transformações nucleares 598
19-3 Detecção de radioatividade e o conceito de meia-vida 599

QUÍMICA EM FOCO: Datação de diamantes 601

19-4 Datação pela radioatividade 601
19-5 Aplicações médicas da radioatividade 602

QUÍMICA EM FOCO: PET, o melhor amigo do cérebro 603

19-6 Energia nuclear 604
19-7 Fissão nuclear 604
19-8 Reatores nucleares 605
19-9 Fusão nuclear 607
19-10 Efeitos da radiação 607

Para revisão 609
Questões de aprendizado ativo 610
Perguntas e problemas 610
Problemas adicionais 613
Problemas para estudo 614

20 Química orgânica 615

20-1 Ligação de carbono 617
20-2 Alcanos 618
20-3 Fórmulas estruturais e isomeria 620
20-4 Nomeando alcanos 623
20-5 Petróleo 628
20-6 Reações de alcanos 629
20-7 Alcenos e alcinos 630
20-8 Hidrocarbonetos aromáticos 633
20-9 Nomeando compostos aromáticos 633

QUÍMICA EM FOCO: Cupins que usam naftalina 637

20-10 Grupos funcionais 638
20-11 Alcoóis 638
20-12 Propriedades e usos de alcoóis 640
20-13 Aldeídos e cetonas 642
20-14 Nomeando aldeídos e cetonas 643
20-15 Ácidos carboxílicos e ésteres 645
20-16 Polímeros 647

QUÍMICA EM FOCO: A química da música 649
QUÍMICA EM FOCO: A mãe da invenção 650

Para revisão 651
Questões de aprendizado ativo 652
Perguntas e problemas 652
Problemas adicionais 657
Problemas para estudo 659

21 Bioquímica 661

21-1 Proteínas 664
21-2 Estrutura primária das proteínas 664
21-3 Estrutura secundária das proteínas 667
21-4 Estrutura terciária das proteínas 668
21-5 Funções das proteínas 669

QUÍMICA EM FOCO: Cultivando urina 670
21-6 Enzimas 670
21-7 Carboidratos 671
QUÍMICA EM FOCO: Grandes expectativas? A química dos placebos 674
21-8 Ácidos nucleicos 675
21-9 Lipídeos 678

Para revisão 684
Questões de aprendizado ativo 685
Perguntas e problemas 685
Problemas adicionais 687

Apêndice 689

Usando sua calculadora 689
Álgebra básica 691
Notação científica (exponencial) 692
Funções gráficas 694
Unidades SI e fatores de conversão 695

Soluções para os exercícios de autoverificação 696

Respostas às perguntas e exercícios de números pares de final de capítulo 715

Respostas dos exercícios de números pares de revisão cumulativa 738

Índice remissivo e glossário 745

Foto de Martin Hunter/Getty Images

Prefácio

A oitava edição de *Introdução à Química* continua seguindo o objetivo de tornar a química interessante, acessível e compreensível para o estudante novato. Nesta edição incluímos uma ajuda adicional para professores e alunos, a fim de auxiliá-los a atingir essas metas.

Aprender química pode ser muito gratificante. Acreditamos que até os novatos são capazes de relacionar o mundo macroscópico da química – a observação de mudanças de cor e a formação de precipitados – ao mundo microscópico dos íons e moléculas. Para atingir essa meta, os professores fazem uma tentativa sincera de oferecer formas mais interessantes e efetivas de aprender química, e esperamos que *Introdução à Química* seja visto como parte desse esforço. Neste livro, apresentamos conceitos de maneira clara e simples, usando linguagem e analogias que os estudantes conseguem compreender. Nós também escrevemos o livro de maneira que possibilite o aprendizado ativo. Em particular, as "Questões de aprendizado ativo", que se encontram no final de cada capítulo, oferecem um excelente material para o trabalho colaborativo dos alunos. Além disso, associamos a química às experiências da vida real em todas as oportunidades, desde as discussões que abrem os capítulos sobre as aplicações da química até os recursos "Química em foco" ao longo do livro. Temos certeza de que essa abordagem estimulará o entusiasmo e o entendimento real à medida que o aluno usar este material. A seguir, descrevemos alguns destaques do programa *Introdução à Química*.

Novidades desta edição

A seguir, descrevemos as principais mudanças no livro:

Questões para o pensamento crítico Acrescentamos essas questões ao longo do livro para enfatizar a importância do aprendizado conceitual. Elas são particularmente úteis para gerar discussões em sala.

Exemplos resolvidos Incluímos no livro exemplos resolvidos que exigem dos alunos o acompanhamento passo a passo do exemplo em vez de simplesmente ler o que está no texto.

Problemas para estudo Adicionamos esses problemas aos outros no final dos capítulos para fins de verificação do entendimento, por parte do aluno, dos conceitos básicos apresentados.

Abordagem dos reagentes limitantes No Capítulo 9, melhoramos o tratamento da estequiometria acrescentando uma nova seção sobre reagentes limitantes, que enfatiza o cálculo das quantidades de produtos que podem ser obtidos de cada reagente. Agora os alunos aprendem como selecionar um reagente limitante ao comparar as quantidades de reagentes presentes e calcular as quantidades de produtos que podem ser formados pelo consumo completo de cada reagente.

Programa de arte Revisamos, modificamos e atualizamos as figuras do livro para atender melhor àqueles que aprendem visualmente.

Seções "Química em foco" Revisamos muitas seções de "Química em foco" e acrescentamos outras com assuntos atuais, como o Gorilla Glass, os nanocarros e o uso da análise da exalação para diagnosticar doenças.

Exercícios no final do capítulo Substituímos mais de 10% das perguntas e problemas no final dos capítulos, além de acrescentar novos usando as seções "Química em foco" e "Problemas para estudo". As respostas para autoverificações e exercícios de número par estão no final do livro.

Termos do glossário/palavras-chave Atualizamos o glossário e todas as palavras-chave, além de acrescentar muitas definições novas.

Ênfase na química das reações

Continuamos enfatizando reações químicas no começo do livro, deixando o material mais abstrato para ser retomado nos capítulos posteriores. Em uma disciplina na qual muitos alunos se deparam com química pela primeira vez, parece-nos especialmente importante apresentar a natureza química da matéria antes de discutirmos as complexidades dos átomos e suas órbitas. As reações são inerentemente interessantes para os estudantes e podem ajudar a conduzi-los para a química. Em particular, as reações podem formar a base para fascinantes demonstrações em sala de aula e experiências em laboratório.

Por essa razão decidimos enfatizar as reações antes de passarmos para os detalhes da estrutura atômica. Baseando-se apenas em ideias muito simples sobre o átomo, os Capítulos 6 e 7 representam um tratamento cuidadoso das reações químicas, incluindo como reconhecer uma mudança química e o que significa uma equação química. As propriedades de soluções aquosas são discutidas em detalhe, e reações de precipitação e ácido-base recebem atenção especial. Além disso, apresentamos um tratamento simples das reações de oxirredução. A intenção é que esses capítulos ofereçam um fundamento sólido – relativamente no início do curso – para experiências de laboratório baseadas em reações.

Professores que considerem desejável introduzir orbitais mais cedo na disciplina, antes de reações químicas, podem abordar os capítulos sobre teoria atômica e ligações (Capítulos 11 e 12) logo após o Capítulo 4. O Capítulo 5 trata somente de nomenclatura e pode ser usado sempre que necessário em uma determinada disciplina.

Desenvolvimento de habilidades para resolução de problemas

Resolver problemas é uma prioridade no aprendizado da química. Queremos que nossos alunos adquiram habilidades para solucionar problemas. Estimular o desenvolvimento dessas habilidades tem sido um ponto central nas edições anteriores deste livro, e mantivemos essa abordagem nesta edição.

Nos primeiros capítulos, dedicamos um tempo considerável para levar os alunos a compreender a importância de aprender química. Ao mesmo tempo, explicamos que as complexidades que podem tornar a química tão frustrante às vezes também oferecem a oportunidade de desenvolver as capacidades de resolução de problemas que são vantajosas em qualquer profissão. Aprender a pensar como um químico é útil para qualquer pessoa. Para enfatizar essa ideia, aplicamos no Capítulo 1 o pensamento científico a alguns problemas da vida real.

Um dos motivos pelos quais a química pode ser um desafio para alunos iniciantes é que, em geral, eles não possuem os conhecimentos matemáticos exigidos. Por essa razão demos atenção especial a esses conhecimentos fundamentais, como usar notação científica, arredondar para o número correto de algarismos significativos e rearranjar equações a fim de obter a solução para uma determinada quantidade. E seguimos meticulosamente as regras que estabelecemos para não confundir os alunos.

A atitude tem um papel essencial para ter sucesso na resolução de um problema. Os alunos precisam aprender que uma abordagem sistemática e cuidadosa dos problemas é melhor que a memorização pela força bruta. Já incentivamos essa atitude no início do livro, usando conversões de temperatura como veículo no Capítulo 2. Ao longo do livro, estimulamos uma abordagem que começa pela tentativa de representar a essência do problema com símbolos e/ou diagramas e termina na ponderação de se a resposta faz sentido. Apresentamos novos conceitos trabalhando cuidadosamente com o material antes de oferecer fórmulas matemáticas ou estratégias gerais. Encorajamos uma abordagem passo a passo em vez do uso prematuro de algoritmos. Depois de estabelecer os fundamentos necessários, destacamos regras e processos importantes em caixas para desenvolvimento de habilidades, a fim de que os alunos possam localizá-los com facilidade.

A Seção 8-4 "Aprendendo a solucionar problemas" foi escrita especificamente para ajudar alunos a entender melhor como raciocinar durante um problema. Discutimos como resolver problemas de forma flexível e criativa, com base no entendimento dos conceitos básicos da química e fazendo e respondendo perguntas-chave. Elaboramos esse método nos exemplos ao longo do livro.

Muitos dos exemplos trabalhados são seguidos de exercícios de autoverificação, que oferecem uma prática adicional. Os exercícios de autoverificação estão associados aos exercícios no final do capítulo, de modo que os alunos tenham oportunidade de praticar uma determinada habilidade ou entender um conceito específico.

Aumentamos o número de exercícios no final dos capítulos. Os exercícios no final dos capítulos estão organizados em "pares combinados", o que significa que os dois problemas exploram temas semelhantes. A seção "Problemas adicionais" estimula a prática com os conceitos do capítulo e mais problemas desafiadores. As "Revisões cumulativas", que aparecem depois de alguns capítulos, verificam conceitos do bloco de capítulos anteriores. As respostas de todos os exercícios de número par aparecem em uma seção especial no fim do livro.

O tratamento da linguagem química e suas aplicações

Fizemos um grande esforço para tornar este livro "amigável para o aluno" e recebemos um comentário animador daqueles que o usaram.

Como nas edições anteriores, apresentamos um tratamento sistemático e minucioso da nomenclatura química. Assim que essa estrutura estiver formada, os alunos podem avançar confortavelmente pelo livro.

Juntamente com as reações químicas, as aplicações constituem uma parte importante da química descritiva. Como os alunos estão interessados no impacto da química em sua vida, incluímos várias seções "Química em foco" novas, que descrevem as aplicações atuais da química. Essas seções especiais abordam tópicos como carros híbridos, adoçantes artificiais e a tomografia por emissão de pósitrons (PET).

O impacto visual da química

Atendendo a pedidos de professores, incluímos ilustrações gráficas de reações, fenômenos e processos químicos. Iserimos apenas aquelas fotos que ilustrem uma reação ou um fenômeno químico ou que estabeleçam uma reação entre a química e o mundo real. Alguma imagens – indicadas ao longo do livro – podem ser visualizadas em cores no final do livro.

Agradecimentos

A conclusão bem-sucedida deste livro deve-se aos esforços de muitas pessoas talentosas e dedicadas. Mary Finch, diretora de produto, e Lisa Lockwood, gerente da equipe de produto, foram extremamente importantes na revisão. Também estamos contentes por termos trabalhado novamente com Thomas Martin, gerente de produto. Tom nunca decepciona com suas boas ideias, é muito bem organizado e tem um olhar para detalhes que é indispensável. Agradecemos também a Teresa Trego, gerente de projeto de conteúdo, que administrou o projeto com sua graça e profissionalismo habituais. Estamos muito gratos pelo trabalho de Sharon Donahue, pesquisadora de fotografia, que tem um talento especial para encontrar a foto perfeita.

Somos muito gratos pelos esforços de Gretchen Adams da Universidade de Illinois. Obrigado a John Little, que contribuiu com o trabalho que James Hall realizou para *Introductory Chemistry in the Laboratory (Introdução à química no laboratório)*; a Nicole Hamm, gerente executiva de marca, que conhece o mercado e trabalha duro no suporte para este livro; e a Simon Bott, que revisou os bancos de teste.

Obrigado a outros que ofereceram uma assistência valiosa nesta revisão: Brendan Killion, coordenador de conteúdo; Karolina Kiwak, assistente de produto; Lisa Weber, desenvolvimento de mídia; Janet Del Mundo, gerente de desenvolvimento de mercado; Maria Epes, diretora de arte; Mallory Skinner, editor de produção (Graphic World); e Michael Burand, que conferiu o livro e as soluções.

Nossos sinceros agradecimentos a todos os revisores cujos comentários e sugestões contribuíram para o sucesso deste projeto.

Angela Bickford
    Universidade do Noroeste do Estado de Missouri
Simon Bott
    Universidade de Houston
Jabe Breland
    St. Petersburg College
Michael Burand
    Universidade do Estado de Oregon
Frank Calvagna
    Rock Valley College
Jing-Yi Chin
    Suffolk County Community College
Carl David
    Universidade de Connecticut
Cory DiCarlo
    Universidade Estadual Grand Valley
Cathie Keenan
    Chaffey College
Pamela Kimbrough
    Crafton Hills College
Wendy Lewis
    Stark State College of Technology
Guillermo Muhlmann
    Capital Community College
Lydia Martinez Rivera
    Universidade do Texas em San Antonio
Sharadha Sambasivan
    Suffolk County Community College
Perminder Sandhu
    Bellevue Community College
Lois Schadewald
    Normandale Community College
Marie Villarba
    Seattle Central Community College

As ferramentas de aprendizagem utilizadas até alguns anos atrás já não atraem os alunos de hoje, que dominam novas tecnologias, mas dispõem de pouco tempo para o estudo. Na realidade, muitos buscam uma nova abordagem. A **Trilha** está abrindo caminho para uma nova estratégia de aprendizagem e tudo teve início com alguns professores e alunos. Determinados a nos conectar verdadeiramente com os alunos, conduzimos pesquisas e entrevistas. Conversamos com eles para descobrir como aprendem, quando e onde estudam, e por quê. Conversamos, em seguida, com professores para obter suas opiniões. A resposta a essa solução inovadora de ensino e aprendizagem tem sido excelente.

Trilha é uma solução de ensino e aprendizagem diferente de todas as demais!

Os alunos pediram, nós atendemos!

- Manual de soluções para alunos e professores
- Slides em PowerPoint®, para auxiliar os professores em sala de aula
- Plataforma de acesso em português e conteúdo em português e em inglês

Acesse: http://cursosonline.cengage.com.br

Química: uma introdução

CAPÍTULO 1

1-1 Química: uma introdução
1-2 O que é química?
1-3 Solucionando problemas com a utilização de uma abordagem científica
1-4 O método científico
1-5 Aprendendo química

A química lida com o mundo natural.
Dr. John Brackenbury/Science Photo Library/Photo Researchers, Inc.

Você já assistiu a uma queima de fogos de artifício e se perguntou como é possível produzir aqueles desenhos lindos e complexos no ar? Você leu sobre os dinossauros — e já se perguntou como eles reinaram na Terra por milhões de anos e, repentinamente, desapareceram? Embora a extinção tenha acontecido há 65 milhões de anos e possa parecer irrelevante, a mesma coisa poderia acontecer conosco? Você já se perguntou por que um cubo de gelo (água pura) flutua em um copo de água (água pura)? Você sabia que o "grafite" em seu lápis é feito da mesma substância (carbono) que o diamante de um anel de noivado? Você já se perguntou como um pé de milho ou uma palmeira crescem aparentemente por mágica, ou por que as folhas adquirem lindas cores no outono? Você sabe como a bateria funciona para dar partida no seu carro ou para fazer sua calculadora funcionar? Certamente, você já se intrigou com algumas dessas coisas e muitas outras no mundo ao seu redor. O fato é que podemos explicar todas elas de maneiras convincentes utilizando os modelos de química e as ciências físicas e da vida relacionadas.

Fogos de artifício são uma bela ilustração da química em ação. PhotoDisc/Getty Images

1-1 Química: uma introdução

OBJETIVO Para compreender a importância de aprender química.

Embora possa parecer que a química tem pouco a ver com os dinossauros, sabemos que ela foi a ferramenta que possibilitou que o paleontólogo Luis W. Alvarez e seus colegas da Universidade da Califórnia em Berkeley "desvendassem o caso" do desaparecimento dos dinossauros. O segredo foi o nível relativamente alto de irídio encontrado no sedimento que representa a fronteira entre os períodos Cretáceo (K) e Terciário (T) da Terra — época em que os dinossauros desapareceram praticamente da noite para o dia (na escala geológica). Os pesquisadores de Berkeley sabiam que os meteoritos também possuíam alto teor de irídio (em relação à composição da Terra), o que os levou a sugerir que um grande meteorito atingiu nosso planeta 65 milhões de anos atrás, provocando as mudanças climáticas que eliminaram os dinossauros.

Conhecimento em química é útil para quase todo mundo — ela acontece ao nosso redor o tempo todo e entendê-la é útil para médicos, advogados, mecânicos, executivos, bombeiros, poetas, entre outros. A química é importante — não há dúvida a respeito disso. Ela está no centro de nossos esforços para produzir novos materiais que tornam nossa vida mais segura e simples, para produzir novas fontes de energia abundantes e não poluentes e para entender e controlar as diversas doenças que nos ameaçam e nossos suprimentos alimentares. Mesmo se sua futura carreira não exigir o uso diário dos princípios químicos, sua vida será muito influenciada pela química.

Um forte argumento a favor da química é que seu uso tem enriquecido muito nossas vidas. Entretanto, é importante compreender que os seus princípios não são inerentemente bons nem ruins — é o que fazemos com esse conhecimento que realmente importa. Embora os seres humanos sejam inteligentes, engenhosos e preocupados com o próximo, eles também podem ser gananciosos, egoístas e ignorantes. Além disso, tendemos a ser míopes; concentramo-nos muito no presente e não pensamos tanto a respeito das implicações de nossas ações a longo prazo. Esse tipo de pensamento já nos causou uma série de problemas — graves danos ambientais ocorreram em muitas frentes. Não podemos colocar toda a responsabilidade nas indústrias químicas, porque todos contribuíram com esses problemas. No entanto, culpar alguém é menos importante que imaginar como solucionar essas questões. Uma parte importante da resposta está confiada à química.

Bart Eklund verificando a qualidade do ar em um local de resíduos perigosos.

Uma das áreas "mais quentes" das ciências químicas é a química ambiental — ela estuda os problemas ambientais e encontra maneiras criativas de abordá-los. Por exemplo, conheça Bart Eklund, que trabalha na área química atmosférica para a Radian Corporation em Austin, Texas. O interesse de Bart em uma carreira na ciência ambiental foi alimentado por dois cursos de química ambiental e dois cursos de ecologia que ele fez durante a graduação. O plano original dele para ganhar vários anos de experiência industrial e, então, fazer uma pós-graduação mudou quando ele descobriu que o avanço profissional com um bacharelado era possível no campo de pesquisa ambiental. A natureza multidisciplinar dos problemas ambientais permitiu que Bart seguisse seu interesse em diversas áreas ao mesmo tempo. Pode-se dizer que ele se especializa em ser um generalista.

O campo de consultoria ambiental atrai Bart por inúmeras razões: a chance de definir e solucionar vários problemas de pesquisa; o trabalho simultâneo em diversos projetos; o misto de escritório, campo e trabalho laboratorial; as viagens; e a oportunidade de realizar um trabalho recompensador que tem um efeito positivo na vida das pessoas.

Entre os destaques de sua carreira estão:

- passar um mês do inverno fazendo amostragem do ar nos Grand Tetons, onde ele também conheceu sua esposa e aprendeu a esquiar;
- conduzir tubos de amostragem na mão pelo solo rochoso do Monumento do Vale da Morte na Califórnia;
- trabalhar regularmente com peritos em suas áreas e com pessoas que apreciam o que fazem;
- executar um trabalho rigoroso em uma temperatura de 100 °F enquanto usa um traje emborrachado, luvas duplas e um respirador; e
- poder trabalhar e ver o Alasca, o Parque de Yosemite, as Cataratas do Niágara, Hong Kong, a República Popular da China, o Parque Nacional de Mesa Verde, a cidade de Nova York e vários outros lugares interessantes.

A carreira de Bart Eklund demonstra como os químicos estão ajudando a solucionar nossos problemas ambientais. O modo como usamos nosso conhecimento químico é que faz toda a diferença.

Um exemplo que mostra como o conhecimento técnico pode ser uma "faca de dois gumes" é o caso dos clorofluorcarbonetos (CFCs). Quando o composto CCl_2F_2 (originalmente chamado de Freon-12) foi inicialmente sintetizado, era aclamado como uma substância quase milagrosa. Em função da sua natureza não corrosiva e sua habilidade incomum de resistir à decomposição, o Freon-12 foi rapidamente usado nos sistemas de refrigeração e de ar-condicionado, em aplicações de limpeza, no sopro de espumas utilizadas para calefação e materiais de embalagem, entre outros usos. Por anos tudo pareceu bem — os CFCs substituíram materiais mais perigosos, como a amônia, usada anteriormente nos sistemas de refrigeração. Os CFCs definitivamente eram vistos como os "mocinhos". Porém, um problema ocorreu — o ozônio que nos protege na atmosfera contra a alta radiação de energia solar começou a diminuir. O que estava acontecendo para provocar a destruição do ozônio vital?

Para a surpresa de todos, os culpados eram os aparentemente benéficos CFCs. Inevitavelmente, grandes quantidades de CFCs vazaram para a atmosfera, mas ninguém estava muito preocupado com isso porque esses componentes pareciam ser totalmente benignos. Na realidade, a grande estabilidade dos CFCs (uma imensa vantagem para suas diversas aplicações) era, por fim, uma grande desvantagem quando eles eram liberados no ambiente. O professor F. S. Rowland e seus colegas da Universidade da Califórnia em Irvine demonstraram que os CFCs foram levados para altas altitudes na atmosfera, onde a energia do sol extraiu os átomos de cloro. Esses átomos de cloro, por sua vez, promoveram a decomposição do ozônio na atmosfera superior. (Discutiremos isso mais detalhadamente no Capítulo 13.) Dessa forma, uma substância que possuía muitas vantagens nas aplicações terrestres se voltou contra nós na atmosfera. Quem poderia adivinhar que isso acabaria assim?

A boa notícia é que a indústria química dos EUA está liderando o caminho para encontrar alternativas ambientalmente seguras para os CFCs e seus níveis na atmosfera já estão diminuindo.

QUÍMICA EM FOCO

Dra. Ruth—Heroína do algodão

A Dra. Ruth Rogan Benerito pode ter salvado a indústria do algodão nos Estados Unidos. Nos anos 1960, as fibras sintéticas impunham uma grave ameaça competitiva ao algodão, principalmente por não amassarem. As fibras sintéticas como o poliéster podem ser formuladas para ser altamente resistentes a ficar amassadas, tanto no processo de lavagem quanto no uso. Por outro lado, os tecidos de algodão dos anos 1960 amassavam facilmente — as camisas brancas de algodão tinham de ser passadas para ficarem boas. Esse requisito deixava o algodão em uma séria desvantagem e colocou em risco uma indústria muito importante para a saúde econômica do sul dos Estados Unidos.

Ruth Benerito, a inventora do algodão de cuidado fácil.

Durante os anos 1960, Ruth Benerito trabalhou como cientista para o Departamento de Agricultura, onde foi de vital importância no desenvolvimento do tratamento químico do algodão para torná-lo resistente a amassados. Ao fazê-lo, ela possibilitou que o algodão continuasse como uma fibra preeminente no mercado — posição que ele detém até hoje. Benerito foi agraciada com o prêmio Lemelson–MIT Lifetime Achievement Award for Inventions em 2002, quando tinha 86 anos de idade.

A Dra. Benerito, que tem 55 patentes, incluindo uma para o algodão livre de amassados, premiada em 1969, começou sua carreira em uma época em que não se esperava que mulheres ingressassem nas áreas científicas. No entanto, sua mãe, que era artista, insistentemente a encorajou a fazer qualquer coisa que quisesse.

A Dra. Benerito graduou-se no ensino médio aos 14 anos e ingressou no Newcomb College, o colégio feminino associado a Tulane University. Ela se formou em química com habilitação em física e matemática. Na época, foi uma das únicas mulheres permitidas no curso de físico-química em Tulane. Ela obteve seu bacharelado em 1935, aos 19 anos, e, em seguida, obteve mestrado em Tulane e Ph.D. na Universidade de Chicago.

Em 1953, a pesquisadora começou a trabalhar no Centro de Pesquisa Regional do Sudeste do Departamento de Agricultura em New Orleans, onde se ocupou especialmente do algodão e produtos relacionados. Ela também inventou um método especial para a alimentação intravenosa a longo prazo em pacientes clínicos.

Desde a sua aposentadoria, em 1986, continuou a orientar alunos de ciências para se manter ocupada. Todos que conhecem a Dra. Benerito a descrevem como uma pessoa espetacular.

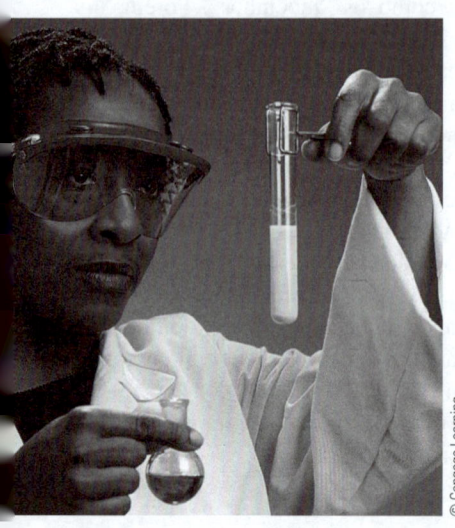

Um químico no laboratório.

A saga dos CFCs demonstra que podemos responder de modo relativamente rápido a um grave problema ambiental, se assim decidirmos. Do mesmo modo, é importante compreender que as indústrias químicas têm uma nova atitude em relação ao meio ambiente — elas estão agora entre os líderes na busca de formas de abordar nossos problemas ambientais. As indústrias que aplicam as ciências químicas agora estão determinadas a fazer parte da solução, e não do problema.

Como você pode ver, aprender química é tão interessante quanto importante. Um curso de química pode fazer mais do que simplesmente ajudá-lo a aprender os seus princípios. Um resultado importante do estudo de química é que você se tornará um melhor solucionador de problemas. Um motivo pelo qual a química é considerada "difícil" é por normalmente lidar com sistemas um tanto complicados, que exigem certo esforço para desvendar. Apesar de no início isso parecer uma desvantagem, é possível transformar essa dificuldade em vantagem se você tiver a atitude certa. Os recrutadores de empresas de todos os tipos admitem que uma das primeiras coisas que buscam em um possível funcionário é essa capacidade. Passaremos um bom tempo solucionando diversos tipos de problemas neste livro ao usar uma abordagem sistemática e lógica que lhe será muito útil para solucionar qualquer tipo de problema, de qualquer área. Mantenha esse objetivo geral em mente conforme aprende a solucionar questões específicas ligadas à química.

Embora nem sempre seja fácil aprender química, nunca é impossível. Na verdade, qualquer um que se interessar, for paciente e tiver disposição para o trabalho pode aprender os seus princípios básicos. Neste livro, tentaremos ajudá-lo intensamente a entender o que é química e como ela funciona e indicaremos como ela se aplica às coisas que você fará na vida.

Esperamos sinceramente que este texto seja motivador para que você aprenda química, torne seus conceitos compreensíveis e demonstre quão interessante e vital é o seu estudo.

1-2 O que é química?

OBJETIVO Definir química.

As mudanças químicas e físicas serão discutidas no Capítulo 3.

O lançamento da nave espacial dá claras indicações de que estão ocorrendo reações químicas.

Química *pode ser definida como a ciência que lida com os materiais do universo e as mudanças que eles sofrem.* Os químicos estão envolvidos em atividades tão diversas quanto examinar as partículas básicas da matéria, procurar moléculas no espaço, sintetizar e formular novos materiais de todos os tipos, utilizar bactérias para produzir produtos químicos como insulina e inventar novos métodos de diagnósticos para a detecção precoce de doenças.

A química é frequentemente chamada de ciência central — e com razão. A maioria dos fenômenos que ocorrem ao nosso redor envolve alterações químicas, alterações em que uma ou mais substâncias se tornam outras diferentes. Eis alguns exemplos de alterações químicas:
- A madeira queima no ar, formando água, dióxido de carbono e outras substâncias.
- Uma planta cresce ao transformar substâncias simples em substâncias mais complexas.
- O aço enferruja em um carro.
- Ovos, farinha, açúcar e fermento são misturados e assados para fazer um bolo.
- A definição do termo *química* é aprendida e armazenada no cérebro.
- As emissões de uma usina levam à formação de chuva ácida.

Conforme prosseguirmos, você verá como os conceitos da química nos permitem entender a natureza dessas e de outras alterações, ajudando-nos, assim, a manipular os materiais naturais para nosso benefício.

1-3 Solucionando problemas com a utilização de uma abordagem científica

OBJETIVO Para entender o pensamento científico.

Uma das coisas mais importantes que fazemos no cotidiano é solucionar problemas. Na verdade, a maioria das decisões que você toma todos os dias pode ser descrita como solução de problemas.

São 8h30 de uma sexta-feira. Qual é a melhor forma de dirigir até a universidade para evitar o congestionamento?

Você tem duas provas na segunda-feira. Você dividiria seu tempo de estudo igualmente ou atribuiria mais tempo a uma prova do que a outra?

QUÍMICA EM FOCO

Um problema complexo

Para ilustrar como a ciência nos ajuda a solucionar problemas, considere uma história real sobre duas pessoas, David e Susan (nomes fictícios). David e Susan formavam um casal saudável de 40 anos de idade que vivia na Califórnia, onde David servia a Força Aérea. Gradualmente, Susan foi ficando muito doente, manifestando sintomas semelhantes aos da gripe, incluindo náusea e fortes dores musculares. Até mesmo sua personalidade mudou: ela ficou atipicamente rabugenta. Ela parecia uma pessoa totalmente diferente da mulher saudável e feliz de alguns meses atrás. Seguindo as orientações do seu médico, ela repousou e tomou muito líquido, incluindo grandes quantidades de café e suco de laranja em sua caneca favorita, que era parte de um conjunto de 200 peças de cerâmica, recentemente adquirido na Itália. No entanto, ela ficou mais doente, desenvolvendo cãibras abdominais extremas e uma grave anemia.

Durante esse período, David também ficou doente e manifestou sintomas bem parecidos com os de Susan: perda de peso, dor excruciante nas costas e nos braços e acessos atípicos de raiva. A doença ficou tão debilitante que ele se aposentou precocemente da Força Aérea, e o casal se mudou para Seattle. Por um curto período de tempo, a saúde deles melhorou, mas após desfazerem as malas (incluindo aquela louça de cerâmica), a saúde deles começou a se deteriorar novamente. O corpo de Susan ficou tão sensível que ela não suportava o peso de um cobertor. Ela estava à beira da morte. O que aconteceu? Os médicos não sabiam, mas um sugeriu que ela poderia ter porfiria, uma rara doença sanguínea.

Desesperado, David começou a buscar respostas sozinho na literatura médica. Um dia, enquanto ele lia sobre porfiria, uma frase se destacou na página: "O envenenamento por chumbo às vezes pode ser confundido com porfiria". Será que o problema era envenenamento por chumbo?

Descrevemos um problema muito grave com implicações de vida ou morte. O que David deveria fazer em seguida? Ignorando por um momento a resposta óbvia, que era chamar imediatamente o médico do casal para discutir a possibilidade de envenenamento por chumbo, será que David poderia solucionar o problema por meio do pensamento científico? Vamos utilizar as três etapas descritas na Seção 1-3 para combater o problema por partes. Importante: normalmente solucionamos problemas complexos ao segmentá-los em partes gerenciáveis. Então podemos reunir a solução para o problema geral de acordo com as respostas que encontramos "pouco a pouco".

Nesse caso, há muitas partes para o problema geral:

Qual é a doença?

De onde ela vem?

Há cura?

Vamos abordar incialmente "Qual é a doença?".

Observação: David e Susan estão doentes com os sintomas descritos. A doença é envenenamento por chumbo?

Hipótese: A doença é envenenamento por chumbo.

Experimento: Se a doença for envenenamento por chumbo, os sintomas devem ser os mesmos que caracterizam essa doença. Procure pelos sintomas do envenenamento por chumbo. David fez isso e descobriu que eles eram praticamente os mesmos dos sintomas do casal.

Essa descoberta aponta para o envenenamento por chumbo como a fonte do problema, mas David precisava de mais evidências.

Observação: O envenenamento por chumbo é resultado de níveis altos de chumbo na corrente sanguínea.

Hipótese: O casal tem níveis altos de chumbo no sangue.

Seu carro enguiça em um cruzamento movimentado e seu irmão caçula está com você. O que você deveria fazer em seguida?

Esses são problemas cotidianos que todos nós enfrentamos. Qual processo utilizamos para solucioná-los? Você pode não ter pensado a respeito disso antes, porém há várias etapas que quase todos utilizam para solucionar problemas:

1. Reconhecer o problema e formulá-lo claramente. Algumas informações ficam conhecidas, ou algo acontece que exige ação. Na ciência, chamamos essa etapa de *fazer uma observação*.

2. Propor *possíveis* soluções para o problema ou *possíveis* explicações para a observação. Na linguagem científica, sugerir tal possibilidade é *formular uma hipótese*.

Experimento: Faça uma análise sanguínea. Susan organizou essa análise, e os resultados mostraram altos níveis de chumbo para ela e seu marido

Isso confirma que o envenenamento por chumbo provavelmente é a causa da doença, mas o problema geral ainda não estava solucionado. David e Susan poderiam morrer a menos que encontrassem a fonte do chumbo.

Observação: Há chumbo no sangue do casal.

Hipótese: O chumbo está nos alimentos e bebidas que eles compraram.

Experimento: Descobrir se mais alguém que compra na mesma loja estava doente (ninguém estava). Observar também que a mudança para um novo lugar não resolveu o problema.

Observação: Os alimentos que eles compraram eram livres de chumbo.

Hipótese: A louça que eles utilizam é a fonte do envenenamento por chumbo.

Experimento: Descobrir se sua louça contém chumbo. David e Susan descobriram que componentes de chumbo geralmente são utilizados para dar um acabamento brilhoso em objetos de cerâmica. E a análise laboratorial da louça de cerâmica italiana do casal mostrou que havia chumbo no verniz.

Observação: Há chumbo na louça do casal, logo, ela é a possível fonte do envenenamento por chumbo.

Hipótese: O chumbo está sendo levado para a comida.

Experimento: Colocar uma bebida, suco de laranja, por exemplo, em uma das xícaras e analisá-la com relação ao chumbo. Os resultados mostraram altos níveis de chumbo nas bebidas que tiveram contato com os utensílios de cerâmica.

Após muitas aplicações do método científico, o problema foi solucionado. Podemos resumir a resposta do problema (enfermidade de David e Susan) a seguir: a cerâmica italiana que compunha a louça que eles utilizavam todos os dias continha um verniz de chumbo que contaminou os alimentos e bebidas. Esse chumbo ficou acumulado em seus corpos ao ponto de interferir seriamente nas funções normais e produzir graves sintomas. Essa explicação geral, que resume a hipótese que concorda com os resultados experimentais, é chamada de teoria na ciência. Essa explicação esclarece os resultados de todos os experimentos realizados.*

Cerâmica italiana.

Podemos continuar a utilizar o método científico para estudar outros aspectos desse problema, como:
Quais tipos de alimentos ou bebidas carregaram a maior parte do chumbo da louça?
Todos os itens da louça de cerâmica com verniz de chumbo geram envenenamento por chumbo?
À medida que respondemos às perguntas utilizando o método científico, outras questões surgem naturalmente. Ao repetir as três etapas inúmeras vezes, podemos entender um determinado fenômeno por completo.

---

* "David" e "Susan" se recuperaram do envenenamento por chumbo e agora estão divulgando os perigos de utilizar louça envernizada por chumbo. Este resultado feliz é a resposta à terceira parte do problema geral deles, "Há cura?". Eles simplesmente pararam de utilizar aquela louça!

3. Decidir qual das soluções é a melhor ou se a explicação proposta é razoável. Para fazer isso, buscamos em nossa memória qualquer informação pertinente ou novas informações. Na ciência chamamos a busca por novas informações de *realizar um experimento*.

Conforme descobriremos na próxima seção, os cientistas usam esses mesmos procedimentos para estudar o que acontece no mundo ao nosso redor. O ponto importante aqui é que o pensamento científico pode ajudá-lo em todos os momentos de sua vida. É válido aprender como pensar cientificamente — mesmo se você quiser ser um cientista, mecânico, médico, político ou poeta!

1-4 O método científico

OBJETIVO Descrever o método que os cientistas utilizam para estudar a natureza.

Na última seção, começamos a ver como os métodos da ciência são usados para solucionar problemas. Nesta seção, examinaremos mais profundamente essa abordagem.

A ciência é uma estrutura para adquirir e organizar conhecimento. Ela não é simplesmente um conjunto de fatos, mas também um plano de ação — um *procedimento* para processar e compreender certos tipos de informações. Embora o pensamento científico seja útil em todos os aspectos da vida, neste texto o utilizaremos para entender como o mundo natural opera. O processo que está no centro da investigação científica é chamado de **método científico**. Como vimos na seção anterior, ele consiste nas seguintes etapas:

> **Etapas no método científico**
>
> 1. *Expor o problema e coletar dados (fazer observações)*. As observações podem ser *qualitativas* (o céu é azul; a água é líquida) ou quantitativas (a água ferve a 100 ºC; um determinado livro de química pesa 2 kg). Uma observação qualitativa não envolve um número. Por outro lado, uma observação quantitativa é chamada de **medida** e envolve um número (e uma unidade, como libras ou polegadas). Discutiremos isso mais detalhadamente no Capítulo 2.
> 2. *Formular hipóteses*. Uma hipótese é uma possível explicação para a observação.
> 3. *Realizar experimentos*. Um experimento é algo que fazemos para testar a hipótese. Reunimos novas informações que nos permitem decidir se a hipótese é sustentada pelas novas informações que aprendemos com o experimento. Os experimentos sempre produzem novas observações, e isso nos leva de volta ao início do processo.

Para explicar o comportamento de uma determinada parte da natureza, repetiremos essas etapas muitas vezes. Gradualmente, acumulamos o conhecimento necessário para entender o que está acontecendo.

Uma vez que temos um conjunto de hipóteses que concordam com nossas diversas observações, reunimos tudo em uma teoria que é chamada de *modelo*. Uma **teoria** (modelo) é um grupo de hipóteses testadas que dá uma explicação geral de alguma parte da natureza (Fig. 1.1).

É importante distinguir observações de teorias. Uma observação é algo que é testemunhado e pode ser registrado. Uma teoria é uma *interpretação* — uma possível explicação da *razão* pela qual a natureza se comporta de um determinado modo. As teorias inevitavelmente mudam conforme as informações tornam-se disponíveis. Por exemplo, os movimentos do Sol e das estrelas permaneceram praticamente os mesmos ao longo de milhares de anos, durante os quais os seres humanos os têm observado, porém nossas explicações — nossas teorias — mudaram imensamente desde os tempos antigos.

O ponto é que não paramos de fazer perguntas somente porque concebemos uma teoria que parece explicar satisfatoriamente alguns aspectos do comportamento natural. Continuamos a fazer experimentos para refinar nossas teorias. Geralmente fazemos isso ao utilizar a teoria para fazer uma previsão e, então, fazer um experimento (fazendo uma nova observação) para ver se os resultados sustentam essa previsão.

Lembre-se sempre de que as teorias (modelos) são invenções humanas. Elas representam nossas tentativas para explicar o comportamento natural observado em termos de nossas experiências humanas. Se esperamos nos aproximar de uma compreensão mais completa da natureza, devemos continuar a fazer experimentos e refinar nossas teorias para serem consistentes com novos conhecimentos.

À medida que observamos a natureza, vemos que a mesma observação se aplica a muitos sistemas diferentes. Por exemplo, estudos de inúmeras alterações químicas

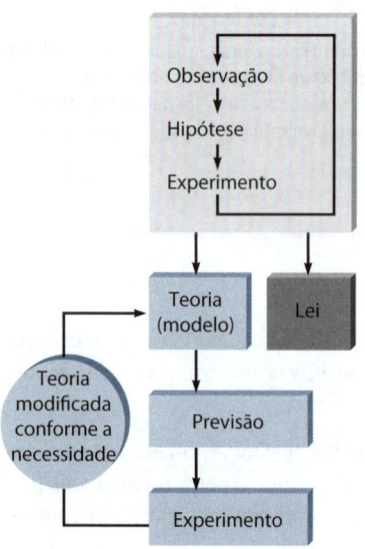

Figura 1.1 ▶ As diversas partes do método científico.

> **Pensamento crítico**
>
> E se todos no governo utilizassem o método científico para analisar e solucionar os problemas da sociedade, e a política nunca fosse envolvida nas soluções? Como isso se diferenciaria da situação atual? Seria melhor ou pior?

mostraram que o total de massa dos materiais envolvidos é o mesmo antes e após a alteração. Costumamos formular esse comportamento tão comumente observado em uma afirmação chamada de **lei da natureza.** A observação de que a massa total dos materiais não é afetada por uma alteração química nesses materiais é chamada de lei da conservação das massas.

É preciso reconhecer a diferença entre uma lei e uma teoria. Uma lei é um resumo do comportamento observado (mensurável), enquanto uma teoria é uma explicação do comportamento. *Uma lei diz o que acontece; uma teoria (modelo) é nossa tentativa de explicar o porquê de isso acontecer.*

Nesta seção, descrevemos o método científico (que está resumido na Fig. 1.1) e como ele pode ser aplicado de modo ideal. No entanto, é importante lembrar que a ciência nem sempre progride de maneira calma e eficiente. Os cientistas são humanos; têm preconceitos; interpretam dados erroneamente; podem ficar emocionalmente ligados às suas teorias e, assim, perder a objetividade; e fazem política. A ciência é afetada por razões financeiras, orçamentárias, modismos, guerras e crenças religiosas. Galileu, por exemplo, foi forçado a retratar suas observações astronômicas em face de forte resistência religiosa. Lavoisier, o pai da química moderna, foi decapitado por causa de suas afiliações políticas. E um grande progresso na química dos fertilizantes nitrogenados resultou do desejo de produzir explosivos para lutar em guerras. O progresso da ciência é frequentemente diminuído mais pelas fragilidades dos humanos e suas instituições do que pelas limitações dos dispositivos de medição científicos. O método científico somente é eficaz enquanto os humanos o utilizam. Ele não leva automaticamente ao progresso.

1-5 Aprendendo química

OBJETIVO Desenvolver estratégias bem-sucedidas para aprender química.

As disciplinas de química têm uma reputação universal por serem difíceis. Há algumas boas razões para isso. Por um lado, a linguagem da química é estranha no início; muitos termos e definições precisam ser memorizados. Como com qualquer linguagem, *é preciso conhecer o vocabulário* antes para se comunicar efetivamente. Tentaremos ajudá-lo ao apontar o que precisa ser memorizado.

Porém a memorização é só o início. Não pare aí ou sua experiência com química será frustrante. Esteja disposto a utilizar um pouco do pensamento e aprenda a confiar em si mesmo para fazer descobertas. Para solucionar um típico problema de química, é preciso vascular as informações dadas e decidir o que é realmente crucial.

É importante perceber que os sistemas químicos tendem a ser complicados — normalmente há muitos componentes — e devemos fazer aproximações ao descrevê-los. Portanto, tentativa e erro desempenham um importante papel na solução dos problemas químicos. Ao lidar com um sistema complicado, um químico em treinamento realmente não espera estar certo no primeiro momento que analisa um problema. A prática normal é fazer diversas suposições simplificadoras e fazer uma tentativa. Se a resposta obtida não fizer sentido, o químico ajusta as suposições, utilizando o resultado da primeira investida e tenta de novo. O ponto é: ao lidar com sistemas químicos, não espere entender imediatamente tudo o que está acontecendo. Na verdade, é comum (mesmo para um químico experiente) *não* entender no início. Faça uma tentativa para solucionar o problema e, em seguida, analise o resultado. *Não é nenhum desastre cometer um erro, contanto que você aprenda com ele.*

A única forma de desenvolver sua confiança como um solucionador de problemas é praticar a solução de problemas. Para ajudá-lo, este livro contém exemplos resolvidos detalhadamente. Siga-os cuidadosamente, certificando-se de que entendeu cada etapa. Esses exemplos normalmente são seguidos por um exercício similar (chamado de exercício de autoverificação) que você deve tentar resolver sozinho (soluções detalhadas dos exercícios de autoverificação são dadas ao final de cada capítulo). Utilize os exercícios de autoverificação para testar se você está compreendendo o assunto conforme segue adiante.

Há perguntas e problemas ao final de cada capítulo. As perguntas revisam os conceitos básicos do capítulo e lhe dão uma oportunidade de verificar se você entendeu corretamente o vocabulário introduzido. Alguns dos problemas são realmente apenas exercícios bem parecidos com os exemplos dados no capítulo. Se você entendeu o assunto no capítulo, estará apto a fazer esses exercícios de uma forma simples. Outros problemas exigem mais criatividade, pois contêm uma lacuna de conhecimento —

QUÍMICA EM FOCO

Química: um importante componente de sua educação

Qual a finalidade da educação? Como você está gastando tempo, energia e dinheiro consideráveis para obter educação, essa é uma pergunta importante.

Algumas pessoas parecem equacionar a educação com o armazenamento de dados no cérebro. Essas pessoas aparentemente acreditam que educação significa simplesmente memorizar as respostas para todos os problemas da vida — presentes e futuros. Embora isso seja claramente irracional, muitos alunos parecem se comportar como se esse fosse seu princípio orientador. Esses alunos querem memorizar listas de dados e reproduzi-los nas provas. Eles consideram injustas quaisquer questões de prova que exijam raciocínio original ou algum processamento de informações. De fato, pode ser tentador reduzir a educação a um preenchimento simples com dados, por que essa abordagem pode produzir a satisfação em curto prazo, tanto para o aluno quanto para o professor. E, claro, o armazenamento de dados no cérebro é importante. É impossível funcionar sem saber que vermelho significa fica pare, que a eletricidade é perigosa, que o gelo é escorregadio, e assim por diante.

Alunos examinando a estrutura de uma molécula.

Entretanto, uma mera lembrança de informações abstratas, sem a capacidade de processá-las, torna o ser humano um pouco melhor do que uma enciclopédia falante. Ex-alunos sempre parecem trazer a mesma mensagem quando retornam ao *campus*. As características que são mais importantes para seu sucesso são o conhecimento dos princípios básicos de suas áreas, a capacidade de reconhecer e solucionar problemas e a capacidade de se comunicar com eficácia. Eles também enfatizam a importância de um alto nível de motivação.

Como estudar química ajuda a alcançar essas características? O fato de que os sistemas químicos são complicados realmente é uma benção, ainda que bem disfarçada. Estudar química por si só não o transforma em um bom solucionador de problemas, mas pode ajudá-lo a desenvolver uma atitude positiva, agressiva em direção à solução do problema e pode ajudar a aumentar sua confiança. Aprender a "pensar como um químico" pode ser valioso para qualquer pessoa, de qualquer área. Na realidade, a indústria química é altamente preenchida em todos os níveis e em todas as áreas por químicos e engenheiros químicos. As pessoas treinadas como profissionais químicos geralmente se sobressaem não apenas na pesquisa e produção química, mas também nas áreas de pessoal, marketing, vendas, desenvolvimento, finanças e gestão. O ponto é que boa parte do que você aprende nessa disciplina pode ser aplicada em qualquer área de atividade. Portanto, tenha cuidado para não criar uma visão muito limitada dessa disciplina. Tente olhar além da frustração em curto prazo para os benefícios em longo prazo. Pode não ser fácil aprender a ser um bom solucionador de problemas, mas o esforço é válido.

algum território desconhecido que é preciso atravessar — e requerem raciocínio e paciência de sua parte. Para esta disciplina ser realmente útil para você, é importante ir além das perguntas e dos exercícios. A vida nos oferece muitos exercícios, eventos de rotina com que lidamos um tanto automaticamente, mas os desafios reais da vida são os verdadeiros problemas. Este curso pode ajudá-lo a se tornar um solucionador de problemas mais criativo.

À medida que você faz seu dever de casa, certifique-se de usar todos os problemas corretamente. Se você não resolver um problema específico, não olhe imediatamente a solução. Revise o material pertinente no texto e tente resolvê-lo novamente. Não tenha medo de lutar com um problema. Olhar a solução assim que você trava interfere no processo de aprendizado.

Aprender química leva tempo. Use todos os recursos disponíveis e estude regularmente. Não espere muito de si mesmo em tão pouco tempo. Você pode não entender tudo no início e pode não estar apto a resolver boa parte dos problemas na primeira vez. Isso é normal, mas não significa que você não consiga aprender química. Apenas se lembre de manter o trabalho e continuar a aprender com seus erros e você terá um progresso estável.

CAPÍTULO 1 REVISÃO

F direciona você para *Química em foco* no capítulo

Termos-chave

química (1-2)
método científico (1-4)
medida (1-4)
teoria (1-4)
lei da natureza (1-4)

Para revisão

- Química é importante para todos porque ela ocorre diariamente ao nosso redor.
- Química é a ciência que lida com os materiais do universo e as mudanças que eles sofrem.
- O pensamento científico nos ajuda a solucionar todos os tipos de problemas que confrontamos em nossas vidas.
- O pensamento científico envolve observações que nos permitem definir claramente tanto um problema quanto a construção e a avaliação de possíveis explicações ou soluções para o problema.
- O método científico é um procedimento para processar informações que fluem do mundo ao nosso redor, em que:
  - fazemos observações;
  - formulamos hipóteses;
  - realizamos experimentos.

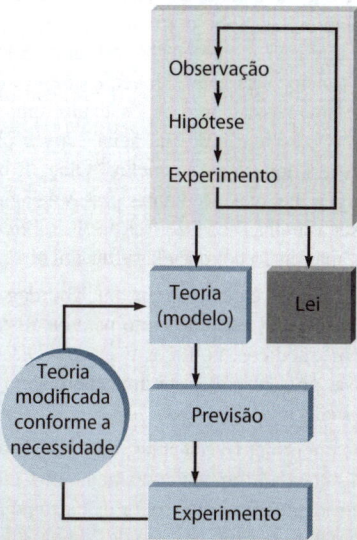

- Os modelos representam nossa tentativa de entender o mundo ao nosso redor.
  - Os modelos não são o mesmo que "realidade".
  - Os modelos elementares são fundamentados nas propriedades dos átomos e moléculas.
- Compreender química exige empenho e paciência.
- À medida que aprende química, você será capaz de entender, explicar e prever fenômenos no mundo macroscópico pelo uso de modelos baseados no mundo microscópico.
- Entender é diferente de memorizar.
- É aceitável cometer erros, contanto que você aprenda com eles.

Questões de aprendizado ativo

Estas questões foram desenvolvidas para serem resolvidas por grupos de alunos em sala de aula. Normalmente, elas funcionam bem para introduzir um tópico específico em sala.

1. Discuta como uma hipótese pode se tornar uma teoria. Uma teoria pode se tornar uma lei? Explique.
2. Faça cinco observações qualitativas e quantitativas sobre o ambiente em que você está no momento.
3. Faça uma lista do máximo de reações químicas que conseguir pensar que fazem parte da sua vida cotidiana. Explique.
4. Explique a diferença entre uma "teoria" e uma "teoria científica".
5. Descreva três situações em que você usou o método científico (fora da escola) no último mês.
6. Os modelos científicos não descrevem a realidade. Eles são, simplificações e, portanto, incorretos em algum nível. Então, por que os modelos são úteis?
7. As teorias devem inspirar o questionamento. Discuta uma teoria científica que você conhece e as questões que ela levanta.
8. Descreva como você estabeleceria um experimento para testar a relação entre a conclusão de uma tarefa atribuída e a nota final que você recebeu na disciplina.
9. Se todos os cientistas usam o método científico para tentar chegar a um melhor entendimento do mundo, por que surgem tantos debates entre eles?
10. Como afirmado no texto, não há um método científico. No entanto, fazer observações, formular hipóteses e realizar experimentos geralmente são componentes de "fazer ciência". Leia a passagem a seguir e faça uma lista de qualquer

observação, hipótese e experimento. Dê embasamento para sua resposta.

Joyce e Frank estão comendo passas e bebendo refrigerante. Frank acidentalmente derruba uma passa em seu refrigerante. Ambos observam que a passa afunda no copo. Em pouco tempo, a passa sobe à superfície da bebida e volta a afundar. Em alguns minutos, ela sobe e afunda novamente. Joyce se pergunta:"Por que isso aconteceu?" Frank diz: "Não sei, mas vamos ver se funciona na água". Joyce enche um copo com água e derruba uma passa dentro. Após alguns minutos, Frank diz: "Não, ela não sobe e desce na água". Joyce observa de perto as passas nos dois copos e conclui: "Olhe, há bolhas nas passas no refrigerante, mas não há nas passas na água". Frank diz: "Devem ser as bolhas que fazem as passas subirem". Joyce pergunta "Ok, mas então por que elas afundam novamente?".

11. Na Seção 1-3, afirma-se que assumir uma abordagem científica em suas profissões é válido tanto para cientistas quanto para mecânicos, médicos, políticos e poetas. Discuta como cada uma dessas pessoas pode usar uma abordagem científica em sua profissão.

12. Como parte de um projeto de ciências, você estuda os padrões do trânsito da sua cidade em um cruzamento no Centro. Você desenvolve um dispositivo que conta os carros que passam por esse cruzamento por um período de 24 horas durante um dia de semana. O gráfico do trânsito por hora é assim:

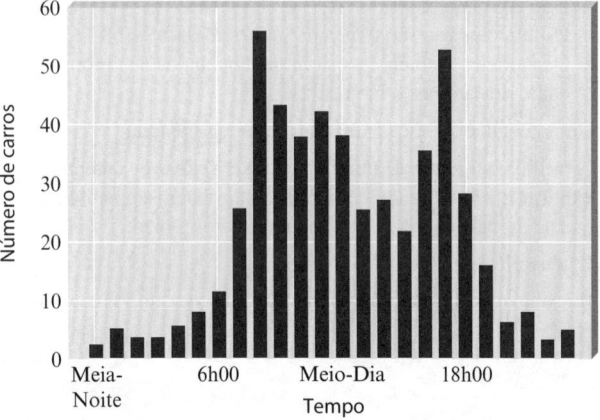

a. A que hora(s) passa o maior número de carros pelo cruzamento?
b. A que hora(s) passa o menor número de carros pelo cruzamento?
c. Descreva brevemente a tendência no número de carros no período de um dia.
d. Forneça uma hipótese explicando a tendência do número de carros no período de um dia.
e. Forneça um possível experimento que poderia testar sua hipótese.

13. Confrontado com a caixa mostrada no diagrama, você deseja descobrir algo a respeito do seu funcionamento interno. Você não possui ferramentas e não consegue abrir a caixa. Quando puxa a corda B, ela move bem livremente. Quando puxa a corda A, a corda C parece ser puxada levemente para dentro da caixa. Quando puxa a corda C, a corda A quase desaparece dentro da caixa.*

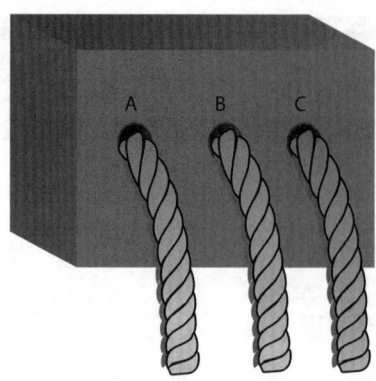

* De Yoder, Suydam e Snavely. *Chemistry*. (Nova York: Harcourt Brace Jovanovich, 1975), p. 9–11.

a. Com base nessas observações, construa um modelo para o mecanismo interno da caixa.
b. Quais outros experimentos você poderia fazer para refinar seu modelo?

Perguntas e problemas

1-1 Química: uma introdução

Perguntas

1. Química é uma disciplina acadêmica intimidadora para muitos alunos. Você não é o único que tem medo de não se sair bem nessa disciplina! Por que você acha que estudar química é tão intimidador para muitos alunos? O que exatamente o incomoda em relação a fazer uma disciplina de química? Faça uma lista de suas preocupações e traga-a para a sala de aula para discutir com seus colegas e seu professor.

2. Os primeiros parágrafos deste capítulo perguntam se você já imaginou como e por que várias coisas em nosso cotidiano acontecem da forma que acontecem. Para sua próxima aula, faça uma lista de cinco fatores relacionados à química para discussão com seu professor e seus colegas.

3. Esta seção apresenta diversos modos de como a química enriquece nosso cotidiano. Faça uma lista de três materiais ou processos que envolvem química os quais você acha que contribuíram com tal enriquecimento e explique suas escolhas.

F 4. A seção "Química em foco" intitulada *Dra. Ruth — Heroína do algodão* discute a imensa contribuição da Dra. Ruth Rogan Benerito para a sobrevivência da indústria de tecidos de algodão nos Estados Unidos. Na discussão, foi mencionado que a Dra. Benerito tornou-se uma química quando não era esperado que as mulheres se interessassem ou fossem bem-sucedidas em assuntos científicos. Essa postura mudou? Entre seus amigos, aproximadamente quantas de suas amigas estão estudando ciências? Quantas delas planejam seguir uma carreira em ciências? Discuta.

1-2 O que é química?

Perguntas

5. Este livro fornece uma definição específica sobre química: o estudo dos materiais que compõem o universo e as

transformações que esses materiais sofrem. Obviamente, uma definição geral deve ser bem ampla e não específica. De seu ponto de vista neste momento, como você definiria química? Em sua mente, o que são "substâncias químicas"? O que os "químicos" fazem?

6. Também usamos as reações químicas em nosso cotidiano, e não apenas no laboratório de ciências. Dê pelo menos cinco exemplos de transformação química que você utiliza em suas atividades diárias. Indique qual é a "substância química" em cada um de seus exemplos e como você reconhece que a alteração química ocorreu.

1-3 Solucionando problemas com a utilização de uma abordagem científica

Perguntas

7. Leia a seção "Química em foco — *Um problema complexo*" e discuta como David e Susan analisaram a situação, chegando à teoria de que o verniz de chumbo na cerâmica era o responsável pelos seus sintomas.

8. Ser um cientista é como ser um detetive. Detetives como Sherlock Holmes ou Miss Marple realizam uma análise bem sistemática de um crime para solucioná-lo, bem parecido com o que um cientista faz quando aborda uma investigação científica. Quais são as etapas que os cientistas (ou detetives) utilizam para solucionar problemas?

1-4 O método científico

Perguntas

9. Um(a) _____ é um resumo do comportamento observado, ao passo que um(a) _____ é uma explicação do comportamento.

10. Observações podem ser qualitativas ou quantitativas. Observações quantitativas normalmente são chamadas de medidas. Faça uma lista com cinco exemplos de observações qualitativas que você pode fazer em sua casa ou na escola. Faça uma lista com cinco exemplos de medidas que você pode fazer no cotidiano.

11. Verdadeiro ou falso? Uma vez que temos um conjunto de hipóteses que concordam com nossas diversas observações, reunimos todas em uma teoria que é chamada de modelo.

12. Verdadeiro ou falso? Se uma teoria é refutada, então todas as observações que a sustentaram também são refutadas. Explique.

13. Em geral, apesar de a ciência ter adiantado imensamente nosso padrão de vida, às vezes, ela apresenta um "lado negro". Dê um exemplo do uso errôneo da ciência e explique por que isso tem um efeito adverso em nossa vida.

14. Discuta as diversas considerações políticas, sociais ou pessoais que podem afetar a avaliação que um cientista faz de uma teoria. Dê exemplos de como essas forças externas influenciaram os cientistas no passado. Discuta métodos pelos quais esse viés pode ser excluído de futuras investigações científicas.

1-5 Aprendendo química

Perguntas

15. Embora revisar suas anotações e ler o livro seja importante, por que o estudo de química depende tanto da resolução de problemas? É possível aprender a resolver problemas sozinho, apenas olhando os exemplos resolvidos do seu livro didático ou guia de estudos? Discuta.

16. Por que a capacidade de resolver problemas é importante no estudo de química? Por que o método utilizado na resolução de um problema é tão importante quanto a resposta para o problema propriamente dito?

17. Os alunos que iniciam o estudo de química devem aprender certas informações básicas (como os nomes e símbolos dos elementos mais comuns), mas é muito mais importante aprender a pensar criticamente e a ir além dos exemplos específicos discutidos em sala de aula ou no livro didático. Explique como aprender a fazer isso pode ser útil em qualquer carreira, mesmo em uma bem distante da química.

18. A seção "Química em foco — *Química: um importante componente de sua educação*" discute como estudar química pode ser benéfico não apenas nas suas disciplinas de química, mas também em seus estudos em geral. Quais são algumas características de um bom aluno, e como estudar química pode ajudar a alcançar essas características?

2 Medidas e cálculos

CAPÍTULO 2

2-1 Notação científica
2-2 Unidades
2-3 Medidas de comprimento, volume e massa
2-4 Incerteza na medida
2-5 Algarismos significativos
2-6 Resolução de problemas e análise dimensional
2-7 Conversões de temperatura: uma abordagem para a resolução de problemas
2-8 Densidade

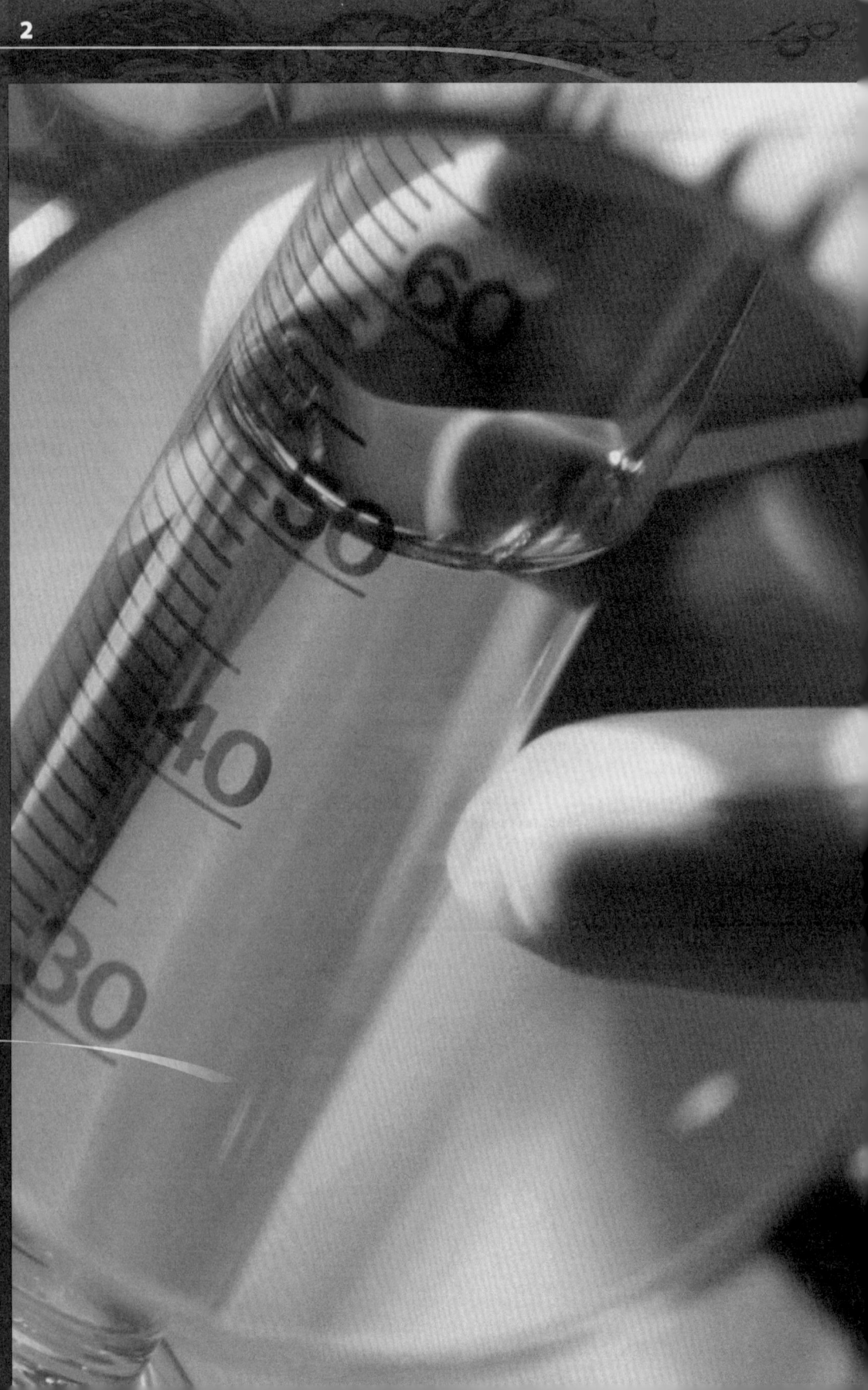

Vista aumentada de uma proveta Masterfile

Como apontamos no Capítulo 1, fazer observações é uma parte essencial do processo científico. Algumas vezes, as observações são qualitativas ("a substância é um sólido amarelo"), outras vezes, são quantitativas ("a substância pesa 4,3 gramas"). Uma observação quantitativa é chamada de medida. As medidas são muito importantes em nossas vidas diárias. Por exemplo, pagamos a gasolina por litro, portanto, a bomba deve medir precisamente o conteúdo que entra no tanque de combustível. A eficiência do motor do automóvel moderno depende de diversas medidas, incluindo a quantidade de oxigênio nos gases de escape, a temperatura do fluido refrigerante e a pressão do óleo lubrificante. Além disso, os carros com sistemas de controle de tração possuem dispositivos para medir e comparar as taxas de rotação das quatro rodas. Como veremos na seção "Química em foco" neste capítulo, dispositivos para fazer medidas se tornaram bastante sofisticados ao lidar com nossa sociedade movimentada e complicada.

Como discutiremos neste capítulo, uma medida sempre consiste em duas partes: um número e uma unidade. Ambos são necessários para tornar a medição significativa. Por exemplo, suponha que uma amiga comente ter visto um inseto de 5 de comprimento. Essa afirmação não tem sentido. Cinco o quê? Se forem 5 milímetros, o inseto é bem pequeno. Se forem 5 centímetros, o inseto é bem grande. Se forem 5 metros, melhor se esconder!

A questão é que, para uma medida ser significativa, ela deve conter um número e uma unidade que nos informe a escala usada.

Neste capítulo, consideraremos as características e os cálculos das medidas.

Uma bomba mede a quantidade de gasolina colocada. Shannon Fagan/The Image Bank/Getty Images

2-1 Notação científica

OBJETIVO Mostrar como números muito grandes ou muito pequenos podem ser expressos como o produto de um número entre 1 e 10 e uma potência de 10.

Uma medição sempre deve conter um número *e* uma unidade.

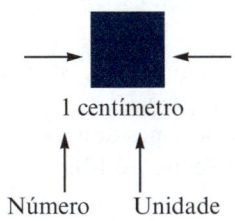

Os números associados às medidas científicas normalmente são muito grandes ou muito pequenos. Por exemplo, a distância da Terra ao Sol é de aproximadamente 93.000.000 (93 milhões) de milhas. Por escrito, esse número é bem grande. A notação científica é um método para deixar números muito grandes ou muito pequenos mais compactos e mais fáceis de escrever.

Para ver como isso é feito, considere o número 125, que pode ser escrito como o produto:

$125 = 1,25 \times 100$

Como $100 = 10 \times 10 = 10^2$, podemos escrever

$125 = 1,25 \times 100 = 1,25 \times 10^2$

Da mesma forma, o número 1700 pode ser escrito:

$1700 = 1,7 \times 1000$

E, como $1000 = 10 \times 10 = 10^3$, podemos escrever:

$1700 = 1,7 \times 1000 = 1,7 \times 10^3$

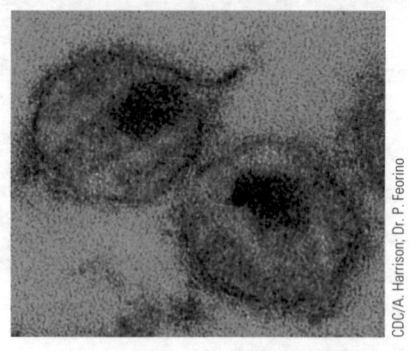

Ao descrever medidas muito pequenas, como o diâmetro desses vírus do HIV, é conveniente usar a notação científica.

A **notação científica** simplesmente *expressa um número como um produto de um número entre 1 e 10 e a potência apropriada de 10*. Por exemplo, o número 93.000.000 pode ser expresso como

$$93.000.000 = 9,3 \times 10.000.000 = \underbrace{9,3}_{\substack{\text{Número} \\ \text{entre} \\ \text{1 e 10}}} \times \underbrace{10^7}_{\substack{\text{Potência} \\ \text{apropriada de 10} \\ (10.000.000 = 10^7)}}$$

A maneira mais fácil de determinar a potência apropriada de 10 para a notação científica é começando com o número representado e contando o número de casas que a vírgula deve ser deslocada para obter um número entre 1 e 10. Por exemplo, para o número:

$$9\underbrace{3\ 0\ 0\ 0\ 0\ 0\ 0}_{7\ 6\ 5\ 4\ 3\ 2\ 1}$$

Técnica de construção de habilidade matemática
Mantenha um dígito à esquerda da vírgula.

devemos deslocar a vírgula sete casas para a esquerda para obter 9,3 (um número entre 1 e 10). A fim de compensar cada deslocamento da vírgula para a esquerda, devemos multiplicar por 10. Isto é, cada vez que a deslocamos, diminuímos o número em uma potência de 10. Logo, para cada deslocamento da vírgula para a esquerda, devemos multiplicar por 10 para restaurar o número à sua grandeza original. Dessa forma, quando deslocamos a vírgula sete casas para a esquerda, significa que devemos multiplicar 9,3 por 10 sete vezes, que é igual a 10^7:

$$93.000.000 = \underbrace{9,3 \times 10^7}_{\substack{\text{Deslocamos a vírgula sete casas para} \\ \text{a esquerda, portanto, precisamos de} \\ 10^7 \text{ para compensar.}}}$$

Técnica de construção de habilidade matemática
Deslocar a vírgula para esquerda requer um expoente positivo.

Lembre-se: sempre que a vírgula decimal é deslocada para a *esquerda*, o expoente de 10 é *positivo*.

Podemos representar os números menores que 1 usando a mesma convenção, mas nesse caso a potência de 10 é negativa. Por exemplo, para o número 0,010, devemos deslocar a vírgula duas casas para a direita para obter um número entre 1 e 10:

$$0,\underbrace{0\ 1}_{1\ 2}\ 0$$

Técnica de construção de habilidade matemática
Deslocar a vírgula para direita requer um expoente negativo.

Isso exige um expoente de −2, logo, $0,010 = 1,0 \times 10^{-2}$. Lembre-se: sempre que a vírgula é deslocada para a *direita*, o expoente de 10 é *negativo*.

Agora, considere o número 0,000167. Nesse caso, devemos deslocar a vírgula quatro casas para a direita para obter 1,67 (um número entre 1 e 10):

$$0,\underbrace{0\ 0\ 0\ 1}_{1\ 2\ 3\ 4}\ 6\ 7$$

Técnica de construção de habilidade matemática
Leia o Apêndice caso precise de informações mais aprofundadas sobre expoentes e notação científica.

Deslocar a vírgula quatro casas para a direita requer um expoente de −4. Portanto,

$$0,000167 = \underbrace{1,67 \times 10^{-4}}_{\substack{\text{Deslocamos a vírgula quatro} \\ \text{casas para a direita.}}}$$

Medidas e cálculos   **17**

Resumimos esses procedimentos a seguir:.

Técnica de construção de habilidade matemática
100 =   1,0 × 10²
0,010 =   1,0 × 10⁻²

Utilizando a notação científica

- Qualquer número pode ser apresentado como o produto de um número entre 1 e 10 e uma potência de 10 (positiva ou negativa).
- A potência de 10 depende do número de casas decimais em que deslocamos a vírgula e em qual direção. O *número de casas decimais* que a vírgula é deslocada determina a *potência de 10*. A *direção* do deslocamento determina se a potência de 10 é *positiva* ou *negativa*. Se a vírgula é deslocada para a esquerda, a potência de 10 é positiva; se a vírgula é deslocada para a direita, a potência de 10 é negativa.

Técnica de construção de habilidade matemática
Esquerda Positivo É; lembre-se: EPÉ.

Exemplo resolvido 2.1 — Notação científica: potências de 10 (positiva)

Represente os seguintes números em notação científica.

a. 238.000
b. 1.500.000

SOLUÇÃO

a. Primeiro, deslocamos a vírgula até obtermos um número entre 1 e 10, nesse caso, 2,38.

2 3 8 0 0 0
  5 4 3 2 1   A vírgula foi deslocada cinco casas para a esquerda.

Técnica de construção de habilidade matemática
Um número maior que 1 sempre terá um expoente positivo quando escrito em uma notação científica.

Como deslocamos a vírgula cinco casas para a esquerda, a potência de 10 é 5 positiva. Assim, $238.000 = 2{,}38 \times 10^5$.

b. 1 5 0 0 0 0 0
   6 5 4 3 2 1   A vírgula foi deslocada seis casas para a esquerda; portanto, a potência de 10 é 6.

Assim, $1.500.000 = 1{,}5 \times 10^6$. ∎

Exemplo resolvido 2.2 — Notação científica: potências de 10 (negativa)

Represente os seguintes números em notação científica.

a. 0,00043
b. 0,089

SOLUÇÃO

a. Primeiro, deslocamos a vírgula até obter um número entre 1 e 10, nesse caso, 4,3.

0 0 0 0 4 3
    1 2 3 4   A vírgula foi deslocada quatro casas para a direita.

Como deslocamos o separador decimal quatro casas para a direita, a potência de 10 é 4 negativa. Assim, $0{,}00043 = 4{,}3 \times 10^{-4}$.

Técnica de construção de habilidade matemática
Um número menor que 1 sempre terá um expoente negativo quando escrito em notação científica.

b. 0 0 8 9
     1 2

A potência de 10 é 2 negativa, porque a vírgula foi deslocada duas casas para a direita.

Assim, $0{,}089 = 8{,}9 \times 10^{-2}$.

AUTOVERIFICAÇÃO

Exercício 2.1 Escreva os números 357 e 0,0055 em notação científica. Se encontrar dificuldade com a notação científica neste ponto, leia novamente o Apêndice.

Consulte os Problemas 2.5 até 2.14. ■

2-2 Unidades

OBJETIVO Aprender o sistema de medidas inglês, métrico e SI.

A parte de uma medida chamada de **unidade** nos informa qual *escala* ou *padrão* estão sendo usados para representar os resultados da medida. Desde os primórdios da civilização, o comércio exigia unidades comuns. Por exemplo, se um fazendeiro de uma região quisesse trocar parte de seus grãos pelo ouro de um mineiro que vivia em outra região, os dois deveriam ter padrões (unidades) comuns para medir a quantidade de grãos e o peso do ouro.

A necessidade de unidades comuns também se aplica a cientistas, que medem quantidades, como massa, comprimento, tempo e temperatura. Se todo cientista tivesse seu próprio conjunto pessoal de unidades, seria um caos completo. Infelizmente, apesar de haver sistemas padrões de unidades, outros foram adotados em diferentes partes do mundo. Os dois sistemas mais utilizados são o **sistema inglês**, usado nos Estados Unidos, e o **sistema métrico**, usado na maior parte do mundo industrializado.

O sistema métrico tem sido o preferido na maioria dos trabalhos científicos. Em 1960, um acordo internacional estabeleceu um sistema abrangente de unidades chamado **Sistema Internacional** (*le Système Internationale*, em francês), ou **SI**. As unidades SI são fundamentadas no sistema métrico e em suas derivações. As unidades SI básicas mais importantes estão listadas na Tabela 2.1. Posteriormente, neste capítulo, discutiremos como usar algumas delas.

Como as unidades básicas nem sempre têm um tamanho conveniente, o sistema SI utiliza prefixos para alterar seu tamanho. Os prefixos mais utilizados estão listados na Tabela 2.2. Apesar de a unidade básica para comprimento ser o metro (m), também podemos usar o decímetro (dm), que representa um décimo (0,1) de um metro; o centímetro (cm), que representa um centésimo (0,01) de um metro;

> **Pensamento crítico**
> E se você não pudesse utilizar as unidades por um dia? Como isso afetaria sua vida?

Tabela 2.1 ▸ Algumas unidades básicas do SI

Quantidade física	Nome da unidade	Abreviatura
massa	quilograma	kg
comprimento	metro	m
hora	segundo	s
temperatura	kelvin	K

Tabela 2.2 ▸ Os prefixos mais usados no sistema métrico

Prefixo	Símbolo	Significado	Potência de 10 para notação científica
mega	M	1.000.000	10^{6}
quilo	k	1000	10^{3}
deci	d	0,1	10^{-1}
centi	c	0,01	10^{-2}
mili	m	0,001	10^{-3}
micro	μ	0,000001	10^{-6}
nano	n	0,000000001	10^{-9}

QUÍMICA EM FOCO

Unidades críticas!

Qual é a importância das conversões de uma unidade em outra? Se você perguntar para a NASA (Administração Nacional da Aeronáutica e do Espaço), a resposta é: enorme! Em 1999, a NASA perdeu um Satélite Climático de Marte de 125 milhões de dólares por causa de uma falha de conversão de unidades inglesas em métricas.

O problema surgiu porque as duas equipes que trabalhavam na missão Marte estavam usando diferentes conjuntos de unidades. Os cientistas da NASA, no Laboratório de Propulsão a Jato, em Pasadena, Califórnia, presumiram que os dados de impulso para os foguetes do Satélite recebidos da empresa construtora da espaçonave, Lockheed Martin Astronautics, em Denver, estavam em unidades métricas. Na realidade, as unidades estavam no sistema inglês. Consequentemente, o Satélite entrou 100 quilômetros a mais que o planejado na atmosfera de Marte e o atrito fez que a espaçonave pegasse fogo.

O erro da NASA reacendeu a controvérsia sobre se o Congresso deveria exigir que os Estados Unidos passassem a utilizar o sistema métrico. Cerca de 95% das pessoas no mundo usam o sistema métrico atualmente, e os Estados Unidos estão lentamente mudando do sistema inglês para o métrico. Por exemplo, a indústria automobilística adotou fixadores métricos, e os refrigerantes são comprados em garrafas de dois litros.

As unidades podem ser muito importantes. Na verdade, elas podem significar a diferença entre vida e morte em algumas ocasiões. Em 1983, por exemplo, um aeronave canadense quase ficou sem combustível quando alguém bombeou 22.300 libras de combustível na aeronave em vez de 22.300 quilogramas. Lembre-se de prestar atenção nas unidades!

Concepção do artista do Satélite Climático de Marte que se perdeu.

---

um milímetro (mm), que representa um milésimo (0,001) de um metro, e assim por diante. Por exemplo, é bem mais conveniente especificar o diâmetro de uma determinada lente de contato como 1,0 cm em vez de $1,0 \times 10^{-2}$ m.

As medidas consistem tanto de um número quanto de uma unidade, e ambos são cruciais. Assim como você não daria uma medida sem um valor numérico, também não daria uma medida sem uma unidade. Você já utiliza unidades em seu cotidiano, quando alguém lhe diz "Vamos nos encontrar em uma hora" (hora é a unidade) ou você e seus amigos pedem duas pizzas para o jantar (pizza é a unidade).

2-3 Medidas de comprimento, volume e massa

Entender o sistema métrico para medir comprimento, volume e massa.

OBJETIVO

A unidade SI básica de comprimento é o **metro**, que é um pouco maior que uma jarda (1 metro = 39,37 polegadas). No sistema métrico, as frações ou os múltiplos de um metro podem ser expressos por potências de 10, como resumido na Tabela 2.3.

Os sistemas inglês e métrico são comparados na régua mostrada na Fig. 2.1. Observe que

$$1 \text{ polegada} = 2,54 \text{ centímetros}$$

Outras equivalências dos sistemas inglês e métrico são dadas na Seção 2-6.

Tabela 2.3 ▶ O sistema métrico para medidas de comprimento

Unidade	Símbolo	Equivalente em metro
quilômetro	km	1000 m ou 10^3 m
metro	m	1 m
decímetro	dm	0,1 m ou 10^{-1} m
centímetro	cm	0,01 m ou 10^{-2} m
milímetro	mm	0,001 m ou 10^{-3} m
micrômetro	μm	0,000001 m ou 10^{-6} m
nanômetro	nm	0,000000001 m ou 10^{-9} m

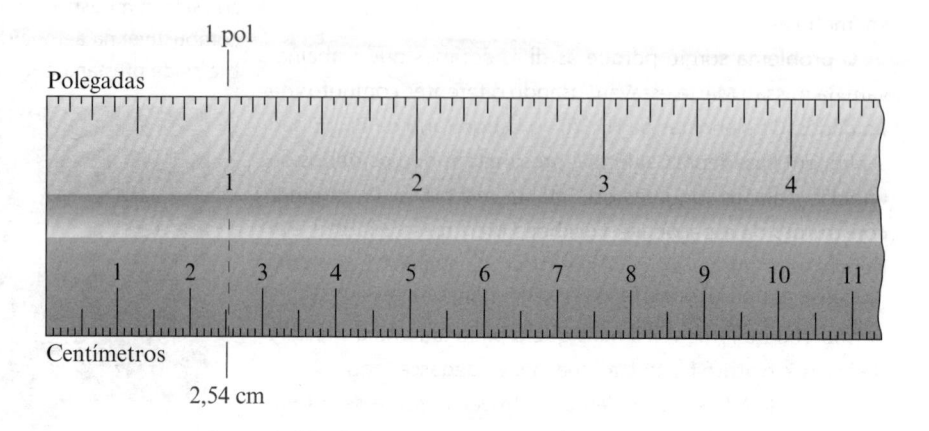

Figura 2.1 ▶ Comparação dos sistemas inglês e métrico para comprimento em uma régua.

Volume é a quantidade de espaço tridimensional ocupado por uma substância. A unidade básica de volume no sistema SI é fundamentada no volume de um cubo que mede 1 metro em cada uma de suas três direções. Isto é, cada aresta do cubo tem 1 metro de comprimento. O volume do cubo é

$$1 \text{ m} \times 1 \text{ m} \times 1 \text{ m} = (1 \text{ m})^3 = 1 \text{ m}^3$$

ou, em palavras, um metro cúbico.

Na Fig. 2.2 esse cubo é dividido em 1000 cubos menores. Cada um desses cubos pequenos representa um volume de 1 dm³, que é comumente chamado de litro (rima com metro e é ligeiramente maior que um quarto) e abreviado como L.

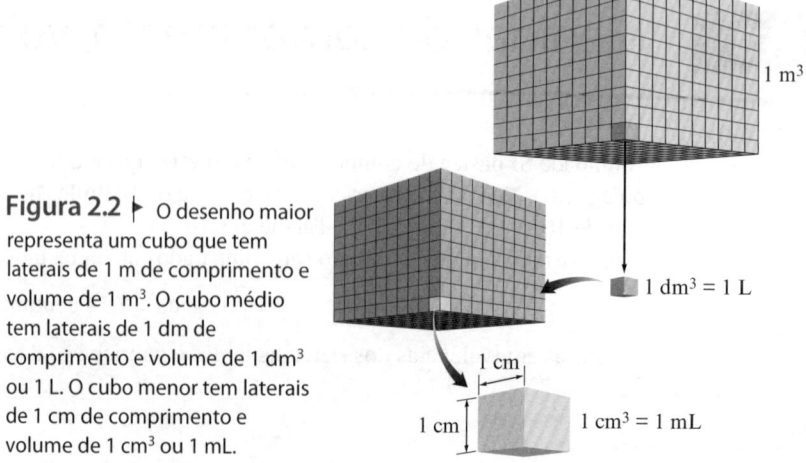

Figura 2.2 ▶ O desenho maior representa um cubo que tem laterais de 1 m de comprimento e volume de 1 m³. O cubo médio tem laterais de 1 dm de comprimento e volume de 1 dm³ ou 1 L. O cubo menor tem laterais de 1 cm de comprimento e volume de 1 cm³ ou 1 mL.

QUÍMICA EM FOCO

Medida: passado, presente e futuro

A medida é o coração de fazer ciência. Obtemos os dados para formular leis e testar teorias ao fazer medidas. As medidas também têm uma importância bastante prática: elas nos dizem se a água que bebemos é segura, se estamos anêmicos e a quantidade exata de combustível que colocamos em nosso carro no posto de gasolina.

Apesar de os dispositivos básicos para obter medidas considerados neste capítulo ainda serem muito usados, novas técnicas de fazer medidas estão sendo desenvolvidas diariamente para atender aos desafios de nosso mundo cada vez mais sofisticado. Por exemplo, os motores nos automóveis modernos têm sensores de oxigênio que analisam o seu teor nos gases de escape. Essa informação é enviada ao computador que controla as funções do motor, de modo que possam ser feitos ajustes instantâneos no ponto de ignição e de misturas de ar-combustível para fornecer uma energia eficiente com o mínimo de poluição do ar.

Uma área de pesquisa bem recente envolve o desenvolvimento de dispositivos de medição à base de papel. Por exemplo, a organização sem fins lucrativos Diagnostics for All (DFA), localizada em Cambridge, Massachusetts, inventou um dispositivo à base de papel para detectar a função hepática adequada. Nesse teste, uma gota do sangue do paciente é colocada no papel e a cor resultante pode ser usada para determinar se a função hepática da pessoa está normal, preocupante ou requer ação imediata. Outros tipos de dispositivos para fazer medidas à base de papel incluem um utilizado para detectar produtos farmacêuticos falsificados e outro para detectar se alguém foi imunizado contra uma doença específica. Como esses dispositivos à base de papel são baratos, descartáveis e fáceis de serem transportados, tornam-se especialmente úteis nos países emergentes.

Os cientistas também examinam o mundo natural para encontrar detectores supersensíveis, pois muitos organismos são sensíveis a pequenas quantidades de substâncias químicas em seus ambientes — lembre-se, por exemplo, dos focinhos sensíveis dos cães de caça. Um desses dispositivos naturais para fazer medidas utiliza os pelos sensoriais dos caranguejos vermelhos do Havaí, que são conectados aos analisadores elétricos e utilizados para detectar os hormônios em níveis abaixo de 10^{-8} g/L. Da mesma forma, o tecido do miolo do abacaxi pode ser usado para detectar pequenas quantidades de peróxido de hidrogênio.

Esses tipos de avanços nos dispositivos para obter medidas levaram a um problema inesperado: detectar todos os tipos de substâncias nos alimentos e água que ingerimos nos assusta. Embora essas substâncias sempre estivessem lá, não nos preocupávamos muito quando não podíamos detectá-las. Agora que estamos cientes de sua presença, o que devemos fazer a respeito? Como podemos avaliar para saber se esses traços de substâncias são nocivos ou benignos? A avaliação do risco tornou-se tão complicada que nossa sofisticação em obter medidas aumentou.

Oficial de controle de poluição medindo o teor de oxigênio da água do rio.

O cubo com um volume de 1 dm³ (1 litro) pode, por sua vez, ser dividido em 1000 cubos menores, cada um representando um volume de 1 cm³. Isso significa que cada litro contém 1000 cm³. Um centímetro cúbico é chamado de **mililitro** (abreviado como mL), unidade de volume utilizada com bastante frequência na química. Essa relação é resumida na Tabela 2.4.

A *proveta* (Fig. 2.3), muito usada nos laboratórios de química para medir volume de líquidos, contém marcas das unidades convenientes de volume (normalmente mililitros). Enche-se a proveta com o volume desejado do líquido, que em seguida pode ser vertido.

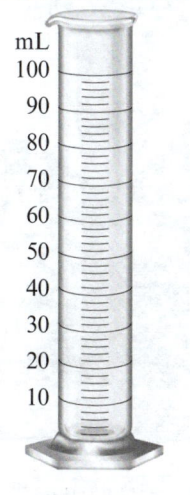

Figura 2.3 ▶ Proveta de 100 mL.

Tabela 2.4 ▶ A relação de litro e mililitro

Unidade	Símbolo	Equivalência
litro	L	1 L = 1000 mL
mililitro	mL	$\frac{1}{1000}$ L = 10^{-3} L = 1 mL

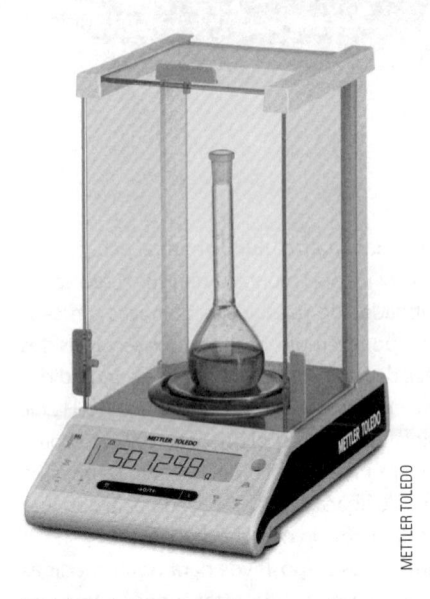

Figura 2.4 ▸ Uma balança analítica eletrônica usada nos laboratórios de química.

Tabela 2.5 ▸ As unidades métricas mais usadas para massa

Unidade	Símbolo	Equivalente em grama
quilograma	kg	1000 g = 10^3 g = 1 kg
grama	g	1 g
miligrama	mg	0,001 g = 10^{-3} g = 1 mg

Tabela 2.6 ▸ Alguns exemplos de unidades frequentemente usadas

comprimento	Uma moeda de 1 centavo tem 1 mm de espessura.
	Uma moeda de 25 centavos tem 2,5 cm de diâmetro.
	A altura média de um homem adulto é de 1,8 m.
massa	Uma moeda de cinco centavos tem uma massa de aproximadamente 5 g.
	Uma mulher de 120 lb tem uma massa de aproximadamente 55 kg.
volume	Uma lata de refrigerante de 12 oz tem um volume de aproximadamente 360 mL.
	Meio galão de leite é igual a aproximadamente 2 L de leite.

A **massa** é outra quantidade mensurável importante e pode ser definida como a quantidade de material presente em um objeto. A unidade SI básica de massa é o **quilograma**.

Como o sistema métrico, que já existia antes do sistema SI, usava o grama como unidade básica, os prefixos para as diversas unidades de massa são fundamentados em **gramas**, como mostrado na Tabela 2.5.

No laboratório, determinamos a massa de um objeto utilizando uma balança, que compara a massa do objeto com um conjunto de massas padrão ("peso"). Por exemplo, a massa de um objeto pode ser determinada em uma balança de prato único (Fig. 2.4).

Para ajudá-lo a compreender as unidades comuns de comprimento, volume e massa, alguns objetos familiares são descritos na Tabela 2.6.

2-4 Incerteza na medida

OBJETIVOS
▸ Entender como surge a incerteza em uma medida.
▸ Aprender a indicar a incerteza de uma medida utilizando algarismos significativos.

Quando for medir a quantidade de algo por contagem, a medição é exata. Por exemplo, se pedisse para sua amiga comprar quatro maçãs e ela voltasse com três ou cinco, você ficaria surpreso. No entanto, as medidas nem sempre são exatas. Por exemplo, sempre que uma medida é feita com um dispositivo como uma régua ou uma proveta, exigi-se uma estimativa. É possível ilustrar isso medindo o prego mostrado na Fig. 2.5(a), que verificamos ser um pouco maior que 2,8 cm e um pouco menor que 2,9 cm. Como não há graduações entre 2,8 e 2,9 na régua, devemos estimar o comprimento do prego entre 2,8 e 2,9. Fazemos isso imaginando que a distância entre 2,8 e 2,9 é dividida em 10 partes iguais [Fig. 2.5(b)] e estimando qual divisão o prego atinge. A extremidade do prego parece chegar a aproximadamente metade do caminho entre 2,8 e 2,9, o que corresponde a 5 de nossas 10 divisões imaginárias. Portanto, estimamos que o

Estudante realizando uma titulação no laboratório.

O comprimento fica entre 2,8 cm e 2,9 cm.

a

Imagine que a distância entre 2,8 e 2,9 seja dividida em 10 partes iguais. A extremidade do prego alcança aproximadamente 5 dessas divisões.

b

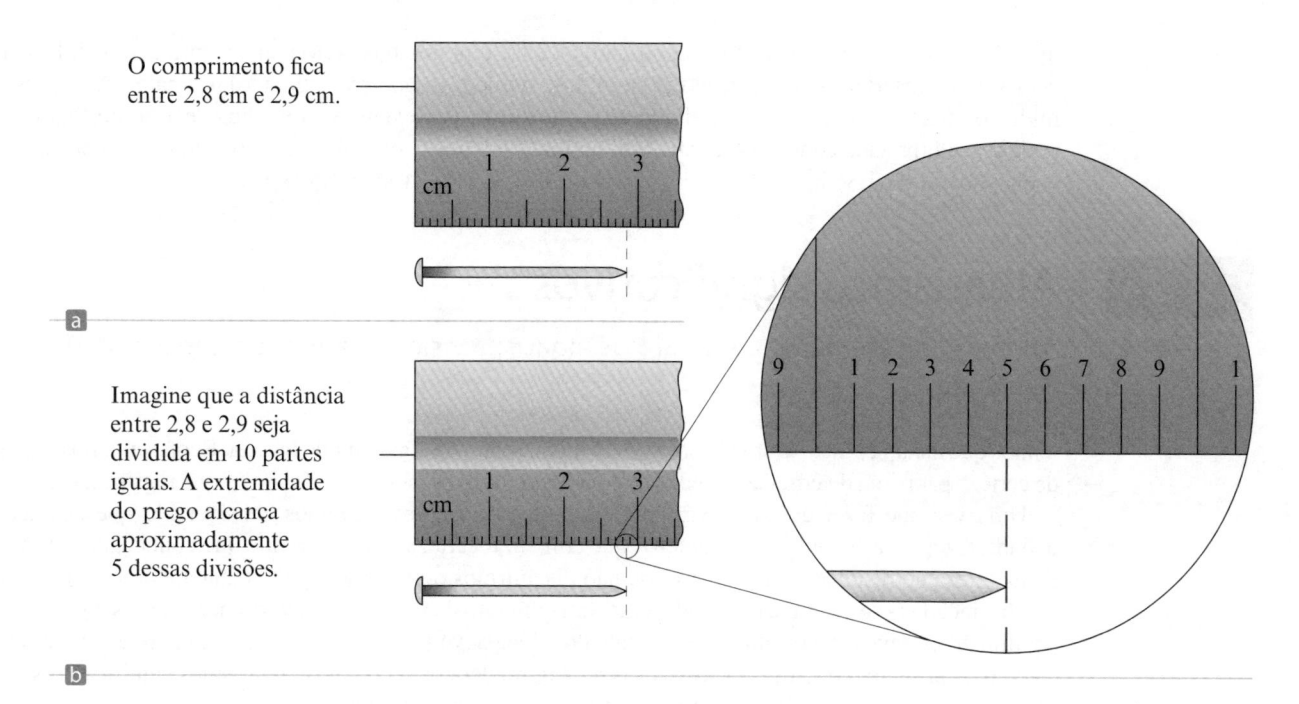

Figure 2.5 ▸ Medindo um prego.

comprimento do prego seja 2,85 cm. O resultado de nossa medida foi que o prego tem cerca de 2,85 cm de comprimento, mas como precisamos depender de uma estimativa visual, poderia ser na verdade 2,84 cm ou 2,86 cm.

Uma vez que o último número é fundamentado em uma estimativa visual, ele poderá ser diferente quando outra pessoa fizer a mesma medida. Por exemplo, se cinco pessoas diferentes medissem o prego, os resultados poderiam ser

Pessoa	Resultado da medição
1	2,85 cm
2	2,84 cm
3	2,86 cm
4	2,85 cm
5	2,86 cm

Observe que os dois primeiros dígitos em cada medição são os mesmos, independentemente de quem a fez, e chamam-se números *certos* de uma medida. No entanto, o terceiro dígito é estimado e pode variar, sendo chamado de número *incerto*. Quando alguém faz uma medida, o comum é registrar todos os números certos mais o *primeiro* incerto. Não faria nenhum sentido tentar medir o prego até a terceira casa decimal (milésimos de um centímetro), porque essa régua exige uma estimativa até mesmo da segunda casa decimal (centésimos de um centímetro).

É muito importante perceber que *uma medida sempre tem um grau de incerteza* que depende do dispositivo usado para medir. Por exemplo, se a régua na Fig. 2.5 tiver marcações indicando centésimos de um centímetro, a incerteza na medição do prego ocorreria na casa dos milésimos e não na dos centésimos, porém um pouco de incerteza ainda existiria.

Os números registrados em uma medida (todos os números certos mais o primeiro incerto) são chamados de **algarismos significativos**. O número de algarismos significativos para uma determinada medida é definido pela incerteza inerente do dispositivo usado para fazer a medida. Por exemplo, a régua utilizada para medir o prego pode dar resultados somente até centésimos de centímetro. Assim,

24 Introdução à química: fundamentos

quando registramos os algarismos significativos para uma medida, automaticamente damos informações sobre a incerteza dela. A incerteza no último número (o número estimado) normalmente é presumida como ±1, a não ser que se indique de outra forma. Por exemplo, a medida de 1,86 quilogramas pode ser interpretada como 1,86 ± 0,01 quilogramas, em que o símbolo ± significa mais ou menos. Isto é, ela poderia ser 1,86 kg – 0,01 kg = 1,85 kg ou 1,86 kg + 0,01 kg = 1,87 kg.

2-5 Algarismos significativos

OBJETIVO Aprender a determinar o número de algarismos significativos em um resultado calculado.

Vimos que qualquer medida envolve uma estimativa, sendo de algum modo incerta. Representamos o grau de certeza para uma determinada medida pelo número de algarismos significativos que registramos.

Uma vez que fazer química exige muitos tipos de cálculos, devemos considerar o que acontece quando fazemos aritmética com números que contêm incertezas. É importante que conheçamos o grau de incerteza no resultado final. Apesar de não discutirmos o processo aqui, os matemáticos estudaram como a incerteza se acumula e estabeleceram um conjunto de regras para determinar quantos algarismos significativos deve ter o resultado de um cálculo. Você deve seguir essas regras sempre que realizar um cálculo. A primeira coisa que precisamos fazer é aprender como contar os algarismos significativos em um determinado número. Para fazer isso, utilizamos as seguintes regras:

Técnica de construção de habilidade matemática
Os zeros à esquerda nunca são algarismos significativos.

Técnica de construção de habilidade matemática
Os zeros ao centro sempre são algarismos significativos.

Técnica de construção de habilidade matemática
Os zeros à direita às vezes são algarismos significativos.

Técnica de construção de habilidade matemática
Números exatos nunca limitam o número de algarismos significativos em um cálculo.

Técnica de construção de habilidade matemática
Os algarismos significativos são facilmente indicados por notação científica.

Regras para contagem de algarismos significativos

1. *Números inteiros diferentes de zero.* Números inteiros diferentes de zero *sempre* contam como algarismos significativos. Por exemplo, o número 1457 tem quatro números inteiros diferentes de zero e todos contam como algarismos significativos.
2. *Zeros.* Há três classes de zeros:
   a. Os *zeros à esquerda* são os que *antecedem* todos os dígitos diferentes de zero. Eles *nunca* contam como algarismos significativos. Por exemplo, no número 0,0025, os três zeros simplesmente indicam a posição da vírgula. O número tem apenas dois algarismos significativos, 2 e 5.
   b. Os *zeros ao centro* são zeros que ficam *entre* os dígitos diferentes de zero. Eles *sempre* contam como algarismos significativos. Por exemplo, o número 1,008 tem quatro algarismos significativos.
   c. Os *zeros à direita* são os concentrados do lado direito do número. Eles são significativos somente se o número for escrito com uma vírgula. O número cem escrito como 100 tem apenas um algarismo significativo, mas, escrito como 100,0, tem três.
3. *Números exatos.* Muitas vezes, os cálculos envolvem números que não foram obtidos usando dispositivos para realizar medidas, mas foram determinados por contagem: 10 experimentos, 3 maçãs, 8 moléculas. Esses números são chamados de *exatos* e presume-se que possam ter uma quantidade ilimitada de algarismos significativos. Os números exatos também podem surgir de definições, por exemplo, 1 polegada é definida como *exatamente* 2,54 centímetros. Dessa forma, na afirmação 1 pol = 2,54 cm, nem 2,54 nem 1 limita o número de algarismos significativos quando usado em um cálculo.

As regras para contar os algarismos significativos também se aplicam aos números escritos em notação científica. Por exemplo, o número 100,0 pode ser expresso como $1,00 \times 10^2$ e ambas as versões têm três algarismos significativos. A notação científica oferece duas grandes vantagens: o número de algarismos significativos pode ser indicado facilmente e são necessários menos zeros para escrever um número muito grande ou muito pequeno. Por exemplo, o número 0,000060 é muito mais convenientemente representado como $6,0 \times 10^{-5}$, além de ter dois algarismos significativos em qualquer uma das formas.

Exemplo resolvido 2.3 — Contagem de algarismos significativos

Dê o número de algarismos significativos para cada uma das seguintes medidas:

a. Uma amostra de suco de laranja contém 0,0108 g de vitamina C.

b. Um químico forense em um laboratório criminal pesa um único fio de cabelo e registra uma massa de 0,0050060 g.

c. Descobriu-se que a distância entre dois pontos é $5,030 \times 10^3$ pés.

d. A corrida de bicicleta de ontem começou com 110 ciclistas, mas somente 60 terminaram.

SOLUÇÃO

a. O número contém três algarismos significativos. Os zeros à esquerda do 1 não são significativos, mas o zero remanescente (um zero ao centro) é.

b. O número contém cinco algarismos significativos. Os zeros à esquerda de 5 não são significativos. Os zeros ao centro, entre o 5 e o 6, são significativos. O zero à direita do 6 é significativo, porque o número contém uma vírgula.

c. Esse número tem quatro algarismos significativos. Ambos os zeros em 5,030 são significativos.

d. Ambos os números são exatos (eles foram obtidos pela contagem dos ciclistas). Dessa forma, esses números têm um número ilimitado de algarismos significativos.

AUTOVERIFICAÇÃO

Exercício 2.2 Dê o número de algarismos significativos para cada uma das seguintes medidas.

a. 0,00100 m   b. $2,0800 \times 10^2$ L   c. 480 Corvettes

Consulte os Problemas 2.33 e 2.34. ■

Arredondamento de números

Quando você faz um cálculo na calculadora, o número de dígitos exibidos normalmente é maior que o número de algarismos significativos que o resultado deve ter. Portanto, é preciso "arredondar" o número (reduzir dígitos). As regras para **arredondamento** são as indicadas a seguir.

> **Regras para arredondamento**
>
> 1. Se o dígito a ser removido:
>   a. for menor que 5, o número antecedente permanece o mesmo. Por exemplo, 1,33 é arredondado para 1,3.
>   b. for igual ou maior que 5, soma-se 1 ao número antecedente. Por exemplo, 1,36 é arredondado para 1,4, e 3,15 é arredondado para 3,2.
> 2. Em uma série de cálculos, use os dígitos extras até o resultado final e, *em seguida*, arredonde-os.* Isso significa que você deve usar todos os dígitos que são exibidos na calculadora até chegar ao número final (a resposta) e, então, arredonde-os usando os procedimentos na Regra 1.

---

* Esta prática não será seguida nos exemplos trabalhados neste texto, porque queremos mostrar o número correto de algarismos significativos em cada etapa do exemplo.

Precisamos abordar mais um ponto sobre o arredondamento para o número correto de algarismos significativos. Suponha que o número 4,348 precisa ser arredondado para dois algarismos significativos. Ao fazer isso, vemos *apenas* o *primeiro número* à direita do 3:

4,348
↑
Veja este número para arredondar para dois algarismos significativos.

Técnica de construção de habilidade matemática

Não arredonde sequencialmente. O número 6,8347 arredondado para três algarismos significativos é 6,83, não 6,84.

O número é arredondado para 4,3 porque 4 é menor que 5. É incorreto arredondar sequencialmente. Por exemplo, não arredonde o 4 para 5, a fim de ter 4,35 e depois arredonde o 3 para o 4, a fim de ter 4,4.

Ao arredondar, *use apenas o primeiro número à direita do último algarismo significativo*.

Determinando algarismos significativos em cálculos

Em seguida, iremos aprender como determinar o número correto de algarismos significativos no resultado de um cálculo. Para isso, utilizaremos as seguintes regras:

Regras para utilizar os algarismos significativos em cálculos

1. Para *multiplicação* ou *divisão*, o número de algarismos significativos no resultado é o mesmo que na medição com o *menor número* de algarismos significativos. Dizemos que essa medida é *limitante*, pois restringe o número de algarismos significativos no resultado. Por exemplo, considere este cálculo:

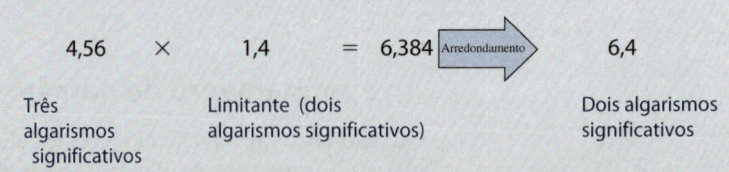

$$4{,}56 \times 1{,}4 = 6{,}384 \xrightarrow{\text{Arredondamento}} 6{,}4$$

Três algarismos significativos | Limitante (dois algarismos significativos) | | Dois algarismos significativos

Como 1,4 tem apenas dois algarismos significativos, o resultado limita-se a dois algarismos significativos. Dessa forma, o produto é escrito corretamente como 6,4, que tem dois algarismos significativos. Considere outro exemplo. Na divisão $\frac{8{,}315}{298}$, quantos algarismos significativos devem aparecer na resposta? Como 8,315 tem quatro algarismos significativos, o número 298 (com três algarismos significativos) limita o resultado. O cálculo é corretamente representado por:

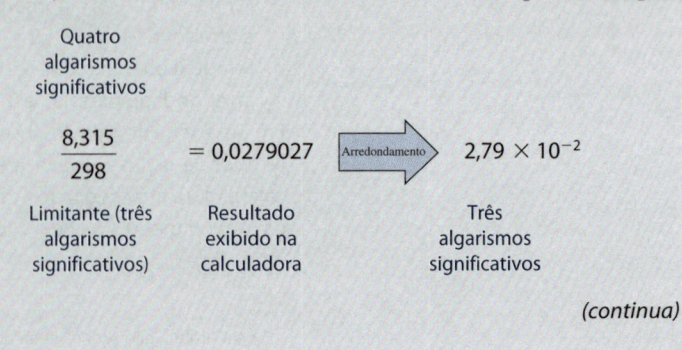

Quatro algarismos significativos

$$\frac{8{,}315}{298} = 0{,}0279027 \xrightarrow{\text{Arredondamento}} 2{,}79 \times 10^{-2}$$

Limitante (três algarismos significativos) | Resultado exibido na calculadora | Três algarismos significativos

(continua)

Técnica de construção de habilidade matemática

Se você precisar de ajuda para usar a calculadora, consulte o Apêndice.

2. Para *soma* ou *subtração*, o termo limitante é aquele com o menor número de casas decimais. Por exemplo, considere a soma a seguir:

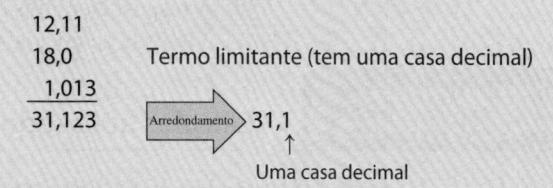

$$\begin{array}{r} 12{,}11 \\ 18{,}0 \\ \underline{1{,}013} \\ 31{,}123 \end{array}$$ Termo limitante (tem uma casa decimal)

Arredondamento → 31,1
↑
Uma casa decimal

Por que a resposta é limitada pelo termo com o menor número de casas decimais? Lembre-se de que o último dígito registrado em uma medida é, na verdade, um número incerto. Embora 18, 18,0 e 18,00 sejam tratados como as mesmas quantidades por sua calculadora, eles são diferentes para um cientista. O problema acima pode ser pensado da seguinte forma:

$$\begin{array}{r} 12{,}11? \text{ mL} \\ 18{,}0?? \text{ mL} \\ \underline{1{,}013 \text{ mL}} \\ 31{,}1?? \text{ mL} \end{array}$$

Como o termo 18,0 tem uma casa decimal, nossa resposta também deve ser dada dessa forma.

O resultado correto é 31,1 (limitado a uma casa decimal porque 18,0 tem apenas uma). Considere outro exemplo:

$$\begin{array}{r} 0{,}6875 \\ \underline{-0{,}1} \\ 0{,}5875 \end{array}$$ Termo limitante (uma casa decimal)

Arredondamento → 0,6

Observe que, *para multiplicação e divisão, contamos os algarismos significativos. Para adição e subtração, contamos as casas decimais.*

Agora aplicaremos o que você aprendeu sobre algarismos significativos ao considerar algumas operações matemáticas nos exemplos a seguir.

Exemplo resolvido 2.4

Contando algarismos significativos em cálculos

Sem realizar os cálculos, determine quantos algarismos significativos cada resposta deve conter.

a. 5,19
   1,9
   +0,842

b. 1081 − 7,25

c. 2,3 × 3,14

d. O custo total de 3 caixas de doce a $2,50 a caixa.

SOLUÇÃO

a. A resposta terá um dígito após a vírgula. O número limitante é 1,9, que tem uma casa decimal, portanto, a resposta tem dois algarismos significativos.

b. A resposta não terá um dígito após a vírgula. O número 1081 não tem dígitos à direita da vírgula e limita o resultado, portanto, a resposta tem quatro algarismos significativos.

c. A resposta terá dois algarismos significativos, porque o número 2,3 tem apenas dois algarismos significativos (3,14 tem três).

d. A resposta terá três algarismos significativos. O fator limitante é 2,50 porque 3 (caixas de doce) é um número exato. ■

Exemplo resolvido 2.5

Cálculos utilizando algarismos significativos

Realize as operações matemáticas a seguir e dê cada resultado com o número correto de algarismos significativos.

a. $5{,}18 \times 0{,}0208$
b. $(3{,}60 \times 10^{-3}) \times (8{,}123) \div 4{,}3$
c. $21 + 13{,}8 + 130{,}36$
d. $116{,}8 - 0{,}33$
e. $(1{,}33 \times 2{,}8) + 8{,}41$

SOLUÇÃO

Termos limitantes Arredondar até este dígito.
↓

a. $5{,}18 \times 0{,}0208 = 0{,}107744 \Rightarrow 0{,}108$

A resposta deve conter três algarismos significativos, porque cada número sendo multiplicado tem três algarismos significativos (Regra 1). O 7 é arredondado para 8 porque o próximo dígito é maior que 5.

Arredondar até este dígito.
↓

b. $\dfrac{(3{,}60 \times 10^{-3})(8{,}123)}{4{,}3} = 6{,}8006 \times 10^{-3} \Rightarrow 6{,}8 \times 10^{-3}$

↑
Termo limitante

Técnica de construção de habilidade matemática

Quando multiplicamos e dividimos em um problema, devemos realizar todos os cálculos antes de arredondar a resposta para o número correto de algarismos significativos.

Como 4,3 tem o menor número de algarismos significativos (dois), o resultado deve ter dois algarismos significativos (Regra 1).

c.
$$\begin{array}{r} 21 \\ 13{,}8 \\ +130{,}36 \\ \hline 165{,}16 \end{array} \Rightarrow 165$$

Nesse caso, 21 é limitante (não há dígitos depois da vírgula). Dessa forma, a resposta não deve ter dígitos após a vírgula, de acordo com a regra para adição (Regra 2).

Técnica de construção de habilidade matemática

Quando multiplicamos (ou dividimos) e depois somamos (ou subtraímos) em um problema, devemos arredondar a primeira resposta da primeira operação (nesse caso, multiplicação) antes de realizar a próxima operação (nesse caso, soma). É necessário saber o número correto de casas decimais.

d.
$$\begin{array}{r} 116{,}8 \\ -\ \ 0{,}33 \\ \hline 116{,}47 \end{array} \Rightarrow 116{,}5$$

Como 116,8 tem uma casa decimal, a resposta deve ter apenas uma também (Regra 2). O 4 é arredondado para 5 porque o dígito à direita (7) é maior que 5.

e. $1{,}33 \times 2{,}8 = 3{,}724 \Rightarrow 3{,}7$

$$\begin{array}{r} 3{,}7 \\ +\ 8{,}41 \\ \hline 12{,}11 \end{array} \Rightarrow 12{,}1$$

← Termo limitante

Observe que, nesse caso, multiplicamos e depois arredondamos o resultado para o número correto de algarismos significativos antes de realizarmos a adição, de modo que pudéssemos saber o número correto de casas decimais.

AUTOVERIFICAÇÃO

Exercício 2.3 Dê a resposta para cada cálculo com o número correto de algarismos significativos.

a. $12{,}6 \times 0{,}53$
b. $(12{,}6 \times 0{,}53) - 4{,}59$
c. $(25{,}36 - 4{,}15) \div 2{,}317$

Consulte os Problemas 2.47 até 2.52. ■

2-6 Solução de problemas e análise dimensional

OBJETIVO Aprender como a análise dimensional pode ser usada para resolver vários tipos de problemas.

Suponha que o chefe da loja onde você trabalha nos finais de semana peça para você pegar 2 dúzias de rosquinhas a caminho do trabalho. No entanto, você descobre que a loja de rosquinhas vende por unidade. Quantas rosquinhas você precisa pedir?

Esse "problema" é um exemplo de algo que você encontra o tempo todo: converter uma unidade de medida em outra. Exemplos disso ocorrem na cozinha (uma receita pede 3 xícaras de creme de leite, que é vendido em caixinha. Quantas caixinhas você deve comprar?); em uma viagem (a bolsa custa 250 pesos. Quanto é isso em reais?); nos esportes (uma recente corrida de bicicleta do "Tour de France" teve 3215 quilômetros de distância percorridos. Quantas milhas essa distância representa?); e em muitas outras áreas.

Como você faz a conversão de uma unidade de medida em outra? Vamos explorar esse processo usando o problema da rosquinha:

$$2 \text{ dúzias de rosquinhas} = ? \text{ rosquinhas individuais}$$

em que ? representa um número ainda não conhecido. A informação essencial que você precisa ter é a definição de uma dúzia:

$$1 \text{ dúzia} = 12$$

Você pode usar essa informação para fazer a conversão necessária, conforme mostrado a seguir:

$$2 \text{ dúzias de rosquinhas} \times \frac{12}{1 \text{ dúzia}} = 24 \text{ rosquinhas}$$

Você precisa comprar 24 rosquinhas.

Observe duas coisas importantes nesse processo.

1. O fator $\frac{12}{1 \text{ dúzia}}$ é um fator de conversão com base na definição do termo *dúzia*. Esse fator de conversão é uma razão das duas partes da definição de uma dúzia dada acima.

2. A unidade "dúzia" por si só se cancela.

Agora vamos generalizar um pouco. Para trocar uma unidade por outra, utilizaremos um fator de conversão.

$$\text{Unidade}_1 \times \text{fator de conversão} = \text{Unidade}_2$$

O **fator de conversão** é uma razão entre duas partes da igualdade que relaciona as duas unidades. Trataremos disso mais detalhadamente na discussão a seguir.

No início deste capítulo, consideramos um prego que tinha 2,85 cm de comprimento. Qual é o comprimento do prego em polegadas? Podemos representar esse problema como

$$2{,}85 \text{ cm} \rightarrow ? \text{ pol}$$

O ponto de interrogação representa o número que queremos descobrir. Para solucionar esse problema, devemos conhecer a relação entre polegadas e centímetros. Na Tabela 2.7, que dá diversos equivalentes entre os sistemas inglês e métrico, encontramos a relação

$$2{,}54 \text{ cm} = 1 \text{ pol}$$

Técnica de construção de habilidade matemática

Já que 1 dúzia = 12, quando multiplicamos por $\frac{12}{1 \text{ dúzia}}$, estamos multiplicando por 1.
A unidade "dúzia" por si só se cancela.

Tabela 2.7 ▶ Equivalente inglês-métrico e inglês-inglês

Comprimento	1 m = 1,094 jardas
	2,54 cm = 1 pol
	1 mi = 5280 pés
	1 mi = 1760 jardas
Massa	1 kg = 2,205 lb
	453,6 g = 1 lb
Volume	1 L = 1,06 qt
	1 ft³ = 28,32 mL

Essa igualdade é chamada de **declaração equivalente**. Em outras palavras, 2,54 cm e 1 pol representam *exatamente a mesma distância* (Fig. 2.1). Os respectivos números são diferentes porque se referem a diferentes *escalas* (*unidades*) de distância.

A declaração equivalente 2,54 cm = 1 pol pode levar a qualquer um dos dois fatores de conversão:

$$\frac{2,54 \text{ cm}}{1 \text{ pol}} \quad \text{ou} \quad \frac{1 \text{ pol}}{2,54 \text{ cm}}$$

Observe que esses *fatores de conversão* são *razões entre as duas partes da declaração equivalentes* que relacionam as duas unidades. Qual dos dois possíveis fatores de conversão precisamos? Lembre-se do nosso problema:

$$2,85 \text{ cm} = ? \text{ pol}$$

Isto é, queremos converter de unidades de centímetros em polegadas:

$$2,85 \text{ cm} \times \text{fator de conversão} = ? \text{ pol}$$

Escolhemos um fator de conversão que cancela as unidades que queremos descartar e deixa as unidades que queremos no resultado. Assim, fazemos a conversão da seguinte forma:

$$2,85 \text{ cm} \times \frac{1 \text{ pol}}{2,54 \text{ cm}} = \frac{2,85 \text{ pol}}{2,54} = 1,12 \text{ pol}$$

Observe dois fatos importantes nessa conversão:

1. As unidades em centímetro cancelam-se para fornecer polegadas no resultado. Isso é exatamente o que queríamos realizar. Usar o outro fator de conversão $\left(2,85 \text{ cm} \times \dfrac{2,54 \text{ cm}}{1 \text{ pol}}\right)$ não funcionaria porque as unidades não se cancelariam para fornecer polegadas no resultado.

2. Como as unidades mudaram de centímetros para polegadas, o número foi alterado de 2,85 para 1,12. Assim, 2,85 cm tem exatamente o mesmo valor (é o mesmo comprimento) que 1,12 pol. Observe que, nessa conversão, o número diminuiu de 2,85 para 1,12. Isso faz sentido porque a polegada é uma unidade de comprimento maior que o centímetro. Isto é, poucas polegadas são necessárias para obter o mesmo comprimento em centímetros.

O resultado da conversão anterior tem três algarismos significativos, conforme necessário. Cuidado: observando que o termo 1 aparece na conversão, você pode pensar que, por esse número parecer ter um único algarismo significativo, o resultado deveria ter somente um algarismo significativo. Isto é, a resposta deveria ser 1 pol em vez de 1,12 pol. No entanto, na declaração equivalente 1 pol = 2,54 cm, o 1 é um número exato (por definição). Em outras palavras, exatamente 1 pol é igual a 2,54 cm. Portanto, o 1 não limita o número de dígitos significativos no resultado.

Vimos como converter de centímetros em polegadas. E a conversão reversa? Por exemplo, se um lápis tem 7,00 pol de comprimento, qual é seu tamanho em centímetros? Nesse caso, a conversão que queremos fazer é

$$7,00 \text{ pol} \rightarrow ? \text{ cm}$$

Qual fator de conversão precisamos para fazer essa conversão?

Lembre-se de que dois fatores de conversão podem ser derivados de cada declaração equivalente. Nesse caso, a declaração equivalente 2,54 cm = 1 pol dá

$$\frac{2,54 \text{ cm}}{1 \text{ pol}} \quad \text{ou} \quad \frac{1 \text{ pol}}{2,54 \text{ cm}}$$

Mais uma vez, escolhemos qual fator utilizar ao observar a *direção* da mudança exigida. Para fazermos a mudança de polegadas para centímetros, as polegadas devem ser canceladas. Assim, o fator:

$$\frac{2,54 \text{ cm}}{1 \text{ pol}}$$

Técnica de construção de habilidade matemática
As unidades se cancelam assim como os números.

Técnica de construção de habilidade matemática
Quando você finalizar um cálculo, sempre verifique se a resposta faz sentido.

Técnica de construção de habilidade matemática
Quando números exatos forem usados em um cálculo, nunca limitarão o número de algarismos significativos.

é usado, e a conversão é feita da seguinte forma:

$$7{,}00 \text{ pol} \times \frac{2{,}54 \text{ cm}}{1 \text{ pol}} = (7{,}00)(2{,}54) \text{ cm} = 17{,}8 \text{ cm}$$

Aqui as unidades de polegada cancelam-se, deixando os centímetros, conforme necessário.

Observe que, nessa conversão, o número aumenta (de 7,00 para 17,8). Isso faz sentido, porque o centímetro é uma unidade de comprimento menor que a polegada. Isto é, mais centímetros são necessários para ter o mesmo comprimento em polegadas. *Sempre reflita se sua resposta faz sentido*, isso ajudará a evitar erros.

Converter de uma unidade em outra por meio de fatores de conversão (com base nas declarações equivalentes entre as unidades) muitas vezes é chamado de **análise dimensional**. Utilizaremos esse método em todo nosso estudo da química.

Agora podemos declarar algumas etapas gerais para fazer conversões mediante a análise dimensional.

Conversão de uma unidade em outra

Etapa 1 Para converter de uma unidade em outra, use a declaração equivalente que relaciona as duas unidades. O fator de conversão necessário é uma razão de duas partes da declaração equivalente.

Etapa 2 Escolha o fator de conversão apropriado observando a direção da mudança exigida (certifique-se de que as unidades indesejadas se cancelem).

Etapa 3 Multiplique a quantidade a ser convertida pelo fator de conversão para obter a quantidade com as unidades desejadas.

Etapa 4 Verifique se o número de algarismos significativos é correto.

Etapa 5 Reflita se sua resposta faz sentido.

Agora ilustraremos esse procedimento no Exemplo resolvido 2.6.

Exemplo resolvido 2.6

Fatores de conversão: problemas de uma etapa

Uma bicicleta italiana tem o tamanho de seu quadro determinado como 62 cm. Qual é o tamanho do quadro em polegadas?

SOLUÇÃO Podemos representar esse problema como

$$62 \text{ cm} = ? \text{ pol}$$

Neste problema queremos converter de centímetros em polegadas.

$$62 \text{ cm} \times \text{fator de conversão} = ? \text{ pol}$$

Etapa 1 Para converter de centímetros em polegadas, precisamos da declaração equivalente 1 pol = 2,54 cm. Isso leva a dois fatores de conversão:

$$\frac{1 \text{ pol}}{2{,}54 \text{ cm}} \quad e \quad \frac{2{,}54 \text{ cm}}{1 \text{ pol}}$$

Etapa 2 Nesse caso, a direção que queremos é

$$\text{centímetros} \rightarrow \text{polegadas}$$

logo, precisamos do fator de conversão $\frac{1 \text{ pol}}{2{,}54 \text{ cm}}$. Sabemos que queremos isso, porque faz que as unidades centímetros se cancelem, deixando as unidades polegadas.

Etapa 3 A conversão é feita da seguinte forma:

$$62 \text{ cm} \times \frac{1 \text{ pol}}{2,54 \text{ cm}} = 24 \text{ pol}$$

Etapa 4 O resultado é limitado a dois algarismos significativos pelo número 62. Os centímetros se cancelam, deixando as polegadas, como pedido.

Etapa 5 Observe que o número diminuiu nessa conversão, o que faz sentido, pois a polegada é uma unidade de comprimento maior que o centímetro.

AUTOVERIFICAÇÃO

Exercício 2.4 O vinho é frequentemente engarrafado em recipientes de 0,750 L. Utilizando a declaração equivalente da Tabela 2.7, calcule o volume dessa garrafa de vinho em quartos.

Consulte os Problemas 2.59 e 2.60. ■

Em seguida, consideraremos uma conversão que exige diversas etapas.

Exemplo resolvido 2.7

Fatores de conversão: problemas de múltiplas etapas

A extensão da maratona é de aproximadamente 26,2 mi. Qual a distância em quilômetros?

SOLUÇÃO Esse problema pode ser representado da seguinte forma:

$$26,2 \text{ mi} = ? \text{ km}$$

Podemos realizar essa conversão de diversas formas diferentes, mas, como a Tabela 2.7 indica as declarações equivalentes 1 mi = 1760 jardas e 1 m = 1,094 jardas, prosseguiremos da seguinte forma:

$$\text{Milhas} \rightarrow \text{jardas} \rightarrow \text{metros} \rightarrow \text{quilômetros}$$

Esse processo será realizado com uma conversão por vez para certificar-se de que tudo está claro.

MILHAS → JARDAS Fazemos a conversão de milhas em jardas usando o fator deconversão $\frac{1760 \text{ jd}}{1 \text{ mi}}$.

$$26,2 \text{ mi} \times \frac{1760 \text{ jd}}{1 \text{ mi}} = 46,112 \text{ jd}$$

Resultado exibido na calculadora

46,112 jd ⟹(Arredondamento) 46,100 jd = 4,61 × 10⁴ jd

JARDAS → METROS O fator de conversão usado para converter jardas em metros é $\frac{1 \text{ m}}{1,094 \text{ jd}}$.

$$4,61 \times 10^4 \text{ jd} \times \frac{1 \text{ m}}{1,094 \text{ jd}} = 4,213894 \times 10^4 \text{ m}$$

Resultado exibido na calculadora

4,213894 × 10⁴ m ⟹(Arredondamento) 4,21 × 10⁴ m

METROS → QUILÔMETROS Porque 1000 m = 1 km ou 10³ m = 1 km, converteremos de metros em quilômetros da seguinte forma:

Técnica de construção de habilidade matemática
Lembre-se de que estamos arredondando no final de cada etapa para mostrar o número correto de algarismos significativos. No entanto, ao fazer um cálculo de múltiplas etapas, é preciso reter os números extras exibidos em sua calculadora e arredondar somente no final do cálculo.

$$4{,}21 \times 10^4 \text{ m} \times \frac{1 \text{ km}}{10^3 \text{ m}} = 4{,}21 \times 10^1 \text{ km}$$
$$= 42{,}1 \text{ km}$$

Assim, a maratona (26,2 mi) tem 42,1 km de extensão

Assim que se sentir confortável com o processo de conversão, você pode combinar as etapas. Para a conversão acima, a expressão combinada é

$$\text{milhas} \to \text{jardas} \to \text{metros} \to \text{quilômetros}$$

$$26{,}2 \text{ mi} \times \frac{1760 \text{ jd}}{1 \text{ mi}} \times \frac{1 \text{ m}}{1{,}094 \text{ jd}} \times \frac{1 \text{ km}}{10^3 \text{ m}} = 42{,}1 \text{ km}$$

Observe que as unidades se cancelam para dar os quilômetros exigidos, e os resultados têm três algarismos significativos.

AUTOVERIFICAÇÃO

Exercício 2.5 Os carros de corrida no Indianapolis Motor Speedway agora percorrem a pista em uma velocidade média de 225 mi h^{-1}. Qual é essa velocidade em quilômetros por hora?

Consulte os Problemas 2.65 e 2.66. ∎

As unidades proporcionam uma verificação bem valiosa de sua solução. Use-as sempre.

RECAPITULAÇÃO Toda vez que trabalhar em seus problemas, lembre-se dos pontos a seguir:

1. Sempre inclua as unidades (uma medição sempre tem duas partes: um número *e* uma unidade).
2. Cancele as unidades conforme realiza os cálculos.
3. Verifique se sua resposta final tem as unidades corretas. Se não, você fez algo errado.
4. Verifique se sua resposta final tem o número correto de algarismos significativos.
5. Reflita se sua resposta faz sentido.

2-7 Conversões de temperatura: uma abordagem para a solução de problemas

OBJETIVOS
▸ Aprender as três escalas de temperatura.
▸ Aprender a converter de uma escala em outra.
▸ Continuar a desenvolver habilidades de resolução de problemas.

Quando o médico diz que sua temperatura é de 102 graus e o apresentador de meteorologia da TV diz que farão 75 graus amanhã, eles estão usando a **escala Fahrenheit**. A água ferve a 212 °F e congela a 32 °F, e a temperatura corporal normal é de 98,6 °F (em que °F significa "graus Fahrenheit"). Essa escala de temperatura é muito usada nos Estados Unidos e na Grã-Bretanha, além de ser a escala mais empregada na maioria das ciências de engenharia. Outra escala de temperatura, usada no Canadá e na Europa, bem como nas ciências físicas e biológicas na maioria dos países, é a **escala Celsius**. Mantendo-se no sistema métrico, que tem como base potências de 10, os pontos de congelamento e de ebulição da água na escala Celsius são de 0 °C e 100 °C, respectivamente. Tanto na escala Fahrenheit quanto na Celsius, a unidade de temperatura é chamada de grau, e o símbolo para

Apesar de 373 K ser muitas vezes representados como 373 graus kelvin, é mais correto dizer 373 kelvins.

isso é seguido pela letra maiúscula que representa a escala nas quais as unidades são medidas: °C ou °F.

Outra escala de temperatura utilizada nas ciências é a **escala absoluta** ou **Kelvin**, na qual a água congela a 273 K e ferve a 373 K. Na escala Kelvin, a unidade de temperatura é chamada de kelvin e é simbolizada por K. Assim, nas três escalas, o ponto de ebulição da água é representado como 212 graus Fahrenheit (212 °F), 100 graus Celsius (100 °C) e 373 kelvins (373 K).

As três escalas de temperatura são comparadas nas Fig. 2.6 e 2.7. Há diversos aspectos importantes para observar.

1. O tamanho de cada unidade de temperatura (cada grau) é o mesmo para as escalas Celsius e Kelvin. Isso é consequência de a *diferença* entre os pontos de ebulição e congelamento da água ser de 100 unidades em ambas as escalas.
2. O grau Fahrenheit é menor que as unidades Celsius e Kelvin. Observe que na escala Fahrenheit há 180 graus Fahrenheit entre os pontos de ebulição e congelamento da água, em comparação com as 100 unidades das outras duas escalas.
3. Os pontos zero são diferentes nas três escalas.

No seu estudo de química, às vezes, é necessário converter uma escala de temperatura em outra. Consideraremos como isso é feito com um certo grau de detalhe. Além de aprender como alterar as escalas de temperatura, também é preciso usar esta seção como uma oportunidade para desenvolver mais profundamente suas habilidades na resolução de problemas.

Convertendo entre as escalas Kelvin e Celsius

É relativamente simples converter entre as escalas Celsius e Kelvin, pois a unidade de temperatura tem o mesmo tamanho; somente os pontos zero são diferentes. Como 0 °C corresponde a 273 K, converter de Celsius em Kelvin exige a adição de 273 à temperatura Celsius. Ilustraremos esse procedimento no Exemplo 2.8.

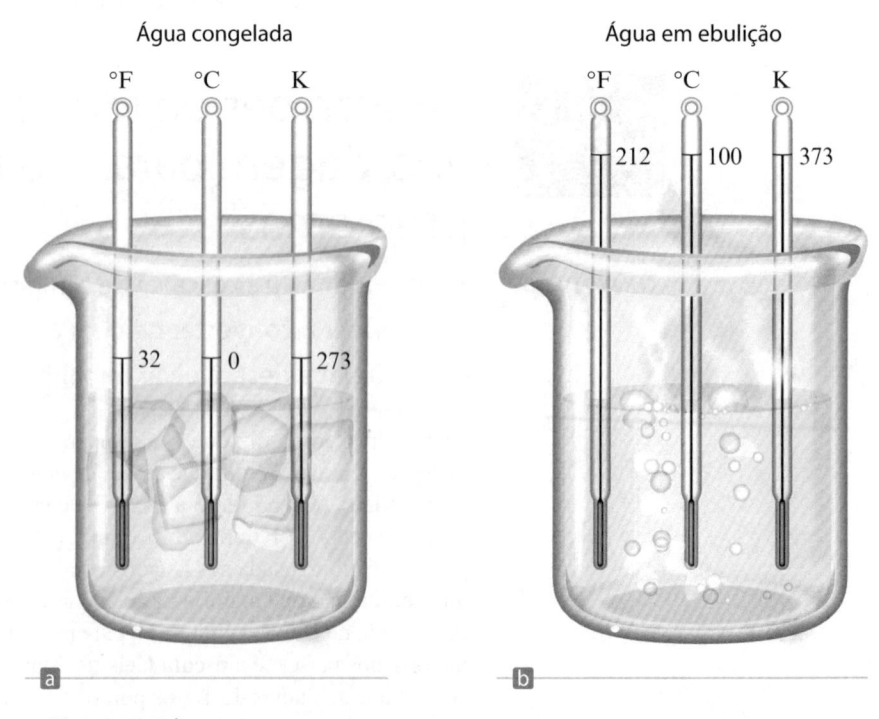

Figura 2.6 ▶ Termômetros com base nas três escalas de temperatura em (a) água congelada e (b) em ebulição.

Medidas e cálculos **35**

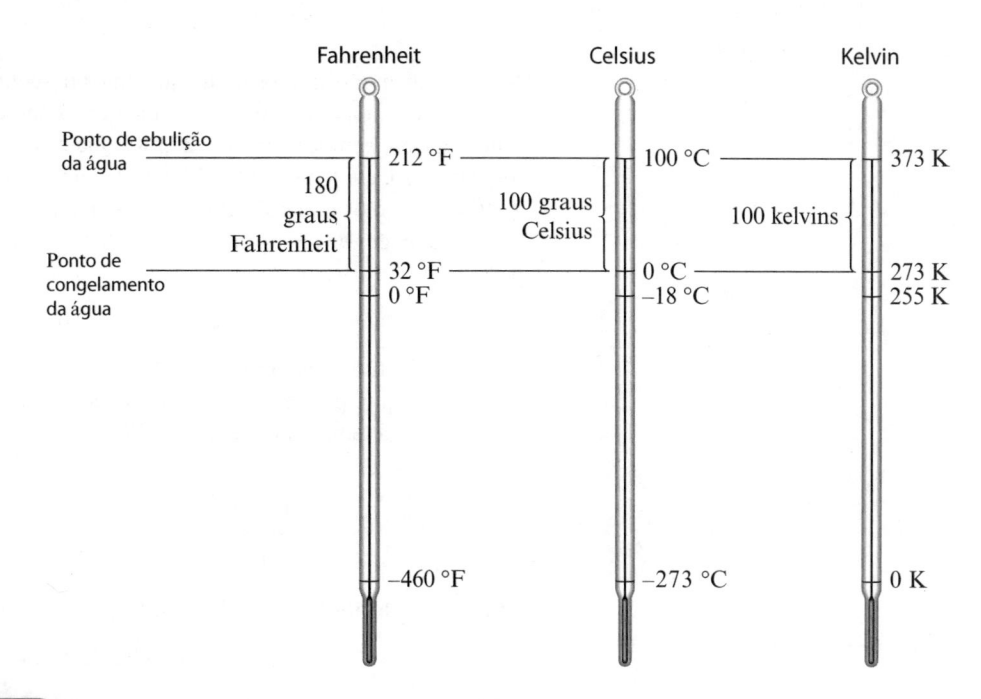

Figura 2.7 ▶ As três principais escalas de temperatura.

Exemplo resolvido 2.8 — Conversão de temperatura: de Celsius em Kelvin

Os pontos de ebulição serão discutidos posteriormente no Capítulo 14.

O ponto de ebulição da água no topo do Monte Everest é de 70,0 °C. Converta essa temperatura na escala Kelvin. (A vírgula depois da leitura da temperatura indica que o zero à direita é significativo.)

SOLUÇÃO Esse problema pede para encontrarmos 70,0 °C em unidades de kelvins. Podemos representá-lo simplesmente como

$$70{,}0 \, °C = ? \, K$$

Ao resolver os problemas, muitas vezes é útil desenhar um diagrama em que tentamos representar as palavras do problema com uma imagem. Esse problema pode ser diagramado como mostrado na Fig. 2.8(a).

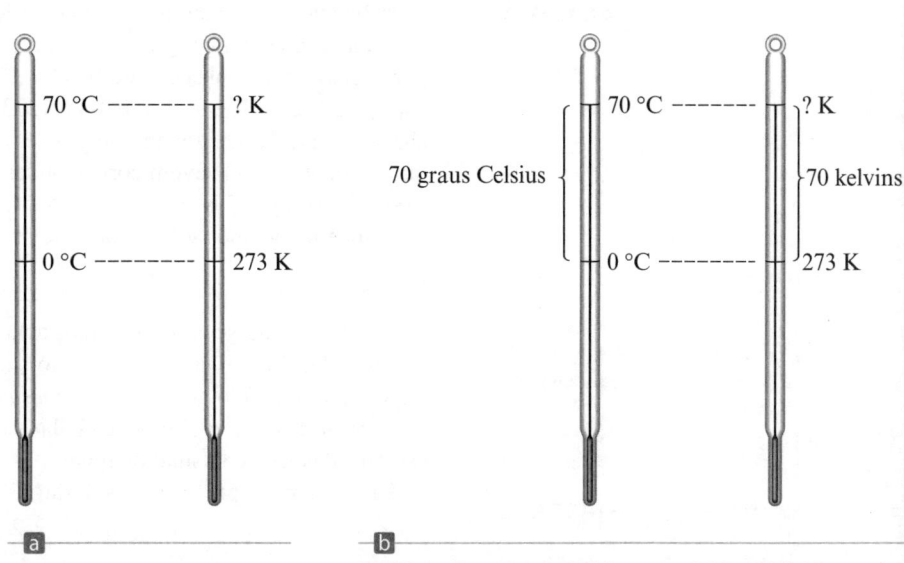

Figura 2.8 ▶ Convertendo 70,0 °C em unidades medidas na escala Kelvin.

(a) Sabemos que 0 °C = 273 K. Queremos saber qual é o equivalente a 70,0 °C = ? K.

(b) Há 70 graus na escala Celsius entre 0 °C e 70,0 °C. Como as unidades nessas escalas têm o mesmo tamanho, também há 70 kelvins nessa mesma distância na escala Kelvin.

Nessa imagem mostramos o que queremos descobrir: "Qual temperatura (em kelvins) é equivalente a 70,0 °C?". Sabemos também pela Fig. 2.7 que 0 °C representa a mesma temperatura que 273 K. Quantos graus acima de 0 °C é 70,0 °C? A resposta é 70, evidentemente. Assim, devemos adicionar 70,0 a 0 °C para atingir 70,0 °C. Como os graus são do *mesmo tamanho* nas escalas Celsius e Kelvin [Fig. 2.8(b)], também devemos adicionar 70,0 a 273 K (mesma temperatura que 0 °C) para atingir ? K. Isto é,

$$? \text{ K} = 273 + 70,0 = 343 \text{ K}$$

Assim, 70,0 °C corresponde a 343 K.

Observe que, para converter da escala Celsius em Kelvin, nós simplesmente adicionamos a temperatura em °C a 273. Isto é,

$$\underset{\substack{\text{Temperatura} \\ \text{em graus} \\ \text{Celsius}}}{T_{°C}} + 273 = \underset{\substack{\text{Temperatura} \\ \text{em Kelvins}}}{T_K}$$

Utilizar essa fórmula para solucionar o problema atual dá

$$70,0 + 273 = 343$$

(com unidades de kelvins, K), que é a resposta correta. ∎

Podemos resumir o que aprendemos no Exemplo 2.8 da seguinte forma: para converter da escala Celsius em Kelvin, podemos usar a fórmula

$$\underset{\substack{\text{Temperatura} \\ \text{em graus} \\ \text{Celsius}}}{T_{°C}} + 273 = \underset{\substack{\text{Temperatura} \\ \text{em Kelvins}}}{T_K}$$

Exemplo resolvido 2.9 — Conversões de temperatura: de Kelvin em Celsius

O nitrogênio líquido entra em ebulição a 77 K. Qual é o ponto de ebulição do nitrogênio na escala Celsius?

SOLUÇÃO

O problema a ser solucionado aqui é 77 K = ?°C. Vamos explorar essa questão ao examinar a imagem a seguir, que representa as duas escalas de temperatura. Um ponto-chave é reconhecer que 0 °C = 273 K. Observe também que a diferença entre 273 K e 77 K é de 196 kelvins (273 − 77 = 196). Isto é, 77 K é 196 kelvins abaixo de 273 K. O tamanho do grau é o mesmo nessas duas escalas de temperatura, portanto, 77 K devem corresponder a 196 graus Celsius abaixo de zero ou a −196 °C. Assim, 77 K = ? °C = −196 °C.

Também podemos solucionar esse problema usando a fórmula

$$T_{°C} + 273 = T_K$$

No entanto, nesse caso queremos achar a temperatura Celsius, $T_{°C}$. Isto é, queremos isolar $T_{°C}$ em um dos lados do sinal de igual. Para fazer isso, usamos um importante princípio geral: *fazer a mesma coisa dos dois lados do sinal de igual preserva a igualdade*. Em outras palavras, sempre é bom realizar a mesma operação dos dois lados do sinal de igual.

Para isolar $T_{°C}$, precisamos subtrair 273 de ambos os lados:

$$T_{°C} + \underset{\substack{\uparrow \\ \text{A soma é zero}}}{273 - 273} = T_K - 273$$

para dar

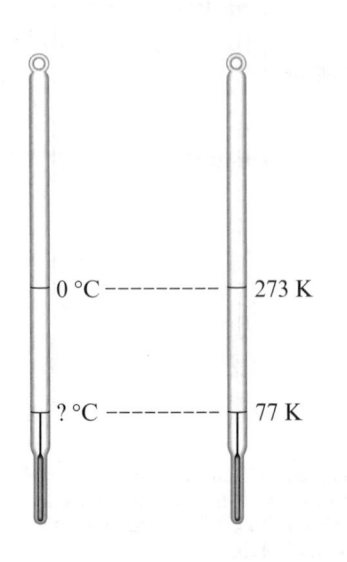

$$T_{°C} = T_K - 273$$

QUÍMICA EM FOCO

Termômetros minúsculos

Você consegue imaginar um termômetro com diâmetro igual a um centésimo de um fio de cabelo humano? Tal dispositivo foi produzido pelos cientistas Yihua Gao e Yoshio Bando, do National Institute for Materials Science, em Tsukuba, Japão. O termômetro que eles construíram é tão pequeno que deve ser lido com o uso de um poderoso microscópio eletrônico.

Os termômetros minúsculos foram produzidos por acidente, quando cientistas japoneses estavam tentando fazer minúsculos fios de nitreto de gálio (nanoescala). No entanto, ao examinarem os resultados de seu experimento, eles descobriram minúsculos tubos de átomos de carbono que estavam preenchidos com gálio elementar. Como o gálio é líquido sob uma grande faixa de temperatura, acaba tornando-se um elemento que funciona perfeitamente como um termômetro. Assim como nos termômetros de mercúrio, que têm sido eliminados em função da toxicidade da substância, o gálio expande conforme a temperatura aumenta. Portanto, o gálio sobe no tubo conforme a temperatura aumenta.

Esses termômetros minúsculos não são úteis no mundo macroscópico normal, inclusive nem podem ser vistos a olho nu. No entanto, eles são úteis para monitorar temperaturas de 50 °C a 500 °C nos materiais do mundo em nanoescala.

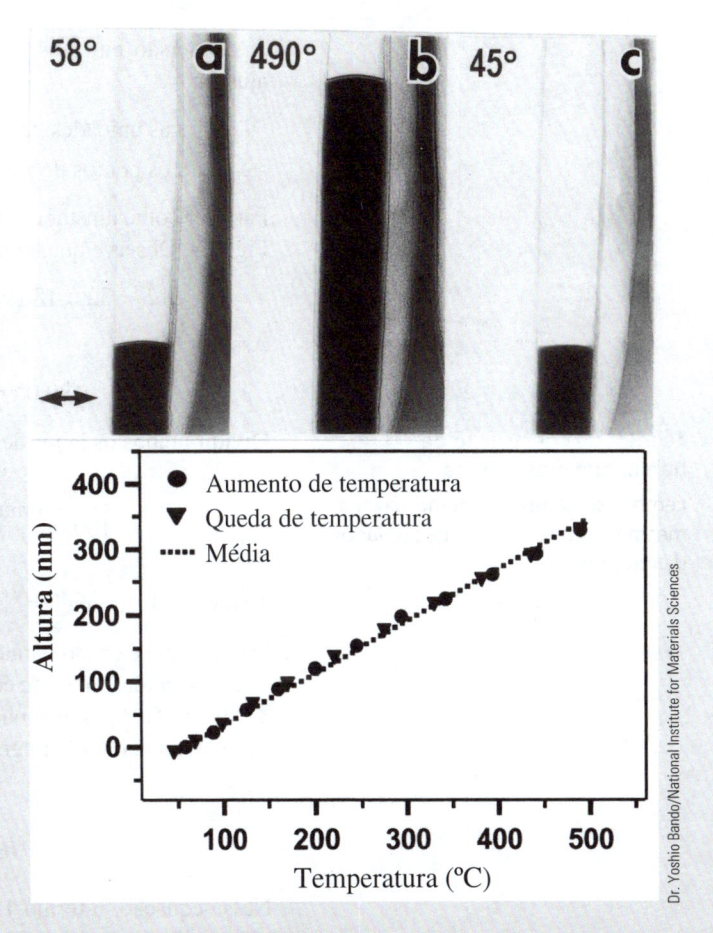

O gálio líquido expande dentro de um nanotubo de carbono conforme a temperatura aumenta (da esquerda para a direita).

Usando esta equação para solucionar o problema, temos

$$T_{°C} = T_K - 273 = 77 - 273 = -196$$

Logo, como anteriormente, mostramos que

$$77\ K = -196\ °C$$

AUTOVERIFICAÇÃO   **Exercício 2.6** Qual temperatura é mais fria, 172 K ou −75 °C?

Consulte os Problemas 2.73 e 2.74. ∎

Em suma, como as escalas Kelvin e Celsius têm a mesma unidade de tamanho, para alternar de uma escala para outra devemos simplesmente considerar os diferentes pontos de zero. Devemos adicionar 273 à temperatura Celsius para obter a temperatura na escala Kelvin:

$$T_K = T_{°C} + 273$$

Para converter da escala Kelvin na escala Celsius, devemos subtrair 273 da temperatura Kelvin:

$$T_{°C} = T_K - 273$$

Convertendo entre as escalas Fahrenheit e Celsius

A conversão entre as escalas de temperatura Fahrenheit e Celsius exige dois ajustes:

1. Para as unidades de tamanhos diferentes.
2. Para os pontos de zero diferentes.

Para ver como ajustar os diferentes tamanhos da unidade, considere o diagrama na Fig. 2.9. Observe que, como 212 °F = 100 °C e 32 °F = 0 °C,

$$212 - 32 = 180 \text{ graus Fahrenheit} = 100 - 0 = 100 \text{ graus Celsius}$$

Assim

$$180{,}0 \text{ graus Fahrenheit} = 100{,}0 \text{ graus Celsius}$$

Dividir ambos os lados dessa equação por 100,0 dá

$$\frac{180{,}0}{100{,}0} \text{ graus Fahrenheit} = \frac{\cancel{100{,}0}}{\cancel{100{,}0}} \text{ graus Celsius}$$

ou

1,80 graus Fahrenheit = 1,00 graus Celsius

Técnica de construção de habilidade matemática
Lembre-se, sempre podemos fazer a mesma operação em ambos os lados da equação.

O fator 1,80 é usado para converter de um tamanho de grau em outro.

Em seguida, temos de considerar que 0 °C *não* é o mesmo que 0 °F. Na verdade, 32 °F = 0 °C. Apesar de não mostrarmos como deduzi-la, a equação para converter de uma temperatura em graus Celsius na escala Fahrenheit é

$$\underset{\text{Temperatura em °F}}{T_{°F}} = 1{,}80(\underset{\text{Temperatura em °C}}{T_{°C}}) + 32$$

Nessa equação, o termo $1{,}80(T_{°C})$ é ajustado pela diferença no tamanho do grau entre as duas escalas. O 32 na equação representa os diferentes pontos zero. Agora, mostraremos como usar essa equação.

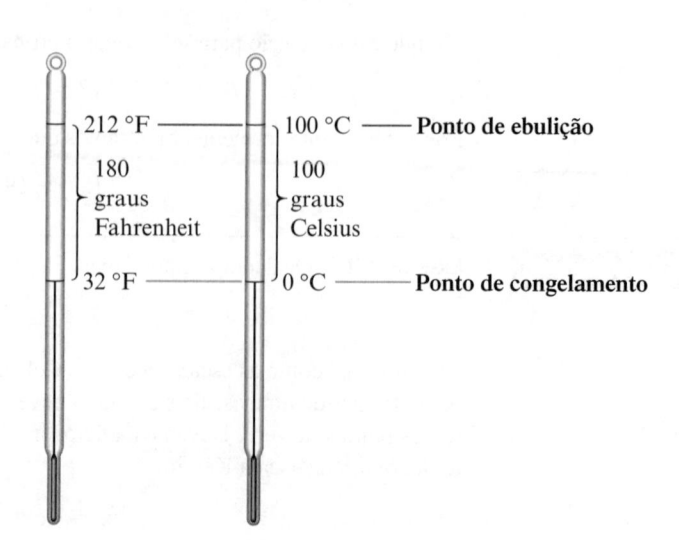

212 °F ——— 100 °C ——— **Ponto de ebulição**
180 graus Fahrenheit
100 graus Celsius
32 °F ——— 0 °C ——— **Ponto de congelamento**

Figura 2.9 ▸ Comparação das escalas Celsius e Fahrenheit.

Exemplo resolvido 2.10 — Conversões de temperatura: de Celsius em Fahrenheit

Em um dia de verão, a temperatura no laboratório, medida por um termômetro, é de 28 °C. Expresse essa temperatura na escala Fahrenheit.

SOLUÇÃO Este problema pode ser representado como 28 °C = ? °F. Iremos resolvê-lo usando a fórmula

$$T_{°F} = 1,80\,(T_{°C}) + 32$$

Nesse caso,

$$T_{°F} = ?\,°F = 1,80(\overset{T_{°C}}{\underset{\downarrow}{28}}) + 32 = 50,4 + 32$$

Arredonda-se para 50

$$= 50 + 32 = 82$$

Assim, 28 °C = 82 °F. ∎

Exemplo resolvido 2.11 — Conversões de temperatura: de Celsius em Fahrenheit

Expresse a temperatura –40,0 °C na escala Fahrenheit.

SOLUÇÃO Podemos expressar este problema como −40 °C = ? °F. Para resolvê-lo, usaremos a fórmula

$$T_{°F} = 1,80\,(T_{°C}) + 32$$

Nesse caso,

$$T_{°F} = ?\,°F = 1,80(\overset{T_{°C}}{\underset{\downarrow}{-40}}) + 32$$

$$= -72 + 32 = -40$$

Portanto, −40 °C = −40 °F. Além de esse resultado ser bastante interessante, é outro ponto de referência útil.

AUTOVERIFICAÇÃO

Exercício 2.7 Banheiras de hidromassagem muitas vezes são mantidas a 41 °C. Qual é essa temperatura em graus Fahrenheit?

Consulte os Problemas 2.75 até 2.78. ∎

Para converter de Celsius em Fahrenheit, temos utilizado a equação:

$$T_{°F} = 1,80\,(T_{°C}) + 32$$

Para converter uma temperatura de Fahrenheit em Celsius, precisamos reagrupar essa equação para isolar graus Celsius ($T_{°C}$). Lembre-se, sempre podemos fazer a mesma operação em ambos os lados da equação. Primeiro, subtraia 32 de cada lado:

$$T_{°F} - 32 = 1,80\,(T_{°C}) + \underbrace{32 - 32}_{\text{A soma é zero}}$$

para dar

$$T_{°F} - 32 = 1,80\,(T_{°C})$$

Em seguida, divida ambos os lados por 1,80

$$\frac{T_{°F} - 32}{1,80} = \frac{\cancel{1,80}(T_{°C})}{\cancel{1,80}}$$

para dar

$$T_{°C} = \frac{T_{°F} - 32}{1{,}80} = T_{°C}$$

ou

$$T_{°C} = \frac{T_{°F} - 32}{1{,}80}$$

onde $T_{°F}$ é a temperatura em °F e $T_{°C}$ é a temperatura em °C.

$$T_{°C} = \frac{T_{°F} - 32}{1{,}80}$$

Exemplo resolvido 2.12 — Conversões de temperatura: de Fahrenheit em Celsius

Uma das respostas do corpo para uma infecção ou ferimento é elevar sua temperatura. Uma pessoa com gripe está com uma temperatura corporal de 101°F. Qual é essa temperatura na escala Celsius?

SOLUÇÃO O problema é 101 °F = ? °C. Usando a fórmula

$$T_{°C} = \frac{T_{°F} - 32}{1{,}80} = T_{°C}$$

temos

$$T_{°C} = ?\ °C = \frac{101 - 32}{1{,}80} = \frac{69}{1{,}80} = 38$$

Então, 101 °F = 38 °C.

AUTOVERIFICAÇÃO **Exercício 2.8** Uma solução anticongelante no radiador de um carro ferve a 239 °F. Qual é essa temperatura na escala Celsius?

Consulte os Problemas 2.75 até 2.78. ■

Ao fazer conversões de temperatura, serão necessárias as seguintes fórmulas:

Fórmulas de conversão de temperatura

- De Celsius em Kelvin $T_K = T_{°C} + 273$
- De Kelvin em Celsius $T_{°C} = T_K - 273$
- De Celsius em Fahrenheit $T_{°F} = 1{,}80(T_{°C}) + 32$
- De Fahrenheit em Celsius $T_{°C} = \dfrac{T_{°F} - 32}{1{,}80}$

2-8 Densidade

OBJETIVO Definir a densidade e suas unidades.

Quando você estava no ensino fundamental, pode ter ficado constrangido por sua resposta à pergunta "O que é mais pesado, um quilo de chumbo ou um quilo de penas?". Se você disse chumbo, sem dúvidas estava pensando na densidade e não na massa. A **densidade** pode ser definida como a quantidade de material presente *em um determinado volume* de substância. Isto é, a densidade é a massa por unidade de volume, a razão entre a massa de um objeto e seu volume:

$$\text{Densidade} = \frac{\text{massa}}{\text{volume}}$$

É necessário um volume muito maior para compor um quilo de penas que um quilo de chumbo. Isso ocorre porque o chumbo tem uma massa bem maior por unidade de volume – uma densidade maior.

A densidade de um líquido pode ser facilmente determinada ao pesar um volume conhecido da substância como ilustrado no Exemplo resolvido 2.13.

Exemplo resolvido 2.13 — Cálculo de densidade

Suponha que um aluno descobre que 23,50 mL de certo líquido pesa 35,062 g. Qual é a densidade desse líquido?

SOLUÇÃO Podemos calcular a densidade desse líquido simplesmente aplicando a definição:

$$\text{Densidade} = \frac{\text{massa}}{\text{volume}} = \frac{35,062 \text{ g}}{23,50 \text{ mL}} = 1,492 \text{ g/mL}$$

Esse resultado também poderia ser expresso por 1,492 g/cm^3, como 1 mL = 1 cm^3. ∎

O volume de um objeto sólido é muitas vezes determinado indiretamente ao submergi-lo na água e medir o volume do líquido deslocado. Na verdade, esse é o método mais preciso para medir o percentual de gordura corporal de alguém. A pessoa é submersa momentaneamente em um tanque de água e, então, mede-se o aumento no volume (Fig. 2.10). É possível calcular a densidade coporal ao usar o peso (massa) da pessoa e o volume do seu corpo, determinado por submersão. Gordura, músculos e ossos têm densidades diferentes (a gordura é menos densa que o tecido muscular, por exemplo), logo, a fração do corpo que é a gordura pode ser calculada. Quanto mais músculo e menos gordura a pessoa tem, maior é sua densidade corporal. Por exemplo, uma pessoa musculosa pesando 150 lb tem um volume corporal menor (e, assim, uma densidade maior) que uma com mais gordura pesando o mesmo.

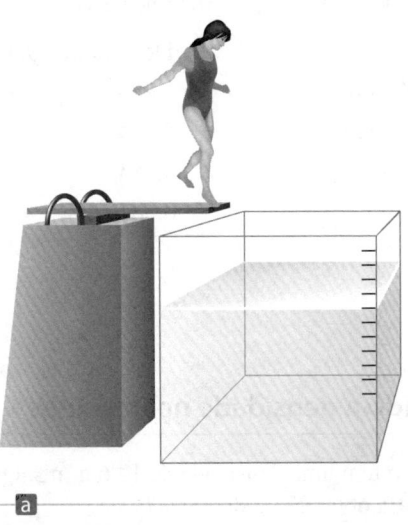

Figura 2.10 ▶

(a) Tanque de água

(b) Pessoa submersa no tanque, elevando o nível da água

Exemplo 2.14 — Determinando a densidade

Em uma loja de penhores, uma estudante encontra um medalhão que o dono da loja insiste ser de platina pura. No entanto, a estudante suspeita que na verdade pode ser de prata e, portanto, bem menos valioso. Ela compra o medalhão somente após o dono da loja concordar em reembolsar o preço caso o medalhão seja devolvido em dois dias. A estudante, graduanda em química, leva o medalhão ao laboratório e mede sua densidade da seguinte forma: primeiro, pesa o medalhão e descobre que sua massa é de 55,64 g. Em seguida, coloca um pouco de água em uma proveta e vê que o volume é de 75,2 mL. Depois, coloca o medalhão no cilindro e vê o novo volume de 77,8 mL. O medalhão é de platina (densidade = 21,4 g/cm^3) ou de prata (densidade = 10,5 g/cm^3)?

SOLUÇÃO As densidades da platina e da prata diferem tanto que a densidade medida do medalhão irá mostrar qual metal está presente. Em função da definição

$$\text{Densidade} = \frac{\text{massa}}{\text{volume}}$$

para calcular a densidade do medalhão, precisamos de sua massa e volume. A massa do medalhão é de 55,64 g. O volume do medalhão pode ser obtido pela diferença entre as leituras do volume da água na proveta antes e depois de o medalhão ser submerso.

Volume do medalhão = 77,8 mL − 75,2 mL = 2,6 mL

Aparentemente o volume aumentou 2,6 mL quando o medalhão foi submerso, portanto 2,6 mL representa o volume do medalhão. Agora podemos utilizar a massa e volume medidos do medalhão para determinar sua densidade:

$$\text{Densidade do medalhão} = \frac{\text{massa}}{\text{volume}} = \frac{55{,}64 \text{ g}}{2{,}6 \text{ mL}} = 21 \text{ g/mL}$$

ou

$$= 21 \text{ g/cm}^3$$

O medalhão realmente é de platina.

AUTOVERIFICAÇÃO **Exercício 2.9** Um estudante quer identificar o principal componente em um limpador líquido comercial. Ele descobre que 35,8 mL do limpador pesam 28,1 g. Das possibilidades a seguir, qual é o principal componente do limpador?

Substância	Densidade, g/cm^3
clorofórmio	1,483
éter dietílico	0,714
álcool isopropílico	0,785
tolueno	0,867

Consulte os Problemas 2.89 e 2.90.

Exemplo resolvido 2.15 — Utilizando a densidade nos cálculos

O mercúrio tem uma densidade de 13,6 g/mL. Qual volume de mercúrio deve ser tomado para obter 225 g do metal?

SOLUÇÃO Para solucionar esse problema, comece com a definição da densidade

$$\text{Densidade} = \frac{\text{massa}}{\text{volume}}$$

e reagrupe essa equação para isolar a quantidade necessária. Nesse caso, queremos descobrir o volume. Lembre-se de que mantemos uma igualdade quando fazemos a mesma coisa em ambos os lados. Por exemplo, se multiplicarmos *ambos os lados* da definição de densidade por volume,

$$\text{Volume} \times \text{densidade} = \frac{\text{massa}}{\cancel{\text{volume}}} \times \cancel{\text{volume}}$$

o volume é cancelado à direita, deixando

$$\text{Volume} \times \text{densidade} = \text{massa}$$

Queremos o volume, portanto, agora dividimos ambos os lados pela densidade,

$$\frac{\text{Volume} \times \cancel{\text{densidade}}}{\cancel{\text{densidade}}} = \frac{\text{massa}}{\text{densidade}}$$

para dar

$$\text{Volume} = \frac{225 \text{ g}}{13,6 \text{ g/mL}} = 16,5 \text{ mL}$$

Agora podemos solucionar o problema ao substituir os números determinados:

$$\text{Volume} = \frac{225 \text{ g}}{13,6 \text{ g/mL}} = 16,5 \text{ mL}$$

Devemos tomar 16,5 mL do mercúrio para obter uma quantidade com uma massa de 225 g. ∎

Gotas de mercúrio, um líquido bastante denso.

As densidades de diversas substâncias comuns são dadas na Tabela 2.8. Além de ser uma ferramenta para a identificação de substâncias, a densidade tem muitos usos. Por exemplo, o líquido na bateria de armazenamento de chumbo do seu carro (uma solução de ácido sulfúrico) varia a densidade, porque o ácido sulfúrico é consumido conforme a bateria descarrega. Em uma bateria totalmente carregada, a densidade da solução é cerca de 1,30 g/cm^{-3}. Quando a densidade cai para 1,20 g/cm^{-3}, a bateria deve ser recarregada. A medida da densidade também é utilizada para determinar a quantidade de líquido anticongelante e, assim, o nível de proteção contra congelamento, no sistema de refrigeração de um carro. A água e o anticongelante têm densidades diferentes, portanto, a densidade medida da mistura nos diz quanto de cada está presente. O dispositivo usado para testar a densidade

Tabela 2.8 ▶ Densidades de diversas substâncias comuns a 20°C

Substância	Estado físico	Densidade (g/cm^{-3})
oxigênio	gás	0,00133*
hidrogênio	gás	0,000084*
etanol	líquido	0,785
benzeno	líquido	0,880
água	líquido	1,000
magnésio	sólido	1,74
sal (cloreto de sódio)	sólido	2,16
alumínio	sólido	2,70
ferro	sólido	7,87
cobre	sólido	8,96
prata	sólido	10,5
chumbo	sólido	11,34
mercúrio	líquido	13,6
ouro	sólido	19,32

* Na pressão de 1 atmosfera

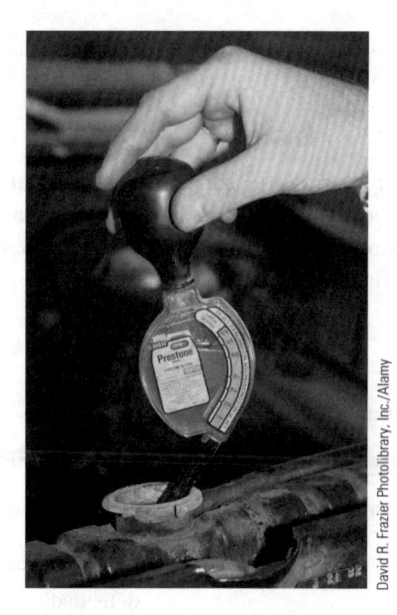

da solução — um hidrômetro — é mostrado na Fig. 2.11.

Em certas situações, o termo *gravidade específica* é usado para descrever a densidade de um líquido. A **gravidade específica** é definida como a razão entre a densidade de um determinado líquido e a densidade da água a 4°C. Como essa é a razão entre as densidades, a gravidade específica não tem unidades.

Figura 2.11 ▶ Um hidrômetro sendo usado para determinar a densidade da solução anticongelante no radiador.

* Você pode visualizar essa imagem em cores no final do livro

CAPÍTULO 2 REVISÃO

F direciona você para *Química em Foco* no capítulo

Termos-chave

notação científica (2-1)
unidade (2-2)
sistema inglês (2-2)
sistema métrico (2-2)
unidades SI (2-2)
volume (2-3)
massa (2-3)
algarismos significativos (2-4)
arredondamento (2-5)
fator de conversão (2-6)
declaração equivalente (2-6)
análise dimensional (2-6)
escala Fahrenheit (2-7)
escala Celsius (2-7)
escala Kelvin (absoluta) (2-7)
densidade (2-8)
gravidade específica (2-8)

Para revisão

▶ Uma observação quantitativa é chamada de medida e consiste de um número e de uma unidade.
▶ Números muito grandes ou muito pequenos são convenientemente expressos pelo uso de notação científica.
  • O número é expresso como um número entre 1 e 10 multiplicado por 10 e elevado a uma potência.
▶ As unidades fornecem uma escala para representar os resultados de uma medida. Há três sistemas de unidade mais utilizados
  • Inglês
  • Métrico (usa prefixos para alterar o tamanho da unidade)
  • SI (usa prefixos para alterar o tamanho da unidade)
▶ Todas as medidas têm alguma incerteza refletida pelo número de algarismos significativos usados para expressar o número.
▶ Existem regras para arredondar o número correto de algarismos significativos em um resultado calculado.
▶ Podemos converter de um sistema de unidades em outro por um método chamado análise dimensional utilizando fatores de conversão.
▶ Os fatores de conversão são construídos com base em uma declaração equivalente que mostra a relação entre as unidades em sistemas diferentes.

Equivalentes inglês–métrico e inglês-inglês

Comprimento	1 m = 1,094 jardas
	2,54 cm = 1 pol
	1 mi = 5280 pés
	1 mi = 1760 jardas
Massa	1 kg = 2,205 lb
	453,6 g = 1 lb
Volume	1 L = 1,06 qt
	1 pé³ = 28,32 L

▶ Há três escalas de temperatura que são mais utilizadas: Fahrenheit, Celsius e Kelvin.
▶ Podemos converter as escalas de temperatura ajustando o ponto de zero e o tamanho da unidade. As equações úteis para conversões são:
  • $T_{°C} + 273 = T_K$
  • $T_{°F} = 1,80(T_{°C}) + 32$
  • A densidade representa a quantidade de material presente em um determinado volume:

$$\text{Densidade} = \frac{\text{massa}}{\text{volume}}$$

Questões de aprendizado ativo

Estas questões foram desenvolvidas para serem resolvidas por grupos de alunos em sala de aula. Normalmente, elas funcionam bem para introduzir um tópico específico em sala.

1. a. Há 365 dias/ano, 24 horas/dia, 12 meses/ano e 60 minutos/hora. Quantos minutos há em um mês?
    b. Há 24 horas/dia, 60 minutos/hora, 7 dias/semana e 4 semanas/mês. Quantos minutos há em um mês?
    c. Por que essas respostas são diferentes? Qual (se houver alguma) é a mais correta e por quê?

2. Você vai até uma loja de conveniências para comprar doces e descobre que o dono é um tanto esquisito, pois ele só permite que você os compre em múltiplos de quatro e, para comprar quatro, você precisa de $0,23. Ele só aceita uma moeda de 1 centavo e duas de 10 centavos. Você tem muitas moedas de 1 e 10 centavos e, em vez de contá-las, decide pesá-las. Você tem 636,3 g de 1 centavo e cada uma pesa em média 3,03 g. Cada moeda de 10 centavos pesa em média 2,29 g. Cada doce pesa em média 10,23 g.
    a. Quantas moedas de 1 centavo você tem?
    b. Quantas moedas de 10 centavos você precisa para comprar o máximo de doces possível?
    c. Quanto pesariam todas as suas moedas de 10 centavos?
    d. Quantos doces você poderia comprar (com base no número de moedas de 10 centavos do item b)?
    e. Quanto esses doces pesariam?
    f. Quantos doces você poderia comprar com duas vezes mais moedas de 10 centavos?

3. Quando uma bolinha de gude é derrubada em um béquer, ela afunda. Qual das explicações a seguir é a melhor?
    a. A área da superfície da bolinha de gude não é grande o suficiente para que ela seja parada pela tensão superficial da água.
    b. A massa da bolinha de gude é maior que a da água.
    c. A bolinha de gude pesa mais que um volume equivalente de água.
    d. A força da bolinha de gude caindo rompe a tensão superficial da água.
    e. A bolinha de gude tem massa e volume maiores que a da água.

    Explique cada escolha. Isto é, para as opções que você não escolheu, explique por que achou que estavam erradas e justifique sua escolha.

4. Considere a água dentro de cada proveta, como mostrado:

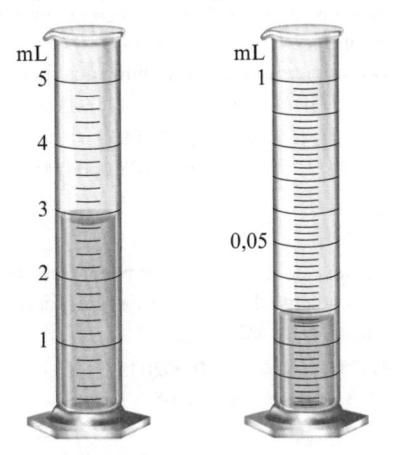

    Você adiciona ambas as amostras de água a um béquer. Como escreveria o número que descreve o volume total? O que limita a precisão desse número?

5. Qual é o valor numérico de um fator de conversão? Por que isso deve ser verdadeiro?

6. Para cada um dos números a seguir, indique quais zeros são significativos e explique. Não cite meramente a regra que se aplica, explique-a.
    a. 10,020   b. 0,002050   c. 190   d. 270

7. Considere a adição de "15,4" a "28." Qual resposta um matemático daria? O que um cientista diria? Justifique a resposta do cientista, não citando meramente a regra, mas explicando-a.

8. Considere multiplicar "26,2" por "16,43." Qual resposta um matemático daria? O que um cientista diria? Justifique a resposta do cientista, não citando meramente a regra, mas explicando-a.

9. No laboratório, você registra um volume medido de 128,7 mL de água. Utilizando algarismos significativos como medida de erro, qual faixa de respostas seu volume registrado implicaria? Explique.

10. Esboce duas peças de vidraria, uma da qual possa medir o volume na casa dos milésimos, e outra de que possa me dir o volume somente na casa das unidades.

11. O óleo flutua na água, mas é "mais espesso" que ela. Por que você acha que esse fato é verdadeiro?

12. Mostre como a conversão dos números para notação científica pode ajudá-lo a decidir quais dígitos são significativos.

13. Você está dirigindo a 65 mph e tira seus olhos da estrada "apenas por um segundo". Quantos pés você viaja nesse período?

14. Você tem uma amostra de 1,0 cm^3 de chumbo e uma amostra de 1,0 cm^3 de vidro e submerge cada uma em um béquer com água. Como se comparam os volumes de água que são deslocados pelas amostras? Explique.

15. Os béqueres a seguir mostram ter diferentes precisões.

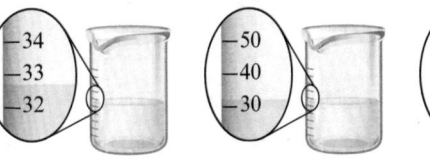

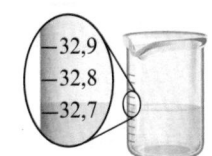

    a. Determine a quantidade de água em cada um dos três béqueres com o número correto de algarismos significativos.
    b. É possível que cada um dos três béqueres contenha exatamente a mesma quantidade de água? Se não, por quê? Se sim, você usou os mesmos volumes que no item a? Explique.
    c. Suponha que você coloque a água desses três béqueres em um recipiente. Qual deveria ser o volume no recipiente com o número correto de algarismos significativos?

16. Verdadeiro ou falso? Para qualquer operação matemática realizada em duas medidas, o número de algarismos significativos na resposta é o mesmo que o menor número de algarismos significativos em cada uma das medidas. Explique sua resposta.

17. Complete o seguinte e explique cada um em suas próprias palavras: zeros à esquerda (nunca/às vezes/sempre) são significativos; zeros ao centro (nunca/às vezes/sempre) são significativos; e zeros à direita (nunca/às vezes/sempre) são significativos.

    Para qualquer afirmação com uma resposta de "às vezes", dê exemplos de quando o zero é significativo e quando não, e explique.

18. Para cada um dos algarismos significativos, a até d, decida qual bloco é mais denso: o cinza, o azul ou se isso não pode ser determinado. Explique suas respostas.

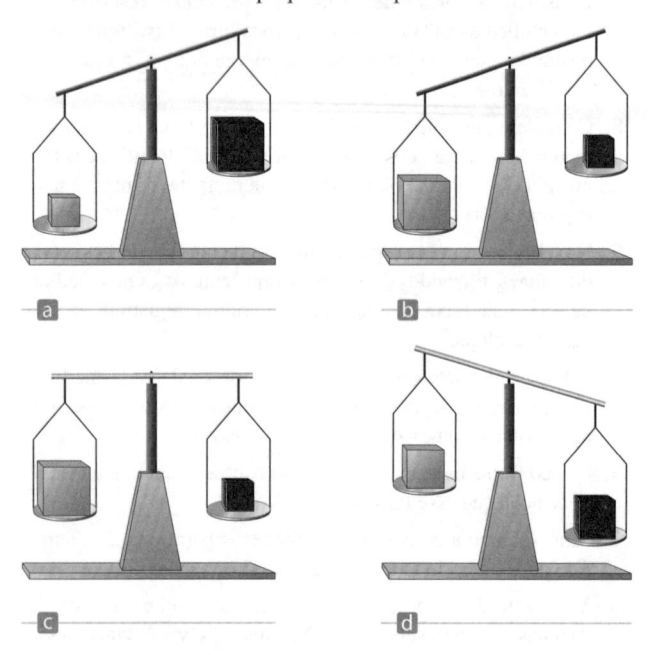

19. Para o prego mostrado a seguir, por que o terceiro dígito determinado para seu comprimento é incerto? Considerando que o terceiro dígito é incerto, explique por que o comprimento do prego é indicado como 2,85 cm em vez de, por exemplo, 2,83 ou 2,87 cm.

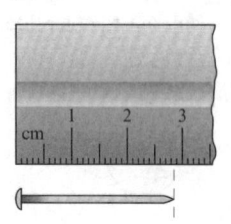

20. Por que o comprimento do prego mostrado adiante não pode ser registrado como 2,850 cm?

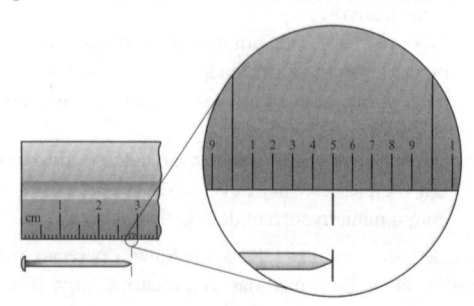

21. Use a figura abaixo para responder às perguntas a seguir.

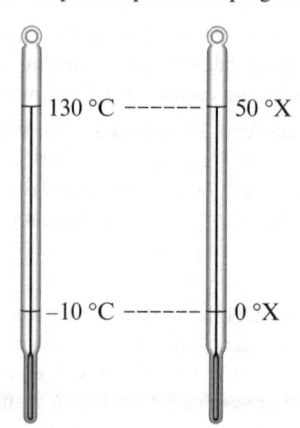

    a. Deduza a relação entre °C e °X.
    b. Se a temperatura externa é de 22,0 °C, qual a temperatura em unidade de °X?
    c. Converta 58,0 °X em unidades de °C, K e °F.

Perguntas e problemas

2-1 Notação científica

Perguntas

1. Um(a) _____ representa uma observação quantitativa.

2. Embora seu livro liste as regras para converter um número comum em notação científica, muitas vezes os alunos se lembram dessas regras melhor quando as colocam em suas próprias palavras. Faça de conta que você está ajudando sua sobrinha de 12 anos com seu dever de matemática e escreva um parágrafo explicando a ela como converter o número comum 2421 em notação científica.

3. Quando um número grande ou pequeno é escrito em notação científica padrão, ele é expresso como um *número* entre 1 e 10, multiplicado pela *potência* de 10 apropriada. Para cada um dos números a seguir, indique qual número entre 1 e 10 seria apropriado para expressá-los em notação científica padrão.
    a. 9651   c. 93,241
    b. 0,003521   d. 0,000001002

4. Quando um número grande ou pequeno é escrito em notação científica padrão, ele é expresso como um *número* entre 1 e 10, multiplicado pela potência de 10 apropriada. Para cada um dos números a seguir, indique qual potência de 10 seria apropriada para expressá-los em notação científica padrão.
    a. 9.367.421   c. 0,0005519
    b. 0,0624   d. 5.408.000.000

Problemas

5. A potência de 10 terá um expoente *positivo* ou *negativo* quando cada um dos números a seguir for reescrito em notação científica padrão?
    a. 42,751   c. 0,002045
    b. 1253   d. 0,1089

6. A potência de 10 terá um expoente *positivo*, *negativo* ou *zero* quando cada um dos números a seguir for reescrito em notação científica padrão?
   a. 0,7229
   b. 5408
   c. 0,00372
   d. 6319,428

7. Expresse cada um dos números a seguir em notação científica *padrão*.
   a. 0,5012
   b. 5012,000
   c. 0,000005012
   d. 5,012
   e. 5012
   f. 0,005012

8. Reescreva cada um dos seguintes como um número decimal "comum".
   a. $2{,}789 \times 10^3$
   b. $2{,}789 \times 10^{-3}$
   c. $9{,}3 \times 10^7$
   d. $4{,}289 \times 10^1$
   e. $9{,}999 \times 10^4$
   f. $9{,}999 \times 10^{-5}$

9. Quantas casas a vírgula deve ser deslocada e em qual direção para converter cada um dos seguintes em números decimais "comuns"?
   a. $4{,}311 \times 10^6$
   b. $7{,}895 \times 10^{-5}$
   c. $8{,}712 \times 10^1$
   d. $4{,}95 \times 10^0$
   e. $2{,}331 \times 10^{18}$
   f. $1{,}997 \times 10^{-16}$

10. Quantas casas a vírgula deve ser deslocada e em qual direção para converter cada um dos seguintes números em notação científica padrão?
    a. 5993
    b. −72,14
    c. 0,00008291
    d. 62,357
    e. 0,01014
    f. 324,9

11. Escreva cada um dos números a seguir em notação científica *padrão*.
    a. 97,820
    b. $42{,}14 \times 10^3$
    c. $0{,}08214 \times 10^{-3}$
    d. 0,0003914
    e. 927,1
    f. $4{,}781 \times 10^2 \times 10^{-3}$

12. Escreva cada uma das notações científicas como números decimais "comuns".
    a. $6{,}244 \times 10^3$
    b. $9{,}117 \times 10^{-2}$
    c. $8{,}299 \times 10^1$
    d. $1{,}771 \times 10^{-4}$
    e. $5{,}451 \times 10^2$
    f. $2{,}934 \times 10^{-5}$

13. Escreva cada um dos números a seguir em notação científica *padrão*.
    a. 1/1033
    b. $1/10^5$
    c. $1/10^{-7}$
    d. 1/0,0002
    e. 1/3,093,000
    f. $1/10^{-4}$
    g. $1/10^9$
    h. 1/0,000015

14. Escreva cada um dos números a seguir em notação científica *padrão*.
    a. 1/0,00032
    b. $10^3/10^{-3}$
    c. $10^3/10^3$
    d. 1/55,000
    e. $(10^5)(10^4)(10^{-4})/(10^{-2})$
    f. $43{,}2/(4{,}32 \times 10^{-5})$
    g. $(4{,}32 \times 10^{-5})/432$
    h. $1/(10^5)(10^{-6})$

2-2 Unidade

Perguntas

15. Quais são as unidades básicas de massa, comprimento e temperatura no sistema métrico?

16. Dê o prefixo métrico que corresponde a cada um dos seguintes:
    a. 1000
    b. 10^{-3}
    c. 10^{-9}
    d. 1.000.000
    e. 10^{-1}
    f. 10^{-6}

2-3 Medidas de comprimento, volume e massa

Perguntas

Os estudantes muitas vezes têm problemas em relatar as medidas do sistema métrico, com o qual eles estão acostumados, para o sistema inglês. Dê os equivalentes aproximados do sistema inglês para cada uma das seguintes descrições do sistema métrico nos Exercícios 17–20.

17. O novo piso da minha cozinha precisará de 25 metros de quadrados de linóleo.

18. Minha receita de chili pede uma lata de 125 g de molho de tomate.

19. O tanque de gasolina do meu carro novo tem 48 litros.

20. Preciso de pregos 2,5 cm mais longos para pendurar esse quadro.

21. A placa da estrada que eu acabei de ver diz "Cidade de Nova York a 100 km", que é cerca de _____ mi.

22. O GPS no meu carro indica que ainda faltam 100,0 mi para chegar ao meu destino. Qual é essa distância em quilômetros?

23. A toalha na minha mesa da sala de jantar tem 2 metros de comprimento, que equivale a _____ cm ou cerca de _____ pol.

24. Quem é mais alto, um homem com 1,62 m de altura ou uma mulher com 5 pés 6 pol de altura?

25. A unidade SI básica de comprimento é o metro. No entanto, lidamos muitas vezes com comprimentos ou distâncias maiores ou menores para os quais os múltiplos ou frações da unidade básica são mais úteis. Para cada uma das situações a seguir, sugira qual fração ou múltiplo do metro pode ser a medição mais apropriada.
    a. a distância entre Chicago e Saint Louis
    b. o tamanho do seu quarto
    c. as dimensões deste livro
    d. a espessura de um fio de cabelo

26. Qual unidade inglesa de comprimento ou distância é mais comparável em escala a cada uma das seguintes unidades do sistema métrico para fazer medidas?
    a. um centímetro
    b. um metro
    c. um quilômetro

27. A unidade de volume no sistema métrico é o litro, que consiste em 1000 mililitros. Quantos litros ou mililitros são aproximadamente equivalentes a cada uma das seguintes medidas do sistema inglês comum?

a. um galão de gasolina
b. um litro de leite
c. uma xícara de água

28. Qual unidade do sistema métrico é mais apropriada para medir o comprimento de um inseto como o besouro?

   a. metros
   b. milímetros
   c. megâmetros
   d. quilômetros

2-4 Incerteza nas questões de medição

Perguntas

29. Quando uma escala de medida é usada adequadamente para o limite da precisão, o último dígito significativo registrado para a medida é tido como *incerto*. Explique.

30. O que significa dizer que todas as medidas que fazemos com um dispositivo para medir contêm alguma medida de *incerteza*?

31. Para o prego mostrado na Fig. 2.5, por que o terceiro dígito determinado para o comprimento é incerto? Considerando que o terceiro algarismo é incerto, explique por que o comprimento do prego é indicado como 2,85 cm em vez, por exemplo, de 2,83 ou 2,87 cm.

32. Por que o comprimento do prego mostrado na Fig. 2.5 não pode ser registrado como 2,850 cm?

2-5 Algarismos significativos

Perguntas

33. Indique o número de algarismos significativos para cada um dos seguintes:

   a. 250,0   b. 250   c. $2,5 \times 10^2$ d. 250,0

34. Indique o número de algarismos significativos implicados em cada uma das seguintes afirmações:

   a. A população dos Estados Unidos é de 310 milhões.
   b. Uma hora é equivalente a 60 minutos.
   c. Há 5280 pés em 1 milha.
   d. Aviões a jato voam a 500 mi/h.
   e. A Daytona 500 é uma corrida de 500 milhas.

Arredondamento de números

Perguntas

35. Quando arredondamos, caso o número à direita do dígito a ser arredondado seja maior que 5, então devemos _____.

36. Em um cálculo de múltiplas etapas, é melhor arredondar os números para o número correto de algarismos significativos em cada etapa do cálculo ou arredondar somente a resposta final? Explique.

37. Arredonde cada um dos números a seguir para três algarismos significativos e escreva a resposta em notação científica padrão.

   a. 254,931
   b. 0,00025615
   c. $47,85 \times 10^3$
   d. $0,08214 \times 10^5$

38. Arredonde cada um dos números a seguir para três algarismos significativos e escreva a resposta em notação científica padrão.

   a. 1.566.311
   b. $2,7651 \times 10^{-3}$
   c. 0,07759
   d. 0,0011672

39. Arredonde cada um dos números a seguir para o número indicado de algarismos significativos e escreva a resposta em notação científica padrão.

   a. 4341×10^2 para três algarismos significativos
   b. $93,441 \times 10^3$ para três algarismos significativos
   c. $0,99155 \times 10^2$ para quatro algarismos significativos
   d. 9,3265 para quatro algarismos significativos

40. Arredonde cada um dos números a seguir para o número indicado de algarismos significativos e escreva a resposta em notação científica padrão.

   a. 0,00034159 para três algarismos
   b. $103,351 \times 10^2$ para quatro algarimos
   c. 17,9915 para cinco algarismos
   d. $3,365 \times 10^5$ para três algarismos

Determinando algarismos significativos em cálculos

Perguntas

41. Considere o cálculo indicado abaixo:

$$\frac{2,21 \times 0,072333 \times 0,15}{4,995}$$

   Explique por que a resposta para esse cálculo deve ter apenas dois algarismos significativos.

42. As seguintes medidas são feitas: 18 mL de água medidos com um béquer, 128,7 mL de água medidos com uma proveta e 23,45 mL de água medidos com uma bureta. Se todas essas amostras de água forem colocadas juntas em um recipiente, qual o volume total de água? Explique sua resposta.

43. Quando o cálculo $(2,31)(4,9795 \times 10^3)/(1,9971 \times 10^4)$ é realizado, quantos algarismos significativos a resposta deve ter? Você *não* precisa realizar o cálculo.

44. Quantas medidas e/ou cálculos a seguir têm *um* algarismo significativo?

   a. $1,0 \times 10^3$ m
   b. 2000 pol
   c. 0,004 kg
   d. $\dfrac{2,8 - 2,0}{0,80} = ?$

45. Quando a soma $4,9965 + 2,11 + 3,887$ é calculada, a resposta deverá conter quantas casas decimais? Você *não* precisa realizar o cálculo.

46. Quantos dígitos depois da vírgula o cálculo $(10,434 - 9,3344)$ deve ter?

Problemas

Observação: consulte o Apêndice para ajudar a fazer operações matemáticas com números que contêm expoentes.

47. Avalie cada uma das expressões matemáticas a seguir e dê a resposta com o número correto de algarismos significativos.
  a. 44,2124 + 0,81 + 7,335
  b. 9,7789 + 3,3315 − 2,21
  c. 0,8891 + 0,225 + 4,14
  d. (7,223 + 9,14 + 3,7795)/3,1

48. Avalie cada uma das expressões matemáticas a seguir e dê a resposta com o número correto de algarismos significativos.
  a. (4,771 + 2,3)/3,1
  b. $5,02 \times 10^2 + 4,1 \times 10^2$
  c. $1,091 \times 10^3 + 2,21 \times 10^2 + 1,14 \times 10^1$
  d. $(2,7991 \times 10^{-6})/(4,22 \times 10^6)$

49. *Sem chegar a realizar os cálculos indicados*, determine quantos algarismos significativos a resposta para o cálculo deve ter.
  a. (0,196)(0,08215)(295)/(1,1)
  b. (4,215 + 3,991 + 2,442)/(0,22)
  c. (7,881)(4,224)(0,00033)/(2,997)
  d. (6,219 + 2,03)/(3,1159)

50. *Sem chegar a realizar os cálculos indicados*, determine quantos algarismos significativos a resposta para o cálculo deve ter.
  a. $\dfrac{(9,7871)(2)}{(0,00182)(43,21)}$
  b. (67,41 + 0,32 + 1,98)/(18,225)
  c. $(2,001 \times 10^{-3})(4,7 \times 10^{-6})(68,224 \times 10^{-2})$
  d. (72,15)(63,9)[1,98 + 4,8981]

51. Quantos algarismos significativos devem ser usados na resposta de cada um dos seguintes cálculos? Não faça os cálculos.
  a. (2,7518 + 9,01 + 3,3349)/(2,1)
  b. (2,7751 × 1,95)/(0,98)
  c. 12,0078/3,014
  d. $(0,997 + 4,011 + 3,876)/(1,86 \times 10^{-3})$

52. Avalie cada um dos seguintes problemas e dê a resposta com o número apropriado de algarismos significativos.
  a. (2,0944 + 0,0003233 + 12,22)/(7,001)
  b. $(1,42 \times 10^2 + 1,021 \times 10^3)/(3,1 \times 10^{-1})$
  c. $(9,762 \times 10^{-3})/(1,43 \times 10^2 + 4,51 \times 10^1)$
  d. $(6,1982 \times 10^{-4})^2$

2-6 Solução de problemas e análise dimensional

Perguntas

53. O(A)_____ representa um(a) razão com base em uma declaração equivalente entre duas medidas.

54. Quantos algarismos significativos há nos números da definição: 1 pol = 2,54 cm?

55. Dado que 1 mi = 1760 jardas, determine qual fator de conversão é apropriado para alterar 1849 jardas para milhas e 2,781 mi para jardas.

56. Dado que 1 mi = 5280 pés exatamente, determine qual fator de conversão é apropriado para alterar 15,9 mi para pés e 86,19 pés para milhas.

Para os Exercícios 57 e 58, as maçãs custam $1,75 por libra.

57. Qual fator de conversão é apropriado para determinar o custo de 5,3 lb de maçãs?

58. Qual fator de conversão é apropriado para determinar quantas libras de maçãs poderiam ser compradas com $10,00?

Problemas

Observação: as igualdades apropriadas para diversas unidades estão no final deste livro.

59. Realize cada uma das conversões a seguir, certificando-se de estabelecer o fator de conversão apropriado para cada caso.
  a. 12,5 pol em centímetros
  b. 12,5 cm em polegadas
  c. 2313 pés em milhas
  d. 4,53 pés em metros
  e. 6,52 min em segundos
  f. 52,3 cm em metros
  g. 4,21 m em jardas
  h. 8,02 oz em libras

60. Realize cada uma das conversões a seguir, certificando-se de estabelecer o fator de conversão apropriado para cada caso.
  a. 2,23 m em jardas
  b. 46,2 jardas em metros
  c. 292 cm em polegadas
  d. 881,2 pol em centímetros
  e. 1043 km em milhas
  f. 445,5 mi em quilômetros
  g. 36,2 m em quilômetros
  h. 0,501 km em centímetros

61. Realize cada uma das conversões a seguir, certificando-se de estabelecer o fator de conversão apropriado para cada caso.
  a. 1,75 mi em quilômetros
  b. 2,63 gal em quartos
  c. 4,675 calorias em joules
  d. 756,2 mm Hg em atmosferas
  e. 36,3 unidades de massa atômica em quilogramas
  f. 46,2 pol em centímetros
  g. 2,75 qt em onças
  h. 3,51 jardas em metros

62. Realize cada uma das conversões a seguir, certificando-se de estabelecer o fator de conversão apropriado para cada caso.
  a. 254,3 g em quilogramas
  b. 2,75 kg em gramas
  c. 2,75 kg em libras
  d. 2,75 kg em onças
  e. 534,1 g em libras
  f. 1,75 lb em gramas
  g. 8,7 oz em gramas
  h. 45,9 g em onças

63. 12,01 g de carbono contêm $6,02 \times 10^{23}$ átomos de carbono. Qual é a massa em gramas de $1,89 \times 10^{25}$ átomos de carbono?

64. Los Angeles e Honolulu ficam a 2558 mi de distância entre si. Qual é essa distância em quilômetros?

65. Os Estados Unidos têm trens de alta velocidade que percorrem entre Boston e Nova York capazes de atingir até 160 mi/h. Eles são mais rápidos ou mais lentos que os trens do Reino Unido, que atingem velocidades de 225 km/h?

66. O raio de um átomo está na ordem de 10^{-10} m. Qual é o raio em centímetros, em polegadas e em nanômetros?

2-7 Conversões de temperatura

Perguntas

67. A escala de temperatura usada diariamente na maior parte do mundo, exceto nos Estados Unidos, é a escala _____.

68. O ponto de _____ da água é a 32° na escala de temperatura Fahrenheit.

69. O ponto de ebulição normal da água é _____ °F, ou _____ °C.

70. O ponto de ebulição da água é _____ K.

71. Tanto na escala de temperatura Celsius quanto na Kelvin, há _____ graus entre os pontos de congelamento e ebulição normais da água.

72. Em qual escala de temperatura (°F, °C ou K) 1 grau representa a menor variação de temperatura?

Problemas

73. Faça as seguintes conversões de temperatura:
    a. 44,2 °C em kelvins
    b. 891 K em °C
    c. −20 °C em kelvins
    d. 273,1 K em °C

74. Faça as seguintes conversões de temperatura:
    a. −201°F em kelvins
    b. −201°C em kelvins
    c. 351°C em graus Fahrenheit
    d. −150°F em graus Celsius

75. Converta as seguintes temperaturas de Fahrenheit em graus Celsius.
    a. uma manhã fria no início do outono, 45 °F
    b. um dia quente e seco no deserto do Arizona, 115 °F
    c. a temperatura no inverno, quando meu carro não quer dar a partida, −10 °F
    d. a superfície de uma estrela, 10.000 °F

76. Converta as seguintes temperaturas de Celsius em graus Fahrenheit.
    a. a temperatura de ebulição do álcool etílico, 78,1 °C
    b. um dia quente na praia em uma ilha grega, 40 °C
    c. a menor temperatura possível, −273 °C
    d. a temperatura corporal de uma pessoa com hipotermia, 32 °C

F 77. A seção "Química em Foco – *Termômetros minúsculos*" afirma que a faixa de temperatura para os termômetros com gálio em nanotubos de carbono é de 50 °C a 500 °C.
    a. Quais propriedades fazem do gálio útil em um termômetro?
    b. Determine a faixa de temperatura para o termômetro de gálio em unidades Fahrenheit.

78. Realize as conversões de temperatura indicadas.
    a. 275 K em °C
    b. 82 °F em °C
    c. −21 °C em °F
    d. −40 °F em °C (Há algo incomum em sua resposta?)

2-8 Densidade

Perguntas

79. O que a *densidade* de uma substância representa?

80. As unidades mais comuns para densidade são _____.

81. Um quilograma de chumbo ocupa um volume bem menor que um quilograma de água, porque _____ tem uma densidade bem maior.

82. Se um bloco de vidro sólido, com um volume de exatamente 100 pol³, for colocado em uma bacia de água cheia até a borda, então _____ de água irá transbordar da bacia.

83. A densidade de uma substância gasosa será provavelmente maior ou menor que a densidade de uma substância líquida ou sólida na mesma temperatura? Por quê?

84. Qual propriedade da densidade a torna útil como um auxílio na identificação de substâncias?

85. Consultando a Tabela 2.8, qual substância listada é a mais densa? E a menos densa? Entre as duas substâncias que você identificou, uma amostra de 1,00 g de qual delas ocuparia o maior volume?

86. Consultando a Tabela 2.8, determine o que é mais denso entre: magnésio, etanol, prata ou sal.

Problemas

87. Para as massas e volumes indicados, calcule a densidade em gramas por centímetro cúbico.
    a. massa = 452,1 g; volume = 292 cm³
    b. massa = 0,14 lb; volume = 125 mL
    c. massa = 1,01 kg; volume = 1000 cm³
    d. massa = 225 mg; volume = 2,51 mL

88. Para as massas e volumes indicados, calcule a densidade em gramas por centímetro cúbico.
    a. massa = 4,53 kg; volume = 225 cm³
    b. massa = 26,3 g; volume = 25,0 mL
    c. massa = 1,00 lb; volume = 500 cm³
    d. massa = 352 mg; volume = 0,271 cm³

89. O bromo em temperatura ambiente é um líquido com uma densidade de 3,12 g/mL. Calcule a massa de 125 mL de bromo. Qual volume que 85,0 g de bromo ocupa?

90. O óleo de girassol tem uma densidade de 0,920 g/mL. Qual é a massa de 4,50 L de óleo de girassol? Qual volume (em L) 375 g de óleo de girassol ocuparia?

91. Se 1000,0 mL de óleo de linhaça têm uma massa de 929 g, calcule sua densidade.

92. Um material irá flutuar na superfície de um líquido caso ele tenha uma densidade menor que a do líquido. Dado que a densidade da água é de aproximadamente 1,0 g/mL sob várias condições, o bloco de um material com um volume de 1,2 × 10⁴ pol3 e peso de 3,5 lb irá flutuar ou afundar quando colocado em um reservatório de água?

93. O ferro tem uma densidade de 7,87 g/cm³. Se 52,4 g de ferro fossem submersos em 75,0 mL de água em uma proveta,

qual leitura de volume o nível da água no cilindro iria alcançar?

94. A densidade do ouro puro é de 19,32 g/cm³ a 20 °C. Se 25,75 g de pepitas de ouro puro forem submersas em uma proveta contendo 13,3 mL de água, qual nível de volume a água no cilindro irá alcançar?

95. Use as informações da Tabela 2.8 para calcular o volume de 50,0 g de cada uma das seguintes substâncias:
   a. cloreto de sódio
   b. mercúrio
   c. benzeno
   d. prata

96. Use as informações da Tabela 2.8 para calcular o volume de 50,0 cm³ de cada uma das seguintes substâncias:
   a. ouro
   b. ferro
   c. chumbo
   d. alumínio

Problemas adicionais

97. Indique o número de algarismos significativos na resposta quando cada uma das expressões a seguir for calculada (você não precisa calcular a expressão).
   a. $(6,25)/(74,1143)$
   b. $(1,45)(0,08431)(6,022 \times 10^{23})$
   c. $(4,75512)(9,74441)/(3,14)$

98. Expresse cada um dos seguintes como um número decimal "comum":
   a. $3,011 \times 10^{23}$
   b. $5,091 \times 10^{9}$
   c. $7,2 \times 10^{2}$
   d. $1,234 \times 10^{5}$
   e. $4,32002 \times 10^{-4}$
   f. $3,001 \times 10^{-2}$
   g. $2,9901 \times 10^{-7}$
   h. $4,2 \times 10^{-1}$

99. Escreva cada um dos números a seguir em notação científica padrão, arredondando os números para três algarismos significativos.
   a. 424,6174
   b. 0,00078145
   c. 26.755
   d. 0,0006535
   e. 72,5654

100. Se você determinar que o perímetro de seu livro é 80 cm e a área é 400 cm², como os números de algarismos significativos entre os dois valores se comparam?
   a. O perímetro tem mais algarismos significativos, porque é um número menor que o valor da área.
   b. O valor da área tem mais algarismos significativos, porque é um número maior que o valor do perímetro.
   c. O valor da área tem mais algarismos significativos, porque contém três algarismos significativos, enquanto o valor do perímetro contém apenas dois.
   d. Ambos os valores têm um número infinito de algarismos significativos, porque é possível acrescentar uma vírgula após cada valor junto com um número ilimitado de zeros.
   e. Ambos os valores têm o mesmo número de algarismos significativos (cada um contém um algarismo significativo). Nenhum valor tem uma vírgula presente.

101. Faça as seguintes conversões:
   a. 1,25 pol em pés e em centímetros
   b. 2,12 qt em galões e em litros
   c. 2640 pés em milhas e em quilômetros
   d. 1,254 kg de chumbo em seu volume em centímetros cúbicos
   e. 250, mL de etanol em sua massa em gramas
   f. 3,5 pol³ de mercúrio em seu volume em mililitros e sua massa em quilogramas

102. No planeta Xgnu, as unidades de comprimento mais comuns são o blim (para longas distâncias) e o kryll (para curtas distâncias). Como os xgneses têm 14 dedos, talvez não seja surpresa que 1400 kryll = 1 blim.
   a. Duas cidades em Xgnu ficam a 36,2 blim de distância entre si. Qual é essa distância em kryll?
   b. A média de altura de um xgnuese é 170 kryll. Qual é essa altura em blims?
   c. Este livro está sendo atualmente usado na Universidade Xgnu. A área da capa deste livro é 72,5 krylls quadrados. Qual é essa área em blims quadrados?

103. Você passa por uma placa na estrada que diz "Nova York a 110 km". Se você dirige a uma velocidade constante de 100,0 km/h, quanto tempo falta para chegar a Nova York?

104. Converta 45 m/h em m/s, mostrando como as unidades se cancelam apropriadamente.

105. Suponha que seu carro faça 45 mi/gal em autoestradas e 38 mi/gal na cidade. Se quiser escrever para seu amigo na Espanha sobre seu carro, como ficariam os rendimentos em quilômetros por litro?

106. Você está em Paris e quer comprar pêssegos para o almoço. A placa na barraca de frutas indica que os pêssegos custam 2,76 euros por quilograma. Dado que o dólar custa aproximadamente 1,44 euros, calcule quanto uma libra de pêssegos irá custar em dólares.

107. Para um farmacêutico preparar pílulas ou cápsulas, costuma ser mais fácil pesar os medicamentos em vez de contar as pílulas individualmente. Se uma única cápsula de antibiótico pesa 0,65 g, e um farmacêutico pesar 15,6 g de cápsulas, quantas cápsulas foram preparadas?

108. No planeta Xgnu, os nativos têm 14 dedos. Na escala de temperatura oficial de Xgnu (°X), o ponto de ebulição da água (sob uma pressão atmosférica semelhante à da Terra) é de 140°X, enquanto a água congela a 14°X. Deduza as relações entre °X e °C.

109. Para um material flutuar na superfície da água, deve ter uma densidade menor que a da água (1,0 g/mL) e não deve reagir ou dissolver nela. Uma bola esférica tem um raio de 0,50 cm e pesa 2,0 g. Ela irá flutuar ou afundar quando for colocada na água? (*Observação*: volume de uma esfera = $\frac{4}{3}\pi r^3$.)

110. Um cilindro de gás com volume de 10,5 L contém 36,8 g de gás. Qual é a densidade do gás?

111. Usando a Tabela 2.8, calcule o volume de 25,0 g para cada um dos seguintes elementos:
   a. gás hidrogênio (à pressão de 1 atmosfera)
   b. mercúrio
   c. chumbo
   d. água

112. Etanol e benzeno dissolvem-se um no outro. Quando 100 mL de etanol é dissolvido em 1,00 L de benzeno, qual é a massa da mistura? (Consulte a Tabela 2.8.)

113. Quando 2891 é escrito em notação científica, o expoente que indica a potência de 10 é _____.

114. Para cada um dos números a seguir, caso o número seja reescrito em notação científica, o expoente da potência de 10 será positivo, negativo ou zero?
    a. $1/10^3$
    b. 0,00045
    c. 52.550
    d. 7,21
    e. 1/3

115. Para cada um dos números a seguir, caso o número seja reescrito em notação científica, o expoente da potência de 10 será positivo, negativo ou zero?
    a. 4.915.442
    b. 1/1000
    c. 0,001
    d. 3,75

116. Para cada um dos números a seguir, quantas casas decimais a vírgula deve ser deslocada para expressar o número em notação científica padrão? Em cada caso, o expoente é positivo ou negativo?
    a. 102
    b. 0,00000000003489
    c. 2500
    d. 0,00003489
    e. 398.000
    f. 1
    g. 0,3489
    h. 0,0000003489

117. Para cada um dos números a seguir, quantas casas decimais a vírgula deve ser deslocada para expressar o número em notação científica padrão? Em cada caso, o expoente será positivo, negativo ou zero?
    a. 55.651
    b. 0,000008991
    c. 2,04
    d. 883.541
    e. 0,09814

118. Para cada um dos números a seguir, quantas casas decimais a vírgula deve ser deslocada para expressar o número em notação científica padrão? Em cada caso, o expoente será positivo, negativo ou zero?
    a. 72,471
    b. 0,008941
    c. 9,9914
    d. 6519
    e. 0,000000008715

119. Expresse cada um dos números a seguir em notação científica (exponencial).
    a. 529
    b. 240.000.000
    c. 301.000.000.000.000.000
    d. 78.444
    e. 0,0003442
    f. 0,000000000902
    g. 0,043
    h. 0,0821

120. Expresse cada um dos seguintes como um número decimal "comum".
    a. $2,98 \times 10^{-5}$
    b. $4,358 \times 10^9$
    c. $1,9928 \times 10^{-6}$
    d. $6,02 \times 10^{23}$
    e. $1,01 \times 10^{-1}$
    f. $7,87 \times 10^{-3}$
    g. $9,87 \times 10^7$
    h. $3,7899 \times 10^2$
    i. $1,093 \times 10^{-1}$
    j. $2,9004 \times 10^0$
    k. $3,9 \times 10^{-4}$
    l. $1,904 \times 10^{-8}$

121. Escreva cada um dos números a seguir em notação científica *padrão*.
    a. $102,3 \times 10^{-5}$
    b. $32,03 \times 10^{-3}$
    c. 59.933×10^2
    d. $599,3 \times 10^4$
    e. $5993,3 \times 10^3$
    f. 2054×10^{-1}
    g. $32.000.000 \times 10^{-6}$
    h. 59.933×10^5

122. Escreva cada um dos números a seguir em notação científica *padrão*. Consulte o Apêndice, caso precise de ajuda para multiplicar ou dividir números com expoentes.
    a. $1/10^2$
    b. $1/10^{-2}$
    c. $55/10^3$
    d. $(3,1 \times 10^6)/10^{-3}$
    e. $(10^6)^{1/2}$
    f. $(10^6)(10^4)/(10^2)$
    g. $1/0,0034$
    h. $3,453/10^{-4}$

123. A unidade básica de comprimento ou distância no sistema métrico é _____.

124. Desenhe uma vidraria de laboratório que possa medir adequadamente o volume de um líquido de 32,87 mL.

125. Qual distância é mais longa, 100 km ou 50 mi?

126. 1 L = _____ dm^3 = _____ cm^3 = _____ mL

127. O volume 0,250 L também pode ser expresso como _____ mL.

128. O volume 10,5 cm também pode ser expresso como _____ m.

129. Um automóvel movendo-se a uma velocidade constante de 100 km/h violaria o limite de velocidade de 65 mph?

130. O que pesa mais, 0,001 g de água ou 1 mg de água?

131. O que pesa mais, 4,25 g de ouro ou 425 mg de ouro?

132. O comprimento 500 m também pode ser expresso como _____ nm.

133. A razão entre a massa de um objeto e seu/sua _____ é chamada de *densidade* do objeto.

134. Você está trabalhando em um projeto em que precisa do volume de uma caixa, portanto, pega as medidas de comprimento, altura e largura e multiplica todos os valores para encontrar o volume de 0,310 m^3. Se duas de suas medidas forem 0,7120 m e 0,52458 m, qual é a outra?

135. Indique o número de algarismos significativos para cada um dos seguintes:
    a. Este livro tem mais de 500 páginas.
    b. Uma milha é um pouco mais de 5000 pés.
    c. Um litro é equivalente a 1,059 qt.
    d. A população dos Estados Unidos está se aproximando de 250 milhões de habitantes.
    e. Um quilograma é 1000 g.
    f. O Boeing 747 viaja a cerca de 600 mph.

136. Arredonde cada um nos números a seguir para três algarismos significativos.
    a. 0,00042557
    b. $4,0235 \times 10^{-5}$
    c. 5.991,55
    d. 399,85
    e. 0,0059998

137. Arredonde cada um dos números a seguir para o número indicado de algarismos significativos.
    a. 0,75555 para quatro algarismos
    b. 17,005 para quatro algarismos
    c. 292,5 para três algarismos
    d. 432,965 para cinco algarismos

138. Avalie cada uma das seguintes expressões e escreva a resposta com o número apropriado de algarismos significativos.
    a. 149,2 + 0,034 + 2000,34
    b. $1,0322 \times 10^3 + 4,34 \times 10^3$
    c. $4,03 \times 10^{-2} - 2,044 \times 10^{-3}$
    d. $2,094 \times 10^5 - 1,073 \times 10^6$

139. Avalie cada uma das seguintes expressões e escreva a resposta com o número apropriado de algarismos significativos.
    a. $(0,0432)(2,909)(4,43 \times 10^8)$
    b. $(0,8922)/[(0,00932)(4,03 \times 10^2)]$
    c. $(3,923 \times 10^2)(2,94)(4,093 \times 10^{-3})$
    d. $(4,9211)(0,04434)/[(0,000934)(2,892 \times 10^{-7})]$

140. Avalie cada uma das seguintes expressões e escreva a resposta com o número apropriado de algarismos significativos.
    a. $(2,9932 \times 10^4)[2,4443 \times 10^2 + 1,032 \times 10^1]$
    b. $[2,34 \times 10^2 + 2,443 \times 10^{-1}]/(0,0323)$
    c. $(4,38 \times 10^{-3})^2$
    d. $(5,9938 \times 10^{-6})^{1/2}$

141. Dado que 1 L = 1000 cm³, determine qual fator de conversão é apropriado para transformar 350 cm³ em litros e 0,200 L em centímetros cúbicos.

142. Dado que 12 meses = 1 ano, determine qual fator de conversão é apropriado para transformar 72 meses em anos e 3,5 anos em meses.

143. Realize cada uma das conversões a seguir, certificando-se de estabelecer claramente o fator de conversão apropriado para cada caso:
    a. 8,43 cm em milímetros
    b. $2,41 \times 10^2$ cm em metros
    c. 294,5 nm em centímetros
    d. 404,5 m em quilômetros
    e. $1,445 \times 10^4$ m em quilômetros
    f. 42,2 mm em centímetros
    g. 235,3 m em milímetros
    h. 903,3 nm em micrômetros

144. Realize cada uma das conversões a seguir, certificando-se de estabelecer claramente o(s) fator(es) de conversão apropriado(s) para cada caso:
    a. 908 oz em quilogramas
    b. 12,8 L em galões
    c. 125 mL em quartos
    d. 2,89 gal em mililitros
    e. 4,48 lb em gramas
    f. 550 mL em quartos

145. A distância média da Terra até o Sol é $9,3 \times 10^7$ mi. Qual é essa distância em quilômetros e em centímetros?

146. Dado que uma tonelada métrica = 1000 kg, quantas toneladas métricas há em $5,3 \times 10^3$ lb?

147. Converta as temperaturas a seguir em kelvins:
    a. 0 °C
    b. 25 °C
    c. 37 °C
    d. 100 °C
    e. −175 °C
    f. 212 °C

148. Realize as conversões de temperatura indicadas:
    a. 175 °F em kelvins
    b. 255 K em graus Celsius
    c. −45 °F em graus Celsius
    d. 125 °C em graus Fahrenheit

149. Para as massas e volumes indicados, calcule a densidade em gramas por centímetro cúbico:
    a. massa = 234 g; volume = 2,2 cm³
    b. massa = 2,34 kg; volume = 2,2 m³
    c. massa = 1,2 lb; volume = 2,1 pés³
    d. massa = 4,3 t; volume = 54,2 jardas³

150. Uma amostra de um solvente líquido tem uma densidade de 0,915 g/mL. Qual é a massa de 85,5 L do líquido?

151. Um solvente orgânico tem uma densidade de 1,31 g/mL. Qual volume ocupado por 50,0 g do líquido?

152. Uma esfera metálica sólida tem um volume de 4,2 pés³. A massa da esfera é 155 lb. Encontre a densidade da esfera metálica em gramas por centímetro cúbico.

153. Uma amostra contendo 33,42 g de pastilhas metálicas é colocada em uma proveta com 12,7 mL de água, elevando seu nível na proveta para 21,6 mL. Calcule a densidade do metal.

154. Converta as seguintes temperaturas em graus Fahrenheit.
    a. −5 °C
    b. 273 K
    c. −196 °C
    d. 0 K
    e. 86 °C
    f. −273 °C

155. Para cada uma das descrições a seguir, identifique a potência de 10 indicada pelo *prefixo* na medida.
    a. A placa na autoestrada interestadual diz para sintonizar a 540 *quilo*hertz da rádio AM para informações sobre o trânsito.
    b. Minha nova câmera digital tem um cartão de memória de 2 *giga*byte.
    c. A camisa que comprei para meu pai durante minhas férias na Europa mostra o comprimento da manga em *centí*metros.
    d. A filmadora do meu irmão grava em fitas cassete de 8 *mili*metros.

156. A seção "Química em foco – *Unidades críticas!*" discute a importância das conversões da unidade. Leia a seção e faça as conversões de unidade adequadas para responder às seguintes questões:
    a. O Satélite Climático de Marte queimou porque entrou mais na atmosfera de Marte que o planejado. Quantas milhas a menos deveria ter entrado?
    b. Um avião a jato canadense quase ficou sem combustível, porque alguém bombeou menos combustível na aeronave do que deveria. Quantas libras a mais de combustível deveriam ter sido bombeadas na aeronave?

157. Leia a seção "Química em foco – *Medidas: passado, presente e futuro*" e responda às perguntas a seguir:
    a. Dê três exemplos de como o desenvolvimento de dispositivos sofisticados para fazer medidas é útil em nossa sociedade.
    b. Explique como os avanços nas habilidades de fazer medidas podem ser um problema.

A seção "Química em foco – *Medidas: passado, presente e futuro*" afirma que os hormônios podem ser detectados a um nível de 10^{-8} g/l. Converta esse nível em unidades de libras por galão.

Problemas para estudo

159. Complete a tabela a seguir:

Número	Exponencial	Número de algarismos significativos
900,0		
3007		
23.450		
270,0		
437.000		

160. Para cada uma das expressões matemáticas dadas:
   a. Determine o número correto de algarismos significativos para a resposta.
   b. Calcule a expressão matemática utilizando os algarismos significativos corretos no resultado.

	Número de algarismos significativos	Resultado
0,0394 × 13		
15,2 − 2,75 + 16,67		
3,984 × 2,16		
0,517 ÷ 0,2742		
1,842 + 45,2 + 87,55		
12,62 + 1,5 + 0,25		

161. O rio mais longo do mundo é o Nilo, com uma extensão de 4145 mi. Qual é sua extensão em comprimento em cabo, metros e milhas náuticas?

Use essas conversões exatas para ajudar a solucionar o problema:

$$6 \text{ pés} = 1 \text{ braça}$$
$$100 \text{ braças} = 1 \text{ comprimento em cabo}$$
$$10 \text{ comprimentos em cabo} = 1 \text{ milha náutica}$$
$$3 \text{ milhas náuticas} = 1 \text{ légua}$$

162. O Secretariat é conhecido como o cavalo mais rápido em Kentucky Derby. Se o recorde do Secretariat é 1 minuto e 59,2 segundos em uma corrida de 1,25 mi, qual é sua velocidade média em m/s?

163. Um amigo diz que está 69,1°F lá fora. Qual é essa temperatura em Celsius?

164. A temperatura mais quente registrada nos Estados Unidos foi de 134 °F em Greenland Ranch, Califórnia. O ponto de fusão do fósforo é de 44 °C. Nessa temperatura, o fósforo seria um líquido ou um sólido?

A densidade do ósmio (o metal mais denso) é de 22,57 g/cm^3. Qual é a massa de um bloco de ósmio com dimensões de 1,84 cm × 3,61 cm × 2,10 cm?

165. O raio do átomo de neon é 69 pm, e sua massa é 3,35 × 10^{-23}g. Qual é a densidade do átomo em gramas por centímetro cúbico (g/cm^{-3})? Suponha que ele seja uma esfera com volume = $\frac{4}{3}\pi r^3$.

Matéria

CAPÍTULO 3

- **3-1** Matéria
- **3-2** Propriedades físicas e químicas e mudanças
- **3-3** Elementos e compostos
- **3-4** Misturas e substâncias puras
- **3-5** Separação de misturas

Um iceberg na Groelândia.
Frank Krahmer/Masterfile

Ao olhar ao redor, você deve pensar sobre as propriedades da matéria. Como as plantas crescem e por que elas são verdes? Por que o sol é quente? Por que um cachorro-quente esquenta em um forno de micro-ondas? Por que a madeira queima e as rochas, não? O que é uma chama? Como o sabão funciona? Por que refrigerante efervesce quando você abre a garrafa? Quando o ferro oxida, o que acontece? E por que alumínio não enferruja? Como uma bolsa de gelo para lesão atlética, que é armazenada por semanas ou meses à temperatura ambiente, fica fria de repente quando você precisa dela? Como funciona um permanente de cabelo?

As respostas para essas e inúmeras outras questões se encontram no domínio da química. Neste capítulo, vamos começar a explorar a natureza da matéria: como ela é organizada e como e por que muda.

Por que o refrigerante efervesce quando você abre a garrafa? © Cengage Learning

3-1 Matéria

OBJETIVO Para saber mais sobre a matéria e os seus três estados.

A **matéria**, as "coisas" que compõem o universo, possui duas características: tem massa e ocupa espaço. A matéria vem em grande variedade de formas: as estrelas, o ar que você está respirando, a gasolina que você coloca no seu carro, a cadeira na qual você está sentado, o presunto no sanduíche que você pode ter comido no almoço, os tecidos em seu cérebro que permitem ler e compreender esta frase, e assim por diante.

Nós classificamos a matéria de várias maneiras para tentar compreender sua natureza. Por exemplo, madeira, osso e aço compartilham certas características. Essas coisas são todas rígidas; elas têm formas definidas que são difíceis de alterar. Por outro lado, a água e a gasolina, por exemplo, adquirem o formato de qualquer recipiente em que sejam derramados (Fig. 3.1). Mesmo assim, 1 L de água tem um volume de 1 L, seja em um balde ou um béquer. Por outro lado, o ar adquire o formato do recipiente e preenche-o todo, de maneira uniforme.

As substâncias que acabamos de descrever ilustram os três **estados da matéria: sólido, líquido e gasoso**, que são definidos e ilustrados na Tabela 3.1. O estado de uma determinada amostra depende da atração entre as partículas contidas na matéria; quanto mais forte, mais rígida será a matéria. Discutiremos isso mais detalhadamente na próxima seção.

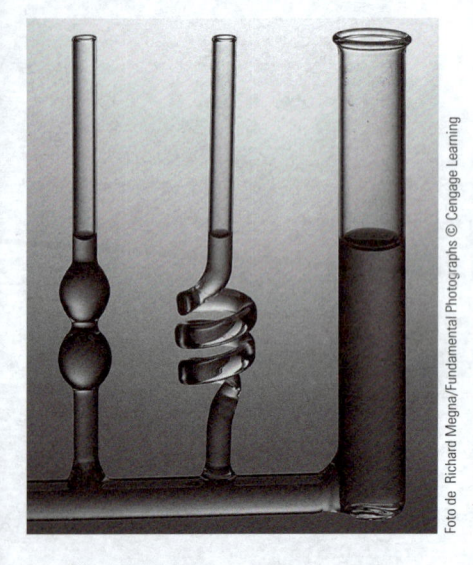

Figura 3.1 ▶ A água líquida adquire o formato de seu recipiente.

Tabela 3.1 ▶ Os três estados da matéria

Estado	Definição	Exemplos
sólido	rígido; possui formato e volume fixos	cubo de gelo, diamante, barra de ferro
líquido	possui volume definido, mas adquire o formato do recipiente	gasolina, água, álcool, sangue
gasoso	não possui volume ou formato fixo; adquire o formato e volume do recipiente	ar, hélio, oxigênio

3-2 Propriedades físicas e químicas e mudanças

OBJETIVOS
▸ Aprender a distinguir entre as propriedades físicas e químicas.
▸ Aprender a distinguir entre as mudanças físicas e químicas.

Quando você vê um amigo, reage imediatamente e o chama pelo nome. Podemos reconhecer um amigo, porque cada pessoa possui características ou propriedades únicas. A pessoa pode ser magra e alta, pode ter cabelo loiro e olhos azuis, e assim por diante. As características acima referidas são exemplos das **propriedades físicas**. Substâncias também têm propriedades físicas, que incluem odor, cor, volume, estado (gás, líquido ou sólido), densidade, ponto de fusão e ponto de ebulição. Também podemos descrever uma substância pura em termos de suas **propriedades químicas**, que se referem à sua capacidade de formar novas substâncias. Um exemplo de uma mudança química é a lenha em uma lareira, que libera calor e gases e deixa cinzas de resíduo. Nesse processo, a madeira muda para diversas substâncias novas. Outros exemplos de mudanças químicas incluem a oxidação do aço em nossos carros, a digestão dos alimentos em nossos estômagos e o crescimento da grama em nossos quintais. Em uma mudança química, uma determinada substância muda para outra(s), fundamentalmente diferente(s).

Exemplo resolvido 3.1 — Identificar propriedades físicas e químicas

Classifique cada uma das seguintes propriedades como física ou química.

a. O ponto de ebulição de um certo álcool é 78 °C.
b. O diamante é muito duro.
c. O açúcar fermenta para formar o álcool.
d. Um fio de metal conduz uma corrente elétrica.

RESOLUÇÃO

Os itens (a), (b) e (d) são propriedades físicas que descrevem características inerentes a cada substância, e nenhuma mudança ocorre na composição. Um fio metálico tem a mesma composição antes e depois de uma corrente elétrica passar por ele. O item (c) é uma propriedade química do açúcar. A fermentação de açúcares envolve a formação de uma nova substância (álcool).

AUTOVERIFICAÇÃO

Exercício 3.1 Quais das seguintes propriedades são físicas e quais são químicas?

a. O metal gálio derrete na mão.
b. A platina não reage com oxigênio em temperatura ambiente.
c. A página do livro é branca.
d. As lâminas de cobre que formam a "pele" da Estátua da Liberdade criaram um revestimento esverdeado ao longo dos anos.

Consulte os Problemas 3.11 até 3.14. ■

A matéria pode sofrer mudanças tanto físicas quanto químicas nas suas propriedades. Para ilustrar as diferenças fundamentais entre as mudanças físicas e químicas, consideraremos a água. Como veremos com mais detalhes em capítulos posteriores, uma amostra de água contém um número muito grande de unidades

O metal gálio possui um ponto de fusão tão baixo (30 °C) que derrete com o calor da mão.

individuais (chamadas de moléculas), cada uma composta por dois átomos de hidrogênio e um átomo de oxigênio – o conhecido H_2O. Essa molécula pode ser representada como

em que as letras representam átomos e as linhas mostram conexões (chamadas de ligações) entre os átomos, e o modelo molecular (à direita) representa a água de uma forma mais tridimensional.

O que realmente está ocorrendo quando a água sofre as seguintes mudanças?

Sólido (gelo) → Líquido (água) → Gasoso (vapor)
        Fusão   Ebulição

> **O objetivo aqui é fornecer uma visão geral. Não se preocupe com as definições precisas de átomo e molécula neste momento. Exploraremos esses conceitos mais detalhadamente no Capítulo 4.**

Vamos descrever essas mudanças de estado de forma mais precisa no Capítulo 14, mas você já sabe alguma coisa sobre esses processos, pois já os observou diversas vezes.

Quando o gelo derrete, o sólido rígido torna-se um líquido móvel, que adquire o formato de seu recipiente. O aquecimento contínuo leva o líquido à fervura, e a água torna-se um gás ou vapor que parece desvanescer. As mudanças que ocorrem quando a substância passa de sólido para líquido e gasoso estão representadas na Fig. 3.2. No gelo, as moléculas de água estão presas em posições fixas (embora estejam vibrando). No estado líquido, as moléculas ainda estão muito próximas umas das outras, porém algum movimento está ocorrendo; as posições das moléculas não são mais fixas como no gelo. No estado gasoso, as moléculas estão muito mais distantes e se movem aleatoriamente, chocando umas com as outras e com as paredes do recipiente.

O mais importante em todas essas mudanças é que as moléculas de água ainda estão intactas. Os movimentos individuais e as distâncias entre elas mudam, mas *as moléculas de H_2O ainda estão presentes*. Essas mudanças de estado são **mudanças físicas**, pois não afetam a composição da substância. Em cada estado, ainda temos água (H_2O), e não outra substância.

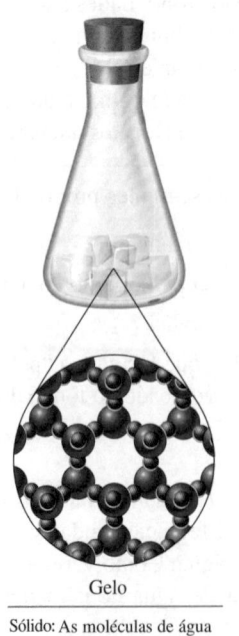

Um cristal de pirita de ferro.

Figura 3.2 ▶ Os três estados da água (em que esferas cinzas representam os átomos de oxigênio e as azuis representam os átomos de hidrogênio).

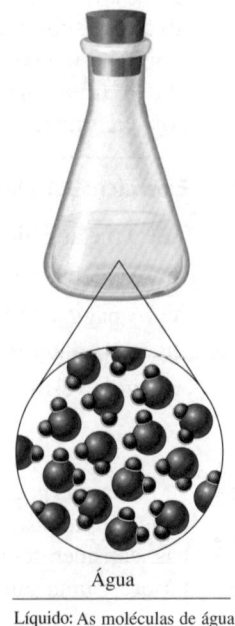

Gelo
Sólido: As moléculas de água estão presas em posições fixas e estão juntas.

Água
Líquido: As moléculas de água ainda estão juntas, mas podem se mover em certa medida.

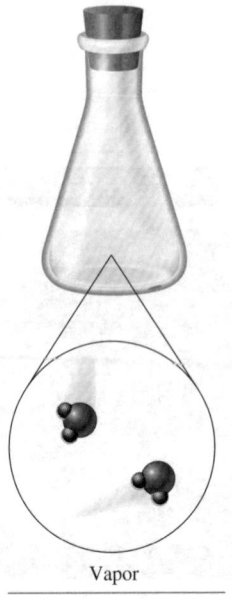

Vapor
Gás: As moléculas de água estão muito distantes e se movem aleatoriamente.

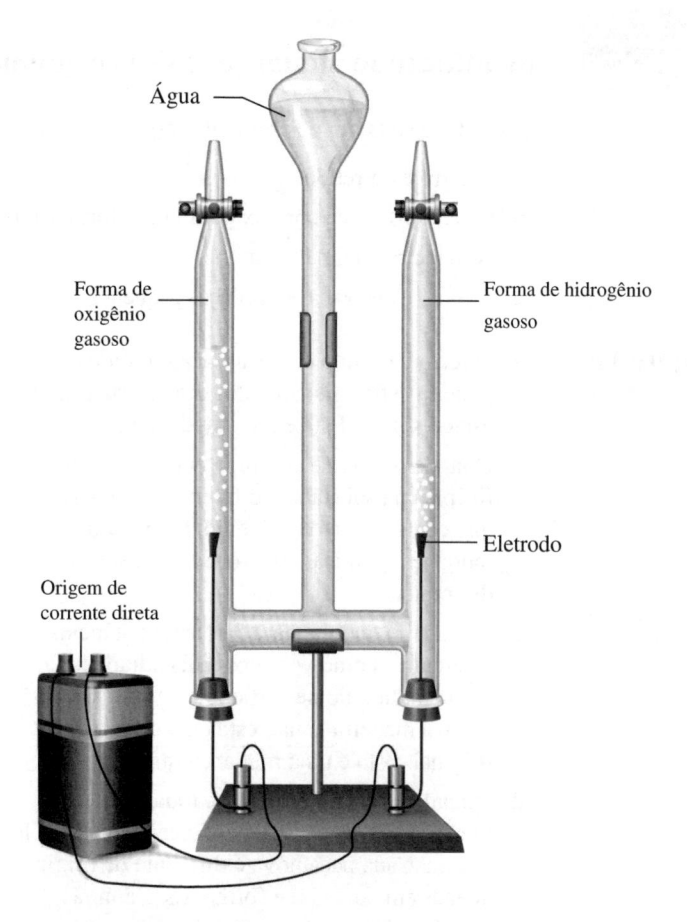

Figura 3.3 ▶ A eletrólise, decomposição da água por corrente elétrica, é um processo químico.

Agora, suponha que passemos uma corrente elétrica pela água, conforme ilustrado na Fig. 3.3. Algo muito diferente ocorre. A água desaparece e é substituída por duas novas substâncias gasosas, hidrogênio e oxigênio. Na verdade, uma corrente elétrica faz que as moléculas de água se separem – a água se *decompõe* em hidrogênio e oxigênio. Podemos representar este processo como segue:

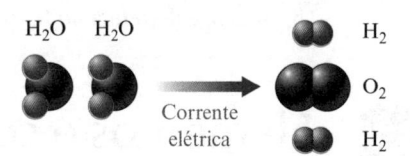

$$H_2O \quad H_2O \xrightarrow{\text{Corrente elétrica}} H_2 \quad O_2 \quad H_2$$

Essa é uma **mudança química**, pois a água (composta de moléculas de H_2O) se alterou em diferentes substâncias: hidrogênio (contendo moléculas de H_2) e oxigênio (contendo moléculas de O_2). Assim, nesse processo, as moléculas de H_2O foram substituídas por moléculas de O_2 e H_2. Vamos resumir:

Mudanças físicas e químicas

1. Uma *mudança física* envolve uma variação em uma ou mais propriedades físicas, mas nenhuma nos componentes fundamentais da substância. As mudanças físicas mais comuns são mudanças de estado: sólido ⇔ líquido ⇔ gasoso.
2. Uma *mudança química* envolve uma variação nos componentes essenciais da substância; uma determinada substância se transforma em outra(s) diferente(s). As mudanças químicas são chamadas de **reações**: a prata mancha ao reagir com substâncias no ar; uma planta forma uma folha combinando várias substâncias do ar e do solo; e assim por diante.

Exemplo resolvido 3.2 — Identificando mudanças físicas e químicas

Classifique cada um dos seguintes como uma mudança física ou química.

a. O ferro é derretido.
b. O ferro combina com oxigênio para formar ferrugem.
c. A madeira queima no ar.
d. A rocha é quebrada em pedaços pequenos.

SOLUÇÃO

a. O ferro derretido é apenas ferro líquido e poderia esfriar novamente para retornar ao estado sólido. Esta é uma mudança física.

b. Quando o ferro se combina com o oxigênio, forma uma substância diferente (ferrugem) que contém ferro e oxigênio. Esta é uma mudança química, pois forma uma substância diferente.

c. A madeira queima para formar substâncias diferentes (como veremos mais adiante, que incluem dióxido de carbono e água). Após o fogo, a madeira já não está em sua forma original. Esta é uma mudança química.

d. Quando a rocha é quebrada, todas as peças menores têm a mesma composição que a rocha inteira. Cada peça nova é diferente da original apenas em tamanho e forma. Essa é uma mudança física.

O oxigênio se combina com os produtos químicos na madeira para produzir chamas. O que ocorre é uma mudança física ou química?

AUTOVERIFICAÇÃO

Exercício 3.2 Classifique cada um dos seguintes como mudança química, física ou uma combinação de ambas.

a. Leite fica azedo.
b. A cera é derretida no fogo e, em seguida, pega fogo e queima.

Consulte os Problemas 3.17 e 3.18. ∎

3-3 Elementos e compostos

OBJETIVO Entender as definições de elementos e compostos.

Ao examinarmos as mudanças químicas da matéria, deparamo-nos com uma série de substâncias fundamentais chamadas **elementos**, que não podem ser decompostos em outras substâncias por meios químicos. Exemplos de elementos são o ferro, alumínio, oxigênio e hidrogênio. Toda a matéria do mundo que nos rodeia contém elementos, que por vezes se encontram em um estado isolado, mas frequentemente são combinados com outros elementos. A maioria das substâncias contém diversos elementos combinados juntos.

Elemento: uma substância que não pode ser decomposta em outras por métodos químicos.

Os átomos de certos elementos têm afinidades especiais entre eles. Eles se unem de maneiras especiais para formar **compostos**, substâncias que têm a mesma composição, não importa onde as encontremos. Como os compostos são formados por elementos, podem ser decompostos em elementos por meio de mudanças químicas:

Compostos ➡ Elementos
Mudanças químicas

A água é um exemplo de composto. A água pura sempre tem a mesma composição (as mesmas quantidades relativas de hidrogênio e de oxigênio), pois é constituída por moléculas de H_2O. A água pode ser quebrada nos elementos hidrogênio e oxigênio por meios químicos, como o uso de uma corrente elétrica (Fig. 3.3).

Como se discutirá mais detalhadamente no Capítulo 4, cada elemento é constituído por um tipo particular de átomo: uma amostra pura do elemento de alumínio contém apenas átomos de alumínio; cobre elementar contém apenas átomos de cobre, e assim por diante. Assim, um elemento contém apenas um tipo de átomo; uma amostra de ferro contém muitos átomos, mas são todos átomos de ferro. Amostras de certos elementos puros contêm moléculas; por exemplo, o gás hidrogênio contém moléculas H-H (geralmente escrito como H_2), e o gás oxigênio contém moléculas O-O (O_2). No entanto, qualquer amostra pura de um elemento contém apenas átomos desse elemento, e *nunca* os átomos de outro elemento.

Um composto *sempre* contém átomos de *diferentes* elementos. Por exemplo, a água contém átomos de hidrogênio e oxigênio, e existe sempre exatamente duas vezes mais átomos de hidrogênio que de oxigênio, pois a água é composta por moléculas de H-O-H. Um composto diferente, dióxido de carbono, é constituído de moléculas de CO_2 e, assim, contém átomos de carbono e átomos de oxigênio (sempre na proporção de 1:2).

Um composto, embora contenha mais que um tipo de átomo, *sempre tem a mesma composição*, isto é, a mesma combinação de átomos. As propriedades de um composto normalmente são muito diferentes das propriedades dos elementos contidos nele. Por exemplo, as propriedades da água são bastante diferentes das do hidrogênio e oxigênio puros.

3-4 Misturas e substâncias puras

OBJETIVO Aprender a distinguir misturas e substâncias puras.

Praticamente toda a matéria que nos rodeia é constituída por misturas de substâncias. Por exemplo, se você observar de perto uma amostra de solo, verá que existem muitos tipos de componentes, incluindo grãos de areia minúsculos e restos de plantas. O ar que respiramos é uma mistura complexa de gases, tais como oxigênio, nitrogênio, dióxido de carbono e vapor de água. Mesmo a água de um bebedouro contém muitas substâncias, além de água.

A **mistura** pode ser definida como algo com composição variável. Por exemplo, a madeira é uma mistura (sua composição varia muito, dependendo da árvore que lhe dá origem); o vinho é uma mistura (pode ser tinto ou branco, suave ou seco); o café é uma mistura (pode ser forte, fraco, ou amargo); e, embora pareça muito pura, a água bombeada do fundo da terra é uma mistura (contém minerais e gases dissolvidos).

Uma **substância pura**, por outro lado, terá sempre a mesma composição. As substâncias puras são elementos ou compostos. Por exemplo, a água pura é um composto que contém moléculas de H_2O individuais. No entanto, como a encontramos na natureza, a água líquida sempre contém outras substâncias além de água pura — é uma mistura. Isto se torna óbvio com os diferentes gostos, cheiros e cores de amostras de água obtidas de diversos locais. Porém, se nos esforçarmos para purificar amostras de água de diferentes fontes (como oceanos, lagos, rios e subsolo), sempre acabaremos com a mesma substância pura – água, que é composta apenas por moléculas de H_2O. A água pura sempre tem as mesmas propriedades físicas e químicas e é sempre constituída por moléculas que contêm hidrogênio e oxigênio exatamente nas mesmas proporções, independentemente da sua fonte original. As propriedades de uma substância pura tornam possível sua identificação de forma conclusiva.

> Apesar de dizer que podemos separar as substâncias puras das misturas, é praticamente impossível separar substâncias totalmente puras das misturas. Não importa o quanto tentemos, algumas impurezas (componentes da mistura original) permanecem em cada uma das "substâncias puras".

As misturas podem ser separadas em substâncias puras: elementos e/ou compostos.

Misturas ➡ Duas ou mais "substâncias puras"

QUÍMICA EM FOCO

Concreto: um material antigo renovado

O concreto, que foi inventado mais de 2000 anos atrás pelos romanos, está sendo transformado em um material de construção de alta tecnologia com o uso de nosso conhecimento em química. Há pouca dúvida de que o concreto é o material mais importante do mundo. Ele é usado para a construção de estradas, pontes, edifícios, pisos, bancadas e inúmeros outros objetos. Na sua forma mais simples, o concreto consiste em cerca de 70% de areia e cascalho, 15% de água e 15% de cimento (uma mistura preparada por aquecimento e trituração de rocha calcária, argila, xisto e gesso). Como o concreto forma o "esqueleto" de grande parte da nossa sociedade, melhorias para torná-lo mais duradouro e com melhor desempenho são cruciais.

Um novo tipo de concreto é o Ductal, que foi desenvolvido pela empresa francesa Lafarge. Ao contrário do concreto tradicional, que é frágil e pode romper de repente sob uma carga pesada, o Ductal é flexível. Além disso, é cinco vezes mais forte que o concreto tradicional. O segredo por trás de suas propriedades quase mágicas está na adição de aço ou pequenas fibras poliméricas, que estão dispersas pela estrutura. As fibras eliminam a necessidade de barras de aço para reforço (vergalhão) de estruturas como pontes, por exemplo. Pontes construídas com Ductal são mais leves, mais finas e muito mais resistentes à corrosão que as pontes de concreto tradicional com vergalhões.

Em outra inovação, a empresa húngara Litracon desenvolveu um concreto translúcido por meio da incorporação de fibras óticas de vários diâmetros. Com esse concreto que permite a passagem da luz, os arquitetos podem projetar edifícios com paredes translúcidas e pisos que podem ser iluminados por baixo.

Outro tipo de concreto que está sendo desenvolvido pela empresa italiana Italcementi Group tem uma superfície de autolimpeza. Esse novo material é feito pela mistura de partículas de óxido de titânio no concreto. O óxido de titânio pode absorver luz ultravioleta e promover a decomposição de contaminantes que, de outra forma, escurecem a superfície da estrutura. Esse concreto já foi utilizado em vários edifícios na Itália. Outro bônus ao utilizá-lo em edifícios e estradas nas cidades é que ele pode realmente agir na redução da poluição do ar de forma muito significativa.

O concreto é um material antigo, mas vem mostrando flexibilidade para ser um material de alta tecnologia. Sua adaptabilidade irá garantir usos valiosos por muito tempo.

Um objeto feito com concreto translúcido.

Por exemplo, a mistura conhecida como ar pode ser separada em oxigênio (elemento), nitrogênio (elemento), água (composto), dióxido de carbono (composto), argônio (elemento) e outras substâncias puras.

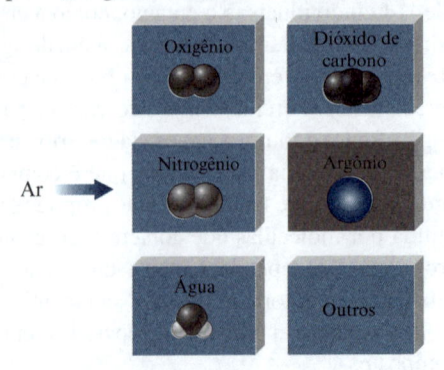

As misturas podem ser classificadas como homogêneas ou heterogêneas. Uma **mistura homogênea** é *a mesma em toda a sua composição*. Por exemplo, ao dissolver um pouco de sal em água e agitar bem, todas as regiões da mistura resultante terão as mesmas propriedades. Uma mistura homogênea é também chamada de **solução**. Obviamente, diferentes quantidades de sal e água podem ser misturadas para formar diversas soluções, mas uma mistura homogênea (solução) não varia em composição de uma região para a outra (Fig. 3.4).

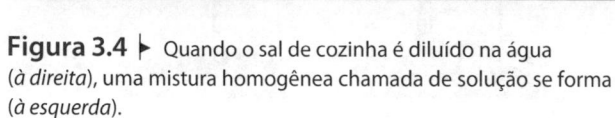

Figura 3.4 ▸ Quando o sal de cozinha é diluído na água (*à direita*), uma mistura homogênea chamada de solução se forma (*à esquerda*).

Figura 3.5 ▸ Areia e água não se misturam para formar uma mistura uniforme. Após a mistura ser agitada, a areia se assenta no fundo (*à esquerda*).

O ar ao seu redor é uma solução – uma mistura homogênea de gases. Soluções sólidas também existem. O bronze é uma mistura homogênea dos metais cobre e zinco.

Uma **mistura heterogênea** contém regiões com propriedades diferentes entre si. Por exemplo, quando se coloca areia na água, a mistura resultante possui uma região que contém água e outra muito diferente contendo principalmente areia (Fig. 3.5).

Exemplo resolvido 3.3 — Distinguindo entre misturas e substâncias puras

Identifique cada uma das seguintes substâncias como pura, mistura homogênea ou mistura heterogênea.

a. gasolina
b. um riacho com cascalho no fundo
c. ar
d. bronze
e. cobre

SOLUÇÃO

a. A gasolina é uma mistura homogênea que contém diversos compostos.
b. Um riacho com cascalho no fundo é uma mistura heterogênea.
c. O ar é uma mistura homogênea de elementos e compostos.
d. O bronze é uma mistura homogênea que contém os elementos cobre e zinco; não é uma substância pura, pois as quantidades relativas de cobre e zinco são distintas em diferentes amostras de bronze.
e. O cobre é uma substância pura (um elemento).

AUTOVERIFICAÇÃO

Exercício 3.3 Classifique cada uma das seguintes como substância pura, mistura homogênea ou mistura heterogênea.

a. xarope de bordo[1]
b. oxigênio e hélio em um tanque de mergulho
c. molho de azeite e vinagre para salada
d. sal comum (cloreto de sódio)

Consulte os Problemas 3.29 até 3.31. ■

---

[1] Também chamado de xarope de Acer. O bordo é uma árvore da família das Aceráceas. (NRT)

a

Quando a solução é fervida, o vapor (água gasosa) é expulso. Se esse vapor for coletado e arrefecido, condensa-se para formar água pura e escorre para o balão de coleta, conforme mostrado.

b

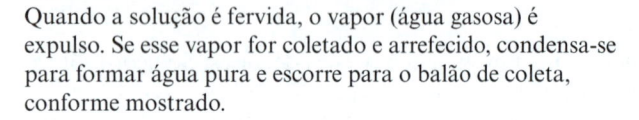

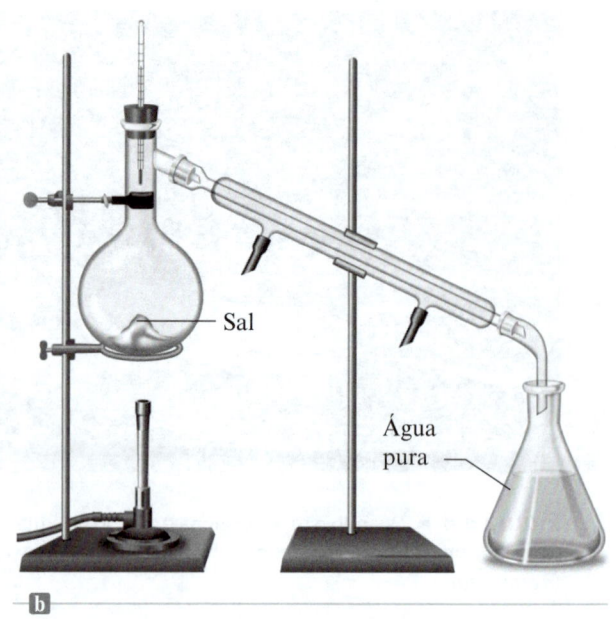

Após toda a água ter sido fervida, o sal permanece no frasco original, e a água fica no balão de coleta.

Figura 3.6 ▶ A destilação de uma solução que consiste de sal dissolvido em água.

3-5 Separação de misturas

OBJETIVO Aprender dois métodos de separação de misturas.

Vimos que a matéria encontrada na natureza normalmente é uma mistura de substâncias puras. Por exemplo, a água do mar é água com minerais dissolvidos. É possível separá-la desses minerais por ebulição, transformando-a em vapor (água gasosa) e deixando para trás os minerais na forma de sólidos. Se coletarmos e resfriarmos o vapor, este será condensado em água pura. Esse processo de separação, chamado de **destilação**, é mostrado na Fig. 3.6.

Quando realizamos a destilação da água salgada, ela passa do estado líquido para o gasoso e, em seguida, de volta ao estado líquido. Essas mudanças de estado são exemplos de variações físicas. Estamos separando as substâncias da mistura, mas não estamos mudando a composição das substâncias individuais. Podemos representar isso como na Fig. 3.7.

Suponha que coletamos um pouco de areia com nossa amostra de água do mar. Esse exemplo é uma mistura heterogênea, porque contém um sólido não

Figura 3.7 ▶ Nenhuma mudança química ocorre quando a água salgada é destilada.

Solução de água salgada (mistura homogênea) → Destilação (método físico) → Sal + Água pura

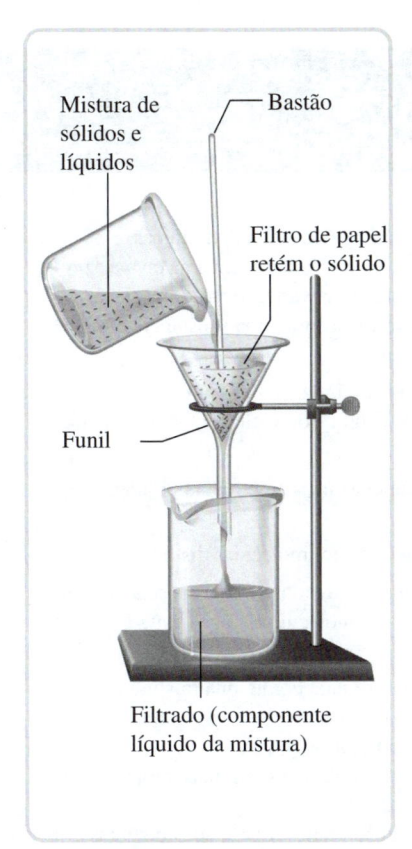

Figura 3.8 ▶ A filtração separa um líquido de um sólido. O líquido passa através do filtro de papel, mas as partículas sólidas ficam retidas.

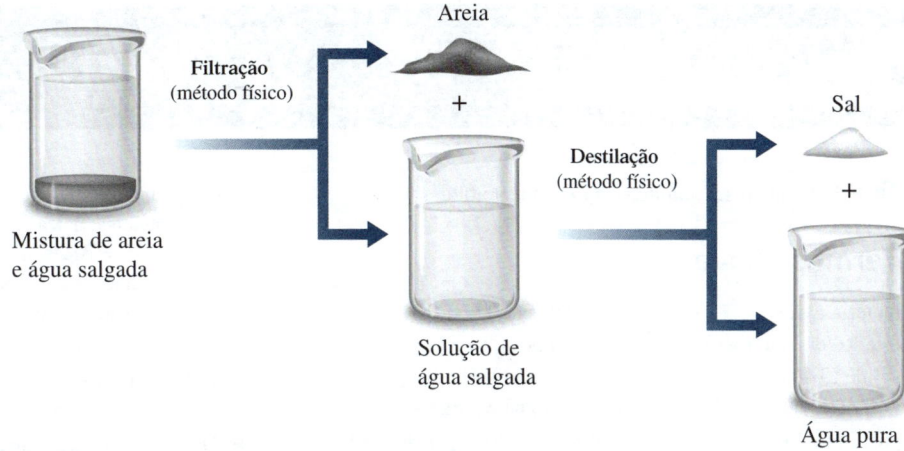

Figura 3.9 ▶ Separação de uma mistura de água salgada e areia.

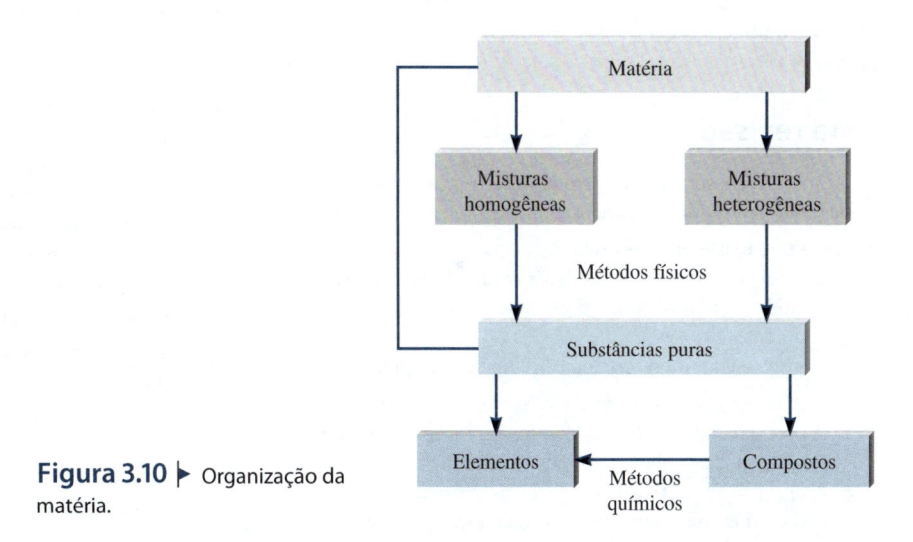

Figura 3.10 ▶ Organização da matéria.

dissolvido, bem como a solução de água salgada. Podemos separar a areia por **filtração** simples. Despejamos a mistura em uma malha, como um filtro de papel, que permite que o líquido passe e deixe o sólido para trás (Fig. 3.8). O sal pode, então, ser separado da água por destilação. O processo total de separação é representado na Fig. 3.9. Todas as mudanças envolvidas são físicas.

> **Pensamento crítico**
>
> O microscópio de varredura por tunelamento nos permite "ver" átomos. E se você voltasse no tempo antes da invenção do microscópio de tunelamento? Que provas você poderia fornecer para apoiar a teoria de que toda a matéria é feita de átomos e moléculas?

Podemos resumir a descrição da matéria fornecida neste capítulo com o diagrama mostrado na Fig. 3.10. Observe que uma determinada amostra de matéria pode ser uma substância pura (um elemento ou um composto) ou, mais comumente, uma mistura (homogênea ou heterogênea). Vimos que toda a matéria existe como elemento, ou pode ser dividida em elementos, as substâncias mais fundamentais que encontramos até este ponto. Teremos mais a dizer sobre a natureza dos elementos no próximo capítulo.

CAPÍTULO 3 REVISÃO

F F direciona para *Química em foco* no capítulo

Termos-chave

matéria (3-1)
estados da matéria (3-1)
sólido (3-1)
líquido (3-1)
gasoso (3-1)
propriedades físicas (3-2)
propriedades químicas (3-2)
mudança física (3-2)
mudança química (3-2)
reação (3-2)

elemento (3-3)
composto (3-3)
mistura (3-4)
substância pura (3-4)
mistura homogênea (3-4)
solução (3-4)
mistura heterogênea (3-4)
destilação (3-5)
filtração (3-5)

Para revisão

► A matéria possui massa e ocupa espaço. Ela é composta por pequenas partículas chamadas átomos.

► A matéria existe em três estados:
- Sólido – é uma substância rígida com um formato fixo
- Líquido – tem volume fixo, mas adquire o formato do recipiente
- Gasoso – adquire o formato e volume do recipiente

► A matéria tem propriedades tanto físicas quanto químicas.
- As propriedades químicas descrevem a capacidade de uma substância de se alterar para uma outra diferente.
- As propriedades físicas são as características de uma substância que não envolvem a mudança para uma outra substância.
  - Exemplos são o formato, o tamanho e a cor.

► A matéria sofre mudanças tanto físicas quanto químicas.
- A mudança física envolve uma variação em uma ou mais propriedades físicas, mas nenhuma variação na composição.
- Uma mudança química transforma uma substância em uma ou mais novas substâncias.

► Elementos contêm apenas um tipo de átomo – cobre elementar contém apenas átomos de cobre, e ouro elementar contém apenas átomos de ouro.

► Os compostos são substâncias que contêm dois ou mais tipos de átomos.

► Os compostos geralmente contêm moléculas distintas.

► Uma molécula contém átomos ligados em uma forma particular – um exemplo é 🔵, a molécula de água, que é escrita como H_2O.

► Uma matéria pode ser classificada como uma mistura ou uma substância pura.
- Uma mistura tem composição variável.
  - Uma mistura homogênea tem as mesmas propriedades em seu conteúdo total.
  - Uma mistura heterogênea tem propriedades distintas em partes diferentes da mistura.
- Uma substância pura sempre tem a mesma composição.

► As misturas podem ser separadas em substâncias puras por diversos meios, incluindo a destilação e a filtração.

► Substâncias puras são de dois tipos:
- Elementos, que não podem ser decompostos quimicamente em substâncias mais simples
- Compostos, que podem ser divididos quimicamente em elementos

Questões de aprendizado ativo

Estas questões foram desenvolvidas para serem resolvidas por grupos de alunos em sala de aula. Normalmente, elas funcionam bem para introduzir um tópico específico em sala.

1. Quando a água ferve, você pode ver as bolhas subindo para a superfície. De que são feitas essas bolhas?
   a. ar
   b. hidrogênio e oxigênio gasosos
   c. oxigênio gasoso
   d. vapor de água
   e. dióxido de carbono gasoso

2. Se você colocar um bastão de vidro sobre uma vela acesa, o vidro fica preto. O que acontece com cada um dos seguintes (mudança física, mudança química, ambos ou nenhuma) conforme a vela queima? Explique.
   a. a cera
   b. o pavio
   c. o bastão de vidro

3. A ebulição da água é uma:
   a. mudança física, porque a água desaparece.
   b. mudança física, porque a água gasosa é quimicamente a mesma que a líquida.
   c. mudança química, porque é necessário calor para que o processo ocorra.
   d. mudança química, porque os gases hidrogênio e oxigênio são formados de água.
   e. mudança química e física.

   Justifique sua resposta.

4. Há diferença entre uma mistura homogênea de hidrogênio e oxigênio na proporção de 2:1 e uma amostra de vapor de água? Explique.

5. Desenhe uma visão ampliada (mostrando átomos e/ou moléculas) de cada um dos seguintes e explique por que o tipo especificado de mistura é:
   a. uma mistura heterogênea de dois compostos diferentes.
   b. uma mistura homogênea de um elemento e um composto.

6. Todas as mudanças físicas são acompanhadas por mudanças químicas? Todas as mudanças químicas são acompanhadas por mudanças físicas? Explique.
7. Por que um químico acharia errada a frase "suco de laranja puro"?
8. Separações de misturas são mudanças físicas ou químicas? Explique.
9. Explique os termos *elemento*, *átomo* e *composto*. Forneça um exemplo e um desenho microscópico de cada.
10. Misturas podem ser classificadas como homogêneas ou heterogêneas. Os compostos não podem ser classificados desse modo. Por que não? Na sua resposta, explique o que se entende por heterogêneo e homogêneo.
11. Faça esquemas microscópicos até o nível de átomos para a Fig. 3.10 do seu livro.
12. Observe a Tabela 2.8 do seu livro. Como as densidades de gases, líquidos e sólidos se comparam entre si? Use imagens microscópicas para explicar por que isto é verdadeiro.
13. Identifique cada um dos seguintes como elemento atômico, molecular ou um composto.

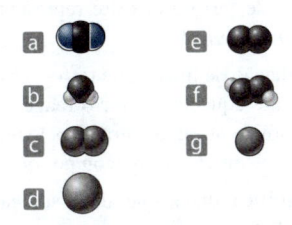

14. Combine cada descrição abaixo com as seguintes imagens microscópicas. Mais de uma imagem pode se encaixar em cada descrição. A imagem pode ser usada mais de uma vez ou não ser utilizada.

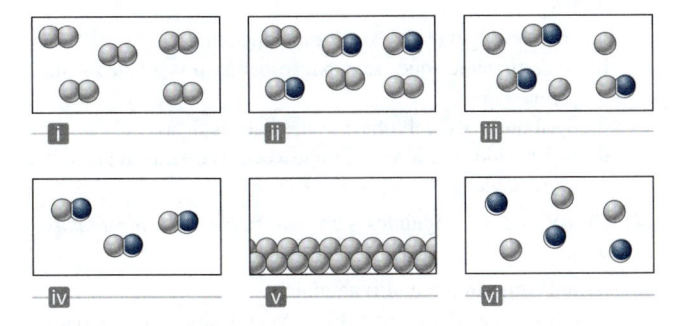

    a. um composto gasoso
    b. uma mistura de dois elementos gasosos
    c. um elemento sólido
    d. uma mistura de um gás e um elemento composto gasoso

Perguntas e problemas

3-1 Matéria

Perguntas

1. Quais são as duas propriedades características da *matéria*?
2. Qual é o principal fator que determina o *estado físico* de uma amostra da matéria?
3. Dos três estados da matéria, _____ e _____ não são muito compressíveis.
4. _____ tem forma e volume fixos.
5. Compare e contraste a facilidade com a qual as moléculas são capazes de se mover em relação umas às outras nos três estados de matéria.
6. Matéria no estado _____ não possui forma e preenche completamente qualquer recipiente que a contém.
7. Que semelhanças existem entre os estados líquido e gasoso da matéria? Que diferenças existem entre esses dois estados?
8. Uma amostra de matéria que é "rígida" possui atrações (mais fortes/mais fracas) entre as partículas do que em uma amostra que não é rígida.
9. Considere três amostras de 10 g de água: uma em forma de gelo, uma em forma de líquido e uma em forma de vapor. Como os volumes dessas três amostras se comparam uma com a outra? Como essa diferença de volume está relacionada ao estado físico envolvido?
10. Em uma amostra de uma substância gasosa, mais de 99% do volume total da amostra é espaço vazio. Como esse fato se reflete nas propriedades de uma substância gasosa em comparação com as propriedades de uma substância líquida ou sólida?

3-2 Propriedades e mudanças físicas e químicas

Perguntas

11. O bromo elementar é um líquido denso, vermelho escuro, com cheiro pungente. Essas características do bromo elementar são propriedades físicas ou químicas?
12. O processo abaixo está representando uma mudança física ou química?

(Para Exercícios 13 e 14) O magnésio metálico é muito maleável e capaz de ser martelado e esticado em "fitas" longas, finas e estreitas, que são frequentemente utilizadas no laboratório introdutório de química como fonte de metal. Se uma tira de fita de magnésio é incendiada em um bico de Bunsen, o magnésio queima brilhantemente e produz uma quantidade de pó de óxido de magnésio branco.

13. Com base na informação fornecida acima, indique uma propriedade *química* do magnésio metálico.
14. Com base na informação fornecida acima, indique uma propriedade *física* de magnésio metálico.
15. Escolha uma substância química com a qual você está familiarizado e dê um exemplo de *mudança química* que pode ocorrer com ela.
16. Quais dos seguintes são exemplos de uma mudança química?

    a. madeira esculpida
    b. derretimento da neve
    c. sublimação do gelo seco (o CO_2 sólido vaporiza-se em gás, pulando o estado líquido)
    d. biscoitos queimados no forno

17. Classifique cada um dos seguintes como uma mudança *física* ou *química* ou propriedade.
    a. Limpadores de forno contêm hidróxido de sódio, que converte os salpicos de gordura/óleo no interior do forno em materiais solúveis em água, que podem ser lavados.
    b. Um elástico estica quando você o puxa.
    c. Uma frigideira de ferro fundido enferruja se não for seca após a lavagem.
    d. Ácido clorídrico concentrado tem um odor asfixiante e pungente.
    e. Ácido clorídrico concentrado irá formar um buraco na calça jeans de algodão, porque o ácido quebra as fibras da celulose de algodão.
    f. Compostos de cobre frequentemente formam belos cristais azuis quando uma solução de um determinado composto de cobre é evaporada lentamente.
    g. O cobre metálico combina com substâncias no ar para formar uma "pátina" verde que protege o cobre de reação posterior.
    h. O pão fica marrom quando você o aquece em uma torradeira.
    i. Quando você usa o perfume que seu namorado lhe deu de aniversário, o líquido do perfume evapora rapidamente de sua pele.
    j. Se deixar seu bife na grelha por muito tempo, ele ficará preto e irá virar "carvão".
    k. O peróxido de hidrogênio eferversce quando é aplicado em um corte ou arranhão.

18. Classifique cada um dos seguintes como uma mudança *física* ou *química* ou propriedade.
    a. Um atiçador de lareira fica vermelho quando você o aquece no fogo.
    b. Um *marshmallow* fica preto quando torrado muito tempo em uma fogueira.
    c. Tiras odontológicas de peróxido de hidrogênio deixam seus dentes mais brancos.
    d. Se você lavar seu jeans com água sanitária, ele irá desbotar.
    e. Se derramar algum removedor de esmalte de unha em sua pele, ele irá evaporar rapidamente.
    f. Ao fazer sorvete em casa, o sal é adicionado para baixar a temperatura do gelo usado para congelar a mistura.
    g. Um chumaço de cabelo em sua pia do banheiro pode ser removido com desentupidor químico líquido.
    h. O perfume que seu namorado lhe deu de aniversário cheira a flores.
    i. Bolinhas de naftalina passam diretamente para o estado gasoso em seu armário sem sofrer fusão.
    j. Um tronco de madeira é cortado com um machado em pequenos pedaços.
    k. Um tronco de madeira é queimado em uma lareira.

3-3 Elementos e compostos

Perguntas

19. Embora alguns elementos sejam encontrados em estado isolado, a maioria deles é encontrada combinada como _____ com outros elementos.

20. O que é um *composto*? Do que são constituídos os compostos? O que é verdade sobre a composição de um composto, não importando onde ele é encontrado?

21. Certos elementos têm afinidades especiais com outros elementos. Isso faz que eles se unam de maneiras especiais para formar _____.

22. _____ pode ser decomposto nos elementos constituintes por mudanças químicas.

23. A composição de um determinado composto puro é sempre _____, não importando a fonte do composto.

24. Qual dos seguintes são considerados elementos (no sentido contrário de compostos)?

$$He, F_2, HCl, S_8$$

3-4 Misturas e substâncias puras

Perguntas

25. Se uma limalha de ferro é colocada com excesso de enxofre em pó em um béquer, a limalha de ferro ainda é atraída por um ímã e pode ser separada do enxofre dessa maneira. Essa combinação de ferro e enxofre representa uma *mistura* ou uma *substância pura*?

26. Se a combinação de limalha de ferro e enxofre da questão 25 for fortemente aquecida, o ferro reage com o enxofre para formar um sólido que não é atraído pelo ímã. Isso ainda representa uma "mistura?" Por que ou por que não?

27. O que significa dizer que uma solução é uma *mistura homogênea*?

28. Dê três exemplos de *misturas* heterogêneas e três exemplos de *soluções* que você pode usar no dia a dia.

29. Classifique os seguintes como *misturas* ou *substâncias puras*.
    a. sopa de vegetais que você tomou no almoço
    b. o fertilizante que seu pai espalha no gramado na primavera
    c. o sal que você polvilha em suas batatas fritas
    d. o peróxido de hidrogênio que você usa para limpar um corte no dedo

30. Classifique os seguintes como *misturas* ou *substâncias puras*.
    a. um comprimido multivitamínico
    b. o líquido azul no reservatório do limpador de para-brisas do seu carro
    c. um omelete de presunto e queijo
    d. um diamante

31. Classifique as seguintes misturas como *homogêneas* ou *heterogêneas*.
    a. solo
    b. maionese
    c. molho de salada italiano
    d. madeira usada para fabricar a mesa na qual você está estudando
    e. areia na praia

F 32. Leia a seção "Química em foco – *Concreto: um material antigo renovado*" e classifique o concreto como um elemento, uma mistura ou um composto. Explique sua resposta.

3-5 Separação de misturas

Perguntas

33. Descreva como o processo de *destilação* pode ser utilizado para separar as substâncias componentes de uma solução. Dê um exemplo.

34. Descreva como o processo de *filtração* pode ser utilizado para separar os componentes de uma mistura. Dê um exemplo.

35. Em um experimento comum no laboratório de química geral, os alunos são convidados a determinar as quantidades relativas de ácido benzoico e carvão em uma mistura sólida. O ácido benzoico é relativamente solúvel em água quente, mas o carvão não é. Formule um método para separar os dois componentes dessa mistura.

36. Durante um experimento de filtração ou destilação, separamos os componentes individuais de uma mistura. As identidades químicas dos componentes da mistura se alteram durante tal processo? Explique.

Problemas adicionais

37. Se zinco elementar em pó e enxofre elementar em pó são vertidos em um copo de metal e, em seguida, aquecidos fortemente, ocorre uma reação química muito vigorosa e forma-se o _____ sulfeto de zinco.

38. Classifique cada um dos seguintes como: elemento, composto, substância pura, mistura homogênea e/ou mistura heterogênea. Mais de uma classificação é possível, e nem todas precisam ser usadas.
    a. carbonato de cálcio ($CaCO_3$)
    b. ferro
    c. água que você bebe regularmente (de sua torneira ou garrafa)

39. Se um pedaço de giz branco duro é aquecido fortemente em uma chama, a massa do pedaço de giz diminuirá e ele se desmanchará em um fino pó branco. Essa mudança sugere que o giz é constituído por um elemento ou um composto?

40. Durante um inverno muito frio, a temperatura pode ficar abaixo de zero por períodos prolongados. No entanto, a neve ainda pode desaparecer, mesmo que não derreta. Isto é possível porque um sólido pode vaporizar diretamente, sem passar pelo estado líquido. Este processo (sublimação) é uma mudança física ou química?

41. Discuta as semelhanças e diferenças entre um líquido e um gás.

42. Verdadeiro ou falso? O molho para salada (como molho de azeite e vinagre) que se separa em camadas após repouso é um exemplo de mudança química, pois o resultado final parece diferente do início. Justifique sua resposta.

43. O fato de as soluções de cromato de potássio serem amarelas brilhantes é um exemplo de propriedade _____.

44. Qual das seguintes são verdadeiras?
    a. P_4 é considerado um composto.
    b. Ferrugem metálica em um carro é uma mudança química.
    c. A dissolução do açúcar na água é uma mudança química.
    d. O cloreto de sódio (NaCl) é uma mistura homogênea.

(Para Exercícios 45 e 46) As soluções que contêm íons de níquel (II) geralmente têm uma coloração verde brilhante. Quando o hidróxido de potássio é adicionado a uma solução de níquel (II), um sólido verde claro macio é formado e se separa da solução.

45. O fato de uma reação ocorrer quando o hidróxido de potássio é adicionado a uma solução de íons de níquel (II) é um exemplo de propriedade _____.

46. O fato de uma solução de íons de níquel (II) ser verde brilhante é um exemplo de propriedade _____.

47. Os processos de fusão e evaporação envolvem mudanças na(o) _____ de uma substância.

48. Um(a) _____ sempre tem a mesma composição.

49. Classifique cada um dos seguintes como uma mudança *física* ou *química* ou propriedade.
    a. O leite coalha se algumas gotas de suco de limão forem adicionadas a ele.
    b. A manteiga se torna rançosa se for exposta à temperatura ambiente.
    c. O molho para salada se separa em camadas após repouso.
    d. O leite de magnésio neutraliza a acidez do estômago.
    e. O aço em um carro possui pontos de ferrugem.
    f. Uma pessoa é asfixiada pela inalação de monóxido de carbono.
    g. O ácido sulfúrico derramado em uma página de caderno no laboratório faz que o papel chamusque e se desintegre.
    h. O suor arrefece o corpo conforme evapora da pele.
    i. A aspirina reduz a febre.
    j. O óleo tem uma textura escorregadia.
    k. O álcool queima, formando dióxido de carbono e água.

50. Classifique as seguintes misturas como *homogêneas* ou *heterogêneas*.
    a. sujeira de um campo de milho
    b. bebida esportiva com sabor
    c. castanhas sortidas
    d. pizza de calabresa e pepperoni
    e. ar

51. Classifique as seguintes misturas como *homogênea* ou *heterogênea*.
    a. terra adubada   d. vidro de janela
    b. vinho branco   e. granito
    c. sua gaveta de meias

52. As misturas podem ser heterogêneas ou homogêneas. Dê dois exemplos de cada tipo. Explique a sua classificação de cada exemplo.

53. Dê três exemplos de misturas *heterogêneas* e misturas *homogêneas*.

54. Verdadeiro ou falso? Misturas sempre resultarão em uma reação química, pois consistem em duas ou mais substâncias e, assim, combinam-se para criar um novo produto.

55. Escolha um elemento ou composto com o qual você está familiarizado na vida cotidiana. Forneça duas *propriedades físicas* e duas propriedades *químicas* de sua escolha do elemento ou composto.

56. O oxigênio forma moléculas com dois átomos de oxigênio, O_2. Fósforo forma moléculas com quatro átomos de fósforo, P_4. Isso significa que o O_2 e P_4 são "compostos", porque contêm vários átomos? O_2 e P_4 reagem uns com os outros para formar pentóxido de difósforo, P_2O_5. O P_2O_5 é um "composto"? Por que (ou por que não)?

57. Dê um exemplo de cada um dos seguintes:
    a. uma mistura heterogênea
    b. uma mistura homogênea
    c. um elemento
    d. um composto
    e. uma propriedade ou mudança física
    f. uma propriedade ou mudança química
    g. uma solução

58. Destilação e filtração são métodos importantes para separar os componentes de misturas. Suponhamos que temos uma mistura de areia, sal e água. Descreva como a filtração e a destilação podem ser utilizadas para separar, sequencialmente, essa mistura em três componentes.

59. Esboce o aparelho utilizado para destilação simples no laboratório e identifique cada componente.

60. As propriedades de um composto são frequentemente muito diferentes das propriedades dos elementos contidos nele. A água é um excelente exemplo dessa ideia. Explique.

61. Qual dos seguintes melhor descreve a substância XeF_4?
    a. elemento
    b. composto
    c. mistura heterogênea
    d. mistura homogênea

Problemas para estudo

62. Quais das seguintes afirmações é(são) *verdadeira(s)*?
    a. Uma colher cheia de açúcar é uma mistura.
    b. Apenas elementos são substâncias puras.
    c. O ar é uma mistura de gases.
    d. A gasolina é uma substância pura.
    e. Os compostos podem ser separados somente por meios químicos.

63. Quais dos seguintes descreve uma propriedade química?
    a. A densidade do ferro é de 7,87 g/cm^3.
    b. Um fio de platina brilha na cor vermelha quando aquecido.
    c. Uma barra de ferro enferruja.
    d. O alumínio é um metal de cor prata.

64. Quais dos seguintes descreve uma mudança física?
    a. O papel é rasgado em vários pedaços menores.
    b. Duas soluções claras são misturadas em conjunto para produzir um sólido amarelo.
    c. Um fósforo queima no ar.
    d. O açúcar é dissolvido em água.

REVISÃO CUMULATIVA DOS CAPÍTULOS 1 A 3

Perguntas

1. Nos exercícios para o Capítulo 1 deste livro, sua *própria* definição do que a química representa foi solicitada. Após ter concluído mais alguns capítulos deste livro, sua definição mudou? Você tem uma melhor apreciação do que os químicos fazem? Explique.

2. No início deste livro, foram apresentados alguns aspectos sobre a melhor maneira de aprendizagem de química. Ao *iniciar* seu estudo de química, você pode, em princípio, estudar química como faria com qualquer um dos seus outros assuntos acadêmicos (tomar notas em sala de aula, leitura do texto, memorização de fatos, e assim por diante). Discuta por que a capacidade de classificar e analisar os fatos e a capacidade de propor e solucionar problemas são muito mais importantes na aprendizagem de química.

3. Você aprendeu a forma básica com a qual os cientistas analisam questões, propõem modelos para explicar os sistemas em questão e depois testam seus modelos. Suponha que você tenha uma amostra de um material líquido. Você não tem certeza se o líquido é um *composto* puro (por exemplo, água ou álcool) ou uma *solução*. Como você pode aplicar o método científico para estudar o líquido e determinar que tipo de material ele é?

4. Muitos estudantes universitários não optariam por uma disciplina de química se não fosse necessária para sua formação. Você tem uma melhor apreciação do *por que* a química é uma disciplina obrigatória para sua própria formação ou carreira particular? Explique.

5. No Capítulo 2 deste livro, você foi apresentado ao Sistema Internacional (SI) de medidas. Quais são as unidades básicas desse sistema para massa, distância, tempo e temperatura? Quais são alguns dos prefixos usados para indicar múltiplos comuns e subdivisões dessas unidades básicas? Dê três exemplos do uso de tais prefixos e explique por que o prefixo é apropriado para a quantidade ou medida que está sendo indicada.

6. A maioria das pessoas pensa na ciência como uma disciplina específica, exata, com uma resposta "correta" para cada problema. No entanto, você foi apresentado ao conceito de *incerteza* nas medidas científicas. O que se entende por "incerteza"? Como a incerteza ocorre nas medidas? Como a incerteza é *indicada* nas medidas científicas? A incerteza pode em algum momento ser completamente eliminada nos experimentos? Explique.

7. Após estudar alguns capítulos deste livro e, talvez, ter feito alguns experimentos de laboratório e respondido a algumas perguntas sobre química, provavelmente você está cansado de ouvir a expressão *algarismos significativos*. A maioria dos professores de química se importa muito com eles. Por que o número correto de *algarismos significativos* é tão importante na ciência? Resuma as regras para decidir se um algarismo em um cálculo é "significativo". Resuma as regras para o arredondamento de números. Resuma as regras para fazer contas com o número correto de algarismos significativos.

8. Nesta disciplina de química pode ter sido a primeira vez que você encontrou o método de *análise dimensional* na resolução de problemas. Explique o que se quer dizer com um *fator de conversão* e uma *declaração de equivalência*. Dê um exemplo cotidiano de como você pode usar a análise dimensional para resolver um problema simples.

9. Você aprendeu sobre várias escalas de temperatura neste livro. Descreva as escalas de temperatura Fahrenheit, Celsius, e Kelvin. Como são definidas essas escalas? Por que elas foram definidas dessa forma? Quais dessas escalas de temperatura é a mais fundamental? Por quê?

10. O que é *matéria*? Do que a matéria é composta? Quais são alguns dos diferentes tipos de matéria? No que esses tipos de matéria se diferem e como eles são semelhantes?

11. É importante ser capaz de distinguir entre as propriedades *físicas* e *químicas* das substâncias químicas. Escolha uma substância química com a qual você está familiarizado e, em seguida, utilize a Internet ou um *handbook* de química para listar três propriedades físicas e três propriedades químicas da substância.

12. O que constitui um *elemento* e o que é um *composto*? Dê exemplos de cada um. O que significa dizer que um composto tem uma *composição constante*? Será que amostras de um composto em particular nesta e em outra parte do mundo têm a mesma composição e propriedades?

13. O que é uma mistura? O que é uma solução? Como misturas diferem das substâncias puras? Quais são algumas das técnicas pelas quais as misturas podem ser determinadas nos seus componentes?

Problemas

14. Para cada um dos seguintes, faça a conversão indicada.
    a. 0,0008917 em notação científica padrão
    b. $2,795 \times 10^{-4}$ em notação decimal comum
    c. $4,913 \times 10^{3}$ em notação decimal comum
    d. 85.100.000 em notação científica padrão
    e. $5,751 \times 10^{5} \times 2,119 \times 10^{-4}$ em notação científica padrão
    f. $\dfrac{2,791 \times 10^{-5}}{8,219 \times 10^{3}}$

15. Para cada um dos seguintes, faça a conversão indicada, mostrando explicitamente o(s) fator(es) de conversão utilizado(s).
    a. 493,2 g em quilogramas
    b. 493,2 g em libras
    c. 9,312 milhas em quilômetros
    d. 9,312 km em pés
    e. 4,219 m em pés
    f. 4,219 m em centímetros
    g. 429,2 mL em litros
    h. 2,934 L em quartos

16. Sem executar os cálculos reais, determine quantos algarismos significativos os resultados dos seguintes cálculos devem ter.
    a. $\dfrac{(2,991)(4,3785)(1,97)}{(2,1)}$

b. $\dfrac{(5,2)}{(1,9311 + 0,4297)}$

c. $1,782 + 0,00035 + 2,11$

d. $(6,521)(5,338 + 2,11)$

e. $9 - 0,000017$

f. $(4,2005 + 2,7)(7,99118)$

g. $(5,12941 \times 10^4)(4,91 \times 10^{-3})(0,15)$

h. $97,215 + 42,1 - 56,3498$

17. O Capítulo 2 introduziu as escalas de temperatura Kelvin e Celsius e as relacionou com a escala de temperatura Fahrenheit comumente usada nos Estados Unidos.

    a. Como o tamanho da unidade de temperatura (graus) está relacionado entre a escala Kelvin e Celsius?
    b. Como o tamanho da unidade de temperatura (graus) na escala Fahrenheit se compara ao tamanho da unidade de temperatura na escala Celsius?
    c. Qual é o ponto de congelamento normal da água em cada uma das três escalas de temperatura?
    d. Converta 27,5 °C em Kelvin e graus Fahrenheit.
    e. Converta 298,1 K em graus Celsius e Fahrenheit.
    f. Converta 98,6 °F em Kelvin e graus Celsius.

18. a. Sabendo-se que 100 ml de álcool etílico pesa 78,5 g, calcule a densidade do álcool etílico.
    b. Qual volume seria ocupado por 1,59 kg de álcool etílico?
    c. Qual é a massa de 1,35 L de álcool etílico?
    d. Alumínio metálico puro tem uma densidade de 2,70 g/cm^3. Calcule o volume de 25,2 g de alumínio puro.
    e. Quanto pesa um bloco retangular de alumínio puro, com dimensões de 12,0 cm $\times$ 2,5 cm $\times$ 2,5 cm?

19. Quais das seguintes representam propriedades ou mudanças físicas e quais representam as propriedades ou mudanças químicas?

    a. Você enrola o cabelo com um aparelho para cachear.
    b. Você enrola o cabelo, fazendo uma "permanente" no salão de cabeleireiro.
    c. O gelo em sua calçada derrete quando você coloca sal.
    d. Um copo de água evapora durante a noite quando é deixado na mesa de cabeceira.
    e. Seu bife carboniza se a frigideira estiver muito quente.
    f. O álcool parece frio quando é derramado sobre a pele.
    g. O álcool inflama quando uma chama é aproximada.
    h. O fermento em pó faz os biscoitos crescerem.

Princípios químicos: elementos, átomos e íons

CAPÍTULO 4

- 4-1 Os elementos
- 4-2 Símbolos para os elementos
- 4-3 Teoria atômica de Dalton
- 4-4 Fórmulas de compostos
- 4-5 A estrutura do átomo
- 4-6 Introdução ao conceito moderno de estrutura atômica
- 4-7 Isótopos
- 4-8 Introdução à tabela periódica
- 4-9 Estados naturais dos elementos
- 4-10 Íons
- 4-11 Compostos que contêm íons

Foyer do Teatro Nacional, em San Jose, Costa Rica, mostrando decorações ornamentadas com ouro.

Richard Cummins/Lonely Planet Images/Getty Images

Os elementos químicos são muito importantes em nosso cotidiano. Embora alguns deles estejam presentes em pequenas quantidades em nosso corpo, eles podem ter um profundo impacto em nossa saúde e comportamento. Como veremos neste capítulo, o lítio pode ser um remédio milagroso para alguém com transtorno bipolar, e os nossos níveis de cobalto podem ter um impacto notável em um comportamento violento.

Desde os tempos antigos, os seres humanos têm usado variações químicas para seu proveito. O processamento de minérios para produzir metais para ornamentos e ferramentas e o uso de fluidos de embalsamento são duas aplicações da química que foram usadas antes de 1000 a.C.

Os gregos foram os primeiros a tentar explicar por que as variações químicas ocorrem. Por volta de 400 a.C., haviam proposto que toda a matéria era composta de quatro substâncias fundamentais: fogo, terra, água e ar. Os 2000 anos seguintes de história da química foram dominados pela alquimia. Alguns alquimistas eram místicos e fraudulentos, obcecados com a ideia de transformar metais baratos em ouro. No entanto, muitos alquimistas eram cientistas honestos, e esse período apresentou eventos importantes, como a descoberta dos elementos mercúrio, enxofre e antimônio, e os alquimistas aprederam a preparar ácidos.

O primeiro cientista a reconhecer a importância das medidas cuidadosas foi o irlandês Robert Boyle (1627–1691). Boyle é mais famoso por seu trabalho pioneiro sobre as propriedades dos gases, mas sua contribuição científica mais importante provavelmente foi insistir em que a ciência deveria ser firmemente fundamentada em experimentos. Por exemplo, Boyle não possuía noções preconcebidas sobre quantos elementos poderiam existir. Sua definição do termo "elemento" foi baseada em experiências: uma substância era um elemento, a menos que pudesse ser dividida em duas ou mais substâncias mais simples. Por exemplo, o ar não poderia ser um elemento como os gregos acreditavam, porque podia ser dividido em muitas substâncias puras.

À medida que a definição experimental de Boyle tornava-se aceita por todos, a lista de elementos conhecidos cresceu, e o sistema grego dos quatro elementos deixou de existir. Embora Boyle fosse um excelente cientista, ele nem sempre estava certo. Por alguma razão, ele ignorou sua própria definição de elemento e agarrou-se ao conceito dos alquimistas de que os metais não eram elementos verdadeiros e que alguma maneira seria encontrada para, um dia, transformar um metal em outro.

O lítio é administrado na forma de comprimidos de carbonato de lítio.

Robert Boyle com 62 anos de idade. The Granger Collection, Nova York.

4-1 Os elementos

OBJETIVOS
- Saber mais sobre a abundância relativa dos elementos.
- Aprender os nomes de alguns elementos.

Ao estudar os materiais terrestres (e de outras partes do universo), os cientistas descobriram que toda matéria pode ser dividida quimicamente em cerca de 100 elementos diferentes. Em um primeiro momento, pode parecer surpreendente que os milhões de substâncias conhecidas sejam compostos por tão poucos elementos fundamentais. Felizmente, para aqueles que tentam entender e sistematizá-los, a natureza, muitas vezes, usa um número relativamente pequeno de unidades fundamentais para montar materiais extremamente complexos. Por exemplo, as proteínas, um grupo de substâncias que servem o corpo humano de maneiras praticamente incontáveis, são produzidas pela junção de algumas unidades básicas para formar moléculas enormes. Um exemplo não químico é o idioma inglês, no qual centenas de milhares de palavras são construídas de apenas 26 letras. Se você desmembrar as palavras de um dicionário de inglês, encontrará apenas esses 26 componentes fundamentais. Da mesma forma, quando desmembramos todas as substâncias do mundo ao nosso redor, encontramos apenas cerca de 100 blocos de construção fundamentais — os elementos. Os compostos são constituídos da combinação de átomos dos vários elementos, assim como as palavras são construídas das 26 letras do alfabeto. E, assim como é necessário aprender as letras do alfabeto antes de aprender a ler e escrever, é necessário aprender os nomes e símbolos dos elementos químicos antes que seja possível ler e escrever química.

Atualmente, cerca de 118 elementos diferentes são conhecidos*, dos quais 88 são naturais (o restante foi sintetizado em laboratórios). A abundância dos elementos varia enormemente. Na verdade, apenas nove deles são responsáveis pela maior parte dos compostos encontrados na crosta terrestre. Na Tabela 4.1, os elementos estão listados em ordem de abundância (porcentagem em massa) na crosta terrestre, oceanos e atmosfera. Observe que o oxigênio é responsável por quase a metade da massa. Observe também que os nove elementos mais abundantes são responsáveis por mais de 98% da massa total.

O oxigênio, além de ser responsável por cerca de 20% da atmosfera terrestre (onde ocorre como moléculas de O_2), é encontrado em praticamente todas as rochas, areia e solo na crosta terrestre. Nesses materiais, entretanto, o oxigênio não está presente como molécula de O_2, mas em compostos que normalmente contêm átomos de silício e alumínio. As substâncias conhecidas do mundo geológico, como rochas e areia, contêm grandes grupos de átomos de silício e oxigênio unidos para formar grandes aglomerados.

Os elementos encontrados na matéria viva são muito diferentes dos elementos encontrados na crosta terrestre. A Tabela 4.2 mostra sua distribuição no corpo humano. Oxigênio, carbono, hidrogênio e nitrogênio formam a base para todas as moléculas biologicamente importantes. Alguns elementos encontrados no corpo (chamados de oligoelementos) são cruciais para a vida, mesmo que estejam presentes em quantidades relativamente pequenas. Por exemplo, o cromo ajuda o corpo a usar os açúcares para fornecer energia.

Mais um comentário geral é importante neste momento. Como vimos, os elementos são fundamentais para a compreensão da química. No entanto, os alunos muitas vezes se confundem com as muitas maneiras diferentes que os químicos usam o termo *elemento*. Algumas vezes, quando dizemos *elemento*, queremos nos

Pegadas na areia do Deserto do Namibe, Namíbia.

Tabela 4.1 ▶ Distribuição (porcentagem em massa) dos 18 elementos mais abundantes na crosta terrestre, oceanos e atmosfera

Elemento	Porcentagem em massa	Elemento	Porcentagem em massa
oxigênio	49,2	titânio	0,58
silício	25,7	cloro	0,19
alumínio	7,50	fósforo	0,11
ferro	4,71	manganês	0,09
cálcio	3,39	carbono	0,08
sódio	2,63	enxofre	0,06
potássio	2,40	bário	0,04
magnésio	1,93	nitrogênio	0,03
hidrogênio	0,87	flúor	0,03
		todos os outros	0,49

* Este número varia à medida que novos elementos são sintetizados em aceleradores de partículas.

Tabela 4.2 ▶ Abundância de elementos no corpo humano

Elementos principais	Porcentagem em massa	Oligoelementos (em ordem alfabética)
oxigênio	65,0	arsênio
carbono	18,0	cromo
hidrogênio	10,0	cobalto
nitrogênio	3,0	cobre
cálcio	1,4	flúor
fósforo	1,0	iodo
magnésio	0,50	manganês
potássio	0,34	molibdênio
enxofre	0,26	níquel
sódio	0,14	selênio
cloro	0,14	silício
ferro	0,004	vanádio
zinco	0,003	

referir a um único átomo daquele elemento. Podemos chamar isto de a forma microscópica de um elemento. Outras vezes, quando usamos esse termo *elemento*, referimo-nos a uma amostra do elemento grande o suficiente para pesar em uma balança. Tal amostra contém muitos e muitos átomos do elemento que podemos chamar de forma macroscópica do elemento. Há ainda uma outra complicação. Como veremos com mais detalhes na Seção 4-9, as formas macroscópicas de diversos elementos contêm moléculas, em vez de átomos individuais, como componentes fundamentais. Por exemplo, os químicos sabem que o oxigênio gasoso consiste em moléculas com dois átomos de oxigênio ligados entre si (representados como O-O ou, mais comumente, como O_2). Assim, quando nos referimos ao elemento oxigênio, podemos estar dizendo um único átomo de oxigênio, uma única molécula de O_2, ou uma amostra macroscópica contendo muitas moléculas de O_2. Finalmente, muitas vezes usamos o termo *elemento* de forma genérica. Quando dizemos que o corpo humano contém o elemento sódio ou lítio, não queremos dizer que sódio ou lítio elementar livre está presente. Pelo contrário, queremos dizer que os átomos desses elementos estão presentes de alguma forma. Neste livro, tentaremos esclarecer o que queremos dizer quando usamos o termo *elemento* em um caso em particular.

4-2 Símbolos para os elementos

OBJETIVO Conhecer os símbolos de alguns elementos.

Os nomes dos elementos químicos derivam de muitas fontes. Muitas vezes, de uma palavra grega, do latim, alemão ou que descreve alguma propriedade do elemento. Por exemplo, o ouro foi originalmente chamado *aurum*, uma palavra latina que significa "amanhecer brilhante", e o chumbo era conhecido como *plumbum*, que significa "pesado". Os nomes para cloro e iodo vêm de palavras gregas que descrevem suas cores, e bromo vem de uma palavra grega que significa "mau cheiro". Além disso, é muito comum que um elemento seja nomeado pelo lugar onde foi descoberto. Você pode adivinhar onde os elementos frâncio, germânio, califórnio* e amerício* foram encontrados pela primeira vez. Alguns dos elementos mais pesados têm o nome de cientistas famosos – por exemplo, einstênio* e nobélio*.

Muitas vezes usamos abreviaturas para simplificar a palavra completa; por exemplo, é muito mais fácil escrever MA em um envelope do que Massachusetts, e normalmente escrevemos EUA em vez de Estados Unidos da América. Da mesma forma, os químicos inventaram um conjunto de abreviaturas ou **símbolos de elementos** para os elementos químicos. Esses símbolos geralmente consistem na primeira

---

*Estes elementos são sitetizados artificialmente. Eles não são encontrados na natureza.

QUÍMICA EM FOCO

Oligoelementos: pequenos, porém cruciais

Todos nós sabemos que certos elementos químicos como cálcio, carbono, nitrogênio, fósforo e ferro são essenciais para os seres humanos viverem. No entanto, muitos outros elementos que estão presentes em pequenas quantidades no corpo humano também são essenciais para a vida. Cromo, cobalto, iodo, manganês e cobre são alguns exemplos. O cromo auxilia no metabolismo dos açúcares, o cobalto está presente na vitamina B_{12}, o iodo é necessário para o funcionamento adequado da glândula tireoide, o manganês parece desempenhar um papel na manutenção de níveis adequados de cálcio nos ossos, e o cobre está envolvido na produção de hemácias.

Está se tornando claro que determinados oligoelementos são muito importantes na determinação do comportamento humano. Por exemplo, o lítio (administrado como carbonato de lítio) tem atuado como um medicamento milagroso para algumas pessoas que sofrem de transtorno bipolar, uma doença que produz comportamento oscilatório entre euforia inapropriada e depressão profunda. Embora sua função exata ainda seja desconhecida, o lítio parece moderar os níveis de neurotransmissores (compostos que são essenciais para a função nervosa), aliviando, assim, algumas das emoções extremas de pessoas que sofrem de transtorno bipolar.

Além disso, um químico chamado William Walsh fez alguns estudos muito interessantes com os detentos da prisão de Stateville em Illinois. Mediante a análise dos oligoelementos no cabelo dos detentos, ele encontrou relações intrigantes entre o comportamento dos presos e o perfil de oligoelemento em cada um deles. Por exemplo, Walsh encontrou uma relação inversa entre o nível de cobalto no corpo do detento e o grau de violência em seu comportamento.

Além dos níveis de oligoelementos em nosso corpo, as diversas substâncias na água, nos alimentos que consumimos e no ar que respiramos também são de grande importância para nossa saúde. Por exemplo, muitos cientistas estão preocupados com a nossa exposição ao alumínio por meio de seus compostos usados na purificação de água, produtos assados e queijos (fosfato de alumínio e sódio agem como agentes de fermentação, além de serem adicionados ao queijo para torná-lo mais macio e mais fácil de derreter), e o alumínio que se dissolve das nossas panelas e utensílios. Os efeitos da exposição a baixos níveis de alumínio em seres humanos não são claros atualmente, mas existem algumas indicações de que devemos limitar a ingestão desse elemento.

Outro exemplo de exposição de baixo nível a um elemento é o flúor colocado na água de muitos distribuidores públicos e cremes dentais para controlar a cárie dentária, tornando o esmalte dos dentes mais resistente à dissolução. No entanto, a exposição de um grande número de pessoas ao flúor é bastante controversa – muitos pensam que é prejudicial.

A química dos oligoelementos é fascinante e importante. Fique de olho nas novidades para futuros desenvolvimentos.

letra ou nas duas primeiras letras dos nomes dos elementos. A primeira letra é sempre maiúscula e a segunda, não. Exemplos incluem

flúor	F	neônio	Ne
oxigênio	O	silício	Si
carbono	C		

Às vezes, porém, as duas letras utilizadas não são as duas primeiras letras do nome. Por exemplo,

| zinco | Zn | cádmio | Cd |
| telúrio | Tl | platina | Pt |

Os símbolos para alguns outros elementos são baseados no nome original em latim ou grego.

Nome atual	Nome original	Símbolo
ouro	aurum	Au
chumbo	plumbum	Pb
sódio	natrium	Na
prata	argentium	Ag

Diversas formas do elemento ouro.

Tabela 4.3 ▸ Nomes e símbolos dos elementos mais comuns

Elemento	Símbolo	Elemento	Símbolo
alumínio	Al	lítio	Li
antimônio (stibium)*	Sb	magnésio	Mg
argônio	Ar	manganês	Mn
arsênio	As	mercúrio (hydrargyrum)	Hg
bário	Ba	neônio	Ne
bismuto	Bi	níquel	Ni
boro	B	nitrogênio	N
bromo	Br	oxigênio	O
cádmio	Cd	fósforo	P
cálcio	Ca	platina	Pt
carbono	C	potássio (kalium)	K
cloro	Cl	rádio	Ra
cromo	Cr	silício	Si
cobalto	Co	prata (argentium)	Ag
cobre (cuprum)	Cu	sódio (natrium)	Na
flúor	F	estrôncio	Sr
ouro (aurum)	Au	enxofre	S
hélio	He	estanho	Sn
hidrogênio	H	titânio	Ti
iodo	I	tungstênio (wolfram)	W
ferro (ferrum)	Fe	urânio	U
chumbo (plumbum)	Pb	zinco	Zn

* Se for o caso, o nome original é mostrado entre parênteses para que você possa ver onde alguns dos símbolos surgiram.

A lista dos elementos mais comuns e seus símbolos é fornecida na Tabela 4.3. Você também pode ver os elementos representados em uma tabela na Figura 4.9. Explicaremos a forma dessa tabela (que é chamada de tabela periódica) nos capítulos a seguir.

4-3 Teoria atômica de Dalton

OBJETIVOS
▸ Aprender a teoria dos átomos de Dalton.
▸ Compreender e ilustrar a lei da composição constante.

À medida que os cientistas do século XVIII estudaram a natureza dos materiais, diversas coisas tornaram-se claras:

1. A maioria dos materiais naturais é mistura de substâncias puras.
2. Substâncias puras são elementos ou combinações de elementos chamados compostos.
3. Um composto contém sempre as mesmas proporções (em massa) dos elementos. Por exemplo, a água *sempre* contém 8 g de oxigênio para cada 1 g de hidrogênio, e o dióxido de carbono sempre contém 2,7 g de oxigênio para cada 1 g de carbono. Esse princípio ficou conhecido como a **lei da composição constante**. Isso significa que um determinado composto sempre tem a mesma composição, independentemente de onde ele vem.

John Dalton (Fig. 4.1), cientista e professor inglês, estava ciente dessas observações e, por volta de 1808, ofereceu uma explicação que ficou conhecida como **a teoria atômica de Dalton**. As principais ideias dessa teoria (modelo) podem ser mencionadas como a seguir:

Teoria atômica de Dalton

1. Os elementos são feitos de pequenas partículas chamadas **átomos**.
2. Todos os átomos de um determinado elemento são idênticos.
3. Os átomos de um determinado elemento são diferentes daqueles de qualquer outro elemento.
4. Os átomos de um elemento podem combinar com átomos de outros elementos para formar compostos. Um determinado composto tem sempre os mesmos números relativos e tipos de átomos.
5. Átomos são indivisíveis em processos químicos. Ou seja, eles não são criados ou destruídos em reações químicas. Uma reação química simplesmente altera a forma como os átomos estão agrupados em conjunto.

Figura 4.1 ▶ John Dalton (1766 — 1844) foi um cientista inglês que ganhava a vida como professor em Manchester. Embora Dalton seja mais conhecido por sua teoria atômica, ele contribuiu em muitas outras áreas, incluindo meteorologia (ele registrou as condições climáticas diárias por 46 anos, produzindo um total de 200.000 entradas de dados). Um tanto tímido, Dalton era daltônico para a cor vermelha (uma dificuldade especial para um químico) e sofreu de intoxicação por chumbo por beber cerveja "stout" (um tipo de cerveja "ale" ou forte) que era tirada através de tubos de chumbo.

O modelo de Dalton explicou observações importantes de forma bem-sucedida, tais como a lei da composição constante. Essa lei faz sentido, porque se um composto contém sempre os mesmos números relativos de átomos, ele sempre conterá as mesmas proporções em massa dos diversos elementos.

Como a maioria das novas ideias, o modelo de Dalton não foi aceito imediatamente. No entanto, ele estava convencido de que estava certo e *usou seu modelo para prever* como um determinado par de elementos pode se combinar para formar mais de um composto. Por exemplo, nitrogênio e oxigênio podem formar um composto contendo um átomo de nitrogênio e um átomo de oxigênio (escrito como NO), um composto que contenha dois átomos de nitrogênio e um átomo de oxigênio (escrito como N_2O), um composto contendo um átomo de nitrogênio e dois átomos de oxigênio (escrito como NO_2), e assim por diante (Figura 4.2). Foi um triunfo para o modelo de Dalton quando a existência dessas substâncias foi verificada. Como ele foi capaz de prever corretamente a formação de diversos compostos entre dois elementos, sua teoria atômica tornou-se amplamente aceita.

Figura 4.2 ▶ Dalton retratou os compostos como coleções de átomos. Aqui estão representados NO, NO_2 e N_2O. Note que o número de átomos de cada tipo em uma molécula é fornecido por um índice inferior, exceto o número 1, que é sempre presumido e nunca escrito.

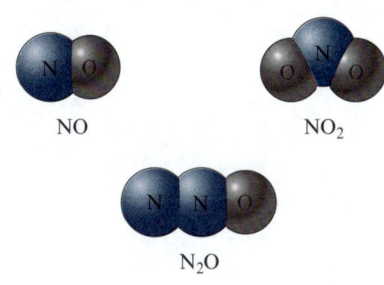

4-4 Fórmulas de compostos

OBJETIVO Saber como uma fórmula descreve a composição de um composto.

Um **composto** é uma substância distinta formada por átomos de dois ou mais elementos e sempre contém exatamente as mesmas massas relativas desses elementos. À luz da teoria atômica de Dalton, isso significa simplesmente que um composto sempre contém os mesmos *números* relativos de átomos de cada elemento. Por exemplo, a água sempre contém dois átomos de hidrogênio para cada átomo de oxigênio. Nesse contexto, o termo *relativo* refere-se às proporções.

Os tipos de átomos e o número de cada tipo em cada unidade (molécula) de um determinado composto são convenientemente expressos por uma **fórmula química**. Em uma fórmula química, os átomos são indicados pelos símbolos dos elementos, e o número de cada tipo de átomo é indicado por um índice inferior, um número que aparece à direita e abaixo do símbolo para o elemento. Escreve-se a fórmula da água como H_2O, indicando que cada molécula de água contém dois átomos de hidrogênio e um átomo de oxigênio (o índice inferior 1 é sempre compreendido e não escrito). A seguir estão algumas regras gerais para escrever fórmulas:

> **Regras para escrever fórmulas**
> 1. Cada átomo presente é representado pelo símbolo do seu elemento.
> 2. O número de cada tipo de átomo é indicado por um índice inferior escrito à direita do símbolo do elemento.
> 3. Quando apenas um átomo de um determinado tipo está presente, o índice inferior 1 não é escrito.

Exemplo resolvido 4.1 — Escrevendo fórmulas de compostos

Escreva a fórmula para cada um dos seguintes compostos, listando os elementos na ordem fornecida:

a. Cada molécula de um composto que foi implicado na formação de chuva ácida contém um átomo de enxofre e três de oxigênio.
b. Cada molécula de um determinado composto contém dois átomos de nitrogênio e cinco de oxigênio.
c. Cada molécula de glicose, um tipo de açúcar, contém seis átomos de carbono, doze de hidrogênio e seis de oxigênio.

SOLUÇÃO

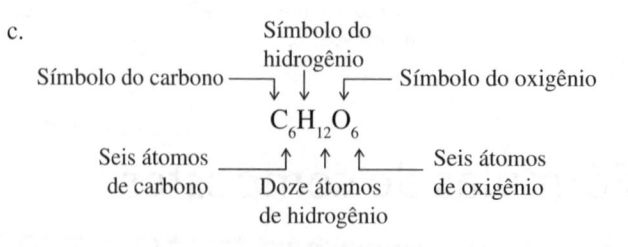

a. SO_3 — Símbolo do enxofre; Símbolo do oxigênio; Um átomo de enxofre; Três átomos de oxigênio.

b. N_2O_5 — Símbolo do nitrogênio; Símbolo do oxigênio; Dois átomos de nitrogênio; Cinco átomos de oxigênio.

c. $C_6H_{12}O_6$ — Símbolo do carbono; Símbolo do hidrogênio; Símbolo do oxigênio; Seis átomos de carbono; Doze átomos de hidrogênio; Seis átomos de oxigênio.

AUTOVERIFICAÇÃO

Exercício 4.1 Escreva a fórmula para cada um dos seguintes compostos, listando os elementos na ordem fornecida:

a. Uma molécula contém quatro átomos de fósforo e dez de oxigênio.
b. Uma molécula contém um átomo de urânio e seis de flúor.
c. Uma molécula contém um átomo de alumínio e três de cloro.

Consulte os Problemas 4.19 e 4.20. ■

QUÍMICA EM FOCO

Um nanocarro com tração nas quatro rodas

Um tipo especial de "microscópio" chamado de microscópio de tunelamento por varredura (STM, do inglês *scanning tunneling microscope*) foi desenvolvido e permite aos cientistas "enxergar" átomos individuais e manipular átomos e moléculas em várias superfícies. Uma aplicação muito interessante dessa técnica é a construção de pequenas "máquinas" feitas de átomos. Um exemplo recente dessa atividade foi realizado por um grupo de cientistas da Universidade de Groningen, na Holanda. Eles utilizaram átomos de carbono para construir a minúscula máquina mostrada na ilustração. Observe que as "rodas" são estruturas semelhantes a remos. Quando os elétrons são disparados no minúsculo carro, a ligação entre os átomos de carbono muda de tal modo que os remos giram e impelem o carro para a frente. Os cientistas foram capazes de mover o carro sobre uma superfície de cobre por uma distância de dez carros.

Embora, nesse momento, não esteja muito claro como o pequeno carro poderia realizar tarefas úteis, a pesquisa está rendendo resultados sobre como a estrutura à base de carbono interage com os átomos de cobre que compõem a superfície.

Medindo aproximadamente 4 x 2 nm, o carro molecular avança em uma superfície de cobre sobre quatro rodas acionadas eletricamente.

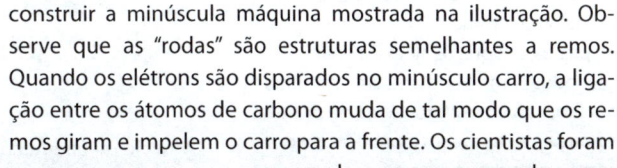

4-5 A estrutura do átomo

OBJETIVOS
- Saber mais sobre as partes internas de um átomo.
- Compreender o experimento de Rutherford para caracterizar a estrutura do átomo.

A teoria atômica de Dalton, proposta por volta 1808, forneceu uma explicação convincente para a composição de compostos que se tornou completamente aceita. Os cientistas passaram a acreditar que os *elementos consistem em átomos* e que os *compostos são uma coleção específica de átomos* unidos de alguma maneira. Mas como é um átomo? Ele pode ser uma minúscula esfera de matéria maciça sem nenhuma estrutura interna — como uma bolinha de rolamento. Ou pode ser composto por partes — inúmeras partículas subatômicas. Porém, se o átomo contiver partes, deve haver uma forma de quebrá-lo em seus componentes.

Muitos cientistas ponderaram a natureza do átomo durante os anos 1800, mas foi só perto de 1900 que surgiu uma evidência convincente de que o átomo tem inúmeras partes diferentes.

Um físico inglês chamado J. J. Thomson mostrou no final dos anos 1890 que os átomos de qualquer elemento podem ser produzidos para emitir minúsculas partículas negativas (ele sabia que as partículas tinham uma carga negativa porque pôde demonstrar que elas eram repelidas pela parte negativa de um campo elétrico). Dessa forma, ele concluiu que todos os tipos de átomos contêm essas partículas negativas, que agora são chamadas de **elétrons**.

Com base em seus resultados, Thomson imaginou como um átomo deveria ser. Embora ele soubesse que os átomos contêm essas minúsculas partículas negativas, ele também sabia que os átomos inteiros não possuem carga negativa *nem* positiva. Assim, ele concluiu que o átomo também deveria conter partículas positivas que

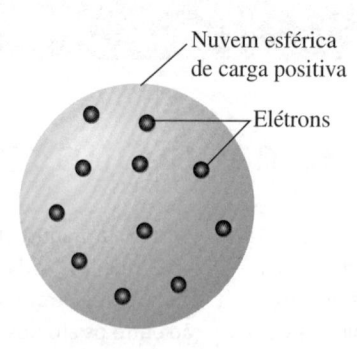

Figura 4.3 ▶ Um dos primeiros modelos do átomo foi o modelo do pudim de passas, em que os elétrons eram ilustrados como se estivessem embutidos em uma nuvem esférica de carga positiva e boa parte das passas eram distribuídas, como em pudim de passas.

Nuvem esférica de carga positiva
Elétrons

Modelo do pudim de passas do átomo.

Pudim de passas inglês.

equilibravam exatamente a carga negativa carregada pelos elétrons, dando ao átomo uma carga geral zero.

Outro cientista que ponderou a estrutura do átomo foi William Thomson (mais conhecido como Lord Kelvin e sem relação com J. J. Thomson). Lord Kelvin teve a ideia (que deve ter-lhe ocorrido durante o jantar) de que o átomo deveria ser algo como um pudim de passas (um pudim com passas distribuídas aleatoriamente por ele todo). Kelvin raciocinou que o átomo poderia ser pensado como um "pudim" uniforme de carga positiva com um número suficiente de elétrons negativos espalhados para contrabalançar aquela carga positiva (Fig. 4.3). Foi assim que o modelo do pudim de passas do átomo surgiu.

Se você tivesse feito esse curso em 1910, o modelo do pudim de passas teria sido a única imagem para descrever o átomo. No entanto, as ideias a respeito do átomo mudaram drasticamente em 1911 por um físico chamado Rutherford (Fig. 4.4), que aprendeu física no laboratório de J. J. Thomson no final dos anos 1890. Em 1911, Rutherford havia se tornado um cientista notável com muitas descobertas importantes creditadas em seu nome. Uma de suas principais áreas de interesse envolvia partículas alfa (partículas $\propto$) que possuem carga positiva com uma massa aproximadamente 7500 vezes maior que a do elétron. Ao estudar a trajetória dessas partículas pelo ar, Rutherford descobriu que algumas das partículas $\propto$ eram desviadas por algo no ar. Intrigado com isso, ele desenvolveu um experimento que envolvia disparar as partículas $\propto$ em direção a uma folha fina de metal. Em torno da folha, havia um detector revestido com uma substância que produzia minúsculos *flashes* sempre que era atingido por uma partícula $\propto$ (Fig. 4.5). Os resultados do experimento foram bem diferentes daqueles que Rutherford antecipou. Embora a maioria das partículas passasse direto pela folha, algumas delas eram desviadas em grandes ângulos, como mostrado na Fig. 4.5, e outras eram refletidas para trás.

Esse resultado foi uma grande surpresa para Rutherford (ele o comparou com disparar uma arma em um pedaço de papel e a bala ricochetear). Ele sabia que, se o modelo do pudim de passas do átomo estivesse correto, a maior parte das

Alguns historiadores creditam o modelo do pudim de passas a J. J. Thomson.

Figura 4.4 ▶ Ernest Rutherford (1871–1937) nasceu em uma fazenda na Nova Zelândia. Em 1895, ele ficou em segundo lugar em uma competição de bolsas de estudos para cursar a Universidade de Cambridge, mas conseguiu ganhar a bolsa quando o vencedor decidiu ficar em casa e se casar. Rutherford era uma pessoa intensa e inflexível que se tornou mestre em elaborar o experimento perfeito para testar uma determinada ideia. Ele ganhou o Prêmio Nobel de química em 1908.

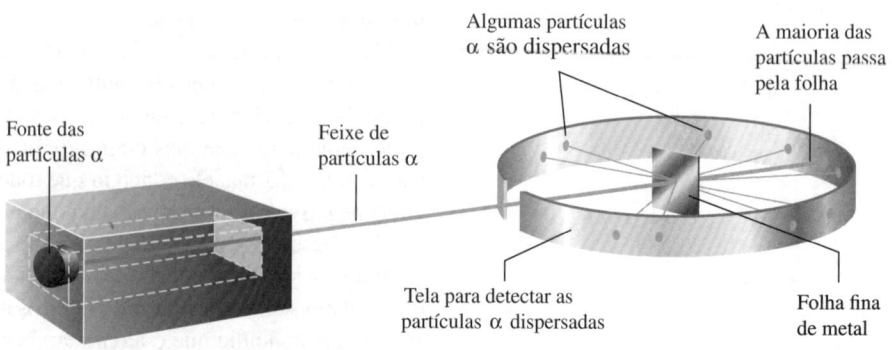

Fonte das partículas α

Feixe de partículas α

Algumas partículas α são dispersadas

A maioria das partículas passa pela folha

Tela para detectar as partículas α dispersadas

Folha fina de metal

Figura 4.5 ▶ Experimento de Rutherford sobre um bombardeamento de partículas $\propto$ em uma folha metálica.

Figura 4.6 ▶

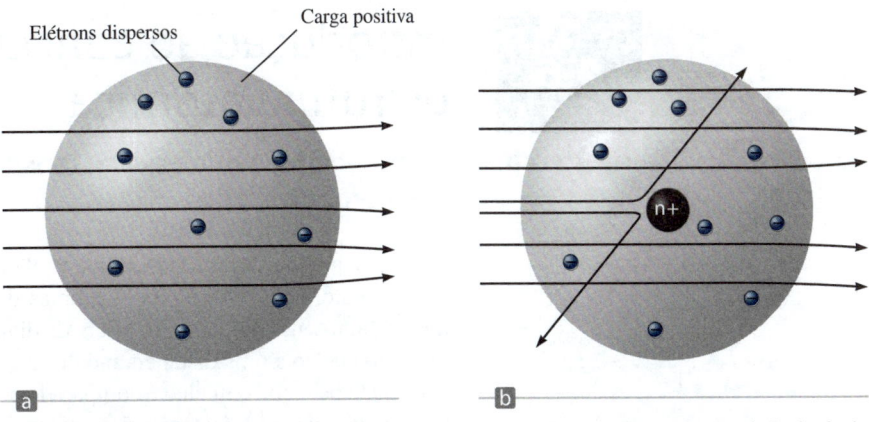

(a) Os resultados que o experimento da folha metálica teriam fornecido caso o modelo do pudim de passas estivesse correto.

(b) Resultados reais do experimento de Rutherford.

partículas atravessaria a folha da mesma forma em que uma bala de canhão atravessaria o papel [como mostrado na Fig. 4.6(a)]. Portanto, ele esperava que as partículas α passassem pela folha sofrendo, no máximo, desvios muito pequenos em suas trajetórias.

Rutherford concluiu com base nesses resultados que o modelo do pudim de passas para o átomo poderia não estar correto. Os grandes desvios das partículas α poderiam ser provocados somente por um centro de carga positiva concentrada que iria repelir as partículas α de carga positiva, como ilustrado na Fig. 4.6(b). A maioria das partículas α passou diretamente pela folha porque o átomo é, principalmente, um espaço aberto. As partículas α desviadas foram aquelas que passaram perto do centro positivo do átomo, e algumas partículas α refletidas foram aquelas que acertaram diretamente o centro positivo. Na mente de Rutherford, esses resultados poderiam ser explicados apenas em termos de um **átomo nuclear** — um átomo com um centro denso de carga positiva (o **núcleo**) em torno do qual minúsculos elétrons movem-se em um espaço que outrora estava vazio.

> **Um dos coautores de Rutherford nesse experimento foi um estudante de graduação chamado Ernest Marsden que, como Rutherford, era neozelandês.**

Pensamento crítico

O diâmetro médio de um átomo é $1,3 \times 10^{-10}$ m. E se o diâmetro médio de um átomo fosse 1 de cm? Qual seria sua altura?

Ele concluiu que o núcleo deveria ter uma carga positiva para equilibrar a carga negativa dos elétrons e que ele deveria ser pequeno e denso. Do que ele era feito? Em 1919, Rutherford concluiu que o núcleo de um átomo continha o que ele chamou de prótons. Um **próton** tem a mesma grandeza (tamanho) de carga que o elétron, mas sua carga é *positiva*. Dizemos que o próton tem uma carga de 1+ e o elétron, uma carga de 1–.

Rutherford raciocinou que o átomo de hidrogênio tem um único próton em seu centro e um elétron movendo-se pelo espaço a uma distância relativamente grande do próton (o núcleo do hidrogênio). Além disso, ele raciocinou que outros átomos também deveriam ter núcleos compostos por muitos prótons ligados de alguma forma. Rutherford e um coautor, James Chadwick, puderam mostrar em 1932 que a maioria dos núcleos também contém uma partícula neutra que eles chamaram de **nêutron**. Um nêutron é ligeiramente mais massivo que um próton, porém não possui carga.

> **Se o átomo fosse expandido para o tamanho de um grande estádio, o núcleo seria somente uma mosca no centro.**

Pensamento crítico

Você aprendeu cerca de três diferentes modelos atômicos: o modelo de Dalton, o modelo de Thomson e o modelo de Rutherford. E se o de Dalton estivesse correto? O que Rutherford teria esperado de seus experimentos com a folha de ouro? E se o de Thomson estivesse correto? O que Rutherford teria esperado de seus experimentos com a folha de ouro?

4-6 Introdução ao conceito moderno de estrutura atômica

OBJETIVO Compreender algumas características importantes das partículas subatômicas.

Nos anos que sucederam Thomson e Rutherford, muito foi aprendido a respeito da estrutura atômica. A visão mais simples do átomo é aquela que consiste em um núcleo minúsculo (cerca de 10^{-13} cm de diâmetro) e em elétrons que se movem em torno do núcleo a uma distância média de cerca de 10^{-8} cm (Fig. 4.7). Para visualizar o quão pequeno o núcleo é comparado com o tamanho do átomo, considere que, se o núcleo tivesse o tamanho de uma uva, os elétrons estariam em média a cerca de uma *milha* de distância. O núcleo contém prótons, que possuem uma carga positiva igual em grandeza à carga negativa do elétron, e nêutrons, que possuem quase a mesma massa que um próton, porém sem carga. A função dos nêutrons no núcleo não é óbvia. Eles podem ajudar a manter os prótons (que se repelem uns aos outros) unidos para formar o núcleo, mas não nos preocuparemos com isso aqui. As massas relativas e as cargas do elétron, próton e nêutron são mostradas na Tabela 4.4.

Uma importante questão surge neste ponto: "*Se todos os átomos são constituídos por esses mesmos componentes, por que átomos diferentes têm propriedades químicas diferentes?*". A resposta encontra-se no número e na disposição dos elétrons. O espaço em que os elétrons se movem responde pela maior parte do volume atômico. Os elétrons são as partes dos átomos que "se mesclam" quando os átomos se combinam para formar as moléculas. Portanto, o número de elétrons que um determinado átomo possui afeta imensamente a forma que ele pode interagir com outros átomos. Como resultado, os átomos de diferentes elementos, que têm diferentes números de elétrons, mostram um comportamento químico diferente. Apesar de os átomos de diferentes elementos também serem diferentes em seus números de prótons, é o número de elétrons que realmente determina o comportamento químico. Discutiremos como isso acontece em capítulos posteriores.

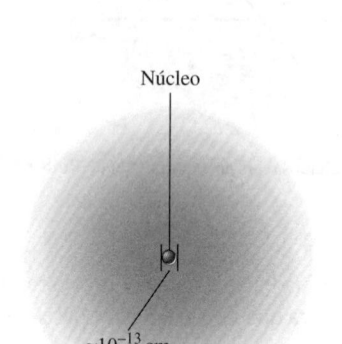

Figura 4.7 ▸ Um átomo nuclear visualizado em uma seção transversal (o símbolo ~ significa aproximadamente). Esse desenho não mostra a escala real. O núcleo é na verdade bem menor se comparado com o tamanho de um átomo.

Tabela 4.4 ▸ A massa e a carga do elétron, próton e nêutron

Partícula	Massa relativa*	Carga relativa
elétron	1	1−
próton	1836	1+
nêutron	1839	nenhuma

* O elétron recebe arbitrariamente uma massa de 1 para comparação.

4-7 Isótopos

OBJETIVOS
▸ Aprender sobre os termos *isótopo*, *número atômico* e *número de massa*.

▸ Compreender o uso do símbolo $^A_Z X$ para descrever um determinado átomo.

Vimos que um átomo possui um núcleo com uma carga positiva em função de seus prótons e possui elétrons no espaço em torno do núcleo a distâncias relativamente grandes dele.

Por exemplo, considere um átomo de sódio, que possui 11 prótons em seu núcleo. Como um átomo não possui uma carga líquida, o número de elétrons deve ser igual ao número de prótons. Portanto, um átomo de sódio possui 11 elétrons no espaço em torno de seu núcleo. É *sempre* verdade que um átomo de sódio possui

11 prótons e 11 elétrons. Entretanto, cada átomo de sódio também possui nêutrons em seu núcleo, e existem diferentes tipos de átomos de sódio com diferentes números de nêutrons.

Quando Dalton expôs sua teoria atômica no início do século XVIII, ele assumiu que todos os átomos de um determinado elemento eram idênticos. Essa ideia persistiu por mais de cem anos, até que James Chadwick descobriu que os núcleos da maioria dos átomos contêm nêutrons e também prótons. (Esse é um bom exemplo de como uma teoria muda à medida que novas observações são feitas.) Após a descoberta do nêutron, a declaração de Dalton de que todos os átomos de um determinado elemento são idênticos teve de ser alterada para "Todos os átomos do mesmo elemento contêm o mesmo número de prótons e elétrons, mas os átomos de um determinado elemento podem ter diferentes números de nêutrons".

Para ilustrar essa ideia, considere os átomos de sódio representados na Fig. 4.8. Esses átomos são **isótopos**, ou *átomos com o mesmo número de prótons, mas com diferentes números de nêutrons*. O número de prótons em um núcleo é chamado de **número atômico do átomo (Z)**. A *soma* do número de nêutrons e o número de prótons em um determinado núcleo é chamada de **número de massa** do átomo (**A**). Para especificar sobre quais dos isótopos de um elemento estamos falando, utilizamos o símbolo

$$^{A}_{Z}X$$

em que

X = o símbolo do elemento
A = o número de massa (número de prótons e nêutrons)
Z = o número atômico (número de prótons)

Por exemplo, o símbolo para um determinado tipo de átomo de sódio é escrito

$$^{23}_{11}Na$$

Número de massa (número de prótons e nêutrons)
Símbolo do elemento
Número atômico (número de prótons)

O átomo específico representado aqui é chamado de sódio-23, porque possui um número de massa de 23. Especifiquemos o número de cada tipo de partícula subatômica. Do número atômico 11 sabemos que o núcleo contém 11 prótons. E, uma vez que o número de elétrons é igual ao número de prótons, sabemos que esse átomo contém 11 elétrons. Quantos nêutrons estão presentes? Podemos calcular o número de nêutrons a partir da definição do número de massa:

Número de massa = número de prótons + número de nêutrons ou, em símbolos,

$$A = Z + \text{número de nêutrons}$$

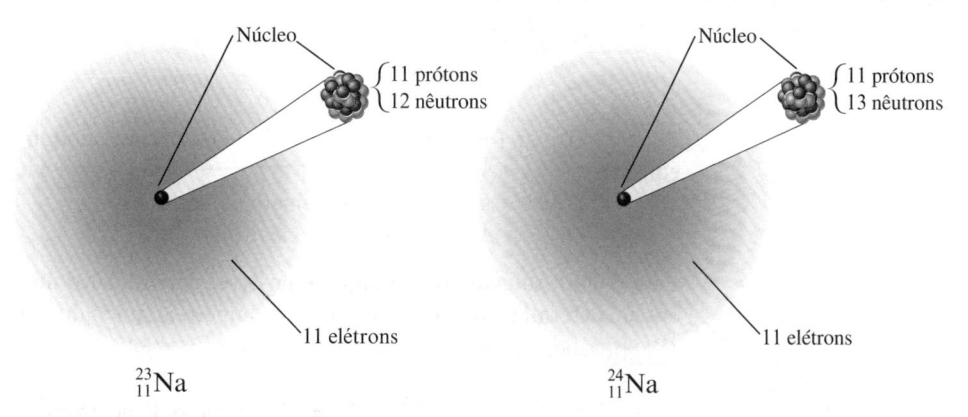

Figura 4.8 ▶ Dois isótopos de sódio. Ambos possuem 11 prótons e 11 elétrons, mas eles diferem no número de nêutrons em seus núcleos.

QUÍMICA EM FOCO

Mostre-me teu cabelo e te direi de onde és

Imagine uma pessoa que foi vítima de um crime em uma cidade grande do leste dos Estados Unidos. A pessoa foi atingida na cabeça e, como resultado, tem amnésia total. A carteira de identidade da pessoa foi roubada, mas as autoridades suspeitam que ela possa não ser dessa área. Há alguma forma de descobrir de onde a pessoa pode ter vindo? A resposta é sim. Uma pesquisa recente indica que relativas quantidades de isótopos de hidrogênio e oxigênio no cabelo de uma pessoa indicam em que parte dos Estados Unidos ela vive.

Um suporte para essa ideia veio de um estudo recente de James Ehleringer, um químico da Universidade de Utah em Salt Lake City. Observando que as concentrações de hidrogênio-2 (deutério) e oxigênio-18 na água potável variam significativamente de região para região nos Estados Unidos (consulte ilustração anexa), Ehleringer e seus colegas coletaram amostras de fios de cabelo de barbearias em 65 cidades e 18 estados. Suas análises mostraram que 86% das variações nos isótopos de hidrogênio e oxigênio nas amostras de fios de cabelo resultaram da composição isotópica da água local. Com base em seus resultados, o grupo pôde desenvolver estimativas da assinatura isotópica dos fios de cabelo das pessoas de diversas regiões do país. Embora esse método não possa ser usado para apontar o local de residência de uma pessoa, ele pode dar uma região geral. Esse método pode ser útil para a vítima de amnésia descrita ao mostrar onde procurar por sua família. Sua foto pode ser mostrada na TV na região indicada pela análise de seus fios de cabelo. Outro possível uso dessa técnica é identificar o país de origem das vítimas de um desastre natural em uma região turística com visitantes de todas as partes do mundo. Na verdade, uma técnica semelhante foi usada para especificar os países de origem das vítimas do tsunami que devastou o sudeste da Ásia em dezembro de 2004.

Uma verificação interessante dessa técnica ocorreu quando os pesquisadores examinaram um fio de cabelo de uma pessoa que tinha se mudado recentemente de Pequim, China, para Salt Lake City. A análise de várias partes do cabelo mostrou uma alteração distinta na distribuição isotópica correspondente à essa mudança de residência. Dessa forma, os isótopos dos elementos podem fornecer informações úteis de maneiras inesperadas.

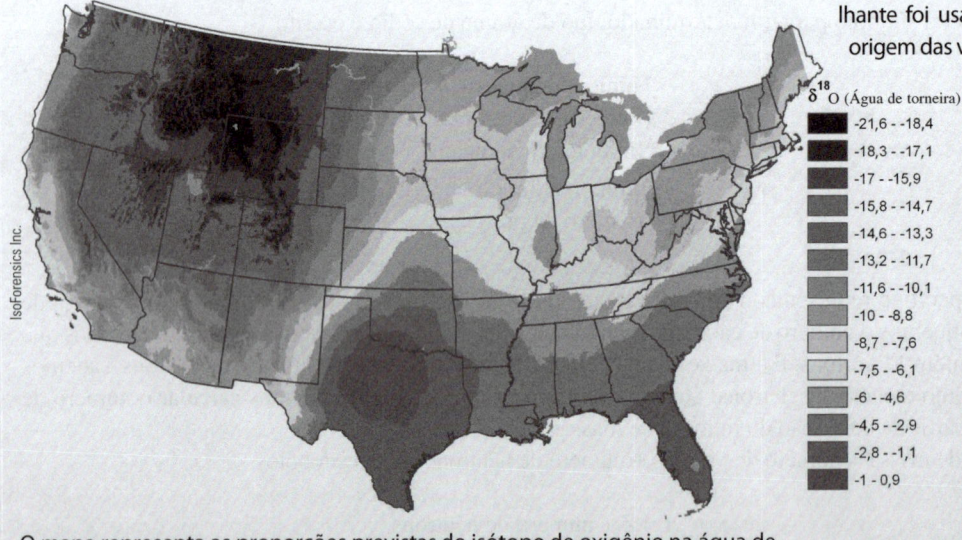

O mapa representa as proporções previstas do isótopo de oxigênio na água de torneira nos Estados Unidos continentais, 2013.
*Você pode visualizar essa imagem em cores no final do livro.

Podemos isolar (resolver) o número de nêutrons ao subtrair Z de ambos os lados da equação.

$$A - Z = Z - Z + \text{número de nêutrons}$$
$$A - Z = \text{número de nêutrons}$$

Esse é um resultado geral, sempre é possível determinar o número de nêutrons presentes em um determinado átomo ao subtrair o número atômico do número de massa. Nesse caso ($^{23}_{11}$Na), sabemos que $A = 23$ e $Z = 11$. Assim,

$$A - Z = 23 - 11 = 12 = \text{número de nêutrons}$$

Em suma, o sódio-23 possui 11 elétrons, 11 prótons e 12 nêutrons.

Exemplo resolvido 4.2 — Interpretando os símbolos para os isótopos

Na natureza, os elementos normalmente são encontrados como uma mistura de isótopos. Os três isótopos do carbono elementar são $^{12}_{6}C$ (carbono-12), $^{13}_{6}C$ (carbono-13) e $^{14}_{6}C$ (carbono-14). Determine o número de cada um dos três tipos de partículas subatômicas em cada um desses átomos de carbono.

SOLUÇÃO

O número de prótons e elétrons é o mesmo em cada um dos isótopos e é dado pelo número atômico do carbono, 6. O número de nêutrons pode ser determinado ao subtrair o número atômico (Z) do número de massa (A):

$$A - Z = \text{número de nêutrons}$$

Os números de nêutrons nos três isótopos do carbono são

$^{12}_{6}C$: número de nêutrons $= A - Z = 12 - 6 = 6$

$^{13}_{6}C$: número de nêutrons $= 13 - 6 = 7$

$^{14}_{6}C$: número de nêutrons $= 14 - 6 = 8$

Resumindo,

Símbolo	Número de prótons	Número de elétrons	Número de nêutrons
$^{12}_{6}C$	6	6	6
$^{13}_{6}C$	6	6	7
$^{14}_{6}C$	6	6	8

AUTOVERIFICAÇÃO

Exercício 4.2 Dê o número de prótons, nêutrons e elétrons do átomo simbolizado por $^{90}_{38}Sr$. O estrôncio-90 ocorre em precipitação de testes nucleares, ele pode acumular-se na medula óssea e provocar leucemia e câncer ósseo.

Consulte os Problemas 4.39 e 4.42. ∎

AUTOVERIFICAÇÃO

Exercício 4.3 Dê o número de prótons, nêutrons e elétrons no átomo simbolizado por $^{201}_{80}Hg$.

Consulte os Problemas 4.39 e 4.42. ∎

Exemplo resolvido 4.3 — Escrevendo os símbolos para os isótopos

Escreva o símbolo para o átomo de magnésio (número atômico 12) com número de massa 24. Quantos elétrons e quantos nêutrons esse átomo tem?

SOLUÇÃO

O número atômico 12 significa que o átomo tem 12 prótons. O elemento magnésio é simbolizado por Mg. O átomo é representado como

$$^{24}_{12}Mg$$

e é chamado de magnésio-24. Como o átomo tem 12 prótons, ele também deve ter 12 elétrons. O número de massa fornece o número total de prótons e nêutrons, o que significa que esse átomo tem 12 nêutrons (24 − 12 = 12). ∎

O magnésio queima no ar para fornecer uma chama branca brilhante.

QUÍMICA EM FOCO

Contos do isótopo

Os átomos de um determinado elemento normalmente consistem em diversos isótopos — os átomos com o mesmo número de prótons, mas com diferentes números de nêutrons. Acontece que a razão entre os isótopos encontrados na natureza pode ser bastante útil no trabalho de investigação natural. Um motivo é que a razão entre os isótopos dos elementos encontrados nos animais vivos e nos seres humanos reflete suas dietas. Por exemplo, os elefantes africanos que se alimentam de gramíneas têm uma razão $^{13}C/^{12}C$ diferente em seus tecidos dos elefantes que se alimentam de folhas de árvores. Essa diferença surge porque as gramíneas têm um padrão de crescimento diferente das folhas, o que resulta em quantidades diferentes de ^{13}C e ^{12}C sendo incorporados do CO_2 no ar. Como os elefantes que se alimentam de folhas e os que se alimentam de gramíneas vivem em áreas diferentes da África, as diferenças observadas nas razões entre os isótopos $^{13}C/^{12}C$ nas amostras do marfim do elefante permitiram que as autoridades identificassem as fontes de amostras ilegais de marfim.

Outro caso do trabalho de investigação do isótopo envolve a tumba do rei Midas, que governou o reino de Frígia no século VIII a.C. A análise dos isótopos de nitrogênio no caixão deteriorado do rei revelou os detalhes sobre sua dieta. Os cientistas descobriram que as razões $^{15}N/^{14}N$ dos carnívoros são mais altas que as dos herbívoros, que por sua vez são mais altas que as das plantas. Acontece que o organismo responsável pela deterioração do caixão de madeira do rei tem uma necessidade incomumente grande por nitrogênio. A fonte desse nitrogênio foi o corpo do rei morto. Como a madeira deteriorada sob seu corpo agora decomposto mostrou uma razão $^{15}N/^{14}N$ alta, os pesquisadores estavam certos de que a dieta do rei era rica em carne.

Um terceiro caso histórico de trabalho de investigação de isótopo refere-se ao povo ancestral de Pueblo (comumente chamado de Anasazi), que viveu onde agora é o noroeste do Novo México, entre 900 e 1150 a.C. O centro de sua civilização, Canyon Chaco, foi um próspero centro cultural que ostenta habitações feitas de arenito talhado a mão e mais de 200.000 toras de madeira. As fontes das toras sempre foram controversas. Muitas teorias avançaram com relação às distâncias que as toras foram arrastadas. Uma pesquisa recente feita por Nathan B. English, um geoquímico na Universidade de Arizona, em Tucson, utilizou a distribuição de isótopos de estrôncio na madeira para identificar as prováveis fontes das toras. Esse esforço possibilitou que os cientistas entendessem com mais clareza as práticas de construção dos Anasazi.

Essas histórias ilustram como os isótopos podem servir como fontes valiosas de informações biológicas e históricas.

Antigas moradias no penhasco dos índios Anasazi.

Exemplo resolvido 4.4 — **Calculando o número de massa**

Escreva o símbolo para o átomo de prata ($Z = 47$) que possui 61 nêutrons.

SOLUÇÃO O símbolo do elemento é $^{A}_{Z}Ag$, do qual sabemos que $Z = 47$. Podemos encontrar, de acordo com sua definição, $A = Z +$ número de nêutrons. Nesse caso,
$$A = 47 + 61 = 108$$
O símbolo completo para esse átomo é $^{108}_{47}Ag$.

AUTOVERIFICAÇÃO **Exercício 4.4** Dê o símbolo para o átomo de fósforo ($Z = 15$) que contém 17 nêutrons.

Veja o Problema 4.42. ■

4-8 Introdução à tabela periódica

OBJETIVOS
- Aprender sobre as diversas características da tabela periódica.
- Aprender algumas das propriedades dos metais, ametais e metaloides.

Em qualquer ambiente onde a química é ensinada ou praticada, você certamente encontrará um quadro chamado **tabela periódica** pendurado na parede. Esse quadro mostra todos os elementos conhecidos e fornece muitas informações sobre cada um deles. À medida que nosso estudo de química avança, a utilidade da tabela periódica se torna mais óbvia. Esta seção irá simplesmente introduzi-la.

Uma versão simples da tabela periódica é mostrada na Fig. 4.9. Observe que cada quadro dessa tabela contém um número escrito sobre uma, duas ou três letras. As letras são os símbolos dos elementos. O número mostrado acima de cada símbolo é o número atômico (o número de prótons e também o número de elétrons) daquele elemento. Por exemplo, o carbono (C) tem o número atômico 6:

$$\begin{array}{|c|} \hline 6 \\ C \\ \hline \end{array}$$

O chumbo (Pb) tem o número atômico 82:

$$\begin{array}{|c|} \hline 82 \\ Pb \\ \hline \end{array}$$

Figura 4.9 ▶ A tabela periódica.

Mendeleev na verdade arranjou os elementos em ordem de massa atômica crescente em vez de número atômico.

Ao longo do livro, destacaremos a localização de vários elementos ao apresentar uma versão pequena da tabela periódica.

Há outra convenção recomendada pela União Internacional de Química Pura e Aplicada para as designações do grupo que utiliza os números 1 ao 18 e inclui os metais de transição (consulte a Fig. 4.9). Não confunda esse sistema com o usado neste livro, em que apenas os elementos representativos têm números de grupo (1 ao 8).

Os ametais às vezes têm uma ou mais propriedades metálicas. Por exemplo, o iodo sólido é lustroso, e o grafite (uma forma de carbono puro) conduz eletricidade.

Observe que os elementos 112 até 115 e 118 têm designações incomuns de três letras começando com U. Essas são abreviações para os nomes sistemáticos dos números atômicos desses elementos. Os nomes "regulares" para esses elementos serão escolhidos eventualmente pela comunidade científica.

Observe que os elementos estão listados na tabela periódica em ordem de número atômico crescente. Eles também estão dispostos em fileiras horizontais e colunas verticais específicas. Os elementos foram arranjados dessa forma pela primeira vez em 1869 por Dmitri Mendeleev, um cientista russo. Mendeleev dispôs os elementos dessa forma por causa das semelhanças nas propriedades químicas de diversas "famílias" de elementos. Por exemplo, o flúor e o cloro são gases reativos que formam compostos semelhantes. Também era sabido que o sódio e o potássio comportavam-se de maneira bem parecida. Dessa forma, o nome *tabela periódica* refere-se ao fato de que, à medida que os números atômicos aumentam, muito frequentemente aparece um elemento com propriedades semelhantes àquelas de um elemento anterior (número atômico inferior). Por exemplo, os elementos

9
F
17
Cl
35
Br
53
I
85
At

mostram um comportamento químico semelhante e são, portanto, listados na vertical como uma "família" de elementos.

Uma família de elementos com semelhantes propriedades químicas que se encontram na mesma coluna vertical na tabela periódica é chamada de **grupo**. Os grupos são muitas vezes referidos pelo número sobre a coluna (consulte a Fig. 4.9). Observe que os números do grupo estão acompanhados pela letra A na tabela periódica na Fig. 4.9. Para simplificar, iremos apagar os A quando nos referirmos aos grupos no texto. Muitos dos grupos têm nomes especiais. Por exemplo, a primeira coluna de elementos (Grupo 1) tem o nome de **metais alcalinos**. Os elementos do Grupo 2 são chamados de **metais alcalinos terrosos**, os elementos do Grupo 7 são os **halogênios** e os elementos no Grupo 8 são chamados de **gases nobres**. Uma grande coleção de elementos que se estende por muitas colunas verticais consiste nos **metais de transição**.

A maioria dos elementos é de **metais**. Os metais têm as seguintes propriedades físicas características:

Propriedades físicas dos metais

1. Condução eficiente do calor e da eletricidade
2. Maleabilidade (eles podem ser forjados em folhas finas)
3. Ductilidade (eles podem ser transformados em fios)
4. Uma aparência lustrosa (brilhante)

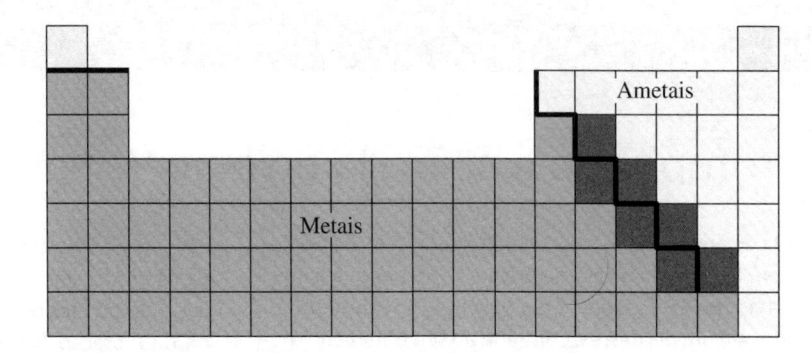

Figura 4.10 ▶ Os elementos classificados como metais e como ametais.

Por exemplo, o cobre é um metal típico. É lustroso (embora manche facilmente); é um excelente condutor de eletricidade (amplamente utilizado em fios elétricos); e é facilmente moldado em diversos formatos, como canos para sistemas hidráulicos. O cobre é um dos metais de transição — os metais mostrados no centro da tabela periódica. Ferro, alumínio e ouro são outros elementos familiares que possuem propriedades metálicas. Todos os elementos mostrados à esquerda e abaixo da linha preta densa em forma de "degraus" na Fig. 4.9 são classificados como metais, exceto o hidrogênio (Fig. 4.10).

O número relativamente pequeno de elementos que aparecem no canto superior direito da tabela periódica (à direita da linha densa nas Figs. 4.9 e 4.10) são chamados de **ametais**. Os ametais geralmente não possuem as propriedades que caracterizam os metais e mostram uma variação muito maior em suas propriedades do que os metais. Enquanto quase todos os metais são sólidos em temperaturas normais, muitos ametais (como nitrogênio, oxigênio, cloro e neônio) são gasosos e um (bromo) é líquido. Diversos ametais (como carbono, fósforo e enxofre) também são sólidos.

Os elementos que se encontram próximos à linha em forma de degraus, conforme mostrado em azul na Fig. 4.10, geralmente mostram uma mistura de propriedades metálicas e ametálicas. Esses elementos, chamados de **metaloides** ou **semimetais**, incluem silício, germânio, arsênio, antimônio e telúrio.

Conforme continuamos nosso estudo de química, veremos que a tabela periódica é uma ferramenta valiosa para organizar o conhecimento acumulado e que ela nos ajuda a prever as propriedades que esperamos que um determinado elemento exiba. Também desenvolveremos um modelo para a estrutura atômica que explicará por que há grupos de elementos com propriedades químicas semelhantes.

Mineiro de enxofre transportando o ametal em Java.

Exemplo resolvido 4.5

Interpretando a tabela periódica

Para cada um dos elementos a seguir, utilize a tabela periódica nas guardas do livro para fornecer o símbolo e o número atômico e para especificar se o elemento é um metal ou um ametal. Também forneça a família a que o elemento pertence (se houver):

a. iodo   b. magnésio   c. ouro   d. lítio

SOLUÇÃO

a. Iodo (símbolo I) é o elemento 53 (seu número atômico é o 53). O iodo encontra-se à direita da linha em forma de degraus na Figs. 4.10 e, dessa forma, é um ametal. O iodo é um membro do Grupo 7, a família dos halogênios.

b. Magnésio (símbolo Mg) é o elemento 12 (número atômico 12). O magnésio é um metal membro da família dos metais alcalinos terrosos (Grupo 2).

c. Ouro (símbolo Au) é o elemento 79 (número atômico 79). O ouro é um metal e não é membro de nenhuma família vertical que possua nome. É classificado como um metal de transição.

d. Lítio (símbolo Li) é o elemento 3 (número atômico 3). O lítio é um metal da família dos metais alcalinos (Grupo 1).

QUÍMICA EM FOCO

Interrompendo a ação do arsênio

A toxicidade do arsênio é bastante conhecida. De fato, o arsênio tem sido com frequência o veneno preferido em peças e filmes clássicos — assista *Este mundo é um hospício* (*Arsenic and Old Lace*, no original) um dia desses. Contrário ao seu tratamento no filme mencionado, o envenenamento por arsênio é um problema sério e contemporâneo. Por exemplo, a Organização Mundial da Saúde estima que 77 milhões de pessoas em Bangladesh estão em risco por beber água que contém grandes quantidades de arsênio natural. Recentemente, a Agência de Proteção Ambiental anunciou padrões mais severos para o arsênio no abastecimento público de água potável nos EUA. Os estudos mostram que a exposição prolongada ao arsênio pode levar a um risco maior de cânceres de bexiga, pulmão e pele, assim como outras doenças, embora os níveis de arsênio que induzem esses sintomas permaneçam em discussão na comunidade científica.

Limpar o solo e a água contaminados por arsênio representa um problema significativo. Uma abordagem é encontrar plantas que removam o arsênio do solo. Uma planta, a *Pteris vittata* (*Chinese brake fern*, no inglês), recentemente mostrou ter um apetite voraz por arsênio. A pesquisa realizada por Lena Q. Ma, química da Universidade da Flórida, em Gainesville, mostrou que a *Pteris vittata* acumula o arsênio a uma taxa 200 vezes maior que uma planta comum. O arsênio, que se tornou concentrado nas frondes que crescem até cinco pés de comprimento, pode ser facilmente colhido e removido. Os pesquisadores agora estão investigando a melhor maneira de dispor as plantas para que o arsênio possa ser isolado. A samambaia (*Pteris vittata*) parece promissora para interromper a poluição por arsênio.

Lena Q. Ma e *Pteris vittata* — conhecida como *Chinese brake fern*.

AUTOVERIFICAÇÃO   **Exercício 4.5**   Dê o símbolo e o número atômico de cada um dos elementos a seguir. Indique também se cada elemento é um metal ou um ametal e se é um membro de uma família.

    a. argônio   b. cloro   c. bário   d. césio

Consulte os Problemas 4.53 e 4.54. ∎

4-9   Estados naturais dos elementos

OBJETIVO   Aprender as naturezas dos elementos comuns.

Como temos observado, a matéria ao nosso redor consiste principalmente em misturas. Muitas vezes essas misturas contêm compostos, nos quais os átomos de diferentes elementos estão ligados. A maior parte desses elementos são bem reativos: seus átomos tendem a combinar com aqueles de outros elementos para formar compostos. Assim, não costumamos encontrar elementos na natureza em sua forma pura — não combinado com outros elementos. Entretanto, há exceções notáveis. As pepitas de ouro encontradas no Sutter's Mill, na Califórnia, que lançaram a Corrida ao Ouro em 1849, são praticamente ouro elementar puro. E a platina e a prata geralmente são encontradas em forma quase pura.

Ouro, prata e platina são membros de uma classe de metais chamada de *metais nobres* porque são relativamente não reativos. (O termo *nobre* implica uma classe a parte.)

Outros elementos que aparecem na natureza no estado não combinado são os do Grupo 8: hélio, neônio, argônio, criptônio, xenônio e radônio. Como os átomos desses elementos não combinam facilmente com os dos outros elementos, nós os chamamos de *gases nobres*.

Lembre-se de que uma molécula é uma coleção de átomos que se comporta como uma unidade. As moléculas sempre são eletricamente neutras (carga zero).

Por exemplo, o gás hélio é encontrado em forma não combinada nos depósitos subterrâneos com gás natural.

Quando pegamos uma amostra de ar (a mistura de gases que constituem a atmosfera terrestre) e a separamos em seus componentes, descobrimos diversos elementos puros presentes. Um desses é o argônio. O gás argônio consiste em uma coleção de átomos separados de argônio, como mostrado na Fig. 4.11.

O ar também contém gás nitrogênio e gás oxigênio. No entanto, quando examinamos esses dois gases descobrimos que eles não contêm átomos únicos, como o argônio, mas sim **moléculas diatômicas**: moléculas compostas por *dois átomos*, como representado na Fig. 4.12. Na verdade, qualquer amostra de gás oxigênio elementar em temperaturas normais contém moléculas O_2. Do mesmo modo, o gás nitrogênio contém moléculas N_2.

O hidrogênio é outro elemento que forma moléculas diatômicas. Embora praticamente todo o hidrogênio encontrado na terra esteja presente em compostos com outros elementos (como com o oxigênio na água), quando é preparado como um elemento livre ele contém moléculas diatômicas H_2. Por exemplo, uma corrente elétrica pode ser usada para decompor água (Fig. 4.13 e Fig. 3.3) em hidrogênio e oxigênio elementar contendo moléculas H_2 e O_2, respectivamente.

Diversos outros elementos, além de hidrogênio, nitrogênio e oxigênio, existem como moléculas diatômicas. Por exemplo, quando o cloreto de sódio é fundido e submetido a uma corrente elétrica, o gás cloro é produzido (junto com o sódio metálico).

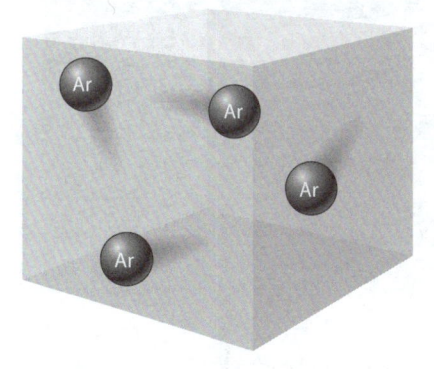

Figura 4.11 ▶ O gás argônio consiste em um conjunto de átomos separados de argônio.

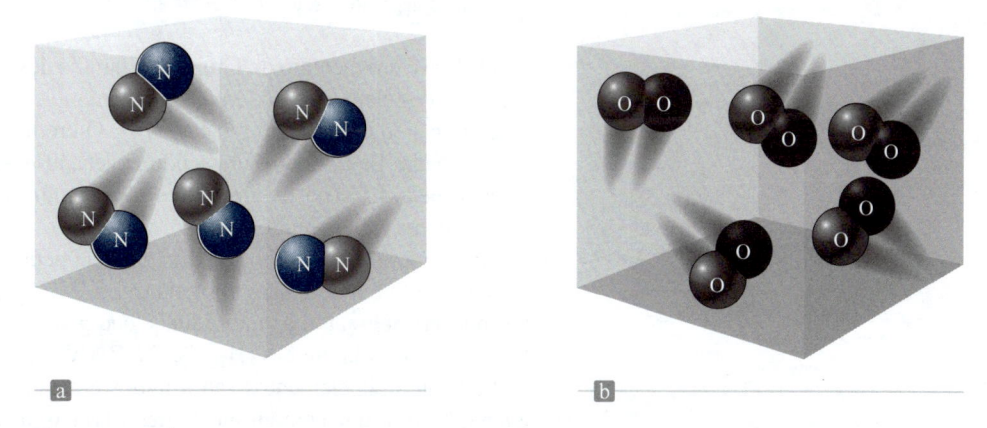

Figura 4.12 ▶ O nitrogênio gasoso e o oxigênio contêm moléculas diatômicas (dois átomos).

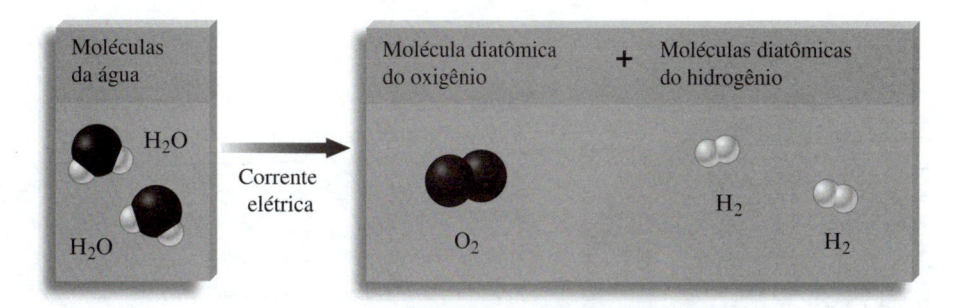

Figura 4.13 ▶ Decomposição de duas moléculas de água (H_2O) para formar duas moléculas de hidrogênio (H_2) e uma molécula de oxigênio (O_2). Observe que somente o agrupamento dos átomos muda nesse processo; nenhum átomo é criado ou destruído. Há o mesmo número de átomos H e de átomos O antes e depois do processo. Dessa forma, a decomposição de duas moléculas H_2O (contendo quatro átomos H e dois átomos O) produz uma molécula O_2 (contendo dois átomos O) e duas moléculas H_2 (contendo um total de quatro átomos H).

Figura 4.14 ▶

(a) O cloreto de sódio (sal de cozinha comum) pode ser decomposto em seus elementos.

(b) Sódio metálico (à esquerda) e gás cloro.

Essa mudança química é representada na Fig. 4.14. O gás cloro contém moléculas Cl_2.

O cloro é um membro do Grupo 7, a família dos halogênios. Todas as formas elementares dos elementos do Grupo 7 contêm moléculas diatômicas. O flúor é um gás amarelo-pálido que contém moléculas F_2. O bromo é um líquido marrom composto por moléculas Br_2. O iodo é um sólido violeta, lustroso, que contém moléculas I_2.

A Tabela 4.5 lista os elementos que contêm moléculas diatômicas em suas formas puras e elementares.

Até o momento vimos que diversos elementos são gasosos em suas formas elementares a temperaturas normais (~25 °C). Os gases nobres (os elementos do Grupo 8) contêm átomos individuais, enquanto os outros elementos gasosos contêm moléculas diatômicas (H_2, N_2, O_2, F_2 e Cl_2).

Somente dois elementos são líquidos em suas formas elementares a 25 °C: o ametal bromo (que contém moléculas Br_2) e o metal mercúrio. Os metais gálio e césio quase se qualificam nessa categoria; eles são sólidos a 25 °C, porém ambos fundem a ~30 °C.

~ significa "aproximadamente".

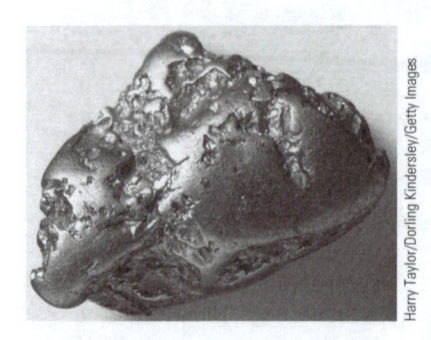

A platina é um metal nobre utilizado em joias e em muitos processos industriais.

Tabela 4.5 ▶ Elementos que existem como moléculas diatômicas em suas formas elementares

Elemento presente	Estado do elemento a 25 °C	Molécula
hidrogênio	gás incolor	H_2
nitrogênio	gás incolor	N_2
oxigênio	gás azul-pálido	O_2
flúor	gás amarelo-pálido	F_2
cloro	gás verde-pálido	Cl_2
bromo	líquido marrom-avermelhado	Br_2
iodo	sólido violeta-escuro, lustroso	I_2

Bromo líquido em um frasco com vapor de bromo.

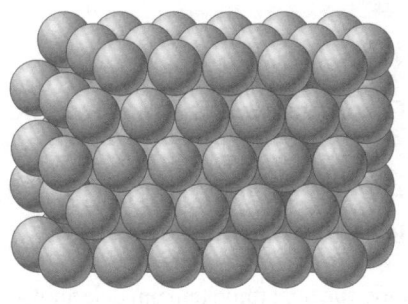

Figura 4.15 ▶ Nos metais sólidos, os átomos esféricos estão compactados.

Os outros elementos são sólidos em suas formas elementares a 25 °C. Para os metais, esses sólidos contêm grandes números de átomos compactados semelhantes a bolinhas de gude em uma jarra (Fig. 4.15).

As estruturas dos elementos sólidos de ametais são mais variadas do que as dos metais. Na verdade, muitas vezes existem formas diferentes do mesmo elemento. Por exemplo, o carbono sólido existe em três formas. As formas diferentes de um determinado elemento são chamadas de *alótropos*. Os três alótropos do carbono são as conhecidas formas de diamante e grafite, além de uma forma que só foi descoberta recentemente e se chama *buckminsterfulereno*. Essas formas elementares têm propriedades bem distintas em função de suas estruturas diferentes (Fig. 4.16). O diamante é a substância natural mais dura conhecida e normalmente é utilizado em ferramentas industriais de corte. Os diamantes também são valiosos como pedras preciosas. O grafite, pelo contrário, é um material bem maleável útil para escrita (o lápis "de chumbo" na verdade é grafite) e (na forma de um pó) como lubrificante para fechaduras. O nome um tanto antigo dado ao buckminsterfulereno vem da estrutura das moléculas C_{60} que formam esse alótropo. A estrutura semelhante à bola de futebol contém anéis de 5 e 6 membros que lembram os domos geodésicos sugeridos pelo falecido designer industrial Buckminster Fuller. Outros "fulerenos" que contêm moléculas com mais de 60 átomos de carbono também foram descobertos, levando a uma nova área da química.

Diamante lapidado em cima de carvão.

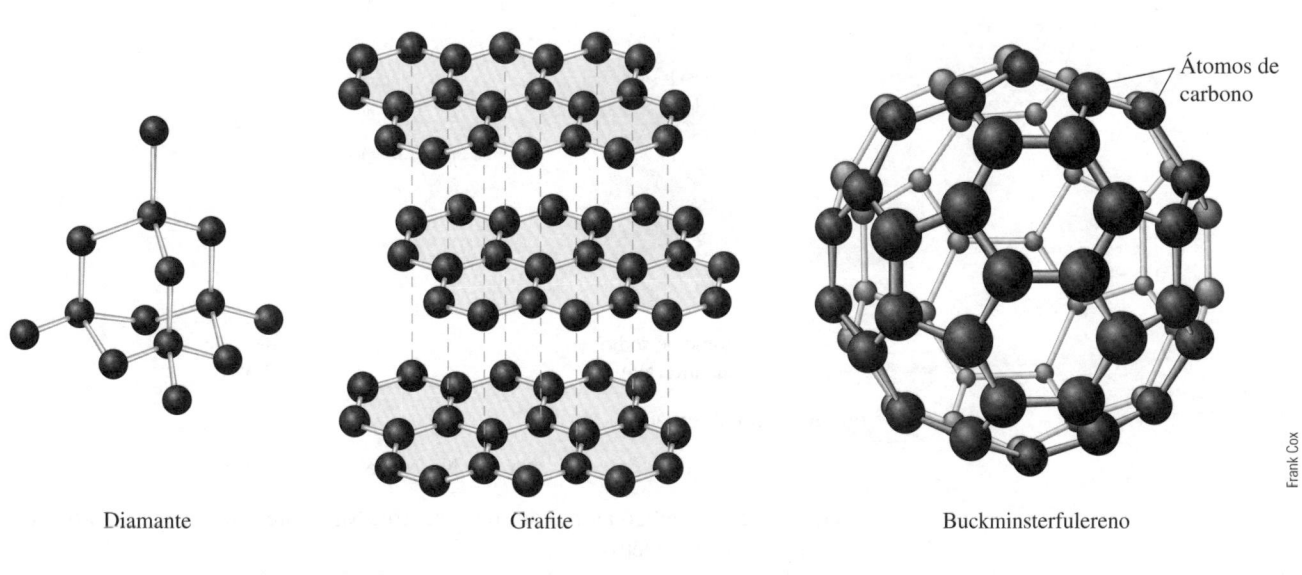

Diamante　　　　Grafite　　　　Buckminsterfulereno

Átomos de carbono

Figura 4.16 ▶ As três formas sólidas elementares (alótropos) de carbono. As representações do diamante e do grafite são apenas fragmentos de estruturas bem maiores que se estendem em todas as direções das partes mostradas aqui. O buckminsterfulereno contém moléculas C_{60}, uma das quais é mostrada.

4-10 Íons

OBJETIVOS
- Compreender a formação de íons a partir de seus átomos de origem e aprender o nome deles.
- Aprender como a tabela periódica pode ajudar a prever qual íon um determinado elemento forma.

Vimos que um átomo tem um determinado número de prótons em seu núcleo e um número igual de elétrons no espaço em torno do núcleo. Isso resulta em um equilíbrio exato das cargas positivas e negativas. Dizemos que um átomo é uma entidade neutra — possui *carga líquida zero*.

Podemos produzir uma entidade dotada de carga, chamada de **íon**, pegando um átomo neutro e adicionando ou removendo um ou mais elétrons. Por exemplo, um átomo de sódio ($Z = 11$) tem 11 prótons em seu núcleo e 11 elétrons fora de seu núcleo.

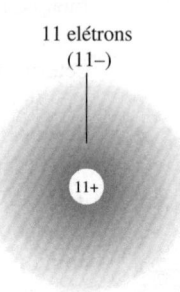

Átomo do sódio neutro (Na)

Se um dos elétrons foi perdido, haverá 11 cargas positivas, mas apenas 10 cargas negativas. Isso resulta em um íon com uma carga positiva líquida (1+): (11+) 1+ (10−) = 1+. Podemos representar esse processo como:

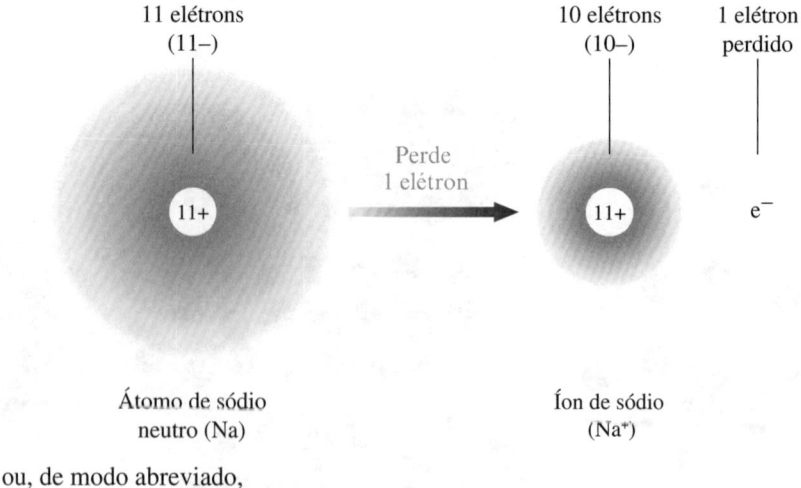

Átomo de sódio neutro (Na) → Íon de sódio (Na$^+$)

ou, de modo abreviado,

$$Na \rightarrow Na^+ + e^-$$

em que Na representa o átomo de sódio neutro, Na$^+$ representa o íon 1+ formado e e$^-$ representa um elétron.

Um íon positivo, chamado de **cátion**, é produzido quando o átomo neutro perde um ou mais elétrons. Vimos que o sódio perde um elétron para se tornar um cátion

1+. Alguns átomos perdem mais de um elétron. Por exemplo, um átomo de magnésio normalmente perde dois elétrons para formar um cátion 2+:

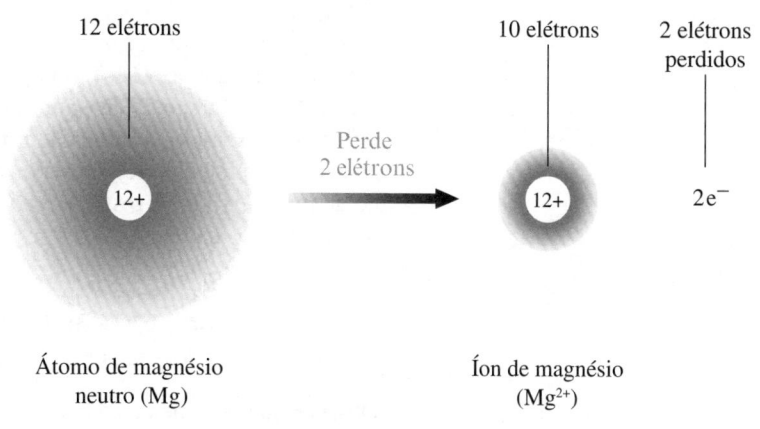

Átomo de magnésio neutro (Mg) → Íon de magnésio (Mg²⁺)

Normalmente representamos esse processo da seguinte forma:

$$Mg \rightarrow Mg^{2+} + 2e^-$$

O alumínio forma um cátion 3+ ao perder três elétrons:

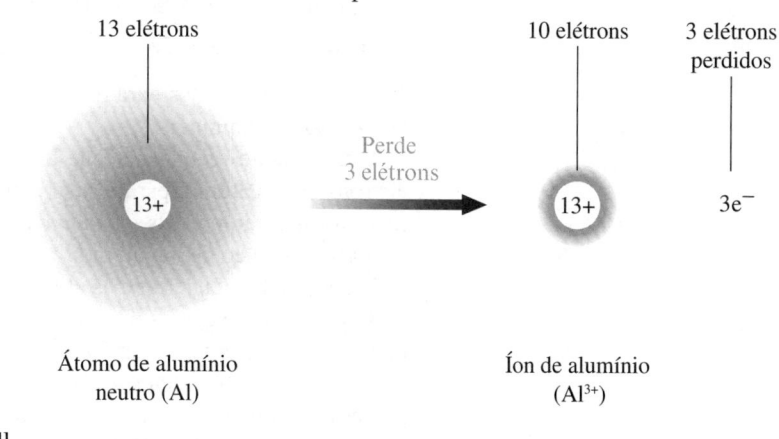

Observe que o tamanho diminui drasticamente quando um átomo perde um ou mais elétrons para formar um íon positivo.

Átomo de alumínio neutro (Al) → Íon de alumínio (Al³⁺)

ou

$$Al \rightarrow Al^{3+} + 3e^-$$

Um cátion é nomeado usando o nome do átomo de origem. Assim, Na⁺ é chamado de íon sódio (cátion de sódio), Mg²⁺ é chamado de íon magnésio (ou cátion de magnésio) e Al³⁺ é chamado de íon alumínio (ou cátion de alumínio).

Quando um átomo neutro *ganha* elétrons, forma-se um íon com uma carga negativa. Esse íon de carga negativa é chamado de **ânion**. Um átomo que ganha um elétron extra forma um ânion com uma carga 1–. Um exemplo de um átomo que forma um ânion 1– é o átomo de cloro, que possui 17 prótons e 17 elétrons:

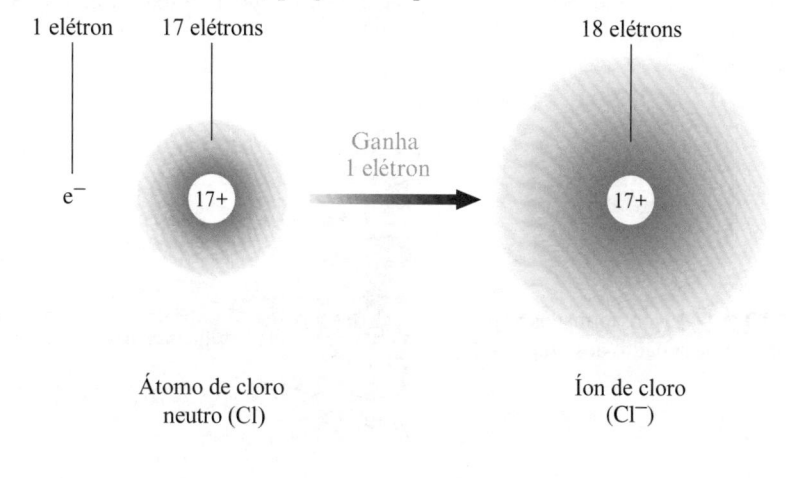

Observe que o tamanho aumenta drasticamente quando um átomo ganha um ou mais elétrons para formar um íon negativo.

Átomo de cloro neutro (Cl) → Íon de cloro (Cl⁻)

Esse processo normalmente é representado como

$$Cl + e^- \rightarrow Cl^-$$

Observe que o ânion formado por cloro tem 18 elétrons, mas apenas 17 prótons, logo, a carga líquida é (18–) + (17+) = 1–. Diferente do cátion, que é nomeado pelo átomo de origem, um ânion é nomeado com a raiz do nome do átomo e trocando-se o final. Por exemplo, o ânion Cl^- produzido do átomo Cl (cloro) é chamado de íon *cloreto* (ou ânion cloreto). Observe que a palavra *cloreto* é obtida da raiz do nome do átomo (*clor-*) mais o sufixo *-eto*. Outros átomos que ganham um elétron para formar íons 1– incluem:

flúor	$F + e^- \rightarrow F^-$	(íon *fluor*eto)
bromo	$Br + e^- \rightarrow Br^-$	(íon *brom*eto)
iodo	$I + e^- \rightarrow I^-$	(íon *iod*eto)

Observe que o nome de cada um desses ânions é obtido acrescentando-se *-eto* à raiz do nome do átomo.

Alguns átomos podem adicionar dois elétrons para formar ânions 2–. Exemplos incluem:

oxigênio	$O + 2e^- \rightarrow O^{2-}$	(íon *óx*ido)
enxofre	$S + 2e^- \rightarrow S^{2-}$	(íon *sulf*eto)

Observe que os nomes para esses ânions são derivados da mesma forma que os nomes para os ânions 1–.

É importante reconhecer que os íons sempre são formados por remoção de elétrons de um átomo (para formar cátions) ou por adição de elétrons a um átomo (para formar ânions). *Os íons nunca são formados pela mudança do número de prótons* no núcleo de um átomo.

É essencial entender que os átomos isolados não formam íons por si só. O que costuma ocorrer é que os íons são formados quando os elementos metálicos combinam com os elementos ametálicos. Conforme discutiremos em detalhes no Capítulo 7, quando os metais e os ametais reagem, os átomos do metal tendem a perder um ou mais elétrons que são, por sua vez, ganhos pelos átomos do ametal. Dessa forma, as reações entre os metais e os ametais tendem a formar compostos que contêm cátions do metal e ânions do ametal. Teremos mais a dizer sobre esses compostos na Seção 4-11.

Cargas do íon na tabela periódica

Descobrimos que a tabela periódica é bastante útil quando queremos saber que tipo de íon é formado por um determinado átomo. A Fig. 4.17 mostra os tipos de íons formados pelos átomos nos diversos grupos na tabela periódica. Observe que os metais do Grupo 1 formam íons 1+ (M^+), os metais do Grupo 2 formam íons 2+

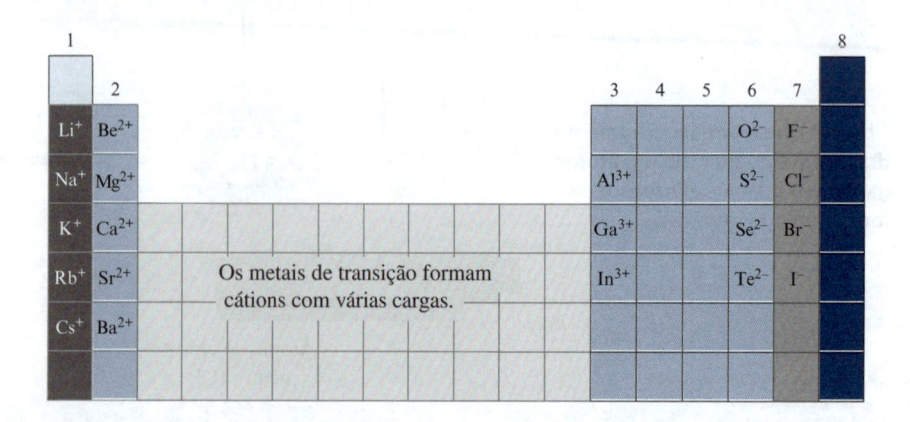

Figura 4.17 ▶ Íons formados pelos membros selecionados dos Grupos 1, 2, 3, 6 e 7.

(M^{2+}) e os metais do Grupo 3 formam íons 3+ (M^{3+}). Assim, para os Grupos 1 a 3, as cargas dos cátions formados são idênticas aos números do grupo.

Ao contrário dos metais dos Grupos 1, 2 e 3, a *maioria dos metais de transição* forma cátions com várias cargas positivas. Para esses elementos, não há maneira fácil de prever a carga do cátion que será formado.

Observe que os metais sempre formam íons positivos. Essa tendência em perder elétrons é uma característica fundamental dos metais. Os ametais, por outro lado, formam íons negativos ao ganharem elétrons. Observe que todos os átomos do Grupo 7 ganham um elétron para formar íons 1– e todos os ametais no Grupo 6 ganham dois elétrons para formar íons 2–.

Neste ponto você deve memorizar as relações entre o número do grupo e o tipo de íon formado, como mostrado na Fig. 4.17. Você irá entender por que essas relações existem após discutirmos a teoria do átomo no Capítulo 11.

4-11 Compostos que contêm íons

OBJETIVO Aprender como combinar os íons para formar compostos neutros.

Fusão significa que o sólido, em que os íons estão presos, muda para um líquido, no qual os íons podem se mover.

Os químicos têm boas razões para acreditar que muitos compostos químicos contêm íons. Por exemplo, considere algumas das propriedades do sal de cozinha comum, cloreto de sódio (NaCl). Ele deve ser aquecido a cerca de 800 °C para fundir e a quase 1500 °C para ferver (em comparação com a água, que ferve a 100 °C). Como um sólido, o sal não conduz uma corrente elétrica, mas quando derretido é um excelente condutor. A água pura não conduz eletricidade (não permite passagem de uma corrente elétrica), mas quando o sal é dissolvido em água, a solução resultante conduz eletricidade facilmente (Fig. 4.18).

Os químicos perceberam que podemos explicar melhor essas propriedades do cloreto de sódio (NaCl) descrevendo-o como íons Na^+ e íons Cl^- compactados, como mostra a Fig. 4.19. Uma vez que as cargas positivas e negativas se atraem com bastante força, ele deve ser aquecido a uma temperatura muito alta (800 °C) para fundir.

Para explorar o significado dos resultados da condutividade elétrica, precisamos discutir brevemente a natureza das correntes elétricas. Uma corrente elétrica pode viajar através de um fio de metal porque os *elétrons estão livres para se mover* pelo fio; os elétrons em movimento carregam a corrente. Nas substâncias iônicas, os íons carregam a corrente. Dessa forma, as substâncias que contêm íons podem conduzir uma corrente elétrica *somente se os íons puderem se mover* — a corrente viaja pelo movimento dos íons carregados. No NaCl sólido, os íons ficam presos e não podem se mover, mas quando o sólido é fundido e se torna um líquido, a estrutura é rompida e os íons podem se mover. Assim, a corrente elétrica pode viajar pelo sal derretido.

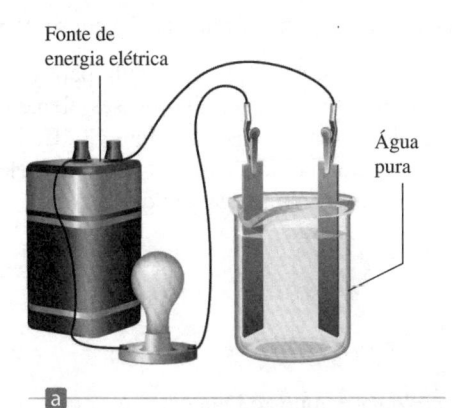

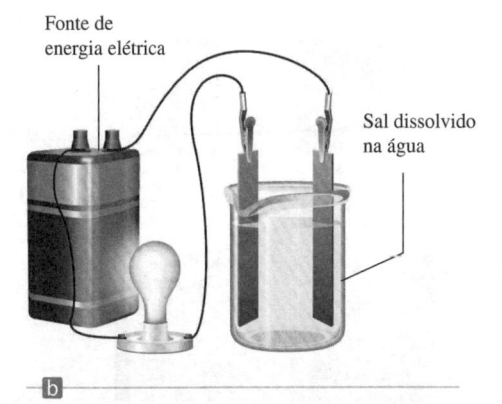

Figura 4.18 ▶ (a) A água pura não conduz corrente, portanto, o circuito não é completo e a lâmpada não acende. (b) A água que contém sal dissolvido conduz eletricidade e a lâmpada acende.

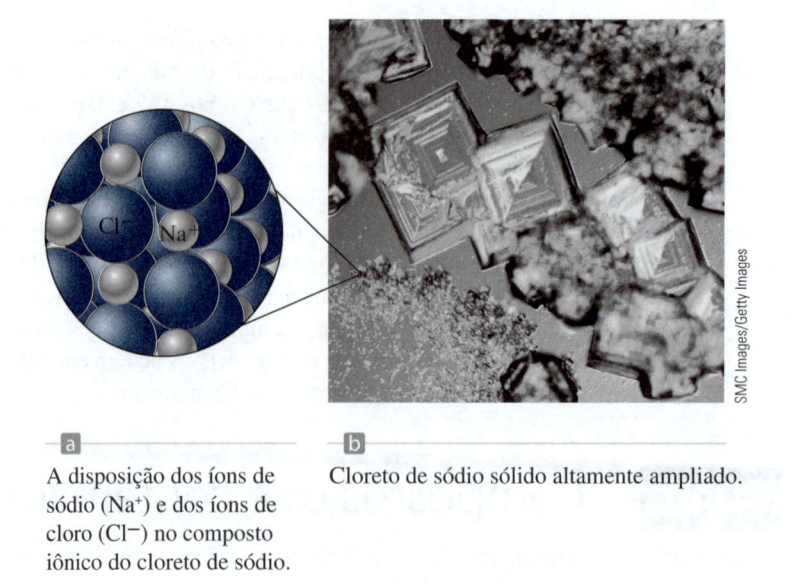

Figura 4.19 ▶

a) A disposição dos íons de sódio (Na⁺) e dos íons de cloro (Cl⁻) no composto iônico do cloreto de sódio.

b) Cloreto de sódio sólido altamente ampliado.

O mesmo raciocínio se aplica ao NaCl dissolvido na água. Quando o sólido é dissolvido, os íons ficam dispersos e podem se mover pela água, permitindo que ela conduza uma corrente.

Assim, reconhecemos as substâncias que contêm íons por suas propriedades características. Elas geralmente têm pontos de fusão bem altos e conduzem uma corrente elétrica quando fundidas ou dissolvidas na água.

Muitas substâncias contêm íons. Na verdade, sempre que um composto é formado entre um metal e um ametal, pode-se esperar que ele contenha íons. Chamamos essas substâncias de **compostos iônicos**.

Pensamento crítico

Thomson e Rutherford ajudaram a mostrar que os átomos consistem em três tipos de partículas subatômicas, duas das quais possuem cargas. E se as partículas subatômicas não tivessem carga? Como isso afetaria o que você já aprendeu?

Um fato muito importante para lembrar é que um *composto químico deve ter uma carga líquida zero*. Isso significa que, se um composto contém íons, então

1. Tanto os íons positivos (cátions) quanto os íons negativos (ânions) devem estar presentes.
2. Os números de cátions e ânions devem ser tais que a carga líquida seja zero.

Por exemplo, observe que a fórmula para o cloreto de sódio é escrita como NaCl, indicando um de cada tipo desses elementos. Isso faz sentido, porque o cloreto de sódio contém íons Na⁺ e íons Cl⁻. Cada íon de sódio tem uma carga 1+ e cada íon cloreto tem uma carga 1−, portanto, eles devem aparecer em números iguais para resultar em uma carga líquida zero.

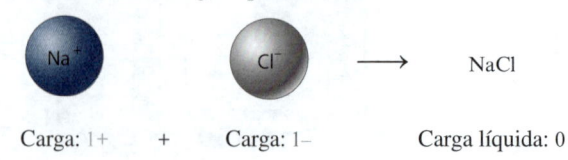

$$\text{Na}^+ \quad + \quad \text{Cl}^- \quad \longrightarrow \quad \text{NaCl}$$

Carga: 1+   +   Carga: 1−   Carga líquida: 0

E para *qualquer* composto iônico,

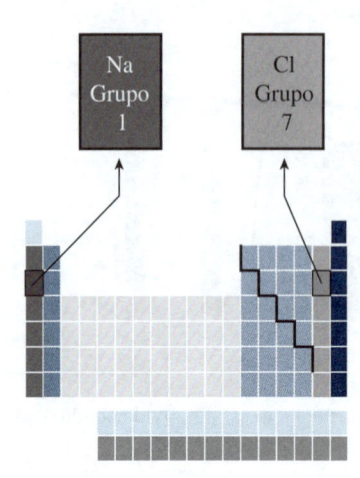

$$\text{Carga total de cátions} + \text{Carga total de ânions} = \text{Carga líquida zero}$$

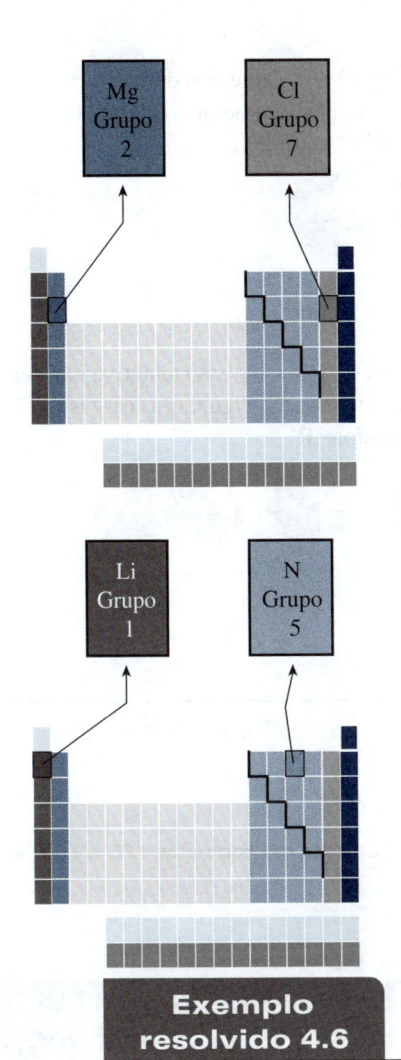

Considere um composto iônico que contém os íons Mg^{2+} e Cl^-. Qual combinação desses íons irá resultar em uma carga líquida zero? Para equilibrar a carga 2+ no Mg^{2+}, precisaremos de dois íons Cl^-.

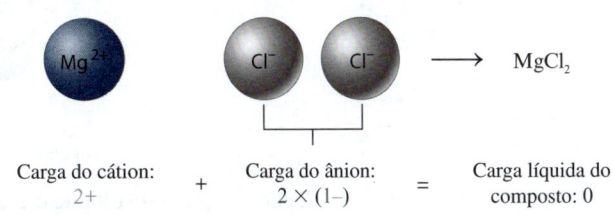

$$Mg^{2+} \quad Cl^- \; Cl^- \longrightarrow MgCl_2$$

Carga do cátion: 2+ + Carga do ânion: 2 × (1−) = Carga líquida do composto: 0

Isso significa que a fórmula do composto deve ser $MgCl_2$. Lembre-se de que os índices inferiores são usados para informar os números relativos dos átomos (ou íons).

Agora, considere um composto iônico que contém os íons Ba^{2+} e O^{2-}. Qual é a sua fórmula correta? Esses íons possuem as mesmas cargas (porém de sinais opostos), portanto, eles devem aparecer em números iguais para resultar em uma carga líquida zero. A fórmula do composto é BaO, porque (2+) 1 + (2−) = 0.

Do mesmo modo, a fórmula de um composto que contém os íons Li^+ e N^{3-} é Li_3N, porque são necessários três cátions Li^+ para equilibrar a carga do ânion N^{3-}.

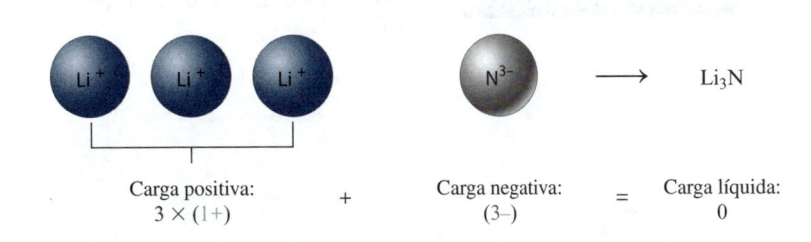

$$Li^+ \; Li^+ \; Li^+ \quad N^{3-} \longrightarrow Li_3N$$

Carga positiva: 3 × (1+) + Carga negativa: (3−) = Carga líquida: 0

Exemplo resolvido 4.6 — Escrevendo fórmulas para os compostos iônicos

Os pares de íons contidos em diversos compostos iônicos estão listados abaixo. Dê a fórmula para cada composto.

a. Ca^{2+} e Cl^- b. Na^+ e S^{2-} c. Ca^{2+} e P^{3-}

SOLUÇÃO

a. Ca^{2+} tem uma carga 2+, logo, serão necessários dois íons Cl^- (cada um com a carga 1−).

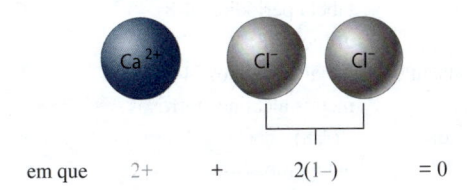

O índice inferior 1 em uma fórmula não é escrito.

$$Ca^{2+} \quad Cl^- \; Cl^-$$

em que 2+ + 2(1−) = 0

A fórmula é $CaCl_2$.

b. Nesse caso, S^{2-}, com sua carga 2−, exige dois íons Na^+ para produzir uma carga líquida zero.

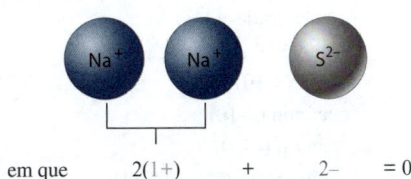

$$Na^+ \; Na^+ \quad S^{2-}$$

em que 2(1+) + 2− = 0

A fórmula é Na_2S.

c. Temos os íons Ca^{2+} (carga 2+) e P^{3-} (carga 3−). Devemos descobrir quantos de cada são necessários para equilibrar exatamente as cargas positivas e negativas. Vamos tentar dois Ca^{2+} e um P^{3-}.

em que   2(2+)   +   3−   = 1+

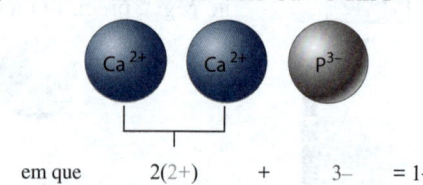

A carga líquida resultante é 2(2+) + (3−) = (4+) + (3−) = 1−. Essa tentativa não deu certo, pois a carga líquida não resultou em zero. Podemos igualar as cargas totais positivas e negativas com três íons Ca^{2+} e dois íons P^{3-}.

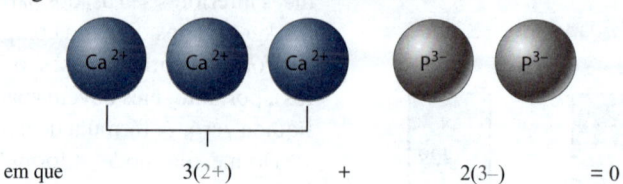

em que   3(2+)   +   2(3−)   = 0

Assim, a fórmula deve ser Ca_3P_2.

AUTOVERIFICAÇÃO

Exercício 4.6 Dê as fórmulas para os compostos que contêm os seguintes pares de íons.

a. K^+ e I^- b. Mg^{2+} e N^{3-} c. Al^{3+} e O^{2-}

Consulte os Problemas 4.83 e 4.84. ■

CAPÍTULO 4 REVISÃO

F direciona para *Química em Foco* no capítulo

Termos-chave

símbolos dos elementos (4-2)
lei da composição constante (4-3)
teoria atômica de Dalton (4-3)
átomo (4-3)
composto (4-4)
fórmula química (4-4)
elétron (4-5)
átomo nuclear (4-5)
núcleo (4-5)
próton (4-5)
nêutron (4-5)
isótopos (4-7)
número atômico (Z) (4-7)
número de massa (A) (4-7)

tabela periódica (4-8)
grupo (4-8)
metais alcalinos (4-8)
metais alcalinos terrosos (4-8)
halogênios (4-8)
gases nobres (4-8)
metais de transição (4-8)
metais (4-8)
ametais (4-8)
metaloides (4-8)
molécula diatômica (4-9)
íon (4-10)
cátion (4-10)
ânion (4-10)
composto iônico (4-11)

Para revisão

▶ Todos os materiais do universo podem ser quimicamente quebrados em cerca de 100 elementos diferentes.
▶ Nove elementos são responsáveis por cerca de 98% da crosta terrestre, dos oceanos e da atmosfera.
▶ No corpo humano, oxigênio, carbono, hidrogênio e nitrogênio são os elementos mais abundantes.
▶ Cada elemento tem um nome e um símbolo.
  • O símbolo geralmente consiste na primeira letra ou nas duas primeiras letras do nome do elemento.
  • Às vezes, o símbolo é tirado do nome original do elemento em latim ou grego.
▶ A lei da composição constante afirma que um determinado elemento contém sempre a mesma proporção em massa dos elementos do qual ele é composto.
▶ A teoria atômica de Dalton afirma:
  • Todos os elementos são compostos por átomos.
  • Todos os átomos de um determinado elemento são idênticos.
  • Os átomos de diferentes elementos são diferentes.
  • Os compostos consistem em átomos de elementos diferentes.
  • Os átomos não são criados ou destruídos em uma reação química.

- Um composto é representado por uma fórmula química em que o número e os tipos de átomos presentes são mostrados usando os símbolos do elemento e os índices inferiores.
- Os experimentos de J. J. Thomson e Ernest Rutherford mostraram que os átomos têm uma estrutura interna.
  - O núcleo, que está no centro do átomo, contém prótons (de carga positiva) e nêutrons (sem carga).
  - Os elétrons se movem em torno do núcleo.
    - Os elétrons têm uma massa pequena (1/1836 da massa do próton).
    - Os elétrons têm carga negativa igual e oposta à carga do próton.
- Os isótopos são átomos com o mesmo número de prótons, mas com diferentes números de nêutrons.
- Um determinado isótopo é representado pelo símbolo $_Z^A X$, em que Z representa o número de prótons (número atômico) e A representa o número total de prótons e nêutrons (número de massa) no núcleo.
- A tabela periódica mostra todos os elementos conhecidos em ordem crescente de número atômico; ela é organizada, em colunas verticais, por grupos de elementos com propriedades semelhantes.
- A maioria dos elementos tem propriedades metálicas (os metais) e aparecem do lado esquerdo da tabela periódica.
- Os ametais aparecem do lado direito da tabela periódica.
- Os metaloides são elementos que têm algumas propriedades metálicas e algumas de ametais.
- Os átomos podem formar íons (espécies com carga) ao ganhar ou perder elétrons.
  - Os metais tendem a perder um ou mais elétrons para formar íons positivos chamados de cátions; estes são geralmente nomeados usando o nome do átomo de origem.
  - Os ametais tendem a ganhar um ou mais elétrons para formar íons negativos chamados de ânions; estes são nomeados ao usar a raiz do nome do átomo seguida pelo sufixo -eto.
- O íon que um determinado átomo irá formar pode ser previsto pela posição do átomo na tabela periódica.
  - Os elementos nos Grupos 1 e 2 formam íons 1+ e 2+, respectivamente.
  - Os átomos do Grupo 7 formam ânions com cargas 1–.
  - Os átomos do Grupo 6 formam ânions com cargas 2–.
- Os íons se combinam para formar compostos. Os compostos são eletricamente neutros, portanto, a soma das cargas dos ânions e cátions no composto deve ser igual a zero.

Questões de aprendizado ativo

Estas questões foram desenvolvidas para ser resolvidas por grupos de alunos em sala de aula. Normalmente, elas funcionam bem para introduzir um tópico específico em sala.

1. Saber o número de prótons do átomo de um elemento neutro possibilita que você determine qual das seguintes opções?
   a. O número de nêutrons no átomo do elemento neutro.
   b. O número de elétrons no átomo do elemento neutro.
   c. O nome do elemento.
   d. Duas das anteriores.
   e. Nenhuma das anteriores.

   Explique.

2. A massa média de um átomo de carbono é 12,011. Supondo que você pudesse pegar um átomo de carbono, qual seria a chance de pegar um aleatoriamente com uma massa de 12,011?
   a. 0%   d. 12,011%
   b. 0,011%   e. maior que 50%
   c. cerca 12%   f. nenhuma das anteriores

   Explique.

3. Como um íon é formado?
   a. Adicionando ou subtraindo prótons do átomo.
   b. Adicionando ou subtraindo nêutrons do átomo.
   c. Adicionando ou subtraindo elétrons do átomo.
   d. Todas as anteriores.
   e. Duas das opções anteriores.

   Explique.

4. A fórmula da água, H_2O, sugere qual das seguintes opções?
   a. Há duas vezes mais massa de hidrogênio que oxigênio em cada molécula.
   b. Há dois átomos de hidrogênio e um átomo de oxigênio por molécula de água.
   c. Há duas vezes mais massa de oxigênio que hidrogênio em cada molécula.
   d. Há dois átomos de oxigênio e um átomo de hidrogênio por molécula de água.
   e. Duas das anteriores.

   Explique.

5. A vitamina niacina (ácido nicotínico, $C_6H_5NO_2$) pode ser isolada de uma variedade de fontes naturais, como fígado, fermento, leite e grãos integrais. Ela também pode ser sintetizada a partir de materiais comercialmente disponíveis. Qual fonte do ácido nicotínico, de um ponto de vista nutricional, é melhor para uso em um comprimido multivitamínico? Por quê?

6. Uma das melhores indicações de que uma teoria é útil é que ela levanta mais questões para uma experimentação futura do que são originalmente respondidas. Como isso se aplica à teoria atômica de Dalton? Dê exemplos.

7. Dalton supôs que todos os átomos do mesmo elemento seriam idênticos em todas suas propriedades. Explique por que essa suposição não é válida.

8. Como a teoria atômica de Dalton é responsável pela lei da composição constante?

9. Qual das seguintes opções é verdadeira a respeito do estado de um átomo individual?
   a. Um átomo individual deve ser considerado como um sólido.
   b. Um átomo individual deve ser considerado como um líquido.
   c. Um átomo individual deve ser considerado como um gás.
   d. O estado do átomo depende de a qual elemento ele pertence.
   e. Um átomo individual não pode ser considerado como um sólido, líquido ou gás.

   Para as opções que você não escolheu, explique por que achou que elas estavam erradas e justifique a sua escolha.

10. Estas questões dizem respeito ao trabalho de J. J. Thomson:
    a. De acordo com o trabalho de Thomson, quais partículas você acha que ele consideraria as mais importantes na formação dos compostos (mudanças químicas) e por quê?
    b. Das duas partículas subatômicas remanescentes, qual você colocaria em segundo lugar de importância para formar os compostos e por quê?
    c. Produza os três modelos que expliquem as descobertas de Thomson e os avalie. Para completar, inclua as descobertas de Thomson.

11. O calor é aplicado a um cubo de gelo até que haja somente vapor. Desenhe um esboço desse processo, supondo que você possa vê-lo em um nível extremamente alto de ampliação. O que acontece com o tamanho das moléculas? O que acontece com a massa total da amostra?

12. O que torna um átomo de carbono diferente de um átomo de nitrogênio? Como eles são?

13. Centenas de anos atrás, os alquimistas tentaram transformar chumbo em ouro. Isso é possível? Se não, por quê? Se sim, como você faria?

14. O cloro tem dois isótopos proeminentes, ^{37}Cl e ^{35}Cl. Qual é o mais abundante? Como você sabe?

15. Diferencie um elemento atômico de um elemento molecular. Forneça um exemplo e um desenho microscópico de cada.

16. A ciência muitas vezes é desenvolvida usando, expandindo, refinando e, talvez, alterando teorias conhecidas. Como discutimos na Seção 4-5, Rutherford usou as ideias de Thomson quando pensou sobre seu modelo de átomo. E se Rutherford não tivesse conhecido o trabalho de Thomson? Como o modelo do átomo de Rutherford poderia ter sido diferente?

17. Rutherford ficou surpreso quando algumas das partículas α ricochetearam, pois ele estava pensando no modelo do átomo de Thomson. E se Rutherford tivesse acreditado que os átomos eram como Dalton havia imaginado? O que você acha que Rutherford teria esperado e o que o teria surpreendido?

18. Uma boa prática é ler ativamente este livro e tentar verificar, sempre que puder, as afirmações que são feitas. A afirmação a seguir é feita em seu livro didático: "... se o núcleo tivesse o tamanho de uma uva, os elétrons estariam em média a cerca de uma milha de distância".

    Forneça a sustentação matemática para essa afirmação.

19. Por que o termo "molécula do cloreto de sódio" está incorreto, mas o termo "molécula de dióxido de carbono" está correto?

20. Tanto os elementos atômicos quanto os moleculares existem. Há entidades como compostos atômicos e compostos moleculares? Se sim, dê um exemplo e faça um desenho microscópico. Se não, explique por quê.

21. Agora que você já passou pelo Capítulo 4, volte para a Seção 4-3 e revise a teoria atômica de Dalton. Quais das premissas não são mais aceitas? Explique sua resposta.

22. Escreva a fórmula para cada uma das seguintes substâncias, listando os elementos na ordem fornecida.
    a.

    Liste o átomo do fósforo primeiro.
    b. uma molécula que contém dois átomos de boro e seis átomos de hidrogênio
    c. um composto que contém um átomo de cálcio para cada dois átomos de cloro
    d.

    Liste o átomo do carbono primeiro.

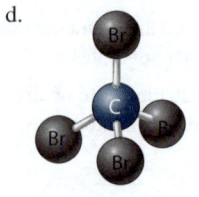

e. um composto que contém dois átomos de ferro para cada três átomos de oxigênio
f. uma molécula que contém três átomos de hidrogênio, um átomo de fósforo e quatro átomos de oxigênio

23. Use as imagens a seguir para identificar o elemento ou o íon. Escreva o símbolo para cada um utilizando o formato ^A_ZX.

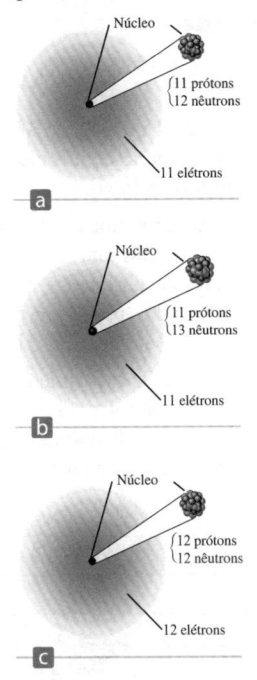

a. Núcleo — 11 prótons, 12 nêutrons — 11 elétrons

b. Núcleo — 11 prótons, 13 nêutrons — 11 elétrons

c. Núcleo — 12 prótons, 12 nêutrons — 12 elétrons

Perguntas e problemas

4-1 Os elementos

Perguntas

1. Quais eram as quatro substâncias fundamentais postuladas pelos gregos?
2. _____ foi o primeiro cientista a reconhecer a importância de medidas cuidadosas.
3. Além de seu importante trabalho sobre as propriedades dos gases, quais outras contribuições valiosas Robert Boyle fez para o desenvolvimento do estudo da química?
4. Quais são os três elementos mais abundantes (em massa) no corpo humano?
5. Quais são os cinco elementos mais abundantes (em massa) na crosta terrestre, nos oceanos e na atmosfera?
6. Leia a seção "Química em foco – *Oligoelementos: pequenos, porém cruciais*" e responda às questões a seguir.
   a. O que o termo *oligoelemento* quer dizer?
   b. Nomeie dois oligoelementos essenciais no corpo e liste suas funções.

4-2 Símbolos para os elementos

Observação: consulte a Fig. 4.9 quando necessário.

Perguntas

7. Forneça os símbolos e os nomes dos elementos cujos símbolos químicos consistem em apenas uma letra.
8. Os símbolos da maioria dos elementos são fundamentados nas primeiras letras do nome comum em inglês do respectivo elemento. Em alguns casos, no entanto, o símbolo parece não ter nada a ver com o nome comum do elemento. Forneça três exemplos de elementos cujos símbolos não são diretamente derivados do seu nome comum em inglês.

9. Encontre o símbolo na Coluna 2 para cada nome na Coluna 1.

Coluna 1	Coluna 2
a. hélio	1. Si
b. sódio	2. So
c. prata	3. S
d. enxofre	4. He
e. bromo	5. C
f. potássio	6. Co
g. neônio	7. Ba
h. bário	8. Br
i. cobalto	9. K
j. carbono	10. Po
	11. Na
	12. Ag
	13. Ne
	14. Ca

10. Diversos elementos têm símbolos químicos que iniciam com a letra C. Para cada um dos símbolos químicos a seguir, forneça o nome do elemento correspondente:
    a. Cu   e. Cr
    b. Co   f. Cs
    c. Ca   g. Cl
    d. C   h. Cd

11. Use a tabela periódica mostrada na Fig. 4.9 para encontrar o símbolo ou o nome de cada um dos elementos a seguir:

Símbolo	Nome
Co	_____
_____	rubídio
Rn	_____
_____	rádio
U	_____

12. Use a tabela periódica mostrada na Fig 4.9 para encontrar o símbolo ou o nome de cada um dos elementos a seguir:

Símbolo	Nome
Si	_____
_____	níquel
Ag	_____
_____	potássio
Ca	_____

13. Para cada um dos símbolos químicos a seguir, forneça o nome do elemento correspondente:
    a. K   e. N
    b. Ge   f. Na
    c. P   g. Ne
    d. C   h. I

14. Diversos elementos químicos têm nomes que iniciam com as letras B, N, P ou S. Para cada letra, liste os *nomes* de dois elementos que comecem com essas letras e forneça os símbolos dos elementos que você escolher (os símbolos não precisam necessariamente começar com a mesma letra).

4-3 Teoria atômica de Dalton

Perguntas

15. Um composto contém sempre as mesmas proporções (em massa) dos elementos. Esse princípio tornou-se conhecido como _____.

16. Corrija cada uma das afirmações errôneas da teoria atômica de Dalton a seguir:
    a. Os elementos são feitos de pequenas partículas chamadas moléculas.
    b. Todos os átomos de um determinado elemento são muito semelhantes.
    c. Os átomos de um determinado elemento podem ser os mesmos que os de outro elemento.
    d. Um determinado composto pode variar no número relativo e nos tipos de átomos dependendo da fonte do composto.
    e. Uma reação química pode envolver a obtenção ou a perda de átomos quando ela ocorre.

4-4 Fórmulas de compostos

Perguntas

17. O que é um composto?
18. Um determinado composto contém sempre as mesmas massas relativas de seus elementos constituintes. Como isso está relacionado aos números relativos de cada tipo de átomo presente?
19. Com base nas descrições a seguir, escreva a fórmula para cada uma das substâncias indicadas:
    a. Um composto cujas moléculas contêm seis átomos de carbono e seis átomos de hidrogênio.
    b. Um composto de alumínio em que há três átomos de cloro para cada átomo de alumínio.
    c. Um composto em que há dois átomos de sódio para cada átomo de enxofre.
    d. Um composto cujas moléculas contêm dois átomos de nitrogênio e quatro átomos de oxigênio cada.
    e. Um composto em que há um um número igual de átomos de sódio, hidrogênio e carbono, porém há três vezes mais átomos de oxigênio do que átomos dos outros três elementos.
    f. Um composto que possui números iguais de átomos de potássio e iodo.
20. Com base nas descrições a seguir, escreva a fórmula para cada uma das substâncias indicadas:
    a. Um composto cujas moléculas contêm duas vezes mais oxigênio que átomos de carbono.
    b. Um composto cujas moléculas contêm um número igual de átomos de carbono e de oxigênio.
    c. Um composto no qual há um um número igual de átomos de cálcio e carbono, porém há três vezes mais átomos de oxigênio do que átomos dos outros dois elementos.
    d. Um composto cujas moléculas contêm duas vezes mais átomos de hidrogênio do que átomos de enxofre e quatro vezes mais átomos de oxigênio do que átomos de enxofre.
    e. Um composto em que há duas vezes mais átomos de cloro do que átomos de bário.
    f. Um composto de alumínio em que há três átomos de enxofre para cada dois átomos de alumínio.

4-5 A estrutura do átomo

Perguntas

21. Os cientistas J. J. Thomson e William Thomson (Lord Kelvin) fizeram inúmeras contribuições para nosso entendimento da estrutura do átomo.
    a. Qual partícula subatômica J. J. Thomson descobriu e o que isso o levou a postular sobre a natureza do átomo?
    b. William Thomson postulou o que se tornou conhecido como o modelo do "pudim de passas" da estrutura do átomo. O que esse modelo sugeria?
22. Verdadeiro ou falso? Os experimentos do bombardeamento de Rutherford com a folha de metal sugeriram que as partículas α estavam sendo desviadas ao se aproximarem de um núcleo atômico grande e com carga positiva.

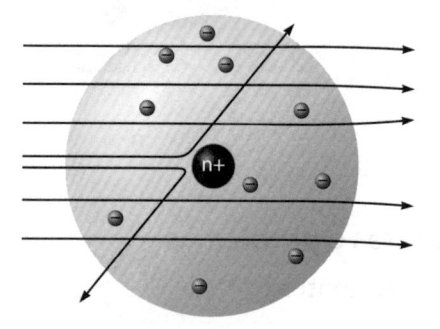

4-6 Introdução ao conceito moderno de estrutura atômica

Perguntas

23. Onde são encontrados os nêutrons em um átomo? Os nêutrons possuem carga positiva, negativa ou são eletricamente desprovidos de carga?
24. Como se chamam as partículas com carga positiva encontradas nos núcleos dos átomos?
25. O próton e o nêutron possuem exatamente a mesma massa? Como as massas do próton e do nêutron se comparam à massa do elétron? Quais partículas contribuem mais para a massa de um átomo? Quais partículas contribuem mais para as propriedades químicas de um átomo?
26. O próton e o (elétron/nêutron) têm massas quase iguais. O próton e o (elétron/nêutron) têm cargas que são iguais em grandeza, mas opostas em natureza.
27. Um núcleo atômico tem um diâmetro médio de cerca de _____ m.
28. Apesar de o núcleo de um átomo ser bastante importante, é o(a) _____ do átomo que determina suas propriedades químicas.

4-7 Isótopos

Perguntas

29. Explique o que queremos dizer quando afirmamos que um determinado elemento consiste de diversos *isótopos*.
30. Verdadeiro ou falso? O número de massa de um núcleo representa o número de prótons no núcleo.
31. Para um átomo isolado, por que esperamos que o número de elétrons presente no átomo seja o *mesmo* que o número de prótons em seu núcleo?
32. Por que não esperamos necessariamente que o número de nêutrons no núcleo de um átomo seja o mesmo que o número de prótons?
33. A teoria atômica original de Dalton propõe que todos os átomos de um determinado elemento são *idênticos*. Isso foi confirmado após o experimento realizado posteriormente? Explique.
34. Todos os átomos de um determinado elemento são idênticos? Se não, como eles podem ser diferenciados?
35. Para cada um dos elementos a seguir, use a tabela periódica mostrada na Fig. 4.9 para escrever o número atômico, o símbolo ou o nome do elemento.

Número atômico	Símbolo	Nome
8	___	___
___	Cu	___
78	___	___
___	___	fósforo
17	___	___
___	Sn	___
___	___	zinco

36. Para cada um dos elementos a seguir, use a tabela periódica mostrada na Fig. 4.9 para escrever o número atômico, o símbolo ou o nome do elemento.

Número atômico	Símbolo	Nome
32	Ge	___
___	Zn	zinco
24	___	cromo
74	___	tungstênio
___	Sr	estrôncio
___	Co	cobalto
4	___	berílio

37. Escreva o símbolo atômico ($^A_Z X$) para cada um dos isótopos descritos abaixo:
    a. isótopo de carbono com 7 nêutrons
    b. isótopo de carbono com 6 nêutrons
    c. $Z = 6$, número de nêutrons = 8
    d. número atômico 5, número de massa 11
    e. número de prótons = 5, número de nêutrons = 5
    f. o isótopo do boro com número de massa 10

38. Escreva o símbolo atômico ($^A_Z X$) para cada um dos isótopos descritos abaixo:
    a. $Z = 26, A = 54$
    b. isótopo de ferro com 30 nêutrons
    c. número de prótons-26, número de nêutrons-31
    d. isótopo de nitrogênio com 7 nêutrons
    e. $Z = 7, A = 15$
    f. número atômico 7, número de nêutrons-8

39. Quantos prótons e nêutrons estão contidos no núcleo de cada um dos átomos a seguir? Supondo que cada átomo seja desprovido de carga, quantos elétrons estão presentes?
    a. $^{130}_{56}Ba$ c. $^{46}_{22}Ti$ e. $^{6}_{3}Li$
    b. $^{136}_{56}Ba$ d. $^{48}_{22}Ti$ f. $^{7}_{3}Li$

40. Leia a seção "Química em foco – *Mostre-me teu cabelo e te direi de onde és*"; como os isótopos podem ser usados para identificar a região geral do local de residência de uma pessoa?

41. Leia a seção "Química em foco – *Contos do isótopo*", defina o termo *isótopo* e explique por que eles podem ser usados para responder a perguntas científicas e históricas.

42. Complete a tabela a seguir.

Nome	Símbolo	Número atômico	Número de massa	Número de nêutrons
___	$^{17}_{8}O$	___	___	___
___	___	8	___	9
___	___	10	20	___
ferro	___	___	56	___
___	$^{244}_{94}Pu$	___	___	___
___	$^{202}_{80}Hg$	___	___	___
cobalto	___	___	59	___
___	___	28	56	___
___	$^{19}_{9}F$	___	___	___
cromo	___	___	___	26

4-8 Introdução à tabela periódica

Perguntas

43. Verdadeiro ou falso? Os elementos estão dispostos na tabela periódica em ordem crescente de massa.
44. Em qual direção na tabela periódica, horizontal ou vertical, estão alinhados os elementos com propriedades químicas semelhantes? Como são chamadas as famílias de elementos com propriedades químicas semelhantes?
45. Liste as propriedades físicas características que distinguem os elementos metálicos dos elementos ametálicos.
46. Verdadeiro ou falso? Tanto o nitrogênio quanto o fósforo são ametais.
47. A maioria, mas não todos, dos elementos metálicos é sólida sob condições laboratoriais comuns. Quais elementos metálicos *não* são sólidos?
48. Liste cinco elementos não metálicos que existem como substâncias gasosas sob condições comuns. Algum elemento metálico costumeiramente existe como gás?
49. Sob condições comuns, somente alguns elementos puros existem como líquidos. Dê um exemplo de um elemento

metálico e um não metálico que costumeiramente existe como líquido.

50. Os elementos que estão próximos à linha em forma de "degraus", como mostrado abaixo em azul, são chamados de _____.

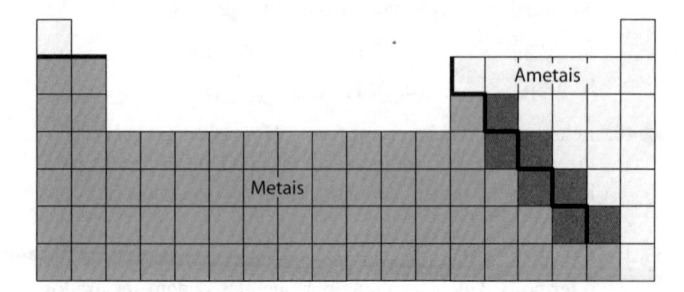

51. Escreva o número e o nome (se houver) do grupo (família) a qual cada um dos elementos a seguir pertence:
    a. césio
    b. Ra
    c. Rn
    d. cloro
    e. estrôncio
    f. Xe
    g. Rb

52. Sem olhar em seu livro ou tabela periódica, nomeie três elementos em cada um dos grupos (famílias) a seguir:
    a. halogênios
    b. metais alcalinos
    c. metais alcalinos terrosos
    d. gases nobres

53. Para cada um dos elementos a seguir, utilize a tabela periódica mostrada na Fig. 4.9 para fornecer o símbolo químico, o número atômico e o número do grupo e para especificar se cada elemento é um metal, ametal ou metaloide:
    a. estrôncio
    b. iodo
    c. silício
    d. césio
    e. enxofre

54. O segmento "Química em foco – *Interrompendo a ação do arsênio*" discute os perigos do arsênio e uma possível ajuda contra a poluição causada por ele. O arsênio é um metal, um ametal ou um metaloide? Quais outros elementos estão no mesmo grupo da tabela periódica que o arsênio?

4-9 Estados naturais dos elementos

Perguntas

55. A maioria das substâncias é composta por _____ em vez de substâncias elementares.

56. A maioria dos elementos químicos é encontrada nos compostos na natureza na forma elementar ou combinada? Por quê?

57. Os gases nobres presentes em concentrações relativamente grandes na atmosfera são _____.

58. Por que os elementos do Grupo 8 são conhecidos como gáses nobres?

59. Diz-se que as moléculas do gás nitrogênio e do gás oxigênio são _____, o que significa que elas consistem em pares de átomos.

60. Dê três exemplos de elementos gasosos que existem como moléculas diatômicas. Dê três exemplos de elementos gasosos que existem como espécies monoatômicas.

61. Uma maneira simples de gerar gás hidrogênio elementar é passar _____ pela água.

62. Se o cloreto de sódio (sal de cozinha) for fundido e, então, submetido a uma corrente elétrica, o gás _____ elementar é produzido, junto com o sódio metálico.

63. A maioria dos elementos é sólida na temperatura ambiente. Forneça três exemplos de elementos que são *líquidos* na temperatura ambiente e três exemplos de elementos que são *gases* na temperatura ambiente.

64. O grafite e o diamante são duas das formas elementares mais comuns do _____.

4-10 Íons

Perguntas

65. Um átomo isolado possui uma carga líquida de _____.

66. Os íons são produzidos quando um átomo ganha ou perde _____.

67. Um íon simples com uma carga 3+ (por exemplo, Al^{3+}) resulta quando um átomo (ganha/perde) _____ elétrons.

68. Um íon que possui dois elétrons a mais que prótons fora do núcleo terá uma carga de _____.

69. Os íons positivos são chamados de _____, enquanto os íons negativos são chamados de _____.

70. Os íons negativos simples formados a partir de um único átomo recebem nomes que terminam em _____.

71. Com base em sua localização na tabela periódica, forneça os símbolos de três elementos dos quais se esperariam formar íons positivos em suas reações.

72. Verdadeiro ou falso? N^{3-} e P^{3-} contêm um número diferente de prótons, mas o mesmo número de elétrons. Justifique sua resposta.

73. Quantos elétrons estão presentes em cada um dos íons a seguir?
    a. Ba^{2+}
    b. P^{3-}
    c. Mn^{2+}
    d. Mg^{2+}
    e. Cs^+
    f. Pb^{2+}

74. Forneça o número de prótons, elétrons e nêutrons do $^{56}_{26}Fe^{3+}$.

75. Para os processos a seguir, que mostram a formação de íons, use a tabela periódica para indicar o número de elétrons e prótons presentes tanto no íon quanto no átomo neutro do qual o íon se origina:
    a. $Ca \rightarrow Ca^{2+} + 2e^-$
    b. $P + 3e^- \rightarrow P^{3-}$
    c. $Br + e^- \rightarrow Br^-$
    d. $Fe \rightarrow Fe^{3+} + 3e^-$
    e. $Al \rightarrow Al^{3+} + 3e^-$
    f. $N + 3e^- \rightarrow N^{3-}$

76. Para os íons a seguir, indique se o átomo de origem deve *ganhar* ou *perder* elétrons e *quantos* elétrons devem ser ganhos ou perdidos:
    a. O^{2-}
    b. P^{3-}
    c. Cr^{3+}
    d. Sn^{2+}
    e. Rb^+
    f. Pb^{2+}

77. Para cada um dos números atômicos a seguir, use a tabela periódica para escrever a fórmula (incluindo a carga) para o *íon* simples que o elemento é mais passível de formar.
    a. 53
    b. 38
    c. 55
    d. 88
    e. 9
    f. 13

78. Com base na localização do elemento na tabela periódica, indique qual íon simples cada um dos elementos a seguir irá mais provavelmente formar

   a. P   c. At   e. Cs
   b. Ra   d. Rn   f. Se

4-11 Compostos que contêm íons

Perguntas

79. Liste algumas das propriedades de uma substância que levariam você a acreditar que ela contém íons. Como essas propriedades diferem daquelas de compostos não iônicos?

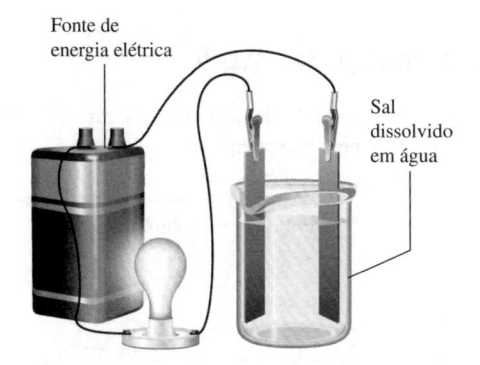

80. Por que uma solução de cloreto de sódio na água conduz corrente elétrica?

81. Por que um composto iônico conduz corrente elétrica quando fundido, mas não quando ele está no estado sólido?

82. Por que o número total de cargas positivas em um composto iônico é igual ao número total de cargas negativas?

83. Para cada um dos íons positivos a seguir, use o conceito de que um composto químico deve ter uma carga líquida igual a zero para prever a fórmula dos compostos simples que os íons positivos formariam com os íons Cl^-, S^{2-} e N^{3-}.

   a. K^+ c. Al^{3+} e. Li^+
   b. Mg^{2+} d. Ca^{2+}

84. Para cada um dos íons negativos a seguir, use o conceito de que um composto químico deve ter uma carga líquida zero para prever a fórmula dos compostos simples que os íons negativos formariam com os íons Cs^+, Ba^{2+} e Al^{3+}.

   a. I^- c. P^{3-} e. H^-
   b. O^{2-} d. Se^{2-}

Problemas adicionais

85. Para cada um dos elementos a seguir, forneça o símbolo químico e o número atômico:

   a. astato   e. chumbo
   b. xenônio   f. selênio
   c. rádio   g. argônio
   d. estrôncio   h. césio

86. Dê o número do grupo (se houver) na tabela periódica para os elementos listados no Problema 85. Se o grupo tiver um nome de família, apresente-o.

87. Liste os nomes, símbolos e números atômicos dos primeiros quatro elementos dos Grupos 1, 2, 6 e 7.

88. O que é verdadeiro a respeito do número de nêutrons em um átomo?

   a. Identifica o elemento.
   b. Fornece o número de prótons em um átomo neutro.
   c. Fornece o número de elétrons em um átomo neutro.
   d. Contribui com o número de massa.

89. Qual é a diferença entre o número atômico e o número de massa de um elemento? Os átomos de dois elementos diferentes têm o mesmo número atômico? Eles podem ter o mesmo número de massa? Por que ou por que não?

90. Quais partículas subatômicas contribuem mais com a massa do átomo? Quais determinam as propriedades químicas do átomo?

91. É possível que os mesmos dois elementos formem mais de um composto? Isso é condizente com a teoria atômica de Dalton? Dê um exemplo.

92. Originalmente, pensava-se que os carboidratos, uma classe de compostos que contêm os elementos carbono, hidrogênio e oxigênio, contivessem uma molécula de água (H_2O) para cada átomo de carbono presente. A glicose do carboidrato contém seis átomos de carbono. Escreva uma fórmula geral que mostre os números relativos de cada tipo de átomo presente na glicose.

93. Quando o ferro enferruja no ar úmido, o produto normalmente é uma mistura de dois compostos de ferro com oxigênio. Em um composto, há um número igual de átomos de ferro e oxigênio. No outro composto, há três átomos de oxigênio para cada dois átomos de ferro. Escreva as fórmulas para os dois óxidos de ferro.

94. Quantos prótons e nêutrons estão contidos no núcleo de cada um dos átomos a seguir? Para um átomo do elemento, quantos elétrons estão presentes?

   a. $^{63}_{29}Cu$ b. $^{80}_{35}Br$ c. $^{24}_{12}Mg$

95. Embora o isótopo de alumínio comum tenha um número de massa de 27, os isótopos de alumínio foram isolados (ou preparados em reatores nucleares) com números de massa de 24, 25, 26, 28, 29 e 30. Quantos nêutrons estão presentes em cada um desses isótopos? Por que eles são considerados átomos de alumínio, mesmo que sejam bem diferentes em massa? Escreva o símbolo atômico para cada isótopo.

96. A principal meta dos alquimistas era converter metais mais baratos e mais comuns em ouro. Considerando que o ouro não tinha nenhum uso particular (era muito mais para ser usado em armas, por exemplo), por que você acha que as civilizações colocaram tanta ênfase no valor do ouro?

97. Como Robert Boyle definiu um elemento?

98. Qual é o símbolo para um íon com uma carga 1–, 36 elétrons e 46 nêutrons?

99. Forneça o símbolo químico de cada um dos elementos a seguir:

   a. bário   d. chumbo
   b. potássio   e. platina
   c. césio   f. ouro

100. O que é verdadeiro a respeito do íon $^{133}Cs^+$?

   a. O número de nêutrons é 78.
   b. O íon contém mais prótons que elétrons.
   c. O número de massa é 133.
   d. O íon é um metal alcalino.

101. Dê o símbolo químico para cada um dos elementos a seguir.
   a. prata
   b. alumínio
   c. cádmio
   d. antimônio
   e. estanho
   f. arsênio

102. Um íon metálico com uma carga 2+ contém 34 nêutrons e 27 elétrons. Identifique o íon metálico e determine seu número de massa.

103. Para cada um dos símbolos químicos a seguir, forneça o nome correspondente ao elemento:
   a. Te
   b. Pd
   c. Zn
   d. Si
   e. Cs
   f. Bi
   g. F
   h. Ti

104. Escreva a fórmula mais simples para cada uma das seguintes substâncias, listando os elementos na ordem fornecida.
   a. Uma molécula que contém um átomo de carbono e dois átomos de oxigênio.
   b. Um composto que contém um átomo de alumínio para cada três átomos de cloro.
   c. Ácido perclórico, que contém um átomo de hidrogênio, um átomo de cloro e quatro átomos de oxigênio.
   d. Uma molécula contém um átomo de enxofre e seis átomos de cloro.

105. Para cada um dos símbolos atômicos a seguir, escreva o nome e o símbolo químico do elemento correspondente. (Consulte a Fig. 4.9.)
   a. 7
   b. 10
   c. 11
   d. 28
   e. 22
   f. 18
   g. 36
   h. 54

106. Escreva o símbolo atômico ($^A_Z X$) para cada um dos isótopos descritos abaixo:
   a. $Z = 6$, número de nêutrons = 7
   b. o isótopo do boro com número de massa 13
   c. $Z = 6, A = 13$
   d. $Z = 19, A = 44$
   e. isótopo do cálcio com um número de massa 41
   f. isótopo com 19 prótons e 16 nêutrons

107. Quantos prótons e nêutrons estão contidos no núcleo de cada um dos átomos a seguir? Em um átomo de cada elemento, quantos elétrons estão presentes?
   a. $^{41}_{22}Ti$
   b. $^{64}_{30}Zn$
   c. $^{76}_{32}Ge$
   d. $^{86}_{36}Kr$
   e. $^{75}_{33}As$
   f. $^{41}_{19}K$

108. Complete a tabela a seguir.

Símbolo	Prótons	Nêutrons	Número de massa
$^{41}_{20}Ca$			
	25	30	
		47	109
$^{45}_{21}Sc$			

109. Para cada um dos elementos a seguir, utilize a tabela periódica da Fig. 4.9 para fornecer o símbolo químico e o número atômico e para especificar se cada elemento é um metal ou ametal. Também indique a família à qual o elemento pertence (se houver):
   a. carbono
   b. selênio
   c. radônio
   d. berílio

110. Leia a seção "Química em foco – *Um nanocarro com tração nas quatro rodas*", que discute sobre átomos de carbono e de cobre. Ambos têm isótopos estáveis. O Exemplo 4.2 fez você considerar os isótopos do carbono. O cobre existe como cobre-63 e cobre-65. Determine o número de cada um dos três tipos de partículas subatômicas em cada um dos átomos de cobre e escreva seus símbolos.

Problemas para estudo

111. Forneça o nome do elemento que corresponde aos símbolos dados na tabela a seguir:

Símbolo	Nome do elemento
Au	
Kr	
He	
C	
Li	
Si	

112. Forneça os símbolos dos elementos da tabela a seguir:

Nome do elemento	Símbolo
estanho	
berílio	
hidrogênio	
cloro	
rádio	
xenônio	
zinco	
oxigênio	

113. Complete a tabela a seguir:

Número de prótons	Número de nêutrons	Símbolo
34	45	
19	20	
53	74	
4	5	
24	32	

114. Complete a tabela a seguir para prever se o determinado átomo ganhará ou perderá elétrons na formação de um íon.

Átomo	Ganha (G) ou perde (P) elétrons	Íon formado
O	_____	_____
Mg	_____	_____
Rb	_____	_____
Br	_____	_____
Cl	_____	_____

115. Utilizando a tabela periódica, complete a tabela a seguir:

Átomos	Número de prótons	Número de nêutrons
$^{55}_{25}Mn$	_____	_____
$^{18}_{8}O$	_____	_____
$^{59}_{28}Ni$	_____	_____
$^{238}_{92}U$	_____	_____
$^{201}_{80}Hg$	_____	_____

116. Complete a tabela a seguir:

Átomo/Íon	Prótons	Nêutrons	Elétrons
$^{120}_{50}Sn$	_____	_____	_____
$^{25}_{12}Mg^{2+}$	_____	_____	_____
$^{56}_{26}Fe^{2+}$	_____	_____	_____
$^{79}_{34}Se$	_____	_____	_____
$^{35}_{17}Cl$	_____	_____	_____
$^{63}_{29}Cu$	_____	_____	_____

117. O que é verdadeiro?
 a. $^{40}Ca^{2+}$ contém 20 prótons e 18 elétrons.
 b. Rutherford criou o tubo de raios catódicos e foi o descobridor da razão carga/massa de um elétron.
 c. Um elétron é mais pesado que um próton.
 d. O núcleo contém prótons, nêutrons e elétrons.

5 Nomenclatura

CAPÍTULO 5

5-1 Nomeando compostos

5-2 Nomeando compostos binários que contêm um metal e um ametal (Tipos I e II)

5-3 Nomeando compostos binários que contêm apenas ametais (Tipos III)

5-4 Nomeando compostos binários: revisão

5-5 Nomeando compostos que contêm íons poliatômicos

5-6 Nomeando ácidos

5-7 Escrevendo fórmulas com base nos nomes

Nuvens sobre torres de tufa em Mono Lake, Califórnia. Disponibilizado por jp2pix.com/Getty Images

Quando a química era uma ciência nova, não havia sistema para nomear os compostos. Nomes como açúcar de chumbo, vitríolo azul, cal, sais de Epsom, leite de magnésia, gesso e gás hilariante foram cunhados pelos primeiros químicos. Esses nomes são chamados de **nomes comuns**. À medida que nosso conhecimento de química aumentou, tornou-se claro que não era prático usar nomes comuns, pois, atualmente, são conhecidos mais de quatro milhões de compostos químicos. Memorizá-los seria impossível.

A solução, certamente, é um *sistema* para nomear compostos em que o nome diz algo sobre a sua composição. Após aprender o sistema, você estará apto a nomear um composto com base em sua fórmula. E, por outro lado, você estará apto a construir a fórmula de um composto quando tiver seu nome. Nas próximas sessões, iremos especificar as regras mais importantes para nomear compostos, exceto os compostos orgânicos (que têm como base as cadeias de átomos de carbono).

Artista usando gesso de Paris, um gesso calcinado. Bob Daemmrich/The Image Works

5-1 Nomeando compostos

OBJETIVO Aprender duas grandes classes de compostos binários.

Começaremos discutindo o sistema para nomear **compostos binários** — compostos que contam com dois elementos. Podemos dividir os compostos binários em duas grandes classes:

1. Compostos que contêm um metal e um ametal
2. Compostos que contêm dois ametais

Descreveremos como nomear os compostos de cada uma dessas classes nas próximas seções. Posteriormente, nas seções seguintes, descreveremos os sistemas utilizados para nomear compostos mais complexos.

5-2 Nomeando compostos binários que contêm um metal e um ametal (Tipos I e II)

OBJETIVO Aprender a nomear compostos binários de um metal e um ametal.

Como vimos na Seção 4-11, quando um metal como o sódio combina com um ametal como o cloro, o composto resultante contém íons. O metal perde um ou mais elétrons para se tornar um cátion, e o ametal ganha um ou mais elétrons para formar um ânion. A substância resultante é chamada de um **composto iônico binário**. Compostos iônicos binários contêm um íon positivo (cátion), que sempre é escrito primeiro na fórmula, e um íon negativo (ânion). *Para nomear esses compostos, nós simplesmente nomeamos os íons*.

Nesta seção, vamos considerar os compostos iônicos binários de dois tipos, com base nos cátions que eles contêm. Determinados átomos de metal formam apenas um cátion. Por exemplo, o átomo Na sempre

QUÍMICA EM FOCO

Açúcar de chumbo

Na sociedade da Roma antiga, era comum ferver o vinho em um recipiente revestido de chumbo, fazendo que boa parte da água produzisse um xarope bem doce e viscoso chamado de sapa. Esse xarope era bastante usado como adoçante para muitos tipos de alimentos e bebidas.

Agora percebemos que um grande componente desse xarope era acetato de chumbo, $Pb(C_2H_3O_2)_2$. Esse composto tinha um gosto bem doce — daí seu nome original, açúcar de chumbo.

Muitos historiadores acreditam que a queda do Império Romano se deu, pelo menos em parte, em função do envenenamento por chumbo, que provoca letargia e disfunções mentais. Uma grande fonte desse chumbo era o xarope sapa. Além disso, o sistema de canalização altamente avançado dos romanos empregava canos de água plúmbeos, o que possibilitava que o chumbo fosse filtrado para a água que eles bebiam.

Infelizmente, essa história é mais relevante para a sociedade moderna do que você possa imaginar. A solda à base de chumbo foi amplamente usada por muitos anos para conectar os canos de cobre nos sistemas hidráulicos de casas e edifícios comerciais. Há evidências de que quantidades perigosas de chumbo podiam vazar dessas juntas soldadas para a água potável. Na verdade, grandes quantidades de chumbo foram encontradas na água que alguns bebedouros e refrigeradores de água distribuem. Em resposta a esses problemas, o Congresso dos EUA aprovou uma lei que proíbe o chumbo da solda utilizada nos sistemas de canalização de água potável.

Pintura antiga mostrando romanos bebendo vinho.

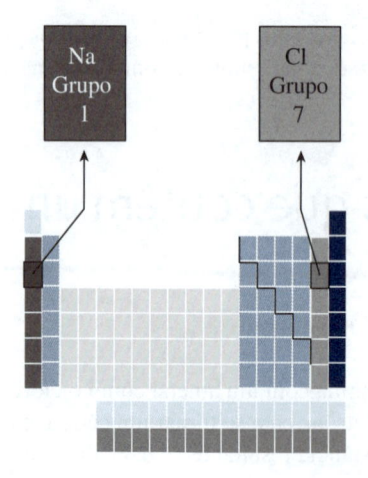

forma Na^+, *nunca* Na^{2+} nem Na^{3+}. Assim como Cs sempre forma Cs^+, Ca sempre forma Ca^{2+} e Al sempre forma Al^{3+}. Sempre chamaremos os compostos que contêm esse tipo de átomo metálico de compostos binários Tipo I e os cátions que eles contêm de cátions Tipo I. Os exemplos de cátions Tipo I são Na^+, Ca^{2+}, Cs^+ e Al^{3+}.

Outros átomos metálicos podem formar dois ou mais cátions. Por exemplo, Cr pode formar Cr^{2+} e Cr^{3+}, e Cu pode formar Cu^+ e Cu^{2+}. Chamaremos esses íons de cátions Tipo II e seus compostos de compostos binários Tipo II.

Resumindo:

Compostos Tipo I: O metal presente forma apenas um tipo de cátion.

Compostos Tipo II: O metal presente pode formar dois (ou mais) cátions que possuem cargas diferentes.

Alguns cátions e ânions comuns e seus nomes estão listados na Tabela 5.1. Você deve memorizá-los, pois eles são uma parte essencial de seu vocabulário de química.

Tabela 5.1 ▸ Cátions e ânions comuns

Cátion	Nome	Ânion	Nome*
H^+	**h**idrogênio	H^-	**h**idreto
Li^+	**lí**tio	F^-	**fluor**eto
Na^+	**sódi**o	Cl^-	**clor**eto
K^+	**potáss**io	Br^-	**brom**eto
Cs^+	**cés**io	I^-	**iod**eto
Be^{2+}	**berí**lio	O^{2-}	**óx**ido
Mg^{2+}	**magnés**io	S^{2-}	**sulf**eto
Ca^{2+}	**cálc**io		
Ba^{2+}	**bár**io		
Al^{3+}	**alumín**io		
Ag^+	**prat**a		
Zn^{2+}	**zinc**o		

* A raiz está em destaque.

Compostos iônicos binários Tipo I

As regras a seguir aplicam-se aos compostos iônicos Tipo I:

Regras para nomear compostos iônicos Tipo I

1. O ânion sempre é nomeado primeiro seguido da preposição "de" e do nome do cátion.
2. Um cátion simples (obtido de um único átomo) recebe seu nome do nome do elemento. Por exemplo, Na^+ é chamado de sódio nos nomes dos compostos que contêm esse íon.
3. Um ânion simples (obtido de um único átomo) é nomeado ao receber a primeira parte do nome do elemento (a raiz) somado a -*eto*. Assim, o íon Cl^- é chamado de cloreto.[1]

---

[1] Os ânions do oxigênio são exceção. O O^{2-} recebe o nome de óxido e o O^{-1} recebe o nome de peróxido. (NRT)

Ilustraremos essas regras nomeando alguns compostos. Por exemplo, o composto NaI é chamado de iodeto de sódio. Contém Na^+ (o cátion sódio, nomeado pelo metal original) e I^- (iodeto: a raiz de *iodo* mais -*eto*). Da mesma forma, o composto CaO é chamado de óxido de cálcio, porque contém Ca^{2+} (o ânion cálcio) e O^{2-} (o ânion óxido).

As regras para nomear os compostos binários também são ilustradas pelos exemplos a seguir:

Composto	Íons presentes	Nome
NaCl	Na^+, Cl^-	cloreto de sódio
KI	K^+, I^-	iodeto de potássio
CaS	Ca^{2+}, S^{2-}	sulfeto de cálcio
CsBr	Cs^+, Br^-	brometo de césio
MgO	Mg^{2+}, O^{2-}	óxido de magnésio

É importante observar que, nas *fórmulas* dos compostos iônicos, os íons simples são representados pelo símbolo do elemento: Cl significa Cl^-, Na significa Na^+, e assim por diante. No entanto, quando íons *individuais* são mostrados, a carga sempre é incluída. Dessa forma, a fórmula do brometo de potássio é escrita como KBr, mas, quando os íons de potássio e brometo são mostrados individualmente, eles são escritos como K⁺ e Br⁻.

Exemplo resolvido 5.1 — Nomeando compostos binários Tipo I

Nomeie cada composto binário.

a. CsF b. $AlCl_3$ c. MgI_2

SOLUÇÃO Nomearemos esses compostos seguindo sistematicamente as regras dadas anteriormente.

a. CsF

Etapa 1 Identifique o cátion e o ânion. Cs está no Grupo 1, então sabemos que ele irá formar o íon 1+ Cs^+. Como F está no Grupo 7, ele irá formar o íon 1− F^-.

Etapa 2 Nomeie o cátion. Cs^+ é simplesmente chamado de césio, o mesmo nome do elemento.

Etapa 3 Nomeie o ânion. F^- é chamado de fluoreto: usamos a raiz do nome do elemento mais -*eto*.

Etapa 4 Nomeie o composto ao combinar os nomes dos íons individuais. O nome para CsF é fluoreto de césio. (Lembre-se de que o nome do ânion sempre é dado primeiro, seguido da preposição "de".)

b.

Composto	Íons presentes	Nomes dos íons	Comentários
$AlCl_3$ (Cátion)	Al^{3+}	alumínio	Al (Grupo 3) sempre forma Al^{3+}.
$AlCl_3$ (Ânion)	Cl^-	cloreto	Cl (Grupo 7) sempre forma Cl^-.

O nome do $AlCl_3$ é cloreto de alumínio.

c.

Composto	Íons presentes	Nomes dos íons	Comentários
MgI_2 (Cátion)	Mg^{2+}	magnésio	Mg (Grupo 2) sempre forma Mg^{2+}
MgI_2 (Ânion)	I^-	iodo	I (Grupo 7) ganha um elétron para formar I^-.

O nome do MgI_2 é iodeto de magnésio.

AUTOVERIFICAÇÃO **Exercício 5.1** Nomeie os compostos a seguir:

a. Rb_2O b. SrI_2 c. K_2S

Consulte os Problemas 5.9 e 5.10. ■

O Exemplo resolvido 5.1 nos lembra de três coisas:

1. Os compostos formados de metais e ametais são iônicos.
2. Em um composto iônico, o ânion sempre é nomeado primeiro, seguido da preposição "de".
3. A carga *líquida* (total) de um composto iônico sempre é zero. Assim, em CsF, um de cada tipo de íon (Cs^+ e F^-) é exigido: (1+) + (1−) = carga 0. No $AlCl_3$, entretanto, três íons Cl^- são necessários para equilibrar a carga de Al^{3+}: (3+) + 3(1−) = carga 0. No MgI_2, dois íons I^- são necessários para cada íon Mg^{2+}: (2+) + 2(1−) = carga 0.

Compostos iônicos binários Tipo II

Até agora consideramos os compostos iônicos binários (Tipo I) que contêm metais que sempre formam o mesmo cátion. Por exemplo, o sódio sempre forma o íon Na^+, o cálcio sempre forma o íon Ca^2 e o alumínio sempre forma o íon Al^{3+}. Como dissemos na seção anterior, podemos prever com certeza que cada metal do Grupo 1 irá formar um cátion 1+ e cada metal do Grupo 2 irá formar um cátion 2+. O alumínio sempre forma Al^{3+}.

No entanto, há muitos metais que podem formar mais de um tipo de cátion. Por exemplo, o chumbo (Pb) pode formar Pb^{2+} ou Pb^{4+} em compostos iônicos. Do mesmo modo, o ferro (Fe) pode produzir Fe^{2+} ou Fe^{3+}, o cromo (Cr) pode produzir Cr^{2+} ou Cr^{3+}, o ouro (Au) pode produzir Au^+ ou Au^{3+}, e assim por diante. Isso significa que se virmos o nome cloreto de ouro, não saberíamos se ele se refere ao composto AuCl (que contém Au^+ e Cl^-) ou ao composto $AuCl_3$ (que contém Au^{3+} e três íons Cl^-). Portanto, precisamos de uma forma para especificar qual cátion está presente em compostos que contêm metais que podem formar mais de um tipo de cátion.

Os químicos decidiram lidar com essa situação utilizando um numeral romano para especificar a carga no cátion. Para ver como isso funciona, considere o composto $FeCl_2$. O ferro pode formar Fe^{2+} ou Fe^{3+}, logo, devemos decidir primeiro quais desses cátions está presente. Podemos determinar a carga no cátion do ferro, porque sabemos que ela deve equilibrar a carga nos dois ânions 1– (os íons cloreto). Assim, se representarmos as cargas como:

$$\underset{\substack{\uparrow \\ \text{Carga} \\ \text{no cátion} \\ \text{ferro}}}{(?+)} + 2\underset{\substack{\uparrow \\ \text{Carga} \\ \text{no } Cl^-}}{(1-)} = \underset{\substack{\uparrow \\ \text{Carga} \\ \text{líquida}}}{0}$$

sabemos que ? deve representar 2 porque:

$$(2+) + 2(1-) = 0$$

Então, o composto $FeCl_2$ contém um íon Fe^{2+} e dois íons Cl^-. Chamamos esse composto de cloreto de ferro(II), no qual o II indica a carga do cátion de ferro. Isto é, Fe^{2+} é chamado de ferro(II). Da mesma forma, Fe^{3+} é chamado de ferro(III). E $FeCl_3$, que contém um íon Fe^{3+} e três íons Cl^-, é chamado de cloreto de ferro(III). Lembre-se de que o numeral romano informa a *carga* do íon, não o número de íons presentes no composto.

Observe que nos exemplos anteriores o numeral romano para o cátion era o mesmo que o índice inferior necessário para o ânion (para equilibrar a carga). Na maioria das vezes esse não é caso. Por exemplo, considere o composto PbO_2. Já que o íon do óxido é O^{2-}, para PbO_2 temos:

$$\underset{\substack{\uparrow \\ \text{Carga no íon} \\ \text{de chumbo}}}{(?+)} + 2\underset{\substack{\uparrow \\ (4-) \\ \text{Carga nos} \\ \text{dois íons } O^{2-}}}{(2-)} = \underset{\substack{\uparrow \\ \text{Carga} \\ \text{líquida}}}{0}$$

Assim, a carga nos íons de chumbo deve ser 4+ para equilibrar a carga 4– dos dois íons do óxido. O nome de PbO_2 é, portanto, óxido de chumbo(IV), em que IV indica a presença do cátion Pb^{4+}.

Há outro sistema para nomear os compostos iônicos contendo metais que formam dois cátions. *O íon com a carga mais alta tem um nome com terminação -ico, e aquele com a carga mais baixa tem um nome com terminação -oso.* Nesse sistema, por exemplo, Fe^{3+} é chamado de íon férrico, e Fe^{2+} é chamado de íon ferroso. Os nomes para $FeCl_3$ e $FeCl_2$, nesse sistema, são cloreto férrico e cloreto

O $FeCl_3$ deve conter Fe^{+3} para equilibrar a carga dos três íons Cl^-.

Cristais de sulfato de cobre(II).

Tabela 5.2 ▸ Cátions Tipo II comuns

Íon	Nome sistemático	Nome antigo
Fe^{3+}	ferro(III)	férrico
Fe^{2+}	ferro(II)	ferroso
Cu^{2+}	cobre(II)	cúprico
Cu^{+}	cobre(I)	cuproso
Co^{3+}	cobalto(III)	cobáltico
Co^{2+}	cobalto(II)	cobaltoso
Sn^{4+}	estanho(IV)	estânico
Sn^{2+}	estanho(II)	estanoso
Pb^{4+}	chumbo(IV)	púmblico
Pb^{2+}	chumbo(II)	pumbloso
Hg^{2+}	mercúrio(II)	mercúrico
Hg^{2+}*	mercúrio(I)	mercuroso

* Os íons de mercúrio(I) sempre ocorrem ligados em pares para formar Hg_2^{2+}.

ferroso, respectivamente. A Tabela 5.2 fornece os dois nomes para muitos cátions Tipo II. Utilizaremos exclusivamente o sistema dos numerais romanos neste livro; o outro sistema está caindo em desuso.

Para ajudar a distinguir entre os cátions Tipo I e Tipo II, lembre-se de que os metais dos Grupos 1 e 2 sempre são do Tipo I. Por outro lado, os metais de transição sempre são do Tipo II.

> **Regras para nomear compostos iônicos Tipo II**
>
> 1. O ânion sempre é nomeado primeiro seguido da preposição "de" e do nome do cátion.
> 2. Como o cátion pode assumir mais de uma carga, esta é especificada por um numeral romano entre parênteses.

Exemplo resolvido 5.2

Nomeando compostos binários Tipo II

Dê o nome sistemático de cada um dos compostos a seguir:

a. CuCl   b. HgO   c. Fe_2O_3 d. MnO_2 e. $PbCl_4$

SOLUÇÃO Todos esses compostos incluem um metal que pode formar mais de um tipo de cátion; assim, devemos primeiro determinar a carga em cada cátion. Fazemos isso ao reconhecer que um composto deve ser eletricamente neutro; isto é, as cargas positivas e negativas devem se equilibrar exatamente. Usaremos a carga conhecida no ânion para determinar a carga do cátion.

a. No CuCl reconhecemos o ânion como Cl^-. Para determinar a carga no cátion cobre, recorremos ao princípio do equilíbrio de carga.

$$\underbrace{(?+)}_{\substack{\text{Carga} \\ \text{no íon} \\ \text{do cobre}}} + \underbrace{(1-)}_{\substack{\text{Carga} \\ \text{no } Cl^-}} = \underbrace{0}_{\substack{\text{Carga líquida} \\ \text{(deve ser zero)}}}$$

Nesse caso, ?+ deve ser 1+ porque (1+) + (1–) = 0. Dessa forma, o cátion cobre deve ser Cu^+. Agora podemos nomear o composto utilizando as etapas regulares.

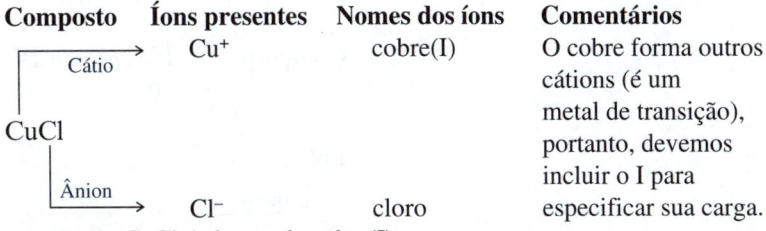

Composto	Íons presentes	Nomes dos íons	Comentários
CuCl (Cátion)	Cu^+	cobre(I)	O cobre forma outros cátions (é um metal de transição), portanto, devemos incluir o I para especificar sua carga.
CuCl (Ânion)	Cl^-	cloro	

O nome do CuCl é cloreto de cobre(I).

b. No HgO reconhecemos o ânion O^{2-}. Para produzir uma carga líquida zero, o cátion deve ser Hg^{2+}.

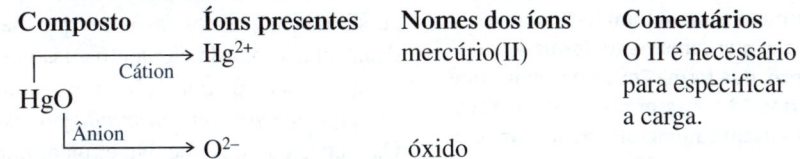

Composto	Íons presentes	Nomes dos íons	Comentários
HgO (Cátion)	Hg^{2+}	mercúrio(II)	O II é necessário para especificar a carga.
HgO (Ânion)	O^{2-}	óxido	

O nome do HgO é óxido de mercúrio(II).

c. Como Fe_2O_3 contém três ânions O^{2-}, a carga no cátion ferro deve ser 3+.

$$2(3+) + 3(2-) = 0$$
$$\uparrow \qquad \uparrow \qquad \uparrow$$
$$Fe^{3+} \quad O^{2-} \quad \text{Carga líquida}$$

Composto	Íons presentes	Nomes dos íons	Comentários
Fe_2O_3 (Cátion)	Fe^{3+}	ferro(III)	O ferro é um metal de transição e exige o III para especificar a carga no cátion.
Fe_2O_3 (Ânion)	O^{2-}	óxido	

O nome do Fe_2O_3 é óxido de ferro(III).

d. MnO_2 contém dois ânions O^{2-}, portanto, a carga no cátion manganês é 4+.

$$(4+) + 2(2-) = 0$$
$$\uparrow \qquad \uparrow \qquad \uparrow$$
$$Mn^{4+} \quad O^{2-} \quad \text{Carga líquida}$$

Composto	Íons presentes	Nomes dos íons	Comentários
MnO_2 (Cátion)	Mn^{4+}	manganês(IV)	O manganês é um metal de transição e exige um IV para especificar a carga no cátion.
MnO_2 (Ânion)	O^{2-}	óxido	

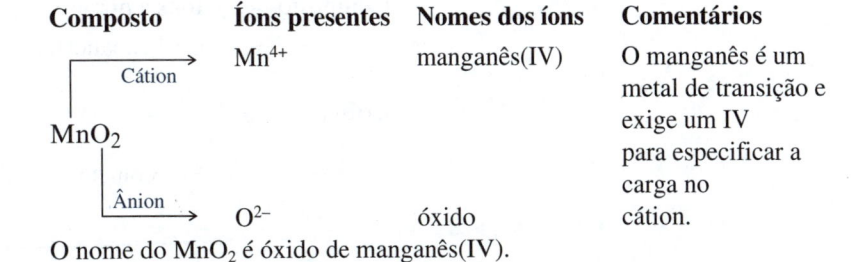

O nome do MnO_2 é óxido de manganês(IV).

Pensamento crítico

A tabela periódica pode nos dizer algo sobre os íons estáveis formados por muitos átomos. Por exemplo, os átomos na coluna 1 sempre formam íons +1. Os metais de transição, no entanto, podem formar mais de um tipo de íon estável. E se cada íon de metal de transição tivesse somente uma carga possível? Como a nomenclatura dos compostos se diferenciaria?

e. Como $PbCl_4$ contém quatro ânions Cl^-, a carga no cátion chumbo é 4+.

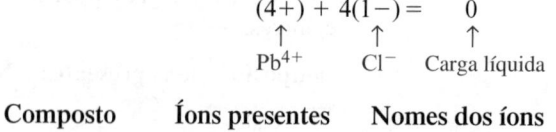

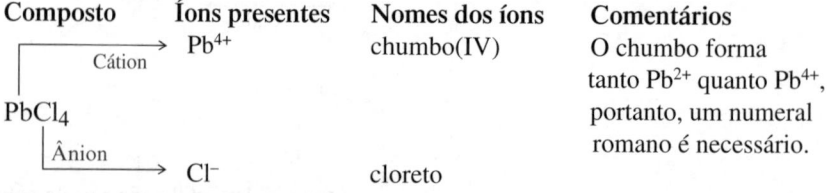

$$(4+) + 4(1-) = 0$$
$$\uparrow \qquad \uparrow \qquad \uparrow$$
$$Pb^{4+} \quad Cl^- \quad \text{Carga líquida}$$

Composto		Íons presentes	Nomes dos íons	Comentários
	Cátion →	Pb^{4+}	chumbo(IV)	O chumbo forma tanto Pb^{2+} quanto Pb^{4+}, portanto, um numeral romano é necessário.
$PbCl_4$				
	Ânion →	Cl^-	cloreto	

O nome do $PbCl_4$ é cloreto de chumbo(IV). ∎

Às vezes, os metais de transição formam somente um íon, como a prata, que comumente forma Ag^+; o zinco, que forma Zn^{2+}; e o cádmio, que forma Cd^{2+}. Nesses casos, os químicos não usam o numeral romano, embora não seja "errado" fazer isso.

O uso de um numeral romano em um nome sistemático para um composto é necessário somente nos casos em que mais de um composto iônico é formado entre um determinado par de elementos. Isso ocorre com mais frequência em compostos que contêm metais de transição, que costumam formar mais de um cátion. *Os metais que formam somente um cátion não precisam ser identificados por um numeral romano.* Os metais comuns que não exigem numerais romanos são os elementos do Grupo 1, que formam somente íons 1+; os elementos do Grupo 2, que formam somente íons 2+; e metais do Grupo 3, como alumínio e gálio, que formam somente íons 3+.

Como mostrado no Exemplo resolvido 5.2, quando um íon de metal que forma mais de um tipo de cátion está presente, a carga no íon de metal deve ser determinada ao equilibrar as cargas positivas e negativas do composto. Para fazer isso, você deve reconhecer os ânions comuns e conhecer suas cargas (consulte a Tabela 5.1).

Exemplo resolvido 5.3

Nomeando compostos iônicos binários: resumo

Dê o nome sistemático de cada um dos compostos a seguir:

a. $CoBr_2$
b. $CaCl_2$
c. Al_2O_3
d. $CrCl_3$

SOLUÇÃO

	Composto	Íons e nomes	Nome do composto	Comentários
a.	$CoBr_2$	Co^{2+} cobalto(II)	brometo de cobalto(II)	O cobalto é um metal de transição; o nome do composto deve ter um numeral romano. Os dois íons Br^- devem ser equilibrados por um cátion Co^{2+}.
		Br^- brometo		
b.	$CaCl_2$	Ca^{2+} cálcio	cloreto de cálcio	cálcio, um metal do Grupo 2, forma somente o íon Ca^{2+}. Não é necessário um numeral romano.
		Cl^- cloreto		
c.	Al_2O_3	Al^{3+} alumínio	óxido de alumínio	O alumínio forma somente Al^{3+}. Não é necessário um numeral romano.
		O^{2-} óxido		

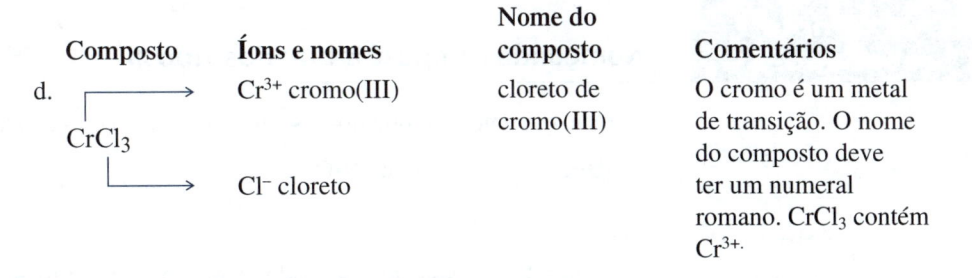

Composto	Íons e nomes	Nome do composto	Comentários
d. CrCl$_3$	Cr^{3+} cromo(III) Cl$^-$ cloreto	cloreto de cromo(III)	O cromo é um metal de transição. O nome do composto deve ter um numeral romano. CrCl$_3$ contém Cr^{3+}.

AUTOVERIFICAÇÃO

Exercício 5.2 Dê os nomes dos compostos a seguir:

a. PbBr$_2$ e PbBr$_4$ b. FeS e Fe$_2$S$_3$ c. AlBr$_3$ d. Na$_2$S   e. CoCl$_3$

Consulte os Problemas 5.9, 5.10 e 5.13 até 5.16. ■

O fluxograma a seguir é útil quando você está nomeando os compostos iônicos binários:

O composto contém os cátions Tipo I ou Tipo II?

- Tipo I → Nomeie o cátion usando o nome do elemento.
- Tipo II → Usando o princípio do equilíbrio de carga, determine a carga do cátion. Inclua no nome do cátion um numeral romano indicando a carga.

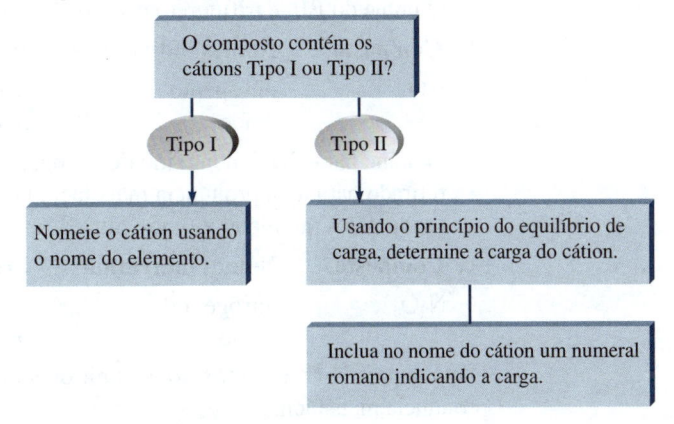

5-3 Nomeando compostos binários que contêm apenas ametais (Tipo III)

OBJETIVO Aprender como nomear os compostos binários que contêm apenas ametais.

Os compostos binários que contêm apenas ametais são nomeados de acordo com um sistema semelhante em alguns aspectos às regras de nomenclatura dos compostos iônicos binários, mas há diferenças importantes. Os compostos binários *Tipo III contêm apenas ametais*. As regras a seguir abrangem a nomenclatura desses compostos.

Tabela 5.3 ▶ Prefixos usados para indicar os números nos nomes químicos

Prefixo	Número indicado
mono-	1
di-	2
tri-	3
tetra-	4
penta-	5
hexa-	6
hepta-	7
octa-	8

Regras para nomear compostos binários Tipo III

1. O segundo elemento na fórmula é nomeado primeiro como se fosse um ânion e seguido da preposição "de".
2. O primeiro elemento é nomeado utilizando-se o seu nome completo.
3. Os prefixos são usados para denotar os números de átomos presentes. Esses prefixos são dados na Tabela 5.3.
4. O prefixo *mono-* nunca deve ser usado para nomear o primeiro elemento na fórmula. Por exemplo, CO é chamado de monóxido de carbono, e não monóxido de monocarbono.

Ilustraremos a aplicação dessas regras no Exemplo resolvido 5.4.

Exemplo resolvido 5.4 — Nomeando compostos binários Tipo III

Nomeie os compostos binários a seguir que contêm dois ametais (Tipo III):

a. BF_3 b. NO c. N_2O_5

SOLUÇÃO

a. BF_3

Regra 1 Nomeie o segundo elemento como se fosse um ânion: fluoreto, seguido da preposição "de".

Regra 2 Nomeie o primeiro elemento usando o seu nome completo: boro.

Regras 3 e 4 Use prefixos para denotar o número de átomos. Um átomo de boro: não use *mono-* na primeira posição da fórmula. Três átomos de flúor: use o prefixo *tri-*.

O nome do BF_3 é trifluoreto de boro.

b.

Composto	Nomes individuais	Prefixos	Comentários
NO	nitrogênio	nenhum	*Mono-* não é usado para o
	óxido	*mono-*	primeiro elemento na fórmula.

O nome para NO é monóxido de nitrogênio. Observe que o segundo *o* em *mono-* foi retirado para uma pronúncia mais fácil. O nome *comum* para NO, que muitas vezes é usado pelos químicos, é óxido nítrico.

c.

Composto	Nomes individuais	Prefixos	Comentários
N_2O_5	nitrogênio	*di-*	dois átomos N
	óxido	*penta-*	cinco átomos O

O nome para N_2O_5 é pentóxido de dinitrogênio. O *a* em *penta-* foi retirado para uma pronúncia mais fácil.

Um pedaço de cobre antes de ser colocado em ácido nítrico (*esquerda*). O cobre reage com o ácido nítrico para produzir NO incolor (que imediatamente reage com o oxigênio no ar para formar o gás NO_2, de coloração marrom-avermelhada) e íons de Cu^{2+} na solução (que produzem a cor verde) (*direita*).
*Você pode visualizar essas imagens em cores no final do livro.

AUTOVERIFICAÇÃO **Exercício 5.3** Nomeie os compostos a seguir:

a. CCl_4 b. NO_2 c. IF_5

Consulte os Problemas 5.17 e 5.18. ∎

Os exemplos anteriores ilustram que, para evitar uma pronúncia esquisita, normalmente retiramos o último *o* ou *a* do prefixo quando o segundo elemento é oxigênio. Por exemplo, N_2O_4 é chamado de tetróxido de dinitrogênio, e *não* "tetra*o*óxido" de dinitrogênio, e CO é chamado de monóxido de carbono, e *não* de "mon*o*óxido" de carbono.

Alguns compostos sempre são referidos pelos seus nomes comuns. Os dois melhores exemplos são água e amônia. Os nomes sistemáticos para H_2O e NH_3 nunca são usados.

Para se certificar de que você entendeu os procedimentos para nomear os compostos binários de ametais (Tipo III), estude o Exemplo 5.5 e faça o Exercício de Autoverificação 5.4.

Exemplo resolvido 5.5

Nomeando compostos binários Tipo III: resumo

Nomeie cada um dos compostos a seguir:

a. PCl_5 c. SF_6 e. SO_2
b. P_4O_6 d. SO_3 f. N_2O_3

SOLUÇÃO

Composto	Nome
a. PCl_5	pentacloreto de fósforo
b. P_4O_6	hexóxido de tetrafósforo
c. SF_6	hexafluoreto de enxofre
d. SO_3	trióxido de enxofre
e. SO_2	dióxido de enxofre
f. N_2O_3	trióxido de dinitrogênio

AUTOVERIFICAÇÃO

Exercício 5.4 Nomeie os compostos a seguir:

a. SiO_2 b. O_2F_2 c. XeF_6

Consulte os Problemas 5.17 e 5.18. ■

5-4 Nomeando compostos binários: revisão

OBJETIVO Revisar a nomenclatura dos compostos binários Tipo I, Tipo II e Tipo III.

Como diferentes regras se aplicam para nomear vários tipos de compostos binários, vamos considerar agora uma estratégia geral para usar para esses compostos. Consideramos três tipos de compostos binários, e nomear cada um deles exige procedimentos diferentes.

Tipo I: Compostos iônicos com metais que sempre formam um cátion com a mesma carga.

Tipo II: Compostos iônicos com metais (normalmente metais de transição) que formam cátions com diversas cargas.

Tipo III: Compostos que contêm apenas ametais.

Ao tentar determinar qual tipo de composto você está nomeando, use a tabela periódica para ajudar a identificar os metais e os ametais e para determinar quais elementos são metais de transição.

O fluxograma dado na Figura 5.1 deve ajudá-lo a nomear compostos binários de vários tipos.

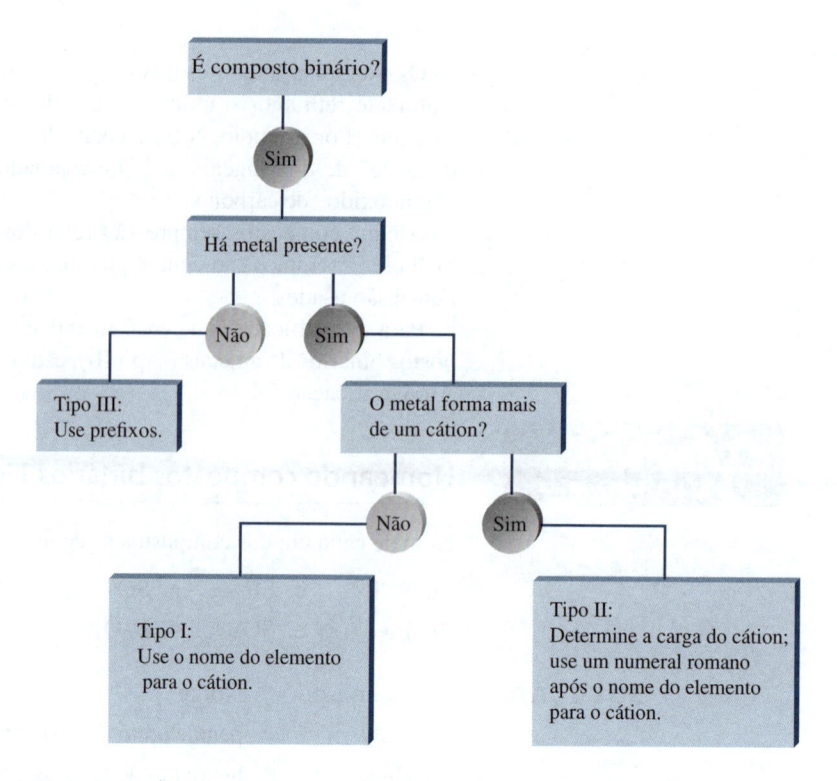

Figura 5.1 — Fluxograma para nomear compostos binários

- É composto binário? → Sim
  - Há metal presente?
    - Não → **Tipo III:** Use prefixos.
    - Sim → O metal forma mais de um cátion?
      - Não → **Tipo I:** Use o nome do elemento para o cátion.
      - Sim → **Tipo II:** Determine a carga do cátion; use um numeral romano após o nome do elemento para o cátion.

Exemplo resolvido 5.6 — Nomeando compostos binários: resumo

Nomeie os compostos binários a seguir.

a. CuO   c. B_2O_3 e. K_2S g. NH_3
b. SrO   d. $TiCl_4$ f. OF_2

SOLUÇÃO

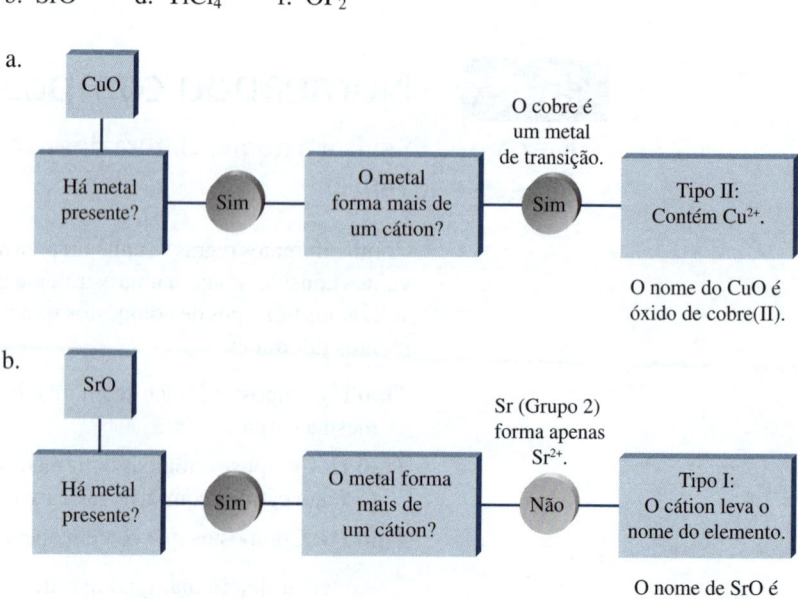

a. CuO → Há metal presente? **Sim** → O metal forma mais de um cátion? **Sim** (O cobre é um metal de transição.) → **Tipo II:** Contém Cu^{2+}.

O nome do CuO é óxido de cobre(II).

b. SrO → Há metal presente? **Sim** → O metal forma mais de um cátion? **Não** (Sr (Grupo 2) forma apenas Sr^{2+}.) → **Tipo I:** O cátion leva o nome do elemento.

O nome de SrO é óxido de estrôncio.

c.

B₂O₃ → Há metal presente? — Não → Tipo III: Use prefixos.

O nome do B₂O₃ é trióxido de diboro.

d.

TiCl₄ → Há metal presente? — Sim → O metal forma mais de um cátion? — Sim (Ti é um metal de transição.) → Tipo II: Contém Ti⁴⁺.

O nome do TiCl₄ é cloreto de titânio(IV).

e.

K₂S → Há metal presente? — Sim → O metal forma mais de um cátion? — Não (K (Grupo 1) forma apenas K⁺.) → Tipo I

O nome do K₂S é sulfeto de potássio.

f.

OF₂ → Há metal presente? — Não → Tipo III

O nome do OF₂ é difluoreto de oxigênio.

g.

NH₃ → Há metal presente? — Não → Tipo III

O nome de NH₃ é amônia. O nome sistemático nunca é usado.

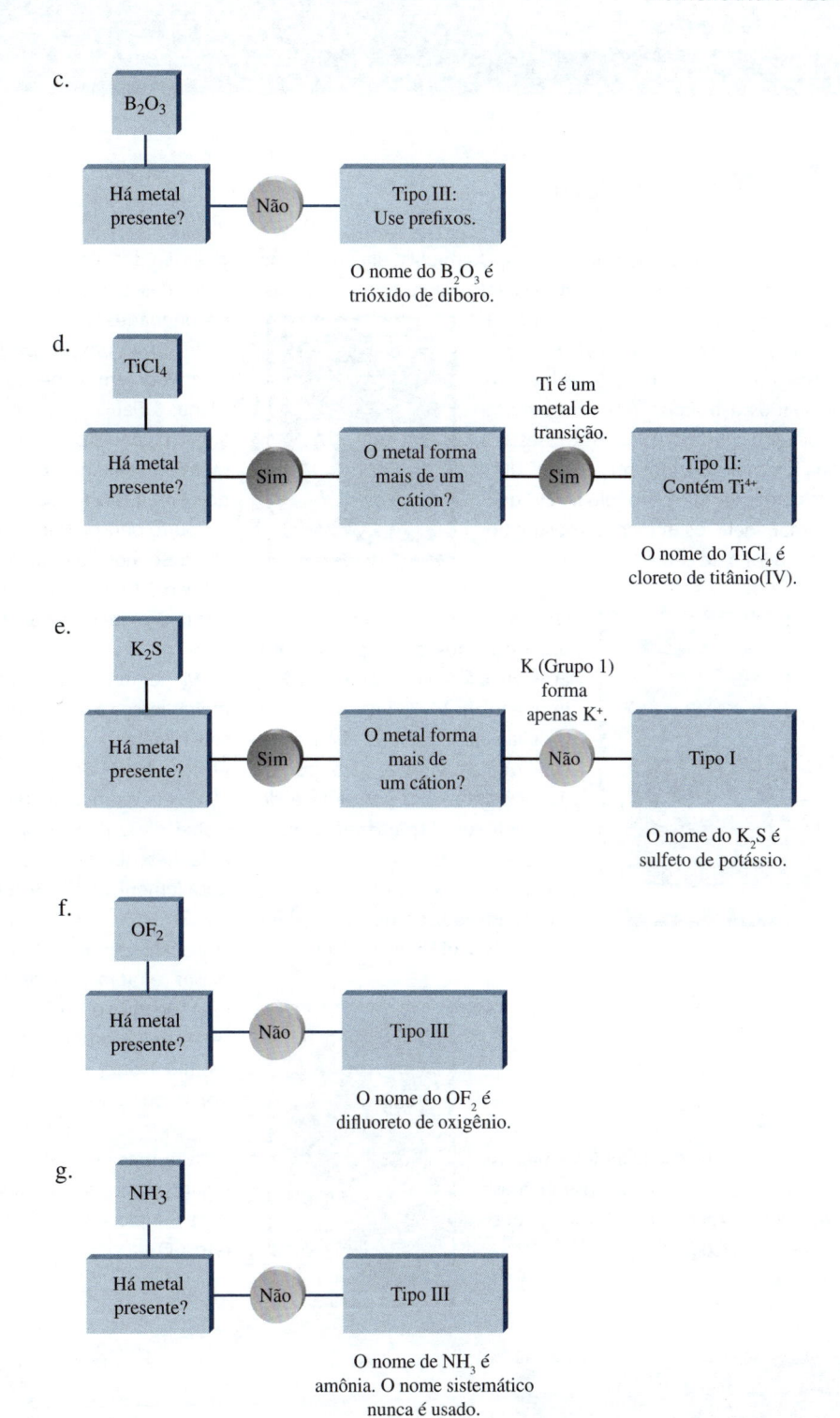

AUTOVERIFICAÇÃO **Exercício 5.5** Nomeie os compostos binários a seguir:

a. ClF_3
b. VF_5
c. $CuCl$
d. MnO_2
e. MgO
f. H_2O

Consulte os Problemas 5.19 até 5.22. ∎

QUÍMICA EM FOCO

Quimiofilatelia

Filatelia é o estudo de selos postais. Quimiofilatelia, um termo cunhado pelo químico israelita Zvi Rappoport, refere-se ao estudo de selos que têm algum tipo de conexão química. Os colecionadores estimam que mais de 2000 selos relacionados à química foram impressos por todo o mundo. Poucos desses selos foram produzidos nos Estados Unidos. Um exemplo é um selo de 29¢ que homenageia os minerais mostrando uma pepita de cobre.

Os químicos também foram homenageados nos selos postais dos EUA. Um exemplo é um selo de 29¢ impresso em 1993 que ilustra Percy L. Julian, um químico afro-americano que era neto de escravos. Julian é célebre por sua síntese de esteroides usada para tratar o glaucoma e a artrite reumatoide. Como detentor de mais de 100 patentes, ele foi introduzido no National Inventors Hall of Fame em 1990.

Em 1983, os Estados Unidos emitiram um selo homenageando Joseph Priestley, cujos experimentos levaram à descoberta do oxigênio.

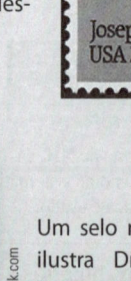

Um selo russo de 2009 ilustra Dmitri Mendeleev, que organizou os 63 elementos conhecidos na forma atual da tabela periódica em 1869. A organização de Mendeleev permitiu a previsão dos elementos até então desconhecidos e suas propriedades.

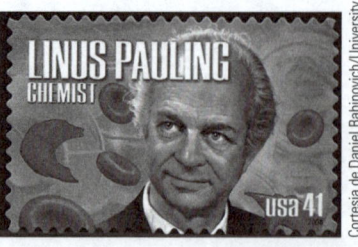

Em 2008, um selo de 41¢ foi emitido em homenagem a Linus C. Pauling, o primeiro a usar o conceito de ligação química. Pauling recebeu dois Prêmios Nobel: um por seu trabalho sobre ligações químicas e o outro por seu trabalho em defesa da paz mundial. Seu selo inclui desenhos de glóbulos vermelhos para celebrar seu trabalho sobre o estudo da hemoglobina, que levou à classificação de anemia falciforme como uma doença molecular.

Marie Curie também recebeu dois Prêmios Nobel e foi a primeira pessoa a ser homenageada dessa forma. Ela compartilhou seu Prêmio Nobel de Física em 1903 com seu marido, Pierre Curie, e Henri Becquerel, por sua pesquisa sobre radiação. Em 1911, ela ganhou o Prêmio Nobel de Química sozinha pela descoberta e estudo dos elementos rádio e polônio. Em 2011 (Ano Internacional da Química), muitos países emitiram selos homenageando o 100º aniversário do recebimento do Prêmio Nobel de Química por Marie Curie.

A química postal também aparece em carimbos postais de lugares dos Estados Unidos com nomes relacionados à química. Por exemplo: Rádio, KS; Neon, KY; Boro, CA; Brometo, OK; e Telureto, CO.

Quimiofilatelia — mais uma prova de que a química está em todos os lugares!

5-5 Nomeando compostos que contêm íons poliatômicos

OBJETIVO Aprender os nomes de íons poliatômicos comuns e como usá-los para nomear os compostos.

Um tipo de composto iônico que ainda não havíamos considerado é exemplificado pelo nitrato de amônio, NH_4NO_3, que contém os **íons poliatômicos** NH_4^+ e NO_3^-. Como seu nome sugere, os íons poliatômicos são entidades dotadas de cargas constituídas por diversos átomos ligados, recebendo nomes especiais que você *deve memorizar* para nomear os compostos que os contêm. Os íons poliatômicos mais importantes e seus nomes são listados na Tabela 5.4.

Observe na Tabela 5.4 que diversas séries de ânions poliatômicos contêm um átomo de um determinado elemento e diferentes números de átomos de oxigênio. Esses ânions são chamados de **oxiânions**. Quando há dois membros em uma série dessas, o nome daquele com o menor número de átomos de oxigênio termina em *-ito*, e o nome daquele com o maior número termina em *-ato*. Por exemplo, SO_3^{2-} é sulfito e SO_4^{2-} é sulfato. Quando mais de dois oxiânions compõem uma série, *hipo-* (menos que) e *per-* (mais que) são usados como prefixos para nomear os membros da série com o menor e o maior número de átomos de oxigênio, respectivamente. O melhor exemplo envolve os oxiânions que contêm cloro:

ClO^- *hipo*clor*ito*

ClO_2^- clor*ito*

ClO_3^- clor*ato*

ClO_4^- *per*clor*ato*

Nomear os compostos iônicos que contêm íons poliatômicos é bem semelhante a nomear os compostos iônicos binários. Por exemplo, o composto NaOH é chamado hidróxido de sódio, porque contém o cátion Na^+ (sódio) e o ânion OH^- (hidróxido). Para nomear esses compostos, *você deve aprender a reconhecer os íons poliatômicos comuns*. Isto é, você precisa aprender a composição e a carga de cada um dos íons na Tabela 5.4.

Tabela 5.4 ▶ Nomes dos íons poliatômicos comuns

Íon	Nome	Íon	Nome
NH_4^+	amônio	CO_3^{2-}	carbonato
NO_2^-	nitrito	HCO_3^-	hidrogenocarbonato (bicarbonato é um nome comum bastante usado)
NO_3^-	nitrato		
SO_3^{2-}	sulfito		
SO_4^{2-}	sulfato		
HSO_4^-	hidrogenossulfato (bissulfato é um nome comum bastante usado)	ClO^-	hipoclorito
		ClO_2^-	clorito
		ClO_3^-	clorato
OH^-	hidróxido	ClO_4^-	perclorato
CN^-	cianeto	$C_2H_3O_2^-$	acetato
PO_4^{3-}	fosfato	MnO_4^-	permanganato
HPO_4^{2-}	hidrogenofosfato	$Cr_2O_7^{2-}$	dicromato
$H_2PO_4^-$	di-hidrogenofosfato	CrO_4^{2-}	cromato
		O_2^{2-}	peróxido

Assim, quando você vê a fórmula $NH_4C_2H_3O_2$, você deve imediatamente reconhecer suas duas "partes":

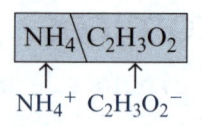

$$\boxed{NH_4 \mid C_2H_3O_2}$$
$$\uparrow \quad \uparrow$$
$$NH_4^+ \quad C_2H_3O_2^-$$

O nome correto é acetato de amônio.

Lembre-se de que, quando há um metal que forma mais de um cátion, um numeral romano é exigido para especificar a carga do cátion, assim como na nomenclatura dos compostos iônicos binários Tipo II. Por exemplo, o composto $FeSO_4$ é chamado de sulfato de ferro(II) porque contém Fe^{2+} (para equilibrar a carga 2– no SO_4^{2-}). Observe que, para determinar a carga no cátion ferro, você deve saber que o sulfato tem uma carga 2–.

Exemplo resolvido 5.7

Nomeando compostos que contêm íons poliatômicos

Dê o nome sistemático de cada um dos compostos a seguir:

a. Na_2SO_4 c. $Fe(NO_3)_3$ e. Na_2SO_3
b. KH_2PO_4 d. $Mn(OH)_2$ f. NH_4ClO_3

SOLUÇÃO

Composto	Íons presentes	Nomes dos íons	Nome do composto
a. Na_2SO_4	dois Na^+ SO_4^{2-}	sódio sulfato	sulfato de sódio
b. KH_2PO_4	K^+ $H_2PO_4^-$	potássio di-hidrogeno fosfato	potássio di-hidrogeno fosfato
c. $Fe(NO_3)_3$	Fe^{3+} três NO_3^-	ferro(III) nitrato	nitrato de ferro(III)
d. $Mn(OH)_2$	Mn^{2+} dois OH^-	manganês(II) hidróxido	hidróxido de manganês(II)
e. Na_2SO_3	dois Na^+ SO_3^{2-}	sódio sulfito	sulfito de sódio
f. NH_4ClO_3	NH_4^+ ClO_3^-	amônio clorato	clorato de amônio

AUTOVERIFICAÇÃO **Exercício 5.6** Nomeie cada um dos compostos a seguir:

a. $Ca(OH)_2$ d. $(NH_4)_2Cr_2O_7$ g. $Cu(NO_2)_2$
b. Na_3PO_4 e. $Co(ClO_4)_2$
c. $KMnO_4$ f. $KClO_3$

Consulte os Problemas 5.35 e 5.36. ∎

O Exemplo resolvido 5.7 ilustra que, quando mais de um íon poliatômico aparece em uma fórmula química, são usados parênteses para demarcar o íon com um índice inferior depois de fechar os parênteses. Outros exemplos são $(NH_4)_2SO_4$ e $Fe_3(PO_4)_2$.

Ao nomear compostos químicos, use a estratégia resumida na Fig. 5.2. Se o composto considerado for binário, use o procedimento resumido na Fig. 5.1. Se o composto tiver mais de dois elementos, pergunte-se se ele tem algum íon poliatômico. Use a Tabela 5.4 para ajudá-lo a reconhecer esses íons até que você os memorize. Se houver um íon poliatômico, nomeie o composto usando procedimentos semelhantes àqueles utilizados para nomear compostos iônicos binários.

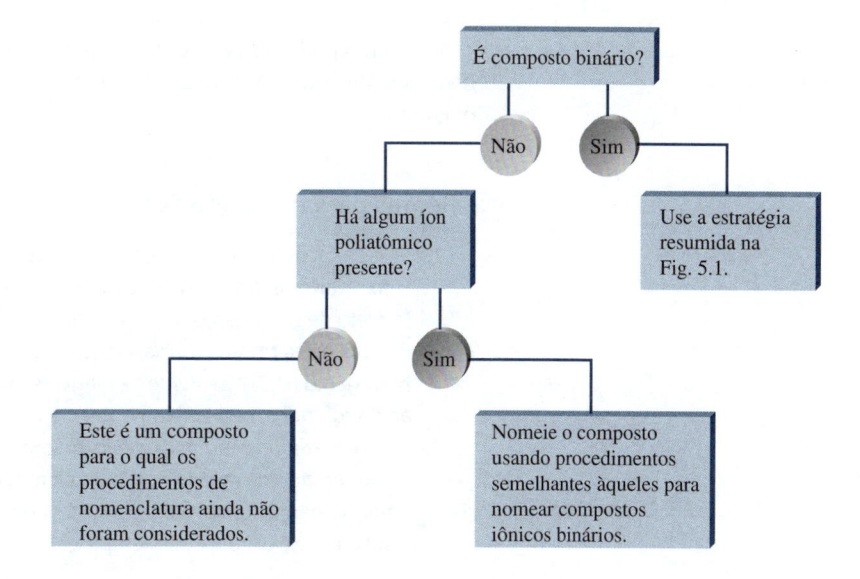

Figura 5.2 ▸ Estratégia geral para nomear compostos químicos.

Exemplo resolvido 5.8	**Resumo da nomenclatura de compostos binários e de compostos que contêm íons poliatômicos**

Nomeie os compostos a seguir:

a. Na_2CO_3 d. PCl_3
b. $FeBr_3$ e. $CuSO_4$
c. $CsClO_4$

SOLUÇÃO

Composto	Nome	Comentários
a. Na_2CO_3	carbonato de sódio	Contém $2Na^+$ e CO_3^{2-}.
b. $FeBr_3$	brometo de ferro(III)	Contém Fe^{3+} e $3Br^-$.
c. $CsClO_4$	perclorato de césio	Contém Cs^+ e ClO_4^-.
d. PCl_3	tricloreto de fósforo	Composto binário Tipo III (tanto P quanto Cl são ametais).
e. $CuSO_4$	sulfato de cobre(II)	Contém Cu^{2+} e SO_4^{2-}.

AUTOVERIFICAÇÃO   **Exercício 5.7** Nomeie os compostos a seguir:

a. $NaHCO_3$ c. $CsClO_4$ e. $NaBr$ g. $Zn_3(PO_4)_2$
b. $BaSO_4$ d. BrF_5 f. $KOCl$

Consulte os Problemas 5.29 até 5.36. ∎

5-6   Nomeando ácidos

OBJETIVOS

▸ Aprender como a composição do ânion determina o nome do ácido.

▸ Aprender os nomes dos ácidos comuns.

Quando dissolvidas em água, certas moléculas produzem íons H^+ (prótons). Essas substâncias chamadas de **ácidos** foram reconhecidas inicialmente pelo sabor azedo de suas soluções. Por exemplo, o ácido cítrico é responsável pela acidez dos limões e limas. Os ácidos serão discutidos em detalhes posteriormente. Aqui iremos simplesmente apresentar as regras para nomeá-los.

Um ácido pode ser considerado como uma molécula com um ou mais íons H⁺ ligados a um ânion. As regras para nomeá-los dependem de o ânion conter ou não oxigênio.

> **Regras para nomear ácidos**
>
> 1. Se o *ânion não contiver oxigênio*, o ácido é nomeado com o prefixo ácido e o sufixo -*ídrico* ligados à raiz do nome do elemento. Por exemplo, quando o HCl (cloreto de hidrogênio) gasoso é dissolvido em água, ele forma o ácido clorídrico. Da mesma forma, cianeto de hidrogênio (HCN) e sulfeto de hidrogênio (H$_2$S) dissolvidos em água são chamados de ácido cianídrico e ácido sulfídrico, respectivamente.
> 2. Quando *o ânion contém oxigênio*, o nome do ácido é formado pela prefixo ácido seguido da raiz do nome do elemento central do ânion ou do nome do ânion, com um sufixo -*ico* ou -*oso*. Quando o nome do ânion termina em -ato, o sufixo -*ico* é usado. Por exemplo,
>
> | Ácido | Ânion | Nome |
> |---|---|---|
> | H$_2$SO$_4$ | SO$_4^{2-}$ (sulfato) | ácido sulfúrico |
> | H$_3$PO$_4$ | PO$_4^{3-}$ (fosfato) | ácido fosfórico |
> | HC$_2$H$_3$O$_2$ | C$_2$H$_3$O$_2^-$ (acetato) | ácido acético |
>
> Quando o nome do ânion termina em -*ito*, o sufixo -*oso* é usado. Por exemplo,
>
> | Ácido | Ânion | Nome |
> |---|---|---|
> | H$_2$SO$_3$ | SO$_3^{2-}$ (sulfito) | ácido sulfuroso |
> | HNO$_2$ | NO$_2^-$ (nitrito) | ácido nitroso |

Tabela 5.5 ▶ Nomes dos ácidos que não contêm oxigênio

Ácido	Nome
HF	ácido fluorídrico
HCl	ácido clorídrico
HBr	ácido bromídrico
HI	ácido iodídrico
HCN	ácido cianídrico
H$_2$S	ácido sulfídrico

Tabela 5.6 ▶ Nomes de alguns ácidos que contêm oxigênio

Ácido	Nome
HNO$_3$	ácido nítrico
HNO$_2$	ácido nitroso
H$_2$SO$_4$	ácido sulfúrico
H$_2$SO$_3$	ácido sulfuroso
H$_3$PO$_4$	ácido fosfórico
HC$_2$H$_3$O$_2$	ácido acético

A aplicação da Regra 2 pode ser vista nos nomes dos ácidos dos oxiânions do cloro abaixo.

Ácido	Ânion	Nome
HClO$_4$	perclor*ato*	ácido perclór*ico*
HClO$_3$	clor*ato*	ácido clór*ico*
HClO$_2$	clor*ito*	ácido clor*oso*
HClO	hipoclor*ito*	ácido hipoclor*oso*

As regras para nomear ácidos são dadas de forma esquemática na Fig. 5.3. Os nomes dos ácidos mais importantes são dados nas Tabelas 5.5 e 5.6 e devem ser memorizados.

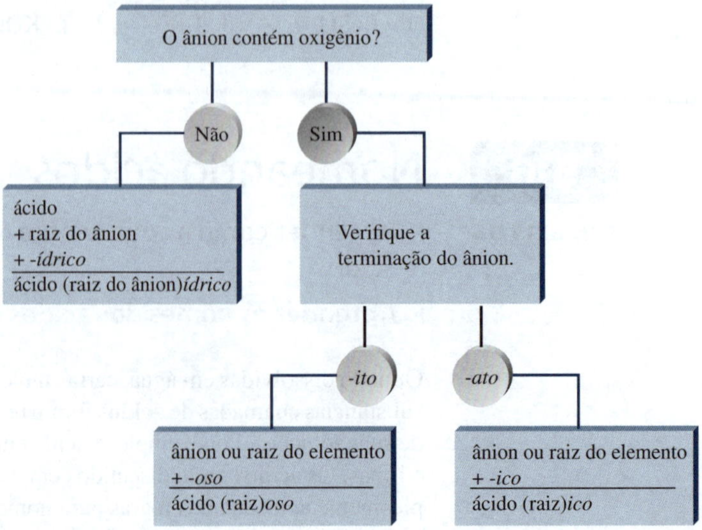

Figura 5.3 ▶ Fluxograma para nomear ácidos. Um ácido pode ser entendido como um ou mais íons H⁺ ligados a um ânion.

5-7 Escrevendo fórmulas com base nos nomes

OBJETIVO Aprender a escrever a fórmula de um composto tendo o seu nome.

Pensamento crítico

Neste capítulo, você aprendeu uma forma sistemática para nomear compostos químicos. E se todos os compostos tivessem apenas nomes comuns? Qual problema isso nos causaria?

Até o momento, começamos com a fórmula química de um composto e determinamos seu nome sistemático. Ser capaz de reverter o processo também é importante. Muitas vezes, um procedimento laboratorial descreve um composto pelo nome, mas o rótulo no frasco no laboratório mostra apenas a fórmula da substância química que o composto contém. É essencial que você possa obter a fórmula de um composto do seu nome. Na verdade, você já sabe bastante sobre os compostos para fazer isso. Por exemplo, dado o nome hidróxido de cálcio, podemos escrever a fórmula como $Ca(OH)_2$, porque já sabemos que o cálcio forma apenas íons Ca^{2+} e que, uma vez que o hidróxido é OH^-, dois desses ânions são necessários para formar um composto neutro. Do mesmo modo, o nome óxido de ferro(II) implica a fórmula FeO, porque o numeral romano II indica a presença do cátion Fe^{2+} e o íon óxido é O^{2-}.

Enfatizamos que é fundamental aprender o nome, a composição e a carga de cada um dos ânions poliatômicos (e o cátion NH_4^+). Se não reconhecer esses íons pela fórmula e pelo nome, você não conseguirá escrever o nome do composto tendo sua fórmula, ou a fórmula do composto tendo seu nome. Você também precisa aprender os nomes dos ácidos comuns.

Exemplo resolvido 5.9 | Escrevendo fórmulas com base nos nomes

Dê a fórmula para cada um dos compostos a seguir:

a. hidróxido de potássio
b. carbonato de sódio
c. ácido nítrico
d. nitrato de cobalto(III)
e. cloreto de cálcio
f. óxido de chumbo(IV)
g. pentóxido de dinitrogênio
h. perclorato de amônio

SOLUÇÃO

Nome	Fórmula	Comentários
a. hidróxido de potássio	KOH	Contém K^+ e OH^-.
b. carbonato de sódio	Na_2CO_3	Precisamos de dois Na^+ para equilibrar CO_3^{2-}.
c. ácido nítrico	HNO_3	Ácido forte comum; memorizar.
d. nitrato de cobalto(III)	$Co(NO_3)_3$	Cobalto(III) significa Co^{3+}; precisamos de três NO_3^- para equilibrar Co_3^+.
e. cloreto de cálcio	$CaCl_2$	Precisamos de dois Cl^- para equilibrar Ca^{2+}; Ca (Grupo 2) sempre forma Ca^{2+}.
f. óxido de chumbo(IV)	PbO_2	Chumbo(IV) significa Pb^{4+}; precisamos de dois O^{2-} para equilibrar Pb^{4+}.
g. pentóxido de dinitrogênio	N_2O_5	*Di-* significa dois; *pent(a)* significa cinco.
h. perclorato de amônio	NH_4ClO_4	Contém NH_4^+ e ClO_4^-.

AUTOVERIFICAÇÃO **Exercício 5.8** Escreva a fórmula para cada um dos compostos a seguir:

a. sulfato de amônio
b. fluoreto de vanádio(V)
c. dicloreto de dienxofre
d. peróxido de rubídio
e. óxido de alumínio

Consulte os Problemas 5.41 até 5.46. ■

CAPÍTULO 5 REVISÃO

F direciona para *Química em foco* no capítulo

Termos-chave

composto binário (5-1)
composto iônico binário (5-2)
íon poliatômico (5-5)
oxiânion (5-5)
ácido (5-6)

Para revisão

- Os compostos binários são nomeados pelo grupo de regras a seguir:
  - Para os compostos que contêm tanto um metal quanto um ametal, o ametal sempre é nomeado primeiro. O metal é nomeado com a raiz do nome do elemento.
  - Se o íon do metal puder ter mais de uma carga (Tipo II), um numeral romano é usado para especificar a carga.
  - Para os compostos binários que contêm apenas ametais (Tipo III), os prefixos são usados para especificar os números de átomos presentes.

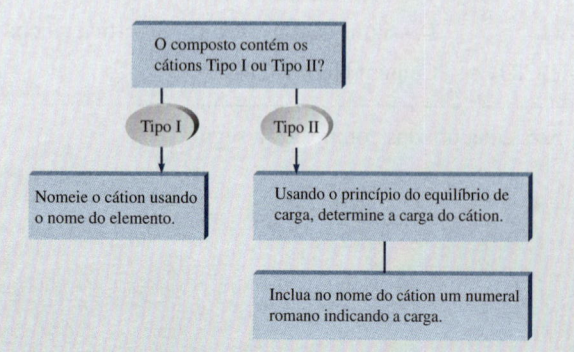

- Os íons poliatômicos são entidades dotadas de carga, compostas por diversos átomos ligados. Eles têm nomes especiais e devem ser memorizados.
- A nomenclatura de compostos iônicos que contêm íons poliatômicos segue regras semelhantes àquelas para nomear compostos binários.
- Os nomes dos ácidos (moléculas com um ou mais íons H^+ ligados a um ânion) dependem de o ácido conter ou não oxigênio.

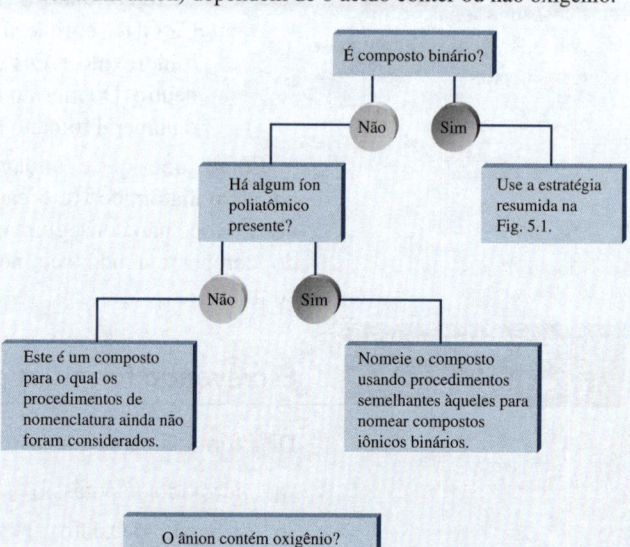

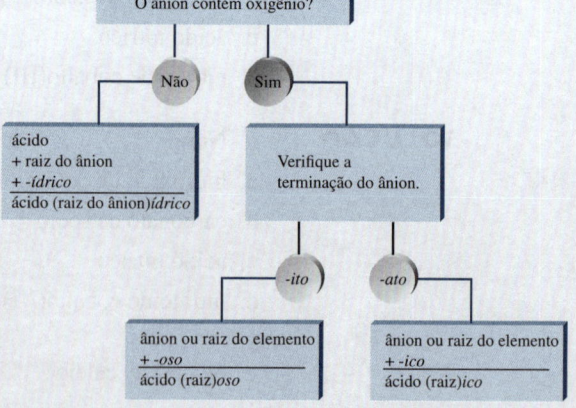

É composto binário?
- Não → Há algum íon poliatômico presente?
  - Não → Este é um composto para o qual os procedimentos de nomenclatura ainda não foram considerados.
  - Sim → Nomeie o composto usando procedimentos semelhantes àqueles para nomear compostos iônicos binários.
- Sim → Use a estratégia resumida na Fig. 5.1.

É composto binário?
- Sim → Há metal presente?
  - Não → Tipo III: Use prefixos.
  - Sim → O metal forma mais de um cátion?
    - Não → Tipo I: Use o nome do elemento para o cátion.
    - Sim → Tipo II: Determine a carga do cátion; use um numeral romano após o nome do elemento para o cátion.

O ânion contém oxigênio?
- Não → ácido + raiz do ânion + -ídrico → ácido (raiz do ânion)ídrico
- Sim → Verifique a terminação do ânion.
  - -ito → ânion ou raiz do elemento + -oso → ácido (raiz)oso
  - -ato → ânion ou raiz do elemento + -ico → ácido (raiz)ico

O composto contém os cátions Tipo I ou Tipo II?
- Tipo I → Nomeie o cátion usando o nome do elemento.
- Tipo II → Usando o princípio do equilíbrio de carga, determine a carga do cátion. Inclua no nome do cátion um numeral romano indicando a carga.

Questões de aprendizado ativo

Estas questões foram desenvolvidas para ser resolvidas por grupos de alunos em sala de aula. Normalmente, elas funcionam bem para introduzir um tópico específico em sala.

1. O numeral romano em um nome é o mesmo que o índice inferior na fórmula em alguns casos, mas em outros, não. Dê um exemplo (fórmula e nome) para cada um desses casos. Explique por que o numeral romano não é necessariamente o mesmo que o índice inferior.
2. As fórmulas $CaCl_2$ e $CoCl_2$ parecem iguais. Qual é o nome de cada composto? Por que os nomeamos de forma diferente?
3. As fórmulas MgO e CO parecem iguais. Qual é o nome de cada composto? Por que os nomeamos de forma diferente?
4. Explique como usar a tabela periódica para determinar que há dois íons de cloreto para cada íon de magnésio no cloreto de magnésio, e um íon de cloreto para cada íon de sódio no cloreto de sódio. Em seguida, escreva as fórmulas do óxido de cálcio e do óxido de potássio e explique como você as obteve.
5. Qual é a fórmula geral para um composto iônico formado por elementos dos grupos a seguir? Explique seu raciocínio e dê um exemplo para cada (nome e fórmula).
   a. Grupo 1 com Grupo 7
   b. Grupo 2 com Grupo 7
   c. Grupo 1 com Grupo 6
   d. Grupo 2 com Grupo 6
6. Um elemento forma um composto iônico com cloro, gerando um composto com a fórmula XCl_2. O íon do elemento X tem número de massa 89 e 36 elétrons. Identifique o elemento X, diga quantos nêutrons ele possui e nomeie o composto.
7. Nomeie cada um dos compostos a seguir:
   a. [molécula com O e N]
   b. [molécula com I e Cl]
   c. SO_5
   d. P_2S_5
8. Por que chamamos o $Ba(NO_3)_2$ de nitrato de bário, mas chamamos o $Fe(NO_3)_2$ de nitrato de ferro(II)?
9. Qual é a diferença entre o ácido sulfúrico e o ácido sulfídrico?

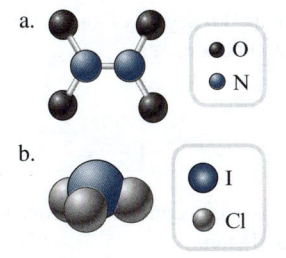

Perguntas e problemas

5-1 Nomeando compostos

Perguntas

F 1. A seção "Química em foco – *Açúcar de chumbo*" discute o $Pb(C_2H_3O_2)_2$, que originalmente era conhecido como açúcar de chumbo.
   a. Por que ele era chamado de açúcar de chumbo?
   b. Qual é o nome sistemático para o $Pb(C_2H_3O_2)_2$?
   c. Por que é necessário ter um *sistema* para nomear os compostos químicos?
2. O que é um composto químico *binário*? Quais são os dois *tipos* principais de compostos químicos binários? Dê três exemplos de cada tipo de composto binário.

5-2 Nomeando compostos binários que contêm um metal e um ametal (Tipos I e II)

Perguntas

3. Os cátions são íons _____, e os ânions são íons _____.
4. Ao nomear os compostos iônicos, sempre nomeamos o(a) _____ primeiro.
5. Em um composto iônico binário simples, qual íon (cátion/ânion) tem o mesmo nome que seu elemento de origem?
6. Apesar de escrevermos a fórmula do cloreto de sódio como NaCl, percebemos que NaCl é um composto iônico e não contém moléculas. Explique.
7. Para um elemento metálico que forma dois cátions estáveis, a terminação _____ é usada para indicar o cátion de carga menor, e a terminação _____ é usada para indicar o cátion de carga maior.
8. Indicamos a carga de um elemento metálico que forma mais de um cátion ao acrescentar um(a) _____ depois do nome do cátion.
9. Dê o nome de cada um dos compostos iônicos binários simples a seguir:
   a. NaBr   d. $SrBr_2$
   b. $MgCl_2$ e. AgI
   c. AlP   f. K_2S
10. Dê o nome de cada um dos compostos iônicos binários simples a seguir:
    a. LiI   d. $AlBr_3$
    b. MgF_2 e. CaS
    c. SrO   f. Na_2O
11. Identifique quais nomes são incorretos para as respectivas fórmulas e dê o nome correto:
    a. CaH_2, hidreto de cálcio
    b. $PbCl_2$, cloreto de chumbo(IV)
    c. CrI_3, iodeto de cromo(III)
    d. Na_2S, sulfeto de sódio
    e. $CuBr_2$, brometo cúprico
12. Em cada um dos seguintes, identifique quais nomes são incorretos para as determinadas fórmulas e dê o nome correto:
    a. $CuCl_2$, cloreto de cobre(II)
    b. Ag_2O, óxido de prata(II)
    c. Li_2O, óxido de lítio(I)
    d. CaS, sulfeto de cálcio
    e. Cs_2S, sulfeto de césio(II)
13. Escreva o nome de cada uma das substâncias iônicas a seguir usando o sistema que inclui um numeral romano para especificar a carga do cátion:
    a. $SnCl_4$ d. Cr_2S_3
    b. Fe_2S_3 e. CuO
    c. PbO_2 f. Cu_2O

14. Escreva o nome de cada uma das substâncias iônicas a seguir usando o sistema que inclui um numeral romano para especificar a carga do cátion:
    a. FeI_3
    b. $MnCl_2$
    c. HgO
    d. Cu_2S
    e. CoO
    f. $SnBr_4$

15. Escreva o nome de cada uma das substâncias iônicas a seguir usando as terminações -oso ou -ico para indicar a carga do cátion:
    a. $CuCl$
    b. Fe_2O_3
    c. Hg_2Cl_2
    d. $MnCl_2$
    e. TiO_2
    f. PbO

16. Escreva o nome de cada uma das substâncias iônicas a seguir usando as terminações -oso ou -ico para indicar a carga do cátion:
    a. $CoCl_2$
    b. $CrBr_3$
    c. PbO
    d. SnO_2
    e. Co_2O_3
    f. $FeCl_3$

5-3 Nomeando compostos binários que contém somente ametais (Tipo III)

Perguntas

17. Escreva o nome de cada um dos compostos binários dos elementos não metálicos a seguir:
    a. KrF_2
    b. Se_2S_6
    c. AsH_3
    d. XeO_4
    e. BrF_3
    f. P_2S_5

18. Escreva o nome para cada um dos compostos binários dos elementos ametálicos a seguir:
    a. GeH_4
    b. N_2Br_4
    c. P_2O_5
    d. CO_2
    e. NH_3
    f. SiO_2

5-4 Nomeando compostos binários: revisão

Perguntas

19. Nomeie cada um dos compostos binários a seguir, usando a tabela periódica para determinar se o composto é passível de ser iônico (contendo um metal e um ametal) ou não iônico (contendo apenas ametais):
    a. Fe_3P_2
    b. $CaBr_2$
    c. N_2O_5
    d. $PbCl_4$
    e. S_2F_{10}
    f. Cu_2O

20. As fórmulas Na_2O e N_2O parecem iguais. Qual é o nome para cada composto? Por que usamos uma convenção de nomenclatura diferente para cada composto?

21. Nomeie cada um dos compostos binários a seguir, usando a tabela periódica para determinar se o composto é provavelmente iônico (contendo um metal e um ametal) ou não iônico (contendo apenas ametais):
    a. MgS
    b. $AlCl_3$
    c. PH_3
    d. $ClBr$
    e. Li_2O
    f. P_4O_{10}

22. Nomeie cada um dos compostos binários a seguir, usando a tabela periódica para determinar se o composto é provavelmente iônico (contendo um metal ou um ametal) ou não iônico (contendo apenas ametais):
    a. $RaCl_2$
    b. $SeCl_2$
    c. PCl_3
    d. Na_3P
    e. MnF_2
    f. ZnO

5-5 Nomeando compostos que contêm íons poliatômicos

Perguntas

23. O que é um íon *poliatômico*? Dê exemplos de cinco íons poliatômicos.

24. O que é um *oxiânion*? Liste a série de oxiânions que o cloreto e o brometo formam e dê seus nomes.

25. Para os oxiânions do enxofre, a terminação -ito é usada para SO_3^{2-} para indicar que ele contém _____ que SO_4^{2-}.

26. Ao nomear oxiânions, quando há mais de dois membros na série para um determinado elemento, quais prefixos são usados para indicar os oxiânions na série com o menor e o maior número de átomos de oxigênio?

27. Complete a lista a seguir preenchendo os nomes ou fórmulas faltantes dos oxiânions do cloreto:

    ClO_4^- _____

    _____   hipoclorito

    ClO_3^- _____

    _____   clorito

28. Existe também uma série de oxiânions do iodo, comparável à série para o cloro discutida no livro. Escreva as fórmulas e os nomes para os oxiânions do iodo.

29. Escreva a fórmula para cada um dos seguintes íons contendo fósforo, incluindo a carga geral do íon:
    a. fosfeto
    b. fosfato
    c. fosfito
    d. hidrogenofosfato

30. Escreva a fórmula para cada um dos seguintes íons contendo cloro, incluindo a carga geral do íon:
    a. cloreto
    b. hipoclorito
    c. clorato
    d. perclorato

31. Escreva as fórmulas dos compostos abaixo (consulte suas respostas para o Problema 30):
    a. cloreto de magnésio
    b. hipoclorito de cálcio
    c. clorato de potássio
    d. perclorato de bário

32. O carbono aparece em diversos ânions poliatômicos comuns. Liste o maior número possível de fórmulas desses ânions e seus respectivos nomes.

33. Dê o nome de cada um dos íons poliatômicos a seguir:
    a. HCO_3^-
    b. $C_2H_3O_2^-$
    c. CN^-
    d. OH^-
    e. NO_2^-
    f. HPO_4^{2-}

34. Dê o nome de cada um dos íons poliatômicos a seguir:
    a. NH_4^+
    b. $H_2PO_4^-$
    c. SO_4^{2-}
    d. HSO_3^-
    e. ClO_4^-
    f. IO_3^-

35. Nomeie cada um dos seguintes compostos que contêm íons poliatômicos:
    a. NH_4NO_3
    b. $Ca(HCO_3)_2$
    c. $MgSO_4$
    d. Na_2HPO_4
    e. $KClO_4$
    f. $Ba(C_2H_3O_2)_2$

36. Nomeie cada um dos seguintes compostos que contêm íons poliatômicos:
    a. $NaMnO_4$
    b. $AlPO_4$
    c. $CrCO_3$
    d. $Ca(ClO)_2$
    e. $BaCO_3$
    f. $CaCrO_4$

5-6 Nomeando ácidos

Perguntas

37. Dê uma definição simples de um *ácido*.

38. Muitos ácidos contêm o elemento _____ em adição ao hidrogênio.

39. Nomeie cada um dos ácidos a seguir:
    a. HCl
    b. H_2SO_4
    c. HNO_3
    d. HI
    e. HNO_2
    f. $HClO_3$
    g. HBr
    h. HF
    i. $HC_2H_3O_2$

40. Nomeie cada um dos ácidos a seguir:
    a. $HOCl$
    b. H_2SO_3
    c. $HBrO_3$
    d. HOI
    e. $HBrO_4$
    f. H_2S
    g. H_2Se
    h. H_3PO_3

5-7 Escrevendo fórmulas com base nos nomes

Problemas

41. Escreva a fórmula para cada um dos compostos iônicos binários simples a seguir:
    a. cloreto de cobalto(II)
    b. cloreto cobáltico
    c. fosfeto de sódio
    d. óxido de ferro(II)
    e. hidreto de cálcio
    f. óxido de manganês(IV)
    g. iodeto de magnésio
    h. sulfeto de cobre(I)

42. Escreva a fórmula para cada um dos compostos iônicos binários simples a seguir:
    a. fluoreto de magnésio
    b. iodeto férrico
    c. sulfeto mercúrico
    d. nitreto de bário
    e. cloreto pumbloso
    f. fluoreto estânico
    g. óxido de prata
    h. seleneto de potássio

43. Escreva a fórmula para cada um dos compostos binários dos elementos não metálicos a seguir:
    a. dissulfeto de carbono
    b. água
    c. trióxido de dinitrogênio
    d. heptóxido de dicloro
    e. dióxido de carbono
    f. amônia
    g. tetrafluoreto de xenônio

44. Escreva a fórmula para cada um dos compostos binários dos elementos não metálicos a seguir:
    a. óxido de dinitrogênio
    b. dióxido de nitrogênio
    c. tetróxido de dinitrogênio (tetróxido)
    d. hexafluoreto de enxofre
    e. tribrometo de fósforo
    f. tetraiodeto de carbono
    g. dicloreto de oxigênio

45. Escreva a fórmula para cada um dos compostos a seguir que contêm íons poliatômicos. Certifique-se de colocar o íon poliatômico entre parênteses se mais de um for necessário para equilibrar o(s) íon(s) contendo carga oposta.
    a. nitrato de amônio
    b. acetato de magnésio
    c. peróxido de cálcio
    d. hidrogenossulfato de potássio
    e. sulfato de ferro(II)
    f. hidrogênio carbonato de potássio
    g. sulfato de cobalto(II)
    h. perclorato de lítio

46. Escreva a fórmula para cada um dos compostos a seguir que contêm íons poliatômicos. Certifique-se de colocar o íon poliatômico entre parênteses se mais de um for necessário para equilibrar os íons contendo carga oposta.
    a. acetato de amônio
    b. hidróxido ferroso
    c. carbonato de cobalto(III)
    d. dicromato de bário
    e. sulfato de chumbo(II)
    f. di-hidrogenofosfato de potássio
    g. peróxido de lítio
    h. clorato de zinco

47. Escreva a fórmula para cada um dos ácidos a seguir:
    a. ácido sulfídrico
    b. ácido perbrômico
    c. ácido acético
    d. ácido bromídrico
    e. ácido cloroso
    f. ácido selenídrico
    g. ácido sulfuroso
    h. ácido perclórico

48. Escreva a fórmula para cada um dos ácidos a seguir:
    a. ácido cianídrico
    b. ácido nítrico
    c. ácido sulfúrico
    d. ácido fosfórico
    e. ácido hipocloroso
    f. ácido bromídrico
    g. ácido bromoso
    h. ácido fluorídrico

49. Escreva a fórmula para cada uma das substâncias a seguir:
   a. peróxido de sódio
   b. clorato de cálcio
   c. hidróxido de rubídio
   d. nitrato de zinco
   e. dicromato de amônio
   f. ácido sulfídrico
   g. brometo de cálcio
   h. ácido hipocloroso
   i. sulfato de potássio
   j. ácido nítrico
   k. acetato de bário
   l. sulfito de lítio

50. Escreva a fórmula para cada uma das substâncias a seguir:
   a. hidrogenossulfato de cálcio
   b. fosfato de zinco
   c. perclorato de ferro(III)
   d. hidróxido cobáltico
   e. cromato de potássio
   f. di-hidrogenofosfato de alumínio
   g. bicarbonato de lítio
   h. acetato de manganês(II)
   i. hidrogenofosfato de magnésio
   j. clorito de césio
   k. peróxido de bário
   l. carbonato niqueloso

Problemas adicionais

51. O ferro forma cátions 2+ e 3+. Escreva as fórmulas para o óxido, sulfeto e cloreto de cada cátion de ferro e dê o nome de cada composto nos dois métodos de nomenclatura que utilizam os numerais romanos para especificar a carga do cátion e a notação -oso/-ico.

52. Antes de um eletrocardiograma (ECG) ser registrado para um paciente cardíaco, os condutores de ECG normalmente são revestidos com uma pasta úmida que contém cloreto de sódio. Qual propriedade de uma substância iônica como o NaCl está sendo usada nesse caso?

53. Nitrogênio e oxigênio formam inúmeros compostos binários, incluindo NO, NO_2, N_2O_4, N_2O_5 e N_2O. Dê o nome de cada um desses óxidos de nitrogênio.

54. Em algumas tabelas periódicas, o hidrogênio é listado como membro do Grupo 1 e também do Grupo 7. Escreva uma equação mostrando a formação do íon H^+ e uma equação mostrando a formação do íon H^-.

55. Examine a tabela de fórmulas e nomes a seguir. Quais compostos estão nomeados corretamente?

Fórmula	Nome
a. $Fe_3(PO_4)_2$	fosfato de ferro(III)
b. K_3N	nitreto de potássio
c. MnO_2	óxido de manganês(II)
d. SiO_2	dióxido de monosilício

56. Complete a lista a seguir preenchendo o oxiânion ou oxiácido faltante de cada par:

ClO_4^-	_____
_____	HIO_3
ClO^-	_____
BrO_2^-	_____
_____	$HClO_2$

57. Nomeie os compostos a seguir:
   a. $Ca(C_2H_3O_2)_2$
   b. PCl_3
   c. $Cu(MnO_4)_2$
   d. $Fe_2(CO_3)_3$
   e. $LiHCO_3$
   f. Cr_2S_3
   g. $Ca(CN)_2$

58. Nomeie os compostos a seguir:
   a. $AuBr_3$
   b. $Co(CN)_3$
   c. $MgHPO_4$
   d. B_2H_6
   e. NH_3
   f. Ag_2SO_4
   g. $Be(OH)_2$

59. Nomeie os compostos a seguir:
   a. $HClO_3$
   b. $CoCl_3$
   c. B_2O_3
   d. H_2O
   e. $HC_2H_3O_2$
   f. $Fe(NO_3)_3$
   g. $CuSO_4$

60. Um composto tem uma fórmula geral X_2O, com o X representando um elemento ou um íon desconhecido e O representando o oxigênio. Qual dos nomes a seguir não pode ser o desse composto?
   a. óxido de sódio
   b. óxido de ferro(II)
   c. óxido de cobre(I)
   d. monóxido de dinitrogênio
   e. água

61. Os elementos mais metálicos formam *óxidos*, e, muitas vezes, o óxido é o composto mais comum do elemento que é encontrado na crosta terrestre. Escreva as fórmulas para os óxidos dos elementos metálicos a seguir:
   a. potássio
   b. magnésio
   c. ferro(II)
   d. ferro(III)
   e. zinco(II)
   f. chumbo(II)
   g. alumínio

62. Considere um íon hipotético M^{2+} simples. Determine a fórmula do composto que esse íon formaria com cada um dos ânions a seguir:
   a. acetato
   b. permanganato
   c. óxido
   d. hidrogenofosfato
   e. hidróxido
   f. nitrito

63. Considere um elemento hipotético M, que é capaz de formar cátions simples estáveis com cargas de 1+, 2+ e 3+, respectivamente. Escreva as fórmulas dos compostos formados pelos diversos cátions de M com cada um dos ânions a seguir:
   a. cromato
   b. dicromato
   c. sulfeto
   d. brometo
   e. bicarbonato
   f. hidrogenofosfato

64. Um íon metálico com uma carga 2+ possui 23 elétrons e forma um composto com um íon de halogênio que contém 17 prótons.
    a. Qual é a identidade do íon metálico?
    b. Qual é a identidade do íon de halogênio e quantos elétrons ele contém?
    c. Determine o composto que ele forma e nomeie-o.
65. Complete a Tabela 5.A (adiante) escrevendo os nomes e as fórmulas dos compostos iônicos formados quando os cátions listados no topo combinam com os ânions mostrados na coluna da esquerda.
66. Complete a Tabela 5.B (adiante) escrevendo as fórmulas dos compostos iônicos formados quando os ânions listados no topo combinam com os cátions mostrados na coluna da esquerda.
67. Os metais nobres ouro, prata e platina geralmente são usados para moldar joias porque eles são relativamente _____.
68. A fórmula para o fosfato de amônio é _____.
69. Os elementos do Grupo 7 (flúor, cloro, bromo e iodo) consistem em moléculas que contêm _____ átomo(s).
70. Em que estado físico cada um dos elementos de halogênio existem à temperatura ambiente?

71. Quando um átomo ganha dois elétrons, o íon formado possui uma carga _____.
72. Um íon com um elétron a menos que seu número de prótons tem uma carga _____.
73. Um átomo que perdeu três elétrons terá uma carga _____.
74. Um íon com dois elétrons a mais que seu número de prótons tem uma carga _____.
75. Para cada um dos íons negativos listados na coluna 1, use a tabela periódica para encontrar na coluna 2 o número total de elétrons que o íon contém. Uma alternativa pode ser usada mais de uma vez.

Coluna 1	Coluna 2
[1] Se^{2-}	[a] 18
[2] S^{2-}	[b] 35
[3] P^{3-}	[c] 52
[4] O^{2-}	[d] 34
[5] N^{3-}	[e] 36
[6] I^-	[f] 54
[7] F^-	[g] 10
[8] Cl^-	[h] 9
[9] Br^-	[i] 53
[10] At^-	[j] 86

Tabela 5.A

Íons	Fe^{2+}	Al^{3+}	Na^+	Ca^{2+}	NH_4^+	Fe^{3+}	Ni^{2+}	Hg_2^{2+}	Hg^{2+}
CO_3^{2-}									
BrO_3^-									
$C_2H_3O_2^-$									
OH^-									
HCO_3^-									
PO_4^{3-}									
SO_3^{2-}									
ClO_4^-									
SO_4^{2-}									
O^{2-}									
Cl^-									

Tabela 5.B

Íons	nitrato	sulfato	hidrogenossulfato	di-hidrogenofosfato	óxido	cloreto
cálcio						
estrôncio						
amônio						
alumínio						
ferro(III)						
níquel(II)						
prata(I)						
ouro(III)						
potássio						
mercúrio(II)						
bário						

76. Complete cada um dos processos a seguir, que mostram a formação de íons, indicando o número de elétrons que deve ser ganho ou perdido para formar o íon. Indique o número total de elétrons no íon e no átomo do qual ele foi formado:
    a. $Al \rightarrow Al^{3+}$
    b. $S \rightarrow S^{2-}$
    c. $Cu \rightarrow Cu^{+}$
    d. $F \rightarrow F^{-}$
    e. $Zn \rightarrow Zn^{2+}$
    f. $P \rightarrow P^{3-}$

77. Para cada um dos números atômicos a seguir, use a tabela periódica para escrever a fórmula (incluindo a carga) do íon simples que o elemento é mais passível de formar:
    a. 36
    b. 31
    c. 52
    d. 81
    e. 35
    f. 87

78. Para os pares de íons a seguir, use o princípio da neutralidade elétrica para prever a fórmula do composto binário que os íons são mais passíveis de formar:
    a. Na^{+} e S^{2-}
    b. K^{+} e Cl^{-}
    c. Ba^{2+} e O^{2-}
    d. Mg^{2+} e Se^{2-}
    e. Cu^{2+} e Br^{-}
    f. Al^{3+} e I^{-}
    g. Al^{3+} e O^{2-}
    h. Ca^{2+} e N^{3-}

79. Dê o nome de cada um dos compostos iônicos binários simples a seguir:
    a. BeO
    b. MgI_2
    c. Na_2S
    d. Al_2O_3
    e. HCl
    f. LiF
    g. Ag_2S
    h. CaH_2

80. Em qual dos pares a seguir o nome está incorreto? Dê o nome correto para as fórmulas indicadas.
    a. Ag_2O, monóxido de diprata
    b. N_2O, monóxido de dinitrogênio
    c. Fe_2O_3, óxido de ferro(II)
    d. PbO_2, óxido chumboso
    e. $Cr_2(SO_4)_3$, sulfato de cromo(III)

81. Escreva o nome de cada uma das substâncias iônicas a seguir, usando o sistema que inclui um algarismo romano para especificar a carga do cátion:
    a. $FeBr_2$
    b. CoS
    c. Co_2S_3
    d. SnO_2
    e. Hg_2Cl_2
    f. $HgCl_2$

82. Escreva o nome de cada uma das substâncias iônicas a seguir, usando as terminações -oso ou -ico para indicar a carga do cátion:
    a. $SnCl_2$
    b. FeO
    c. SnO_2
    d. PbS
    e. Co_2S_3
    f. $CrCl_2$

83. Nomeie cada um dos compostos binários a seguir:
    a. XeF_6
    b. OF_2
    c. AsI_3
    d. N_2O_4
    e. Cl_2O
    f. SF_6

84. Nomeie cada um dos compostos a seguir:
    a. $Fe(C_2H_3O_2)_3$
    b. BrF
    c. K_2O_2
    d. $SiBr_4$
    e. $Cu(MnO_4)_2$
    f. $CaCrO_4$

85. Qual oxiânion de nitrogênio contém um número maior de átomos de oxigênio, o íon nitrato ou o íon nitrito?

86. Examine a tabela de fórmulas e nomes a seguir. Quais dos compostos estão nomeados corretamente?

Fórmula	Nome
a. P_2O_5	pentóxido de difósforo
b. ClO_2	óxido de cloro
c. PbI_4	iodeto de chumbo
d. $CuSO_4$	sulfato de cobre(I)

87. Escreva a fórmula para cada um dos seguintes íons contendo cromo, incluindo a carga geral do íon.
    a. cromo
    b. cromato
    c. crômico
    d. dicromato

88. Dê o nome de cada um dos ânions poliatômicos a seguir:
    a. CO_3^{2-}
    b. ClO_3^{-}
    c. SO_4^{2-}
    d. PO_4^{3-}
    e. ClO_4^{-}
    f. MnO_4^{-}

89. Nomeie cada um dos seguintes compostos que contêm íons poliatômicos:
    a. LiH_2PO_4
    b. $Cu(CN)_2$
    c. $Pb(NO_3)_2$
    d. Na_2HPO_4
    e. $NaClO_2$
    f. $Co_2(SO_4)_3$

90. Um membro da família de metais alcalinos terrosos cujo íon mais estável contém 36 elétrons forma um composto com bromo. Qual é a fórmula correta para esse composto?

91. Escreva a fórmula para cada um dos compostos binários dos elementos ametálicos a seguir:
    a. dióxido de enxofre
    b. monóxido de dinitrogênio
    c. tetrafluoreto de xenônio
    d. decóxido de tetrafósforo
    e. pentacloreto de fósforo
    f. hexafluoreto de enxofre
    g. dióxido de nitrogênio

92. Escreva a fórmula de cada uma das substâncias iônicas a seguir:
    a. di-hidrogenofosfato de sódio
    b. perclorato de lítio
    c. hidrogenocarbonato de cobre(II)
    d. acetato de potássio
    e. peróxido de bário
    f. sulfito de césio

93. Escreva a fórmula para cada um dos seguintes compostos que contêm íons poliatômicos. Certifique-se de colocar o íon poliatômico entre parênteses se mais de um desses íons for necessário para equilibrar o(s) íon(s) contendo carga oposta.
    a. perclorato de prata(I) (normalmente chamado de perclorato de prata)
    b. hidróxido de cobalto(III)
    c. hipoclorito de sódio
    d. dicromato de potássio
    e. nitrito de amônio
    f. hidróxido férrico
    g. hidrogenocarbonato de amônio
    h. perbromato de potássio

Problemas para estudo

94. Complete a tabela a seguir para prever se cada átomo vai ganhar ou perder elétrons ao formar seu íon mais comum em um composto iônico.

Átomo	Ganha (G) ou perde (P) elétrons	Íon formado
K		
Cs		
Br		
S		
Se		

95. Quais são as fórmulas dos compostos que correspondem aos nomes dados na tabela a seguir?

Nome do composto	Fórmula
Tetrabrometo de carbono	
Fosfato de de cobalto(II)	
Cloreto de magnésio	
Acetato de níquel(II)	
Nitrato de cálcio	

96. Quais são os nomes dos compostos que correspondem às fórmulas dadas na tabela a seguir?

Fórmula	Nome do composto
$Co(NO_2)_2$	
AsF_5	
$LiCN$	
K_2SO_3	
Li_3N	
$PbCrO_4$	

97. Dê o nome dos ácidos que correspondem às fórmulas dadas na tabela a seguir:

Fórmula	Nome do ácido
H_2SO_3	
$HC_2H_3O_2$	
$HClO_4$	
$HOCl$	
HCN	

98. Quais afirmações a seguir estão corretas?

   a. Os símbolos para os elementos magnésio, alumínio e xenônio são Mn, Al e Xe, respectivamente.
   b. Os elementos P, As e Bi são da mesma família na tabela periódica.
   c. Espera-se que todos os elementos a seguir ganhem elétrons para formar íons em compostos iônicos: Ga, Se e Br.
   d. Os elementos Co, Ni e Hg são todos elementos de transição.
   e. O nome correto para TiO_2 é dióxido de titânio.

REVISÃO CUMULATIVA DOS CAPÍTULOS 4 E 5

Perguntas

1. O que é um elemento? Quais elementos são mais abundantes na Terra? Quais elementos são mais abundantes no corpo humano?

2. Sem consultar nenhuma referência, escreva o nome e o símbolo do máximo de elementos que você conseguir. Quantos você consegue nomear? Quantos você escreveu corretamente?

3. Os símbolos dos elementos prata (Ag), ouro (Au) e tungstênio (W) parecem não ter nenhuma relação com seus nomes em português. Explique e dê três exemplos adicionais.

4. Sem consultar seu livro didático ou suas anotações, exponha o máximo de pontos possíveis da teoria atômica de Dalton. Explique com suas próprias palavras cada ponto da teoria.

5. O que é um composto? O que significa a *lei da composição constante* para os compostos e por que essa lei é tão importante para nosso estudo de química?

6. O que significa um *átomo nuclear*? Descreva os pontos do modelo de Rutherford para o átomo nuclear e como ele testou esse modelo. Com base em seus experimentos, como Rutherford imaginou a estrutura do átomo? Como o modelo de Rutherford da estrutura do átomo difere do modelo "pudim de passas" de Kelvin?

7. Considere o nêutron, o próton e o elétron.
   a. Quais são encontrados no núcleo?
   b. Qual possui a maior massa relativa?
   c. Qual possui a menor massa relativa?
   d. Qual possui uma carga negativa?
   e. Qual é eletricamente neutro?

8. O que são *isótopos*? A que se referem o *número atômico* e o *número de massa* de um isótopo? Como os isótopos específicos são indicados simbolicamente (dê um exemplo e explique)? Os isótopos de um determinado elemento têm as mesmas propriedades químicas e físicas? Explique.

9. Complete a tabela a seguir dando o símbolo, o nome, o número atômico e/ou o número do grupo (família) conforme necessário.

Símbolo	Nome	Número atômico	Número do grupo
Ca			
I			
	césio		
		16	
	arsênio		
Sr			
		14	
	rádio		
Se			
Rn			

10. A maioria dos elementos encontrados na natureza está na forma elementar ou combinada? Por quê? Nomeie os diversos elementos que são encontrados na forma elementar.

11. O que são *íons*? Como os íons são formados a partir dos átomos? Os átomos isolados formam íons espontaneamente? A que se referem os termos *cátion* e *ânion*? Em termos de partículas subatômicas, como um íon é relacionado ao átomo do qual é formado? O núcleo de um átomo muda quando o átomo é convertido em um íon? Como a tabela periódica pode ser usada para prever qual íon os átomos de um elemento vão formar?

12. Quais são algumas propriedades físicas gerais de compostos iônicos como o cloreto de sódio? Como sabemos que substâncias como o cloreto de sódio consistem em partículas com carga negativa e positiva? Já que os compostos iônicos são constituídos de partículas eletricamente carregadas, por que tal composto não tem uma carga elétrica geral? Um composto iônico pode consistir em apenas cátions ou ânions (porém não ambos)? Por que não?

13. Qual princípio usamos para escrever a fórmula de um composto iônico como o NaCl ou o MgI_2? Como sabemos que dois íons de iodo são necessários para cada íon de magnésio, ao passo que somente um íon de cloreto é necessário para cada íon de sódio?

14. Ao escrever o nome de um composto iônico, qual é nomeado primeiro, o ânion ou o cátion? Dê um exemplo. Qual terminação é acrescentada ao nome da raiz de um elemento para mostrar que ele é um ânion simples em um composto iônico Tipo I? Dê um exemplo. Quais são os dois sistemas usados para mostrar a carga do cátion em um composto iônico Tipo II? Dê exemplos de cada sistema para o mesmo composto. Qual tipo geral de elemento está envolvido nos compostos de Tipo II?

15. Descreva o sistema usado para nomear os compostos binários Tipo III (compostos de elementos ametálicos). Dê exemplos gerais para ilustrar o método. Como o sistema se difere daquele usado para os compostos iônicos? Como o sistema para os compostos Tipo III se assemelha àqueles para os compostos iônicos?

16. O que é um íon *poliatômico*? Sem consultar uma referência, liste as fórmulas e os nomes de pelo menos dez íons poliatômicos. Ao escrever a fórmula geral de um composto iônico envolvendo íons poliatômicos, por que os parênteses são usados em torno da fórmula de um íon poliatômico quando mais de um íon está presente? Dê um exemplo.

17. O que é um *oxiânion*? Qual é o sistema especial usado em uma série de oxiânions relacionados que indica o número relativo de átomos de oxigênio em cada íon? Dê exemplos.

18. O que é um *ácido*? Como os ácidos que *não* contêm oxigênio são nomeados? Dê diversos exemplos. Descreva o sistema de nomenclatura para os oxiácidos. Dê exemplos de uma série de oxiácidos que ilustrem esse sistema.

Problemas

19. Complete a tabela a seguir dando o símbolo, o nome, o número atômico e/ou o número do grupo (família) conforme necessário.

Símbolo	Nome	Número atômico	Número do grupo
Al	_____	_____	_____
_____	radônio	_____	_____
_____	enxofre	_____	_____
_____	_____	38	_____
Br	_____	_____	_____
_____	carbono	_____	_____
Ba	_____	_____	_____
_____	_____	88	_____
_____	_____	11	_____
K	_____	_____	_____
_____	germânio	_____	_____
_____	_____	17	_____

20. Seu livro indica que os elementos do Grupo 1, Grupo 2, Grupo 7 e Grupo 8 têm nomes de "família" (metais alcalinos, metais alcalinos terrosos, halogênios e gases nobres, respectivamente). Sem olhar no livro, nomeie o máximo de elementos de cada família que você conseguir. Quais são as semelhanças entre os membros de uma família? Por quê?

21. Usando a tabela periódica mostrada na Fig. 4.9, para cada um dos símbolos a seguir, escreva o nome do elemento e seu número atômico:
    a. Mg   j. Co   s. Se
    b. Ga   k. Cu   t. W
    c. Sn   l. Ag   u. Ra
    d. Sb   m. U   v. Rn
    e. Sr   n. As   w. Ce
    f. Si   o. At   x. Zr
    g. Cs   p. Ar   y. Al
    h. Ca   q. Zn   z. Pd
    i. Cr   r. Mn

22. Quantos elétrons, prótons e nêutrons são encontrados em átomos isolados com os seguintes símbolos atômicos?
    a. $^{17}_{8}O$ e. $^{4}_{2}He$
    b. $^{235}_{92}U$ f. $^{119}_{50}Sn$
    c. $^{37}_{17}Cl$ g. $^{124}_{54}Xe$
    d. $^{3}_{1}H$ h. $^{64}_{30}Zn$

23. Qual íon simples cada um dos elementos a seguir forma com mais frequência?
    a. Mg   f. Ba   j. Ca
    b. F   g. Na   k. S
    c. Ag   h. Br   l. Li
    d. Al   i. K   m. Cl
    e. O

24. Para cada um dos íons simples, indique o número de prótons e de elétrons que o íon contém:
    a. Mg^{2+} d. F^- g. Co^{3+} j. Rb^+
    b. Fe^{2+} e. Ni^{2+} h. N^{3-} k. Se^{2-}
    c. Fe^{3+} f. Zn^{2+} i. S^{2-} l. K^+

25. Usando os íons indicados no Problema 24, escreva as fórmulas e dê os nomes para todos os compostos iônicos possíveis envolvendo esses íons.

26. Escreva a fórmula para cada um dos compostos iônicos binários a seguir:
    a. iodeto de cobre(I)
    b. cloreto cobaltoso
    c. sulfeto de prata
    d. brometo mercuroso
    e. óxido mercúrico
    f. sulfeto de cromo(III)
    g. óxido púmblico
    h. nitreto de potássio
    i. fluoreto estanoso
    j. óxido férrico

27. Quais dos pares fórmula-nome a seguir estão incorretos? Explique o porquê para cada caso.
    a. $Ag(NO_3)_2$ nitrato de prata
    b. Fe_2Cl cloreto ferroso
    c. NaH_2PO_4 hidrogenofosfato de sódio
    d. NH_4S sulfeto de amônio
    e. $KC_2H_3O_2$ acetato de potássio
    f. $Ca(ClO_4)_2$ perclorato de cálcio
    g. $K_2Cr_2O_7$ dicromato de potássio
    h. $BaOH$ hidróxido de bário
    i. Na_2O_2 peróxido de sódio
    j. $Ca(CO_3)_2$ carbonato de cálcio

28. Dê o nome de cada um dos íons poliatômicos a seguir:
    a. NH_4^+ e. NO_2^- h. ClO_4^-
    b. SO_3^{2-} f. CN^- i. ClO^-
    c. NO_3^- g. OH^- j. PO_4^{3-}
    d. SO_4^{2-}

29. Usando os íons poliatômicos negativos listados na Tabela 5.4, escreva as fórmulas para cada um de seus compostos de sódio e cálcio.

30. Dê o nome de cada um dos compostos a seguir:
    a. XeO_2 e. OF_2
    b. ICl_5 f. P_2O_5
    c. PCl_3 g. AsI_3
    d. CO h. SO_3

31. Escreva as fórmulas para cada um dos compostos a seguir:
    a. cloreto mercúrico
    b. óxido de ferro(III)
    c. ácido sulfuroso
    d. hidreto de cálcio
    e. nitrato de potássio
    f. fluoreto de alumínio
    g. monóxido de dinitrogênio
    h. ácido sulfúrico
    i. nitreto de potássio
    j. dióxido de nitrogênio
    k. acetato de prata
    l. ácido acético
    m. cloreto de platina(IV)
    n. sulfeto de amônio
    o. brometo de cobalto(III)
    p. ácido hidrofluórico

Reações químicas: uma introdução

CAPÍTULO 6

6-1 Evidências de uma reação química

6-2 Equações químicas

6-3 Balanceando equações químicas

Relâmpagos em Shancheng, Chongqing, China. View Stock/Getty Images

A química trata de mudanças. A grama cresce. O aço enferruja. O cabelo é descolorido, tingido, enrolado ou alisado. O gás natural queima para aquecer casas. O náilon é produzido para jaquetas, maiôs e meias-calças. A água é decomposta em gás hidrogênio e oxigênio por uma corrente elétrica. O suco de uva fermenta na produção de vinho. O besouro-bombardeiro produz um jato tóxico para atirar contra seus inimigos (consulte o segmento "Química em foco — *O besouro com o tiro certeiro*").

Estes são apenas alguns exemplos de mudanças químicas que afetam todos nós. As reações químicas são o coração e a alma da química, e neste capítulo discutiremos as ideias fundamentais sobre elas.

O náilon é um material forte que produz paraquedas resistentes. ©iStockphoto.com/Jose Ignacio Soto

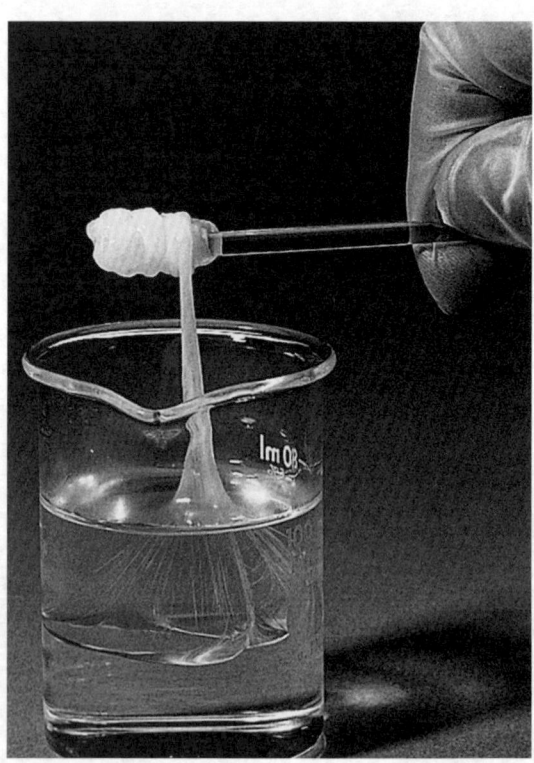

Produção de filme plástico para uso em recipientes como garrafas de refrigerante (*esquerda*). Náilon sendo retirado do limite entre duas soluções contendo diferentes reagentes (*direita*).

6-1 Evidências de uma reação química

OBJETIVO Aprender os sinais que mostram que uma reação química ocorreu.

Energia e as reações químicas serão discutidas mais detalhadamente nos Capítulos 7 e 10.

Como sabemos que uma reação química ocorreu? Isto é, quais são as pistas de que aconteceu uma mudança química? Uma olhada nos processos da introdução

Reações químicas: uma introdução **145**

Tabela 6.1 ▶ Algumas pistas de que uma reação química ocorreu

1. A cor muda.
2. Um sólido se forma.
3. Bolhas se formam.
4. Calor e/ou uma chama é produzida, ou o calor é absorvido.

sugere que as *reações químicas geralmente apresentam um sinal visual*. O ferro se transforma de um material liso e brilhante em uma substância marrom-avermelhada e escamosa quando enferruja. O cabelo muda de cor quando é descolorido. O náilon sólido é formado quando duas soluções líquidas específicas são colocadas em contato. Uma chama azul aparece quando o gás natural reage com o oxigênio. As reações químicas, portanto, muitas vezes, oferecem pistas *visuais*: a cor muda, um sólido se forma, bolhas são produzidas (Fig. 6.1), aparece uma chama, e assim por diante. No entanto, as reações nem sempre são visíveis. Às vezes, o único sinal de que uma reação está ocorrendo é uma variação na temperatura à medida que o calor é produzido ou absorvido (Fig. 6.2).

A Tabela 6.1 resume as pistas comuns à ocorrência de uma reação química, e a Fig. 6.3 fornece alguns exemplos de reações que mostram essas pistas.

Gás oxigênio   Gás hidrogênio

Figura 6.1 ▶ Bolhas dos gases hidrogênio e oxigênio se formam quando uma corrente elétrica é usada para decompor a água.

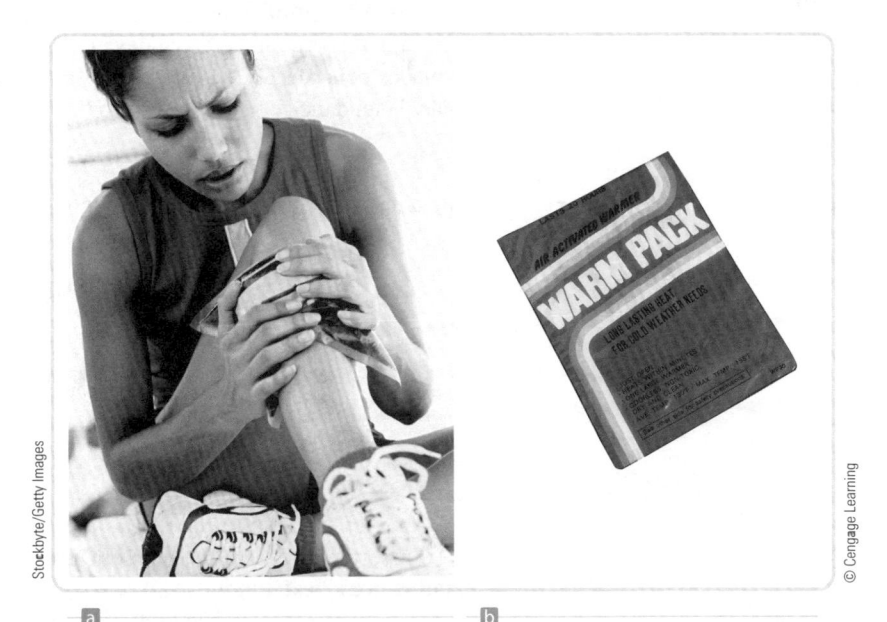

Figura 6.2 ▶

a) Uma garota lesionada usando um saco de gelo para evitar o inchaço. A bolsa é ativada ao quebrar uma ampola; isso inicia uma reação química que absorve rapidamente o calor, diminuindo a temperatura da área onde a bolsa é aplicada.

b) Uma bolsa quente é usada para aquecer as mãos e os pés no inverno. Quando a embalagem é aberta, o oxigênio do ar penetra na bolsa, que contém substâncias químicas sólidas. A reação resultante produz calor por várias horas.

a	b	c	d
Quando o ácido clorídrico incolor é adicionado a uma solução vermelha de nitrato de cobalto(II), a solução fica azul, um sinal de que aconteceu uma reação química.	Um sólido se forma quando uma solução de dicromato de sódio é adicionada a uma solução de nitrato de chumbo.	Bolhas de gás hidrogênio se formam quando o cálcio metálico reage com água.	O gás metano reage com oxigênio para produzir uma chama no bico de Bunsen.

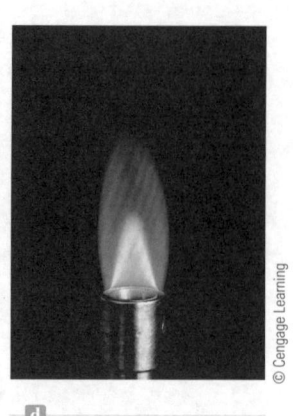

*Você pode visualizar essas imagens em cores no final do livro.

Figura 6.3

6-2 Equações químicas

OBJETIVO Aprender a identificar as características de uma reação química e as informações fornecidas por uma equação química.

Os químicos descobriram que uma mudança química sempre envolve um rearranjo das formas em que os átomos estão agrupados. Por exemplo, quando o metano, CH_4, do gás natural combina com oxigênio, O_2, do ar, e queima, formam-se dióxido de carbono, CO_2, e água, H_2O. Uma mudança química como essa é chamada de **reação química**. Representamos uma reação química ao escrever uma **equação química** na qual as substâncias químicas presentes antes da reação (os **reagentes**) são mostradas à esquerda de uma seta, e as substâncias químicas formadas pela reação (os **produtos**) são mostradas à direita. A seta indica a direção da mudança e se lê como "produz":

$$\text{Reagentes} \rightarrow \text{Produtos}$$

Para a reação do metano com o oxigênio, temos:

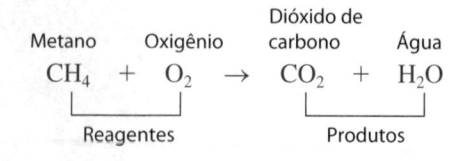

$$\underbrace{\underset{\text{Metano}}{CH_4} + \underset{\text{Oxigênio}}{O_2}}_{\text{Reagentes}} \rightarrow \underbrace{\underset{\substack{\text{Dióxido de} \\ \text{carbono}}}{CO_2} + \underset{\text{Água}}{H_2O}}_{\text{Produtos}}$$

Observe nessa equação que os produtos contêm os mesmos átomos que os reagentes, mas associados de maneiras diferentes. Isto é, *uma reação química envolve a mudança da maneira na qual os átomos estão agrupados.*

É importante reconhecer que, **em uma reação química, os átomos não são criados nem destruídos**. *Todos os átomos presentes nos reagentes devem ser contabilizados entre os produtos.* Em outras palavras, deve haver o mesmo número de cada tipo de átomo no lado da seta do produto e do reagente. O ato de se certificar de que a equação para uma reação obedece a essa regra chama-se **balanceamento da equação química** para uma reação.

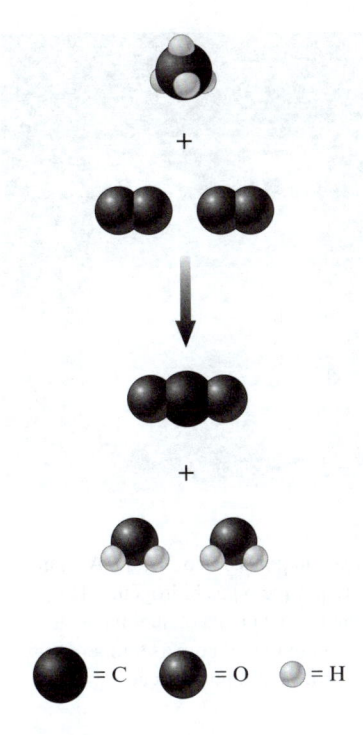

Figura 6.4 ▶ Reação entre o metano e o oxigênio para produzir água e dióxido de carbono. Observe que há quatro átomos de oxigênio nos produtos e nos reagentes; nenhum foi ganho nem perdido na reação. Do mesmo modo, há quatro átomos de hidrogênio e um de carbono nos reagentes e nos produtos. A reação simplesmente muda a forma como os átomos estão agrupados.

A equação que mostramos para a reação entre CH_4 e O_2 não está balanceada. Podemos confirmar isso separando os reagentes e os produtos.

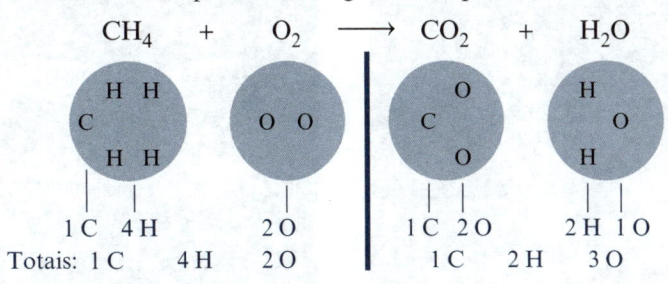

$$CH_4 + O_2 \longrightarrow CO_2 + H_2O$$

Totais: 1 C   4 H   2 O   1 C   2 H   3 O

A reação não pode acontecer dessa forma porque, da maneira como está, entende-se que um átomo de oxigênio é criado e dois átomos de hidrogênio são destruídos. Uma reação é apenas um rearranjo da forma na qual os átomos estão agrupados; os átomos não são criados nem destruídos. O número total de cada tipo de átomo deve ser o mesmo em ambos os lados da seta. Podemos arrumar o desequilíbrio nessa equação incluindo uma molécula a mais de O_2 do lado esquerdo e mostrando a produção de mais uma molécula de H_2O à direita.

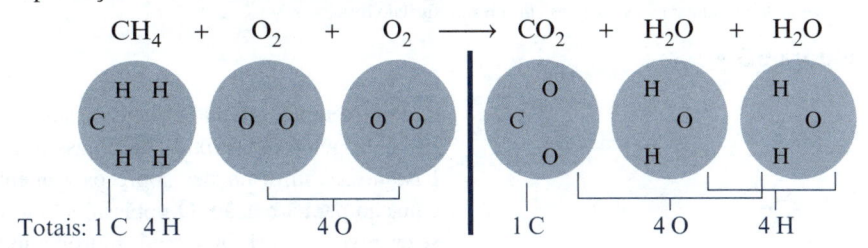

$$CH_4 + O_2 + O_2 \longrightarrow CO_2 + H_2O + H_2O$$

Totais: 1 C 4 H   4 O   1 C   4 O   4 H

Essa *equação química balanceada* mostra os números reais de moléculas envolvidas na reação (Fig. 6.4).

Quando escrevemos a equação balanceada para uma reação, agrupamos as moléculas. Assim,

$$CH_4 + O_2 + O_2 \longrightarrow CO_2 + H_2O + H_2O$$

é escrita

$$CH_4 + 2O_2 \longrightarrow CO_2 + 2H_2O$$

A equação química para uma reação nos fornece dois tipos importantes de informação:

1. As identidades dos reagentes e dos produtos.
2. Os números relativos de cada um.

Estados físicos

Além de especificar os compostos envolvidos na reação, geralmente indicamos os *estados físicos* dos reagentes e dos produtos envolvidos utilizando os seguintes símbolos:

Símbolo	Estado
(s)	sólido
(l)	líquido
(g)	gasoso
(aq)	dissolvido em água (em solução aquosa)

148 Introdução à química: fundamentos

Figura 6.5 ▶

a O reagente potássio metálico (armazenado no óleo mineral para evitar a oxidação).
*Você pode visualizar essas imagens em cores no final do livro.

b O reagente água.

c Reação do potássio com água. A chama ocorre porque o gás hidrogênio, $H_2(g)$, produzido pela reação, queima no ar [reage com $O_2(g)$] com as temperaturas altas provocadas pela reação.

Por exemplo, quando o potássio sólido reage com água líquida, os produtos são gás hidrogênio e hidróxido de potássio; este permanece dissolvido na água. Com base nessas informações sobre os reagentes e os produtos, podemos escrever a equação para a reação. O potássio sólido é representado por $K(s)$; a água líquida se escreve como $H_2O(l)$; o gás hidrogênio contém moléculas diatômicas e é representado como $H_2(g)$; o hidróxido de potássio dissolvido na água se escreve como $KOH(aq)$. Portanto, a equação *não balanceada* para a reação é

$$\underset{\text{Potássio sólido}}{K(s)} + \underset{\text{Água}}{H_2O(l)} \rightarrow \underset{\text{Gás hidrogênio}}{H_2(g)} + \underset{\text{Hidróxido de potássio dissolvido em água}}{KOH(aq)}$$

Essa reação é mostrada na Fig. 6.5.

O gás hidrogênio produzido nessa reação reage com o gás oxigênio no ar, produzindo água gasosa e uma chama. A equação *não balanceada* para essa segunda reação é:

$$H_2(g) + O_2(g) \rightarrow H_2O(g)$$

Ambas as reações produzem uma grande quantidade de calor. No Exemplo resolvido 6.1, praticaremos a escrita de equações não balanceadas para as reações. Em seguida, na seção posterior, discutiremos os procedimentos sistemáticos para balancear as equações.

Exemplo resolvido 6.1 — Equações químicas: reconhecendo reagentes e produtos

Escreva a equação química *não balanceada* para cada uma das seguintes reações:

a. O óxido de mercúrio(II) sólido se decompõe para produzir mercúrio metálico líquido e o oxigênio gasoso.

b. O carbono sólido reage com oxigênio gasoso para formar dióxido de carbono gasoso.

c. O zinco sólido é adicionado a uma solução aquosa que contém cloreto de hidrogênio dissolvido para produzir hidrogênio gasoso, que borbulha na solução, e cloreto de zinco, que permanece dissolvido na água.

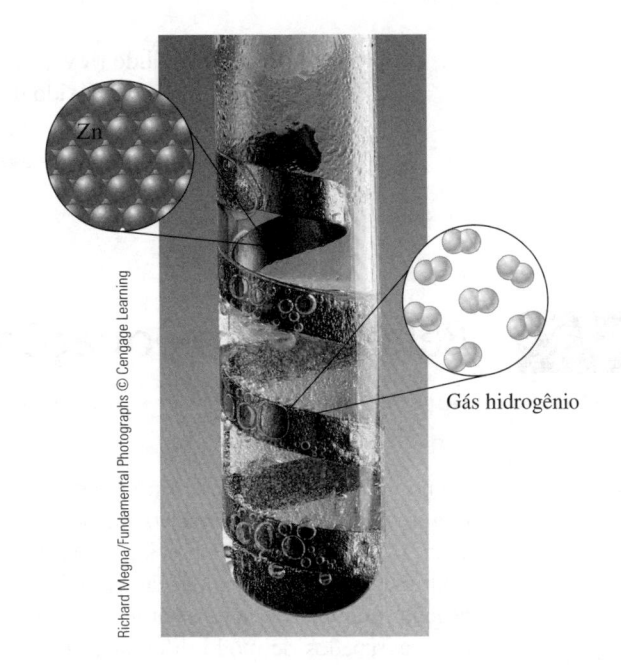

O zinco metálico reage com ácido clorídrico para produzir bolhas de gás hidrogênio.

Gás hidrogênio

SOLUÇÃO

a. Nesse caso, temos apenas um reagente, o óxido de mercúrio(II). O nome óxido de mercúrio(II) significa que o cátion Hg^{2+} está presente, logo, um íon O^{2-} é necessário para uma carga líquida zero. Dessa forma, a fórmula é HgO, que se escreve HgO(s) nesse caso, porque é dada como um sólido. Os produtos são mercúrio líquido, escrito como Hg(l), e oxigênio gasoso, escrito como $O_2(g)$. (Lembre-se de que o oxigênio existe como uma molécula diatômica sob condições normais.) A equação não balanceada é

$$\underset{\text{Reagente}}{HgO(s)} \rightarrow \underset{\text{Produtos}}{Hg(l) + O_2(g)}$$

b. Nesse caso, o carbono sólido, escrito como C(s), reage com o gás oxigênio, $O_2(g)$, para formar dióxido de carbono gasoso, que se escreve $CO_2(g)$. A equação (que está balanceada) é

$$\underset{\text{Reagentes}}{C(s) + O_2(g)} \rightarrow \underset{\text{Produto}}{CO_2(g)}$$

Como Zn forma apenas o íon Zn^{2+}, não é costume usar um numeral romano. Assim, $ZnCl_2$ é comumente chamado de cloreto de zinco.

c. Nessa reação, o zinco sólido, Zn(s), é adicionado a uma solução aquosa de cloreto de hidrogênio, que se escreve HCl(aq) e é chamada de ácido clorídrico. Esses são os reagentes. Os produtos da reação são o hidrogênio gasoso, $H_2(g)$, e o zinco aquoso. O nome cloreto de zinco significa que o íon Zn^{2+} está presente, logo, dois íons Cl^- são necessários para atingir uma carga líquida zero. Dessa forma, o cloreto de zinco dissolvido em água se escreve como $ZnCl_2(aq)$. A equação não balanceada para a reação é

$$\underset{\text{Reagentes}}{Zn(s) + HCl(aq)} \rightarrow \underset{\text{Produtos}}{H_2(g) + ZnCl_2(aq)}$$

AUTOVERIFICAÇÃO

Exercício 6.1 Identifique os reagentes e os produtos e escreva a equação *não balanceada* (incluindo os símbolos para os estados) de cada uma das reações químicas a seguir:

a. O magnésio metálico sólido reage com água líquida para formar hidróxido de magnésio sólido e gás hidrogênio.

b. O dicromato de amônio sólido (reveja a Tabela 5.4, caso esse composto seja desconhecido) se decompõe em óxido de cromo(III) sólido, nitrogênio gasoso e água gasosa.

c. A amônia gasosa reage com oxigênio gasoso para formar monóxido de nitrogênio gasoso e água gasosa.

Consulte os Problemas 6.13 até 6.34. ■

6-3 Balanceando equações químicas

OBJETIVO Aprender como escrever uma equação balanceada para a reação química.

Como vimos na seção anterior, uma equação química não balanceada não é uma representação precisa da reação que ocorre. Sempre que você se deparar com uma equação de uma reação, é preciso se perguntar se ela está balanceada. O princípio central do processo de balanceamento é que os **átomos são conservados em uma reação química**. Ou seja, os átomos não são criados nem destruídos. Eles apenas estão agrupados de modo diferente. O mesmo número de cada tipo de átomo é encontrado entre os reagentes e os produtos.

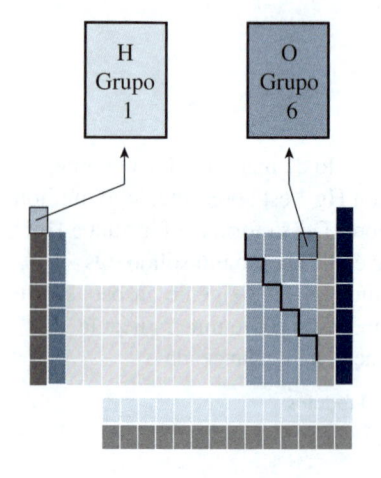

Os químicos determinam a identidade dos reagentes e dos produtos de uma reação por observação experimental. Por exemplo, quando o metano (gás natural) é queimado na presença de gás oxigênio suficiente, os produtos sempre serão dióxido de carbono e água. **As identidades (fórmulas) dos compostos nunca devem ser alteradas no balanceamento de uma equação química**. Em outras palavras, os índices inferiores em uma fórmula não podem ser alterados, nem os átomos podem ser adicionados ou subtraídos de uma fórmula.

A maioria das equações químicas pode ser balanceada por tentativa e erro — isto é, por inspeção. Continue tentando até que você encontre os números dos reagentes e dos produtos que deem o mesmo número de cada tipo de átomo em ambos os lados da seta. Por exemplo, considere a reação do gás hidrogênio e do gás oxigênio para formar água líquida. Primeiro, escrevemos a equação não balanceada da descrição da reação:

$$H_2(g) + O_2(g) \rightarrow H_2O(l)$$

Podemos ver que essa equação não está balanceada ao contar os átomos nos dois lados da seta.

$$H_2(g) + O_2(g) \longrightarrow H_2O(l)$$

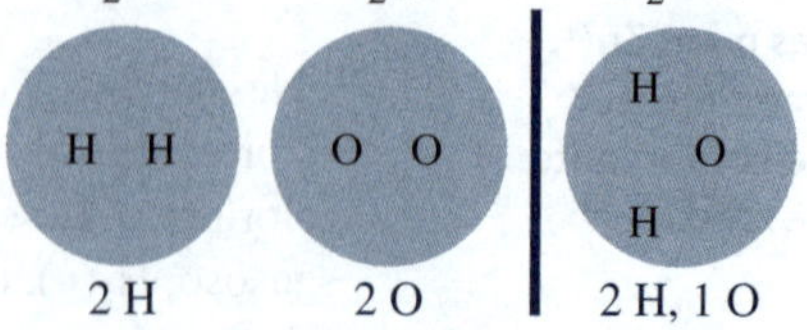

2 H   2 O   2 H, 1 O

Reagentes	Produtos
2 H	2 H
2 O	1 O

Temos um átomo a mais de oxigênio nos reagentes do que no produto. Como não podemos criar nem destruir átomos, *tampouco alterar as fórmulas* dos reagentes ou dos produtos, devemos balancear a equação ao adicionar mais moléculas de reagentes e/ou produtos. Nesse caso, precisamos de mais um átomo de oxigênio à direita, logo, adicionamos outra molécula de água (que contém um átomo O). Então podemos contar todos os átomos novamente:

$$H_2(g) + O_2(g) \longrightarrow H_2O(l) + H_2O(l)$$

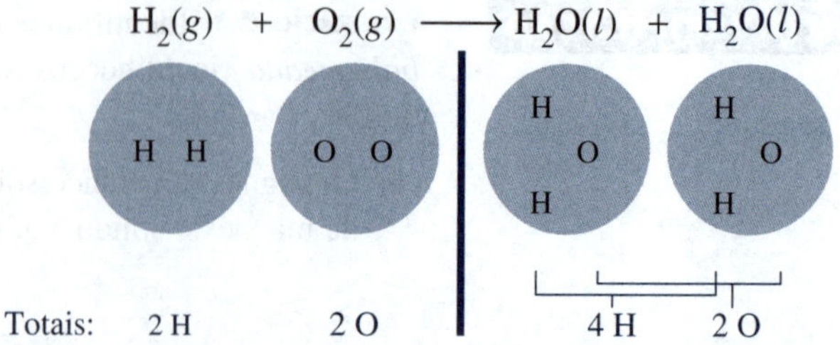

Reagentes	Produtos
2 H	4 H
2 O	2 O

Totais: 2 H   2 O   4 H   2 O

Balanceamos os átomos de oxigênio, mas agora os átomos de hidrogênio não estão balanceados, pois há mais átomos de hidrogênio à direita. Podemos solucionar esse problema ao adicionar outra molécula de hidrogênio (H$_2$) no lado dos reagentes:

$$H_2(g) + H_2(g) + O_2(g) \longrightarrow H_2O(l) + H_2O(l)$$

Reagentes	Produtos
4 H	4 H
2 O	2 O

Totais: 4 H 2 O | 4 H 2 O

A equação agora está balanceada. Temos o mesmo número de átomos de hidrogênio e de oxigênio representados em ambos os lados da seta. Contabilizando as moléculas, escrevemos a equação balanceada como:

$$2H_2(g) + O_2(g) \rightarrow 2H_2O(l)$$

Considere a seguir o que acontece se multiplicarmos cada parte dessa equação balanceada por 2:

$$2 \times [2H_2(g) + O_2(g) \rightarrow 2H_2O(l)]$$

para fornecer

$$4H_2(g) + 2O_2(g) \rightarrow 4H_2O(l)$$

Essa equação está balanceada (conte os átomos para verificar). Na verdade, podemos multiplicar ou dividir *todas as partes* da equação balanceada original por qualquer número para formar uma nova equação balanceada. Assim, cada reação química tem muitas equações balanceadas possíveis. Uma das muitas possibilidades tem preferência sobre as outras? Sim.

A convenção aceita é que a "melhor" equação balanceada é aquela com *os menores números inteiros*. Esses números inteiros são chamados de **coeficientes** da equação balanceada. Portanto, na reação do hidrogênio e do oxigênio para formar água, a equação balanceada "correta" é:

$$2H_2(g) + O_2(g) \rightarrow 2H_2O(l)$$

Os coeficientes 2, 1 (nunca escrito) e 2, respectivamente, são os menores *números inteiros* que formam uma equação balanceada para essa reação.

Pensamento crítico

E se um amigo estivesse balanceando equações químicas mudando os valores dos índices em vez de mudar os coeficientes? Como você explicaria a ele que esse método é a abordagem errada?

A seguir, vamos balancear a equação para a reação do etanol líquido, C$_2$H$_5$OH, com gás oxigênio para formar dióxido de carbono gasoso e água. Essa reação, entre outras, ocorre em motores que queimam uma mistura de gasolina-etanol.

A primeira etapa para obter a equação balanceada para uma reação é sempre identificar os reagentes e os produtos da descrição dada pela reação. Nesse caso, sabemos que o etanol líquido, C$_2$H$_5$OH(l), reage com o oxigênio gasoso, O$_2$(g), para produzir dióxido de carbono gasoso, CO$_2$(g), e água gasosa, H$_2$O(g). Portanto, a equação não balanceada é:

$$\underset{\text{Etanol líquido}}{C_2H_5OH(l)} + \underset{\text{Oxigênio gasoso}}{O_2(g)} \rightarrow \underset{\text{Dióxido de carbono gasoso}}{CO_2(g)} + \underset{\text{Água gasosa}}{H_2O(g)}$$

QUÍMICA EM FOCO

O besouro com o tiro certeiro

Se alguém lhe diz "Dê o nome de algo que se protege ao atingir seus inimigos com um borrifo" sua resposta provavelmente seria "um gambá". Claro que você estaria certo, mas há outra resposta correta — o besouro-bombardeiro. Quando ameaçado, esse inseto dispara um jato fervente de substâncias químicas em seu inimigo. Como esse esperto besouro consegue fazer isso? Obviamente a mistura fervente não pode ficar armazenada dentro do corpo dele o tempo todo. Em vez disso, quando está em perigo, o inseto mistura substâncias químicas que produzem o jato quente. As substâncias químicas envolvidas são armazenadas em dois compartimentos. Um compartimento contém peróxido de hidrogênio (H_2O_2) e metil-hidroquinona ($C_7H_8O_2$). A principal reação é a decomposição do peróxido de hidrogênio para formar gás oxigênio e água:

$$2H_2O_2(aq) \rightarrow 2H_2O(l) + O_2(g)$$

O peróxido de hidrogênio também reage com as hidroquinonas para produzir outros compostos que se tornam parte do jato tóxico.

No entanto, nenhuma dessas reações ocorre rapidamente a menos que certas enzimas estejam presentes. (As enzimas são substâncias naturais que aceleram as reações biológicas por meios que não iremos discutir aqui.) Quando o besouro mistura o peróxido de hidrogênio e as hidroquinonas com a enzima, a decomposição de H_2O_2 ocorre rapidamente, produzindo uma mistura quente pressurizada pela formação do gás oxigênio. Quando a pressão do gás fica alta o suficiente, o jato quente é ejetado em uma longa torrente ou em explosões curtas. O besouro tem uma mira bastante precisa e pode disparar diversos ataques com uma carga de jato.

Um besouro-bombardeiro se defendendo.

Quando uma molécula em uma equação é mais complexa (contém mais elementos) que as outras, é melhor começar por ela. A molécula mais complexa aqui é C_2H_5OH, portanto, começaremos considerando os produtos que contêm os átomos em C_2H_5OH. Começamos com o carbono. O único produto que contém carbono é CO_2. Como C_2H_5OH contém dois átomos de carbono, colocamos um 2 antes do CO_2 para balancear os átomos de carbono.

C_2H_5OH

H
C H
H O H
C H
H

2 C, 6 H, 1 O

$$C_2H_5OH(l) + O_2(g) \longrightarrow 2CO_2(g) + H_2O(g)$$
2 átomos C   2 átomos C

Lembre-se, não podemos mudar a fórmula de nenhum reagente ou produto quando balanceamos uma equação. Podemos apenas colocar coeficientes na frente das fórmulas.

Em seguida, consideramos o hidrogênio. O único produto que contém hidrogênio é H_2O. E C_2H_5OH contém seis átomos de hidrogênio, portanto precisamos de seis átomos de hidrogênio à direita. Como cada H_2O contém dois átomos de hidrogênio, precisamos de três moléculas H_2O para produzir seis átomos de hidrogênio. Então colocamos um 3 antes da H_2O:

O—C—O	H—O—H
O—C—O	H—O—H
	H—O—H
4 átomos O	3 átomos O

$$C_2H_5OH(l) + O_2(g) \longrightarrow 2CO_2(g) + 3H_2O(g)$$
(5 + 1) H   (3 × 2) H
6 H   6 H

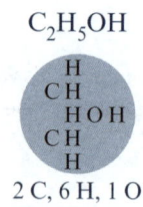

Por fim, contamos os átomos de oxigênio. À esquerda temos três átomos de oxigênio (um no C_2H_5OH e dois no O_2), e à direita temos sete átomos de oxigênio (quatro no $2CO_2$ e três na $3H_2O$). Podemos corrigir esse desequilíbrio se tivermos três moléculas de O_2 à esquerda. Isto é, colocamos um coeficiente 3 antes do O_2 para obter a equação balanceada:

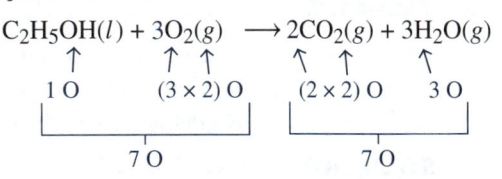

$$C_2H_5OH(l) + 3O_2(g) \longrightarrow 2CO_2(g) + 3H_2O(g)$$

$$\underbrace{1\ O \qquad (3 \times 2)\ O}_{7\ O} \qquad \underbrace{(2 \times 2)\ O \qquad 3\ O}_{7\ O}$$

Neste ponto você pode ter uma dúvida: por que escolhemos O_2 à esquerda quando balanceamos os átomos de oxigênio? Por que não usamos C_2H_5OH, que tinha um átomo de oxigênio? A resposta é que, se tivéssemos mudado o coeficiente na frente do C_2H_5OH, teríamos desbalanceado os átomos de hidrogênio e carbono. Agora contamos todos os átomos para nos certificar de que a equação está balanceada:

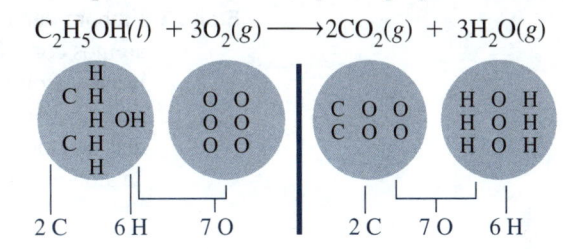

$$C_2H_5OH(l) + 3O_2(g) \longrightarrow 2CO_2(g) + 3H_2O(g)$$

Totais: 2 C   6 H   7 O | 2 C   7 O   6 H

Reagentes	Produtos
2 C	2 C
6 H	6 H
7 O	7 O

A equação agora está balanceada. Temos os mesmos números de todos os tipos de átomos em ambos os lados da seta. Observe que esses coeficientes são os menores números inteiros que formam uma equação balanceada.

O processo de escrever e balancear a equação para uma reação química consiste em várias etapas:

Como escrever e balancear equações

Etapa 1 Leia a descrição da reação química. Quais são os reagentes, os produtos e seus estados? Escreva as fórmulas apropriadas.

Etapa 2 Escreva a equação *não balanceada* que resume as informações da etapa 1.

Etapa 3 Faça o balanceamento da equação por inspeção, iniciando com a molécula mais complexa. Proceda elemento por elemento para determinar quais coeficientes são necessários de modo que o mesmo número de cada tipo de átomo apareça tanto no lado dos reagentes quanto no dos produtos. Não mude as identidades (fórmulas) de nenhum dos reagentes ou produtos.

Etapa 4 Confirme se os coeficientes usados formam o mesmo número de cada tipo de átomo em ambos os lados da seta. (Observe que um "átomo" pode estar presente em um elemento, um composto ou um íon.) Também confirme se esses coeficientes são os menores números inteiros que uma equação balanceada pode fornecer. Isso pode ser feito ao determinar se todos os coeficientes podem ser divididos pelo mesmo número inteiro para ter um grupo de coeficientes de *números inteiros* menores.

Pensamento crítico

Uma parte da estratégia da solução de problemas para balancear as equações químicas é "começar com a molécula mais complexa". E se você começar com uma molécula diferente? Ainda conseguiria balancear a equação química? Como essa abordagem se diferenciaria da técnica sugerida?

Exemplo resolvido 6.2 — Balanceando equações químicas I

Para a reação a seguir, escreva a equação não balanceada e, depois, balanceie-a: potássio sólido reage com água líquida para formar hidrogênio gasoso e hidróxido de potássio que dissolve na água.

SOLUÇÃO

Etapa 1 Com base na descrição dada para a reação, sabemos que os reagentes são potássio sólido, $K(s)$, e água líquida, $H_2O(l)$. Os produtos são hidrogênio gasoso, $H_2(g)$, e hidróxido de potássio dissolvido, $KOH(aq)$.

Etapa 2 A equação não balanceada da reação é

$$K(s) + H_2O(l) \rightarrow H_2(g) + KOH(aq)$$

Etapa 3 Embora nenhum dos reagentes ou produtos seja muito complexo, iniciaremos com KOH porque ele contém a maior parte dos elementos (três). Iremos arbitrariamente considerar o hidrogênio primeiro. Observe que, do lado do reagente da equação na etapa 2, há dois átomos de hidrogênio, mas do lado do produto há três. Se colocarmos um coeficiente 2 na frente de ambos H_2O e KOH, teremos quatro átomos H de cada lado:

$$K(s) + 2H_2O(l) \rightarrow H_2(g) + 2KOH(aq)$$

4 átomos H	2 átomos H	2 átomos H

Observe também que os átomos de oxigênio se balanceiam:

$$K(s) + 2H_2O(l) \rightarrow H_2(g) + 2KOH(aq)$$

2 átomos O	2 átomos O

No entanto, os átomos K não se balanceiam; temos um à esquerda e dois à direita. Podemos arrumar isso facilmente colocando um coeficiente 2 na frente de $K(s)$ para ter a equação balanceada:

$$2K(s) + 2H_2O(l) \rightarrow H_2(g) + 2KOH(aq)$$

Etapa 4

Reagentes	Produtos
2 K	2 K
4 H	4 H
2 O	2 O

VERIFICAÇÃO Há 2 K, 4 H e 2 O em ambos os lados da seta, e os coeficientes são os menores números inteiros que formam uma equação balanceada. Sabemos disso porque não podemos dividir por um determinado número inteiro para ter um grupo de coeficientes de *números inteiros* menores. Por exemplo, se dividirmos todos os coeficientes por 2, obtemos:

$$K(s) + H_2O(l) \rightarrow \tfrac{1}{2}H_2(g) + KOH(aq)$$

Isso não é aceitável, porque o coeficiente para o H_2 não é um número inteiro. ■

Exemplo resolvido 6.3 — Balanceando equações químicas II

Sob condições apropriadas a 1000 °C, a amônia gasosa reage com oxigênio gasoso para produzir monóxido de nitrogênio gasoso (nome comum, óxido nítrico) e água gasosa. Escreva as equações não balanceada e balanceada para essa reação.

SOLUÇÃO

Etapa 1 Os reagentes são gás amônia, $NH_3(g)$, e oxigênio gasoso, $O_2(g)$. Os produtos são monóxido de nitrogênio gasoso, $NO(g)$, e água gasosa, $H_2O(g)$.

Reagentes	Produtos
1 N	1 N
3 H	2 H
2 O	2 O

Etapa 2 A equação não balanceada para a reação é:

$$NH_3(g) + O_2(g) \rightarrow NO(g) + H_2O(g)$$

Etapa 3 Nessa equação não há uma molécula que seja obviamente a mais complexa. As três moléculas contêm dois elementos, portanto, começamos arbitrariamente com NH_3, olhando para o hidrogênio. Um coeficiente 2 para NH_3 e um coeficiente 3 para H_2O formam seis átomos de hidrogênio em ambos os lados.

$$2NH_3(g) + O_2(g) \rightarrow NO(g) + 3H_2O(g)$$
$$\underbrace{\qquad}_{6H} \qquad\qquad \underbrace{\qquad}_{6H}$$

Podemos balancear o nitrogênio com um coeficiente de 2 para NO.

$$2NH_3(g) + O_2(g) \rightarrow 2NO(g) + 3H_2O(g)$$
$$\underbrace{\qquad}_{2N} \qquad\qquad \underbrace{\qquad}_{2N}$$

$\frac{5}{2} = 2\frac{1}{2}$

O—O
O—O $2\frac{1}{2} O_2$
O+O   Contém 5 átomos de O

Por fim, observamos que há dois átomos de oxigênio à esquerda e cinco à direita. O oxigênio pode ser balanceado com um coeficiente $\frac{5}{2}$ para O_2, porque $\frac{5}{2} \times O_2$ formam cinco átomos de oxigênio.

$$2NH_3(g) + \tfrac{5}{2}O_2(g) \rightarrow 2NO(g) + 3H_2O(g)$$
$$\underbrace{\qquad}_{5O} \quad \underbrace{\qquad}_{2O} \quad \underbrace{\qquad}_{3O}$$

No entanto, a convenção é representar coeficientes com números inteiros, portanto, multiplicamos toda a equação por 2.

$$2 \times [2NH_3(g) + \tfrac{5}{2}O_2(g) \rightarrow 2NO(g) + 3H_2O(g)]$$

ou

$$2 \times 2NH_3(g) + 2 \times \tfrac{5}{2}O_2(g) \rightarrow 2 \times 2NO(g) + 2 \times 3H_2O(g)$$
$$4NH_3(g) + 5O_2(g) \rightarrow 4NO(g) + 6H_2O(g)$$

Reagentes	Produtos
4 N	4 N
12 H	12 H
10 O	10 O

Etapa 4

VERIFICAÇÃO Há 4 N, 12 H e 10 átomos O em ambos os lados, portanto, a equação está balanceada. Esses coeficientes são os menores números inteiros que formam uma equação balanceada. Isto é, não podemos dividir todos os coeficientes pelo mesmo número inteiro e obter um grupo menor de *números inteiros*.

AUTOVERIFICAÇÃO

Exercício 6.2 O propano, C_3H_8, um líquido a 25 °C sob alta pressão, geralmente é usado para grelhas a gás e como um combustível em áreas rurais onde não há gás natural encanado. Quando o propano líquido é liberado de seu bujão de armazenagem, ele passa para propano gasoso, que reage com gás oxigênio (ele "queima") para produzir dióxido de carbono gasoso; e água gasosa. Escreva e balanceie a equação dessa reação.

DICA Essa descrição de um processo químico contém muitas palavras, algumas delas são cruciais para solucionar o problema e outras não. Primeiro, selecione as informações importantes e use símbolos para representá-las.

Consulte os Problemas 6.37 até 6.44. ■

Exemplo resolvido 6.4 — Balanceando equações químicas III

O vidro às vezes é decorado por padrões de gravura à água-forte em sua superfície. Esse tipo de gravura ocorre quando o ácido fluorídrico (uma solução aquosa de HF) reage com o dióxido de silício do vidro para formar tetrafluoreto de silício gasoso e água líquida. Escreva e balanceie a equação dessa reação.

As decorações no vidro são produzidas por gravura à água-forte com ácido fluorídrico.

SOLUÇÃO

Etapa 1 Com base na descrição da reação podemos identificar os reagentes:

ácido fluorídrico	HF(aq)
dióxido de silício sólido	$SiO_2(s)$

e os produtos:

tetrafluoreto de silício gasoso	$SiF_4(g)$
água líquida	$H_2O(l)$

Etapa 2 A equação não balanceada é

$$SiO_2(s) + HF(aq) \rightarrow SiF_4(g) + H_2O(l)$$

Reagentes	Produtos
1 Si	1 Si
1 H	2 H
1 F	4 F
2 O	1 O

Etapa 3 Não há escolha clara aqui para a molécula mais complexa. Arbitrariamente, iniciamos com os elementos no SiF_4. O silício está balanceado (um átomo de cada lado), mas o flúor não está. Para balancear o flúor, precisamos de um coeficiente 4 antes do HF.

$$SiO_2(s) + 4HF(aq) \rightarrow SiF_4(g) + H_2O(l)$$

Reagentes	Produtos
1 Si	1 Si
4 H	2 H
4 F	4 F
2 O	1 O

O hidrogênio e o oxigênio não estão balanceados. Como temos quatro átomos de hidrogênio à esquerda e dois à direita, colocamos um 2 antes de H_2O:

$$SiO_2(s) + 4HF(aq) \rightarrow SiF_4(g) + 2H_2O(l)$$

Isso balanceia o hidrogênio e o oxigênio (dois átomos de cada lado).

Reagentes	Produtos
1 Si	1 Si
4 H	4 H
4 F	4 F
2 O	2 O

Etapa 4

VERIFICAÇÃO $SiO_2(s) + 4HF(aq) \rightarrow SiF_4(g) + 2H_2O(l)$

Totais: 1 Si, 2 O, 4 H, 4 F → 1 Si, 4 F, 4 H, 2 O

Todos os átomos conferem, portanto, a equação está balanceada.

AUTOVERIFICAÇÃO

Se você estiver tendo dificuldade para escrever fórmulas a partir dos nomes, revise as seções apropriadas do Capítulo 5. É muito importante que você consiga fazer isso.

Exercício 6.3 Forneça a equação balanceada de cada uma das seguintes reações:

a. Quando o nitrito de amônio sólido é aquecido, produz gás nitrogênio e vapor de água.
b. O monóxido de nitrogênio gasoso (nome comum, óxido nítrico) se decompõe para produzir gás monóxido de dinitrogênio (nome comum, óxido nitroso) e gás dióxido de nitrogênio.
c. O ácido nítrico líquido se decompõe para produzir gás dióxido de nitrogênio marrom-avermelhado, água líquida e gás oxigênio. (É por isso que os frascos de ácido nítrico ficam amarelos quando estão guardados.)

Consulte os Problemas 6.37 até 6.44. ∎

CAPÍTULO 6 REVISÃO

F direciona para *Química em foco* no capítulo

Termos-chave

reação química (6-2)
equação química (6-2)
reagentes (6-2)
produtos (6-2)
balanceando a equação química (6-2)
coeficientes (6-3)

Para revisão

▶ Uma reação química produz um sinal de que ocorreu. Esses sinais incluem:
  • Mudança de cor
  • Formação de um sólido
  • Formação de bolhas
  • Calor
  • Chama

▶ Os estados físicos dos reagentes e produtos em uma reação são indicados pelos símbolos a seguir.

Estados físicos	
Símbolo	Estado
(s)	sólido
(l)	líquido
(g)	gasoso
(aq)	dissolvido em água (em solução aquosa)

▶ As reações químicas envolvem um rearranjo das formas em que os átomos estão agrupados.

▶ Uma equação química representa uma reação química.
  • Os reagentes são mostrados à esquerda de uma seta.
  • Os produtos são mostrados à direita de uma seta.

▶ Em uma reação química, os átomos não são criados nem destruídos. Uma equação química balanceada deve ter o mesmo número de cada tipo de átomo nos lados do reagente e do produto.

▶ Uma equação química balanceada utiliza números (coeficientes) na frente das fórmulas do reagente e do produto para mostrar os números relativos de cada um.

▶ Uma reação química é balanceada com o uso de uma abordagem sistemática.
  • Escreva as fórmulas dos reagentes e dos produtos para escrever a equação química não balanceada.
  • Faça o balanceamento por tentativa e erro, iniciando com a(s) molécula(s) mais complexa(s).
  • Verifique para se certificar de que a equação está balanceada (mesmo número de todos os tipos de átomos nos lados do reagente e do produto).

Questões de aprendizado ativo

Estas questões foram desenvolvidas para ser resolvidas por grupos de alunos em sala de aula. Normalmente, elas funcionam bem para introduzir um tópico específico em sala.

1. As seguintes afirmações são respostas reais de alunos para a pergunta: Por que é necessário balancear as equações químicas?
   a. As substâncias químicas não reagem até que você tenha adicionado as proporções corretas.
   b. Os produtos corretos não serão formados a menos que as quantidades corretas dos reagentes tenham sido adicionadas.
   c. Um certo número de produtos não pode ser formado sem um certo número de reagentes.
   d. A equação balanceada informa quanto reagente é necessário e permite que você preveja quanto de produto será produzido.
   e. Uma proporção deve ser estabelecida para a reação ocorrer como escrito.

   Justifique a melhor opção e, para as opções que você não escolher, explique por que elas estão incorretas.

2. Quais informações podemos obter de uma fórmula? E de uma equação?
3. Dada a equação para a reação: $N_2 + H_2 \rightarrow NH_3$, desenhe um diagrama molecular que represente a reação (certifique-se de que está balanceado).
4. O que os índices inferiores em uma fórmula química representam? O que os coeficientes em uma equação química balanceada representam?
5. Os índices inferiores em uma fórmula química podem ser fracionários? Explique.
6. Os coeficientes em uma equação química balanceada podem ser fracionários? Explique.
7. Mudar os índices de substâncias químicas pode balancear matematicamente as equações. Por que isso é inaceitável?
8. A Tabela 6.1 lista algumas pistas de que uma reação química ocorreu. Entretanto, esses eventos não necessariamente comprovam a existência de uma mudança química. Forneça um exemplo para cada uma das pistas de que não é uma reação química, mas uma mudança física.
9. Use desenhos de nível molecular para mostrar a diferença entre mudanças físicas e químicas.
10. Foi afirmado na Seção 6-3 do livro que, para balancear equações por tentativa, inicia-se "com a molécula mais complexa". O que isso significa? Por que é melhor fazer isso?
11. Quais das seguintes afirmações a respeito de equações químicas balanceadas é verdadeira? Pode haver mais de uma afirmação verdadeira.
    a. Os átomos não são criados nem destruídos.
    b. Os coeficientes indicam as proporções da massa das substâncias utilizadas.
    c. A soma dos coeficientes do lado do reagente sempre é igual à soma dos coeficientes do lado do produto.
12. Considere a equação química genérica $aA + bB \rightarrow cC + dD$ (em que a, b, c e d representam os coeficientes para as substâncias químicas A, B, C e D, respectivamente).
    a. Quantos valores possíveis existem para "c"? Explique sua resposta.
    b. Quantos valores possíveis existem para "c/d"? Explique sua resposta.
13. De que forma o balanceamento das equações químicas está relacionado com a lei de conservação da massa?
14. Quais das seguintes afirmações descreve corretamente a equação química balanceada dada abaixo? Pode haver mais de uma afirmação verdadeira. Se uma afirmação estiver incorreta, explique o porquê.

    $$4Al + 3O_2 \rightarrow 2Al_2O_3$$

    a. Para cada 4 átomos de alumínio que reagem com 6 átomos de oxigênio, 2 moléculas de óxido de alumínio são produzidas.
    b. Para cada 4 mol de alumínio que reagem com 3 mol de oxigênio, 2 mol de óxido de alumínio(III) são produzidos.
    c. Para cada 4 g de alumínio que reagem com 3 g de oxigênio, 2 g de óxido de alumínio são produzidos.
15. Em qual das seguintes alternativas há o balanceamento correto da equação química dada abaixo? Pode haver mais de uma equação balanceada correta. Se alguma equação estiver incorreta, explique o porquê.

    $$CaO + C \rightarrow CaC_2 + CO_2$$

    a. $CaO_2 + 3C \rightarrow CaC_2 + CO_2$
    b. $2CaO + 5C \rightarrow 2CaC_2 + CO_2$
    c. $CaO + 2½C \rightarrow CaC_2 + ½CO_2$
    d. $4CaO + 10C \rightarrow 4CaC_2 + 2CO_2$
16. A reação de um elemento X (△) com o elemento Y (○) é representada no diagrama a seguir. Qual dos elementos melhor descreve essa reação?

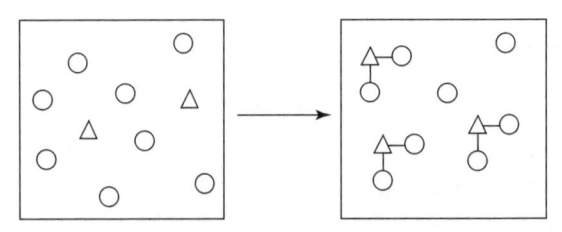

    a. $3X + 8Y \rightarrow X_3Y_8$
    b. $3X + 6Y \rightarrow X_3Y_6$
    c. $X + 2Y \rightarrow XY_2$
    d. $3X + 8Y \rightarrow 3XY_2 + 2Y$

Perguntas e problemas

6-1 Evidências de uma reação química

Perguntas

1. Como *sabemos* quando uma reação química está ocorrendo? Você pode pensar em um exemplo de como cada um dos cinco sentidos (visão, audição, paladar, tato, olfato) pode ser usado para detectar quando uma reação química ocorre?
2. Hoje em dia, há muitos produtos para clarear os dentes em casa. Vários deles contêm um peróxido, que branqueia as manchas dos dentes. Qual é a evidência de que o processo de branqueamento é uma reação química?

3. Embora atualmente muitas pessoas tenham fogões "autolimpantes", se seu fogão ficar *realmente* sujo você pode ter de recorrer a um limpador de fogões vendido nos supermercados. Qual é a evidência de que esses limpadores funcionam por meio de uma reação química?

4. Pequenos cortes e abrasões na pele são frequentemente limpados com o uso de uma solução de peróxido de hidrogênio. Qual é a evidência de que tratar um ferimento com peróxido de hidrogênio provoca uma reação química?

5. Você provavelmente já teve a desagradável experiência de descobrir que uma bateria de lanterna envelheceu e começou a vazar. Há alguma evidência de que essa mudança ocorre em função de uma reação química?

6. Se você já deixou o pão na torradeira por muito tempo, deve saber que ele queima e fica preto. Qual é a evidência de que isso representa um processo químico?

6-2 Equações químicas

Perguntas

7. Como se chamam as substâncias à *esquerda* e à *direita* da seta em uma equação química? O que a seta propriamente dita representa?

8. Para a equação química não balanceada
$N_2(g) + H_2(g) \rightarrow NH_3(g)$:
   a. liste o(s) reagente(s).
   b. liste o(s) produto(s).

9. Em uma reação química, o número total de átomos presentes após a reação ser concluída é (maior/menor/o mesmo) que o número total de átomos presentes antes de ela começar.

10. O que o "balanceamento" de uma equação faz?

11. Por que os *estados físicos* dos reagentes e dos produtos geralmente são indicados ao escrever uma equação química?

12. A notação "(g)" após a fórmula de uma substância indica que ela existe no estado _____.

Problemas

Observação: Em alguns dos problemas a seguir será necessário escrever uma fórmula química a partir do nome do composto. Revise o Capítulo 5 se estiver tendo dificuldades.

13. Um experimento comum para determinar a reatividade relativa dos elementos metálicos é colocar uma amostra pura de um metal em uma solução aquosa de um composto de outro elemento metálico. Se o metal puro que você está adicionando é mais reativo do que o elemento metálico no composto, então o metal puro irá *substituí-lo*. Por exemplo, se você colocar um pedaço de zinco metálico puro em uma solução de sulfato de cobre(II), o zinco lentamente irá dissolver-se para produzir a solução de sulfato de zinco, e o íon de cobre(II) do sulfato de cobre(II) será convertido em cobre metálico. Escreva a equação não balanceada desse processo.

14. Se o carbonato de cálcio for altamente aquecido, o gás dióxido de carbono é expelido, deixando um resíduo de óxido de cálcio. Escreva a equação química não balanceada desse processo.

15. Se uma amostra de gás hidrogênio puro for cuidadosamente inflamada, o hidrogênio queima suavemente, combinando com o gás oxigênio do ar para formar vapor de água. Escreva a equação química não balanceada dessa reação.

16. Hidrazina líquida, N_2H_4, tem sido usada como combustível para foguetes. Quando o foguete está para ser lançado, um catalisador faz que a hidrazina líquida se decomponha rapidamente nos gases elementares nitrogênio e hidrogênio. A expansão rápida dos gases do produto e do calor liberado pela reação impulsiona o foguete. Escreva a equação não balanceada para a reação da hidrazina para produzir os gases nitrogênio e hidrogênio.

17. Se eletricidade com tensão suficiente é passada por uma solução de iodeto de potássio na água, ocorre uma reação na qual gás elementar hidrogênio e iodeto elementar são produzidos, resultando em uma solução de hidróxido de potássio. Escreva a equação não balanceada desse processo.

18. O óxido de prata pode ser decomposto por aquecimento forte em prata metálica e gás oxigênio. Escreva a equação química não balanceada desse processo.

19. O boro elementar é produzido em um processo industrial ao aquecer trióxido de diboro com metal magnésio, produzindo também óxido de magnésio como um subproduto. Escreva a equação química não balanceada desse processo.

20. Muitos dos comprimidos de antiácidos vendidos sem receita agora são formulados com carbonato de cálcio como o ingrediente ativo e podem também ser usados como suplementos alimentares de cálcio. Como um antiácido para hiperacidez gástrica, o carbonato de cálcio reage ao combinar com o ácido clorídrico encontrado no estômago, produzindo uma solução de cloreto de sódio, convertendo o ácido do estômago em água e liberando gás dióxido de carbono (que a pessoa que sofre de problemas estomacais pode sentir como um "arroto"). Escreva a equação química não balanceada desse processo.

21. O tricloreto de fósforo é usado na fabricação de certos pesticidas e pode ser sintetizado pela combinação direta de seus elementos constituintes. Escreva a equação química não balanceada desse processo.

22. Silício puro, necessário na fabricação de componentes eletrônicos, pode ser preparado aquecendo-se dióxido de silício (areia) com carbono a temperaturas altas, liberando gás monóxido de carbono. Escreva a equação química não balanceada desse processo.

23. O gás óxido nitroso (nome sistemático: monóxido de dinitrogênio) é usado por alguns dentistas como anestésico. O óxido nitroso (e o vapor de água como subproduto) pode ser produzido em quantidades pequenas no laboratório aquecendo-se cuidadosamente nitrato de amônio. Escreva a equação química não balanceada dessa reação.

24. O zinco sólido é adicionado a uma solução aquosa que contém cloreto de hidrogênio dissolvido para produzir hidrogênio gasoso, que borbulha na solução, e cloreto de zinco, que permanece dissolvido na água. Escreva a equação química não balanceada desse processo.

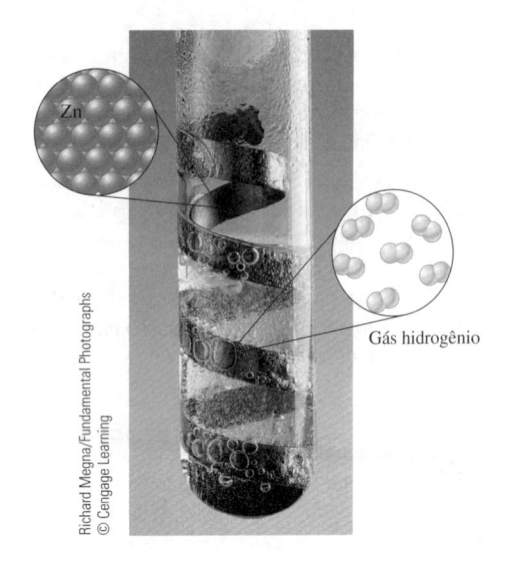

160 Introdução à química: fundamentos

25. O gás acetileno (C₂H₂) muitas vezes é usado por encanadores, soldadores e sopradores de vidro porque ele queima na presença de oxigênio com uma chama intensamente quente. Os produtos da combustão do acetileno são dióxido de carbono e vapor de água. Escreva a equação química não balanceada desse processo.

26. A queima de combustíveis com alto teor de enxofre mostrou provocar o fenômeno da "chuva ácida". Quando um combustível com alto teor de enxofre é queimado, o enxofre é convertido em dióxido de enxofre (SO_2) e trióxido de enxofre (SO_3). Quando o dióxido de enxofre e o gás trióxido de enxofre são dissolvidos na água na atmosfera, ácido sulfuroso e ácido sulfúrico são produzidos, respectivamente. Escreva as equações químicas não balanceadas para as reações de dióxido de enxofre e trióxido de enxofre com água.

27. Os metais do Grupo 2 (Ba, Ca, Sr) podem ser produzidos no estado elementar pela reação de seus óxidos com alumínio metálico a temperaturas altas, produzindo também óxido de alumínio sólido como subproduto. Escreva as equações químicas não balanceadas para as reações de óxido de bário, óxido de cálcio e óxido de estrôncio com alumínio.

28. Há temores de que a camada de ozônio protetora em torno da Terra esteja se exaurindo. O ozônio, O_3, é produzido pela interação do gás oxigênio comum na atmosfera com luz ultravioleta e descargas de raios. Os óxidos de nitrogênio (que são comuns nos gases de escape de automóveis), em particular, são conhecidos por decompor o ozônio. Por exemplo, o óxido nítrico gasoso (NO) reage com o gás ozônio para produzir o gás dióxido de nitrogênio e o gás oxigênio. Escreva a equação química não balanceada desse processo.

29. O tetracloreto de carbono foi bastante usado por muitos anos como um solvente, até que suas propriedades nocivas ficaram conhecidas. O tetracloreto de carbono pode ser preparado pela reação de gás natural (metano, CH_4) e gás cloro elementar na presença de luz ultravioleta. Escreva a equação química não balanceada desse processo.

30. Quando o fósforo elementar, P_4, queima no gás oxigênio, ele produz uma luz intensamente brilhante, uma grande quantidade de calor e nuvens maciças do produto branco e sólido de óxido de fósforo(V) (P_2O_5). Dadas essas propriedades, não é surpresa que o fósforo tem sido usado para fabricar bombas incendiárias para guerra. Escreva a equação não balanceada para a reação do fósforo com o gás oxigênio para produzir óxido de fósforo(V).

31. Às vezes, é bem desafiador armazenar óxido de cálcio no laboratório químico. Esse composto reage com a umidade no ar e é convertido em hidróxido de cálcio. Se um frasco de óxido de cálcio é deixado na prateleira por muito tempo, ele gradualmente absorve a umidade do laboratório. Por fim, o frasco racha e derrama o hidróxido de cálcio que foi produzido. Escreva a equação química não balanceada desse processo.

32. Apesar de já terem sido chamados de gases inertes, os elementos mais pesados do Grupo 8 formam compostos relativamente estáveis. Por exemplo, a temperaturas altas na presença de um catalisador apropriado, o gás xenônio irá combinar diretamente com o gás flúor para produzir tetrafluoreto de xenônio sólido. Escreva a equação química não balanceada desse processo.

33. O elemento estanho geralmente ocorre na natureza como o óxido SnO_2. Para produzir o estanho metálico puro, normalmente o minério de estanho é aquecido com carvão (carbono). Isso produz estanho fundido com o carbono sendo removido do sistema de reação como o subproduto gasoso monóxido de carbono. Escreva a equação química não balanceada desse processo.

34. O ácido nítrico, HNO_3, pode ser produzido pela reação do gás amônia em alta pressão com gás oxigênio em torno de 750 °C na presença de um catalisador de platina. A água é um subproduto da reação. Escreva a equação química não balanceada desse processo.

6-3 Balanceando equações químicas

Perguntas

35. Ao balancear equações químicas, os alunos iniciantes geralmente tentam mudar os números *dentro* de uma fórmula (os índices inferiores). Por que isso nunca é permitido? Qual é o efeito que essa mudança do índice inferior tem?

❶ 36. A seção "Química em foco — *O besouro com o tiro certeiro*" discute o besouro-bombardeiro e a reação química da decomposição do peróxido de hidrogênio.

$$H_2O_2(aq) \rightarrow H_2O(l) + O_2(g)$$

A equação balanceada dada na seção é:

$$2H_2O_2(aq) \rightarrow 2H_2O(l) + O_2(g)$$

Por que não podemos balancear a equação da seguinte forma?

$$H_2O_2(aq) \rightarrow H_2(g) + O_2(g)$$

Use imagens de nível molecular, como as da Seção 6-3, para apoiar sua resposta.

Problemas

37. Faça o balanceamento de cada uma das equações químicas a seguir:

a. $FeCl_3(aq) + KOH(aq) \rightarrow Fe(OH)_3(s) + KCl(aq)$
b. $Pb(C_2H_3O_2)_2(aq) + KI(aq) \rightarrow PbI_2(s) + KC_2H_3O_2(aq)$
c. $P_4O_{10}(s) + H_2O(l) \rightarrow H_3PO_4(aq)$
d. $Li_2O(s) + H_2O(l) \rightarrow LiOH(aq)$
e. $MnO_2(s) + C(s) \rightarrow Mn(s) + CO_2(g)$
f. $Sb(s) + Cl_2(g) \rightarrow SbCl_3(s)$
g. $CH_4(g) + H_2O(g) \rightarrow CO(g) + H_2(g)$
h. $FeS(s) + HCl(aq) \rightarrow FeCl_2(aq) + H_2S(g)$

38. Faça o balanceamento da equação para a reação de potássio com água:

$$K(s) + H_2O(l) \rightarrow H_2(g) + KOH(aq)$$

39. Faça o balanceamento de cada uma das equações químicas a seguir:
    a. $K_2SO_4(aq) + BaCl_2(aq) \rightarrow BaSO_4(s) + KCl(aq)$
    b. $Fe(s) + H_2O(g) \rightarrow FeO(s) + H_2(g)$
    c. $NaOH(aq) + HClO_4(aq) \rightarrow NaClO_4(aq) + H_2O(l)$
    d. $Mg(s) + Mn_2O_3(s) \rightarrow MgO(s) + Mn(s)$
    e. $KOH(s) + KH_2PO_4(aq) \rightarrow K_3PO_4(aq) + H_2O(l)$
    f. $NO_2(g) + H_2O(l) + O_2(g) \rightarrow HNO_3(aq)$
    g. $BaO_2(s) + H_2O(l) \rightarrow Ba(OH)_2(aq) + O_2(g)$
    h. $NH_3(g) + O_2(g) \rightarrow NO(g) + H_2O(l)$

40. Faça o balanceamento de cada uma das equações químicas a seguir:
    a. $Na_2SO_4(aq) + CaCl_2(aq) \rightarrow CaSO_4(s) + NaCl(aq)$
    b. $Fe(s) + H_2O(g) \rightarrow Fe_3O_4(s) + H_2(g)$
    c. $Ca(OH)_2(aq) + HCl(aq) \rightarrow CaCl_2(aq) + H_2O(l)$
    d. $Br_2(g) + H_2O(l) + SO_2(g) \rightarrow HBr(aq) + H_2SO_4(aq)$
    e. $NaOH(s) + H_3PO_4(aq) \rightarrow Na_3PO_4(aq) + H_2O(l)$
    f. $NaNO_3(s) \rightarrow NaNO_2(s) + O_2(g)$
    g. $Na_2O_2(s) + H_2O(l) \rightarrow NaOH(aq) + O_2(g)$
    h. $Si(s) + S_8(s) \rightarrow Si_2S_4(s)$

41. Faça o balanceamento de cada uma das equações químicas a seguir:
    a. $Fe_3O_4(s) + H_2(g) \rightarrow Fe(l) + H_2O(g)$
    b. $K_2SO_4(aq) + BaCl_2(aq) \rightarrow BaSO_4(s) + KCl(aq)$
    c. $HCl(aq) + FeS(s) \rightarrow FeCl_2(aq) + H_2S(g)$
    d. $Br_2(g) + H_2O(l) + SO_2(g) \rightarrow HBr(aq) + H_2SO_4(aq)$
    e. $CS_2(l) + Cl_2(g) \rightarrow CCl_4(l) + S_2Cl_2(g)$
    f. $Cl_2O_7(g) + Ca(OH)_2(aq) \rightarrow Ca(ClO_4)_2(aq) + H_2O(l)$
    g. $PBr_3(l) + H_2O(l) \rightarrow H_3PO_3(aq) + HBr(g)$
    h. $Ba(ClO_3)_2(s) \rightarrow BaCl_2(s) + O_2(s)$

42. Faça o balanceamento de cada uma das equações químicas a seguir:
    a. $NaCl(s) + SO_2(g) + H_2O(g) + O_2(g) \rightarrow Na_2SO_4(s) + HCl(g)$
    b. $Br_2(l) + I_2(s) \rightarrow IBr_3(s)$
    c. $Ca_3N_2(s) + H_2O(l) \rightarrow Ca(OH)_2(aq) + PH_3(g)$
    d. $BF_3(g) + H_2O(l) \rightarrow B_2O_3(s) + HF(g)$
    e. $SO_2(g) + Cl_2(g) \rightarrow SOCl_2(l) + Cl_2O(g)$
    f. $Li_2O(s) + H_2O(l) \rightarrow LiOH(aq)$
    g. $Mg(s) + CuO(s) \rightarrow MgO(s) + Cu(l)$
    h. $Fe_3O_4(s) + H_2(g) \rightarrow Fe(l) + H_2O(g)$

43. Faça o balanceamento de cada uma das equações químicas a seguir:
    a. $KO_2(s) + H_2O(l) \rightarrow KOH(aq) + O_2(g) + H_2O_2(aq)$
    b. $Fe_2O_3(s) + HNO_3(aq) \rightarrow Fe(NO_3)_3(aq) + H_2O(l)$
    c. $NH_3(g) + O_2(g) \rightarrow NO(g) + H_2O(g)$
    d. $PCl_5(l) + H_2O(l) \rightarrow H_3PO_4(aq) + HCl(g)$
    e. $C_2H_5OH(l) + O_2(g) \rightarrow CO_2(g) + H_2O(l)$
    f. $CaO(s) + C(s) \rightarrow CaC_2(s) + CO_2(g)$
    g. $MoS_2(s) + O_2(g) \rightarrow MoO_3(s) + SO_2(g)$
    h. $FeCO_3(s) + H_2CO_3(aq) \rightarrow Fe(HCO_3)_2(aq)$

44. Faça o balanceamento de cada uma das equações químicas a seguir:
    a. $Ba(NO_3)_2(aq) + Na_2CrO_4(aq) \rightarrow BaCrO_4(s) + NaNO_3(aq)$
    b. $PbCl_2(aq) + K_2SO_4(aq) \rightarrow PbSO_4(s) + KCl(aq)$
    c. $C_2H_5OH(l) + O_2(g) \rightarrow CO_2(g) + H_2O(l)$
    d. $CaC_2(s) + H_2O(l) \rightarrow Ca(OH)_2(s) + C_2H_2(g)$
    e. $Sr(s) + HNO_3(aq) \rightarrow Sr(NO_3)_2(aq) + H_2(g)$
    f. $BaO_2(s) + H_2SO_4(aq) \rightarrow BaSO_4(s) + H_2O_2(aq)$
    g. $AsI_3(s) \rightarrow As(s) + I_2(s)$
    h. $CuSO_4(aq) + KI(s) \rightarrow CuI(s) + I_2(s) + K_2SO_4(aq)$

Problemas adicionais

45. O gás acetileno, C_2H_2, é usado na soldagem porque gera uma chama extremamente quente quando sofre combustão com oxigênio. O calor gerado é suficiente para derreter os metais para serem soldados juntos. O dióxido de carbono e o vapor de água são os produtos químicos dessa reação. Escreva a equação química não balanceada para a reação do acetileno com oxigênio.

46. Ao balancear uma equação química, qual das afirmações a seguir é *falsa*?
    a. Os índices inferiores nos reagentes devem ser conservados nos produtos.
    b. Os coeficientes são usados para balancear os átomos em ambos os lados.
    c. A Lei de Conservação da Matéria deve ser seguida.
    d. Os estados geralmente são mostrados para cada composto, mas não são fundamentais para balancear uma equação.

47. A pólvora bruta geralmente contém uma mistura de nitrato de potássio e carvão vegetal (carbono). Quando essa mistura é aquecida até que a reação ocorra, um resíduo sólido de carbonato de potássio é produzido. A força explosiva da pólvora vem da produção de dois gases (monóxido de carbono e nitrogênio) que aumentam em volume com grande força e velocidade. Escreva a equação química não balanceada desse processo.

48. Após balancear uma equação química, normalmente nos certificamos de que os coeficientes sejam os menores _____ possíveis.

49. O metanol (álcool metílico), CH_3OH, é uma substância química industrial bem importante. Antigamente, o metanol era preparado ao aquecer madeira a temperaturas altas na ausência de ar. Os compostos complexos presentes na madeira eram degradados por esse processo em um resíduo de carvão vegetal e uma porção volátil que é rica em metanol. Hoje em dia, o metanol é sintetizado do monóxido de carbono e hidrogênio elementar. Escreva a equação química balanceada desse último processo.

50. O processo de Hall é um método importante pelo qual o alumínio puro é preparado a partir de seu óxido (alumina, Al_2O_3) por reação indireta com grafite (carbono). Faça o balanceamento da equação a seguir, que é uma representação simplificada desse processo:

$$Al_2O_3(s) + C(s) \rightarrow Al(s) + CO_2(g)$$

51. Os minerais do óxido de ferro, comumente uma mistura de FeO e Fe_2O_3, são dados pela fórmula geral Fe_3O_4. Eles produzem ferro elementar quando aquecidos a uma temperatura muito alta com monóxido de carbono ou hidrogênio elementar. Faça o balanceamento das equações a seguir para esses processos:

$$Fe_3O_4(s) + H_2(g) \rightarrow Fe(s) + H_2O(g)$$
$$Fe_3O_4(s) + CO(g) \rightarrow Fe(s) + CO_2(g)$$

52. Verdadeiro ou falso? Os coeficientes podem ser frações quando uma equação química é balanceada. Quer seja verdadeiro ou falso, explique por que isso pode ou não ocorrer.

53. Quando a lã de aço (ferro) é aquecida em gás oxigênio puro, ela queima em chamas e um pó fino que consiste em uma mistura de óxidos de ferro (FeO e Fe_2O_3) se forma. Escreva equações não balanceadas *separadas* da reação do ferro com oxigênio para gerar cada um desses produtos.

54. Um método para produzir peróxido de hidrogênio é adicionar peróxido de bário à água. Um precipitado de óxido de bário se forma e pode, então, ser filtrado para deixar uma solução de peróxido de hidrogênio. Escreva a equação química balanceada desse processo.

55. Quando o boro elementar, B, é queimado em gás oxigênio, o produto é trióxido de diboro. Se o trióxido de diboro então reagir com uma quantidade mensurada de água, ele forma o que é popularmente conhecido como ácido bórico, $B(OH)_3$. Escreva a equação química balanceada para cada um desses processos.

56. Um experimento comum nos cursos introdutórios de química envolve aquecer uma mistura ponderada de clorato de potássio, $KClO_3$, e cloreto de potássio. O clorato de potássio se decompõe quando aquecido, produzindo cloreto de potássio e derivando gás oxigênio. Ao medir o volume do gás oxigênio neste experimento, os alunos podem calcular a porcentagem relativa de $KClO_3$ e KCl na mistura original. Escreva a equação química balanceada desse processo.

57. Uma demonstração comum nos cursos de química envolve adicionar uma minúscula partícula de óxido de manganês(IV) a uma solução concentrada de peróxido de hidrogênio, H_2O_2. O peróxido de hidrogênio é instável e se decompõe de maneira espetacular sob essas condições para produzir gás oxigênio e vapor (vapor de água). O óxido de manganês(IV) é um catalisador para a decomposição do peróxido de hidrogênio e não é consumido na reação. Escreva a equação balanceada para a reação de decomposição do peróxido de hidrogênio.

58. Faça o balanceamento da equação química a seguir:

$$FeO(s) + O_2(g) \rightarrow Fe_2O_3(s)$$

59. O vidro é uma mistura de diversos componentes, mas um constituinte importante da maior parte do vidro é o silicato de cálcio, $CaSiO_3$. O vidro pode ser gravado à água-forte por tratamento com fluoreto de hidrogênio: o HF ataca o silicato de cálcio do vidro, produzindo produtos gasosos e solúveis em água (que podem ser removidos lavando o vidro). Balanceie a equação a seguir para a reação do fluoreto de hidrogênio com silicato de cálcio:

$$CaSiO_3(s) + HF(g) \rightarrow CaF_2(aq) + SiF_4(g) + H_2O(l)$$

60. Faça o balanceamento da equação química a seguir:

$$LiAlH_4(s) + AlCl_3(s) \rightarrow AlH_3(s) + LiCl(s)$$

61. Se estiver com azia, você pode tomar um comprimido de antiácido vendido sem receita para aliviar o problema. Você consegue pensar em uma evidência de que a ação desse antiácido é uma reação química?

62. Quando um fio de ferro é aquecido na presença de enxofre, o ferro logo começa a incandescer, e uma massa robusta e preto-azulada de sulfeto de ferro(II) é formada. Escreva a equação química não balanceada dessa reação.

63. Quando o sódio sólido é dividido em partes finas e jogado em um frasco contendo gás cloro, uma explosão ocorre e um pó fino de cloreto de sódio é depositado nas paredes do frasco. Escreva a equação química não balanceada para esse processo.

64. Se as soluções aquosas de cromato de potássio e cloreto de bário forem misturadas, um sólido amarelo brilhante (cromato de bário) se forma e se separa da mistura, deixando cloreto de potássio na solução. Escreva a equação química balanceada desse processo.

65. Quando o gás sulfeto de hidrogênio, H_2S, é borbulhado por uma solução de nitrato de chumbo(II), $Pb(NO_3)_2$, um precipitado de sulfeto de chumbo(II), PbS, se forma e o ácido nítrico, HNO_3, é produzido. Escreva a equação química não balanceada dessa reação.

66. Se uma corrente elétrica for passada por soluções aquosas de cloreto de sódio, brometo de sódio e iodeto de sódio, os halogênios elementares são produzidos em um eletrodo em cada caso, com o gás hidrogênio sendo derivado no outro eletrodo. Se o líquido for evaporado da mistura, um resíduo de hidróxido de sódio permanece. Escreva as equações químicas balanceadas dessas reações de eletrólise.

67. Quando uma tira do metal magnésio é aquecida no oxigênio, ela queima em uma chama intensamente branca e produz uma poeira com pós finos de óxido de magnésio. Escreva a equação química não balanceada desse processo.

68. Qual das afirmações a seguir é *falsa* para a reação do gás hidrogênio com gás oxigênio para produzir água? (a, b e c representam os coeficientes)

$$a\text{H}_2(g) + b\text{O}_2(g) \rightarrow c\text{H}_2\text{O}\ (g)$$

   a. A razão de "a/c" sempre deve ser igual a um.
   b. A soma de $a + b + c$ é igual a 5 quando o balanceamento é feito usando os menores números inteiros como coeficientes.
   c. O coeficiente b pode ser igual a ½ porque os coeficientes podem ser fracionários.
   d. O número de átomos do lado do reagente sempre é igual ao número de átomos do lado do produto.
   e. Os índices inferiores podem ser mudados para balancear essa equação, assim como eles podem ser mudados para balancear as cargas ao escrever a fórmula para um composto iônico.

69. Quando o fósforo vermelho sólido, P_4, é queimado no ar, o fósforo combina com oxigênio, produzindo uma nuvem sufocante do decóxido de tetrafósforo. Escreva a equação química não balanceada dessa reação.

70. Quando o óxido de cobre(II) é fervido em uma solução aquosa de ácido sulfúrico, uma solução surpreendentemente azul de sulfato de cobre(II) se forma junto com água adicional. Escreva a equação química.

71. Quando o sulfeto de chumbo(II) é aquecido a temperaturas altas em uma corrente de gás oxigênio puro, o óxido de chumbo(II) sólido se forma com a liberação de dióxido de enxofre gasoso. Escreva a equação química não balanceada dessa reação.

72. Qual das afirmações a seguir sobre as reações químicas é *falsa*?
   a. Ao balancear uma equação química, todos os índices inferiores devem ser conservados.
   b. Quando um coeficiente é duplicado, o restante dos coeficientes da equação balanceada também deve ser duplicado.
   c. Os índices inferiores em uma equação balanceada informam o número de átomos em uma molécula.
   d. Os estados em uma reação química informam a natureza dos reagentes e dos produtos.

73. Faça o balanceamento de cada uma das equações químicas a seguir:
   a. $\text{Cl}_2(g) + \text{KBr}(aq) \rightarrow \text{Br}_2(l) + \text{KCl}(aq)$
   b. $\text{Cr}(s) + \text{O}_2(g) \rightarrow \text{Cr}_2\text{O}_3(s)$
   c. $\text{P}_4(s) + \text{H}_2(g) \rightarrow \text{PH}_3(g)$
   d. $\text{Al}(s) + \text{H}_2\text{SO}_4(aq) \rightarrow \text{Al}_2(\text{SO}_4)_3(aq) + \text{H}_2(g)$
   e. $\text{PCl}_3(l) + \text{H}_2\text{O}(l) \rightarrow \text{H}_3\text{PO}_3(aq) + \text{HCl}(aq)$
   f. $\text{SO}_2(g) + \text{O}_2(g) \rightarrow \text{SO}_3(g)$
   g. $\text{C}_7\text{H}_{16}(l) + \text{O}_2(g) \rightarrow \text{CO}_2(g) + \text{H}_2\text{O}(g)$
   h. $\text{C}_2\text{H}_6(g) + \text{O}_2(g) \rightarrow \text{CO}_2(g) + \text{H}_2\text{O}(g)$

74. Faça o balanceamento da equação química a seguir:

$$\text{Na}_2\text{S}_2\text{O}_3(aq) + \text{I}_2(aq) \rightarrow \text{Na}_2\text{S}_4\text{O}_6(aq) + \text{NaI}(aq)$$

75. Faça o balanceamento de cada uma das equações químicas a seguir:
   a. $\text{SiCl}_4(l) + \text{Mg}(s) \rightarrow \text{Si}(s) + \text{MgCl}_2(s)$
   b. $\text{NO}(g) + \text{Cl}_2(g) \rightarrow \text{NOCl}(g)$
   c. $\text{MnO}_2(s) + \text{Al}(s) \rightarrow \text{Mn}(s) + \text{Al}_2\text{O}_3(s)$
   d. $\text{Cr}(s) + \text{S}_8(s) \rightarrow \text{Cr}_2\text{S}_3(s)$
   e. $\text{NH}_3(g) + \text{F}_2(g) \rightarrow \text{NH}_4\text{F}(s) + \text{NF}_3(g)$
   f. $\text{Ag}_2\text{S}(s) + \text{H}_2(g) \rightarrow \text{Ag}(s) + \text{H}_2\text{S}(g)$
   g. $\text{O}_2(g) \rightarrow \text{O}_3(g)$
   h. $\text{Na}_2\text{SO}_3(aq) + \text{S}_8(s) \rightarrow \text{Na}_2\text{S}_2\text{O}_3(aq)$

76. Usando formatos diferentes para distinguir elementos diferentes, desenhe uma equação balanceada para a reação a seguir no nível "microscópico".

$$\text{NH}_3(g) + \text{O}_2(g) \rightarrow \text{N}_2(g) + \text{H}_2\text{O}(g)$$

Problemas para estudo

77. Qual(is) das afirmações a seguir sobre as reações químicas é(são) *verdadeira*(s)?
   a. Ao balancear uma equação química, você nunca pode mudar o coeficiente na frente de nenhuma fórmula química.
   b. Os coeficientes em uma equação química balanceada referem-se ao número de gramas dos reagentes e dos produtos.
   c. Em uma equação química, os reagentes estão à direita e os produtos estão à esquerda.
   d. Ao balancear uma equação química, você nunca pode mudar os índices inferiores de nenhuma fórmula química.
   e. Em reações químicas, a matéria nunca é criada nem destruída, portanto, uma equação química deve ter o mesmo número de átomos em ambos os lados da equação.

78. Faça o balanceamento das equações químicas a seguir.

$$\text{Fe}(s) + \text{O}_2(g) \rightarrow \text{Fe}_2\text{O}_3(s)$$
$$\text{PbO}_2(s) \rightarrow \text{PbO}(s) + \text{O}_2(g)$$
$$\text{H}_2\text{O}_2(l) \rightarrow \text{O}_2(g) + \text{H}_2\text{O}(l)$$

79. Balanceie as equações químicas a seguir:

$$\text{MnO}_2(s) + \text{CO}(g) \rightarrow \text{Mn}_2\text{O}_3(aq) + \text{CO}_2(g)$$
$$\text{Al}(s) + \text{H}_2\text{SO}_4(aq) \rightarrow \text{Al}_2(\text{SO}_4)_3(aq) + \text{H}_2(g)$$
$$\text{C}_4\text{H}_{10}(g) + \text{O}_2(g) \rightarrow \text{CO}_2(g) + \text{H}_2\text{O}(l)$$
$$\text{NH}_4\text{I}(aq) + \text{Cl}_2(g) \rightarrow \text{NH}_4\text{Cl}(aq) + \text{I}_2(g)$$
$$\text{KOH}(aq) + \text{H}_2\text{SO}_4(aq) \rightarrow \text{K}_2\text{SO}_4(aq) + \text{H}_2\text{O}(l)$$

7 Reações em soluções aquosas

CAPÍTULO 7

- **7-1** Prevendo a ocorrência de uma reação
- **7-2** Reações de formação de sólidos
- **7-3** Descrevendo reações em soluções aquosas
- **7-4** Reações que formam água: ácidos e bases
- **7-5** Reações de metais e ametais (Oxirredução)
- **7-6** Maneiras de classificar as reações
- **7-7** Outras maneiras de classificar as reações

Um precipitado amarelo de iodeto de chumbo(II) é formado pela reação da solução de nitrato de chumbo(II) com a solução de iodeto de potássio.
David Taylor/Science Source

*Você pode visualizar essa imagem em cores no final do livro.

As reações químicas mais importantes para nós ocorrem na água — em soluções aquosas. Praticamente todas as reações químicas que nos mantêm vivos acontecem no meio aquoso presente em nosso corpo. Por exemplo, o oxigênio que você respira se dissolve no sangue, onde se associa com a hemoglobina dos glóbulos vermelhos. Enquanto está ligado à hemoglobina, o oxigênio é transportado para as suas células, onde reage com um combustível (proveniente dos alimentos que você ingere) para fornecer energia para viver. No entanto, a reação entre o oxigênio e a substância identificada como combustível não é direta — as células não são fornalhas minúsculas. Em vez disso, os elétrons são transferidos do combustível para uma série de moléculas que os repassam (isso se chama cadeia respiratória) até que, por fim, atinjam o oxigênio. Muitas outras reações também são cruciais para nossa saúde e bem-estar. Você verá inúmeros exemplos delas à medida que prosseguir com seu estudo de química.

Neste capítulo, estudaremos alguns tipos comuns de reações que ocorrem na água e nos familiarizaremos com algumas das forças motrizes que fazem essas reações acontecerem. Também aprenderemos como prever os produtos dessas reações e como escrever diversas equações para representá-los.

Um fósforo queimando envolve diversas reações químicas. Royalty-Free Corbis

7-1 Prevendo a ocorrência de uma reação

OBJETIVO Aprender sobre alguns dos fatores que provocam as reações.

Neste livro, já vimos muitas reações químicas. Agora, consideremos uma importante questão: por que uma reação química ocorre? O que faz que os reagentes "queiram" formar os produtos? À medida que os químicos estudavam as reações, eles reconheceram muitas "tendências" que levam os reagentes a formar produtos. Isto é, há diversos fatores que impulsionam os reagentes na direção dos produtos — garantindo que as reações ocorram no sentido da seta. Os fatores mais comuns são:

1. Formação de um sólido
2. Formação de água
3. Transferência de elétrons
4. Formação de um gás

Quando duas ou mais substâncias químicas são colocadas juntas, se algum desses fatores, que podemos entender como "forças motrizes" da reação, puder ocorrer, então possivelmente acontecerá uma mudança química (uma reação). Desse modo, quando nos confrontarmos com um grupo de reagentes e quisermos prever se uma reação irá ocorrer e quais produtos poderão ser formados, consideraremos essas forças motrizes (os quatro fatores). Elas nos ajudarão a organizar nossos pensamentos enquanto encontramos novas reações.

7-2 Reações de formação de sólidos

OBJETIVO Aprender a identificar o sólido que se forma em uma reação de precipitação.

Uma força motriz para uma reação química é a formação de um sólido, um processo chamado de **precipitação**. O sólido formado é chamado de **precipitado**, e a

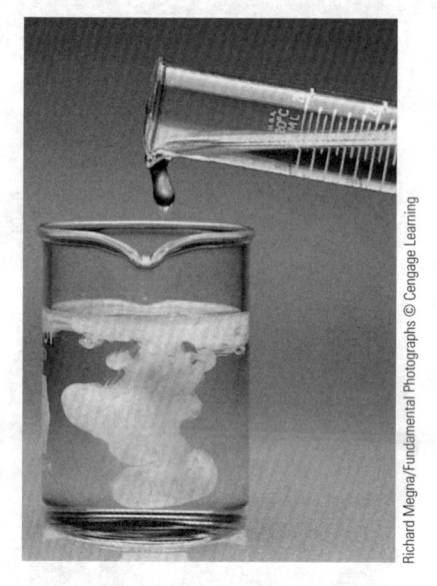

Figura 7.1 ▶ Reação de precipitação que ocorre quando o cromato de sódio amarelo, $K_2CrO_4(aq)$, é misturado em uma solução de nitrato de bário incolor, $Ba(NO_3)_2(aq)$.

*Você pode visualizar essa imagem em cores no final do livro

reação é conhecida como uma **reação de precipitação**. Por exemplo, quando uma solução aquosa (água) de cromato de potássio, $K_2CrO_4(aq)$, que é amarela, é adicionada a uma solução aquosa incolor que contém nitrato de bário, $Ba(NO_3)_2(aq)$, forma-se um sólido amarelo (Fig. 7.1). A formação do sólido nos diz que uma reação — uma mudança química — ocorreu. Isto é, temos uma situação em que:

$$\text{Reagentes} \rightarrow \text{Produtos}$$

Qual é a equação que descreve essa mudança química? Para escrever a equação, devemos decifrar as identidades dos reagentes e dos produtos. Os reagentes já foram descritos: $K_2CrO_4(aq)$ e $Ba(NO_3)_2(aq)$. Há alguma maneira pela qual podemos prever as identidades dos produtos? O que é o sólido amarelo? A melhor maneira de prever a identidade desse sólido é *considerar primeiro quais produtos são possíveis*. Para fazer isso, precisamos saber quais espécies químicas estão presentes na solução resultante quando as soluções do reagente são misturadas. Primeiro, vamos pensar sobre a natureza de cada reagente em uma solução aquosa.

O que acontece quando um composto iônico se dissolve em água?

A designação $Ba(NO_3)_2(aq)$ significa que o nitrato de bário (um sólido branco) foi dissolvido em água. Observe pela fórmula que o nitrato de bário contém os íons Ba^{2+} e NO_3^-. *Em praticamente todos os casos quando um sólido que contém íons é dissolvido em água, os íons separam-se* e movem-se de modo independente. Isto é, $Ba(NO_3)_2(aq)$ não contém unidades $Ba(NO_3)_2$. Ao contrário, ele contém os íons Ba^{2+} e NO_3^- separados. Na solução há dois íons NO_3^- para cada íon Ba^{2+}. Os químicos sabem que há íons separados nessa solução porque ela é um excelente condutor de eletricidade (Fig. 7.2). A água pura não conduz corrente elétrica, os íons devem estar presentes para que haja corrente.

Quando cada unidade de uma substância que se dissolve em água produz íons separados, a substância é chamada de **eletrólito forte**. O nitrato de bário é um eletrólito forte em água, pois cada unidade $Ba(NO_3)_2$ produz íons separados (Ba^{2+}, NO_3^-, NO_3^-).

Da mesma forma, K_2CrO_4 aquoso também se comporta como um eletrólito forte. O cromato de potássio contém os íons K^+ e CrO_4^{2-}, portanto, uma solução aquosa de cromato de potássio (que é preparada dissolvendo o sólido K_2CrO_4 em água) contém esses íons separados. Isto é, $K_2CrO_4(aq)$ não contém unidades K_2CrO_4, em vez disso, contém cátions K^+ e ânions CrO_4^{2-}, que se movem de modo independente. (Há dois íons K^+ para cada íon CrO_4^{2-}.)

Figura 7.2 ▶ Condutividade elétrica das soluções aquosas.

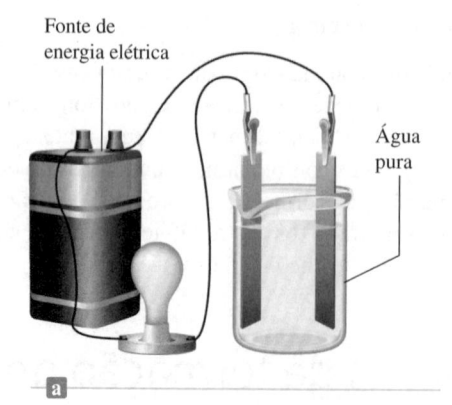

a A água pura não conduz corrente elétrica, portanto, a lâmpada não acende.

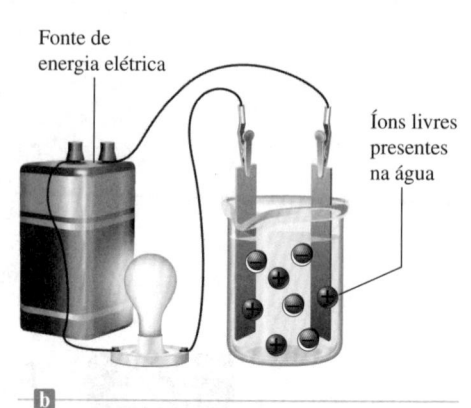

b Quando um composto iônico é dissolvido em água, a corrente flui e a lâmpada acende. O resultado desse experimento é uma forte evidência de que os compostos iônicos dissolvidos em água existem na forma de íons separados.

A ideia introduzida aqui é muito importante: quando os compostos iônicos se dissolvem, a *solução resultante contém os íons separados*. Portanto, podemos representar a mistura de $K_2CrO_4(aq)$ e $Ba(NO_3)_2(aq)$ de duas maneiras. Normalmente escrevemos esses reagentes como:

$$K_2CrO_4(aq) + Ba(NO_3)_2(aq) \rightarrow \text{Produtos}$$

No entanto, uma representação mais precisa da situação é:

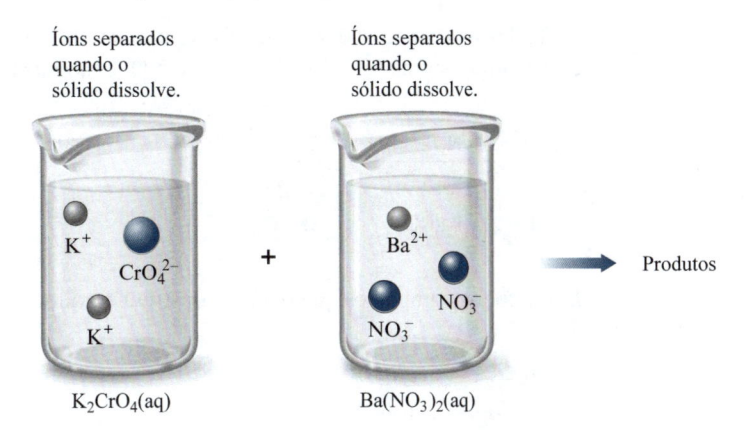

Íons separados quando o sólido dissolve.

K^+ CrO_4^{2-} K^+
$K_2CrO_4(aq)$

+

Íons separados quando o sólido dissolve.

Ba^{2+} NO_3^- NO_3^-
$Ba(NO_3)_2(aq)$

→ Produtos

Podemos expressar essa informação na forma da equação:

$$\underbrace{2K^+(aq) + CrO_4^{2-}(aq)}_{\text{Os íons em } K_2CrO_4(aq)} + \underbrace{Ba^{2+}(aq) + 2NO_3^-(aq)}_{\text{Os íons em } Ba(NO_3)_2(aq)} \rightarrow \text{Produtos}$$

Dessa forma, a *solução mista* contém quatro tipos de íons K^+, CrO_4^{2-}, Ba^{2+} e NO_3^-. Agora que sabemos quais são os reagentes, podemos dar alguns palpites sobre os possíveis produtos.

Como decidir quais produtos são formados

Quais desses íons se combinam para formar o sólido amarelo observado quando as soluções originais são misturadas? Essa não é uma pergunta fácil de responder. Mesmo um químico experiente não sabe ao certo o que acontecerá em uma nova reação. O químico tenta pensar nas várias possibilidades, considera cada uma delas e, em seguida, faz uma previsão (dá um palpite). Somente após identificar cada produto experimentalmente é que o químico pode ter certeza de qual reação realmente ocorreu. No entanto, um palpite é bastante útil porque indica que tipos de produtos são mais prováveis, ou seja, nos fornece um lugar para começar. Portanto, a melhor maneira de proceder é, primeiro, pensar nas várias possibilidades e, então, decidir qual delas é mais provável.

Quais são os possíveis produtos da reação entre $K_2CrO_4(aq)$ e $Ba(NO_3)_2(aq)$ ou, mais precisamente, qual reação pode ocorrer entre estes íons K^+, CrO_4^{2-}, Na^{2+} e NO_3^-? Já sabemos algumas coisas que nos ajudarão a decidir. Sabemos que um *composto sólido deve ter uma carga líquida zero*. Isso significa que o produto de nossa reação deve conter *ânions e cátions* (íons negativos e positivos). Por exemplo, K^+ e Ba^{2+} não podem se combinar para formar o sólido, porque ele teria uma carga positiva. Da mesma forma, CrO_4^{2-} e NO_3^- não poderiam se combinar para formar um sólido, porque ele teria uma carga negativa.

Outra coisa que nos ajudará é uma observação que os químicos fizeram ao examinar muitos compostos: *a maioria dos materiais iônicos contém somente dois tipos de íons* — um tipo de cátion e um tipo de ânion. Essa ideia é ilustrada pelos seguintes compostos (entre muitos outros):

Composto	Cátion	Ânion
NaCl	Na^+	Cl^-
KOH	K^+	OH^-
Na_2SO_4	Na^+	SO_4^{2-}
NH_4Cl	NH_4^+	Cl^-
Na_2CO_3	Na^+	CO_3^{2-}

Todas as combinações possíveis de um cátion e um ânion para formar compostos desprovidos de carga entre os íons K^+, CrO_4^{2-}, Ba^{2+}, e NO_3^- são mostradas abaixo:

	NO_3^-	CrO_4^{2-}
K^+	KNO_3	K_2CrO_4
Ba^{2+}	$Ba(NO_3)_2$	$BaCrO_4$

Portanto, os compostos que *podem* constituir o sólido são:

K_2CrO_4	$BaCrO_4$
KNO_3	$Ba(NO_3)_2$

Qual dessas possibilidades é a mais provável de representar o sólido amarelo? Sabemos que não é K_2CrO_4 nem $Ba(NO_3)_2$; esses são os reagentes. Eles estavam presentes (dissolvidos) nas soluções separadas que foram misturadas inicialmente. As únicas possibilidades reais são KNO_3 e $BaCrO_4$. Para decidir qual delas é mais provável de representar o sólido amarelo precisamos de mais fatos. Um químico experiente, por exemplo, sabe que KNO_3 é um sólido branco. Por outro lado, o íon CrO_4^{2-} é amarelo. Portanto, o sólido amarelo mais provável é o $BaCrO_4$.

Determinamos que um produto da reação entre $K_2CrO_4(aq)$ e $Ba(NO_3)_2(aq)$ é $BaCrO_4(s)$, mas o que aconteceu com os íons K^+ e NO_3^-? A resposta é que esses íons ficaram dissolvidos na solução. Isto é, KNO_3 não forma um sólido quando os íons K^+ e NO_3 estão presentes na água. Em outras palavras, se pegássemos o sólido branco $KNO_3(s)$ e o colocássemos na água, ele se dissolveria totalmente (o sólido branco "desapareceria", rendendo uma solução incolor). Então, quando misturamos $K_2CrO_4(aq)$ e $Ba(NO_3)_2(aq)$, forma-se $BaCrO_4(s)$, mas KNO_3 fica para trás na solução [o que escrevemos como $KNO_3(aq)$] (Se despejarmos a mistura em um filtro para remover o sólido $BaCrO_4$ e, em seguida, evaporarmos toda a água, obteremos o sólido branco KNO_3).

Após todo esse raciocínio, podemos finalmente escrever a equação não balanceada para a reação de precipitação:

$$K_2CrO_4(aq) + Ba(NO_3)_2(aq) \rightarrow BaCrO_4(s) + KNO_3(aq)$$

Podemos representar essa reação em imagens:

Observe que os íons K^+ e NO_3^- não estão envolvidos na mudança química. Eles permanecem dispersos na água antes e após a reação.

Utilizando regras de solubilidade

No exemplo considerado, nós finalmente pudemos identificar os produtos da reação ao usar dois tipos de conhecimento químico:

1. Conhecimento dos fatos
2. Conhecimento dos conceitos

Por exemplo, saber as cores de diversos compostos se provou muito útil. Isso representa o conhecimento fatual. Saber sobre o conceito de que os sólidos sempre têm uma carga líquida zero também foi essencial. Esses dois tipos de conhecimento nos permitiram ter um bom palpite sobre a identidade do sólido formado. À medida que você continua a estudar química, verá que um equilíbrio do conhecimento fatual e conceitual sempre é necessário. Você deve *memorizar* fatos importantes e *compreender* conceitos cruciais para obter sucesso.

No caso atual, estamos lidando com uma reação na qual se forma um sólido iônico — isto é, um processo em que os íons dissolvidos em água se combinam para formar um sólido. Sabemos que, para um sólido ser formado, os íons positivos e negativos devem estar presentes em números relativos que resultem em uma carga líquida zero. No entanto, íons com cargas opostas na água nem sempre reagem para formar um sólido, como vimos para K^+ e NO_3^-. Além disso, Na^+ e Cl^- podem coexistir na água em números muito grandes sem nenhuma formação do sólido NaCl. Em outras palavras, quando o sólido NaCl (sal comum) é colocado na água, ele se dissolve — o sólido branco "desaparece", enquanto os íons Na^+ e Cl^- são dispersos por toda a água. (Você provavelmente observou esse fenômeno no preparo de água salgada para cozinhar alimentos.) As afirmações a seguir estão, na verdade, dizendo a mesma coisa.

1. O sólido NaCl é bastante solúvel em água.
2. O sólido NaCl não se forma quando uma solução que contém Na^+ é misturada com outra solução que contém Cl^-.

Para prever se um determinado par de íons dissolvidos irá formar um sólido quando misturado, devemos conhecer alguns fatos sobre as solubilidades de vários tipos de compostos iônicos. Neste livro, usaremos o termo **sólido solúvel** para designar um sólido que dissolve facilmente em água; o sólido "desaparece" conforme os íons são dispersos na água. Os termos **sólido insolúvel** e sólido **muito pouco solúvel** ou **moderadamente solúvel** são usados para designar a mesma coisa: um sólido em que uma minúscula quantidade é dissolvida em água, ou seja, é indetectável a olho nu. As informações de solubilidade sobre os sólidos comuns que estão resumidas na Tabela 7.1 são fundamentadas nas observações do comportamento de muitos compostos. Esse é um conhecimento fatual que você precisará para prever o que irá acontecer em reações químicas nas quais um sólido pode se formar. Essas informações estão resumidas na Fig. 7.3.

Observe que na Tabela 7.1 e na Fig. 7.3 o termo *sal* é usado para designar um *composto iônico*. Muitos químicos usam os termos *sal* e *composto iônico* alternadamente. No Exemplo resolvido 7.1, ilustraremos como usar as regras de solubilidade para prever os produtos das reações entre os íons.

Tabela 7.1 ▶ Regras gerais para solubilidade de compostos iônicos (sais) em água a 25 °C

1. A maioria dos sais de nitrato (NO_3^-) é solúvel.
2. A maioria dos sais de Na^+, K^+ e NH_4^+ é solúvel.
3. A maioria dos sais de cloreto é solúvel. As exceções notáveis são AgCl, $PbCl_2$ e Hg_2Cl_2.
4. A maioria dos sais de sulfato é solúvel. As exceções notáveis são $BaSO_4$, $PbSO_4$ e $CaSO_4$.
5. A maioria dos compostos de hidróxido é apenas moderadamente solúvel.* As exceções importantes são NaOH e KOH. $Ba(OH)_2$ e $Ca(OH)_2$ são apenas moderadamente solúveis.
6. A maioria dos sais de sulfeto (S^{2-}), carbonato (CO_3^{2-}) e fosfato (PO_4^{3-}) é apenas moderadamente solúvel.*

* Os termos *insolúvel* e *moderadamente solúvel* significam a mesma coisa: uma minúscula quantidade dissolvida que não é possível detectar a olho nu.

Compostos solúveis

sais de NO_3^-

sais de Na^+, K^+, NH_4^+

sais de Cl^-, Br^-, I^- — Exceto aqueles que contêm Ag^+, Hg_2^{2+}, Pb^{2+}

sais de SO_4^{2-} — Exceto aqueles que contêm Ba^{2+}, Pb^{2+}, Ca^{2+}

Compostos insolúveis

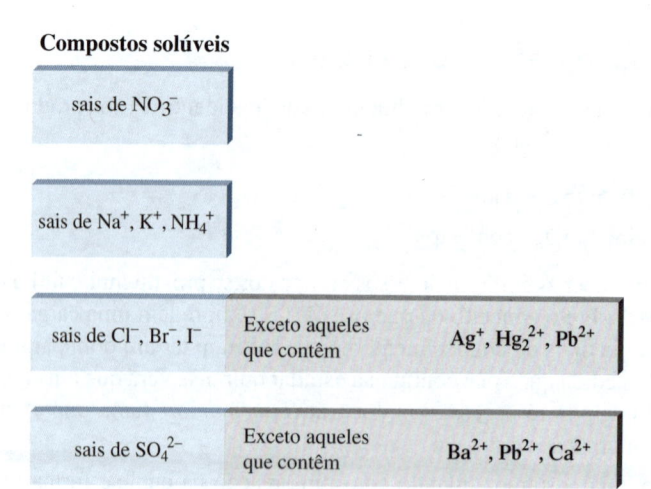

sais de S^{2-}, CO_3^{2-}, PO_4^{3-}

sais de OH^- — Exceto aqueles que contêm Na^+, K^+, Ba^{2+}, Ca^{2+}

Figura 7.3 ▶ Solubilidades dos compostos comuns.

Pensamento crítico

E se nenhum sólido iônico fosse solúvel em água? As reações poderiam ocorrer em soluções aquosas?

Exemplo resolvido 7.1 — Identificando os precipitados nas reações de formação de sólidos

AgNO₃ normalmente é chamado de nitrato de prata em vez de nitrato de prata(I), porque a prata forma apenas Ag^+.

Quando uma solução aquosa de nitrato de prata é adicionada a uma solução aquosa de cloreto de potássio, um sólido branco é formado. Identifique o sólido branco e escreva a equação balanceada da reação que ocorre.

SOLUÇÃO

Primeiro, vamos usar a descrição da reação para representar o que sabemos:

$$AgNO_3(aq) + KCl(aq) \rightarrow \text{Sólido branco}$$

Lembre-se, tente determinar os fatos essenciais com base nas palavras e represente-os por símbolos ou diagramas. Para responder à pergunta principal (O que é o sólido branco?), devemos estabelecer quais íons estão presentes na solução misturada. Isto é, devemos saber como os reagentes são realmente. Lembre-se de que, *quando as substâncias iônicas se dissolvem em água, os íons se separam*. Então, podemos escrever a equação

$$\underbrace{Ag^+(aq) + NO_3^-(aq)}_{\text{Íons em } AgNO_3(aq)} + \underbrace{K^+(aq) + Cl^-(aq)}_{\text{Íons em } KCl(aq)} \rightarrow \text{Produtos}$$

ou usar imagens

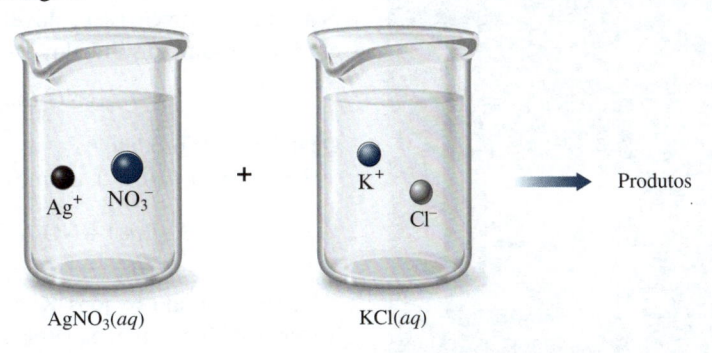

AgNO₃(aq) + KCl(aq) → Produtos

para representar os íons presentes na solução misturada antes de qualquer reação ocorrer. Resumindo:

AgNO₃(aq) + KCl(aq) → A solução contém K⁺, Cl⁻, NO₃⁻, Ag⁺

	NO_3^-	Cl^-
Ag^+	$AgNO_3$	$AgCl$
K^+	KNO_3	KCl

Agora consideraremos qual sólido *pode* se formar desse conjunto de íons. Como o sólido deve conter íons positivos e negativos, os possíveis compostos que podem ser reunidos desse conjunto são:

$AgNO_3$ $AgCl$
KNO_3 KCl

$AgNO_3$ e KCl são as substâncias já dissolvidas nas soluções reagentes, portanto, sabemos que não representam o produto sólido branco. Restaram duas possibilidades:

AgCl

KNO_3

Outra forma de obter essas duas possibilidades é pela *troca de íon*. Isso significa que, na reação de $AgNO_3(aq)$ e KCl(aq), pegamos o cátion de um reagente e o combinamos com o ânion do outro reagente.

$$Ag^+ + NO_3^- + K^+ + Cl^- \rightarrow \text{Produtos}$$

Possíveis produtos sólidos

A troca de íon também leva aos seguintes sólidos possíveis:

AgCl ou KNO_3

Para decidir se AgCl ou KNO_3 é o sólido branco, precisamos das regras de solubilidade (consulte a Tabela 7.1). A Regra 2 afirma que a maioria dos sais que contêm K⁺ é solúvel em água. A Regra 1 diz que a maioria dos sais de nitrato (aqueles que contêm NO_3^-) é solúvel. Portanto, o sal KNO_3 é solúvel em água. Isto é, quando K⁺ e NO_3^- são misturados em água, *não* se forma um sólido (KNO_3).

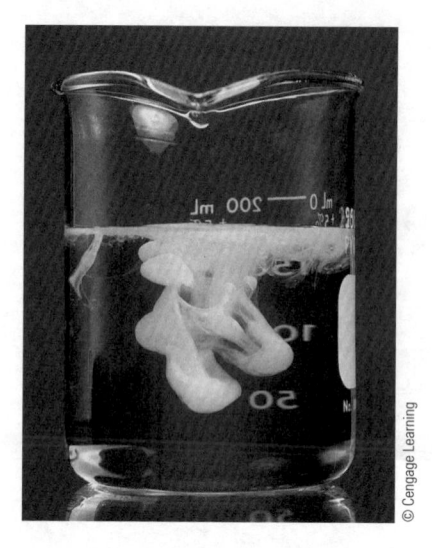

Figura 7.4 ▸ A precipitação do cloreto de prata ocorre quando as soluções de nitrato de prata e de cloreto de potássio são misturadas. Os íons K^+ e NO_3^- permanecem na solução.

Por outro lado, a Regra 3 afirma que, apesar de a maioria dos sais de cloreto (sais que contêm Cl^-) ser solúvel, AgCl é uma exceção. Isto é, AgCl(s) é insolúvel em água. Assim, o sólido branco deve ser AgCl. Agora podemos escrever:

$$AgNO_3(aq) + KCl(aq) \rightarrow AgCl(s) + ?$$

Qual é o outro produto?

Para formar AgCl(s), usamos os íons Ag^+ e Cl^-:

$$Ag^+(aq) + NO_3^-(aq) + K^+(aq) + Cl^-(aq) \rightarrow AgCl(s)$$

Assim, sobram os íons K^+ e NO_3^-. O que eles fazem? Nada. Como KNO_3 é bastante solúvel em água (Regras 1 e 2), os íons K^+ e NO_3^- permanecem separados; o KNO_3 permanece dissolvido e o representamos como $KNO_3(aq)$. Agora podemos escrever a equação completa:

$$AgNO_3(aq) + KCl(aq) \rightarrow AgCl(s) + KNO_3(aq)$$

A Fig. 7.4 mostra a precipitação de AgCl(s) que ocorre quando essa reação acontece. Na forma gráfica, a reação é:

A estratégia a seguir é útil para prever o que ocorrerá quando duas soluções que contêm sais dissolvidos são misturadas.

Como prever os precipitados quando as soluções de dois compostos iônicos são misturadas

Etapa 1 Escreva os reagentes como eles existem realmente antes que qualquer reação ocorra. Lembre-se de que, quando um sal é dissolvido, os íons se separam.

Etapa 2 Considere os diversos sólidos que podem ser formados. Para fazer isso, simplesmente *troque os ânions* dos sais adicionados.

Etapa 3 Use as regras de solubilidade (Tabela 7.1) para decidir se um sólido é formado e, se sim, para prever a identidade do sólido.

Exemplo resolvido 7.2

Utilizando as regras de solubilidade para prever os produtos das reações

Utilizando as regras de solubilidade da Tabela 7.1, é possível prever o que vai acontecer quando as soluções a seguir são misturadas. Escreva a equação balanceada para qualquer reação que ocorra.

a. $KNO_3(aq)$ e $BaCl_2(aq)$

b. $Na_2SO_4(aq)$ e $Pb(NO_3)_2(aq)$

c. $KOH(aq)$ e $Fe(NO_3)_3(aq)$

SOLUÇÃO (a) **Etapa 1** $KNO_3(aq)$ representa uma solução aquosa obtida dissolvendo-se o sólido KNO_3 em água para formar os íons $K^+(aq)$ e $NO_3^-(aq)$. Do mesmo modo, $BaCl_2(aq)$ é uma solução formada ao se dissolver o sólido $BaCl_2$ em água para produzir $Ba^{2+}(aq)$ e $Cl^-(aq)$. Quando essas duas soluções são misturadas, os íons a seguir estarão presentes:

$$\underbrace{K^+, \quad NO_3^-,}_{\text{Do } KNO_3(aq)} \quad \underbrace{Ba^{2+}, \quad Cl^-}_{\text{Do } BaCl_2(aq)}$$

Etapa 2 Para obter os possíveis produtos, trocamos os ânions.

$$K^1 \quad NO_3^2 \quad Ba^{21} \quad Cl^2$$

Isso rende as possibilidades KCl e $Ba(NO_3)_2$. Esses são os sólidos que *podem* se formar. Observe que são necessários dois íons NO_3^- para balancear a carga 2+ no Ba^{2+}.

Etapa 3 As regras listadas na Tabela 7.1 indicam que tanto o KCl quanto o $Ba(NO_3)_2$ são solúveis em água. Então, nenhum precipitado se forma quando $KNO_3(aq)$ e $BaCl_2(aq)$ são misturados. Todos os íons permanecem dissolvidos na solução. Isso significa que nenhuma reação acontece. Isto é, nenhuma mudança química ocorre.

SOLUÇÃO (b) **Etapa 1** Os seguintes íons estão presentes na solução misturada antes de qualquer reação ocorrer:

$$\underbrace{Na^1, \quad SO_4^{22},}_{\text{Do } Na_2SO_4(aq)} \quad \underbrace{Pb^{21}, \quad NO_3^2}_{\text{Do } Pb(NO_3)_2(aq)}$$

Etapa 2 Trocando os ânions

$$Na^1 \quad SO_4^{22} \quad Pb^{21} \quad NO_3^2$$

Isto produz os *possíveis* produtos sólidos $PbSO_4$ e $NaNO_3$.

Etapa 3 Utilizando a Tabela 7.1, vemos que $NaNO_3$ é solúvel em água (Regras 1 e 2), mas que $PbSO_4$ é apenas moderadamente solúvel (Regra 4). Assim, quando essas soluções são misturadas, forma-se o sólido $PbSO_4$. A reação balanceada é

$$Na_2SO_4(aq) + Pb(NO_3)_2(aq) \rightarrow PbSO_4(s) + \underbrace{2NaNO_3(aq)}_{\text{Permanece dissolvido}}$$

a qual pode ser representada como:

SOLUÇÃO (c) **Etapa 1** Os íons presentes na solução misturada antes de qualquer reação ocorrer são:

$$K^+, \quad OH^-, \quad Fe^{3+}, \quad NO_3^-$$
$$\underbrace{\qquad\qquad}_{\text{Do KOH}(aq)} \quad \underbrace{\qquad\qquad}_{\text{Do Fe(NO}_3)_3(aq)}$$

Etapa 2 Trocando os ânions

$$K^1 \quad OH^2 \quad Fe^{31} \quad NO_3{}^2$$

produz os possíveis produtos sólidos KNO_3 e $Fe(OH)_3$.

Etapa 3 As Regras 1 e 2 (Tabela 7.1) afirmam que KNO_3 é solúvel, ao passo que $Fe(OH)_3$ é apenas moderadamente solúvel (Regra 5). Assim, quando essas soluções são misturadas, forma-se o sólido $Fe(OH)_3$. A equação balanceada da reação é:

$$3KOH(aq) + Fe(NO_3)_3\,(aq) \rightarrow Fe(OH)_3(s) + 3KNO_3(aq)$$

a qual pode ser representada como:

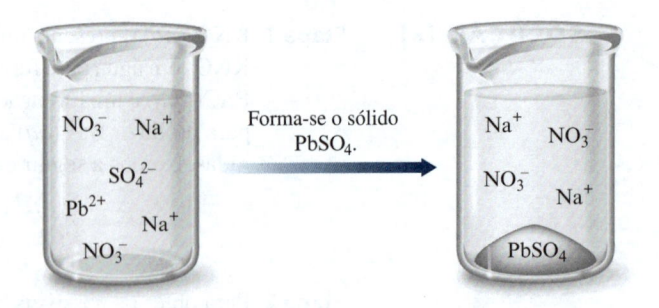

AUTOVERIFICAÇÃO

Exercício 7.1 Preveja se um sólido será formado quando os pares das soluções a seguir forem misturados. Se sim, identifique o sólido e escreva a equação balanceada para a reação.

a. $Ba(NO_3)_2(aq)$ e $NaCl(aq)$
b. $Na_2S(aq)$ e $Cu(NO_3)_2(aq)$
c. $NH_4Cl(aq)$ e $Pb(NO_3)_2(aq)$

Consulte os Problemas 7.17 e 7.18. ■

7-3 Descrevendo reações em soluções aquosas

OBJETIVO Aprender a descrever as reações nas soluções ao escrever equações moleculares, iônicas completas e iônicas líquidas.

A química mais importante, incluindo praticamente todas as reações que tornam a vida possível, ocorre em soluções aquosas. Consideraremos agora os tipos de equações usadas para representar as reações que ocorrem em água. Por exemplo, como vimos anteriormente, quando misturamos cromato de potássio aquoso com nitrato de bário aquoso, ocorre uma reação para formar cromato de bário sólido e nitrato de potássio dissolvido. Uma maneira de representar essa reação é pela equação

$$K_2CrO_4(aq) + Ba(NO_3)_2(aq) \rightarrow BaCrO_4(s) + 2KNO_3(aq)$$

Essa representação é chamada de **equação molecular** da reação; ela mostra as fórmulas completas de todos os reagentes e produtos. No entanto, apesar disso, ela não nos dá uma imagem muito clara do que realmente ocorre na solução. Como vimos, as soluções aquosas de cromato de potássio, nitrato de bário e nitrato de potássio contêm os íons individuais, e não as moléculas como sugere a equação molecular. Assim, a **equação iônica completa**,

$$\underbrace{2K^+(aq) + CrO_4^{2-}(aq)}_{\text{Íons de } K_2CrO_4} + \underbrace{Ba^{2+}(aq) + 2NO_3^-(aq)}_{\text{Íons de } Ba(NO_3)_2} \rightarrow$$
$$BaCrO_4(s) + 2K^+(aq) + 2NO_3^-(aq)$$

melhor representa as formas reais dos reagentes e produtos na solução. *Em uma equação iônica completa, todas as substâncias que são eletrólitos fortes são representadas como íons.* Observe que o $BaCrO_4$ não é escrito como íons separados, porque ele está presente como um sólido; não está dissolvido.

A equação iônica completa revela que somente os íons participam da reação. Observe que os íons K^+ e NO_3^- estão presentes na solução tanto antes como depois da reação. Íons como esses, que não participam diretamente em uma reação na solução, são chamados de **íons espectadores**. Os íons que participam dessa reação são os íons Ba^{2+} e CrO_4^{2-}, que se combinam para formar o sólido $BaCrO_4$:

$$Ba^{2+}(aq) + CrO_4^{2-}(aq) \rightarrow BaCrO_4(s)$$

Essa equação, chamada de **equação iônica líquida**, inclui somente aqueles componentes que estão diretamente na reação. Os químicos normalmente escrevem a equação iônica líquida de uma reação na solução porque ela fornece as formas reais dos reagentes e dos produtos e inclui somente as espécies que passam por uma mudança.

Tipos de equações para as reações em soluções aquosas

Três tipos de equações são usadas para descrever as reações nas soluções.

1. A *equação molecular* mostra a reação geral, mas não necessariamente as formas reais dos reagentes e produtos na solução.
2. A *equação iônica completa* representa todos os reagentes e produtos que são eletrólitos fortes como íons. Todos os reagentes e os produtos estão inclusos.
3. A *equação iônica líquida* inclui somente aqueles componentes que sofrem uma mudança. Os íons espectadores não são incluídos.

Para garantir que essas ideias estão claras, daremos outro exemplo. No Exemplo resolvido 7.2 consideramos a reação entre as soluções aquosas do nitrato de chumbo e sulfato de sódio. A equação molecular balanceada da reação é:

$$Pb(NO_3)_2(aq) + Na_2SO_4(aq) \rightarrow PbSO_4(s) + 2NaNO_3(aq)$$

Uma vez que qualquer composto iônico que é dissolvido em água está presente como íons separados, podemos escrever a equação iônica completa da seguinte forma:

$$Pb^{2+}(aq) + 2NO_3^-(aq) + 2Na^+(aq) + SO_4^{2-}(aq) \rightarrow$$
$$PbSO_4(s) + 2Na^+(aq) + 2NO_3^-(aq)$$

Observe que o PbSO$_4$ não é escrito como íons separados porque ele está presente como um sólido. Os íons que participam da mudança química são os íons Pb^{2+} e SO$_4^{2-}$, que se combinam para formar o sólido PbSO$_4$: Assim, a equação iônica líquida é:

$$Pb^{2+}(aq) + SO_4^{2-}(aq) \rightarrow PbSO_4(s)$$

Os íons Na$^+$ e NO$_3^-$ não sofrem nenhuma reação química; eles são íons espectadores.

Exemplo resolvido 7.3

Escrevendo equações para as reações

Para cada uma das reações a seguir, escreva a equação molecular, a equação iônica completa e a equação iônica líquida.

a. O cloreto de sódio aquoso é adicionado ao nitrato de prata aquoso para formar cloreto de prata sólido mais nitrato de sódio aquoso.

b. O hidróxido de potássio aquoso é misturado com nitrato de ferro(III) aquoso para formar hidróxido de ferro(III) sólido e nitrato de potássio aquoso.

SOLUÇÃO

a. *Equação molecular:*

$$NaCl(aq) + AgNO_3(aq) \rightarrow AgCl(s) + NaNO_3(aq)$$

Equação iônica completa:

$$Na^+(aq) + Cl^-(aq) + Ag^+(aq) + NO_3^-(aq) \rightarrow$$
$$AgCl(s) + Na^+(aq) + NO_3^-(aq)$$

Equação iônica líquida:

$$Cl^-(aq) + Ag^+(aq) \rightarrow AgCl(s)$$

b. *Equação molecular:*

$$3KOH(aq) + Fe(NO_3)_3(aq) \rightarrow Fe(OH)_3(s) + 3KNO_3(aq)$$

Equação iônica completa:

$$3K^+(aq) + 3OH^-(aq) + Fe^{3+}(aq) + 3NO_3^-(aq) \rightarrow$$
$$Fe(OH)_3(s) + 3K^+(aq) + 3NO_3^-(aq)$$

Equação iônica líquida:

$$3OH^-(aq) + Fe^{3+}(aq) \rightarrow Fe(OH)_3(s)$$

AUTOVERIFICAÇÃO

Exercício 7.2 Para cada uma das reações a seguir, escreva a equação molecular, a equação iônica completa e a equação iônica líquida.

a. O sulfeto de sódio aquoso é misturado com nitrato de cobre(II) aquoso para produzir sulfeto de cobre(II) sólido e nitrato de sódio aquoso.

b. O cloreto de amônio aquoso e o nitrato de chumbo(II) aquoso reagem para formar cloreto de chumbo(II) sólido e nitrato de amônio aquoso.

Consulte os Problemas 7.25 até 7.30. ■

7-4 Reações que formam água: ácidos e bases

OBJETIVO Aprender as principais características das reações entre ácidos fortes e bases fortes.

Não experimente substâncias químicas!

Nesta seção, encontramos duas classes muito importantes de compostos: ácidos e bases. Os ácidos foram associados primeiro com o sabor azedo das frutas cítricas. Na verdade, a palavra ácido vem da palavra latina *acidus*, que significa "azedo". O vinagre tem gosto ácido porque é uma solução diluída de ácido acético; o ácido cítrico é responsável pelo sabor ácido de um limão. As bases, às vezes chamadas de *alcalis*, são caracterizadas pelo seu sabor amargo e sensação escorregadia, como um sabonete molhado. A maioria dos preparados comerciais para desentupir canos é altamente básica.

Os ácidos são conhecidos há centenas de anos. Por exemplo, os *ácidos minerais*, ácido sulfúrico, H_2SO_4, e ácido nítrico, HNO_3, são chamados assim porque foram originalmente obtidos pelo tratamento de minerais por volta de 1300. No entanto, só no final dos anos 1800 é que a natureza essencial dos ácidos foi descoberta por Svante Arrhenius, um então aluno sueco de física.

Arrhenius, que estava tentando descobrir por que somente algumas determinadas soluções podiam conduzir uma corrente elétrica, descobriu que a condutividade surgiu da presença de íons. Em seus estudos sobre soluções, Arrhenius observou que, quando as substâncias HCl, HNO_3 e H_2SO_4 eram dissolvidas em água, elas se comportavam como eletrólitos fortes. Ele sugeriu que isso era o resultado das reações de ionização em água.

$$HCl \xrightarrow{H_2O} H^+(aq) + Cl^-(aq)$$

$$HNO_3 \xrightarrow{H_2O} H^+(aq) + NO_3^-(aq)$$

$$H_2SO_4 \xrightarrow{H_2O} H^+(aq) + HSO_4^-(aq)$$

Arrhenius propôs que um **ácido** *é uma substância que produz íons H^+ (prótons) quando é dissolvido em água.*

Estudos mostram que, quando HCl, HNO_3 e H_2SO_4 são colocados em água, *praticamente todas as moléculas* se dissociam para formar íons. Isso significa que quando 100 moléculas de HCl são dissolvidas em água, 100 íons H^+ e 100 íons Cl^- são produzidos. Praticamente não há nenhuma molécula de HCl na solução aquosa (Fig. 7.5). Como essas substâncias são eletrólitos fortes que produzem H^+, elas são chamadas de **ácidos fortes**.

Arrhenius também descobriu que as *soluções aquosas que exibem o comportamento básico* sempre contêm íons de hidróxido. Ele definiu uma **base** como uma *substância que produz íons hidróxido (OH^-) em água.* A base mais utilizada no laboratório químico é o hidróxido de sódio, NaOH, que contém os íons Na^+ e OH^- e é bastante solúvel em água. O hidróxido de sódio, como todas as substâncias iônicas, produz cátions e ânions separados quando é dissolvido em água.

$$NaOH(s) \xrightarrow{H_2O} Na^+(aq) + OH^-(aq)$$

Apesar de o hidróxido de sódio dissolvido normalmente ser representado como $NaOH(aq)$, é preciso se lembrar que a solução realmente contém íons Na^+ e OH^- separados. Na verdade, para cada 100 unidades de NaOH dissolvido em água, 100 íons Na^+ e 100 íons OH^- são produzidos.

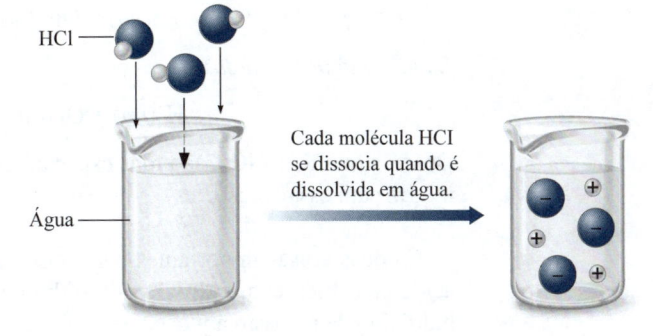

Figura 7.5 ▶ Quando o HCl gasoso é dissolvido em água, cada molécula se dissocia para produzir íons H^+ e Cl^-. Isto é, o HCl comporta-se como um eletrólito forte.

A *caltha palustris* é uma planta linda, porém, venenosa. Sua toxicidade resulta parcialmente da presença de ácido erúcico.

O ácido clorídrico é uma solução aquosa que contém cloreto de hidrogênio dissolvido. É um eletrólito forte.

O hidróxido de potássio (KOH) possui propriedades acentuadamente semelhantes às do hidróxido de sódio. É bastante solúvel em água e produz íons separados.

$$KOH(s) \xrightarrow{H_2O} K^+(aq) + OH^-(aq)$$

Como esses compostos hidróxidos são eletrólitos fortes que contêm íons OH⁻, eles são chamados de **bases fortes**.

Quando ácidos fortes e bases fortes (hidróxidos) são misturados, a mudança química fundamental que sempre ocorre é a *reação dos íons H⁺ com os íons OH⁻ para formar água*.

$$H^+(aq) + OH^-(aq) \rightarrow H_2O(l)$$

A água é um composto bem estável, como evidenciado pela sua abundância na superfície terrestre. Portanto, quando as substâncias que podem formar água são misturadas, há uma forte tendência para que a reação ocorra. Em particular, o íon hidróxido OH⁻ tem uma alta afinidade por íons H⁺, porque a água é produzida pela reação entre esses íons.

A tendência para formar água é a segunda das forças motrizes para as reações que mencionamos na Seção 7-1. Qualquer composto que produz íons OH⁻ em água reage vigorosamente com qualquer composto que possa fornecer íons H⁺ para formar H₂O. Por exemplo, a reação entre ácido clorídrico e hidróxido de sódio aquoso é representada pela equação molecular a seguir:

$$HCl(aq) + NaOH(aq) \rightarrow H_2O(l) + NaCl(aq)$$

Como HCl, NaOH e NaCl existem como íons completamente separados na água, a equação iônica completa para essa reação é:

$$H^+(aq) + Cl^-(aq) + Na^+(aq) + OH^-(aq) \rightarrow H_2O(l) + Na^+(aq) + Cl^-(aq)$$

Observe que Cl⁻ e Na⁺ são íons espectadores (eles não sofrem mudanças), portanto, a equação iônica líquida é:

$$H^+(aq) + OH^-(aq) \rightarrow H_2O(l)$$

Assim, a única mudança química que ocorre quando essas soluções são misturadas é a formação de água a partir de íons H⁺ e OH⁻.

Exemplo resolvido 7.4 — Escrevendo equações para as reações ácido-base

O ácido nítrico é um ácido forte. Escreva as equações molecular, iônica completa e iônica líquida para a reação de ácido nítrico aquoso e hidróxido de potássio aquoso.

SOLUÇÃO

Equação molecular:

$$HNO_3(aq) + KOH(aq) \rightarrow H_2O(l) + KNO_3(aq)$$

Equação iônica completa:

$$H^+(aq) + NO_3^-(aq) + K^+(aq) + OH^-(aq) \rightarrow H_2O(l) + K^+(aq) + NO_3^-(aq)$$

Equação iônica líquida:

$$H^+(aq) + OH^-(aq) \rightarrow H_2O(l)$$

Observe que K⁺ e NO₃⁻ são íons espectadores e que a formação da água é a força motriz para essa reação. ■

Há duas coisas importantes para observar enquanto examinamos a reação do ácido clorídrico com hidróxido de sódio aquoso e a reação do ácido nítrico com hidróxido de potássio aquoso.

1. A equação iônica líquida é a mesma em ambos os casos, forma-se água.

$$H^+(aq) + OH^-(aq) \rightarrow H_2O(l)$$

2. Além da água, que *sempre é um produto* da reação de um ácido com OH⁻, o segundo produto é um composto iônico, que pode precipitar ou permanecer dissolvido, dependendo de sua solubilidade.

$$HCl(aq) + NaOH(aq) \rightarrow H_2O(l) + NaCl(aq)$$

$$HNO_3(aq) + KOH(aq) \rightarrow H_2O(l) + KNO_3(aq)$$

Compostos iônicos dissolvidos.

Esse composto iônico é chamado de **sal**. No primeiro caso, o sal é cloreto de sódio e, no segundo caso, o sal é nitrato de potássio. Podemos obter esses sais solúveis na forma sólida (ambos são sólidos brancos) evaporando a água.

Resumo de ácidos fortes e bases fortes

As informações sobre ácidos fortes e bases fortes a seguir são especialmente importantes.

1. Os ácidos fortes comuns são as soluções aquosas de HCl, HNO_3 e H_2SO_4.
2. Um ácido forte é uma substância que se dissocia (ioniza) completamente em água. (Cada molécula se quebra em um íon H^+ mais um ânion.)
3. Uma base forte é um composto de hidróxido metálico que é bastante solúvel em água. As bases fortes mais comuns são NaOH e KOH, que se quebram completamente em íons separados (Na^+ e OH^- ou K^+ e OH^-) quando são dissolvidas em água.
4. A equação iônica líquida para a reação de um ácido forte e uma base forte (contém OH^-) sempre é a mesma: ela mostra a produção de água.

$$H^+(aq) + OH^-(aq) \rightarrow H_2O(l)$$

5. Na reação de um ácido forte e uma base forte, um produto sempre é a água e o outro sempre é um composto iônico chamado sal, que permanece dissolvido na água. Esse sal pode ser obtido como um sólido evaporando a água.
6. A reação de H^+ e OH^- geralmente é chamada de uma reação ácido-base, na qual H^+ é o íon acído e OH^- é o íon básico.

Drano (um produto para desentupir encanamentos) contém uma base forte.

7-5 Reações de metais e ametais (oxirredução)

OBJETIVOS
- Aprender as características gerais de uma reação entre um metal e um ametal.
- Compreender a transferência de elétrons como uma força motriz para uma reação química.

No Capítulo 4, dedicamos um tempo considerável para a discussão dos compostos iônicos — compostos formados da reação entre um metal e um ametal. Um exemplo típico é o cloreto de sódio, formado pela reação do sódio metálico com o gás cloro:

$$2Na(s) + Cl_2(g) \rightarrow 2NaCl(s)$$

Examinemos o que acontece nessa reação. O sódio metálico é composto por átomos de sódio, cada qual com uma carga líquida de zero. (As cargas positivas de 11 prótons em seu núcleo são exatamente balanceadas pelas cargas negativas nos

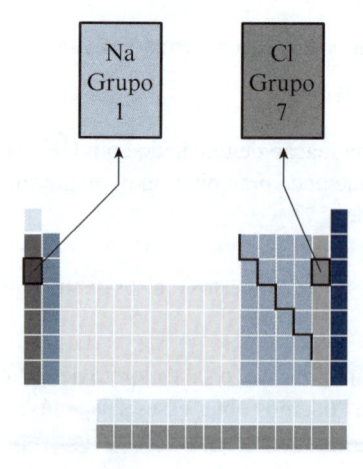

11 elétrons.) Do mesmo modo, a molécula de cloro consiste em dois átomos de cloro desprovidos de carga (cada um com 17 prótons e 17 elétrons). No entanto, no produto (cloreto de sódio), o sódio está presente como Na⁺ e o cloro, como Cl⁻. Por qual processo os átomos neutros se transformam em íons? A resposta é que um elétron é transferido de cada átomo de sódio para cada átomo de cloro.

$$Na + Cl \rightarrow Na^+ + Cl^-$$

Após a transferência do elétron, cada sódio possui dez elétrons e 11 prótons (uma carga líquida de 1+), e cada cloro possui 18 elétrons e 17 prótons (uma carga líquida de 1−).

Dessa forma, a reação de um metal com um ametal para formar um composto iônico envolve a transferência de um ou mais elétrons do metal (formando um cátion) para o ametal (formando um ânion). Essa tendência para transferir elétrons de metais para ametais é a terceira força motriz para as reações que listamos na Seção 7-1. Uma reação que *envolve uma transferência de elétrons* é chamada de uma **reação de oxirredução**.

Há muitos exemplos de reações de oxirredução nas quais um metal reage com um ametal para formar um composto iônico. Considere a reação do magnésio metálico com oxigênio,

$$2Mg(s) + O_2(g) \rightarrow 2MgO(s)$$

a qual produz uma luz branca e brilhante que já foi útil nas unidades de *flash* nas câmeras. Observe que os reagentes contêm átomos desprovidos de carga, porém, o produto contém íons:

MgO
Contém Mg^{2+}, O^{2-}

Portanto, nessa reação, cada átomo de magnésio perde dois elétrons ($Mg \rightarrow Mg^{2+} + 2e^-$) e cada átomo de oxigênio ganha dois elétrons ($O + 2e^- \rightarrow O^{2-}$). Podemos representar essa reação da seguinte forma:

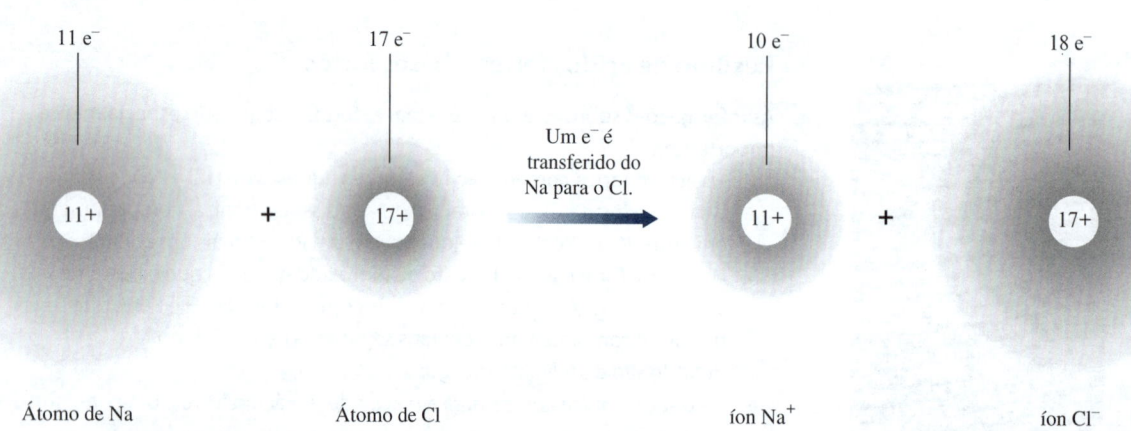

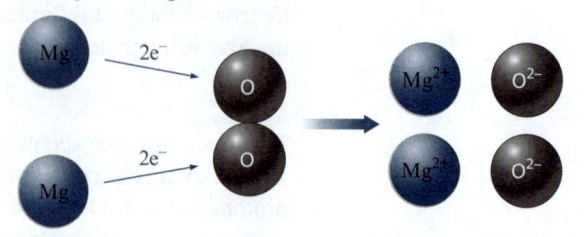

Figura 7.6 ▶ A reação da termita emite tanto calor que o ferro formado é derretido.

Reações em soluções aquosas **181**

Outro exemplo é

$$2Al(s) + Fe_2O_3(s) \rightarrow 2Fe(s) + Al_2O_3(s)$$

a qual é uma reação (chamada de reação da termita) que produz tanta energia (calor) que o ferro é inicialmente formado como um líquido (Fig. 7.6). Nesse caso, o alumínio está originalmente presente como metal elementar (que contém átomos de Al desprovidos de carga) e termina em Al_2O_3, em que está presente como cátions Al^{3+} (os íons $2Al^{3+}$ balanceiam apenas a carga dos íons $3O^{2-}$). Portanto, na reação, cada átomo de alumínio perde três elétrons.

$$Al \rightarrow Al^{3+} + 3e^-$$

> Essa equação é lida como "um átomo de alumínio produz um íon de alumínio com uma carga 3+ e três elétrons".

O processo oposto ocorre com o ferro, que inicialmente está presente como íons Fe^{3+} no Fe_2O_3 e termina como átomos desprovidos de carga no ferro elementar. Assim, cada cátion de ferro ganha três elétrons para formar um átomo desprovido de carga:

$$Fe^{3+} + 3e^- \rightarrow Fe$$

Podemos representar essa reação de forma esquemática:

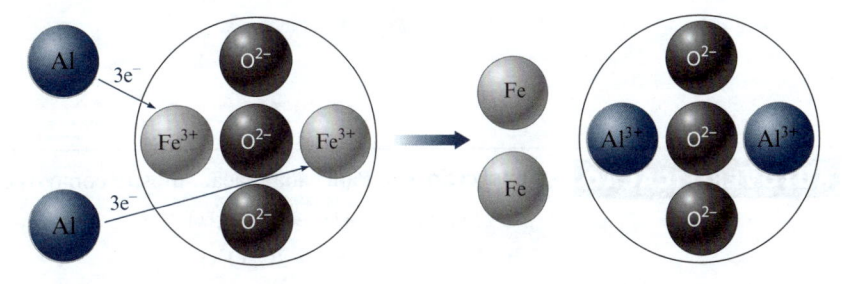

Exemplo resolvido 7.5

Identificando a transferência de elétrons nas reações de oxirredução

Para cada uma das reações a seguir, mostre como os elétrons são ganhos e perdidos.

a. $2Al(s) + 3I_2(s) \rightarrow 2AlI_3(s)$ (Essa reação é mostrada na Fig. 7.7. Observe a "fumaça" violeta, que é o excesso de I_2 sendo expelido pelo calor.)

b. $2Cs(s) + F_2(g) \rightarrow 2CsF(s)$

SOLUÇÃO

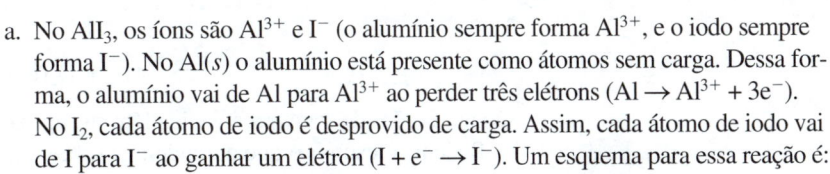

a. No AlI_3, os íons são Al^{3+} e I^- (o alumínio sempre forma Al^{3+}, e o iodo sempre forma I^-). No $Al(s)$ o alumínio está presente como átomos sem carga. Dessa forma, o alumínio vai de Al para Al^{3+} ao perder três elétrons ($Al \rightarrow Al^{3+} + 3e^-$). No I_2, cada átomo de iodo é desprovido de carga. Assim, cada átomo de iodo vai de I para I^- ao ganhar um elétron ($I + e^- \rightarrow I^-$). Um esquema para essa reação é:

Figura 7.7 ▶ Quando o alumínio e o iodo transformados em pó (mostrados em primeiro plano) são misturados (e um pouco de água é adicionada), eles reagem vigorosamente.

*Você pode visualizar essa imagem em cores no final do livro.

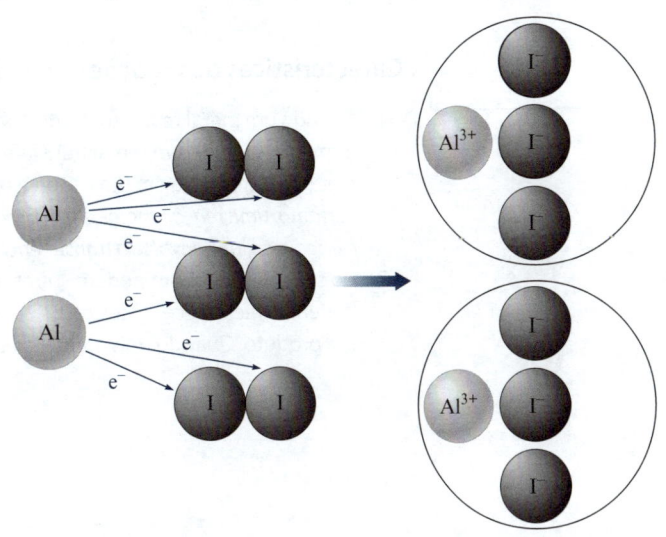

b. No CsF, os íons presentes são Cs$^+$ e F$^-$. O césio metálico, Cs(s), contém átomos de césio sem carga, e o gás flúor, F$_2$(g), contém átomos de flúor desprovidos de carga. Assim, na reação, cada átomo de césio perde um elétron (Cs → Cs$^+$ + e$^-$) e cada átomo de flúor ganha um elétron (F + e$^-$ → F$^-$). O esquema para essa reação é:

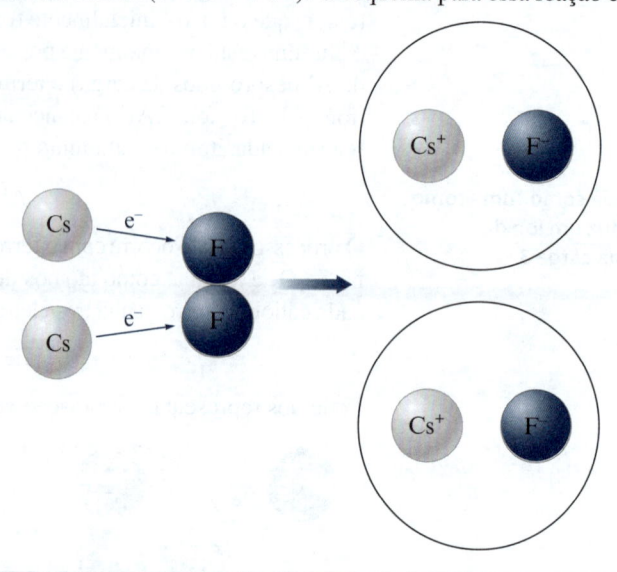

AUTOVERIFICAÇÃO

Exercício 7.3 Para cada reação, mostre como os elétrons são ganhos e perdidos.
a. 2Na(s) + Br$_2$(l) → 2NaBr(s)
b. 2Ca(s) + O$_2$(g) → 2CaO(s)

Consulte os Problemas 7.47 e 7.48. ■

Até agora enfatizamos as reações de transferência de elétrons (oxirredução) que envolvem um metal e um ametal. As reações de transferência de elétrons também podem acontecer entre dois ametais. Não discutiremos essas reações em detalhes aqui. Tudo o que estamos dizendo nesse ponto é que um sinal certo de uma reação de oxirredução entre ametais é a presença de oxigênio, O$_2$(g), como um reagente ou produto. Na verdade, a oxidação tem esse nome por causa do oxigênio. Dessa forma, as reações

$$CH_4(g) + 2O_2(g) \rightarrow CO_2(g) + 2H_2O(g)$$

e

$$2SO_2(g) + O_2(g) \rightarrow 2SO_3(g)$$

são as reações de transferência de elétrons, apesar de isso não estar óbvio nesse ponto.
Podemos resumir o que aprendemos sobre as reações de oxirredução da seguinte forma:

Características das reações de oxirredução

1. Quando um metal reage com um ametal, um composto iônico é formado. Os íons são formados quando um metal transfere um ou mais elétrons para o ametal, o átomo de metal se transforma em um cátion e o átomo do ametal se transforma em um ânion. *Portanto, uma reação metal-ametal sempre pode ser presumida como uma reação de oxirredução, que envolve a transferência de elétrons.*
2. Dois ametais também podem sofrer uma reação de oxirredução. Nesse ponto, podemos reconhecer esses casos apenas procurando pelo O$_2$ como um reagente ou um produto. Quando dois ametais reagem, o composto formado não é iônico.

7-6 Maneiras de classificar as reações

OBJETIVO Aprender diversos esquemas de classificação das reações.

Até agora em nosso estudo de química vimos inúmeras reações químicas — e este é apenas o Capítulo 7. No mundo à nossa volta e em nosso corpo, literalmente, milhões de reações químicas estão acontecendo. Obviamente, precisamos de um sistema para colocar as reações em classes significativas que as deixarão mais fáceis de serem lembradas e compreendidas.

No Capítulo 7, até o momento, consideramos as seguintes "forças motrizes" para as reações químicas:

- Formação de um sólido
- Formação de água
- Transferência de elétrons

Agora, discutiremos como classificar as reações que envolvem esses processos. Por exemplo, na reação

$$\underset{\text{Solução}}{K_2CrO_4(aq)} + \underset{\text{Solução}}{Ba(NO_3)_2(aq)} \rightarrow \underset{\substack{\text{Sólido} \\ \text{formado}}}{BaCrO_4(s)} + \underset{\text{Solução}}{2KNO_3(aq)}$$

forma-se o sólido $BaCrO_4$ (um precipitado). Uma vez que a *formação de um sólido quando duas soluções são misturadas* é chamada de *precipitação*, damos o nome de **reação de precipitação**.

Observe nessa reação que dois ânions (NO_3^- e CrO_4^{2-}) são simplesmente trocados. Observe que o CrO_4^{2-} foi originalmente associado com K^+ no K_2CrO_4 e que o NO_3^- foi associado com o Ba^{2+} no $Ba(NO_3)_2$. Nos produtos, essas associações são reversas. Em função dessa troca dupla, às vezes, chamamos essa reação de uma reação de dupla troca ou **reação de deslocamento duplo**. Podemos representá-la como:

$$AB + CD \rightarrow AD + CB$$

Portanto, podemos classificar uma reação como essa como uma reação de precipitação ou como uma reação de deslocamento duplo. Ambos os nomes estam corretos, mas o primeiro é o mais usado pelos químicos.

Neste capítulo também consideramos as reações em que a água é formada quando um ácido forte é misturado com uma base forte. Todas essas reações tiveram a mesma equação iônica líquida:

$$H^+(aq) + OH^-(aq) \rightarrow H_2O(l)$$

O íon H^+ vem de um ácido forte, como um $HCl(aq)$ ou $HNO_3(aq)$, e a origem do íon OH^- é uma base forte, como $NaOH(aq)$ ou $KOH(aq)$. Um exemplo é

$$HCl(aq) + KOH(aq) \rightarrow H_2O(l) + KCl(aq)$$

Classificamos essas reações como reações **ácido-base**. Você pode identificá-las porque *envolvem um íon H^+ que termina no produto água*.

A terceira força motriz é a transferência de elétrons. Em especial, vemos a evidência dessa força motriz no "desejo" de um metal de doar elétrons para os ametais. Um exemplo é

$$2Li(s) + F_2(g) \rightarrow 2LiF(s)$$

em que cada átomo de lítio perde um elétron para formar Li^+, e cada átomo de flúor ganha um elétron para formar o íon F^-. O processo da transferência de elétrons também é chamado de oxirredução. Dessa forma, classificamos a reação precedente como uma **reação de oxirredução**.

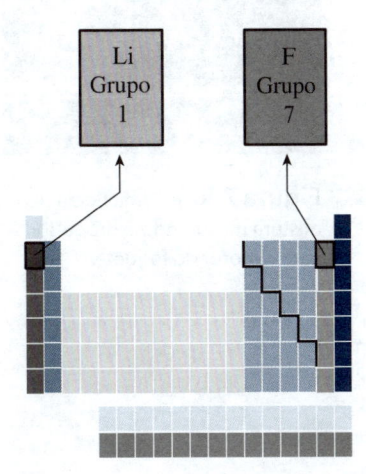

QUÍMICA EM FOCO

Reações de oxirredução lançam o ônibus espacial

Lançar no espaço um veículo que pesa milhões de quilos exige quantidades inimagináveis de energia — todas fornecidas por reações de oxirredução.

Observe na Fig. 7.8 que três objetos cilíndricos são afixados ao orbitador. No centro, há um tanque de aproximadamente 28 pés de diâmetro e 154 pés de comprimento que contém oxigênio líquido e hidrogênio líquido (em compartimentos separados). Esses combustíveis alimentam os motores do foguete do orbitador, onde reagem para formar água e liberar uma enorme quantidade de energia.

$$2H_2 + O_2 \rightarrow 2H_2O + \text{energia}$$

Observe que podemos reconhecer essa reação como uma reação de oxirredução porque O_2 é um reagente.

Dois foguetes de combustível sólido de 12 pés de diâmetro e 150 pés de comprimento também são afixados ao orbitador. Cada foguete contém 1,1 milhão de libras de combustível: perclorato de amônio (NH_4ClO_4) e alumínio em pó misturado com um aglutinante ("cola"). Como os foguetes são bem grandes, eles são construídos em segmentos e montados no local do lançamento como mostrado na Fig. 7.9. Cada segmento é preenchido com o propulsor xaroposo (Fig. 7.10) que, então, solidifica a uma consistência parecida com uma borracha dura.

A reação de oxirredução entre o perclorato de amônio e o alumínio é representada da seguinte forma:

$$3NH_4ClO_4(s) + 3Al(s) \rightarrow Al_2O_3(s) + AlCl_3(s) + 3NO(g) + 6H_2O(g) + \text{energia}$$

Ela produz temperaturas de cerca de 5700 °F e 3,3 milhões de libras de impulso em cada foguete.

Assim, podemos ver que as reações de oxirredução fornecem a energia para lançar o ônibus espacial.

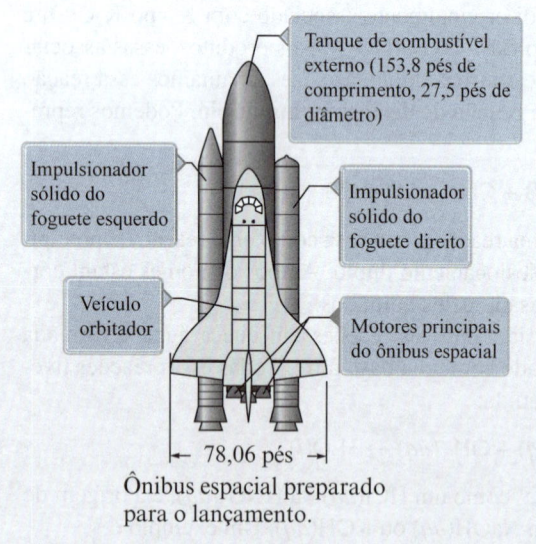

Figura 7.8 ▶ Para lançamento, o orbitador é afixado a dois foguetes de combustível sólido (direito e esquerdo) e a um tanque de combustível (centro) que fornece hidrogênio e oxigênio aos motores do orbitador. (*Reeditado com permissão de* Chemical and Engineering News, *19 de setembro de 1988. Copyright © 1988 American Chemical Society*).

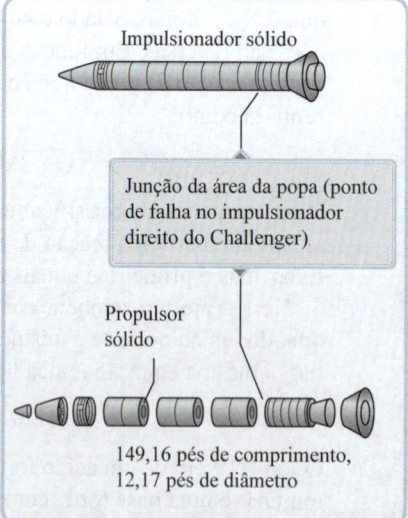

Figura 7.9 ▶ Os foguetes de combustível sólido são montados por segmentos para deixar a carga do combustível mais conveniente. (*Reeditado com permissão de* Chemical and Engineering News, *19 de setembro de 1988. Copyright © 1988 American Chemical Society*).

Figura 7.10 ▶ Uma tigela de mistura misturando o propulsor para o motor do foguete.

Uma força motriz adicional para as reações químicas que ainda não discutimos é a *formação de um gás*. Uma reação em solução aquosa em que há formação de um gás (que escapa como bolhas) é conduzida em direção aos produtos por esse acontecimento. Um exemplo é a reação

$$2HCl(aq) + Na_2CO_3(aq) \rightarrow CO_2(g) + H_2O(l) + NaCl(aq)$$

para a qual a equação iônica líquida é

$$2H^+(aq) + CO_3^{2-}(aq) \rightarrow CO_2(g) + H_2O(l)$$

Observe que essa reação forma o gás dióxido de carbono e água, portanto, ela ilustra duas das forças motrizes que consideramos. Como essa reação envolve H^+ que termina no produto água, ela é classificada como uma reação ácido-base.

Considere outra reação que forma um gás:

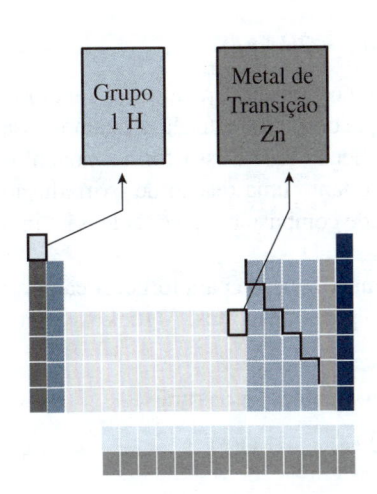

$$Zn(s) + 2HCl(aq) \rightarrow H_2(g) + ZnCl_2(aq)$$

Como podemos classificar essa reação? Um olhar cuidadoso nos reagentes e produtos mostra o seguinte:

$Zn(s)$	+	$2HCl(aq)$	$\rightarrow$	$H_2(g)$	+	$ZnCl_2(aq)$
Contém átomos Zn sem carga		Realmente $2H^+(aq) + 2Cl^-(aq)$		Contém átomos H sem carga		Realmente $Zn^{2+}(aq) + 2Cl^-(aq)$

Observe que, no reagente zinco metálico, o Zn existe como átomos sem carga, enquanto no produto ele existe como Zn^{2+}. Assim, cada átomo de Zn perde dois elétrons. Para onde esses elétrons foram? Eles foram transferidos para dois íons H^+ para formar H_2. O esquema para essa reação é:

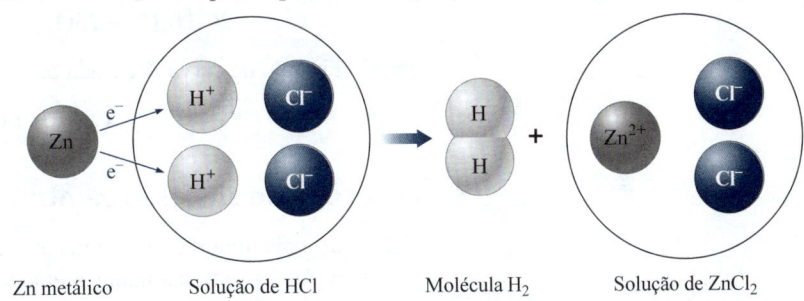

Zn metálico — Solução de HCl — Molécula H_2 — Solução de $ZnCl_2$

Esse é um processo de transferência de elétrons, portanto, a reação pode ser classificada como oxirredução.

Outra maneira de essa reação ser classificada é fundamentada no fato de que um *único* tipo de ânion (Cl^-) foi trocado entre H^+ e Zn^{2+}. Isto é, Cl^- está originalmente associado com H^+ no HCl e termina associado com Zn^{2+} no produto $ZnCl_2$. Podemos chamar isso de uma *reação de substituição única* em contraste com as reações de deslocamento duplo, em que dois tipos de ânions são trocados. Podemos representar uma substituição única como:

$$A + BC \rightarrow B + AC$$

7-7 Outras maneiras de classificar as reações

OBJETIVO Considerar as classes adicionais das reações químicas.

Até o momento neste capítulo classificamos as reações químicas de diversas maneiras. As mais usadas dessas classificações são:

▶ Reações de precipitação
▶ Reações ácido-base
▶ Reações de oxirredução

Entretanto, ainda há outras maneiras de classificar as reações que você pode encontrar em seus estudos futuros de química. Consideraremos várias dessas nesta seção.

Reações de combustão

Muitas reações químicas que envolvem oxigênio produzem energia (calor) de modo tão rápido que resultam em uma chama. Tais reações são chamadas de **reações de combustão**. Consideramos algumas dessas reações anteriormente. Por exemplo, o metano no gás natural reage com oxigênio de acordo com a seguinte equação balanceada:

$$CH_4(g) + 2O_2(g) \rightarrow CO_2(g) + 2H_2O(g)$$

Essa reação produz a chama do bico de Bunsen e é usada para aquecer a maioria das casas nos Estados Unidos. Lembre-se de que originalmente classificamos essa reação como uma reação de oxirredução na Seção 7-5. Dessa forma, podemos dizer que a reação do metano com oxigênio é tanto uma reação de oxirredução quanto uma reação de combustão. As reações de combustão, na verdade, são uma classe especial de reações de oxirredução (Fig. 7.11).

Há muitas reações de combustão, sendo a maioria usada para fornecer calor ou eletricidade para casas ou empresas, ou energia para transportes. Alguns exemplos são:

▶ Combustão de propano (usada para aquecer algumas casas rurais)

$$C_3H_8(g) + 5O_2(g) \rightarrow 3CO_2(g) + 4H_2O(g)$$

▶ Combustão de gasolina* (usada para movimentar carros e caminhões)

$$2C_8H_{18}(l) + 25O_2(g) \rightarrow 16CO_2(g) + 18H_2O(g)$$

▶ Combustão de carvão* (usada para gerar eletricidade)

$$C(s) + O_2(g) \rightarrow CO_2(g)$$

Reações de síntese (combinação)

Uma das mais importantes atividades na química é a síntese de novos compostos. Nossa vida foi extremamente afetada por compostos sintéticos como plástico, poliéster e aspirina. Quando um determinado composto é formado com materiais mais simples, chamamos essa reação de **reação de síntese** (ou **combinação**).

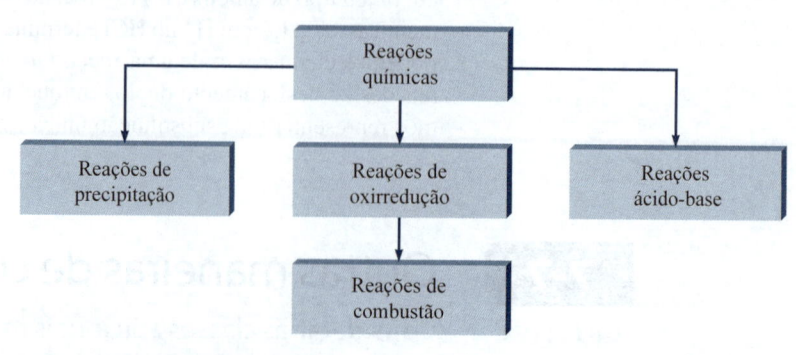

Figura 7.11 ▶ Classes de reações. As reações de combustão são um tipo especial de reação de oxirredução.

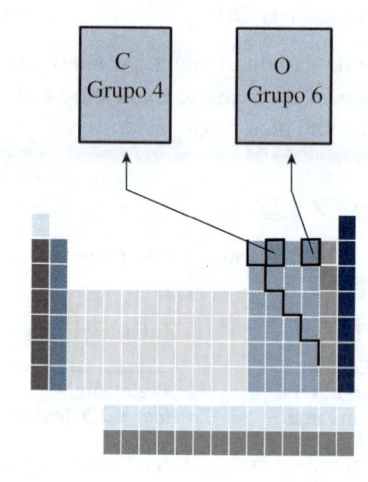

---

* Essa substância é, na verdade, uma mistura complexa de compostos, porém, a reação mostrada representa o que acontece.

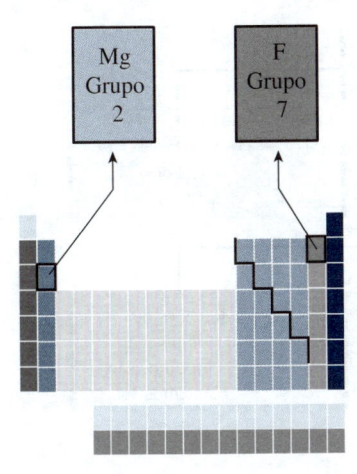

Em muitos casos, as reações de síntese começam com elementos como mostrado pelos exemplos a seguir:

- Síntese da água $\quad\quad\quad\quad\quad\quad 2H_2(g) + O_2(g) \rightarrow 2H_2O(l)$
- Síntese do dióxido de carbono $\quad\quad C(s) + O_2(g) \rightarrow CO_2(g)$
- Síntese do monóxido de nitrogênio $\quad N_2(g) + O_2(g) \rightarrow 2NO(g)$

Observe que cada uma dessas reações envolve oxigênio, portanto, elas podem ser classificadas como reações de oxirredução. As duas primeiras reações também são comumente chamadas de reações de combustão porque produzem chamas. Então, a reação de hidrogênio com oxigênio para produzir água pode ser classificada de três maneiras: reação de oxirredução, reação de combustão e reação de síntese.

Há também muitas reações de síntese que não envolvem oxigênio:

- Síntese do cloreto de sódio $\quad\quad\quad 2Na(s) + Cl_2(g) \rightarrow 2NaCl(s)$
- Síntese do fluoreto de magnésio $\quad\quad Mg(s) + F_2(g) \rightarrow MgF_2(s)$

Discutimos a formação de cloreto de sódio antes e observamos que é uma reação de oxirredução; os átomos de sódio sem carga perdem elétrons para formar íons Na^+, e os átomos de cloro desprovidos de carga ganham elétrons para formar íons Cl^-. A síntese do fluoreto de magnésio também é uma reação de oxirredução porque os íons Mg^{2+} e F^- são produzidos de átomos sem carga.

Vimos que as reações de síntese em que os reagentes são os elementos são reações de oxirredução também. Na verdade, podemos pensar nessas reações de síntese como outra subclasse da classe das reações de oxirredução.

Reações de decomposição

Em muitos casos, um composto pode ser quebrado em compostos mais simples ou diretamente em elementos componentes. Isso normalmente é realizado por meio de aquecimento ou pela aplicação de uma corrente elétrica. Tais reações são chamadas de **reações de decomposição**. Discutimos as reações de decomposição antes, incluindo:

- Decomposição da água

$$2H_2O(l) \xrightarrow{\text{Corrente elétrica}} 2H_2(g) + O_2(g)$$

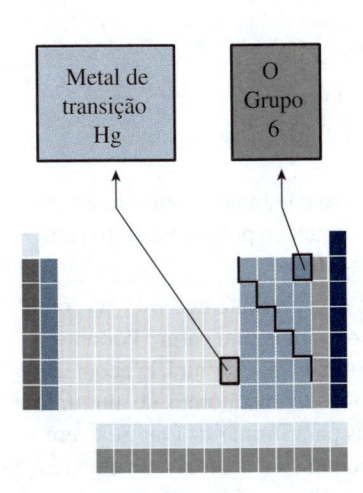

- Decomposição do óxido de mercúrio(II)

$$2HgO(s) \xrightarrow{\text{Calor}} 2Hg(l) + O_2(g)$$

Como O_2 está envolvido na primeira reação, ela é reconhecida como uma reação de oxirredução. Na segunda reação, HgO, que contém íons Hg^{2+} e O^{2-}, é decomposto em elementos que contêm átomos sem carga. Nesse processo, cada Hg^{2+} ganha dois elétrons e cada O^{2-} perde dois elétrons, logo, essa é tanto uma reação de decomposição quanto uma reação de oxirredução.

Uma reação de decomposição, na qual um composto é quebrado em seus elementos, é apenas o oposto da reação de síntese (combinação), em que os elementos se combinam para formar o composto. Por exemplo, acabamos de discutir a síntese do cloreto de sódio a partir de seus elementos. O cloreto de sódio pode ser decomposto em seus elementos derretendo-o e passando uma corrente elétrica por ele:

$$2NaCl(l) \xrightarrow{\text{Corrente elétrica}} 2Na(l) + Cl_2(g)$$

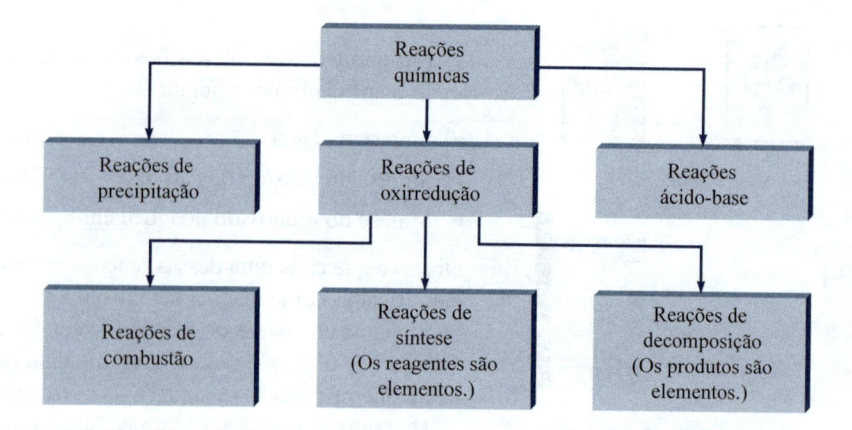

Figura 7.12 ▸ Resumo das classes de reações.

[Fluxograma: Reações químicas se ramifica em Reações de precipitação, Reações de oxirredução e Reações ácido-base. Reações de oxirredução se subdivide em Reações de combustão, Reações de síntese (Os reagentes são elementos.) e Reações de decomposição (Os produtos são elementos.)]

Há outros esquemas para classificar as reações que não consideramos. No entanto, cobrimos muitas das classificações que são comumente usadas por químicos em laboratórios e instalações industriais.

Deve estar claro que muitas reações importantes podem ser classificadas como reações de oxirredução. Como mostrado na Fig. 7.12, diversos tipos de reações podem ser vistos como subclasses da categoria geral de oxirredução.

> **Pensamento crítico**
>
> Dalton acreditava que os átomos eram indivisíveis. Thomson e Rutherford ajudaram a mostrar que isso não era verdade. E se os átomos fossem indivisíveis? Como isso afetaria os tipos de reações que você aprendeu neste capítulo?

Exemplo resolvido 7.6

Classificando as reações

Classifique cada uma das reações a seguir de quantas maneiras forem possíveis.

a. $2K(s) + Cl_2(g) \rightarrow 2KCl(s)$
b. $Fe_2O_3(s) + 2Al(s) \rightarrow Al_2O_3(s) + 2Fe(s)$
c. $2Mg(s) + O_2(g) \rightarrow 2MgO(s)$
d. $HNO_3(aq) + NaOH(aq) \rightarrow H_2O(l) + NaNO_3(aq)$
e. $KBr(aq) + AgNO_3(aq) \rightarrow AgBr(s) + KNO_3(aq)$
f. $PbO_2(s) \rightarrow Pb(s) + O_2(g)$

SOLUÇÃO

a. Essa é uma reação de síntese (os elementos se combinam para formar um composto) e uma reação de oxirredução (átomos de potássio e cloro sem carga se transformam em íons K^+ e Cl^- no KCl).

b. Essa é uma reação de oxirredução. O ferro está presente no $Fe_2O_3(s)$ como íons Fe^{3+} e no ferro elementar, $Fe(s)$, como átomos sem carga. Portanto, cada Fe^{3+} deve ganhar três elétrons para formar Fe. O contrário acontece com o alumínio, que está presente inicialmente como átomos de alumínio sem carga, cada qual perdendo três elétrons para formar os íons Al^{3+} em Al_2O_3. Observe que essa reação também poderia ser chamada de uma reação de substituição única, porque O é trocado de Fe para Al.

c. Essa é uma reação de síntese (os elementos se combinam para formar um composto) e uma reação de oxirredução (cada átomo de magnésio perde dois elétrons para formar os íons Mg^{2+} em MgO, e cada átomo de oxigênio ganha dois elétrons para formar O^{2-} no MgO).

Reações em soluções aquosas **189**

d. Essa é uma reação ácido-base. Ela também poderia ser chamada de uma reação de deslocamento duplo, porque NO_3^- e OH^- "trocam de parceiros".

e. Essa é uma reação de precipitação que também poderia ser chamada de uma reação de deslocamento duplo, pois os ânions Br^- e NO_3^- são trocados.

f. Essa é uma reação de decomposição (um composto se quebra nos elementos). Ela também é uma reação de oxirredução, porque os íons no PbO_2 (Pb^{4+} e O^{2-}) mudam para átomos sem carga nos elementos $Pb(s)$ e $O_2(g)$. Isto é, os elétrons são transferidos do O^{2-} para o Pb^{4+} na reação.

AUTOVERIFICAÇÃO

Exercício 7.4 Classifique cada uma das reações a seguir de quantas maneiras forem possíveis.

a. $4NH_3(g) + 5O_2(g) \rightarrow 4NO(g) + 6H_2O(g)$
b. $S_8(s) + 8O_2(g) \rightarrow 8SO_2(g)$
c. $2Al(s) + 3Cl_2(g) \rightarrow 2AlCl_3(s)$
d. $2AlN(s) \rightarrow 2Al(s) + N_2(g)$
e. $BaCl_2(aq) + Na_2SO_4(aq) \rightarrow BaSO_4(s) + 2NaCl(aq)$
f. $2Cs(s) + Br_2(l) \rightarrow 2CsBr(s)$
g. $KOH(aq) + HCl(aq) \rightarrow H_2O(l) + KCl(aq)$
h. $2C_2H_2(g) + 5O_2(g) \rightarrow 4CO_2(g) + 2H_2O(l)$

Consulte os Problemas 7.53 e 7.54. ■

CAPÍTULO 7 REVISÃO

F direciona para *Química em foco* no capítulo

Termos-chave

precipitação (7-2)
precipitado (7-2)
reação de precipitação (7-2, 7-6)
eletrólito forte (7-2)
sólido solúvel (7-2)
sólido insolúvel (7-2)
moderadamente solúvel (7-2)
equação molecular (7-3)
equação iônica completa (7-3)
íons espectadores (7-3)
equação iônica líquida (7-3)
ácido (7-4)

ácido forte (7-4)
base (7-4)
base forte (7-4)
sal (7-4)
reação de oxirredução (7-5, 7-6)
reação de precipitação (7-6)
reação de deslocamento duplo (7-6)
reação ácido-base (7-6)
reação de combustão (7-7)
reação de síntese (combinação) (7-7)
reação de decomposição (7-7)

Para revisão

▶ Quatro forças motrizes favorecem uma reação química.
  • Formação de um sólido
  • Formação de água
  • Transferência de elétrons
  • Formação de um gás
▶ Uma reação na qual há formação de um sólido é chamada de reação de precipitação.

▶ As regras de solubilidade ajudam a prever qual sólido (se houver) irá formar-se quando as soluções são misturadas.
▶ Três tipos de equações são usadas para descrever a reação em solução.
  • Equação molecular (fórmula), que mostra as fórmulas completas de todos os reagentes e produtos.
  • Equação iônica completa em que todos os eletrólitos fortes são mostrados como íons.
  • Equação iônica líquida que inclui aqueles componentes da solução que sofrem uma mudança.
    • Os íons espectadores (aqueles que permanecem desprovidos de carga) não são mostrados na equação iônica líquida.
▶ Um ácido forte é aquele que virtualmente todas as moléculas se dissociam (ionizam) em água para um íon H^+ e um ânion.
▶ Uma base forte é um hidróxido metálico que é completamente solúvel em água, formando íons OH^- e cátions.
▶ Os produtos da reação de um ácido forte e uma base forte são água e um sal.
▶ As reações entre metais e ametais envolvem uma transferência de elétrons do metal para o ametal, que é chamada de reação de oxirredução.
▶ As reações podem ser classificadas de várias maneiras.
  • Uma reação de síntese é aquela em que um composto se forma de substâncias mais simples, como os elementos.
  • Uma reação de decomposição ocorre quando um composto é quebrado em substâncias mais simples.
  • Uma reação de combustão é uma reação de oxirredução que envolve O_2.

Questões de aprendizado ativo

Estas questões foram desenvolvidas para ser resolvidas por grupos de alunos em sala de aula. Normalmente, elas funcionam bem para introduzir um tópico específico em sala.

1. Considere a mistura de soluções aquosas de nitrato de chumbo(II) e iodeto de sódio para formar um sólido.
   a. Nomeie os possíveis produtos e determine as suas fórmulas.
   b. O que é o precipitado? Como você sabe?
   c. O índice superior de um íon em um reagente permanece o mesmo no produto? Explique sua resposta.

2. Suponha uma visualização altamente ampliada de uma solução de HCl que permita que você "veja" o HCl. Desenhe essa visualização ampliada. Se você derrubasse um pedaço de magnésio, este desapareceria e gás hidrogênio seria liberado. Represente essa mudança usando símbolos para os elementos e escreva a equação balanceada.

3. Por que a formação de um sólido é uma evidência de uma reação química? Use um desenho de nível molecular em sua explicação.

4. Esboce desenhos de nível molecular para diferenciar dois compostos solúveis: um que é um eletrólito forte e um que não é um eletrólito.

5. Misturar uma solução aquosa de nitrato de potássio com uma solução aquosa de cloreto de sódio não resulta em uma reação química. Por quê?

6. Por que a formação de água é uma evidência de uma reação química? Use um desenho de nível molecular em sua explicação.

7. Use a definição de Arrhenius sobre ácidos e bases para escrever a equação iônica líquida da reação de um ácido com uma base.

8. Por que a formação de elétrons é uma evidência de uma reação química? Use um desenho de nível molecular em sua explicação.

9. Por que a formação de um gás é uma evidência de uma reação química?

10. Rotule cada uma das afirmações a seguir como verdadeira ou falsa. Explique suas respostas e dê um exemplo que sustente cada uma delas.
    a. Todos os não eletrólitos são insolúveis.
    b. Todas as substâncias insolúveis são não eletrólitos.
    c. Todos os eletrólitos fortes são solúveis.
    d. Todas as substâncias solúveis são eletrólitos fortes.

11. Olhe a Fig. 7.2 no livro. É possível que uma solução de eletrólitos fracos faça que a lâmpada brilhe mais forte do que uma de eletrólitos fortes. Explique como isso é possível.

12. Qual é a finalidade dos íons espectadores? Se eles não estão presentes como parte da reação, por que eles estão presentes afinal de contas?

13. Qual das seguintes alternativas **deve** ser uma reação de oxirredução? Explique sua resposta e inclua um exemplo de reação de oxirredução em todas as que se aplicam.
    a. Um metal reage com um ametal.
    b. Uma reação de precipitação
    c. Uma reação ácido-base.

14. Se um elemento é um reagente ou produto em uma reação química, a reação deve ser de oxirredução. Por que isso é verdade?

15. Relacione cada nome abaixo com as imagens microscópicas a seguir do composto em solução aquosa.

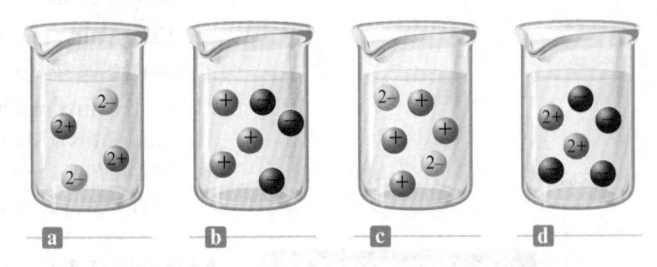

    a. nitrato de bário   c. carbonato de potássio
    b. cloreto de sódio   d. sulfato de magnésio

    Qual imagem melhor representa o $HNO_3(aq)$? Por que não há em nenhuma imagem uma boa representação do $HC_2H_3O_2(aq)$?

16. Com base nas regras gerais de solubilidade dadas na Tabela 7.1, preveja a identidade do precipitado que se forma quando soluções aquosas das seguintes sustâncias são misturadas. Se nenhum precipitado for possível, indique quais regras se aplicam.

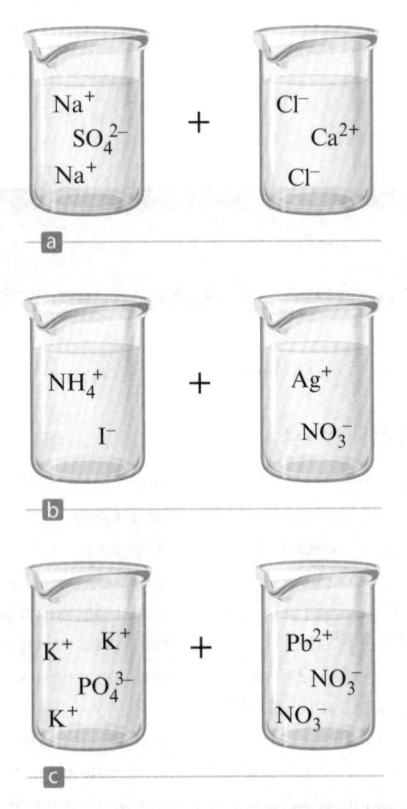

17. Escreva a fórmula balanceada e a equação iônica da reação que ocorre quando os conteúdos dos dois béqueres são misturados. Quais cores representam os íons espectadores em cada reação?

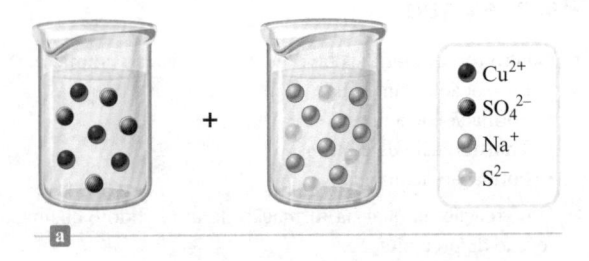

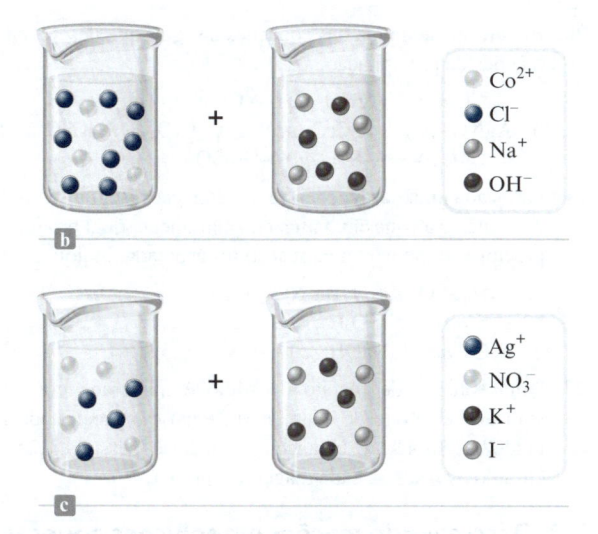

Perguntas e problemas

7-1 Prevendo a ocorrência de uma reação

Perguntas

1. Por que a água é um solvente importante? Embora ainda não tenha estudado a água em detalhes, você consegue pensar em algumas de suas propriedades que a tornam tão importante?
2. O que é uma "força motriz"? Quais são algumas das forças motrizes discutidas nessa seção que tendem a tornar as reações possíveis? Você consegue pensar em qualquer outra força motriz possível?

7-2 Reações de formação de sólidos

Perguntas

3. Uma reação em solução aquosa que resulta na formação de um *sólido* é chamada de _____.

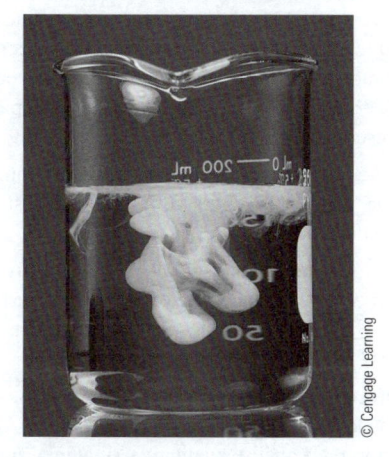

4. Ao escrever a equação química de uma reação, como você indica que um determinado reagente está dissolvido em água? Como você indica que um precipitado se formou como um resultado da reação?
5. Descreva brevemente o que acontece quando uma substância iônica é dissolvida em água.
6. Quando o soluto iônico $MgCl_2$ é dissolvido em água, o que você pode dizer sobre o número de íons cloreto presentes na solução em comparação com o número de íons de magnésio na solução?
7. O que é um *eletrólito forte*? Dê dois exemplos de substâncias que se comportam como eletrólitos fortes em solução.
8. Como os químicos sabem que os íons se comportam de modo independente entre si quando um sólido iônico é dissolvido em água?
9. Suponha que você esteja tentando ajudar seu amigo a entender as regras gerais de solubilidade para as substâncias iônicas na água. Explique em termos gerais ao seu amigo o que as regras de solubilidade significam e dê um exemplo de como essas regras podem ser aplicadas para determinar a identidade do precipitado em uma reação entre as soluções de dois compostos iônicos.
10. Usando as regras gerais de solubilidade dadas na Tabela 7.1, qual dos seguintes íons irá formar um precipitado com SO_4^{2-}?
    a. Ba^{2+}
    b. Na^+
    c. NH_4^+
    d. Pelo menos dois dos íons acima formarão um precipitado com SO_4^{2-}.
    e. Todos os íons acima formarão um precipitado com SO_4^{2-}.
11. Com base nas regras gerais de solubilidade dadas na Tabela 7.1, preveja quais das substâncias a seguir não são passíveis de ser solúveis em água. Indique qual(is) regra(s) específica(s) levou(aram) a sua conclusão.
    a. PbS
    b. $Mg(OH)_2$
    c. Na_2SO_4
    d. $(NH_4)_2S$
    e. $BaCO_3$
    f. $AlPO_4$
    g. $PbCl_2$
    h. $CaSO_4$
12. Com base nas regras gerais de solubilidade dadas na Tabela 7.1, preveja quais das substâncias a seguir são passíveis de ser consideravelmente solúveis em água. Indique qual das regra(s) específica(s) levou(aram) a sua conclusão.
    a. $Ba(NO_3)_2$
    b. K_2SO_4
    c. $PbSO_4$
    d. $Cu(OH)_2$
    e. KCl
    f. Hg_2Cl_2
    g. $(NH_4)_2CO_3$
    h. Cr_2S_3
13. Com base nas regras gerais de solubilidade dadas na Tabela 7.1, para cada um dos compostos a seguir, explique por que seria esperado que o composto fosse significativamente solúvel em água. Indique qual das regras de solubilidade abrange a situação particular de cada substância.
    a. sulfeto de potássio
    b. nitrato de cobalto(III)
    c. fosfato de amônio
    d. sulfato de césio
    e. cloreto de estrôncio
14. Com base nas regras gerais de solubilidade dadas na Tabela 7.1, para cada um dos compostos a seguir, explique por que não seria esperado que o composto fosse significativamente solúvel em água. Indique qual das regras de solubilidade abrange a situação particular de cada substância.
    a. hidróxido de ferro(III)
    b. carbonato de cálcio
    c. fosfato de cobalto(III)
    d. cloreto de prata
    e. sulfato de bário

15. Com base nas regras gerais de solubilidade dadas na Tabela 7.1, preveja a identidade do precipitado que se forma quando as soluções aquosas das seguintes substâncias são misturadas. Se nenhum precipitado for possível, indique quais regras se aplicam.

   a. cloreto de cobre(II), $CuCl_2$, e sulfeto de amônio, $(NH_4)_2S$
   b. nitrato de bário, $Ba(NO_3)_2$, e fosfato de potássio, K_3PO_4
   c. acetato de prata, $AgC_2H_3O_2$, e cloreto de cálcio, $CaCl_2$
   d. carbonato de potássio, K_2CO_3, e cloreto de cobalto(II), $CoCl_2$
   e. ácido sulfúrico, H_2SO_4, e nitrato de cálcio, $Ca(NO_3)_2$
   f. acetato mercuroso, $Hg_2(C_2H_3O_2)_2$, e ácido clorídrico, HCl

16. Com base nas regras gerais de solubilidade dadas na Tabela 7.1, preveja a identidade do precipitado que se forma quando as soluções aquosas das seguintes substâncias são misturadas. Se nenhum precipitado for possível, indique quais regras se aplicam.

   a. carbonato de sódio, Na_2CO_3, e cloreto de manganês(II), $MnCl_2$
   b. sulfato de potássio, K_2SO_4, e acetato de cálcio, $Ca(C_2H_3O_2)_2$
   c. ácido clorídrico, HCl, e acetato mercuroso, $Hg_2(C_2H_3O_2)_2$
   d. nitrato de sódio, $NaNO_3$, e sulfato de lítio, Li_2SO_4
   e. hidróxido de potássio, KOH, e cloreto de níquel(II), $NiCl_2$
   f. ácido sulfúrico, H_2SO_4, e cloreto de bário, $BaCl_2$

Problemas

17. Com base nas regras gerais de solubilidade dadas na Tabela 7.1, escreva uma equação molecular balanceada das reações de precipitação que acontecem quando as soluções aquosas a seguir são misturadas. Sublinhe a fórmula do precipitado (sólido) que se forma. Se nenhuma reação de precipitação for possível para os reagentes dados, explique o porquê.

   a. cloreto de amônio, NH_4Cl, e ácido sulfúrico, H_2SO_4
   b. carbonato de potássio, K_2CO_3, e cloreto de estanho(IV), $SnCl_4$
   c. cloreto de amônio, NH_4Cl, e nitrato de chumbo(II), $Pb(NO_3)_2$
   d. sulfato de cobre(II), $CuSO_4$, e hidróxido de potássio, KOH
   e. fosfato de sódio, Na_3PO_4, e cloreto de cromo(III), $CrCl_3$
   f. sulfeto de amônio, $(NH_4)_2S$, e cloreto de ferro(III), $FeCl_3$

18. Com base nas regras gerais de solubilidade dadas na Tabela 7.1, escreva uma equação molecular balanceada das reações de precipitação que acontecem quando as soluções aquosas a seguir são misturadas. Sublinhe a fórmula do precipitado (sólido) que se forma. Se nenhuma reação de precipitação for possível para os solutos dados, indique.

   a. carbonato de sódio, Na_2CO_3, e sulfato de cobre(II), $CuSO_4$
   b. ácido clorídrico, HCl, e acetato de prata, $AgC_2H_3O_2$
   c. cloreto de bário, $BaCl_2$, e nitrato de cálcio, $Ca(NO_3)_2$
   d. sulfeto de amônio, $(NH_4)_2S$, e cloreto de ferro(III), $FeCl_3$
   e. ácido sulfúrico, H_2SO_4, e nitrato de chumbo(II), $Pb(NO_3)_2$
   f. fosfato de potássio, K_3PO_4, e cloreto de cálcio, $CaCl_2$

19. Balanceie cada uma das equações a seguir que descrevem as reações de precipitação.

   a. $Na_2SO_4(aq) + CaCl_2(aq) \rightarrow CaSO_4(s) + NaCl(aq)$
   b. $Co(C_2H_3O_2)_2(aq) + Na_2S(aq) \rightarrow CoS(s) + NaC_2H_3O_2(aq)$
   c. $KOH(aq) + NiCl_2(aq) \rightarrow Ni(OH)_2(s) + KCl(aq)$

20. Balanceie cada uma das equações a seguir que descrevem as reações de precipitação.

   a. $CaCl_2(aq) + AgNO_3(aq) \rightarrow Ca(NO_3)_2(aq) + AgCl(s)$
   b. $AgNO_3(aq) + K_2CrO_4(aq) \rightarrow Ag_2CrO_4(s) + KNO_3(aq)$
   c. $BaCl_2(aq) + K_2SO_4(aq) \rightarrow BaSO_4(s) + KCl(aq)$

21. Para cada uma das reações de precipitação a seguir, complete e balanceie a equação, indicando claramente qual produto é o precipitado. Se nenhuma reação for esperada, indique.

   a. $(NH_4)_2SO_4(aq) + Ba(NO_3)_2(aq) \rightarrow$
   b. $H_2S(aq) + NiSO_4(aq) \rightarrow$
   c. $FeCl_3(aq) + NaOH(aq) \rightarrow$

22. Uma solução de fosfato de sódio é misturada com uma solução de nitrato de chumbo(II). Qual é o precipitado formado? Complete e balanceie a equação dessa reação, incluindo as fases de cada reagente e produto.

7-3 Descrevendo reações em soluções aquosas

Perguntas

23. O que é uma equação iônica líquida? Quais espécies são mostradas nessa equação e quais não são?

24. Qual das seguintes afirmações descreve melhor um íon espectador?

   a. Um íon que é totalmente consumido em uma reação química; ele é limitante.
   b. Um íon que participa de uma reação química, mas sempre está presente em excesso.
   c. Um íon que se torna parte do precipitado em uma reação química.
   d. Um íon que não tem uma carga, mas pode se dissolver na solução e, dessa forma, não conduz eletricidade.
   e. Um íon que está presente na solução, mas não participa diretamente na reação química.

Problemas

25. Com base nas regras gerais de solubilidade dadas na Tabela 7.1, proponha cinco combinações de reagentes iônicos aquosos que possivelmente formariam um precipitado quando misturados. Escreva a equação molecular completa balanceada e a equação iônica líquida balanceada para cada uma de suas escolhas.

26. Escreva as equações molecular, iônica completa e iônica líquida da reação entre sulfato de potássio e nitrato de chumbo(II).

27. Muitos sais de cromato (CrO_4^{2-}) são insolúveis e a maioria possui cores brilhantes que os levam a ser usados como pigmentos. Escreva as equações iônicas líquidas das reações de Cu^{2+}, Co^{3+}, Ba^{2+} e Fe^{3+} com o íon cromato.

28. Os procedimentos e os princípios da análise qualitativa são abordados em muitos cursos laboratoriais de química introdutória. Na análise qualitativa, os alunos aprendem a analisar as misturas dos íons positivos e negativos comuns, separando e confirmando a presença dos íons específicos na mistura. Uma das primeiras etapas em tal análise é tratar a mistura com ácido clorídrico, o qual precipita e remove os íons de prata, de chumbo(II) e de mercúrio(I) da mistura aquosa como os sais insolúveis de cloreto. Escreva as equações iônicas líquidas para as reações de precipitação desses três cátions com o íon cloreto.

29. Muitas plantas são venenosas porque seus troncos e folhas contêm ácido oxálico, $H_2C_2O_4$, ou oxalato de sódio, $Na_2C_2O_4$; quando ingeridas, essas substâncias provocam inchaço do trato respiratório e sufocamento. Uma análise para determinar a quantidade de íon oxalato, $C_2O_4^{2-}$, em uma amostra é precipitar essa espécie como um oxalato de cálcio, que é insolúvel em água. Escreva a equação iônica líquida para a reação entre o oxalato de sódio e o cloreto de cálcio, $CaCl_2$, em solução aquosa.

30. Outra etapa na análise qualitativa de cátions (consulte o Exercício 28) é precipitar alguns dos íons metálicos como sulfetos insolúveis (seguido pelo tratamento subsequente do precipitado de sulfeto misturado para separar os íons individuais). Escreva as equações iônicas líquidas balanceadas para as reações dos íons Co(II), Co(III), Fe(II) e Fe(III) com o íon sulfeto, S^{2-}.

7-4 Reações que formam de água: ácidos e bases

Perguntas

31. O que se entende por um *ácido forte*? Os ácidos fortes também são *eletrólitos* fortes? Explique.

32. O que se entende por uma *base forte*? As bases fortes também são *eletrólitos* fortes? Explique.

33. O mesmo processo iônico líquido acontece quando algum ácido forte reage com alguma base forte. Escreva a equação para esse processo.

34. Escreva as fórmulas e os nomes de três ácidos fortes e bases fortes comuns.

35. Se 1000 unidades de NaOH forem dissolvidas em uma amostra de água, o NaOH produziria _____ íons Na^+ e _____ íons OH^-.

36. O que é um *sal*? Dê duas equações químicas balanceadas que mostram como um sal é formado quando um ácido reage com uma base.

Problemas

37. Escreva equações balanceadas mostrando como três dos ácidos fortes comuns se ionizam para produzir o íon de hidrogênio.

38. Junto com os três ácidos fortes enfatizados no capítulo (HCl, HNO_3 e H_2SO_4), o ácido hidrobromídrico, HBr, e o ácido perclórico, $HClO_4$, também são ácidos fortes. Escreva as equações para a dissociação de cada um desses ácidos fortes adicionais em água.

39. Qual sal é formado quando cada uma das reações ácido forte/base forte a seguir acontece?
    a. $HCl(aq) + KOH(aq) \rightarrow$
    b. $RbOH(aq) + HNO_3(aq) \rightarrow$
    c. $HClO_4(aq) + NaOH(aq) \rightarrow$
    d. $HBr(aq) + CsOH(aq) \rightarrow$

40. Complete as reações ácido-base a seguir indicando o ácido e a base que devem reagir em cada caso para produzir o sal indicado.
    a. _____ + _____ $\rightarrow K_2SO_4(aq) + 2H_2O(l)$
    b. _____ + _____ $\rightarrow NaNO_3(aq) + H_2O(l)$
    c. _____ + _____ $\rightarrow CaCl_2(aq) + 2H_2O(l)$
    d. _____ + _____ $\rightarrow Ba(ClO_4)_2(aq) + 2H_2O(l)$

7-5 Reações de metais e ametais (oxirredução)

Perguntas

41. O que é uma reação de oxirredução? O que é transferido durante essa reação?

42. Dê um exemplo de uma reação química simples que envolve a *transferência de elétrons* de um elemento metálico para um elemento ametálico.

43. O que significa quando dizemos que a transferência de elétrons pode ser a "força motriz" para uma reação? Dê um exemplo de uma reação na qual isso acontece.

44. A reação da termita produz tanta energia (calor) que o ferro é inicialmente formado como um líquido.

$2Al(s) + Fe_2O_3(s) \rightarrow 2Fe(s) + Al_2O_3(s)$

Descreva a transferência de elétrons para o alumínio e para o ferro.

45. Se os átomos do cálcio metálico reagissem com as moléculas do ametal flúor, F_2, quantos elétrons cada átomo de cálcio perderia? Quantos elétrons cada átomo de flúor ganharia? Quantos átomos de cálcio seriam necessários para reagir com uma molécula de flúor? Quais seriam as cargas dos íons cálcio e fluoreto resultantes?

46. Se as moléculas de oxigênio, O_2, reagissem com átomos de magnésio, quantos elétrons cada átomo de magnésio perderia? Quantos elétrons cada átomo de oxigênio ganharia? Quantos átomos de magnésio seriam necessários para reagir com uma molécula de oxigênio? Quais seriam as cargas dos íons magnésio e óxido resultantes?

Problemas

47. Para $Mg(s) + Cl_2(g) \rightarrow MgCl_2(s)$, ilustre como os elétrons são ganhos e perdidos durante a reação.

48. Para a reação $2Al(s) + 3Br_2(l) \rightarrow 2AlBr_3(s)$, ilustre como os elétrons são ganhos e perdidos pelos átomos.

49. Balanceie cada uma das reações de oxirredução a seguir:
   a. $Co(s) + Br_2(l) \rightarrow CoBr_3(s)$
   b. $Al(s) + H_2SO_4(aq) \rightarrow Al_2(SO_4)_3(aq) + H_2(g)$
   c. $Na(s) + H_2O(l) \rightarrow NaOH(aq) + H_2(g)$
   d. $Cu(s) + O_2(g) \rightarrow Cu_2O(s)$

50. Balanceie cada uma das reações químicas de oxirredução a seguir:
   a. $P_4(s) + O_2(g) \rightarrow P_4O_{10}(s)$
   b. $MgO(s) + C(s) \rightarrow Mg(s) + CO(g)$
   c. $Sr(s) + H_2O(l) \rightarrow Sr(OH)_2(aq) + H_2(g)$
   d. $Co(s) + HCl(aq) \rightarrow CoCl_2(aq) + H_2(g)$

7-6 Maneiras de classificar as reações

Perguntas

51. a. Dê dois exemplos de reação de simples troca e de reação de substituição dupla. Como esses dois tipos de reação se assemelham e como eles se diferenciam?
   b. Dê dois exemplos de reação na qual a formação de água é a força motriz e a formação de um gás é a força motriz.

F 52. A reação entre perclorato de amônio e alumínio é discutida na seção "Química em foco — *Reações de oxirredução lançam o ônibus espacial*". A reação é rotulada como de oxirredução, explique por que e sustente sua resposta.

53. Identifique cada uma das equações de reação não balanceadas a seguir como pertencentes a uma ou mais das seguintes categorias: precipitação, ácido-base ou oxirredução.
   a. $K_2SO_4(aq) + Ba(NO_3)_2(aq) \rightarrow BaSO_4(s) + KNO_3(aq)$
   b. $HCl(aq) + Zn(s) \rightarrow H_2(g) + ZnCl_2(aq)$
   c. $HCl(aq) + AgNO_3(aq) \rightarrow HNO_3(aq) + AgCl(s)$
   d. $HCl(aq) + KOH(aq) \rightarrow H_2O(l) + KCl(aq)$
   e. $Zn(s) + CuSO_4(aq) \rightarrow ZnSO_4(aq) + Cu(s)$
   f. $NaH_2PO_4(aq) + NaOH(aq) \rightarrow Na_3PO_4(aq) + H_2O(l)$
   g. $Ca(OH)_2(aq) + H_2SO_4(aq) \rightarrow CaSO_4(s) + H_2O(l)$
   h. $ZnCl_2(aq) + Mg(s) \rightarrow Zn(s) + MgCl_2(aq)$
   i. $BaCl_2(aq) + H_2SO_4(aq) \rightarrow BaSO_4(s) + HCl(aq)$

54. Identifique cada uma das equações de reação não balanceadas a seguir como pertencentes a uma ou mais das seguintes categorias: precipitação, ácido-base ou oxirredução.
   a. $H_2O_2(aq) \rightarrow H_2O(l) + O_2(g)$
   b. $H_2SO_4(aq) + Zn(s) \rightarrow ZnSO_4(aq) + H_2(g)$
   c. $H_2SO_4(aq) + NaOH(aq) \rightarrow Na_2SO_4(aq) + H_2O(l)$
   d. $H_2SO_4(aq) + Ba(OH)_2(aq) \rightarrow BaSO_4(s) + H_2O(l)$
   e. $AgNO_3(aq) + CuCl_2(aq) \rightarrow Cu(NO_3)_2(aq) + AgCl(s)$
   f. $KOH(aq) + CuSO_4(aq) \rightarrow Cu(OH)_2(s) + K_2SO_4(aq)$
   g. $Cl_2(g) + F_2(g) \rightarrow ClF(g)$
   h. $NO(g) + O_2(g) \rightarrow NO_2(g)$
   i. $Ca(OH)_2(s) + HNO_3(aq) \rightarrow Ca(NO_3)_2(aq) + H_2O(l)$

7-7 Outras maneiras de classificar as reações

Perguntas

55. Como definimos uma reação de *combustão*? Além dos produtos químicos, quais outros produtos as reações de combustão produzem? Dê dois exemplos de equações químicas balanceadas para as reações de combustão.

56. As reações que envolvem a combustão de substâncias combustíveis compõem uma subclasse das reações _____.

57. O que é uma reação de *síntese* ou de *combinação*? Dê um exemplo. Tais reações também podem ser classificadas de outras maneiras? Dê um exemplo de uma reação de síntese que também é uma reação de *combustão*. Dê um exemplo de uma reação de síntese que também é uma reação de *oxirredução*, mas que não envolve combustão.

58. O que é uma reação de *decomposição*? Dê um exemplo. Tais reações também podem ser classificadas de outras maneiras?

Problemas

59. Complete e balanceie cada uma das reações de combustão a seguir:
   a. $C_6H_6(l) + O_2(g) \rightarrow$
   b. $C_5H_{12}(l) + O_2(g) \rightarrow$
   c. $C_2H_6O(l) + O_2(g) \rightarrow$

60. Complete e balanceie cada uma das reações de combustão a seguir:
   a. $C_3H_8(g) + O_2(g) \rightarrow$
   b. $C_2H_4(g) + O_2(g) \rightarrow$
   c. $C_8H_{18}(l) + O_2(g) + H_2O(g) \rightarrow$

61. Até agora, você está familiarizado com compostos químicos suficientes para começar a escrever suas próprias equações de reações químicas. Escreva dois exemplos do que queremos dizer com uma reação de *combustão*.

62. Até agora, você está familiarizado com compostos químicos suficientes para começar a escrever suas próprias equações de reações químicas. Escreva dois exemplos do que queremos dizer com uma reação de *síntese* e uma reação de *decomposição*.

63. Balanceie cada uma das equações a seguir que descrevem reações de síntese:
   a. $CaO(s) + H_2O(l) \rightarrow Ca(OH)_2(s)$
   b. $Fe(s) + O_2(g) \rightarrow Fe_2O_3(s)$
   c. $P_2O_5(s) + H_2O(l) \rightarrow H_3PO_4(aq)$

64. Balanceie cada uma das equações a seguir que descrevem reações de síntese:
   a. $Fe(s) + S_8(s) \rightarrow FeS(s)$
   b. $Co(s) + O_2(g) \rightarrow Co_2O_3(s)$
   c. $Cl_2O_7(g) + H_2O(l) \rightarrow HClO_4(aq)$

65. Balanceie cada uma das equações a seguir que descrevem reações de decomposição:
   a. $CaSO_4(s) \rightarrow CaO(s) + SO_3(g)$
   b. $Li_2CO_3(s) \rightarrow Li_2O(s) + CO_2(g)$
   c. $LiHCO_3(s) \rightarrow Li_2CO_3(s) + H_2O(g) + CO_2(g)$
   d. $C_6H_6(l) \rightarrow C(s) + H_2(g)$
   e. $PBr_3(l) \rightarrow P_4(s) + Br_2(l)$

66. Balanceie cada uma das equações a seguir que descrevem reações de oxirredução:
    a. $Al(s) + Br_2(l) \rightarrow AlBr_3(s)$
    b. $Zn(s) + HClO_4(aq) \rightarrow Zn(ClO_4)_2(aq) + H_2(g)$
    c. $Na(s) + P(s) \rightarrow Na_3P(s)$
    d. $CH_4(g) + Cl_2(g) \rightarrow CCl_4(l) + HCl(g)$
    e. $Cu(s) + AgNO_3(aq) \rightarrow Cu(NO_3)_2(aq) + Ag(s)$

Problemas adicionais

67. Faça a distinção entre a equação *molecular*, a equação *iônica completa* e a equação *iônica líquida* para uma reação em solução. Que tipo de equação mostra mais claramente as espécies que realmente reagem?

68. Qual dos íons a seguir forma compostos com Pb^{2+} que geralmente são solúveis em água?
    a. S^{2-} d. SO_4^{2-}
    b. Cl^- e. Na^+
    c. NO_3^-

69. Sem escrever uma equação molecular completa ou iônica, escreva as equações iônicas líquidas de qualquer reação de precipitação que ocorre quando as soluções aquosas dos compostos a seguir são misturadas. Se nenhuma reação ocorrer, indique.
    a. nitrato de ferro(III) e carbonato de sódio
    b. nitrato mercuroso e cloreto de sódio
    c. nitrato de sódio e nitrato de rutênio
    d. sulfato de cobre(II) e sulfeto de sódio
    e. cloreto de lítio e nitrato de chumbo(II)
    f. nitrato de cálcio e carbonato de lítio
    g. cloreto de ouro(III) e hidróxido de sódio

70. Complete e balanceie cada uma das equações moleculares a seguir das reações de ácido forte/base forte. Sublinhe a fórmula do sal produzido em cada reação.
    a. $HNO_3(aq) + KOH(aq) \rightarrow$
    b. $H_2SO_4(aq) + Ba(OH)_2(aq) \rightarrow$
    c. $HClO_4(aq) + NaOH(aq) \rightarrow$
    d. $HCl(aq) + Ca(OH)_2(aq) \rightarrow$

71. Para os cátions listados na coluna da esquerda, forneça as fórmulas dos precipitados que se formariam com cada um dos ânions da coluna da direita. Indique caso nenhum precipitado seja esperado para uma determinada combinação.

Cátions	Ânions
Ag^+	$C_2H_3O_2^-$
Ba^{2+}	Cl^-
Ca^{2+}	CO_3^{2-}
Fe^{3+}	NO_3^-
Hg_2^{2+}	OH^-
Na^+	PO_4^{3-}
Ni^{2+}	S^{2-}
Pb^{2+}	SO_4^{2-}

72. Balanceie cada uma das equações a seguir que descrevem reações de precipitação:
    a. $AgNO_3(aq) + H_2SO_4(aq) \rightarrow Ag_2SO_4(s) + HNO_3(aq)$
    b. $Ca(NO_3)_2(aq) + H_2SO_4(aq) \rightarrow CaSO_4(s) + HNO_3(aq)$
    c. $Pb(NO_3)_2(aq) + H_2SO_4(aq) \rightarrow PbSO_4(s) + HNO_3(aq)$

73. Com base nas regras gerais de solubilidade dadas na Tabela 7.1, preveja a identidade do precipitado que se forma quando soluções aquosas das seguintes substâncias são misturadas. Se nenhum precipitado for possível, indique o porquê (quais regras se aplicam).
    a. cloreto de ferro(III) e hidróxido de sódio
    b. nitrato de níquel(II) e sulfeto de amônio
    c. nitrato de prata e cloreto de potássio
    d. carbonato de sódio e nitrato de bário
    e. cloreto de potássio e nitrato de mercúrio(I)
    f. nitrato de bário e ácido sulfúrico

74. Abaixo estão indicadas as fórmulas de alguns sais. Esses sais podem ser formados pela reação do ácido forte e da base forte apropriados (com o outro produto da reação sendo, certamente, água). Para cada um, escreva a equação que mostra a formação do sal da reação do ácido forte e da base forte apropriados.
    a. Na_2SO_4 c. $KClO_4$
    b. $RbNO_3$ d. KCl

75. Para cada uma das equações moleculares *não* balanceadas a seguir, escreva a *equação iônica líquida* correspondente da reação.
    a. $HCl(aq) + AgNO_3(aq) \rightarrow AgCl(s) + HNO_3(aq)$
    b. $CaCl_2(aq) + Na_3PO_4(aq) \rightarrow Ca_3(PO_4)_2(s) + NaCl(aq)$
    c. $Pb(NO_3)_2(aq) + BaCl_2(aq) \rightarrow PbCl_2(s) + Ba(NO_3)_2(aq)$
    d. $FeCl_3(aq) + NaOH(aq) \rightarrow Fe(OH)_3(s) + NaCl(aq)$

76. Escreva as equações molecular, iônica completa e iônica líquida balanceadas para a reação do sulfato de sódio com cloreto de cálcio.

77. Qual ácido forte e qual base forte reagiria em solução aquosa para produzir os sais a seguir?
    a. perclorato de potássio, $KClO_4$
    b. nitrato de césio, $CsNO_3$
    c. cloreto de potássio, KCl
    d. sulfato de sódio, Na_2SO_4

78. Para a reação $2Al(s) + 3I_2(s) \rightarrow 2AlI_3(s)$, ilustre como os elétrons são ganhos e perdidos pelos átomos.

*Você pode visualizar esta imagem em cores no final do livro.

79. Para a reação $16Fe(s) + 3S_8(s) \rightarrow 8Fe_2S_3(s)$, ilustre como os elétrons são ganhos e perdidos pelos átomos.

80. Balanceie a equação de cada uma das reações químicas de oxirredução a seguir:
    a. $Na(s) + O_2(g) \rightarrow Na_2O_2(s)$
    b. $Fe(s) + H_2SO_4(aq) \rightarrow FeSO_4(aq) + H_2(g)$
    c. $Al_2O_3(s) \rightarrow Al(s) + O_2(g)$
    d. $Fe(s) + Br_2(l) \rightarrow FeBr_3(s)$
    e. $Zn(s) + HNO_3(aq) \rightarrow Zn(NO_3)_2(aq) + H_2(g)$

81. Identifique cada uma das equações das reações não balanceadas a seguir como pertencentes a uma ou mais das seguintes categorias: precipitação, ácido-base ou oxirredução.
    a. $Fe(s) + H_2SO_4(aq) \rightarrow Fe_3(SO_4)_2(aq) + H_2(g)$
    b. $HClO_4(aq) + RbOH(aq) \rightarrow RbClO_4(aq) + H_2O(l)$
    c. $Ca(s) + O_2(g) \rightarrow CaO(s)$
    d. $H_2SO_4(aq) + NaOH(aq) \rightarrow Na_2SO_4(aq) + H_2O(l)$
    e. $Pb(NO_3)_2(aq) + Na_2CO_3(aq) \rightarrow PbCO_3(s) + NaNO_3(aq)$
    f. $K_2SO_4(aq) + CaCl_2(aq) \rightarrow KCl(aq) + CaSO_4(s)$
    g. $HNO_3(aq) + KOH(aq) \rightarrow KNO_3(aq) + H_2O(l)$
    h. $Ni(C_2H_3O_2)_2(aq) + Na_2S(aq) \rightarrow NiS(s) + NaC_2H_3O_2(aq)$
    i. $Ni(s) + Cl_2(g) \rightarrow NiCl_2(s)$

82. Qual(is) das seguintes afirmações é(são) verdadeira(s) com relação às soluções?
    a. Se um soluto é dissolvido em água, então a solução resultante é considerada aquosa.
    b. Se duas soluções são misturadas e nenhuma reação química ocorre, então não se pode escrever uma equação iônica líquida.
    c. Se duas soluções transparentes são misturadas e, então, obtém-se uma turbidez, isso indica que um precipitado foi formado.

83. Balanceie cada uma das equações a seguir que descrevem reações de síntese:
    a. $FeO(s) + O_2(g) \rightarrow Fe_2O_3(s)$
    b. $CO(g) + O_2(g) \rightarrow CO_2(g)$
    c. $H_2(g) + Cl_2(g) \rightarrow HCl(g)$
    d. $K(s) + S_8(s) \rightarrow K_2S(s)$
    e. $Na(s) + N_2(g) \rightarrow Na_3N(s)$

84. Balanceie cada uma das equações a seguir que descrevem reações de decomposição:
    a. $NaHCO_3(s) \rightarrow Na_2CO_3(s) + H_2O(g) + CO_2(g)$
    b. $NaClO_3(s) \rightarrow NaCl(s) + O_2(g)$
    c. $HgO(s) \rightarrow Hg(l) + O_2(g)$
    d. $C_{12}H_{22}O_{11}(s) \rightarrow C(s) + H_2O(g)$
    e. $H_2O_2(l) \rightarrow H_2O(l) + O_2(g)$

85. Escreva a equação de oxirredução balanceada da reação de cada um dos metais da coluna da esquerda com cada um dos ametais da coluna da direita.

Ba	O_2
K	S
Mg	Cl_2
Rb	N_2
Ca	Br_2
Li	

86. Escreva a equação de oxirredução balanceada da reação entre o sódio metálico e o gás nitrogênio para produzir nitreto de sódio (não se preocupe em incluir as fases).

87. Apesar de os metais do Grupo 2 da tabela periódica não chegarem a ser tão reativos quanto aqueles do Grupo 1, muitos dos metais do Grupo 2 se combinarão com os ametais comuns, sobretudo a temperaturas elevadas. Escreva as equações químicas balanceadas das reações de Mg, Ca, Sr e Ba com Cl_2, Br_2 e O_2.

88. Para cada um dos metais a seguir, quantos elétrons os átomos do metal perderão quando reagir com um ametal?
    a. sódio
    b. potássio
    c. magnésio
    d. bário
    e. alumínio

89. Para cada um dos ametais a seguir, quantos elétrons cada átomo ganhará ao reagir com um metal?
    a. oxigênio
    b. flúor
    c. nitrogênio
    d. cloro
    e. enxofre

90. Verdadeiro ou falso? Quando as soluções de hidróxido de bário e ácido sulfúrico são misturadas, a equação iônica líquida é: $Ba^{2+}(aq) + SO_4^{2-}(aq) \rightarrow BaSO_4(s)$, porque somente as espécies envolvidas na formação do precipitado estão inclusas. Seja verdadeiro ou falso, inclua uma equação molecular balanceada e complete a equação iônica para a reação entre hidróxido de bário e ácido sulfúrico para dar suporte à sua resposta.

91. Classifique as reações representadas pelas equações não balanceadas a seguir por quantos métodos forem possíveis. Balanceie as equações.
    a. $I_4O_9(s) \rightarrow I_2O_6(s) + I_2(s) + O_2(g)$
    b. $Mg(s) + AgNO_3(aq) \rightarrow Mg(NO_3)_2(aq) + Ag(s)$
    c. $SiCl_4(l) + Mg(s) \rightarrow MgCl_2(s) + Si(s)$
    d. $CuCl_2(aq) + AgNO_3(aq) \rightarrow Cu(NO_3)_2(aq) + AgCl(s)$
    e. $Al(s) + Br_2(l) \rightarrow AlBr_3(s)$

92. Quando uma solução de cromato de sódio e uma solução de brometo de alumínio se misturam, um precipitado é formado. Complete e balanceie a equação dessa reação, incluindo as fases de cada reagente e produto.

93. A corrosão de metais nos custa bilhões de dólares por ano, destruindo lentamente carros, pontes e prédios. A corrosão de um metal envolve a sua oxidação pelo oxigênio no ar, normalmente na presença de umidade. Escreva a equação balanceada da reação de cada um dos metais a seguir com O_2: Zn, Al, Fe, Cr e Ni.

94. Considere uma solução com os seguintes íons presentes:

    NO_3^-, Pb^{2+}, K^+, Ag^+, Cl^-, SO_4^{2-}, PO_4^{3-}

    Todos podem reagir e há muitos disponíveis de cada um. Liste todos os sólidos que irão formar-se usando as fórmulas corretas em sua explicação.

95. Forneça a equação química molecular balanceada para ilustrar cada um dos seguintes tipos de reações.
    a. uma reação de síntese (combinação)
    b. uma reação de precipitação
    c. uma reação de dupla troca
    d. uma reação ácido-base
    e. uma reação de oxirredução
    f. uma reação de combustão

Problemas para estudo

96. Para as reações químicas a seguir, determine o precipitado produzido quando os dois reagentes listados abaixo são misturados. Indique "nenhum" se não houver precipitado.

Fórmula do precipitado

$Na_2SO_4(aq) + Pb(NO_3)_2(aq) \rightarrow$ _____ (s)

$AgNO_3(aq) + KCl(aq) \rightarrow$ _____ (s)

$KCl(aq) + NaNO_3(aq) \rightarrow$ _____ (s)

97. Para as reações químicas a seguir, determine o precipitado produzido quando os dois reagentes listados abaixo são misturados. Indique "nenhum" se não houver precipitado.

Fórmula do precipitado

$Sr(NO_3)_2(aq) + K_3PO_4(aq) \rightarrow$ _____ (s)

$K_2CO_3(aq) + AgNO_3(aq) \rightarrow$ _____ (s)

$NaCl(aq) + KNO_3(aq) \rightarrow$ _____ (s)

$KCl(aq) + AgNO_3(aq) \rightarrow$ _____ (s)

$FeCl_3(aq) + Pb(NO_3)_2(aq) \rightarrow$ _____ (s)

REVISÃO CUMULATIVA DOS CAPÍTULOS 6 E 7

Perguntas

1. Que tipo de evidência *visual* indica que uma reação química ocorreu? Dê um exemplo de cada tipo de evidência que você mencionou. *Todas* as reações produzem evidência visual de que elas aconteceram?

2. O que, em termos gerais, uma reação química indica? Como se chamam as substâncias indicadas à esquerda da seta em uma equação química? E à direita da seta?

3. O que significa "balancear" uma equação? Por que é tão importante que as equações sejam balanceadas? O que significa dizer que os átomos devem ser *conservados* em uma equação química balanceada? Como os estados físicos dos reagentes e dos produtos são indicados ao escrever as equações químicas?

4. Ao balancear uma equação química, por que *não* é permitido ajustar os índices nas fórmulas dos reagentes e dos produtos? O que alterar os índices em uma fórmula faria? O que os *coeficientes* em uma equação química balanceada representam? Por que é aceitável ajustar o coeficiente de uma substância, mas não é permitido ajustar os índices em uma fórmula da substância?

5. O que significa a *força motriz* para uma reação? Dê alguns exemplos das forças motrizes que fazem os reagentes terem uma tendência para formar produtos. Escreva uma equação química balanceada ilustrando cada tipo de força motriz que você nomeou.

6. Explique ao seu amigo o que os químicos querem dizer por uma reação de *precipitação*. O que é a força motriz em uma reação de precipitação? Utilizando as informações fornecidas sobre solubilidade nesses capítulos, escreva as equações molecular balanceada e iônica líquida para cinco exemplos de reações de precipitação.

7. Defina o termo *eletrólito forte*. Quais tipos de substâncias tendem a ser eletrólitos fortes? O que uma solução de um eletrólito forte contém? Forneça uma maneira de determinar se uma substância é um eletrólito forte.

8. Resuma as regras simples de solubilidade para os compostos iônicos. Como usamos essas regras para determinar a identidade do sólido formado em uma reação de precipitação? Dê exemplos que incluem as equações completa e iônica líquida balanceadas.

9. Em termos gerais, o que são os *íons espectadores* em uma reação de precipitação? Por que os íons espectadores não são incluídos na escrita da equação iônica líquida de uma reação de precipitação? Isso significa que os íons espectadores não têm de estar presentes na solução?

10. Descreva algumas propriedades físicas e químicas dos *ácidos* e das *bases*. O que se entende por um ácido ou uma base *forte*? Os ácidos e as bases fortes também são eletrólitos fortes? Dê vários exemplos de ácidos e bases fortes.

11. O que é um *sal*? Como os sais são formados por reações ácido-base? Escreva as equações químicas que mostram a formação de três sais diferentes. Qual outro produto é formado quando um ácido aquosos reage com uma base aquosa? Escreva a equação iônica líquida da formação dessa substância.

12. Como chamamos as reações em que os elétrons são transferidos entre os átomos e os íons? Como chamamos uma *perda* de elétrons por um átomo ou íon? Como é chamado quando um átomo ou íon *ganha* elétrons? Podemos ter um processo em que os elétrons são perdidos por uma espécie sem que haja também um processo em que os elétrons são ganhados por outra espécie? Por quê? Dê três exemplos de equações em que haja uma transferência de elétrons de um elemento metálico e um elemento não metálico. Em seus exemplos, identifique qual espécie perde elétrons e qual espécie ganha elétrons.

13. O que é uma reação de *combustão*? As reações de combustão são um tipo exclusivo de reação, ou elas são um caso especial de um tipo mais geral de reação? Escreva uma reação que ilustre uma reação de combustão.

14. Dê um exemplo de uma reação de *síntese* e de uma reação de *decomposição*. As reações de síntese e de decomposição sempre são também reações de oxirredução? Explique.

15. Liste e defina todas as maneiras de classificar as reações químicas que foram discutidas no livro. Dê uma equação química balanceada como um exemplo de cada tipo de reação e mostre claramente como seu exemplo se ajusta à definição que você deu.

Problemas

16. O elemento carbono sofre muitas reações inorgânicas, assim como é base para a área da química orgânica. Escreva equações químicas balanceadas das reações do carbono descritas abaixo.

    a. O carbono queima em um excesso de oxigênio (por exemplo, no ar) para produzir dióxido de carbono.
    b. Se o suprimento de oxigênio for limitado, o carbono ainda irá queimar, mas produzirá monóxido de carbono em vez de dióxido de carbono.
    c. Se o metal lítio derretido for tratado com carbono, o carboneto de lítio, Li_2C_2, será produzido.
    d. O óxido de ferro(II) reage com carbono acima de temperaturas de aproximadamente 700 °C para produzir o gás monóxido de carbono e ferro elementar derretido.
    e. O carbono reage com o gás flúor a temperaturas altas para fazer tetrafluoreto de carbono.

17. Balanceie cada uma das equações químicas a seguir.

    a. $Na_2SO_4(aq) + BaCl_2(aq) \rightarrow BaSO_4(s) + NaCl(aq)$
    b. $Zn(s) + H_2O(g) \rightarrow ZnO(s) + H_2(g)$
    c. $NaOH(aq) + H_3PO_4(aq) \rightarrow Na_3PO_4(aq) + H_2O(l)$
    d. $Al(s) + Mn_2O_3(s) \rightarrow Al_2O_3(s) + Mn(s)$
    e. $C_7H_6O_2(s) + O_2(g) \rightarrow CO_2(g) + H_2O(g)$
    f. $C_6H_{14}(l) + O_2(g) \rightarrow CO_2(g) + H_2O(g)$
    g. $C_3H_8O(l) + O_2(g) \rightarrow CO_2(g) + H_2O(g)$
    h. $Mg(s) + HClO_4(aq) \rightarrow Mg(ClO_4)_2(aq) + H_2(g)$

18. A prateleira de reagentes em um laboratório químico contém soluções aquosas das seguintes substâncias: nitrato de prata, cloreto de sódio, ácido acético, ácido nítrico, ácido sulfúrico, cromato de potássio, nitrato de bário, ácido fosfórico, ácido clorídrico, nitrato de chumbo, hidróxido de sódio e carbonato de sódio. Sugira como você pode preparar as substâncias puras a seguir usando esses reagentes e qualquer equipamento laboratorial normal. Se *não* for possível preparar uma substância usando esses reagentes, indique o porquê.

   a. $BaCrO_4(s)$
   b. $NaC_2H_3O_2(s)$
   c. $AgCl(s)$
   d. $PbSO_4(s)$
   e. $Na_2SO_4(s)$
   f. $BaCO_3(s)$

19. Os ácidos fortes comuns são HCl, HNO_3 e H_2SO_4, ao passo que $NaOH$ e KOH são as bases fortes comuns. Escreva as equações da reação de neutralização para cada um desses ácidos fortes com cada uma dessas bases fortes em solução aquosa.

20. Classifique cada uma das equações químicas a seguir de quantas maneiras forem possíveis com base no que você aprendeu. Balanceie cada equação.

   a. $FeO(s) + HNO_3(aq) \rightarrow Fe(NO_3)_2(aq) + H_2O(l)$
   b. $Mg(s) + CO_2(g) + O_2(g) \rightarrow MgCO_3(s)$
   c. $NaOH(s) + CuSO_4(aq) \rightarrow Cu(OH)_2(s) + Na_2SO_4(aq)$
   d. $HI(aq) + KOH(aq) \rightarrow KI(aq) + H_2O(l)$
   e. $C_3H_8(g) + O_2(g) \rightarrow CO_2(g) + H_2O(g)$
   f. $Co(NH_3)_6Cl_2(s) \rightarrow CoCl_2(s) + NH_3(g)$
   g. $HCl(aq) + Pb(C_2H_3O_2)_2(aq) \rightarrow HC_2H_3O_2(aq) + PbCl_2(s)$
   h. $C_{12}H_{22}O_{11}(s) \rightarrow C(s) + H_2O(g)$
   i. $Al(s) + HNO_3(aq) \rightarrow Al(NO_3)_3(aq) + H_2(g)$
   j. $B(s) + O_2(g) \rightarrow B_2O_3(s)$

21. Na Coluna 1 estão listados alguns metais reativos; na Coluna 2 estão listados alguns ametais. Escreva uma equação química balanceada da reação de combinação/síntese de cada elemento da Coluna 1 com cada elemento da Coluna 2.

Coluna 1	Coluna 2
sódio, Na	gás flúor, F_2
cálcio, Ca	gás oxigênio, O_2
alumínio, Al	enxofre, S
magnésio, Mg	gás cloro, Cl_2

22. Forneça dois exemplos de equações químicas balanceadas para cada um dos tipos de reações a seguir:

   a. precipitação
   b. simples troca
   c. combustão
   d. síntese
   e. oxirredução
   f. decomposição
   g. neutralização ácido-base

23. Usando as regras gerais de solubilidade discutidas no Capítulo 7, forneça as fórmulas de cinco substâncias que poderiam ser facilmente solúveis em água e cinco substâncias que poderiam *não* ser muito solúveis em água. Para cada uma das substâncias que escolher, indique a regra de solubilidade específica que você aplicou para fazer sua previsão.

24. Escreva a equação iônica líquida balanceada da reação que acontece quando soluções aquosas dos seguintes solutos são misturadas. Se nenhuma reação for possível, explique por que nenhuma reação seria esperada para aquela combinação de solutos.

   a. nitrato de potássio e cloreto de sódio
   b. nitrato de cálcio e ácido sulfúrico
   c. sulfeto de amônio e nitrato de chumbo(II)
   d. carbonato de cálcio e cloreto de ferro(III)
   e. nitrato mercuroso e cloreto de cálcio
   f. acetato de prata e cloreto de potássio
   g. ácido fosfórico (H_3PO_4) e nitrato de cálcio
   h. ácido sulfúrico e sulfato de níquel(II)

25. Complete e equilibre as equações a seguir:

   a. $Pb(NO_3)_2(aq) + Na_2S(aq) \rightarrow$
   b. $AgNO_3(aq) + HCl(aq) \rightarrow$
   c. $Mg(s) + O_2(g) \rightarrow$
   d. $H_2SO_4(aq) + KOH(aq) \rightarrow$
   e. $BaCl_2(aq) + H_2SO_4(aq) \rightarrow$
   f. $Mg(s) + H_2SO_4(aq) \rightarrow$
   g. $Na_3PO_3(aq) + CaCl_2(aq) \rightarrow$
   h. $C_4H_{10}(l) + O_2(g) \rightarrow$

8 Composição química

CAPÍTULO 8

8-1 Contando por pesagem
8-2 Massas atômicas: contando átomos por pesagem
8-3 O mol
8-4 Aprendendo a solucionar problemas
8-5 Massa molar
8-6 Composição percentual dos compostos
8-7 Fórmulas de compostos
8-8 Cálculo de fórmulas empíricas
8-9 Cálculo de fórmulas moleculares

Estes frascos de vidro contêm dióxido de silício.
James L. Amos/Photo Researchers/Getty Images

Uma atividade química muito importante é a síntese de novas substâncias. O náilon, o adoçante artificial aspartame (NutraSweet®), o Kevlar, usado em coletes à prova de balas e nas peças da carroceria de carros exóticos, o cloreto de polivinila (PVC) para canos plásticos de água, o Teflon, o Nitinol (a liga que lembra seu formato mesmo após ter sido severamente distorcida) e muitos outros materiais que tornam nossa vida mais simples — foram todos criados em algum laboratório químico. Alguns dos novos materiais realmente possuem propriedades incríveis, como o plástico que ouve e fala, descrito na Seção "Química em foco – *Plástico que fala e ouve!*". Quando um químico produz uma nova substância, a primeira ordem comercial é descrevê-la. Qual é sua composição? Qual é sua fórmula química?

Neste capítulo, aprenderemos a determinar a fórmula de um composto. No entanto, antes que possamos fazer isso, precisamos pensar sobre a contagem dos átomos. Como determinamos o número de cada tipo de átomo em uma substância de modo que possamos escrever sua fórmula? Os átomos são, obviamente, muito pequenos para serem contados individualmente. Como veremos neste capítulo, normalmente contamos os átomos pesando-os. Portanto, consideremos o princípio geral da contagem por pesagem.

A carroceria da Ferrari Enzo tem materiais compósitos de fibra de carbono.
oksana.perkins/Shutterstock.com

8-1 Contando por pesagem

OBJETIVO Compreender o conceito de massa média e explorar como a contagem pode ser feita por pesagem.

Suponha que você trabalhe em uma loja de doces que venda jujubas por unidade. As pessoas entram e pedem 50 jujubas, 100 jujubas, 1000 jujubas e assim por diante, e você tem de contá-las — um processo entendiante, no mínimo. Como um bom solucionador de problemas, você tenta inventar um sistema melhor. Você percebe que pode ser bem mais eficiente comprar uma balança e contar jujubas pesando-as. Como é possível contar jujubas dessa forma? Quais informações sobre as unidades de jujubas você precisa saber?

Suponha que todas as jujubas são idênticas e que cada uma possui uma massa de 5 g. Se um cliente pedir 1000 delas, qual massa de jujubas será necessária? Cada jujuba tem uma massa de 5 g, então você precisa de 1000 jujubas × 5 g/jujuba, ou 5000 g (5 kg). Leva apenas alguns segundos para pesar 5 kg de jujubas. Demoraria muito mais para contar 1000 delas.

Na realidade, as jujubas não são idênticas. Por exemplo, suponhamos que você pese 10 unidades de jujubas e obtenha os seguintes resultados:

Jujuba	Massa
1	5,1 g
2	5,2 g
3	5,0 g
4	4,8 g
5	4,9 g
6	5,0 g
7	5,0 g
8	5,1 g
9	4,9 g
10	5,0 g

QUÍMICA EM FOCO

Plástico que fala e ouve!

Imagine um plástico tão "inteligente" que pode ser usado para sentir a respiração de um bebê, medir a força de um soco de karatê, sentir a presença de uma pessoa a 100 pés de distância, ou fazer um balão que canta. Existe um filme plástico capaz de fazer todas essas coisas. Ele se chama **fluoreto de polivinilideno (PVDF)** e possui a estrutura:

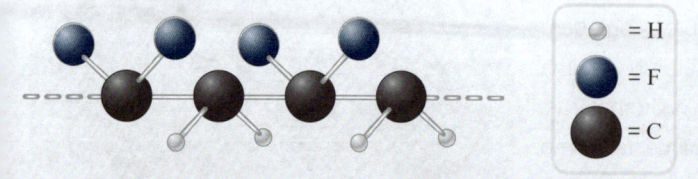

○ = H
● = F
● = C

Quando esse polímero é processado de uma certa maneira, ele se torna piezoelétrico e piroelétrico. Uma substância *piezoelétrica* produz uma corrente elétrica quando é fisicamente deformada ou, por outro lado, sofre uma deformação quando uma corrente é aplicada. Um material *piroelétrico* é aquele que desenvolve um potencial elétrico em resposta a uma variação de temperatura.

Como o PVDF é piezoelétrico, pode ser usado para construir um microfone ultrafino que responda ao som produzindo uma corrente proporcional à deformação causada pelas ondas sonoras. Uma tira de um quarto de plástico PVDF de uma polegada pode ser amarrada em um corredor e usada para ouvir todas as conversas das pessoas que passam. Por outro lado, pulsos elétricos podem ser aplicados ao filme de PVDF para produzir um alto-falante. Uma faixa de filme de PVDF colada dentro de um balão pode tocar qualquer música armazenada em um microchip afixado ao filme — portanto, é um balão que pode cantar parabéns para você em uma festa. O filme de PVDF também pode ser usado para construir um monitor de apneia do sono que, quando colocado ao lado da boca de um bebê dormindo, soará um alarme, caso a respiração pare, ajudando, assim, a prevenir a síndrome da morte súbita infantil (SMSI). O mesmo tipo de filme é utilizado pela equipe olímpica estadunidense de karatê para medir a força dos chutes e socos durante o treinamento da equipe. Além disso, colar duas tiras de filme juntas fornece um material que se enrola em resposta a uma corrente, criando um músculo artificial. Além do mais, como o filme de PVDF é piroelétrico, ele responde à radiação no infravermelho (calor) emitida por um humano a 100 pés de distância, tornando-o útil para sistemas de alarme antifurto. Fazer o polímero PVDF piezoelétrico e piroelétrico exige um processamento especial, que o torna custoso (US$10 por pé quadrado), mas este parece ser um pequeno preço a pagar por suas propriedades quase mágicas.

Podemos contar essas jujubas não idênticas por pesagem? Sim. A informação-chave de que precisamos é a *massa média* das jujubas. Calculemos a massa média para nossa amostra de 10 jujubas:

$$\text{Massa média} = \frac{\text{massa total das jujubas}}{\text{número de jujubas}}$$

$$= \frac{5,1\,g + 5,2\,g + 5,0\,g + 4,8\,g + 4,9\,g + 5,0\,g + 5,0\,g + 5,1\,g + 4,9\,g + 5,0\,g}{10}$$

$$= \frac{50,0}{10} = 5,0\,g$$

A massa média de uma jujuba é de 5,0 g. Logo, para ter 1000 jujubas, precisamos pesar 5000 g delas. Essa amostra de jujubas, em que elas têm uma massa média de 5,0 g, pode ser tratada exatamente como uma amostra em que todas são idênticas. Os objetos não precisam ter massas idênticas para ser contados por pesagem. Simplesmente, precisamos saber qual é a massa média dos objetos. Para fins de contagem, os objetos *comportam-se como se fossem idênticos*, como se cada um realmente tivesse a massa média.

Suponha que um cliente entre na loja e diga "Quero comprar um saco de doces para cada um dos meus filhos. Um deles gosta de jujubas e o outro gosta de balas de menta. Por favor, coloque um punhado de jujubas em um saco e um punhado de balas de menta em outro". Então, o cliente percebe um problema. "Espere! Meus filhos vão brigar a menos que eu leve para casa exatamente o mesmo número de doces para cada um. Ambos os sacos devem conter o mesmo número de unidades, porque eles definitivamente vão contá-las e comparar. Mas eu estou com bastante pressa, então não tenho tempo de contá-los aqui. Existe uma forma mais simples de você garantir que os sacos contenham o mesmo número de doces?"

Você precisa solucionar este problema rapidamente. Suponha que você saiba as massas médias dos dois tipos de doce:

$$\text{Jujubas: massa média} = 5 \text{ g}$$
$$\text{Balas de menta: massa média} = 15 \text{ g}$$

Você enche a concha com jujubas e coloca-as na balança, que marca 500 g. Agora, a pergunta-chave: Qual massa das balas de menta você precisa para ter o mesmo número que 500 g de jujubas? Comparando as massas médias das jujubas (5 g) e das balas de menta (15 g), perceberá que cada bala de menta possui três vezes a massa de cada jujuba:

$$\frac{15 \text{ g}}{5 \text{ g}} = 3$$

Isso significa que você deve pesar uma quantidade de balas de menta que seja três vezes a massa das jujubas:

$$3 \times 500 \text{ g} = 1500 \text{ g}$$

Você pesa 1500 g de balas de menta e as coloca em um saco. O cliente sai com sua garantia de que tanto o saco com 500 g de jujubas quanto o saco com 1500 g de balas de menta contêm o mesmo número de doces.

Ao solucionar esse problema, você descobriu um princípio que é muito importante na química: duas amostras que contêm diferentes tipos de componentes, A e B, *contêm o mesmo número de componentes caso a razão das massas da amostra seja a mesma que a razão das massas dos componentes individuais* de A e B.

Ilustremos essa afirmação intimidante usando os exemplos que acabamos de discutir. Os componentes individuais possuem as massas de 5 g (jujubas) e 15 g (balas de menta). Considere vários casos:

▶ Cada amostra contém 1 componente:

$$\text{Massa da bala de menta} = 15 \text{ g}$$
$$\text{Massa da jujuba} = 5 \text{ g}$$

▶ Cada amostra contém 10 componentes:

$$10 \text{ balas de menta} \times \frac{15 \text{ g}}{\text{balas de menta}} = 150 \text{ g de balas de menta}$$

$$10 \text{ jujubas} \times \frac{5 \text{ g}}{\text{jujubas}} = 50 \text{ g de jujubas}$$

▶ Cada amostra contém 100 componentes:

$$100 \text{ balas de menta} \times \frac{15 \text{ g}}{\text{balas de menta}} = 1500 \text{ g de balas de menta}$$

$$100 \text{ jujubas} \times \frac{5 \text{ g}}{\text{jujubas}} = 500 \text{ g de jujubas}$$

Observe em cada caso que a relação das massas sempre é de 3 para 1:

$$\frac{1500}{500} = \frac{150}{50} = \frac{15}{5} = \frac{3}{1}$$

Essa é a razão das massas dos componentes individuais:

$$\frac{\text{Massa da bala de menta}}{\text{Massa da jujuba}} = \frac{15}{5} = \frac{3}{1}$$

Qualquer uma das duas amostras, uma das de mentas e uma das de jujubas, que possua uma *razão de massa* de 15/5 = 3/1 irá conter o mesmo número de componentes. E essas mesmas ideias se aplicam também aos átomos, como veremos na próxima seção.

8-2 Massas atômicas: contando átomos por pesagem

OBJETIVO Compreender a massa atômica e sua determinação experimental.

No Capítulo 6, consideramos a equação balanceada da reação do carbono sólido e do oxigênio gasoso na formação de dióxido de carbono gasoso:

$$C(s) + O_2(g) \rightarrow CO_2(g)$$

Agora, suponha que você tenha uma pequena pilha de carbono sólido e deseja saber quantas moléculas de oxigênio são necessárias para converter todo esse carbono em dióxido de carbono. A equação balanceada nos diz que uma molécula de oxigênio é necessária para cada átomo de carbono.

$$C(s) + O_2(g) \rightarrow CO_2(g)$$
1 átomo reage com 1 molécula para produzir 1 molécula

Para determinar o número de moléculas de oxigênio necessárias, devemos saber quantos átomos de carbono estão presentes na pilha de carbono. Porém, os átomos individuais são muito pequenos para ser vistos. Devemos aprender a contar os átomos pesando amostras que contêm grandes números deles.

Na última seção, vimos que podemos contar facilmente coisas como jujubas e balas de menta por pesagem. Exatamente os mesmos princípios podem ser aplicados para contar átomos.

Como os átomos são minúsculos, as unidades normais de massa — o grama e o quilograma — são muito grandes para serem convenientes. Por exemplo, a massa de um único átomo de carbono é $1,99 \times 10^{-23}$ g. Para evitar termos como 10^{-23} ao descrever a massa de um átomo, os cientistas definiram uma unidade de massa bem menor chamada de **unidade de massa atômica (u)**. Em termos de gramas,

$$1 \text{ u} = 1,66 \times 10^{-24} \text{ g}$$

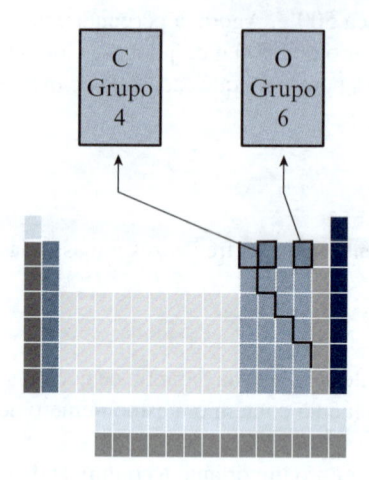

O símbolo u às vezes é usado como amu.

Agora vamos voltar ao nosso problema de contagem de átomos de carbono. Para contar átomos de carbono por pesagem, precisamos saber a massa dos átomos individuais, assim como precisávamos saber a massa das jujubas individuais. Lembre-se de que no Capítulo 4 os átomos de um determinado elemento existem como isótopos. Os isótopos de carbono são $^{12}_{6}C$, $^{13}_{6}C$ e $^{14}_{6}C$. Qualquer amostra de carbono contém uma mistura desses isótopos, sempre nas mesmas proporções. Cada um desses isótopos possui uma massa ligeiramente diferente. Portanto, assim como com as jujubas não idênticas, precisamos usar a massa média dos átomos de carbono. A **massa atômica média** dos átomos de carbono é de 12,01 u. Isso significa que qualquer amostra de carbono da natureza *pode ser tratada como se fosse composta por átomos de carbono idênticos*, cada um com uma massa de 12,01 u. Agora que sabemos a massa média do átomo de carbono, podemos contá-los pesando as amostras de carbono natural. Por exemplo, qual massa do carbono natural devemos pesar para obter 1000 átomos de carbono? Como 12,01 u é a massa média,

$$\text{Massa de 1000 átomos de carbono naturais} = (1000 \text{ átomos})\left(12,01 \frac{\text{u}}{\text{átomo}}\right)$$

$$= 12.010 \text{ u} = 12,01 \times 10^3 \text{ u}$$

Técnica para aumentar suas capacidades matemáticas
Lembre-se de que 1000 é um número exato aqui.

Agora, suponha que, quando pesamos a pilha do carbono natural mencionada anteriormente, o resultado foi $3,00 \times 10^{20}$ u. Quantos átomos de carbono estão presentes nessa amostra? Sabemos que um átomo de carbono possui a massa média de 12,01 u, portanto, podemos calcular o número de átomos de carbono usando a declaração de equivalência:

Tabela 8.1 ▶ Valores da massa atômica média para alguns elementos comuns

Elementos	Massa atômica média (u)
Hidrogênio	1,008
Carbono	12,01
Nitrogênio	14,01
Oxigênio	16,00
Sódio	22,99
Alumínio	26,98

1 átomo de carbono = 12,01 u

para construir o fator de conversão apropriado,

$$\frac{1 \text{ átomo de carbono}}{12,01 \text{ u}}$$

O cálculo é feito da seguinte forma:

$$3,00 \times 10^{20} \text{ u} \times \frac{1 \text{ átomo de carbono}}{12,01 \text{ u}} = 2,50 \times 10^{19} \text{ átomos de carbono}$$

Os princípios que acabamos de discutir para o carbono se aplicam também a todos os outros elementos. Todos os elementos da forma como são encontrados na natureza normalmente consistem em uma mistura de diversos isótopos. Portanto, para contar os átomos em uma amostra de um determinado elemento por pesagem, devemos conhecer a massa da amostra e a massa média daquele elemento. Algumas massas médias dos elementos comuns estão listadas na Tabela 8.1.

Exemplo resolvido 8.1

Calculando a massa utilizando as unidades de massa atômica (u)

Calcule a massa, em u, de uma amostra de alumínio que contém 75 átomos.

SOLUÇÃO Para solucionar esse problema, utilizamos a massa média de um átomo de alumínio: 26,98 u. Estabelecemos a declaração de equivalência:

$$1 \text{ átomo de Al} = 26,98 \text{ u}$$

que fornece o fator de conversão de que precisamos:

$$75 \text{ átomos de Al} \times \frac{26,98 \text{ u}}{1 \text{ átomo Al}} = 2024 \text{ u}$$

Técnica para aumentar suas capacidades matemáticas
O 75 nesse problema é um número exato — o número de átomos.

AUTOVERIFICAÇÃO **Exercício 8.1** Calcule a massa de uma amostra que contém 23 átomos de nitrogênio.

Consulte os Problemas 8.5 até 8.8. ■

O cálculo oposto também pode ser realizado. Isto é, se soubermos a massa de uma amostra, podemos determinar o número de átomos presentes. Esse procedimento está ilustrado no Exemplo resolvido 8.2.

Exemplo resolvido 8.2

Calculando o número de átomos de acordo com a massa

Calcule o número de átomos de sódio presentes em uma amostra com uma massa de 1172,49 u.

SOLUÇÃO Podemos solucionar esse problema utilizando a massa atômica média do sódio (consulte a Tabela 8.1), de 22,99 u. A declaração de equivalência apropriada é:

$$1 \text{ átomo de Na} = 22,99 \text{ u}$$

que fornece o fator de conversão de que precisamos:

$$1172,49 \text{ u} \times \frac{1 \text{ átomo de Na}}{22,99 \text{ u}} = 51,00 \text{ átomos de Na}$$

AUTOVERIFICAÇÃO **Exercício 8.2** Calcule o número de átomos de oxigênio presentes em uma amostra com uma massa de 288 u.

Consulte os Problemas 8.6 e 8.7. ■

Resumindo, vimos que podemos contar os átomos por pesagem se soubermos a massa atômica média daquele tipo de átomo. Essa é uma das operações fundamentais na química, como veremos na próxima seção.

A massa atômica média para cada elemento está listada nas tabelas encontradas no final deste livro. Os químicos geralmente chamam esses valores de *pesos atômicos* dos elementos, embora essa terminologia esteja caindo em desuso.

8-3 O mol

OBJETIVOS

▸ Compreender o conceito de mol e o número de Avogadro.

▸ Aprender a converter entre mols, massa e número de átomos em uma determinada amostra.

Na seção anterior, utilizamos as unidades de massa atômica para massa, porém estas são unidades extremamente pequenas. No laboratório, uma unidade bem maior, o grama, é a conveniente para massa. Nesta seção, aprenderemos a contar átomos em amostras com massas dadas em gramas.

Suponha que temos uma amostra de alumínio que possui uma massa de 26,98 g. Qual massa de cobre contém exatamente o mesmo número de átomos que essa amostra de alumínio?

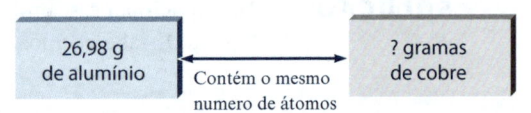

[26,98 g de alumínio] ⟷ Contém o mesmo numero de átomos ⟷ [? gramas de cobre]

Para responder a essa questão, precisamos saber as massas atômicas médias do alumínio (26,98 u) e do cobre (63,55 u). Qual átomo possui a maior massa atômica, alumínio ou cobre? A resposta é o cobre. Se temos 26,98 g de alumínio, precisamos de mais ou menos que 26,98 g de cobre para ter o mesmo número de átomos de cobre que de alumínio? Precisamos de mais que 26,98 g de cobre, porque cada um de seus átomos tem uma massa maior que cada átomo de alumínio. Portanto, um determinado número de átomos de cobre pesará mais que um número igual de átomos de alumínio. De quanto cobre precisamos? Como as massas médias dos átomos de alumínio e cobre são 26,98 u e 63,55 u, respectivamente, 26,98 g de alumínio e 63,55 g de cobre contêm exatamente o mesmo número de átomos. Portanto, precisamos de 63,55 g de cobre. Como vimos na primeira seção, quando estávamos discutindo doces, *as amostras em que a razão das massas é a mesma que a razão das massas dos átomos individuais sempre contêm o mesmo número de átomos*. No caso que acabamos de considerar, as razões são:

$$\frac{26{,}98 \text{ g}}{63{,}55 \text{ g}} = \frac{26{,}98 \text{ amu}}{63{,}55 \text{ amu}}$$

Razões das massas das amostras = Razões das massas atômicas

Portanto, 26,98 g de alumínio contêm o mesmo número de átomos de alumínio que 63,55 g de cobre contêm de átomos de cobre.

Agora compare o carbono (massa atômica média 12,01 u) e o hélio (massa atômica média 4,003 u). Uma amostra de 12,01 g de carbono contém o mesmo número de átomos que 4,003 g de hélio. Na verdade, se pesarmos as amostras de todos os elementos de modo que cada amostra possua uma massa igual à massa atômica média e gramas daquele elemento, essas amostras conterão o mesmo número de átomos (Fig. 8.1). Esse número (o número de átomos presentes em todas essas amostras) assume uma importância especial na química. Ele é chamado de mol, a unidade que todos os químicos utilizam para descrever os números dos átomos. O **mol** pode ser definido como *o número igual ao número de átomos de*

Essa definição de mol é ligeiramente diferente da definição do SI, mas é utilizada por ser mais fácil de entender neste ponto.

Composição química **207**

Figura 8.1 ▶ Todas essas amostras de elementos puros contêm o *mesmo número* (um mol) de átomos: 6,022 × 10²³ átomos.

Barra de chumbo
207,2 g

Barras de prata
107,9 g

Pilha de cobre
63.55 g

O número de Avogadro (com quatro algarismos significativos) é 6,022 × 10²³. Um mol de qualquer coisa é 6,022 × 10²³ unidades dessa substância.

Figura 8.2 ▶ Amostras de um mol de ferro (pregos), cristais de iodo, mercúrio líquido e enxofre em pó.

carbono em 12,01 gramas de carbono. Técnicas para contar átomos de maneira bem precisa foram utilizadas para determinar esse número como $6,022 \times 10^{23}$, que, por sua vez, é chamado de **número de Avogadro**. *Um mol de alguma coisa consiste em $6,022 \times 10^{23}$ unidades dessa substância.* Assim como uma dúzia de ovos são 12 ovos, um mol de ovos são $6,022 \times 10^{23}$ de ovos. E um mol de água contém $6,022 \times 10^{23}$ moléculas de H_2O.

A grandeza do número $6,022 \times 10^{23}$ é bem difícil de imaginar. Para dar uma ideia, 1 mol de segundos representa um espaço de tempo 4 milhões de vezes maior que o tempo de existência da Terra! Um mol de bolinhas de gude é suficiente para cobrir a Terra inteira a uma profundidade de 50 milhas! No entanto, como os átomos são minúsculos, um mol de átomos ou moléculas é uma quantidade perfeitamente administrável para usar em uma reação (Fig. 8.2).

Pensamento crítico

E se você ganhasse US$ 1 milhão para contar de 1 a 6×10^{23} pronunciando um número por segundo? Determine quanto você ganharia por hora. Você aceitaria? Você conseguiria fazê-lo?

Como usamos o mol em cálculos químicos? Lembre-se de que o número de Avogadro é definido por uma amostra de 12,01 g de carbono contendo $6,022 \times 10^{23}$ átomos. Pelo mesmo motivo, como a massa atômica média do hidrogênio é de 1,008 u (consulte a Tabela 8.1), 1,008 g de hidrogênio contém $6,022 \times 10^{23}$ átomos de hidrogênio. Da mesma forma, 26,98 g de alumínio contém $6,022 \times 10^{23}$ átomos de alumínio. O ponto é que uma amostra de qualquer elemento que tem uma massa em gramas igual à massa atômica média daquele elemento contém $6,022 \times 10^{23}$ átomos (1 mol) daquele elemento.

A Tabela 8.2 mostra as massas de diversos elementos que contêm 1 mol de átomos.

Tabela 8.2 ▶ Comparação de amostras de 1 mol de diversos elementos

Elemento	Número de átomos presentes	Massa da amostra (g)
Alumínio	$6,022 \times 10^{23}$	26,98
Ouro	$6,022 \times 10^{23}$	196,97
Ferro	$6,022 \times 10^{23}$	55,85
Enxofre	$6,022 \times 10^{23}$	32,07
Boro	$6,022 \times 10^{23}$	10,81
Xenônio	$6,022 \times 10^{23}$	131,3

208 Introdução à química: fundamentos

Resumindo, *uma amostra de um elemento com uma massa igual à massa atômica média do mesmo elemento expressa em gramas contém 1 mol de átomos.*

Para fazer cálculos químicos, é preciso entender o que o mol significa e como obter a quantidade de matéria[1] em uma determinada massa de uma substância. No entanto, antes de fazermos qualquer cálculo, vamos nos certificar de que o processo de contagem por pesagem esteja claro. Considere o seguinte "saco" de átomos H (simbolizados por pontos), que contém 1 mol ($6,022 \times 10^{23}$) de átomos H e uma massa de 1,008 g. Suponha que o saco não possua massa.

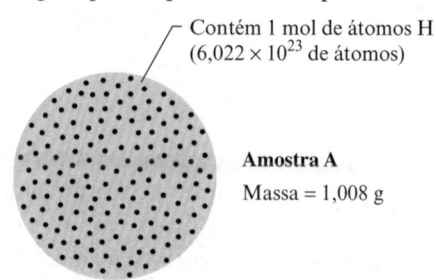

Contém 1 mol de átomos H
($6,022 \times 10^{23}$ de átomos)

Amostra A
Massa = 1,008 g

Uma amostra de 1 mol de grafite (uma forma do carbono) pesa 12,01 g.

Agora considere outro "saco" de átomos de hidrogênio no qual o número de átomos de hidrogênio é desconhecido.

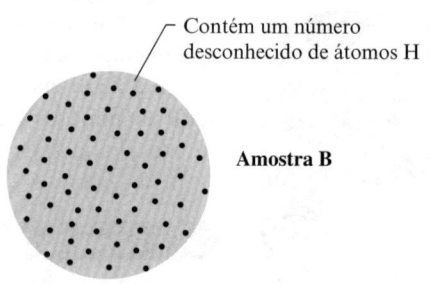

Contém um número desconhecido de átomos H

Amostra B

Queremos descobrir quantos átomos de H estão presentes na amostra ("saco") B. Como podemos fazer isso? Podemos fazer isso pesando a amostra. Descobrimos que a massa da amostra B é de 0,500 g.

Como essa massa mensurada nos ajuda a determinar o número de átomos na amostra B? Sabemos que 1 mol de átomos de H possui uma massa de 1,008 g. A amostra B possui uma massa de 0,500 g, que é aproximadamente metade da massa de 1 mol de átomos de H.

Massa da Amostra A = 1,008 g		Massa da Amostra B = 0,500 g
Contém 1 mol de átomos de H	Como a massa de B é cerca de metade da massa de A	Contém cerca de 1/2 mol de átomos de H

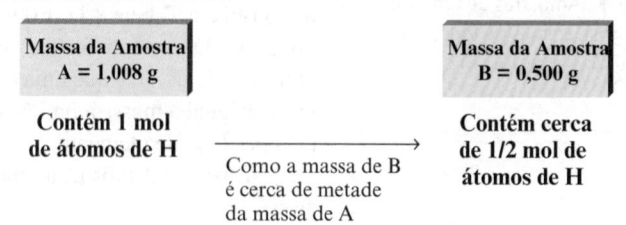

Realizamos o cálculo atual utilizando a declaração de equivalência

$$1 \text{ mol de átomos H} = 1,008 \text{ g H}$$

para construir o fator de conversão de que precisamos:

$$0,500 \text{ g H} \times \frac{1 \text{ mol H}}{1,008 \text{ g H}} = 0,496 \text{ mol H na amostra B}$$

Vamos resumir. Sabemos a massa de 1 mol de átomos de H, então podemos determinar a quantidade de matéria dos átomos de H de outra amostra de hidrogênio puro pesando a amostra e *comparando* sua massa com 1,008 g (a massa de 1 mol

---

Técnica para aumentar suas capacidades matemáticas

Ao demonstrar como solucionar problemas que exigem mais de uma etapa, geralmente quebramos o problema em etapas menores e damos a resposta para cada uma com o número correto de algarismos significativos. Apesar de isso nem sempre afetar a resposta final, é melhor esperar até a etapa final para arredondar sua resposta para o número correto de algarismos significativos.

---

[1] Quantidade de matéria era chamada no passado de "número de mols". Seguindo recomendações da IUPAC, a comunidade química brasileira não mais utiliza o termo "número de mols". (NdoRT)

de átomos H). Podemos seguir esse mesmo processo para qualquer elemento, porque sabemos a massa de 1 mol de cada um dos elementos.

Além disso, como sabemos que 1 mol é $6,022 \times 10^{23}$ unidades, uma vez que conhecemos a *quantidade de matéria* dos átomos presentes, podemos determinar facilmente o número de átomos presentes. No caso considerado, temos aproximadamente 0,5 mol de átomos de H na amostra B. Isso significa que cerca de 1/2 de 6×10^{23}, ou 3×10^{23} de átomos de H estão presentes. Realizamos o cálculo atual utilizando a declaração de equivalência:

$$1 \text{ mol} = 6,022 \times 10^{23}$$

para determinar o fator de conversão de que precisamos:

$$0,496 \text{ mol átomos H} \times \frac{6,022 \times 10^{23} \text{ átomos H}}{1 \text{ mol átomos H}} = 2,99 \times 10^{23} \text{ átomos H na amostra B}$$

Esses procedimentos estão ilustrados no Exemplo resolvido 8.3.

Pensamento crítico

E se o número de Avogadro descoberto não fosse $6,02 \times 10^{23}$, e sim $3,01 \times 10^{23}$? Isso afetaria as massas relativas dadas na tabela periódica? Se sim, como? Se não, por quê?

Exemplo resolvido 8.3 — Calculando a quantidade de matéria e o número de átomos

O alumínio (Al), um metal com uma alta razão de resistência/massa e uma alta resistência à corrosão, é usado muitas vezes em estruturas como quadro de bicicletas de alta qualidade. Calcule a quantidade de matéria de átomos e o número de átomos em uma amostra de 10,0 g de alumínio.

SOLUÇÃO

Nesse caso, queremos passar de massa para mols de átomos:

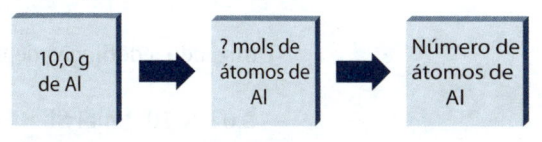

10,0 g de Al → ? mols de átomos de Al → Número de átomos de Al

A massa de 1 mol ($6,022 \times 10^{23}$ de átomos) de alumínio é de 26,98 g. A amostra que estamos considerando possui uma massa de 10,0 g. Sua massa é menor que 26,98 g, logo, essa amostra contém menos que 1 mol de átomos de alumínio. Calculamos a quantidade de matéria de átomos de alumínio em 10,0 g utilizando a declaração de equivalência

$$1 \text{ mol Al} = 26,98 \text{ g Al}$$

Bicicleta com um quadro de alumínio.

para construir o fator de conversão apropriado:

$$10,0 \text{ g Al} \times \frac{1 \text{ mol Al}}{26,98 \text{ g Al}} = 0,371 \text{ mol Al}$$

Em seguida, convertemos de mols de átomos em número de átomos utilizando a declaração de equivalência

$$6,022 \times 10^{23} \text{ de átomos de Al} = 1 \text{ mol de átomos de Al}$$

Temos

$$0,371 \text{ mol Al} \times \frac{6,022 \times 10^{23} \text{ átomos Al}}{1 \text{ mol Al}} = 2,23 \times 10^{23} \text{ átomos Al}$$

Podemos resumir esse cálculo da seguinte forma:

$$10{,}0 \text{ g Al} \times \frac{1 \text{ mol Al}}{26{,}98 \text{ g Al}} \longrightarrow 0{,}371 \text{ mol Al}$$

$$0{,}371 \text{ mol Al} \times \frac{6{,}022 \times 10^{23} \text{ átomos Al}}{\text{mol Al}} \longrightarrow 2{,}23 \times 10^{23} \text{ átomos Al}$$

Exemplo resolvido 8.4 — Calculando o número de átomos

Um chip de silício utilizado em um circuito integrado de um microcomputador possui uma massa de 5,68 mg. Quantos átomos de silício (Si) estão presentes nesse chip? A massa atômica média para os átomos de silício é de 28,09 u.

SOLUÇÃO

Nossa estratégia para resolver esse problema é converter de miligramas de silício em gramas de silício, em seguida, em mols de silício e, por fim, em átomos de silício:

$$\text{Miligramas de átomos de Si} \longrightarrow \text{Gramas de átomos de Si} \longrightarrow \text{Mols de átomos de Si} \longrightarrow \text{Número de átomos Si}$$

em que cada seta no esquema representa um fator de conversão. Como 1 g = 1000 mg, temos:

$$5{,}68 \text{ mg Si} \times \frac{1 \text{ g Si}}{1000 \text{ mg Si}} = 5{,}68 \times 10^{-3} \text{ g Si}$$

Em seguida, como a massa média do silício é de 28,09 u, sabemos que 1 mol de átomos de Si pesa 28,09 g. Isso nos leva à declaração de equivalência

$$1 \text{ mol de átomos de Si} = 28{,}09 \text{ g de Si}$$

Dessa forma,

$$5{,}68 \times 10^{-3} \text{ g Si} \times \frac{1 \text{ mol Si}}{28{,}09 \text{ g Si}} = 2{,}02 \times 10^{-4} \text{ mol Si}$$

Utilizando a definição de um mol (1 mol = 6,022 × 10²³), temos:

$$2{,}02 \times 10^{-4} \text{ mol Si} \times \frac{6{,}022 \times 10^{23} \text{ átomos}}{1 \text{ mol Si}} = 1{,}22 \times 10^{20} \text{ átomos de Si}$$

Podemos resumir esse cálculo da seguinte forma:

$$5{,}68 \text{ mg Si} \times \frac{1 \text{ g}}{1000 \text{ mg}} \longrightarrow 5{,}68 \times 10^{-3} \text{ g Si}$$

$$5{,}68 \times 10^{-3} \text{ g Si} \times \frac{1 \text{ mol}}{28{,}09 \text{ g}} \longrightarrow 2{,}02 \times 10^{-4} \text{ mol Si}$$

$$2{,}02 \times 10^{-4} \text{ mol Si} \times \frac{6{,}022 \times 10^{23} \text{ átomos de Si}}{\text{mol}} \longrightarrow 1{,}22 \times 10^{20} \text{ átomos de Si}$$

Tipo de chip de silício utilizado em equipamentos eletrônicos.

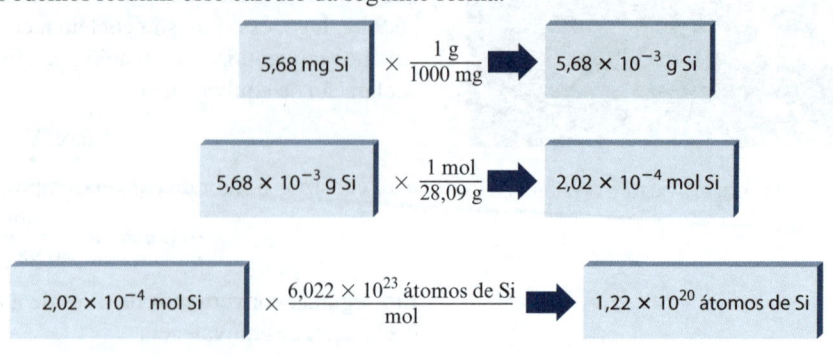

RESOLUÇÃO DE PROBLEMA: A RESPOSTA FAZ SENTIDO?

Quando terminar um problema, sempre pense sobre a "razoabilidade" de suas respostas. No Exemplo resolvido 8.4, 5,68 mg de silício é claramente bem menor que 1 mol de silício (que possui uma massa de 28,09 g), logo, a resposta final de 1,22 × 10²⁰ átomos (em comparação a 6,22 × 10²³ átomos em um mol) pelo menos está na direção certa. Isto é, 1,22 × 10²⁰ átomos é um número menor que 6,022 × 10²³. Além disso, sempre inclua as unidades utilizadas por você nos cálculos e certifique-se de que as unidades corretas sejam obtidas no final. Prestar bastante atenção às unidades e fazer esse tipo de verificação geral pode ajudá-lo a detectar erros, como um fator de conversão invertido ou um número inserido incorretamente em sua calculadora.

Como você pode ver, os problemas estão ficando cada vez mais complicados de resolver. Na próxima seção, discutiremos estratégias para ajudá-lo a se tornar um melhor solucionador de problemas.

AUTOVERIFICAÇÃO

Os valores para as massas médias dos átomos dos elementos estão listados na contracapa deste livro.

Exercício 8.3 O cromo (Cr) é um metal que é adicionado ao aço para melhorar sua resistência à corrosão (por exemplo, para produzir aço inoxidável). Calcule tanto a quantidade de matéria quanto a massa de uma amostra de cromo que contém $5,00 \times 10^{20}$ átomos.

Consulte os Problemas 8.19 até 8.24. ■

8-4 Aprendendo a solucionar problemas

OBJETIVO Compreender como solucionar problemas fazendo e respondendo a uma série de perguntas.

Imagine que hoje é o primeiro dia de seu novo emprego. O problema é que você ainda não sabe como chegar lá. No entanto, por sorte, um amigo sabe o caminho e lhe oferece uma carona. O que você deve fazer enquanto está sentado no banco do passageiro? Se seu objetivo é simplesmente chegar ao trabalho hoje, você pode não prestar atenção em como chegar lá. No entanto, você precisará chegar lá sozinho amanhã, então você deveria prestar atenção nas distâncias, placas e curvas. A diferença entre essas duas abordagens é a diferença entre assumir um papel passivo (concordar com a carona) e um papel ativo (aprender como chegar lá você mesmo). Nesta seção, enfatizaremos que você deve assumir um papel ativo ao ler o livro, especialmente as soluções dos problemas práticos.

Uma das grandes recompensas de estudar química é que você se torna um bom solucionador de problemas. Conseguir solucionar problemas complexos é um talento que lhe será útil em todos os aspectos da vida. É nosso propósito neste livro ajudá-lo a aprender a solucionar problemas de uma maneira flexível e criativa embasada na compreensão das ideias fundamentais da química. Chamamos essa abordagem de **solução conceitual de problemas**. O principal objetivo é conseguir solucionar novos problemas (isto é, problemas que você nunca viu) sozinho. Neste livro, forneceremos os problemas, mas em vez de dar as soluções para você memorizar, explicaremos como pensar em sua resolução. Embora as respostas desses problemas sejam importantes, é ainda mais importante que você compreenda o processo — o pensamento necessário para obter a resposta. No início, solucionaremos o problema para você (estaremos "dirigindo"). Entretanto, é importante que você não assuma um papel passivo. Enquanto estuda a solução, é crucial que você interaja — pense no problema conosco, isto é, assuma um papel ativo de modo que, finalmente, você possa "dirigir" sozinho. Não pule a discussão e passe direto para a resposta. Normalmente, a solução envolve fazer uma série de perguntas. Certifique-se de entender cada etapa do processo.

Embora estudar ativamente nossas soluções seja útil, em algum ponto você precisará saber como pensar sozinho nesses problemas. Se lhe ajudarmos demais a solucionar os problemas, você não aprenderá efetivamente. Se sempre "dirigirmos", você não irá interagir significativamente com o material. No fim, você precisa aprender a dirigir sozinho. Em função disso, vamos ajudá-lo mais nos problemas iniciais e menos à medida que avançarmos para os últimos capítulos. O objetivo é que você saiba solucionar o problema porque entende seus conceitos e ideias principais.

Considere, por exemplo, que você sabe como ir de casa ao trabalho. Isso significa que você pode voltar do trabalho para casa? Não necessariamente, como você provavelmente já sabe por experiência. Se você tiver memorizado apenas os caminhos de casa para o trabalho e não entender os princípios fundamentais como "Fui para o norte para chegar ao meu local de trabalho, então minha casa fica ao sul do meu trabalho", você pode ficar perdido. Parte da solução conceitual de problemas é entender esses princípios fundamentais.

É claro que há muitos outros lugares para ir além de casa ao trabalho e vice-versa. Em um exemplo mais complicado, suponha que você vai de casa ao trabalho (e volta) e de casa à biblioteca (e volta). Você pode ir do trabalho à biblioteca sem ter de voltar para casa? Provavelmente não, se você tiver memorizado apenas os caminhos e ainda não tiver uma "ideia geral" de onde ficam sua casa, seu local de trabalho e a biblioteca, um em relação ao outro. Obter essa ideia geral — uma compreensão real da situação — é a outra parte da solução conceitual de problemas.

Na solução conceitual de problemas, vamos deixar o problema nos guiar enquanto o solucionamos. Fazemos uma série de perguntas à medida que prosseguimos e utilizamos nosso conhecimento dos princípios fundamentais para responder a essas perguntas. Aprender essa abordagem exige um pouco de paciência, mas, como recompensa, você se torna um solucionador eficaz de qualquer problema novo que surja em seu cotidiano ou em seu trabalho em qualquer área.

Para nos ajudar a solucionar um problema, os princípios de organização a seguir nos serão úteis:

1. Primeiro, precisamos ler o problema e entender o objetivo final. Em seguida, selecionamos os fatos apresentados, concentrando-nos nas palavras-chave e desenhando um diagrama do problema. Nessa parte da análise, precisamos expor o problema da maneira mais simples e visual possível. Podemos resumir esse processo como **"Para onde vamos?"**.

2. Precisamos trabalhar de trás para a frente, ou seja, começando do objetivo final, para podermos decidir por onde começar. Por exemplo, em um problema estequiométrico sempre começamos pela reação química. Enquanto prosseguimos, fazemos uma série de perguntas, como "Quais são os reagentes e os produtos?", "Qual é a equação balanceada?" e "Quais são as quantidades de reagentes?". Nossa compreensão dos princípios fundamentais da química nos permitirá responder a cada uma dessas perguntas simples e, por fim, nos levará à solução final. Podemos resumir esse processo por **"Como chegamos lá?"**

3. Uma vez que temos a solução do problema, nos perguntamos: "Isso faz sentido?". Isto é, nossa resposta parece razoável? Chamamos isso de **Prova real**. Sempre vale a pena verificar sua resposta.

Utilizar uma abordagem conceitual para solucionar problemas possibilitará que você desenvolva uma confiança real como um solucionador de problemas. Você não entrará mais em pânico quando vir um problema que é diferente em alguns aspectos daqueles que já solucionou no passado. Embora você possa ficar frustrado às vezes enquanto aprende este método, garantimos que isso valerá a pena mais tarde e tornará sua experiência com a química positiva, preparado-o para qualquer carreira de sua escolha.

Para resumir, um solucionador de problemas criativo compreende os princípios fundamentais e tem uma ideia geral da situação. Um de nossos principais objetivos neste livro é ajudá-lo a se tornar um solucionar de problemas criativo. Começaremos a fazer isso guiando-o em como solucionar problemas. Vamos "dirigir", mas esperamos que você preste atenção em vez de apenas "aceitar a carona". À medida que formos avançando, transferiremos mais responsabilidade a você. E à medida que você for ganhando confiança em deixar o problema lhe guiar, ficará surpreso em quão eficaz você pode se tornar na solução de problemas realmente complexos, assim como aqueles que você enfrentará na vida real.

Um exemplo de solução conceitual de problemas

Vamos ver como a solução conceitual de problemas funciona na prática. Como usamos essa analogia antes, consideremos um problema sobre direção.

Estime a quantia de dinheiro que você gastaria com gasolina para dirigir de Nova York-NY para Los Angeles-CA.

Para onde vamos?

A primeira coisa que precisamos é expor o problema em palavras ou como um diagrama, de modo que possamos compreendê-lo.

Nesse caso, estamos tentando estimar quanto dinheiro iremos gastar com gasolina. Como faremos isso? Precisamos entender quais fatores nos fazem gastar mais ou menos dinheiro. Isso nos faz perguntar **"De quais informações precisamos?"** e **"O que sabemos?"**.

Considere duas pessoas viajando em carros separados. Por que uma pessoa pode gastar mais dinheiro com gasolina do que a outra? Em outras palavras, se você soubesse que duas pessoas gastaram quantias diferentes com gasolina para a mesma viagem, quais são algumas das razões que você poderia apresentar? Considere isso e escreva algumas ideias antes de continuar a leitura.

Os três fatores importantes nesse caso são:

- O preço de um galão de gasolina
- A distância da viagem entre Nova York e Los Angeles
- O consumo médio do carro que estamos dirigindo

O que sabemos ou o que nos é apresentado nesse problema? Nesse problema, não recebemos nenhum desses valores, mas somos forçados a estimar o custo da gasolina. Então, precisamos estimar as informações necessárias. Por exemplo, a distância entre Nova York e Los Angeles é de aproximadamente 3000 milhas. O custo da gasolina varia com o tempo e o local, mas uma estimativa razoável é US$ 4,00 o galão. O consumo também varia, mas assumiremos que é de aproximadamente 30 milhas por galão.

Agora que temos as informações necessárias, solucionaremos o problema.

Como chegamos lá?

Para encontrar a solução, precisamos entender como as informações afetam nossa resposta. Consideremos a relação entre os três fatores que identificamos e nossa resposta final.

- Preço da gasolina: diretamente relacionado. Quanto maior o valor do galão de gasolina, mais gastaremos no final.
- Distância: diretamente relacionada. Quanto mais longe viajamos, mais gastaremos com gasolina.
- Rendimento: inversamente relacionado. Quanto maior o rendimento (mais alto o número), menos gastaremos com gasolina.

Deve fazer sentido, então, multiplicar a distância e o preço (porque eles estão diretamente relacionados) e depois dividir o resultado pelo rendimento (porque está inversamente relacionado). Utilizaremos a análise dimensional como discutido no Capítulo 2. Primeiro, determinaremos quanta gasolina será necessária para nossa viagem.

$$3000 \text{ milhas} \times \frac{1 \text{ gal}}{30 \text{ milhas}} = 100 \text{ galões de gasolina}$$

Observe agora como a distância está no numerador e o rendimento está no denominador, assim como determinamos que cada uma deveria estar. Portanto, precisaremos de aproximadamente 100 galões de gasolina. Quanto essa gasolina custará?

$$100 \text{ galão} \times \frac{\$ 4,00}{1 \text{ galão}} = \$ 400$$

Observe que o preço do galão de combustível está no numerador, assim como previsto. Portanto, dadas as informações, estimamos o custo total da gasolina em US$ 400. A etapa final é verificar se a resposta é razoável.

PROVA REAL A nossa resposta faz sentido? Essa é sempre uma boa questão a considerar, e a resposta dependerá de nossa familiaridade com a situação. Às vezes, podemos não saber bem como a resposta deveria ser, principalmente quando estamos aprendendo um novo conceito. Outras vezes, podemos ter apenas uma ideia vaga e afirmar que a resposta parece ser razoável, embora não possamos dizer com certeza se está correta. Esse é o caso normalmente, e é o que acontece aqui se estiver familiarizado com quanto você gasta em gasolina. Por exemplo, o preço para encher o tanque de um carro médio (a US$ 4,00 o galão) varia entre US$ 40 e US$ 80. Então, se nossa resposta estiver abaixo de US$ 100, devemos desconfiar. Uma resposta em milhares de dólares é muito alta. Portanto, uma resposta em centenas de dólares parece razoável.

8-5 Massa molar

OBJETIVOS
- Compreender a definição de massa molar.
- Aprender a converter entre mols e massa de uma determinada amostra de um composto químico.

> Observe que, quando dizemos 1 mol de metano, queremos dizer 1 mol de *moléculas* de metano.

Um composto químico é, fundamentalmente, uma coleção de átomos. Por exemplo, o metano (o principal componente do gás natural) consiste em moléculas com cada uma contendo um átomo de carbono e quatro de hidrogênio (CH_4). Como podemos calcular a massa de 1 mol de metano? Isto é, qual é a massa de $6,022 \times 10^{23}$ moléculas de CH_4? Como cada molécula de CH_4 contém um átomo de carbono e quatro átomos de hidrogênio, 1 mol de moléculas de CH_4 consiste em 1 mol de átomos de carbono e 4 mol de átomos de hidrogênio (Fig. 8.3).

A massa de 1 mol de metano pode ser encontrada pela soma das massas de carbono e de hidrogênio presentes:

> **Técnica para aumentar suas capacidades matemáticas**
> Lembre-se de que o menor número de casas decimais limita o número de algarismos significativos na adição.

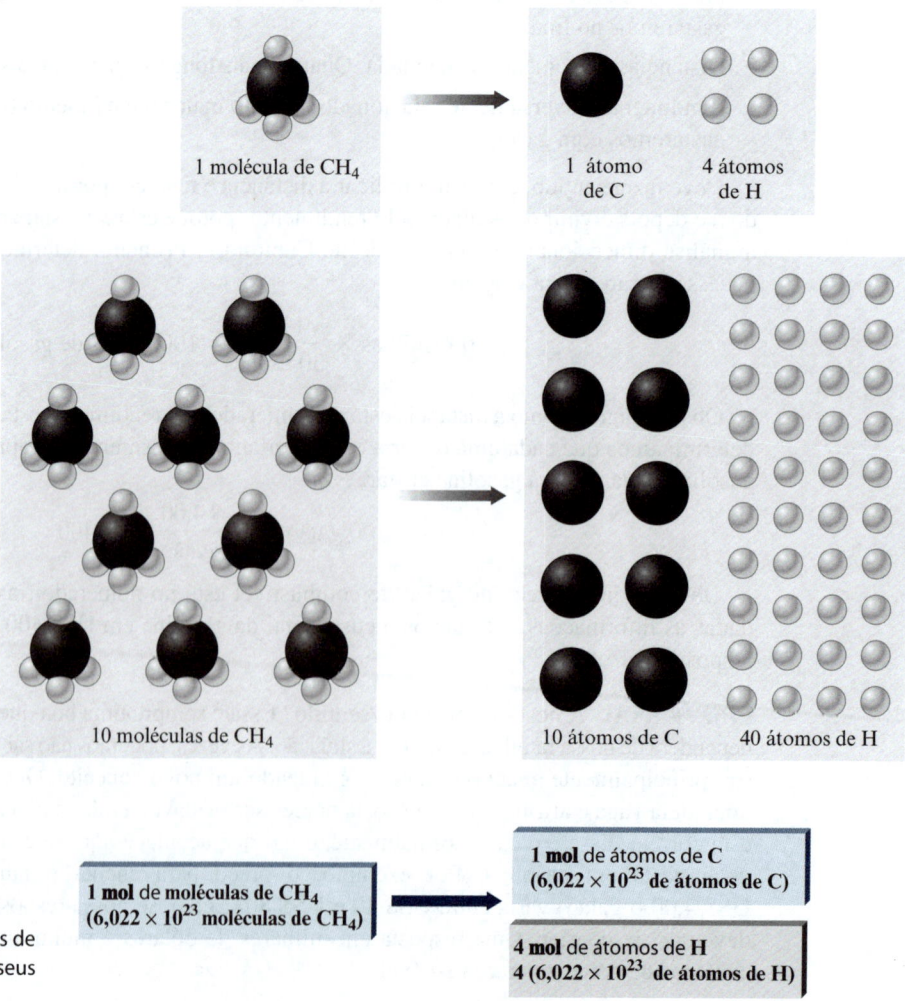

$$\text{Massa de 1 mol de C} = 1 \times 12,01 \text{ g} = 12,01 \text{ g}$$
$$\text{Massa de 4 mol de H} = 4 \times 1,008 \text{ g} = \underline{4,032 \text{ g}}$$
$$\text{Massa de 1 mol de } CH_4 \qquad\qquad = 16,04 \text{ g}$$

Figura 8.3 ▶ Diversos números de moléculas de metano mostrando seus átomos constituintes.

Composição química **215**

A quantidade 16,04 g é chamada de massa molar do metano: a massa de 1 mol de moléculas de CH_4. A **massa molar*** de qualquer substância é a *massa (em gramas) de 1 mol da substância*. Essa massa é obtida pela soma das massas dos átomos do componente.

Exemplo resolvido 8.5 — Calculando a massa molar

Calcule a massa molar do dióxido de enxofre, um gás produzido quando combustíveis que contêm enxofre são queimados. A menos que "depurado" no escapamento, o dióxido de carbono pode reagir com a umidade na atmosfera e produzir chuva ácida.

SOLUÇÃO

Para onde vamos?

Queremos determinar a massa molar do dióxido de enxofre em unidades de $g\ mol^{-1}$.

O que sabemos?

- A fórmula do dióxido de carbono é SO_2, que significa que 1 mol de moléculas de SO_2 contém 1 mol de átomos de enxofre e 2 mol de átomos de oxigênio.

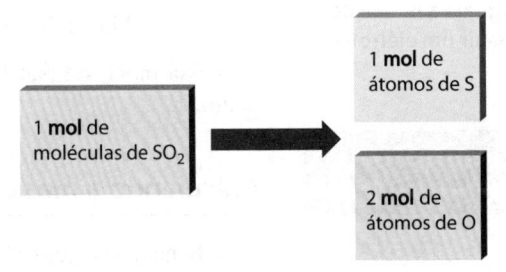

1 **mol** de moléculas de SO_2 → 1 **mol** de átomos de S + 2 **mol** de átomos de O

- Sabemos as massas atômicas do enxofre ($32,07\ g\ mol^{-1}$) e do oxigênio ($16,00\ g\ mol^{-1}$).

Como chegamos lá?

Precisamos descobrir a massa de 1 mol de moléculas de SO_2, que é a massa molar de SO_2.

Massa de 1 mol de S = 1 × 32,07 g = 32,07 g

Massa de 2 mol de O = 2 × 16,00 g = 32,00 g

Massa de 1 mol de SO_2 = 64,07 g = massa molar

A massa molar de SO_2 é de 64,07 g e representa a massa de 1 mol de moléculas de SO_2.

PROVA REAL A resposta é maior que as massas atômicas do enxofre e do oxigênio. As unidades ($g\ mol^{-1}$) estão corretas e a resposta é dada no número correto de algarismos significativos (duas casas decimais).

AUTOVERIFICAÇÃO

Exercício 8.4 O cloreto de polivinila (chamado de PVC), muito utilizado em revestimentos de assoalhos ("vinil") e canos de plástico em sistemas de encanamento, é composto por uma molécula com a fórmula C_2H_3Cl. Calcule a massa molar dessa substância.

Consulte os Problemas 8.27 até 8.30. ∎

---

* O termo *peso molecular* era tradicionalmente utilizado em vez de *massa mol*. Os termos *peso molecular* e *massa mol* significam exatamente a mesma coisa. No entanto, *massa molar* descreve com mais precisão o conceito, portanto, será o utilizado neste livro.

Algumas substâncias existem como um conjunto de íons e não como moléculas separadas. Por exemplo, o sal de cozinha comum, o cloreto de sódio (NaCl), é composto por uma variedade de íons Na^+ e Cl^-. Não há moléculas NaCl presentes. Em alguns livros, o termo *peso-fórmula* é utilizado em vez de massa molar para os compostos iônicos. No entanto, aplicaremos neste livro o termo *massa molar* tanto para as substâncias iônicas quanto para as moleculares.

Para calcular a massa molar do cloreto de sódio, devemos perceber que 1 mol de NaCl contém 1 mol de íons de Na^+ e 1 mol de íons de Cl^-.

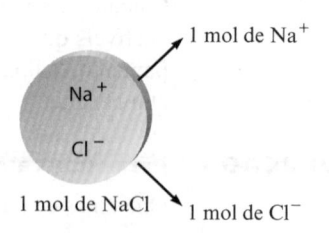

A massa do elétron é tão pequena que Na^+ e Na possuem a mesma massa para nossos propósitos, apesar de o Na^+ possuir um elétron a menos que o Na. Da mesma forma, a massa do Cl praticamente se iguala à massa do Cl^-, apesar de possuir um elétron a mais que o Cl.

Portanto, a massa molar (em gramas) do cloreto de sódio representa a soma da massa de 1 mol de íons de sódio e da massa de 1 mol de íons de cloro.

$$\text{Massa de 1 mol de } Na^+ = 22{,}99 \text{ g}$$
$$\text{Massa de 1 mol de } Cl^- = \underline{35{,}45 \text{ g}}$$
$$\text{Massa de 1 mol de NaCl} = 58{,}44 \text{ g} = \text{massa molar}$$

A massa molar de NaCl é 58,44 g e representa a massa de 1 mol de cloreto de sódio.

Exemplo resolvido 8.6 — Calculando a massa com base na quantidade de matéria

O carbonato de cálcio, $CaCO_3$ (também chamado de calcita), é o principal mineral encontrado no calcário, mármore, giz, pérolas e conchas de animais marinhos, como os moluscos.

a. Calcule a massa molar do carbonato de cálcio.
b. Uma determinada amostra de carbonato de cálcio contém 4,86 mol. Qual é a massa em gramas dessa amostra?

SOLUÇÃO

a. Para onde vamos?

Queremos determinar a massa molar do carbonato de cálcio em unidades de $g \, mol^{-1}$.

O que sabemos?

- A fórmula do carbonato de cálcio é $CaCO_3$. Um mol de $CaCO_3$ contém 1 mol de Ca, 1 mol de C e 3 mol de O.
- Sabemos as massas atômicas do cálcio (40,08 $g \, mol^{-1}$), do carbono (12,01 $g \, mol^{-1}$) e do oxigênio (16,00 $g \, mol^{-1}$).

Como chegamos lá?

O carbonato de cálcio é um composto iônico formado pelos íons Ca^{2+} e CO_3^{2-}. Um mol de carbonato de cálcio contém 1 mol de íons de Ca^{2+} e 1 mol de íons de CO_3^{2-}. Calculamos a massa molar somando as massas dos componentes.

$$\text{Massa de 1 mol de } Ca^{2+} = 1 \times 40{,}08 \text{ g} = 40{,}08 \text{ g}$$

Massa de 1 mol de CO_3^{2-} (contém 1 mol de C e 3 mol de O):

$$1 \text{ mol de C} = 1 \times 12{,}01 \text{ g} = 12{,}01 \text{ g}$$
$$3 \text{ mol de O} = 3 \times 16{,}00 \text{ g} = \underline{48{,}00 \text{ g}}$$
$$\text{Massa de 1 mol de } CaCO_3 = 100{,}09 \text{ g} = \text{massa molar}$$

PROVA REAL A resposta é maior que as massas atômicas do cálcio, carbono e oxigênio. As unidades (g mol^{-1}) estão corretas e a resposta é dada no número correto de algarismos significativos (duas casas decimais).

b. Para onde vamos?

Queremos determinar a massa de 4,86 mol de CaCO$_3$.

O que sabemos?

- Do item a, sabemos que a massa molar de CaCO$_3$ é de 100,09 g mol^{-1}.
- Temos 4,86 mol de CaCO$_3$.

Como chegamos lá?

Determinamos a massa de 4,86 mol de CaCO$_3$ utilizando a massa molar.

$$4,86 \text{ mol CaCO}_3 \times \frac{100,09 \text{ g CaCO}_3}{1 \text{ mol CaCO}_3} = 486 \text{ g CaCO}_3$$

Isso pode ser diagramado da seguinte forma:

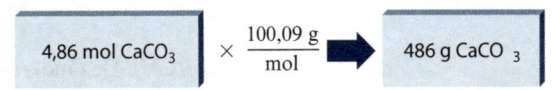

$$\boxed{4,86 \text{ mol CaCO}_3} \times \frac{100,09 \text{ g}}{\text{mol}} \Rightarrow \boxed{486 \text{ g CaCO}_3}$$

PROVA REAL Temos um pouco menos que 5 mol de CaCO$_3$, que possui uma massa molar de aproximadamente 100 g mol^{-1}. Devemos esperar um valor um pouco menor que 500 g para que nossa resposta faça sentido. O número de algarismos significativos em nossa resposta (486 g) é três, como exigido pela quantidade de matéria inicial (4,86 mol).

AUTOVERIFICAÇÃO

Para as massas atômicas médias, veja as páginas finais.

Exercício 8.5 Calcule a massa molar do sulfato de sódio, Na$_2$SO$_4$. Qual a quantidade de matéria representada por uma amostra de sulfato de sódio com uma massa de 300,0 g?

Consulte os Problemas 8.35 até 8.38. ∎

Resumindo, a massa molar de uma substância pode ser obtida pela soma das massas dos átomos do componente. A massa molar (em gramas) representa a massa de 1 mol da substância. Uma vez que conhecemos a massa molar de um componente, podemos calcular a quantidade de matéria presente em uma amostra de massa conhecida. O contrário, é claro, também ocorre, como ilustrado no Exemplo resolvido 8.7.

Exemplo resolvido 8.7

Calculando a quantidade de matéria com base na massa

Juglona, um corante conhecido há séculos, é produzido pela casca das nozes pretas. Também é um herbicida natural que extermina ervas daninhas em torno da nogueira preta, porém não afeta a grama nem as outras plantas não daninhas. A fórmula da juglona é C$_{10}$H$_6$O$_3$.

a. Calcule a massa molar da juglona.

b. Uma amostra de 1,56 g de juglona pura foi extraída das cascas de nozes pretas. Qual a quantidade de matéria de juglona nessa amostra?

SOLUÇÃO

a. Para aonde vamos?

Queremos determinar a massa molar da juglona em unidades de g mol^{-1}.

O que sabemos?

- A fórmula da juglona é $C_{10}H_6O_3$. Um mol de juglona contém 10 mol de C, 6 mol de H e 3 mol de O.
- Sabemos as massas atômicas do carbono (12,01 g mol^{-1}), do hidrogênio (1,008 g mol^{-1}) e do oxigênio (16,00 g mol^{-1}).

Como chegamos lá?

A massa molar é obtida pela soma das massas dos átomos do componente. Em 1 mol de juglona há 10 mol de átomos de carbono, 6 mol de átomos de hidrogênio e 3 mol de átomos de oxigênio.

Massa de 10 mol de C = 10 × 12,01 g = 120,1 g
Massa de 6 mol de H = 6 × 1,008 g = 6,048 g
Massa de 3 mol de O = 3 × 16,00 g = 48,00 g
Massa de 1 mol de $C_{10}H_6O_3$ = 174,1 g = massa molar

Técnica para aumentar suas capacidades matemáticas

O 120,1 limita a soma a uma casa decimal.

PROVA REAL Dez mols de carbono teriam uma massa de aproximadamente 120 g, e nossa resposta é maior que isso. As unidades (g mol^{-1}) estão corretas e a resposta é dada com o número correto de algarismos significativos (uma casa decimal).

b. Para onde vamos?

Queremos determinar a quantidade de matéria da juglona em uma amostra com massa de 1,56 g.

O que sabemos?

- Do item a, sabemos que a massa molar da juglona é 174,1 g mol^{-1}.
- Temos 1,56 g de juglona.

Como chegamos lá?

A massa de 1 mol desse composto é de 174,1 g, portanto, 1,56 g é bem menor que 1 mol. Podemos determinar a fração exata de um mol utilizando a declaração de equivalência:

$$1 \text{ mol} = 174,1 \text{ g de juglona}$$

para derivar o fator de conversão apropriado:

$$1,56 \text{ g juglona} \times \frac{1 \text{ mol de juglona}}{174,1 \text{ g juglona}} = 0,00896 \text{ mol de juglona}$$

$$= 8,96 \times 10^{-3} \text{ mol de juglona}$$

| 1,56 g de juglona | × $\frac{1 \text{ mol}}{174,1 \text{ g}}$ | → 8,96 × 10^{-3} mol de juglona |

PROVA REAL A massa de 1 mol desse composto é de 174,1 g, portanto, 1,56 g é bem menor que 1 mol. Nossa resposta possui unidades de mols, e o número de algarismos significativos em nossa resposta é três, como exigido pela massa inicial de 1,56 g. ■

Exemplo resolvido 8.8

Calculando o número de moléculas

O acetato de isopentila, $C_7H_{14}O_2$, composto responsável pelo aroma das bananas, pode ser produzido comercialmente. Curiosamente, as abelhas liberam cerca de 1 µg (1×10^{-6} g) desse composto quando dão uma ferroada. Isso atrai outras abelhas, que se juntam ao ataque. Qual a quantidade de matéria e quantas moléculas de acetato de isopentila são liberados em uma ferroada comum de abelha?

SOLUÇÃO

Para onde vamos?

Queremos determinar a quantidade de matéria e o número de moléculas de acetato de isopentila em uma amostra com massa de 1×10^{-6} g.

O que sabemos?

- A fórmula do acetato de isopentila é $C_7H_{14}O_2$.
- Sabemos as massas atômicas do carbono (12,01 g mol^{-1}), do hidrogênio (1,008 g mol^{-1}) e do oxigênio (16,00 g mol^{-1}).
- A massa do acetato de isopentila é 1×10^{-6} g.
- Há $6,022 \times 10^{23}$ moléculas em 1 mol.

Como chegamos lá?

Temos a massa do acetato de isopentila e queremos o número de moléculas, portanto, devemos primeiro calcular a massa molar.

$$7 \text{ mol C} \times 1201 \, \frac{g}{mol} = 84,07 \text{ g C}$$

$$14 \text{ mol H} \times 1,008 \, \frac{g}{mol} = 14,11 \text{ g H}$$

$$2 \text{ mol O} \times 16,00 \, \frac{g}{mol} = 32,00 \text{ g O}$$

$$\text{Massa molar} = 130,18 \text{ g}$$

Isso significa que 1 mol de acetato de isopentila ($6,022 \times 10^{23}$ moléculas) tem uma massa de 130,18 g.

Em seguida, determinamos a quantidade de matéria de aceto de isopentila em 1 µg, que é 1×10^{-6} g. Para fazer isso, usamos a declaração de equivalência:

1 mol de acetato de isopentila = 130,18 g de acetato de isopentila

que fornece o fator de conversão de que precisamos:

$$1 \times 10^{-6} \text{ g } C_7H_{14}O_2 \times \frac{1 \text{ mol } C_7H_{14}O_2}{130,18 \text{ g } C_7H_{14}O_2} = 8 \times 10^{-9} \text{ mol } C_7H_{14}O_2$$

Utilizando a declaração de equivalência 1 mol = $6,022 \times 10^{23}$ de unidades, podemos determinar o número de moléculas:

$$8 \times 10^{-9} \text{ mol } C_7H_{14}O_2 \times \frac{6,022 \times 10^{23} \text{ moléculas}}{1 \text{ mol } C_7H_{14}O_2} = 5 \times 10^{15} \text{ moléculas}$$

Esse número altíssimo de moléculas é liberado em cada ferroada de abelha.

PROVA REAL A massa do acetato de isopentila liberada em cada ferroada (1×10^{-6} g) é bem menor que a massa de 1 mol de $C_7H_{14}O_2$, portanto, a quantidade de matéria deveria ser menor que 1 mol, e é (8×10^{-9} mol). O número de moléculas deveria ser bem menor que $6,022 \times 10^{23}$, e é (5×10^{15} moléculas).

Nossa resposta possui as unidades apropriadas, e o número de algarismos significativos em nossa resposta é um, como exigido pela massa inicial.

AUTOVERIFICAÇÃO

Exercício 8.6 A substância Teflon, o revestimento antiaderente de muitas frigideiras, é composta pela molécula C_2F_4. Calcule o número de unidades de C_2F_4 presentes em 135 g de Teflon.

Consulte os Problemas 8.39 e 8.40. ∎

8-6 Composição percentual dos compostos

OBJETIVO Aprender a encontrar o percentual de massa de um elemento em um determinado composto.

Até agora, discutimos a composição dos compostos em termos de números de átomos constituintes. É bastante útil conhecer a composição de um composto em termos das *massas* de seus elementos. Podemos obter essas informações da sua fórmula ao comparar a massa de cada elemento presente em 1 mol do composto com a massa total de 1 mol do composto. A fração da massa de cada elemento é calculada da seguinte forma:

Técnica para aumentar suas capacidades matemáticas

$$\text{Percentual} = \frac{\text{Parte}}{\text{Todo}} \times 100\%$$

$$\text{Fração da massa para um determinado elemento} = \frac{\text{massa do elemento presente em 1 mol do composto}}{\text{massa de 1 mol do composto}}$$

A fração da massa é convertida no *percentual da massa* pela multiplicação por 100%.

Ilustraremos esse conceito utilizando o composto etanol, um álcool obtido ao fermentar o açúcar de uvas, milho e outras frutas e grãos. O etanol é adicionado à gasolina como um intensificador de octanagem para formar um combustível chamado de gasool.[2] O etanol adicionado tem o efeito de aumentar a octanagem da gasolina e também diminuir o monóxido de carbono no escapamento do automóvel.

A fórmula do etanol é escrita como C_2H_5OH, embora você pudesse esperar que ela fosse escrita simplesmente como C_2H_6O.

Observe nesta fórmula que cada molécula de etanol contém dois átomos de carbono, seis de hidrogênio e um átomo de oxigênio. Isso significa que cada mol de etanol contém 2 mol de átomos de carbono, 6 mol de átomos de hidrogênio e 1 mol de átomos de oxigênio. Calculamos a massa de cada elemento presente e a massa molar do etanol da seguinte forma:

$$\text{Massa de C} = 2 \text{ mol} \times 12{,}01 \frac{g}{mol} = 24{,}02 \text{ g}$$

$$\text{Massa de H} = 6 \text{ mol} \times 1{,}008 \frac{g}{mol} = 6{,}048 \text{ g}$$

$$\text{Massa de O} = 1 \text{ mol} \times 16{,}00 \frac{g}{mol} = 16{,}00 \text{ g}$$

$$\text{Massa de 1 mol } C_2H_5OH = 46{,}07 \text{ g} = \text{massa molar}$$

O **percentual de massa** (às vezes chamado de percentual de peso) do carbono no etanol pode ser calculado comparando a massa do carbono em 1 mol de etanol com a massa total de 1 mol de etanol e multiplicando o resultado por 100%.

$$\text{Percentual de massa de C} = \frac{\text{massa de C em 1 mol } C_2H_5OH}{\text{massa de 1 mol } C_2H_5OH} \times 100\%$$

$$= \frac{24{,}02 \text{ g}}{46{,}07 \text{ g}} \times 100\% = 52{,}14\%$$

Isto é, o carbono representa 52,14% da massa do etanol. Os percentuais de massa do hidrogênio e do oxigênio no etanol são obtidos de maneira semelhante.

$$\text{Percentual de massa de H} = \frac{\text{massa de H em 1 mol } C_2H_5OH}{\text{massa de 1 mol } C_2H_5OH} \times 100\%$$

$$= \frac{6{,}048 \text{ g}}{46{,}07 \text{ g}} \times 100\% = 13{,}13\%$$

$$\text{Percentual de massa de O} = \frac{\text{massa de O em 1 mol } C_2H_5OH}{\text{massa de 1 mol } C_2H_5OH} \times 100\%$$

$$= \frac{16{,}00 \text{ g}}{46{,}07 \text{ g}} \times 100\% = 34{,}73\%$$

Técnica para aumentar suas capacidades matemáticas

Às vezes, em função dos efeitos de arredondamento, a soma dos percentuais de massa em um composto não é exatamente 100%.

---

[2] A gasolina vendida no Brasil contém etanol, porém não recebe um nome diferente. (NdoRT)

Os percentuais de massa de todos os elementos em um composto somam até 100%, apesar de os efeitos de arredondamento poderem produzir um pequeno desvio. Somar os percentuais é uma maneira de verificar seus cálculos. Nesse caso, a soma dos percentuais de massa é 52,14% + 13,13% + 34,73% = 100,00%.

Exemplo resolvido 8.9 — Calculando o percentual de massa

A carvona é uma substância que ocorre em duas formas, ambas com a mesma fórmula molecular ($C_{10}H_{14}O$) e mesma massa molar. Um tipo de carvona confere às sementes de cominho seu cheiro característico; o outro é responsável pelo cheiro do óleo de hortelã. Calcule o percentual de massa de cada elemento na carvona.

SOLUÇÃO

Para onde vamos?

Queremos determinar o percentual de massa de cada elemento na carvona.

O que sabemos?

- A fórmula da carvona é $C_{10}H_{14}O$.
- Sabemos as massas atômicas do carbono (12,01 g mol^{-1}), do hidrogênio (1,008 g mol^{-1}) e do oxigênio (16,00 g mol^{-1}).
- A massa do acetato de isopentila é 1×10^{-6} g.
- Há $6,022 \times 10^{23}$ moléculas em 1 mol.

O que precisamos saber?

- A massa de cada elemento (utilizaremos 1 mol de carvona)
- Massa molar da carvona

Como chegamos lá?

Como a fórmula da carvona é $C_{10}H_{14}O$, as massas de diversos elementos em 1 mol de carvona são:

$$\text{Massa de C em 1 mol} = 10 \text{ mol} \times 12,01 \frac{g}{mol} = 120,1 \text{ g}$$

$$\text{Massa de H em 1 mol} = 14 \text{ mol} \times 1,008 \frac{g}{mol} = 14,11 \text{ g}$$

$$\text{Massa de O em 1 mol} = 1 \text{ mol} \times 16,00 \frac{g}{mol} = 16,00 \text{ g}$$

$$\text{Massa de 1 mol } C_{10}H_{14}O = 150,21 \text{ g}$$
$$\text{Massa molar} = 150,2 \text{ g}$$

(arredondando para o número correto de algarismos significativos)

Técnica para aumentar suas capacidades matemáticas

O 120,1 limita a soma a uma casa decimal.

Em seguida, descobrimos a fração da massa total dada por cada elemento e a convertemos em um percentual:

$$\text{Percentual de massa de C} = \frac{120,1 \text{ g C}}{150,2 \text{ g } C_{10}H_{14}O} \times 100\% = 79,96\%$$

$$\text{Percentual de massa de H} = \frac{14,11 \text{ g H}}{150,2 \text{ g } C_{10}H_{14}O} \times 100\% = 9,394\%$$

$$\text{Percentual de massa de O} = \frac{16,00 \text{ g O}}{150,2 \text{ g } C_{10}H_{14}O} \times 100\% = 10,65\%$$

PROVA REAL Some os valores individuais do percentual de massa — eles devem totalizar 100% dentro de uma pequena variação por causa do arredondamento. Nesse caso, os percentuais somam 100,00%.

AUTOVERIFICAÇÃO

Exercício 8.7 A penicilina, um importante antibiótico (agente antibacteriano), foi descoberta acidentalmente pelo bacteriologista escocês Alexander Fleming, em 1928, embora ele nunca tenha conseguido isolá-la como um composto puro. Esse e outros antibióticos semelhantes salvaram milhões de vidas que, de outra maneira, teriam sido perdidas pelas infecções. A penicilina, como muitas das moléculas produzidas pelos sistemas vivos, é uma grande molécula que contém muitos átomos. Um tipo de penicilina, a penicilina F, possui a fórmula $C_{14}H_{20}N_2SO_4$. Calcule o percentual de massa de cada elemento nesse composto.

Consulte os Problemas 8.45 até 8.50. ∎

8-7 Fórmulas de compostos

OBJETIVO Compreender o significado das fórmulas empíricas dos compostos.

Suponha que você tenha misturado duas soluções, e um produto sólido (um precipitado) se forma. Como você pode descobrir qual é o sólido? Qual é sua fórmula? Há diversas abordagens possíveis que você pode usar para responder a essas perguntas. Por exemplo, vimos no Capítulo 7 que normalmente podemos prever a identidade de um precipitado formado quando duas soluções são misturadas em uma reação desse tipo se soubermos alguns fatos sobre as solubilidades dos compostos iônicos.

No entanto, embora um químico experiente possa prever o produto esperado em uma reação química, a única maneira certa de identificá-lo é realizando experimentos. Normalmente comparamos as propriedades físicas do produto com as propriedades dos compostos conhecidos.

Às vezes, uma reação química fornece um produto que nunca foi obtido antes. Nesse caso, um químico descobre qual composto foi formado ao determinar quais elementos estão presentes e quanto há de cada um. Esses dados podem ser usados para obter a fórmula do composto. Na Seção 8-6, usamos a fórmula do composto para determinar a massa de cada elemento presente em um mol do composto. Para obter a fórmula de um composto desconhecido, fazemos o oposto. Isto é, usamos as massas mensuradas dos elementos presentes para determinar a fórmula.

Lembre-se de que a fórmula de um composto representa os números relativos de diversos tipos de átomos presentes. Por exemplo, a fórmula molecular CO_2 nos diz que para cada átomo de carbono há dois átomos de oxigênio em cada molécula do dióxido de carbono. Portanto, para determinar a fórmula de uma substância, precisamos contar os átomos. Como vimos neste capítulo, podemos fazer isso por pesagem. Suponha que sabemos que um composto contém apenas os elementos carbono, hidrogênio e oxigênio, então, pesamos uma amostra de 0,2015 g para análise. Usando métodos que não discutiremos aqui, descobrimos que essa amostra de 0,2015 g do composto contém 0,0806 g de carbono, 0,01353 g de hidrogênio e 0,1074 g de oxigênio. Acabamos de aprender como converter essas massas nos números de átomos utilizando as massas atômicas de cada elemento. Começamos convertendo em quantidade de matéria.

Carbono

$$0,0806 \text{ g de C} \times \frac{1 \text{ mol de átomos de C}}{12,01 \text{ g de C}} = 0,00671 \text{ mol de átomos de C}$$

Hidrogênio

$$0{,}01353 \text{ g de H} \times \frac{1 \text{ mol de átomos de H}}{1{,}008 \text{ g de H}} = 0{,}01342 \text{ mol de átomos de H}$$

Oxigênio

$$0{,}1074 \text{ g de O} \times \frac{1 \text{ mol de átomos de O}}{16{,}00 \text{ g de O}} = 0{,}006713 \text{ mol de átomos de O}$$

Vamos revisar o que determinamos. Sabemos que 0,2015 g do composto contém 0,00671 mol de átomos de C, 0,01342 mol de átomos de H e 0,006713 mol de átomos de O. Como 1 mol é $6{,}022 \times 10^{23}$, essas quantidades podem ser convertidas nos números reais dos átomos.

Carbono

$$0{,}00671 \text{ mol de átomos de C} \frac{6{,}022 \times 10^{23} \text{ átomos de C}}{1 \text{ mol de átomos de C}} = 4{,}04 \times 10^{21} \text{ átomos de C}$$

Hidrogênio

$$0{,}01342 \text{ mol de átomos de H} \frac{6{,}022 \times 10^{23} \text{ átomos de H}}{1 \text{ mol de átomos de H}} = 8{,}08 \times 10^{21} \text{ átomos de H}$$

Oxigênio

$$0{,}006713 \text{ mol de átomos de O} \frac{6{,}022 \times 10^{23} \text{ átomos de O}}{1 \text{ mol de átomos de O}} = 4{,}043 \times 10^{21} \text{ átomos de O}$$

Esses são os números de vários tipos de átomos *em 0,2015 g do composto*. O que esses números nos dizem sobre a fórmula do composto? Observe o seguinte:

1. O composto contém o mesmo número de átomos de C e de O.
2. Há duas vezes mais átomos de H que átomos de C ou de O.

Podemos representar essas informações pela fórmula CH_2O, que expressa os números *relativos* de átomos de C, H e O presentes. Essa é a verdadeira fórmula para o composto? Em outras palavras, o composto é feito de moléculas CH_2O? Pode ser que sim. No entanto, ele também pode ser feito de moléculas $C_2H_4O_2$, moléculas $C_3H_6O_3$, moléculas $C_4H_8O_4$, moléculas $C_5H_{10}O_5$, moléculas $C_6H_{12}O_6$, e assim por diante. Observe que cada uma dessas moléculas possui a proporção 1:2:1 necessária de átomos de carbono, hidrogênio e oxigênio (a proporção mostrada pelo experimento presente no composto).

Quando quebramos um composto em seus elementos separados e "contamos" os átomos presentes, aprendemos apenas a proporção dos átomos — obtemos somente os números *relativos* dos átomos. A fórmula de um composto que expressa a proporção do menor número inteiro dos átomos presentes é chamada de **fórmula empírica** ou *fórmula mínima*. Um composto que contém as moléculas $C_4H_8O_4$ possui a mesma fórmula empírica que um contendo as moléculas $C_6H_{12}O_6$. A fórmula empírica de ambos é CH_2O. A fórmula real de um composto — aquela que fornece a composição das moléculas que estão presentes — é chamada de **fórmula molecular**. O açúcar chamado glicose é composto por moléculas com a fórmula molecular $C_6H_{12}O_6$ (Fig. 8.4). Observe na fórmula molecular da glicose que a fórmula empírica é CH_2O. Podemos representar a fórmula molecular como um múltiplo (por 6) da fórmula empírica:

$$C_6H_{12}O_6 = (CH_2O)_6$$

Na próxima seção, iremos explorar mais detalhadamente como calcular a fórmula empírica de um composto a partir das massas relativas dos elementos presentes. Como veremos nas Seções 8-8 e 8-9, devemos saber a massa molar de um composto para determinar sua fórmula molecular.

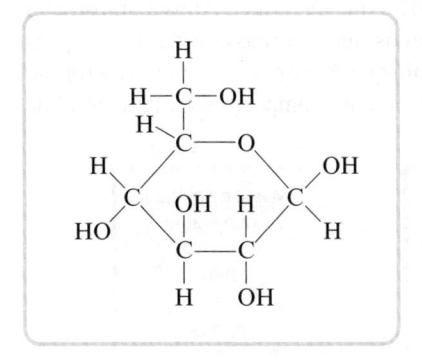

Figura 8.4 ▶ A molécula da glicose. A fórmula molecular é $C_6H_{12}O_6$, como pode ser verificado pela contagem dos átomos. A fórmula empírica da glicose é CH_2O.

Exemplo resolvido 8.10 — Determinando as fórmulas empíricas

Em cada caso a seguir, a fórmula molecular de um composto é dada. Determine a fórmula empírica de cada.

a. C_6H_6. Essa é a fórmula molecular do benzeno, um líquido comumente utilizado na indústria como matéria-prima de muitos produtos importantes.

b. $C_{12}H_4Cl_4O_2$. Essa é a fórmula molecular de uma substância chamada dioxina, um veneno poderoso que, às vezes, ocorre como um subproduto na produção de outras substâncias químicas.

c. $C_6H_{16}N_2$. Essa é a fórmula molecular de um dos reagentes utilizados para produzir o náilon.

SOLUÇÃO

a. $C_6H_6 = (CH)_6$; CH é a fórmula empírica. Cada índice na fórmula empírica é multiplicado por 6 para obter a fórmula molecular.

b. $C_{12}H_4Cl_4O_2 = (C_6H_2Cl_2O)_2$; $C_6H_2Cl_2O$ é a fórmula empírica. Cada índice na fórmula empírica é multiplicado por 2 para obter a fórmula molecular.

c. $C_6H_{16}N_2 = (C_3H_8N)_2$; C_3H_8N é a fórmula empírica. Cada índice na fórmula empírica é multiplicado por 2 para obter a fórmula molecular. ■

8-8 Cálculo de fórmulas empíricas

OBJETIVO Aprender a calcular fórmulas empíricas.

Como dissemos na seção anterior, uma das coisas mais importantes que podemos aprender sobre um novo composto é sua fórmula química. Para calcular a fórmula empírica de um composto, primeiro determinamos as massas relativas de diversos elementos que estão presentes.

Uma forma de fazer isso é medir as massas dos elementos que reagem para formar o composto. Por exemplo, suponha que pesamos 0,2636 g de níquel puro em um cadinho e aquecemos esse metal no ar, de modo que o níquel possa reagir com o oxigênio para formar um composto de óxido de níquel. Após a amostra ter resfriado, ela é pesada de novo e descobrimos que sua massa é de 0,3354 g. O ganho na massa ocorre em função do oxigênio que reage com o níquel para formar o óxido. Portanto, a massa de oxigênio presente no composto é a massa total do produto menos a massa do níquel:

Massa total do óxido de níquel	−	Massa de níquel originalmente presente	=	Massa de oxigênio que reagiu com o níquel
0,3354 g		0,2636 g		0,0718 g

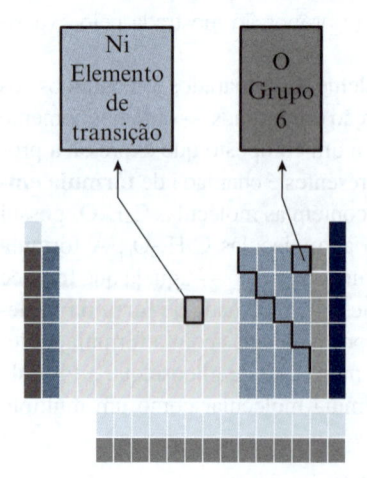

Observe que a massa de níquel presente no composto é o metal níquel originalmente pesado. Portanto, sabemos que o óxido de níquel contém 0,2636 g de níquel e 0,0718 g de oxigênio. Qual é a fórmula empírica desse composto?

Para responder a essa pergunta, devemos converter as massas no número de átomos utilizando as massas atômicas:

Quatro algarismos significativos permitidos.

$$0,2636 \text{ g de Ni} \times \frac{1 \text{ mol de átomos de Ni}}{58,69 \text{ g de Ni}} = 0,004491 \text{ mol de átomos de Ni}$$

Três algarismos significativos permitidos.

$$0,0718 \text{ g de O} \times \frac{1 \text{ mol de átomos de O}}{16,00 \text{ g O}} = 0,00449 \text{ mol de átomos de O}$$

Composição química **225**

Essas quantidades de mols representam os números de átomos (lembre-se de que 1 mol de átomos é $6,022 \times 10^{23}$ átomos). Fica claro com as quantidades de matéria de átomos que o composto contém um número igual de átomos de Ni e de O, portanto, a fórmula é NiO. Essa é a *fórmula empírica*; ela expressa a relação do menor número inteiro de átomos:

$$\frac{0,004491 \text{ mol de átomos de Ni}}{0,00449 \text{ mol de átomos de O}} = \frac{1 \text{ Ni}}{1 \text{ O}}$$

Isto é, esse composto contém números iguais de átomos de níquel e oxigênio. Dizemos que a proporção dos átomos de níquel para os átomos de oxigênio é 1:1 (1 para 1).

Exemplo resolvido 8.11 — Calculando as fórmulas empíricas

Um óxido é formado pela reação de 4,151 g de alumínio com 3,692 g de oxigênio. Calcule a fórmula empírica desse composto.

SOLUÇÃO

Para onde vamos?

Queremos determinar a fórmula empírica do óxido de alumínio, Al_xO_y. Isto é, queremos solucionar x e y.

O que sabemos?

- O composto contém 4,151 g de alumínio e 3,692 g de oxigênio.
- Sabemos as massas atômicas do alumínio (26,98 g mol^{-1}) e do oxigênio (16,00 g mol^{-1}).

O que precisamos saber?

- *x* e *y* representam as quantidades de matéria dos átomos em 1 mol do composto, portanto, precisamos determinar a quantidade de matéria relativa de Al e de O.

Como chegamos lá?

Precisamos saber quais são os números relativos de cada tipo de átomo para escrever a fórmula, portanto, devemos converter essas massas em quantidades de matéria de átomos a fim de obter a fórmula empírica. Realizamos a conversão utilizando as massas atômicas dos elementos.

$$4,151 \text{ g de Al} \times \frac{1 \text{ mol de Al}}{26,98 \text{ g de Al}} = 0,1539 \text{ mol de átomos de Al}$$

$$3,692 \text{ g de O} \times \frac{1 \text{ mol de O}}{16,00 \text{ g de O}} = 0,2308 \text{ mol de átomos de O}$$

Como as fórmulas químicas utilizam apenas números inteiros, prosseguimos encontrando a proporção do número inteiro dos átomos. Para fazer isso, começamos dividindo ambos os números pelo menor deles. Isso converte o menor número em 1.

$$\frac{0,1539 \text{ mol de Al}}{0,1539} = 1,000 \text{ mol de átomos de Al}$$

$$\frac{0,2308 \text{ mol de O}}{0,1539} = 1,500 \text{ mol de átomos de O}$$

Observe que dividir ambos os números de mols de átomos pelo *mesmo* número não altera os números *relativos* de átomos de oxigênio e de alumínio. Isto é,

$$\frac{0,2308 \text{ mol de O}}{0,1539 \text{ mol de Al}} = \frac{1,500 \text{ mol de átomos de O}}{1,000 \text{ mol de Al}}$$

Dessa forma, sabemos que o composto contém 1,500 mol de átomos de O para cada 1,000 mol de átomos de Al, ou, em termos de átomos individuais, podemos

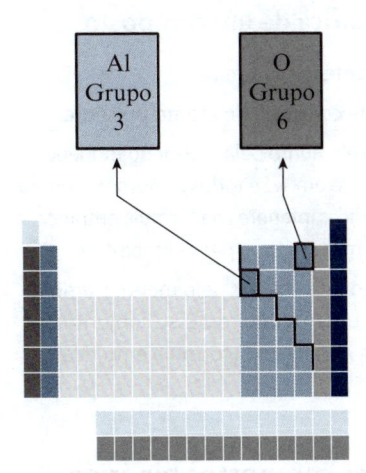

Podemos expressar esses dados como
$$Al_{1,000\,mol}O_{1,500\,mol}$$
ou
$$Al_{2,000\,mol}O_{3,000\,mol}$$
ou
$$Al_2O_3$$

dizer que o composto contém 1,500 átomo de O para cada 1,000 átomo de Al. No entanto, como somente os átomos *inteiros* combinam-se para formar compostos, precisamos descobrir um conjunto de *números inteiros* para expressar a fórmula empírica. Quando multiplicamos 1,000 e 1,500 por 2, obtemos os números inteiros de que precisamos.

$$1,500\ O \times 2 = 3,000 = 3 \text{ átomos de O}$$
$$1,000\ Al \times 2 = 2,000 = 2 \text{ átomos de Al}$$

Portanto, esse composto contém dois átomos de Al para cada três átomos de O, e a fórmula empírica é Al_2O_3. Observe que a *proporção* dos átomos nesse composto é dada por cada uma das frações a seguir:

$$\frac{0,2308\ O}{0,1539\ Al} = \frac{1,500\ O}{1,000\ Al} = \frac{\frac{3}{2}O}{1\ Al} = \frac{3\ O}{2\ Al}$$

A proporção do menor número inteiro corresponde aos índices da fórmula empírica, Al_2O_3.

PROVA REAL Os valores de *x* e *y* são números inteiros. ∎

Às vezes, as quantidades de matéria relativas que você obtém quando calcula uma fórmula empírica se tornarão números fracionários, como no caso do Exemplo resolvido 8.11. Quando isso acontece, você deve convertê-los em números inteiros apropriados. Isso é feito ao multiplicar todos os números pelo mesmo número inteiro que pode ser encontrado por tentiva e erro. O multiplicador necessário quase sempre está entre 1 e 6. Agora, resumiremos o que aprendemos sobre o cálculo de fórmulas empíricas.

Etapas para determinar a fórmula empírica de um composto

Etapa 1 Obter a massa de cada elemento presente (em gramas).

Etapa 2 Determinar a quantidade de matéria de cada tipo de átomo presente.

Etapa 3 Dividir a quantidade de matéria de cada elemento pela menor quantidade de matéria para converter o menor número em 1. Se todos os números então obtidos forem inteiros, esses serão os índices inferiores na fórmula empírica. Se um ou mais desses números não forem inteiros, vá para a Etapa 4.

Etapa 4 Multiplicar os números que você derivou na etapa 3 pelo menor número inteiro que converterá todos eles em números inteiros. Esse conjunto de números inteiros representa os índices inferiores na fórmula empírica.

Exemplo resolvido 8.12 — Calculando as fórmulas empíricas dos compostos binários

Quando uma amostra de 0,3546 g de vanádio metálico é aquecida no ar, ela reage com o oxigênio para atingir uma massa final de 0,6330 g. Calcule a fórmula empírica desse óxido de vanádio.

SOLUÇÃO

Para onde vamos?

Queremos determinar a fórmula empírica do óxido de vanádio, V_xO_y. Isto é, queremos solucionar *x* e *y*.

O que sabemos?

- O composto contém 0,3546 g de vanádio e possui uma massa total de 0,6330 g.
- Sabemos as massas atômicas do vanádio (50,94 g mol^{-1}) e do oxigênio (16,00 g mol^{-1}).

O que precisamos saber?

- Precisamos saber a massa do oxigênio na amostra.
- x e y representam as quantidades de matéria dos átomos em 1 mol do composto, portanto, precisamos determinar a quantidade de matéria relativa de V e de O.

Como chegamos lá?

Etapa 1 Todo vanádio que esteve originalmente presente será encontrado no composto final, portanto, podemos calcular a massa de oxigênio que reagiu assumindo a seguinte diferença:

Massa total do composto	−	Massa de vanádio no composto	=	Massa de oxigênio no composto
0,6330 g		0,3546 g		0,2784 g

Etapa 2 Utilizando as massas atômicas (50,94 para V e 16,00 para O), obtemos:

$$0{,}3546 \text{ g de V} \times \frac{1 \text{ mol de átomos de V}}{50{,}94 \text{ g de V}} = 0{,}006961 \text{ mol de átomos de V}$$

$$0{,}2784 \text{ g de O} \times \frac{1 \text{ mol de átomos de O}}{16{,}00 \text{ g de O}} = 0{,}01740 \text{ mol de átomos de O}$$

Etapa 3 Então, dividimos ambos os números de mols pelo menor, 0,006961:

$$\frac{0{,}006961 \text{ mol de átomos de V}}{0{,}006961} = 1{,}000 \text{ mol de átomos de V}$$

$$\frac{0{,}01740 \text{ mol de átomos de O}}{0{,}006961} = 2{,}500 \text{ mol de átomos de O}$$

Como um desses números (2,500) não é um inteiro, vamos para a etapa 4.

Etapa 4 Observamos que 2 × 2,500 = 5,000 e 2 × 1,000 = 2,000, portanto, multiplicamos ambos os números por 2 para obter inteiros:

$$2 \times 1{,}000 \text{ V} = 2{,}000 \text{ V} = 2 \text{ V}$$
$$2 \times 2{,}500 \text{ O} = 5{,}000 \text{ O} = 5 \text{ O}$$

Esse composto contém dois átomos de V para cada cinco átomos de O, e a fórmula empírica é V_2O_5.

PROVA REAL Os valores para x e y são números inteiros.

Técnica para aumentar suas capacidades matemáticas
$V_{1{,}000}O_{2{,}500}$ se torna V_2O_5.

AUTOVERIFICAÇÃO

Exercício 8.8 Em um experimento laboratorial, observou-se que 0,6884 g de chumbo combina com 0,2356 g de cloro para formar um composto binário. Calcule a fórmula empírica desse composto.

Consulte os Problemas 8.61, 8.63, 8.65 e 8.66. ■

O mesmo procedimento que utilizamos para os compostos binários também se aplica aos compostos que contêm três ou mais elementos, como o Exemplo resolvido 8.13 ilustra.

Exemplo resolvido 8.13

Calculando as fórmulas empíricas dos compostos que contêm três ou mais elementos

Uma amostra de arsenato de chumbo, um inseticida utilizado contra o besouro da batata, contém 1,3813 g de chumbo, 0,00672 g de hidrogênio, 0,4995 g de arsênio e 0,4267 g de oxigênio. Calcule a fórmula empírica do arsenato de chumbo.

SOLUÇÃO

Para onde vamos?

Queremos determinar a fórmula empírica do arsenato de chumbo, $Pb_aH_bAs_cO_d$. Isto é, queremos solucionar a, b, c e d.

O que sabemos?

- O composto contém 1,3813 g de Pb, 0,00672 g de H, 0,4995 g de As e 0,4267 g de O.
- Sabemos as massas atômicas do chumbo (207,2 g mol^{-1}), do hidrogênio (1,008 g mol^{-1}), do arsênio (74,92 g mol^{-1}) e do oxigênio (16,00 g mol^{-1}).

O que precisamos saber?

- a, b, c e d representam as quantidades de matéria dos átomos em 1 mol do composto, portanto, precisamos determinar as quantidades de matéria relativas de Pb, H, As e O.

Como chegamos lá?

Etapa 1 O composto contém 1,3813 g de Pb, 0,00672 g de H, 0,4995 g de As e 0,4267 g de O.

Etapa 2 Usamos as massas mensuradas dos elementos presentes para determinar a fórmula:

$$1,3813 \text{ g de Pb} \times \frac{1 \text{ mol de Pb}}{207,2 \text{ g de Pb}} = 0,006667 \text{ mol de Pb}$$

$$0,00672 \text{ g de H} \times \frac{1 \text{ mol de H}}{1,008 \text{ g de H}} = 0,00667 \text{ mol de H}$$

$$0,4995 \text{ g de As} \times \frac{1 \text{ mol de As}}{74,92 \text{ g de As}} = 0,006667 \text{ mol de As}$$

$$0,4267 \text{ g de O} \times \frac{1 \text{ mol de O}}{16,00 \text{ g de O}} = 0,02667 \text{ mol de O}$$

Etapa 3 Agora, dividimos pela menor quantidade de matéria:

$$\frac{0,006667 \text{ mol de Pb}}{0,006667} = 1,000 \text{ mol de Pb}$$

$$\frac{0,00667 \text{ mol de H}}{0,006667} = 1,00 \text{ mol de H}$$

$$\frac{0,006667 \text{ mol de As}}{0,006667} = 1,000 \text{ mol de As}$$

$$\frac{0,02667 \text{ mol de O}}{0,006667} = 4,000 \text{ mol de O}$$

As quantidades de matéria são todas números inteiros, portanto, a fórmula empírica é $PbHAsO_4$.

PROVA REAL Os valores de a, b, c e d são números inteiros.

AUTOVERIFICAÇÃO

Exercício 8.9 Sevin, o nome comercial de um inseticida utilizado para proteger plantações, como algodão, vegetais e frutas, é composto por ácido carbâmico. Um químico, analisando uma amostra de ácido carbâmico, encontra 0,8007 g de carbono, 0,9333 g de nitrogênio, 0,2016 g de hidrogênio e 2,133 g de oxigênio. Determine a fórmula empírica do ácido carbâmico.

Consulte os Problemas 8.57 até 8.59. ■

Quando um composto é analisado para determinar as quantidades relativas dos elementos presentes, os resultados normalmente são dados em termos de porcentagens das massas dos diversos elementos. Na Seção 8-6, aprendemos como

Técnica para aumentar suas capacidades matemáticas

O percentual em massa de um determinado elemento são as massas em gramas daquele elemento em 100 g do composto.

calcular a composição percentual de um composto com base em fórmula. Agora, faremos o oposto. Dada a composição percentual, vamos calcular a fórmula empírica.

Para entender esse procedimento, você deve entender o significado de *percentual*. Lembre-se de que percentual significa parte de um determinado componente por 100 partes da mistura total. Por exemplo, se um determinado composto tem 15% de carbono (em massa), o composto contém 15 g de carbono por cada 100 g do composto.

O cálculo da fórmula empírica de um composto quando se tem a composição percentual é ilustrado no Exemplo resolvido 8.14.

Exemplo resolvido 8.14

Calculando fórmulas empíricas com base na composição percentual

A cisplatina, o nome comum de um composto de platina que é utilizado para tratar tumores cancerosos, possui a composição (percentual de massa) de 65,02% de platina, 9,34% de nitrogênio, 2,02% de hidrogênio e 23,63% de cloro. Calcule a fórmula empírica da cisplatina.

SOLUÇÃO **Para onde vamos?**

Queremos determinar a fórmula empírica da cisplatina, $Pt_aN_bH_cCl_d$. Isto é, queremos solucionar a, b, c e d.

O que sabemos?

- O composto possui a composição (percentual de massa) de 65,02% de Pt, 9,34% de N, 2,02% de H e 23,63% de Cl.
- Sabemos as massas atômicas da platina (195,1 g mol^{-1}), do nitrogênio (14,01 g mol^{-1}), do hidrogênio (1,008 g mol^{-1}) e do cloro (35,45 g mol^{-1}).

O que precisamos saber?

- a, b, c e d representam as quantidades de matéria dos átomos em 1 mol do composto, portanto, precisamos determinar a quantidade de matéria relativa de Pt, N, H e Cl.
- Temos os dados do percentual da massa e, para obter a quantidade de matéria, precisamos saber a massa de cada elemento (g) na amostra.

Como chegamos lá?

Etapa 1 Determinar a massa em gramas de cada elemento que está presente em 100 g do composto. A cisplatina tem 65,02% de platina (em massa), o que significa que há 65,02 g de platina (Pt) em 100,00 g do composto. Do mesmo modo, uma amostra de 100,00 g de cisplatina contém 9,34 g de nitrogênio (N), 2,02 g de hidrogênio (H) e 26,63 g de cloro (Cl).

Se temos uma amostra de 100,00 g de cisplatina, temos 65,02 g de Pt, 9,34 g de N, 2,02 g de H e 23,63 g Cl.

Etapa 2 Determinar a quantidade de matéria de cada tipo de átomo. Utilizamos as massas atômicas para calcular as quantidades de matéria:

$$65{,}02 \text{ g de Pt} \times \frac{1 \text{ mol de Pt}}{195{,}1 \text{ g de Pt}} = 0{,}3333 \text{ mol de Pt}$$

$$9{,}34 \text{ g de N} \times \frac{1 \text{ mol de N}}{14{,}01 \text{ g de N}} = 0{,}667 \text{ mol de N}$$

$$2{,}02 \text{ g de H} \times \frac{1 \text{ mol de H}}{1{,}008 \text{ g de H}} = 2{,}00 \text{ mol de H}$$

$$23{,}63 \text{ g de Cl} \times \frac{1 \text{ mol de Cl}}{35{,}45 \text{ g de Cl}} = 0{,}6666 \text{ mol de Cl}$$

Etapa 3 Dividir pela menor quantidade de matéria:

$$\frac{0{,}3333 \text{ mol de Pt}}{0{,}3333} = 1{,}000 \text{ mol de Pt}$$

$$\frac{0{,}667 \text{ mol de N}}{0{,}3333} = 2{,}00 \text{ mol de N}$$

$$\frac{2{,}00 \text{ mol de H}}{0{,}3333} = 6{,}01 \text{ mol de H}$$

$$\frac{0{,}6666 \text{ mol de Cl}}{0{,}3333} = 2{,}000 \text{ mol de Cl}$$

A fórmula da cisplatina é $PtN_2H_6Cl_2$. Observe que o número do hidrogênio é ligeiramente maior que 6 por causa do arredondamento.

PROVA REAL Os valores de a, b, c e d são números inteiros.

Pensamento crítico

Uma parte da estratégia de solução de problemas para a determinação da fórmula empírica é fundamentar o cálculo em 100 g do composto. E se você escolher uma massa diferente de 100 g? Isso funcionaria? E se você escolher fundamentar o cálculo em 100 mol do composto? Isso funcionaria?

AUTOVERIFICAÇÃO

Exercício 8.10 A forma mais comum do náilon (náilon 6) tem 63,68% de carbono, 12,38% de nitrogênio, 9,80% de hidrogênio e 14,14% de oxigênio. Calcule a fórmula empírica do náilon 6.

Consulte os Problemas 8.67 até 8.74. ∎

Observe no Exemplo resolvido 8.14 que, uma vez que as porcentagens são convertidas em massas, esse exemplo é o mesmo que os anteriores nos quais as massas foram dadas diretamente.

8-9 Cálculo de fórmulas moleculares

OBJETIVO Aprender a calcular a fórmula molecular de um composto tendo sua fórmula empírica e massa molar.

Se soubermos qual é a composição de um composto em termos das massas (ou percentuais de massa) dos elementos presentes, podemos calcular a fórmula empírica, porém, não a fórmula molecular. Por razões que ficarão claras à medida que estudarmos o Exemplo resolvido 8.15, para obter a fórmula molecular devemos conhecer a massa molar. Nessa seção, consideraremos os compostos em que tanto a composição percentual quanto a massa molar são conhecidas.

Exemplo resolvido 8.15

Calculando as fórmulas moleculares

Um pó branco é analisado e sua fórmula empírica é P_2O_5. O composto possui uma massa molar de 283,88 g. Qual é a fórmula molecular do composto?

SOLUÇÃO **Para onde vamos?**

Queremos determinar a fórmula molecular (P_xO_y) de um composto. Isto é, queremos solucionar x e y.

Composição química **231**

O que sabemos?

- A fórmula empírica do composto é P_2O_5.
- A massa molar do composto é de 283,88 g mol^{-1}.
- Sabemos as massas atômicas do fósforo (30,97 g mol^{-1}) e do oxigênio (16,00 g mol^{-1}).
- A fórmula molecular contém um número inteiro de unidades da fórmula empírica. Portanto, a fórmula molecular será $P_{2x}O_{5y}$.

O que precisamos saber?

- Precisamos saber a massa da fórmula empírica.

Como chegamos lá?

Para obter a fórmula molecular, devemos comparar a massa da fórmula empírica com a massa molar. A massa da fórmula empírica de P_2O_5 é a massa de 1 mol de unidades P_2O_5.

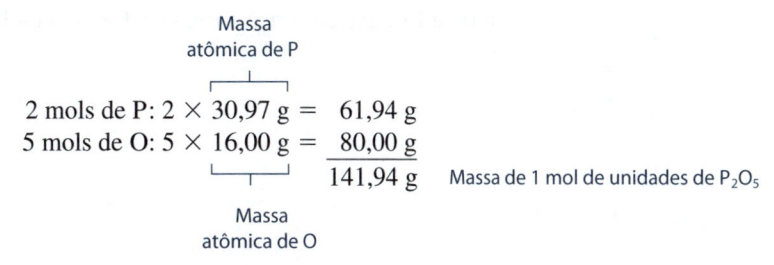

$$\begin{array}{l}\text{2 mols de P: } 2 \times 30{,}97 \text{ g} = 61{,}94 \text{ g} \\ \text{5 mols de O: } 5 \times 16{,}00 \text{ g} = 80{,}00 \text{ g} \\ \hline \phantom{\text{5 mols de O: } 5 \times 16{,}00 \text{ g} = }141{,}94 \text{ g} \end{array}$$

Massa de 1 mol de unidades de P_2O_5

Lembre-se de que a fórmula molecular contém um número inteiro de unidades da fórmula empírica. Isto é,

$$\text{Fórmula molecular} = (\text{fórmula empírica})_n$$

em que n é um número inteiro pequeno. Agora, como

$$\text{Fórmula molecular} = n \times \text{fórmula empírica}$$

então,

$$\text{Massa molar} = n \times \text{massa da fórmula empírica}$$

Solucionando n:

$$n = \frac{\text{Massa molar}}{\text{Massa de fórmula empírica}}$$

Assim, para determinar a fórmula molecular, primeiro dividimos a massa molar pela massa da fórmula empírica. Isso nos diz quantas massas da fórmula empírica há em uma massa molar.

$$\frac{\text{Massa molar}}{\text{Massa de fórmula empírica}} = \frac{283{,}88 \text{ g}}{141{,}94 \text{ g}} = 2$$

Esse resultado significa que $n = 2$ para esse composto, logo, a fórmula molecular consiste em duas unidades da fórmula empírica, e a fórmula molecular é $(P_2O_5)_2$ ou P_4O_{10}. A estrutura desse interessante composto é mostrada na Fig. 8.5.

PROVA REAL Os valores de x e y são números inteiros. Da mesma forma, a proporção de P:O na fórmula molecular (4:10) é 2:5.

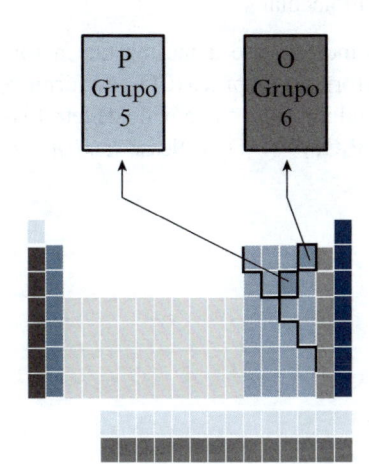

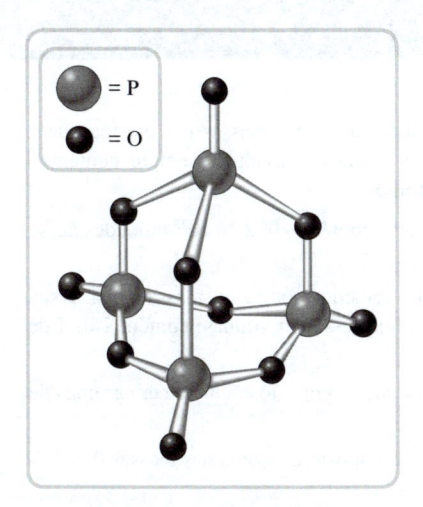

Figura 8.5 ▶ A estrutura de P_4O_{10} como um modelo de "bolas e varetas". Esse composto tem uma grande afinidade com água e geralmente é usado como um dessecante ou agente de secagem.

AUTOVERIFICAÇÃO

Exercício 8.11 Um composto utilizado como um aditivo para gasolina para ajudar a evitar barulhos no motor possui a composição percentual a seguir:

71,65% Cl   24,27% C   4,07% H

A massa molar é de 98,96 g. Determine a fórmula empírica e a fórmula molecular desse composto.

Consulte os Problemas 8.81 e 8.82. ■

É importante perceber que a fórmula molecular sempre é um múltiplo do número inteiro da fórmula empírica. Por exemplo, a glicose do açúcar (Fig. 8.4) possui a fórmula empírica CH_2O e a fórmula molecular $C_6H_{12}O_6$. Nesse caso, há seis unidades da fórmula empírica em cada molécula de glicose:

$$(CH_2O)_6 = C_6H_{12}O_6$$

No geral, podemos representar a fórmula molecular em termos da fórmula empírica da seguinte forma:

$$(\text{Fórmula empírica})_n = \text{fórmula molecular}$$

em que n é um número inteiro. Se $n = 1$, a fórmula molecular é a mesma que a fórmula empírica. Por exemplo, para o dióxido de carbono, a fórmula empírica (CO_2) e a fórmula molecular (CO_2) são as mesmas, portanto, $n = 1$. Por outro lado, para o decóxido de tetrafósforo, a fórmula empírica é P_2O_5 e a fórmula molecular é $P_4O_{10} = (P_2O_5)_2$. Nesse caso, $n = 2$.

CAPÍTULO 8 REVISÃO

F direciona para *Química em foco* no capítulo

Palavras-chave

unidade de massa atômica (u) (8-2)
massa atômica média (8-2)
mol (8-3)
número de Avogadro (8-3)
solução conceitual de problemas (8-4)
massa molar (8-5)
percentual de massa (8-6)
fórmula empírica (8-7)
fórmula molecular (8-7)

Para revisão

▶ Objetos não precisam ter massas idênticas para ser contados por pesagem. Tudo o que precisamos saber é sua massa média.

▶ Para contar os átomos em uma amostra de um determinado elemento por pesagem, devemos conhecer a massa da amostra e a massa média desse elemento.

▶ As amostras nas quais a razão das massas é a mesma que a razão das massas dos átomos individuais sempre contêm o mesmo número de átomos.

▶ Um mol de alguma coisa contém $6,022 \times 10^{23}$ unidades dessa substância.

▶ Uma amostra de um elemento com uma massa igual à sua massa atômica média (expressa em gramas) contém 1 mol de átomos.

▶ A massa molar de qualquer composto é a massa em gramas de 1 mol do composto.

▶ A massa molar de um composto é a soma das massas dos átomos do componente.

▶ Quantidade de matéria de um composto $= \dfrac{\text{massa da amostra (g)}}{\text{massa molar do composto (g/mol)}}$

▶ Massa de uma amostra (g) = (quantidade de matéria da mostra) × (massa molar do composto)

▶ A composição percentual consiste no percentual da massa de cada elemento em um composto:

Percentual de massa = $\dfrac{\text{massa de um determinado elemento em 1 mol de um composto}}{\text{massa de 1 mol do composto}} \times 100\%$

- A fórmula empírica de um composto é a proporção do número inteiro mais simples dos átomos presentes no composto.
- A fórmula empírica pode ser encontrada na composição percentual do composto.
- A fórmula molecular é a fórmula exata das moléculas presentes em uma substância.
- A fórmula molecular sempre é um múltiplo de um número inteiro da fórmula empírica.
- O diagrama a seguir mostra essas formas diferentes de expressar as mesmas informações.

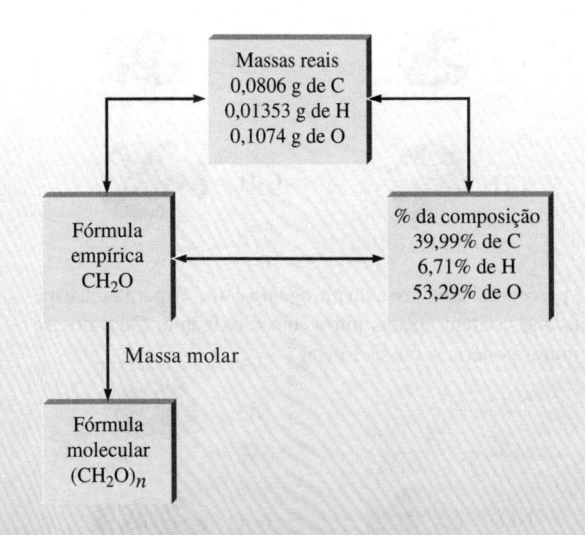

Massas reais
0,0806 g de C
0,01353 g de H
0,1074 g de O

Fórmula empírica CH_2O

% da composição
39,99% de C
6,71% de H
53,29% de O

Massa molar

Fórmula molecular $(CH_2O)_n$

Questões de aprendizado ativo

Estas questões foram desenvolvidas para ser consideradas por grupos de alunos em sala de aula. Normalmente, elas funcionam bem para introduzir um tópico específico em sala.

1. Na química, o que significa o termo *mol*? Qual é a importância do conceito de mol?
2. Qual é a diferença entre as fórmulas empíricas e moleculares de um composto? Elas podem ser as mesmas? Explique.
3. Uma substância A_2B tem 60% em massa de A. Calcule o percentual de B (em massa) em AB_2.
4. Escreva a fórmula do fosfato de cálcio e, em seguida, responda às seguintes perguntas:
   a. Calcule a composição percentual de cada um dos elementos desse composto.
   b. Se você soubesse que há 50,0 g de fósforo em sua amostra, quantos gramas de fosfato de cálcio haveria? Qual quantidade de matéria de fosfato de cálcio isso representaria? Quantas unidades da fórmula do fosfato de cálcio?
5. Como você encontraria o número de "moléculas de giz" necessárias para escrever seu nome na lousa? Explique o que você precisaria fazer e realize um cálculo de amostra.
6. Uma amostra de 0,821 mol de uma substância composta por moléculas diatômicas possui uma massa de 131,3 g. Identifique essa molécula.
7. Quantas moléculas de água há em uma amostra de 10,0 g de água? Quantos átomos de hidrogênio estão presentes nessa amostra?
8. Qual é a massa (em gramas) de uma molécula de amônia?
9. Considere amostras separadas de 100,0 g de cada um dos seguintes: NH_3, N_2O, N_2H_4, HCN, HNO_3. Disponha essas amostras da maior para a menor de nitrogênio e comprove/explique sua ordem.
10. Uma molécula possui uma massa de $4{,}65 \times 10^{-23}$ g. Forneça duas fórmulas químicas possíveis para ela.
11. Diferencie os termos *massa atômica* e *massa molar*.
12. Considere a Fig. 4.19 deste livro. Por que as fórmulas dos compostos iônicos sempre são fórmulas empíricas?
13. Por que precisamos contar os átomos pesando-os?
14. A afirmação a seguir é feita no seu livro: um mol de bolinhas de gude é suficiente para cobrir a Terra inteira a uma profundidade de 50 milhas! Forneça um apoio matemático para essa afirmação. Ela é razoavelmente precisa?
15. Estime o espaço de tempo que levaria para contar o número de Avogadro. Forneça apoio matemático.
16. Suponha que o número de Avogadro seja 1000 em vez de $6{,}022 \times 10^{23}$. Como isso afetaria as massas relativas na tabela periódica? Como isso afetaria as massas absolutas dos elementos?
17. Estime o número de átomos em seu corpo e forneça apoio matemático. Como isso é uma estimativa, não precisa ser exata, embora você deva escolher seu número com sabedoria.
18. Considere amostras separadas de massas iguais de magnésio, zinco e prata. Classifique-as do maior para o menor número de átomos e fundamente sua resposta.
19. Você tem uma amostra de 20,0 g de prata metálica. Você recebeu 10,0 g de outro metal e ficou sabendo que essa amostra contém duas vezes o número de átomos que a amostra de prata. Identifique esse metal.
20. Como você encontraria o número de "moléculas de tinta" necessárias para escrever seu nome em uma folha de papel com sua caneta? Explique o que você precisaria fazer e realize um cálculo de amostra.
21. Verdadeiro ou falso? O átomo com o maior índice em uma fórmula é o átomo com o maior percentual em massa no composto. Se for verdadeiro, explique por que com um exemplo. Se for falso, explique por que e dê um contraexemplo. Em qualquer um dos casos, forneça um apoio matemático.
22. Quais dos compostos a seguir possuem as mesmas fórmulas empíricas?

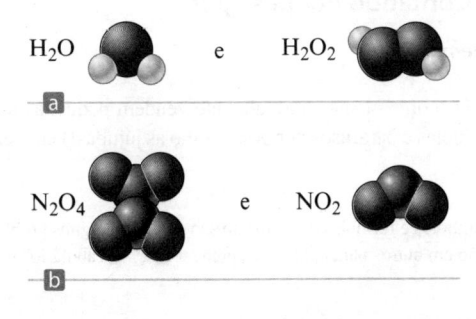

H_2O e H_2O_2

a

N_2O_4 e NO_2

b

234 Introdução à química: fundamentos

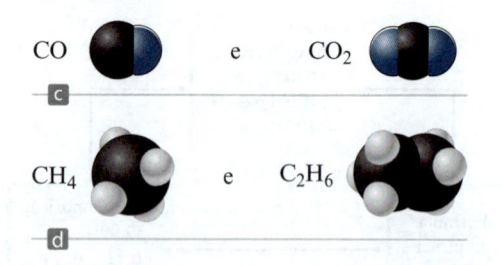

CO e CO_2
c

CH_4 e C_2H_6
d

23. O percentual em massa do nitrogênio é 46,7% para uma espécie que contém apenas nitrogênio e oxigênio. Qual dos seguintes poderia ser essa espécie?

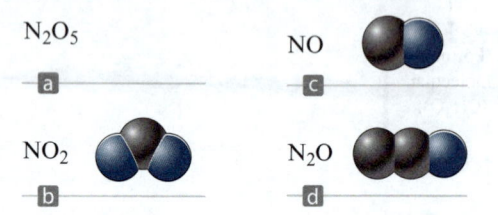

N_2O_5 — a
NO — c
NO_2 — b
N_2O — d

24. Calcule a massa molar das substâncias a seguir:

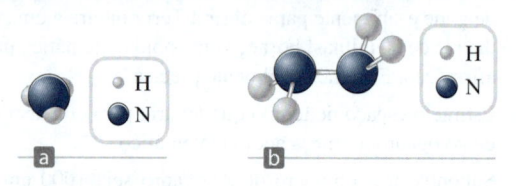

a (H, N)
b (H, N)

25. Dê a fórmula empírica de cada um dos compostos representados abaixo:

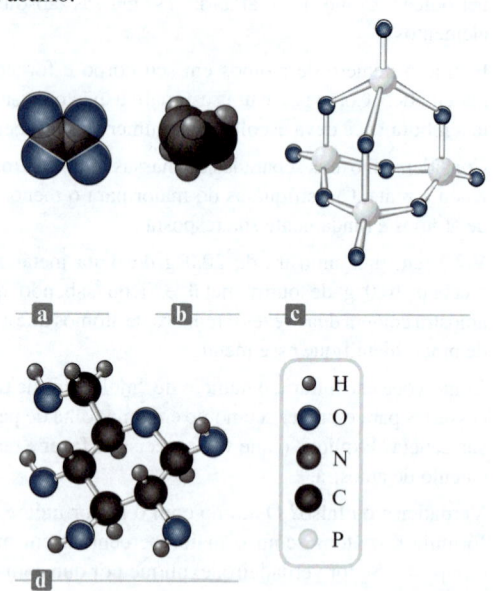

a, b, c
d (H, O, N, C, P)

Perguntas e problemas*

8-1 Contando por pesagem

Problemas

1. Os comerciantes normalmente vendem pequenas porcas, arruelas e parafusos por peso (como as jujubas!) em vez de contar os itens individualmente. Suponha que um determinado tipo de arruela pese em média 0,110 g. Quanto pesariam 100 dessas arruelas? Quantas arruelas haveria em 100 g?

F 2. A seção "Química em foco – *Plástico que fala e ouve!*" discute o fluoreto de polivinilideno (PVDF). Qual é a fórmula empírica do PVDF? Observação: uma fórmula empírica é a proporção do número inteiro mais simples em um composto. Isso é discutido mais aprofundadamente nas Seções 8-7 e 8-8 de seu livro.

8-2 Massas atômicas: contando átomos por pesagem

Perguntas

3. Defina u. Quanto um u equivale em gramas?
4. O que queremos dizer pela massa atômica *média* de um elemento? Qual é a "média" tirada para chegar neste número?

Problemas

5. Utilizando as massas atômicas médias de cada um dos elementos a seguir (consulte a tabela no final deste livro), calcule a massa (em u) de cada uma das amostras a seguir:
   a. 125 átomos de carbono
   b. 5 milhões de átomos de potássio
   c. $1,04 \times 10^{22}$ átomos de lítio
   d. 1 átomo de magnésio
   e. $3,011 \times 10^{23}$ átomos de iodo

6. Utilizando as massas atômicas médias de cada um dos elementos a seguir (consulte a tabela no final deste livro), calcule o número de átomos presentes em cada uma das amostras a seguir:
   a. 40,08 u de cálcio
   b. 919,5 u de tungstênio
   c. 549,4 u de manganês
   d. 6345 u de iodo
   e. 2072 u de chumbo

7. Qual é a massa atômica média (em u) dos átomos de ferro? Qual a massa de 299 desses átomos? Quantos átomos de ferro estão presentes em uma amostra que possui uma massa de 5529,2 u?

8. A massa atômica do bromo é 79,90 u. Qual seria a massa de 54 átomos de bromo? Quantos átomos de bromo estão contidos em uma amostra com uma massa de 5672,9 u?

8-3 O mol

Perguntas

9. Há _____ átomos de ferro presentes em 55,85 g de ferro.
10. Há $6,022 \times 10^{23}$ átomos de estanho presentes em _____ g de estanho.

Problemas

11. Suponha que você tenha uma amostra de sódio com massa de 11,50 g. Quantos átomos de sódio estão presentes na

*Os símbolos e fórmulas do elemento são dados em alguns problemas, mas não em outros para ajudá-lo a aprender esse "vocabulário" necessário.

amostra? Qual massa de potássio você precisaria para ter o mesmo número de átomos de potássio que de sódio em uma amostra de sódio?

12. Considere uma amostra de prata com massa de 300,0 g. Quantos átomos de prata estão presentes na amostra? Qual massa de cobre você precisaria para a amostra de cobre conter o mesmo número de átomos que a amostra de prata?

13. Qual massa de hidrogênio contém o mesmo número de átomos que 7,00 g de nitrogênio?

14. Qual massa de cobalto contém o mesmo número de átomos que 57,0 g de flúor?

15. Se um átomo médio de sódio possui uma massa de $3,82 \times 10^{-23}$ g, qual é a massa de um átomo de magnésio em gramas?

16. Se um átomo de flúor possui uma massa média de $3,16 \times 10^{-23}$ g, qual é a massa média de um átomo de cloro em gramas?

17. Qual possui a menor massa, 1 mol de átomos de He ou 4 mol de átomos de H?

18. O que pesa menos, 0,25 de átomos de xenônio ou 2,0 mol de átomos de carbono?

19. Use as massas atômicas médias dadas na contracapa deste livro para calcular a quantidade de *matéria* do elemento presente em cada uma das amostras a seguir:
    a. 4,95 g de neônio
    b. 72,5 g de níquel
    c. 115 mg de prata
    d. 6,22 μg de urânio (μ é uma abreviação padrão que significa "micro")
    e. 135 g de iodo

20. Use as massas atômicas médias dadas na contracapa deste livro para calcular a quantidade de *matéria* do elemento presente em cada uma das amostras a seguir:
    a. 49,2 g de enxofre
    b. $7,44 \times 10^4$ kg de chumbo
    c. 3,27 mg de cloro
    d. 4,01 g de lítio
    e. 100,0 g de cobre
    f. 82,6 mg de estrôncio

21. Use as massas atômicas médias dadas na contracapa deste livro para calcular a massa em gramas de cada uma das amostras a seguir:
    a. 0,251 mol de lítio
    b. 1,51 mol de alumínio
    c. $8,75 \times 10^{-2}$ mol de chumbo
    d. 125 mol de cromo
    e. $4,25 \times 10^3$ mol de ferro
    f. 0,000105 mol de magnésio

22. Use as massas atômicas médias dadas no final deste livro para calcular a massa em gramas de cada uma das amostras a seguir:
    a. 0,00552 mol de cálcio
    b. 6,25 mmol de boro (1 mmol = 1/1000 mol)
    c. 135 mol de alumínio
    d. $1,34 \times 10^{-7}$ mol de bário
    e. 2,79 mol de fósforo
    f. 0,0000997 mol de arsênio

23. Use as massas atômicas médias dadas na contracapa deste livro para calcular o número de *átomos* presente em cada uma das amostras a seguir:
    a. 1,50 g de prata, Ag
    b. 0,0015 mol de cobre, Cu
    c. 0,0015 g de cobre, Cu
    d. 2,00 kg de magnésio, Mg
    e. 2,34 oz de cálcio, Ca
    f. 2,34 g de cálcio, Ca
    g. 2,34 mols de cálcio

24. Use as massas atômicas médias dadas na contracapa deste livro para calcular as quantidades indicadas:
    a. A massa em gramas de 125 átomos de ferro.
    b. A massa em u de 125 átomos de ferro.
    c. A quantidade de matéria de átomos de ferro em 125 g de ferro.
    d. A massa em gramas de 125 mol de ferro.
    e. O número de átomos de ferro em 125 g de ferro.
    f. O número de átomos de ferro em 125 mol de ferro.

8-5 Massa molar

Perguntas

25. A _____ de uma substância é a massa (em gramas) de 1 mol da substância.

26. Descreva em suas próprias palavras como a massa molar do composto abaixo pode ser calculada.

1 molécula de CH_4

Problemas

27. Dê o nome e calcule a massa molar para cada uma das substâncias a seguir:
    a. H_3PO_4 d. $PbCl_2$
    b. Fe_2O_3 e. HBr
    c. $NaClO_4$ f. $Al(OH)_3$

28. Dê o nome e calcule a massa molar para cada uma das substâncias a seguir:
    a. $KHCO_3$ d. $BeCl_2$
    b. Hg_2Cl_2 e. $Al_2(SO_4)_3$
    c. H_2O_2 f. $KClO_3$

29. Escreva a fórmula e calcule a massa molar para cada uma das substâncias a seguir:
    a. cloreto de bário
    b. nitrato de alumínio
    c. cloreto de ferro(II)
    d. dióxido de enxofre
    e. acetato de cálcio

30. Escreva a fórmula e calcule a massa molar para cada uma das substâncias a seguir:
    a. perclorato de bário
    b. sulfato de magnésio
    c. cloreto de chumbo(II)
    d. nitrato de cobre(II)
    e. cloreto de estanho(IV)

31. Calcule a quantidade de matéria da substância indicada presente em cada uma das amostras a seguir:
    a. 21,4 mg de dióxido de nitrogênio
    b. 1,56 g de nitrato de cobre(II)
    c. 2,47 g de dissulfeto de carbono
    d. 5,04 g de sulfato de alumínio
    e. 2,99 g de cloreto de chumbo(II)
    f. 62,4 g de carbonato de cálcio

32. Calcule a quantidade de *matéria* da substância indicada presente em cada uma das amostras a seguir:
    a. 47,2 g de óxido de alumínio
    b. 1,34 kg de brometo de potássio
    c. 521 mg de germânio
    d. 56,2 μg de urânio
    e. 29,7 g de acetato de sódio
    f. 1,03 g de trióxido de enxofre

33. Calcule a quantidade de *matéria* da substância indicada presente em cada uma das amostras a seguir:
    a. 41,5 g de $MgCl_2$
    b. 135 mg de Li_2O
    c. 1,21 kg de Cr
    d. 62,5 g de H_2SO_4
    e. 42,7 g de C_6H_6
    f. 135 g de H_2O_2

34. Calcule a quantidade de *matéria* da substância indicada presente em cada uma das amostras a seguir:
    a. $1,95 \times 10^{-3}$ de carbonato de lítio
    b. 4,23 kg de cloreto de cálcio
    c. 1,23 mg de cloreto de estrôncio
    d. 4,75 g de sulfato de cálcio
    e. 96,2 mg de óxido de nitrogênio(IV)
    f. 12,7 g de cloreto de mercúrio(I)

35. Calcule a massa em gramas de cada uma das amostras a seguir:
    a. 1,25 mol de cloreto de alumínio
    b. 3,35 mol de hidrogenocarbonato de sódio
    c. 4,25 milimol de brometo de hidrogênio (1 milimol = 1/1000 mol)
    d. $1,31 \times 10^{-3}$ mol de urânio
    e. 0,00104 mol de dióxido de carbono
    f. $1,49 \times 10^2$ mol de ferro

36. Calcule a massa em gramas de cada uma das amostras a seguir:
    a. $6,14 \times 10^{-4}$ mol de trióxido de enxofre
    b. $3,11 \times 10^5$ mol de óxido de chumbo(IV)
    c. 0,495 mol de clorofórmio, $CHCl_3$
    d. $2,45 \times 10^{-8}$ mol de tricloroetano, $C_2H_3Cl_3$
    e. 0,167 mol de hidróxido de lítio
    f. 5,26 mol de cloreto de cobre(I)

37. Calcule a massa em gramas de cada uma das amostras a seguir:
    a. 0,251 mol de álcool etílico, C_2H_6O
    b. 1,26 mol de dióxido de carbono
    c. $9,31 \times 10^{-4}$ mol de cloreto de ouro(III)
    d. 7,74 mol de nitrato de sódio
    e. 0,000357 mol de ferro

38. Calcule a massa em gramas de cada uma das amostras a seguir:
    a. 0,994 mol de benzeno, C_6H_6
    b. 4,21 mol de hidreto de cálcio
    c. $1,79 \times 10^{-4}$ mol de peróxido de hidrogênio, H_2O_2
    d. 1,22 mmol de glicose, $C_6H_{12}O_6$ (1 mmol = 1/1000 mol)
    e. 10,6 mol de estanho
    f. 0,000301 mol de fluoreto de estrôncio

39. Calcule o número de *moléculas* presente em cada uma das amostras a seguir:
    a. 4,75 mmol de fosfina, PH_3
    b. 4,75 g de fosfina, PH_3
    c. $1,25 \times 10^{-2}$ g de acetato de chumbo(II), $Pb(CH_3CO_2)_2$
    d. $1,25 \times 10^{-2}$ mol de acetato de chumbo(II), $Pb(CH_3CO_2)_2$
    e. Uma amostra de benzeno, C_6H_6, que contém um total de 5,40 mol de carbono.

40. Calcule o número de *moléculas* presente em cada uma das amostras a seguir:
    a. 3,54 mol de dióxido de enxofre, SO_2
    b. 3,54 g de dióxido de enxofre, SO_2
    c. $4,46 \times 10^{-5}$ g de amônia, NH_3
    d. $4,46 \times 10^{-5}$ mol de amônia, NH_3
    e. 1,96 mg de etano, C_2H_6

41. Calcule a quantidade de matéria dos átomos de carbono presente em cada uma das amostras a seguir:
    a. 1,271 g de etanol, C_2H_5OH
    b. 3,982 g de 1,4-diclorobenzeno, $C_6H_4Cl_2$
    c. 0,4438 g de subóxido de carbono, C_3O_2
    d. 2,910 g de cloreto de metileno, CH_2Cl_2

42. Calcule a quantidade de matéria dos átomos de enxofre presente em cada uma das amostras a seguir:
    a. 2,01 g de sulfato de sódio
    b. 2,01 g de sulfito de sódio
    c. 2,01 g de sulfeto de sódio
    d. 2,01 g de tiossulfato de sódio, $Na_2S_2O_3$

8-6 Composição percentual dos compostos

Perguntas

43. A fração da massa de um elemento presente em um composto pode ser obtida ao comparar a massa do determinado elemento presente em 1 mol do composto à/ao _____ massa do composto.

44. Se a quantidade de uma amostra H for duplicada, o que acontece com a composição percentual de cada elemento no composto?

Problemas

45. Calcule o percentual em massa de cada elemento nos compostos a seguir:
    a. $HClO_3$
    b. UF_4
    c. CaH_2
    d. Ag_2S
    e. $NaHSO_3$
    f. MnO_2

46. Calcule o percentual em massa de cada elemento nos compostos a seguir:
    a. ZnO
    b. Na$_2$S
    c. Mg(OH)$_2$
    d. H$_2$O$_2$
    e. CaH$_2$
    f. K$_2$O

47. Calcule o percentual em massa do primeiro elemento listado nas fórmulas para cada um dos compostos a seguir:
    a. metano, CH$_4$
    b. nitrato de sódio, NaNO$_3$
    c. monóxido de carbono, CO
    d. dióxido de nitrogênio, NO$_2$
    e. 1-octanol, C$_8$H$_{18}$O
    f. fosfato de cálcio, Ca$_3$(PO$_4$)$_2$
    g. 3-fenilfenol, C$_{12}$H$_{10}$O
    h. acetato de alumínio, Al(C$_2$H$_3$O$_2$)$_3$

48. Calcule o percentual em massa do *primeiro* elemento listado nas fórmulas para cada um dos compostos a seguir:
    a. brometo de cobre(II), CuBr$_2$
    b. brometo de cobre(I), CuBr
    c. cloreto de ferro(II), FeCl$_2$
    d. cloreto de ferro(III), FeCl$_3$
    e. iodeto de cobalto(II), CoI$_2$
    f. iodeto de cobalto(III), CoI$_3$
    g. óxido de estanho(II), SnO
    h. óxido de estanho(IV), SnO$_2$

49. Calcule o percentual em massa do primeiro elemento listado nas fórmulas para cada um dos compostos a seguir:
    a. ácido adípico, C$_6$H$_{10}$O$_4$
    b. nitrato de amônio, NH$_4$NO$_3$
    c. cafeína, C$_8$H$_{10}$N$_4$O$_2$
    d. dióxido de cloro, ClO$_2$
    e. cicloexanol, C$_6$H$_{11}$OH
    f. dextrose, C$_6$H$_{12}$O$_6$
    g. eicosano, C$_{20}$H$_{42}$
    h. etanol, C$_2$H$_5$OH

50. Qual é o percentual de massa de oxigênio em cada um dos compostos a seguir?
    a. monóxido de carbono
    b. óxido de manganês(IV)
    c. clorato de potássio
    d. óxido de ferro(II)
    e. hidreto de cálcio

51. Para cada uma das amostras de substâncias iônicas a seguir, calcule a quantidade de matéria e a massa dos íons positivos presente em cada amostra:
    a. 4,25 g de iodeto de amônio, NH$_4$I
    b. 6,31 mol de sulfeto de amônio, (NH$_4$)$_2$S
    c. 9,71 g de fosfeto de bário, Ba$_3$P$_2$
    d. 7,63 mol de fosfato de cálcio, Ca$_3$(PO$_4$)$_2$

52. Para cada uma das substâncias iônicas a seguir, calcule a porcentagem da massa molar geral do composto que é representada pelos íons *negativos* na substância:
    a. sulfeto de amônio
    b. cloreto de cálcio
    c. óxido de bário
    d. sulfato de ferro(II)

8-7 Fórmulas de compostos

Perguntas

53. Qual evidência experimental sobre um novo composto deve ser conhecida antes de sua fórmula poder ser determinada?

54. Explique para um amigo que ainda não fez uma disciplina de química o que significa a *fórmula empírica* de um composto.

55. Dê a fórmula empírica correspondente a cada uma das fórmulas moleculares a seguir:
    a. peróxido de sódio, Na$_2$O$_2$
    b. ácido tereftálico, C$_8$H$_6$O$_4$
    c. fenobarbital, C$_{12}$H$_{12}$N$_2$O$_3$
    d. 1,4-dicloro-2-buteno, C$_4$H$_6$Cl$_2$

56. Qual dos pares a seguir possui a mesma fórmula *empírica*?
    a. acetileno, C$_2$H$_2$, e benzeno, C$_6$H$_6$
    b. etano, C$_2$H$_6$, e butano, C$_4$H$_{10}$
    c. dióxido de nitrogênio, NO$_2$, e tetróxido de dinitrogênio, N$_2$O$_4$
    d. éter difenílico, C$_{12}$H$_{10}$O, e fenol, C$_6$H$_5$OH

8-8 Cálculo de fórmulas empíricas

Problemas

57. Um composto foi analisado e possui as seguintes porcentagens dos elementos em massa: bário, 89,56%; oxigênio, 10,44%. Determine sua fórmula empírica.

58. Um composto foi analisado e possui as seguintes porcentagens dos elementos em massa: nitrogênio, 11,64%; cloro, 88,36%. Determine sua fórmula empírica.

59. Uma amostra de 0,5998 g de um novo composto foi analisada e possui as seguintes massas dos elementos: carbono, 0,2322 g; hidrogênio, 0,05848 g; oxigênio, 0,3091 g. Calcule a fórmula empírica do composto.

60. Um composto foi analisado e possui as seguintes porcentagens dos elementos em massa: boro, 78,14%; hidrogênio, 21,86%. Determine sua fórmula empírica.

61. Se uma amostra de 1,271 g do alumínio metálico é aquecida em uma atmosfera de gás cloro, a massa do cloreto de alumínio produzida é 6,280 g. Calcule a fórmula empírica do cloreto de alumínio.

62. Um composto foi analisado e possui as seguintes porcentagens dos elementos em massa: estanho, 45,56%; cloro, 54,43%. Determine sua fórmula empírica.

63. Quando 3,269 g de zinco são aquecidos em oxigênio, a amostra ganha 0,800 g de oxigênio na formação do óxido. Calcule a fórmula empírica do óxido de zinco.

64. Se o cobalto metálico é misturado com enxofre em excesso e for altamente aquecido, um sulfeto contendo 55,06% de cobalto em massa é produzido. Calcule a fórmula empírica do sulfeto.

65. Se 1,25 g de alumínio metálico é aquecido em uma atmosfera de gás flúor, 3,89 g de fluoreto de alumínio são produzidos. Determine a fórmula empírica do fluoreto de alumínio.

66. Se 2,50 g de alumínio metálico são aquecidos em uma corrente de gás flúor, descobre-se que 5,28 g do flúor irão combinar com o alumínio. Determine a fórmula empírica do composto resultante.

67. Um composto utilizado na indústria nuclear possui a seguinte composição: urânio, 67,61%; flúor, 32,39%. Determine sua fórmula empírica.

68. Um composto foi analisado e possui as seguintes porcentagens em massa dos elementos: lítio, 46,46%; oxigênio, 53,54%. Determine sua fórmula empírica.

69. Um composto possui a seguinte composição percentual em massa: cobre, 33,88%; nitrogênio, 14,94%; oxigênio, 51,18%. Determine sua fórmula empírica.

70. Quando o lítio metálico é altamente aquecido em uma atmosfera de nitrogênio puro, o produto contém 59,78% de Li e 40,22% de N de porcentagem em massa. Determine a fórmula empírica do composto resultante.

71. Um composto foi analisado e possui a seguinte composição: cobre, 66,75%; fósforo, 10,84%; oxigênio, 22,41%. Determine sua fórmula empírica.

72. Um composto que contém apenas carbono, hidrogênio e oxigênio tem 48,64% de C e 8,16% de H em massa. Qual é a fórmula empírica dessa substância?

73. Quando 1,00 mg de lítio metálico reage com o gás flúor (F_2), o sal fluoreto resultante tem uma massa de 3,73 mg. Calcule a fórmula empírica do fluoreto de lítio.

74. O fósforo e o cloro formam dois compostos binários cujas porcentagens de fósforo são 22,55% e 14,87%, respectivamente. Calcule as fórmulas empíricas dos dois compostos binários fósforo-cloro.

8-9 Cálculo de fórmulas moleculares

Perguntas

75. Como a fórmula *molecular* de um composto difere da fórmula empírica? Um composto *empírico* e as fórmulas moleculares podem ser os mesmos? Explique.

76. Quais são as fórmulas molecular e empírica da seguinte molécula? Explique seu raciocínio.

Problemas

77. Um composto binário de boro e hidrogênio possui a seguinte composição percentual: 78,14% de boro, 21,86% de hidrogênio. Se a massa molar do composto é determinada pelo experimento como sendo entre 27 g e 28 g, quais são as fórmulas empírica e molecular do composto?

78. Um composto com a fórmula empírica CH tem uma massa molar de aproximadamente 78 g. Qual é sua fórmula molecular?

79. Um composto com a fórmula empírica CH_2 tem uma massa molar de aproximadamente 84 g. Qual é sua fórmula molecular?

80. Um composto com a fórmula empírica C_2H_5O tem uma massa molar de aproximadamente 90 g. Qual é sua fórmula molecular?

81. Um composto com uma massa molar aproximada de 165 g–170 g possui a seguinte composição percentual em massa: carbono, 42,87%; hidrogênio, 3,598%; oxigênio, 28,55%; nitrogênio, 25,00%. Determine as fórmulas empírica e molecular do composto.

82. Um composto consiste de carbono e hidrogênio e sua massa molar é de 44,1 g mol^{-1}. O percentual em massa de carbono é 81,71%. Determine as fórmulas empírica e molecular do composto.

Problemas adicionais

83. Use a tabela periódica mostrada na Fig. 4.9 para determinar a massa atômica (por mol) ou molar de cada uma das substâncias na coluna 1 e a relacione com a coluna 2.

Coluna 1	Coluna 2
(1) molibdênio	(a) 33,99 g
(2) lantânio	(b) 79,9 g
(3) tetrabrometo de carbono	(c) 95,94 g
(4) óxido de mercúrio(II)	(d) 125,84 g
(5) óxido de titânio(IV)	(e) 138,9 g
(6) cloreto de manganês(II)	(f) 143,1 g
(7) fosfina, PH_3	(g) 156,7 g
(8) fluoreto de estanho(II)	(h) 216,6 g
(9) sulfeto de chumbo(II)	(i) 239,3 g
(10) óxido de cobre(I)	(j) 331,6 g

84. Complete a tabela:

Massa da amostra	Quantidade de matéria da amostra	Átomos na amostra
5,00 g de Al	————	————
————	0,00250 mol de Fe	————
————	————	$2,6 \times 10^{24}$ de átomos de Cu
0,00250 g de Mg	————	————
————	$2,7 \times 10^{-3}$ mol de Na	————
————	————	$1,00 \times 10^4$ de átomos de U

85. Complete a tabela:

Massa da mostra	Quantidade de matéria da amostra	Moléculas na amostra	Átomos na amostra
4,24 g de C_6H_6			
	0,224 mol de H_2O		
		$2,71 \times 10^{22}$ moléculas de CO_2	
	1,26 mol de HCl		
		$4,21 \times 10^{24}$ moléculas de H_2O	
0,297 g de CH_3OH			

86. Considere um composto hipotético formado pelos elementos X, Y e Z com a fórmula empírica X_2YZ_3. Sabendo-se que as massas atômicas de X, Y e Z são 41,2, 57,7 e 63,9, respectivamente, calcule a composição percentual em massa do composto. Se a fórmula molecular do composto for descoberta pela determinação da massa molar como sendo na verdade $X_4Y_2Z_6$, qual é a porcentagem de cada elemento presente? Explique seus resultados.

87. Um composto binário de magnésio e nitrogênio é analisado, e 1,2791 g deste contém 0,9240 g de magnésio. Quando uma segunda amostra desse composto é tratada com água e aquecida, o nitrogênio é expelido como amônia, deixando um composto que contém 60,31% de magnésio e 39,69% de oxigênio em massa. Calcule as fórmulas empíricas dos dois compostos de magnésio.

88. Quando uma amostra de 2,118 g de cobre é aquecida em uma atmosfera na qual a quantidade de oxigênio presente é restrita, a amostra ganha 0,2666 g de oxigênio na formação de um óxido marrom-avermelhado. No entanto, quando 2,118 g de cobre é aquecido em uma corrente de oxigênio puro, a amostra ganha 0,5332 g de oxigênio. Calcule as fórmulas empíricas dos dois óxidos de cobre.

89. O gás hidrogênio reage com cada um dos elementos de halogênio para formar haletos de hidrogênio (HF, HCl, HBr, HI). Calcule o percentual em massa do hidrogênio em cada um desses compostos.

90. Calcule o número de átomos de cada elemento presente em cada uma das amostras a seguir:
    a. 4,21 g de água
    b. 6,81 g de dióxido de carbono
    c. 0,000221 g de benzeno, C_6H_6
    d. 2,26 mol de $C_{12}H_{22}O_{11}$

91. Calcule a massa em gramas de cada uma das amostras a seguir:
    a. 10.000.000.000 moléculas de nitrogênio
    b. $2,19 \times 10^{20}$ moléculas de dióxido de carbono
    c. 7,0983 mol de cloreto de sódio
    d. $9,012 \times 10^{-6}$ mol de 1,2-dicloroetano, $C_2H_4Cl_2$

92. Calcule a massa do carbono em gramas, o percentual do carbono em massa e o número de átomos individuais de carbono presentes em cada uma das amostras a seguir:
    a. 7,819 g de subóxido de carbono, C_3O_2
    b. $1,53 \times 10^{21}$ moléculas de monóxido de carbono
    c. 0,200 mol de fenol, C_6H_6O

93. Encontre o item da coluna 2 que melhor explica ou completa a afirmação ou questão da coluna 1:

    Coluna 1
    (1) 1 u
    (2) 1008 u
    (3) massa do átomo "médio" de um elemento
    (4) número de átomos de carbono em 12,01 g de carbono
    (5) $6,022 \times 10^{23}$ moléculas
    (6) massa total de todos os átomos em 1 mol de um composto
    (7) menor proporção de número inteiro de átomos presentes em uma molécula
    (8) fórmula mostrando o número real de átomos presentes em uma molécula
    (9) produto formado quando qualquer composto que contém carbono é queimado em O_2
    (10) as fórmulas empíricas são as mesmas, mas as moleculares são diferentes

    Coluna 2
    (a) $6,022 \times 10^{23}$
    (b) massa atômica
    (c) massa de 1000 átomos de hidrogênio
    (d) benzeno, C_6H_6, e acetileno, C_2H_2
    (e) dióxido de carbono
    (f) fórmula empírica
    (g) $1,66 \times 10^{-24}$ g
    (h) fórmula molecular
    (i) massa molar
    (j) 1 mol

94. Se você tem $6,022 \times 10^{23}$ moléculas de água, qual dos seguintes é verdadeiro?
    a. 1 mol de água está presente na amostra.
    b. 18,016 g de água estão presentes na amostra.
    c. $1,807 \times 10^{24}$ átomos estão presentes na amostra.
    d. 2,016 g de hidrogênio estão presentes na amostra.
    e. 2 mols de hidrogênio estão presentes na amostra

95. Calcule a massa em gramas de cobalto que contém o mesmo número de átomos que 2,24 g de ferro.

96. Qual das amostras a seguir contém o maior número de átomos?
    a. 10,0 g de Na   d. 10,0 g de Cu
    b. 10,0 g de Fe   e. 10,0 g de Ba
    c. 10,0 g de Ag

97. Calcule a massa em gramas de lítio que contém o mesmo número de átomos que 1,00 kg de zircônio.

98. Sabendo-se que a massa molar do tetracloreto de carbono, CCl_4, é 153,8 g, calcule a massa em gramas de 1 molécula de CCl_4.

99. Calcule a massa em gramas do hidrogênio presente em 2,500 g de cada um dos compostos a seguir:
    a. benzeno, C_6H_6
    b. hidreto de cálcio, CaH_2
    c. álcool etílico, C_2H_5OH
    d. serina, $C_3H_7O_3$

100. Se você tiver amostras com quantidades de matéria iguais de NO_2 e F_2, o que é *verdadeiro*?
    a. O número de moléculas em cada amostra é o mesmo.

b. O número de átomos em cada amostra é o mesmo.
c. As massas das amostras são as mesmas.
d. $6{,}022 \times 10^{23}$ moléculas estão presentes em cada amostra.

101. Um composto de cobre de beleza impressionante com o nome comum de "vitríolo-azul" possui a seguinte composição elementar: 25,45% de Cu, 12,84% de S, 4,036% de H, 57,67% de O. Determine sua fórmula empírica.

102. A amostra de um composto em massa contém 60,87% de C, 4,38% de H e o restante de oxigênio. Qual é sua fórmula empírica?

103. A massa $1{,}66 \times 10^{-24}$ g é equivalente a 1 _____.

104. Embora as massas isotópicas exatas da maioria dos elementos sejam conhecidas com uma grande precisão, utilizamos a massa *média* de átomos de um elemento na maior parte dos cálculos químicos. Explique.

105. Usando as massas atômicas médias dadas na Tabela 8.1, calcule o número de átomos presente em cada uma das amostras a seguir:
    a. 160,000 u de oxigênio
    b. 8139,81 u de nitrogênio
    c. 13,490 u de alumínio
    d. 5040 u de hidrogênio
    e. 367.495,15 u de sódio

106. Se um átomo de sódio médio tem massa de 22,99 u, quantos átomos estão contidos em $1{,}98 \times 10^{13}$ u de sódio? Qual será a massa de $3{,}01 \times 10^{23}$ átomos de sódio?

107. Usando as massas atômicas médias dadas na contracapa deste livro, calcule a *quantidade de matéria* de cada elemento que as *massas* a seguir representam:
    a. 1,5 mg de cromo
    b. $2{,}0 \times 10^{-3}$ de estrôncio
    c. $4{,}84 \times 10^4$ de boro
    d. $3{,}6 \times 10^{-6}$ μg de califórnio
    e. 1,0 t (2000 lb) de ferro
    f. 20,4 g de bário
    g. 62,8 g de cobalto

108. Usando as massas atômicas médias dadas na contracapa deste livro, calcule a *massa em gramas* de cada uma das amostras a seguir:
    a. 5,0 mol de potássio
    b. 0,000305 mol de mercúrio
    c. $2{,}31 \times 10^{-5}$ mol de manganês
    d. 10,5 mol de fósforo
    e. $4{,}9 \times 10^4$ mol de ferro
    f. 125 mol de lítio
    g. 0,01205 mol de flúor

109. Usando as massas atômicas médias dadas na contracapa deste livro, calcule o número de átomos presente em cada uma das amostras a seguir:
    a. 2,89 g de ouro
    b. 0,000259 mol de platina
    c. 0,000259 g de platina
    d. 2,0 lb de magnésio
    e. 1,90 mL de mercúrio líquido (densidade = 13,6 g/mL)
    f. 4,30 mol de tungstênio
    g. 4,30 g de tungstênio

110. Calcule a massa molar de cada uma das substâncias a seguir:
    a. sulfato ferroso
    b. iodeto mercúrico
    c. óxido estânico
    d. cloreto cobaltoso
    e. nitrato cúprico

111. Calcule a massa molar de cada uma das substâncias a seguir:
    a. ácido adípico, $C_6H_{10}O_4$
    b. cafeína, $C_8H_{10}N_4O_2$
    c. eicosano, $C_{20}H_{42}$
    d. cicloexanol, $C_6H_{11}OH$
    e. acetato de vinila, $C_4H_6O_2$
    f. dextrose, $C_6H_{12}O_6$

112. Calcule a *quantidade de matéria* da substância indicada presente em cada uma das amostras a seguir:
    a. 21,2 g de sulfeto de amônio
    b. 44,3 g de nitrato de cálcio
    c. 4,35 g de monóxido de dicloro
    d. 1,0 lb de cloreto férrico
    e. 1,0 kg de cloreto férrico

113. Calcule a *quantidade de matéria* da substância indicada presente em cada uma das amostras a seguir:
    a. 1,28 de sulfato de ferro(II)
    b. 5,14 mg de iodeto de mercúrio(II)
    c. 9,21 μg de óxido de estanho(IV)
    d. 1,26 lb de cloreto de cobalto(II)
    e. 4,25 g de nitrato de cobre(II)

114. Considere as amostras com *quantidades de matéria* iguais do decóxido de tetrafósforo, carbonato de cobre(II) e fosfato de sódio. Classifique-as da menor para a maior massa em gramas.

115. Calcule a massa em gramas de cada uma das amostras a seguir:
    a. 3,09 mol de carbonato de amônio
    b. $4{,}01 \times 10^{-6}$ mol de hidrogenocarbonato de sódio
    c. 88,02 mol de dióxido de carbono
    d. 1,29 mmol de nitrato de prata
    e. 0,0024 mol de cloreto de cromo(I)

116. Calcule o número de *moléculas* presente em cada uma das amostras a seguir:
    a. 3,45 g de $C_6H_{12}O_6$
    b. 3,45 mol de $C_6H_{12}O_6$
    c. 25,0 g de ICl_5
    d. 1,00 de B_2H_6
    e. 1,05 mmol de $Al(NO_3)_3$

117. Calcule a *quantidade de matéria* dos átomos de hidrogênio presente em cada uma das amostras a seguir:
    a. 2,71 g de amônia
    b. 0,824 mol de água
    c. 6,25 mg de ácido sulfúrico
    d. 451 g de carbonato de amônio

118. Quantos átomos de nitrogênio estão presentes em 5,00 g de nitreto de magnésio?

119. Calcule o percentual em massa do *primeiro* elemento mencionado nas fórmulas de cada um dos compostos a seguir:
    a. azida de sódio, NaN_3
    b. sulfato de cobre(II), $CuSO_4$
    c. cloreto de ouro(III), $AuCl_3$
    d. nitrato de prata, $AgNO_3$
    e. sulfato de rubídio, Rb_2SO_4
    f. clorato de sódio, $NaClO_3$
    g. triiodeto de nitrogênio, NI_3
    h. brometo de césio, $CsBr$

120. Qual das amostras a seguir contém o maior percentual em massa de nitrogênio? Explique.
    a. 1,00 mol de $Ca(NO_3)_2$
    b. 2,00 mol de $Ca(NO_3)_2$
    c. 3,00 mol de $Ca(NO_3)_2$
    d. Todas as amostras contêm o mesmo percentual em massa de nitrogênio.
    e. Impossível determinar sem mais informações.

121. Uma amostra de 1,2569 g de um novo composto foi analisada e possui as seguintes massas dos elementos: carbono, 0,7238 g; hidrogênio, 0,07088 g; nitrogênio, 0,1407; oxigênio, 0,3214 g. Calcule a fórmula empírica do composto.

122. Qual massa de hidróxido de sódio possui o mesmo número de átomos de oxigênio que 100,0 g de carbonato de amônio?

123. Quando 2,004 g de cálcio são aquecidos em gás nitrogênio puro, a amostra ganha 0,4670 g de nitrogênio. Calcule a fórmula empírica do nitreto de cálcio formado.

124. Você descobre um composto formado apenas pelo elemento "X" e cloro, e sabe que ele tem 13,102% em massa do elemento X. Cada molécula possui 6 vezes mais átomos de cloro que os átomos de X. Qual é o elemento X?

125. Quando 1,00 g de cromo metálico é aquecido com cloro elementar gasoso, 3,045 g de um sal de cloreto de cromo é formado. Calcule a fórmula empírica do composto.

126. Quando o bário metálico é aquecido em gás cloro, um composto binário se forma consistindo em 65,95% de Ba e 34,05% de Cl em massa. Calcule a fórmula empírica do composto.

Problemas para estudo

127. Determine a massa molar, com quatro algarismos significativos, para os compostos a seguir.

Composto	Massa Molar (g mol^{-1})
Água	_____
cloreto de ferro(II)	_____
brometo de potássio	_____
nitrato de amônio	_____
hidróxido de sódio	_____

128. A vitamina B12, cianocobalamina, é essencial para a nutrição humana. Sua fórmula molecular é $C_{63}H_{88}CoN_{14}O_{14}P$. A falta dessa vitamina na dieta pode levar à anemia. A cianocobalamina é a forma da vitamina encontrada nos suplementos vitamínicos.
    a. Qual é a massa molar da cianocobalamina com duas casas decimais?
    b. Qual a quantidade de matéria de moléculas de cianocobalamina presente em 250 mg de cianocobalamina?
    c. Qual é a massa de 0,60 mol de cianocobalamina?
    d. Quantos átomos de hidrogênio estão em 1,00 mol de cianocobalamina?
    e. Qual é a massa de $1,0 \times 10^7$ moléculas de cianocobalamina?
    f. Qual é a massa (em gramas) de uma molécula de cianocobalamina?

129. Calcule a quantidade de matéria de cada composto na tabela a seguir.

Composto	Massa	Quantidade de matéria
Fosfato de magnésio	326,4 g	_____
Nitrato de cálcio	303,0 g	_____
Cromato de potássio	141,6 g	_____
Pentóxido de dinitrogênio	406,3 g	_____

130. a. Quantos átomos de carbono estão presentes em 1,0 g de CH_4O?
    b. Quantos átomos de carbono estão em 1,0 g de CH_3CH_2OH?
    c. Quantos átomos de nitrogênio estão presentes em 25,0 g de $CO(NH_2)_2$?

131. Considere as amostras de fosfina (PH_3), água (H_2O), sulfeto de hidrogênio (H_2S) e fluoreto de hidrogênio (HF), cada uma com uma massa de 119 g. Classifique os compostos do menor para o maior número de átomos de hidrogênio contidos nas amostras.

132. A fórmula química da aspirina é $C_9H_8O_4$. Qual é o percentual de massa de cada elemento em 1 mol de aspirina? (Dê sua resposta com quatro algarismos significativos.)

    carbono _____ %
    hidrogênio _____ %
    oxigênio _____ %

133. Disponha as substâncias a seguir em ordem crescente de percentual de massa de nitrogênio.
    a. NO   c. NH_3
    b. N_2O d. SNH

134. Um composto com massa molar de 180,1 g mol^{-1} possui a seguinte composição em massa:

    C   40,0%
    H   6,70%
    O   53,3%

    Determine as fórmulas empírica e molecular do composto.

9 Quantidades químicas

CAPÍTULO 9

9-1 Informação dada pelas equações químicas

9-2 Relações quantidade de matéria-quantidade de matéria

9-3 Cálculos de massa

9-4 O conceito de reagentes limitantes

9-5 Cálculos envolvendo um reagente limitante

9-6 Rendimento percentual

Cientista em um laboratório com uma pipeta para medir quantidades de um líquido. anyaivanova/Shutterstock.com

Suponha que você trabalhe para uma organização de defesa do consumidor e quer testar as reivindicações de publicidade de uma determinada empresa sobre a eficácia do antiácido por ela produzido. A empresa afirma que seu produto neutraliza dez vezes mais a acidez estomacal por pastilha que o produto concorrente mais parecido. Como você testaria a validade dessa afirmação?

Ou suponha que após terminar a graduação você vá trabalhar para uma empresa química que fabrica metanol (álcool metílico), substância utilizada como matéria-prima para a fabricação de produtos como anticongelantes e combustíveis de aviação. Você está trabalhando com um químico experiente, que está tentando melhorar o processo da empresa para a fabricação de metanol a partir da reação do hidrogênio gasoso com o gás monóxido de carbono. No primeiro dia de trabalho, você é instruído a requisitar hidrogênio e monóxido de carbono suficientes para produzir 6,0 kg de metanol na execução de um teste. Como você determinaria a quantidade de monóxido de carbono e hidrogênio que deve ser requisitada?

Depois de estudar este capítulo, você será capaz de responder a essas perguntas.

O metanol é um material de ignição para alguns combustíveis de jato. Royalty-Free Corbis

9-1 Informação dada pelas equações químicas

OBJETIVO Entender as informações molecular e de massa dadas em uma equação balanceada.

As reações são do que a química realmente trata. Lembre-se do Capítulo 6, em que foi dito que as reações químicas são na verdade rearranjos de agrupamentos de átomos que podem ser descritos por equações. Essas equações químicas nos dizem quais são as identidades (fórmulas) dos reagentes e dos produtos e também mostram quanto de cada reagente e de produto participa na reação. Os números (coeficientes) na equação química balanceada nos permitem determinar quanto de produto podemos obter a partir de uma determinada quantidade de reagentes. É importante reconhecer que os coeficientes de uma equação balanceada nos dão os números *relativos* de moléculas. Ou seja, estamos interessados na *proporção* dos coeficientes, não em coeficientes individuais.

Para ilustrar essa ideia, considere uma analogia não química. Suponha que você é encarregado de fazer sanduíches em um restaurante *fast-food*. Um tipo particular de sanduíche requer 2 fatias de pão, 3 de carne e 1 de queijo. Podemos representar a montagem do sanduíche com a seguinte equação:

2 fatias de pão + 3 fatias de carne + 1 fatia de queijo → 1 sanduíche

Seu chefe envia você ao fornecedor para comprar ingredientes para fazer 50 sanduíches. Como você calcularia quanto comprar de cada ingrediente? Como é necessário o suficiente para 50 sanduíches, você multiplica a equação anterior por 50.

50(2 fatias de pão) + 50(3 fatias de carne) + 50(1 fatia de queijo) → 50(1 sanduíche)

Isto é,

100 fatias de pão + 150 fatias de carne + 50 fatias de queijo → 50 sanduíches

Note que os números 100, 150, 50 correspondem à proporção de 2:3:1, que representa os coeficientes na "equação balanceada" para fazer um sanduíche. Se lhe pedissem para fazer qualquer número de sanduíches, seria fácil usar a equação do sanduíche original para determinar o quanto de cada ingrediente você precisaria.

A equação de uma reação química lhe dá o mesmo tipo de informação. Ela indica os números relativos dos reagentes e das moléculas do produto envolvidos na reação. Usar a equação nos permite determinar as quantidades de reagentes necessárias para fornecer uma certa quantidade de produto ou prever a quantidade de produto que se pode fazer a partir de uma determinada quantidade de reagentes.

Para ilustrar como essa ideia funciona com um exemplo de química, considere a reação entre o monóxido de carbono gasoso e o hidrogênio para produzir metanol líquido, $CH_3OH(l)$. Os reagentes e os produtos são:

$$\text{Não balanceada: } \underbrace{CO(g) + 2H_2(g)}_{\text{Reagentes}} \rightarrow \underbrace{CH_3OH(l)}_{\text{Produto}}$$

Como os átomos são apenas reorganizados (não criados ou destruídos) em uma reação química, devemos sempre balancear a equação. Ou seja, devem-se escolher coeficientes que fornecerão o mesmo número de cada tipo de átomo de ambos os lados. Usando o menor conjunto de números inteiros que satisfaz essa condição, temos a equação balanceada

$$\text{Balanceada: } CO(g) + 2H_2(g) \rightarrow CH_3OH(l)$$

VERIFIQUE Reagentes: 1 C, 1 O, 4 H; Produtos: 1 C, 1 O, 4 H

Mais uma vez, os coeficientes em uma equação balanceada fornecem os números *relativos* de moléculas. Ou seja, poderíamos multiplicar essa equação balanceada por qualquer número e ainda ter uma equação balanceada. Por exemplo, podemos multiplicar por 12:

$$12[CO(g) + 2H_2(g) \rightarrow CH_3OH(l)]$$

para obter:

$$12CO(g) + 24H_2(g) \rightarrow 12CH_3OH(l)$$

Essa ainda é uma equação balanceada (verifique para se certificar). Como 12 representa uma dúzia, poderíamos até descrever a reação em termos de dúzias:

$$1 \text{ dúzia de } CO(g) + 2 \text{ dúzias de } H_2(g) \rightarrow 1 \text{ dúzia de } CH_3OH(l)$$

Também poderíamos multiplicar a equação original por um número muito grande, como $6,022 \times 10^{23}$:

$$6,022 \times 10^{23}[CO(g) + 2H_2(g) \rightarrow CH_3OH(l)]$$

o que leva à equação:

$$6,022 \times 10^{23} CO(g) + 2(6,022 \times 1023) H_2(g) \rightarrow 6,022 \times 10^{23} CH_3OH(l)$$

Um mol é igual a $6,022 \times 1,023$ unidades.

Assim como 12 é chamado de uma dúzia, os químicos chamam $6,022 \times 10^{23}$ de um mol. Nossa equação, então, pode ser escrita em termos de quantidade de matéria:

$$1 \text{ mol } CO(g) + 2 \text{ mol } H_2(g) \rightarrow 1 \text{ mol } CH_3OH(l)$$

Várias maneiras de interpretar essa equação química balanceada são apresentadas na Tabela 9.1.

Tabela 9.1 ▶ Informação veiculada pela equação balanceada da produção de metanol

$CO(g)$	+	$2H_2(g)$	→	$CH_3OH(l)$
1 molécula de CO	+	2 moléculas de H_2	→	1 molécula de CH_3OH
1 dúzia de moléculas de CO	+	2 dúzias de moléculas de H_2	→	1 dúzia de moléculas de CH_3OH
$6,022 \times 10^{23}$ moléculas de CO	+	$2(6,022 \times 10^{23})$ moléculas de H_2	→	$6,022 \times 10^{23}$ moléculas de CH_3OH
1 mol de moléculas de CO	+	2 mol de moléculas de H_2	→	1 mol de moléculas de CH_3OH

Exemplo resolvido 9.1 — Relacionando quantidades de matéria com moléculas em equações químicas

Propano, C_3H_8, é um combustível comumente utilizado para cozinhar em churrasqueiras a gás e para aquecimento em áreas rurais, onde o gás natural não está disponível. O propano reage com o gás oxigênio para produzir calor e os produtos, dióxido de carbono e água. Essa reação de combustão é representada pela equação não balanceada:

$$C_3H_8(g) + O_2(g) \rightarrow CO_2(g) + H_2O(g)$$

Forneça a equação balanceada dessa reação e indique o significado da equação em termos de número de moléculas e quantidade de matéria de moléculas.

O propano é muitas vezes usado como combustível para churrasqueiras ao ar livre.

SOLUÇÃO

Usando as técnicas explicadas no Capítulo 6, podemos balancear a equação.

$$C_3H_8(g) + 5O_2(g) \rightarrow 3CO_2(g) + 4H_2O(g)$$

VERIFICAÇÃO   3 C, 8 H, 10 O → 3 C, 8 H, 10 O

Essa equação pode ser interpretada em termos de moléculas:

Uma molécula de C_3H_8 reage com 5 moléculas de O_2 para se obter 3 moléculas de CO_2 mais 4 moléculas de H_2O

ou em termos de quantidade de matéria (de moléculas)

1 mol de C_3H_8 reage com 5 mol de O_2 para se obter 3 mol de CO_2 mais 4 mol de H_2O ∎

9-2 Relações quantidade de matéria--quantidade de matéria

OBJETIVO Aprender a usar uma equação balanceada para determinar as relações entre as quantidades de matéria de reagentes e de produtos.

Agora que discutimos o significado de uma equação química balanceada em termos de quantidades de matéria de reagentes e de produtos, podemos usar uma equação para prever as quantidades de matéria de produtos que um determinada quantidade de matéria de reagentes produzirá. Por exemplo, considere a decomposição da água para obter hidrogênio e oxigênio representada pela seguinte equação balanceada:

$$2H_2O(l) \rightarrow 2H_2(g) + O_2(g)$$

Essa equação nos diz que 2 mol de H_2O produzem 2 mol de H_2 e 1 mol de O_2.

Agora, suponha que temos 4 mol de água. Se decompusermos 4 mol de água, quantos mol de produtos obteremos?

Uma maneira de responder a essa pergunta é multiplicar toda a equação por 2 (o que nos dará 4 mol de H_2O).

$$2[2H_2O(l) \rightarrow 2H_2(g) + O_2(g)]$$

$$4H_2O(l) \rightarrow 4H_2(g) + 2O_2(g)$$

Agora, podemos afirmar que:

4 mol de H_2O produzem 4 mol de H_2 mais 2 mol de O_2

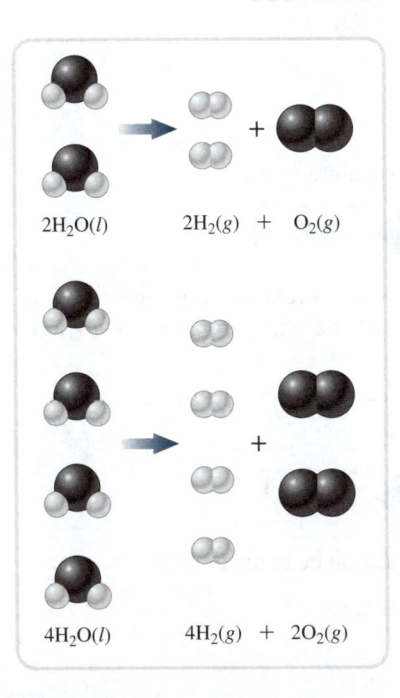

$2H_2O(l) \quad 2H_2(g) + O_2(g)$

$4H_2O(l) \quad 4H_2(g) + 2O_2(g)$

o que responde à pergunta de qual a quantidade de matéria de produtos obtida com 4 mol de H_2O.

Em seguida, vamos supor que decompomos 5,8 mol de água. Quais quantidades de matéria de produtos são formados nesse processo? Poderíamos responder a essa pergunta rebalanceando a equação química da seguinte forma: Primeiro, dividimos *todos os coeficientes* da equação balanceada

$$2H_2O(l) \rightarrow 2H_2(g) + O_2(g)$$

por 2, para obtermos:

$$H_2O(l) \rightarrow H_2(g) + \rightarrow O_2(g)$$

Agora, como temos 5,8 mol de H_2O, multiplicamos essa equação por 5,8.

$$5,8[H_2O(l) \rightarrow H_2(g) + \rightarrow O_2(g)]$$

Isso resulta em:

$$5,8H_2O(l) \rightarrow 5,8H_2(g) + 5,8(\tfrac{1}{2})O_2(g)$$
$$5,8H_2O(l) \rightarrow 5,8H_2(g) + 2,9O_2(g)$$

> Essa equação com coeficientes não inteiros só faz sentido se a equação exprime as quantidades de matéria (de moléculas) dos vários reagentes e produtos.

(Verifique que essa é uma equação balanceada.) Agora, podemos afirmar que:

5,8 mol de H_2O produz 5,8 mol de H_2 mais 2,9 mol de O_2

Esse procedimento de rebalanceamento da equação para obter as quantidades de matéria envolvidas em uma situação especial sempre funciona, mas isso pode ser incômodo. No Exemplo resolvido 9.2, desenvolveremos um processo mais conveniente, que utiliza um fator de conversão, ou a **relação de quantidades de matéria,** com base na equação química balanceada.

Exemplo resolvido 9.2

Determinando as relações molares

Qual quantidade de matéria de O_2 será produzida pela decomposição de 5,8 mol de água?

SOLUÇÃO

Para onde vamos?

Queremos determinar a quantidade de matéria de O_2 produzidos pela decomposição de 5,8 mol de H_2O.

O que sabemos?

- A equação balanceada para a decomposição da água é:
$$2H_2O \rightarrow 2H_2 + O_2$$
- Começamos com 5,8 mol de H_2O.

Como chegamos lá?

Nosso problema pode ser esquematizado da seguinte forma:

$$\boxed{5,8 \text{ mol de } H_2O} \xrightarrow{\text{formam}} \boxed{? \text{ mol de } O_2}$$

Para responder a essa pergunta, precisamos saber a relação entre quantidade de matéria de H_2O e quantidade de matéria de O_2 na equação balanceada (forma convencional):

$$2H_2O(l) \rightarrow 2H_2(g) + O2(g)$$

A partir dessa equação, podemos afirmar que:

$$\boxed{2 \text{ mol de } H_2O} \xrightarrow{\text{formam}} \boxed{1 \text{ mol } O_2}$$

> A declaração 2 mol H_2O = 1 mol O_2 obviamente não é verdadeira em um sentido literal, mas expressa corretamente a equivalência química entre H_2O e O_2.

que pode ser representado pela seguinte declaração de equivalência:

$$2 \text{ mol } H_2O = 1 \text{ mol } O_2$$

Quantidades químicas **247**

Agora queremos usar esta declaração de equivalência para obter o fator de conversão (relação molar) de que precisamos. Como queremos ir de quantidade de matéria de H_2O para quantidade de matéria de O_2, precisamos da relação molar:

$$\frac{1 \text{ mol de } O_2}{2 \text{ mol de } H_2O}$$

assim, mol de H_2O será cancelado na conversão de mol de H_2O para mol de O_2.

$$5{,}8 \text{ mol de } H_2O \times \frac{1 \text{ mol de } O_2}{2 \text{ mol de } H_2O} = 2{,}9 \text{ mol de } O_2$$

Técnica para aumentar suas capacidades matemáticas
Para uma revisão de declarações de equivalência e análise dimensional, veja a Seção 2-6.

Então, se decompusermos 5,8 mol de H_2O, obteremos 2,9 mol de O_2.

PROVA REAL Note que esta é a mesma resposta que obtivemos antes, quando rebalanceamos a equação para obter

$$5{,}8H_2O(l) \rightarrow 5{,}8H_2(g) + 2{,}9O_2(g) \blacksquare$$

Vimos no Exemplo 9.2 que, para determinar a quantidade de matéria de um produto que pode ser formado a partir de uma determinada quantidade de matéria de um reagente, podemos usar a equação balanceada para obter a relação molar apropriada. Vamos agora estender essas ideias no Exemplo 9.3.

Exemplo resolvido 9.3 — Usando razões molares nos cálculos

Calcule a quantidade de matéria de oxigênio necessária para reagir exatamente com 4,30 mol de propano C_3H_8 na reação descrita pela seguinte equação balanceada:

$$C_3H_8(g) + 5O_2(g) \rightarrow 3CO_2(g) + 4H_2O(g)$$

SOLUÇÃO

Para onde vamos?

Queremos determinar a quantidade de matéria de O_2 necessária para reagir com 4,30 mol de C_3H_8.

O que sabemos?

- A equação balanceada da reação é:

$$C_3H_8 + 5O_2 \rightarrow 3CO_2 + 4H_2O$$

- Começamos com 4,30 mol de C_3H_8.

Como chegamos lá?

Nesse caso, o problema pode ser indicado assim:

4,30 mol de C_3H_8 **requerem** ? mol de O_2

Para resolver esse problema, é preciso considerar a relação entre os reagentes C_3H_8 e O_2. Usando a equação balanceada, descobrimos que:

1 mol de C_3H_8 requer 5 mol de O_2

o que pode ser representado pela declaração de equivalência

1 mol de C_3H_8 = 5 mol de O_2

Isso leva à relação molar necessária:

$$\frac{5 \text{ mol de } O_2}{1 \text{ mol de } C_3H_8}$$

para a conversão de quantidade de matéria de C_3H_8 para quantidade de matéria de O_2. Construímos a relação de conversão dessa maneira para cancelar mol de C_3H_8:

$$4{,}30 \text{ mol de } C_3H_8 \times \frac{5 \text{ mol de } O_2}{1 \text{ mol de } C_3H_8} = 21{,}5 \text{ mol de } O_2$$

Podemos agora responder à pergunta original:

$$4{,}30 \text{ mol de } C_3H_8 \text{ requerem } 21{,}5 \text{ mol de } O_2$$

PROVA REAL De acordo com a equação equilibrada, é necessário mais O_2 (em mols) que C_3H_8 por um fator de 5. Com cerca de 4 mol de C_3H_8, poderíamos esperar cerca de 20 mol de O_2, o que está perto de nossa resposta.

AUTOVERIFICAÇÃO

Exercício 9.1 Calcule a quantidade de matéria de CO_2 formada quando 4,30 mol de C_3H_8 reagem com os exigidos 21,5 mol de O_2.

SUGESTÃO Use a quantidade de matéria de C_3H_8 e obtenha a proporção molar entre o C_3H_8 e CO_2 a partir da equação balanceada.

Consulte os Problemas 9.15 e 9.16. ∎

9-3 Cálculos de massa

OBJETIVO Aprender a relacionar massas de reagentes e produtos em uma reação química.

Na última seção, vimos como usar a equação balanceada de uma reação para calcular as quantidades de matéria dos reagentes e produtos para um caso particular. No entanto, as quantidades de matéria representam números de moléculas e não podemos contar as moléculas diretamente. Na química, contamos por pesagem. Por isso, nesta seção iremos rever os procedimentos para converter entre quantidades de matéria e massas e veremos como eles se aplicam aos cálculos químicos.

Para desenvolver esses procedimentos, consideraremos a reação entre o alumínio metálico em pó e o iodo finamente moído para a produção de iodeto de alumínio. A equação balanceada dessa reação química é:

$$2Al(s) + 3I_2(s) \rightarrow 2AlI_3(s)$$

Suponha que temos 35,0 g de alumínio. Qual massa de I_2 devemos pesar para reagir exatamente com essa quantidade de alumínio?

Para responder a essa pergunta, vamos usar a estratégia de resolução de problemas discutida no Capítulo 8.

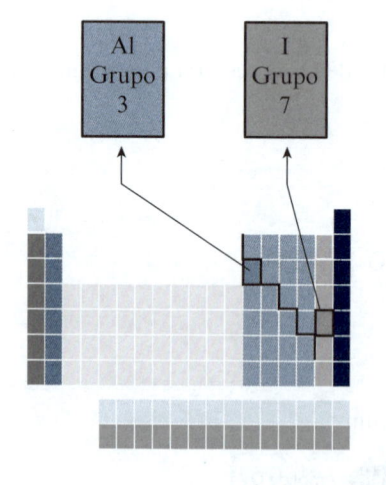

Para onde vamos?

Queremos encontrar a massa de iodo (I_2) que irá reagir com 35,0 g de alumínio (Al). Sabemos a partir da equação balanceada que:

$$2 \text{ mol de Al requerem } 3 \text{ mol de } I_2$$

Isso pode ser escrito como a relação molar:

$$\frac{3 \text{ mol de } I_2}{2 \text{ mol de Al}}$$

A partir da quantidade de matéria de Al presente, podemos usar essa relação para calcular a quantidade de matéria de I_2 necessária. No entanto, isso nos leva a duas perguntas:

1. Qual a quantidade de matéria de Al presente?
2. Como podemos converter quantidade de matéria de I_2 para massa de I_2, conforme exigido pelo problema?

Precisamos ser capazes de converter gramas em mols e mols em gramas.

Como chegamos lá?

O problema afirma que temos 35,0 g de alumínio, assim, devemos converter gramas em mols de alumínio, algo que já sabemos como fazer. Usando a tabela de massas atômicas médias na contracapa deste livro, encontramos a massa atômica do alumínio: 26,98. Isso significa que um mol de alumínio tem massa de 26,98 g. Podemos usar a declaração de equivalência

$$1 \text{ mol de Al} = 26{,}98 \text{ g}$$

para encontrar a quantidade de matéria de Al em 35,0 g.

$$35{,}0 \text{ g de Al} \times \frac{1 \text{ mol de Al}}{26{,}98 \text{ g de Al}} = 1{,}30 \text{ mol de Al}$$

Agora que temos a quantidade de matéria de Al, podemos encontrar a quantidade de matéria de I_2 necessária.

$$1{,}30 \text{ mol de Al} \times \frac{3 \text{ mol de } I_2}{2 \text{ mol de Al}} = 1{,}95 \text{ mol } I_2$$

Sabemos agora a *quantidade de matéria* de I_2 necessária para reagir com 1,30 mol de Al (35,0 g). O próximo passo é converter 1,95 mol de I_2 para gramas, assim, saberemos quanto pesar. Fazemos isso usando a massa molar de I_2. A massa atômica do iodo é de 126,9 g (por 1 mol de átomos de I), dessa forma, a massa molar de I_2 é:

$$2 \times 126{,}9 \text{ g mol}^{-1} = 253{,}8 \text{ g mol}^{-1} = \text{massa de 1 mol de } I_2$$

Agora, vamos converter os 1,95 mol de I_2 para gramas de I_2.

$$1{,}95 \text{ mol de } I_2 \times \frac{253{,}8 \text{ g } I_2}{\text{mol de } I_2} = 495 \text{ g } I_2$$

Resolvemos o problema. Precisamos pesar 495 g de iodo (contém moléculas de I_2) para reagir exatamente com os 35,0 g de alumínio. Vamos desenvolver ainda mais os procedimentos para lidar com massas de reagentes e produtos no Exemplo 9.4.

PROVA REAL Nós determinamos que são necessários 495 g de I_2 para reagir com 35,0 g de Al. Essa resposta faz sentido? Sabemos, a partir das massas molares de Al e I_2 (26,98 g mol⁻¹ e 253,8 g mol⁻¹), que a massa de 1 mol de I_2 é quase dez vezes maior que a de 1 mol de Al. Também sabemos que precisamos de uma quantidade de matéria maior de I_2 em comparação com a do Al (por uma proporção de 3:2). Portanto, deveríamos esperar obter uma massa de I_2 que fosse mais de dez vezes maior que 35,0 g, o que ocorreu.

O alumínio (*acima, à esquerda*) e o iodo (*acima, à direita*) reagem vigorosamente para formar o iodeto de alumínio. Uma nuvem roxa resulta do excesso de iodo vaporizado pelo calor da reação (*embaixo*).

*Você pode visualizar essas imagens em cores no final do livro.

Exemplo resolvido 9.4

Usando conversões de massa-quantidade de matéria com as relações molares

O propano, C_3H_8, quando utilizado como um combustível, reage com o oxigênio para produzir dióxido de carbono e água, de acordo com a seguinte equação não balanceada:

$$C_3H_8(g) + O_2(g) \rightarrow CO_2(g) + H_2O(g)$$

Qual massa de oxigênio será necessária para reagir com exatamente 96,1 g de propano?

SOLUÇÃO

Para onde vamos?

Queremos determinar a massa de O_2 necessária para reagir com exatamente 96,1 g de C_3H_8.

O que sabemos?

- A equação não balanceada da reação é:

$$C_3H_8 + O_2 \rightarrow CO_2 + H_2O.$$

- Começamos com 96,1 g de C_3H_8.
- Conhecemos as massas atômicas do carbono, hidrogênio e oxigênio pela tabela periódica.

O que precisamos saber?

- Precisamos saber a equação balanceada.
- Precisamos das massas molares do O_2 e do C_3H_8.

Sempre faça o balanceamento da equação da reação primeiro.

Como chegamos lá?

Para lidar com as quantidades de reagentes e produtos, precisamos primeiramente da equação balanceada desta reação:

$$C_3H_8(g) + 5O_2(g) \rightarrow 3CO_2(g) + 4H_2O(g)$$

Nosso problema, de forma esquemática, é:

| 96,1 g de propano | requerem | ? g de oxigênio |

Técnica para aumentar suas capacidades matemáticas

Lembre-se de que, para mostrar os algarismos significativos corretos em cada passo, estamos arredondando após cada cálculo. Ao resolver os problemas, você deve utilizar os números extras, arredondando apenas no final.

Usando as ideias que desenvolvemos quando discutimos a reação do alumínio com o iodo, procederemos da seguinte forma:

1. Dada a massa de propano, devemos convertê-la para quantidade de matéria de propano (C_3H_8).
2. Então, podemos usar os coeficientes na equação balanceada para determinar a quantidade de matéria de oxigênio (O_2) necessária.
3. Finalmente, usaremos a massa molar de O_2 para calcular a massa de oxigênio.

Podemos esboçar essa estratégia da seguinte forma:

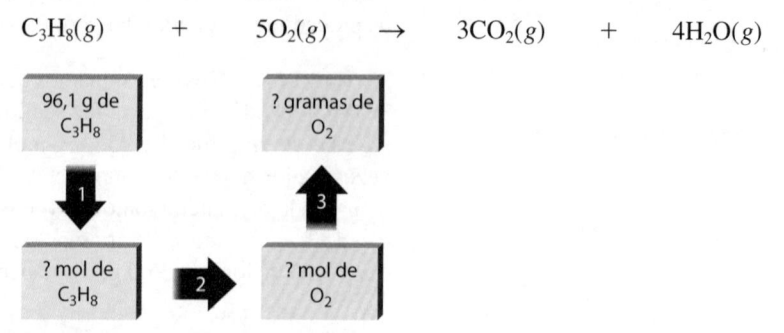

$$C_3H_8(g) \quad + \quad 5O_2(g) \quad \rightarrow \quad 3CO_2(g) \quad + \quad 4H_2O(g)$$

[Fluxograma: 96,1 g de C_3H_8 →(1) ? mol de C_3H_8 →(2) ? mol de O_2 →(3) ? gramas de O_2]

Assim, a primeira pergunta a que devemos responder é: *Qual a quantidade de matéria de propano presente em 96,1 g de propano?* A massa molar do propano é de 44,09 g (3 × 12,01 g + 8 × 1,008 g). A quantidade de matéria de propano presente pode ser calculada assim:

$$96,1 \text{ g de } C_3H_8 \times \frac{1 \text{ mol de } C_3H_8}{44,09 \text{ g de } C_3H_8} = 2,18 \text{ mol de } C_3H_8$$

Em seguida, identificamos que cada mol de propano reage com 5 mol de oxigênio. Isso nos fornece a declaração de equivalência

$$1 \text{ mol de } C_3H_8 = 5 \text{ mol de } O_2$$

a partir da qual construímos a relação molar

$$\frac{5 \text{ mol de } O_2}{1 \text{ mol de } C_3H_8}$$

que precisamos para converter a quantidade de matéria de moléculas de propano em quantidade de matéria de moléculas de oxigênio.

$$2{,}18 \text{ mol de } C_3H_8 \times \frac{5 \text{ mol de } O_2}{1 \text{ mol de } C_3H_8} = 10{,}9 \text{ mol de } O_2$$

Observe que a relação molar está configurada de forma que mol de C_3H_8 se cancela e a unidade resultante é mol de O_2.

Como a pergunta original pediu a *massa* de oxigênio necessária para reagir com 96,1 g de propano, é preciso converter os 10,9 mol de O_2 para gramas, usando a massa molar de O_2 (32,00 = 2 × 16,00 g).

$$10{,}9 \text{ mol de } O_2 \times \frac{32{,}00 \text{ g de } O_2}{1 \text{ mol de } O_2} = 349 \text{ g de } O_2$$

Portanto, são necessários 349 g de oxigênio para queimar 96,1 g de propano. Podemos resumir esse problema escrevendo uma "cadeia de conversão", que mostra como o problema foi resolvido.

$$96{,}1 \text{ g de } C_3H_8 \times \frac{1 \text{ mol de } C_3H_8}{44{,}09 \text{ g de } C_3H_8} \times \frac{5 \text{ mol de } O_2}{1 \text{ mol de } C_3H_8} \times \frac{32{,}00 \text{ g de } O_2}{1 \text{ mol de } O_2} = 349 \text{ g de } O_2$$

Técnica para aumentar suas capacidades matemáticas
Use as unidades como uma verificação para garantir que você utilizou os fatores de conversão corretos (relações molares).

Esta é uma maneira conveniente de assegurar que as unidades finais estão corretas. O procedimento que seguimos está resumido abaixo.

$$C_3H_8(g) + 5O_2(g) \rightarrow 3CO_2(g) + 4H_2O(g)$$

96,1 g de C_3H_8 → Use a massa molar de C_3H_8 (44,09 g) → 2,18 mol de C_3H_8 → Use a relação molar: $\frac{5 \text{ mol } O_2}{1 \text{ mol } C_3H_8}$ → 10,9 mol de O_2 → Use a massa molar de O_2 (32,00 g) → 349 g O_2

PROVA REAL De acordo com a equação balanceada, são necessários mais O_2 (em mols) que C_3H_8 por um fator de 5. Como a massa molar de C_3H_8 não é muito maior do que a de O_2, devemos esperar que seja necessária uma massa maior de oxigênio, e nossa resposta confirma isso.

AUTOVERIFICAÇÃO **Exercício 9.2** Qual a massa de dióxido de carbono produzida quando 96,1 g de propano reagem com oxigênio suficiente?

Consulte os Problemas 9.23 até 9.26. ∎

AUTOVERIFICAÇÃO

Exercício 9.3 Calcule a massa de água formada pela reação completa de 96,1 g de propano com oxigênio.

Consulte os Problemas 9.23 até 9.26. ∎

Até agora, neste capítulo, investimos um tempo considerável "pensando através" dos procedimentos para o cálculo das massas dos reagentes e produtos em reações químicas. Podemos resumir esses procedimentos nas seguintes etapas:

Etapas para calcular as massas dos reagentes e produtos em reações químicas

Etapa 1 Balancear a equação para a reação.

Etapa 2 Converter as massas dos reagentes ou produtos em quantidades de matéria.

Etapa 3 Usar a equação balanceada para montar a(s) relação(ões) molar(es) apropriada(s).

Etapa 4 Usar a(s) relação(ões) molar(es) para calcular a quantidade de matéria do reagente ou do produto desejado.

Etapa 5 Converter as quantidades de matéria de volta para massas.

O processo de utilização de uma equação química para calcular as massas relativas dos reagentes e produtos envolvidos na reação é chamado **estequiometria**. Os químicos dizem que a equação balanceada de uma reação química descreve sua estequiometria.

Vamos agora considerar mais alguns exemplos que envolvem a estequiometria química. Como os exemplos do mundo real muitas vezes envolvem massas muito grandes ou muito pequenas de produtos químicos, estas são mais convenientemente expressas utilizando a notação científica, vamos lidar com um caso assim no Exemplo 9.5.

Pensamento crítico

O seu parceiro de laboratório fez a observação de que nós sempre medimos a massa dos produtos químicos no laboratório, mas então usamos as relações molares para balancear as equações. E se o seu parceiro de laboratório decidisse balancear as equações utilizando as massas como coeficientes? Isso seria possível? Por quê?

Exemplo resolvido 9.5

Cálculos estequiométricos: utilizando a notação científica

Para uma revisão sobre como escrever fórmulas de compostos iônicos, consulte o Capítulo 5.

O hidróxido de lítio sólido tem sido usado em veículos espaciais para remover do ambiente o dióxido de carbono expelido. Os produtos são o carbonato de lítio sólido e a água líquida. Que massa de dióxido de carbono gasoso $1,00 \times 10^3$ g de hidróxido de lítio pode absorver?

SOLUÇÃO

Para onde vamos?

Queremos determinar a massa de dióxido de carbono absorvido por $1,00 \times 10^3$ g de hidróxido de lítio.

O que sabemos?

- Os nomes dos reagentes e dos produtos.
- Começamos com $1,00 \times 10^3$ g de hidróxido de lítio.
- Podemos obter as massas atômicas da tabela periódica.

O que precisamos saber?

- Precisamos saber a equação balanceada da reação, mas primeiramente temos que escrever as fórmulas dos reagentes e produtos.
- Precisamos das massas molares do hidróxido de lítio e do dióxido de carbono.

Como chegamos lá?

Etapa 1 Utilizando a descrição da reação, podemos escrever a equação não balanceada:

$$LiOH(s) + CO_2(g) \rightarrow Li_2CO_3(s) + H_2O(l)$$

A equação balanceada é:

$$2LiOH(s) + CO_2(g) \rightarrow Li_2CO_3(s) + H_2O(l)$$

Verifique isso por si mesmo.

Etapa 2 Convertemos a massa determinada de LiOH para quantidade de matéria usando a massa molar do LiOH, que é 6,941 g + 16,00 g + 1,008 g = 23,95 g.

$$1,00 \times 10^3 \text{ g de LiOH} \times \frac{1 \text{ mol de LiOH}}{23,95 \text{ g de LiOH}} = 41,8 \text{ mol de LiOH}$$

Etapa 3 A relação molar adequada é:

$$\frac{1 \text{ mol de } CO_2}{2 \text{ mol de LiOH}}$$

Etapa 4 Usando essa relação molar, calculamos a quantidade de matéria de CO_2 necessária para reagir com a massa dada de LiOH.

$$41,8 \text{ mol de LiOH} \times \frac{1 \text{ mol de } CO_2}{2 \text{ mol de LiOH}} = 20,9 \text{ mol de } CO_2$$

Etapa 5 Calculamos a massa de CO_2 usando sua massa molar (44,01 g).

$$20,9 \text{ mol de } CO_2 \times \frac{44,01 \text{ g de } CO_2}{1 \text{ mol } CO_2} = 920 \text{ g de } CO_2 = 9,20 \times 10^2 \text{ g de } CO_2$$

Assim, $1,00 \times 10^3$ g de LiOH(s) podem absorver 920 g de $CO_2(g)$.

Podemos resumir esse problema da seguinte forma:

$$2LiOH(s) + CO_2(g) \rightarrow Li_2CO_3(s) + H_2O(l)$$

A sequência da conversão é

$$1,00 \times 10^3 \text{ g de LiOH} \times \frac{1 \text{ mol de LiOH}}{23,95 \text{ g de LiOH}} \times \frac{1 \text{ mol de } CO_2}{2 \text{ mol de LiOH}} \times \frac{44,01 \text{ g de } CO_2}{1 \text{ mol de } CO_2}$$

$$= 9,19 \times 10^2 \text{ g de CO}$$

O Astronauta Sidney M. Gutierrez trocando as latas de hidróxido de lítio no Ônibus Espacial Columbia.

Técnica para aumentar suas capacidades matemáticas

Transportando os algarismos significativos adicionais e arredondando apenas no final, obtemos a resposta de 919 g de CO_2.

PROVA REAL De acordo com a equação balanceada, existe uma relação molar de 2:1 de LiOH para CO_2. Há cerca de 1:2 de relação de massa molar de LiOH:CO_2 (23,95:44,01). Devemos esperar aproximadamente a mesma massa de CO_2 e de LiOH, e a nossa resposta confirma isso (1000 g em comparação a 920 g).

AUTOVERIFICAÇÃO

Exercício 9.4 O ácido fluorídrico, uma solução aquosa contendo fluoreto de hidrogênio dissolvido, é utilizado para gravar vidro por meio da reação com a sílica, SiO_2, produzindo tetrafluoreto de silício gasoso e água líquida. A equação não balanceada é:

$$HF(aq) + SiO_2(s) \rightarrow SiF_4(g) + H_2O(l)$$

a. Calcule a massa de fluoreto de hidrogênio necessária para reagir com 5,68 g de sílica. *Sugestão:* pense cuidadosamente sobre esse problema. Qual é a equação balanceada da reação? O que é fornecido? Do que você precisa para calcular? Desenhe um mapa do problema antes de fazer os cálculos.

b. Calcule a massa de água produzida na reação descrita no item a.

Consulte os Problemas 9.23 até 9.26. ■

Exemplo resolvido 9.6
Cálculos estequiométricos: comparando duas reações

O bicarbonato de sódio, $NaHCO_3$, é usado frequentemente como um antiácido, pois ele neutraliza o ácido clorídrico em excesso secretado pelo estômago. A equação balanceada dessa reação é:

$$NaHCO_3(s) + HCl(aq) \rightarrow NaCl(aq) + H_2O(l) + CO_2(g)$$

O leite de magnésia, que é uma suspensão aquosa de hidróxido de magnésio, $Mg(OH)_2$, também é utilizado como um antiácido. A equação balanceada da reação é:

$$Mg(OH)_2(s) + 2HCl(aq) \rightarrow 2H_2O(l) + MgCl_2(aq)$$

Qual antiácido pode consumir mais ácido do estômago, 1,00 g de $NaHCO_3$ ou 1,00 g de $Mg(OH)_2$?

SOLUÇÃO

Para onde vamos?

Queremos comparar o poder de neutralização dos dois antiácidos, $NaHCO_3$ e $Mg(OH)_2$. Em outras palavras, qual a quantidade de matéria de HCl que reagirá com 1,00 g de cada antiácido?

O que sabemos?

- As equações balanceadas das reações.
- Começamos com 1,00 g de cada um, $NaHCO_3$ e $Mg(OH)_2$.
- Podemos obter as massas atômicas pela tabela periódica.

O que precisamos saber?

- Precisamos das massas molares de $NaHCO_3$ e de $Mg(OH)_2$.

Como chegamos lá?

O antiácido que reage com a maior quantidade de matéria de HCl é mais eficaz porque ele irá neutralizar uma maior quantidade de matéria do ácido. Um esquema para esse procedimento é:

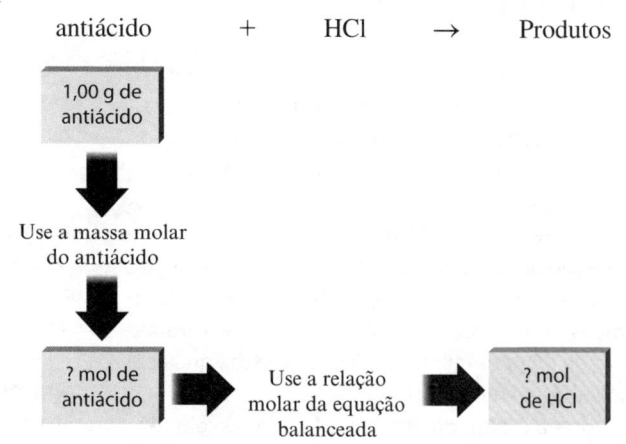

antiácido + HCl → Produtos

```
┌──────────────┐
│ 1,00 g de    │
│ antiácido    │
└──────┬───────┘
       │
       ▼
 Use a massa molar
   do antiácido
       │
       ▼
┌──────────────┐      Use a relação       ┌──────────┐
│ ? mol de     │ ───> molar da equação ──>│ ? mol    │
│ antiácido    │      balanceada          │ de HCl   │
└──────────────┘                          └──────────┘
```

Observe que, nesse caso, não é necessário calcular a massa de HCl que reage; podemos responder à pergunta com a quantidade de matéria de HCl. Agora, vamos resolver esse problema para cada antiácido. Ambas as equações estão balanceadas, assim, podemos prosseguir com os cálculos.

Utilizando a massa molar do $NaHCO_3$, que é 22,99 g + 1,008 g + 12,01 g + 3(16,00 g) = 84,01 g, determinamos a quantidade de matéria de $NaHCO_3$ em 1,00 g de $NaHCO_3$.

$$1,00 \text{ g de } NaHCO_3 \times \frac{1 \text{ mol de } NaHCO_3}{84,01 \text{ g de } NaHCO_3} = 0,0119 \text{ mol de } NaHCO_3$$
$$= 1,19 \times 10^{-2} \text{ mol de } NaHCO_3$$

Em seguida, determinamos a quantidade de matéria de HCl, utilizando a relação molar $\frac{1 \text{ mol de HCl}}{1 \text{ mol de } NaHCO_3}$.

$$1,19 \times 10^{-2} \text{ mol de } NaHCO_3 \times \frac{1 \text{ mol de HCl}}{1 \text{ mol de } NaHCO_3} = 1,19 \times 10^{-2} \text{ mol de HCl}$$

Assim, 1,00 g de $NaHCO_3$ neutraliza $1,19 \times 10^{-2}$ mol de HCl. Precisamos comparar isto com a quantidade de matéria de HCl que 1,00 g de $Mg(OH)_2$ neutraliza.

Utilizando a massa molar do $Mg(OH)_2$, que é 24,31 g + 2(16,00 g) + 2(1,008 g) = 58,33 g, determinamos a quantidade de matéria de $Mg(OH)_2$ em 1,00 g de $Mg(OH)_2$.

$$1,00 \text{ g de } Mg(OH)_2 \times \frac{1 \text{ mol de } Mg(OH)_2}{58,33 \text{ g de } Mg(OH)_2} = 0,0171 \text{ mol de } Mg(OH)_2$$
$$= 1,71 \times 10^{-2} \text{ mol de } Mg(OH)_2$$

Para determinar a quantidade de matéria de HCl que reage com que essa quantidade de $Mg(OH)_2$, usamos a relação molar $\frac{2 \text{ mol de HCl}}{1 \text{ mol de } Mg(OH)_2}$.

$$1,71 \times 10^{-2} \text{ mol de } Mg(OH)_2 \times \frac{2 \text{ mol de HCl}}{1 \text{ mol de } Mg(OH)_2} = 3,42 \times 10^{-2} \text{ mol de HCl}$$

Portanto, 1,00 g de $Mg(OH)_2$ neutraliza $3,42 \times 10^{-2}$ mol de HCl. Já calculamos que 1,00 g de $NaHCO_3$ neutraliza apenas $1,19 \times 10^{-2}$ mol de HCl. Portanto, o $Mg(OH)_2$ é um antiácido mais eficaz que o $NaHCO_3$ em termos da massa que é capaz de neutralizar.

QUÍMICA EM FOCO

Carros do futuro

Há uma grande preocupação sobre como vamos sustentar o nosso sistema de transporte pessoal em face da iminente escassez de petróleo (e os altos custos resultantes) e dos desafios do aquecimento global. A era dos grandes carros movidos a gasolina como o principal meio de transporte nos Estados Unidos parece estar chegando ao fim. O fato de que as descobertas de petróleo não estão acompanhando a crescente demanda global pelo produto provocou uma disparada dos preços. Além disso, a combustão da gasolina produz dióxido de carbono (cerca de 1 kg de CO_2 por milha em diversos carros), que está envolvido no aquecimento global.

Então, como será o carro do futuro nos Estados Unidos? Parece que estamos mudando rapidamente em direção a carros que tenham um componente elétrico como parte do trem de força. Os carros híbridos, que utilizam um motor a gasolina pequeno em conjunto com uma poderosa bateria, têm sido muito bem-sucedidos. Complementando o pequeno motor a gasolina, que seria insuficiente sozinho, com a energia da bateria, o híbrido típico roda de 40 a 50 milhas por galão de gasolina. Nesse tipo de carro, bateria e motor são usados para impulsar as rodas do carro quando necessário.

Outro tipo de sistema que envolve um motor a gasolina e uma bateria é o chamado "híbrido conectado". Nesse carro, a bateria é a única fonte de energia para as rodas do carro. O motor a gasolina é utilizado apenas para carregar a bateria conforme necessário. Um exemplo deste tipo de carro é o Chevrolet Volt, que é projetado para rodar cerca de 40 milhas para cada carga da bateria. O carro pode ser conectado a uma tomada elétrica normal durante a noite para recarregar a bateria. Para viagens mais longas que 40 milhas, o motor a gasolina é ligado para carregar a bateria.

Outro tipo de "carro elétrico" que está sendo testado é um alimentado por uma célula de combustível de hidrogênio-oxigênio. Um exemplo deste tipo de carro é o Honda FCX Clarity. O Clarity armazena hidrogênio em um tanque que contém 4,1 kg de H_2 a uma pressão de 5000 libras por polegada quadrada. O H_2 é enviado para uma célula de combustível, onde reage com o oxigênio do ar fornecido por um compressor. Cerca de 200 desses carros serão testados no sul da Califórnia nos próximos três anos, arrendados para pessoas que vivem perto de um dos três postos de hidrogênio público 24 horas. O Clarity roda cerca de 72 milhas por quilograma de hidrogênio. Uma vantagem óbvia de um carro alimentado por uma célula de combustível de H_2/O_2 é que o pro-

---

AUTOVERIFICAÇÃO

Exercício 9.5 No Exemplo 9.6, respondemos a uma das perguntas que colocamos na introdução deste capítulo. Agora, vamos ver se você pode responder a outra pergunta feita. Determine qual a massa de monóxido de carbono e qual a massa de hidrogênio necessárias para formar 6,0 kg de metanol por meio da reação:

$$CO(g) + 2H_2(g) \rightarrow CH_3OH(l)$$

Consulte o Problema 9.39. ∎

9-4 O conceito de reagentes limitantes

OBJETIVO Entender o que significa o termo "reagente limitante".

No início deste capítulo, discutimos como fazer sanduíches. Relembre que o processo da elaboração de sanduíche poderia ser descrito da seguinte forma:

2 pedaços de pão + 3 fatias de carne + 1 fatia de queijo → 1 sanduíche

Em nossa discussão anterior, adquirimos os ingredientes nas proporções corretas para usarmos todos sem sobrar nada.

Agora vamos supor que você veio trabalhar um dia e encontrou as seguintes quantidades de ingredientes:

20 fatias de pão

24 fatias de carne

12 fatias de queijo

duto da combustão é apenas H₂O. No entanto, existe um porém (parece que há sempre um porém). Atualmente, 95% do hidrogênio produzido é obtido a partir do gás natural (CH_4) e o CO_2 é um subproduto desse processo. Já estão sendo conduzidas intensas pesquisas para encontrar formas economicamente viáveis para a produção de H_2 a partir da água.

Parece que os nossos carros do futuro terão um componente de acionamento elétrico. Se isso envolverá uma bateria convencional ou uma célula de combustível, dependerá dos desenvolvimentos tecnológicos e dos custos.

Até mesmo os automodelos estão se tornando "verdes". O H-racer da Horizon Fuel Cell Technologies usa uma célula de combustível de hidrogênio-oxigênio.

O Honda FCX Clarity em um posto de reabastecimento de hidrogênio.

Quantos sanduíches você pode fazer? O que sobrará?

Para resolver esse problema, vamos ver quantos sanduíches podemos fazer com cada componente.

Pão: $\qquad$ 20 fatias de pão $\times \dfrac{1 \text{ sanduíche}}{2 \text{ fatias de pão}} = 10$ sanduíches

Carne: $\qquad$ 24 fatias de carne $\times \dfrac{1 \text{ sanduíche}}{3 \text{ fatias de carne}} = 8$ sanduíches

Queijo: $\qquad$ 12 fatias de queijo $\times \dfrac{1 \text{ sanduíche}}{1 \text{ fatia de queijo}} = 12$ sanduíches

Quantos sanduíches você pode fazer? A resposta é 8. Quando você ficar sem a carne, deve parar de fazer sanduíches. A carne é o ingrediente limitante.

O que você tem de sobra? Fazer 8 sanduíches requer 16 pedaços de pão. Você começou com 20 pedaços, então, você tem 4 pedaços de pão sobrando. Você também usou 8 fatias de queijo para os 8 sanduíches, então você tem $12 - 8 = 4$ pedaços de queijo sobrando.

Nesse exemplo, o ingrediente presente em maior número (carne) foi, na verdade, o componente que limitou o número de sanduíches que você poderia fazer. Essa situação surgiu porque cada sanduíche requer 3 fatias de carne — mais do que a quantidade necessária de qualquer outro ingrediente.

Provavelmente você já deve ter lidado com problemas de limitação de reagentes muitas vezes em sua vida. Por exemplo, suponha que uma receita de limonada peça uma xícara de açúcar para cada 6 limões. Você tem 12 limões e 3 xícaras de açúcar. Qual ingrediente é o limitante, os limões ou o açúcar?*

Um olhar mais atento

Quando as moléculas reagem umas com as outras para formar os produtos, surgem considerações muito semelhantes às envolvidas na produção de sanduíches. Podemos ilustrar essas ideias com a reação do $N_2(g)$ com $OH_2(g)$ para formar $NH_3(g)$:

$$N_2(g) + 3H_2(g) \rightarrow 2NH_3(g)$$

Considere o seguinte recipiente de $N_2(g)$ e $H_2(g)$:

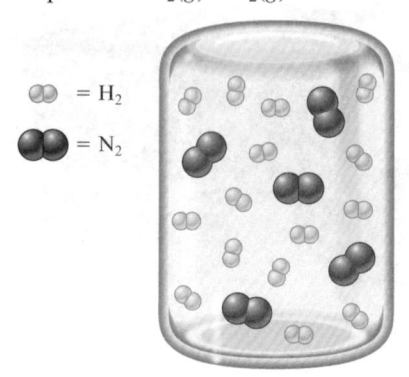

Com o que este recipiente se parecerá se a reação entre N_2 e H_2 prosseguisse até o final? Para responder a essa pergunta, é necessário lembrar que cada N_2 requer 3 moléculas de H_2 para formar 2 NH_3. Para tornar as coisas mais claras, vamos circular os grupos dos reagentes:

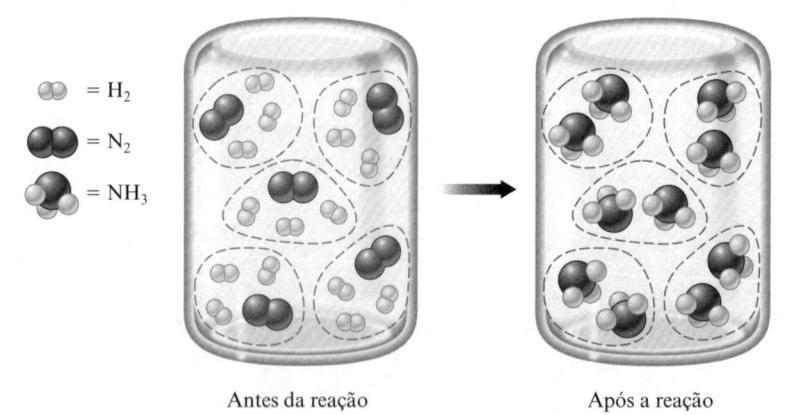

Antes da reação   Após a reação

Nesse caso, a mistura de N_2 e H_2 continha o número de moléculas necessário para formar NH_3 sem sobras. Isto é, a relação entre o número de moléculas de H_2 e de N_2 foi

$$\frac{15\ H_2}{5\ N_2} = \frac{3\ H_2}{1\ N_2}$$

---

* A relação entre limões e açúcar que a receita pede é de 6 limões para 1 xícara de açúcar. Podemos calcular o número de limões necessários para "reagir com" as 3 xícaras de açúcar da seguinte forma:

$$3\ \text{xícaras de açúcar} \times \frac{6\ \text{limões}}{1\ \text{xícara de açúcar}} = 18\ \text{limões}$$

Assim, seriam necessários 18 limões para usar até 3 xícaras de açúcar. No entanto, temos apenas 12 limões; então, os limões são os limitantes.

Essa relação corresponde exatamente aos números na equação balanceada:

$$3H_2(g) + N_2(g) \rightarrow 2NH_3(g).$$

Esse tipo de mistura é chamada de *estequiométrica* — que contém as quantidades relativas de reagentes correspondentes aos números na equação balanceada. Nesse caso, todos os reagentes serão consumidos para formar os produtos.

Agora, considere um outro recipiente de $N_2(g)$ e $H_2(g)$:

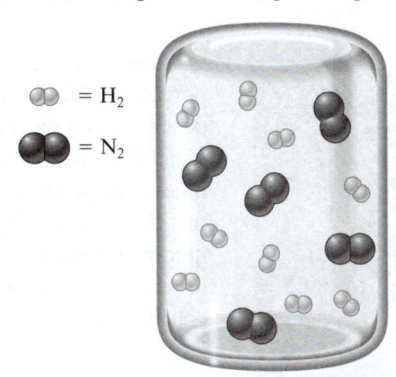

Com o que esse recipiente se parecerá se a reação entre $N_2(g)$ e $H_2(g)$ prosseguir até o final? Lembre-se de que cada N_2 requer 3 H_2. Circulando os grupos de reagentes, temos:

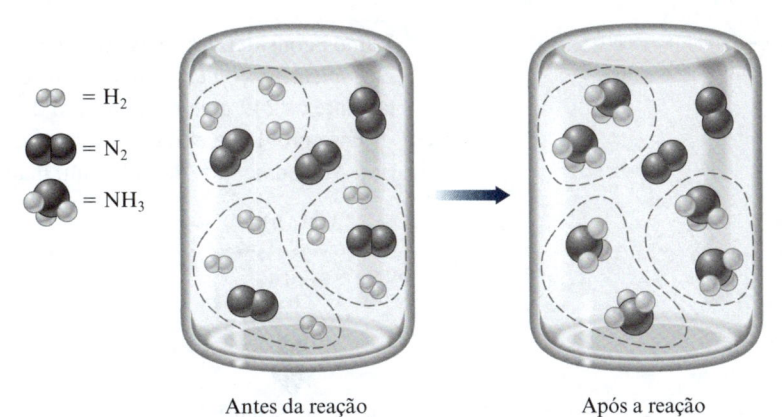

Antes da reação   Após a reação

Nesse caso, o hidrogênio (H_2) é limitante. Isto é, as moléculas de H_2 são utilizadas antes que todas as moléculas de N_2 sejam consumidas. Nessa situação, a quantidade de hidrogênio limita a quantidade de produto (amoníaco) que pode ser formado — o hidrogênio é o reagente limitante. Aqui, algumas moléculas de N_2 sobram, porque a reação consome todas as moléculas de H_2 primeiro.

> Para determinar a quantidade de produto que pode ser formada a partir de uma determinada mistura de reagentes, temos que olhar para o reagente que é limitante — o que acaba em primeiro lugar e, portanto, limita a quantidade de produto que pode se formar.

Em alguns casos, a mistura de reagentes pode ser estequiométrica — isto é, todos os reagentes acabam ao mesmo tempo. Em geral, no entanto, você não pode supor que uma determinada mistura de reagentes é uma mistura estequiométrica, por isso, você deve determinar se um dos reagentes é limitante.

> O reagente que se esgota primeiro e, portanto, limita a quantidade de produtos é chamado de **reagente limitante** ou **agente químico limitante.**

Até este ponto, consideramos exemplos nos quais o número de moléculas dos reagentes pode ser contado. Na "vida real", você não pode contar as moléculas diretamente, não pode vê-las e, mesmo se pudesse, haveria muitas para contar. Em vez disso, você deve contar por pesagem. Devemos, portanto, explorar a forma de encontrar o reagente limitante dadas as massas dos reagentes.

9-5 Cálculos envolvendo um reagente limitante

OBJETIVOS
- Aprender a reconhecer o reagente limitante em uma reação.
- Aprender a usar o reagente limitante para fazer cálculos estequiométricos.

Tanques de amônia anidra, utilizada como fertilizante agrícola.

Os fabricantes de carros, bicicletas e eletrodomésticos encomendam peças na proporção em que elas serão usadas em seus produtos. Por exemplo, os fabricantes de automóveis encomendam quatro vezes mais rodas que motores, e os fabricantes de bicicletas encomendam o dobro de pedais que de assentos. Da mesma forma, quando os produtos químicos são misturados, de modo que eles possam ser submetidos a uma reação, eles são muitas vezes combinados em quantidades estequiométricas — isto é, exatamente nas quantidades corretas, de modo que todos os reagentes "esgotem" (sejam utilizados) ao mesmo tempo. Para esclarecer esse conceito, vamos considerar a produção de hidrogênio para utilização na fabricação de amônia. A amônia, um fertilizante muito importante por si só e um material de partida para outros fertilizantes, é fabricado pela combinação de nitrogênio do ar com hidrogênio. O hidrogênio para esse processo é produzido pela reação de metano com água, de acordo com a equação balanceada

$$CH_4(g) + H_2O(g) \rightarrow 3H_2(g) + CO(g)$$

Vamos considerar a questão: *Que massa de água é necessária para reagir com exatamente 249 g de metano?* Ou seja, qual a quantidade de água consumirá exatamente os 249 g de metano, sem deixar metano ou água de sobra?

Esse problema exige as mesmas estratégias que desenvolvemos na seção anterior. Mais uma vez, desenhar um mapa do problema é útil.

$$CH_4(g) + H_2O(g) \rightarrow 3H_2(g) \quad 1CO(g)$$

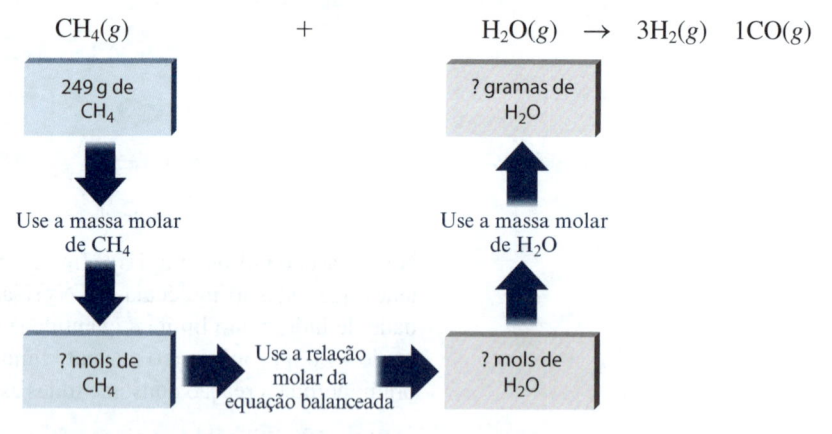

```
[249 g de CH₄]                              [? gramas de H₂O]
     |                                              ↑
Use a massa molar                            Use a massa molar
   de CH₄                                       de H₂O
     ↓                                              |
[? mols de CH₄]  →  Use a relação molar da  →  [? mols de H₂O]
                      equação balanceada
```

Primeiro, convertemos a massa de CH_4 para quantidade de matéria usando a massa molar do CH_4 (16,04 g mol⁻¹).

$$249 \text{ g de CH}_4 \times \frac{1 \text{ mol de CH}_4}{16,04 \text{ g de CH}_4} = 15,5 \text{ mol de CH}_4$$

Como na equação balanceada 1 mol de CH_4 reage com 1 mol de H_2O, temos:

$$15,5 \text{ mol de CH}_4 \times \frac{1 \text{ mol de H}_2O}{1 \text{ mol de CH}_4} = 15,5 \text{ mol de H}_2O$$

Portanto, 15,5 mol de H_2O reagirão exatamente com a massa dada de CH_4. Convertendo 15,5 mol de H_2O para gramas (massa molar de = 18,02 g mol⁻¹), temos

$$15,5 \text{ mol de H}_2O \times \frac{18,02 \text{ g de H}_2O}{1 \text{ mol de H}_2O} = 279 \text{ g de H}_2O$$

Este resultado significa que, se 249 g de metano forem misturados com 279 g de água, ambos os reagentes irão "acabar" ao mesmo tempo. Os reagentes foram misturados em quantidades estequiométricas.

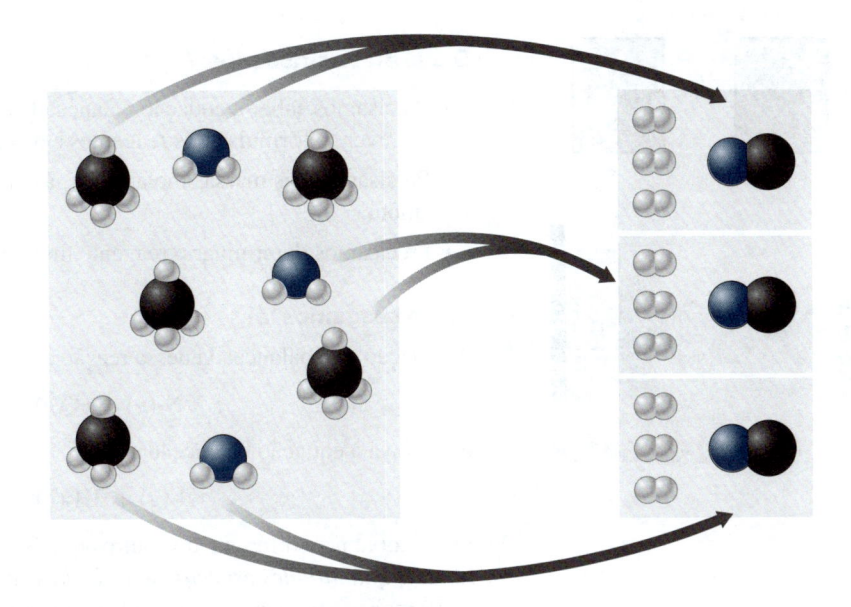

Figura 9.1 ▶ Uma mistura de 5 moléculas de CH₄ e 3 de H₂O é submetida à reação CH₄(g) + H₂O(g) → 3H₂(g) + CO(g). Note que as moléculas de H₂O são consumidas primeiro, deixando duas moléculas de CH₄ que não reagiram.

O reagente que é consumido primeiro limita a quantidade de produtos que se pode formar.

Se, por outro lado, 249 g de metano forem misturados com 300 g de água, o metano será consumido antes que a água. A água estará em *excesso*. Nesse caso, a quantidade de produtos formados será determinada pela quantidade de metano presente. Uma vez que o metano é consumido, não podem ser formados mais produtos, mesmo que ainda haja água. Nessa situação, a quantidade de metano *limita* a quantidade de produtos que pode ser formada. Lembre-se da Seção 9-4, chamamos tal reagente de reagente limitante ou agente químico limitante. Existem duas maneiras para determinar o reagente limitante em uma reação química. Uma é comparar as quantidades de matéria dos reagentes para ver qual se esgota primeiro. Esse conceito está ilustrado na Figura 9.1. Note, com base nessa figura, que, como há menos moléculas de água que de CH₄, a água é consumida primeiro. Depois que as moléculas de água se forem, não se pode formar mais produtos. Portanto, nesse caso, a água é o reagente limitante.

Um segundo método para determinar qual reagente é limitante em uma reação química é considerar as quantidades de produtos que podem ser formados pelo consumo completo de cada reagente. O reagente que produz a menor quantidade de produtos deve acabar primeiro, e assim ser o limitante. Para ver como isso funciona, considere a discussão de ambas as abordagens no Exemplo 9.7.

Exemplo resolvido 9.7 — Cálculos estequiométricos: identificando o reagente limitante

Suponha que 25,0 kg (2,50 × 10⁴ g) de gás nitrogênio e 5,00 kg (5,00 × 10³ g) de gás hidrogênio foram misturados e reagiram para formar amônia. Calcule a massa de amônia produzida quando essa reação for concluída.

SOLUÇÃO

Para onde vamos?

Dadas as massas de ambos os reagentes, queremos determinar a massa de amônia produzida.

O que sabemos?

- Os nomes dos reagentes e dos produtos.
- Começamos com 2,50 × 10⁴ g de gás nitrogênio e 5,00 × 10³ g de gás hidrogênio.
- Podemos obter as massas atômicas pela tabela periódica.

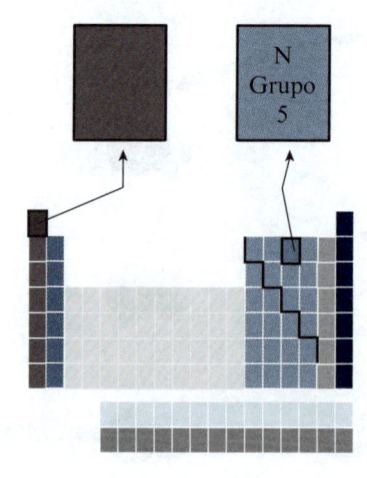

O que precisamos saber?

- Precisamos saber a equação balanceada da reação, mas primeiro temos que escrever as fórmulas dos reagentes e dos produtos.
- Precisamos das massas molares do gás nitrogênio, do gás hidrogênio e da amônia.
- Precisamos determinar o reagente limitante.

Como chegamos lá?

A equação não balanceada dessa reação é:

$$N_2(g) + H_2(g) \rightarrow NH_3(g)$$

o que leva à equação balanceada:

$$N_2(g) + 3H_2(g) \rightarrow 2NH_3(g)$$

Esse problema é diferente dos outros que fizemos até agora, porque estamos misturando *quantidades especificadas de dois reagentes.*

Primeiro, calculamos a quantidade de matéria dos dois reagentes presentes:

$$2{,}50 \times 10^4 \text{ g de } N_2 \times \frac{1 \text{ mol de } N_2}{28{,}02 \text{ g de } N_2} = 8{,}92 \times 10^2 \text{ mol de } N_2$$

$$5{,}00 \times 10^3 \text{ g de } H_2 \times \frac{1 \text{ mol de } H_2}{2{,}016 \text{ g de } H_2} = 2{,}48 \times 10^3 \text{ mol de } H_2$$

a. Em princípio, determinaremos o reagente limitante pela comparação das quantidades de matéria dos reagentes para ver qual é consumido primeiro. Ou seja, é preciso determinar qual é o reagente limitante nesse experimento. Para isso, é preciso acrescentar um passo no nosso procedimento normal. Podemos mapear esse processo da seguinte forma:

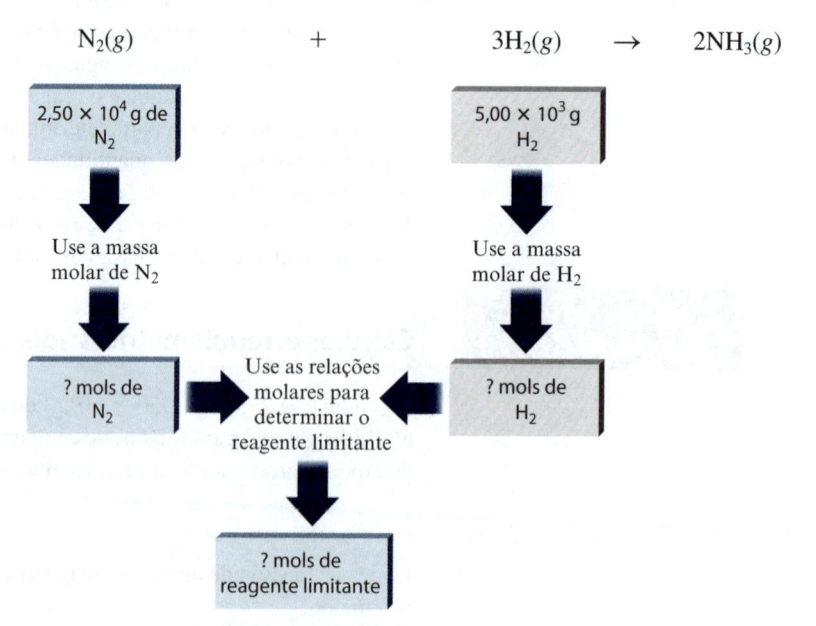

$$N_2(g) \quad + \quad 3H_2(g) \quad \rightarrow \quad 2NH_3(g)$$

```
   2,50 × 10⁴ g de              5,00 × 10³ g
         N₂                          H₂
          ↓                           ↓
   Use a massa                 Use a massa
   molar de N₂                 molar de H₂
          ↓                           ↓
     ? mols de   →  Use as relações  ←  ? mols de
        N₂          molares para           H₂
                    determinar o
                    reagente limitante
                           ↓
                      ? mols de
                  reagente limitante
```

Usaremos a quantidade de matéria do reagente limitante para calcular a quantidade de matéria e em seguida a massa do produto.

$$N_2(g) + 3H_2(g) \rightarrow 2NH_3(g)$$

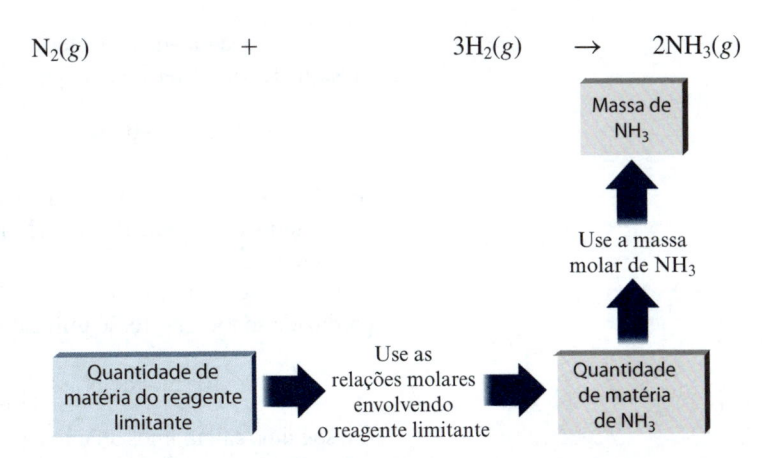

```
Quantidade de              Use as               Quantidade          Use a massa        Massa de
matéria do reagente  →  relações molares  →   de matéria      →    molar de NH₃  →    NH₃
limitante                envolvendo           de NH₃
                         o reagente limitante
```

Agora temos que determinar qual reagente é limitante (será consumido primeiro). Nós temos $8,92 \times 10^2$ mol de N_2. Vamos determinar *qual a quantidade de matéria de H_2 necessária para reagir com essa quantidade de N_2*. Como um mol de N_2 reage com 3 mol de H_2, a quantidade de matéria de H_2 de que precisamos para reagir completamente com $8,92 \times 10^2$ mol de N_2 é determinada da seguinte forma:

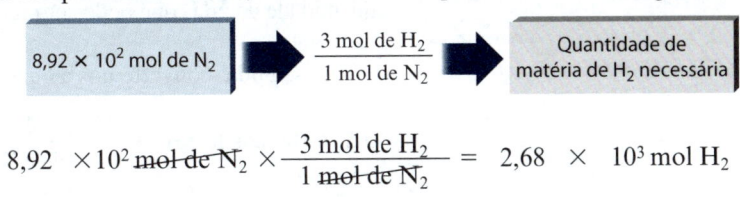

$$8,92 \times 10^2 \text{ mol de } N_2 \longrightarrow \frac{3 \text{ mol de } H_2}{1 \text{ mol de } N_2} \longrightarrow \text{Quantidade de matéria de } H_2 \text{ necessária}$$

$$8,92 \times 10^2 \text{ mol de } N_2 \times \frac{3 \text{ mol de } H_2}{1 \text{ mol de } N_2} = 2,68 \times 10^3 \text{ mol } H_2$$

Qual é o reagente limitante, N_2 ou H_2? A resposta vem da comparação:

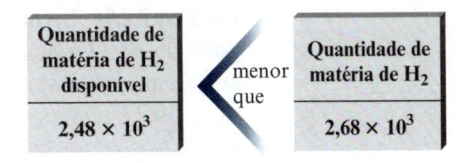

Quantidade de matéria de H_2 disponível		Quantidade de matéria de H_2
$2,48 \times 10^3$	menor que	$2,68 \times 10^3$

Vemos que $8,92 \times 10^2$ mol de N_2 requerem $2,68 \times 10^3$ mol de H_2 para reagir completamente. Contudo, estão presentes apenas $2,48 \times 10^3$ mol de H_2. Isso significa que o hidrogênio será consumido antes que o nitrogênio, logo, o hidrogênio é o reagente limitante nessa situação particular.

Note que, em nosso esforço para determinar o reagente limitante, poderíamos ter começado de outra forma, com a quantidade dada de hidrogênio e calculado a quantidade de matéria de nitrogênio necessária.

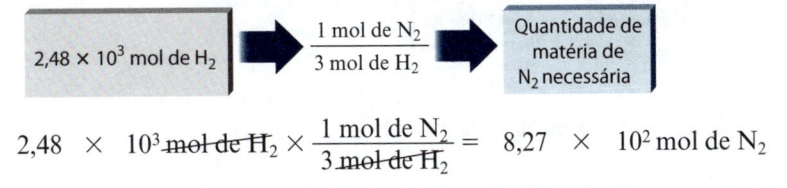

$$2,48 \times 10^3 \text{ mol de } H_2 \longrightarrow \frac{1 \text{ mol de } N_2}{3 \text{ mol de } H_2} \longrightarrow \text{Quantidade de matéria de } N_2 \text{ necessária}$$

$$2,48 \times 10^3 \text{ mol de } H_2 \times \frac{1 \text{ mol de } N_2}{3 \text{ mol de } H_2} = 8,27 \times 10^2 \text{ mol de } N_2$$

Assim, $2,48 \times 10^3$ mol de H_2 requerem $8,27 \times 10^2$ mol de N_2. Como $8,92 \times 10^2$ mol de N_2 estão presentes, o nitrogênio está em excesso.

Quantidade de matéria de N_2 disponível		Quantidade de matéria de N_2 necessária
$8,92 \times 10^2$	maior que	$8,27 \times 10^2$

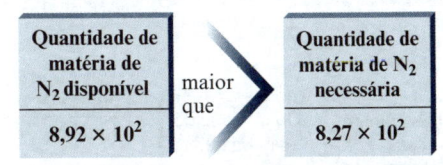

Se o nitrogênio está em excesso, o hidrogênio vai "acabar" primeiro; novamente, descobrimos que o hidrogênio limita a quantidade de amônia formada.

Como a quantidade de matéria de H_2 presente está limitando, devemos usar essa quantidade para determinar a quantidade de matéria de NH_3 que pode ser formada.

$$2{,}48 \times 10^3 \text{ mol de } H_2 \times \frac{2 \text{ mol de } NH_3}{3 \text{ mol de } H_2} = 1{,}65 \times 10^3 \text{ mol de } NH_3$$

b. De modo alternativo, podemos determinar o reagente limitante calculando a quantidade de matéria de NH_3 que seria formada pela reação completa do N_2 com o H_2.

Uma vez que 1 mol de N_2 produz 2 mol de NH_3, a quantidade de NH_3 que seria produzida se todo N_2 fosse utilizado é calculada da seguinte forma:

$$8{,}92 \times 10^2 \text{ mol de } N_2 \times \frac{2 \text{ mol de } NH_3}{1 \text{ mol de } N_2} = 1{,}78 \times 10^3 \text{ mol de } NH_3$$

Em seguida, calculamos quanto de NH_3 seria produzido se o H_2 foi completamente consumido:

$$2{,}48 \times 10^3 \text{ mol de } H_2 \times \frac{2 \text{ mol de } NH_3}{3 \text{ mol de } H_2} = 1{,}65 \times 10^3 \text{ mol de } NH_3$$

Como uma quantidade menor de NH_3 é produzida a partir do H_2 que a partir do N_2, a quantidade de H_2 deve ser limitante. Assim, como o H_2 é o reagente limitante, a quantidade de NH_3 que pode ser produzida é de $1{,}65 \times 10^3$ mol, tal como determinado antes.

Em seguida, convertemos a quantidade de matéria de NH_3 para massa de NH_3.

$$1{,}65 \times 10^3 \text{ mol de } NH_3 \times \frac{17{,}03 \text{ g de } NH_3}{1 \text{ mol de } NH_3} = 2{,}81 \times 10^4 \text{ g de } NH_3 = 28{,}1 \text{ kg de } NH_3$$

Portanto, 25,0 kg de N_2 e 5,00 kg de H_2 podem formar 28,1 kg de NH_3.

PROVA REAL Se nenhum reagente fosse limitante, seria de se esperar uma resposta de 30,0 kg de NH_3, porque a massa é conservada (25,0 kg + 5,0 kg = 30,0 kg). Como um dos reagentes (H_2, nesse caso) é limitante, a resposta deve ser inferior a 30,0 kg, como de fato ela é. ■

As estratégias utilizadas no Exemplo 9.7 estão resumidas na Fig. 9.2.

a
Determine primeiro o reagente limitante.

b
Determine primeiro a possível quantidade de matéria do produto.

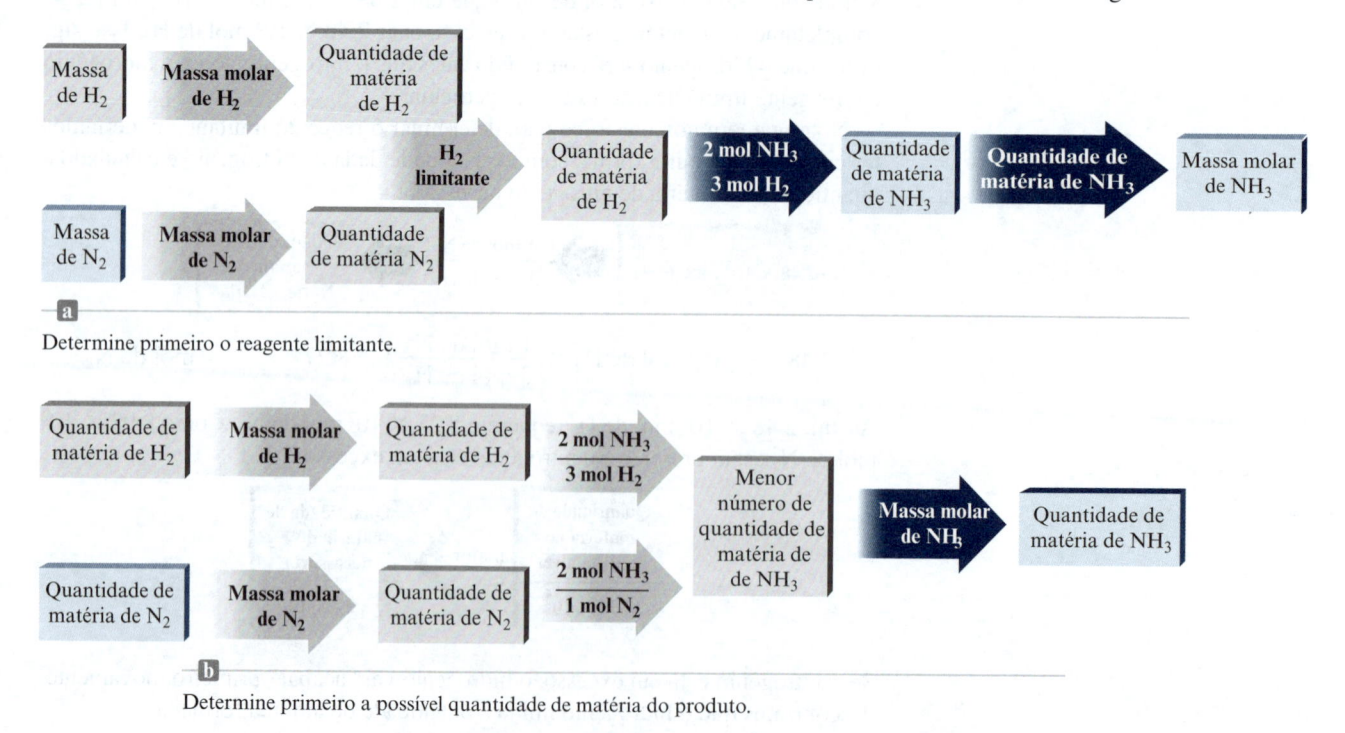

Figura 9.2 ▶ Um mapa do procedimento utilizado no Exemplo 9.7.

Quantidades químicas **265**

A lista a seguir resume os passos para resolver os problemas de estequiometria nos quais são dadas as quantidades de dois (ou mais) reagentes.

> **Passos para resolver problemas de estequiometria envolvendo reagentes limitantes**
>
> **Passo 1** Escreva e balanceie a equação da reação.
>
> **Passo 2** Converta as massas conhecidas de reagentes para quantidade de matéria.
>
> **Passo 3** Usando as quantidades de matéria dos reagentes e as relações molares adequadas, determine qual reagente é limitante.
>
> **Passo 3** Usando as relações molares apropriadas, calcule a quantidade de matéria do produto formado se cada reagente foi consumido.
>
> **Passo 4** Usando a quantidade do reagente limitante e a relação molar apropriada, calcule a quantidade de matéria do produto desejado.
>
> **Passo 4** Escolha a menor quantidade de matéria do produto formado a partir do Passo 3.
>
> **Passo 5** Converta a quantidade de matéria de produto para gramas de produto utilizando a massa molar (se isso for requerido pelo problema).

Exemplo resolvido 9.8

Cálculos estequiométricos: reações envolvendo as massas de dois reagentes

O gás nitrogênio pode ser preparado passando-se amônia gasosa sobre óxido de cobre(II) sólido a temperaturas elevadas. Os outros produtos da reação são o cobre sólido e o vapor de água. Quantos gramas de N_2 são formados quando 18,1 g de NH_3 reagem com 90,4 g de CuO?

SOLUÇÃO

Para onde vamos?

Dadas as massas de ambos os reagentes, queremos determinar a massa de nitrogênio produzida.

O que sabemos?

- Os nomes ou as fórmulas dos reagentes e produtos.
- Começamos com 18,1 g de NH_3 e 90,4 g de CuO.
- Podemos obter as massas atômicas pela tabela periódica.

O que precisamos saber?

- Precisamos saber a equação balanceada da reação, mas primeiro temos que escrever as fórmulas dos reagentes e dos produtos.
- Precisamos das massas molares de NH_3, CuO e N_2.
- Precisamos determinar o reagente limitante.

Óxido de cobre(II) reagindo com amônia em um tubo aquecido.

*Você pode visualizar essa imagem em cores no final do livro.

Como chegamos lá?

Passo 1 A partir da descrição do problema, obtemos a seguinte equação balanceada:

$$2NH_3(g) + 3CuO(s) \rightarrow N_2(g) + 3Cu(s) + 3H_2O(g)$$

Passo 2 A seguir, a partir das massas dos reagentes disponíveis, devemos calcular as quantidades de matéria de NH_3 (massa molar = 17,03 g) e de CuO (massa molar = 79,55 g).

$$18,1 \text{ g de NH}_3 \times \frac{1 \text{ mol de NH}_3}{17,03 \text{ g de NH}_3} = 1,06 \text{ mol de NH}_3$$

$$90,4 \text{ g de CuO} \times \frac{1 \text{ mol de CuO}}{79,55 \text{ g de CuO}} = 1,14 \text{ mol de CuO}$$

a. Primeiramente, determinaremos o reagente limitante comparando as quantidades de matéria dos reagentes para ver qual é consumido primeiro. Então, podemos determinar a quantidade de matéria de N_2 formado.

Passo 3 Para determinar qual reagente é limitante, usamos a relação molar entre CuO e NH_3.

$$1,06 \text{ mol de NH}_3 \times \frac{3 \text{ mol de CuO}}{2 \text{ mol de NH}_3} = 1,59 \text{ mol de CuO}$$

Então, comparamos quanto CuO temos com o quanto dele precisamos.

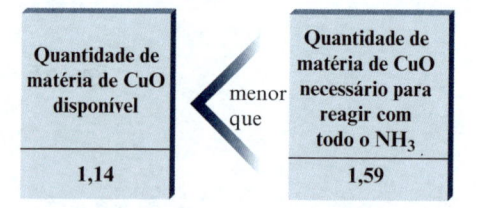

Quantidade de matéria de CuO disponível		Quantidade de matéria de CuO necessário para reagir com todo o NH_3
1,14	menor que	1,59

Portanto, são necessários 1,59 mol de CuO para reagir com 1,06 mol de NH_3, mas estão presentes apenas 1,14 mol de CuO. Assim, a quantidade de CuO é limitante; o CuO vai esgotar antes do NH_3.

Passo 4 CuO é o reagente limitante, por isso, temos que usar a quantidade de CuO no cálculo da quantidade de N_2 formada. Utilizando a relação molar entre CuO e N_2 a partir da equação balanceada, temos:

$$1,14 \text{ mol de CuO} \times \frac{1 \text{ mol de N}_2}{3 \text{ mol de CuO}} = 0,380 \text{ mol de N}_2$$

b. De modo alternativo, podemos determinar o reagente limitante calculando a quantidade de matéria de N_2 que seria formada por uma combustão completa de NH_3 e CuO:

$$1,06 \text{ mol de NH}_3 \times \frac{1 \text{ mol de N}_2}{2 \text{ mol de NH}_3} = 0,530 \text{ mol de N}_2$$

$$1,14 \text{ mol de CuO} \times \frac{1 \text{ mol de N}_2}{3 \text{ mol de CuO}} = 0,380 \text{ mol de N}_2$$

Como antes, CuO é o reagente limitante e vemos que produzimos 0,380 mol de N_2. Ambos os métodos nos levam à mesma etapa final.

Passo 5 Usando a massa molar do N_2 (28,02), podemos agora calcular a massa de N_2 produzido.

$$0,380 \text{ mol de N}_2 \times \frac{28,02 \text{ g de N}_2}{1 \text{ mol de N}_2} = 10,6 \text{ g de N}_2$$

AUTOVERIFICAÇÃO

Exercício 9.6 O nitreto de lítio, um composto iônico contendo Li^+ e íons de N^{3-}, é preparado pela reação de lítio metálico e gás nitrogênio. Calcule a massa de nitreto de lítio formada a partir de 56,0 g de gás de nitrogênio e 56,0 g de lítio na reação não balanceada

$$Li(s) + N_2(g) \rightarrow Li_3N(s)$$

Consulte os Problemas 9.51 até 9.54. ∎

9-6 Rendimento percentual

OBJETIVO Aprender a calcular o rendimento real como uma porcentagem do rendimento teórico.

Na seção anterior, aprendemos a calcular a quantidade de produtos formada quando quantidades específicas de reagentes são misturadas. Ao fazer esses cálculos, utilizamos o fato de que a quantidade de produto é controlada pelo reagente limitante. Os produtos param de se formar quando um reagente esgota.

A quantidade de produto calculada dessa forma é chamada de **rendimento teórico**, ou seja, a quantidade de produto previsto a partir dos reagentes utilizados. Por exemplo, no Exemplo 9.8, 10,6 g de nitrogênio representa o rendimento teórico. Essa é a *quantidade máxima* de nitrogênio que pode ser produzida a partir dos reagentes utilizados. Na realidade, entretanto, a quantidade de produto previsto (o rendimento teórico) raramente é obtida. Uma razão disso é a presença de reações secundárias (outras reações que consomem um ou mais dos reagentes ou dos produtos).

O *rendimento real* do produto, que é a quantidade de *produto realmente obtida*, é muitas vezes comparado com o rendimento teórico. Essa comparação, geralmente expressa como uma porcentagem, é chamada de **rendimento percentual**. O rendimento percentual é importante como um indicador da eficiência de uma reação particular.

$$\frac{\text{Rendimento real}}{\text{Rendimento teórico}} \times 100\% = \text{rendimento percentual}$$

Por exemplo, *se* a reação considerada no Exemplo 9.8 *na verdade* produziu 6,63 g de nitrogênio em vez dos 10,6 g *previstos*, o rendimento percentual de nitrogênio seria:

$$\frac{6{,}63 \text{ g de } N_2}{10{,}6 \text{ g de } N_2} \times 100\% = 62{,}5\%$$

Exemplo resolvido 9.9 — Cálculos estequiométricos: determinando o rendimento percentual

Na Seção 9-1, vimos que o metanol pode ser produzido pela reação entre o monóxido de carbono e o hidrogênio. Consideremos esse processo novamente. Suponha que 68,5 kg ($6{,}85 \times 10^4$ g) de $CO(g)$ reage com 8,60 kg ($8{,}60 \times 10^3$ g) de $H_2(g)$.

a. Calcule o rendimento teórico do metanol.

b. Se são produzidos realmente $3{,}57 \times 10^4$ g de CH_3OH, qual é o rendimento percentual do metanol?

SOLUÇÃO (a) **Para onde vamos?**

Dado um rendimento real, queremos determinar o rendimento teórico e percentual de metanol.

O que sabemos?

- Da Seção 9-1, sabemos que a equação balanceada é:

$$2H_2 + CO \rightarrow CH_3OH$$

- Começamos com $6,85 \times 10^4$ g de CO e $8,60 \times 10^3$ g de H_2.
- Podemos obter as massas atômicas pela tabela periódica.

O que precisamos saber?

- Precisamos das massas molares de H_2, CO e CH_3OH.
- Precisamos determinar o reagente limitante.

Como chegamos lá?

Passo 1 A equação balanceada é:

$$2H_2(g) + CO(g) \rightarrow CH_3OH(l)$$

Passo 2 Em seguida, calculamos as quantidades de matéria dos reagentes:

$$6,85 \times 10^4 \text{ g de CO} \times \frac{1 \text{ mol de CO}}{28,01 \text{ g de CO}} = 2,45 \times 10^3 \text{ mol de CO}$$

$$8,60 \times 10^3 \text{ g de H}_2 \times \frac{1 \text{ mol de H}_2}{2,016 \text{ g de H}_2} = 4,27 \times 10^3 \text{ mol de H}_2$$

Passo 3 Agora, vamos determinar qual reagente é limitante. Utilizando a relação molar entre o CO e H_2 da equação balanceada, temos:

$$2,45 \times 10^3 \text{ mol de CO} \times \frac{2 \text{ mol de H}_2}{1 \text{ mol de CO}} = 4,90 \times 10^3 \text{ mol de H}_2$$

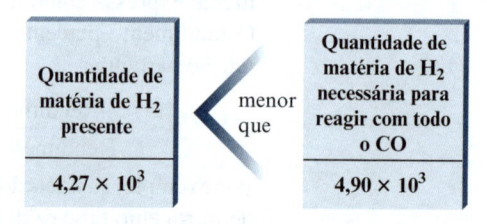

Quantidade de matéria de H_2 presente	menor que	Quantidade de matéria de H_2 necessária para reagir com todo o CO
$4,27 \times 10^3$		$4,90 \times 10^3$

Vemos que $2,45 \times 10^3$ mol de CO requerem $4,90 \times 10^3$ mol de H_2. Como realmente estão presentes apenas $4,27 \times 10^3$ mol de H_2, o *H_2 é limitante*.

Passo 4 Devemos, portanto, utilizar a quantidade de H_2 e a relação molar entre o H_2 e o CH_3OH para determinar a quantidade máxima de metanol que pode ser produzida na reação.

$$4,27 \times 10^3 \text{ mol de H}_2 \times \frac{1 \text{ mol de CH}_3\text{OH}}{2 \text{ mol de H}_2} = 2,14 \times 10^3 \text{ mol de CH}_3\text{OH}$$

Isso representa o rendimento teórico em mols.

Passo 5 Usando a massa molar de CH_3OH (32,04 g), podemos calcular o rendimento teórico em gramas.

$$2,14 \times 10^3 \text{ mol de CH}_3\text{OH} \times \frac{32,04 \text{ g de CH}_3\text{OH}}{1 \text{ mol de CH}_3\text{OH}} = 6,86 \times 10^4 \text{ g de CH}_3\text{OH}$$

Assim, a partir das quantidades indicadas dos reagentes, a quantidade máxima de CH_3OH que pode ser formada é $6,86 \times 10^4$ g. Esse é o *rendimento teórico*.

SOLUÇÃO (b) O rendimento percentual é:

$$\frac{\text{Rendimento real (gramas)}}{\text{Rendimento teórico (gramas)}} \times 100\% = \frac{3,57 \times 10^4 \text{ g de CH}_3\text{OH}}{6,86 \times 10^4 \text{ g de CH}_3\text{OH}} \times 100\% = 52,0\%$$

AUTOVERIFICAÇÃO

Exercício 9.7 O óxido de titânio (IV) é um composto branco utilizado como pigmento de coloração. Na verdade, as páginas dos livros que você lê são brancas por causa da presença desse composto no papel. O óxido de titânio(IV) sólido pode ser preparado pela reação de cloreto de titânio(IV) gasoso com gás oxigênio. Um segundo produto dessa reação é o gás cloro.

$$TiCl_4(g) + O_2(g) \rightarrow TiO_2(s) + Cl_2(g)$$

a. Suponha que $6{,}71 \times 10^3$ g de cloreto de titânio (IV) reagem com $2{,}45 \times 10^3$ g de oxigênio. Calcule a massa máxima de óxido de titânio(IV) que pode se formar.

b. Se o rendimento percentual de TiO_2 é de 75%, qual é a massa realmente formada?

Consulte os Problemas 9.63 e 9.64. ■

CAPÍTULO 9 REVISÃO

F direciona você para a função *Química em foco* no capítulo

Termos fundamentais

razão molar (9-2)
estequiometria (9-3)
reagente limitante (9-4)
reagente limitante (9-4)
rendimento teórico (9-6)
rendimento percentual (9-6)

Para revisão

▶ Uma equação química balanceada fornece os números relativos (ou quantidades de matéria) de moléculas dos reagentes e dos produtos que participam de uma reação química.

▶ Os cálculos estequiométricos envolvem o uso de uma equação química balanceada para determinar as quantidades dos reagentes necessárias ou dos produtos formados em uma reação.

▶ Para converter entre quantidades de matéria de reagentes e quantidades de matéria de produtos, usamos as relações molares derivadas da equação química balanceada.

▶ Para calcular as massas a partir das quantidades de matéria de reagentes necessárias ou de produtos formados, podemos usar as massas molares das substâncias para encontrar as massas (g) necessárias ou formadas.

▶ Frequentemente, os reagentes de uma reação química não estão presentes em quantidades estequiométricas (isto é, eles não "se esgotam" ao mesmo tempo).
 • Nesse caso, é preciso determinar qual reagente se esgota primeiro e, portanto, limita a quantidade de produtos que podem ser formados — este é chamado de reagente limitante.

▶ O rendimento real (quantidade produzida) de uma reação é geralmente menor que o máximo esperado (rendimento teórico).

▶ O rendimento real é muitas vezes expresso como uma percentagem do rendimento teórico:

$$\text{Rendimento percentual} = \frac{\text{rendimento percentual (g)}}{\text{rendimento teórico (g)}} \times 100\%$$

Questões de aprendizado ativo

Estas questões foram desenvolvidas para ser resolvidas por grupos de alunos em sala de aula. Normalmente, elas funcionam bem para introduzir um tópico específico em sala.

1. Relacione as questões de aprendizado ativo do Capítulo 2 aos conceitos de estequiometria química.

2. Você está fazendo biscoitos e está faltando um ingrediente fundamental, ovos. Dos outros ingredientes há de sobra, exceto que você tem apenas 1,33 xícaras de manteiga e nenhum ovo. Como a receita pede 2 xícaras de manteiga e 3 ovos (mais os outros ingredientes) para fazer 6 dúzias de biscoitos, você telefona para um amigo e pede para ele trazer alguns ovos.
   a. De quantos ovos você precisa?
   b. Se você usar toda a manteiga (e obtiver ovos suficientes), quantos biscoitos você pode fazer?

   Infelizmente, o seu amigo desliga antes que você diga de quantos ovos precisa. Quando ele chega, tem uma surpresa para você — para economizar tempo, ele quebrou os ovos em uma tigela. Você pergunta quantos ovos ele trouxe e ele responde: "Todos eles, mas eu derramei um pouco no caminho". Você pesa os ovos e descobre que eles pesam 62,1 g. Assumindo que um ovo médio pesa 34,21 g:
   c. Quanta manteiga é necessária para reagir com todos os ovos?
   d. Quantos biscoitos você pode fazer?
   e. O que você vai ter de sobra, ovos ou manteiga?
   f. Quanto sobra?

g. Relacione esta questão com os conceitos de estequiometria química.

3. Nitrogênio (N_2) e hidrogênio (H_2) reagem para formar amônia (NH_3). Considere a mistura de N_2 (●●) e H_2 (○○) em um recipiente fechado, tal como ilustrado abaixo:

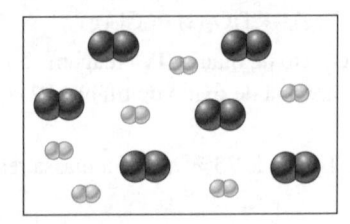

   Assumindo que a reação se completa, desenhe uma representação da mistura do produto. Explique como você chegou a essa representação.

4. Qual das seguintes equações melhor representa a reação da Questão 3?
   a. $6N_2 + 6H_2 \rightarrow 4NH_3 + 4N_2$
   b. $N_2 + H_2 \rightarrow NH_3$
   c. $N + 3H \rightarrow NH_3$
   d. $N_2 + 3H_2 \rightarrow 2NH_3$
   e. $2N_2 + 6H_2 \rightarrow 4NH_3$

   Para as opções que você não escolheu, explique por que você achou que elas estavam erradas e justifique a sua escolha.

5. Sabendo que o reagente A reage com o reagente B, você faz reagir 10,0 g de A com 10,0 g de B. Quais as informações de que você precisa saber para determinar a quantidade de produto que será produzido? Explique.

6. Se 10,0 g de gás de hidrogênio reagem com 10,0 g de gás de oxigênio, de acordo com a equação:

   $$2H_2 + O_2 \rightarrow 2H_2O$$

   não devemos esperar formar 20,0 g de água. Por que não? Qual massa de água pode ser produzida com uma reação completa?

7. O reagente limitante em uma reação:
   a. tem o menor coeficiente em uma equação balanceada.
   b. é o reagente para o qual você tem a menor quantidade de matéria.
   c. tem a menor proporção: quantidades de matéria disponíveis/coeficiente na equação balanceada.
   d. tem a menor proporção: coeficiente na equação balanceada/quantidades de matéria disponíveis.
   e. Nenhuma das anteriores.

   Para as opções que você não escolheu, explique por que achou que elas estavam erradas e justifique a sua escolha.

8. Dada a equação $3A + B \rightarrow C + D$, se 4 mol de A reagem com 2 mol de B, qual das seguintes opções é verdadeira?
   a. O reagente limitante é aquele com a massa molar mais elevada.
   b. A é o reagente limitante, pois você precisa de 6 mol de A e tem 4 mol.
   c. B é o reagente limitante, pois você tem uma menor quantidade de matéria de B que de A.
   d. B é o reagente limitante, porque 3 moléculas de A reagem com todas as moléculas de B.
   e. Nenhum reagente é limitante.

   Para as opções que você não escolheu, explique por que achou que elas estavam erradas e justifique a sua escolha.

9. O que acontece com a massa de uma barra de ferro quando ela enferruja?
   a. Não há nenhuma mudança, porque a massa é sempre conservada.
   b. A massa aumenta.
   c. A massa aumenta, mas se a ferrugem é raspada, a barra tem a massa original.
   d. A massa diminui.

   Justifique sua escolha e, para as opções que você não escolheu, explique o que está errado com elas. Explique o que significa enferrujar.

10. Considere a equação $2A + B \rightarrow A_2B$. Se você misturar 1,0 mol de A e 1,0 mol de B, qual a quantidade de matéria de A_2B que pode ser produzida?

11. O que significa o termo *relação molar*? Dê um exemplo de uma relação molar e explique como ela é usada na resolução de um problema de estequiometria.

12. Qual produziria uma maior quantidade de matéria de produto: determinada quantidade de gás de hidrogênio reagindo com um excesso de gás de oxigênio para produzir água ou a mesma quantidade de gás de hidrogênio reagindo com um excesso de gás de nitrogênio para produzir amônia? Dê embasamento para sua resposta.

13. Considere uma reação representada pela seguinte equação balanceada:

    $$2A + 3B \rightarrow C + 4D$$

    Você descobre que ela requer massas iguais de A e B, de modo que não sobram reagentes. Qual das seguintes é verdadeira? Justifique a sua escolha.
    a. A massa molar de A deve ser maior que a de B.
    b. A massa molar de A deve ser menor que a de B.
    c. A massa molar de A deve ser a mesma que a de B.

14. Considere uma equação química com os dois reagentes que formam um produto. Se você sabe a massa de cada reagente, o que mais precisa saber para determinar a massa do produto? Por que a massa não é necessariamente a soma da massa dos reagentes? Forneça um exemplo real de tal reação e sustente matematicamente a sua resposta.

15. Considere a equação química balanceada:

    $$A + 5B \rightarrow 3C + 4D$$

    Quando massas iguais de A e B reagem, qual é limitante, A ou B? Justifique a sua escolha.
    a. Se a massa molar de A é maior que a de B, então A deve ser limitante.
    b. Se a massa molar de A é menor que a de B, então A deve ser limitante.
    c. Se a massa molar de A é maior que a de B, então B deve ser limitante.
    d. Se a massa molar de A é menor que a de B, então B deve ser limitante.

16. Assumindo que foram concluídas, qual das seguintes misturas de reação produziria a maior quantidade de produtos? Justifique a sua escolha.

    Cada uma envolve a reação simbolizada pela equação:

$$2H_2 + O_2 \rightarrow 2H_2O$$

a. 2 mol de H_2 e 2 mol de O_2.
b. 2 mol de H_2 e 3 mol de O_2.
c. 2 mol de H_2 e 1 mol de O_2.
d. 3 mol de H_2 e 1 mol de O_2.
e. Cada uma produziria a mesma quantidade de produto.

17. O fermento em pó é uma mistura de creme de tártaro ($KHC_4H_4O_6$) e bicarbonato de sódio ($NaHCO_3$). Quando colocado em um forno com temperaturas típicas de cozimento (como parte de um bolo, por exemplo), ele sofre a seguinte reação (CO_2 faz o bolo crescer):

$KHC_4H_4O_6(s) + NaHCO_3(s) \rightarrow$
$\qquad KNaC_4H_4O_6(s) + H_2O(g) + CO_2(g)$

Você decide fazer um bolo um dia e a receita pede fermento em pó. Infelizmente, você não tem fermento em pó. Você tem creme de tártaro e bicarbonato de sódio, assim, você usa a estequiometria para descobrir quanto misturar de cada um.

Das seguintes opções, qual é a melhor maneira de fazer o fermento em pó? As quantidades constantes nas escolhas são em colheres de chá (ou seja, você vai usar uma colher de chá para medir o bicarbonato de sódio e o creme de tártaro). Justifique a sua escolha.

Assuma que uma colher de chá de creme de tártaro tem a mesma massa que uma colher de chá de bicarbonato de sódio.

a. Adicione quantidades iguais de bicarbonato de sódio e creme de tártaro.
b. Adicione um pouco mais que o dobro de creme de tártaro que de bicarbonato de sódio.
c. Adicione um pouco mais que o dobro de bicarbonato de sódio que de creme de tártaro.
d. Adicione mais creme de tártaro que bicarbonato de sódio, mas não o dobro.
e. Adicione mais bicarbonato de sódio que creme de tártaro, mas não o dobro.

18. Você tem sete recipientes fechados, cada um com massas iguais de gás cloro (Cl_2). Você adiciona 10,0 g de sódio na primeira amostra, 20,0 g de sódio na segunda amostra e assim por diante (adição de 70,0 g de sódio na sétima amostra). O sódio e o cloreto reagem para formar o cloreto de sódio de acordo com a equação:

$$2Na(s) + Cl_2(g) \rightarrow 2NaCl(s)$$

Depois que cada reação está completa, você coleta e mede a quantidade de cloreto de sódio formado. Um gráfico de seus resultados é mostrado abaixo.

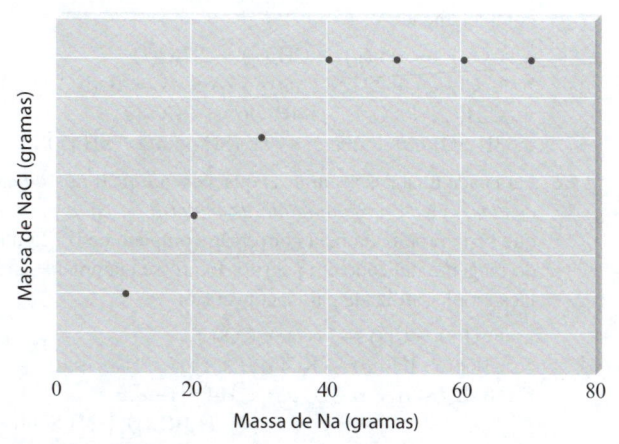

Responda às seguintes perguntas:

a. Explique a forma do gráfico.
b. Calcule a massa de cloreto de sódio formado quando 20,0 g de sódio são usados.
c. Calcule a massa de Cl_2 em cada recipiente.
d. Calcule a massa de NaCl formado quando 50,0 g de sódio é usado.
e. Identifique o reagente que sobra e determine sua massa para os itens b e d, acima.

19. Você tem um produto químico em um recipiente de vidro selado cheio de ar. A configuração está assentada em uma balança, como mostrado abaixo. O produto químico é inflamado por meio de uma lupa focando a luz solar sobre o reagente. Após o produto químico ter sido completamente queimado, qual das seguintes opções é verdadeira? Justifique a sua resposta.

a. A balança lerá menos que 250,0 g.
b. A balança lerá 250,0 g.
c. A balança lerá mais que 250,0 g.
d. Não pode ser determinado sem se conhecer a identidade do produto químico.

20. Considere uma barra de ferro em uma balança, como mostrado.

Conforme a barra de ferro enferruja, qual das seguintes afirmações é verdadeira? Justifique a sua resposta.

a. A balança lerá menos que 75,0 g.
b. A balança lerá 75,0 g.
c. A balança lerá mais que 75,0 g.
d. A balança lerá mais que 75,0 g, mas, se a barra é removida, a ferrugem raspada e a barra recolocada, a balança lerá 75,0 g.

21. Considere a reação entre $NO(g)$ e $O_2(g)$ representada abaixo.

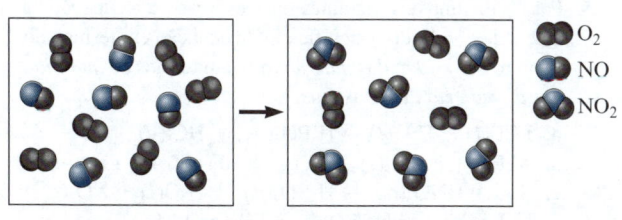

Qual é a equação balanceada para essa reação e qual é o reagente limitante?

Perguntas e problemas

9-1 Informação dada pelas equações químicas

Perguntas

1. O que os coeficientes de uma equação química balanceada nos dizem sobre as proporções nas quais os átomos e as moléculas reagem em uma base (microscópica) individual?

2. A reação entre o alumínio e o iodo produz a equação equilibrada:

$$2Al(s) + 3I_2(s) \rightarrow 2AlI_3(s)$$

*Você pode visualizar essa imagem em cores no final do livro.

O que os coeficientes nessa equação química balanceada nos dizem sobre as proporções em que essas substâncias reagem em uma base macroscópica (mol)?

3. Embora a *massa* seja uma propriedade da matéria que pode ser medida convenientemente no laboratório, os coeficientes de uma equação química balanceada *não* são diretamente interpretados com base na massa. Explique o porquê.

4. Qual das seguintes afirmações é *verdadeira* para a reação do gás nitrogênio com gás hidrogênio para produzir amônia (NH_3)? Escolha a *melhor* resposta.
    a. Os índices podem ser alterados para equilibrar essa equação, assim como eles podem ser alterados para balancear as cargas ao escrever a fórmula para um composto iônico.
    b. O nitrogênio e o hidrogênio não reagirão até você ter adicionado as relações molares corretas.
    c. A relação molar entre o nitrogênio e o hidrogênio na equação balanceada é de 1:2.
    d. A amônia não se formará, a menos que tenha sido adicionado 1 mol de nitrogênio e 3 mol de hidrogênio.
    e. A equação balanceada permite que você preveja quanto de amônia será produzida com base nas quantidades de nitrogênio e de hidrogênio presentes.

Problemas

5. Para cada uma das seguintes reações, forneça a equação balanceada e indique o significado da equação em termos dos números de *moléculas individuais* e em termos de *quantidades de matéria de moléculas*.
    a. $PCl_3(l) + H_2O(l) \rightarrow H_3PO_3(aq) + HCl(g)$
    b. $XeF_2(g) + H_2O(l) \rightarrow Xe(g) + HF(g) + O_2(g)$
    c. $S(s) + HNO_3(aq) \rightarrow H_2SO_4(aq) + H_2O(l) + NO_2(g)$
    d. $NaHSO_3(s) \rightarrow Na_2SO_3(s) + SO_2(g) + H_2O(l)$

6. Para cada uma das seguintes reações, forneça a equação química balanceada e indique o significado da equação em termos de *moléculas individuais* e em termos de *quantidades de matéria* de moléculas.
    a. $MnO_2(s) + Al(s) \rightarrow Mn(s) + Al_2O_3(s)$
    b. $B_2O_3(s) + CaF_2(s) \rightarrow BF_3(g) + CaO(s)$
    c. $NO_2(g) + H_2O(l) \rightarrow HNO_3(aq) + NO(g)$
    d. $C_6H_6(g) + H_2(g) \rightarrow C_6H_{12}(g)$

9-2 Relações quantidade de matéria-quantidades de matéria

Questões

7. Considere a reação representada pela equação química:

$$C(s) + O_2(g) \rightarrow CO_2(g)$$

Uma vez que os coeficientes da equação química balanceada são todos iguais a 1, sabemos que exatamente 1 g de C reagirá com exatamente 1 g de O_2. Verdadeiro ou falso? Explique.

8. Para a equação química balanceada da reação de combinação de sódio metálico e cloro gasoso

$$2Na(s) + Cl_2(g) \rightarrow 2NaCl(s)$$

explique por que sabemos que 2 g de Na reagindo com 1 g de Cl_2 *não* irá resultar na produção de 2 g de NaCl.

9. Considere a equação química balanceada:

$$4Al(s) + 3O_2(g) \rightarrow 2Al_2O_3(s).$$

Que relação molar você usaria para calcular a quantidade de matéria de gás oxigênio necessária para reagir completamente com uma determinada quantidade de matéria de alumínio metálico? Que relação molar você usaria para calcular a quantidade de matéria de produto que seria de se esperar caso uma determinada quantidade de matéria de alumínio metálico reagisse completamente?

10. Considere a equação balanceada:

$$CH_4(g) + 2O_2(g) \rightarrow CO_2(g) + 2H_2O(g)$$

Qual é a relação molar que permitiria que você calculasse a quantidade de matéria de oxigênio necessária para reagir exatamente com uma determinada quantidade de matéria de $CH_4(g)$? Quais relações molares você usaria para calcular a quantidade de matéria de cada produto que se forma a partir de uma determinada quantidade de matéria de CH_4?

Problemas

11. Para cada uma das seguintes equações químicas balanceadas, calcule a *quantidade de matéria* de produto(s) que seria produzida se 0,500 mol do primeiro reagente reagisse completamente.
    a. $CO_2(g) + 4H_2(g) \rightarrow CH_4(g) + 2H_2O(l)$
    b. $BaCl_2(aq) + 2AgNO_3(aq) \rightarrow 2AgCl(s) + Ba(NO_3)_2(aq)$
    c. $C_3H_8(g) + 5O_2(g) \rightarrow 4H_2O(l) + 3CO_2(g)$
    d. $3H_2SO_4(aq) + 2Fe(s) \rightarrow Fe_2(SO_4)_3(aq) + 3H_2(g)$

12. Para cada uma das seguintes equações químicas *não balanceadas*, calcule a *quantidade de matéria de cada produto* que seria produzida pela conversão completa de 0,125 mol do reagente indicado em negrito. Expresse claramente a relação molar utilizada para a conversão.
    a. **FeO**(s) + C(s) $\rightarrow$ Fe(l) + $CO_2(g)$
    b. $Cl_2(g)$ + **KI**(aq) $\rightarrow$ KCl(aq) + $I_2(s)$
    c. **$Na_2B_4O_7$**(s) + $H_2SO_4(aq) + H_2O(l) \rightarrow$
    $H_3BO_3(s) + Na_2SO_4(aq)$

d. $CaC_2(s) + H_2O(l) \rightarrow Ca(OH)_2(s) + C_2H_2(g)$

13. Para cada uma das seguintes equações químicas balanceadas, calcule quantos *gramas* do produto(s) seriam produzidos por uma reação completa de 0,125 mol do primeiro reagente.

    a. $AgNO_3(aq) + LiOH(aq) \rightarrow AgOH(s) + LiNO_3(aq)$
    b. $Al_2(SO_4)_3(aq) + 3CaCl_2(aq) \rightarrow 2AlCl_3(aq) + 3CaSO_4(s)$
    c. $CaCO_3(s) + 2HCl(aq) \rightarrow CaCl_2(aq) + CO_2(g) + H_2O(l)$
    d. $2C_4H_{10}(g) + 13O_2(g) \rightarrow 8CO_2(g) + 10H_2O(g)$

14. Para cada uma das seguintes equações químicas balanceadas, calcule a *quantidade de matéria* e quantos *gramas* de cada produto seriam produzidos pela conversão completa de 0,50 mol do reagente indicado em negrito. Expresse claramente a relação molar utilizada para cada conversão.

    a. **NH_3**$(g) + HCl(g) \rightarrow NH_4Cl(s)$
    b. $CH_4(g) +$ **$4S$**$(s) \rightarrow CS_2(l) + 2H_2S(g)$
    c. **PCl_3**$(l) + 3H_2O(l) \rightarrow H_3PO_3(aq) + 3HCl(aq)$
    d. **$NaOH$**$(s) + CO_2(g) \rightarrow NaHCO_3(s)$

15. Para cada uma das seguintes equações *não balanceadas*, indique a *quantidade de matéria* do *segundo reagente* que seria necessária para reagir com exatamente *0,275 mol* do *primeiro reagente*. Expresse claramente a relação molar utilizada para a conversão.

    a. $Cl_2(g) + KI(aq) \rightarrow I_2(s) + KCl(aq)$
    b. $Co(s) + P_4(s) \rightarrow Co_3P_2(s)$
    c. $Zn(s) + HNO_3(aq) \rightarrow ZnNO_3(aq) + H_2(g)$
    d. $C_5H_{12}(l) + O_2(g) \rightarrow CO_2(g) + H_2O(g)$

16. Para cada uma das seguintes equações *não balanceadas*, indique a *quantidade de matéria* do *primeiro produto* que seria produzida se fosse formado *0,625 mol do segundo produto*. Expresse claramente a relação molar utilizada para cada conversão.

    a. $KO_2(s) + H_2O(l) \rightarrow O_2(g) + KOH(s)$
    b. $SeO_2(g) + H_2Se(g) \rightarrow Se(s) + H_2O(g)$
    c. $CH_3CH_2OH(l) + O_2(g) \rightarrow CH_3CHO(aq) + H_2O(l)$
    d. $Fe_2O_3(s) + Al(s) \rightarrow Fe(l) + Al_2O_3(s)$

9-3 Cálculos de massa

Questões

17. Qual grandeza serve como fator de conversão entre a massa de uma amostra e a sua quantidade de matéria?
18. O que significa dizer que a equação química balanceada de uma reação descreve a *estequiometria* da reação?

Problemas

19. Usando as massas atômicas médias apresentadas no final deste livro, calcule a *quantidade de matéria* de cada substância que as seguintes massas representam.

    a. 4,15 g de silício, Si
    b. 2,72 mg de cloreto de ouro(III), $AuCl_3$
    c. 1,05 kg de enxofre, S
    d. 0,000901 g de cloreto de ferro(III), $FeCl_3$
    e. $5,62 \times 10^3$ g de óxido de magnésio, MgO

20. Usando as massas atômicas médias apresentadas no final deste livro, calcule a *quantidade de matéria* de cada substância contida nas seguintes *massas*:

    a. $2,01 \times 10^{-2}$ g de prata
    b. 45,2 mg de sulfeto de amônia
    c. 61,7 µg de urânio
    d. 5,23 kg de dióxido de enxofre
    e. 272 g de nitrato de ferro(III)

21. Usando as massas atômicas médias apresentadas no final deste livro, calcule a *massa em gramas* de cada um dos seguintes exemplos:

    a. 2,17 mol de germânio, Ge
    b. 4,24 mmol de cloreto de chumbo(II) (1 mmol = 1/1000 mol)
    c. 0,0971 mol de amônia, NH_3
    d. $4,26 \times 10^3$ mol de hexano, C_6H_{14}
    e. 1,71 mol de monocloreto de iodo, ICl

22. Usando as massas atômicas médias apresentadas no final deste livro, calcule a *massa em gramas* de cada um dos seguintes exemplos:

    a. 0,341 mol de nitreto de potássio
    b. 2,62 mmol de neon (1 mmol = 1/1000 mol)
    c. 0,00449 mol de óxido de manganês(II)
    d. $7,18 \times 10^5$ mol de dióxido de silício
    e. 0,000121 mol de fosfato de ferro(III)

23. Para cada uma das seguintes equações *não balanceadas*, calcule a *quantidade de matéria* do segundo reagente que seria necessária para reagir completamente com 0,413 *mol* do primeiro reagente.

    a. $Co(s) + F_2(g) \rightarrow CoF_3(s)$
    b. $Al(s) + H_2SO_4(aq) \rightarrow Al_2(SO_4)_3(aq) + H_2(g)$
    c. $K(s) + H_2O(l) \rightarrow KOH(aq) + H_2(g)$
    d. $Cu(s) + O_2(g) \rightarrow Cu_2O(s)$

24. Para cada uma das seguintes equações *não balanceadas*, calcule a *quantidade de matéria* do segundo reagente que seria necessária para reagir completamente com 0,557 *gramas* do primeiro reagente.

    a. $Al(s) + Br_2(l) \rightarrow AlBr_3(s)$
    b. $Hg(s) + HClO_4(aq) \rightarrow Hg(ClO_4)_2(aq) + H_2(g)$
    c. $K(s) + P(s) \rightarrow K_3P(s)$
    d. $CH_4(g) + Cl_2(g) \rightarrow CCl_4(l) + HCl(g)$

25. Para cada uma das seguintes equações *não balanceadas*, calcule quantos *gramas de cada produto* seriam produzidos por uma reação completa de 12,5 g do reagente indicado em negrito. Indique claramente a relação molar utilizada para a conversão.

    a. $TiBr_4(g) +$ **H_2**$(g) \rightarrow Ti(s) + HBr(g)$
    b. **SiH_4**$(g) + NH_3(g) \rightarrow Si_3N_4(s) + H_2(g)$
    c. $NO(g) +$ **H_2**$(g) \rightarrow N_2(g) + 2H_2O(l)$
    d. **Cu_2S**$(s) \rightarrow Cu(s) + S(g)$

26. Considere a seguinte reação:

    $$PCl_3(s) + 3H_2O(l) \rightarrow H_3PO_3(aq) + 3HCl(aq)$$

    Qual a massa de H_2O necessária para reagir completamente com 20,0 g de PCl_3?

27. Os "sais de cheiro", que são usados para reanimar alguém que desmaiou, normalmente contêm carbonato de amônio, $(NH_4)_2CO_3$. O carbonato de amônio se decompõe facilmente para formar amônia, dióxido de carbono e água. O forte odor da amônia geralmente restaura a consciência da pessoa que desmaiou. A equação não balanceada é:

    $$(NH_4)_2CO_3(s) \rightarrow NH_3(g) + CO_2(g) + H_2O(g)$$

    Calcule a massa de gás amônia que é produzida se 1,25 g de carbonato de amônio se decompuser completamente.

28. O carboneto de cálcio, CaC_2, pode ser produzido em um forno elétrico aquecendo fortemente o óxido de cálcio (cal) com carbono. A equação não balanceada é:

$$CaO(s) + C(s) \rightarrow CaC_2(s) + CO(g)$$

O carboneto de cálcio é útil porque ele reage rapidamente com a água para formar o gás acetileno inflamável C_2H_2, que é amplamente utilizado na indústria de soldagem. A equação não balanceada é:

$$CaC_2(s) + H_2O(l) \rightarrow C_2H_2(g) + Ca(OH)_2(s)$$

Qual massa de gás acetileno, C_2H_2, seria produzida por uma reação completa de 3,75 g de carboneto de cálcio?

29. Quando o carbono elementar é queimado em ambiente aberto, com abundância de gás oxigênio, o produto é o dióxido de carbono.

$$C(s) + O_2(g) \rightarrow CO_2(g)$$

No entanto, quando a quantidade de oxigênio presente durante a queima do carbono é restrita, é mais provável que se obtenha o monóxido de carbono.

$$2C(s) + O_2(g) \rightarrow 2CO(g)$$

Qual a massa de cada produto esperada quando uma amostra de 5,00 g de carbono puro é queimada em cada uma dessas condições?

30. Se o bicarbonato de sódio (hidrogenocarbonato de sódio) é aquecido fortemente, ocorre a seguinte reação:

$$2NaHCO_3(s) \rightarrow Na_2CO_3(s) + H_2O(g) + CO_2(g)$$

Calcule a massa de carbonato de sódio que permanecerá se uma amostra de 1,52 g de hidrogenocarbonato de sódio for aquecida.

31. Embora geralmente pensemos que as substâncias "queimam" apenas no gás oxigênio, o processo de oxidação rápida para produzir uma chama também pode ocorrer em outros gases fortemente oxidantes. Por exemplo, quando o ferro é aquecido e colocado com gás cloro puro, o ferro "queima" de acordo com a seguinte reação (não balanceada):

$$Fe(s) + Cl_2(g) \rightarrow FeCl_3(s)$$

Quantos miligramas de cloreto de ferro(III) resultam quando 15,5 mg de ferro reagem com um excesso de gás cloro?

32. Quando o fermento é adicionado em uma solução de glicose ou frutose, os açúcares são submetidos à *fermentação* e o álcool etílico é produzido.

$$C_6H_{12}O_6(aq) \rightarrow 2C_2H_5OH(aq) + 2CO_2(g)$$

Essa é a reação que produz o vinho a partir do suco da uva. Calcule a massa de álcool etílico, C_2H_5OH, produzida quando 5,25 g de glicose, $C_6H_{12}O_6$, passa por essa reação.

33. O ácido sulfuroso é instável em solução aquosa e gradualmente se decompõe em água e gás dióxido de enxofre (o que explica o odor sufocante associado com as soluções de ácidos sulfurosos).

$$H_2SO_3(aq) \rightarrow H_2O(l) + SO_2(g)$$

Se 4,25 g de ácido sulfuroso sofrem essa reação, qual a massa de dióxido de enxofre liberada?

34. Pequenas quantidades de gás oxigênio podem ser geradas em laboratório pela decomposição do peróxido de hidrogênio. A equação não balanceada da reação é:

$$H_2O_2(aq) \rightarrow H_2O(l) + O_2(g)$$

Calcule a massa de oxigênio produzida quando 10,00 g de peróxido de hidrogênio se decompõem.

35. Fósforo elementar queima em oxigênio com uma chama extremamente quente, produzindo uma luz brilhante e nuvens do produto óxido. Estas propriedades de combustão do fósforo levaram à sua utilização em bombas e dispositivos incendiários de guerra.

$$P_4(s) + 5O_2(g) \rightarrow 2P_2O_5(s)$$

Se 4,95 g de fósforo são queimados, com que massa de oxigênio eles se combinam?

36. Embora nós tendamos a fazer menos uso de mercúrio nos dias de hoje por causa dos problemas ambientais criados pelo seu descarte inadequado, o mercúrio ainda é um metal importante por causa de sua propriedade incomum de existir como um líquido na temperatura ambiente. Um processo pelo qual o mercúrio é produzido industrialmente é por meio do aquecimento de seu minério comum, cinabarita (sulfeto de mercúrio HgS) com cal (óxido de cálcio, CaO).

$$4HgS(s) + 4CaO(s) \rightarrow 4Hg(l) + 3CaS(s) + CaSO_4(s)$$

Qual massa de mercúrio seria produzida por uma reação completa de 10,0 kg de HgS?

37. O nitrato de amônio tem sido usado como um explosivo porque é instável e se decompõe em várias substâncias gasosas. A expansão rápida das substâncias gasosas produz a força explosiva.

$$NH_4NO_3(s) \rightarrow N_2(g) + O_2(g) + H_2O(g)$$

Calcule a massa de cada gás produzido se 1,25 g de nitrato de amônio reagem.

38. Se os açúcares comuns são fortemente aquecidos, eles escurecem conforme se decompõem em carbono e vapor de água. Por exemplo, se a sacarose (açúcar comum) é aquecida, a reação é:

$$C_{12}H_{22}O_{11}(s) \rightarrow 12C(s) + 11H_2O(g)$$

Que massa de carbono é produzida se 1,19 g de sacarose se decompõem completamente?

39. O cloreto de tionila, $SOCl_2$, é usado como um poderoso agente de secagem em muitas experiências de química sintética, em que a presença pequenas quantidades de água seria prejudicial. A equação química não balanceada é:

$$SOCl_2(l) + H_2O(l) \rightarrow SO_2(g) + HCl(g)$$

Calcule a massa de água consumida pela reação completa de 35,0 g de $SOCl_2$.

40. Na seção "Química em foco – *Carros do futuro*", afirma-se que a combustão da gasolina para alguns carros libera cerca de 1 lb de CO_2 para cada milha percorrida.

Estime o consumo de combustível de um carro que produz cerca de 1 lb de CO_2 por milha percorrida. Assuma que a gasolina tem uma densidade de 0,75 g/ml e é 100% de octano (C_8H_{18}). Embora essa última parte não corresponda à realidade, está próxima o suficiente para uma estimativa. A reação pode ser representada pela seguinte equação química *não balanceada:*

$$C_8H_{18} + O_2 \rightarrow CO_2 + H_2O$$

9-5 Cálculos envolvendo um reagente limitante

Questões

41. Imagine que você está conversando com uma amiga que ainda não fez uma disciplina de química. Como você explicaria o conceito de *reagente limitante* para ela? Seu livro usa a analogia de um fabricante de automóveis encomendar quatro rodas para cada motor encomendado como um exemplo. Você consegue pensar em outra analogia que pode ajudar a sua amiga a entender o conceito?

42. Explique como se determina qual reagente em um processo é o reagente limitante. Isso depende apenas das massas dos reagentes presentes? A relação molar na qual os reagentes se combinam está envolvida?

43. Considere a equação: $2A + B \rightarrow 5C$. Se 10,0 g de A reagem com 5,00 g de B, como é determinado o reagente limitante? Escolha a *melhor* resposta e explique.

   a. Escolha o reagente com o menor coeficiente na equação química balanceada. Portanto, nesse caso, o reagente limitante é B.
   b. Escolha o reagente com a menor massa dada. Portanto, nesse caso, o reagente limitante é B.
   c. A massa de cada reagente deve ser convertida em quantidade de matéria e, em seguida, comparada com as relações na equação química balanceada. Portanto, nesse caso, o reagente limitante não pode ser determinado sem as massas molares de A e B.
   d. A massa de cada reagente deve ser convertida primeiro em quantidade de matéria. O reagente com a menor quantidade de matéria presente é o limitante. Portanto, nesse caso, o reagente limitante não pode ser determinado sem as massas molares de A e B.
   e. A massa de cada reagente deve ser dividida por seus coeficientes na equação química balanceada e o menor número presente é o reagente limitante. Portanto, nesse caso, não há nenhum reagente limitante porque A e B são consumidos completamente.

44. De acordo com a lei da conservação da massa, a massa não pode ser adquirida ou destruída em uma reação química. Por que você não pode simplesmente somar as massas de dois reagentes para determinar a massa total do produto? Escolha a *melhor* resposta e explique.

   a. Um dos reagentes pode estar presente em excesso e nem todo ele ser usado para compor o produto(s).
   b. As massas dos reagentes devem ser convertidas em quantidades de matéria primeiro e então somadas.
   c. Nem todas as reações químicas seguem a lei da conservação de massa, especialmente aquelas com estados físicos mistos presentes.
   d. As massas de dois reagentes não podem ser somadas até que elas sejam cada uma multiplicadas pelo seu coeficiente na equação balanceada.
   e. Apenas as massas molares são conservadas nas reações químicas e não as quantidades de massa reais dadas no laboratório.

Problemas

45. Para cada uma das seguintes reações *não balanceadas*, suponha que exatamente 5,00 g de *cada reagente* são consumidos. Determine qual reagente é limitante e também que massa do reagente em excesso permanecerá após o limitante ser consumido.

   a. $Na_2B_4O_7(s) + H_2SO_4(aq) + H_2O(l) \rightarrow$
       $H_3BO_3(s) + Na_2SO_4(aq)$
   b. $CaC_2(s) + H_2O(l) \rightarrow Ca(OH)_2(s) + C_2H_2(g)$
   c. $NaCl(s) + H_2SO_4(l) \rightarrow HCl(g) + Na_2SO_4(s)$
   d. $SiO_2(s) + C(s) \rightarrow Si(l) + CO(g)$

46. Para cada uma das seguintes equações químicas *não balanceadas*, suponha que exatamente 5,00 g de *cada* reagente são consumidos. Determine qual reagente é limitante e calcule qual massa se espera de cada um dos produtos (assumindo que o reagente limitante é completamente consumido).

   a. $S(s) + H_2SO_4(aq) \rightarrow SO_2(g) + H_2O(l)$
   b. $MnO_2(s) + H_2SO_4(l) \rightarrow Mn(SO_4)_2(s) + H_2O(l)$
   c. $H_2S(g) + O_2(g) \rightarrow SO_2(g) + H_2O(l)$
   d. $AgNO_3(aq) + Al(s) \rightarrow Ag(s) + Al(NO_3)_3(aq)$

47. Para cada uma das seguintes equações químicas *não balanceadas*, suponha que 10,0 g de *cada reagente* são tomados. Mostre por meio de cálculos qual reagente é o reagente limitante. Calcule a massa que se espera de cada um dos produtos.

   a. $C_3H_8(g) + O_2(g) \rightarrow CO_2(g) + H_2O(g)$
   b. $Al(s) + Cl_2(g) \rightarrow AlCl_3(s)$
   c. $NaOH(s) + CO_2(g) \rightarrow Na_2CO_3(s) + H_2O(l)$
   d. $NaHCO_3(s) + HCl(aq) \rightarrow NaCl(aq) + H_2O(l) + CO_2(g)$

48. Para cada uma das seguintes equações químicas *não balanceadas*, suponha que exatamente 1,00 g de *cada* reagente é tomado. Determine qual reagente é o limitante e calcule qual massa se espera do produto em negrito (assumindo que o reagente limitante é completamente consumido).

   a. $CS_2(l) + O_2(g) \rightarrow \mathbf{CO_2}(g) + SO_2(g)$
   b. $NH_3(g) + CO_2(g) \rightarrow CN_2H_4O(s) + \mathbf{H_2O}(g)$
   c. $H_2(g) + MnO_2(s) \rightarrow MnO(s) + \mathbf{H_2O}(g)$
   d. $I_2(l) + Cl_2(g) \rightarrow \mathbf{ICl}(g)$

49. Para cada uma das seguintes equações químicas *não balanceadas*, suponha que 1,00 g de *cada* reagente é consumido. Mostre por meio de cálculos qual reagente é o limitante. Calcule a massa de cada um dos produtos esperados.

   a. $UO_2(s) + HF(aq) \rightarrow UF_4(aq) + H_2O(l)$
   b. $NaNO_3(aq) + H_2SO_4(aq) \rightarrow Na_2SO_4(aq) + HNO_3(aq)$
   c. $Zn(s) + HCl(aq) \rightarrow ZnCl_2(aq) + H_2(g)$
   d. $B(OH)_3(s) + CH_3OH(l) \rightarrow B(OCH_3)_3(s) + H_2O(l)$

50. Para cada uma das seguintes equações químicas *não balanceadas*, suponha que exatamente 15,0 g de *cada* reagente são consumidos. Determine qual reagente é limitante e calcule qual massa se espera de cada produto (suponha que o reagente limitante é completamente consumido).

   a. $Al(s) + HCl(aq) \rightarrow AlCl_3(aq) + H_2(g)$
   b. $NaOH(aq) + CO_2(g) \rightarrow Na_2CO_3(aq) + H_2O(l)$
   c. $Pb(NO_3)_2(aq) + HCl(aq) \rightarrow PbCl_2(s) + HNO_3(aq)$
   d. $K(s) + I_2(s) \rightarrow KI(s)$

51. O carbonato de chumbo(II), também chamado de "chumbo branco", antigamente era usado como pigmento em tintas brancas. No entanto, devido à sua toxicidade, o chumbo já não pode ser utilizado em tintas destinadas para residências. O carbonato de chumbo(II) é preparado industrialmente pela reação de acetato de chumbo(II) aquoso com gás dióxido de carbono. A equação não balanceada é:

$$Pb(C_2H_3O_2)_2(aq) + H_2O(l) + CO_2(g) \rightarrow$$
$$PbCO_3(s) + HC_2H_3O_2(aq)$$

Suponha que uma solução aquosa contendo 1,25 g de acetato de chumbo(II) seja tratada com 5,95 g de dióxido de carbono. Calcule o rendimento teórico do carbonato de chumbo.

52. O sulfato de cobre(II) tem sido amplamente utilizado como um fungicida (mata fungos) e herbicida (mata ervas daninhas). O sulfato de cobre(II) pode ser preparado no laboratório pela reação de óxido de cobre(II) com ácido sulfúrico. A equação não balanceada é:

$$CuO(s) + H_2SO_4(aq) \rightarrow CuSO_4(aq) + H_2O(l)$$

Se 2,49 g de óxido de cobre(II) são tratados com 5,05 g de ácido sulfúrico puro, qual reagente limitaria a quantidade de sulfato de cobre(II) que poderia ser produzido?

53. O óxido de chumbo(II) de um minério pode ser reduzido a chumbo elementar pelo aquecimento em um forno com carbono.

$$PbO(s) + C(s) \rightarrow Pb(l) + CO(g)$$

Calcule o rendimento esperado de chumbo se 50,0 kg de óxido de chumbo forem aquecidos com 50,0 kg de carbono.

54. Se a lã de aço (ferro) é aquecida até que brilhe e é colocada em um frasco contendo oxigênio puro, o ferro reage espetacularmente para produzir óxido de ferro(III).

$$Fe(s) + O_2(g) \rightarrow Fe_2O_3(s)$$

Se 1,25 g de ferro é aquecido e colocado em um frasco contendo 0,0204 mol de gás oxigênio, qual é massa de óxido de ferro(III) produzida?

55. Um método comum para a determinação de quantos íons de cloreto estão presentes em uma amostra é precipitar o cloreto de uma solução aquosa de uma amostra com solução de nitrato de prata e então pesar o cloreto de prata resultante. A reação iônica líquida balanceada é:

$$Ag^+(aq) + Cl^-(aq) \rightarrow AgCl(s)$$

Suponha que uma amostra de 5,45 g de cloreto de sódio puro é dissolvida em água e, então, tratada com uma solução contendo 1,15 g de nitrato de prata. Será essa quantidade de nitrato de prata é capaz de precipitar *todos* os íons cloreto a partir da amostra de cloreto de sódio?

56. Embora muitos sais de sulfato sejam solúveis em água, o sulfato de cálcio não é (Tabela 7.1). Portanto, uma solução de cloreto de cálcio reagirá com a solução de sulfato de sódio para produzir um precipitado de sulfato de cálcio. A equação balanceada é:

$$CaCl_2(aq) + Na_2SO_4(aq) \rightarrow CaSO_4(s) + 2NaCl(aq)$$

Se uma solução contendo 5,21 g de cloreto de cálcio é combinada com uma solução contendo 4,95 g de sulfato de sódio, qual é o reagente limitante? Qual reagente está presente em excesso?

57. O peróxido de hidrogênio é utilizado como agente de limpeza para o tratamento de cortes e lesões por diversas razões. É um agente oxidante que pode matar diretamente muitos microrganismos; ele se decompõe em contato com o sangue, liberando o gás oxigênio elementar (que inibe o crescimento de microrganismos anaeróbios); e ele espuma em contato com o sangue, o que proporciona uma ação de limpeza. No laboratório, pequenas quantidades de peróxido de hidrogênio podem ser preparadas pela ação de um ácido sobre um peróxido de metal alcalino terroso, tal como o peróxido de bário.

$$BaO_2(s) + 2HCl(aq) \rightarrow H_2O_2(aq) + BaCl_2(aq)$$

Qual quantidade de peróxido de hidrogênio deve ser obtida quando 1,50 g de peróxido de bário é tratado com 25,0 ml de solução de ácido clorídrico contendo 0,0272 g de HCl por ml?

58. O carbeto de silício, SiC, é um dos materiais mais duros que se conhece. Ultrapassado na dureza apenas pelo diamante, ele é às vezes conhecido comercialmente como carborundum. O carbeto de silício é usado principalmente como um abrasivo para lixa e é fabricado pelo aquecimento de areia comum (dióxido de silício, SiO_2) com carbono, em um forno.

$$SiO_2(s) + C(s) \rightarrow CO(g) + SiC(s)$$

Qual massa de carboneto de silício deve-se obter quando 1,0 kg de areia pura é aquecido com um excesso de carbono?

9-6 Rendimento percentual

Questões

59. Seu livro fala sobre vários tipos de "rendimento" quando os experimentos são realizados no laboratório. Os alunos muitas vezes confundem esses termos. Defina, compare e contraste o que se entende por *rendimento teórico, rendimento real e rendimento percentual.*

60. O livro explica que uma das razões pelas quais o rendimento real de uma reação pode ser menor do que o rendimento teórico são as reações paralelas. Sugira algumas outras razões pelas quais o rendimento percentual de uma reação pode não ser 100%.

61. Segundo seus cálculos de rendimento teórico no pré-laboratório, a experiência de um aluno deveria ter produzido 1,44 g de óxido de magnésio. Quando ele pesava seu produto após a reação, havia apenas 1,23 g de óxido de magnésio. Qual é o rendimento percentual do aluno?

62. Um airbag é implantado utilizando a seguinte reação (o gás nitrogênio produzido infla o airbag):

$$2NaN_3(s) \rightarrow 2Na(s) + 3N_2(g)$$

Se 10,5 g de NaN_3 são decompostos, qual deve ser a massa teórica de sódio produzida? Se apenas 2,84 g de sódio são realmente recolhidos, qual é o rendimento percentual?

Problemas

63. O composto tiossulfato de sódio pentaidratado, $Na_2S_2O_3 \cdot 5H_2O$, é importante comercialmente para o negócio da fotografia como "hipo", porque ele tem a capacidade de dissolver os sais de prata que não reagiram no filme fotográfico durante a revelação. O tiossulfato de sódio pentaidratado pode ser produzido pela fervura do enxofre elementar em uma solução aquosa de sulfito de sódio.

$$S_8(s) + Na_2SO_3(aq) + H_2O(l) \rightarrow Na_2S_2O_3 \cdot 5H_2O(s)$$
(não balanceada)

Qual é o rendimento teórico do tiossulfato de sódio pentaidratado quando 3,25 g de enxofre são fervidos com 13,1 g de sulfito de sódio? O tiossulfato de sódio pentaidratado é muito solúvel em água. Qual é o rendimento percentual da síntese se um estudante realizando essa experiência é capaz de isolar (recolher) apenas 5,26 g do produto?

64. Hidróxidos de metais alcalinos são algumas vezes usados para "limpar" o excesso de dióxido de carbono do ar em espaços fechados (por exemplo, submarinos e naves espaciais). Por exemplo, o hidróxido de lítio reage com o dióxido de carbono de acordo com a equação química não balanceada:

$$\text{LiOH}(s) + \text{CO}_2(g) \rightarrow \text{Li}_2\text{CO}_3(s) + \text{H}_2\text{O}(g)$$

Suponha que um recipiente de hidróxido de lítio contém 155 g de LiOH (s). Qual massa de CO_2 (g) a lata será capaz de absorver? Verificando-se que após 24 horas de uso o recipiente absorveu 102 g de dióxido de carbono, qual porcentagem de sua capacidade foi alcançada?

65. Apesar de terem sido anteriormente chamados de gases inertes, pelo menos os elementos mais pesados do Grupo 8 formam compostos relativamente estáveis. Por exemplo, o xenônio combina-se diretamente com o flúor elementar em temperaturas elevadas na presença de um catalisador de níquel.

$$\text{Xe}(g) + 2\text{F}_2(g) \rightarrow \text{XeF}_4(s)$$

Qual é a massa teórica de tetrafluoreto de xenônio que deve ser formada quando 130 g de xenônio reagem com 100 g de F_2? Qual é o rendimento percentual se apenas 145 g de XeF_4 são realmente isolados?

66. O cobre sólido pode ser produzido passando-se amônia gasosa sobre óxido de cobre(II) sólido em temperaturas elevadas.

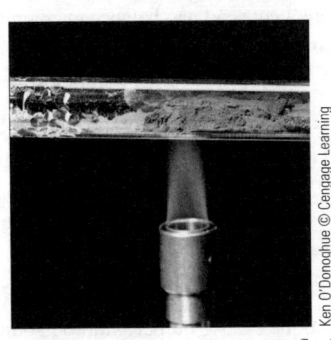

*Você pode visualizar essa imagem em cores no final do livro.

Os outros produtos da reação são nitrogênio gasoso e vapor de água. A equação balanceada dessa reação é:

$$2\text{NH}_3(g) + 3\text{CuO}(s) \rightarrow \text{N}_2(g) + 3\text{Cu}(s) + 3\text{H}_2\text{O}(g)$$

Qual é o rendimento teórico de cobre sólido que deve ser formado quando 18,1 g de NH_3 reagem com 90,4 g de CuO? Se apenas 45,3 g de cobre são realmente recolhidos, qual é o rendimento percentual?

Problemas adicionais

67. As águas naturais frequentemente contêm níveis relativamente elevados de íons cálcio, Ca^{2+}, e íons hidrogenocarbonato (bicarbonato), HCO_3^-, da lixiviação de minerais na água. Quando essa água é utilizada comercialmente ou em casa, o seu aquecimento provoca a formação de carbonato de cálcio sólido CaCO_3, o qual forma um depósito ("escamas") no interior de caldeiras, tubos e outras peças da canalização.

$$\text{Ca}(\text{HCO}_3)_2(aq) \rightarrow \text{CaCO}_3(s) + \text{CO}_2(g) + \text{H}_2\text{O}(l)$$

Se uma amostra de água de poço contém $2,0 \times 10^{-3}$ mg de Ca $(\text{HCO}_3)_2$ por mililitro, qual massa de escamas de CaCO_3 1,0 mL dessa água seria capaz de depositar?

68. Um processo para a produção comercial de bicarbonato de sódio (hidrogenocarbonato de sódio) envolve a seguinte reação, na qual o dióxido de carbono é usado na sua forma sólida ("gelo seco") tanto para servir como uma fonte de reagente como para refrigerar o sistema da reação para uma temperatura suficientemente baixa para que o hidrocarbonato de sódio seja precipitado:

$$\text{NaCl}(aq) + \text{NH}_3(aq) + \text{H}_2\text{O}(l) + \text{CO}_2(s) \rightarrow$$
$$\text{NH}_4\text{Cl}(aq) + \text{NaHCO}_3(s)$$

Como eles são relativamente baratos, o cloreto de sódio e a água estão tipicamente presentes em excesso. Qual é o rendimento esperado de NaHCO_3, quando se executa tal síntese utilizando 10,0 g de amônia e 15,0 g de gelo seco, com um excesso de NaCl e de água?

69. Uma demonstração preferida entre os professores de química para mostrar que as propriedades de um composto diferem das dos seus elementos constituintes envolve a limalha de ferro e o enxofre em pó. Se o professor pega amostras de ferro e de enxofre e apenas as mistura, os dois elementos podem ser separados um com um ímã (o ferro é atraído pelo ímã, o enxofre não é). Se o professor, em seguida, combina e aquece a mistura de ferro e enxofre, acontece uma reação e os elementos se combinam para formar sulfureto de ferro(II) (o qual não é atraído pelo ímã).

$$\text{Fe}(s) + \text{S}(s) \rightarrow \text{FeS}(s)$$

Suponha que 5,25 g de limalha de ferro são combinados com 12,7 g de enxofre. Qual é o rendimento teórico do sulfeto de ferro(II)?

70. Quando a glicose do açúcar, $\text{C}_6\text{H}_{12}\text{O}_6$, é queimada no ar, são produzidos dióxido de carbono e vapor de água. Escreva a equação química balanceada desse processo e calcule o rendimento teórico do dióxido de carbono quando 1,00 g de glicose é totalmente queimado.

71. Quando o cobre elementar é fortemente aquecido com enxofre, uma mistura de CuS e Cu_2S é produzida, com predominância do CuS.

$$\text{Cu}(s) + \text{S}(s) \rightarrow \text{CuS}(s)$$
$$2\text{Cu}(s) + \text{S}(s) \rightarrow \text{Cu}_2\text{S}(s)$$

Qual é o rendimento teórico de CuS quando 31,8 g de Cu(s) são aquecidos com 50,0 g de S? (Assuma que apenas o CuS seja produzido na reação). Qual é o rendimento percentual de CuS se apenas 40,0 g de CuS podem ser isolados da mistura?

72. Soluções de cloreto de bário são utilizadas na análise química para a precipitação quantitativa de íons sulfato em solução.

$$\text{Ba}^{2+}(aq) + \text{SO}_4^{2-}(aq) \rightarrow \text{BaSO}_4(s)$$

Suponha que uma solução contenha 150 mg de íons sulfato. Qual massa de cloreto de bário deve ser adicionada para garantir a precipitação de todos os íons sulfato?

73. O método tradicional de análise para a quantidade de íons cloreto presentes em uma amostra é a dissolução da amostra em água seguida da adição lenta de uma solução de nitrato

de prata. O cloreto de prata é muito insolúvel em água e pela adição de um ligeiro excesso de nitrato de prata, é possível remover de modo eficaz todos os íons cloreto da amostra.

$$Ag^+(aq) + Cl^+(aq) \rightarrow AgCl(s)$$

Suponha que uma amostra de 1,054 g contenha 10,3 % de íon cloreto em massa. Que massa de nitrato de prata deve ser usada para precipitar completamente o íon cloreto da amostra? Que massa de cloreto de prata será obtida?

74. Para cada uma das seguintes reações, forneça a equação balanceada e indique o significado da equação em termos dos números de *moléculas individuais* e em termos da *quantidade de matéria* de moléculas.

   a. $UO_2(s) + HF(aq) \rightarrow UF_4(aq) + H_2O(l)$
   b. $NaC_2H_3O_2(aq) + H_2SO_4(aq) \rightarrow$
   $\qquad Na_2SO_4(aq) + HC_2H_3O_2(aq)$
   c. $Mg(s) + HCl(aq) \rightarrow MgCl_2(aq) + H_2(g)$
   d. $B_2O_3(s) + H_2O(l) \rightarrow B(OH)_3(aq)$

75. Verdadeiro ou falso? Para a reação representada pela equação química balanceada

   $$Mg(OH)_2(aq) + 2HCl(aq) \rightarrow 2H_2O(l) + MgCl_2(aq)$$

   para 0,40 mol de $Mg(OH)_2$, será necessário 0,20 mol de HCl.

76. Considere a equação balanceada:

   $$C_3H_8(g) + 5O_2(g) \rightarrow 3CO_2(g) + 4H_2O(g)$$

   Qual razão molar permite que você calcule a quantidade de matéria de oxigênio necessária para reagir exatamente com uma determinada quantidade de matéria de $C_3H_8(g)$? Quais relações molares permitem calcular a quantidade de matéria de cada produto que se forma a partir de uma determinada quantidade de matéria de C_3H_8?

77. Para cada uma das seguintes reações balanceadas, calcule a *quantidade de matéria de cada produto* que seria produzida por uma conversão completa de *0,50 mol* do reagente indicado em negrito. Indique claramente a relação molar utilizada para a conversão.

   a. **$2H_2O_2(l)$** $\rightarrow 2H_2O(l) + O_2(g)$
   b. **$2KClO_3(s)$** $\rightarrow 2KCl(s) + 3O_2(g)$
   c. **$2Al(s)$** $+ 6HCl(aq) \rightarrow 2AlCl_3(aq) + 3H_2(g)$
   d. **$C_3H_8(g)$** $+ 5O_2(g) \rightarrow 3CO_2(g) + 4H_2O(g)$

78. Para cada uma das seguintes equações balanceadas, indique a *quantidade de matéria do produto* que pode ser produzida por uma reação completa de *1,00 g* do reagente indicado em negrito. Indique claramente a relação molar utilizada para a conversão.

   a. **$NH_3(g)$** $+ HCl(g) \rightarrow NH_4Cl(s)$
   b. **$CaO(s)$** $+ CO_2(g) \rightarrow CaCO_3(s)$
   c. **$4Na(s)$** $+ O_2(g) \rightarrow 2Na_2O(s)$
   d. **$2P(s)$** $+ 3Cl_2(g) \rightarrow 2PCl_3(l)$

79. Usando as massas atômicas médias apresentadas no final do livro, calcule a *quantidade de matéria* de cada substância que as seguintes massas representam.

   a. 4,21 g de sulfato de cobre(II)
   b. 7,94 g de nitrato de bário
   c. 1,24 mg de água
   d. 979 g de tungstênio
   e. 1,45 lb de enxofre
   f. 4,65 g de álcool etílico, C_2H_5OH
   g. 12,01 g de carbono

80. Usando as massas atômicas médias apresentadas no final do livro, calcule a *massa em gramas* de cada uma das seguintes amostras.

   a. 5,0 mol de ácido nítrico
   b. 0,000305 mol de mercúrio
   c. $2,31 \times 10^{-5}$ mol de cromato de potássio
   d. 10,5 mol de cloreto de alumínio
   e. $4,9 \times 10^4$ mol de hexafluoreto de enxofre
   f. 125 mol de amônia
   g. 0,01205 mol de peróxido de sódio

81. Para cada uma das seguintes equações *incompletas e não balanceadas*, indique a *quantidade de matéria* do *segundo reagente* que seria necessária para reagir completamente com *0,145 mol* do *primeiro reagente*.

   a. $BaCl_2(aq) + H_2SO_4(aq) \rightarrow$
   b. $AgNO_3(aq) + NaCl(aq) \rightarrow$
   c. $Pb(NO_3)_2(aq) + Na_2CO_3(aq) \rightarrow$
   d. $C_3H_8(g) + O_2(g) \rightarrow$

82. Uma etapa da produção comercial de ácido sulfúrico, H_2SO_4, envolve a conversão do dióxido de enxofre, SO_2, em trióxido de enxofre, SO_3.

   $$2SO_2(g) + O_2(g) \rightarrow 2SO_3(g)$$

   Se 150 kg de SO_2 reagem completamente, qual massa de SO_3 que será obtida?

83. Muitos metais ocorrem naturalmente como sulfetos; por exemplo, o ZnS e o CoS. A poluição do ar muitas vezes acompanha o processamento desses minérios, porque o dióxido de enxofre tóxico é liberado à medida que o minério é convertido de sulfeto para óxido pela calcinação (queima). Por exemplo, considere a equação não balanceada da reação de calcinação do zinco:

   $$ZnS(s) + O_2(g) \rightarrow ZnO(s) + SO_2(g)$$

   Quantos quilogramas de dióxido de enxofre são produzidos quando $1,0 \times 10^2$ kg de ZnS são calcinados em excesso de oxigênio por esse processo?

84. Se o peróxido de sódio é adicionado em água, o gás oxigênio elementar é formado:

   $$Na_2O_2(s) + H_2O(l) \rightarrow NaOH(aq) + O_2(g)$$

   Suponha que 3,25 g de peróxido de sódio são adicionados em um grande excesso de água. Qual massa de gás oxigênio será produzida?

85. Quando o cobre elementar é colocado em uma solução de nitrato de prata, ocorre a seguinte reação de oxidação-redução, formando prata elementar:

   $$Cu(s) + 2AgNO_3(aq) \rightarrow Cu(NO_3)_2(aq) + 2Ag(s)$$

   Qual massa de cobre é necessária para remover toda a prata de uma solução de nitrato de prata que contém 1,95 mg deste sal?

86. Quando pequenas quantidades de gás hidrogênio elementar são necessárias para o trabalho de laboratório, o hidrogênio é muitas vezes gerado pela reação química de um metal com ácido. Por exemplo, o zinco reage com o ácido clorídrico, liberando hidrogênio gasoso elementar:

   $$Zn(s) + 2HCl(aq) \rightarrow ZnCl_2(aq) + H_2(g)$$

   Qual massa de gás hidrogênio é produzida quando 2,50 g de zinco reagem com ácido clorídrico aquoso em excesso?

87. O hidrocarboneto acetileno gasoso, C_2H_2, é usado em maçaricos de soldadores devido à grande quantidade de calor liberada quando queimado com oxigênio.

$$2C_2H_2(g) + 5O_2(g) \rightarrow 4CO_2(g) + 2H_2O(g)$$

Quantos gramas de gás oxigênio são necessários para a combustão completa de 150 g de acetileno?

88. Para cada uma das seguintes equações químicas *não balanceadas*, suponha que são consumidos exatamente 5,0 g de cada reagente. Determine qual reagente é limitante e calcule qual é a massa esperada de cada um dos produtos, assumindo que o reagente limitante foi completamente consumido.

    a. $Na(s) + Br_2(l) \rightarrow NaBr(s)$
    b. $Zn(s) + CuSO_4(aq) \rightarrow ZnSO_4(aq) + Cu(s)$
    c. $NH_4Cl(aq) + NaOH(aq) \rightarrow NH_3(g) + H_2O(l) + NaCl(aq)$
    d. $Fe_2O_3(s) + CO(g) \rightarrow Fe(s) + CO_2(g)$

89. Para cada uma das seguintes equações químicas *não balanceadas*, suponha que são consumidos 25,0 g de cada reagente. Mostre por meio de cálculos qual reagente é o limitante. Calcule o rendimento teórico em gramas do produto em negrito.

    a. $C_2H_5OH(l) + O_2(g) \rightarrow \mathbf{CO_2}(g) + H_2O(l)$
    b. $N_2(g) + O_2(g) \rightarrow \mathbf{NO}(g)$
    c. $NaClO_2(aq) + Cl_2(g) \rightarrow ClO_2(g) + \mathbf{NaCl}(aq)$
    d. $H_2(g) + N_2(g) \rightarrow \mathbf{NH_3}(g)$

90. A hidrazina, N_2H_4, emite uma grande quantidade de energia quando reage com o oxigênio, o que levou ao uso da hidrazina como combustível para foguetes:

    $$N_2H_4(l) + O_2(g) \rightarrow N_2(g) + 2H_2O(g)$$

    Qual a quantidade de matéria de cada um dos produtos gasosos produzida se 20,0 g de hidrazina pura forem inflamados na presença de 20,0 g de oxigênio puro? Quantos gramas de cada produto são produzidos?

91. Considere a seguinte reação para acender um fósforo:

    $$3P_4(s) + 10KClO_3(s) \xrightarrow{calor} 10KCl(s) + 6P_2O_5(s)$$

    a. Se 3,50 mol de P_2O_5 foram produzidos nessa reação, qual a quantidade de matéria de KCl produzida?
    b. Se 3,50 mol de P_2O_5 foram produzidos nessa reação, qual a quantidade de matéria de P_4 necessária?

92. Antes de ir para o laboratório, um aluno leu em seu manual de laboratório que o rendimento percentual de uma reação difícil de ser estudada era susceptível de ter apenas 40% do rendimento teórico. Os cálculos estequiométricos de pré-laboratório do estudante preveem que o rendimento teórico deva ser de 12,5 g. Qual é o provável rendimento real do aluno?

Problemas para estudo

93. Considere a seguinte equação química não balanceada da combustão do pentano (C_5H_{12}):

    $$C_5H_{12}(l) + O_2(g) \rightarrow CO_2(g) + H_2O(l)$$

    Se uma amostra de 20,4 gramas de pentano é queimada em excesso de oxigênio, qual massa de água pode ser produzida assumindo 100% de rendimento?

94. Uma amostra de 0,4230 g de nitrato de sódio impuro (contém nitrato de sódio mais ingredientes inertes) foi aquecida, convertendo todo o nitrato de sódio para 0,2339 g de nitrito de sódio e gás oxigênio. Determine a porcentagem de nitrato de sódio na amostra original.

95. Considere a seguinte equação química *não balanceada*

    $$LiOH(s) + CO_2(g) \rightarrow Li_2CO_3(s) + H_2O(l)$$

    Se 67,4 g de hidróxido de lítio reagem com excesso de dióxido de carbono, qual massa de carbonato de lítio será produzida?

96. Ao longo dos anos, a reação a seguir tem sido usada para soldar os trilhos de estrada de ferro, em bombas incendiárias e para a ignição de motores de foguete de combustível sólido. A reação é:

    $$Fe_2O_3(s) + 2Al(s) \rightarrow 2Fe(l) + Al_2O_3(s)$$

    a. Qual massa de óxido de ferro(III) deve ser usada para produzir 25,69 g de ferro?
    b. Qual massa de alumínio deve ser usada para produzir 25,69 g de ferro?
    c. Qual é a massa máxima de óxido de alumínio que pode ser produzida com 25,69 g de ferro?

97. Considere a seguinte equação química não balanceada:

    $$H_2S(g) + O_2(g) \rightarrow SO_2(g) + H_2O(g)$$

    Determine a quantidade de matéria máxima de SO_2 produzida a partir de 8,0 mol de H_2S e 3,0 mol de O_2.

98. Amônia gasosa reage com sódio metálico para formar a amida de sódio ($NaNH_2$) e gás hidrogênio. A equação química não balanceada dessa reação é a seguinte:

    $$NH_3(g) + Na(s) \rightarrow NaNH_2(s) + H_2(g)$$

    Assumindo que você inicie com 32,8 g de amônia gasosa e 16,6 g de sódio metálico e assumindo que a reação complete, determine a massa (em gramas) de cada produto.

99. O gás dióxido de enxofre reage com hidróxido de sódio para formar sulfito de sódio e água. A equação química *não balanceada* dessa reação é a seguinte:

    $$SO_2(g) + NaOH(s) \rightarrow Na_2SO_3(s) + H_2O(l)$$

    Supondo que você reaja 38,3 g de dióxido de enxofre com 32,8 g de hidróxido de sódio e assumindo que a reação seja concluída, calcule a massa de cada um dos produtos formados.

100. A capacidade de produção de acrilonitrila (C_3H_3N) nos Estados Unidos é de mais de 2 bilhões de libras por ano. A acrilonitrila, o bloco de construção para as fibras de poliacrilonitrila e uma variedade de plásticos é produzida a partir de propileno gasoso, amônia e oxigênio:

     $$2C_3H_6(g) + 2NH_3(g) + 3O_2(g) \rightarrow 2C_3H_3N(g) + 6H_2O(g)$$

     a. Assumindo 100% de rendimento, determine a massa de acrilonitrila que pode ser produzida da mistura abaixo:

Massa	Reagente inicial
$5,23 \times 10^2$ g	propileno
$5,00 \times 10^2$ g	amônia
$1,00 \times 10^3$ g	oxigênio

     b. Qual a massa de água formada de sua mistura?
     c. Calcule a massa (em gramas) de cada reagente depois de a reação ser completada.

REVISÃO CUMULATIVA DOS CAPÍTULOS 8 E 9

Questões

1. O que a *massa atômica* média de um elemento representa? Qual unidade é usada para a massa atômica média? Expresse a unidade de massa atômica em gramas. Por que que a massa atômica média de um elemento geralmente *não* é um número inteiro?

2. Talvez o conceito mais importante na química introdutória diga respeito ao que um *mol* de uma substância representa. O conceito de mol vai aparecer outras vezes nos próximos capítulos deste livro. O que um mol de uma substância representa em uma base atômica microscópica? O que um mol de uma substância representa em uma base de massa macroscópica? Por que os químicos definiram um mol dessa maneira?

3. Como sabemos que 16,00 g de oxigênio contêm o mesmo número de átomos que 12,01 g de carbono e que 22,99 g de sódio contêm o mesmo número de átomos que cada um deles? Como sabemos que 106,0 g de Na_2CO_3 contêm o mesmo número de átomos de carbono que 12,01 g de carbono, mas três vezes mais átomos de oxigênio que 16,00 g de oxigênio e duas vezes mais átomos de sódio que 22,99 g de sódio?

4. Defina *massa molar*. Usando o H_3PO_4 como um exemplo, calcule a massa molar das massas atômicas dos elementos.

5. O que significa *composição percentual* em massa para um composto? Descreva em termos gerais como essa informação é obtida pelo experimento para os novos compostos. Como essa informação pode ser calculada para os compostos conhecidos?

6. Defina, compare e contraste o que se entende por fórmulas *empíricas* e *moleculares* de uma substância. O que cada uma dessas fórmulas nos diz sobre um composto? Que informações devem ser conhecidas para um composto antes de a fórmula molecular poder ser determinada? Por que a fórmula molecular é um *múltiplo inteiro* da fórmula empírica?

7. Quando professores de química preparam uma pergunta de prova sobre a determinação da fórmula empírica de um composto, eles normalmente tomam um composto conhecido e calculam a composição percentual do composto da fórmula. Eles então fornecem aos alunos os dados da composição percentual e os alunos calculam a fórmula original. Usando um composto de *sua* escolha, primeiro utilize a fórmula molecular do composto para calcular a sua composição percentual. Em seguida, use os dados da composição percentual para calcular a fórmula empírica do composto.

8. Em vez de fornecer aos estudantes os dados da composição percentual diretos para determinar a fórmula empírica de um composto (veja a Questão 7), às vezes, os professores de química tentarão enfatizar a natureza experimental da determinação da fórmula, convertendo os dados da composição percentual em massas experimentais reais. Por exemplo, o composto CH_4 contém 74,87% em massa de carbono. Em vez de fornecer aos alunos os dados dessa forma, um professor pode dizer que "Quando se analisou 1,000 g de um composto, constatou-se que continha 0,7487 g de carbono, com o restante consistindo de hidrogênio". Usando o composto que você escolheu para a Questão 7 e os dados da composição percentual que você calculou, reformule seus dados como sugerido neste problema em termos de massas "experimentais" reais. Então, a partir dessas massas, calcule a fórmula empírica de seu composto.

9. As equações químicas balanceadas nos fornecem informações em termos de moléculas individuais que reagem nas proporções indicadas pelos coeficientes e também em termos de quantidades macroscópicas (isto é, quantidade de matéria). Escreva uma equação química balanceada de sua escolha e interprete em palavras o significado da equação nos níveis molecular e macroscópico.

10. Considere a equação *não balanceada* da combustão de propano:

    $$C_3H_8(g) + O_2(g) \rightarrow CO_2(g) + H_2O(g)$$

    Em primeiro lugar, balanceie a equação. Em seguida, para uma dada quantidade de propano, escreva as relações molares que permitiriam que você calculasse a quantidade de matéria de cada um dos produtos, bem como a quantidade de matéria de O_2 que estaria envolvida na reação completa. Finalmente, mostre como essas relações molares seriam aplicadas se 0,55 mol de propano fosse queimado.

11. Na prática da química, um dos mais importantes cálculos diz respeito às massas dos produtos esperadas quando massas particulares de reagentes são utilizadas em uma experiência. Por exemplo, os químicos julgam a praticidade e a eficiência de uma reação ao ver o quão perto a quantidade de produto realmente obtido está do valor esperado. Usando uma equação química balanceada e uma quantidade de material de partida de sua escolha, resuma e ilustre os vários passos necessários em tal cálculo para a quantidade esperada do produto.

12. O que se entende por um *reagente limitante* em uma reação particular? De que forma a reação é "limitada"? O que significa dizer que um ou mais dos reagentes está presente *em excesso*? O que acontece com uma reação quando o reagente limitante se esgota?

13. Para uma equação química balanceada de sua escolha e usando 25,0 g de cada um dos reagentes em sua equação, ilustre e explique como é que você determinaria qual reagente é o limitante. Indique *claramente* em sua discussão como a escolha do reagente limitante decorre de seus cálculos.

14. O que queremos dizer por *rendimento teórico* de uma reação? O que significa o *rendimento real*? Por que o rendimento real de uma experiência pode ser *menor* do que o rendimento teórico? O rendimento real pode ser *maior* que o rendimento teórico?

Problemas

15. Considere amostras de 2,45 g de cada um dos seguintes elementos ou compostos. Calcule a quantidade de matéria de elemento ou composto presente em cada amostra.

    a. $Fe_2O_3(s)$
    b. $P_4(s)$

c. $Cl_2(g)$
d. $Hg_2O(s)$
e. $HgO(s)$
f. $Ca(NO_3)_2(s)$
g. $C_3H_8(g)$
h. $Al_2(SO_4)_3(s)$

16. Calcule a porcentagem em massa do elemento cujo símbolo aparece *primeiro* nas seguintes fórmulas de compostos.
    a. $C_6H_6(l)$
    b. $Na_2SO_4(s)$
    c. $CS_2(l)$
    d. $AlCl_3(s)$
    e. $Cu_2O(s)$
    f. $CuO(s)$
    g. $Co_2O_3(s)$
    h. $C_6H_{12}O_6(s)$

17. Um composto foi analisado e verificou-se ter a seguinte composição percentual em massa: sódio, 43,38%; carbono, 11,33%; oxigênio 45,29%. Determine a fórmula empírica do composto.

18. Para cada uma das seguintes equações não balanceadas, calcule quantos gramas de cada produto seriam formados se 12,5 g do reagente listado *primeiro* na equação reagisse completamente (existe um excesso do segundo reagente).
    a. $SiC(s) + 2Cl_2(g) \rightarrow SiCl_4(l) + C(s)$
    b. $Li_2O(s) + H_2O(l) \rightarrow 2LiOH(aq)$
    c. $2Na_2O_2(s) + 2H_2O(l) \rightarrow 4NaOH(aq) + O_2(g)$
    d. $SnO_2(s) + 2H_2(g) \rightarrow Sn(s) + 2H_2O(l)$

19. Para as reações na Questão 18, suponha que, em vez de um *excesso* do segundo reagente, apenas 5,00 g do segundo reagente estão disponíveis. Indique qual substância é o reagente limitante em cada reação.

20. Dependendo da concentração de gás oxigênio presente quando o carbono é queimado, qualquer um dos dois óxidos pode ser obtido.

    $2C(s) + O_2(g) \rightarrow 2CO(g)$ (quantidade limitada de oxigênio)

    $C(s) + O_2(g) \rightarrow CO_2(g)$ (quantidade ilimitada de oxigênio)

    Suponha que os experimentos são realizados onde amostras duplicadas de 5,00 g de carbono são queimadas sob ambas as condições. Calcule o rendimento teórico do produto para cada experimento.

21. A análise tradicional de amostras que contêm íons cálcio era precipitá-los com uma solução de oxalato de sódio ($Na_2C_2O_4$) e, em seguida, recolher e pesar ou o próprio oxalato de cálcio ou o óxido de cálcio produzido pelo aquecimento do oxalato precipitado:

    $Ca^{2+}(aq) + C_2O_4^{2-}(aq) \rightarrow CaC_2O_4(s)$

    Suponha que uma amostra continha 0,1014 g de íons cálcio. Qual rendimento teórico de oxalato de cálcio seria esperado? Se apenas 0,2995 g de oxalato de cálcio é coletado, qual porcentagem do rendimento teórico isso representa?

10 Energia

CAPÍTULO 10

- **10-1** A natureza da energia
- **10-2** Temperatura e calor
- **10-3** Processos exotérmicos e endotérmicos
- **10-4** Termodinâmica
- **10-5** Medindo as variações de energia
- **10-6** Termoquímica (entalpia)
- **10-7** Lei de Hess
- **10-8** Qualidade *versus* quantidade de energia
- **10-9** Energia e o nosso mundo
- **10-10** Energia como força motriz

Um beija-flor emprega uma grande quantidade de energia com a finalidade de flutuar no ar.
-Imagem de © Raven Regan/Design Pics/Corbis

A energia está no centro da nossa própria existência como indivíduos e como sociedade. O alimento que comemos fornece energia para viver, trabalhar e fazer atividades, assim como o carvão e o petróleo consumidos pela fabricação e sistemas de transporte movem a nossa civilização industrializada moderna.

Enormes quantidades de combustíveis fósseis à base de carbono estão disponíveis para serem extraídos. Essa abundância de combustíveis levou a uma sociedade mundial com um enorme apetite por energia, consumindo milhões de barris de petróleo por dia. Estamos agora perigosamente dependentes dos suprimentos cada vez menores de petróleo, e essa dependência é uma importante fonte de tensão entre as nações no mundo de hoje. Em um tempo incrivelmente curto, passamos de um período de suprimentos abudantes e baratos de petróleo para um de preços altos e fornecimento incerto. Se quisermos manter nosso atual padrão de vida, temos de encontrar alternativas para o petróleo. Para isso, precisamos conhecer a relação entre química e energia que exploraremos neste capítulo.

Energia é um fator em toda atividade humana. Tetra Images/Superstock

10-1 A natureza da energia

OBJETIVO Entender as propriedades gerais da energia.

Embora energia seja um conceito familiar, é difícil defini-lo com precisão. Para os nossos propósitos, vamos definir **energia** como *a capacidade de realizar trabalho ou de produzir calor*. Definiremos esses termos abaixo.

A energia pode ser classificada como potencial ou cinética. A **energia potencial** é aquela dada a posição ou a composição. Por exemplo, a água represada tem energia potencial que pode ser convertida em trabalho quando flui pelas turbinas, gerando, assim, a eletricidade. Forças atrativas e repulsivas podem também conduzir à energia potencial. A energia liberada quando a gasolina é queimada resulta das diferenças nas forças de atração entre os núcleos e os elétrons nos reagentes e produtos. A **energia cinética** de um objeto é a energia em virtude do seu movimento e depende de sua massa m e de sua velocidade v: $KE = \frac{1}{2}mv^2$.

Uma das características mais importantes da energia é que ela se conserva. A **lei da conservação da energia** estabelece *que a energia pode ser convertida de uma forma em outra, mas não pode ser criada nem destruída*. Isto é, a energia do universo é constante.

Embora seja constante, a energia do universo pode ser facilmente convertida de uma forma em outra. Considere as duas esferas na Fig. 10.1 (a). A esfera A, por causa da sua posição inicial mais alta, tem mais energia potencial que a esfera B. Quando lançada, a esfera A desce o morro e se choca com a esfera B. Finalmente, o arranjo fica como o mostrado na Fig. 10.1 (b). O que aconteceu do arranjo inicial para o final? A energia potencial de A diminuiu porque a sua posição foi reduzida. No entanto, essa energia não pode desaparecer. Onde está a energia perdida por A?

Inicialmente, a energia potencial de A é transformada em energia cinética conforme a esfera rola morro abaixo. Parte dessa energia é transferida para a esfera B, fazendo que ela suba para a sua posição final. Assim, a energia potencial de B foi aumentada, o que significa que foi realizado **trabalho** (a força que atua sobre uma distância) em B. No entanto, uma vez que a posição final de B é mais baixa que a posição inicial de A, uma parte da energia ainda não foi contabilizada. Ambas as esferas estão em repouso em suas posições finais, portanto, a energia faltante não pode ser atribuída aos seus movimentos.

O que aconteceu com a energia restante? A resposta está na interação entre a superfície da colina e a esfera. Conforme a esfera A rola morro abaixo, um pouco de sua energia cinética é transferida para a superfície da colina na forma de calor. Essa transferência de energia é chamada de *aquecimento por*

Figura 10.1 ▸

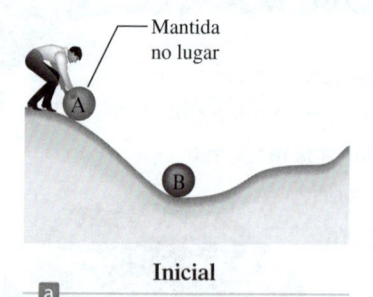

Inicial
Nas posições iniciais, a esfera A tem uma energia potencial maior que a esfera B.

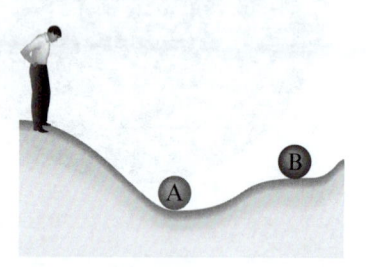

Final
Depois que a esfera A rolou morro abaixo, sua energia potencial perdida foi convertida em movimentos aleatórios dos componentes da colina (aquecimento por fricção) e em um aumento na energia potencial da esfera B.

fricção. A temperatura da colina aumenta levemente conforme a esfera desce. Assim, a energia armazenada em A na sua posição inicial (energia potencial) é distribuída para B por meio de trabalho e para a superfície da colina por meio de calor.

Imagine que realizamos esse mesmo experimento várias vezes, variando a superfície da colina de muito suave para muito áspera. Ao rolar para o fim da colina (veja Fig. 10.1), A sempre perde a mesma quantidade de energia porque sua posição sempre muda exatamente a mesma quantidade. A maneira como essa transferência de energia é dividida entre trabalho e calor, no entanto, depende das condições específicas — o *percurso*. Por exemplo, a superfície da colina pode ser tão áspera que a energia de A é completamente gasta por meio do aquecimento por atrito: a esfera A está se movendo tão lentamente que, quando bate na esfera B, não pode impulsioná-la para o próximo nível. Nesse caso, nenhum trabalho é realizado. Independentemente da condição da superfície da colina, a *energia total* transferida será constante, embora as quantidades de calor e de trabalho sejam diferentes. A variação de energia é independente do percurso, ao passo que o trabalho e o calor são dependentes do percurso.

Isso nos leva a uma ideia muito importante, a função de estado. Uma **função de estado** é uma propriedade do sistema que muda independentemente do seu percurso. Consideremos um exemplo não químico. Suponha que você esteja viajando de Chicago para Denver. Quais das seguintes são funções de estado?

▸ Distância percorrida
▸ Variação na altitude

Como a distância percorrida depende da rota tomada (isto é, o *percurso* entre Chicago e Denver), ela *não* é uma função de estado. Por outro lado, a variação na altitude só depende da diferença entre a altitude de Denver (5.280 pés) e a de Chicago (580 pés). A variação na altitude sempre será 5.280 pés – 580 pés = 4.700 pés, independentemente da rota tomada entre as duas cidades.

Também podemos aprender sobre as funções de estado com base no exemplo ilustrado na Fig. 10.1. Como a esfera A sempre vai de sua posição inicial sobre a colina para o fim da colina, sua variação de energia é sempre a mesma, sendo o morro plano ou acidentado. Essa energia é uma função de estado — uma determinada variação na energia é independente do percurso do processo. Já o trabalho e o calor *não* são funções de estado. Para uma dada mudança na posição de A, uma colina suave produz mais trabalho e menos calor que uma áspera. Isto é, para uma determinada mudança na posição de A, a variação na energia é sempre a mesma (função de estado), mas a forma como a energia resultante é distribuída, como calor ou trabalho, depende da natureza da superfície da colina (calor e trabalho não são funções de estado).

> **Pensamento crítico**
> E se a energia não fosse conservada? Como isso afetaria nossas vidas?

10-2 Temperatura e calor

OBJETIVO Entender os conceitos de temperatura e calor.

O que a temperatura de uma substância nos diz sobre ela? Dito de outra forma, qual a diferença entre água quente e a água fria? A resposta está nos movimentos das moléculas de água. A **temperatura** é uma *medida dos movimentos aleatórios dos componentes de uma substância*. Ou seja, as moléculas de H_2O na água quente se movem mais rapidamente que as moléculas de H_2O na água fria.

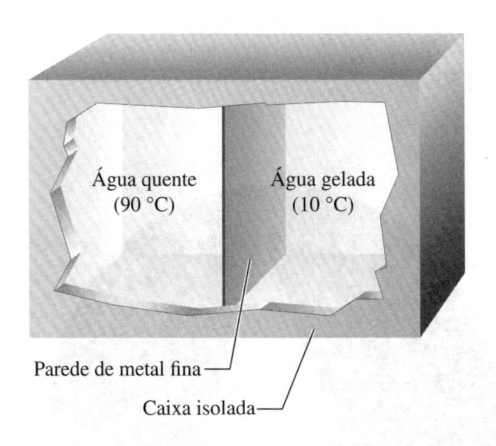

Figura 10.2 ▶ Massas iguais de água quente e fria, separadas por uma parede fina de metal em uma caixa isolada.

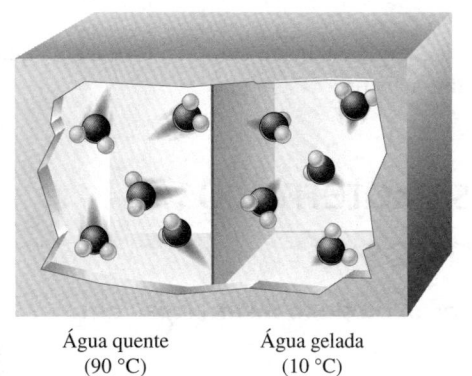

Figura 10.3 ▶ As moléculas de H$_2$O da água quente têm movimentos aleatórios muito maiores que as moléculas de H$_2$O da água fria.

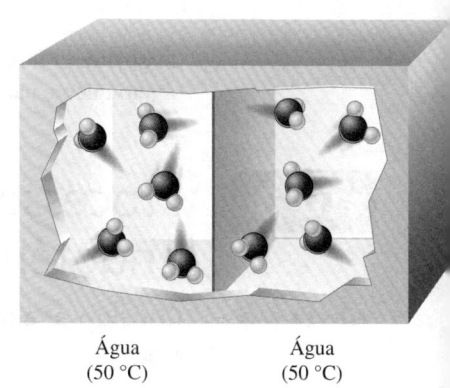

Figura 10.4 ▶ As amostras de água têm agora a mesma temperatura (50 °C) e os mesmos movimentos aleatórios.

Considere um experimento no qual colocamos 1,00 kg de água quente (90 °C) próximo a 1,00 kg de água fria (10 °C) em uma caixa isolada. As amostras estão separadas uma da outra por uma placa metálica fina (Fig. 10.2). Você já sabe o que acontecerá: a água quente esfriará e a fria aquecerá.

Assumindo que nenhuma energia é perdida para o ar, podemos determinar a temperatura final das duas amostras de água? Consideremos como pensar sobre esse problema.

Primeiro, imagine o que está acontecendo. Lembre-se de que as moléculas de H$_2$O na água quente estão se movendo mais rapidamente que as na água fria (Fig. 10.3). Como resultado, a energia será transferida através da parede de metal, da água quente para a fria. Essa transferência de energia fará que as moléculas de H$_2$O na água quente desacelerem e as moléculas de H$_2$O na água fria acelerem.

Assim, temos uma transferência de energia da água quente para a água fria. Esse fluxo de energia é chamado de calor. O **calor** pode ser definido como um *fluxo de energia por causa de uma diferença de temperatura*. O que acontecerá finalmente? As duas amostras de água atingirão a mesma temperatura (Fig. 10.4). Nesse momento, como a energia perdida pela água quente se compara com a energia adquirida pela água fria? Elas devem ser as mesmas (lembre-se de que a energia é conservada).

Concluímos que a temperatura final é a média das temperaturas iniciais:

$$T_{final} = \frac{T_{quente}^{inicial} + T_{fria}^{inicial}}{2} = \frac{90{,}0\ °C + 10{,}0\ °C}{2} = 50{,}0\ °C$$

Para a água quente, a variação de temperatura é:

$$\text{Variação de temperatura (quente)} = \Delta T_{quente} = 90\ °C - 50\ °C = 40\ °C$$

A variação de temperatura para a água fria é:

$$\text{Variação de temperatura (fria)} = \Delta T_{fria} = 50\ °C - 10\ °C = 40\ °C$$

Nesse exemplo, as massas de água quente e fria são iguais. Se não fossem iguais, esse problema seria mais complicado.

Vamos resumir as ideias que apresentamos nesta seção. A temperatura é uma medida dos movimentos aleatórios dos componentes de um objeto. O calor é um *fluxo* de energia por causa de uma diferença de temperatura. Dizemos que os movimentos aleatórios dos componentes de um objeto constituem a *energia térmica* do objeto. O fluxo de energia chamado calor é a forma pela qual a energia térmica é transferida de um objeto quente para um mais frio.

10-3 Processos exotérmicos e endotérmicos

OBJETIVO Considerar a direção do fluxo de energia como calor.

Nesta seção, vamos considerar as variações de energia que acompanham as reações químicas. Para explorar essa ideia, consideremos o acendimento e queima de um fósforo. A energia é claramente liberada pelo calor à medida que o fósforo queima. Para discutir essa reação, dividimos o universo em duas partes: o sistema e o ambiente. O **sistema** é a parte do universo na qual queremos focar a atenção; a **vizinhança** inclui tudo o mais no universo. Nesse caso, definimos o sistema como os reagentes e os produtos da reação. A vizinhança consiste no ar da sala em qualquer outra coisa além dos reagentes e produtos.

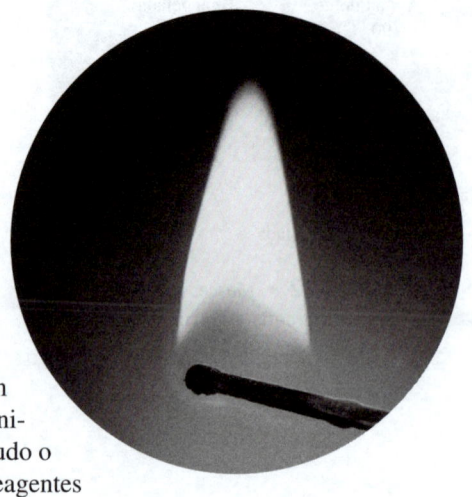

Um fósforo aceso libera energia.
Elektra Vision AG/Jupiter Images

Quando um processo resulta na liberação de calor, diz-se que ele é **exotérmico** (*exo-* é um prefixo que significa "fora de"); isto é, a energia flui para *fora do sistema*. Por exemplo, na combustão de um fósforo, a energia flui para fora do sistema na forma de calor. Os processos que absorvem a energia do ambiente são ditos **endotérmicos**. Quando o fluxo de calor se move *para um sistema*, o processo é endotérmico. A água fervente que forma vapor é um processo endotérmico comum.

De onde vem a energia liberada em forma de calor em uma reação exotérmica? A resposta reside na diferença das energias potenciais entre os produtos e os reagentes. O que tem energia potencial menor, os reagentes ou os produtos? Sabemos que a energia total é conservada e que ela flui do sistema para a vizinhança em uma reação exotérmica. Assim, *a energia obtida pela vizinhança deve ser igual à energia perdida pelo sistema*. Na combustão, o fósforo queimado perdeu energia potencial (neste caso, a energia potencial armazenada nas ligações dos reagentes), que foi transferida por meio de calor para a vizinhança (Fig. 10.5). O fluxo de calor para a vizinhança resulta de uma redução da energia potencial do sistema de reação. *Em qualquer reação exotérmica, uma parte da energia potencial armazenada nas ligações químicas é convertida em energia térmica (energia cinética aleatória) por meio de calor.*

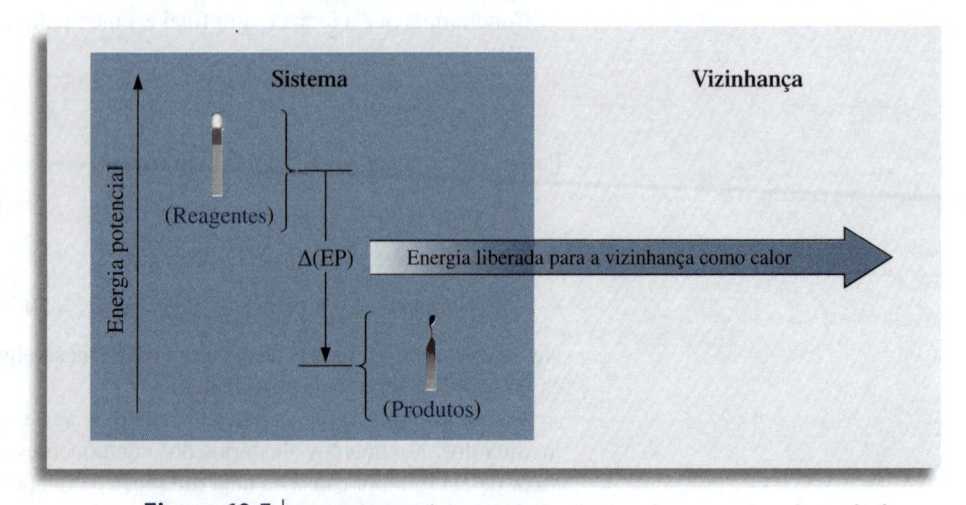

Figura 10.5 ▶ As variações de energia que acompanham a queima de um fósforo.

10-4 Termodinâmica

OBJETIVO Compreender como o fluxo de energia afeta a energia interna.

O estudo da energia é chamado de **termodinâmica**. A lei da conservação de energia é muitas vezes chamada de **primeira lei da termodinâmica** e é expressada como:

A energia do universo é constante.

A **energia interna** E de um sistema pode ser definida mais precisamente como a soma das energias cinéticas e potenciais de todas as "partículas" do sistema. A energia interna de um sistema pode ser alterada por um fluxo de trabalho, calor ou ambos. Isto é,

$$\Delta E = q + w$$

em que

Δ ("delta") significa uma variação na função que o segue

q representa o calor

w representa o trabalho

As quantidades termodinâmicas sempre consistem de duas partes: um *número*, fornecendo a magnitude da variação, e um *sinal*, indicando a direção do fluxo. *O sinal reflete o ponto de vista do sistema.* Por exemplo, quando uma quantidade de energia flui *para* o sistema através de calor (um processo endotérmico), q é igual a +x, em que o sinal *positivo* indica que a *energia do sistema está aumentando*. Por outro lado, quando a energia *flui para fora* do sistema através do calor (um processo exotérmico), q é igual a –x, em que o sinal *negativo* indica que a *energia do sistema está diminuindo*.

Neste livro, as mesmas convenções se aplicam ao fluxo de trabalho. Se o sistema realiza trabalho na vizinhança (energia flui para fora do sistema), w é negativo. Se o ambiente realiza trabalho no sistema (energia flui para o sistema), w é positivo. Nós definimos o trabalho do ponto de vista do sistema como consistente para todas as quantidades termodinâmicas. Ou seja, nessa convenção, os sinais de ambos q e w refletem o que acontece com o sistema; assim, utilizamos $\Delta E = q + w$.

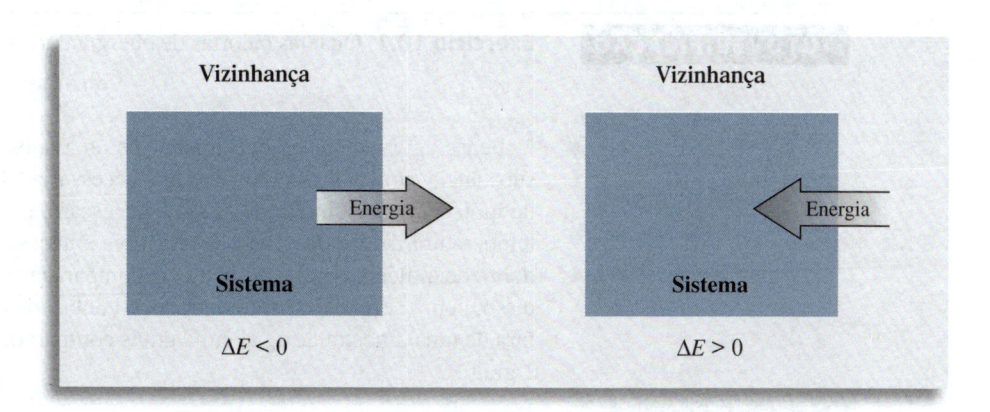

Pensamento crítico

Você está calculando ΔE em um problema de química. E se você confundir o sistema e a vizinhança? Como isso afetaria a magnitude da resposta que você calculou? E o sinal?

10-5 Medindo as variações de energia

OBJETIVO Entender como o calor é medido.

No início deste capítulo, vimos que, quando aquecemos uma substância a uma temperatura mais alta, aumentamos os movimentos dos componentes da substância — isto é, aumentamos a energia térmica da substância. Materiais diferentes reagem de forma diferente ao serem aquecidos. Para explorar essa ideia, precisamos introduzir as unidades comuns de energia: a *caloria* e o *joule* (pronuncia-se "jaule").

No sistema métrico, a **caloria** é definida como a quantidade de energia (calor) necessária para elevar a temperatura de um grama de água em um grau Celsius. A "caloria" que você provavelmente conhece é usada para medir o conteúdo energético dos alimentos e é na realidade uma quilocaloria (1000 calorias), escrito com um C maiúsculo (Caloria) para distingui-la das calorias usadas em química. O **joule** (uma unidade SI) pode ser convenientemente definido em calorias:

$$1 \text{ caloria} = 4{,}184 \text{ joules}$$

ou, utilizando as abreviaturas normais

$$1 \text{ cal} = 4{,}184 \text{ J}$$

Você precisa saber converter entre calorias e joules. Consideraremos esse processo de conversão no Exemplo 10.1.

As bebidas dietéticas são agora rotuladas como "baixo joule" em vez de "baixa caloria" nos países europeus.

Exemplo resolvido 10.1

Convertendo calorias em joules

Expresse 60,1 cal de energia em unidades de joules.

SOLUÇÃO Por definição, 1 cal = 4,184 J, portanto, o fator de conversão necessário é $\dfrac{4{,}184 \text{ J}}{1 \text{ cal}}$, e o resultado é:

$$60{,}1 \text{ cal} \times \dfrac{4{,}184 \text{ J}}{1 \text{ cal}} = 251 \text{ J}$$

Note que o 1 no denominador é um número exato por definição e, por isso, não limita o número de algarismos significativos.

AUTOVERIFICAÇÃO **Exercício 10.1** Quantas calorias de energia correspondem a 28,4 J?

Consulte os Problemas 10.25 até 10.30. ■

Pense agora sobre o aquecimento de uma substância. Como a quantidade de substância aquecida afeta a energia necessária? Em 2 g de água há o dobro de moléculas que em 1 g de água. É necessário o dobro de energia para mudar a temperatura de 2 g de água em 1°C, pois é necessário alterar os movimentos do dobro de moléculas nessa amostra em comparação com uma amostra de 1 g. Além disso, como seria de esperar, é preciso o dobro de energia para elevar a temperatura de uma amostra de água em 2 graus comparado a aumentar a temperatura em 1 grau.

Exemplo resolvido 10.2

Calculando as necessidades de energia

Determine a quantidade de energia (calor) em joules necessária para aumentar a temperatura de 7,40 g de água de 29,0 °C para 46,0 °C.

QUÍMICA EM FOCO

Café: quente e rápido

Conveniência e rapidez são as palavras de ordem da nossa sociedade moderna. Um novo produto que se encaixa nesses requisitos é um copo de café que se aquece sem necessidade de baterias. Os consumidores podem agora comprar um copo de 10 onças de café *goumert* da Wolfgang Puck que se autoaquece a 145 °F em seis minutos e permanece quente por 30 minutos. Que tipo de magia química faz isso acontecer? Um botão que você pressiona no fundo do recipiente permite que água se misture com óxido de cálcio, ou cal viva (veja a figura em anexo). A reação resultante

$$CaO(s) + H_2O(l) \rightarrow Ca(OH)_2(s)$$

libera energia na forma de calor suficiente para levar o café a uma temperatura agradável de beber.

Outras empresas estão fazendo experiências com tecnologia semelhante para aquecer líquidos, tais como chá, chocolate quente e sopa.

Uma reação diferente agora está sendo usada para aquecer refeições prontas para os soldados no campo de batalha. Nesse caso, a energia para aquecer os pratos é fornecida pela mistura de óxido de ferro e magnésio com água para produzir uma reação exotérmica.

Claramente, a química é "coisa quente".

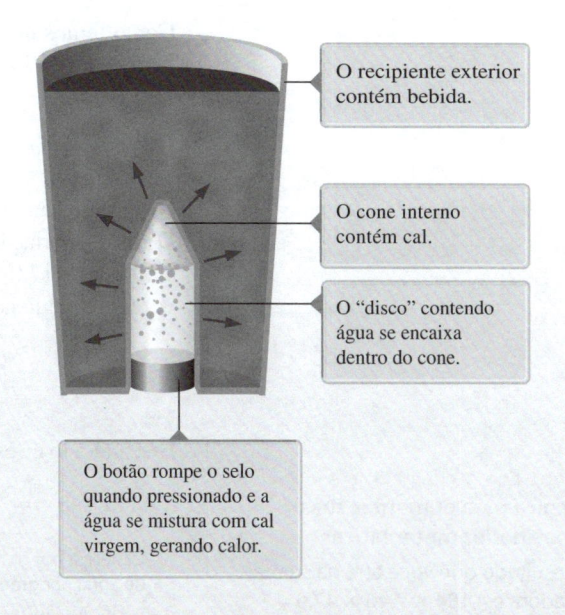

- O recipiente exterior contém bebida.
- O cone interno contém cal.
- O "disco" contendo água se encaixa dentro do cone.
- O botão rompe o selo quando pressionado e a água se mistura com cal virgem, gerando calor.

SOLUÇÃO

Para onde vamos?

Queremos determinar a quantidade de energia (calor em joules) necessária para aumentar a temperatura de 7,40 g de água de 29,0 °C para 46,0 °C.

O que sabemos?

- A massa de água é de 7,40 g e a temperatura aumenta de 29,0 °C para 46,0 °C.

De que informações precisamos?

- A quantidade de calor necessária para elevar 1,00 g de água em 1,00 °C. Pelo livro, sabemos que são necessários 4,184 J de energia.

Como chegamos lá?

Ao resolver qualquer tipo de problema, muitas vezes é útil desenhar um diagrama que represente a situação. Nesse caso, temos 7,40 g de água para ser aquecida de 29,0 °C a 46,0 °C.

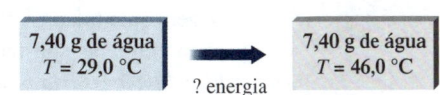

$$\boxed{\begin{array}{c}7,40 \text{ g de água}\\T = 29,0\ °C\end{array}} \xrightarrow{? \text{ energia}} \boxed{\begin{array}{c}7,40 \text{ g de água}\\T = 46,0\ °C\end{array}}$$

Nossa tarefa é determinar a quantidade de energia necessária para realizar essa variação.

Pela discussão no livro, sabemos que 4,184 J de energia são necessários para elevar a temperatura de *um* grama de água em *um* grau Celsius.

1,00 g de água	→ 4,184 J →	1,00 g de água
T = 29,0 °C		T = 30,0 °C

Como temos no nosso caso 7,40 g de água em vez de 1,00 g, necessitaremos de 7,40 × 4,184 J para elevar a temperatura em um grau.

7,40 g de água	→ (7,40 × 4,184) J →	7,40 g de água
T = 29,0 °C		T = 30,0 °C

No entanto, queremos elevar a temperatura da nossa amostra de água em mais de 1 °C. De fato, a variação de temperatura necessária é de 29,0 °C para 46,0 °C. Essa é uma variação de 17,0 °C (46,0 °C − 29,0 °C = 17,0 °C). Assim, teremos de fornecer 17 vezes a energia necessária para elevar a temperatura de 7,40 g de água em 1 °C.

7,40 g de água	→ (17,0 × 7,40 × 4,184) J →	7,40 g de água
T = 29,0 °C		T = 46,0 °C

Esse cálculo é resumido da seguinte forma:

$$4{,}184\,\frac{J}{g\,°C} \times 7{,}40\,g \times 17{,}0\,°C = 526\,J$$

Energia por grama de água por grau de temperatura × Gramas reais de água × Variação de temperatura real = Energia necessária

Técnica para aumentar suas capacidades matemáticas

O resultado que você terá na sua calculadora é 4,184 × 7,40 × 17,0 = 526,3472, que se arredonda para 526.

Mostramos que são necessários 526 J de energia (em forma de calor) para elevar a temperatura de 7,40 g de água de 29,0 °C para 46,0 °C. Note que, como 4,184 J de energia são requeridos para elevar 1 g de água em 1°C, as unidades são J/g °C (joules por grama por grau Celsius).

PROVA REAL As unidades (J) estão corretas e a resposta possui o número correto de algarismos significativos (três).

AUTOVERIFICAÇÃO

Exercício 10.2 Calcule os joules de energia necessários para aquecer 454 g de água de 5,4 °C para 98,6 °C.

Consulte os Problemas 10.31 até 10.36. ■

Até agora, vimos que a energia (calor) necessária para alterar a temperatura de uma substância depende da:

1. Quantidade da substância a ser aquecida (número de gramas)
2. Variação de temperatura (número de graus)

Existe, no entanto, outro fator importante: a identidade da substância.

Diferentes substâncias reagem de forma diferente ao serem aquecidas. Vimos que 4,184 J de energia aumenta a temperatura de 1 g de água em 1 °C. Em contraste, essa mesma quantidade de energia aplicada a 1 g de ouro eleva a sua temperatura aproximadamente em 32 °C! A questão é que algumas substâncias requerem quantidades relativamente grandes de energia para mudar suas temperaturas, enquanto outras exigem quantidades relativamente pequenas. Os químicos descrevem essa diferença dizendo que as substâncias têm diferentes capacidades térmicas. *A quantidade de energia necessária para mudar a temperatura de um grama de uma substância em um grau Celsius* é chamada de **capacidade calorífica específica** ou, mais comumente, o seu *calor específico*. Os calores específicos de várias substâncias estão listados na Tabela 10.1. Você pode ver na tabela que a capacidade calorífica específica da água é muito alta em comparação com as das outras substâncias mencionadas. É por isso que lagos e mares são muito mais lentos para responder à refrigeração ou ao aquecimento do que as massas de terra ao redor.

Tabela 10.1 ▸ Capacidades caloríficas específicas de algumas substâncias comuns

Substância	Capacidade calorífica específica (J/g °C)
água (*l*)* (líquida)	4,184
água (*s*) (gelo)	2,03
água (*g*) (vapor)	2,0
alumínio (*s*)	0,89
ferro (*s*)	0,45
mercúrio (*l*)	0,14
carbono (*s*)	0,71
prata (*s*)	0,24
ouro (*s*)	0,13

* Os símbolos (*s*), (*l*) e (*g*) indicam os estados sólido, líquido e gasoso, respectivamente.

QUÍMICA EM FOCO

A natureza tem plantas quentes

A flor-cadáver (*Amorphophallus titanum*) é uma planta bonita e sedutora; de aparência exótica, apresenta um elaborado mecanismo de reprodução — uma espiga roxa que pode chegar a quase 3 pés de altura envolta por uma folha em forma de capuz. Mas aproximar-se da planta não é uma boa ideia, pois ela possui um cheiro horrível!

Apesar de seu odor antissocial, essa planta fétida tem fascinado os biólogos durante muitos anos por causa de sua capacidade de gerar calor. No auge de sua atividade metabólica, a floração da planta pode alcançar quase 15 °C acima da temperatura circundante. Para gerar tanto calor, a taxa metabólica da planta deve ser próxima à de um beija-flor voando!

Qual é o propósito dessa intensa produção de calor? Para uma planta com abastecimento alimentar limitado no clima tropical muito competitivo onde ela cresce, a produção de calor parece ser um grande desperdício de energia. A resposta desse mistério é que a polinização da flor-cadáver se dá principalmente por insetos que gostam de carniça. Assim, a planta prepara uma mistura de produtos químicos fétidos, característicos de carne podre e, em seguida, "cozinha" essa mistura, exalando o odor para o ar circundante a fim de atrair besouros e moscas que se alimentam de carne. Uma vez que entram na câmara de polinização, sua alta temperatura (tão alta quanto 110 °F) faz que os insetos se mantenham muito ativos para desempenhar melhor suas funções de polinização.

A flor-cadáver é apenas uma das muitas plantas termogênicas (que produzem calor). Essas plantas são de especial interesse para os biólogos, porque fornecem a oportunidade de estudar as reações metabólicas bastante sutis nas plantas "normais".

A flor-cadáver é supostamente a maior flor do mundo.

Exemplo solvido 10.3 — Cálculos envolvendo capacidade calorífica específica

a. Qual é a quantidade de energia (em joules) necessária para aquecer um pedaço de ferro pesando 1,3 g de 25 °C para 46 °C?

b. Qual é a resposta em calorias?

SOLUÇÃO

Para onde vamos?

Queremos determinar a quantidade de energia (unidades de joules e calorias) para aumentar a temperatura de 1,3 g de ferro de 25 °C para 46 °C.

O que sabemos?

- A massa de ferro é de 1,3 g e a temperatura aumenta de 25 °C para 46 °C.

De que informações precisamos?

- Precisamos da capacidade calorífica específica do ferro e do fator de conversão entre joules e calorias.

Como chegamos lá?

a. É útil desenhar o diagrama a seguir para representar o problema.

$$\boxed{\begin{array}{c}\text{1,3 g de ferro}\\ T = 25\ °C\end{array}} \xrightarrow{\text{? joules}} \boxed{\begin{array}{c}\text{1,3 g de ferro}\\ T = 46\ °C\end{array}}$$

Na Tabela 10.1, vemos que a capacidade calorífica específica do ferro é de 0,45 J/g °C. Ou seja, é preciso 0,45 J para elevar a temperatura de uma peça de 1 g de ferro em 1 °C.

| 1,0 g de ferro | → 0,45 J → | 1,0 g de ferro |
| T = 25 °C | | T = 26 °C |

Nesse caso, nossa amostra é de 1,3 g, de modo que 1,3 × 0,45 J é necessário para *cada* grau de aumento da temperatura.

| 1,3 g de ferro | → (1,3 × 0,45) J → | 1,3 g de ferro |
| T = 25 °C | | T = 26 °C |

Uma vez que o aumento de temperatura é de 21 °C (46 °C – 25 °C = 21 °C), a quantidade total de energia necessária é:

$$0{,}45 \frac{J}{g\,°C} \times 1{,}3\,g \times 21\,°C = 12\,J$$

| 1,3 de ferro | → (21 × 1,3 × 0,45) J → | 1,3 de ferro |
| T = 25 °C | | T = 46 °C |

Técnica para aumentar suas capacidades matemáticas
O resultado que você terá na sua calculadora é 0,45 × 1,3 × 21 = 12,285, que se arredonda para 12.

Note que as unidades finais são joules, como deveriam ser.

b. Para calcular essa energia em calorias, podemos utilizar a definição de 1 cal = 4,184 J para a construção do fator de conversão apropriado. Queremos mudar de joules para calorias, assim, cal deve estar no numerador e J no denominador, onde ele é cancelado:

$$12\,J \times \frac{1\,cal}{4{,}184\,J} = 2{,}9\,cal$$

Lembre-se de que 1 nesse caso é um número exato por definição e, portanto, não limita o número de algarismos significativos (o número 12 é o limitante, aqui).

PROVA REAL As unidades (joules e calorias) estão corretas e a resposta possui o número correto de algarismos significativos (dois).

AUTOVERIFICAÇÃO

Exercício 10.3 Quanta energia (em joules e calorias) é necessária para aquecer uma amostra de 5,63 g de ouro maciço de 21 °C para 32 °C?

Consulte os Problemas 10.31 até 10.36. ■

Note que, no Exemplo 10.3, para calcular a energia (calor) necessária, usamos o produto da capacidade calorífica específica, o tamanho da amostra em gramas e a variação de temperatura em graus Celsius.

| Energia (calor) necessária (Q) | = | Capacidade calorífica específica (s) | × | Massa (m) em gramas de amostra | × | Variação na temperatura (ΔT) em °C |

Podemos representar isso pela seguinte equação:

$$Q = s \times m \times \Delta T$$

em que

Técnica para aumentar suas capacidades matemáticas
O símbolo Δ (a letra grega delta) é uma abreviação para "variação".

Q = energia (calor) necessária
s = capacidade calorífica específica
m = massa da amostra em gramas
ΔT = variação de temperatura em graus Celsius

QUÍMICA EM FOCO

Caminhar sobre brasas: magia ou ciência?

Por milênios, as pessoas foram surpreendidas com a capacidade dos místicos orientais de atravessar leitos de brasas sem nenhuma desconforto aparente. Mesmo nos Estados Unidos, milhares de pessoas têm realizado proezas de caminhar sobre brasas como parte de seminários motivacionais. Como isso é possível? Aqueles que andam sobre brasas têm poderes sobrenaturais?

Na verdade, há boas explicações científicas do como andar sobre brasas é possível. Primeiro, o tecido humano é composto principalmente de água, que tem uma capacidade calorífica específica relativamente grande. Isso significa que uma grande quantidade de energia deve ser transferida dos carvões para alterar significativamente a temperatura dos pés. Durante o breve contato entre os pés e as brasas, há relativamente pouco tempo para o fluxo de energia, de modo que os pés não alcançam uma temperatura alta o suficiente para causar danos.

Além disso, embora a superfície dos carvões tenha uma temperatura muito elevada, sua camada vermelha em brasa é muito fina. Portanto, a quantidade de energia disponível para aquecer os pés é menor do que poderia ser esperada.

Portanto, ainda que caminhar sobre brasas seja impressionante, existem várias razões científicas que explicam por que alguém com treinamento adequado é capaz de fazê-lo em um leito de carvão devidamente preparado. (Não tente isso por conta própria!)

Um grupo de caminhantes sobre brasas no Japão.

Essa equação sempre se aplica quando uma substância está sendo aquecida (ou resfriada) e nenhuma variação de estado ocorre. No entanto, antes de começar a utilizar essa equação, certifique-se de entender seu significado.

Exemplo resolvido 10.4 — Cálculos de capacidade calorífica específica: utilizando a equação

Uma amostra de 1,6 g de um metal que tem a aparência de ouro requer 5,8 J de energia para mudar a temperatura de 23 °C para 41 °C. O metal é ouro puro?

SOLUÇÃO

Para aonde vamos?

Queremos determinar se um metal é ouro.

O que sabemos?

- A massa de metal é de 1,6 g e 5,8 J de energia são necessários para aumentar a temperatura de 23 °C para 41 °C.

De que informações precisamos?

- Precisamos da capacidade calorífica específica do ouro.

Como chegamos lá?

Podemos representar os dados fornecidos neste problema com o diagrama a seguir:

$$\boxed{\begin{array}{c}1{,}6\text{ g de metal}\\T = 23\ °C\end{array}} \xrightarrow{5{,}8\text{ J}} \boxed{\begin{array}{c}1{,}6\text{ g de metal}\\T = 41\ °C\end{array}}$$

$$\Delta T = 41\ °C - 23\ °C = 18\ °C$$

Usando os dados fornecidos, pode-se calcular o valor da capacidade calorífica específica do metal e compará-lo com o do ouro dado na Tabela 10.1. Sabemos que:

$$Q = s \times m \times \Delta T$$

ou, graficamente,

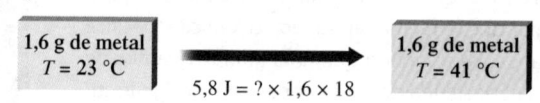

$$\boxed{\begin{array}{c}1{,}6\text{ g de metal}\\T = 23\ °C\end{array}} \xrightarrow{5{,}8\text{ J} = ? \times 1{,}6 \times 18} \boxed{\begin{array}{c}1{,}6\text{ g de metal}\\T = 41\ °C\end{array}}$$

Quando dividimos ambos os lados da equação

$$Q = s \times m \times \Delta T$$

por $m \times \Delta T$, obtemos:

$$\frac{Q}{m \times \Delta T} = s$$

Assim, utilizando os dados apresentados, é possível calcular o valor de s. Nesse caso,

Q = energia (calor) necessária = 5,8 J

m = massa da amostra = 1,6 g

ΔT = variação na temperatura = 18 °C (41 °C – 23 °C = 18 °C)

Técnica para aumentar suas capacidades matemáticas

O resultado que você terá na sua calculadora é 5,8 / (1,6 ×18) = 0,2013889, que se arredonda para 0,20.

Assim,

$$s = \frac{Q}{m \times \Delta T} = \frac{5{,}8\text{ J}}{(1{,}6\text{ g})(18\ °C)} = 0{,}20\text{ J/g }°C$$

Pela Tabela 10.1, a capacidade calorífica específica do ouro é de 0,13 J/g °C. Assim, o metal não deve ser ouro puro.

AUTOVERIFICAÇÃO

Exercício 10.4 Uma amostra de 2,8 g de metal puro requer 10,1 J de energia para mudar a temperatura de 21 °C para 36 °C. Que metal é esse? (Use a Tabela 10.1.)

Consulte os Problemas 10.31 até 10.36. ■

10-6 Termoquímica (entalpia)

OBJETIVO Considerar o calor (entalpia) das reações químicas.

Vimos que algumas reações são exotérmicas (produzem energia térmica) e outras reações são endotérmicas (absorvem energia térmica). Os químicos também querem saber exatamente quanta energia é produzida ou absorvida por uma determinada reação. Para tornar o processo mais conveniente, nós inventamos uma função de energia especial chamada **entalpia**, que é designada por H. Para uma reação que ocorre em condições de pressão constante, a variação na entalpia (ΔH) é igual à energia que flui como calor. Isto é,

$$\Delta H_p = \text{calor}$$

em que o índice "p" indica que o processo ocorreu sob condições de pressão constante e Δ significa "uma variação". Assim, a variação de entalpia da reação (que ocorre a pressão constante) é igual à quantidade de calor.

Exemplo resolvido 10.5

Entalpia

Quando 1 mol de metano (CH_4) é queimado a uma pressão constante, 890 kJ de energia são liberados na forma de calor. Calcule a ΔH de um processo no qual uma amostra de 5,8 g de metano é queimada a uma pressão constante.

SOLUÇÃO

Para onde vamos?

Queremos determinar ΔH da reação de 5,8 g de metano (CH_4) com oxigênio a uma pressão constante.

O que sabemos?

- Quando 1 mol de CH_4 é queimado, 890 kJ de energia são liberados.
- Nós temos 5,8 g de CH_4.

Que informações precisamos?

- A massa molar do metano, que podemos obter das massas atômicas do carbono (12,01 g mol^{-1}) e hidrogênio (1,008 g mol^{-1}). A massa molar é de 16,0 g mol^{-1}.

Como vamos chegar lá?

À pressão constante, 890 kJ de energia por mol de CH_4 são produzidos como calor:

$$q_p = \Delta H = -890 \text{ kJ mol}^{-1} \text{ de } CH_4$$

Note que o sinal de menos indica um processo exotérmico. Neste caso, uma amostra de 5,8 g de CH_4 (massa molar = 16,0 g mol^{-1}) é queimada. Uma vez que esse valor é menor que 1 mol, menos de 890 kJ serão liberados como calor. O valor real pode ser calculado da seguinte forma:

$$5,8 \text{ g } CH_4 \times \frac{1 \text{ mol } CH_4}{16,0 \text{ g } CH_4} = 0,36 \text{ mol } CH_4$$

e

$$0,36 \text{ mol } CH_4 \times \frac{-890 \text{ kJ}}{\text{mol } CH_4} = -320 \text{ kJ}$$

Assim, quando uma amostra de 5,8 g de CH_4 é queimada a uma pressão constante,

$$\Delta H = \text{fluxo de calor} = -320 \text{ kJ}$$

PROVA REAL A massa de metano queimada é inferior a 1 mol, então, menos de 890 kJ serão liberados como calor. A resposta tem dois algarismos significativos, conforme requerido pelas quantidades fornecidas.

AUTOVERIFICAÇÃO

Exercício 10.5 A reação que ocorre nas bolsas térmicas usadas para tratar lesões esportivas é:

$$4Fe(s) + 3O_2(g) \rightarrow 2Fe_2O_3(s) \quad \Delta H = -1652 \text{ kJ}$$

Quanto calor é liberado quando 1,00 g de Fe(s) é colocado para reagir com excesso de O_2 (g)?

Consulte os Problemas 10.41 e 10.42. ■

QUÍMICA EM FOCO

Queimando calorias

Há uma preocupação crescente nos Estados Unidos sobre a tendência progressiva de pessoas com excesso de peso. As estimativas indicam que dois terços dos adultos nos Estados Unidos estão acima do peso, e um terço destes é classificado como obeso. Essa é uma situação alarmante porque a obesidade está associada com muitas doenças graves, como diabetes e doenças cardíacas. Em um esforço para reduzir esse problema, o governo dos EUA agora exige que as cadeias nacionais de restaurantes e mercearias coloquem as quantidades de calorias nas comidas vendidas. Espera-se que a população use essas informações para fazer melhores escolhas alimentares para o controle do peso.

Tudo isso leva à questão de como o teor calórico dos alimentos é determinado. O processo envolve um tipo especial de calorímetro chamado de *bomba calorimétrica*. A amostra de alimento é fechada na bomba calorimétrica e queimada. A energia produzida aquece a água que cerca o calorímetro, e a quantidade de energia é determinada pela medição do aumento da temperatura da quantidade conhecida de água. A "Caloria" atribuída ao alimento é igual à quilocaloria usada pela comunidade científica. Assim, o número de quilocalorias produzido pela queima do alimento é o teor de "Calorias" dos alimentos.

Como a comida é "queimada" em um calorímetro? A composição exata do alimento pode ser determinada pelos seus ingredientes. Cada ingrediente na quantidade adequada do alimento é queimado em um calorímetro e as calorias liberadas são determinadas. A contagem das calorias atribuída a um alimento é totalizada como a soma dos ingredientes e ajustada para a quantidade de energia que o corpo realmente absorverá (98% para gorduras e menos para carboidratos e proteínas). Os restaurantes determinam as calorias pelas receitas. No entanto, isso significa que pode haver erros, dependendo da proximidade com que um chefe de cozinha segue uma receita e se o tamanho da porção na receita é realmente o tamanho da porção servida no restaurante. Embora a contagem da "caloria" possa não ser exata para alimentos de restaurantes, a listagem no cardápio fornecerá às pessoas uma chance de fazer melhores escolhas.

Tabela mostrando as calorias das várias opções em um cardápio de um restaurante.

Calorimetria

Um **calorímetro** (Fig. 10.6) é um dispositivo utilizado para determinar a produção de calor associada com uma reação química. A reação é executada no calorímetro e a variação da temperatura é observada. Sabendo a variação de temperatura que ocorre no calorímetro e a sua capacidade térmica, podemos calcular a energia calorífica liberada ou absorvida pela reação. Assim, podemos determinar ΔH da reação.

Uma vez que medimos os valores de ΔH de várias reações, podemos usar esses dados para calcular os valores de ΔH das outras reações. Veremos como realizar esses cálculos na próxima seção.

Figura 10.6 ▶ Um calorímetro de xícara de café feito de dois copos de isopor.

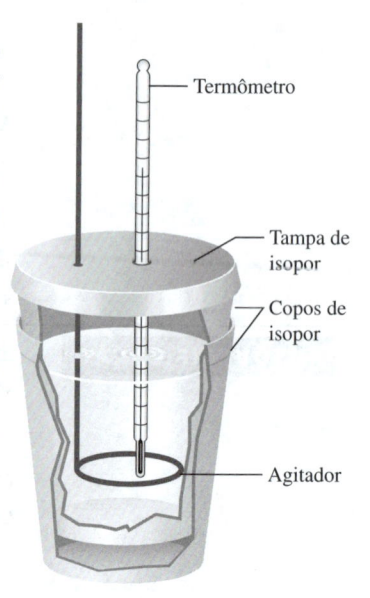

10-7 Lei de Hess

OBJETIVO Entender a lei de Hess.

Uma das características mais importantes da entalpia é que ela é uma função de estado. Isto é, a variação na entalpia para um dado processo é independente do percurso para o processo. Consequentemente, *ao ir de um conjunto particular de reagentes para um conjunto particular de produtos, a variação na entalpia é a mesma dando-se a reação em uma única etapa ou em uma série de etapas.* Esse princípio, que é conhecido como **lei de Hess**, pode ser ilustrado pelo exame da oxidação do nitrogênio para produzir dióxido de nitrogênio. A reação geral pode ser escrita em uma etapa, na qual a variação de entalpia é representada por ΔH_1.

$$N_2(g) + 2O_2(g) \rightarrow 2NO_2(g) \quad \Delta H_1 = 68 \text{ kJ}$$

Essa reação também pode ser realizada em duas etapas distintas, com as variações de entalpia sendo designadas como ΔH_2 e ΔH_3:

$$N_2(g) + O_2(g) \rightarrow 2NO(g) \quad \Delta H_2 = 180 \text{ kJ}$$
$$2NO(g) + O_2(g) \rightarrow 2NO_2(g) \quad \Delta H_3 = -112 \text{ kJ}$$

Reação líquida: $N_2(g) + 2O_2(g) \rightarrow 2NO_2(g) \quad \Delta H_2 + \Delta H_3 = 68 \text{ kJ}$

Note que a soma das duas etapas fornece a reação líquida ou geral e que:

$$\Delta H_1 = \Delta H_2 + \Delta H_3 = 68 \text{ kJ}$$

A importância da lei de Hess é que nos permite *calcular* os calores da reação, o que pode ser difícil ou inconveniente de medir diretamente em um calorímetro.

Características das variações na entalpia

Para usar a lei de Hess para computar as variações da entalpia das reações, é importante compreender duas características de ΔH de uma reação:

1. Se a reação é invertida, o sinal de ΔH também será.
2. A magnitude da ΔH é diretamente proporcional às quantidades de reagentes e produtos em uma reação. Se os coeficientes de uma reação balanceada são multiplicados por um número inteiro, o valor de ΔH é multiplicado pelo mesmo número inteiro.

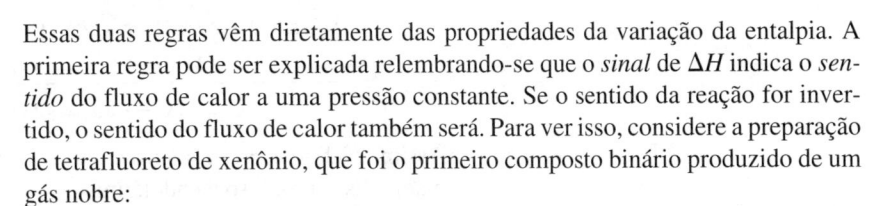

Essas duas regras vêm diretamente das propriedades da variação da entalpia. A primeira regra pode ser explicada relembrando-se que o *sinal* de ΔH indica o *sentido* do fluxo de calor a uma pressão constante. Se o sentido da reação for invertido, o sentido do fluxo de calor também será. Para ver isso, considere a preparação de tetrafluoreto de xenônio, que foi o primeiro composto binário produzido de um gás nobre:

$$Xe(g) + 2F_2(g) \rightarrow XeF_4(s) \quad \Delta H = -251 \text{ kJ}$$

Essa reação é exotérmica, e 251 kJ de energia flui para a vizinhança como calor. Por outro lado, se os cristais incolores de XeF_4 são decompostos em elementos, de acordo com a equação

$$XeF_4(s) \rightarrow Xe(g) + 2F_2(g)$$

o fluxo de energia oposto ocorre, porque 251 kJ de energia deve ser adicionado ao sistema para produzir esta reação endotérmica. Assim, para essa reação, $\Delta H = +251$ kJ.

A segunda regra vem do fato de que ΔH é uma propriedade extensiva, dependendo da quantidade de substâncias que reagem. Por exemplo, uma vez que 251 kJ de energia são liberados para a reação

$$Xe(g) + 2F_2(g) \rightarrow XeF_4(s)$$

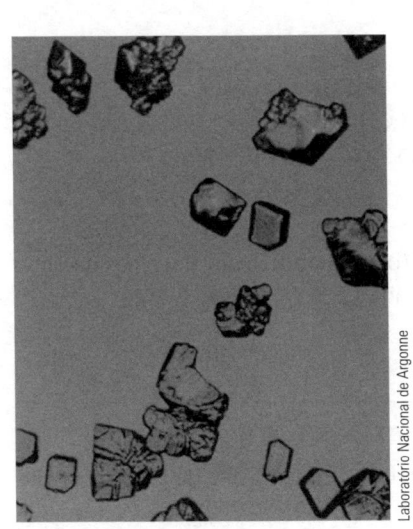

Cristais de tetrafluoreto de xenônio, o primeiro composto binário reportado que contém um elemento de gás nobre.

então, para uma preparação que envolve o dobro das quantidades de reagentes e produtos, ou

$$2Xe(g) + 4F_2(g) \rightarrow 2XeF_4(s)$$

duas vezes mais calor seria liberado:

$$\Delta H = 2(-251 \text{ kJ}) = -502 \text{ kJ}$$

Pensamento crítico

E se a lei de Hess não fosse verdadeira? Quais são as possíveis repercussões que isso teria?

Exemplo resolvido 10.6 — Lei de Hess

Duas formas de carbono são o grafite, material macio, preto, escorregadio usado em lapiseiras e como um lubrificante para fechaduras; e o diamante, pedra preciosa, brilhante, dura. Usando as entalpias de combustão do grafite (–394 kJ mol^{-1}) e do diamante (–396 kJ mol^{-1}), calcule ΔH para a conversão do grafite em diamante:

$$C_{grafite}(s) \rightarrow C_{diamante}(s)$$

SOLUÇÃO

Para onde vamos?

Queremos determinar ΔH para a conversão do grafite em diamante.

O que sabemos?

As reações de combustão são:

$$C_{grafite}(s) + O_2(g) \rightarrow CO_2(g) \quad \Delta H = -394 \text{ kJ}$$
$$C_{diamante}(s) + O_2(g) \rightarrow CO_2(g) \quad \Delta H = -396 \text{ kJ}$$

Como chegamos lá?

Note que, se invertermos a segunda reação (o que significa que devemos mudar o sinal de ΔH) e somar as duas reações, obtemos a reação desejada:

$$C_{grafite}(s) + O_2(g) \rightarrow CO_2(g) \quad \Delta H = -394 \text{ kJ}$$
$$CO_2(g) \rightarrow C_{diamante}(s) + O_2(g) \quad \Delta H = -(-396 \text{ kJ})$$
$$\overline{C_{grafite}(s) \rightarrow C_{diamante}(s) \quad \Delta H = 2 \text{ kJ}}$$

Assim, 2 kJ de energia são necessários para transformar 1 mol de grafite em diamante. Esse processo é endotérmico.

AUTOVERIFICAÇÃO

Exercício 10.6 Com base na seguinte informação:

$$S(s) + \tfrac{3}{2}O_2(g) \rightarrow SO_3(g) \quad \Delta H = -395,2 \text{ kJ}$$
$$2SO_2(g) + O_2(g) \rightarrow 2SO_3(g) \quad \Delta H = -198,2 \text{ kJ}$$

calcule o ΔH da reação:

$$S(s) + O_2(g) \rightarrow SO_2(g)$$

Consulte os Problemas 10.45 até 10.48. ■

10-8 Qualidade *versus* quantidade de energia

OBJETIVO

Ver como a qualidade da energia muda conforme ela é usada.

Uma das características mais importantes da energia é que ela é conservada. Assim, o conteúdo de energia total do universo sempre será o que é agora. Se esse é o caso, por que estamos preocupados com a energia? Por exemplo, por que deveríamos nos preocupar com a conservação do nosso abastecimento de petróleo? Surpreendentemente, a "crise energética" não é sobre a *quantidade* de energia, mas sim sobre a *qualidade* da energia. Para compreender essa ideia, considere uma viagem de automóvel de Chicago a Denver. Ao longo do caminho, você iria colocar gasolina no carro para chegar a Denver. O que acontece com essa energia? A energia armazenada nas ligações da gasolina e do oxigênio que reage com ela é transformada em energia térmica, que é espalhada ao longo da rodovia para Denver. A quantidade total de energia permanece a mesma de antes da viagem, mas a energia concentrada na gasolina se torna amplamente distribuída no ambiente:

$$\text{gasolina}(l) + O_2(g) \rightarrow CO_2(g) + H_2O(l) + \text{energia}$$

↑ C_8H_{18} e outros compostos similares

↓ Espalhada ao longo da rodovia, aquecendo a estrada e o ar

Qual energia é mais fácil de usar para fazer o trabalho: a energia concentrada na gasolina ou a energia térmica distribuída de Chicago até Denver? Claro que a energia concentrada na gasolina é mais conveniente.

Esse exemplo ilustra um princípio geral muito importante: quando utilizamos a energia para realizar trabalho, degradamos a sua utilidade. Em outras palavras, quando utilizamos a energia, a sua *qualidade* (a sua facilidade de utilização) é reduzida.

Resumindo,

Energia concentrada —Uso da energia para realizar trabalho→ ENERGIA ESPALHADA

Você já deve ter ouvido alguém mencionar a "morte térmica" do universo. Em algum ponto (muitas eras a partir de agora), toda a energia será distribuída uniformemente por todo o universo e tudo atingirá a mesma temperatura. Neste ponto, não será mais possível realizar nenhum trabalho. O universo estará "morto".

Nós não temos de nos preocupar com a morte térmica do universo tão cedo, é claro, mas precisamos pensar sobre a conservação da "qualidade" do fornecimento de energia. A energia armazenada nas moléculas de petróleo chegou lá há milhões de anos por meio de plantas e animais simples absorvendo a energia do sol e usando-a para construir moléculas. Como esses organismos morreram e ficaram enterrados, os processos naturais os transformaram em depósitos de petróleo que agora acessamos para obter nossos suprimentos de gasolina e gás natural.

O petróleo é altamente valioso porque fornece uma fonte de energia convenientemente concentrada. Infelizmente, estamos usando esse combustível a uma taxa muito mais rápida do que os processos naturais podem substituir, por isso, estamos à procura de novas fontes de energia. A fonte de energia mais lógica é o Sol. A *energia solar* se refere ao uso da energia do Sol diretamente para realizar trabalho produtivo em nossa sociedade. Discutiremos os fornecimentos de energia na próxima seção.

10-9 Energia e o nosso mundo

OBJETIVO Considerar os recursos de energia do nosso mundo.

As plantas lenhosas, o carvão, o petróleo e o gás natural fornecem um vasto recurso de energia que veio originalmente do Sol. Pelo processo da fotossíntese, as plantas armazenam energia que pode ser obtida pela queima das próprias plantas ou pela decomposição dos produtos que foram convertidos ao longo de milhões de anos em **combustíveis fósseis**. Embora os Estados Unidos dependam demasiadamente do petróleo para a energia atualmente, isso é um fenômeno relativamente recente, como mostrado na Fig. 10.7. Nesta seção, discutiremos algumas fontes de energia e seus efeitos sobre o ambiente.

Petróleo e gás natural

Apesar de o modo como eles foram produzidos não ser completamente compreendido, o petróleo e o gás natural foram provavelmente formados de restos de organismos marinhos que viveram cerca de 500 milhões de anos atrás. Por causa da forma como foram formadas, essas substâncias são chamadas de *combustíveis fósseis*. O **petróleo** é um líquido espesso, escuro, constituído principalmente de compostos chamados *hidrocarbonetos*, que contêm carbono e hidrogênio (o carbono é o único entre os elementos que pode se vincular a si próprio para formar cadeias de diferentes comprimentos). A Tabela 10.2 fornece as fórmulas e os nomes de vários hidrocarbonetos comuns. O **gás natural**, geralmente associado com os depósitos de petróleo, consiste principalmente de metano, mas contém também quantidades significativas de etano, propano e butano.

A composição do petróleo varia um pouco, mas inclui principalmente hidrocarbonetos, tendo cadeias que contêm de 5 a mais de 25 carbonos. Para ser usado eficientemente, o petróleo deve ser separado em frações por ebulição. As moléculas mais leves (que têm os pontos de ebulição mais baixos) podem ser evaporadas deixando as mais pesadas para trás. Os usos comerciais das várias frações do petróleo são apresentados na Tabela 10.3.

No final do século XX, houve uma preocupação crescente sobre o rápido esgotamento das fontes globais de combustíveis fósseis. No entanto, uma nova tecnologia chamada de *fraturamento hidráulico* ou *fracking* mudou significativamente a situação. O fraturamento hidráulico envolve a injeção de uma mistura de água, areia e produtos químicos a altas pressões através de um poço perfurado profundamente em camadas de rocha. As altas pressões fazem a camada de rocha

Tabela 10.2 ▶ Nomes e fórmulas de alguns hidrocarbonetos comuns

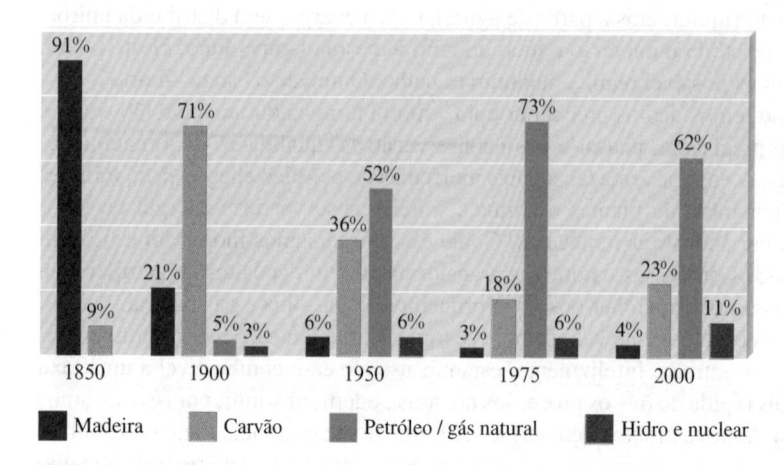

Fórmula	Nome
CH_4	Metano
C_2H_6	Etano
C_3H_8	Propano
C_4H_{10}	Butano
C_5H_{12}	Pentano
C_6H_{14}	Hexano
C_7H_{16}	Heptano
C_8H_{18}	Octano

Figura 10.7 ▶ Fontes de energia utilizadas nos Estados Unidos.

(1850: Madeira 91%, Carvão 9%; 1900: Madeira 21%, Carvão 71%, Petróleo/gás natural 5%, Hidro e nuclear 3%; 1950: Carvão 36%, Petróleo/gás natural 52%, Hidro e nuclear 6%; 1975: Carvão 18%, Petróleo/gás natural 73%, Hidro e nuclear 6%; 2000: Carvão 23%, Petróleo/gás natural 62%, Hidro e nuclear 11%, Madeira 4%)

Tabela 10.3 ▶ Usos das várias frações de petróleo

Fração de petróleo em termos de números de átomos de carbono	Principais usos
C_5–C_{10}	Gasolina
C_{10}–C_{18}	Querosene Combustível de avião
C_{15}–C_{25}	Combustível diesel Óleo de aquecimento Óleo de lubrificação
>C_{25}	Asfalto

fraturar, permitindo que bolsões profundos de petróleo e gás natural escapem e sejam recuperados. Essa técnica tem o potencial de conseguir grandes quantidades de petróleo anteriormente indisponíveis. Por exemplo, é estimado que o suprimento recuperável de gás natural em depósitos de xisto profundos atinja mais de 200 trilhões de metros cúbicos de gás natural. Assim, a introdução do fraturamento hidráulico alterou completamente o pensamento sobre as fontes de energia no futuro.

A era do petróleo começou quando a demanda por óleo para lâmpada durante a Revolução Industrial superou as fontes tradicionais: gorduras animais e óleo de baleia. Em resposta a esse aumento da demanda, Edwin Drake perfurou o primeiro poço de petróleo em 1859, em Titusville, Pensilvânia. O petróleo desse poço foi refinado para produzir *querosene* (fração C_{10}–C_{18}), que serviu como um excelente óleo para lâmpada. A *gasolina* (fração C_5–C_{10}) teve uso limitado e muitas vezes foi descartada. Essa situação logo mudou. O desenvolvimento da luz elétrica diminuiu a necessidade de querosene e o advento da "carruagem sem cavalos", com seu motor movido a gasolina, assinalou o nascimento desse combustível.

À medida que a gasolina se tornou mais importante, novas formas foram procuradas para aumentar o rendimento da gasolina obtida de cada barril de petróleo. William Burton inventou um processo para a Standard Oil de Indiana chamado *fracionamento pirolítico (alta temperatura)*. Nesse processo, as moléculas mais pesadas da fração de querosene são aquecidas a cerca de 700 °C, levando-as a se quebrar (fracionar) em moléculas menores de hidrocarbonetos na fração da gasolina. À medida que os carros se tornaram maiores, foram projetados motores de combustão interna mais eficientes. Por causa da queima irregular da gasolina então disponível, esses motores "batiam", produzindo ruídos indesejados e até mesmo danos no motor. Pesquisas intensivas para encontrar aditivos que promoveriam a queima mais suave produziram tetraetila de chumbo, $(C_2H_5)_4Pb$, um agente "antidetonante" muito eficaz.

A adição de tetraetila de chumbo na gasolina se tornou uma prática comum, e em 1960 a gasolina continha 3 g de chumbo por galão. Como verificamos tantas vezes nos últimos anos, os avanços tecnológicos podem produzir problemas ambientais. Para evitar a poluição do ar pela exaustão do automóvel, foram adicionados conversores catalíticos aos sistemas de exaustão do carro. A eficácia desses conversores, no entanto, é destruída pelo chumbo. A utilização de gasolina com chumbo também aumentou significativamente a quantidade desse elemento no ambiente, onde ele pode ser ingerido por animais e pelos seres humanos. Por essas razões, o uso de chumbo na gasolina foi descontinuado, exigindo modificações extensas (e caras) nos motores e no processo de refino de gasolina.

Carvão

O **carvão** se formou dos restos de plantas que foram enterradas e sujeitas a alta pressão e calor durante longos períodos de tempo. Materiais originados de plantas têm um elevado teor de celulose, uma molécula complexa cuja fórmula empírica é CH_2O, mas com massa molar de cerca de 500.000 g mol^{-1}. Depois que as plantas e árvores que cresciam sobre a terra em diferentes épocas e lugares morreram e foram enterradas, mudanças químicas gradualmente reduziram o teor de oxigênio e de hidrogênio das moléculas de celulose. O carvão "amadurece" por quatro etapas: linhita, sub-betuminoso, betuminoso e antracito. Cada estágio tem uma maior proporção carbono-oxigênio e carbono-hidrogênio; isto é, o teor de carbono relativo aumenta gradualmente. As composições elementares típicas dos diferentes carvões são apresentadas na Tabela 10.4. A energia disponível pela combustão de uma determinada massa de carvão

Tabela 10.4 ▶ Composição elementar de vários tipos de carvão

Tipo de carvão	Porcentagem em massa de cada elemento				
	C	H	O	N	S
Linhita	71	4	23	1	1
Sub-betuminoso	77	5	16	1	1
Betuminoso	80	6	8	1	5
Antracito	92	3	3	1	1

aumenta à medida que o teor de carbono aumenta. O antracito é o carvão mais valioso e a lenhita é o menos.

O carvão é um combustível importante e abundante nos Estados Unidos, fornecendo atualmente cerca de 20% da energia. Com a diminuição do fornecimento de petróleo, a contribuição do carvão na energia pode chegar a até 30%. No entanto, o carvão é caro e perigoso para ser minerado do subsolo; e a mineração a céu aberto no Meio-Oeste e Oeste dos EUA causa problemas óbvios. Além disso, a queima de carvão, especialmente daquele rico em enxofre, produz poluentes atmosféricos, tais como o dióxido de enxofre, que pode levar, por sua vez, à chuva ácida. Mesmo se o carvão fosse carbono puro, o dióxido de carbono produzido pela sua queima ainda teria efeitos significativos sobre o clima da Terra.

Efeitos do dióxido de carbono no clima

A Terra recebe uma enorme quantidade de energia radiante do Sol e cerca de 30% é refletida de volta para o espaço pela atmosfera terrestre. A energia restante passa através da atmosfera para a superfície terrestre. Parte dessa energia é absorvida pelas plantas pela fotossíntese, e parte, pelos oceanos para evaporar a água, mas a maior parte é absorvida pelo solo, rochas e água, aumentando a temperatura da superfície terrestre. Essa energia é, por sua vez, irradiada pela superfície aquecida, principalmente como *radiação do infravermelho*, muitas vezes chamada de *radiação de calor*.

A atmosfera, como o vidro de uma janela, é transparente à luz visível, mas não permite que toda a radiação do infravermelho passe de volta para o espaço. As moléculas na atmosfera, principalmente CO_2 e H_2O, absorvem fortemente a radiação do infravermelho e a irradiam novamente para a Terra, como mostrado na Fig. 10.8. Uma quantidade líquida de energia térmica é retida pela atmosfera, fazendo que a Terra seja muito mais quente do que seria sem ela. De certa forma, a atmosfera age como o vidro de uma estufa, que é transparente à luz visível, mas absorve a radiação no infravermelho, aumentando assim a temperatura no seu interior. Esse **efeito estufa** é visto ainda mais espetacularmente em Vênus, onde a atmosfera densa é tida como responsável por sua alta temperatura superficial.

Assim, a temperatura da superfície terrestre é controlada de modo significativo pelo conteúdo de dióxido de carbono e água na atmosfera. O efeito da umidade atmosférica é facilmente perceptível no Meio-Oeste, por exemplo. No verão, quando a umidade é alta, o calor do sol é retido até a noite, proporcionando temperaturas noturnas muito altas. No inverno, as temperaturas mais frias ocorrem sempre em noites claras, quando a baixa umidade permite que a radiação eficiente da energia volte para o espaço.

O volume de água da atmosfera é controlado pelo ciclo da água (evaporação e precipitação) e a média se manteve constante ao longo dos anos. No entanto, como os combustíveis fósseis têm sido usados de forma mais ampla, a concentração de dióxido de carbono aumentou — cerca de 20% de 1880 até o presente. As projeções indicam que o teor de dióxido de carbono da atmosfera pode ser o dobro no século XXI do que era em 1880. Essa tendência *pode* aumentar a temperatura média da Terra em até 10 °C,

Figura 10.8 ▶ A atmosfera da Terra é transparente à luz visível do Sol. Essa luz visível atinge a Terra e parte dela é alterada em radiação do infravermelho. A radiação do infravermelho da superfície terrestre é fortemente absorvida por CO_2, H_2O e outras moléculas presentes em quantidades menores (por exemplo, CH_4 e N_2O) na atmosfera. De fato, a atmosfera retém parte da energia, atuando como o vidro de uma estufa e mantendo a Terra mais quente do que seria de outra maneira.

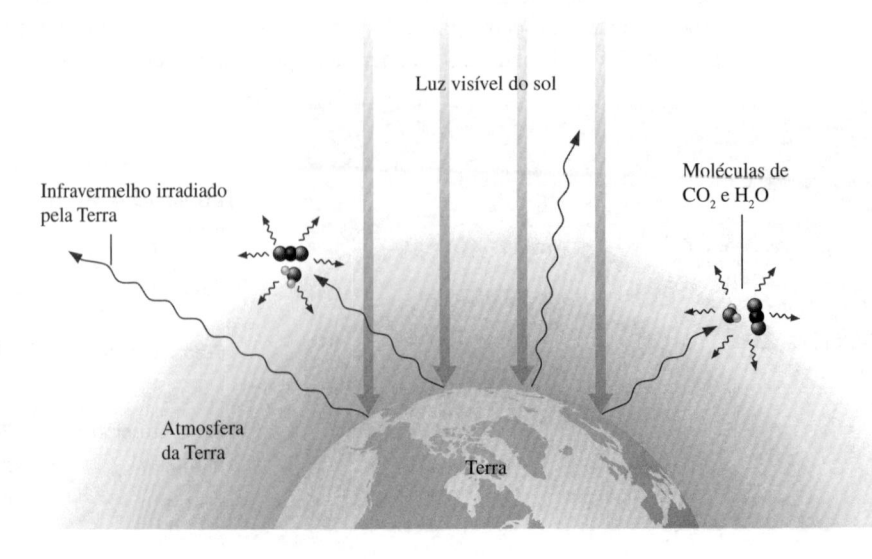

QUÍMICA EM FOCO

Vendo a luz

Estamos muito próximos de uma revolução na iluminação. A lâmpada incandescente desenvolvida por Thomas Edison no final do século XIX ainda domina os nossos sistemas de iluminação.[1] No entanto, isso está prestes a mudar, porque a lâmpada de Edison é muito ineficiente: cerca de 95% da energia vai para o calor em vez da luz. Nos Estados Unidos, 22% da produção total de eletricidade vai para a iluminação, com um custo de cerca de US$ 58 milhões. Mundialmente, a iluminação consome cerca de 19% da energia elétrica, e espera-se que a demanda por iluminação cresça 60% nos próximos 25 anos. Por causa dos preços da energia e dos problemas associados com o aquecimento global, devemos encontrar dispositivos de iluminação mais eficientes.

A curto prazo, a resposta parece ser lâmpadas fluorescentes compactas (LFCs). Essas lâmpadas, que têm uma base tipo parafuso, consomem cerca de apenas 20% da energia que as incandescentes consomem para uma quantidade comparável de produção de luz. Embora custem quatro vezes mais, as lâmpadas fluorescentes compactas duram dez vezes mais que as incandescentes. As LFCs produzem luz com um tipo de composto de fósforo que reveste suas paredes interiores. O fósforo é misturado com uma pequena quantidade de mercúrio (cerca de 5 mg por bulbo). Quando a lâmpada é ligada, um feixe de elétrons é produzido. Os elétrons são absorvidos pelos átomos de mercúrio, que são estimulados para emitir luz ultravioleta (UV). Essa luz UV é absorvida pelo fósforo que, em seguida, emite luz visível (um processo chamado de fluorescência). Estima-se que a substituição de todas as lâmpadas incandescentes por lâmpadas fluorescentes compactas reduziria a demanda elétrica nos Estados Unidos pelo equivalente à energia produzida por 20 novas usinas de energia nuclear de 1.000 MW. Essa é uma economia muito significativa.

Embora a quantidade de mercúrio em cada lâmpada seja pequena (a quebra de uma única LFC não colocaria em risco um adulto normal), a reciclagem de um grande número de lâmpadas fluorescentes compactas apresenta riscos potenciais de poluição. A pesquisa está agora em andamento para encontrar formas de diminuir esse perigo. Por exemplo, o professor Robert Hurt e seus colegas da Universidade de Brown descobriram que o selênio preparado em partículas minúsculas tem uma afinidade muito elevada com o mercúrio e pode ser usado em operações de reciclagem para evitar a exposição ocupacional perigosa ao mercúrio.

Um outro tipo de dispositivo de iluminação, que é agora econômico o suficiente para ser utilizado amplamente, é o diodo emissor de luz (LED). Um LED é um semicondutor de estado sólido projetado para emitir luz visível quando seus elétrons caem para níveis de energia mais baixos. A pequena luz brilhante que indica que um sistema de áudio ou de televisão está ligado é um LED. Nos últimos anos, os LEDs têm sido usados em semáforos, sinais de conversão em carros, lanternas e luzes de rua. O uso de LEDs para a iluminação de festas está aumentando rapidamente. Estima-se que os LEDs cheguem a reduzir o consumo de energia para iluminação de festas em 90%. A produção de luz de LEDs por quantidade de energia consumida aumentou drasticamente nos últimos meses e os custos estão diminuindo de forma constante. Embora sejam mais caras que as lâmpadas fluorescentes compactas, as lâmpadas de LED duram mais de 15 anos. Assim, grandes mudanças estão ocorrendo nos métodos de iluminação, e todos nós precisamos fazer a nossa parte para tornar nossas vidas mais eficientes em relação à energia.

[1] A produção e a importação de lâmpadas incandescentes de 150 W e 200 W estão proibidas no Brasil desde 30 de junho de 2012 e sua comercialização está proibida desde junho de 2013. As lâmpadas de 60 W, 75 W e 100 W tiveram sua produção e importação encerradas no final de junho de 2013 e a comercialização foi permitida até meados de 2014. A fabricação e a importação das demais lâmpadas incadescentes serão permitidas até junho de 2017. (N do RT)

Uma lâmpada fluorescente compacta (LFC).

causando mudanças drásticas no clima e afetando enormemente o crescimento da produção de alimentos.

Com que precisão podemos prever os efeitos a longo prazo do dióxido de carbono? Como o clima tem sido estudado por um período de tempo que é minúsculo em comparação com a idade da Terra, os fatores que o controlam a longo alcance não são claramente compreendidos. Por exemplo, nós não compreendemos o que causa as eras do gelo periódicas da Terra. Por isso, é difícil estimar os efeitos dos níveis crescentes de dióxido de carbono.

Figura 10.9 ▶ A concentração atmosférica de CO_2 ao longo dos últimos 1000 anos, com base em dados de núcleos de gelo e leituras diretas (desde 1958). Observe o aumento dramático nos últimos 100 anos.

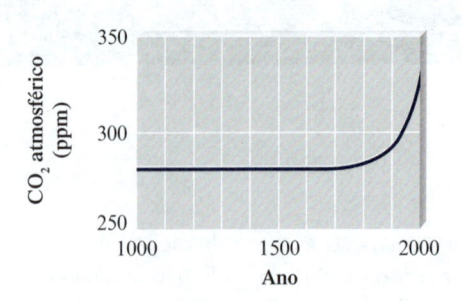

De fato, a variação da temperatura média da Terra ao longo do século passado é um pouco confusa. Em latitudes setentrionais, durante o século passado, a temperatura média subiu 0,8 °C em um período de 60 anos, depois esfriou 0,5 °C nos 25 anos seguintes e, finalmente, subiu 0,2 °C nos 15 anos sucessivos. Essas flutuações não correspondem ao aumento constante de dióxido de carbono. No entanto, em latitudes meridionais e perto do equador, durante o século passado, a temperatura média mostrou um aumento constante no valor de 0,4 °C. Esse valor é coerente com o efeito previsto do aumento da concentração de dióxido de carbono nesse período. Outro fato importante é que os últimos 10 anos do século XX foi a década mais quente já registrada.

Embora a relação exata entre a concentração de dióxido de carbono na atmosfera e a temperatura da Terra não seja conhecida no momento, uma coisa é clara: o aumento na concentração de dióxido de carbono atmosférico é bastante drástico (Fig. 10.9). Devemos considerar as implicações desse aumento ao considerarmos nossas necessidades energéticas futuras.

Novas fontes de energia

Enquanto procuramos as fontes de energia do futuro, precisamos considerar os fatores econômicos, climáticos e de oferta. Existem várias fontes potenciais de energia: o Sol (solar), processos nucleares (fissão e fusão), biomassa (plantas) e combustíveis sintéticos. O uso direto da energia radiante do Sol para aquecer as nossas casas e alimentar as nossas fábricas e sistemas de transporte parece um objetivo razoável a longo prazo. Mas o que vamos fazer agora? A conservação dos combustíveis fósseis é um passo óbvio, mas substitutos para os combustíveis fósseis também devem ser encontrados. Há muita pesquisa em curso agora para resolver esse problema.

> **Pensamento crítico**
>
> Um estudo do governo concluiu que a queima de combustíveis fósseis para alimentar nossos automóveis provoca muita poluição. E se o governo decidisse que todos os carros e caminhões deveriam ser alimentados por baterias? Será que isso resolveria os problemas da poluição atmosférica causada pelos transportes?

10-10 Energia como força motriz

OBJETIVO Entender a energia como força motriz dos processos naturais.

Um dos principais objetivos da ciência é entender por que as coisas acontecem dessa maneira. Em particular, estamos interessados nas forças motrizes da natureza. Por que as coisas ocorrem em uma determinada direção? Por exemplo, considere a lenha queimada em uma lareira produzindo cinzas e energia térmica. Se está sentado em frente à lareira, você ficaria muito surpreso ao ver as cinzas absorverem o calor do ar e reconstruir a lenha. Isso não acontece. Ou seja, o processo que ocorre sempre é:

$$\text{lenha} + O_2(g) \rightarrow CO_2(g) + H_2O(g) + \text{cinzas} + \text{energia}$$

O inverso desse processo

$$CO_2(g) + H_2O(g) + \text{cinzas} + \text{energia} \rightarrow \text{lenha} + O_2(g)$$

nunca acontece.

Considere outro exemplo. Um gás é aprisionado em uma extremidade de um recipiente, como mostrado abaixo.

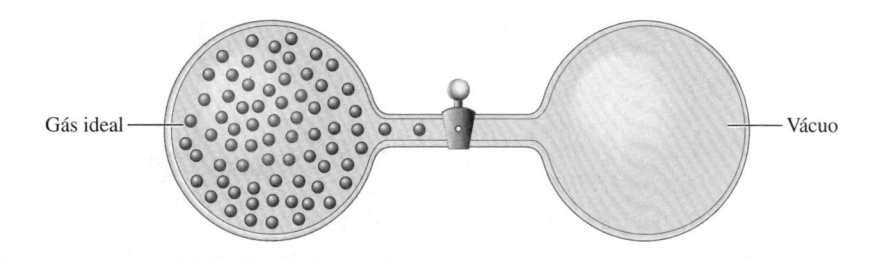

Gás ideal — Vácuo

Quando a torneira é aberta, o que sempre acontece? O gás se espalha uniformemente em todo o recipiente.

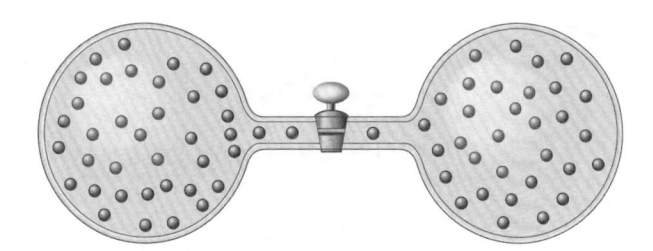

Você ficaria muito surpreso ao ver o seguinte processo ocorrendo de forma espontânea:

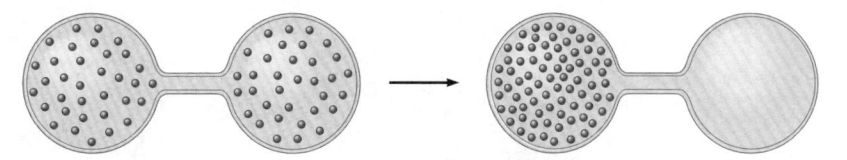

Então, por que esse processo

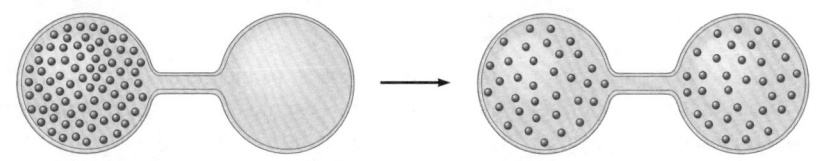

ocorre espontaneamente, mas o processo inverso

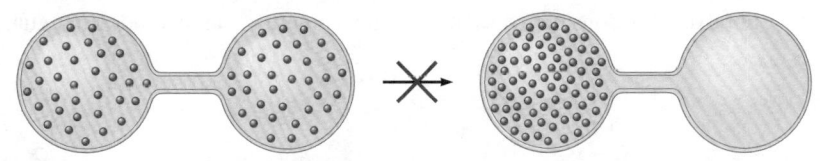

nunca ocorre?

Em muitos anos de análise desses e de muitos outros processos, os cientistas descobriram duas forças motrizes muito importantes:

▶ Propagação de energia
▶ Propagação de matéria

Propagação de energia significa que, em um determinado processo, a energia concentrada é amplamente dispersa. Essa distribuição acontece toda vez que ocorre um processo exotérmico. Por exemplo, quando um bico de Bunsen queima, a energia armazenada no combustível (gás natural — principalmente metano) é dispersada no ar circundante:

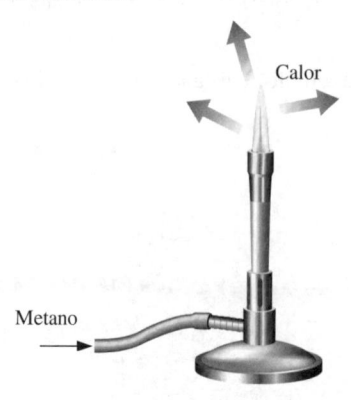

A energia que flui para o ambiente através do calor aumenta os movimentos térmicos das moléculas no ambiente. Em outras palavras, esse processo aumenta os movimentos aleatórios das moléculas no ambiente. *Isso sempre acontece em todo processo exotérmico.*

Propagação de matéria significa exatamente o que diz: as moléculas de uma substância se espalham e ocupam um volume maior.

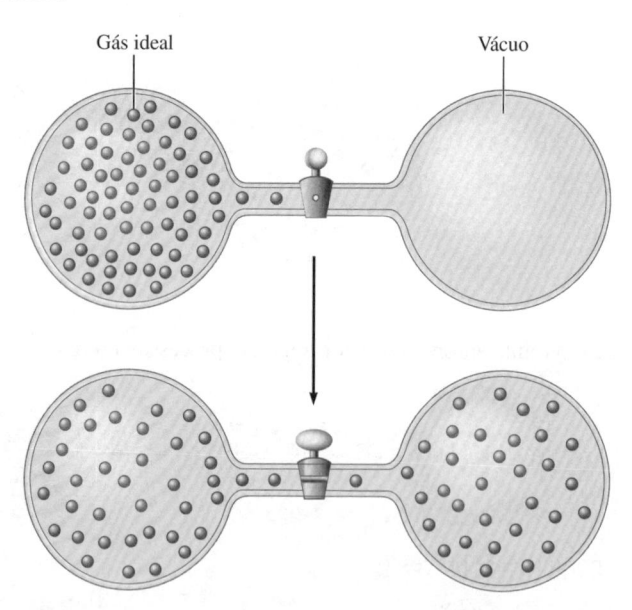

Depois de observarem milhares de processos, os cientistas concluíram que esses dois fatores são as forças motrizes importantes que fazem que os eventos ocorram. Ou seja, os processos são facilitados se envolverem a propagação da energia e da matéria.

Será que essas forças motrizes algumas vezes ocorrem em oposição? Sim, ocorrem em muitos e muitos processos.

Por exemplo, considere o sal de cozinha comum se dissolvendo em água.

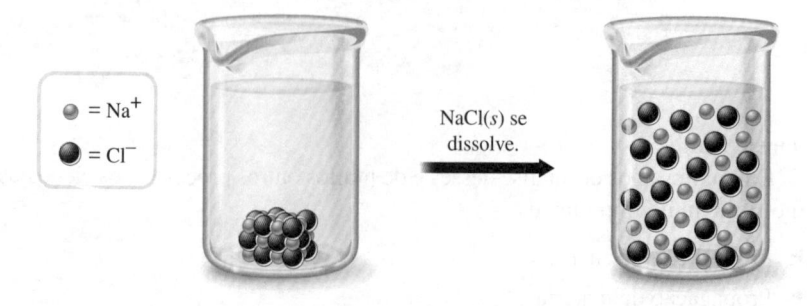

Esse processo ocorre espontaneamente. Você o observa cada vez que adiciona sal na água para cozinhar batata ou macarrão. Surpreendentemente, a dissolução de sal em água é *endotérmica*. Esse processo parece ir na direção errada, pois envolve concentração de energia e não propagação de energia. Por que o sal dissolve? Por causa da propagação da matéria. O Na^+ e o Cl^- que estão amontoados no sólido NaCl se espalham aleatoriamente em um volume muito maior na solução resultante. O sal dissolve na água porque a propagação favorável da matéria supera uma variação de energia desfavorável.

Entropia

A **entropia** é uma função que inventamos para acompanhar a tendência natural dos componentes do universo de se tornarem desordenados — a entropia (designada pela letra *S*) é uma medida de desordem ou aleatoriedade. Conforme a aleatoriedade aumenta, *S* aumenta. O que tem menor entropia, a água sólida (gelo) ou a água gasosa (vapor)? Lembre-se de que o gelo contém moléculas de H_2O compactadas e ordenadas; enquanto o vapor tem moléculas de H_2O amplamente dispersas, movendo-se aleatoriamente (Fig. 10.10). Assim, o gelo tem mais ordem e um valor mais baixo de *S*.

O que você acha que acontece com a desordem do universo conforme ocorre a propagação de energia e matéria durante um processo?

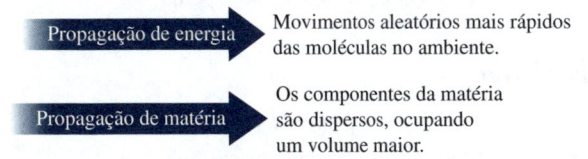

| Propagação de energia | Movimentos aleatórios mais rápidos das moléculas no ambiente. |
| Propagação de matéria | Os componentes da matéria são dispersos, ocupando um volume maior. |

Parece claro que ambas as propagações de energia e matéria conduzem a uma maior entropia (maior desordem) no universo. Essa ideia nos leva a uma conclusão muito importante resumida na **segunda lei da termodinâmica**:

A entropia do universo está sempre aumentando.

Figura 10.10 ▶ Comparando as entropias do gelo e do vapor.

Sólido (gelo)   Gás (vapor)

Pensamento crítico

E se a primeira lei da termodinâmica fosse verdadeira, mas a segunda, não? Como o mundo mudaria?

Um **processo espontâneo** é aquele que ocorre na natureza sem intervenção exterior, isto é, acontece "por conta própria". A segunda lei da termodinâmica nos ajuda a compreender por que certos processos são espontâneos e outros, não. Ela também nos ajuda a compreender as condições necessárias para um processo ser espontâneo. Por exemplo, a 1 atm (1 atmosfera de pressão), o gelo derreterá espontaneamente a uma temperatura acima de 0 °C, mas não abaixo. Um processo é espontâneo somente se a entropia do universo aumentar como resultado. Ou seja, todos os processos que ocorrem no universo conduzem a um aumento líquido na desordem do universo. À medida que "funciona", o universo sempre estará indo em direção a mais desordem. Estamos mergulhando lenta, mas inevitavelmente, na direção da aleatoriedade total – a morte do calor universal. Mas não se desespere; isso não acontecerá em breve.

CAPÍTULO 10 REVISÃO

F direciona para a seção *Química em foco* no capítulo

Termos-chave

energia (10-1)
energia potencial (10-1)
energia cinética (10-1)
lei da conservação da energia (10-1)
trabalho (10-1)
função de estado (10-1)
temperatura (10-2)
calor (10-2)
sistema (10-3)
ambiente (10-3)
exotérmico (10-3)
endotérmico (10-3)
termodinâmica (10-4)
primeira lei da termodinâmica (10-4)
energia interna (10-4)
caloria (10-5)
joule (10-5)
capacidade calorífica específica (10-5)
entalpia (10-6)
calorímetro (10-6)
lei de Hess (10-7)
combustíveis fósseis (10-9)
petróleo (10-9)
gás natural (10-9)
carvão (10-9)
efeito estufa (10-9)
propagação de energia (10-10)
propagação de matéria (10-10)
entropia (10-10)
segunda lei da termodinâmica (10-10)
processo espontâneo (10-10)

Para revisão

▶ A energia é conservada.
▶ A lei da conservação da energia afirma que a energia não é criada nem destruída em qualquer processo.
▶ Em um processo, a energia pode ser alterada de uma forma para outra, mas a quantidade permanece constante.
▶ A termodinâmica é o estudo da energia e suas variações.
▶ A energia é classificada nas seguintes formas:
  • Energia cinética — energia devida ao movimento de um objeto.
  • Energia potencial — energia devida à posição ou composição de um objeto.

▶ Algumas funções, chamadas funções de estado, dependem apenas dos estados inicial e final do sistema, não do percurso específico seguido.
  • A energia é uma função de estado.
  • Calor e trabalho não são funções de estado.
▶ A temperatura indica o vigor dos movimentos aleatórios dos componentes da substância.
▶ A energia térmica é a soma da energia produzida pelos movimentos aleatórios dos componentes.
▶ O calor é um fluxo de energia entre dois objetos por causa de uma diferença de temperatura entre eles.
  • Um processo exotérmico é aquele no qual a energia na forma de calor flui para fora do sistema, para a vizinhança.
  • Um processo endotérmico é aquele no qual a energia na forma de calor flui para o sistema a partir da vizinhança.
  • As unidades comuns para o calor são calorias e joules.

Exotérmico — Energia flui do Sistema para a Vizinhança
Endotérmico — Energia flui da Vizinhança para o Sistema

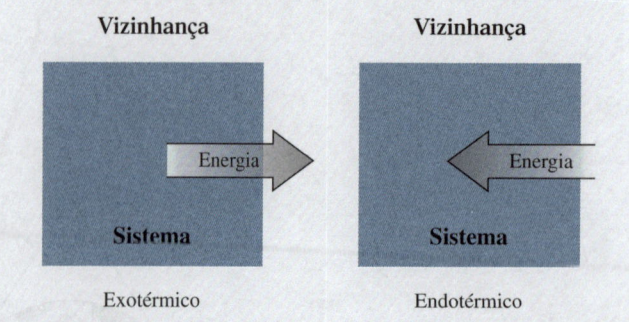

▶ A energia interna (E) é a soma das energias cinética e potencial associadas a um objeto.
  • A energia interna (E) pode ser alterada por dois tipos de fluxo de energia:
    • Calor (q)
    • Trabalho (w)
  • $\Delta E = q + w$

▶ Capacidade calorífica específica é a energia necessária para mudar a temperatura de uma massa de 1 g de uma substância em 1 °C.

▶ A variação na entalpia (ΔH) de um processo realizado a uma pressão constante é igual ao calor.

Características de ΔH
- Se a reação é invertida, o sinal de ΔH também será.
- A grandeza ΔH é diretamente proporcional às quantidades de reagentes e produtos em uma reação. Se os coeficientes em uma reação balanceada são multiplicados por um número inteiro, o valor de ΔH é multiplicado pelo mesmo número inteiro.

▶ A lei de Hess permite o cálculo do calor de uma determinada reação com base nos calores conhecidos de reações relacionadas.

▶ Um calorímetro é um dispositivo utilizado para medir o calor associado a uma determinada reação química.

▶ Embora a energia seja conservada em todos os processos, a qualidade (utilidade) da energia diminui em cada processo real.

▶ Os processos naturais ocorrem em uma direção rumo ao aumento da desordem (aumento de entropia) do universo.
  - As principais forças motrizes dos processos naturais podem ser descritas como "propagação de matéria" e "propagação de energia".

▶ Nosso mundo tem muitas fontes de energia. A utilização dessa energia afeta o ambiente de várias maneiras.

Questões de aprendizado ativo

Estas questões foram desenvolvidas para ser resolvidas por grupos de estudantes em sala de aula. Normalmente, elas funcionam bem para introduzir um tópico específico em sala.

1. Observe a Fig. 10.1 em seu livro. A esfera A parou de se mover. No entanto, a energia é conservada. Então, o que aconteceu com a energia da esfera A?

2. Um amigo seu lê que o processo de congelamento da água é exotérmico. Esse amigo lhe diz que isso não pode ser verdade, porque exotérmico significa "quente" e o gelo é frio. O processo de congelamento da água é exotérmico? Se sim, explique esse processo para que o seu amigo possa compreendê-lo. Se não, explique por quê.

3. Você coloca um metal quente em uma proveta de água fria.
   a. No fim, o que é verdadeiro sobre a temperatura do metal em comparação com a da água? Explique por que isso é verdade.
   b. Classifique esse processo como endotérmico ou exotérmico considerando o sistema como sendo:
      i. o metal. Explique.
      ii. a água. Explique.

4. O que significa quando o calor de um processo tem um sinal negativo?

5. Você coloca 100,0 g de um metal quente em 100,0 g de água fria. Qual substância (metal ou água) passa por uma variação de temperatura maior? Por quê?

6. Explique por que as latas de alumínio são bons recipientes de armazenamento para refrigerantes. Copos de isopor podem ser usados para manter o café quente e o refrigerante frio. Como isso acontece?

7. Na Seção 10-7, duas características da variação de entalpia das reações são listadas. Quais são essas características? Explique por que essas características são verdadeiras.

8. Qual é a diferença entre a *qualidade* e a *quantidade* de energia? As duas são conservadas? Alguma é conservada?

9. O que o termo *forças motrizes* significa? Por que as *propagações de matéria* e *de energia* são consideradas forças motrizes?

10. Dê um exemplo de um processo no qual a *propagação de matéria* é uma força motriz e um exemplo de um processo no qual a *propagação de energia* é uma força motriz. Explique cada um. Os exemplos devem ser diferentes dos indicados no livro.

11. Explique com suas próprias palavras o que se entende pelo termo *entropia*. Explique como a *propagação de matéria* e a *propagação de energia* estão relacionadas com o conceito de entropia.

12. Considere os processos:

$$H_2O(g) \rightarrow H_2O(l)$$
$$H_2O(l) \rightarrow H_2O(g)$$

   a. Qual processo é facilitado pela propagação de energia? Explique.
   b. Qual processo é facilitado pela propagação de matéria? Explique.
   c. Como a temperatura afeta o processo favorecido? Explique.

13. E se a energia não fosse conservada? Como isso afetaria nossas vidas?

14. A energia interna de um sistema é a soma das energias cinética e potencial de todas as partículas no sistema. A seção 10-1 discute a *energia potencial* e a *energia cinética* em uma esfera em uma colina. Explique essas duas energias em uma reação química.

15. O gás hidrogênio e o gás oxigênio reagem vigorosamente para formar água.
   a. Qual é o mais baixo em energia: uma mistura de gases de hidrogênio ou de água? Explique.
   b. Desenhe um diagrama de nível de energia (como o da Figura 10.5) dessa reação e explique-o.

16. Considere quatro amostras de 100,0 g de água, cada uma em uma proveta separada a 25,0 °C. Em cada proveta você coloca 10,0 g de um metal diferente que tenha sido aquecido a 95,0 °C. Assumindo que não há perda de calor para o ambiente, qual amostra de água terá a temperatura final mais alta? Justifique sua resposta.
   a. A água em que você adicionou alumínio (c = 0,89 J/g °C).
   b. A água em que você adicionou ferro (c = 0,45 J/g °C).
   c. A água em que você adicionou cobre (c = 0,20 J/g °C).
   d. A água em que você adicionou chumbo (c = 0,14 J/g °C).
   e. Como as massas dos metais são as mesmas, as temperaturas finais serão as mesmas.

17. Para cada uma das seguintes situações a-c, utilize as seguintes opções i-iii para completar a afirmação "A temperatura final da água deve ser"
   i. entre 50 °C e 90 °C
   ii. 50 °C
   iii. entre 10 °C e 50 °C

   a. Uma amostra de 100,0 g de água a 90 °C é adicionada a uma amostra de 100,0 g de água a 10 °C.
   b. Uma amostra de 100,0 g de água a 90 °C é adicionada a uma amostra de 500,0 g de água a 10 °C.

c. Você tem um copo de isopor com 50,0 g de água a 10 °C. Você adiciona uma esfera de ferro de 50,0 g a 90 °C na água.

18. De que forma a lei de Hess é uma reafirmação da primeira lei da termodinâmica?

19. Será que a entropia do sistema aumenta ou diminui para cada um dos seguintes? Explique.
    a. A evaporação do álcool.
    b. O congelamento da água.
    c. A dissolução de NaCl em água.

20. Preveja o sinal da $\Delta S°$ para cada uma das seguintes variações:
    a.

    b. $AgCl(s) \rightarrow Ag^+(aq) + Cl^-(aq)$
    c. $2H_2(g) + O_2 \rightarrow 2H_2O(l)$
    d. $H_2O(l) \rightarrow H_2O(g)$

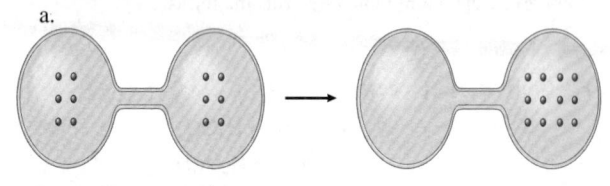

Perguntas e problemas

10-1 A natureza da energia

Perguntas

1. _____ representa a capacidade de realizar trabalho ou produzir calor.

2. O que se entende por *energia potencial*? Dê um exemplo de um objeto ou material que possui energia potencial.

3. Qual é a energia cinética de uma partícula de massa m se movendo no espaço com a velocidade v?

4. A energia total do universo é _____.

5. O que se entende por uma função de *estado*? Dê um exemplo.

6. Na Fig. 10.1, que tipo de energia a esfera A possui inicialmente em repouso no topo da colina? Quais tipos de energias estão envolvidos à medida que a esfera A desce a colina? Que tipo de energia a esfera A possui quando chega no fim da colina e *para* de se mover depois de bater na esfera B? De onde vem a energia adquirida pela esfera B, permitindo que ele suba a colina?

10-2 Temperatura e calor

Perguntas

7. Os alunos muitas vezes confundem o significado de *calor* e *temperatura*. Defina cada um. Como esses conceitos estão relacionados?

8. Se você derramasse uma xícara de chá *quente* recém-preparado em si mesmo, você se queimaria. Se derramasse a mesma quantidade de chá *gelado* em si mesmo, não se queimaria. Explique.

9. O que a *energia térmica* de um objeto representa?

10. Como a *temperatura* e a *energia térmica* de um objeto estão relacionadas?

10-3 Processos exotérmicos e endotérmicos

Perguntas

11. Ao estudar os fluxos de calor dos processos químicos, o que queremos dizer com os termos *sistema* e *ambiente*?

12. Quando um sistema químico desenvolve energia, para onde ela vai?

13. A combustão do metano, CH_4, é um processo exotérmico. Portanto, os produtos dessa reação devem possuir energia potencial total (maior/menor) que os reagentes.

14. Os seguintes processos são exotérmicos ou endotérmicos?
    a. Quando KBr sólido é dissolvido em água, a solução fica mais fria.
    b. Gás natural (CH_4) é queimado em um forno.
    c. Quando o ácido sulfúrico concentrado é adicionado à água, a solução fica muito quente.
    d. Água é fervida em uma chaleira.

10-4 Termodinâmica

Perguntas

15. O que queremos dizer por *termodinâmica*? Qual é a *primeira lei da termodinâmica*?

16. A energia _____ E de um sistema representa a soma das energias cinética e potencial de todas as partículas no interior do sistema.

17. Calcule ΔE para cada um dos seguintes casos:
    a. $q = +51$ kJ, $w = -15$ kJ
    b. $q = +100$ kJ, $w = -65$ kJ
    c. $q = -65$ kJ, $w = -20$ kJ

18. Se q de um processo é um número negativo, então o sistema está (ganhando/perdendo) energia.

19. Para um processo endotérmico, q terá um sinal (positivo/negativo).

20. Um sistema libera 125 kJ de calor e realiza 104 kJ de trabalho. Calcule ΔE.

10-5 Medindo variações de energia

Perguntas

21. Como se define a *caloria*? Como uma *Caloria* difere de uma *caloria*? Como o *joule* está relacionado com a caloria?

22. Escreva os fatores de conversão que seriam necessários para realizar cada uma das seguintes conversões:
    a. energia dada em calorias para o seu equivalente em joules.
    b. energia dada em joules para o seu equivalente em calorias.
    c. energia dada em calorias para o seu equivalente em quilocalorias.
    d. energia dada em quilojoules para o seu equivalente em joules.

Problemas

23. Se 8,40 kJ de calor são necessários para aumentar a temperatura de uma amostra de metal de 15 °C para 20 °C, quantos quilojoules de calor serão necessários para elevar a temperatura da mesma amostra de metal de 25 °C para 40 °C?

24. Se 654 J de energia são usados para aquecer uma amostra de 5,51 g de água, qual a energia necessária para aquecer 55,1 g de água na mesma quantidade?

25. Converta os seguintes números de calorias ou quilocalorias em joules e quilojoules. (Lembre-se: *quilo* significa 1000.)
    a. 75,2 kcal
    b. 75,2 cal
    c. $1,41 \times 10^3$ cal
    d. 1,41 kcal

26. Converta os seguintes números de calorias em quilocalorias. (Lembre-se: *quilo* significa 1000.)
    a. 8254 cal
    b. 41,5 cal
    c. $8,231 \times 10^3$ cal
    d. 752.900 cal

27. Converta os seguintes números de quilojoules em quilocalorias. (Lembre-se: *quilo* significa 1000.)
    a. 652,1 kJ
    b. 1,00 kJ
    c. 4,184 kJ
    d. $4,351 \times 10^3$ kJ

28. Converta os seguintes números de calorias ou quilocalorias em joules ou quilojoules:
    a. 7.845 cal
    b. $4,55 \times 10^4$ cal
    c. 62,142 kcal
    d. 43.024 cal

29. Execute as conversões indicadas:
    a. 625,2 cal em quilojoules
    b. 82,41 kJ em joules
    c. 52,61 kcal em joules
    d. 124,2 kJ em quilocalorias

30. Execute as conversões indicadas:
    a. 45,62 kcal em quilojoules
    b. 72,94 kJ em quilocalorias
    c. 2,751 kJ em calorias
    d. 5,721 kcal em joules

31. Se 69,5 kJ de calor são aplicados em um bloco de metal de 1012 g, a temperatura do metal aumenta 11,4 °C. Calcule a capacidade calorífica específica do metal em J/g °C.

32. Qual quantidade de energia térmica deve ter sido aplicada em um bloco de alumínio com massa de 42,7 g, se a temperatura do bloco de alumínio aumentou 15,2 °C? (Consulte a Tabela 10.1.)

33. Se 125 J de energia de calor são aplicados em um bloco de prata com peso de 29,3 g, em quantos graus a temperatura da prata aumenta? (Consulte a Tabela 10.1.)

34. Se 100 J de energia de calor são aplicados em uma amostra de 25 g de mercúrio, em quantos graus a temperatura da amostra de mercúrio aumenta? (Consulte a Tabela 10.1.)

35. Qual quantidade de calor é necessária para aumentar a temperatura de 55,5 g de ouro de 20 °C para 45 °C? (Consulte a Tabela 10.1.)

❶ 36. A seção "Química em foco – *Café: quente e rápido*" discute copos de autoaquecimento de café usando a reação química entre a cal, CaO(s), e a água. Essa reação é endotérmica ou exotérmica?

❶ 37. A seção "Química em foco – *A natureza tem plantas quentes*" discute plantas termogênicas, ou que produzem calor. Algumas plantas geram calor suficiente para aumentar sua temperatura em 15 °C. Qual quantidade de calor é necessária para aumentar a temperatura de 1 litro de água em 15 °C?

❶ 38. Na seção "Química em foco – *Andar sobre brasas: magia ou ciência?*", afirma-se que uma das razões pela qual as pessoas podem andar sobre brasas é que o tecido humano é composto principalmente de água. Em virtude disso, uma grande quantidade de calor deve ser transferida dos carvões para alterar significativamente a temperatura dos pés. Qual quantidade de calor deve ser transferida para 100,0 g de água alterar sua temperatura em 35 °C?

10-6 Termoquímica (entalpia)

Perguntas

39. A variação de entalpia de uma reação que ocorre à pressão constante é (maior/menor/a mesma) que o calor dessa reação.

40. Um _____ é um dispositivo utilizado para determinar o calor associado a uma reação química.

Problemas

41. A variação da entalpia da reação do gás hidrogênio com gás flúor para produzir o fluoreto de hidrogênio é –542 kJ, conforme a equação *escrita*:

    $$H_2(g) + F_2(g) \rightarrow 2HF(g) \qquad \Delta H = -542 \text{ kJ}$$

    a. Qual é a variação da entalpia *por mol* de fluoreto de hidrogênio produzido?
    b. A reação como está escrita é exotérmica ou endotérmica?
    c. Qual seria a variação da entalpia para o *reverso* da equação dada (isto é, para a decomposição de HF em seus elementos constituintes)?

42. Para a reação $S(s) + O_2(g) \rightarrow SO_2(g)$, $\Delta H = -296$ kJ por mol de SO_2 formado.

    a. Calcule a quantidade de calor liberado quando 1,00 g de enxofre é queimado em oxigênio.
    b. Calcule a quantidade de calor liberado quando 0,501 mol de enxofre é queimado no ar.
    c. Qual é a quantidade de energia necessária para quebrar um mol de $SO_2(g)$ em seus elementos constituintes.

❶ 43. A seção "Química em foco – *Queimando calorias*" discute as calorias nos alimentos. Se um alimento contém 350 calorias por porção, determine esse valor em joules.

10-7 Lei de Hess

Perguntas

44. Quando o etanol (álcool de cereais, C_2H_5OH) é queimado em oxigênio, cerca de 1.360 kJ de energia térmica é liberada por mol de etanol.

    $$C_2H_5OH(l) + 3O_2(g) \rightarrow 2CO_2(g) + 3H_2O(g)$$

    a. Que quantidade de calor é liberada para cada *grama* de etanol queimado?
    b. Qual é a ΔH para a reação *como está escrita*?
    c. Qual é quantidade de calor liberada quando etanol suficiente é queimado de modo que produza 1 mol de vapor de água?

Problemas

45. Fornecidos os seguintes dados hipotéticos:

    $$X(g) + Y(g) \rightarrow XY(g) \text{ para o qual } \Delta H = a \text{ kJ}$$
    $$X(g) + Z(g) \rightarrow XZ(g) \text{ para o qual } \Delta H = b \text{ kJ}$$

Calcule a ΔH da reação:

$$Y(g) + XZ(g) \rightarrow XY(g) + Z(g)$$

46. Fornecidos os seguintes dados:

$$C(s) + O_2(g) \rightarrow CO_2(g) \quad \Delta H = -393 \text{ kJ}$$
$$2CO(g) + O_2(g) \rightarrow 2CO_2(g) \quad \Delta H = -566 \text{ kJ}$$

Calcule a ΔH da reação $2C(s) + O_2(g) \rightarrow CO(g)$.

47. Fornecidos os seguintes dados:

$$S(s) + \tfrac{3}{2}O_2(g) \rightarrow SO_3(g) \quad \Delta H = -395{,}2 \text{ kJ}$$
$$2SO_2(g) + O_2(g) \rightarrow 2SO_3(g) \quad \Delta H = -198{,}2 \text{ kJ}$$

Calcule a ΔH da reação $S(s) + O_2(g) \rightarrow SO_2(g)$.

48. Fornecidos os seguintes dados:

$$C_2H_2(g) + \tfrac{5}{2}O_2(g) \rightarrow 2CO_2(g) + H_2O(l) \quad \Delta H = -1300{,}0 \text{ kJ}$$
$$C(s) + O_2(g) \rightarrow CO_2(g) \quad \Delta H = -394 \text{ kJ}$$
$$H_2(g) + \tfrac{1}{2}O_2(g) \rightarrow H_2O(l) \quad \Delta H = -286 \text{ kJ}$$

Calcule a ΔH para a reação:

$$2C(s) + H_2(g) \rightarrow C_2H_2(g)$$

10-8 Qualidade *versus* quantidade de energia

Perguntas

49. Considere a gasolina no tanque do seu carro. O que acontece com a energia armazenada nela quando você dirige seu carro? Embora a energia total no universo permaneça constante, a energia armazenada na gasolina pode ser reutilizada quando ela é dispersada no ambiente?

50. Embora a energia total do universo permaneça constante, por que a energia não será mais útil quando tudo no universo estiver na mesma temperatura?

51. Por que os produtos derivados do petróleo são especialmente úteis como fontes de energia?

52. Por que a "qualidade" da energia está diminuindo no universo?

10-9 Energia e o nosso mundo

Perguntas

53. De onde vem originalmente a energia armazenada na madeira, no carvão, no petróleo e no gás natural?

54. Do que o petróleo consiste? Quais são algumas "frações" para as quais o petróleo é refinado? Como essas frações estão relacionadas com as dimensões das moléculas envolvidas?

55. De que o gás natural consiste? Onde o gás natural é comumente encontrado?

56. Para que foi usado o tetraetil de chumbo na indústria do petróleo? Por que ele não é mais usado?

57. Quais são os quatro "estágios" da formação do carvão? Em que os quatro tipos de carvão diferem?

58. O que é o "efeito estufa"? Por que um certo nível de gases de efeito estufa é benéfico, mas um nível muito alto é perigoso para a vida na Terra? Qual é o gás de efeito estufa mais comum?

10-10 Energia como uma força motriz

Perguntas

59. Um _____ é algum fator que tende a fazer um processo ocorrer.

60. Qual é a segunda lei da termodinâmica? Como ela está relacionada à propagação de energia e de matéria?

61. Se uma reação ocorre rapidamente, mas tem um calor endotérmico de reação, qual deve ser a força motriz da reação?

62. Uma reação de deslocamento duplo, como

$$NaCl(aq) + AgNO_3(aq) \rightarrow AgCl(s) + NaNO_3(aq)$$

resultará em uma propagação de matéria ou em uma concentração de matéria?

63. O que significa *entropia*? Por que a entropia do universo aumenta durante um processo espontâneo?

64. Um bloco de gelo na temperatura ambiente derrete, apesar de o processo ser endotérmico. Por quê?

Problemas adicionais

65. Em uma reação endotérmica, os reagentes ou os produtos têm a energia potencial mais baixa?

66. Calcule a variação de entalpia quando 1,00 g de metano é queimado em excesso de oxigênio de acordo com a reação:

$$CH_4(g) + 2O_2(g) \rightarrow CO_2(g) + H_2O(l) \quad \Delta H = -891 \text{ kJ mol}^{-1}$$

67. Execute as conversões indicadas:
    a. 85,21 cal em joules
    b. 672,1 J em calorias
    c. 8,921 kJ em joules
    d. 556,3 cal em quilojoules

68. Calcule a quantidade de energia (em calorias) necessária para aquecer 145 g de água de 22,3 °C para 75,0 °C.

69. São usados 1,25 kJ de energia para aquecer uma determinada amostra de prata pura de 12,0 °C para 15,2 °C. Calcule a massa dessa amostra.

70. Qual quantidade de energia calorífica deve ser aplicada em um bloco de 25,1 g de ferro, com a finalidade de elevar sua temperatura em 17,5 °C? (Consulte a Tabela 10.1.)

71. A capacidade calorífica específica do ouro é de 0,13 J/g °C. Calcule o calor específico do ouro em cal/g °C.

72. Calcule a quantidade de energia requerida (em joules) para aquecer 2,5 kg de água de 18,5 °C para 55,0 °C.

73. Se 10 J de calor são aplicados em amostras de 5,0 g de cada uma das substâncias listadas na Tabela 10.1, qual temperatura de substância aumentará mais? Qual temperatura de substância aumentará menos?

74. Uma amostra de 50,0 g de água a 100 °C é vertida em uma amostra de 50,0 g de água a 25 °C. Qual será a temperatura final da água?

75. Uma amostra de 25,0 g de ferro puro a 85 °C é colocada em 75 g de água a 20 °C. Qual é a temperatura final da mistura de ferro com água?

76. Se 7,24 kJ de calor são aplicados em um bloco de metal de 952 g, a temperatura aumenta em 10,7 °C. Calcule a capacidade calorífica específica do metal em J/g °C.

77. Para cada uma das substâncias listadas na Tabela 10.1, calcule a quantidade de calor necessária para aquecer 150 g da substância a 11,2 °C.

78. Um sistema libera 213 kJ de calor e tem uma ΔE calculada de -45 kJ. Quanto trabalho foi realizado no sistema?

79. Calcule a ΔE de cada um dos seguintes:
    a. $q = -47$ kJ, $w = +88$ kJ
    b. $q = +82$ kJ, $w = +47$ kJ
    c. $q = +47$ kJ, $w = 0$
    d. Em qual desses casos o ambiente realiza trabalho no sisitema?

80. Calcule a variação da entalpia quando 5,00 g de propano é queimado em excesso de oxigênio de acordo com a reação:
    $$C_3H_8(g) + 5O_2(g) \rightarrow 3CO_2(g) + 4H_2O(l)$$
    $$\Delta H = -2221 \text{ kJ mol}^{-1}$$

81. A reação global em bolsas térmicas comerciais pode ser representada como:
    $$4Fe(s) + 3O_2(g) \rightarrow 2Fe_2O_3(s) \quad \Delta H = -1652 \text{ kJ}$$
    a. Quanto calor é liberado quando 4,00 mol de ferro reage com o excesso de O_2?
    b. Quanto calor é liberado quando 1,00 mol de Fe_2O_3 é produzido?
    c. Quanto calor é liberado quando 1,00 g de ferro reage com o excesso de O_2?
    d. Quanto calor é liberado quando 10,0 g de Fe e 2,00 g de O_2 reagem?

82. Considere as seguintes equações:
    $$3A + 6B \rightarrow 3D \quad \Delta H = -403 \text{ kJ mol}^{-1}$$
    $$E + 2F \rightarrow A \quad \Delta H = -105,2 \text{ kJ mol}^{-1}$$
    $$C \rightarrow E + 3D \quad \Delta H = +64,8 \text{ kJ mol}^{-1}$$

    Suponhamos que a primeira equação é invertida e multiplicada por $\frac{1}{2}$, a segunda e a terceira equações são divididas por 2, então, essas três equações ajustadas são somadas. Qual é a reação resultante e qual é o calor total dessa reação?

83. Foi determinado que o corpo pode gerar 5500 kJ de energia durante uma hora de exercício extenuante. A transpiração é o mecanismo do corpo para eliminar esse calor. Quantos gramas e quantos litros de água têm de ser evaporados através da transpiração para livrar o corpo do calor gerado durante duas horas de exercício? (O calor de vaporização da água é de 40,6 kJ mol^{-1}).

84. A água líquida se transforma em gelo. Esse processo é endotérmico ou exotérmico? Escolha a *melhor* resposta.
    a. *Endotérmico.* A água absorveu calor e ficou mais fria, formando gelo desse modo.
    b. *Endotérmico.* Energia na forma de calor foi emitida pela água, que se tornou mais fria e formou gelo.
    c. *Exotérmico.* A água liberou energia, desacelerando as suas moléculas para que o gelo sólido fosse formado.
    d. *Exotérmico.* Calor foi absorvido pela água, movendo suas moléculas mais rapidamente para que elas condensassem em um objeto e formassem gelo.
    e. *Nem endotérmico nem exotérmico.* Não houve transferência de energia para dentro ou para fora da água para formar gelo.

Problemas para estudo

85. Quais das seguintes reações são endotérmicas?
    a. $CO_2(s) \rightarrow CO_2(g)$
    b. $NH_3(g) \rightarrow NH_3(l)$
    c. $2H_2(g) + O_2(g) \rightarrow 2H_2O(g)$
    d. $H_2O(l) \rightarrow H_2O(s)$
    e. $Cl_2(g) \rightarrow 2Cl(g)$

86. A capacidade calorífica específica do grafite é 0,71 J/g °C. Calcule a energia necessária para elevar a temperatura de 2,4 mol de grafite em 25,0 °C.

87. Uma piscina de 10,0 m por 4,0 m é preenchida com água até uma profundidade de 3,0 m a uma temperatura de 20,2 °C. Quanta energia é necessária para elevar a temperatura da água para 24,6 °C?

88. Considere a reação:
    $$B_2H_6(g) + 3O_2(g) \rightarrow B_2O_3(s) + 3H_2O(g) \quad \Delta H = -2035 \text{ kJ}$$
    Calcule a quantidade de calor liberado quando 54,0 g de diborano é queimado.

89. Calcule ΔH para a reação
    $$N_2H_4(l) + O_2(g) \rightarrow N_2(g) + 2H_2O(l)$$
    tendo os seguintes dados:

Equação	ΔH (kJ)
$2NH_3(g) + 3N_2O(g) \rightarrow 4N_2(g) + 3H_2O(l)$	-1010
$N_2O(g) + 3H_2(g) \rightarrow N_2H_4(l) + H_2O(l)$	-317
$2NH_3(g) + \frac{1}{2}O_2(g) \rightarrow N_2H_4(l) + H_2O(l)$	-143
$H_2(g) + \frac{1}{2}O_2(g) \rightarrow H_2O(l)$	-286

11 Teoria atômica moderna

CAPÍTULO 11

- **11-1** Átomo de Rutherford
- **11-2** Radiação eletromagnética
- **11-3** Emissão de energia por átomos
- **11-4** Níveis de energia do hidrogênio
- **11-5** Modelo atômico de Bohr
- **11-6** Modelo da mecânica ondulatória para o átomo
- **11-7** Orbitais do hidrogênio
- **11-8** Modelo de mecânica ondulatória: desenvolvimento adicional
- **11-9** Arranjos eletrônicos nos dezoito primeiros átomos da tabela periódica
- **11-10** Configurações eletrônicas e a tabela periódica
- **11-11** Propriedades atômicas e a tabela periódica

As auroras boreais. As cores ocorrem em função das emissões espectrais de nitrogênio e oxigênio.

John Hemmingsen/FlickrVision/Getty Images

*Você pode visualizar essa imagem em cores no final do livro.

O conceito de átomos é bem útil. Ele explica muitas observações importantes, como o porquê de os compostos terem a mesma composição (um composto específico sempre contém os mesmos tipos e números de átomos) e como as reações químicas ocorrem (elas envolvem um rearranjo de átomos).

Uma vez que os químicos passaram a "acreditar" em átomos, uma questão lógica surgiu: como os átomos são? Qual é a sua estrutura? No Capítulo 4, aprendemos a ilustrar o átomo com um núcleo central de carga positiva, composto por prótons e nêutrons, e elétrons movendo-se ao redor desse núcleo em um espaço bem grande em comparação ao tamanho do núcleo.

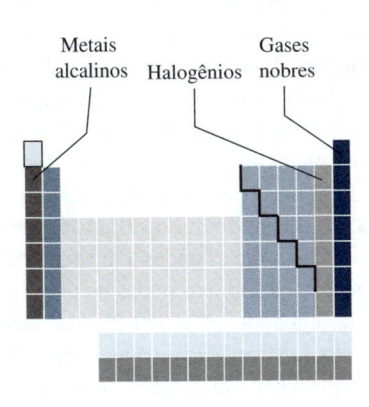

Neste capítulo, olharemos a estrutura atômica mais detalhadamente. Em particular, desenvolveremos uma imagem dos arranjos eletrônicos nos átomos — uma imagem que nos permite explicar a química de diversos elementos. Lembre-se de nossa discussão sobre a tabela periódica no Capítulo 4: embora os átomos exibam uma grande variedade de características, certos elementos podem ser agrupados porque se comportam da mesma forma. Por exemplo, flúor, cloro, bromo e iodo (os halogênio) mostram grandes semelhanças químicas. Do mesmo modo, lítio, sódio, potássio, rubídio e césio (os metais alcalinos) exibem muitas propriedades semelhantes; e os gases nobres (hélio, neônio, argônio, criptônio, xenônio e radônio) são bastante não reativos. Embora os membros de cada um desses grupos de elementos mostrem uma grande semelhança *dentro* do grupo, as diferenças no comportamento *entre* os grupos são impressionantes. Neste capítulo, veremos que a forma como os elétrons são arranjados em diversos átomos é que justifica esses fatos.

Letreiro de neon de um restaurante chinês na cidade de Nova Iorque.

11-1 Átomo de Rutherford

OBJETIVO Descrever o modelo atômico de Rutherford.

Lembre-se de que no Capítulo 4 discutimos a ideia de que um átomo possui um pequeno centro positivo (chamado de núcleo) com elétrons de cargas negativas movendo-se de alguma maneira (Fig. 11.1) em torno desse núcleo. Esse conceito de um *átomo nuclear* foi resultado dos experimentos de Ernest Rutherford, nos quais ele bombardeou uma lâmina metálica com partículas α (veja a Seção 4.5). Rutherford e seus colegas de trabalho puderam mostrar que o núcleo do átomo é composto por partículas de carga positiva, chamadas de *prótons*, e partículas neutras, chamadas de *nêutrons*. Rutherford também descobriu que o núcleo é aparentemente muito pequeno em comparação com o tamanho total do átomo. Os elétrons são responsáveis pelo restante do átomo.

Uma questão importante deixada sem resposta pelo trabalho de Rutherford foi: o que os elétrons estão fazendo? Isto é, como eles estão arranjados e como eles se movem? Rutherford sugeriu que os elétrons podem girar em torno do núcleo como os planetas giram em torno do Sol em nosso Sistema Solar. No entanto, ele não conseguiu explicar o porquê de os elétrons negativos não serem atraídos pelo núcleo positivo, fazendo com que o átomo entre em colapso.

Neste ponto fica claro que eram necessárias mais observações sobre as propriedades dos átomos para entender mais profundamente sua estrutura. Para nos ajudar a entender essas observações, precisamos discutir a natureza da luz e como ela transmite energia.

Figura 11.1 ▶ O átomo de Rutherford. A carga nuclear (*n*+) é balanceada pela presença de *n* elétrons movendo-se de alguma maneira em torno do núcleo.

315

11-2 Radiação eletromagnética

OBJETIVO Explorar a natureza da radiação eletromagnética.

Se você mantiver sua mão a algumas polegadas de uma lâmpada brilhante, o que você sente? Sua mão fica quente. A "luz" da lâmpada de algum modo transmite energia para sua mão. O mesmo acontece se você andar perto das brasas de madeira em uma fogueira — você recebe energia que faz com que se sinta quente. A energia que você sente do Sol é um exemplo parecido.

Em todos os três casos, a energia está sendo transmitida de um lugar para outro pela luz — o que chamamos com mais propriedade de **radiação eletromagnética**. Existem muitos tipos de radiação eletromagnética, incluindo os raios X utilizados para fazer imagens dos ossos, a luz "branca" de uma lâmpada, as ondas de micro-ondas utilizadas para cozinhar comida e as ondas de rádio que transmitem vozes e músicas. Como esses vários tipos de radiações eletromagnéticas diferenciam-se uns dos outros? Para responder a essa pergunta, precisamos falar sobre as ondas. Para explorar as características das ondas, pensemos sobre as ondas do oceano. A Fig. 11.2 mostra uma gaivota flutuando no oceano e sendo elevada e abaixada pelo movimento da superfície da água à medida que as ondas passam. Observe que a gaivota apenas se move para cima e para baixo, conforme o movimento das ondas — ela não é movida para a frente. Uma onda é caracterizada por três propriedades: *comprimento de onda, frequência* e *velocidade*.

Figura 11.2 ▶ Uma gaivota flutuando no oceano se move para cima e para baixo à medida que as ondas passam.

O **comprimento de onda** (simbolizado pela letra grega lambda, λ) é a distância entre dois picos de onda consecutivos (Fig. 11.3). A **frequência** de onda (simbolizada pela letra grega ni, ν) indica quantos picos de onda passam por um certo ponto em um determinado período de tempo. Essa ideia pode ser melhor entendida pensando-se quantas vezes a gaivota na Fig. 11.2 sobe e desce por minuto. A *velocidade* de uma onda indica quão rápido um determinado pico viaja pela água.

Embora isso seja mais difícil de ilustrar que as ondas da água, a luz (radiação eletromagnética) também viaja como ondas. Os diversos tipos de radiação eletromagnética (raios X, micro-ondas, e assim por diante) diferem-se em seus comprimentos de onda. As classes da radiação eletromagnética são mostradas na Fig. 11.4. Observe que os raios X possuem comprimentos de onda bem curtos, ao passo que as ondas de rádio possuem comprimentos de onda bem longos.

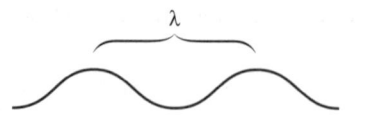

Figura 11.3 ▶ O comprimento de uma onda é a distância entre os picos.

A radiação fornece um importante significado de transferência de energia. Por exemplo, a energia do Sol atinge a Terra principalmente nas formas da radiação visível e ultravioleta. As brasas de uma fogueira transmitem a energia do calor por radiação no infravermelho. Em um forno de micro-ondas, as moléculas de água no

Comprimento de onda em metros

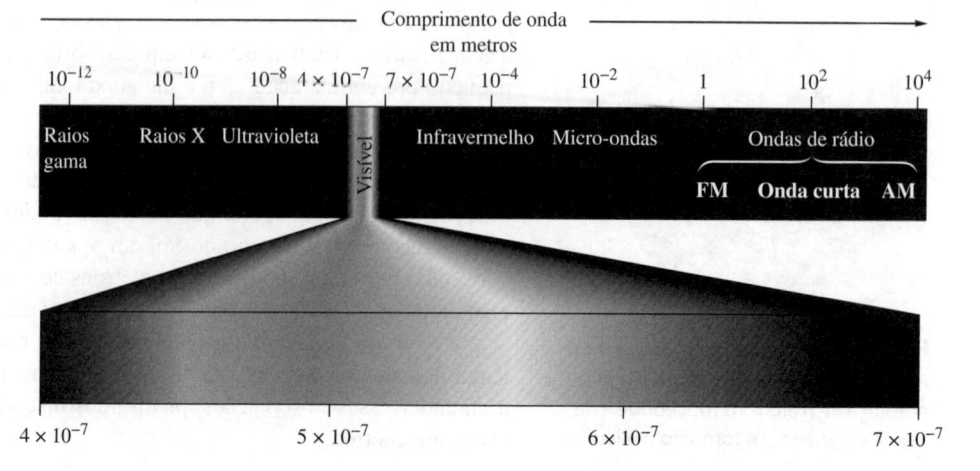

10^{-12} 10^{-10} 10^{-8} 4×10^{-7} 7×10^{-7} 10^{-4} 10^{-2} 1 10^{2} 10^{4}

Raios gama | Raios X | Ultravioleta | Visível | Infravermelho | Micro-ondas | Ondas de rádio
FM Onda curta AM

Figura 11.4 ▶ Os diferentes comprimentos de onda da radiação eletromagnética.

*Voce pode visualizar essa imagem em cores no final do livro.

4×10^{-7} 5×10^{-7} 6×10^{-7} 7×10^{-7}

QUÍMICA EM FOCO

A luz como um atrativo sexual

Os periquitos, conhecidos por suas cores vibrantes, aparentemente possuem uma arma secreta que intensifica sua aparência colorida — um fenômeno chamado *fluorescência*. A fluorescência ocorre quando uma substância absorve luz ultravioleta (UV), que é invisível ao olho humano, e a converte para luz visível. Esse fenômeno é bastante utilizado na iluminação interior em que longos tubos são revestidos com uma substância fluorescente. O revestimento fluorescente absorve luz UV (produzida dentro do tubo) e emite uma luz branca intensa, que consiste em todos os comprimentos de onda de luz visível.

Curiosamente, os cientistas mostraram que os periquitos possuem penas fluorescentes que são usadas para atrair o sexo oposto. Observe nas fotos a seguir que um periquito-australiano possui certas penas que produzem fluorescência. Kathryn E. Arnold, da Universidade de Queensland, na Austrália, examinou as peles de 700 periquitos-australianos de acervos de museus e descobriu que as penas que mostraram fluorescência sempre eram as penas de exibição — aquelas que eram estufadas e agitadas durante o cortejo. Para testar sua teoria de que a fluorescência é um aspecto significativo do romance dos periquitos, Arnold estudou seu comportamento em relação às aves do sexo oposto. Em alguns casos, o parceiro em potencial tinha uma substância bloqueadora de UV aplicada a suas penas, bloqueando a fluorescência. O estudo de Arnold revelou que os periquitos sempre preferiam os parceiros que mostravam fluorescência àqueles em que a fluorescência estava bloqueada. Talvez em seu próximo encontro você deva considerar usar uma blusa com algum detalhe fluorescente!

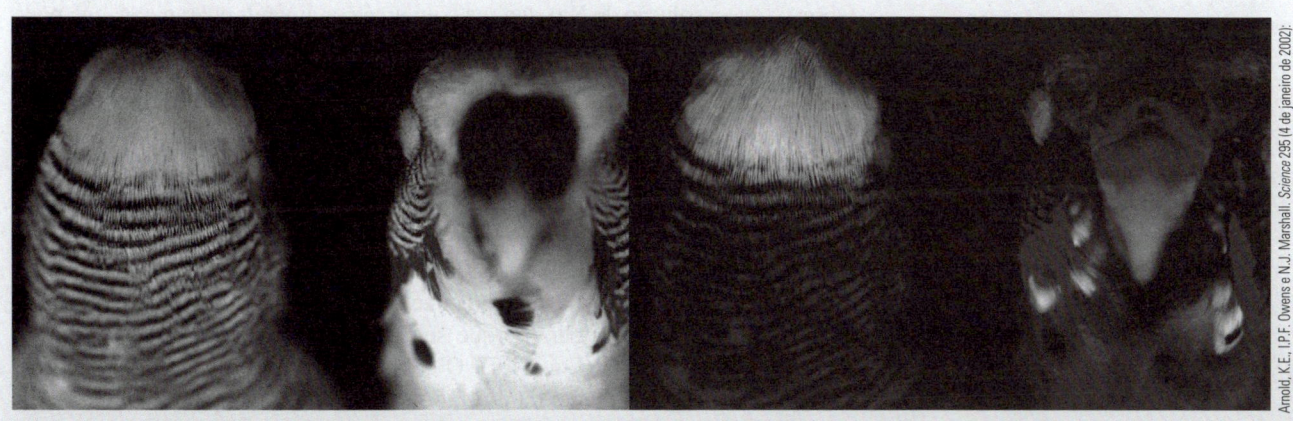

O dorso e a frente de um periquito-australiano. Na foto à direita, o mesmo animal é visto sob luz ultravioleta.

*Você pode visualizar essas imagens em cores no final do livro.

alimento absorvem a radiação de micro-ondas, que aumenta seus movimentos; essa energia é, então, transferida para outros tipos de moléculas por colisões, aumentando a temperatura do alimento. Dessa forma, visualizamos a radiação eletromagnética ("luz") como uma onda que transporta energia pelo espaço. Às vezes, no entanto, a luz não se comporta como uma onda. Isto é, a radiação eletromagnética por vezes pode ter propriedades que são características das partículas. (Você aprenderá mais sobre esta ideia mais adiante em seu curso.) Outra forma de pensar sobre um feixe de luz viajando pelo espaço é como uma corrente de minúsculos pacotes de energia, chamados **fótons**.

Qual é a natureza exata da luz? Ela consiste em ondas ou é uma corrente de partículas de energia? Aparentemente, são ambas (Fig. 11.5). Essa situação muitas vezes é conhecida como a natureza onda-partícula da luz.

Comprimentos de onda diferentes da radiação eletromagnética transportam quantidades diferentes de energia. Por exemplo, os fótons que correspondem à luz vermelha transportam menos energia que os fótons que correspondem à luz azul. No geral, quanto mais longo o comprimento de onda da luz, menor a energia de seus fótons (Fig. 11.6).

A luz como uma onda

A luz com uma corrente de fótons (pacotes de energia)

Figura 11.5 ▶ A radiação eletromagnética (um feixe de luz) pode ser ilustrada de duas formas: como uma onda e como uma corrente de pacotes individuais de energia, chamados fótons.

Figura 11.6 ▶ Um fóton de luz vermelha (comprimento de onda relativamente longo) transporta menos energia que o fóton de luz azul (comprimento de onda relativamente curto).

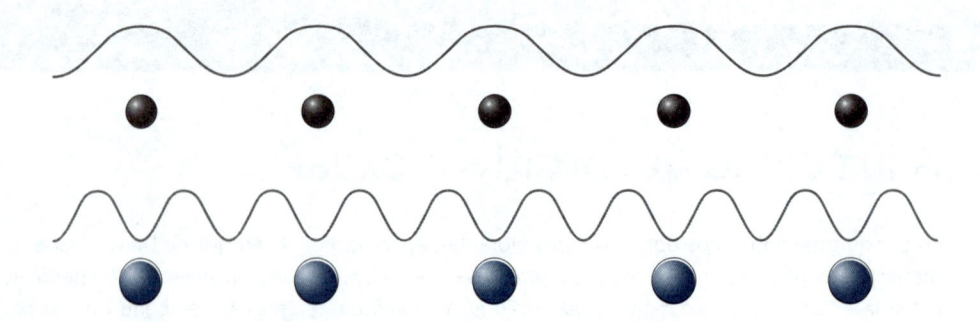

11-3 Emissão de energia por átomos

OBJETIVO Compreender como os átomos emitem luz.

Considere os resultados do experimento denominado às vezes como "teste de chamas". Esse experimento é feito dissolvendo os compostos que contêm os íons Li^+, Cu^{2+} e Na^+ em pratos separados com álcool metílico (com adição de um pouco de água para ajudar a dissolver os compostos). Então, coloca-se as soluções em chamas. Observe as cores brilhantes que resultam. A solução que contém Li^+ forma uma linda cor vermelha, enquanto a solução de Cu^{2+} queima na cor verde. Observe que a solução de Na^+ queima com uma cor amarelo-alaranjada, que pode parecer familiar às luzes utilizadas em muitos estacionamentos. A cor dessas "luzes de vapor de sódio" surge da mesma fonte (o átomo de sódio) que a cor da solução queimando que contém íons Na^+.

Como veremos com mais detalhes na próxima seção, as cores dessas chamas resultam de átomos nessas soluções liberando energia ao emitir luz visível de comprimentos de onda específicos (isto é, cores específicas). O calor da chama faz com que os átomos absorvam energia — dizemos que eles ficam *excitados*. Parte desse excesso de energia é liberado na forma de luz. O átomo se move em um estado mais baixo de energia à medida que emite um próton de luz.

O lítio emite luz vermelha porque sua variação de energia corresponde aos prótons de luz vermelha (Fig. 11.7). O cobre emite luz verde porque sofre uma variação de energia diferente da do lítio; a variação de energia do cobre corresponde à energia de um próton de luz verde. Da mesma forma, a variação de energia do sódio corresponde a um próton com uma cor amarelo-alaranjada.

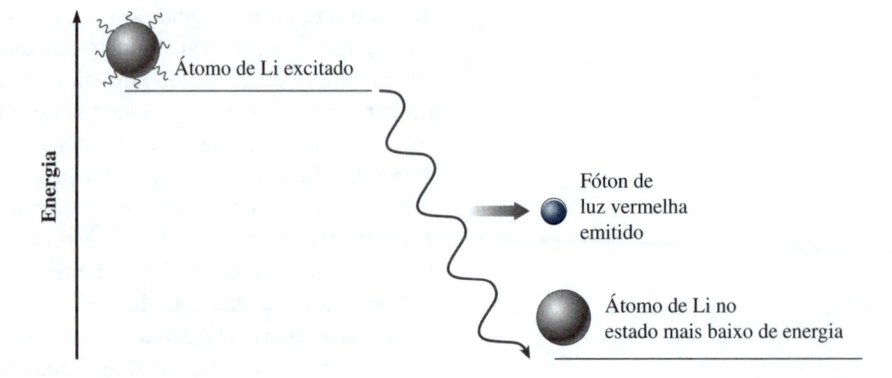

Figura 11.7 ▶ Um átomo de lítio excitado emitindo um fóton de luz vermelha e caindo em um estado mais baixo de energia.

Resumindo, temos a seguinte situação: quando os átomos recebem energia de alguma fonte — tornam-se excitados —, podem liberar essa energia emitindo luz. A energia emitida é transportada por um fóton. Assim, a energia do fóton corresponde exatamente à variação de energia vivenciada pelo átomo emitente. Os fótons de energia alta correspondem à luz de comprimento de onda curto e os fótons de energia baixa correspondem à luz de comprimento de onda longo. Os fótons de luz vermelha, portanto, transportam menos energia do que os fótons de luz azul porque a luz vermelha tem um comprimento de onda mais longo que a luz azul.

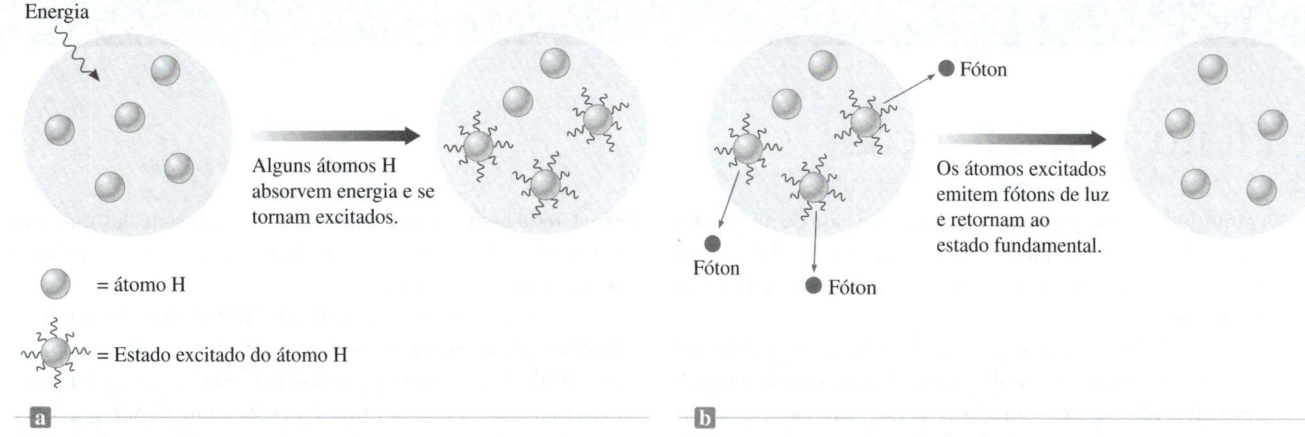

Teoria atômica moderna **319**

Energia

Alguns átomos H absorvem energia e se tornam excitados.

○ = átomo H

≈○ = Estado excitado do átomo H

Fóton

Os átomos excitados emitem fótons de luz e retornam ao estado fundamental.

a
Uma amostra de átomos H recebe energia de uma fonte externa, o que faz com que alguns átomos se tornem excitados (para possuir energia em excesso).

b
Os átomos H excitados podem liberar a energia em excesso emitindo fótons. A energia de cada fóton emitido corresponde exatamente à energia perdida por cada átomo excitado.

Figura 11.8 ▶

11-4 Níveis de energia do hidrogênio

OBJETIVO Compreender como o espectro de emissão do hidrogênio demonstra a natureza quantizada de energia.

Cada fóton de luz azul transporta uma quantidade maior de energia que um fóton de luz vermelha.

Uma cor específica de luz (comprimento de onda) transporta uma determinada quantidade de energia por fóton.

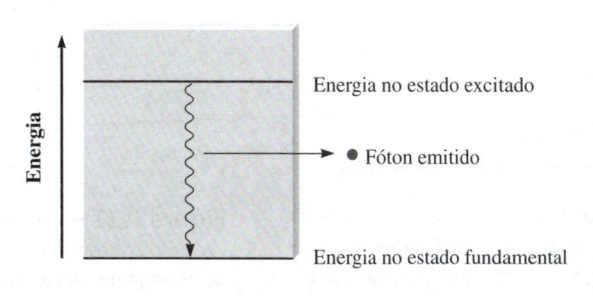

Figura 11.9 ▶ Quando um átomo de H excitado retorna a um nível mais baixo de energia, ele emite um fóton que contém a energia liberada pelo átomo. Dessa forma, a energia do fóton corresponde à diferença da energia entre os dois estados.

Figura 11.10 ▶ Quando os átomos de hidrogênio excitados retornam aos estados de energia reduzidos, eles emitem fótons de certas energias e, desse modo, certas cores. Aqui são mostradas as cores e os comprimentos de onda (em nanômetros) dos fótons da região visível que são emitidos por átomos de hidrogênio excitados.

*Você pode visualizar essa imagem em cores no final do livro.

Como aprendemos na última seção, diz-se que um átomo com energia em excesso está no *estado excitado*. Um átomo excitado pode liberar parte ou toda sua energia ao emitir um fóton (uma "partícula" de radiação eletromagnética) e, assim, mover-se para um estado mais baixo de energia. O menor estado de energia possível de um átomo é chamado de *estado fundamental*.

Podemos aprender bastante sobre os estados de energia dos átomos de hidrogênio observando os fótons que eles emitem. Para entender o significado disso, você precisa se lembrar de que os *comprimentos de onda diferentes da luz transportam quantidades diferentes de energia por fóton*. Lembre-se de que um feixe de luz vermelha possui fótons de energia mais baixa que um feixe de luz azul.

Quando um átomo de hidrogênio absorve energia de alguma fonte externa, ele usa essa energia para entrar em um estado excitado, podendo liberar essa energia em excesso (voltar para um estado de menor energia) emitindo um fóton de luz (Fig. 11.8). Podemos ilustrar esse processo pelo diagrama de níveis de energia mostrado na Fig. 11.9. O fato importante aqui é que *a energia contida no fóton corresponde à variação na energia que o átomo experimenta* ao passar do estado excitado para o estado de mais baixa energia.

Considere o seguinte experimento. Suponha que pegamos uma amostra de átomos H e colocamos bastante energia no sistema (como representado na Fig. 11.8). Quando estudamos os fótons de luz visível emitida, podemos ver apenas certas cores

Energia no estado excitado

● Fóton emitido

Energia no estado fundamental

410 nm   434 nm   486 nm   656 nm

QUÍMICA EM FOCO

Efeitos atmosféricos

A atmosfera gasosa da Terra é crucial para a vida de muitas maneiras diferentes. Uma das características mais importantes da atmosfera é a maneira como suas moléculas absorvem a radiação do Sol.

Se não fosse pela natureza protetora da atmosfera, o Sol nos "fritaria" com sua radiação de alta energia. Estamos protegidos pelo ozônio atmosférico, uma forma de oxigênio consistente em moléculas de O_3, que absorve a radiação de alta energia prevenindo, assim, que ela atinja a Terra. Isso explica por que estamos tão preocupados com as substâncias químicas liberadas na atmosfera que estão destruindo esse ozônio de alta altitude.

A atmosfera também desempenha um papel central no controle da temperatura da Terra, fenômeno chamado *efeito estufa*. Os gases atmosféricos CO_2, H_2O, CH_4, N_2O, entre outros, não absorvem luz na região visível. Portanto, a luz visível do Sol passa pela atmosfera para aquecer a Terra. Por sua vez, a Terra irradia essa energia de volta para o espaço como radiação no infravermelho (por exemplo, pense no calor irradiado do asfalto em um dia quente de verão). Porém, os gases listados anteriormente são fortes *absorventes de ondas de infravermelho*, e irradiam novamente essa energia para a Terra, como mostrado na Fig. 11.13. Dessa forma, esses gases agem como um cobertor isolante que mantém a Terra bem mais aquecida do que estaria sem eles. (Se esses gases não estivessem presentes, todo o calor que a Terra irradia seria perdido no espaço.)

Entretanto, existe um problema. Quando queimamos combustíveis fósseis (carvão, petróleo e gás natural), um dos produtos é o CO_2. Como usamos grandes quantidades de combustíveis fósseis, o teor de CO_2 na atmosfera está aumentando gradual e significativamente. Isso faria com que a Terra ficasse mais quente, alterando eventualmente os padrões climáticos na sua superfície e derretendo as calotas polares, o que inundaria muitas áreas baixas.

Como as forças naturais que controlam a temperatura terrestre não são muito bem compreendidas neste ponto, é difícil decidir se o efeito estufa já começou. A maioria dos cientistas acredita que já. Por exemplo, os anos 1980 e 1990 estão entre os mais quentes que a Terra já teve desde que os seres humanos começaram os registros. Além disso, estudos no Instituto de Oceanografia Scripps (Scripps Institution of Oceanography) indicam que as temperaturas médias das águas superficiais nos maiores oceanos do mundo se elevaram desde os anos 1960 em estreita concordância com as previsões dos modelos fundamentados no aumento das concentrações de CO_2. Estudos também mostram que

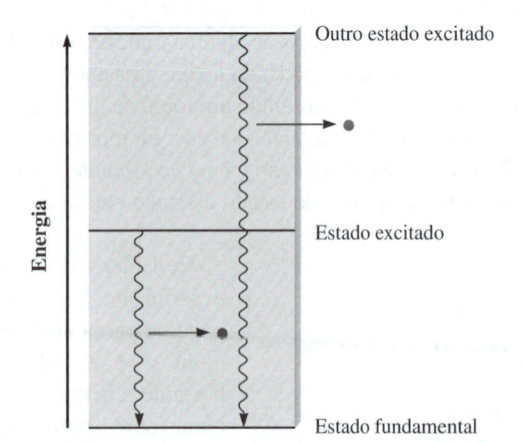

Figura 11.11 ▸ Os átomos de hidrogênio possuem diversos níveis de energia no estado excitado. A cor do fóton emitido depende da variação de energia que o produz. Uma variação de energia maior pode corresponder a um fóton azul, ao passo que uma variação menor pode produzir um fóton vermelho.

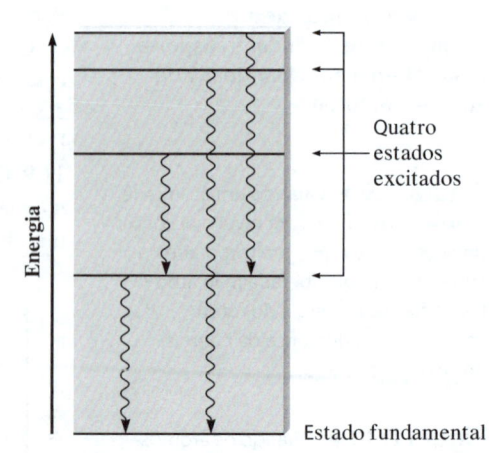

Figura 11.12 ▸ Cada fóton emitido por um átomo de hidrogênio excitado corresponde a uma variação de energia específica no átomo de hidrogênio. Nesse diagrama, as linhas horizontais representam os níveis de energia discreta presente no átomo de hidrogênio. Um determinado átomo de H pode existir em qualquer um desses estados de energia e pode sofrer variações de energia para o estado fundamental, assim como para outros estados excitados.

o gelo do mar Ártico, a camada de gelo da Groenlândia e diversas geleiras estão derretendo bem mais rápido nos anos recentes. Essas mudanças indicam que o aquecimento global está acontecendo.

O efeito estufa é algo que devemos observar de perto. Controlá-lo pode significar reduzir nossa dependência nos combustíveis fósseis e aumentar nossa confiança nas fontes de energia nuclear, solar, entre outras. Atualmente, a tendência tem sido na direção oposta.

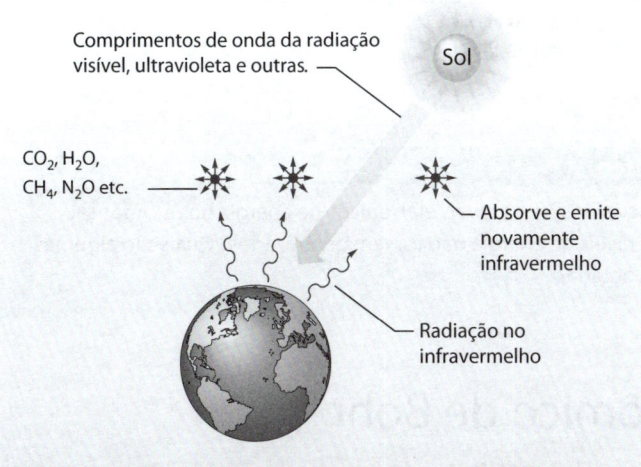

Figura 11.13 ▶ Certos gases na atmosfera terrestre absorvem e emitem novamente parte da radiação no infravermelho (calor) produzida pela Terra. Isso a mantém mais aquecida do que seria em outro caso.

Uma imagem composta de satélite da biomassa da Terra construída a partir da radiação emitida pela matéria viva em um período de vários anos.

*Você pode visualizar essa imagem em cores no final do livro.

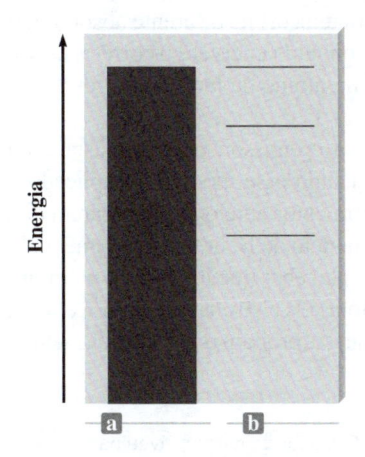

Figura 11.14 ▶ (a) Níveis de energia contínua. Qualquer valor de energia é permitido. (b) Níveis de energia discreta (quantizada). Somente certos estados de energia são permitidos.

(Fig. 11.10). Isto é, *somente certos tipos de fótons* são produzidos. Não vemos todas as cores, que se somariam para formar uma "luz branca"; vemos apenas cores selecionadas. Esse é um resultado bem significativo. Vamos discutir cuidadosamente o que isso significa.

Uma vez que somente certos fótons são emitidos, sabemos que apenas certas variações de energia estão ocorrendo (Fig. 11.11). Isso significa que o átomo de hidrogênio tem *certos níveis de energia discreta* (Fig. 11.12). Os átomos de hidrogênio excitados *sempre* emitem fótons com as mesmas cores (comprimentos de onda) discretas — aquelas mostradas na Fig. 11.10. Eles *nunca* emitem fótons com energias (cores) entre essas mostradas. Portanto, podemos concluir que todos os átomos de hidrogênio têm o mesmo conjunto discreto de níveis de energia. Dizemos que os níveis de energia do hidrogênio são **níveis de energia quantizada**. Isto é, somente *certos valores são permitidos*. Os cientistas descobriram que os níveis de energia de *todos* os átomos são quantizados.

A natureza quantizada dos níveis de energia nos átomos foi uma surpresa quando descoberta. Anteriormente, supunha-se que um átomo poderia existir em qualquer nível de energia. Isto é, todos assumiam que os átomos poderiam ter um conjunto contínuo de níveis de energia em vez de apenas certos valores discretos (Fig. 11.14). Uma analogia útil aqui é o contraste entre as elevações permitidas por uma rampa, que varia continuamente, e aquelas permitidas por um conjunto de degraus, que são discretos (Fig. 11.15). A descoberta da natureza quantizada da energia mudou radicalmente nosso ponto de vista do átomo, como veremos nas próximas seções.

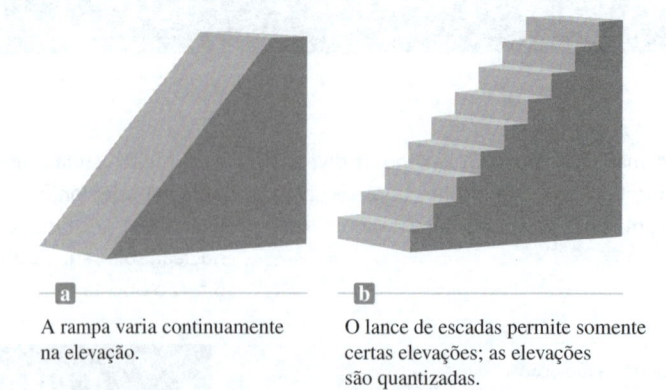

Figura 11.15 ▶ A diferença entre níveis de energia contínua e quantizada pode ser ilustrada comparando um lance de escadas com uma rampa.

a A rampa varia continuamente na elevação.

b O lance de escadas permite somente certas elevações; as elevações são quantizadas.

Pensamento crítico

Agora temos evidências de que os níveis eletrônicos de energia nos átomos são quantizados. E se os níveis de energia não fossem quantizados? Quais são algumas diferenças que você notaria?

11-5 Modelo atômico de Bohr

OBJETIVO Aprender sobre o modelo de Bohr do átomo de hidrogênio.

Em 1911, aos 25 anos, Niels Bohr (Fig. 11.16) obteve seu Ph.D. em física. Ele estava convencido de que o átomo poderia ser ilustrado como um pequeno núcleo positivo com elétrons orbitando ao seu redor.

Ao longo dos próximos dois anos, Bohr construiu um modelo atômico do hidrogênio com níveis de energia quantizada que concordavam com os resultados da emissão de hidrogênio que acabamos de discutir. Bohr ilustrou o elétron movendo-se em órbitas circulares que correspondem aos diversos níveis de energia permitidos. Ele sugeriu que o elétron poderia pular para uma órbita diferente absorvendo ou emitindo um fóton de luz com exatamente o conteúdo energético correto. Dessa forma, no átomo de Bohr, os níveis de energia no átomo de hidrogênio representavam certas órbitas circulares permitidas (Fig. 11.17).

A princípio, o modelo de Bohr pareceu muito promissor, pois se ajustava ao átomo de hidrogênio muito bem. No entanto, quando esse modelo foi aplicado a outros átomos, não funcionou. Na verdade, experimentos adicionais mostraram que ele está fundamentalmente incorreto. Embora o modelo de Bohr tenha pavimentado o caminho para teorias posteriores, é importante perceber que a teoria da estrutura atômica atual não é a mesma que o modelo de Bohr. Os elétrons *não* se movem em torno do núcleo em órbitas circulares como os planetas orbitam o Sol. Curiosamente,

Figura 11.16 ▶ Niels Hendrik David Bohr (1885–1962), quando garoto, viveu na sombra de seu irmão mais novo, Harald, que jogou na Equipe de Futebol Olímpica da Dinamarca em 1908 e, mais tarde, tornou-se um notável matemático. Na escola, Bohr recebeu suas piores notas em redação e lutou contra a escrita durante toda sua vida. Na verdade, ele escrevia tão mal que foi forçado a ditar sua tese de Ph.D. para sua mãe. Ele foi uma das poucas pessoas que sentia a necessidade de escrever rascunhos grosseiros de cartões postais. Todavia, Bohr foi um físico brilhante. Após obter seu Ph.D. na Dinamarca, ele construiu um modelo quântico para o átomo de hidrogênio quando tinha 27 anos. Apesar de mais tarde ter sido provado que seu modelo estava incorreto, Bohr permaneceu uma figura central no empenho para compreender o átomo. Ele recebeu o Prêmio Nobel de Física em 1922.

Teoria atômica moderna **323**

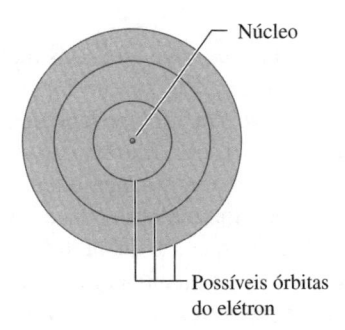

Figura 11.17 ▶ O modelo de Bohr do átomo de hidrogênio representou o elétron como restrito a certas órbitas circulares em torno do núcleo.

como devemos ver depois neste capítulo, não sabemos com certeza como os elétrons se movem em um átomo.

11-6 Modelo da mecânica ondulatória para o átomo

OBJETIVO Compreender como a posição do elétron é representada no modelo da mecânica ondulatória.

Em meados dos anos 1920, tornou-se evidente que o modelo de Bohr estava incorreto. Os cientistas precisavam buscar uma abordagem totalmente nova. Dois jovens físicos, Louis Victor de Broglie, da França, e Erwin Schrödinger, da Áustria, sugeriram que, como a luz parece ter tanto as características de onda quanto as de partícula (ela se comporta simultaneamente como uma onda e como uma corrente de partículas), o elétron também poderia exibir ambas as características. Embora todo mundo tenha assumido que o elétron era uma partícula minúscula, esses cientistas disseram que poderia ser útil descobrir se ele poderia ser descrito como uma onda.

Quando Schrödinger realizou uma análise matemática com base nessa ideia, descobriu que ela levava a um novo modelo para o átomo de hidrogênio que parecia se aplicar igualmente bem aos outros átomos — algo em que o modelo de Bohr falhou. Agora exploraremos uma ilustração geral deste modelo, chamado de **modelo da mecânica ondulatória** para o átomo.

No modelo de Bohr, assumiu-se que o elétron se movia em órbitas circulares. No modelo da mecânica ondulatória, por outro lado, os estados do elétron são descritos por orbitais. *Os orbitais não têm nada a ver com órbitas.* Para aproximar a ideia de um orbital, imagine um vaga-lume macho em uma sala em que no centro está suspenso um frasco aberto de hormônios atrativos sexuais femininos. A sala está extremamente escura e há uma câmera em um canto com seu obturador aberto. Cada vez que o vaga-lume "pisca", a câmera grava um pontinho de luz e, dessa forma, a posição do vaga-lume na sala naquele momento. O vaga-lume sente o atrativo sexual e, como você pode imaginar, passa um bom tempo nele ou perto dele. No entanto, de vez em quando, o inseto voa aleatoriamente na sala.

Quando o filme é tirado da câmera e revelado, a foto provavelmente será parecida com a Fig. 11.18. Como a imagem é mais brilhante onde o filme foi exposto à maior parte de luz, a intensidade da cor em qualquer ponto nos diz com qual frequência o vaga-lume visitou um determinado ponto na sala. Observe que, como podemos esperar, o vaga-lume gastou a maior parte do tempo próximo ao centro.

Louis Victor de Broglie

Figura 11.18 ▶ Uma representação da foto do experimento com o vaga-lume. Lembre-se de que uma imagem fica mais brilhante onde o filme foi exposto a mais luz. Dessa forma, a intensidade da cor reflete a frequência com que o vaga-lume visitou um determinado ponto da sala. Observe que a área mais brilhante está no centro da sala, perto da fonte do atrativo sexual.

*Você pode visualizar essa imagem em cores no final do livro.

Figura 11.19 ▸ Mapa de probabilidade, ou orbital, que descreve o elétron do hidrogênio em seu estado de menor energia possível. Quanto mais intensa a cor de um determinado ponto, mais provável fica localizar o elétron naquele ponto. Não temos nenhuma informação sobre quando o elétron estará em um ponto específico ou sobre como ele se move. Observe que a probabilidade da presença do elétron é mais alta mais próximo ao núcleo positivo (localizado no centro desse diagrama), como pode ser esperado.

Agora, suponha que você está assistindo ao vaga-lume na sala escura. Você vê o flash em um determinado ponto longe do centro. Onde você espera vê-lo em seguida? Realmente não há como ter certeza. A trajetória de voo do vaga-lume não é precisamente previsível. Entretanto, se você tivesse visto a imagem de longa exposição das atividades do vaga-lume (Fig. 11.18), teria alguma ideia de onde olhar em seguida. Sua melhor chance seria olhar mais para o centro da sala. A Figura 11.18 sugere que a probabilidade mais alta (as chances mais altas) de encontrar o vaga-lume em qualquer momento em particular é perto do centro da sala. Você *não pode ter certeza* de que o vaga-lume voará para lá, mas ele *provavelmente* o fará. Portanto, a imagem de longa exposição é um tipo de "mapa de probabilidade" do padrão de voo do vaga-lume.

De acordo com o modelo da mecânica ondulatória, o elétron no átomo de hidrogênio pode ser ilustrado como algo semelhante a esse vaga-lume. Schrödinger descobriu que ele não poderia descrever com precisão a trajetória do elétron. Seus conhecimentos matemáticos apenas permitiram que ele previsse as probabilidades de localizar o elétron em determinados pontos no espaço em torno do núcleo. Em seu estado fundamental, o elétron do hidrogênio tem um mapa de probabilidade como aquele mostrado na Fig. 11.19. Quanto mais intensa a cor em um determinado ponto, mais provável que o elétron seja encontrado naquele ponto em um dado instante. O modelo *não dá informações sobre quando* o elétron ocupa um determinado ponto no espaço nem *como ele se move*. Na verdade, temos boas razões para acreditar que *nunca poderemos saber* os detalhes do movimento do elétron, não importa quão sofisticados nossos modelos possam se tornar. Porém, uma coisa que nos faz sentir confiantes é que esse elétron *não* orbita o núcleo em círculos como Bohr sugeriu.

11-7 Orbitais do hidrogênio

OBJETIVO Aprender sobre os formatos dos orbitais designados por *s*, *p* e *d*.

O mapa de probabilidade para o elétron do hidrogênio mostrado na Fig. 11.19 é chamado de **orbital**. Embora a chance de localizar o elétron diminua a distâncias maiores do núcleo, a probabilidade de encontrá-lo, mesmo a grandes distâncias do núcleo, nunca é exatamente zero. Uma analogia útil poderia ser a falta de uma fronteira nítida entre a atmosfera da Terra e o "espaço sideral". A atmosfera desaparece gradualmente, mas sempre há algumas moléculas presentes. Como a extremidade de um orbital é "imprecisa", ele não tem um tamanho exatamente definido. Portanto, os químicos definem arbitrariamente seu tamanho como uma esfera que contém 90% da probabilidade eletrônica total [Fig. 11.20(b)]. Isso significa que o elétron passa 90% do tempo dentro dessa superfície e 10% em algum lugar fora dela. (Observe que *não* estamos dizendo que o elétron percorre apenas a *superfície* da esfera.) O orbital representado na Fig. 11.20 é chamado de orbital 1*s*, e descreve o mais baixo estado de energia do elétron do hidrogênio (o estado fundamental).

Na Seção 11-4, vimos que o átomo de hidrogênio pode absorver energia para transferir o elétron para um estado mais alto de energia (um estado excitado). No modelo obsoleto de Bohr, isso significava que o elétron era transferido para uma órbita com um raio maior. No modelo da mecânica ondulatória, esses estados mais altos de energia correspondem aos diferentes tipos de orbitais com diferentes formatos.

Neste ponto, precisamos parar e considerar como o átomo de hidrogênio é organizado. Lembre-se, mostramos anteriormente que o átomo de hidrogênio possui níveis de energia discretos. Chamamos esses níveis de **níveis principais de energia** e os rotulamos com números inteiros (Fig. 11.21). Em seguida, descobrimos que cada um desses níveis está subdividido em **subníveis**. A seguinte analogia deve ajudá-lo a compreender isto. Imagine um triângulo invertido (Fig. 11.22). Dividimos os principais níveis em inúmeros subníveis. O nível principal 1 consiste em um subnível; o nível

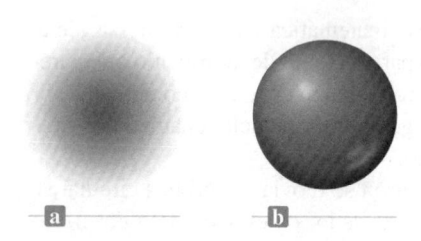

Figura 11.20 ▸ (a) O orbital 1*s* do hidrogênio. (b) O tamanho do orbital é definido por uma esfera que contém 90% da probabilidade total do elétron. Isto é, o elétron pode ser encontrado dentro dessa esfera 90% do tempo. O orbital 1*s* muitas vezes é representado simplesmente como uma esfera. No entanto, a ilustração mais precisa é o mapa de probabilidade representado em (a).

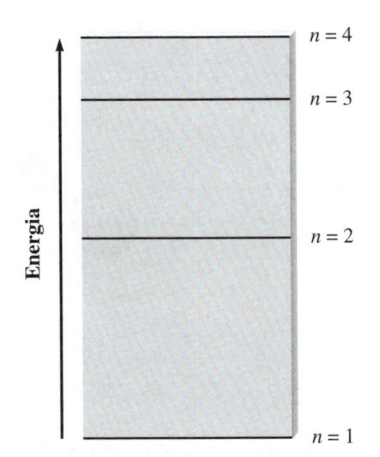

Figura 11.21 ▶ Os primeiros quatro níveis principais de energia no átomo de hidrogênio. A cada nível é atribuído um número inteiro, n.

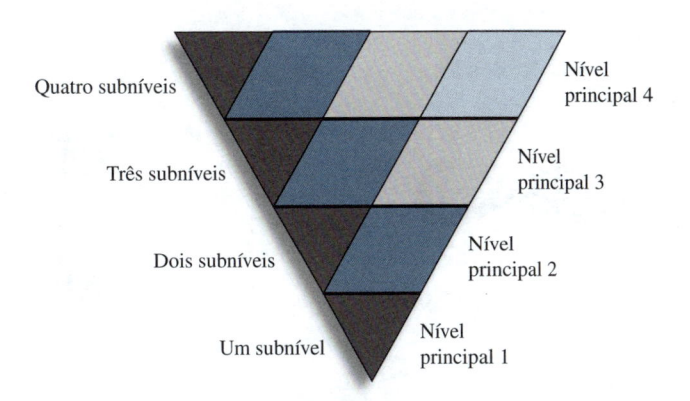

Figura 11.22 ▶ Uma ilustração de como os níveis principais podem ser divididos em subníveis.

principal 2 possui dois subníveis; o nível principal 3 possui três; e o nível principal 4 possui quatro.

Assim como nosso triângulo, os níveis principais de energia no átomo de hidrogênio contêm subníveis. Como veremos agora, esses subníveis contêm espaços para o elétron, que chamamos de orbitais. O nível principal 1 consiste em apenas um subnível, ou um tipo de orbital. O formato esférico desse orbital é mostrado na Fig. 11.20. Rotulamos esse orbital de 1s. O número 1 diz respeito ao nível principal de energia, e o s é a forma abreviada para rotular um subnível específico (tipo de orbital).

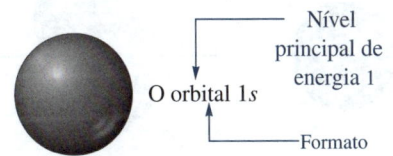

O nível principal de energia 2 possui dois subníveis. (Observe a correspondência entre o número do nível principal de energia e o número de subníveis.) Esses subníveis são rotulados como 2s e 2p. O subnível 2s consiste em um orbital (chamado 2s), e o subnível 2p consiste em três orbitais (chamados de 2p_x, 2p_y e 2p_z). Voltemos ao triângulo invertido para ilustrar isso. A Fig. 11.23 mostra o nível principal 2 dividido nos subníveis 2s e 2p (que é subdividido em 2p_x, 2p_y e 2p_z). Os orbitais possuem os formatos mostrados nas Figs. 11.24 e 11.25. O orbital 2s é esférico como o orbital 1s, mas é maior (Fig. 11.24). Os três orbitais 2p não são esféricos, mas possuem dois "lóbulos". Esses orbitais são mostrados na Fig. 11.25 tanto como mapas de probabilidade eletrônica quanto como superfícies que contêm 90% da probabilidade eletrônica. Observe que x, y ou z em um determinado orbital 2p nos informa para qual eixo os lóbulos daquele orbital estão direcionados.

O que aprendemos até agora sobre o átomo do hidrogênio está resumido na Fig. 11.26. O nível de energia principal 1 possui um subnível, que contém o orbital 1s. O nível de energia principal 2 contém dois subníveis, um que contém o orbital 2s e um que contém os orbitais 2p (três deles). Observe que cada orbital é designado por um símbolo. Resumimos as informações dadas por este símbolo no quadro a seguir:

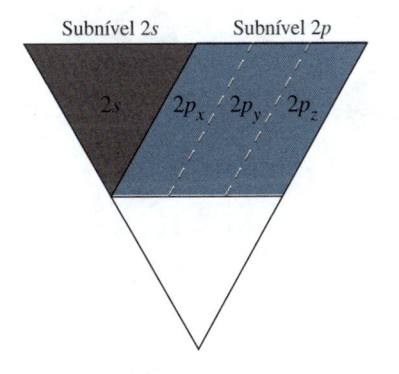

Figura 11.23 ▶ O nível principal de energia 2 divide-se nos subníveis 2s e 2p.

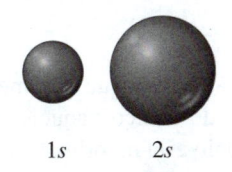

Figura 11.24 ▶ Os tamanhos relativos dos orbitais do hidrogênio 1s e 2s.

Símbolos dos orbitais

1. O número informa o nível de energia principal.
2. A letra informa o formato. A letra s representa um orbital esférico; a letra p representa um orbital com dois lóbulos. O índice inferior x, y ou z em um orbital p informa em qual dos eixos coordenados os dois lóbulos se encontram.

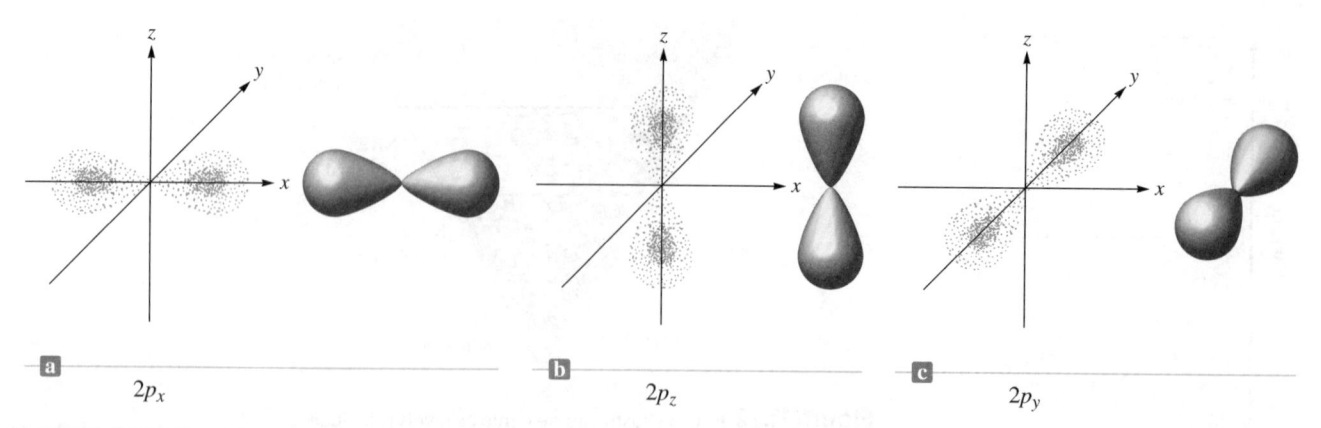

Figura 11.25 ▶ Os três orbitais 2p: (a) $2p_x$, (b) $2p_z$, (c) $2p_y$. O índice x, y ou z indica para onde o eixo dos dois lóbulos está direcionado. Cada orbital é mostrado como um mapa de probabilidade e como uma superfície que engloba 90% da probabilidade eletrônica.

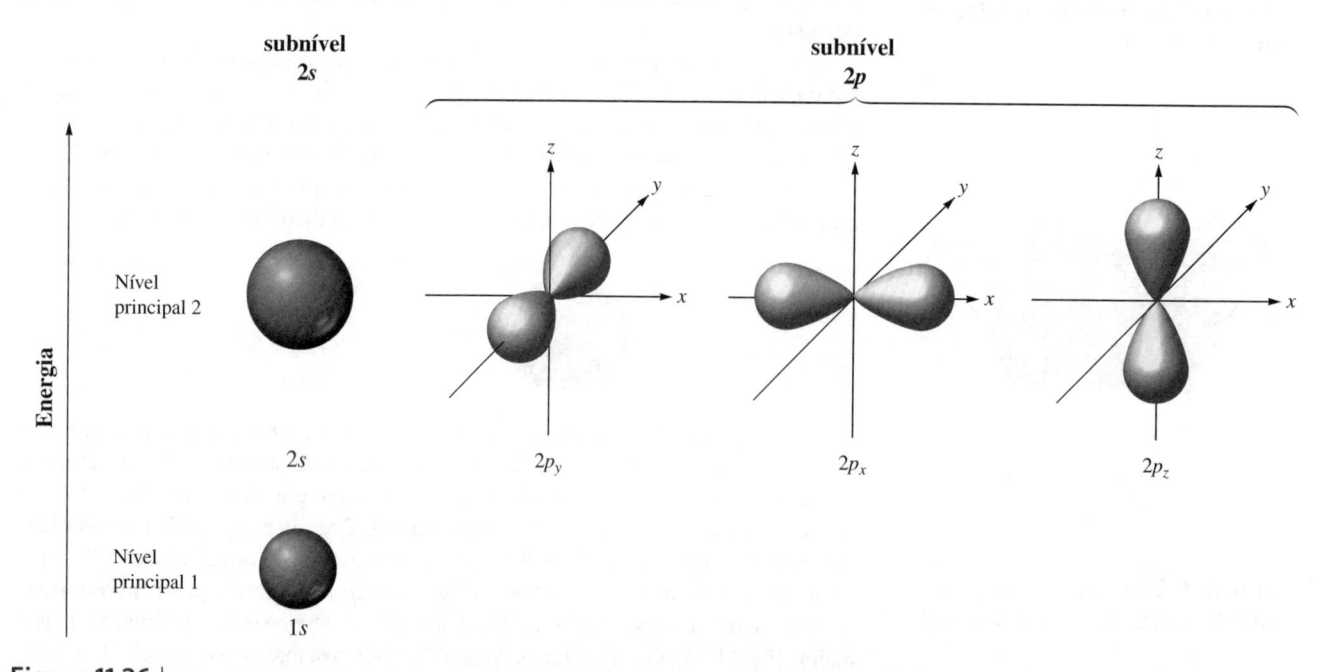

Figura 11.26 ▶ Um diagrama dos níveis de energia principal 1 e 2 mostra os formatos dos orbitais que compõem os subníveis.

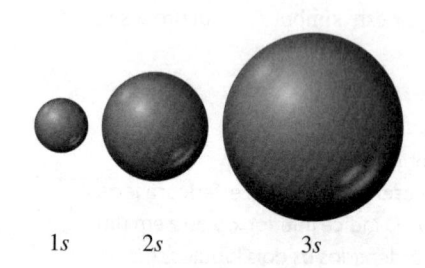

Figura 11.27 ▶ Os tamanhos relativos dos orbitais esféricos do hidrogênio 1s, 2s e 3s.

Uma característica importante dos orbitais é que, à medida que o número do nível aumenta, a distância média do elétron a partir do núcleo naquele orbital também aumenta. Isto é, quando o elétron do hidrogênio está no orbital 1s (o estado fundamental), ele passa a maior parte de seu tempo muito mais próximo ao núcleo do que quando ocupa o orbital 2s (um estado excitado).

Você pode estar se perguntando neste momento por que o hidrogênio, que possui apenas um elétron, tem mais de um orbital. É melhor pensar em um orbital como um *espaço potencial* para um elétron. O hidrogênio pode ocupar somente um único orbital por vez, mas os outros orbitais ainda ficam disponíveis caso o elétron seja transferido para um deles. Por exemplo, quando um átomo de hidrogênio está em seu estado fundamental (o menor estado de energia possível), o elétron está no orbital 1s. Ao adicionar a quantidade correta de energia (por exemplo, um fóton de luz específico), podemos excitar o elétron para o orbital 2s ou para um dos orbitais 2p.

Até agora, discutimos somente dois dos níveis de energia do hidrogênio, mas há muitos outros. Por exemplo, o nível 3 possui três subníveis (Fig. 11.22), que

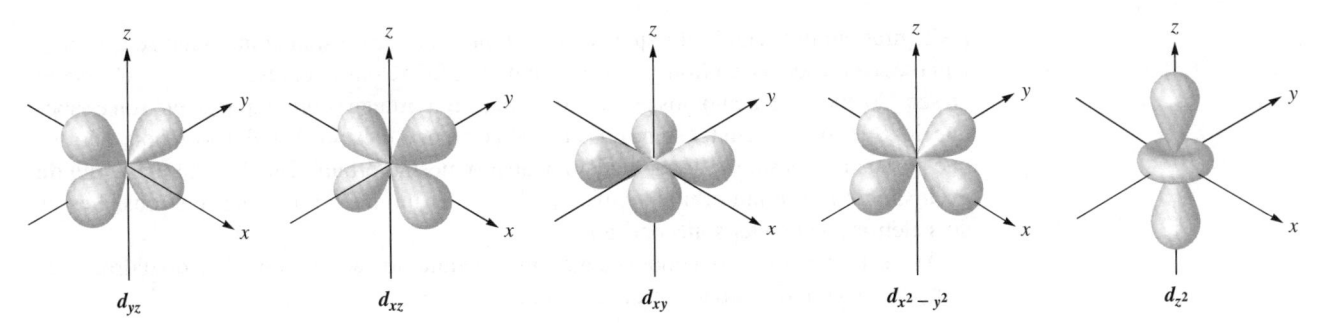

Figura 11.28 ▶ Os formatos dos cinco orbitais 3d.

rotulamos como 3s, 3p e 3d. O subnível 3s contém um único orbital 3s, um orbital esférico maior que o 1s e 2s (Fig. 11.27). O subnível 3p contém três orbitais: $3p_x$, $3p_y$ e $3p_z$, que possuem formatos como os dos orbitais 2p, porém são maiores. O subnível 3d contém cinco orbitais 3d com os formatos mostrados na Fig. 11.28. (Você não precisa memorizar os formatos do orbital 3d, eles são mostrados para completar o conceito).

Observe, enquanto compara os níveis 1, 2 e 3, que um novo tipo de orbital (subnível) é adicionado em cada nível de energia principal. (Lembre-se de que os orbitais p são adicionados no nível 2 e os orbitais d, no nível 3.) Isso faz sentido porque, ao se afastar do núcleo, há mais espaço disponível e, dessa forma, cabem mais orbitais.

Você pode entender melhor que o número de orbitais aumenta com o nível de energia principal se pensar em um teatro redondo. Imagine um palco redondo com fileiras circulares de assentos em seu entorno. Quanto mais longe do palco uma fileira de assentos está, mais assentos ela contém, porque o círculo é maior. Os orbitais dividem o espaço em torno de um núcleo de um modo semelhante aos assentos deste teatro circular. Quanto maior a distância do núcleo, mais espaço há e mais orbitais encontramos.

O padrão de aumento do número de orbitais continua com o nível 4. O nível 4 possui quatro subníveis rotulados como 4s, 4p, 4d e 4f. O subnível 4s possui um único orbital 4s. O subnível 4p contém três orbitais ($4p_x$, $4p_y$ e $4p_z$). O subnível 4d possui cinco orbitais 4d. O subnível 4f possui sete orbitais 4f.

Os orbitais 4s, 4p e 4d possuem os mesmos formatos que os orbitais anteriores s, p e d, respectivamente, porém são maiores. Não iremos nos preocupar aqui com os formatos dos orbitais f.

11-8 Modelo da mecânica ondulatória: desenvolvimento adicional

OBJETIVOS
▶ Revisar os níveis de energia e os orbitais do modelo da mecânica ondulatória para o átomo.
▶ Aprender sobre o spin do elétron.

Um modelo atômico possui pouco uso se não puder ser aplicado a todos os átomos. O modelo de Bohr foi descartado porque só poderia ser aplicado ao hidrogênio. O modelo da mecânica ondulatória pode ser aplicado a todos os átomos basicamente da mesma forma, como o que acabamos de usar para o hidrogênio. Na verdade, o maior triunfo desse modelo é sua capacidade de explicar a tabela periódica dos elementos. Lembre-se de que os elementos na tabela periódica são arranjados em grupos verticais, que contêm elementos que normalmente mostram propriedades químicas semelhantes. O modelo da mecânica ondulatória para o átomo nos permite explicar, com base nos arranjos dos elétrons, por que essas semelhanças ocorrem. Veremos no devido tempo por que isso acontece.

Lembre-se de que um átomo possui a mesma quantidade de elétrons e prótons para ter uma carga líquida zero. Portanto, todos os átomos, além do hidrogênio, possuem mais que um elétron. Antes que possamos considerar os átomos além do hidrogênio, devemos descrever outra propriedade dos elétrons que determina como eles podem ser arranjados nos orbitais de um átomo. Essa propriedade é o spin. Cada elétron parece estar girando como um pião gira em seu eixo. Como o pião, um elétron somente pode girar em um sentido. Frequentemente representamos o spin com a seta: seja ↑ ou ↓. Uma seta representa o elétron girando em um sentido, e a outra representa o elétron girando no sentido oposto. Para nossos propósitos, o mais importante sobre o spin do elétron é saber que dois elétrons devem ter spins *opostos* para ocupar o mesmo orbital. Isto é, dois elétrons que possuem o mesmo spin não podem ocupar o mesmo orbital. Isso leva ao **princípio de exclusão de Pauli**: um orbital atômico pode manter um máximo de dois elétrons, e esses dois elétrons devem ter spins opostos.

Antes de aplicarmos o modelo da mecânica ondulatória aos átomos além do hidrogênio, resumiremos o modelo para ter uma referência prática.

Principais componentes do modelo da mecânica ondulatória do átomo

1. Os átomos possuem uma série de níveis de energia chamados de **níveis de energia principal**, que são designados por números inteiros simbolizados por n; n pode representar 1, 2, 3, 4,... O nível 1 corresponde a $n = 1$, o nível 2 corresponde a $n = 2$, e assim por diante.
2. O nível de energia aumenta à medida que o valor de n aumenta.
3. Cada nível de energia principal contém um ou mais *tipos* de orbitais, chamados de **subníveis**.
4. O número de subníveis presentes em um determinado nível de energia principal é igual a n. Por exemplo, o nível 1 contém um subnível (1s); o nível 2 contém dois subníveis (dois tipos de orbitais), o orbital 2s e os três orbitais 2p; e assim por diante. Esses estão resumidos na tabela a seguir. O número de cada tipo de orbital é mostrado entre parênteses.

n	Subníveis (tipo de orbitais) presentes
1	1s(1)
2	2s(1) 2p(3)
3	3s(1) 3p(3) 3d(5)
4	4s(1) 4p(3) 4d(5) 4f(7)

5. O valor n sempre é usado para rotular os orbitais de um determinado nível principal e é acompanhado por uma letra que indica o tipo (formato) do orbital. Por exemplo, a designação 3p significa um orbital no nível 3 que possui dois lóbulos (um orbital *p* sempre possui dois lóbulos).
6. Um orbital pode estar vazio ou pode conter um ou dois elétrons, mas nunca mais de dois. Se dois elétrons ocupam o mesmo orbital, eles devem ter spins opostos.
7. O formato de um orbital não indica os detalhes do movimento do elétron. Ele indica a distribuição de probabilidade de um elétron que reside naquele orbital.

Exemplo resolvido 11.1

Compreendendo o modelo de mecânica ondulatória para o átomo

Indique se cada uma das afirmações a seguir sobre a estrutura atômica é verdadeira ou falsa.

a. Um orbital *s* sempre possui um formato esférico.
b. O orbital 2s possui o mesmo tamanho que o orbital 3s.
c. O número de lóbulos em um orbital *p* aumenta à medida que n aumenta. Isto é, um orbital 3p possui mais lóbulos que um orbital 2p.
d. O nível 1 possui um orbital *s*, o nível 2 possui dois orbitais *s*, o nível 3 possui três orbitais *s*, e assim por diante.
e. A trajetória do elétron é indicada pela superfície do orbital.

SOLUÇÃO

a. Verdadeiro. O tamanho da esfera aumenta à medida que n aumenta, mas o formato sempre é esférico.

b. Falso. O orbital 3s é maior (a distância média do elétron para o núcleo é maior) do que o orbital 2s.

c. Falso. Um orbital *p* sempre possui dois lóbulos.

d. Falso. Cada nível de energia principal possui apenas um orbital *s*.

e. Falso. O elétron está em *algum lugar dentro* da superfície do orbital 90% do tempo. O elétron não se move em torno *dessa* superfície.

AUTOVERIFICAÇÃO

Exercício 11.1 Defina os termos a seguir:
a. órbitas de Bohr
b. orbitais
c. tamanho do orbital
d. subnível

Consulte os Problemas 11.37 até 11.44. ■

11-9 Arranjos eletrônicos nos dezoito primeiros átomos da tabela periódica

OBJETIVOS
▸ Compreender como os níveis de energia principal são preenchidos com elétrons nos átomos além do hidrogênio.
▸ Aprender sobre os elétrons de valência e os elétrons do núcleo.

Agora iremos descrever os arranjos eletrônicos nos átomos com $Z = 1$ a $Z = 18$ ao posicionar os elétrons nos diversos orbitais nos níveis de energia principal, começando com $n = 1$, e continuando com $n = 2$, $n = 3$, e assim por diante. Para os dezoito primeiros elementos, os subníveis individuais são preenchidos na seguinte ordem: $1s$, depois $2s$, depois $2p$, depois $3s$, depois $3p$.

O orbital mais atraente para um elétron em um átomo sempre é o $1s$, porque nesse orbital o elétron com carga negativa está mais próximo do núcleo com carga positiva do que em qualquer outro orbital. Isto é, o orbital $1s$ envolve o espaço que está mais próximo do núcleo. À medida que n aumenta, o orbital fica maior — o elétron, em média, ocupa o espaço mais distante do núcleo.

Portanto, em seu estado fundamental, o hidrogênio tem seu único elétron no orbital $1s$. Isso é comumente representado de duas maneiras. Primeiro, dizemos que o hidrogênio possui o arranjo eletrônico, ou **configuração eletrônica**, $1s^1$. Isso apenas significa que há um elétron no orbital $1s$. Também podemos representar essa configuração utilizando um **diagrama do orbital**, também chamado de **diagrama de caixas**, no qual os orbitais são representados por caixas agrupadas pelo subnível com pequenas setas indicando os elétrons. Para o *hidrogênio*, a configuração eletrônica e o diagrama de caixas são:

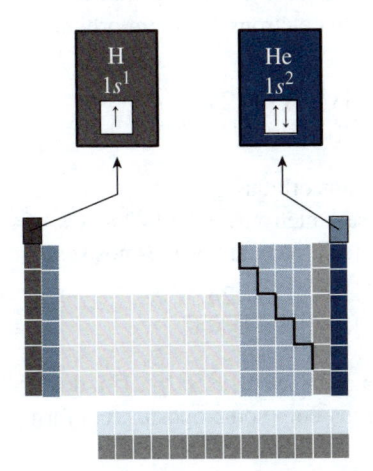

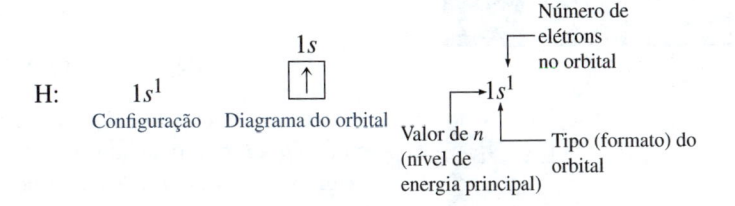

H: $1s^1$ $1s$ [↑]
Configuração   Diagrama do orbital

$1s^1$
Valor de n (nível de energia principal) — Tipo (formato) do orbital — Número de elétrons no orbital

H $1s^1$ [↑]

He $1s^2$ [↑↓]

A seta representa um elétron girando em um sentido específico. O próximo elemento é o *hélio*, Z = 2. Ele possui dois prótons em seu núcleo e, portanto, dois elétrons. Como o orbital 1s é o mais desejável, ambos os elétrons vão até ele, porém com spins opostos. Para o hélio, a configuração eletrônica e o diagrama de caixas são:

$$\text{He:} \quad \underbrace{1s^2}_{\text{Dois elétrons no orbital } 1s} \quad \begin{array}{c} 1s \\ \boxed{\uparrow\downarrow} \end{array}$$

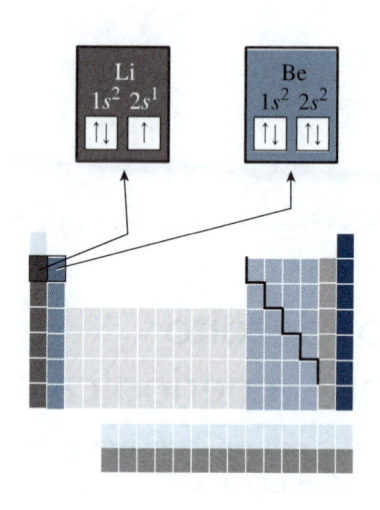

Os spins opostos do elétron são mostrados pelas setas opostas na caixa.

O *lítio* (Z = 3) possui três elétrons, dos quais dois vão para o orbital 1s. Isto é, dois elétrons preenchem aquele orbital. O orbital 1s é o único orbital para n = 1, portanto, o terceiro elétron deve ocupar o orbital com n = 2 — nesse caso, o orbital 2s. Isso forma uma configuração $1s^2 2s^1$. A configuração eletrônica e o diagrama de caixas são:

$$\text{Li:} \quad 1s^2 2s^1 \quad \begin{array}{cc} 1s & 2s \\ \boxed{\uparrow\downarrow} & \boxed{\uparrow} \end{array}$$

O próximo elemento, *berílio*, possui quatro elétrons, que ocupam os orbitais 1s e 2s com spins opostos.

$$\text{Be:} \quad 1s^2 2s^2 \quad \begin{array}{cc} 1s & 2s \\ \boxed{\uparrow\downarrow} & \boxed{\uparrow\downarrow} \end{array}$$

O *boro* possui cinco elétrons, quatro dos quais ocupam os orbitais 1s e 2s. O quinto elétron vai para o segundo tipo de orbital com n = 2, um dos orbitais 2p.

$$\text{B:} \quad 1s^2 2s^2 2p^1 \quad \begin{array}{ccc} 1s & 2s & 2p \\ \boxed{\uparrow\downarrow} & \boxed{\uparrow\downarrow} & \boxed{\uparrow\,|\,\,\,|\,\,\,} \end{array}$$

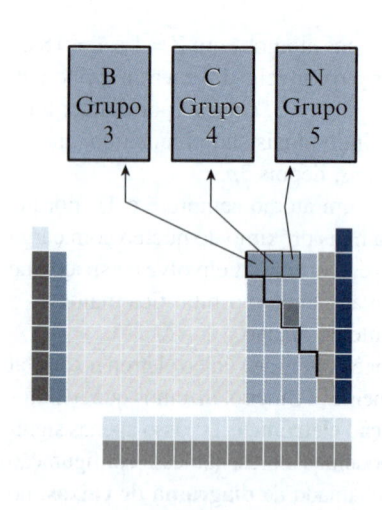

Como todos os orbitais 2p possuem a mesma energia, não faz diferença qual orbital 2p o elétron ocupará.

Carbono, o próximo elemento, possui seis elétrons: dois ocupam o orbital 1s, dois ocupam o orbital 2s, e dois ocupam os orbitais 2p. Há três orbitais 2p, portanto, cada um dos elétrons mutuamente repulsivos ocupam um orbital 2p diferente. Por razões que não iremos considerar, nos orbitais 2p separados os elétrons possuem o mesmo spin.

A configuração do carbono pode ser escrita como $1s^2 2s^2 2p^1 2p^1$ para indicar que os elétrons ocupam orbitais 2p separados. No entanto, a configuração normalmente é dada como $1s^2 2s^2 2p^2$, e entende-se que os elétrons estão em orbitais 2p diferentes.

$$\text{C:} \quad 1s^2 2s^2 2p^2 \quad \begin{array}{ccc} 1s & 2s & 2p \\ \boxed{\uparrow\downarrow} & \boxed{\uparrow\downarrow} & \boxed{\uparrow\,|\,\uparrow\,|\,\,\,} \end{array}$$

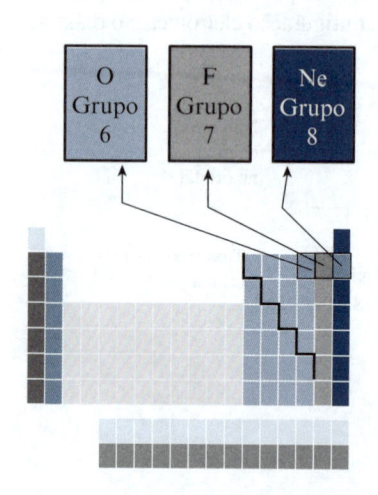

Observe os spins dos elétrons desemparelhados nos orbitais 2p.

A configuração do *nitrogênio*, que possui sete elétrons, é $1s^2 2s^2 2p^3$. Os três elétrons nos orbitais 2p ocupam orbitais separados e possuem os mesmos spins.

$$\text{N:} \quad 1s^2 2s^2 2p^3 \quad \begin{array}{ccc} 1s & 2s & 2p \\ \boxed{\uparrow\downarrow} & \boxed{\uparrow\downarrow} & \boxed{\uparrow\,|\,\uparrow\,|\,\uparrow} \end{array}$$

A configuração do *oxigênio*, que possui oito elétrons, é $1s^2 2s^2 2p^4$. Um dos orbitais 2p agora é ocupado por um par de elétrons com spins opostos, conforme exigido pelo princípio de exclusão de Pauli.

$$\text{O:} \quad 1s^2 2s^2 2p^4 \quad \begin{array}{ccc} 1s & 2s & 2p \\ \boxed{\uparrow\downarrow} & \boxed{\uparrow\downarrow} & \boxed{\uparrow\downarrow\,|\,\uparrow\,|\,\uparrow} \end{array}$$

Figura 11.29 ▶ Configurações eletrônicas no último subnível ocupado pelos dezoito primeiros elementos.

H 1s¹								He 1s²
Li 2s¹	Be 2s²		B 2p¹	C 2p²	N 2p³	O 2p⁴	F 2p⁵	Ne 2p⁶
Na 3s¹	Mg 3s²		Al 3p¹	Si 3p²	P 3p³	S 3p⁴	Cl 3p⁵	Ar 3p⁶

As configurações eletrônicas e os diagramas do orbital do *flúor* (nove elétrons) e do *neônio* (dez elétrons) são:

F: $1s^2 2s^2 2p^5$

Ne: $1s^2 2s^2 2p^6$

Com o neônio, os orbitais com $n = 1$ e $n = 2$ estão completamente preenchidos.

Para o *sódio*, que possui onze elétrons, os dez primeiros elétrons ocupam os orbitais 1s, 2s e 2p, e o décimo primeiro elétron deve ocupar o primeiro orbital com $n = 3$, o orbital 3s. A configuração eletrônica do sódio é $1s^2 2s^2 2p^6 3s^1$. Para evitar escrever todos os níveis internos dos elétrons, geralmente abreviamos a configuração $1s^2 2s^2 2p^6 3s^1$ para [Ne]$3s^1$, em que [Ne] representa a configuração eletrônica do neônio, $1s^2 2s^2 2p^6$.

O diagrama do orbital do sódio é:

O próximo elemento, *magnésio*, $Z = 12$, tem uma configuração eletrônica $1s^2 2s^2 2p^6 3s^2$, ou [Ne]$3s^2$.

Os próximos seis elementos, do *alumínio* ao *argônio*, possuem configurações eletrônicas obtidas pelo preenchimento dos orbitais 3p com um elétron por vez. A Fig. 11.29 resume as configurações eletrônicas dos dezoito primeiros elementos dando o número de elétrons no tipo de orbital (subnível) ocupado por último.

Exemplo resolvido 11.2 — Escrevendo diagramas de orbital

Escreva o diagrama de orbital do magnésio.

SOLUÇÃO O magnésio ($Z = 12$) possui doze elétrons que são colocados sucessivamente nos orbitais 1s, 2s, 2p e 3s para formar a configuração eletrônica $1s^2 2s^2 2p^6 3s^2$. O diagrama de orbital é:

Somente os orbitais ocupados são mostrados aqui.

AUTOVERIFICAÇÃO **Exercício 11.2** Escreva a configuração eletrônica e o diagrama de orbital de cada um dos elementos do alumínio ao argônio.

Consulte os Problemas 11.49 até 11.54. ■

QUÍMICA EM FOCO

Um momento magnético

Um sapo anestesiado encontra-se no núcleo oco de um eletroímã. À medida que a corrente nas bobinas do ímã é aumentada, o sapo se levanta e flutua no ar como num passe de mágica (veja a foto). Como isso acontece? O eletroímã é uma máquina antigravidade? Na verdade, não há nenhum tipo de mágica aqui. Esse fenômeno demonstra as propriedades magnéticas da matéria. Sabemos que os ímãs de ferro atraem e repelem uns aos outros dependendo de suas orientações. Um sapo é magnético como um pedaço de ferro? Se um sapo ficar em cima de uma tampa de bueiro de aço, ficará preso lá por atrações magnéticas? Claro que não. O magnetismo do sapo, como a maioria dos objetos, é notado somente na presença de um forte campo de indução magnética. Em outras palavras, o poderoso eletroímã em torno do sapo no experimento descrito aqui *induz* um campo magnético no sapo que se opõe ao campo magnético do eletroímã. O campo magnético oposto do sapo repele o campo de indução externo e o anfíbio levanta até que a força magnética é balanceada pela atração gravitacional. Então, o sapo "flutua" no ar.

Como um sapo pode ser magnético se ele não é feito de ferro? São os elétrons. Os sapos são compostos por células que contêm muitos tipos de moléculas. É claro que essas moléculas são feitas de átomos — átomos de carbono, de nitrogênio, de oxigênio e outros tipos. Cada um desses átomos contém elétrons que estão em movimento em torno dos núcleos atômicos. Quando esses elétrons estão sujeitos a um campo magnético forte, eles respondem movendo-se de um modo que produza campos magnéticos alinhados para se opor ao campo de indução externo. Esse fenômeno é chamado de *diamagnetismo*.

Todas as substâncias, animadas e inanimadas, uma vez que são feitas de átomos, exibem diamagnetismo. Andre Geim e seus colegas na Universidade de Nijmegen, Holanda, levitaram sapos, gafanhotos, plantas e gotículas d'água, entre outros objetos. Geim diz que, tendo um eletroímã grande o suficiente, até mesmo os humanos podem ser levitados. Ele observa que, no entanto, construir um ímã forte o suficiente para flutuar um humano seria muito caro, e ele não vê sentido nisso. Geim aponta que induzir a flutuação com campos magnéticos pode ser uma boa forma de testar experimentos sobre a microgravidade pretendida em pesquisas para futuros voos espaciais — para ver se as ideias voam tão bem como os objetos.

Um sapo vivo levitado em um campo magnético.

Neste ponto é útil introduzir o conceito de **elétrons de valência** — isto é, *os elétrons no nível de energia principal externo (mais elevado) de um átomo*. Por exemplo, o nitrogênio, que tem a configuração eletrônica $1s^2 2s^2 2p^3$, possui elétrons nos níveis principais 1 e 2. Portanto, o nível 2 (que possui os subníveis $2s$ e $2p$) é o nível de valência do nitrogênio, e os elétrons $2s$ e $2p$ são os elétrons de valência. Para o átomo do sódio (configuração eletrônica $1s^2 2s^2 2p^6 3s^1$, ou $[Ne]3s^1$), o elétron de valência é o elétron no orbital $3s$, porque nesse caso o nível de energia principal 3 é o nível externo que contém um elétron. Os elétrons de valência são os mais importantes para os químicos porque, sendo os elétrons mais afastados, são os únicos envolvidos quando os átomos ligam-se uns aos outros (formam ligações), como veremos no próximo capítulo. Os elétrons de níveis internos, conhecidos como **elétrons mais internos**, não são envolvidos na ligação dos átomos.

Observe na Fig. 11.29 que um padrão muito importante está se desenvolvendo: exceto para o hélio, *os átomos dos elementos do mesmo grupo (coluna vertical da tabela periódica) têm o mesmo número de elétrons em um determinado tipo de orbital* (subnível), exceto os orbitais que estão em níveis de energia principal diferentes. Lembre-se de que os elementos foram originalmente organizados em grupos na tabela periódica, com base nas semelhanças das propriedades químicas. Agora entendemos a razão por trás desses agrupamentos. Os elementos com o mesmo arranjo eletrônico de valência mostram um comportamento químico bem similar.

11-10 Configurações eletrônicas e a tabela periódica

OBJETIVO Aprender sobre a configuração eletrônica dos átomos com Z maior que 18.

Na seção anterior, vimos que podemos descrever os átomos além do hidrogênio simplificando o preenchimento dos orbitais atômicos começando com o nível $n = 1$ e indo para o exterior em ordem. Isso funciona bem até alcançarmos o elemento *potássio* ($Z = 19$), que é o próximo elemento após o argônio. Como os orbitais $3p$ são completamente ocupados no argônio, podemos esperar que o próximo elétron vá para o orbital $3d$ (lembre-se de que para $n = 3$ os subníveis são $3s$, $3p$ e $3d$). No entanto, os experimentos mostram que as propriedades químicas do potássio são muito semelhantes às do lítio e às do sódio. Como aprendemos a associar propriedades químicas semelhantes com arranjos eletrônicos de valência semelhantes, prevemos que a configuração eletrônica de valência do potássio seja $4s^1$, assemelhando-se ao sódio ($3s^1$) e ao lítio ($2s^1$). Isto é, esperamos que o último elétron no potássio ocupe o orbital $4s$ em vez de um dos orbitais $3d$. Isso significa que o nível de energia principal 4 começa a ser preenchido antes de o nível 3 ter sido completado. Essa conclusão é confirmada por muitos tipos de experimentos. Portanto, a configuração eletrônica do potássio é:

$$K: 1s^2 2s^2 2p^6 3s^2 3p^6 4s^1, \text{ou [Ar]}4s^1$$

O próximo elemento é o *cálcio*, com um elétron adicional que também ocupa o orbital $4s$.

$$Ca: 1s^2 2s^2 2p^6 3s^2 3p^6 4s^2, \text{ou [Ar]}4s^2$$

O orbital $4s$ agora está cheio.

Após o cálcio, os próximos elétrons vão para os orbitais $3d$ para completar o nível de energia principal 3. Os elementos que correspondem ao preenchimento dos orbitais $3d$ são chamados de metais de transição. Então, os orbitais $4p$ são preenchidos. A Fig. 11.30 fornece as configurações eletrônicas parciais dos elementos do potássio ao criptônio.

Observe na Fig. 11.30 que todos os metais de transição têm a configuração geral [Ar]$4s^2 3d^n$, exceto o cromo ($4s^1 3d^5$) e o cobre ($4s^1 3d^{10}$). As razões para essas exceções são complexas e não serão discutidas aqui.

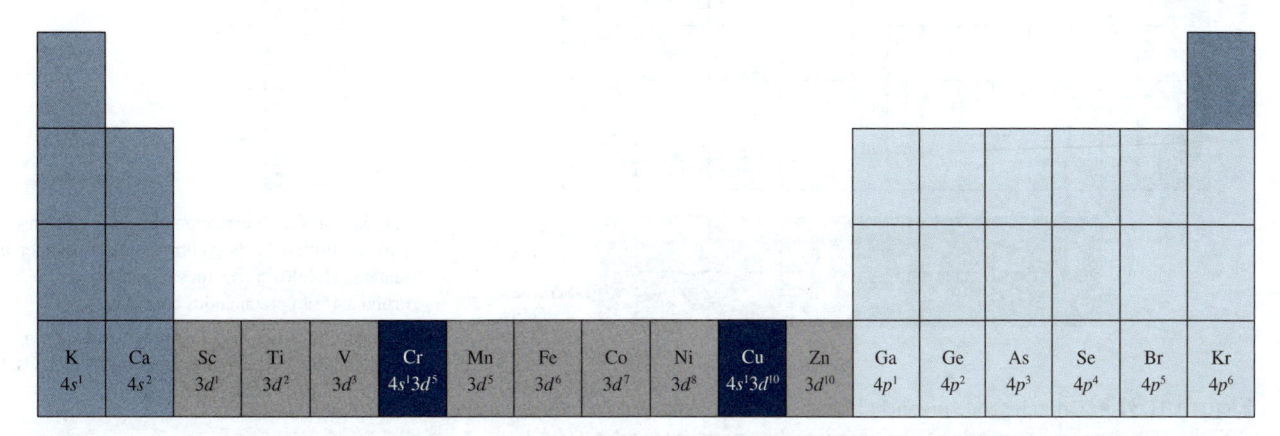

K	Ca	Sc	Ti	V	Cr	Mn	Fe	Co	Ni	Cu	Zn	Ga	Ge	As	Se	Br	Kr
$4s^1$	$4s^2$	$3d^1$	$3d^2$	$3d^3$	$4s^1 3d^5$	$3d^5$	$3d^6$	$3d^7$	$3d^8$	$4s^1 3d^{10}$	$3d^{10}$	$4p^1$	$4p^2$	$4p^3$	$4p^4$	$4p^5$	$4p^6$

Figura 11.30 ▶ Configurações eletrônicas parciais dos elementos do potássio ao criptônio. Os metais de transição mostrados em verde (do escândio ao zinco) têm a configuração geral [Ar]$4s^2 3d^n$, exceto o cromo e o cobre.

Em vez de continuar a considerar os elementos individualmente, agora observaremos a relação geral entre a tabela periódica e o preenchimento do orbital. A Fig. 11.31 mostra que tipo de orbital está sendo preenchido em cada área da tabela periódica. Observe os pontos no quadro "Preenchimento do orbital".

> ### Preenchimento do orbital
>
> 1. Em um nível de energia principal, que possui os orbitais *d*, o orbital *s* do *próximo* nível é preenchido antes dos orbitais *d* no nível atual. Isto é, os orbitais $(n + 1)s$ sempre são preenchidos antes dos orbitais nd. Por exemplo, os orbitais $5s$ são preenchidos no rubídio e no estrôncio antes de os orbitais $4d$ serem preenchidos na segunda fileira dos metais de transição (do ítrio ao cádmio).
> 2. Após o lantânio, que tem a configuração eletrônica $[Xe]6s^25d^1$, aparece um grupo de catorze elementos chamados de **série de lantanídeos**, ou lantanídeos. Essa série de elementos corresponde ao preenchimento dos sete orbitais $4f$.
> 3. Após o actínio, que tem a configuração $[Rn]7s^26d^1$, aparece um grupo de catorze elementos chamados de **série de actinídeos**, ou actinídeos. Essa série corresponde ao preenchimento de sete orbitais $5f$.
> 4. Exceto para o hélio, os números dos grupos indicam a soma dos elétrons nos orbitais ns e np no nível de energia principal mais alto que contém elétrons (*n* é o número que indica um nível de energia principal específico). Esses elétrons são os elétrons de valência, os elétrons no nível de energia principal externo de um determinado átomo.

Para ajudá-lo a compreender melhor a conexão entre o preenchimento do orbital e a tabela periódica, a Fig. 11.32 mostra os orbitais na ordem na qual eles são preenchidos.

Uma tabela periódica está quase sempre disponível para você. Se você entende a relação entre a configuração eletrônica de um elemento e sua posição na tabela periódica, pode descobrir a configuração eletrônica esperada de qualquer átomo.

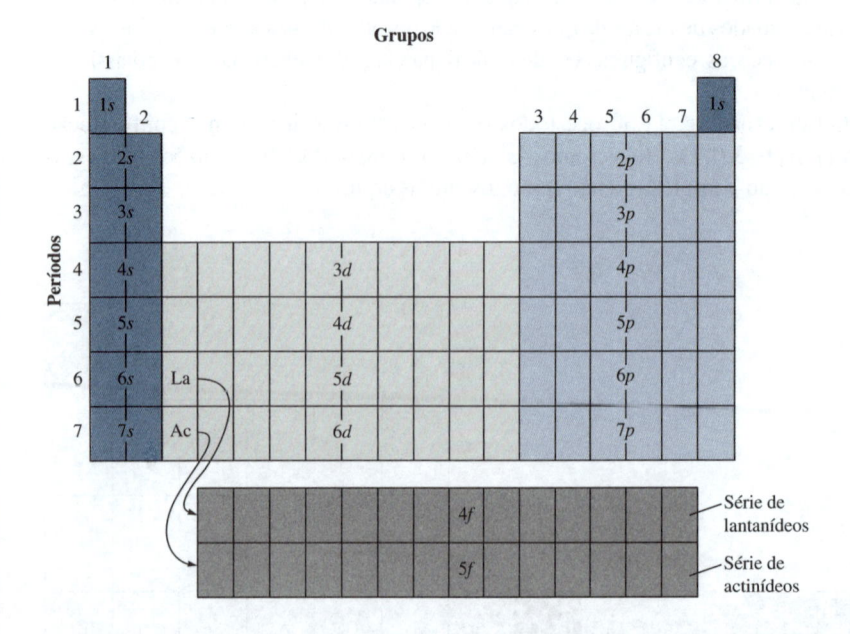

Figura 11.31 ▶ Orbitais sendo preenchidos nos elementos em várias partes da tabela periódica. Observe que, seguindo a linha horizontal (um período), o orbital $(n + 1)s$ é preenchido antes que o orbital nd. O símbolo do grupo indica o número de elétrons de valência (o número de elétrons *s* mais o número de elétrons *p* no nível de energia principal mais elevado) dos elementos de cada grupo.

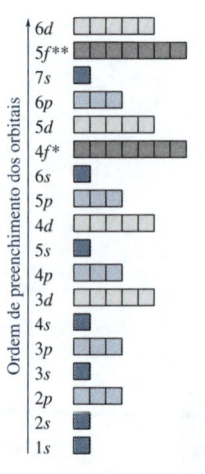

*Após o orbital $6s$ estar completo, um elétron vai para um orbital $5d$. Isso corresponde ao elemento lantânio ($[Xe]6s^25d^1$). Após o lantânio, os orbitais $4f$ são preenchidos com elétrons.

**Após o orbital $7s$ estar completo, um elétron vai para o $6d$. Esse é o actínio ($[Rn]7s^26d^1$). Os orbitais $5f$ são, então, preenchidos.

Figura 11.32 ▶ Diagrama de caixas mostrando a ordem na qual os orbitais são preenchidos para produzir os átomos na tabela periódica. Cada caixa pode manter dois elétrons.

QUÍMICA EM FOCO

Química do bóhrio

Um dos melhores usos da tabela periódica é prever as propriedades dos elementos recém-descobertos. Por exemplo, o elemento artificialmente sintetizado bóhrio ($Z = 107$) é encontrado na mesma família que o manganês, tecnécio e rênio, e espera-se que mostre similaridades químicas com esses elementos. O problema, claro, é que somente alguns átomos de bóhrio (Bh) podem ser sintetizados por vez, e os átomos existem por apenas um período muito curto de tempo (cerca de 17 segundos). É realmente um desafio estudar a química de um elemento sob essas condições. No entanto, uma equipe de químicos nucleares liderada por Heinz W. Gaggeler, da Universidade de Bern, na Suíça, isolou seis átomos de ^{267}Bh e preparou o composto BhO$_3$Cl. A análise dos produtos de decaimento deste composto ajudou a definir as propriedades termoquímicas do BhO$_3$Cl e mostrou que ele parece se comportar como previsto pela sua posição na tabela periódica.

Exemplo resolvido 11.3 **Determinação das configurações eletrônicas**

Utilizando a Fig. 11.34, forneça as configurações eletrônicas do enxofre (S), gálio (Ga), háfnio (Hf) e rádio (Ra).

SOLUÇÃO O *enxofre* é o elemento 16 e localiza-se no período 3, onde os orbitais $3p$ estão sendo preenchidos (Fig. 11.33). Como o enxofre é o quarto entre os "elementos $3p$", ele deve ter quatro elétrons $3p$. A configuração eletrônica do enxofre é:

$$\text{S: } 1s^2 2s^2 2p^6 3s^2 3p^4, \text{ ou [Ne]} 3s^2 3p^4$$

O *gálio* é o elemento 31 no período 4, logo após os metais de transição (Fig. 11.33). É o primeiro elemento na "série $4p$" e possui um arranjo $4p^1$. A configuração eletrônica do gálio é:

$$\text{Ga: } 1s^2 2s^2 2p^6 3s^2 3p^6 4s^2 3d^{10} 4p^1, \text{ ou [Ar]} 4s^2 3d^{10} 4p^1$$

O *háfnio* é o elemento 72, encontrado no período 6, como mostrado na Fig. 11.33. Observe que ele aparece logo após a série de lantanídeos (Fig. 11.31). Dessa forma, os orbitais $4f$ já estão preenchidos. O háfnio é o segundo membro da série de transição $5d$ e possui dois elétrons $5d$. Sua configuração eletrônica é:

$$\text{Hf: } 1s^2 2s^2 2p^6 3s^2 3p^6 4s^2 3d^{10} 4p^6 5s^2 4d^{10} 5p^6 6s^2 4f^{14} 5d^2, \text{ ou [Xe]} 6s^2 4f^{14} 5d^2$$

O *rádio* é o elemento 88 e está no período 7 (e no grupo 2), como mostrado na Fig. 11.33. Desse modo, o rádio possui dois elétrons no orbital $7s$, e sua configuração eletrônica é:

$$\text{Ra: } 1s^2 2s^2 2p^6 3s^2 3p^6 4s^2 3d^{10} 4p^6 5s^2 4d^{10} 5p^6 6s^2 4f^{14} 5d^{10} 6p^6 7s^2, \text{ ou [Rn]} 7s^2$$

Figura 11.33 ▶ As posições dos elementos considerados no Exemplo 11.3.

AUTOVERIFICAÇÃO Exercício 11.3 Utilizando a Fig. 11.34, preveja as configurações eletrônicas do flúor, silício, césio, chumbo e iodo. Se tiver problemas, utilize a Fig. 11.31.

Consulte os Problemas 11.59 até 11.68. ■

Resumo do modelo da mecânica ondulatória e das configurações eletrônicas de valência

Os conceitos que discutimos neste capítulo são muito importantes, pois nos permitem dar sentido a uma boa parte da química. Quando foi observado pela primeira vez que os elementos com propriedades semelhantes aparecem periodicamente à medida que o número atômico aumenta, os químicos quiseram saber o porquê. Agora temos uma explicação. O modelo da mecânica ondulatória ilustra os elétrons em um átomo arranjado em orbitais, com cada orbital capaz de manter dois elétrons. À medida que acumulamos átomos, alguns tipos de orbitais ocorrem novamente ao passar de um nível de energia principal para outro. Isso significa que configurações eletrônicas de valência específicas ocorrem novamente periodicamente. Por razões que iremos explorar no próximo capítulo, os elementos com determinado tipo de configuração de valência

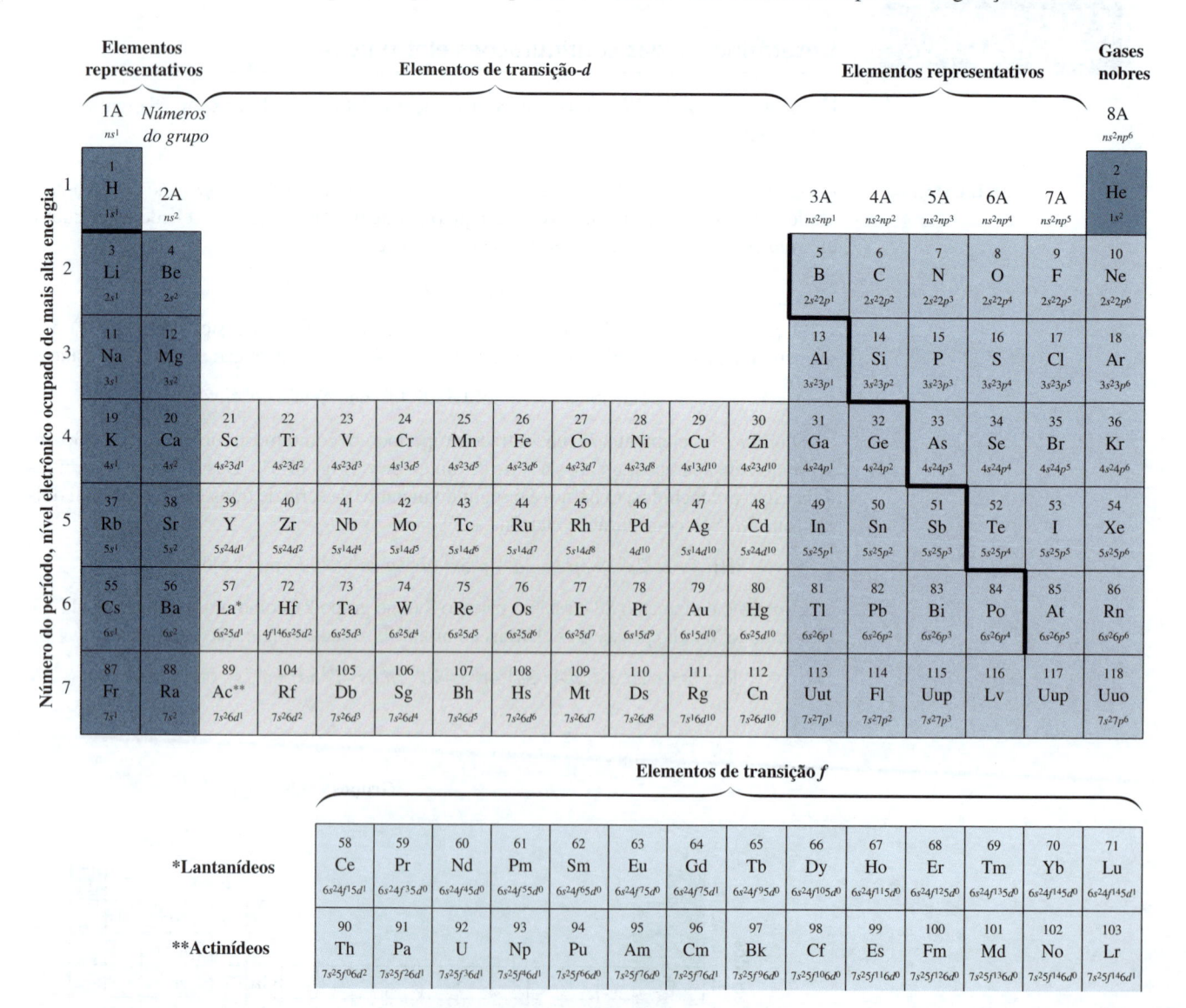

Figura 11.34 ▶ Tabela periódica com símbolos atômicos, números atômicos e configurações eletrônicas parciais.

mostram um comportamento químico bastante similar. Dessa forma, os grupos dos elementos, como os metais alcalinos, mostram uma química semelhante porque todos os elementos naquele grupo possuem o mesmo tipo de arranjo eletrônico de valência. Esse conceito, que explica boa parte da química, é a maior contribuição do modelo da onda atômica para a química moderna.

Para referência, as configurações eletrônicas de valência de todos os elementos são mostradas na tabela periódica da Fig. 11.34. Observe os pontos a seguir:

1. Os símbolos dos grupos 1, 2, 3, 4, 5, 6, 7 e 8 indicam o *número total* dos elétrons de valência dos átomos nesses grupos. Por exemplo, todos os elementos do grupo 5 têm a configuração ns^2np^3 (Qualquer elétron d presente sempre está no nível de energia principal mais reduzido que os elétrons de valência e, portanto, não é contado como elétron de valência).

2. Os elementos nos grupos 1, 2, 3, 4, 5, 6, 7 e 8 geralmente são chamados de **elementos do grupo principal**, ou **elementos representativos**. Lembre-se de que todos os membros de um determinado grupo (exceto o hélio) têm a mesma configuração eletrônica de valência, exceto os elétrons que estão em níveis de energia principal diferentes.

3. Neste livro, não nos preocuparemos com as configurações dos elementos de transição f (lantanídeos e actinídeos), embora eles estejam incluídos na Fig. 11.34.

> **Pensamento crítico**
>
> Você aprendeu que cada orbital pode conter dois elétrons e este padrão é evidente na tabela periódica. E se cada orbital pudesse conter três elétrons? Como isso alteraria a aparência da tabela periódica? Por exemplo, quais seriam os números atômicos dos gases nobres?

11-11 Propriedades atômicas e a tabela periódica

OBJETIVO Compreender as tendências gerais das propriedades atômicas na tabela periódica.

Com toda essa conversa sobre probabilidade eletrônica e orbitais, não devemos perder o foco do fato de que a química ainda é uma ciência fundamentalmente baseada nas propriedades observadas das substâncias. Sabemos que a madeira queima, o aço enferruja, a planta cresce, o açúcar é doce, e assim por diante, porque *observamos* esses fenômenos. A teoria atômica é uma tentativa de nos ajudar a entender por que essas coisas ocorrem. Se entendermos o porquê, podemos ajudar a controlar melhor os eventos químicos que são tão cruciais em nosso cotidiano.

No próximo capítulo, veremos como nossas ideias sobre a estrutura atômica nos ajudam a entender como e por que os átomos se combinam para formar compostos. À medida que exploramos isso e que usamos as teorias para explicar outros tipos de comportamento químico posteriormente no livro, é importante que distingamos a observação (o aço enferruja) das tentativas de explicar por que o evento observado ocorre (teorias). As observações permanecem as mesmas ao longo das décadas, porém as teorias (nossas explicações) mudam conforme ganhamos um entendimento mais claro de como a natureza opera. Um bom exemplo disso é a substituição do modelo de Bohr pelo modelo da mecânica ondulatória.

Como o comportamento observado da matéria está no coração da química, você precisa entender completamente as propriedades características dos diversos elementos e tendências (variações sistemáticas) que ocorrem nessas propriedades. Para essa finalidade, agora iremos considerar algumas propriedades especialmente importantes dos átomos e veremos como eles variam, horizontal e verticalmente, na tabela periódica.

Figura 11.35 ▶ Classificação dos elementos como metais, ametais e metaloides.

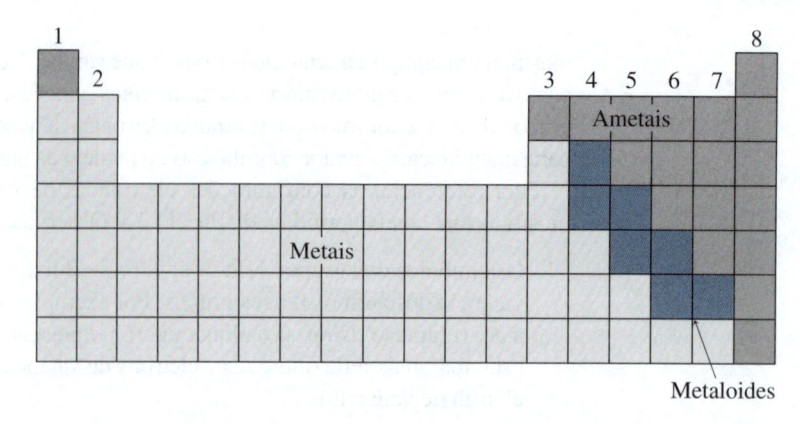

Folha de ouro sendo aplicada no cata-vento da Catedral de Chichester, em Sussex, Inglaterra. Chris Ison/PA Wire URN: 11984321 (Press Association via AP Images)

Metais e ametais

A classificação mais fundamental dos elementos químicos está nos metais e nos ametais. Os **metais** normalmente têm as seguintes propriedades físicas: aparência lustrosa, a capacidade de mudar de forma sem quebrar (podem ser puxados em um fio ou forjados em uma lâmina fina) e excelente condutividade de calor e eletricidade. Os **ametais** normalmente não têm estas propriedades físicas, embora haja algumas exceções. (Por exemplo, o iodo sólido é lustroso; a forma grafite do carbono é um excelente condutor de eletricidade; e a forma diamante do carbono é um excelente condutor de calor.) No entanto, são as diferenças *químicas* entre os metais e os ametais que nos interessam mais: *os metais tendem a perder elétrons para formar íons positivos, e os ametais tendem a ganhar elétrons para formar íons negativos*. Quando um metal e um ametal reagem, geralmente ocorre uma transferência de um ou mais elétrons do metal para o ametal.

A maioria dos elementos é classificada como metais, como mostrado na Fig. 11.35. Observe que os metais são encontrados do lado esquerdo e no centro da tabela periódica. Os relativamente poucos ametais estão no canto superior direito da tabela. Alguns elementos exibem tanto o comportamento metálico quanto o ametálico; eles são classificados como **metaloides** ou semimetais.

É importante entender que simplesmente ser classificado como metal não significa que um elemento se comporta exatamente como todos os outros metais. Por exemplo, alguns metais podem perder um ou mais elétrons com muito mais facilidade do que outros. Em particular, o césio pode perder seu elétron mais distante (um elétron 6s) com mais facilidade que o lítio (um elétron 2s). Na verdade, para todos os metais alcalinos (Grupo 1) a facilidade de perder um elétron varia da seguinte forma:

Cs > Rb > K > Na > Li
Perde um elétron com mais facilidade

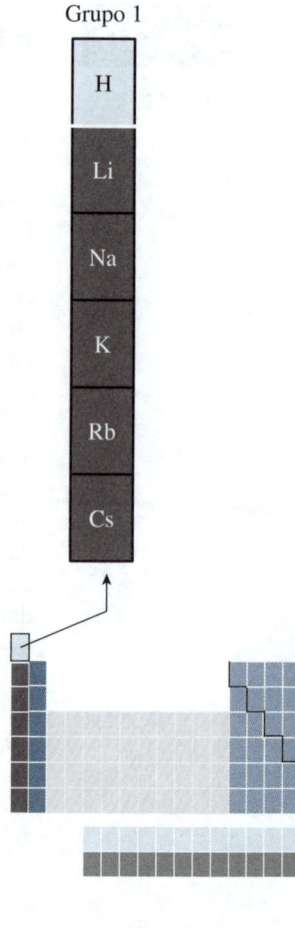

Observe que, à medida que descemos no grupo, os metais se tornam mais passíveis de perder um elétron. Isso faz sentido porque, conforme descemos no grupo, o elétron que sendo removido localiza-se, em média, cada vez mais longe do núcleo. Isto é, o elétron 6s perdido do Cs está muito mais longe do núcleo positivo atraente — e, assim, muito mais fácil de remover — do que o elétron 2s que deve ser removido do átomo de um lítio.

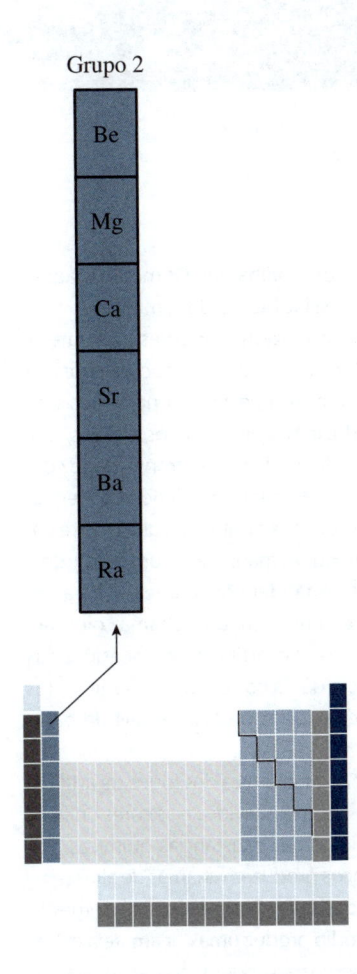

A mesma tendência também é vista nos metais do Grupo 2 (metais alcalinos terrosos): quanto mais abaixo no grupo o metal se localiza, mais provável é perder um elétron.

Assim como os metais variam de algum modo em suas propriedades, os ametais também o fazem. No geral, os elementos que podem puxar os elétrons dos metais de maneira mais eficaz estão no canto superior direito da tabela periódica.

Como uma regra geral, podemos dizer que os metais mais quimicamente ativos aparecem na região inferior esquerda da tabela periódica, ao passo que os ametais mais quimicamente ativos aparecem na região superior direita. As propriedades dos semimetais, ou metaloides, encontram-se entre os metais e os ametais, como poderia ser esperado.

Energias de ionização

A **energia de ionização** de um átomo é a energia necessária para remover um elétron de um átomo individual na fase gasosa:

$$M(g) \xrightarrow{\text{Energia de ionização}} M^+(g) + e^-$$

Como observamos, a propriedade química característica de um átomo de metal é perder elétrons para os ametais. Outra forma de expressar isso é dizendo que os *metais possuem energias de ionização relativamente baixas* — é necessária uma quantia relativamente baixa de energia para remover um elétron de um metal típico.

Lembre-se de que os metais na parte de baixo de um grupo perdem elétrons com mais facilidade do que os que estão na parte de cima. Em outras palavras, as energias de ionização tendem a diminuir ao ir da parte de cima para a parte de baixo de um grupo.

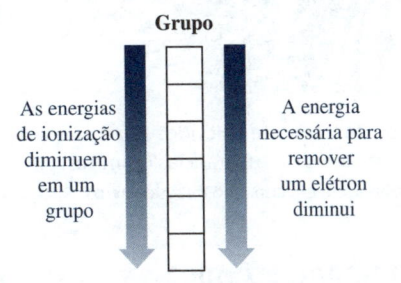

Ao contrário dos metais, os ametais têm energias de ionização relativamente altas. Os ametais tendem a ganhar, não perder, elétrons. Lembre-se de que os metais aparecem do lado esquerdo da tabela periódica e os ametais aparecem à direita. Dessa forma, não é surpreendente que as energias de ionização tendam a aumentar da esquerda para a direita em um determinado período da tabela periódica.

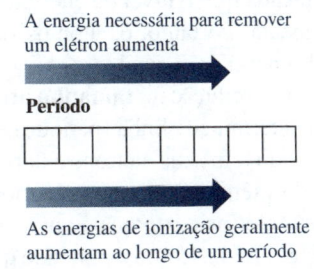

No geral, os elementos que aparecem na região inferior esquerda da tabela periódica têm as energias de ionização mais baixas (e são, portanto, os metais mais quimicamente ativos). Por outro lado, os elementos com as energias e ionização mais altas (os ametais mais quimicamente ativos) aparecem na região superior direita da tabela periódica.

QUÍMICA EM FOCO

Fogos de artifício

A arte de utilizar misturas de substâncias químicas para produzir explosivos é antiga. A pólvora negra — uma mistura de nitrato de potássio, carvão vegetal e enxofre — era usada na China bem antes de 1000 d.C. e vem sendo utilizada há séculos em explosivos militares, nas implosões de construções e em fogos de artifício.

Antes do século XIX, os fogos de artifício eram restritos principalmente a rojões e estrondos altos. As cores laranja e amarelo vêm da presença do carvão vegetal e das limalhas de ferro. No entanto, com os grandes avanços da química no século XIX, novos compostos encontraram seu caminho nos fogos de artifício. Sais de cobre, estrôncio e bário adicionaram cores brilhantes. Os metais magnésio e alumínio resultaram em uma luz branca deslumbrante.

Como os fogos de artifício produzem suas cores brilhantes e estrondos altos? Na verdade, somente um punhado de substâncias químicas diferentes é responsável pela maior parte dos efeitos espetaculares. Para produzir o barulho e os flashes, um oxidante (algo com uma forte afinidade por elétrons) reage com um metal, como o magnésio ou o alumínio, misturado com enxofre. A reação resultante produz um flash brilhante, que ocorre em função da queima do alumínio ou do magnésio, e um estrondo é produzido pelos gases que se expandem rapidamente. Para um efeito de cor, é incluído um elemento com uma chama colorida.

As cores amarelas nos fogos de artifício são ocasionadas pelo sódio. Os sais de estrôncio dão a cor vermelha familiar dos sinalizadores de segurança das autoestradas. Os sais de bário dão uma cor verde.

Embora você possa pensar que a química dos fogos de artifício seja simples, alcançar os flashes brancos vívidos e as cores brilhantes exige combinações complexas das substâncias químicas. Por exemplo, como os flashes brancos produzem chamas de altas temperaturas, as cores tendem a desbotar. Outro problema surge do uso de sais de sódio. Como o sódio produz uma cor amarela extremamente brilhante, os sais de sódio não podem ser usados quando outras cores são desejadas. Em suma, a fabricação de fogos de artifício que produzem os efeitos desejados e que também sejam seguros para manusear exige uma seleção muito cuidadosa de substâncias químicas.*

Estes fogos de artifício brilhantemente coloridos são o resultado de misturas complexas de substâncias químicas.
*Você pode visualizar essa imagem em cores no final dos livros.

*As misturas químicas nos fogos de artifícios são bastante perigosas. *Não* faça experimentos com substâncias químicas por conta própria.

Tamanho atômico

Os tamanhos dos átomos variam como mostrado na Fig. 11.36. Observe que os átomos ficam maiores à medida que descemos em um grupo na tabela periódica e menores à medida que vamos da esquerda para direita em um período.

Podemos entender o aumento no tamanho que observamos ao descermos em um grupo lembrando que, à medida que o nível de energia principal aumenta, a distância média dos elétrons ao núcleo também aumenta. Portanto, os átomos ficam maiores conforme os elétrons são adicionados aos maiores níveis de energia principal.

Explicar a redução no **tamanho atômico** ao longo de um período exige uma reflexão sobre os átomos em uma determinada linha (período) da tabela periódica. Lembre-se de que os átomos em um determinado período têm seus elétrons externos em um nível de energia principal específico. Isto é, os átomos no período 1 têm seus elétrons externos no orbital 1s (nível de energia principal 1), os átomos no período 2 têm seus elétrons externos no nível de energia principal 2 (orbitais 2s e 2p), e assim por diante (consulte a Fig. 11.31). Como é esperado que todos os orbitais em um determinado nível de energia principal tenham o mesmo tamanho, podemos esperar que os átomos em um determinado período tenham o mesmo tamanho. No entanto, lembre-se de que o número de prótons no núcleo aumenta à medida que passamos de átomo para átomo no período. O aumento resultante na carga positiva no núcleo tende a puxar os elétrons para perto do núcleo. Logo, em vez de permanecerem com o mesmo tamanho ao longo

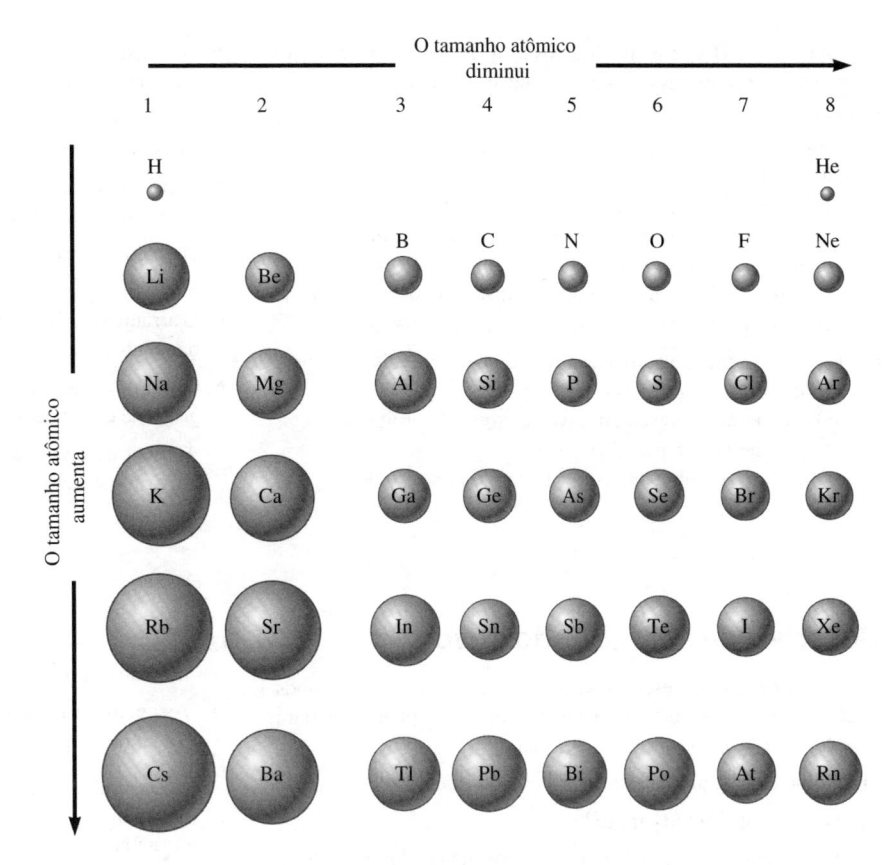

Figura 11.36 ▶ Tamanhos atômicos dos átomos selecionados. Observe que o tamanho atômico aumenta na sequência de um grupo e diminui ao longo de um período.

de um período à medida que os elétrons são adicionados em um determinado nível de energia principal, os átomos ficam menores conforme a "nuvem" de elétrons é atraída pela carga nuclear crescente.

CAPÍTULO 11 REVISÃO

F direciona você? para o segmento *Química em foco* no capítulo

Termos-chave

radiação eletromagnética (11-2)
comprimento de onda (11-2)
frequência (11-2)
fótons (11-2)
níveis de energia quantizada (11-4)
modelo da mecânica ondulatória (11-6)
orbital (11-7)
níveis de energia principal (11-7)
subníveis (11-7)
princípio de exclusão de Pauli (11-8)
configuração eletrônica (11-9)
diagrama de orbital (11-9)
diagrama de caixas (11-9)
elétrons de valência (11-9)
elétrons internos (11-9)
série de lantanídeos (11-10)
série de actinídeos (11-10)
elementos do grupo principal (11-10)
elementos representativos (11-10)
metais (11-11)
ametais (11-11)
metaloides (11-11)
energia de ionização (11-11)
tamanho atômico (11-11)

Para revisão

▶ O átomo de Rutherford consiste em um minúsculo núcleo denso no centro e de elétrons que ocupam a maior parte do volume do átomo.

▶ Radiação eletromagnética
  • Caracterizada por seu comprimento de onda e frequência.
  • Pode ser pensada como um fluxo de pacotes de energia chamada fótons.
  • Os átomos podem ganhar energia ao absorver um fóton ou perder energia ao emitir um fóton.
  • A energia de um fóton é igual a $h\nu$, em que $h = 6,626 \times 10^{-34}$ J·s.

▶ O átomo do hidrogênio pode emitir somente certas energias à medida que muda de uma energia mais alta para uma mais baixa.

▶ O hidrogênio possui níveis de energia quantizada.

- O modelo de Bohr assumiu que os elétrons viajavam em torno do núcleo em órbitas circulares, o que está incorreto.
- O modelo da mecânica ondulatória assume que o elétron possui propriedades de partícula e de onda e o descreve como ocupando orbitais.
  - Os orbitais são diferentes das órbitas de Bohr.
  - Os mapas de probabilidade indicam a possibilidade de encontrar o elétron em um determinado ponto no espaço.
  - O tamanho de um átomo pode ser descrito por uma superfície que contém 90% da probabilidade total do elétron.
- Os níveis de energia atômica são divididos em níveis principais (n), que contêm inúmeros subníveis.
  - Os subníveis representam diversos tipos de orbitais (s, p, d, f), que têm diferentes formatos.
  - O número de subníveis aumenta com o aumento de n.
- Um determinado átomo possui Z prótons em seu núcleo e Z elétrons circundando o núcleo.
- Os elétrons ocupam orbitais atômicos começando pela energia mais baixa (o orbital mais próximo do núcleo).
- O princípio de exclusão de Pauli afirma que um orbital pode conter somente dois elétrons com spins opostos.
- Os elétrons no nível mais alto de energia são chamados de elétrons de valência.
- O arranjo eletrônico de determinado átomo explica sua posição na tabela periódica.
- O tamanho atômico geralmente aumenta ao descermos em um grupo da tabela periódica e diminui ao longo de um período.
- A energia de ionização geralmente diminui ao descermos em um grupo e aumenta ao longo de um período.

Questões de aprendizado ativo

Estas questões foram desenvolvidas para ser resolvidas por grupos de alunos em sala de aula. Normalmente, elas funcionam bem para introduzir um tópico específico em sala.

1. Como a probabilidade se encaixa na descrição do átomo?
2. O que significa um *orbital*?
3. Explique por que a linha que separa os metais dos ametais na tabela periódica é descendente diagonalmente para a direita em vez de horizontalmente ou verticalmente.
4. Considere as seguintes afirmações: "A energia de ionização do átomo de potássio é negativa porque, quando o K perde um elétron para se tornar K$^+$, alcança a configuração eletrônica de um gás nobre". Indique tudo o que está correto nesta afirmação. Indique tudo o que está incorreto. Corrija as informações erradas e explique o erro.
5. Indo ao longo uma linha da tabela periódica, os prótons e os elétrons são adicionados e a energia de ionização geralmente aumenta. Ao descer em uma coluna da tabela periódica, os prótons e os elétrons também estão sendo adicionados, mas a energia de ionização geralmente diminui. Explique.
6. Qual é maior, o orbital 1s do H ou o orbital 1s do Li? Por quê? Qual possui o raio maior, o átomo de H ou o átomo de Li? Por quê?
7. Verdadeiro ou falso? O átomo de hidrogênio possui um orbital 3s. Explique.
8. Diferencie os termos *nível de energia*, *subnível* e *orbital*.
9. Explique o fato de que os metais tendem a perder elétrons e os ametais tendem a ganhar elétrons. Utilize a tabela periódica para dar suporte à sua resposta.
10. Mostre como utilizar a tabela periódica ajuda a encontrar a configuração eletrônica esperada de qualquer elemento.

Para as perguntas 11–13, você precisará considerar as ionizações além da primeira energia de ionização. Por exemplo, a segunda energia de ionização é a energia para remover um segundo elétron de um elemento.

11. Compare a primeira energia de ionização do hélio com a sua segunda energia de ionização, lembrando-se de que ambos os elétrons vêm do orbital 1s.
12. Qual você esperaria que tivesse uma segunda energia de ionização maior, o lítio ou o berílio? Por quê?
13. As quatro primeiras energias de ionização dos elementos X e Y são mostradas abaixo. As unidades não são kJ mol^{-1}.

	X	Y
primeira	170	200
segunda	350	400
terceira	1800	3500
quarta	2500	5000

Identifique os elementos X e Y. Pode haver mais de uma resposta, portanto, forneça as respostas completas.

14. Explique o significado do termo "estado excitado" e como ele se aplica a um elétron. Um elétron fica em um estado excitado de maior ou menor energia que um elétron no estado fundamental? Um elétron fica em um estado excitado mais ou menos estável que um elétron no estado fundamental?
15. O que significa quando dizemos que os níveis de energia são *quantizados*?
16. Qual evidência temos de que os níveis de energia em um átomo são quantizados? Afirme e explique a evidência.
17. Explique o espectro de emissão do hidrogênio. Por que é significativo a cor emitida não ser branca? Como o espectro de emissão fundamenta a ideia dos níveis de energia quantizada?
18. Há um número infinito de transições permitidas no átomo do hidrogênio. Por que não vemos mais linhas no espectro de emissão do hidrogênio?
19. Você aprendeu que cada orbital comporta dois elétrons, e seu padrão é evidente na tabela periódica. E se cada orbital pudesse comportar três elétrons? Como isso alteraria a aparência da tabela periódica? Por exemplo, quais seriam os números atômicos dos gases nobres?
20. O átomo A possui elétrons de valência com uma energia menor do que os elétrons do átomo B. Qual átomo possui a maior energia de ionização? Explique.

21. Considere as seguintes ondas que representam a radiação eletromagnética:

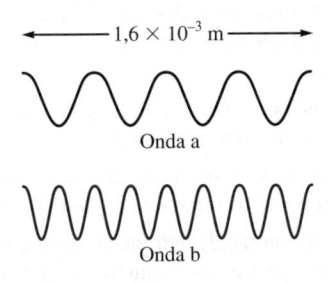

← 1,6 × 10⁻³ m →

Onda a

Onda b

Qual delas possui o maior comprimento de onda? Calcule o comprimento de onda. Qual possui a frequência mais alta e a energia de fóton mais alta? Calcule esses valores. Qual possui a maior velocidade? Qual tipo de radiação eletromagnética cada onda representa?

Perguntas e problemas

11-1 Átomo de Rutherford

Perguntas

1. Um átomo possui um pequeno centro carregado _____ chamado de núcleo, com elétrons carregados _____ movendo-se no espaço em torno do núcleo.

2. Quais perguntas foram deixadas sem resposta pelos experimentos de Rutherford?

11-2 Radiação eletromagnética

Perguntas

3. O que é *radiação eletromagnética*? A qual velocidade a radiação eletromagnética viaja?

4. Como os diferentes tipos de radiação eletromagnética se assemelham? Como eles se diferem?

5. O que o *comprimento de onda* da radiação eletromagnética representa? Como o comprimento de onda da radiação está relacionado à *energia* dos fótons da radiação?

6. O que significa *frequência* da radiação eletromagnética? Frequência é o mesmo que *velocidade* de radiação eletromagnética?

❼ 7. O segmento "Química em foco – *A luz como um atrativo sexual*" discute a fluorescência. Na fluorescência, a radiação ultravioleta é absorvida e uma luz branca intensa e visível é emitida. A radiação ultravioleta é uma radiação de energia maior ou menor que a luz visível?

❼ 8. O segmento "Química em foco – *Efeitos atmosféricos*" discute o efeito estufa. Como os gases estufa CO_2, H_2O e CH_4 têm efeito na temperatura da atmosfera?

11-3 Emissão de energia por átomos

Perguntas

9. Quando os sais de lítio são aquecidos em uma chama, emitem uma luz vermelha. Quando os sais de cobre são aquecidos em uma chama da mesma maneira, emitem uma luz verde. Por que sabemos que os sais de lítio nunca emitirão uma luz verde, e que os sais de cobre nunca emitirão uma luz vermelha?

10. A energia de um fóton de luz visível emitida por um átomo excitado é _____ a variação de energia que acontece dentro do próprio átomo.

11-4 Níveis de energia do hidrogênio

Perguntas

11. O que o *estado fundamental* de um átomo representa?

12. Quando um átomo em um estado excitado volta para seu estado fundamental, o que acontece com o excesso de energia do átomo?

13. Como a energia transportada por fóton de luz relaciona-se ao comprimento de onda da luz? A luz de comprimento de onda curto transporta mais energia ou menos energia que a luz de comprimento de onda longo?

14. Quando um átomo _____ energia de fora, o átomo vai de um estado de menor energia para um estado de maior energia.

15. Descreva brevemente por que estudar a radiação eletromagnética foi importante para nossa compreensão do arranjo dos elétrons nos átomos.

16. O que significa dizer que o átomo de hidrogênio possui *níveis de energia discreta*? Como esse fato se reflete na radiação que os átomos de hidrogênio emitem?

17. Uma vez que os átomos de um determinado elemento emitem apenas certos fótons de luz, somente certos _____ estão ocorrendo naqueles átomos específicos.

18. Como a energia possuída por um fóton emitido é comparada com a diferença dos níveis de energia que dão origem à emissão do fóton?

19. Diz-se que os níveis de energia do hidrogênio (e de outros átomos) são _____, o que significa que somente certos valores de energia são permitidos.

20. Quando um tubo contendo átomos de hidrogênio é energizado aplicando-se milhares de volts de eletricidade, o hidrogênio emite uma luz que, quando passada por um prisma, transforma-se no espectro da "linha brilhante" mostrado na Fig. 11.10. Por que os átomos de hidrogênio emitem linhas brilhantes de comprimentos de onda específicos em vez de um espectro contínuo?

11-5 Modelo atômico de Bohr

Perguntas

21. Quais são os pontos essenciais da teoria de Bohr da estrutura atômica do hidrogênio?

22. De acordo com Bohr, o que acontece com o elétron quando um átomo de hidrogênio absorve um fóton de luz de energia suficiente?

23. Como a teoria de Bohr considera o fenômeno observado da emissão de comprimentos de onda de luz discretos por átomos excitados?

24. Por que a teoria de Bohr do átomo do hidrogênio foi inicialmente aceita, e por que foi finalmente descartada?

11-6 Modelo da mecânica ondulatória para o átomo

Perguntas

25. Qual suposição principal (que foi análoga ao que já havia sido demonstrado para a radiação eletromagnética) que de

Broglie e Schrödinger fizeram sobre o movimento de partículas minúsculas?

26. Discuta brevemente a diferença entre uma órbita (como descrita por Bohr para o hidrogênio) e um orbital (como descrito pela ilustração mais moderna da mecânica ondulatória do átomo).

27. Por que Schrödinger não conseguiu descrever exatamente a trajetória que um elétron faz quando se move pelo espaço de um átomo?

28. A Seção 11-6 utiliza a analogia de um vaga-lume para ilustrar como o modelo da mecânica ondulatória para o átomo se difere do modelo de Bohr. Explique essa analogia.

11-7 Orbitais do hidrogênio

Perguntas

29. Seu livro descreve o mapa de probabilidade de um orbital s utilizando uma analogia com a atmosfera da Terra. Explique essa analogia.

30. Considere a representação a seguir de um conjunto de orbitais p de um átomo:

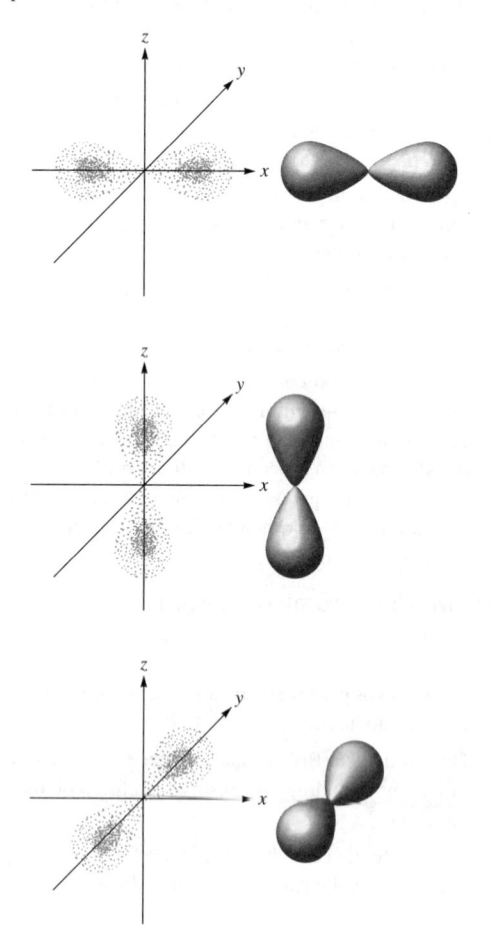

Quais das seguintes afirmações são verdadeiras?

a. As áreas representadas pelos orbitais p são nuvens com carga positiva com elétrons de carga negativa embutidos nessas nuvens.
b. O núcleo está localizado no ponto central de cada eixo.
c. Os elétrons movem-se ao longo de trajetórias elípticas, como indicado pelos orbitais p acima.
d. O átomo não pode ser de hidrogênio, já que seu elétron é encontrado no orbital $1s$.

31. Quais são as diferenças entre o orbital $2s$ e o orbital $1s$ do hidrogênio? Como eles se assemelham?

32. Qual é o formato geral dos orbitais $2p$ e $3p$? Como os orbitais $2p$ se diferenciam dos orbitais $3p$? Como eles se assemelham?

33. Quanto maior o nível de energia principal, n, mais (próximo/distante) do núcleo está o elétron.

34. Quando o elétron no hidrogênio está no nível de energia principal $n = 3$, o átomo está em um estado _____.

35. Embora um átomo de hidrogênio possua apenas um elétron, esse átomo possui um conjunto completo de orbitais disponíveis. Qual a finalidade desses orbitais adicionais?

36. Complete a tabela a seguir:

Valor de n	Subníveis possíveis
1	_____
2	_____
3	_____
4	_____

11-8 Modelo da mecânica ondulatória: desenvolvimento adicional

Perguntas

37. Ao descrever os elétrons em um orbital, utilizamos setas apontando para cima e para baixo (↑ e ↓) para indicar qual propriedade?

38. Por que somente dois elétrons podem ocupar um determinado orbital? Como essa ideia é chamada?

39. Como a *energia* de um nível principal depende do valor de n? Um valor maior de n significa uma energia maior ou menor?

40. O número de subníveis em um nível de energia principal (aumenta/diminui) à medida que n aumenta.

41. De acordo com o princípio de exclusão de Pauli, um determinado orbital pode conter somente _____ elétrons.

42. De acordo com o princípio de exclusão de Pauli, os elétrons dentro de um determinado orbital devem ter spins _____.

43. Quais das designações de orbital a seguir são possíveis?
  a. $1s$ c. $2d$
  b. $2p$ d. $4f$

44. Quais das designações de orbital a seguir não são possíveis?
  a. $2f$ c. $1d$
  b. $4s$ d. $5p$

11-9 Arranjos eletrônicos dos dezoito primeiros átomos da tabela periódica

Perguntas

45. Qual orbital é o *primeiro* a ser preenchido em um átomo? Por quê?

46. Quando um átomo de hidrogênio está em seu estado fundamental, em que orbital seu elétron é encontrado? Por quê?

47. Onde os *elétrons de valência* são encontrados em um átomo, e por que esses elétrons específicos são os mais importantes para as propriedades químicas do átomo?

48. Como os arranjos eletrônicos em um determinado grupo (coluna vertical) da tabela periódica estão relacionados? Como essa relação se manifesta nas propriedades dos elementos no determinado grupo?

Problemas

49. Escreva a configuração eletrônica completa ($1s^2 2s^2$ etc.) de cada um dos elementos a seguir:
    a. magnésio, $Z = 12$
    b. lítio, $Z = 3$
    c. oxigênio, $Z = 8$
    d. enxofre, $Z = 16$

50. A qual elemento cada uma das configurações eletrônicas a seguir corresponde?
    a. $1s^2 2s^2 2p^6 3s^2 3p^2$
    b. $1s^2 2s^2$
    c. $1s^2 2s^2 2p^6$
    d. $1s^2 2s^2 2p^6 3s^2 3p^6$

51. Escreva a configuração eletrônica completa ($1s^2 2s^2$ etc.) de cada um dos elementos a seguir:
    a. fósforo, $Z = 15$
    b. cálcio, $Z = 20$
    c. potássio, $Z = 19$
    d. boro, $Z = 5$

52. A qual elemento cada uma das configurações eletrônicas a seguir corresponde?
    a. $1s^2 2s^2 2p^6 3s^2 3p^6 4s^2 3d^{10} 4p^4$
    b. $1s^2 2s^2 2p^6 3s^2 3p^6 4s^2 3d^1$
    c. $1s^2 2s^2 2p^6 3s^2 3p^4$
    d. $1s^2 2s^2 2p^6 3s^2 3p^6 4s^2 3d^{10} 4p^6 5s^2 4d^{10} 5p^5$

53. Escreva o diagrama completo de orbital de cada um dos elementos a seguir utilizando caixas para representar os orbitais e setas para representar os elétrons:
    a. hélio, $Z = 2$ c. criptônio, $Z = 36$
    b. eônio, $Z = 10$ d. xenônio, $Z = 54$

54. Escreva o diagrama completo de orbital de cada um dos elementos a seguir utilizando caixas para representar os orbitais e setas para representar os elétrons:
    a. alumínio, $Z = 13$
    b. fósforo, $Z = 15$
    c. bromo, $Z = 35$
    d. argônio, $Z5=18$

F 55. O segmento "Química em foco – *Um momento magnético*" discute a capacidade de levitar um sapo em um campo magnético, pois os elétrons, quando sentem um forte campo magnético, respondem se opondo a ele. Isto é chamado de *diamagnetismo*. Os átomos diamagnéticos possuem elétrons emparelhados. Quais colunas entre os elementos representativos na tabela periódica consistem em átomos diamagnéticos? Considere os diagramas de orbital para responder a essa pergunta.

56. Para cada um dos seguintes, forneça o átomo e sua configuração eletrônica completa que seria esperada para ter o número indicado de elétrons de valência:
    a. um   c. cinco
    b. três   d. sete

11-10 Configurações eletrônicas e a tabela periódica

Perguntas

57. Por que acreditamos que os elétrons de valência do cálcio e do potássio residem no orbital $4s$ e não no orbital $3d$?

58. Você esperaria que os elétrons de valência do rubídio e do estrôncio residissem nos orbitais $5s$ ou $4d$? Por quê?

Problemas

59. Utilizando símbolo do gás nobre anterior para indicar os elétrons mais internos, escreva a configuração eletrônica de cada um dos elementos a seguir:
    a. arsênio, $Z = 33$ c. estrôncio, $Z = 38$
    b. titânio, $Z = 22$ d. cloro, $Z = 17$

60. A qual elemento cada uma das configurações eletrônicas abreviadas a seguir se refere?
    a. [Ne]$3s^2 3p^1$ c. [Ar]$4s^2 3d^{10} 4p^5$
    b. [Ar]$4s^1$ d. [Kr]$5s^2 4d^{10} 5p^2$

61. Utilizando o símbolo do gás nobre anterior para indicar os elétrons mais internos, escreva a configuração eletrônica para cada um dos elementos a seguir:
    a. escândio, $Z = 21$ c. lantânio, $Z = 57$
    b. ítrio, $Z = 39$ d. actínio, $Z = 89$

62. Quantos elétrons de valência cada um dos átomos a seguir possui?
    a. rubídio, $Z = 37$ c. alumínio, $Z = 13$
    b. arsênio, $Z = 33$ d. níquel, $Z = 28$

63. Quantos elétrons $3d$ são encontrados nos elementos a seguir?
    a. níquel, $Z = 28$ c. manganês, $Z = 25$
    b. vanádio, $Z = 23$ d. ferro, $Z = 26$

64. Com base nas localizações dos elementos na tabela periódica, quantos elétrons $4d$ seriam previstos para cada um dos elementos a seguir?
    a. rutênio, $Z = 44$ c. estanho, $Z = 50$
    b. paládio, $Z = 46$ d. ferro, $Z = 26$

65. Para cada um dos elementos a seguir, indique qual conjunto de orbitais é preenchido por último:
    a. rádio, $Z = 88$ c. ouro, $Z = 79$
    b. iodo, $Z = 53$ d. chumbo, $Z = 82$

66. Escreva a configuração eletrônica de valência de cada um dos elementos a seguir, fundamentando sua resposta na localização do elemento na tabela periódica.
    a. urânio, $Z = 92$ c. mercúrio, $Z = 80$
    b. manganês, $Z = 25$ d. frâncio, $Z = 87$

67. Escreva a configuração eletrônica do nível de valência de cada um dos elementos a seguir, fundamentando sua resposta na localização do elemento na tabela periódica:
    a. rubídio, $Z = 37$ c. titânio, $Z = 22$
    b. bário, $Z = 56$ d. germânio, $Z = 32$

F 68. O segmento "Química em foco – *A química do bóhrio*" discute o elemento 107, bóhrio (Bh). Qual é a configuração eletrônica esperada do Bh?

11-11 Propriedades atômicas e a tabela periódica

Perguntas

69. Quais são algumas das propriedades físicas que distinguem os elementos metálicos dos ametais? Essas propriedades são absolutas ou alguns elementos não metálicos exibem algumas propriedades metálicas (e vice-versa)?
70. Que tipos de íons os metais e os elementos ametálicos formam? Os metais perdem ou ganham elétrons ao fazer isso? Os elementos ametálicos ganham ou perdem elétrons ao fazer isso?
71. Cite algumas semelhanças existentes entre os elementos do Grupo 1.
72. Cite algumas semelhanças existentes entre os elementos do Grupo 7.
73. Qual dos elementos a seguir perde elétrons com mais facilidade durante as reações: Li, K ou Cs? Explique sua escolha.
74. Quais elementos em determinado período (linha horizontal) da tabela periódica perdem elétrons com mais facilidade? Por quê?
75. Onde a maioria dos elementos ametálicos está localizada na tabela periódica? Por que esses elementos puxam os elétrons dos elementos metálicos tão efetivamente durante uma reação?
76. Por que os elementos metálicos de um determinado período (fileira horizontal) normalmente têm energias de ionização muito menores que os elementos metálicos do mesmo período?
77. O que são os *metaloides*? Onde estão os metaloides na tabela periódica?
F 78. O segmento "Química em foco – *Fogos de artifício*" discute algumas das substâncias químicas correspondentes às cores dos fogos de artifício. Como essas cores dão suporte à existência de níveis de energia quantizada nos átomos?

Problemas

79. Em cada um dos grupos a seguir, qual elemento é o menos reativo?
    a. Grupo 1
    b. Grupo 7
    c. Grupo 2
    d. Grupo 6
80. Em cada um dos conjuntos de elementos a seguir, qual elemento esperaríamos ter a maior energia de ionização?
    a. Cs, K, Li
    b. Ba, Sr, Ca
    c. I, Br, Cl
    d. Mg, Si, S
81. Classifique os conjuntos de elementos a seguir em ordem de tamanho atômico crescente:
    a. Sn, Xe, Rb, Sr
    b. Rn, He, Xe, Kr
    c. Pb, Ba, Cs, At
82. Em cada um dos conjuntos de elementos a seguir, indique qual possui o menor tamanho atômico:
    a. Na, K, Rb
    b. Na, Si, S
    c. N, P, As
    d. N, O, F

Problemas adicionais

83. Considere o espectro de linha brilhante do hidrogênio mostrado na Fig. 11.10. Qual linha no espectro representa os fótons com a maior energia? E com a menor energia?
84. A velocidade em que a radiação eletromagnética se move no vácuo é chamada de _____.
85. A porção do espectro eletromagnético entre os comprimentos de onda de aproximadamente 400 e 700 nanômetros é chamada de região _____.
86. Um feixe de luz pode ser pensado como se consistisse em uma corrente de partículas de luz chamadas _____.
87. O estado de menor energia possível de um átomo é chamado de estado _____.
88. Os níveis de energia do hidrogênio (e de outros átomos) são _____, o que significa que somente certos valores de energia são permitidos.
89. De acordo com Bohr, o elétron no átomo de hidrogênio se movia em torno do núcleo em trajetórias circulares chamadas de _____.
90. Na teoria moderna do átomo, um _____ representa uma região do espaço em que há uma alta probabilidade de encontrar um elétron.
91. Os elétrons encontrados mais afastados do nível de energia principal de um átomo são conhecidos como elétrons _____.
92. Um elemento com orbitais *d* parcialmente preenchidos é chamado de um _____.
93. A _____ da radiação eletromagnética representa o número de ondas que passam por um determinado ponto no espaço por segundo.
94. Somente dois elétrons podem ocupar um determinado orbital em um átomo e, para estar naquele mesmo orbital, eles devem ter _____ opostos.
95. Uma evidência de que a teoria atual da estrutura atômica está "correta" encontra-se nas propriedades magnéticas da matéria. Os átomos com elétrons *desemparelhados* são atraídos por campos magnéticos e, dessa forma, diz-se que eles exibem *paramagnetismo*. O grau com que esse efeito é observado está diretamente relacionado ao *número* de elétrons desemparelhados presentes no átomo. Com base nos diagramas de orbital do elétron dos elementos a seguir, indique quais átomos devem ser paramagnéticos, e diga quantos elétrons desemparelhados cada átomo contém.
    a. fósforo, $Z = 15$
    b. iodo, $Z = 53$
    c. germânio, $Z = 32$
96. Sem consultar seu livro ou uma tabela periódica, escreva a configuração eletrônica completa, o diagrama de caixas do orbital e a configuração resumida do gás nobre dos elementos com os seguintes números atômicos:
    a. $Z = 19$
    b. $Z = 22$
    c. $Z = 14$
    d. $Z = 26$
    e. $Z = 30$
97. Sem consultar seu livro ou uma tabela periódica, escreva a configuração eletrônica completa, o diagrama de caixas do orbital, e a configuração resumida do gás nobre dos elementos com os seguintes números atômicos:

a. $Z = 21$ d. $Z = 38$
b. $Z = 15$ e. $Z = 30$
c. $Z = 36$

98. Escreva a configuração de valência geral (por exemplo, ns^1 do Grupo 1) para o grupo em que cada um dos elementos a seguir for encontrado:
    a. bário, $Z = 56$
    b. bromo, $Z = 35$
    c. telúrio, $Z = 52$
    d. potássio, $Z = 19$
    e. enxofre, $Z = 16$

99. Quantos elétrons de valência cada um dos átomos a seguir possui?
    a. titânio, $Z = 22$
    b. iodo, $Z = 53$
    c. rádio, $Z = 88$
    d. manganês, $Z = 25$

100. No livro (Seção 11-6), foi mencionado que as teorias atuais da estrutura atômica sugerem que toda a matéria e toda a energia demonstram propriedades semelhantes à partícula e à onda sob as condições apropriadas, embora a natureza da matéria semelhante à onda fique aparente somente em partículas muito pequenas e que se movem muito rápido. A relação entre o comprimento de onda (λ) observada para uma partícula, massa e velocidade daquela partícula é chamada de relação de Broglie, representada por

$$\lambda = h/mv$$

em que h é a constante de Planck ($6{,}63 \times 10^{-34}$ J · s),* m representa a massa da partícula em quilogramas, e v representa a velocidade da partícula em metros por segundo. Calcule o "comprimento de onda de de Broglie" de cada um dos seguintes e use suas respostas numéricas para explicar por que objetos macroscópicos (grandes) não são costumeiramente discutidos em propriedades "semelhantes à onda".
    a. Um elétron movendo-se a 0,90 vezes a velocidade da luz.
    b. Uma bola de 150 g movendo-se a uma velocidade de 10,0 m/s.
    c. Uma pessoa de 75 kg caminhando a uma velocidade de 2,0 km/h.

101. As ondas leves movem-se pelo espaço a uma velocidade de _____ metros por segundo.

102. Como sabemos que os níveis de energia do átomo de hidrogênio não são *contínuos*, como os físicos originalmente assumiram?

103. Como a força de atração que o núcleo exerce em um elétron muda com o nível de energia principal do elétron?

104. Quantos elétrons *desemparelhados* contêm o cobalto em seu estado fundamental?

105. Um aluno escreve a configuração eletrônica do carbono ($Z = 6$) como $1s^32s^3$. Explique a ele o que está *errado* com essa configuração.

106. Dado o diagrama do nível do orbital de elétrons de valência e a descrição, identifique o elemento ou o íon:
    a. um átomo no estado fundamental

    $3s$ $3p$
    [↑↓]   [↑↓][↑][↑]

*Observe que s é abreviação de segundos.

b. um átomo em um estado excitado (suponha que dois elétrons ocupam o orbital $1s$)

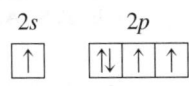

$2s$ $2p$
[↑]   [↑↓][↑][↑]

c. um íon no estado fundamental com uma carga de -1

$4s$ $4p$
[↑↓] [↑↓][↑↓][↑]

107. Por que acreditamos que os três elétrons no subnível $2p$ do nitrogênio ocupam orbitais diferentes?

108. Escreva a configuração eletrônica completa ($1s^22s^2$ etc.) de cada um dos elementos a seguir:
    a. bromo, $Z = 35$ c. bário, $Z = 56$
    b. xenônio, $Z = 54$ d. selênio, $Z = 34$

109. Escreva o diagrama completo do orbital de cada um dos elementos a seguir utilizando caixas para representar os orbitais e setas para representar os elétrons:
    a. escândio, $Z = 21$ c. potássio, $Z = 19$
    b. enxofre, $Z = 16$ d. nitrogênio, $Z = 7$

110. Quantos elétrons de valência cada um dos átomos a seguir possui?
    a. nitrogênio, $Z = 7$ c. sódio, $Z = 11$
    b. cloro, $Z = 17$ d. alumínio, $Z = 13$

111. Qual é o nome dado à série de dez elementos nos quais os elétrons preenchem o subnível $3d$?

112. Escreva a configuração de valência geral (por exemplo, ns^1 para o Grupo 1) do grupo em que cada um dos elementos a seguir é encontrado:
    a. nitrogênio, $Z = 7$ d. selênio, $Z = 34$
    b. frâncio, $Z = 87$ e. magnésio, $Z = 12$
    c. cloro, $Z = 17$

113. Utilizando o símbolo do gás nobre anterior para indicar os elétrons mais internos, escreva a configuração eletrônica do nível de valência de cada um dos elementos a seguir:
    a. titânio, $Z = 22$ c. antimônio, $Z = 51$
    b. selênio, $Z = 34$ d. estrôncio, $Z = 38$

114. Classifique os átomos a seguir em ordem *crescente* (supondo que todos estão em seus estados fundamentais):
    a. $[Kr]5s^24d^{10}5p^6$
    b. $[Kr]5s^24d^{10}5p^1$
    c. $[Kr]5s^24d^{10}5p^3$

115. Escreva a configuração eletrônica do nível de valência de cada um dos elementos a seguir, fundamentando sua resposta na localização do elemento na tabela periódica:
    a. níquel, $Z = 28$ c. háfnio, $Z = 72$
    b. nióbio, $Z = 41$ d. ástato, $Z = 85$

116. Os metais possuem energias de ionização relativamente (baixas/altas), ao passo que os ametais possuem energias de ionização relativamente (altas/baixas).

117. Em cada um dos conjuntos de elementos a seguir, indique qual mostra o comportamento químico mais ativo:
    a. B, Al, In   b. Na, Al, S   c. B, C, F

118. Em cada um dos conjuntos de elementos a seguir, indique qual possui o menor tamanho atômico:
    a. Ba, Ca, Ra
    b. P, Si, Al
    c. Rb, Cs, K

Problemas para estudo

119. Determine o número máximo de elétrons que pode ter cada uma das designações a seguir: $2f$, $2d_{xy}$, $3p$, $5d_{yz}$ e $4p$.

120. Quais afirmações a seguir são *verdadeiras*?
    a. O orbital $2s$ no átomo de hidrogênio é maior que o orbital $3s$ também no átomo do hidrogênio.
    b. O modelo de Bohr do átomo de hidrogênio foi constatado como incorreto.
    c. O átomo do hidrogênio possui níveis de energia quantizada.
    d. Um orbital é o mesmo que uma órbita de Bohr.
    e. O terceiro nível de energia possui três subníveis, s, p e d.

121. Forneça as configurações eletrônicas dos átomos a seguir. Não use a notação do gás nobre. Escreva a configuração eletrônica completa:

Elemento	Configuração eletrônica
Ca	
B	
H	
S	
Be	

122. Identifique os três elementos a seguir:
    a. A configuração eletrônica no estado fundamental é $[Kr]5s^24d^{10}5p^4$.
    b. A configuração eletrônica no estado fundamental é $[Ar]4s^23d^{10}4p^2$.
    c. Um estado excitado deste elemento possui a configuração eletrônica $1s^22s^22p^43s^1$.

123. Forneça as configurações eletrônicas dos átomos a seguir. Use a notação de gás nobre:

Elemento	Configuração eletrônica
K	
Be	
Zr	
Se	
C	

124. Compare os tamanhos atômicos de cada par de átomos. Dê o maior átomo para cada par:

Par	Símbolo do maior átomo
F e B	
C e N	
B e Al	

125. Compare as energias de ionização de cada par de átomos. Indique o átomo com a maior energia para cada par:

Par	Símbolo do átomo com a maior energia de ionização
He e Kr	
Na e Al	
Cl e I	

126. Três elementos possuem as configurações eletrônicas $1s^22s^22p^63s^2$, $1s^22s^22p^63s^23p^4$ e $1s^22s^22p^63s^23p^64s^2$. As primeiras energias de ionização desses elementos (não na mesma ordem) são 0,590, 0,999 e 0,738 MJ mol^{-1}. Os raios atômicos são 104, 160 e 197 pm. Identifique os três elementos e combine os valores da energia de ionização apropriados com os raios atômicos de cada configuração. Complete a tabela a seguir com as informações corretas.

Configuração eletrônica	Símbolo do elemento	Primeira energia de ionização (MJ mol^{-1})	Raio atômico (pm)
$1s^22s^22p^63s^2$			
$1s^22s^22p^63s^23p^4$			
$1s^22s^22p^63s^23p^64s^2$			

Ligação química

CAPÍTULO 12

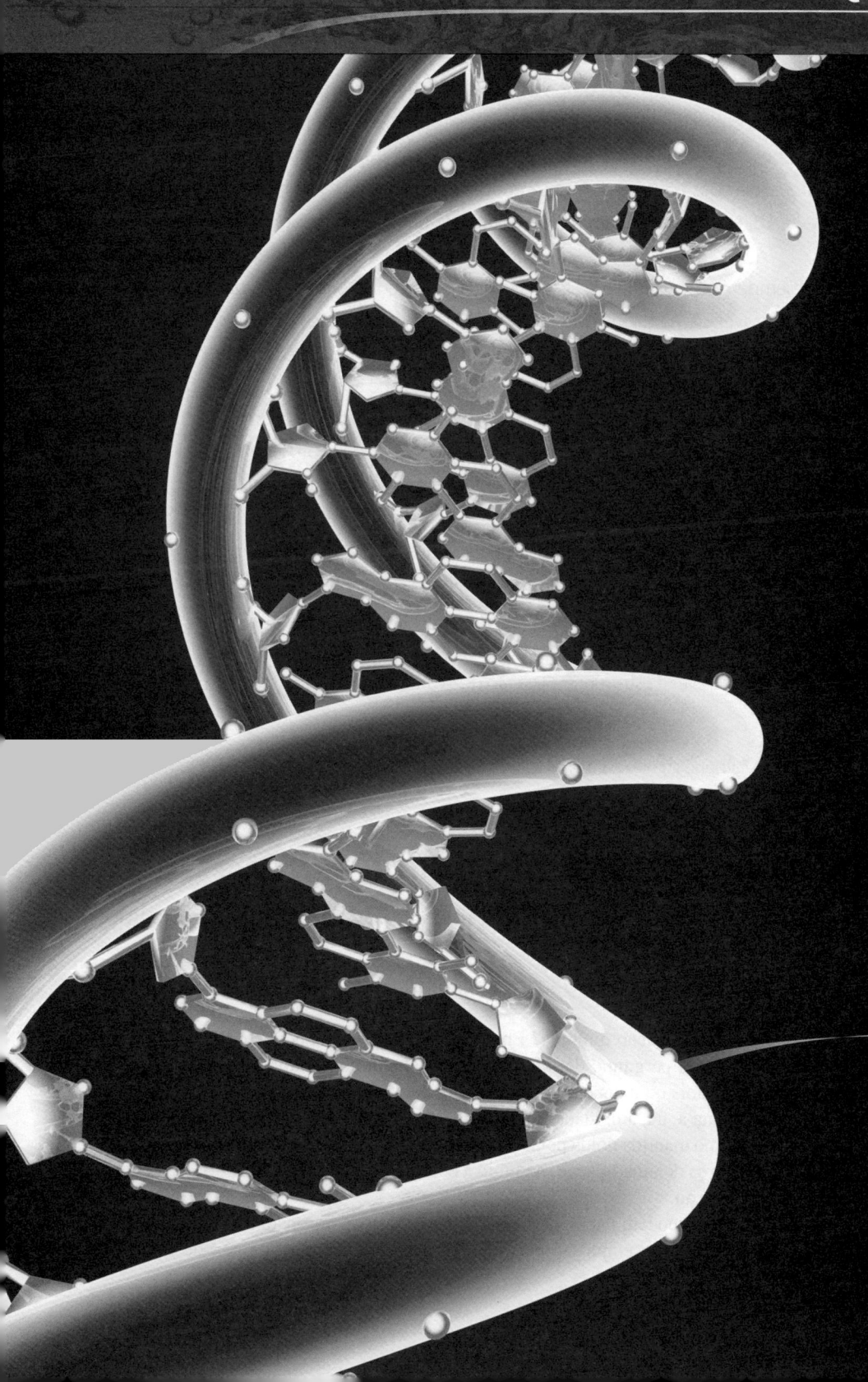

- **12-1** Tipos de ligações químicas
- **12-2** Eletronegatividade
- **12-3** Polaridade da ligação e momentos dipolo
- **12-4** Configurações eletrônicas estáveis e cargas nos íons
- **12-5** Ligação iônica e estruturas dos compostos iônicos
- **12-6** Estruturas de Lewis
- **12-7** Estruturas de Lewis de moléculas com ligações múltiplas
- **12-8** Estrutura molecular
- **12-9** Estrutura molecular: modelo RPNEV
- **12-10** Estrutura molecular: moléculas com ligações duplas

Uma representação de um segmento da molécula do DNA. Science Photo Library/ Superstock

O mundo ao nosso redor é composto quase inteiramente de compostos e misturas de compostos. Rochas, carvão, petróleo, árvores e seres humanos são misturas complexas de compostos químicos nos quais diferentes tipos de átomos estão ligados. A maioria dos elementos puros na crosta terrestre também contém muitos átomos ligados. Em uma pepita de ouro, cada átomo de ouro está ligado a muitos outros átomos desse mesmo elemento, e em um diamante, muitos átomos de carbono estão ligados com muita força entre si. Na natureza, existem substâncias compostas de átomos não ligados, mas elas são muito raras. (Por exemplo, os átomos de argônio na atmosfera e os átomos de hélio encontrados nas reservas de gás natural.)

A maneira como os átomos estão ligados tem um enorme efeito nas propriedades químicas e físicas das substâncias. Por exemplo, tanto o grafite quanto o diamante são compostos unicamente de átomos de carbono. No entanto, o grafite é um material macio e escorregadio, utilizado como um lubrificante em fechaduras, e o diamante é um dos materiais mais duros conhecidos, valioso tanto como pedra preciosa quanto como ferramentas de corte industrial. Por que esses materiais, ambos constituídos unicamente por átomos de carbono, têm propriedades tão diferentes? A resposta está nas diferentes maneiras em que os átomos de carbono estão ligados nessas substâncias.

A ligação e a estrutura molecular desempenham papel central na determinação do curso das reações químicas, muitas das quais são vitais para nossa sobrevivência. A maioria das reações nos sistemas biológicos é muito sensível às estruturas das moléculas participantes; na verdade, diferenças muito sutis no formato às vezes servem para canalizar a reação química de uma forma e não de outra. As moléculas que agem como medicamentos devem ter a estrutura exatamente certa para realizar suas funções corretamente. A estrutura também desempenha um papel central em nossos sentidos de olfato e paladar. As substâncias têm um odor específico porque se ajustam a receptores com formatos especiais em nossas vias nasais. O paladar também é dependente do formato molecular, como discutiremos na seção "Química em foco – *Paladar — É a estrutura que conta*".

Para compreender o comportamento dos materiais naturais, devemos entender a natureza da ligação química e os fatores que controlam as estruturas dos compostos. Neste capítulo, apresentaremos várias classes de compostos que ilustram os diferentes tipos de ligações. Desenvolveremos, então, modelos para descrever a estrutura e a ligação que caracterizam os materiais encontrados na natureza.

O diamante, composto de átomos de carbono ligados para produzir um dos materiais mais duros conhecidos, forma uma linda pedra preciosa. hacohob/Shutterstock.com

12-1 Tipos de ligações químicas

OBJETIVOS
▶ Aprender sobre as ligações iônicas e covalentes e explicar como elas são formadas.
▶ Aprender sobre a ligação covalente polar.

Uma molécula de água.

O que é uma ligação química? Embora haja diversas maneiras possíveis de responder a essa pergunta, definiremos uma **ligação** como uma força que mantém grupos de dois ou mais átomos juntos e os faz funcionar como uma unidade. Por exemplo, na água, a unidade fundamental é a molécula H—O—H, que descreveremos como mantida unida pelas duas ligações O—H. Podemos obter informações sobre a força de uma ligação medindo a energia necessária para quebrá-la, a **energia de ligação**.

Os átomos podem interagir entre si de diversas maneiras para formar agregados. Consideraremos exemplos específicos para ilustrar os vários tipos de ligações químicas.

No Capítulo 7, vimos que, quando o cloreto de sódio sólido é dissolvido na água, a solução resultante conduz eletricidade, um fato que convence os químicos de que o cloreto de sódio é composto de íons Na^+ e Cl^-. Dessa forma, quando o sódio e o cloro reagem para formar cloreto de sódio, os elétrons são transferidos dos átomos de sódio para os átomos de cloro para formar os íons Na^+ e Cl^-, que se agregam para formar o cloreto de sódio sólido. O cloreto de sódio sólido resultante é um material bem robusto, que tem um ponto de fusão de aproximadamente 800°C. As acentuadas forças de ligação presentes no cloreto de sódio resultam das atrações entre os íons de cargas opostas intimamente comprimidos. Esse é um exemplo de **ligação iônica**. As substâncias iônicas são formadas quando um átomo que perde elétrons com relativa facilidade reage com um átomo que tem uma alta afinidade por elétrons. Em outras palavras, um **composto iônico** resulta quando um metal reage com um ametal.

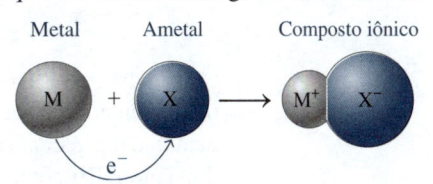

Vimos que uma força de ligação se desenvolve quando dois tipos bem diferentes de átomos reagem para formar íons com cargas opostas. Mas como uma força de ligação se desenvolve entre dois átomos idênticos? Exploremos essa situação considerando o que acontece quando dois átomos de hidrogênio são aproximados, como representado na Fig. 12.1. Quando os átomos de hidrogênio estão próximos entre si, os dois elétrons são simultaneamente atraídos para ambos os núcleos. Observe na Fig. 12.1(b) como a probabilidade eletrônica aumenta entre os dois núcleos, indicando que os dois elétrons são compartilhados pelos dois núcleos.

O tipo de ligação que encontramos na molécula de hidrogênio, e em muitas outras moléculas nas quais os *elétrons são compartilhados pelos núcleos*, é chamado de **ligação covalente**. Observe que na molécula H_2 os elétrons se localizam principalmente no espaço entre os dois núcleos, onde são atraídos simultaneamente por ambos os prótons. Apesar de não entrarmos nestes detalhes aqui, as elevadas forças de atração nessa área levam à formação da molécula H_2 a partir de dois átomos de hidrogênio separados. Quando dizemos que uma ligação é formada entre os átomos de hidrogênio, dizemos que a molécula H_2 é mais estável do que os dois átomos de hidrogênio separados por uma certa quantidade de energia (a energia de ligação).

Até agora consideramos dois tipos extremos de ligação. Na ligação iônica, os átomos participantes são tão diferentes que um ou mais elétrons são transferidos para formar íons com cargas opostas; a ligação é resultado das atrações entre esses íons. Na ligação covalente, dois átomos idênticos compartilham igualmente os elétrons. A ligação é resultado da atração mútua dos elétrons compartilhados pelos dois núcleos. Entre esses extremos estão os casos intermediários, nos quais os átomos não

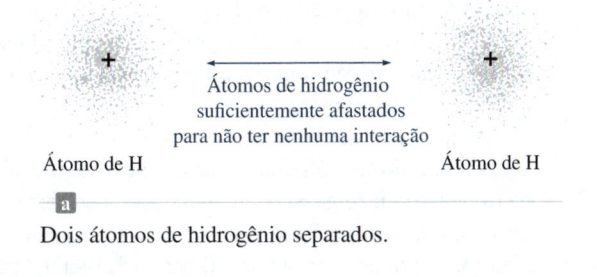

Figura 12.1 ▸ Formação de uma ligação entre dois átomos de hidrogênio.

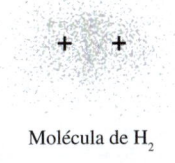

a. Dois átomos de hidrogênio separados.

b. Quando dois átomos de hidrogênio se aproximam, os dois elétrons são atraídos simultaneamente por ambos os núcleos, produzindo a ligação. Observe a probabilidade teletrônica relativamente grande entre os núcleos, indicando o compartilhamento dos elétrons.

δ^+ δ^-

a
Como seria o mapa de probabilidade se os dois elétrons na ligação H—F fossem compartilhados igualmente.

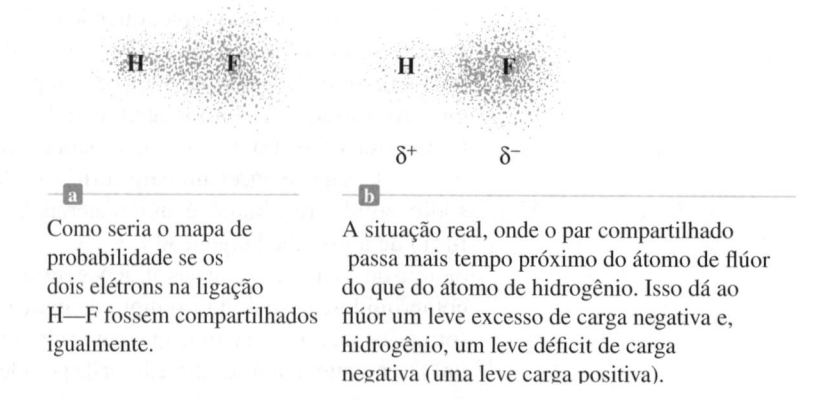

b
A situação real, onde o par compartilhado passa mais tempo próximo do átomo de flúor do que do átomo de hidrogênio. Isso dá ao flúor um leve excesso de carga negativa e, hidrogênio, um leve déficit de carga negativa (uma leve carga positiva).

Figura 12.2 ▶ Representações da probabilidade dos elétrons compartilhados em HF.

são tão diferentes e os elétrons são completamente transferidos, mas são diferentes o suficiente para que resulte em um compartilhamento desigual de elétrons, formando o que é chamado de **ligação covalente polar**. A molécula de fluoreto de hidrogênio (HF) contém esse tipo de ligação, que produz a seguinte distribuição de carga:

$$\text{H—F}$$
$$\delta^+ \quad \delta^-$$

em que δ (delta) é usado para indicar uma carga parcial ou fracionada.

A explicação mais lógica para o desenvolvimento da *polaridade da ligação* (as cargas positivas e negativas parciais nos átomos em moléculas como HF) é que os elétrons nas ligações não são compartilhados igualmente. Por exemplo, podemos considerar a polaridade da molécula HF assumindo que os elétrons compartilhados são mais fortemente atraídos pelo átomo de flúor que pelo átomo de hidrogênio (Fig. 12.2). Como a polaridade da ligação tem importantes implicações químicas, achamos útil atribuir um número que indique a capacidade de um átomo em atrair elétrons compartilhados. Na próxima seção, mostraremos como isso é feito.

12-2 Eletronegatividade

OBJETIVO Compreender a natureza das ligações e sua relação com a eletronegatividade.

Vimos na seção anterior que quando um metal e um ametal reagem, um ou mais elétrons são transferidos do metal para o ametal para formar uma ligação iônica. Por outro lado, dois átomos idênticos reagem para formar uma ligação covalente onde os elétrons são compartilhados igualmente. Quando ametais *diferentes* reagem, forma-se uma ligação na qual os elétrons são compartilhados *desigualmente*, formando uma ligação covalente polar. O compartilhamento desigual de elétrons entre dois átomos é descrito por uma propriedade chamada de **eletronegatividade**: *a capacidade relativa de um átomo em uma molécula de atrair os elétrons compartilhados para si*.

Os químicos determinam os valores de eletronegatividade dos elementos (Fig. 12.3) medindo as polaridades das ligações entre diversos átomos. Observe que a eletronegatividade geralmente aumenta da esquerda para a direita em um período e diminui descendo em um grupo para os elementos representativos. Os valores de eletronegatividade variam de 4,0 para o flúor a 0,7 para o césio e o frâncio. Lembre-se, quanto mais alto o valor da eletronegatividade do átomo, mais próximo os elétrons compartilhados tendem a estar daquele átomo quando ele forma uma ligação.

A polaridade de uma ligação depende da *diferença* entre os valores de eletronegatividade dos átomos que formam a ligação. Se os átomos têm eletronegatividades

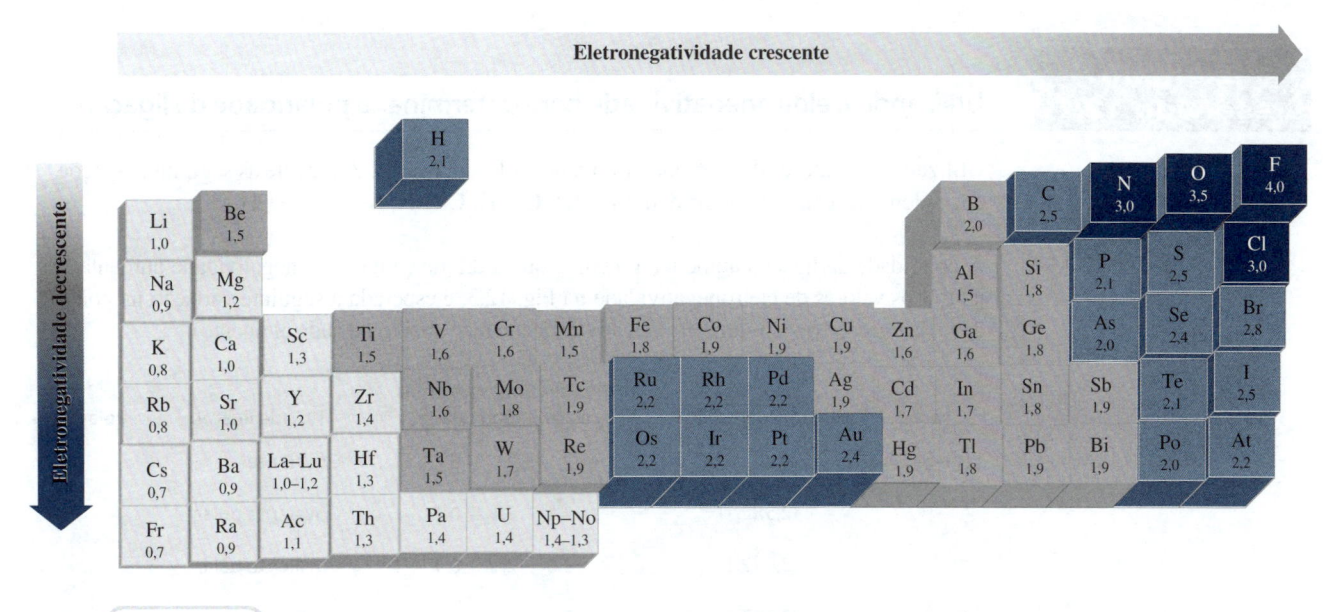

Ligação química **353**

Eletronegatividade crescente →

↓ Eletronegatividade decrescente

			H 2,1														
Li 1,0	Be 1,5											B 2,0	C 2,5	N 3,0	O 3,5	F 4,0	
Na 0,9	Mg 1,2											Al 1,5	Si 1,8	P 2,1	S 2,5	Cl 3,0	
K 0,8	Ca 1,0	Sc 1,3	Ti 1,5	V 1,6	Cr 1,6	Mn 1,5	Fe 1,8	Co 1,9	Ni 1,9	Cu 1,9	Zn 1,6	Ga 1,6	Ge 1,8	As 2,0	Se 2,4	Br 2,8	
Rb 0,8	Sr 1,0	Y 1,2	Zr 1,4	Nb 1,6	Mo 1,8	Tc 1,9	Ru 2,2	Rh 2,2	Pd 2,2	Ag 1,9	Cd 1,7	In 1,7	Sn 1,8	Sb 1,9	Te 2,1	I 2,5	
Cs 0,7	Ba 0,9	La–Lu 1,0–1,2	Hf 1,3	Ta 1,5	W 1,7	Re 1,9	Os 2,2	Ir 2,2	Pt 2,2	Au 2,4	Hg 1,9	Tl 1,8	Pb 1,9	Bi 1,9	Po 2,0	At 2,2	
Fr 0,7	Ra 0,9	Ac 1,1	Th 1,3	Pa 1,4	U 1,4	Np–No 1,4–1,3											

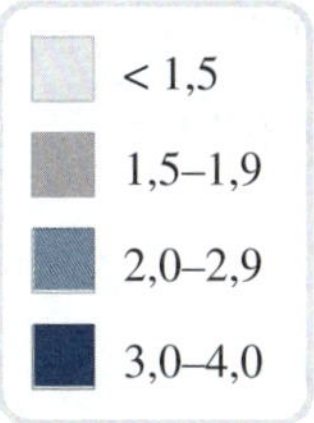

Legenda:
- < 1,5
- 1,5–1,9
- 2,0–2,9
- 3,0–4,0

Figura 12.3 ▶ Valores de eletronegatividade para alguns elementos. Observe que a eletronegatividade geralmente aumenta ao longo de um período e diminui descendo em um grupo. Observe também que os metais têm valores de eletronegatividade relativamente baixos e que os ametais têm valores relativamente altos.

Tabela 12.1 ▶ A relação entre a eletronegatividade e o tipo de ligação

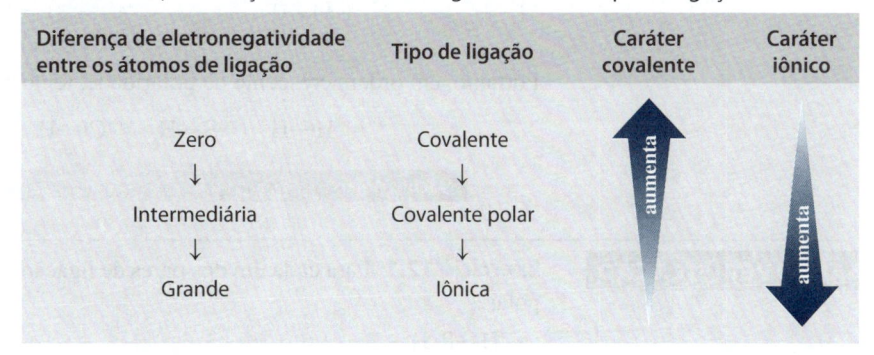

Diferença de eletronegatividade entre os átomos de ligação	Tipo de ligação	Caráter covalente	Caráter iônico
Zero	Covalente	↑ aumenta	↓ aumenta
↓	↓		
Intermediária	Covalente polar		
↓	↓		
Grande	Iônica		

muito semelhantes, os elétrons são compartilhados quase igualmente e a ligação mostra pouca polaridade. Se os átomos têm valores de eletronegatividade bem diferentes, forma-se uma ligação muito polar. Em casos extremos, um ou mais elétrons são realmente transferidos, formando íons e uma ligação iônica. Por exemplo, quando um elemento do Grupo 1 (valores de eletronegatividade em torno de 0,8) reage com um elemento do Grupo 7 (valores de eletronegatividade em torno de 3), formam-se íons e resulta em uma substância iônica.

A relação entre a eletronegatividade e o tipo de ligação é mostrada na Tabela 12.1. Os diversos tipos de ligações estão resumidos na Fig. 12.4.

Pensamento crítico

Utilizamos as diferenças na eletronegatividade para considerar certas propriedades das ligações. E se todos os átomos tivessem os mesmos valores de eletronegatividade? Como as ligações entre os átomos seriam afetadas? Quais são algumas das diferenças que notaríamos?

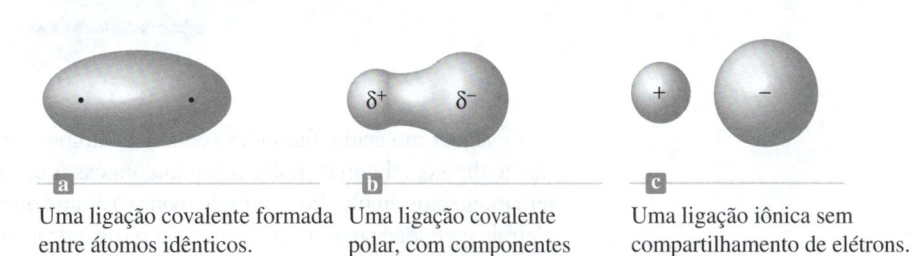

Figura 12.4 ▶ Os três tipos de ligações.

a Uma ligação covalente formada entre átomos idênticos.

b Uma ligação covalente polar, com componentes iônicos e covalentes. (δ^+ δ^-)

c Uma ligação iônica sem compartilhamento de elétrons. (+ −)

Exemplo resolvido 12.1 — Utilizando a eletronegatividade para determinar a polaridade da ligação

Utilizando os valores de eletronegatividade dados na Fig. 12.3, arranje as seguintes ligações em ordem crescente de polaridade: H—H, O—H, Cl—H, S—H e F—H.

SOLUÇÃO

A polaridade da ligação aumenta à medida que a diferença na eletronegatividade aumenta. A partir dos valores de eletronegatividade na Fig. 12.3, é esperada a seguinte variação na polaridade da ligação (o valor da eletronegatividade aparece abaixo de cada elemento).

Ligação	Valores da eletronegatividade	Diferença nos valores da eletronegatividade	Tipo de ligação	Polaridade
H—H	(2,1)(2,1)	2,1 − 2,1 = 0	Covalente	
S—H	(2,5)(2,1)	2,5 − 2,1 = 0,4	Covalente polar	Crescente
Cl—H	(3,0)(2,1)	3,0 − 2,1 = 0,9	Covalente polar	
O—H	(3,5)(2,1)	3,5 − 2,1 = 1,4	Covalente polar	
F—H	(4,0)(2,1)	4,0 − 2,1 = 1,9	Covalente polar	

Portanto, em ordem crescente de polaridade, temos:

H—H   S—H   Cl—H   O—H   F—H

Menos polar → Mais polar

AUTOVERIFICAÇÃO

Exercício 12.1 Para cada um dos pares de ligação a seguir, escolha a ligação que será mais polar.

a. H—P, H—C
b. O—F, O—I
c. N—O, S—O
d. N—H, Si—H

Consulte os Problemas 12.17 até 12.20. ■

12-3 Polaridade da ligação e momentos dipolo

OBJETIVO Compreender a polaridade da ligação e como ela está relacionada à polaridade molecular.

Vimos na Seção 12-1 que o fluoreto de hidrogênio tem uma extremidade positiva e outra negativa. Uma molécula, como HF, que tem um centro de carga positiva e um centro de carga negativa, diz-se que tem um **momento dipolo**. O caráter dipolar de uma molécula é frequentemente representado por uma seta. Essa seta aponta para o centro de carga negativa, e sua cauda indica o centro positivo da carga:

H—F
δ^+ δ^-

Qualquer molécula diatômica (com dois átomos) que tem uma ligação polar tem um momento dipolo. Algumas moléculas poliatômicas (que possuem mais de dois átomos) também têm momentos dipolo. Por exemplo, como o átomo de oxigênio na molécula de água tem uma eletronegatividade maior do que os átomos de hidrogênio, os elétrons não são compartilhados igualmente. Isso resulta em uma distribuição de carga (Fig. 12.5) que faz com que a molécula

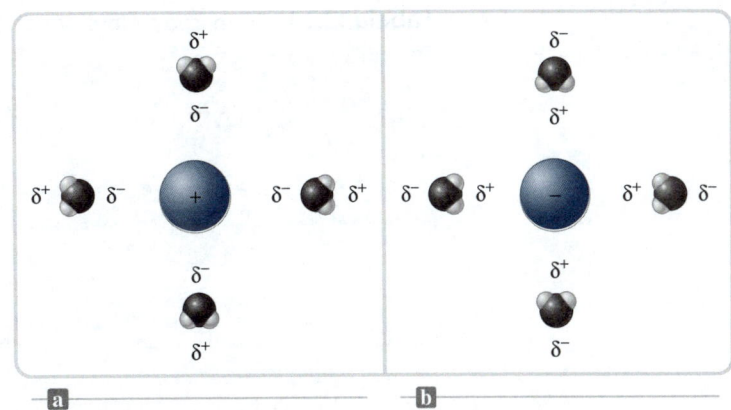

Ligação química **355**

Figura 12.6

As moléculas polares de água atraem fortemente os íons positivos por meio suas extremidades negativas.

Elas também atraem fortemente os íons negativos por meio de suas extremidades positivas.

Figura 12.5

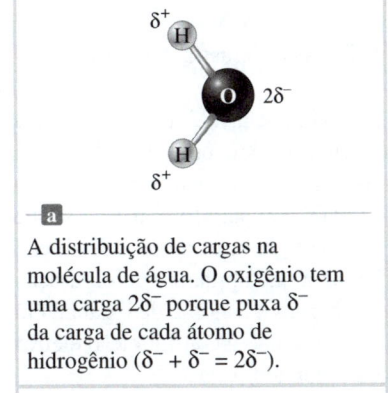

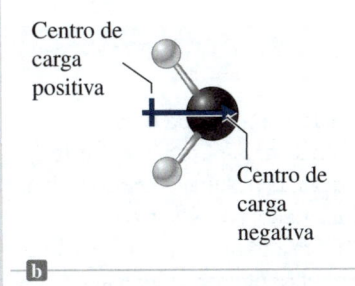

a) A distribuição de cargas na molécula de água. O oxigênio tem uma carga $2\delta^-$ porque puxa δ^- da carga de cada átomo de hidrogênio ($\delta^- + \delta^- = 2\delta^-$).

b) A molécula de água se comporta como se tivesse uma extremidade negativa e outra positiva, como indicado pela seta.

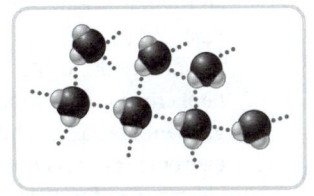

Figura 12.7 As moléculas polares de água se atraem fortemente.

se comporte como se tivesse dois centros de carga — um positivo e um negativo. Logo, a molécula de água tem um momento dipolo.

O fato de a molécula de água ser polar (tem um momento dipolo) tem um profundo impacto em suas propriedades. Na verdade, não é exageradamente dramático afirmar que a polaridade da molécula de água é crucial para a vida que conhecemos na Terra. Como as moléculas de água são polares, elas podem circundar e atrair tanto os íons positivos quanto os negativos (Fig. 12.6). Essas atrações permitem que os materiais iônicos se dissolvam na água. Além disso, a polaridade das moléculas de água faz com que elas atraiam umas às outras de maneira muito forte (Fig. 12.7). Isso significa que muita energia é necessária para que a água passe de líquido para gás (as moléculas devem ser separadas umas das outras para que haja essa mudança de estado). Portanto, é a polaridade da molécula de água que faz com que ela permaneça como um líquido nas temperaturas da superfície da Terra. Se não fosse polar, a água seria um gás e os oceanos estariam vazios.

12-4 Configurações eletrônicas estáveis e cargas nos íons

OBJETIVOS

- Aprender sobre as configurações eletrônicas estáveis.
- Aprender a prever as fórmulas dos compostos iônicos.

Vimos muitas vezes que quando um metal e um ametal reagem para formar um composto iônico, o átomo do metal perde um ou mais elétrons para o ametal. No Capítulo 5, no qual os compostos iônicos binários foram introduzidos, vimos que, nessas reações, os metais do Grupo 1 sempre formam cátions 1+, os metais do Grupo 2 sempre formam cátions 2+, e o alumínio no Grupo 3 sempre forma um cátion 3+. Para os ametais, os elementos do Grupo 7 sempre formam ânions 1– e

Tabela 12.2 ▶ Formação de íons por metais e ametais

Grupo	Formação de íon	Configuração eletrônica	
		Átomo	Íon
1	Na → Na$^+$ + e$^-$	[Ne]3s^1 — e$^-$ perdido →	[Ne]
2	Mg → Mg^{2+} + 2e$^-$	[Ne]3s^2 — 2e$^-$ perdidos →	[Ne]
3	Al → Al^{3+} + 3e$^-$	[Ne]3$s^2$3p^1 — 3e$^-$ perdidos →	[Ne]
6	O + 2e$^-$ → O^{2-}	[He]2$s^2$2p^4 + 2e$^-$ → [He]2$s^2$2p^6 =	[Ne]
7	F + e$^-$ → F$^-$	[He]2$s^2$2p^5 + e$^-$ → [He]2$s^2$2p^6 =	[Ne]

os elementos do Grupo 6 sempre formam ânions 2—. Isso é ilustrado mais detalhadamente na Tabela 12.2.

Observe algo bastante interessante sobre os íons na Tabela 12.2: todos eles têm a configuração eletrônica do neônio, um gás nobre. Isto é, o sódio perde seu elétron de valência (o 3s) para formar Na$^+$, que tem uma configuração eletrônica [Ne]. Do mesmo modo, o Mg perde seus dois elétrons de valência para formar Mg^{2+}, que também tem uma configuração eletrônica [Ne]. Por outro lado, os átomos do ametal ganham apenas o número de elétrons necessários para que atinjam a configuração eletrônica do gás nobre. O átomo de O ganha dois elétrons e o átomo de F ganha um elétron para formar O^{2-} e F$^-$, respectivamente, ambos tendo a configuração eletrônica [Ne]. Podemos resumir essas observações da seguinte forma:

Configurações eletrônicas dos íons

1. Os metais representativos (do grupo principal) formam íons perdendo elétrons o suficiente para atingir a configuração do gás nobre anterior (isto é, o gás nobre que aparece antes do metal em questão na tabela periódica). Por exemplo, observe que o neônio é o gás nobre anterior ao sódio e ao magnésio. Da mesma forma, o hélio é o gás nobre anterior ao lítio e ao berílio.
2. Os ametais formam íons ganhando elétrons o suficiente para atingir a configuração do próximo gás nobre (isto é, o gás nobre que vem depois do elemento em questão na tabela periódica). Por exemplo, observe que o neônio é o gás nobre que vem depois do oxigênio e do flúor, e o argônio é o gás nobre que vem depois do enxofre e do cloro.

Isso nos traz um princípio geral muito importante. Observando milhões de compostos estáveis, os químicos descobriram que **em quase todos os compostos químicos dos elementos representativos, todos os átomos atingiram uma configuração eletrônica do gás nobre**. A importância dessa observação não pode ser subestimada, pois forma a base de todas as nossas ideias fundamentais sobre por que e como os átomos ligam-se uns aos outros.

Já vimos esse princípio em operação na formação de íons (veja a Tabela 12.2). Podemos resumir esse comportamento da seguinte forma: quando os metais representativos e os ametais reagem, eles transferem elétrons de modo que tanto o cátion quanto o ânion tenham configurações eletrônicas do gás nobre.

Por outro lado, quando os ametais reagem entre si, eles compartilham elétrons de uma forma que leva a uma configuração eletrônica do gás nobre para cada átomo na molécula resultante. Por exemplo, o oxigênio ([He]2$s^2$2p^4), que precisa de mais dois elétrons para atingir uma configuração [Ne], pode obtê-los combinando-se com dois átomos de H (cada um com um elétron),

$$O: \quad [He] \quad \underset{\uparrow\downarrow}{2s} \quad \underset{\underset{H\ \ H}{\uparrow\downarrow\,\uparrow\downarrow\,\uparrow\downarrow}}{2p}$$

para formar água, H_2O. Isso preenche os orbitais de valência do oxigênio.

Além disso, cada H compartilha dois elétrons com o átomo de oxigênio,

$$H \overset{O}{\underset{H}{\diagdown\diagup}}$$

que preenche o orbital $1s$ do H, dando uma configuração eletrônica $1s^2$ ou [He]. Teremos muito mais para dizer sobre a ligação covalente na Seção 12-6.

Neste ponto, vamos resumir as ideias que introduzimos até agora.

> **Configurações eletrônicas e ligação**
>
> 1. Quando um *ametal e um metal dos Grupos 1, 2 e 3* reagem para formar um composto iônico binário, os íons se formam de um modo que a configuração eletrônica de valência do *ametal* é *completada* para atingir a configuração do *próximo* gás nobre, e os orbitais de valência do *metal* são *esvaziados* para atingir a configuração do gás nobre *anterior*. Dessa forma, ambos os íons atingem configurações eletrônicas do gás nobre.
> 2. Quando *dois ametais* reagem para formar uma ligação covalente, eles compartilham elétrons de modo que completam as configurações eletrônicas de valência de ambos os átomos. Isto é, ambos os ametais atingem as configurações eletrônicas do gás nobre compartilhando elétrons.

Prevendo as fórmulas dos compostos iônicos

Agora que sabemos algo sobre as configurações eletrônicas dos átomos, podemos explicar *por que* esses diversos íons são formados. Para mostrar como prever quais íons serão formados quando um metal reage com um ametal, consideremos a formação de um composto iônico entre o cálcio e o oxigênio. Podemos prever qual composto será formado considerando as configurações eletrônicas de valência dos dois átomos a seguir:

$$Ca: \quad [Ar]4s^2$$
$$O: \quad [He]2s^2 2p^4$$

Pela Fig. 12.3, vemos que a eletronegatividade do oxigênio (3,5) é bem maior do que a do cálcio (1,0), uma diferença de 2,5. Em função dessa grande diferença, os elétrons são transferidos do cálcio para o oxigênio para formar um ânion de oxigênio e um cátion de cálcio. Quantos elétrons são transferidos? Podemos fundamentar nossa previsão na observação de que as configurações do gás nobre são as mais estáveis. Observe que o oxigênio precisa de dois elétrons para preencher seus orbitais de valência ($2s$ e $2p$) e atingir a configuração do neônio ($1s^2 2s^2 2p^6$), que é o próximo gás nobre.

$$O + 2e^- \rightarrow O^{2-}$$
$$[He]2s^2 2p^4 + 2e^- \rightarrow [He]2s^2 2p^6, \text{ ou}[Ne]$$

E, perdendo dois elétrons, o cálcio pode atingir a configuração do argônio (o gás nobre anterior).

$$Ca \rightarrow Ca^{2+} + 2e^-$$
$$[Ar]4s^2 \rightarrow [Ar] + 2e^-$$

Tabela 12.3 ▶ Íons comuns com configurações do gás nobre nos compostos iônicos

Grupo 1	Grupo 2	Grupo 3	Grupo 6	Grupo 7	Configuração eletrônica
Li^+	Be^{2+}				[He]
Na^+	Mg^{2+}	Al^{3+}	O^{2-}	F^-	[Ne]
K^+	Ca^{2+}		S^{2-}	Cl^-	[Ar]
Rb^+	Sr^{2+}		Se^{2-}	Br^-	[Kr]
Cs^+	Ba^{2+}		Te^{2-}	I^-	[Xe]

Dois elétrons são, portanto, transferidos da seguinte forma:

$$Ca + O \rightarrow Ca^{2+} + O^{2-}$$
$$\underbrace{}_{2e^-}$$

Para prever a fórmula do composto iônico, usamos o fato de que os compostos químicos sempre são eletricamente neutros — eles têm as mesmas quantidades totais de cargas positivas e negativas. Nesse caso, devemos ter números iguais de íons Ca^{2+} e O^{2-}, e a fórmula empírica do composto é CaO.

Os mesmos princípios podem ser aplicados a muitos outros casos. Por exemplo, considere o composto formado entre o alumínio e o oxigênio. O alumínio tem a configuração eletrônica $[Ne]3s^23p^1$. Para atingir a configuração do neônio, o alumínio deve perder três elétrons, formando o íon Al^{3+}.

$$Al \rightarrow Al^{3+} + 3e^-$$
$$[Ne]3s^23p^1 \rightarrow [Ne] + 3e^-$$

3 × (2−) balanceia 2 × (3+).

Portanto, os íons serão Al^{3+} e O^{2-}. Como o composto deve ser eletricamente neutro, haverá três íons O^{2-} para cada dois íons Al^{3+}, e o composto terá a fórmula empírica Al_2O_3.

A Tabela 12.3 mostra os elementos comuns que formam os íons com as configurações eletrônicas do gás nobre nos compostos iônicos.

Observe que nossa discussão nesta seção refere-se aos metais nos Grupos 1, 2 e 3 (os metais representativos). Os metais de transição exibem um comportamento mais complicado (eles formam uma variedade de íons), com o qual não iremos nos preocupar neste livro.

12-5 Ligação iônica e estruturas dos compostos iônicos

OBJETIVOS
▶ Aprender sobre as estruturas iônicas.
▶ Aprender os fatores que regem o tamanho iônico.

Quando os metais e os ametais reagem, os compostos iônicos resultantes são bem estáveis; grandes quantidades de energia são necessárias para "separá-los". Por exemplo, o ponto de fusão do cloreto de sódio é de aproximadamente 800°C. A ligação forte nesses compostos iônicos resulta das atrações entre os cátions e os ânions com cargas opostas.

Escrevemos a fórmula de um composto iônico, como o fluoreto de lítio, simplesmente como LiF, mas essa é na verdade a fórmula empírica, ou mais simples. O sólido real contém números enormes e iguais de íons Li^+ e F^- empacotados de uma maneira que maximiza as atrações dos íons de cargas opostas. Uma parte representativa da estrutura do fluoreto de lítio é representada na Fig. 12.8(a).

Figura 12.8 ▶ A estrutura do fluoreto de lítio.

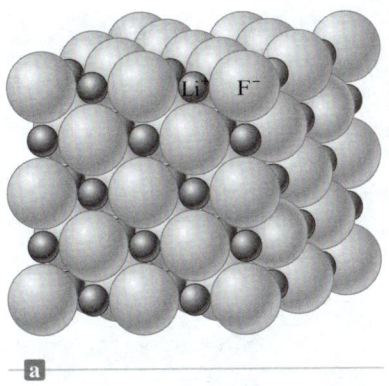

a) Essa estrutura representa os íons como esferas empacotadas.

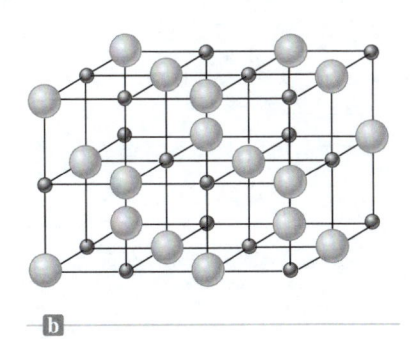

b) Essa estrutura mostra as posições (centros) dos íons. Os íons esféricos são empacotados de uma maneira que maximiza as atrações iônicas.

Quando as esferas são empacotadas, elas não preenchem todo o espaço. Os espaços (orifícios) deixados podem ser ocupados por esferas menores.

Nessa estrutura, os íons F^- maiores são empacotados como esferas duras, e os íons Li^+, bem menores, são intercalados regularmente entre os íons F^-. A estrutura apresentada na Fig. 12.8(b) representa apenas uma minúscula parte da estrutura real, que continua em todas as três dimensões com o mesmo padrão mostrado.

As estruturas de praticamente todos os compostos iônicos binários podem ser explicadas por um modelo que envolve o empacotamento dos íons como se eles fossem esferas duras. As esferas maiores (normalmente os ânions) são empacotadas e os íons menores ocupam os interstícios (espaços ou orifícios) entre eles.

Para compreender o empacotamento dos íons, é útil perceber que *um cátion sempre é menor que o átomo-base, e um ânion sempre é maior que o átomo-base.* Isso faz sentido porque, quando um metal perde todos os seus elétrons de valência para formar um cátion, ele fica bem menor. Por outro lado, ao formar um ânion, um ametal ganha elétrons o suficiente para atingir a configuração eletrônica do próximo gás nobre e, assim, torna-se bem maior. Os tamanhos relativos dos átomos do Grupo 1 e do Grupo 7 e seus íons são representados na Fig. 12.9.

> **Pensamento crítico**
>
> Os íons têm raios diferentes de seus átomos-base. E se os íons permanecessem do mesmo tamanho que seus átomos-base? Como isso afetaria a estrutura dos compostos iônicos?

Compostos iônicos que contêm íons poliatômicos

Até agora neste capítulo discutimos somente os compostos iônicos binários, que contêm íons derivados de átomos únicos. Entretanto, muitos compostos contêm íons poliatômicos: espécies carregadas constituídas por diversos átomos. Por exemplo, o nitrato de amônio contém os íons NH_4^+ e NO_3^-. Esses íons, com suas cargas opostas, atraem uns aos outros da mesma maneira que os íons simples nos compostos binários. No entanto, os íons poliatômicos *individuais* estão unidos por ligações covalentes, com todos os átomos comportando-se como uma unidade. Por exemplo, no íon amônio, NH_4^+, há quatro ligações covalentes N—H. Do mesmo modo, o íon nitrato, NO_3^-, contém três ligações covalentes N—O. Assim, embora o nitrato de amônio seja um composto iônico porque contém os íons NH_4^+ e NO_3^-, ele também contém ligações covalentes nos íons poliatômicos individuais. Quando o nitrato de amônio é dissolvido em água, ele se comporta como um eletrólito forte como os compostos iônicos binários do cloreto de sódio e do brometo de potássio. Como vimos no Capítulo 7, isso ocorre porque, quando um sólido iônico se dissolve, os íons estão livres para se mover de modo independente e podem conduzir corrente elétrica.

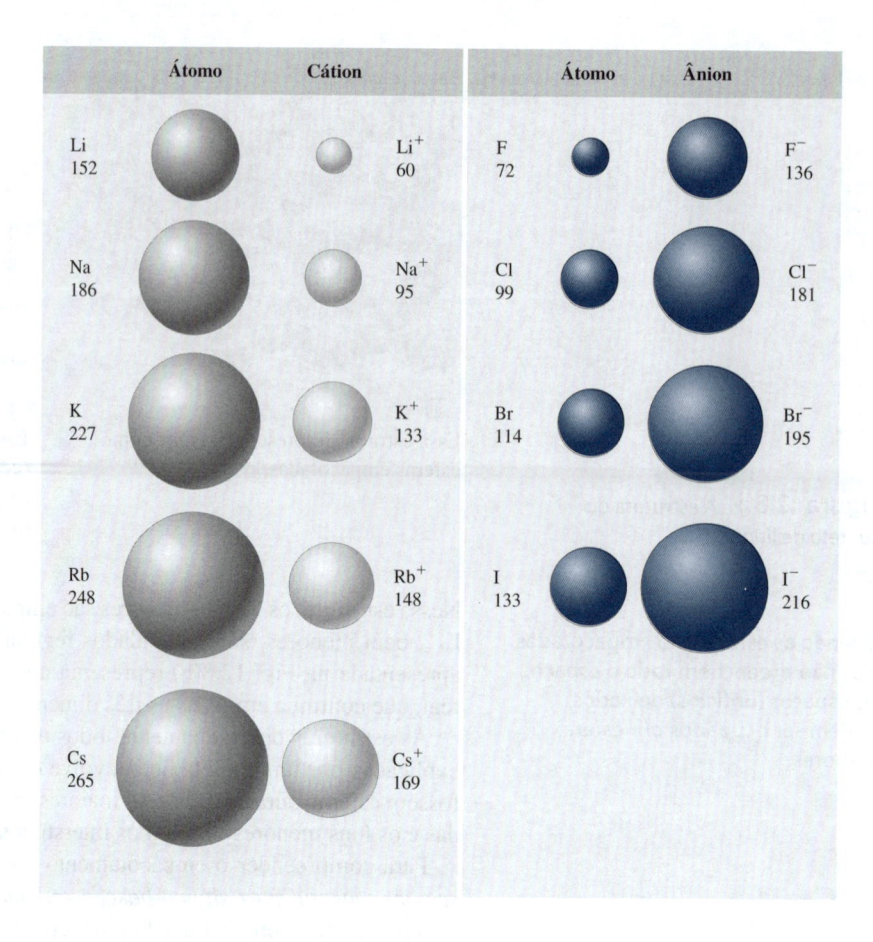

Figura 12.9 ▶ Tamanhos relativos de alguns íons e seus átomos-base. Observe que os cátions são menores e os ânions são maiores que seus átomos-base. Os tamanhos (raios) são dados em unidades de picômetros (1 pm = 10^{-12} m).

Átomo	Cátion		Átomo	Ânion
Li 152	Li$^+$ 60		F 72	F$^-$ 136
Na 186	Na$^+$ 95		Cl 99	Cl$^-$ 181
K 227	K$^+$ 133		Br 114	Br$^-$ 195
Rb 248	Rb$^+$ 148		I 133	I$^-$ 216
Cs 265	Cs$^+$ 169			

Os íons poliatômicos comuns, que estão listados na Tabela 5.4, estão unidos por ligações covalentes.

12-6 Estruturas de Lewis

OBJETIVO Aprender a escrever as estruturas de Lewis.

> Lembre-se de que os elétrons no nível de energia principal mais alto de um átomo são chamados de elétrons de valência.

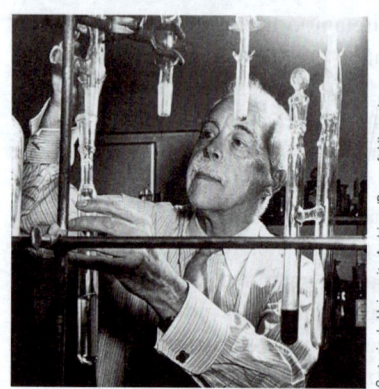

A ligação envolve apenas os elétrons de valência dos átomos. Os elétrons de valência são transferidos quando um metal e um ametal reagem para formar um composto iônico, e nas ligações covalentes são compartilhados entre os ametais.

A **estrutura de Lewis** é uma representação de uma molécula que mostra como os elétrons de valência são arranjados entre os átomos na molécula. O nome dessas representações vem de G. N. Lewis, que concebeu a ideia enquanto lecionava para uma turma de alunos de química geral em 1902. As regras para escrever as estruturas de Lewis são fundamentadas nas observações de muitas moléculas das quais os químicos aprenderam que *a exigência mais importante para a formação de um composto estável é que os átomos atinjam configurações eletrônicas de gás nobre.*

Já vimos essa regra acontecendo na reação dos metais e ametais para formar compostos iônicos binários. Um exemplo é a formação de KBr, em que o íon K$^+$ tem a configuração eletrônica [Ar] e o íon Br$^-$ tem a configuração eletrônica [Kr]. Ao escrever as estruturas de Lewis, *incluímos apenas os elétrons de valência.* Usando pontos para representar os elétrons de valência, escrevemos a estrutura de Lewis para o KBr da seguinte forma:

G. N. Lewis em seu laboratório.

$$K^+ \qquad [:\overset{..}{\underset{..}{Br}}:]^-$$

Configuração do gás nobre [Ar]   Configuração do gás nobre [Kr]

Nenhum ponto é representado no íon K^+ porque ele perdeu seu único elétron de valência (o elétron $4s$). O íon Br^- é representado com oito elétrons porque tem um nível de valência preenchido.

A seguir, consideraremos as estruturas de Lewis para as moléculas com ligações covalentes, envolvendo ametais do primeiro e segundo períodos. O princípio de atingir uma configuração eletrônica de gás nobre se aplica a esses elementos da seguinte forma:

1. O hidrogênio forma moléculas estáveis nas quais ele compartilha dois elétrons. Isto é, segue uma **regra do dueto**. Por exemplo, quando dois átomos de hidrogênio, cada um com um elétron, combinam-se para formar a molécula H_2, temos:

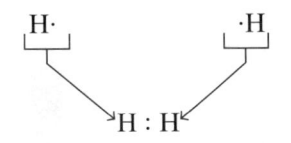

$$H\cdot \qquad \cdot H$$
$$H:H$$

Ao compartilhar elétrons, cada hidrogênio no H_2 tem, na verdade, dois elétrons; isto é, cada hidrogênio tem um nível de valência preenchido.

H [↑] $1s$
    → H_2 [↑↓] Configuração [He]
H [↓] $1s$

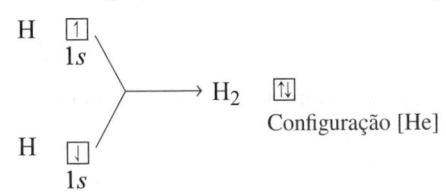

2. O hélio não forma ligações porque seu orbital de valência já está preenchido; ele é um gás nobre, tem uma configuração eletrônica $1s^2$ e pode ser representado pela estrutura de Lewis:

$$He:$$
Configuração [He]

3. Os ametais da segunda linha, do carbono ao flúor, formam moléculas estáveis quando estão cercados por elétrons suficientes para preencher os orbitais de valência — isto é, o único orbital $2s$ e os três orbitais $2p$. São necessários oito elétrons para preencher esses orbitais, portanto, esses elementos normalmente obedecem à **regra do octeto**; eles são cercados por oito elétrons. Um exemplo é a molécula de F_2, que tem a seguinte estrutura de Lewis:

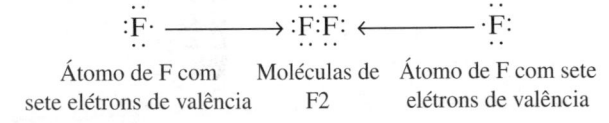

$$:\overset{..}{F}\cdot \longrightarrow :\overset{..}{\underset{..}{F}}:\overset{..}{\underset{..}{F}}: \longleftarrow \cdot\overset{..}{F}:$$

Átomo de F com sete elétrons de valência   Moléculas de F2   Átomo de F com sete elétrons de valência

> Carbono, nitrogênio, oxigênio e flúor quase sempre obedecem à regra do octeto nas moléculas estáveis.

Observe que cada átomo de flúor no F_2 está, na realidade, cercado por oito elétrons de valência, dois dos quais são compartilhados com o outro átomo. Este é um **par ligante** de elétrons, como discutimos anteriormente. Cada átomo de flúor também tem três pares de elétrons que não estão envolvidos na ligação. Estes são chamados de **pares solitários** ou **pares não compartilhados**.

4. O neônio não forma ligações porque já tem um octeto de elétrons de valência (ele é um gás nobre). A estrutura de Lewis é:

$$:\overset{..}{\underset{..}{Ne}}:$$

Observe que somente os elétrons de valência ($2s^2 2p^6$) do átomo do neônio estão representados pela estrutura de Lewis. Os elétrons $1s^2$ são elétrons internos e não estão representados.

Em seguida, queremos desenvolver alguns procedimentos gerais para escrever as estruturas de Lewis para as moléculas. Lembre-se de que a estrutura de Lewis envolve apenas os elétrons de valência dos átomos, portanto, antes de prosseguirmos, revisaremos a relação da posição de um elemento na tabela periódica com o número de elétrons de valência que ele tem. Relembre que o número do grupo indica o número total de elétrons de valência. Por exemplo, todos os elementos do Grupo 6 têm seis elétrons de valência (configuração de valência ns^2np^4).

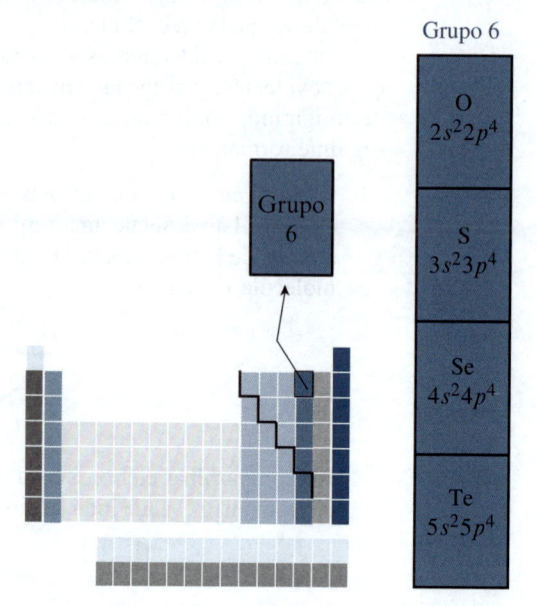

Grupo 6

O	$2s^22p^4$
S	$3s^23p^4$
Se	$4s^24p^4$
Te	$5s^25p^4$

Do mesmo modo, todos os elementos do Grupo 7 têm sete elétrons de valência (configuração de valência ns^2np^5).

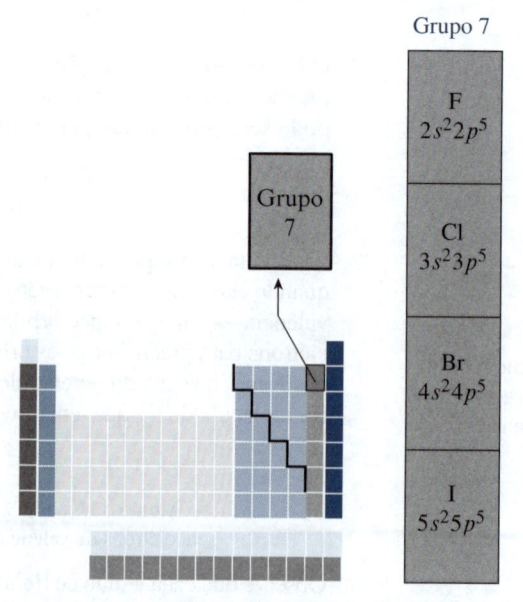

Grupo 7

F	$2s^22p^5$
Cl	$3s^23p^5$
Br	$4s^24p^5$
I	$5s^25p^5$

Ao escrever a estrutura de Lewis para uma molécula, precisamos manter em mente que:

1. Devemos incluir todos os elétrons de valência de todos os átomos. O número total de elétrons disponíveis é a soma de todos os elétrons de valência de todos os átomos na molécula.
2. Os átomos que estão ligados compartilham um ou mais pares de elétrons.
3. Os elétrons são arranjados de modo que cada átomo seja circundado por elétrons suficientes para preencher os orbitais de valência daquele átomo. Isso significa dois elétrons para o hidrogênio e oito elétrons para os ametais da segunda linha.

QUÍMICA EM FOCO

Farejando com as abelhas

Um dos problemas que enfrentamos na sociedade moderna é como detectar substâncias ilícitas, como drogas e explosivos, de uma maneira conveniente e precisa. Frequentemente são usados cães treinados para esse fim devido ao seu olfato apurado. No momento, diversos pesquisadores estão tentando determinar se os insetos, como as abelhas e as vespas, podem ser detectores químicos ainda mais eficazes. Na verdade, estudos mostraram que as abelhas podem ser treinadas em apenas alguns minutos para detectar o cheiro de quase qualquer substância química.

Os cientistas do Laboratório Nacional de Los Alamos (*Los Alamos National Laboratory*), no Novo México, estão desenvolvendo um dispositivo portátil utilizando abelhas que possivelmente poderia ser usado para farejar drogas e bombas em aeroportos, passagens de fronteiras e escolas. Eles chamam esse estudo de Projeto Sensor do Inseto Camuflado (*Stealthy Insect Sensor Project*). O projeto de Los Alamos tem como base a ideia de que as abelhas podem ser treinadas para associar o cheiro de uma substância química específica com o gosto açucarado. As abelhas projetam suas "línguas" quando detectam uma fonte de alimento. Ao unir uma gota de água com açúcar com o odor do TNT (trinitrotolueno) ou do explosivo plástico C-4 (composição 4) por cerca de seis vezes, as abelhas podem ser treinadas para estender seus probóscides em um cheiro de uma substância química específica. O detector de bombas de abelha tem aproximadamente metade do tamanho de uma caixa de sapatos e pesa 4 libras. Dentro da caixa, as abelhas ficam em uma fileira e amarradas em tubos semelhantes a canudos, e então são expostas às lufadas de ar à medida que a câmera monitora suas reações. Os sinais da câmera de vídeo são enviados para um computador, que analisa o comportamento das abelhas e os sinais quando elas respondem ao odor específico que foram treinadas para detectar.

Um projeto da Universidade da Georgia utiliza vespas parasitas minúsculas como um detector químico. As vespas não estendem suas línguas quando detectam um odor. Em vez disso, elas comunicam a descoberta de um odor com movimentos corporais que os cientistas chamam de "danças". O dispositivo, chamado de Vespa de Caça (*Wasp Hound*), contém uma equipe de vespas em um cartucho ventilado de mão que tem um ventilador em uma extremidade para recolher o ar de fora. Se o odor for um que as vespas não reconhecem, elas continuam a voar aleatoriamente. No entanto, se o odor for aquele que as vespas foram condicionadas a reconhecer, elas agrupam-se em torno da abertura. Uma câmera de vídeo emparelhada com um computador analisa seus comportamentos e sinaliza quando um odor é detectado.

Os sensores do inseto agora estão passando por testes de campo, que normalmente comparam a eficácia dos insetos a dos cães treinados. Os resultados iniciais parecem promissores, mas a eficácia desses dispositivos permanece sem provas.

Uma abelha recebe um lembrete com a fragrância de seu alvo todas as manhãs e responde projetando seus probóscides.

A melhor maneira de ter certeza de que chegamos à estrutura de Lewis correta para uma molécula é usar uma abordagem sistemática. Utilizaremos a abordagem resumida pelas regras a seguir.

> **Etapas para escrever as estruturas de Lewis**
>
> **Etapa 1** Obter a soma dos elétrons de valência de todos os átomos. Não se preocupe em acompanhar quais elétrons vêm de quais átomos. O que importa é o número *total* dos elétrons de valência.
>
> **Etapa 2** Usar um par de elétrons para formar uma ligação entre cada par de átomos de ligação. Por conveniência, uma linha (em vez de um par de pontos) geralmente é usada para indicar cada par de elétrons ligantes.
>
> **Etapa 3** Arranjar os elétrons remanescentes para satisfazer a regra do dueto para o hidrogênio e a regra do octeto para cada elemento da segunda coluna.

Para ver como essas regras são aplicadas, escreveremos as estruturas de Lewis de diversas moléculas.

Exemplo resolvido 12.2 — Escrevendo as estruturas de Lewis: moléculas simples

Escreva a estrutura de Lewis da molécula de água.

SOLUÇÃO Seguiremos as *Etapas para escrever as estruturas de Lewis*.

Etapa 1 Encontre a soma dos elétrons de *valência* de H_2O.

$$\underset{\underset{(\text{Grupo 1})}{H}}{1} + \underset{\underset{(\text{Grupo 1})}{H}}{1} + \underset{\underset{(\text{Grupo 6})}{O}}{6} = 8 \text{ elétrons de valência}$$

Etapa 2 Utilizando um par de elétrons por ligação, desenhamos as duas ligações O—H usando uma linha para indicar cada par de elétrons ligantes.

$$H—O—H$$

Observe que

$$H—O—H \text{ representa } H : O : H$$

Etapa 3 Arranjamos os elétrons remanescentes em torno dos átomos para atingir uma configuração eletrônica do gás nobre para cada átomo. Quatro elétrons foram usados na formação de duas ligações, portanto, quatro elétrons (8 − 4) continuam a ser distribuídos. Cada hidrogênio é satisfeito com dois elétrons (regra do dueto), mas o oxigênio precisa de oito elétrons para ter uma configuração eletrônica de gás nobre. Portanto, os quatro elétrons remanescentes são adicionados ao oxigênio como dois pares solitários. Os pontos são utilizados para representar os pares solitários.

H—Ö—H Pares solitários

também pode ser desenhado como

H:Ö:H

Essa é a estrutura de Lewis correta para a molécula de água. Cada hidrogênio compartilha dois elétrons, e o oxigênio tem quatro elétrons e compartilha quatro, totalizando oito.

$$\underset{2e^-}{H} \underset{8e^-}{O} \underset{2e^-}{H}$$

Observe que é utilizada uma linha para representar um par de elétrons compartilhado (elétrons ligantes) e os pontos são usados para representar pares não compartilhados.

AUTOVERIFICAÇÃO **Exercício 12.2** Escreva a estrutura de Lewis para o HCl.

Consulte os Problemas 12.59 até 12.62. ∎

QUÍMICA EM FOCO

Escondendo o dióxido de carbono

Como discutimos no Capítulo 11 (veja o segmento "Química em foco – *Efeitos atmosféricos*"), o aquecimento global parece ser uma realidade. No coração dessa questão está o dióxido de carbono produzido pelo uso generalizado de combustíveis fósseis pela sociedade. Por exemplo, nos Estados Unidos, o CO_2 compõe 81% das emissões de gases do efeito estufa. Trinta por cento desse CO_2 vêm das usinas movidas a carvão utilizadas para produzir eletricidade. Uma forma de resolver esse problema seria descartar usinas desse tipo. No entanto, essa solução não é viável, pois os Estados Unidos possuem muito carvão (uma provisão para pelo menos 250 anos) e o carvão é muito barato (cerca de $0,03 por libra). Reconhecendo esse fato, o governo norte-americano instituiu um programa de pesquisa para ver se o CO_2 produzido em usinas pode ser capturado e isolado (armazenado no subsolo em formações geológicas profundas. Os fatores que precisam ser explorados para determinar se o isolamento é viável são as capacidades dos locais de armazenamento subterrâneo e as chances de esses locais vazarem.

A injeção de CO_2 na crosta terrestre já está sendo empreendida por diversas empresas petrolíferas. Desde 1996, a empresa petrolífera norueguesa Statoil tem separado anualmente mais de 1 milhão de toneladas de CO_2 do gás natural e bombeado essa quantia em um aquífero de água salgada no fundo do Mar do Norte. No oeste do Canadá, um grupo de empresas petrolíferas tem injetado CO_2 de uma usina de combustíveis sintéticos de Dakota do Norte em um esforço para aumentar a recuperação do petróleo. As empresas petrolíferas esperam armazenar 22 milhões de toneladas de CO_2 neste local e produzir 130 milhões de barris de petróleo ao longo dos próximos 20 anos.

O isolamento de CO_2 tem grande potencial como um método para reduzir a taxa do aquecimento global. Somente o tempo dirá se isso funcionará.

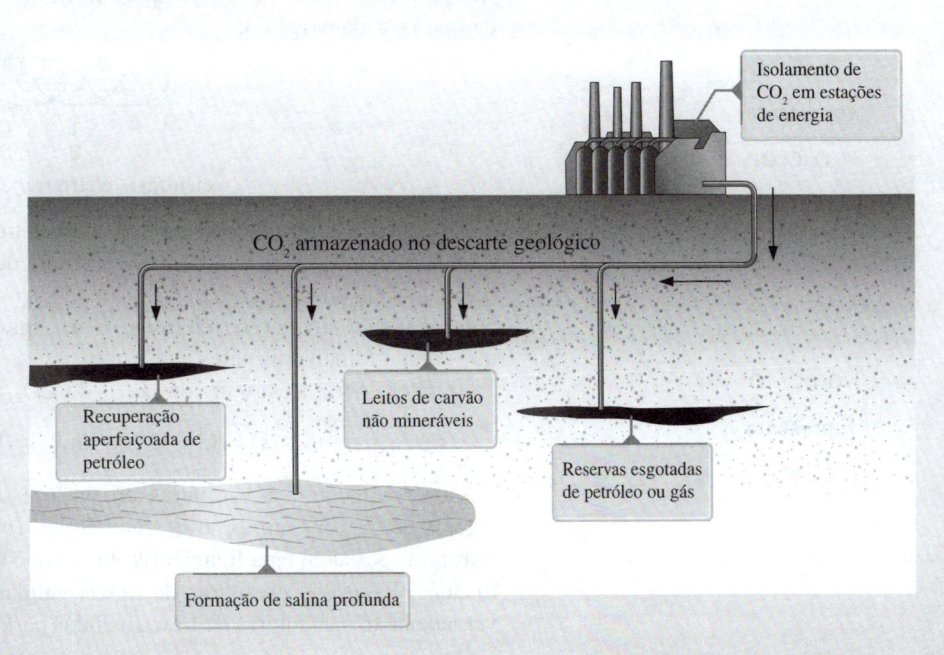

12-7 Estruturas de Lewis de moléculas com ligações múltiplas

OBJETIVO Aprender como escrever as estruturas de Lewis de moléculas com ligações múltiplas.

Agora, vamos escrever a estrutura de Lewis do dióxido de carbono.

Etapa 1 Somando os elétrons de valência, temos:

$$\underset{\underset{\text{(Grupo 4)}}{C}}{4} + \underset{\underset{\text{(Grupo 6)}}{O}}{6} + \underset{\underset{\text{(Grupo 6)}}{O}}{6} = 16$$

Etapa 2 Forme uma ligação entre o carbono e cada oxigênio:

$$O-C-O$$

O—C—O
representa
O:C:O

$:\ddot{O}-C-\ddot{O}:$

representa

$:\overset{..}{\underset{..}{O}}:C:\overset{..}{\underset{..}{O}}:$

$\ddot{O}=C=\ddot{O}$

representa

$\overset{..}{\underset{..}{O}}::C::\overset{..}{\underset{..}{O}}$

$:O\equiv C-\ddot{O}:$

representa

$:O:::C:\overset{..}{\underset{..}{O}}:$

Etapa 3 Em seguida, distribua os elétrons remanescentes para atingir as configurações eletrônicas de gás nobre em cada átomo. Nesse caso, doze elétrons (16 − 4) permanecem após as ligações serem desenhadas. A distribuição desses elétrons é determinada por um processo de tentativa e erro. Temos seis pares de elétrons para distribuir. Suponha que tentamos três pares em cada oxigênio:

$$:\overset{..}{\underset{..}{O}}-C-\overset{..}{\underset{..}{O}}:$$

Está correto? Para responder a esta pergunta precisamos verificar duas coisas:

1. O número total de elétrons. Há dezesseis elétrons de valência nessa estrutura, que é o número correto.
2. A regra do octeto para cada átomo. Cada oxigênio tem dezoito elétrons em torno dele, mas o carbono só tem quatro. Essa não pode ser a estrutura de Lewis correta.

Como podemos arranjar os dezesseis elétrons disponíveis para atingir um octeto para cada átomo? Suponha que colocamos dois pares compartilhados entre o carbono e cada oxigênio:

$$\underset{\underset{\text{elétrons}}{8}}{\underset{\uparrow}{\boxed{O}}} \underset{\underset{\text{elétrons}}{8}}{\underset{\uparrow}{\boxed{C}}} \underset{\underset{\text{elétrons}}{8}}{\underset{\uparrow}{\boxed{O}}}$$

Agora cada átomo está cercado por oito elétrons, e o número total de elétrons é dezesseis, como necessário. Essa é a estrutura de Lewis correta do dióxido de carbono, que tem duas ligações *duplas*. Uma **ligação simples** envolve dois átomos que compartilham um par de elétrons. Uma **ligação dupla** envolve dois átomos que compartilham dois pares de elétrons.

Ao considerar a estrutura de Lewis do CO_2, você pode ter chegado a:

$$:O\equiv C-\overset{..}{\underset{..}{O}}: \quad \text{ou} \quad :\overset{..}{\underset{..}{O}}-C\equiv O:$$

Observe que as duas estruturas têm os dezesseis elétrons necessários e que têm octetos de elétrons em torno de cada átomo (verifique isso sozinho). Ambas as estruturas possuem uma **ligação tripla** em que três pares de elétrons são compartilhados. Essas são estruturas de Lewis válidas para o CO_2? Sim. Portanto, na verdade há três estruturas de Lewis válidas para o CO_2:

$$:\overset{..}{\underset{..}{O}}-C\equiv O: \quad \overset{..}{\underset{..}{O}}=C=\overset{..}{\underset{..}{O}} \quad :O\equiv C-\overset{..}{\underset{..}{O}}:$$

Isso nos traz a um novo termo, **ressonância**. Uma molécula mostra ressonância quando *mais de uma estrutura de Lewis pode ser desenhada para a molécula*. Nesse caso, chamamos as várias estruturas de Lewis de **estruturas de ressonância**.

Das três estruturas de ressonância do CO_2 representadas acima, aquela no centro com duas ligações duplas se adapta mais intimamente às nossas informações experimentais sobre a molécula de CO_2. Neste livro não nos preocuparemos em como escolher qual estrutura de ressonância para uma molécula fornece a "melhor" descrição das propriedades daquela molécula.

Em seguida, vamos considerar a estrutura de Lewis do íon CN^- (cianeto).

Etapa 1 Somando os elétrons de valência, temos:

$$\underset{4+5+1=10}{CN^-}$$

Observe que a carga negativa significa que deve ser acrescentado um elétron adicional.

Etapa 2 Desenhe uma ligação simples (C—N).

QUÍMICA EM FOCO

Brócolis — Alimento milagroso?

Ingerir os alimentos certos é essencial para nossa saúde. Em particular, certos vegetais, embora não tenham uma aparência muito chamativa, parecem ser bastante importantes. Um exemplo é o brócolis, um vegetal com uma reputação humilde que acondiciona uma quantidade química poderosa.

O brócolis contém uma substância química chamada de sulforafano, que tem a estrutura de Lewis a seguir:

$$CH_3-\underset{\underset{\ddot{\ddot{O}}:}{\|}}{S}-(CH_2)_4-\ddot{N}=C=\ddot{\ddot{S}}:$$

Experimentos indicam que o sulforafano fornece proteção contra certos cânceres aumentando a produção de enzimas (chamadas de enzimas da fase 2) que "varrem" as moléculas reativas que podem prejudicar o DNA. O sulforafano também parece combater bactérias. Por exemplo, entre as bactérias prejudiciais mais comuns para o humano está a *Helicobacter pylori* (*H. pylori*), que tem sido relacionada ao desenvolvimento de diversas doenças do estômago, incluindo inflamação, câncer e úlceras. Os antibióticos são claramente o melhor tratamento para as infecções por *H. pylori*. No entanto, sobretudo nos países em desenvolvimento, onde a *H. pylori* é excessiva, os antibióticos costumam ser muito caros para serem disponibilizados para a população em geral. Além disso, a bactéria às vezes escapa dos antibióticos "se escondendo" em células nas paredes estomacais e, então, ressurgindo após o término do tratamento.

Estudo no Johns Hopkins, em Baltimore, e Vandoeuvre Les Nancy, na França, mostraram que o sulforafano elimina a *H. pylori* (mesmo quando ela se refugia nas células das paredes estomacais) em concentrações alcançadas pela ingestão de brócolis. Os cientistas do Johns Hopkins também descobriram que o sulforafano parece inibir o câncer de estômago em camundongos. Apesar de não haver garantias de que o brócolis irá mantê-lo saudável, não dói adicioná-lo à sua dieta.

:C≡N:

representa

:C⋮⋮⋮N:

Etapa 3 Em seguida, distribuímos os elétrons remanescentes para atingir uma configuração de gás nobre para cada átomo. Restam oito elétrons para ser distribuídos. Podemos tentar diversas possibilidades, como:

$$\ddot{\underset{\ddot{}}{C}}-\ddot{\underset{\ddot{}}{N}} \quad \text{ou} \quad :\ddot{C}-N: \quad \text{ou} \quad :C-\ddot{N}:$$

Essas estruturas estão incorretas. Para mostrar por que nenhuma delas é uma estrutura de Lewis válida, conte os elétrons em torno dos átomos C e N. Na estrutura da esquerda, nenhum átomo satisfaz a regra do octeto. Na estrutura do centro, o C tem oito elétrons, mas o N tem apenas quatro. Na estrutura da direita, acontece o oposto. Lembre-se de que ambos os átomos devem satisfazer simultaneamente a regra do octeto. Portanto, o arranjo correto é:

$$:C≡N:$$

(Aceite que o carbono e o nitrogênio possuem oito elétrons.) Nesse caso, temos uma ligação tripla entre C e N, na qual três pares de elétrons são compartilhados. Como esse é um ânion, indicamos a carga fora dos colchetes em torno da estrutura de Lewis.

$$[:C≡N:]^-$$

Em suma, às vezes precisamos de ligações duplas ou triplas para satisfazer a regra do octeto. Escrever as estruturas de Lewis é um processo de tentativa e erro. Comece com ligações simples entre os átomos ligados e adicione as ligações múltiplas conforme necessário.

Escreveremos a estrutura de Lewis do NO_2 no Exemplo 12.3 para nos certificarmos de que os procedimentos para escrever as estruturas de Lewis estão claros.

Exemplo resolvido 12.3 — Escrevendo as estruturas de Lewis: estruturas de ressonância

Escreva a estrutura de Lewis do ânion NO_2^-.

SOLUÇÃO

Etapa 1 Some os elétrons de valência do NO_2^-.

Elétrons de valência: $\underset{O}{6} + \underset{N}{5} + \underset{O}{6} + \underset{\text{carga}}{1} = 18$ elétrons

Etapa 2 Coloque ligações simples.

$$O-N-O$$

Etapa 3 Satisfaça a regra do octeto. Posicionando os elétrons, descobrimos que há duas estruturas de Lewis que satisfazem a regra do octeto:

$$[\ddot{O}=N-\ddot{\underset{..}{O}}:]^- \quad e \quad [:\ddot{\underset{..}{O}}-N=\ddot{O}]^-$$

Verifique que cada átomo nessas estruturas está cercado por um octeto de elétrons. Tente outros arranjos para ver se há outras estruturas nas quais os dezoito elétrons possam ser usados para satisfazer a regra do octeto. Verifica-se que essas são as únicas duas que funcionam. Observe que esse é outro caso em que a ressonância ocorre; há duas estruturas de Lewis válidas.

AUTOVERIFICAÇÃO

Exercício 12.3 O ozônio é um constituinte muito importante da atmosfera. Em níveis superiores, ele nos protege absorvendo a radiação de alta energia do Sol. Próximo à superfície da Terra, ele polui o ar. Escreva a estrutura de Lewis do ozônio, O_3.

Consulte os Problemas 12.63 até 12.68. ■

Agora, consideremos alguns outros casos no Exemplo 12.4.

Exemplo resolvido 12.4 — Escrevendo as estruturas de Lewis: resumo

Você pode se perguntar como decidir qual é o átomo central nas moléculas dos compostos binários. Nos casos em que há um átomo de um determinado elemento e diversos átomos de um segundo elemento, o átomo único é quase sempre o átomo central da molécula.

Forneça a estrutura de Lewis de cada um dos seguintes:

a. HF
b. N_2
c. NH_3
d. CH_4
e. CF_4
f. NO^+
g. NO_3^-

SOLUÇÃO

Em cada caso, aplicamos as três etapas para escrever as estruturas de Lewis. Lembre-se de que as linhas são usadas para indicar os pares de elétrons compartilhados e que os pontos são usados para indicar os pares de não ligantes (pares solitários). A tabela após os exercícios de *Autoverificação* resume nossos resultados.

AUTOVERIFICAÇÃO

Exercício 12.4 Escreva as estruturas de Lewis das moléculas a seguir:

a. NF_3
b. O_2
c. CO
d. PH_3
e. H_2S
f. SO_4^{2-}
g. NH_4^+
h. ClO_3^-
i. SO_2

Consulte os Problemas 12.55 até 12.68. ■

Molécula ou íon	Total de elétrons de valência	Desenhe as ligações simples	Calcule o número de elétrons remanescentes	Utilize os elétrons remanescentes para atingir as configurações de gás nobre	Verificação Átomo	Elétrons
a. HF	$1 + 7 = 8$	H—F	$8 - 2 = 6$	H—F̈:	H F	2 8
b. N_2	$5 + 5 = 10$	N—N	$10 - 2 = 8$	:N≡N:	N	8
c. NH_3	$5 + 3(1) = 8$	H—N—H | H	$8 - 6 = 2$	H—N̈—H | H	H N	2 8
d. CH_4	$4 + 4(1) = 8$	H | H—C—H | H	$8 - 8 = 0$	H | H—C—H | H	H C	2 8
e. CF_4	$4 + 4(7) = 32$	F | F—C—F | F	$32 - 8 = 24$	:F̈: | :F̈—C—F̈: | :F̈:	F C	8 8
f. NO^+	$5 + 6 - 1 = 10$	N—O	$10 - 2 = 8$	$[:N≡O:]^+$	N O	8 8
g. NO_3^-	$5 + 3(6)+1 = 24$	$\left[\begin{array}{c}O\\ \|\\ N\\ / \ \backslash \\ O \quad O\end{array}\right]$	$24 - 6 = 18$	$\left[\begin{array}{c}:\ddot{O}:\\ \|\\ N\\ / \ \backslash \\ \ddot{O} \quad \ddot{O}\end{array}\right]^-$ NO_3^- mostra ressonância $\left[\begin{array}{c}:\ddot{O}:\\ \|\\ N\\ / \ \backslash \\ \ddot{O} \quad \ddot{O}\end{array}\right]^-$ $\left[\begin{array}{c}:\ddot{O}:\\ \|\\ N\\ / \ \backslash \\ \ddot{O} \quad \ddot{O}\end{array}\right]^-$	N O N O N O	8 8 8 8 8 8

Lembre-se, ao escrever as estruturas de Lewis, você não deve se preocupar de quais átomos em uma molécula cada elétron vem. É melhor pensar em uma molécula como uma nova entidade que usa todos os elétrons de valência de diversos átomos para alcançar as ligações mais fortes possíveis. Pense nos elétrons de valência como pertencentes à molécula, em vez de átomos individuais. Simplesmente distribua todos os elétrons de valência de modo que as configurações eletrônicas de gás nobre sejam obtidas para cada átomo, sem considerar a origem de cada elétron específico.

Algumas exceções para a regra do octeto

A ideia de que a ligação covalente pode ser prevista atingindo-se as configurações eletrônicas de gás nobre para todos os átomos é uma ideia simples e bem-sucedida. As regras que usamos para as estruturas de Lewis descrevem corretamente a ligação na maioria das moléculas. No entanto, com um modelo tão simples, algumas exceções são inevitáveis. O boro, por exemplo, tende a formar compostos nos quais o átomo de boro tem menos de oito elétrons em torno dele — isto é, não tem um octeto completo. O trifluoreto de boro, BF_3, um gás a temperaturas e pressões normais, reage muito energeticamente com moléculas como água e amônia, que têm pares de elétrons não compartilhados (pares solitários).

$$\begin{array}{c} H \\ \diagdown \\ \ddot{O}\!: \\ \diagup \\ H \end{array} \longleftarrow \text{Pares} \longrightarrow \;:\!N\!-\!H \begin{array}{c} H \\ | \\ \\ H \end{array}$$

A reatividade violenta do BF_3 com moléculas ricas em elétrons ocorre porque o átomo do boro é deficiente em elétrons. A estrutura de Lewis que parece mais consistente com as propriedades do BF_3 (vinte e quatro elétrons de valência) é

$$\begin{array}{c} :\!\ddot{F}\!: \\ | \\ B \\ \diagup \;\; \diagdown \\ :\!\ddot{F}\!: \quad :\!\ddot{F}\!: \end{array}$$

Observe que nessa estrutura o átomo do boro tem apenas seis elétrons em torno dele. A regra do octeto para o boro pode ser satisfeita desenhando-se uma estrutura com uma ligação dupla entre o boro e um dos flúor. No entanto, experimentos indicam que cada ligação B—F é uma ligação simples de acordo com a estrutura de Lewis acima. Essa estrutura também é consistente com a reatividade do BF_3 com as moléculas ricas em elétrons. Por exemplo, o BF_3 reage vigorosamente com NH_3 para formar H_3NBF_3.

Observe que no produto H_3NBF_3, que é bem estável, o boro tem um octeto de elétrons.

Também é característico do berílio formar moléculas nas quais o átomo do berílio é deficiente em elétrons.

Os compostos que contêm os elementos carbono, nitrogênio, oxigênio e flúor são precisamente descritos pelas estruturas de Lewis na grande maioria dos casos. Entretanto, há poucas exceções. Um exemplo importante é a molécula de oxigênio, O_2. Pode-se desenhar a estrutura de Lewis a seguir para o O_2, a qual satisfaz a regra do octeto (veja o exercício de Autoverificação 12.4).

$$:\!\ddot{O}\!=\!\ddot{O}\!:$$

No entanto, essa estrutura não está de acordo com o *comportamento observado* do oxigênio. Por exemplo, as fotos na Fig. 12.10 mostram que, quando o oxigênio líquido é derramado entre os polos de um ímã forte, ele "gruda" até ferver. Isso fornece uma evidência clara de que o oxigênio é paramagnético — isto é, contém elétrons desemparelhados. Entretanto, a estrutura de Lewis acima mostra apenas pares de elétrons. Isto é, nenhum elétron desemparelhado é representado. Não há estrutura de Lewis que explique de modo satisfatório o paramagnetismo da molécula de O_2.

Qualquer molécula que contenha um número ímpar de elétrons não está de acordo com nossas regras para as estruturas de Lewis. Por exemplo, NO e NO_2 têm respectivamente onze e dezessete elétrons de valência, e não se pode desenhar estruturas de Lewis convencionais para esses casos.

Apesar de haver exceções, a maioria das moléculas pode ser descrita pelas estruturas de Lewis nas quais todos os átomos têm configurações eletrônicas de gás nobre, e esse é um modelo bem útil para os químicos.

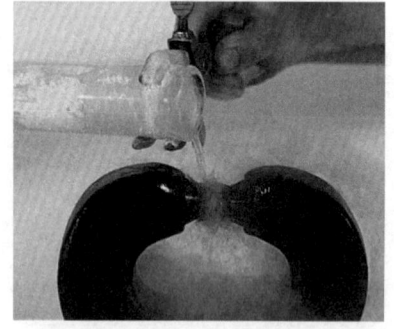

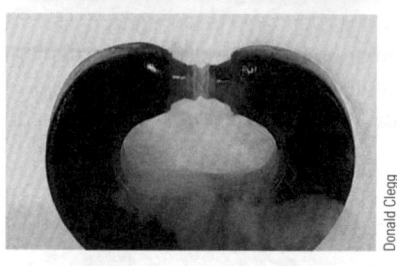

Figura 12.10 ▶ Quando o oxigênio líquido é derramado entre os polos de um ímã, ele "gruda" até ferver. Isso mostra que a molécula O_2 tem elétrons desemparelhados (é paramagnética).

12-8 Estrutura molecular

OBJETIVO Compreender a estrutura molecular e os ângulos de ligação.

Até agora, neste capítulo consideramos as estruturas de Lewis das moléculas. Essas estruturas representam o arranjo dos *elétrons de valência* em uma molécula. Utilizamos a *estrutura* de outra maneira quando falamos sobre a **estrutura molecular** ou **estrutura geométrica** de uma molécula. Esses termos referem-se ao arranjo tridimensional dos átomos em uma molécula. Por exemplo, a molécula de água é conhecida por ter a estrutura molecular:

$$\text{H} \quad \overset{\text{O}}{} \quad \text{H}$$

que é muitas vezes chamada de "angular" ou "em forma de V". Para descrever a estrutura com mais precisão, geralmente especificamos o **ângulo de ligação**. Para a molécula de H_2O, o ângulo de ligação é de cerca de 105°.

$$\text{H} \quad \overset{\text{O}}{\underset{\sim 105°}{}} \quad \text{H}$$

a Gráfico computadorizado de uma molécula linear que contém três átomos

b Gráfico computadorizado de uma molécula trigonal plana

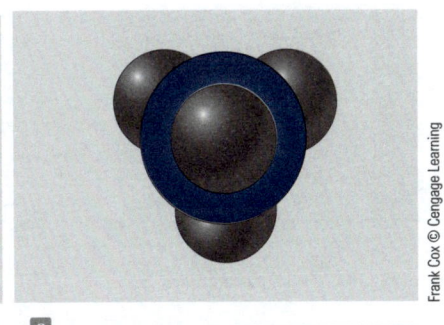

c Gráfico computadorizado de uma molécula tetraédrica

Por outro lado, algumas moléculas exibem uma **estrutura linear** (todos os átomos em uma linha). Um exemplo é a molécula de CO_2.

$$\text{O} - \text{C} - \text{O}$$
$$180°$$

Observe que uma molécula linear tem um ângulo de ligação de 180°.

Um terceiro tipo de estrutura molecular é ilustrado pelo BF_3, que é plana ou achatada (todos os quatro átomos no mesmo plano) com ângulos de ligação de 120°.

$$\begin{array}{c} \text{F} \\ 120° \diagup \text{B} \diagdown 120° \\ \text{F} \text{F} \\ 120° \end{array}$$

O nome normalmente dado a essa estrutura é **estrutura trigonal plana**, embora triangular possa parecer fazer mais sentido.

Outro tipo de estrutura molecular é ilustrado pelo metano, CH_4. Essa molécula tem a estrutura molecular representada na Fig. 12.11, que é chamada de **estrutura tetraédrica** ou **tetraedro**. As linhas tracejadas representadas conectando os átomos de H definem as quatro faces triangulares idênticas do tetraedro.

Na próxima seção, discutiremos essas várias estruturas moleculares com mais detalhes e aprenderemos como prever a estrutura molecular olhando para a estrutura de Lewis da molécula.

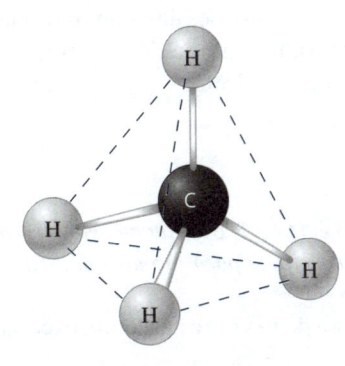

Figura 12.11 ▶ Estrutura molecular tetraédrica do metano. Essa representação é chamada de um modelo bola-vareta; os átomos são representados por bolas e as ligações, por varetas. As linhas tracejadas mostram o contorno do tetraedro.

12-9 Estrutura molecular: modelo RPNEV

OBJETIVO Aprender a prever a geometria molecular a partir número de pares de elétrons.

As estruturas das moléculas desempenham um papel muito importante determinando suas propriedades. Por exemplo, como veremos no segmento "Química em foco — *Paladar — É a estrutura que conta*", o paladar está diretamente relacionado à estrutura molecular. Essa estrutura é especialmente importante para as moléculas biológicas; uma ligeira variação na estrutura de uma biomolécula grande pode destruir completamente sua utilidade para uma célula e pode até alterar a célula de normal para cancerígena.

Existem agora muitos métodos experimentais para determinar a estrutura molecular de uma molécula — isto é, o arranjo tridimensional dos átomos. Esses métodos devem ser utilizados quando são necessárias informações precisas sobre a estrutura. No entanto, geralmente é útil poder prever a estrutura *aproximada* de uma molécula. Nesta seção, consideramos um modelo simples que nos permite fazer isso. Esse modelo, chamado de **modelo de repulsão do par de elétrons do nível de valência (RPNEV)**, é útil para prever as estruturas das moléculas formadas por ametais. A ideia principal desse modelo é que *a estrutura em torno de um determinado átomo é determinada minimizando as repulsões entre os pares de elétrons*. Isso significa que os pares de elétrons ligantes e não ligantes (pares solitários) em torno de um determinado átomo estão posicionados *o mais longe possível*. Para ver como esse modelo funciona, primeiro consideraremos a molécula $BeCl_2$, que tem a seguinte estrutura de Lewis (essa é uma exceção à regra do octeto):

$$:\ddot{C}l-Be-\ddot{C}l:$$

Observe que há dois pares de elétrons em torno do átomo de berílio. Qual arranjo desses pares de elétrons permite a eles estar o mais longe possível para minimizar as repulsões? O melhor arranjo distribui os pares dos lados opostos do átomo do berílio a 180° uns dos outros.

$$\overset{\frown}{-Be-}$$
$$180°$$

Essa é a maior separação possível para dois pares de elétrons. Agora que determinamos o arranjo ideal dos pares de elétrons em torno do átomo central, podemos especificar a estrutura molecular do $BeCl_2$ — isto é, as posições dos átomos. Como cada par de elétrons no berílio é compartilhado com um átomo de cloro, a molécula tem uma **estrutura linear** com um ângulo de ligação de 180°.

$$:\ddot{C}l-Be-\ddot{C}l:$$
$$180°$$

Toda vez que dois pares de elétrons estão presentes em torno de um átomo, eles devem sempre estar posicionados em um ângulo de 180° entre si para formar um arranjo linear.[1]

Agora consideremos o BF_3, que tem a estrutura de Lewis (esta é outra exceção à regra do octeto):

$$:\ddot{F}:$$
$$|$$
$$:\ddot{F}-B-\ddot{F}:$$

---

[1] É muito útil trabalhar com balões, amarrando-os de acordo com o número de pares de elétrons em torno do átomo central. Os balões sempre assumirão o arranjo que mais minimiza a interação entre os pares de elétrons. (NdoRT)

QUÍMICA EM FOCO

Paladar — É a estrutura que conta

Por que certas substâncias têm um gosto doce, azedo, amargo ou salgado? Certamente isso tem a ver com as papilas gustativas em nossas línguas. Mas como essas papilas funcionam? Por exemplo, por que o açúcar tem um sabor doce para nós? A resposta a essa pergunta permanece evasiva, mas parece claro que o sabor doce depende do modo como certas moléculas se adaptam aos "receptores doces" em nossas papilas gustativas.

Um dos mistérios da sensação do sabor doce é a grande variedade das moléculas que têm esse sabor. Por exemplo, os muitos tipos de açúcares contêm glicose e sacarose (açúcar comum). O primeiro adoçante artificial foi provavelmente a sapa romana (veja "Química em foco — *Açúcar de chumbo*", no Capítulo 5) feita fervendo-se o vinho em recipientes de chumbo para produzir um xarope, que continha acetato de chumbo, $Pb(C_2H_3O_2)_2$, chamado de açúcar de chumbo por causa de seu sabor doce. Outros adoçantes artificiais modernos bastante usados contêm sacarina, aspartame, sucralose e esteviol, cujas estruturas são mostradas na imagem ao lado. A estrutura do esteviol é representada de forma simplificada. Cada vértice representa um átomo de carbono, e nem todos os átomos de hidrogênio estão representados. Observando a grande disparidade das estruturas dessas moléculas com sabor doce, fica claro que as características estruturais que desencadeiam uma sensação doce quando essas moléculas interagem com as papilas gustativas não são óbvias.

Os pioneiros em relacionar a estrutura para o sabor doce foram dois químicos, Robert S. Shallenberger e Terry E. Acree, da Universidade Cornell, que há quase trinta anos sugeriram que todas as substâncias com sabor doce devem conter uma característica comum, que eles chamaram de glicóforo. Eles postularam que um glicóforo sempre contém um átomo ou grupo de átomos que têm elétrons disponíveis localizados próximos ao átomo de hidrogênio ligado a um átomo relativamente eletronegativo. Murray Goodman, um químico da Universidade da California, em São Diego, expandiu a definição de um glicóforo para incluir uma região hidrofóbica (com aversão à água). Goodman acredita que uma "molécula doce" tende a ter uma forma em L com regiões de carga positiva e negativa na parte vertical e uma região hidrofóbica na base. Para uma molécula ser doce, o L deve ser plano. Se for inclinado para uma direção, a molécula tem um sabor amargo. Se a molécula for inclinada para outra direção, ela fica insípida.

O último modelo para o receptor do sabor doce, proposto por Piero Temussi da Universidade de Nápoles, postula que há quatro locais de ligação no receptor que podem ser ocupados de modo independente. Pequenas moléculas de sabor doce podem ligar-se a um dos locais, enquanto uma molécula grande se ligaria a mais de um local simultaneamente.

Portanto, a busca por um adoçante artificial ainda melhor continua. Uma coisa é certa, tudo tem a ver com a estrutura molecular.

Sacarina

Sucralose

Aspartame
(NutraSweet™)

Esteviol

Observação: as estruturas de Lewis acima estão desenhadas sem pares de elétrons solitários.

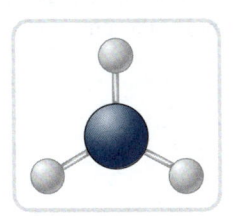

Aqui, o átomo do boro está cercado por três pares de elétrons. Qual arranjo minimiza as repulsões entre os três pares? A maior distância entre eles é atingida por ângulos de 120°.

Como cada um dos pares de elétrons é compartilhado com um átomo de flúor, a estrutura molecular é:

Essa é uma molécula plana (achatada) com um arranjo triangular de átomos F comumente descritos como uma estrutura trigona plana. *Toda vez que três pares de elétrons estão presentes em torno de um átomo, eles devem sempre ser posicionados nos vértices de um triângulo (em um plano com ângulos de 120° entre si).*

Em seguida, consideremos a molécula do metano, que tem a seguinte estrutura de Lewis:

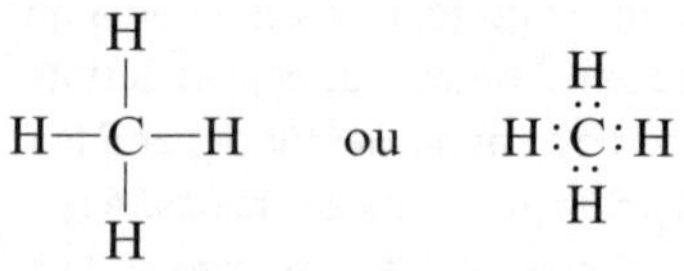

$$\begin{array}{c} H \\ | \\ H-C-H \\ | \\ H \end{array} \quad ou \quad H\!:\!\overset{\overset{H}{..}}{\underset{..}{C}}\!:\!H$$

Há quatro pares de elétrons em torno do átomo central de carbono. Qual arranjo desses pares de elétrons minimiza melhor as repulsões? Primeiro, tentamos um arranjo quadrático plano:

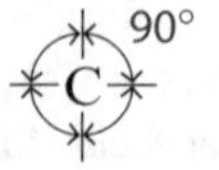

O átomo de carbono e os pares de elétrons estão todos em um plano representado pela superfície de uma página, e os ângulos entre esses pares estão todos de 90°.

Há outro arranjo com ângulos maiores que 90° que colocaria os pares de elétrons ainda mais afastados uns dos outros? A resposta é sim. Podemos obter ângulos maiores que 90° utilizando a estrutura tridimensional a seguir, que tem ângulos de aproximadamente 109,5°.

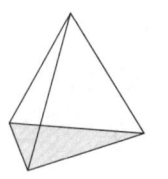

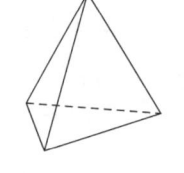

Nesse desenho, a seta indica uma posição acima da superfície da página e as linhas tracejadas indicam as posições atrás daquela superfície. A linha contínua indica uma posição na superfície de uma página. A figura formada pela conexão das linhas é chamada de tetraedro, logo, podemos chamar esse arranjo de pares de elétrons de **arranjo tetraédrico**.

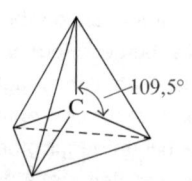

Um tetraedro tem quatro faces triangulares iguais.

Essa é a maior separação possível de quatro pares em torno de determinado átomo. *Toda vez que quatro pares de elétrons estão presentes em torno de um átomo, eles sempre devem ser posicionados nos cantos de um tetraedro (o arranjo tetraédrico).*

Agora que temos o arranjo de pares de elétrons em que há a menor repulsão, podemos determinar as posições dos átomos e, dessa forma, a estrutura molecular do CH_4. No metano, cada um dos quatro pares de elétrons é compartilhado entre o átomo de carbono e os átomos de hidrogênio. Assim, os átomos de hidrogênio são posicionados como representado na Fig. 12.12 e a molécula tem uma estrutura tetraédrica com o átomo de carbono ao centro.

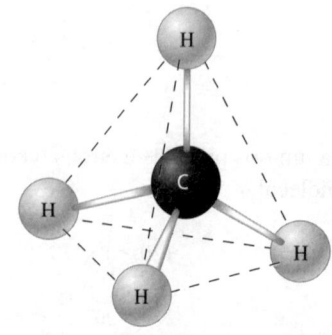

Figura 12.12 ▶ Estrutura molecular do metano. O arranjo tetraédrico dos pares de elétrons produz um arranjo tetraédrico de átomos de hidrogênio.

Pensamento crítico

Você viu que as moléculas com quatro pares de elétrons, como o CH_4, são tetraédricas. E se uma molécula tivesse seis pares de elétrons, como o SF_6? Preveja a geometria e os ângulos de ligação do SF_6.

Lembre-se de que a principal ideia do modelo RPNEV é encontrar o arranjo dos pares de elétrons em torno do átomo central que minimize as repulsões. Então, podemos determinar a *estrutura molecular* sabendo como os pares de elétrons são compartilhados com os átomos periféricos. Um procedimento sistemático para usar o modelo RPNEV para prever a estrutura de uma molécula é destacado a seguir.

Etapas para prever a estrutura molecular utilizando o modelo RPNEV

Etapa 1 Desenhe a estrutura de Lewis da molécula.

Etapa 2 Conte os pares de elétrons e arranje-os de modo que minimize a repulsão (isto é, coloque os pares da forma mais afastada possível).

Etapa 3 Determine as posições dos átomos a partir de como os pares de elétrons são compartilhados.

Etapa 4 Determine o nome da estrutura molecular com base nas posições dos átomos.

Exemplo resolvido 12.5 — Prevendo a estrutura molecular utilizando o modelo RPNEV, I

A amônia, NH_3, é usada como fertilizante (injetada no solo) e como produto de limpeza doméstico (em solução aquosa). Preveja a estrutura da amônia usando o modelo RPNEV.

SOLUÇÃO

Etapa 1 Desenhe a estrutura de Lewis.

$$H-\overset{..}{\underset{|}{N}}-H$$
$$H$$

Etapa 2 Conte os pares de elétrons e arranje-os para minimizar as repulsões. A molécula NH_3 tem quatro pares de elétrons em torno do átomo de N: três pares ligantes e um par de não ligante. Pela discussão da molécula de metano, sabemos que o melhor arranjo de quatro pares de elétrons é a estrutura tetraédrica representada na Fig. 12.13(a).

Etapa 3 Determine as posições dos átomos. Os três átomos de H compartilham pares de elétrons como representado na Fig. 12.13(b).

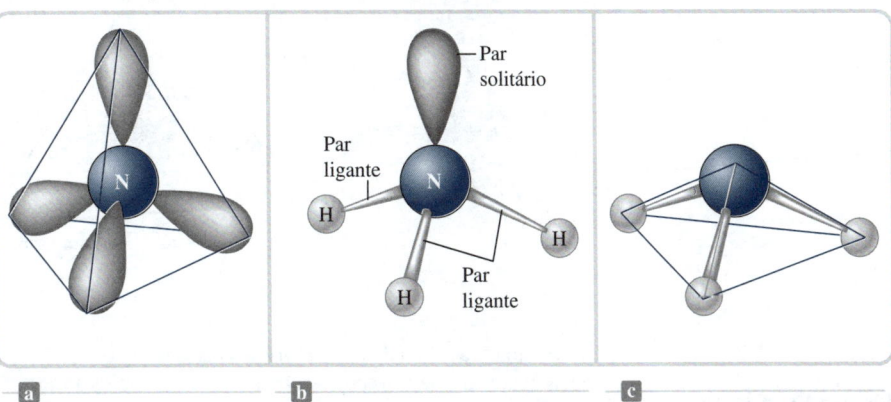

Figura 12.13 ▶ Estrutura da amônia.

a O arranjo tetraédrico dos pares de elétrons em torno do átomo de nitrogênio na molécula de amônia.

b Três pares de elétrons em torno do nitrogênio são compartilhados com átomos de hidrogênio como mostrado, e um deles é um par solitário.

c A molécula de NH_3 tem uma estrutura piramidal trigonal (uma pirâmide com um triângulo como base).

Etapa 4 Nomeie a estrutura molecular. É muito importante reconhecer que o nome da estrutura molecular sempre tem como base as *posições dos átomos. O posicionamento dos pares de elétrons determina a estrutura, mas o nome tem como base as posições dos átomos*. Dessa forma, é incorreto dizer que a molécula de NH_3 é tetraédrica. Ela tem um arranjo tetraédrico de pares de elétrons, mas *não* um arranjo tetraédrico de átomos. A estrutura molecular da amônia é uma **pirâmide trigonal** (um lado é diferente dos outros três) em vez de um tetraedro. ■

Exemplo resolvido 12.6 — Prevendo a estrutura molecular utilizando o modelo RPNEV, II

Descreva a estrutura molecular da molécula de água.

SOLUÇÃO

Etapa 1 A estrutura de Lewis da água é:

$$H-\ddot{\underset{..}{O}}-H$$

Etapa 2 Há quatro pares de elétrons: dois pares ligantes e dois pares de não ligantes. Para minimizar as repulsões, eles são mais bem arranjados em uma estrutura tetraédrica como representada na Fig. 12.14(a).

Etapa 3 Embora a H_2O possua um arranjo tetraédrico de *pares de elétrons*, ela *não é uma molécula tetraédrica*. Os átomos na molécula de H_2O têm a forma de V, como representado nas Fig. 12.14(b) e (c).

Etapa 4 A estrutura molecular é chamada de em forma de V ou angular.

AUTOVERIFICAÇÃO

Exercício 12.5 Preveja o arranjo dos pares de elétrons em torno do átomo central. Em seguida, esboce e nomeie a estrutura molecular de cada uma das moléculas e de cada um dos íons a seguir:

a. NH_4^+ d. H_2S
b. SO_4^{2-} e. ClO_3^-
c. NF_3 f. BeF_2

Consulte os Problemas 12.81 até 12.84. ■

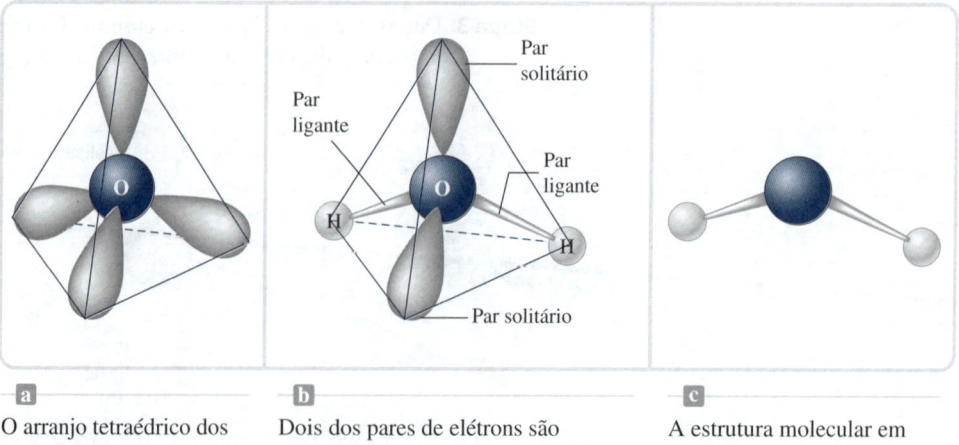

Figura 12.14 ▶ Estrutura da água.

a — O arranjo tetraédrico dos quatro pares de elétrons em torno do oxigênio na molécula da água.

b — Dois dos pares de elétrons são compartilhados entre os átomos de oxigênio e hidrogênio, e dois são pares solitários.

c — A estrutura molecular em forma de V da molécula da água.

As diversas moléculas que consideramos estão resumidas na Tabela 12.4, abaixo. Observe as regras gerais a seguir.

Regras para prever a estrutura molecular utilizando o modelo RPNEV

1. Dois pares de elétrons em um átomo central em uma molécula sempre são colocados com separação de 180° entre eles. Esse é um arranjo linear de pares.
2. Três pares de elétrons em um átomo central em uma molécula sempre são colocados com separação de 120° entre si no mesmo plano que o átomo central. Esse é um arranjo trigonal plano (triangular) de pares.
3. Quatro pares de elétrons em um átomo central em uma molécula sempre são colocados com separação de 109,5° entre eles. Esse é um arranjo tetraédrico de pares de elétrons.
4. Quando *cada par* de elétrons no átomo central é *compartilhado* com outro átomo, a estrutura molecular tem o mesmo nome que o arranjo de pares de elétrons.

Número de pares	Nome do arranjo
2	linear
3	trigonal plano
4	tetraédrico

5. Quando um ou mais pares de elétrons em torno de um átomo central não são compartilhados (pares solitários), o nome da estrutura molecular é *diferente* do arranjo de pares de elétrons (veja as linhas 4 e 5 na Tabela 12.4).

Tabela 12.4 ▶ Arranjos dos pares de elétrons e as estruturas moleculares resultantes para dois, três e quatro pares de elétrons

Número de pares de elétrons	Ligações	Arranjo do par de elétrons	Modelo bola-vareta	Estrutura molecular	Estrutura de Lewis parcial	Exemplo do modelo bola-vareta
2	2	Linear	180°	Linear	A—B—A	Cl—Be—Cl
3	3	Trigonal plano (triangular)	120°	Trigonal plano (triangular)	A | B ╱ ╲ A A	F—B(—F)—F
4	4	Tetraédrico	109,5°	Tetraédrico	A | A—B—A | A	H—C(H)(H)—H
4	3	Tetraédrico	109,5°	Trigonal piramidal	A—B̈—A | A	H—N(H)—H
4	2	Tetraédrico	109,5°	Angular ou em forma de V	A—B̈—A	H—Ö—H

12-10 Estrutura molecular: moléculas com ligações duplas

OBJETIVO Aprender a aplicar o modelo RPNEV às moléculas com ligações duplas.

Até este ponto, aplicamos o modelo RPNEV apenas para moléculas (e íons) que contêm ligações simples. Nesta seção, mostraremos que esse modelo se aplica igualmente bem a espécies com uma ou mais ligações duplas. Desenvolveremos os procedimentos para lidar com as moléculas com ligações duplas considerando os exemplos cujas estruturas são conhecidas.

Primeiro, examinaremos a estrutura do dióxido de carbono, uma substância que pode contribuir para o aquecimento da Terra. A molécula do dióxido de carbono tem a seguinte estrutura de Lewis

$$\ddot{\text{O}}=\text{C}=\ddot{\text{O}}$$

como discutido na Seção 12-7. O dióxido de carbono é conhecido por experimento como uma molécula linear. Isto é, tem um ângulo de ligação de 180°.

Lembre-se da Seção 12-9, em que dois pares de elétrons em torno de um átomo central podem minimizar suas repulsões mútuas assumindo posições em lados opostos do átomo (a 180° entre si). Isso faz com que uma molécula, como $BeCl_2$, que tem a seguinte estrutura de Lewis:

$$:\ddot{\text{Cl}}-\text{Be}-\ddot{\text{Cl}}:$$

tenha uma estrutura linear. Agora lembre-se de que o CO_2 tem duas ligações duplas e é conhecido por ser linear. Dessa forma, as ligações duplas devem estar a 180° entre si. Portanto, concluímos que cada ligação dupla nessa molécula age *de modo eficaz* como uma unidade repulsiva. Essa conclusão faz sentido se pensarmos em uma ligação como uma "nuvem" de densidade eletrônica entre dois átomos. Por exemplo, podemos ilustrar as ligações simples em $BeCl_2$ da seguinte forma:

A repulsão mínima entre essas duas nuvens de densidades eletrônicas ocorre quando elas estão em lados opostos do átomo de Be (ângulo de 180° entre elas).

Cada ligação dupla no CO_2 envolve o compartilhamento de quatro elétrons entre o átomo de carbono e um átomo de oxigênio. Dessa forma, podemos esperar que a nuvem ligante seja "mais gorda" do que para uma ligação simples:

No entanto, os efeitos repulsivos dessas duas nuvens produzem o mesmo resultado que as ligações simples; as nuvens ligantes têm repulsões mínimas quando estão posicionadas nos lados opostos do carbono. O ângulo de ligação é de 180° e, portanto, a molécula é linear:

Resumindo, a análise do CO_2 nos leva à conclusão de que, com a utilização do modelo RPNEV para as moléculas com ligações duplas, cada ligação dupla deveria ser tratada do mesmo jeito que uma ligação simples. Em outras palavras, embora uma ligação dupla envolva quatro elétrons, eles são restritos ao espaço entre um determinado par de átomos. Portanto, esses quatro elétrons não funcionam como dois pares independentes, mas estão "amarrados" para formar uma unidade repulsiva eficaz.

Chegamos a essa mesma conclusão considerando as estruturas conhecidas de outras moléculas que contêm ligações duplas. Por exemplo, considere a molécula de ozônio, que tem dezoito elétrons de valência e exibe duas estruturas de ressonância:

$$:\ddot{O}-\ddot{O}=\ddot{O}: \longleftrightarrow :\ddot{O}=\ddot{O}-\ddot{O}:$$

A molécula de ozônio é conhecida por ter um ângulo de ligação próximo a 120°. Lembre-se de que os ângulos de 120° representam a repulsão mínima para três pares de elétrons.

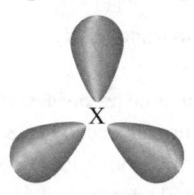

Isso indica que a ligação dupla na molécula de ozônio está se comportando como uma unidade repulsiva eficaz.

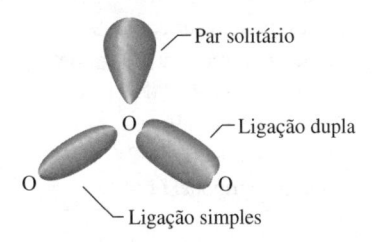

Esses e outros exemplos nos levam à seguinte regra: *ao utilizar o modelo RPNEV para prever a geometria molecular de uma molécula, uma ligação dupla é considerada da mesma forma que um único par de elétrons.*

Dessa forma, o CO_2 tem dois "pares efetivos" que formam a sua estrutura linear, ao passo que o O_3 tem três "pares efetivos" que formam a sua estrutura angular com um ângulo de ligação de 120°. Portanto, para usar o modelo RPNEV para moléculas (ou íons) que têm ligações duplas, utilizamos as mesmas etapas que aquelas dadas na Seção 12-9, mas consideramos qualquer ligação dupla como se fosse um único par de elétrons. Embora não tenhamos mostrado aqui, as ligações triplas também são consideradas uma unidade repulsiva na aplicação do modelo RPNEV.

Exemplo resolvido 12.7 Prevendo a estrutura molecular utilizando o modelo RPNEV, III

Preveja a estrutura do íon nitrato.

SOLUÇÃO   **Etapa 1** As estruturas de Lewis do NO_3^- são:

Etapa 2 Em cada estrutura de ressonância há efetivamente três pares de elétrons: as duas ligações simples e a ligação dupla (que é considerada como um par). Esses três "pares efetivos" precisarão de um arranjo trigonal plano (ângulos de 120°).

Etapa 3 Os átomos estão todos em um plano, com o nitrogênio ao centro e os três oxigênios nos vértices de um triângulo (arranjo trigonal plano).

Etapa 4 O íon NO_3^- tem uma estrutura trigonal plana. ∎

CAPÍTULO 12 REVISÃO

F direciona você ao segmento *Química em foco* no capítulo

Termos-chave

ligação (12-1)
energia de ligação (12-1)
ligação iônica (12-1)
composto iônico (12-1)
ligação covalente (12-1)
ligação covalente polar (12-1)
eletronegatividade (12-2)
momento dipolo (12-3)
estrutura de Lewis (12-6)
regra do dueto (12-6)
regra do octeto (12-6)
par ligante (12-6)
pares solitários (12-6)
pares não compartilhados (12-6)
ligação simples (12-7)
ligação dupla (12-7)
ligação tripla (12-7)
ressonância (12-7)
estruturas de ressonância (12-7)
estrutura molecular (12-8)
estrutura geométrica (12-8)
ângulo de ligação (12-8)
estrutura linear (12-8)
estrutura trigonal plana (12-8)
estrutura tetraédrica (12-8)
modelo de repulsão do par de elétrons no nível de valência (RPNEV) (12-9)
arranjo tetraédrico (12-9)
pirâmide trigonal (12-9)

Para revisão

▶ As ligações químicas mantêm grupos de átomos unidos para formar moléculas e sólidos iônicos.
▶ As ligações são classificadas como
  • iônica: formada quando um ou mais elétrons são transferidos para formar íons positivos e negativos.
  • covalente: os elétrons são compartilhados igualmente entre átomos idênticos.
    • ligação covalente polar: compartilhamento desigual de elétrons entre átomos diferentes.
▶ A eletronegatividade é a capacidade relativa de um átomo atrair os elétrons compartilhados com outro átomo em uma ligação.
▶ A diferença na eletronegatividade dos átomos que formam uma ligação determina a polaridade daquela ligação.
▶ Em compostos estáveis, os átomos tendem a atingir a configuração eletrônica do átomo do gás nobre mais próximo.
▶ Nos compostos iônicos,
  • os ametais tendem a ganhar elétrons para atingir a configuração eletrônica do átomo do próximo gás nobre.
  • os metais tendem a perder elétrons para atingir a configuração eletrônica do átomo do gás nobre anterior.
▶ Os íons se agrupam para formar compostos eletricamente neutros.
▶ Nos compostos covalentes, os ametais compartilham elétrons de modo que ambos os átomos atinjam as configurações do gás nobre.
▶ As estruturas de Lewis representam os arranjos eletrônicos de valência dos átomos em um composto.
▶ As regras para desenhar as estruturas de Lewis reconhecem a importância das configurações eletrônicas do gás nobre.
  • Regra do dueto para o hidrogênio
  • Regra do octeto para a maioria dos outros átomos
▶ Algumas moléculas têm mais de uma estrutura de Lewis válida, chamada de ressonância.
▶ Algumas moléculas violam a regra do octeto para os átomos componentes.
  • Exemplos são BF_3, NO_2 e NO.
▶ A estrutura molecular descreve como os átomos em uma molécula são arranjados no espaço.
▶ A estrutura molecular pode ser prevista utilizando o modelo de repulsão do par de elétrons do nível de valência (RPNEV).

Questões de aprendizado ativo

Estas questões foram desenvolvidas para ser resolvidas por grupos de alunos em sala de aula. Normalmente, elas funcionam bem para introduzir um tópico específico em sala.

1. Utilizando apenas a tabela periódica, preveja o íon mais estável para Na, Mg, Al, S, Cl, K, Ca e Ga. Arranje esses elementos do maior para o menor raio e explique por que o tamanho do raio varia dessa forma.

2. Escreva as cargas apropriadas de modo que um metal alcalino, um gás nobre e um halogênio tenham as mesmas configurações eletrônicas. Qual é o número de prótons em cada um? O número de elétrons em cada um? Arranje-os do menor para o maior raio e explique seu raciocínio de organização.

3. O que significa uma *ligação química*?

4. Por que os átomos formam ligações entre si? O que pode tornar uma molécula favorecida em comparação com os átomos solitários?

5. Como uma ligação entre Na e Cl se difere de uma ligação entre C e O? E uma ligação entre N e N?

6. Com suas próprias palavras, o que significa o termo *eletronegatividade*? Quais são as tendências observadas na tabela periódica para a eletronegatividade? Explique-as e descreva como elas são consistentes com as tendências de energia de ionização e raio atômico.

7. Explique a diferença entre ligação iônica e ligação covalente. Como podemos usar a tabela periódica para nos ajudar a determinar o tipo de ligação entre os átomos?

8. Verdadeiro ou falso? No geral, um átomo maior tem uma eletronegatividade menor. Explique.

9. Por que há uma regra do octeto (e o que significa *octeto*) para escrever as estruturas de Lewis?

10. A estrutura de Lewis diz quais elétrons vêm de quais átomos? Explique.

11. Se o lítio e o flúor reagem, qual atrai mais um elétron? Por quê?

12. Em uma ligação entre flúor e iodo, qual atrai mais um elétron? Por quê?
13. Utilizamos as diferenças na eletronegatividade para considerar certas propriedades das ligações. E se todos os átomos tivessem os mesmos valores de eletronegatividade? Como as ligações entre os átomos seriam afetadas? Quais seriam algumas das diferenças que notaríamos?
14. Explique como você pode utilizar a tabela periódica para prever a fórmula dos compostos.
15. Por que consideramos somente os elétrons de valência para desenhar as estruturas de Lewis?
16. Como determinamos o número total de elétrons de valência de um íon? Dê um exemplo de um ânion e um cátion e explique sua resposta.
17. Qual é a ideia principal da teoria de repulsão do par de elétrons no nível de valência (RPNEV)?
18. As moléculas de NH_3 e BF_3 têm a mesma fórmula geral (AB_3), mas formas diferentes.
    a. Encontre a forma de cada uma das moléculas acima.
    b. Dê mais exemplos de moléculas reais que têm as mesmas fórmulas gerais, mas formas diferentes.
19. Como lidamos com ligações múltiplas na teoria RPNEV?
20. Na Seção 12-10 de seu livro, é utilizado o termo "pares efetivos". O que isso significa?
21. Considere os íons Sc^{3+}, Cl^-, K^+, Ca^{2+} e S^{2-}. Relacione esses íons às imagens a seguir que representam os tamanhos relativos dos íons.

22. Escreva o nome de cada um das formas das moléculas a seguir:

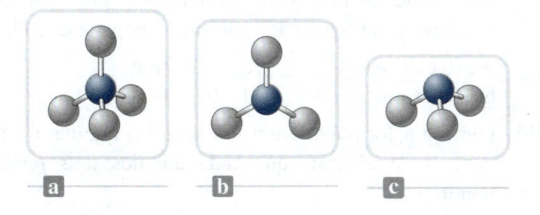

Perguntas e problemas

12-1 Tipos de ligações químicas

Perguntas

1. Em termos gerais, o que é uma *ligação* química?
2. O que a *energia de ligação* de uma ligação química representa?
3. Que tipos de elementos reagem para formar compostos *iônicos*?
4. Em termos gerais, o que é uma ligação *covalente*?
5. Descreva o tipo de ligação que existe na molécula de $Cl_2(g)$. Como esse tipo de ligação se difere daquela encontrada na molécula de $HCl(g)$? E como se assemelham?
6. Compare e contraste a ligação encontrada nas moléculas de $H_2(g)$ e $HF(g)$ com aquela encontrada no $NaF(s)$.

12-2 Eletronegatividade

Perguntas

7. A capacidade relativa de um átomo em uma molécula para atrair elétrons para si é chamada de _____ do átomo.
8. O que significa dizer que uma ligação é *polar*? Dê dois exemplos de moléculas com ligações *polares*. Indique em seus exemplos o sentido da polaridade.
9. Uma ligação entre átomos com uma (pequena/grande) diferença na eletronegatividade será iônica.
10. Qual fator determina o nível relativo da polaridade de uma ligação covalente polar?

Problemas

11. Em cada um dos grupos a seguir, qual elemento é o mais eletronegativo? Qual é o menos eletronegativo?
    a. K, Na, H
    b. F, Br, Na
    c. B, N, F
12. Em cada um dos grupos a seguir, qual elemento é o mais eletronegativo? Qual é o menos eletronegativo?
    a. Cs, Ba, At
    b. Ba, Sr, Ra
    c. O, Rb, Mg
13. Com base nos valores de eletronegatividade dados na Fig. 12.3, indique o que se esperaria que cada uma das ligações a seguir fosse: iônica, covalente ou covalente polar.
    a. O—O
    b. Al—O
    c. B—O
14. Com base nos valores de eletronegatividade dados na Fig. 12.3, indique o que se esperaria que cada uma das ligações a seguir fosse: iônica, covalente ou covalente polar.
    a. S—S
    b. S—H
    c. S—K
15. Qual das moléculas a seguir contém ligações covalentes polares?
    a. água, H_2O
    b. monóxido de carbono, CO
    c. flúor, F_2
    d. nitrogênio, N_2
16. Qual das moléculas a seguir contém ligações covalentes polares?
    a. fósforo, P_4
    b. oxigênio, O_2
    c. ozônio, O_3
    d. fluoreto de hidrogênio, HF
17. Com base nos valores de eletronegatividade dados na Fig. 12.3, indique qual é a ligação mais polar em cada um dos pares a seguir.
    a. H—F ou H—Cl
    b. H—Cl ou H—I
    c. H—Br ou H—Cl
    d. H—I ou H—Br

18. Com base nos valores de eletronegatividade dados na Fig. 12.3, indique qual é a ligação mais polar em cada um dos pares a seguir:
    a. O—Cl ou O—Br
    b. N—O ou N—F
    c. P—S ou P—O
    d. H—O ou H—N

19. Qual ligação em cada um dos pares a seguir tem o maior caráter iônico?
    a. Na—F ou Na—I
    b. Ca—S ou Ca—O
    c. Li—Cl ou Cs—Cl
    d. Mg—N ou Mg—P

20. Qual ligação em cada um dos pares a seguir tem o caráter menos iônico?
    a. Na—O ou Na—N
    b. K—S ou K—P
    c. Na—Cl ou K—Cl
    d. Na—Cl ou Mg—Cl

12-3 Polaridade da ligação e momentos dipolo

Perguntas

21. O que é um *momento dipolo*? Dê quatro exemplos de moléculas que têm momentos dipolo e desenhe o sentido do dipolo como mostrado na Seção 12-3.

22. Por que a presença de um momento dipolo na molécula de água é tão importante? Quais são algumas propriedades da água determinadas por sua polaridade?

Problemas

23. Em cada uma das moléculas diatômicas a seguir, qual extremidade da molécula é negativa em relação à outra extremidade?
    a. cloreto de hidrogênio, HCl
    b. monóxido de carbono, CO
    c. monofluoreto de bromo, BrF

24. Em cada uma das moléculas diatômicas a seguir, qual extremidade da molécula é positiva em relação à outra extremidade?
    a. fluoreto de hidrogênio, HF
    b. monofluoreto de cloro, ClF
    c. monocloreto de iodo, ICl

25. Para cada uma das ligações a seguir, desenhe uma figura indicando o sentido do dipolo da ligação, incluindo qual extremidade da ligação é positiva e qual é negativa.
    a. C—F
    b. Si—C
    c. C—O
    d. B—C

26. Para cada uma das ligações a seguir, desenhe uma figura indicando o sentido do dipolo da ligação, incluindo qual extremidade da ligação é positiva e qual é negativa.
    a. S—P
    b. S—F
    c. S—Cl
    d. S—Br

27. Para cada uma das ligações a seguir, desenhe uma figura indicando o sentido do dipolo da ligação, incluindo qual extremidade da ligação é positiva e qual é negativa.
    a. Si—H
    b. P—H
    c. S—H
    d. Cl—H

28. Para cada uma das ligações a seguir, desenhe uma figura indicando o sentido do dipolo da ligação, incluindo qual extremidade da ligação é positiva e qual é negativa.
    a. H—C
    b. N—O
    c. N—S
    d. N—C

12-4 Configurações eletrônicas estáveis e cargas nos íons

Perguntas

29. O que significa quando dizemos que na formação de ligações, os átomos tentam atingir uma configuração eletrônica análoga à de um gás nobre?

30. Os elementos metálicos perdem elétrons ao reagir, e os íons positivos resultantes têm uma configuração eletrônica análoga ao _____ elemento do gás nobre.

31. Os ametais formam íons negativos ao (ganhar/perder) elétrons o suficiente para atingir a configuração eletrônica do próximo gás nobre.

32. Explique como os átomos nas moléculas *covalentes* atingem configurações eletrônicas semelhantes àquelas dos gases nobres. Como isso difere da situação nos compostos iônicos?

Problemas

33. Qual íon simples esperar-se-ia que cada um dos elementos a seguir forme? Qual gás nobre tem uma configuração eletrônica análoga a cada um dos íons?
    a. cloro, $Z = 17$
    b. estrôncio, $Z = 38$
    c. oxigênio, $Z = 8$
    d. rubídio, $Z = 37$

34. Qual íon simples esperar-se-ia que cada um dos elementos a seguir forme? Qual gás nobre tem uma configuração eletrônica análoga a cada um dos íons?
    a. bromo, $Z = 35$
    b. césio, $Z = 55$
    c. fósforo, $Z = 15$
    d. enxofre, $Z = 16$

35. Para cada um dos números de elétrons a seguir, forneça a fórmula de um íon positivo que teria esse número de elétrons e escreva a configuração eletrônica completa de cada íon.
    a. 10 elétrons
    b. 2 elétrons
    c. 18 elétrons
    d. 36 elétrons

36. Forneça a fórmula de um íon *negativo* que teria o mesmo número de elétrons que cada um dos íons *positivos* a seguir.
    a. K^+
    b. Mg^{2+}
    c. Sr^{2+}
    d. Cs^+

37. Com base em suas configurações eletrônicas, preveja a fórmula dos compostos iônicos binários simples passíveis de se formar quando os seguintes pares de elementos reagem entre si.
    a. alumínio, Al, e enxofre, S
    b. rádio, Ra, e oxigênio, O
    c. cálcio, Ca, e flúor, F
    d. césio, Cs, e nitrogênio, N
    e. rubídio, Rb, e fósforo, P

38. Com base nas configurações eletrônicas, preveja a fórmula do composto iônico binário simples passível de se formar quando os seguintes pares de elementos reagem entre si.
    a. alumínio e bromo
    b. alumínio e oxigênio
    c. alumínio e fósforo
    d. alumínio e hidrogênio

39. Nomeie o átomo do gás nobre que tem a mesma configuração eletrônica que cada um dos íons nos compostos a seguir:
    a. sulfeto de bário, BaS
    b. fluoreto de estrôncio, SrF_2
    c. óxido de magnésio, MgO
    d. sulfeto de alumínio, Al_2S_3

40. Os átomos formam íons de modo a atingir as configurações eletrônicas semelhantes às dos gases nobres. Para os pares de configurações de gás nobre a seguir, forneça as fórmulas de dois compostos iônicos simples que teriam configurações eletrônicas comparáveis.
    a. [He] e [Ne]   c. [He] e [Ar]
    b. [Ne] e [Ne]   d. [Ne] e [Ar]

12-5 Ligação iônica e estruturas dos compostos iônicos

Perguntas

41. A fórmula que escrevemos para um composto iônico é a fórmula *molecular* ou a fórmula *empírica*? Por quê?

42. Descreva em termos gerais a estrutura dos sólidos iônicos, como o NaCl. Como os íons são empacotados no cristal?

43. Por que os cátions sempre são menores que os átomos dos quais eles são formados?

44. Por que os ânions sempre são maiores que os átomos dos quais eles são formados?

Problemas

45. Para cada um dos pares a seguir, indique qual espécie é menor. Explique seu raciocínio pela estrutura eletrônica de cada espécie.
    a. H ou H^- c. Al ou Al^{3+}
    b. N ou N^{3-} d. F ou Cl

46. Para cada um dos pares a seguir, indique qual espécie é maior. Explique seu raciocínio pela estrutura eletrônica de cada espécie.
    a. Mg^{2+} ou Mg   c. Rb^+ ou Br^-
    b. Ca^{2+} ou K^+ d. Se^{2-} ou Se

47. Para cada um dos pares a seguir, indique qual é menor.
    a. Fe ou Fe^{3+} b. Cl ou Cl^- c. Al^{3+} ou Na^+

48. Para cada um dos pares a seguir, indique qual é o maior.
    a. I ou F   b. F ou F^- c. Na^+ ou F^-

12-6 e 12-7 Estruturas de Lewis

Perguntas

49. Por que os elétrons de *valência* de um átomo são os únicos elétrons passíveis de se envolver na ligação com outros átomos?

50. Explique o que são as regras do "dueto" e do "octeto" e como elas são usadas para descrever o arranjo de elétrons em uma molécula.

51. Qual tipo de estrutura normalmente cada átomo em um composto deve exibir para o composto ser estável?

52. Quando os elementos no segundo e terceiro períodos aparecem nos compostos, qual número de elétrons no nível de valência representa o arranjo eletrônico mais estável? Por quê?

Problemas

53. Quantos elétrons estão envolvidos quando dois átomos em uma molécula estão conectados por uma "ligação dupla"? Escreva a estrutura de Lewis de uma molécula que contém uma ligação dupla.

54. O que significa quando dois átomos em uma molécula estão conectados por uma "ligação tripla"? Escreva a estrutura de Lewis de uma molécula que contém uma ligação tripla.

55. Escreva a estrutura de Lewis simples para cada um dos átomos a seguir:
    a. I ($Z = 53$)   c. Xe ($Z = 54$)
    b. Al ($Z = 13$)   d. Sr ($Z = 38$)

56. Escreva a estrutura de Lewis simples para cada um dos átomos a seguir:
    a. Mg ($Z = 12$)   c. S ($Z = 16$)
    b. Br ($Z = 35$)   d. Si ($Z = 14$)

57. Forneça o número *total* de elétrons de valência em cada uma das moléculas a seguir:
    a. N_2O c. C_3H_8
    b. B_2H_6 d. NCl_3

58. Forneça o número *total* de elétrons de valência em cada uma das moléculas a seguir:
    a. B_2O_3 c. C_2H_6O
    b. CO_2 d. NO_2

59. Escreva a estrutura de Lewis de cada uma das moléculas simples a seguir. Represente todos os pares de elétrons de valência ligantes como linhas e todos os pares de elétrons de valência não ligantes como pontos.
    a. NBr_3 c. CBr_4
    b. HF   d. C_2H_2

60. Escreva a estrutura de Lewis de cada uma das moléculas simples a seguir. Represente todos os pares de elétrons de valência ligantes como linhas e todos os pares de elétrons de valência não ligantes como pontos.
    a. H_2S c. C_2H_4
    b. SiF_4 d. C_3H_8

61. Escreva a estrutura de Lewis de cada uma das moléculas simples a seguir. Represente todos os pares de elétrons de valência ligantes como linhas e todos os pares de elétrons de valência não ligantes como pontos.
    a. C_2H_6 c. C_4H_{10}
    b. NF_3 d. $SiCl_4$

62. Escreva a estrutura de Lewis para cada uma das moléculas simples a seguir. Represente todos os pares de elétrons de valência ligantes como linhas e todos os pares de elétrons de valência não ligantes como pontos.
    a. PCl_3 c. $C_2H_4Cl_2$
    b. $CHCl_3$ d. N_2H_4

F 63. O segmento "Química em foco — *Brócolis — Alimento milagroso?*" discute os benefícios para a saúde da ingestão do brócolis e mostra a estrutura de Lewis do sulforafano, uma substância química presente nesse alimento. Desenhe as estruturas de ressonância do sulforafano.

F 64. O segmento "Química em foco — *Escondendo o dióxido de carbono*" discute as tentativas de isolar (armazenar) no subsolo o CO_2 produzido em usinas com o intuito de diminuir o efeito estufa. Desenhe todas as estruturas de ressonância da molécula de CO_2.

65. Escreva a estrutura de Lewis de cada um dos íons poliatômicos a seguir. Represente todos os pares de elétrons de valência ligantes como linhas e todos os pares de elétrons de valência não ligantes como pontos. Para aqueles íons que exibem ressonância, desenhe as várias formas possíveis de ressonância.
   a. íon sulfato, SO_4^{2-}
   b. íon fosfato, PO_4^{3-}
   c. íon sulfito, SO_3^{2-}

66. Escreva a estrutura de Lewis de cada um dos íons poliatômicos a seguir. Represente todos os pares de elétrons de valência ligantes como linhas e todos os pares de elétrons de valência não ligantes como pontos. Para aqueles íons que exibem ressonância, desenhe as várias formas possíveis de ressonância.
   a. íon clorato, ClO_3^{2-}
   b. íon peróxido, O_2^{2-}
   c. íon acetato, $C_2H_3O_2^-$

67. Escreva a estrutura de Lewis de cada um dos íons poliatômicos a seguir. Represente todos os pares de elétrons de valência ligantes como linhas e todos os pares de elétrons de valência não ligantes como pontos. Para aqueles íons que exibem ressonância, desenhe as várias formas possíveis de ressonância.
   a. íon clorito, ClO_2^-
   b. íon perbromato, BrO_4^-
   c. íon cianeto, CN^-

68. Escreva e estrutura de Lewis de cada um dos íons poliatômicos a seguir. Represente todos os pares de elétrons de valência ligantes como linhas e todos os pares de elétrons de valência não ligantes como pontos. Para aqueles íons que exibem ressonância, desenhe as várias formas possíveis de ressonância.
   a. íon carbonato, CO_3^{2-}
   b. íon amônio, NH_4^+
   c. íon hipoclorito, ClO^-

12-8 Estrutura molecular

Perguntas

69. Qual é a estrutura geométrica da molécula de água? Quantos pares de elétrons de valência há no átomo de oxigênio na molécula de água? Qual é o ângulo aproximado da ligação H—O—H na água?

70. Qual é a estrutura geométrica da molécula de amônia? Quantos pares de elétrons cercam o átomo de nitrogênio em NH_3? Qual é o ângulo aproximado de ligação H—N—H na amônia?

71. Qual é a estrutura geométrica da molécula do trifluoreto de boro, BF_3? Quantos pares de elétrons de valência estão presentes no átomo de boro no BF_3? Quais são os ângulos aproximados da ligação F—B—F no BF_3?

72. Qual é a estrutura geométrica da molécula SiF_4? Quantos pares de elétrons de valência estão presentes no átomo de silício de SiF_4? Quais são os ângulos aproximados da ligação F—Si—F em SiF_4?

12-9 e 12-10 Estrutura molecular: modelo RPNEV

Perguntas

73. Por que a estrutura geométrica de uma molécula é importante, sobretudo para as moléculas biológicas?

74. Quais princípios gerais determinam a estrutura molecular (forma) de uma molécula?

75. Como é a estrutura em torno de um determinado átomo em relação à repulsão entre os pares de elétrons de valência no átomo?

76. Por que todas as moléculas diatômicas são *lineares*, independentemente do número de pares de elétrons de valência nos átomos envolvidos?

77. Embora os pares de elétrons de valência na amônia possuam um arranjo tetraédrico, a estrutura geométrica geral da molécula de amônia *não* é descrita como tetraédrica. Explique.

78. Embora tanto a molécula BF_3 quanto a molécula NF_3 contenham o mesmo número de átomos, a molécula BF_3 é plana, ao passo que a molécula NF_3 é piramidal trigonal. Explique.

Problemas

79. Para o átomo indicado em cada uma das moléculas ou íons a seguir, indique o número e o arranjo dos pares de elétrons em torno daquele átomo.
   a. As em AsO_4^{3-}
   b. Se em SeO_4^{2-}
   c. S em H_2S

80. Para o átomo indicado em cada uma das moléculas ou íons a seguir, indique o número e o arranjo dos pares de elétrons em torno daquele átomo.
   a. S em SO_3^{2-}
   b. S em HSO_3^-
   c. S em HS^-

81. Utilizando a teoria RPNEV, preveja a estrutura molecular de cada uma das moléculas a seguir.
   a. NCl_3 b. H_2Se c. $SiCl_4$

82. Utilizando a teoria RPNEV, preveja a estrutura molecular de cada uma das moléculas a seguir.
   a. CBr_4 b. PH_3 c. OCl_2

83. Utilizando a teoria RPNEV, preveja a estrutura molecular de cada um dos íons poliatômicos a seguir.
   a. íon sulfato, SO_4^{2-}
   b. íon fosfato, PO_4^{3-}
   c. íon amônio, NH_4^+

84. Utilizando a teoria RPNEV, preveja a estrutura molecular de cada um dos íons poliatômicos a seguir.
   a. íon di-hidrogenofosfato, $H_2PO_4^-$
   b. íon perclorato, ClO_4^-
   c. íon sulfito, SO_3^{2-}

85. Para cada uma das moléculas ou íons a seguir, indique o ângulo de ligação esperado entre o átomo central e quaisquer dois átomos de hidrogênio adjacentes.
   a. H_2O b. NH_3 c. NH_4^+ d. CH_4

86. Para cada uma das moléculas ou íons a seguir, indique o ângulo de ligação esperado entre o átomo central e quaisquer átomos de cloro adjacentes.
   a. Cl_2O b. NCl_3 c. CCl_4 d. C_2Cl_4

87. O segmento "Química em foco — *Paladar — é a estrutura que conta*" discute adoçantes artificiais. Quais são os ângulos de ligação esperados em torno do átomo de hidrogênio no aspartame?

88. Para cada uma das moléculas a seguir, preveja a estrutura molecular e os ângulos de ligação em torno do átomo central.

a. SeS$_2$ c. SO$_2$
b. SeS$_3$ d. CS$_2$

Problemas adicionais

89. O que é *ressonância*? Dê três exemplos de moléculas ou íons que exibam ressonância, e desenhe as estruturas de Lewis de cada uma das formas de ressonância possíveis.

90. Quando dois átomos compartilham dois pares de elétrons, diz-se que existe uma ligação _____ entre eles.

91. O arranjo geométrico de pares de elétrons em torno de um determinado átomo é determinado principalmente pela tendência em minimizar _____ entre os pares de elétrons.

92. Escolha a ligação que seja a menos polar. Explique seu raciocínio.
    a. P—S   d. Sr—O
    b. C—O   e. Fe—P
    c. N—N

93. Em cada caso, qual dos seguintes pares de elementos ligados forma a ligação mais polar?
    a. Br—Cl ou Br—F
    b. As—S ou As—O
    c. Pb—C ou Pb—Si

94. O que queremos dizer com *energia de ligação* de uma ligação química?

95. Uma ligação química _____ representa o compartilhamento igual de um par de elétrons entre dois núcleos.

96. Para cada um dos pares de elementos a seguir, identifique qual elemento esperar-se-ia ser o mais eletronegativo. Não é preciso olhar para uma tabela de valores reais de eletronegatividade.
    a. Be ou Ba
    b. N ou P
    c. F ou Cl

97. Com base nos valores de eletronegatividade dados na Fig. 12.3, indique qual tipo de ligação esperar-se-ia para cada um dos casos a seguir fosse: iônica, covalente ou covalente polar.
    a. H—O   c. H—H
    b. O—O   d. H—Cl

98. Qual das moléculas a seguir contém ligações covalentes polares?
    a. monóxido de carbono, CO
    b. cloro, Cl$_2$
    c. monocloreto de iodo, ICl
    d. fósforo, P$_4$

99. Com base nos valores de eletronegatividade dados na Fig. 12.3, indique qual é a ligação mais polar em cada um dos pares a seguir.
    a. N—P ou N—O   c. N—S ou N—C
    b. N—C ou N—O   d. N—F ou N—S

100. Em cada uma das moléculas a seguir, qual extremidade é negativa em relação à outra extremidade?
    a. monóxido de carbono, CO
    b. monobrometo de iodo, IBr
    c. iodeto de hidrogênio, HI

101. Para cada uma das ligações a seguir, desenhe uma figura indicando o sentido do dipolo da ligação, incluindo qual extremidade da ligação é positiva e qual é negativa.
    a. N—Cl   c. N—S
    b. N—P   d. N—C

102. Quais gases nobres correspondem à mesma configuração eletrônica para cada um dos íons no composto nitreto de cálcio (na ordem como é escrito)?
    a. Kr; Ne   d. Ar; Ne
    b. Kr; He   e. Ar; Ar
    c. Ar; He

103. Qual íon simples cada um dos elementos a seguir forma com mais frequência?
    a. sódio   e. enxofre
    b. iodo   f. magnésio
    c. potássio   g. alumínio
    d. cálcio   h. nitrogênio

104. Com base nas configurações eletrônicas, preveja a fórmula do composto iônico binário simples passível de ser formado quando os seguintes pares dos elementos reagem entre si:
    a. sódio, Na, e selênio, Se
    b. rubídio, Rb, e flúor, F
    c. potássio, K, e telúrio, Te
    d. bário, Ba, e selênio, Se
    e. potássio, K, e astatino, At
    f. frâncio, Fr, e cloro, Cl

105. Qual gás nobre tem a mesma configuração eletrônica que cada um dos íons nos compostos a seguir?
    a. brometo de cálcio, CaBr$_2$
    b. seleneto de alumínio, Al$_2$Se$_3$
    c. óxido de estrôncio, SrO
    d. sulfeto de potássio, K$_2$S

106. Para cada um dos pares a seguir, indique qual é menor.
    a. Rb$^+$ ou Na$^+$ c. F$^-$ ou I$^-$
    b. Mg^{2+} ou Al^{3+} d. Na$^+$ ou K$^+$

107. Escreva a estrutura de Lewis de cada um dos átomos a seguir:
    a. He ($Z = 2$)   d. Ne ($Z = 10$)
    b. Br ($Z = 35$)   e. I ($Z = 53$)
    c. Sr ($Z = 38$)   f. Ra ($Z = 88$)

108. Qual é o número *total* de elétrons de *valência* em cada uma das moléculas a seguir?
    a. HNO$_3$ c. H$_3$PO$_4$
    b. H$_2$SO$_4$ d. HClO$_4$

109. Escreva a estrutura de Lewis de cada uma das moléculas simples a seguir. Represente todos os pares de elétrons de valência ligantes como linhas e todos os pares de elétrons de valência não ligantes como pontos.
    a. GeH$_4$ c. NI$_3$
    b. ICl   d. PF$_3$

110. Escreva a estrutura de Lewis de cada uma das moléculas simples a seguir. Represente todos os pares de elétrons de valência ligantes como linhas e todos os pares de elétrons de valência não ligantes como pontos.
    a. N$_2$H$_4$ c. NCl$_3$
    b. C$_2$H$_6$ d. SiCl$_4$

111. Escreva a estrutura de Lewis de cada uma das moléculas simples a seguir. Represente todos os pares de elétrons de valência ligantes como linhas e todos os pares de elétrons de valência não ligantes como pontos. Para as moléculas que exibem ressonância, desenhe as várias formas de ressonância possíveis.
    a. SO_2
    b. N_2O (N no centro)
    c. O_3

112. Escreva a estrutura de Lewis de cada um dos íons poliatômicos a seguir. Represente todos os pares de elétrons de valência ligantes como linhas e todos os pares de elétrons de valência de não ligantes como pontos. Para aqueles íons que exibem ressonância, desenhe as várias formas possíveis de ressonância.
    a. íon nitrato
    b. íon carbonato
    c. íon amônio

113. Por que a estrutura molecular da H_2O é não linear ao passo que a do BeF_2 é linear, apesar de ambas as moléculas consistirem de três átomos?

114. Para o átomo indicado em cada uma das moléculas a seguir, indique o número e o arranjo de pares de elétrons em torno daquele átomo.
    a. C no CCl_4
    b. Ge no GeH_4
    c. B no BF_3

115. Utilizando a teoria RPNEV, preveja a estrutura molecular de cada uma das moléculas a seguir.
    a. Cl_2O b. OF_2 c. $SiCl_4$

116. Utilizando a teoria RPNEV, preveja a estrutura molecular de cada um dos íons poliatômicos a seguir:
    a. íon clorato
    b. íon clorito
    c. íon perclorato

117. Para cada uma das moléculas a seguir, indique o ângulo de ligação esperado entre o átomo central e quaisquer dois átomos de cloro adjacentes.
    a. Cl_2O c. $BeCl_2$
    b. CCl_4 d. BCl_3

118. Utilizando a teoria RPNEV, preveja a estrutura molecular de cada uma das moléculas ou íons a seguir que contém ligações múltiplas.
    a. SO_2
    b. SO_3
    c. HCO_3^- (o hidrogênio está ligado ao oxigênio)
    d. HCN

119. Utilizando a teoria RPNEV, preveja a estrutura molecular de cada uma das moléculas ou íons a seguir que contém ligações múltiplas.
    a. CO_3^{2-}
    b. HNO_3 (o hidrogênio está ligado ao oxigênio)
    c. NO_2^-
    d. C_2H_2

120. Explique brevemente como as substâncias com ligação iônica diferem nas propriedades das substâncias com ligação covalente.

121. Explique a diferença entre uma ligação covalente formada entre dois átomos do mesmo elemento e uma ligação covalente formada entre os átomos de dois elementos diferentes.

Problemas para estudo

122. Classifique a ligação em cada uma das moléculas a seguir como iônicas, covalentes polares ou covalentes apolares.
    a. H_2 d. SO_2 g. CF_4
    b. K_3P e. HF   h. K_2S
    c. NaI   f. CCl_4

123. Compare as eletronegatividades de cada par de átomos. Determine o elemento de cada par que tem a maior eletronegatividade.

Par	Símbolo do elemento com a maior eletronegatividade
P e Cl	_____
Ca e N	_____
N e As	_____

124. Liste as ligações P—Cl, P—F, O—F e Si—F da menos polar para a mais polar.

125. Arranje os átomos e/ou íons nos grupos a seguir em ordem decrescente de tamanho.
    a. O, O^-, O^{2-}
    b. $Fe^{2+}, Ni^{2+}, Zn^{2+}$
    c. Ca^{2+}, K^+, Cl^-

126. Escreva as configurações eletrônicas do íon mais estável formado por cada um dos elementos a seguir. Não use a notação do gás nobre. Escreva a configuração eletrônica completa.

Elemento	Configuração eletrônica do íon mais estável
Na	_____
K	_____
Li	_____
Cs	_____

127. Qual dos compostos ou íons a seguir exibe ressonância?
    a. O_3 d. CO_3^{2-}
    b. CNO^- e. AsF_3
    c. AsI_3

128. As fórmulas de diversas substâncias químicas são dadas na tabela abaixo. Para cada substância na tabela, forneça seu nome químico e preveja sua estrutura molecular.

Fórmula	Nome do componente	Estrutura molécular
CO_2	_____	_____
NH_3	_____	_____
SO_3	_____	_____
H_2O	_____	_____
ClO_4^-	_____	_____

REVISÃO CUMULATIVA DOS CAPÍTULOS 10 A 12

Perguntas

1. O que é energia *potencial*? O que é energia *cinética*? O que queremos dizer por *lei da conservação de energia*? O que os cientistas querem dizer com *trabalho*? Explique o que os cientistas querem dizer com *função de estado* e dê um exemplo de uma.

2. O que a *temperatura* mede? As moléculas em um béquer de água quente têm a mesma velocidade que as moléculas em um béquer de água gelada? Explique. O que é *calor*? Calor é a mesma coisa que *temperatura*?

3. Ao descrever uma reação, um químico pode referir-se ao *sistema* e à *vizinhança*. Explique cada um desses termos. Se uma reação é *endotérmica*, o calor flui da vizinhança para o sistema, ou do sistema para a vizinhança? Suponha que uma reação entre solutos iônicos seja realizada em solução aquosa, e a temperatura da solução aumente. A reação é exotérmica ou endotérmica? Explique.

4. Como são chamados o estudo de energia e as variações de energia? Qual é a "primeira lei" da termodinâmica e o que ela significa? O que os cientistas querem dizer com *energia interna* de um sistema? *Energia interna* é a mesma coisa que *calor*?

5. Como a *caloria* é definida? A *caloria termodinâmica* é a mesma coisa que *a Caloria* com que somos cuidadosos ao planejar nossas dietas? Embora a caloria seja nossa "unidade de trabalho" para energia (com base em sua definição experimental), a unidade SI de energia é o *joule*. Como joules e calorias estão relacionados? O que a *capacidade calorífica específica* de uma substância representa? Qual substância comum tem a capacidade calorífica específica relativamente alta, que a torna útil para fins de resfriamento?

6. Qual é a variação de *entalpia* para um processo? A entalpia é uma função de estado? Em qual aparelho experimental as variações de entalpia são medidas?

7. A lei de Hess muitas vezes é confusa para os estudantes. Imagine que você está conversando com um amigo que não faz nenhuma disciplina de ciências. Utilizando as reações

$$P_4(s) + 6Cl_2(g) \rightarrow 4PCl_3(g) \quad \Delta H = -2,44 \times 10^3 \text{ kJ}$$
$$4PCl_5(g) \rightarrow P_4(s) + 10Cl_2(g) \quad \Delta H = 3,43 \times 10^3 \text{ kJ}$$

explique para seu amigo como a lei de Hess pode ser usada para calcular a variação de entalpia da reação

$$PCl_5(g) \rightarrow PCl_3(g) + Cl_2(g)$$

8. A primeira lei da termodinâmica indica que o conteúdo de energia total do universo é constante. Se isso é verdade, por que nos preocupamos com "conservação de energia"? O que queremos dizer com *qualidade* de energia em vez de *quantidade*? Dê um exemplo. Embora a quantidade de energia no universo possa ser constante, a *qualidade* dessa energia está variando?

9. No que o *petróleo* e o *gás natural* consistem? Indique algumas "frações" do petróleo e explique para que elas são usadas. O que significa "craquear" o petróleo e por que isso é feito? Para que o tetraetila de chumbo era usado e por que seu uso foi drasticamente reduzido? O que é o *efeito estufa* e por que os cientistas estão preocupados com isso?

10. O que é uma *força motriz*? Nomeie duas forças motrizes comuns e importantes e dê um exemplo de cada. O que é *entropia*? Embora a *energia* total do universo seja constante, a *entropia* do universo também é constante? O que é um processo espontâneo?

11. Suponha que temos separadas amostras de 25 g de ferro, prata e ouro. Se 125 J de energia de calor forem aplicados separadamente a cada uma das três amostras, demonstre por cálculos qual amostra terminará na temperatura mais alta.

12. Metano, CH_4, é o principal componente do gás natural. O metano queima no ar, liberando aproximadamente 890 kJ de energia de calor por mol.

$$CH_4(g) + 2O_2(g) \rightarrow CO_2(g) + 2H_2O(g)$$

   a. Qual quantidade de calor é liberada se for queimado 0,521 mol de metano?

   b. Qual quantidade de calor é liberada se 1,25 g de metano for queimado?

   c. Qual quantidade de metano deve reagir se 1250 kJ de energia de calor for liberada?

13. O que é *radiação eletromagnética*? Dê alguns exemplos dessa radiação. Explique o que representam o *comprimento de onda* (λ) e a *frequência* (ν) da radiação eletromagnética. Esboce uma representação de uma onda e indique em seu desenho o comprimento de onda. A qual velocidade a radiação eletromagnética se move pelo espaço? Como essa velocidade está relacionada a λ e ν?

14. Explique o que significa para um átomo estar em um *estado excitado* e o que significa para um átomo estar em seu *estado fundamental*. Como um átomo excitado *retorna* para seu estado fundamental? O que é um *fóton*? Como o comprimento de onda (cor) da luz está relacionado à energia dos fótons emitidos por um átomo? Como a energia dos fótons *emitidos* por um átomo está relacionada às variações de energia ocorrendo *dentro* do átomo?

15. Os átomos em estados excitados emitem radiação aleatoriamente, em qualquer comprimento de onda? Por quê? O que significa dizer que o átomo de hidrogênio tem apenas certos *níveis de energia discreta* disponíveis? Como sabemos disso? Por que a quantização dos níveis de energia surpreendeu os cientistas quando foi descoberta?

16. Descreva o modelo de Bohr do átomo de hidrogênio. Como Bohr visualizou a relação entre o elétron e o núcleo do átomo de hidrogênio? Como o modelo de Bohr explica a emissão de apenas comprimentos de onda discretos de luz em átomos de hidrogênio excitados? Por que o modelo de Bohr não resistiu quando foram feitos mais experimentos utilizando outros elementos além do hidrogênio?

17. Schrödinger e de Broglie sugeriram uma "dualidade de onda-partícula" para pequenas partículas — isto é, a radiação eletromagnética mostrou algumas propriedades semelhantes às da partícula, então, talvez as pequenas partículas possam exibir algumas propriedades semelhantes às da onda. Explique. Como a ilustração da mecânica ondulatória do átomo difere fundamen-

talmente do modelo de Bohr? Como os *orbitais* da mecânica ondulatória diferem das *órbitas* de Bohr? O que significa dizer que um orbital representa um mapa de probabilidade para um elétron?

18. Descreva as características gerais do primeiro orbital atômico do hidrogênio (menor energia). Como esse orbital é simbolicamente designado? Esse orbital tem uma "borda" bem definida? O orbital representa uma superfície sob a qual o elétron viaja todos os momentos?

19. Utilize a ilustração da mecânica ondulatória do átomo de hidrogênio para descrever o que acontece quando o átomo absorve energia e se move para um estado "excitado". O que os *níveis de energia principal* e seus subníveis representam para um átomo de hidrogênio? Como designamos os níveis e os subníveis de energia principal no hidrogênio?

20. Descreva os subníveis e os orbitais que constituem o terceiro e o quarto níveis de energia principal do hidrogênio. Como cada orbital é designado e quais são as formas gerais de seus mapas de probabilidade?

21. Descreva o *spin do elétron*. Como o spin do elétron afeta o número total de elétrons que pode ser acomodado em um determinado orbital? O que o *princípio de exclusão de Pauli* nos diz sobre os elétrons e seus spins?

22. Resuma os postulados do modelo da mecânica ondulatória do átomo.

23. Liste a *ordem* na qual os orbitais são preenchidos à medida que passamos para os átomos além do hidrogênio. Quantos elétrons no geral podem ser acomodados no primeiro e no segundo níveis de energia principal? Quantos elétrons podem ser colocados em um determinado subnível *s*? Em um determinado subnível *p*? Em um orbital *p* específico? Por que atribuímos elétrons desemparelhados nos orbitais 2p do carbono, nitrogênio e oxigênio?

24. O que são os elétrons de *valência* em um átomo? Escolha três elementos e escreva suas configurações eletrônicas, circulando os elétrons de valência nas configurações. Por que os elétrons de valência são mais importantes para as propriedades químicas de um átomo do que os elétrons mais internos ou o núcleo?

25. Esboce o formato geral da tabela periódica e indique as regiões gerais que representam os diversos orbitais *s, p, d* e *f* sendo preenchidos. Como a posição de um elemento na tabela periódica está relacionada às suas propriedades químicas?

26. Utilizando a tabela periódica geral que você desenvolveu na Pergunta 25, mostre como a configuração eletrônica de valência da maioria dos elementos pode ser escrita apenas sabendo a *localização* relativa do elemento na tabela. Dê exemplos específicos.

27. O que são os *elementos representativos*? Em qual(is) região(ões) da tabela periódica esses elementos são encontrados? Em qual área geral da tabela periódica os elementos *metálicos* são encontrados? Em qual área geral da tabela os *ametais* são encontrados? Onde estão localizados os *metaloides* na tabela?

28. Você aprendeu como as propriedades dos elementos variam *sistematicamente,* correspondendo às estruturas eletrônicas dos elementos considerados. Discuta como as *energias de ionização* e os *tamanhos atômicos* dos elementos variam, tanto dentro de um grupo vertical (família) da tabela periódica quanto dentro de uma linha horizontal (período).

29. No geral, o que queremos dizer com uma *ligação química?* O que a *energia de ligação* nos diz sobre a força de uma ligação química? Nomeie os principais tipos de ligações químicas.

30. O que queremos dizer com ligação *iônica*? Dê um exemplo de uma substância cujas partículas são mantidas unidas por ligação iônica. Qual evidência experimental temos para a existência da ligação iônica? No geral, quais tipos de substâncias reagem para produzir compostos com ligação iônica?

31. O que queremos dizer com ligação *covalente* e ligação *covalente polar*? Quais as semelhanças e diferenças entre esses dois tipos de ligação? Qual circunstância deve existir para uma ligação ser puramente covalente? Qual a diferença entre uma ligação covalente polar e uma ligação iônica?

32. O que significa *eletronegatividade*? Como a diferença na eletronegatividade entre dois átomos ligados está relacionada com a polaridade da ligação? Utilizando a Fig. 12.3, dê um exemplo de uma ligação que seria apolar e de uma ligação que seria altamente polar.

33. O que significa dizer que uma molécula tem um momento dipolo? Qual é a *diferença* entre uma ligação polar e uma molécula polar (uma que tem um momento dipolo)? Dê um exemplo de uma molécula que tem ligações polares e tem um momento dipolo. Dê um exemplo de uma molécula que tem ligações polares, mas *não* tem um momento dipolo. Quais são algumas implicações do fato de que a água ter um momento dipolo?

34. Como a obtenção de uma configuração eletrônica de gás nobre é importante para nossas ideias sobre como os átomos se ligam entre si? Quando os átomos de um metal reagem com átomos de um ametal, que tipo de configurações eletrônicas os íons resultantes obtêm? Explique como os átomos em um composto com ligações covalentes podem obter configurações eletrônicas de gás nobre.

35. Dê evidências de que as ligações iônicas são bem fortes. Uma substância iônica contém moléculas discretas? Com qual tipo de estrutura geral os compostos iônicos ocorrem? Esboce uma representação de uma estrutura geral para um composto iônico. Por que um cátion sempre é menor e um ânion é sempre maior do que o respectivo átomo-base? Descreva a ligação em um composto iônico que contém íons poliatômicos.

36. Por que a estrutura de Lewis de uma molécula mostra apenas os elétrons de valência? Qual é o fator mais importante para a formação de um composto estável? Como utilizamos essa exigência ao escrever as estruturas de Lewis?

37. Ao escrever as estruturas de Lewis das moléculas, o que significa a *regra do dueto*? Para qual elemento a regra do dueto se aplica? O que queremos dizer com *regra do octeto*? Por que obter um octeto de elétrons é importante para um átomo quando ele forma ligações com outros átomos? O que é um *par* de elétrons ligantes? O que é um par de elétrons de não ligantes (ou *solitário*)?

38. Para três moléculas simples de sua escolha, *aplique* as regras para escrever as estruturas de Lewis. Escreva seu texto como se estivesse explicando o método para alguém que *não* está familiarizado com as estruturas de Lewis.

39. O que uma ligação *dupla* entre dois átomos representa em número de elétrons compartilhados? O que uma ligação *tripla* representa? Ao escrever uma estrutura de Lewis, explique como reconhecemos quando uma molécula deve conter ligações duplas ou triplas. O que são *estruturas de ressonância*?

40. Embora muitas moléculas simples sigam a regra do octeto, algumas moléculas comuns são exceções a esta regra. Dê três exemplos de moléculas cujas estruturas de Lewis são exceções à regra do octeto.

41. O que queremos dizer com *estrutura geométrica* de uma molécula? Desenhe as estruturas geométricas de pelo menos quatro moléculas simples de sua escolha e indique os ângulos de ligação nas estruturas. Explique as principais ideias da *teoria da repulsão do par de elétrons no nível de valência (RPNEV)*. Utilizando diversos exemplos, explique como você *aplicaria* a teoria RPNEV para prever suas estruturas geométricas.

42. Qual ângulo de ligação resulta quando há apenas dois pares de elétrons de valência em torno de um átomo? Qual ângulo de ligação resulta quando há três pares de valência? Qual ângulo de ligação resulta quando há quatro pares de elétrons de valência em torno de um átomo em uma molécula? Dê exemplos de moléculas que contêm esses ângulos de ligação.

43. Como prevemos a estrutura geométrica de uma molécula cuja estrutura de Lewis indica que ela contém uma ligação dupla ou tripla? Dê um exemplo dessa molécula, escreva a estrutura de Lewis e mostre como o formato geométrico é derivado.

44. Escreva a configuração eletrônica dos átomos a seguir, utilizando o gás nobre apropriado para abreviar a configuração dos elétrons mais internos.
   a. Sr, Z = 38   d. K, Z = 19
   b. Al, Z = 13   e. S, Z = 16
   c. Cl, Z = 17   f. As, Z = 33

45. Com base na configuração eletrônica dos íons simples que os pares de elementos dados abaixo seriam esperados de formar, preveja a fórmula do composto binário simples que seria formado para cada par.
   a. Al e F   d. Mg e P
   b. Li e N   e. Al e O
   c. Ca e S   f. K e S

46. Desenhe a estrutura de Lewis para cada uma das moléculas ou íons a seguir. Indique o número e a orientação espacial dos pares de elétrons em torno do átomo destacado em negrito em cada fórmula. Preveja a estrutura geométrica simples de cada molécula ou íon e indique os ângulos de ligação aproximados em torno do átomo destacado em negrito.
   a. $H_2\mathbf{O}$ d. $\mathbf{Cl}O_4^-$
   b. $\mathbf{P}H_3$ e. $\mathbf{B}F_3$
   c. $\mathbf{C}Br_4$ f. $\mathbf{Be}F_2$

13 Gases

CAPÍTULO 13

- **13-1** Pressão
- **13-2** Pressão e volume: lei de Boyle
- **13-3** Volume e temperatura: lei de Charles
- **13-4** Volume e quantidades de matéria: lei de Avogadro
- **13-5** A lei de gás ideal
- **13-6** Lei de Dalton das pressões parciais
- **13-7** Leis e modelos: revisão
- **13-8** Teoria cinética molecular dos gases
- **13-9** Implicações da teoria cinética molecular
- **13-10** Estequiometria dos gases

A atmosfera, consistindo em grande parte por moléculas de nitrogênio e oxigênio, fornece a resistência do ar necessária para evitar que os praticantes de paraquedismo desçam muito rápido.
Danshutter/Shutterstock.com

Vivemos imersos em uma solução gasosa. A atmosfera terrestre é uma mistura de gases que consistem principalmente em nitrogênio elementar, N_2, e oxigênio, O_2. A atmosfera sustenta a vida e age como um receptáculo de resíduos dos gases de escape que acompanham muitos processos industriais. As reações químicas desses gases residuais na atmosfera levam a vários tipos de poluição, incluindo nevoeiro fotoquímico (smog) e chuva ácida. As duas fontes principais de poluição são o transporte e a produção de eletricidade. A combustão do combustível nos veículos produz CO, CO_2, NO e NO_2, com fragmentos não queimados do petróleo utilizado como combustível. A combustão do carvão e petróleo em usinas produz NO_2 e SO_2 nos gases de escape. Essas misturas de substâncias químicas podem ser ativadas pela absorção de luz produzindo o smog que aflige a maioria das cidades grandes. O SO_2 no ar reage com o oxigênio produzindo o gás SO_3, que se combina com a água no ar e produz gotículas de ácido sulfúrico (H_2SO_4), o principal componente da chuva ácida.

Os gases na atmosfera também nos protegem contra a radiação nociva do Sol e previnem o aquecimento terrestre refletindo a radiação do calor de volta para a Terra. De fato, agora há uma grande preocupação de que o aumento do dióxido de carbono atmosférico, um produto da combustão de combustíveis fósseis, esteja causando um aquecimento perigoso da Terra. (Veja "Química em Foco — *Efeitos atmosféricos*", no Capítulo 11.)

Neste capítulo, estudaremos cuidadosamente as propriedades dos gases. Primeiro, veremos como as medidas das propriedades do gás levam a vários tipos de leis — enunciados que mostram como as propriedades estão relacionadas umas com as outras. Em seguida, construiremos um modelo para explicar por que os gases se comportam dessa maneira. Este modelo mostrará como o comportamento das partículas individuais de um gás leva às propriedades observadas do gás em si (uma coleção de inúmeras partículas).

O estudo dos gases proporciona um excelente exemplo do método científico em ação, ilustrando como as observações feitas conduzem às leis naturais que, por sua vez, podem ser consideradas pelos modelos.

O Breitling Orbiter 3, mostrado sobre os Alpes Suíços, recentemente concluiu uma viagem ininterrupta ao redor do mundo. Gamma-Rapho via Getty Images

13-1 Pressão

OBJETIVOS
- Aprender sobre a pressão atmosférica e como os barômetros funcionam.
- Aprender as diversas unidades de pressão.

Um gás enche uniformemente qualquer recipiente, é facilmente comprimido e mistura-se completamente com qualquer outro gás (veja a Seção 3-1). Uma das propriedades mais óbvias de um gás é que ele exerce pressão no seu entorno. Por exemplo, quando você enche uma balão, o ar de dentro é empurrado contra as laterais elásticas do balão e o mantém firme.

Os gases mais familiares para nós formam a atmosfera da Terra. A pressão exercida por essa mistura gasosa que chamamos de ar pode ser bem demonstrada pelo experimento mostrado na Fig. 13.1. Um pequeno volume de água colocado em uma lata metálica é fervido, enchendo-a de vapor. Então, a lata é vedada e resfriada. Por que a lata entra em colapso assim que esfria? É a pressão atmosférica que amassa a lata. Quando ela é resfriada após ser vedada, de modo que o ar não possa entrar, o vapor de água dentro da lata condensa em um volume muito pequeno de água líquida. Como um gás, o vapor de água encheu a lata, mas quando ele condensou, o líquido não chega perto de encher a lata. As moléculas de H_2O anteriormente presentes como gás agora são coletadas em um volume bem menor de líquido, e sobraram pouquíssimas moléculas de gás para exercer pressão para fora e neutralizar a pressão do ar. Como resultado, a pressão exercida pelas moléculas de gás na atmosfera esmaga a lata.

392 Introdução à química: fundamentos

O ar seco (ar do qual o vapor de água foi removido) é composto por 78,1% de moléculas de N_2, 20,9% de moléculas de O_2, 0,9% de átomos de Ar e 0,03% de moléculas de CO_2, junto com quantidades menores de Ne, He, CH_4 Kr e outros oligoelementos.

Como um gás, a água ocupa 1200 vezes mais espaço que na forma líquida a 25°C e pressão atmosférica.

Logo após Torricelli morrer, o físico alemão Otto von Guericke inventou uma bomba de ar. Em uma famosa demonstração para o rei da Prússia em 1683, Guericke uniu dois hemisférios, bombeou o ar para fora da esfera resultante por meio de uma válvula e mostrou que as equipes de cavalos não podiam separar os hemisférios. Em seguida, após abrir secretamente a válvula de ar, Guericke facilmente separou os hemisférios com a mão. O rei da Prússia ficou tão impressionado que premiou Guericke com uma pensão vitalícia!

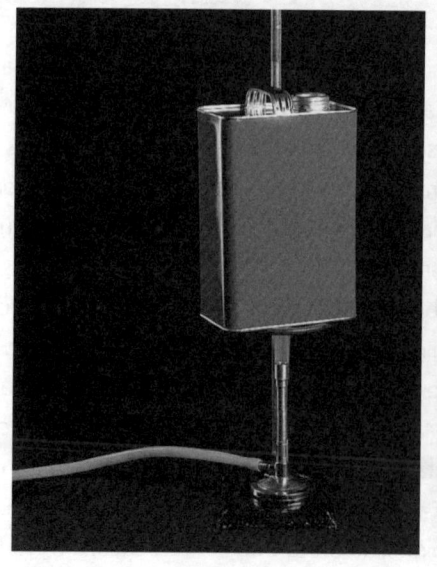

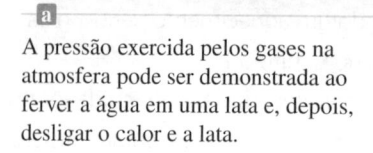

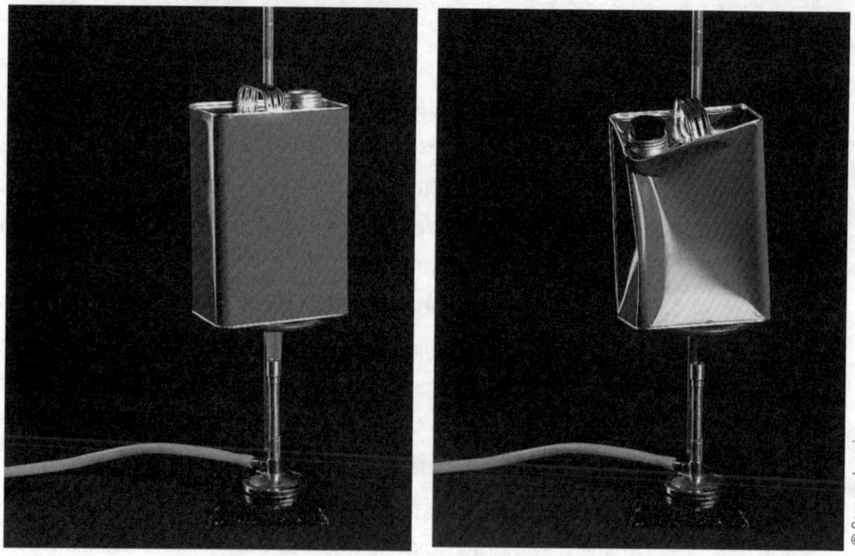

a A pressão exercida pelos gases na atmosfera pode ser demonstrada ao ferver a água em uma lata e, depois, desligar o calor e a lata.

b À medida que a lata esfria, o vapor de água condensa, diminuindo a pressão do gás no seu interior. Isso faz com que a lata amasse.

Figura 13.1 ▶

Um dispositivo que mede a pressão atmosférica, o **barômetro**, foi inventado em 1643 por um cientista italiano chamado Evangelista Torricelli (1608-1647), que foi aluno do famoso astrônomo Galileu. O barômetro de Torricelli é construído ao encher um tubo de vidro com mercúrio líquido e invertê-lo em um recipiente com mercúrio, como mostrado na Fig. 13.2. Observe que uma grande quantidade da substância fica no tubo. Ao nível do mar, a altura dessa coluna de mercúrio chega a uma média de 760 mm. Por que esse mercúrio fica no tubo aparentemente desafiando a gravidade? A Fig. 13.2 ilustra como a pressão exercida pelos gases atmosféricos na superfície do mercúrio no recipiente mantém a substância no tubo.

A pressão atmosférica resulta da massa de ar sendo puxada para o centro da Terra pela gravidade — em outras palavras, resulta do peso do ar. A variação das condições climáticas faz com que a pressão atmosférica varie, portanto, a altura da coluna de Hg mantida pela atmosfera ao nível do mar varia, ou seja, nem sempre é de 760 mm. Quando um meteorologista que diz uma "baixa" está se aproximando, significa que a pressão atmosférica vai diminuir. Essa condição frequentemente ocorre junto com uma tempestade.

A pressão atmosférica também varia com a altitude. Por exemplo, quando o experimento de Torricelli é feito em Breckenridge, Colorado (9600 pés de altitude), a atmosfera mantém uma coluna de mercúrio de apenas 520 mm de altura porque o ar está "mais fino". Isto é, há menos ar empurrando a superfície terrestre para baixo em Breckenridge que ao nível do mar.

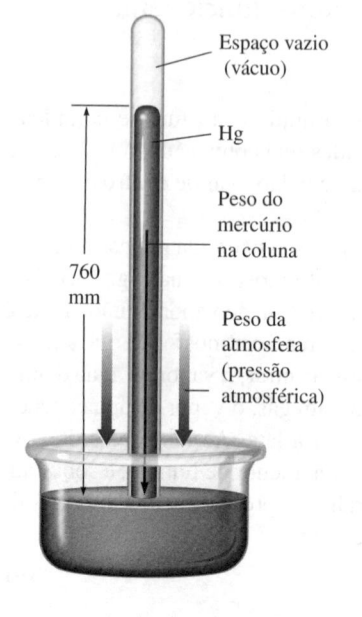

Figura 13.2 ▶ Quando um tubo de vidro é enchido com mercúrio e invertido em um recipiente com a mesma substância ao nível do mar, o mercúrio sai do tubo até que permanece uma coluna de aproximadamente 760 mm de altura (a altura varia com as condições atmosféricas). Observe que a pressão da atmosfera equilibra o peso da coluna de mercúrio no tubo.

QUÍMICA EM FOCO

Impressões digitais da exalação

A ciência médica sempre está procurando maneiras não invasivas de diagnosticar doenças. Um método bem promissor envolve a análise da respiração de uma pessoa. Essa ideia não é nova, na verdade. O conceito traça o caminho de volta para Hipócrates, que sugeriu uma conexão entre a exalação e doenças já em 400 d.c. Os médicos de hoje têm consciência de que os pacientes que sofrem de insuficiência renal e hepática possuem uma exalação diferente. A tecnologia moderna agora está possibilitando que os cientistas identifiquem na exalação do paciente compostos específicos que estão diretamente associados a doenças específicas.

No entanto, analisar a exalação não é fácil por sua complexidade química com uma miríade de substâncias. Muitas delas resultam da química corporal, porém várias outras estão presentes por causa da dieta, dos medicamentos ingeridos e das substâncias do ar inaladas pela pessoa. Apesar das dificuldades, tem havido progresso. Uma pioneira nessa área é Cristina Davis, professora de Engenharia Mecânica e Aeroespacial da Universidade da Califórnia. Davis está desenvolvendo um monitor portátil de asma pediátrica que determina o grau de inflamação ao medir o nível de óxido nítrico na exalação de um paciente. Em outro esforço, Peter Mazzone, da Cleveland Clinic, está testando um sensor de exalação que pode diagnosticar câncer pulmonar com 80% de precisão. Os testes já estão em andamento com o uso de um dispositivo mais sensível que deve dar uma precisão ainda maior. Pesquisadores em diversas instalações estão estudando os testes de exalação para outros tipos de câncer, como o de cólon e o de mama.

Parece que descobertas importantes na análise da exalação estão por vir.

Unidades de pressão

O mercúrio é utilizado para medir a pressão em função de sua alta densidade. A título de comparação, a coluna de água necessária para medir uma determinada pressão seria 13,6 vezes mais alta que uma coluna de mercúrio utilizada para a mesma finalidade.

Como os instrumentos utilizados para medir pressão (Fig. 13.3) geralmente contêm mercúrio, as unidades de pressão mais utilizadas têm como base a altura da coluna de mercúrio (em milímetros) que a pressão do gás pode manter. A unidade **milímetros de mercúrio (mm de Hg)** muitas vezes é chamada de **torr**, em homenagem a Torricelli. Os termos *torr* e *mm de Hg* são usados indistintamente pelos químicos. A unidade para pressão relacionada é a **atmosfera-padrão** (abreviado como atm).

$$1 \text{ atmosfera-padrão} = 1,000 \text{ atm} = 760,0 \text{ mm de Hg} = 760,0 \text{ torr}$$

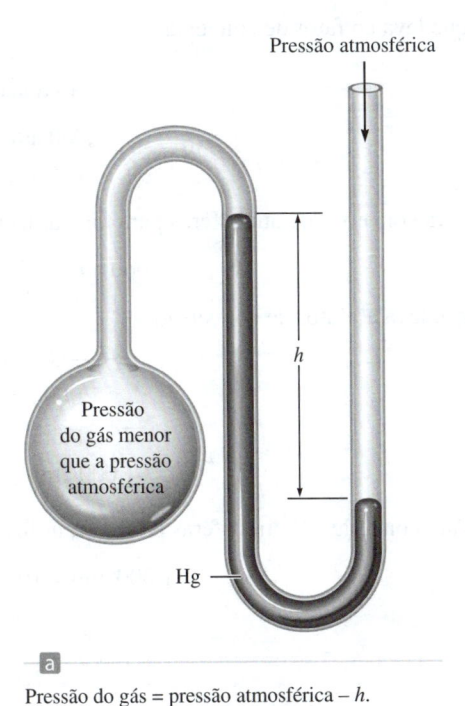

Figura 13.3 Dispositivo (chamado manômetro) para medir a pressão de um gás em um recipiente. A pressão do gás é igual a h (a diferença nos níveis de mercúrio) nas unidades de torr (equivalente a mm de Hg).

a) Pressão do gás = pressão atmosférica − h.

b) Pressão do gás = pressão atmosférica + h.

394 Introdução à química: fundamentos

1,000 atm
760,0 mm de Hg
760,0 torr
14,69 psi
101.325 Pa

A unidade do SI para pressão é o **pascal** (abreviado como Pa).

$$1 \text{ atmosfera-padrão} = 101.325 \text{ Pa}$$

Dessa forma, 1 atmosfera tem cerca de 100.000 ou 10^5 pascals. Como o pascal é muito pequeno, nós o utilizaremos com moderação neste livro. Uma unidade de pressão empregada nas ciências de engenharia e que utilizamos para medir a pressão de pneus é a libra por polegada quadrada, abreviada como psi.

$$1.000 \text{ atm} = 14,69 \text{ psi}$$

Às vezes, precisamos converter de uma unidade de pressão para outra. Fazemos isso utilizando fatores de conversão. O processo está ilustrado no Exemplo 13.1.

Exemplo resolvido 13.1

Conversões de unidades de pressão

A pressão medida do ar em um pneu é de 28 psi. Forneça essa pressão em atmosferas, torr e pascals.

SOLUÇÃO

Para onde vamos?

Queremos converter de unidades de libras por polegada quadrada para unidades de atmosferas, torr e pascals.

O que sabemos?

- 28 psi

De quais informações precisamos?

- Precisamos das declarações equivalentes para as unidades.

Como chegamos lá?

Para converter de libras por polegada quadrada para atmosferas, precisamos da declaração equivalente

$$1,000 \text{ atm} = 14,69 \text{ psi}$$

que leva ao fator de conversão

$$\frac{1,000 \text{ atm}}{14,69 \text{ psi}}$$

$$28 \text{ psi} \times \frac{1,000 \text{ atm}}{14,69 \text{ psi}} = 1,9 \text{ atm}$$

Para converter de atmosferas para torr, utilizamos a declaração equivalente

$$1,000 \text{ atm} = 760,0 \text{ torr}$$

que leva ao fator de conversão

$$\frac{760,0 \text{ torr}}{1,000 \text{ atm}}$$

$$1,9 \text{ atm} \times \frac{760,0 \text{ torr}}{1,000 \text{ atm}} = 1,4 \times 10^3 \text{ torr}$$

Para converter de atmosferas para torr, utilizamos a declaração equivalente

$$1,000 \text{ atm} = 101.325 \text{ Pa}$$

Verificando a pressão do ar em um pneu.

Técnica para aumentar suas capacidades matemáticas

$1,9 \times 760,0 = 1444$
$1444 \rightarrow 1400 = 1,4 \times 10^3$
Arredondamento

Técnica para aumentar suas capacidades matemáticas

1,9 × 101.325 = 192.517,5
192.517,5 ➡ 190.000 = 1,9 × 10⁵
Arredondamento

que leva ao fator de conversão

$$\frac{101{,}325 \text{ Pa}}{1{,}000 \text{ atm}}$$

$$1{,}9 \text{ atm} \times \frac{101{,}325 \text{ Pa}}{1{,}000 \text{ atm}} = 1{,}9 \times 10^5 \text{ Pa}$$

PROVA REAL As unidades nas respostas são as unidades necessárias.

AUTOVERIFICAÇÃO

Exercício 13.1 Em um dia de verão em Breckenridge, Colorado, a pressão atmosférica é de 525 mm de Hg. Qual é a pressão do ar em atmosferas?

Consulte os Problemas 13.7 até 13.12. ■

13-2 Pressão e volume: lei de Boyle

OBJETIVOS
▸ Compreender a lei que relaciona a pressão e o volume de um gás.
▸ Fazer cálculos que envolvam esta lei.

Os primeiros experimentos cuidadosos com gases foram realizados pelo cientista irlandês Robert Boyle (1627-1691). Utilizando um tubo em forma de J fechado em uma extremidade (Fig. 13.4), que ele declaradamente instalou na entrada de diversos andares de sua casa, Boyle estudou a relação entre a pressão do gás aprisionado e seu volume. Os valores representativos dos experimentos de Boyle são dados na Tabela 13.1. As unidades dadas para o volume (polegadas cúbicas) e a pressão (polegadas de mercúrio) são aquelas que Boyle usou. Tenha em mente que o sistema métrico não estava em uso na sua época.

Primeiro, vamos examinar as observações de Boyle (Tabela 13.1) para as tendências gerais. Observe que, à medida que a pressão aumenta, o volume do gás aprisionado diminui. Na verdade, se você comparar os dados dos experimentos 1 e 4, poderá ver que, com a duplicação da pressão (de 29,1 para 58,2), o volume do gás é reduzido pela metade (de 48,0 para 24,0). A mesma relação pode ser vista nos experimentos 2 e 5 e nos experimentos 3 e 6 (aproximadamente).

Podemos ver a relação entre o volume de um gás e sua pressão com mais clareza ao ver o produto dos valores dessas duas propriedades ($P \times V$) utilizando as

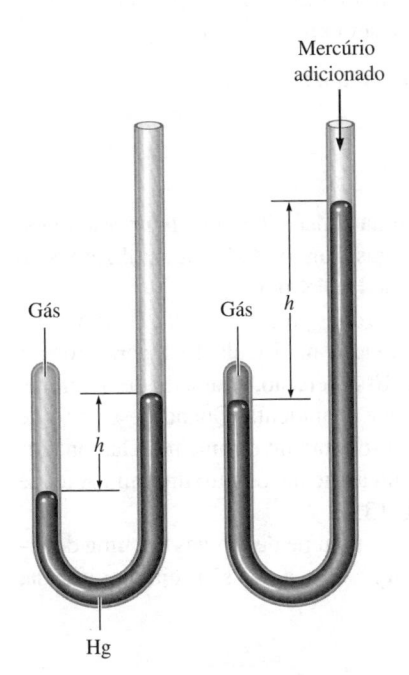

Figura 13.4 ▸ Um tubo em J semelhante àquele utilizado por Boyle. A pressão no gás aprisionado pode ser alterada ao se adicionar ou extrair o mercúrio.

O fato de a constante às vezes ser de $1{,}40 \times 10^3$ em vez de $1{,}41 \times 10^3$ ocorre em função do erro experimental (incertezas na medida dos valores de *P* e *V*).

Tabela 13.1 ▸ Amostra das observações de Boyle (mols de gás e temperatura constantes)

Experimento	pressão (pol de Hg)	Volume (pol³)	Pressão × volume (pol de Hg) × (pol³)	
			Real	Arredondado*
1	29,1	48,0	1396,8	$1{,}40 \times 10^3$
2	35,3	40,0	1412,0	$1{,}41 \times 10^3$
3	44,2	32,0	1414,4	$1{,}41 \times 10^3$
4	58,2	24,0	1396,8	$1{,}40 \times 10^3$
5	70,7	20,0	1414,0	$1{,}41 \times 10^3$
6	87,2	16,0	1395,2	$1{,}40 \times 10^3$
7	117,5	12,0	1410,0	$1{,}41 \times 10^3$

*São permitidos três algarismos significativos no produto porque os dois números multiplicados possuem três algarismos significativos.

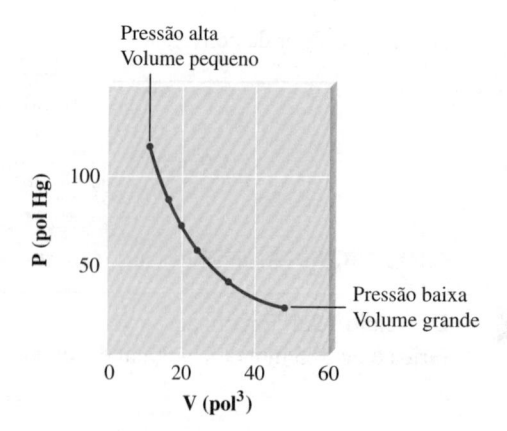

Figura 13.5 ▶ Um diagrama de *P* versus *V* dos dados de Boyle da Tabela 13.1.

observações de Boyle. Este produto é mostrado na última coluna da Tabela 13.1. Observe que para todos os experimentos,

$$P \times V = 1{,}4 \times 10^3 \text{ (pol. de Hg)} \times \text{pol.}^3$$

com apenas uma ligeira variação em função do erro experimental. Outras medições semelhantes em gases mostram o mesmo comportamento. Isso significa que a relação da pressão e do volume de um gás pode ser expressa como

a pressão vezes o volume é igual a uma constante

ou em termos de uma equação como

$$PV = k$$

Para a lei de Boyle ser mantida, a quantidade de gás (quantidade de matéria) não deve ser modificada. A temperatura também deve ser constante.

que é chamada de **lei de Boyle**, em que k é uma constante a uma temperatura específica para uma determinada quantidade de gás. Para os dados que utilizamos do experimento de Boyle, $k = 1{,}41 \times 10^3$ (pol. de Hg) $\times$ pol^3.

É ainda mais fácil visualizar as relações entre duas propriedades se fizermos um gráfico. A Fig. 13.5 utiliza os dados apresentados na Tabela 13.1 para mostrar como a pressão está relacionada ao volume. Essa relação, chamada de diagrama ou gráfico, mostra que V diminui à medida que P aumenta. Quando esse tipo de relação existe, dizemos que o volume e a pressão estão inversamente relacionados ou são *inversamente proporcionais*; quando um aumenta, o outro diminui. A lei de Boyle é ilustrada por amostras de gás na Fig. 13.6.

A lei de Boyle significa que, se soubermos o volume de um gás em uma determinada pressão, podemos prever o novo volume caso a pressão seja modificada,

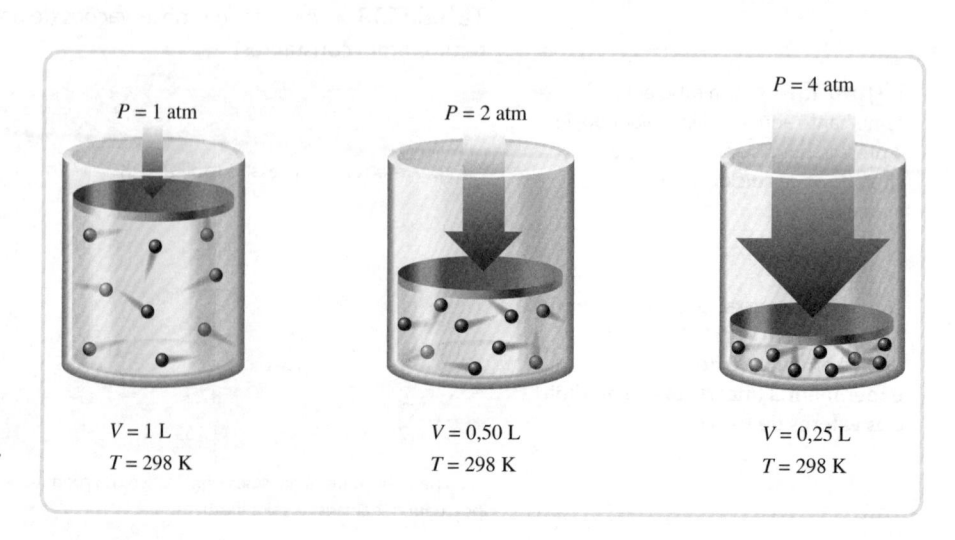

Figura 13.6 ▶ Ilustração da lei de Boyle. Estes três recipientes contêm o mesmo número de moléculas. A 298 K, $P \times V = 1$ L atm em todos os três recipientes.

desde que nem a temperatura nem a quantidade de gás sejam modificadas. Por exemplo, se representarmos a pressão e o volume originais como P_1 e V_1 e os valores finais como P_2 e V_2, utilizando a lei de Boyle podemos escrever:

$$P_1 V_1 = k$$

e

$$P_2 V_2 = k$$

Também podemos dizer:

$$P_1 V_1 = k = P_2 V_2$$

ou simplesmente

$$P_1 V_1 = P_2 V_2$$

Essa é, na verdade, outra maneira de escrever a lei de Boyle. Podemos achar o volume final (V_2) dividindo ambos os lados da equação por P_2.

$$\frac{P_1 V_1}{P_2} = \frac{P_2 V_2}{P_2}$$

Cancelando os termos P_2

$$\frac{P_1}{P_2} \times V_1 = V_2$$

ou

$$V_2 = V_1 \times \frac{P_1}{P_2}$$

Essa equação nos diz que podemos calcular o novo volume do gás (V_2) multiplicando o volume original (V_1) pela razão entre a pressão original e a pressão final (P_1/P_2), como ilustrado no Exemplo 13.2.

Exemplo resolvido 13.2 — Calculando o volume utilizando a lei de Boyle

O freon-12 (nome comum para o composto CCl_2F_2) foi bastante utilizado nos sistemas de refrigeração, mas agora tem sido substituído por outros compostos que não levam à destruição do ozônio protetor na atmosfera superior. Considere uma amostra de 1,5 L de CCl_2F_2 gasoso a uma pressão de 56 torr. Se a pressão for alterada para 150 torr a uma temperatura constante:

a. O volume do gás aumentará ou diminuirá?
b. Qual seria o novo volume do gás?

SOLUÇÃO Para onde vamos?

Queremos determinar se o volume aumentará ou diminuirá quando a pressão for alterada, e queremos calcular o novo volume.

O que sabemos?

- Sabemos as pressões inicial e final e o volume inicial.
- A quantidade de gás e a pressão são mantidas constantes.
- Lei de Boyle: $P_1 V_1 = P_2 V_2$.

Como chegamos lá?

a. O primeiro passo em um problema de lei de gases é sempre escrever as informações dadas na forma de uma tabela mostrando as condições iniciais e finais.

Condições iniciais	Condições finais
$P_1 = 56$ torr	$P_2 = 150$ torr
$V_1 = 1,5$ L	$V_2 = ?$

Fazer uma ilustração também ajuda. Observe que a pressão aumenta de 56 torr para 150 torr, portanto, o volume deve diminuir:

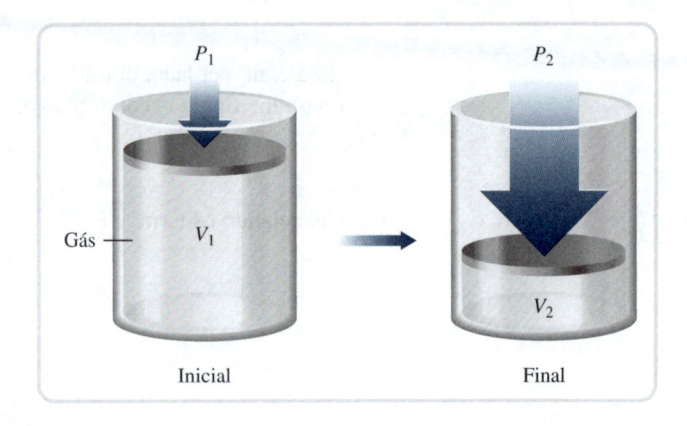

$P_1 V_1 \Rightarrow P_2 V_2$

Inicial — Final

Podemos verificar isso utilizando a lei de Boyle na forma:

$$V_2 = V_1 \times \frac{P_1}{P_2}$$

Observe que V_2 é obtido pela "correção" de V_1 utilizando a razão P_1/P_2. Como P_1 é menor que P_2, a razão P_1/P_2 é uma fração menor que 1. Dessa forma, V_2 deve ser uma fração de (menor que) V_1; o volume diminui.

b. Calculamos V_2 da seguinte forma:

$$V_2 = V_1 \times \frac{P_1}{P_2} = 1,5 \text{ L} \times \frac{56 \text{ torr}}{150 \text{ torr}} = 0,56 \text{ L}$$

PROVA REAL Já que a pressão aumenta, esperamos que o volume diminua. A pressão aumenta quase em um fator de três, e o volume diminui cerca de um fator de três.

AUTOVERIFICAÇÃO

Exercício 13.2 Uma amostra de neônio a ser usada em um letreiro possui um volume de 1,51 L a uma pressão de 635 torr. Calcule o volume após o gás ser bombeado nos tubos de vidro do letreiro, onde mostra uma pressão de 785 torr.

Consulte os Problemas 13.21 e 13.22. ■

Letreiros de neônio em Hong Kong.

Exemplo resolvido 13.3 — Calculando a pressão utilizando a lei de Boyle

No motor de um automóvel, a mistura gasosa de combustível e ar entra no cilindro e é comprimida por um pistão em movimento antes de ser dada a partida. Em determinado motor, o volume inicial do cilindro é de 0,725 L. Após o pistão se mover, o volume passa a 0,075 L. A mistura de combustível e ar inicialmente tem uma pressão de 1,00 atm. Calcule a pressão da mistura comprimida de combustível e ar supondo que tanto a temperatura quanto a quantidade de gás permaneçam constantes.

SOLUÇÃO

Para onde vamos?

Queremos determinar a nova pressão de uma mistura de combustível e ar que passou por uma variação de volume.

O que sabemos?

- Sabemos os volumes inicial e final e a pressão inicial.
- A quantidade de gás e a pressão são mantidas constantes.
- Lei de Boyle: $P_1V_1 = P_2V_2$.

Como chegamos lá?

Resumimos as informações dadas na tabela a seguir:

Condições iniciais	Condições finais
$P_1 = 1,00$ atm	$P_2 = ?$
$V_1 = 0,725$ L	$V_2 = 0,075$ L

Em seguida, solucionamos a lei de Boyle na forma $P_1V_1 = P_2V_2$ para P_2 dividindo ambos os lados por V_2 para dar a equação

$$P_2 = P_1 \times \frac{V_1}{V_2} = 1,00 \text{ atm} \times \frac{0,725 \text{ L}}{0,075 \text{ L}} = 9,7 \text{ atm}$$

PROVA REAL Já que o volume diminui, esperamos que a pressão aumente. O volume diminui em torno de um fator de 10, e a pressão aumenta em torno de um fator de 10. ∎

Técnica para aumentar suas capacidades matemáticas

$$P_1V_1 = P_2V_2$$

$$\frac{P_1V_1}{V_2} = \frac{P_2\cancel{V_2}}{\cancel{V_2}}$$

$$P_1 \times \frac{V_1}{V_2} = P_2$$

$$\frac{0,725}{0,075} = 9,666\ldots$$

$$9,666 \Rightarrow 9,7$$

Arredondamento

13-3 Volume e temperatura: lei de Charles

OBJETIVOS
- Aprender sobre zero absoluto.
- Aprender sobre a lei que relaciona o volume e a temperatura de uma amostra de gás com quantidades de matéria e pressão constantes, e fazer cálculos que envolvam essa lei.

O ar em um balão expande quando é aquecido. Isso significa que parte desse ar escapa do balão, reduzindo a densidade do ar interno e fazendo, assim, com que o balão flutue.

No século seguinte aos descobrimentos de Boyle, os cientistas continuaram a estudar as propriedades dos gases. O físico francês Jacques Charles (1746-1823), que foi a primeira pessoa a encher um balão com gás hidrogênio e fez o primeiro voo de balão sozinho, mostrou que o volume de uma determinada quantidade de gás (em pressão constante) aumenta com a temperatura do gás. Isto é, o volume aumenta quando a temperatura aumenta. Um diagrama do volume de determinada amostra de gás (em pressão constante) versus sua temperatura (em graus Celsius) dá uma linha reta. Esse tipo de relação é chamada de *linear* e seu comportamento é mostrado para diversos gases na Fig. 13.7.

As linhas sólidas na Fig. 13.7 são fundamentadas nas medições reais da temperatura e do volume dos gases listados. À medida que esfriamos os gases, eles acabam se liquefazendo, portanto, não podemos determinar nenhum ponto experimental abaixo dessa temperatura. Entretanto, quando estendemos cada linha reta (que é chamada de *extrapolação* e é mostrada aqui por uma linha tracejada), algo muito interessante acontece. Todas as linhas extrapolam ao volume zero na mesma temperatura: −273°C. Isso sugere que −273°C é a menor temperatura possível, porque um volume negativo é fisicamente impossível. Na verdade, experimentos mostraram que a matéria não pode ser resfriada a temperaturas menores que −273°C. Portanto, essa temperatura é definida como **zero absoluto** na escala Kelvin. Temperaturas como 0,00000002 K foram obtidas em laboratório, mas 0 K nunca foi atingido.

Quando os volumes dos gases mostrados na Fig. 13.7 são diagramados contra a temperatura na escala Kelvin em vez da escala Celsius, os diagramas dão o resultado mostrado na Fig. 13.8. Esses diagramas mostram que o volume de cada gás é *diretamente proporcional à temperatura* (em kelvins) e extrapola para zero

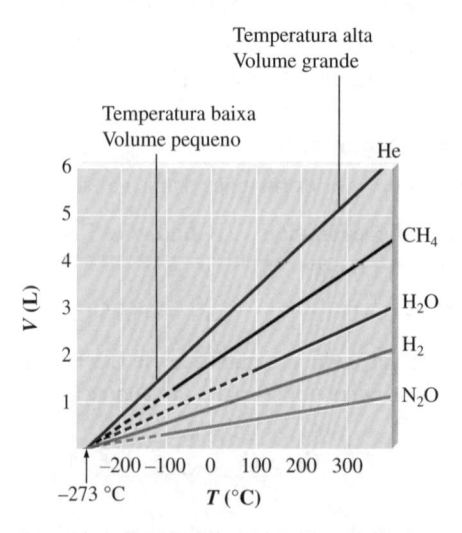

Figura 13.7 ▸ Diagramas de V (L) versus T (°C) para diversos gases. Observe que cada amostra de gás contém uma quantidade de matéria diferente.

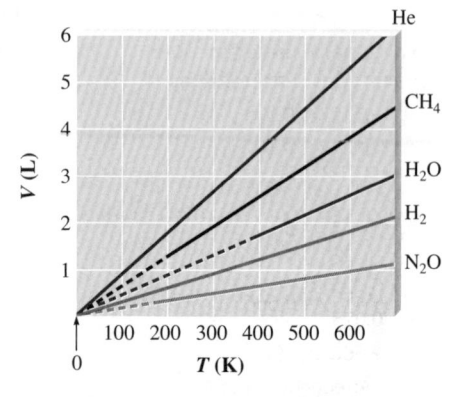

Figura 13.8 ▸ Diagramas de V versus T, como na Fig. 13.7, exceto que, aqui, a escala Kelvin é usada para temperatura.

quando a temperatura é 0 K. Ilustraremos essa afirmação com um exemplo. Suponha que temos 1 L de gás a 300 K. Quando duplicamos a temperatura deste gás para 600 K (sem variar sua pressão), o volume também duplica para 2 L. Verifique o tipo de comportamento ao observar cuidadosamente as linhas dos diversos gases mostrados na Fig. 13.8.

A proporcionalidade direta entre o volume e a temperatura (em kelvins) é representada pela equação conhecida como **lei de Charles**:

$$V = bT$$

em que T está em kelvins e b é a proporcionalidade constante. A lei de Charles é mantida por uma determinada amostra de gás em uma pressão constante. Ela nos diz que (para determinada quantidade de gás a determinada pressão) o volume do gás é diretamente proporcional à temperatura na escala Kelvin:

$$V = bT \quad \text{ou} \quad \frac{V}{T} = b = \text{constante}$$

Da Fig. 13.8 para o Hélio

V (L)	T (K)	b
0,7	100	0,01
1,7	200	0,01
2,7	300	0,01
3,7	400	0,01
5,7	600	0,01

Observe que, na segunda forma, essa equação afirma que a *razão* de V por T (em kelvins) deve ser constante. (Isso é mostrado para o hélio, ao lado.) Dessa forma, quando triplicamos a temperatura (em kelvins) de uma amostra de gás, o volume do gás também triplica.

$$\frac{V}{T} = \frac{3 \times V}{3 \times T} = b = \text{constante}$$

Também podemos escrever a lei de Charles em termos de V_1 e T_1 (condições iniciais) e V_2 e T_2 (condições finais).

$$\frac{V_1}{T_1} = b \quad \text{e} \quad \frac{V_2}{T_2} = b$$

A lei de Charles na forma $V_1/T_1 = V_2/T_2$ aplica-se somente quando a quantidade de gás (quantidade de matéria) e a pressão são constantes.

Assim,

$$\frac{V_1}{T_1} = \frac{V_2}{T_2}$$

Ilustraremos o uso dessa equação nos Exemplos 13.4 e 13.5.

Pensamento crítico

De acordo com a lei de Charles, o volume de um gás está diretamente relacionado à sua temperatura em Kelvin com pressão e quantidades de matéria constantes. E se o volume de um gás estivesse diretamente relacionado à sua temperatura em Celsius com pressão e quantidades de matéria constantes? Como isso mudaria o mundo?

Exemplo resolvido 13.4 — Calculando o volume utilizando a lei de Charles – Parte I

Uma amostra de 2,0 L de ar é coletada a 298 K e, depois, resfriada a 278 K. A pressão é mantida constante a 1,0 atm.

a. O volume aumenta ou diminui?
b. Calcule o volume do ar a 278 K.

SOLUÇÃO **Para onde vamos?**

Queremos determinar se o volume irá aumentar ou diminuir quando a temperatura for variada, e queremos calcular o novo volume.

O que sabemos?

- Sabemos as temperaturas inicial e final e o volume inicial.
- A quantidade de gás e a pressão são mantidas constantes.
- Lei de Charles: $\dfrac{V_1}{T_1} = \dfrac{V_2}{T_2}$.

Como chegamos lá?

a. Uma vez que o gás é resfriado, seu volume deve diminuir:

$$\frac{V}{T} = \text{constante}$$

T diminui, portanto, *V* deve diminuir para manter uma relação constante.

$\dfrac{V_1}{T_1}$ ➡ $\dfrac{V_2}{T_2}$

Temperatura menor, volume menor

b. Para calcular o novo volume, V_2, utilizaremos a lei de Charles na forma:

$$\frac{V_1}{T_1} = \frac{V_2}{T_2}$$

Recebemos as seguintes informações:

Condições iniciais	Condições finais
$T_1 = 298$ K	$T_2 = 278$ K
$V_1 = 2{,}0$ L	$V_2 = ?$

Queremos resolver a equação

$$\frac{V_1}{T_1} = \frac{V_2}{T_2}$$

para V_2. Podemos fazer isso multiplicando ambos os lados por T_2 e cancelando.

$$T_2 \times \frac{V_1}{T_1} = \frac{V_2}{\cancel{T_2}} \times \cancel{T_2} = V_2$$

Assim,

$$V_2 = T_2 \times \frac{V_1}{T_1} = 278 \text{ K} \times \frac{2{,}0 \text{ L}}{298 \text{ K}} = 1{,}9 \text{ L}$$

PROVA REAL Já que a temperatura diminui, esperamos que o volume diminua. A temperatura diminui ligeiramente, portanto, podemos esperar que o volume diminua ligeiramente. ■

Exemplo resolvido 13.5   Calculando o volume utilizando a lei de Charles – Parte II

Uma amostra de gás a 15°C (a 1 atm) tem um volume de 2,58 L. Então, a temperatura é elevada para 38°C (a 1 atm).

a. O volume do gás aumenta ou diminui?
b. Calcule o novo volume.

SOLUÇÃO   **Para onde vamos?**

Queremos determinar se o volume irá aumentar ou diminuir quando a temperatura for variada, e queremos calcular o novo volume.

O que sabemos?

- Sabemos as temperaturas inicial e final e o volume inicial.
- A quantidade de gás e a pressão são mantidas constantes.
- Lei de Charles: $\dfrac{V_1}{T_1} = \dfrac{V_2}{T_2}$.

Como chegamos lá?

a. Nesse caso, temos uma determinada amostra (quantidade constante) de gás que é aquecida de 15°C a 38°C *enquanto a pressão é mantida constante*. Sabemos pela lei de Charles que o volume de determinada amostra de gás é diretamente proporcional à temperatura (em pressão constante). Logo, o aumento na temperatura aumentará o volume; o novo volume será maior que 2,58 L.

b. Para calcular o novo volume, utilizamos a lei de Charles na forma

$$\frac{V_1}{T_1} = \frac{V_2}{T_2}$$

Recebemos as seguintes informações:

Condições iniciais   Condições finais

$T_1 = 15°C$ $T_2 = 38°C$
$V_1 = 2{,}58$ L $V_2 = ?$

Como é geralmente o caso, as temperaturas são dadas em graus Celsius. No entanto, para utilizarmos a lei de Charles, a temperatura *deve estar em kelvins*. Dessa forma, devemos converter adicionando 273 a cada temperatura.

Condições iniciais   Condições finais
$T_1 = 15°C = 15 + 273$ $T_2 = 38°C = 38 + 273$
$\quad = 288$ K $\quad = 311$ K
$V_1 = 2{,}58$ L $V_2 = ?$

Resolvendo para V_2, dá

$$V_2 = V_1 \times \frac{T_2}{T_1} = 2{,}58 \text{ L} \left(\frac{311 \text{ K}}{288 \text{ K}}\right) = 2{,}79 \text{ L}$$

PROVA REAL Já que a temperatura aumenta, esperamos que o volume aumente.

Pesquisadores recolhendo amostras de um respiradouro vulcânico fumegante no Monte Baker, em Washington.

AUTOVERIFICAÇÃO

Exercício 13.3 Uma criança faz uma bolha que contém ar a 28°C e tem um volume de 23 cm³ a 1 atm. À medida que a bolha sobe, ela encontra uma bolsa de ar gelado (temperatura de 18°C). Se não houver variação na pressão, a bolha ficará maior ou menor à medida que o ar dentro resfria a 18°C? Calcule o novo volume da bolha.

Consulte os Problemas 13.29 e 13.30. ■

Observe no Exemplo 13.5 que ajustamos o volume de um gás a uma variação de temperatura multiplicando o volume original pela razão das temperaturas em kelvin menos a final (T_2) sobre a inicial (T_1). Lembre-se de verificar se sua resposta faz sentido. Quando a temperatura aumenta (em pressão constante), o volume deve aumentar, e vice-versa.

Exemplo resolvido 13.6

Calculando a temperatura utilizando a lei de Charles

Antigamente, o volume do gás era utilizado como uma forma de medir a temperatura por meio de dispositivos chamados termômetros de gás. Considere um gás que tem um volume de 0,675 L a 35°C e pressão de 1 atm. Qual é a temperatura (em °C) de uma sala onde esse gás tem um volume de 0,535 L a 1 atm?

SOLUÇÃO

Para onde vamos?

Queremos determinar a nova temperatura de um gás considerando que o volume diminuiu à pressão constante.

O que sabemos?

- Sabemos os volumes inicial e final e a temperatura inicial.
- A quantidade de gás e a pressão são mantidas constantes.
- Lei de Charles: $\dfrac{V_1}{T_1} = \dfrac{V_2}{T_2}$.

Como chegamos lá?

As informações dadas no problema são:

Condições iniciais	Condições finais
$T_1 = 35°C = 35 + 273 = 308$ K	$T_2 = ?$
$V_1 = 0{,}675$ L	$V_2 = 0{,}535$ L
$P_1 = 1$ atm	$P_2 = 1$ atm

A pressão permanece constante, portanto, podemos usar a lei de Charles na forma

$$\frac{V_1}{T_1} = \frac{V_2}{T_2}$$

e achar T_2. Primeiro, multiplicamos ambos os lados por T_2.

$$T_2 \times \frac{V_1}{T_1} = \frac{V_2}{\cancel{T_2}} \times \cancel{T_2} = V_2$$

Em seguida, multiplicamos ambos os lados por T_1.

$$\cancel{T_1} \times T_2 \times \frac{V_1}{\cancel{T_1}} = T_1 \times V_2$$

Isso dá:

$$T_2 \times V_1 = T_1 \times V_2$$

Agora, dividimos ambos os lados por V_1 (multiplicar por $1/V_1$),

$$\frac{1}{V_1} \times T_2 \times V_1 = \frac{1}{V_1} \times T_1 \times V_2$$

e obtemos:

$$T_2 = T_1 \times \frac{V_2}{V_1}$$

Então, isolamos T_2 de um lado da equação, e podemos fazer o cálculo.

$$T_2 = T_1 \times \frac{V_2}{V_1} = (308 \text{ K}) \times \frac{0{,}535 \text{ L}}{0{,}675 \text{ L}} = 244 \text{ K}$$

Para converter K para °C, subtraímos 273 da temperatura Kelvin.

$$T_{°C} = T_K - 273 = 244 - 273 = -29 \text{ °C}$$

A sala está bem fria; a nova temperatura é de $-29°C$.

PROVA REAL Já que o volume é menor, esperamos que a temperatura seja menor. ■

13-4 Volume e quantidades de matéria: lei de Avogadro

OBJETIVO

Compreender a lei que relaciona o volume e a quantidade de matéria de uma amostra de gás à temperatura e pressão constantes, e fazer cálculos que envolvam essa lei.

Qual é a relação entre o volume de um gás e o número de moléculas presentes na amostra desse gás? Os experimentos mostram que, quando a quantidade de matéria do gás é duplicada (à temperatura e pressão constantes), o volume duplica. Em outras palavras, o volume de um gás é diretamente proporcional à quantidade de matéria se a temperatura e a pressão permanecerem constantes. A Fig. 13.9 ilustra essa relação, que também pode ser representada pela equação:

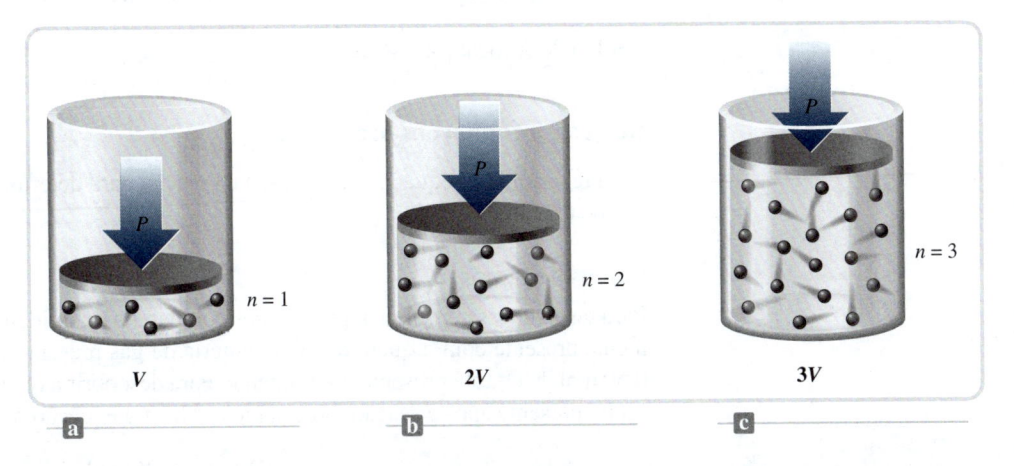

$$V = an \quad \text{ou} \quad \frac{V}{n} = a$$

Figura 13.9 ▶ A relação entre o volume V e a quantidade de matéria n. À medida que quantidade de matéria aumenta de 1 para 2 (a) para (b), o volume duplica. Quando a quantidade de matéria triplica (c), o volume também triplica. A temperatura e a pressão permanecem as mesmas nesses casos.

em que V é o volume do gás, n é a quantidade de matéria e a é a constante de proporcionalidade. Observe que essa equação significa que a relação entre V e n é constante desde que a temperatura e a pressão permaneçam constantes. Dessa forma, quando uma quantidade de matéria de gás aumenta por um fator de 5, o volume também aumenta por um fator de 5,

$$\frac{V}{n} = \frac{\cancel{5} \times V}{\cancel{5} \times n} = a = \text{constante}$$

e assim por diante. Essa equação significa que, *para um gás à temperatura e pressão constantes, o volume é diretamente proporcional à sua quantidade de matéria*. Essa relação é chamada de **lei de Avogadro** em homenagem ao cientista italiano Amadeo Avogadro, que a postulou em 1811.

Para casos onde a quantidade de matéria de gás é variada de uma quantidade inicial para outra quantidade (a T e P constantes), podemos representar a lei de Avogadro como:

$$\underbrace{\frac{V_1}{n_1}}_{\text{Quantidade inicial}} = a = \underbrace{\frac{V_2}{n_2}}_{\text{Quantidade final}}$$

ou

$$\frac{V_1}{n_1} = \frac{V_2}{n_2}$$

Ilustraremos o uso dessa equação no Exemplo 13.7.

Exemplo resolvido 13.7

Utilizando a lei de Avogadro nos cálculos

Suponha que temos uma amostra de 12,2 L que contém 0,50 mol de gás oxigênio, O_2, a uma pressão de 1 atm e uma temperatura de 25°C. Se todo esse O_2 for convertido em ozônio, O_3, na mesma temperatura e pressão, qual seria o volume do ozônio formado?

SOLUÇÃO **Para aonde vamos?**

Queremos determinar o volume do ozônio (O_3) formado por 0,50 mol de oxigênio (O_2) tendo o volume deste último.

O que sabemos?

- Sabemos a quantidade de matéria inicial de oxigênio e seu volume.
- A temperatura e a pressão são mantidas constantes.
- Lei de Avogadro: $\dfrac{V_1}{n_1} = \dfrac{V_2}{n_2}$.

De quais informações precisamos?

- Precisamos da equação balanceada da reação para determinar a quantidade de matéria de ozônio formada.

Como chegamos lá?

Para resolver esse problema, precisamos comparar a quantidade de matéria de gás originalmente presente com a quantidade de matéria de gás presente após a reação. Sabemos que 0,50 mol de O_2 está presente inicialmente. Para descobrir a quantidade de matéria de O_3 que estará presente após a reação, precisamos utilizar a equação balanceada da reação:

$$3O_2(g) \rightarrow 2O_3(g)$$

Calculamos a quantidade de matéria de O_3 produzido utilizando a proporção de quantidade de matéria apropriada da equação balanceada.

$$0{,}50 \text{ mol de } O_2 \times \frac{2 \text{ mol de } O_3}{3 \text{ mol de } O_2} = 0{,}33 \text{ mol de } O_3$$

A lei de Avogadro afirma que:

$$\frac{V_1}{n_1} = \frac{V_2}{n_2}$$

Técnica para aumentar suas capacidades matemáticas

$$\frac{V_1}{n_1} = \frac{V_2}{n_2}$$

$$n_2 \times \frac{V_1}{n_1} = \frac{V_2}{n_2} \times n_2$$

$$V_1 \times \frac{n_2}{n_1} = V_2$$

em que V_1 é o volume de n_1 quantidade de matéria do gás O_2 e V_2 é o volume de n_2 mols do gás O_3. Nesse caso, temos:

Condições iniciais	Condições finais
$n_1 = 0{,}50$ mol	$n_2 = 0{,}33$ mol
$V_1 = 12{,}2$ L	$V_2 = ?$

Resolvendo a lei de Avogadro para V_2, obtemos:

$$V_2 = V_1 \times \frac{n_2}{n_1} = 12{,}2 \text{ L} \left(\frac{0{,}33 \text{ mol}}{0{,}50 \text{ mol}}\right) = 8{,}1 \text{ L}$$

PROVA REAL Observe que o volume diminui, como deveria, porque menos moléculas estão presentes no gás após o O_2 ser convertido em O_3.

AUTOVERIFICAÇÃO

Exercício 13.4 Considere duas amostras de gás nitrogênio (compostas por moléculas N_2). A amostra 1 contém 1,5 mol de N_2 e tem um volume de 36,7 L a 25°C e 1 atm. A amostra 2 tem um volume de 16,5 L a 25°C e 1 atm. Calcule a quantidade de matéria de N_2 na amostra 2.

Consulte os Problemas 13.41 até 13.44. ■

13-5 A lei de gás ideal

OBJETIVO Compreender a lei de gás ideal e utilizá-la nos cálculos.

Consideramos três leis que descrevem o comportamento dos gases reveladas por observações experimentais.

A constante *n* significa uma quantidade de matéria constante de gás.

Lei de Boyle: $PV = k$ ou $V = \dfrac{k}{P}$ (em T e n constantes)

Lei de Charles: $V = bT$ (em P e n constantes)

Lei de Avogadro: $V = an$ (em T e P constantes)

Essas relações, que mostram como o volume de um gás depende da pressão, temperatura e quantidade matéria de gás presente, podem ser combinadas da seguinte forma:

$$V = R\left(\frac{Tn}{P}\right)$$

em que R é a constante proporcionalmente combinada, chamada de **constante universal** dos gases. Quando a pressão é expressa em atmosferas e o volume está em litros, R sempre tem o valor de $0{,}08206$ L atm K^{-1} mol^{-1}. Podemos rearranjar a equação acima multiplicando ambos os lados por P,

$$R = 0{,}08206 \, \frac{\text{L atm K}^{-1}}{\text{mol}^{-1}}$$

$$P \times V = P \times R\left(\frac{Tn}{P}\right)$$

para obter a **lei de gás ideal** escrita em sua forma usual,

$$PV = nRT$$

A lei de gás ideal envolve todas as características importantes de um gás: pressão (P), volume (V), quantidade de matéria (n) e temperatura (T). Conhecer qualquer uma dessas três propriedades é suficiente para definir completamente a condição do gás, porque a quarta propriedade pode ser determinada a partir da lei de gás ideal.

É importante reconhecer que a lei de gás ideal é fundamentada em medidas experimentais das propriedades dos gases. Diz-se que um gás que obedece a essa equação comporta-se de modo *ideal*. Isto é, essa equação define o comportamento de um **gás ideal**. A maioria dos gases obedece intimamente a essa equação a pressões de aproximadamente 1 atm ou inferiores, quando a temperatura é de aproximadamente 0°C ou superior. Você deve assumir o comportamento dos gases como ideal quando trabalhar com problemas que os envolvam neste livro.

A lei de gás ideal pode ser utilizada para solucionar uma variedade de problemas. O Exemplo 13.8 demonstra um tipo, no qual você deve encontrar uma propriedade que caracterize a condição de um gás, dadas as outras três propriedades.

Exemplo resolvido 13.8 — Utilizando a lei de gás ideal em cálculos

Uma amostra de gás hidrogênio, H_2, tem um volume de 8,56 L a uma temperatura de 0°C e uma pressão de 1,5 atm. Calcule a quantidade de matéria de H_2 presente na amostra deste gás. (Suponha que o gás se comporte de modo ideal.)

SOLUÇÃO

Para onde vamos?

Queremos determinar a quantidade de matéria do gás hidrogênio (H_2) presente, dadas as condições de temperatura, pressão e volume.

O que sabemos?

- Sabemos a temperatura, a pressão e o volume do gás hidrogênio.
- Lei de gás ideal: $PV = nRT$.

De quais informações precisamos?

- $R = 0{,}08206$ L atm mol^{-1} K^{-1}.

Como chegamos lá?

Nesse problema, temos a pressão, o volume e a temperatura do gás: $P = 1{,}5$ atm, $V = 8{,}56$ L e $T = 0°C$. Lembre-se de que a temperatura deve ser mudada para a escala Kelvin.

$$T = 0°C = 0 + 273 = 273 \text{ K}$$

Podemos calcular a quantidade de matéria do gás presente ao utilizar a lei de gás ideal, $PV = nRT$. Solucionamos n dividindo ambos os lados por RT:

$$\frac{PV}{RT} = n\frac{RT}{RT}$$

para dar

$$\frac{PV}{RT} = n$$

Assim,

$$n = \frac{PV}{RT} = \frac{(1{,}5 \text{ atm})(8{,}56 \text{ L})}{\left(0{,}08206 \dfrac{\text{L atm}}{\text{K mol}}\right)(273 \text{ K})} = 0{,}57 \text{ mol}$$

AUTOVERIFICAÇÃO

Exercício 13.5 Um balão meteorológico contém $1{,}10 \times 10^5$ mols de He, seu volume é de $2{,}70 \times 10^6$ L a uma pressão de 1,00 atm. Calcule a temperatura do hélio no balão em kelvins e em graus Celsius.

Consulte os Problemas 13.53 até 13.60. ∎

Exemplo resolvido 13.9

Cálculos da lei de gás ideal envolvendo conversão de unidades

Qual o volume ocupado por 0,250 mol do gás dióxido de carbono a 25 °C e 371 torr?

SOLUÇÃO

Para onde vamos?

Queremos determinar o volume do gás dióxido de carbono (CO_2), dadas a quantidade de matéria, a pressão e a temperatura.

O que sabemos?

- Sabemos a quantidade de matéria, a pressão e a temperatura do dióxido de carbono.
- Lei de gás ideal: $PV = nRT$.

De quais informações precisamos?

- $R = 0{,}08206$ L atm mol-1 K-1.

Como chegamos lá?

Podemos usar a lei de gás ideal para calcular o volume, porém temos que converter primeiro a pressão para atmosferas e a temperatura para a escala Kelvin.

$$P = 371 \text{ torr} = 371 \text{ torr} \times \frac{1{,}000 \text{ atm}}{760{,}0 \text{ torr}} = 0{,}488 \text{ atm}$$

$$T = 25 \text{ °C} = 25 + 273 = 298 \text{ K}$$

Solucionamos V dividindo ambos os lados da lei de gás ideal ($PV = nRT$) por P

Técnica para aumentar suas capacidades matemáticas

$PV = nRT$

$\dfrac{PV}{P} = \dfrac{nRT}{P}$

$V = \dfrac{nRT}{P}$

$$V = \frac{nRT}{P} = \frac{(0{,}250 \text{ mol})\left(0{,}08206 \dfrac{\text{L atm}}{\text{K mol}}\right)(298 \text{ K})}{0{,}488 \text{ atm}} = 12{,}5 \text{ L}$$

O volume da amostra de CO_2 é de 12,5 L.

AUTOVERIFICAÇÃO

Exercício 13.6 O radônio, um gás radioativo formado naturalmente no solo, pode provocar câncer de pulmão. Ele pode representar perigo para os humanos por infiltrar-se nas casas e há uma preocupação sobre esse problema em muitas áreas. Uma amostra de 1,5 mol do gás radônio tem um volume de 21,0 L a 33°C. Qual é a pressão do gás?

Consulte os Problemas 13.53 até 13.60. ∎

Observe que R tem unidades L atm K^{-1} mol^{-1}. Consequentemente, sempre que utilizarmos a lei de gás ideal, devemos expressar o volume em litros, a temperatura, em kelvins e a pressão, em atmosferas. Quando recebemos os dados em outras unidades, devemos primeiro converter para as unidades apropriadas.

A lei de gás ideal também pode ser utilizada para calcular as variações que ocorrerão quando as condições do gás são mudadas, como ilustrado no Exemplo 13.10.

Exemplo resolvido 13.10 — Utilizando a lei de gás ideal sob variações das condições

Suponha que temos uma amostra de 0,240 mol do gás amônia a 25°C com um volume de 3,5 L a uma pressão de 1,68 atm. O gás é comprimido a um volume de 1,35 L a 25°C. Use a lei de gás ideal para calcular a pressão final.

SOLUÇÃO

Para onde vamos?

Queremos utilizar a equação da lei de gás ideal para determinar a pressão do gás amônia, dada uma variação no volume.

O que sabemos?

- Sabemos a quantidade de matéria inicial, a pressão, o volume e a temperatura da amônia.
- Sabemos o novo volume.
- Lei de gás ideal: $PV = nRT$.

Como chegamos lá?

Nesse caso, temos uma amostra do gás amônia, em que as condições são variadas. Recebemos as seguintes informações:

Condições iniciais	Condições finais
$V_1 = 3{,}5$ L	$V_2 = 1{,}35$ L
$P_1 = 1{,}68$ atm	$P_2 = ?$
$T_1 = 25°C = 25 + 273 = 298$ K	$T_2 = 25°C = 25 + 273 = 298$ K
$n_1 = 0{,}240$ mol	$n_2 = 0{,}240$ mol

Observe que tanto n quanto T permanecem constantes — somente P e V variam. Assim, podemos simplesmente usar a lei de Boyle ($P_1V_1 = P_2V_2$) para achar P_2. No entanto, utilizaremos a lei de gás ideal para solucionar esse problema a fim de introduzir a ideia de que uma equação — a equação de gás ideal — pode ser utilizada para quase qualquer problema envolvendo gases. A ideia principal aqui é a de que, ao utilizar a lei de gás ideal para descrever uma variação nas condições de um gás, sempre *solucionamos a equação de gás ideal de modo que as variáveis fiquem de um lado do sinal de igual e os termos constantes fiquem do outro lado*. Isto é, começamos com a equação de gás ideal na forma convencional ($PV = nRT$) e a rearranjamos de modo que todos os termos que variam sejam movidos para um lado e todos os que não variam sejam movidos para o outro. Nesse caso, a pressão e o volume variam, e a temperatura e a quantidade de matéria permanecem constantes (assim como R, por definição). Logo, escrevemos a lei de gás ideal como:

$$\underbrace{PV}_{\text{Varia}} = \underbrace{nRT}_{\text{Permanece constante}}$$

Uma vez que n, R e T permanecem os mesmos nesse caso, podemos escrever $P_1V_1 = nRT$ e $P_2V_2 = nRT$. Combinando-os obtemos:

$$P_1V_1 = nRT = P_2V_2 \text{ ou } P_1V_1 = P_2V_2$$

e

$$P_2 = P_1 \times \frac{V_1}{V_2} = (1{,}68 \text{ atm}) \left(\frac{3{,}5 \text{ L}}{1{,}35 \text{ L}}\right) = 4{,}4 \text{ atm}$$

PROVA REAL Essa resposta faz sentido? O volume diminuiu (com a temperatura e a quantidade de matéria constantes), o que significa que a pressão deve aumentar, como o cálculo indica.

AUTOVERIFICAÇÃO

Exercício 13.7 Uma amostra de gás metano que tem um volume de 3,8 L a 5°C é aquecida até 86°C a pressão constante. Calcule seu novo volume.

Consulte os Problemas 13.61 e 13.62. ∎

Observe que, na solução do Exemplo 13.10, na verdade obtivemos a lei de Boyle ($P_1V_1 = P_2V_2$) a partir da equação de gás ideal. Você pode estar se perguntando "Por que ter todo esse trabalho?". A ideia é aprender a utilizar a equação de gás ideal para solucionar todos os tipos de problemas de lei de gases. Dessa forma, você nunca terá que se perguntar "Esse é um problema de lei de Boyle ou de lei de Charles?".

Continuaremos a praticar a lei de gás ideal no Exemplo 13.11. Lembre-se, a ideia principal é rearranjar a equação de modo que as quantidades que sofrem variação sejam movidas para um lado da equação, e aquelas que permanecem constantes sejam movidas para o outro.

Exemplo resolvido 13.11

Calculando as variações de volume utilizando a lei de gás ideal

Uma amostra do gás diborano, B_2H_6, uma substância que explode em chamas quando exposta ao ar, está a uma pressão de 0,454 atm, a –15°C de temperatura e com volume de 3,48 L. Se as condições são variadas de modo que a temperatura seja de 36°C e a pressão, 0,616 atm, qual será o novo volume da amostra?

SOLUÇÃO

Para onde vamos?

Queremos utilizar a equação da lei de gás ideal para determinar o volume do gás diborano.

O que sabemos?

- Sabemos a pressão inicial, o volume e a temperatura do gás diborano.
- Sabemos a nova temperatura e a nova pressão.
- Lei de gás ideal: $PV = nRT$.

Como chegamos lá?

Recebemos as seguintes informações:

Condições iniciais	Condições finais
$P_1 = 0{,}454$ atm	$P_2 = 0{,}616$ atm
$V_1 = 3{,}48$ L	$V_2 = ?$
$T_1 = -15°C = 273 - 15 = 258$ K	$T_2 = 36°C = 273 + 36 = 309$ K

Técnica para aumentar suas capacidades matemáticas

$$PV = nRT$$
$$\frac{PV}{T} = \frac{nRT}{T}$$
$$\frac{PV}{T} = nR$$

Observe que o valor de n não é dado. No entanto, sabemos que n é constante (isto é, $n_1 = n_2$) porque nenhum gás diborano é adicionado ou removido. Dessa forma, nesse experimento, n é constante e P, V e T variam. Portanto, rearranjamos a equação de gás ideal ($PV = nRT$) dividindo ambos os lados por T,

$$\underbrace{\frac{PV}{T}}_{\text{Varia}} = \underbrace{nR}_{\text{constante}}$$

que leva à equação:

$$\frac{P_1 V_1}{T_1} = nR = \frac{P_2 V_2}{T_2}$$

ou

$$\frac{P_1 V_1}{T_1} = \frac{P_2 V_2}{T_2}$$

QUÍMICA EM FOCO

Os lanches também precisam de química!

Você já se perguntou o que faz a pipoca estourar? Os estouros estão ligados às propriedades dos gases. O que acontece quando um gás é aquecido? A lei de Charles nos diz que, se a pressão é mantida constante, o volume do gás deve aumentar à medida que a temperatura aumenta. Mas o que acontece se o gás que está sendo aquecido ficar preso em um volume constante? Podemos ver o que acontece ao rearranjar a lei de gás ideal ($PV = nRT$) da seguinte forma:

$$P = \left(\frac{nR}{V}\right)T$$

Quando n, R e V são mantidos constantes, a pressão de um gás será diretamente proporcional à temperatura. Assim, à medida que a temperatura do gás aprisionado aumenta, sua pressão também aumenta. É exatamente isso que acontece dentro de um milho de pipoca à medida que ele é aquecido. A mistura dentro do milho, vaporizada pelo calor, produz um aumento na pressão. A pressão, por fim, torna-se tão grande que o milho estoura e abre, permitindo que o amido dentro expanda cerca de 40 vezes o seu tamanho original.

O que há de especial na pipoca? Por que ela estoura enquanto o milho "comum" não? William da Silva, um biólogo da Universidade de Campinas, no Brasil, traçou a "probabilidade" da pipoca para seu invólucro externo, chamado de pericarpo. As moléculas no pericarpo da pipoca, que são embaladas de uma maneira muito mais ordenada do que no milho comum, transferem calor de um modo surpreendentemente rápido, produzindo um pulo muito acelerado na pressão que estoura o milho. Além disso, como o pericarpo da pipoca é muito mais espesso e forte do que o do milho comum, ele pode suportar mais pressão, levando a um estouro mais explosivo quando o momento finalmente chega.

Pipocas estourando. © Cengage Learning

Agora podemos achar V_2 dividindo ambos os lados por P_2 e multiplicando ambos os lados por T_2.

$$\frac{1}{P_2} \times \frac{P_1V_1}{T_1} = \frac{\cancel{P_2}V_2}{T_2} \times \frac{1}{\cancel{P_2}} = \frac{V_2}{T_2}$$

$$T_2 \times \frac{P_1V_1}{P_2T_1} = \frac{V_2}{\cancel{T_2}} \times \cancel{T_2} = V_2$$

Isto é,

$$\frac{T_2P_1V_1}{P_2T_1} = V_2$$

Às vezes, é conveniente pensar na razão entre a temperatura e a pressão inicial e na razão entre a temperatura e a pressão final. Isto é,

$$V_2 = \frac{T_2P_1V_1}{T_1P_2} = V_1 \times \frac{T_2}{T_1} \times \frac{P_1}{P_2}$$

Substituindo as informações dadas, obtém-se:

$$V_2 = \frac{309 \, \cancel{K}}{258 \, \cancel{K}} \times \frac{0{,}454 \, \cancel{atm}}{0{,}616 \, \cancel{atm}} \times 3{,}48 \, L = 3{,}07 \, L$$

AUTOVERIFICAÇÃO **Exercício 13.8** Uma amostra do gás argônio com um volume de 11,0 L a uma temperatura de 13°C e uma pressão de 0,747 atm é aquecida até 56°C a uma pressão de 1,18 atm. Calcule o volume final.

Veja os Problemas 13.61 e 13.62. ■

A equação obtida no Exemplo 13.11,

$$\frac{P_1 V_1}{T_1} = \frac{P_2 V_2}{T_2}$$

geralmente é chamada de equação da **lei de gases combinados**. Ela é válida quando a quantidade de gás (quantidade de matéria) é mantida constante. Embora possa ser conveniente lembrar-se, essa equação não é necessária porque você sempre poderá usar a equação de gás ideal.

13-6 Lei de Dalton das pressões parciais

OBJETIVO Compreender a relação entre as pressões parciais e totais de uma mistura de gás e utilizar essa relação nos cálculos.

Muitos gases importantes contêm uma mistura de componentes. Um exemplo notável é o ar. Mergulhadores que vão abaixo de 150 pés utilizam outra mistura importante, hélio e oxigênio. O ar normal não é utilizado porque o nitrogênio presente se dissolve no sangue em grandes quantidades devido às altas pressões vivenciadas pelo mergulhador sob muitas centenas de pés de água. Quando o mergulhador volta muito rapidamente para a superfície, o nitrogênio borbulha para fora do sangue, assim como o refrigerante chia quando é aberto, e o mergulhador fica com o que é chamado de doença descompressiva — uma condição muito dolorosa e potencialmente fatal. O gás hélio é moderadamente solúvel no sangue e não provoca esse problema.

Estudos das misturas gasosas mostram que cada componente se comporta de maneira independente dos outros. Em outras palavras, uma determinada quantidade de oxigênio exerce a mesma pressão em um recipiente de 1,0 L estando sozinho ou na presença de nitrogênio (como no ar) ou hélio.

Um dos primeiros cientistas a estudar as misturas de gases foi John Dalton. Em 1803, Dalton resumiu suas observações nesta afirmativa: *Para uma mistura de gases em um recipiente, a pressão total exercida é a soma das pressões parciais dos gases presentes.* **A pressão parcial** *de um gás é a pressão que o gás exerceria se estivesse sozinho no recipiente*. Esta afirmativa, conhecida como **lei de Dalton das pressões parciais**, pode ser expressa da seguinte forma para uma mistura que contém três gases:

$$P_{total} = P_1 + P_2 + P_3$$

em que os índices inferiores referem-se aos gases individuais (gás 1, gás 2 e gás 3). As pressões P_1, P_2 e P_3 são as pressões parciais; isto é, cada gás é responsável por apenas uma parte da pressão total (Fig. 13.10).

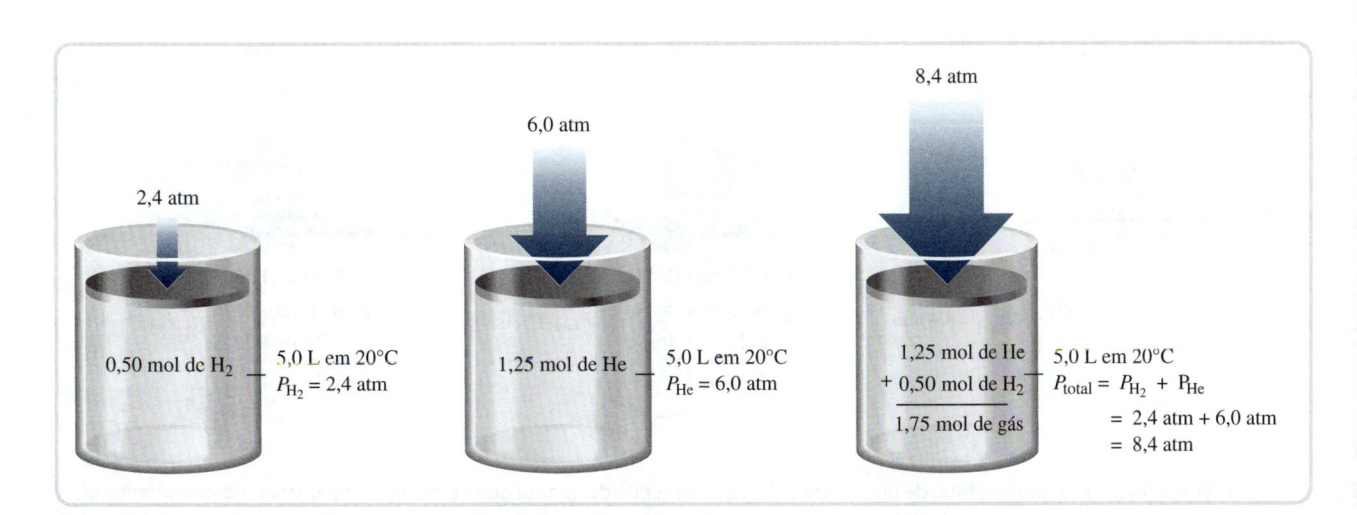

Figura 13.10 ▶ Quando dois gases estão presentes, a pressão total é a soma das pressões parciais dos gases.

Técnica para aumentar suas capacidades matemáticas

$PV = nRT$

$\dfrac{P\cancel{V}}{\cancel{V}} = \dfrac{nRT}{V}$

$P = \dfrac{nRT}{V}$

Supondo que cada gás se comporta de maneira ideal, podemos calcular a pressão parcial de cada gás a partir da lei de gás ideal:

$$P_1 = \dfrac{n_1 RT}{V},\ P_2 = \dfrac{n_2 RT}{V},\ P_3 = \dfrac{n_3 RT}{V}$$

A pressão total da mistura, P_{total}, pode ser representada como:

$$P_{total} = P_1 + P_2 + P_3 = \dfrac{n_1 RT}{V} + \dfrac{n_2 RT}{V} + \dfrac{n_3 RT}{V}$$

$$= n_1\left(\dfrac{RT}{V}\right) + n_2\left(\dfrac{RT}{V}\right) + n_3\left(\dfrac{RT}{V}\right)$$

$$= (n_1 + n_2 + n_3)\left(\dfrac{RT}{V}\right)$$

$$= n_{total}\left(\dfrac{RT}{V}\right)$$

em que n_{total} é a soma das quantidades de matéria dos gases na mistura. Dessa forma, para uma mistura de gases ideais, a *quantidade de matéria total das partículas* é o importante e não a identidade das partículas individuais do gás. Essa ideia é ilustrada na Fig. 13.11.

O fato de que a pressão exercida por um gás ideal é afetada pelo *número* de partículas de gás e é independente da *natureza* do gás nos diz duas coisas importantes sobre os gases ideais:

1. O volume da partícula individual de gás (átomo ou molécula) não deve ser muito importante.
2. As forças entre as partículas não devem ser muito importantes.

Se esses fatores fossem importantes, a pressão do gás dependeria da natureza das partículas individuais. Por exemplo, um átomo de argônio é muito maior que um átomo de hélio. Contudo, 1,75 mol de gás argônio em um recipiente de 5,0 L a 20°C exerce a mesma pressão que 1,75 mol de gás hélio em um recipiente de 5,0 L a 20°C.

A mesma ideia se aplica às forças entre as partículas. Embora todas as forças entre as partículas do gás dependam da natureza das partículas, isso parece ter pouca influência no comportamento de um gás ideal. Veremos que essas observações influenciam vigorosamente o modelo que construiremos para explicar o comportamento do gás ideal.

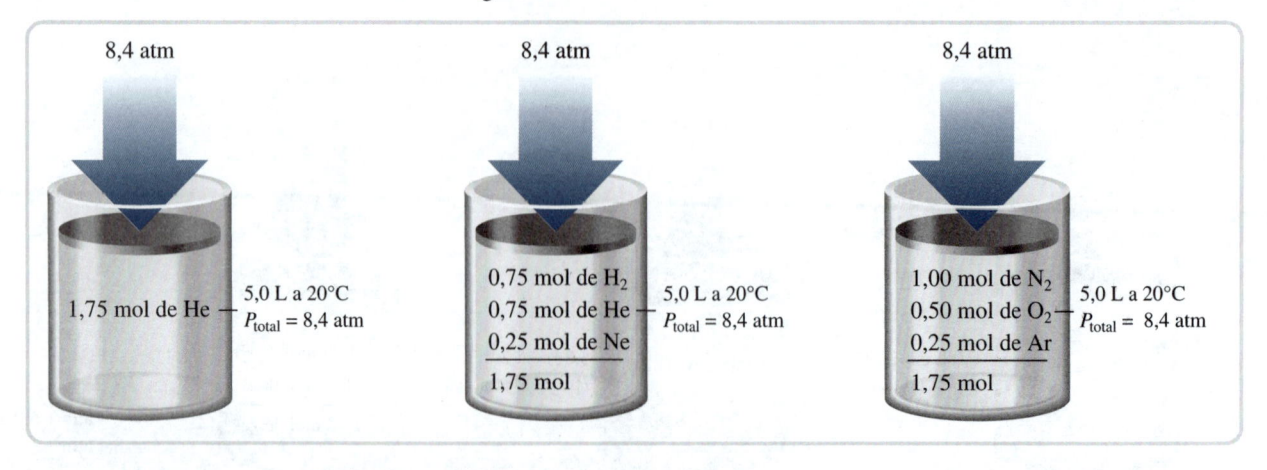

Figura 13.11 ▶ A pressão total de uma mistura de gases depende da quantidade de matéria de partículas do gás (átomos ou moléculas) presentes, não das identidades das partículas. Observe que essas três amostras apresentam a mesma pressão total porque cada uma contém 1,75 mol de gás. A natureza detalhada da mistura não é importante.

Exemplo resolvido 13.12 — Utilizando a lei de Dalton das pressões parciais – Parte I

Misturas de hélio e oxigênio são usadas em tanques de "ar" de mergulhadores para mergulhos profundos. Para um mergulho específico, 12 L de O_2 a 25°C e 1,0 atm e 46 L de He a 25°C e 1,0 atm foram bombeados em um tanque de 5,0 L. Calcule a pressão parcial de cada gás e a pressão total no tanque a 25°C.

SOLUÇÃO

Para onde vamos?

Queremos determinar a pressão parcial do hélio e do oxigênio e a pressão total no tanque.

O que sabemos?

- Sabemos o volume inicial e a temperatura de ambos os gases.
- Sabemos o volume final do tanque.
- A temperatura permanece constante.
- Lei de gás ideal: $PV = nRT$.
- Lei de Dalton das pressões parciais: $P_{total} = P_1 + P_2 + ...$

De que informações precisamos?

- $R = 0{,}08206$ L atm mol^{-1} K^{-1}.

Como chegamos lá?

Como a pressão parcial de cada gás depende da sua quantidade de matéria, devemos primeiro calcular a quantidade de matéria de cada gás utilizando a lei de gás ideal na forma

$$n = \frac{PV}{RT}$$

A partir da descrição acima, sabemos que $P = 1{,}0$ atm, $V = 12$ L para O_2 e 46 L para He e $T = 25 + 273 = 298$ K. Além disso, $R = 0{,}08206$ L atm K^{-1} mol^{-1} (como sempre).

$$\text{Mols de } O_2 = n_{O_2} = \frac{(1{,}0 \text{ atm})(12 \text{ L})}{(0{,}08206 \text{ L atm/K mol})(298 \text{ K})} = 0{,}49 \text{ mol}$$

$$\text{Mols de He} = n_{He} = \frac{(1{,}0 \text{ atm})(46 \text{ L})}{(0{,}08206 \text{ L atm/K mol})(298 \text{ K})} = 1{,}9 \text{ mol}$$

O tanque com a mistura tem um volume de 5,0 L e a temperatura é de 25°C (298 K). Podemos usar esses dados e a lei de gás ideal para calcular a pressão parcial de cada gás.

$$P = \frac{nRT}{V}$$

$$P_{O_2} = \frac{(0{,}49 \text{ mol})(0{,}08206 \text{ L atm/K mol})(298 \text{ K})}{5{,}0 \text{ L}} = 2{,}4 \text{ atm}$$

$$P_{He} = \frac{(1{,}9 \text{ mol})(0{,}08206 \text{ L atm/K mol})(298 \text{ K})}{5{,}0 \text{ L}} = 9{,}3 \text{ atm}$$

A pressão total é a soma das pressões parciais.

$$P_{total} = P_{O_2} + P_{He} = 2{,}4 \text{ atm} + 9{,}3 \text{ atm} = 11{,}7 \text{ atm}$$

Técnica para aumentar suas capacidades matemáticas

$$PV = nRT$$
$$\frac{PV}{RT} = \frac{nRT}{RT}$$
$$\frac{PV}{RT} = n$$

Os mergulhadores utilizam uma mistura de oxigênio e hélio em seus tanques de respiração para mergulhar em profundidades superiores a 150 pés.

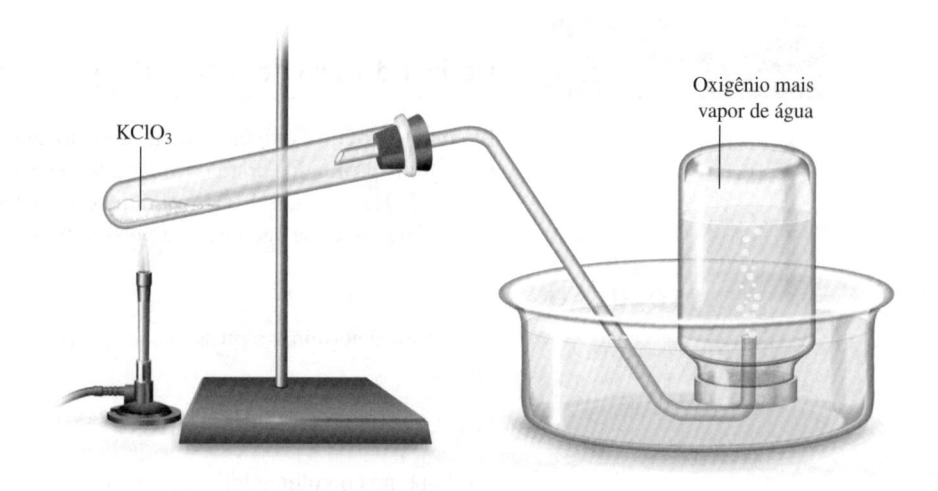

Figura 13.12 ▸ A produção de oxigênio pela decomposição térmica de KClO₃.

PROVA REAL O volume de cada gás diminuiu e a pressão aumentou. A pressão do hélio é maior que a do oxigênio, o que faz sentido porque as temperaturas e pressões iniciais do hélio e do oxigênio eram as mesmas, porém o volume inicial do hélio era bem maior que o do oxigênio.

AUTOVERIFICAÇÃO

Exercício 13.9 Um frasco de 2,0 L contém uma mistura de gás nitrogênio e gás oxigênio a 25°C. A pressão total da mistura gasosa é de 0,91 atm, e a mistura é conhecida por conter 0,050 mol de N_2. Calcule a pressão parcial do oxigênio e a sua quantidade de matéria.

Consulte os Problemas 13.67 até 13.70. ■

Tabela 13.2 ▸ Pressão de vapor da água como uma função da temperatura

T (°C)	P (torr)
0,0	4,579
10,0	9,209
20,0	17,535
25,0	23,756
30,0	31,824
40,0	55,324
60,0	149,4
70,0	233,7
90,0	525,8

Uma mistura de gases ocorre sempre que um gás é coletado por deslocamento de água. Por exemplo, a Fig. 13.12 mostra a coleta do gás oxigênio produzido pela decomposição do clorato de potássio sólido. O gás é coletado quando borbulha em uma garrafa que está inicialmente cheia com água. Dessa forma, o gás na garrafa é, na verdade, uma mistura de vapor de água e oxigênio. (O vapor de água está presente porque as moléculas de água escapam da superfície do líquido e se reúnem como um gás no espaço acima do líquido.) Portanto, a pressão total exercida por essa mistura é a soma da pressão parcial do gás sendo coletado e da pressão parcial do vapor de água. A pressão parcial do vapor de água é chamada de *pressão de vapor* da água. Como as moléculas de água são mais passíveis de escapar da água quente do que da água fria, a pressão do vapor de água aumenta com a temperatura. Isso é mostrado pelos valores da pressão de vapor em diversas temperaturas na Tabela 13.2.

Exemplo resolvido 13.13

Utilizando a lei de Dalton das pressões parciais – Parte II

Uma amostra de clorato de potássio sólido, $KClO_3$, foi aquecida em um tubo de ensaio (veja a Fig. 13.12) e decomposta de acordo com a reação

$$2KClO_3(s) \rightarrow 2KCl(s) + 3O_2(g)$$

O oxigênio produzido foi coletado pelo deslocamento da água a 22°C. A mistura resultante de O_2 e do vapor de H_2O tem uma pressão total de 754 torr e um volume de 0,650 L. Calcule a pressão parcial do O_2 no gás coletado e a quantidade de matéria de O_2 presente. A pressão de vapor da água a 22°C é de 21 torr.

SOLUÇÃO

Para onde vamos?

Queremos determinar a pressão parcial do oxigênio coletado pelo deslocamento de água e a quantidade de matéria de O_2 presente.

O que sabemos?

- Sabemos a temperatura, a pressão total e o volume do gás coletado pelo deslocamento de água.
- Sabemos a pressão do vapor de água nessa temperatura.
- Lei de gás ideal: $PV = nRT$.
- Lei de Dalton das pressões parciais: $P_{total} = P_1 + P_2 + ...$

De que informações precisamos?

- $R = 0{,}08206$ L atm mol^{-1} K^{-1}.

Como chegamos lá?

Sabemos a pressão total (754 torr) e a pressão parcial da água (pressão do vapor = 21 torr). Podemos descobrir a pressão parcial de O_2 a partir da lei de Dalton das pressões parciais:

$$P_{total} = P_{O_2} + P_{H_2O} = P_{O_2} + 21 \text{ torr} = 754 \text{ torr}$$

ou

$$P_{O_2} + 21 \text{ torr} = 754 \text{ torr}$$

Podemos achar P_{O_2} subtraindo 21 torr de ambos os lados da equação.

$$P_{O_2} = 754 \text{ torr} - 21 \text{ torr} = 733 \text{ torr}$$

Em seguida, solucionamos a lei de gás ideal para a quantidade de matéria de O_2.

$$n_{O_2} = \frac{P_{O_2} V}{RT}$$

Nesse caso, $P_{O_2} = 733$ torr. Convertemos a pressão para atmosferas da seguinte forma:

$$\frac{733 \text{ torr}}{760 \text{ torr/atm}} = 0{,}964 \text{ atm}$$

Técnica para aumentar suas capacidades matemáticas

$$PV = nRT$$
$$\frac{PV}{RT} = \frac{nRT}{RT}$$
$$\frac{PV}{RT} = n$$

Então,

$$V = 0{,}650 \text{ L}$$
$$T = 22°C = 22 + 273 = 295 \text{ K}$$
$$R = 0{,}08206 \text{ L atm K}^{-1} \text{ mol}^{-1}$$

logo,

$$n_{O_2} = \frac{(0{,}964 \text{ atm})(0{,}650 \text{ L})}{(0{,}08206 \text{ L atm/K mol})(295 \text{ K})} = 2{,}59 \times 10^{-2} \text{ mol}$$

AUTOVERIFICAÇÃO

Exercício 13.10 Considere uma amostra de gás hidrogênio coletado sobre a água a 25°C, em que a pressão do vapor de água é de 24 torr. O volume ocupado pela mistura gasosa é de 0,500 L, e a pressão total é 0,950 atm. Calcule a pressão parcial de H_2 e a quantidade de matéria de H_2 presente.

Veja os Problemas 13.71 até 13.74. ∎

13-7 Leis e modelos: uma revisão

OBJETIVO Compreender a relação entre as leis e os modelos (teorias).

Neste capítulo, consideramos diversas propriedades dos gases e vimos como as relações entre elas podem ser expressas por várias leis escritas na forma de equações matemáticas. A mais útil dessas é a equação de gás ideal, que relaciona todas as propriedades importantes do gás. No entanto, sob certas condições, os gases não obedecem à equação de gás ideal. Por exemplo, em altas pressões e/ou temperaturas baixas, as propriedades dos gases desviam significativamente das previsões da equação de gás ideal. Por outro lado, à medida que a pressão é reduzida e/ou a temperatura é elevada, quase todos os gases mostram um acordo íntimo com a equação de gás ideal. Isso significa que um gás ideal é, na verdade, uma substância hipotética. A pressões baixas e/ou temperaturas altas, os gases reais abordam o comportamento esperado para um gás ideal.

Neste ponto, queremos construir um modelo (uma teoria) para explicar por que um gás se comporta dessa maneira. Queremos responder a pergunta *"Quais são as características das partículas individuais do gás que fazem com que ele se comporte dessa maneira?"*. No entanto, antes disso, vamos revisar brevemente o método científico. Lembre-se de que uma lei é uma generalização sobre um comportamento que foi observado em muitos experimentos. As leis são muito úteis, pois nos permitem prever o comportamento de sistemas semelhantes. Por exemplo, um químico que prepara um novo composto gasoso pode supor que aquela substância obedecerá à equação de gás ideal (pelo menos com P baixa e/ou T alta).

Entretanto, as leis não nos dizem *por que* a natureza se comporta da maneira como o faz. Os cientistas tentam responder a essa pergunta construindo teorias (construindo modelos). Os modelos na química são especulações sobre como os átomos ou moléculas individuais (partículas microscópicas) induzem o comportamento de sistemas macroscópicos (conjunto de átomos e moléculas em números grandes o suficiente para podermos observar).

Um modelo é considerado bem-sucedido se explicar o comportamento conhecido e prever corretamente os resultados de experimentos futuros. Porém, um modelo nunca pode ser comprovado como absolutamente verdadeiro. Na verdade, por sua própria natureza, *qualquer modelo é uma aproximação* e está destinado a ser modificado, pelo menos em parte. Os modelos variam de simples (para prever o comportamento aproximado) a extraordinariamente complexos (para considerar precisamente o comportamento observado). Neste livro, utilizaremos os modelos simples que se encaixam nos resultados mais experimentais.

13-8 Teoria cinética molecular dos gases

OBJETIVO Compreender os postulados básicos da teoria cinética molecular.

Um modelo relativamente simples que tenta explicar o comportamento de um gás ideal é a **teoria cinética molecular**. Esse modelo é fundamentado em especulações sobre o comportamento das partículas individuais (átomos ou moléculas) em um gás. As suposições (postulados) da teoria cinética molecular podem ser afirmadas como:

> **Postulados da teoria cinética molecular dos gases**
>
> 1. Os gases consistem em minúsculas partículas (átomos ou moléculas).
> 2. Essas partículas são tão pequenas, em comparação com as distâncias entre elas, que o volume (tamanho) das partículas individuais pode ser assumido como insignificante (zero).
> 3. As partículas estão em movimento aleatório constante, colidindo com as paredes do recipiente. Essas colisões com as paredes geram a pressão exercida pelo gás.
> 4. Supõe-se que não existe atração ou repulsão entre as partículas.
> 5. A energia cinética média das partículas de gás é diretamente proporcional à temperatura Kelvin do gás.

A energia cinética referida no postulado 5 é a energia associada ao movimento de uma partícula. A energia cinética (EC) é dada pela equação $EC = \frac{1}{2}mv^2$, em que m é a massa da partícula e v é a velocidade. Quanto maior a massa ou a velocidade de uma partícula, maior sua energia cinética. O postulado 5 significa que, se um gás é aquecido a temperaturas elevadas, a velocidade média das partículas aumenta; portanto, sua energia cinética aumenta.

Embora os gases reais não estejam exatamente em conformidade com as cinco suposições listadas, veremos na próxima seção que esses postulados explicam na verdade o comportamento de gás *ideal* — o comportamento mostrado pelos gases reais em altas temperaturas e/ou baixas pressões.

> **Pensamento crítico**
>
> Você aprendeu os postulados da teoria cinética molecular. E se não pudéssemos supor que o quarto postulado é verdadeiro? Como isso afetaria a medida da pressão de um gás?

13-9 Implicações da teoria cinética molecular

OBJETIVOS
▶ Compreender o termo *temperatura*.
▶ Aprender como a teoria cinética molecular explica as leis dos gases.

Nesta seção, discutiremos as relações *qualitativas* entre a teoria cinética molecular e as propriedades dos gases. Isto é, sem entrar em detalhes matemáticos, mostraremos como a teoria cinética molecular explica algumas das propriedades observadas dos gases.

O significado de temperatura

No Capítulo 2, introduzimos a temperatura de modo muito prático como algo que medimos com um termômetro. Sabemos que, à medida que a temperatura de um objeto aumenta, o objeto fica "mais quente" ao toque. Mas o que temperatura quer realmente dizer? Como a matéria varia quando fica "mais quente"? No Capítulo 10, introduzimos a ideia de que a temperatura é um índice do movimento molecular. A teoria cinética molecular nos permite desenvolver esse conceito mais a fundo. Como o postulado 5 da teoria afirma, a temperatura de um gás reflete a rapidez, em média, com que suas partículas individuais estão se movendo. Em temperaturas altas, as partículas se movem muito rápido e atingem as paredes do recipiente com frequência, ao passo que, em temperaturas baixas, os movimentos das partículas são mais lentos e elas colidem com as paredes do recipiente com muito menos frequência. Portanto, a temperatura é, na realidade, uma medida dos movimentos das partículas do gás. Na verdade, a temperatura Kelvin de um gás é diretamente proporcional à energia cinética média das partículas do gás.

Relação entre pressão e temperatura

Para ver como o significado de temperatura dado acima ajuda a explicar o comportamento do gás, imagine um gás em um recipiente rígido. À medida que o gás é aquecido a uma temperatura mais alta, as partículas se movem mais rápido, atingindo as paredes com mais frequência. E, é claro, os impactos ficam mais potentes à medida que as partículas se movem mais rápido. Se a pressão ocorre em função das colisões com as paredes, a pressão do gás deve aumentar, já que a temperatura aumenta.

É isso que observamos quando medimos a pressão de um gás à medida que ele é aquecido? Sim. Uma determinada amostra de gás em um recipiente rígido (caso o volume não seja variado) mostra um aumento na pressão à medida que sua temperatura aumenta.

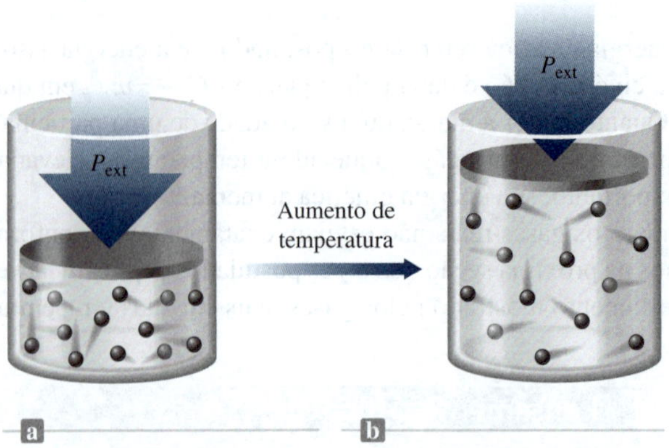

Figura 13.13

Um gás confinado em um cilindro com um pistão móvel. A pressão do gás $P_{gás}$ é exatamente equilibrada pela pressão externa P_{ext}. Isto é, $P_{gás} = P_{ext}$.

A temperatura do gás é aumentada com pressão constante P_{ext}. Mais movimentos da partícula em temperatura mais alta empurram o pistão, aumentando o volume do gás.

Relações entre o volume e a temperatura

Agora imagine o gás em um recipiente com um pistão móvel. Como mostrado na Fig. 13.13(a), a pressão do gás $P_{gás}$ é exatamente equilibrada por uma pressão externa P_{ext}. O que acontece quando aquecemos o gás a uma temperatura maior? À medida que a temperatura aumenta, as partículas se movem mais rápido, fazendo com que a pressão do gás aumente. Assim que a pressão do gás $P_{gás}$ fica maior que a P_{ext} (a pressão que mantém o pistão), o pistão se move até que $P_{gás} = P_{ext}$. Portanto, o modelo cinético molecular prevê que o volume do gás aumentará à medida que elevarmos sua temperatura a uma pressão constante [Fig. 13.13(b)]. Isso está de acordo com as observações experimentais (como resumido pela lei de Charles).

Exemplo resolvido 13.14

Utilizando a teoria cinética molecular para explicar as observações da lei de gás

Use a teoria cinética molecular para prever o que acontecerá com a pressão de um gás quando seu volume é diminuído (n e T constantes). A previsão está de acordo com as observações experimentais?

SOLUÇÃO Quando diminuímos o volume do gás (tornamos o recipiente menor), as partículas atingem as paredes com mais frequência porque elas não têm que viajar tão longe entre elas. Isso sugeriria um aumento na pressão. Essa previsão com base no modelo está de acordo com as observações experimentais do comportamento do gás (como resumido pela lei de Boyle). ■

Nesta seção, vimos que as previsões da teoria cinética molecular geralmente se encaixam com o comportamento observado dos gases. Isso torna nosso modelo útil e bem-sucedido.

QUÍMICA EM FOCO

A química dos *airbags*

A inclusão de airbags em automóveis modernos levou a uma redução significativa no número de ferimentos resultantes de acidentes de carro. Os airbags são armazenados no volante e no painel de todos os carros, e muitos automóveis agora possuem airbags adicionais que protegem os joelhos, a cabeça e os ombros dos ocupantes. Algumas montadoras agora incluem airbags nos cintos de segurança. Além disso, como a sua abertura pode ferir gravemente uma criança, os carros agora possuem airbags "inteligentes" que abrem com uma força de enchimento proporcional ao peso do ocupante do assento.

O termo "airbag" na verdade é um equívoco, porque o ar (air) não está envolvido no processo de enchimento Em vez disso, um airbag enche rapidamente (em cerca de 30 ms) em função da produção explosiva do gás N_2. Originalmente, a azida de sódio, que se decompõe para produzir N_2,

$$2NaN_3(s) \rightarrow 2Na(s) + 3N_2(g)$$

era utilizada, porém agora foi substituída por materiais menos tóxicos.

Os dispositivos de detecção que acionam os airbags devem reagir muito rapidamente. Por exemplo, considere um carro atingindo o pilar de uma ponte de concreto. Quando isso acontece, um acelerômetro interno envia uma mensagem para o módulo de controle informando que uma colisão possivelmente está ocorrendo. O microprocessador analisa, então, a desaceleração medida de diversos acelerômetros e sensores de pressão das portas e decide se a abertura do airbag é apropriada. Tudo isso acontece dentro de 8 a 40 ms do impacto inicial.

Como um airbag deve fornecer o efeito de amortecimento apropriado, a bolsa (bag) começa a ventilar como se estivesse sendo enchida. Na realidade, a pressão máxima na bolsa é de 5 libras por polegada quadrada (psi), mesmo no meio de uma colisão. Os airbags representam um caso em que uma reação química explosiva salva vidas em vez de fazer o contrário.

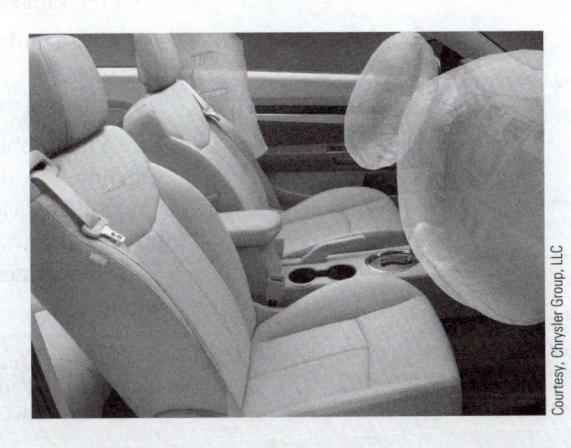

Airbags inflados.

13-10 Estequiometria dos gases

OBJETIVOS
- Compreender o volume molar de um gás ideal.
- Aprender a definição de CNTP.
- Utilizar esses conceitos e a equação do gás ideal.

Vimos repetidamente neste capítulo como a equação de gás ideal é útil. Por exemplo, se soubermos a pressão, o volume e a temperatura de determinada amostra de gás, podemos calcular a quantidade de matéria presente: $n = PV/RT$. Esse fato torna possível fazer cálculos estequiométricos de reações que envolvem gases. Ilustraremos esse processo no Exemplo 13.15.

Exemplo resolvido 13.15 — Estequiometria de gases: calculando o volume

Calcule o volume do gás oxigênio produzido a 1,00 atm e 25°C pela decomposição completa de 10,5 g de clorato de potássio. A equação balanceada da reação é:

$$2KClO_3(s) \rightarrow 2KCl(s) + 3O_2(g)$$

SOLUÇÃO

Para onde vamos?

Queremos determinar o volume do gás oxigênio coletado pela decomposição de $KClO_3$.

O que sabemos?

- Sabemos a temperatura e a pressão do gás oxigênio.
- Sabemos a massa de $KClO_3$.
- A equação balanceada: $2KClO_3(s) \rightarrow 2KCl(s) + 3O_2(g)$.
- Lei de gás ideal: $PV = nRT$.

De que informações precisamos?

- $R = 0{,}08206$ L atm/mol K
- Precisamos da quantidade de matéria do gás oxigênio.
- Massa molar de $KClO_3$.

Como chegamos lá?

Este é um problema de estequiometria muito parecido com o tipo considerado no Capítulo 9. A única diferença é que, neste caso, queremos calcular o volume de um produto gasoso em vez da massa em gramas. Para fazer isso, podemos usar a proporção entre a quantidade de matéria e o volume dados pela lei de gás ideal.

Resumiremos as etapas necessárias para fazer esse problema no esquema a seguir:

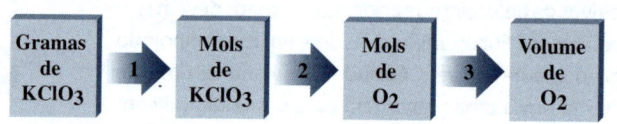

Gramas de $KClO_3$ →(1) Mols de $KClO_3$ →(2) Mols de O_2 →(3) Volume de O_2

Técnica para aumentar suas capacidades matemáticas

$$\frac{10{,}5}{122{,}6} = 0{,}085644$$

$0{,}085644 \Rightarrow 0{,}0856$

Arredondamento

$0{,}0856 = 8{,}56 \times 10^{-2}$

Etapa 1 Para encontrar a quantidade de matéria do $KClO_3$ em 10,5 g, utilizamos a massa molar do $KClO_3$ (122,6 g).

$$10{,}5 \text{ g } KClO_3 \times \frac{1 \text{ mol } KClO_3}{122{,}6 \text{ g } KClO_3} = 8{,}56 \times 10^{-2} \text{ mol } KClO_3$$

Etapa 2 Para encontrar a quantidade de matéria do O_2 produzido, utilizamos a razão entre a quantidade de matéria de O_2 e de $KClO_3$ derivada da equação balanceada.

$$8{,}56 \times 10^{-2} \text{ mol } KClO_3 \times \frac{3 \text{ mol } O_2}{2 \text{ mol } KClO_3} = 1{,}28 \times 10^{-1} \text{ mol } O_2$$

Etapa 3 Para encontrar o volume de gás ideal do oxigênio produzido, utilizamos a lei de gás ideal $PV = nRT$, em que

$P = 1{,}00$ atm

$V = ?$

$n = 1{,}28 \times 10^{-1}$ mol, a quantidade de matéria de O_2 que calculamos

$R = 0{,}08206$ L atm K^{-1} mol^{-1}

$T = 25°C = 25 + 273 = 298$ K

Resolvendo a lei de gás ideal para V obtemos:

$$V = \frac{nRT}{P} = \frac{(1{,}28 \times 10^{-1} \text{ mol})\left(0{,}08206 \frac{\text{L atm}}{\text{K mol}}\right)(298 \text{ K})}{1{,}00 \text{ atm}} = 3{,}13 \text{ L}$$

Dessa forma, serão produzidos 3,13 L de O_2.

AUTOVERIFICAÇÃO

Exercício 13.11 Calcule o volume do hidrogênio produzido a 1,50 atm e 19°C pela reação de 26,5 g de zinco com excesso de ácido clorídrico de acordo com a equação balanceada

$$Zn(s) + 2HCl(aq) \rightarrow ZnCl_2(aq) + H_2(g)$$

Consulte os Problemas 13.85 até 13.92. ■

Ao lidar com a estequiometria das reações que envolvem gases, é útil definir o volume ocupado por 1 mol de um gás sob certas condições específicas. Para um mol de um gás ideal a 0°C (273 K) e 1 atm, o volume do gás dado pela lei de gás ideal é:

$$V = \frac{nRT}{P} = \frac{(1,00 \text{ mol})(0,08206 \text{ L atm/K mol})(273 \text{ K})}{1,00 \text{ atm}} = 22,4 \text{ L}$$

Esse volume de 22,4 é chamado de **volume molar** de um gás ideal.

As condições 0°C e 1 atm são chamadas de **condições normais de temperatura e pressão (CNTP)**. As propriedades dos gases são muitas vezes dadas sob essas condições. Lembre-se, o volume molar de um gás ideal é de 22,4 L *na CNTP*. Isto é, 22,4 L contém 1 mol de um gás ideal na CNTP.

Pensamento crítico

E se as CNTP fossem definidas com a temperatura ambiente normal (22°C) e 1 atm? Como isso afetaria o volume molar de um gás ideal? Inclua uma explicação e um número.

Exemplo resolvido 13.16

Estequiometria de gases: cálculos envolvendo gases na CNTP

Uma amostra de gás nitrogênio tem um volume de 1,75 L na CNTP. Qual é a quantidade de matéria de N_2 presente?

SOLUÇÃO

Para onde vamos?

Queremos determinar a quantidade de matéria do gás nitrogênio.

O que sabemos?

- O gás nitrogênio tem um volume de 1,75 L na CNTP.

De que informações precisamos?

- CNTP = 1,00 atm, 0°C.
- Na CNTP, 1 mol de um gás ideal ocupa um volume de 22,4 L.

Como chegamos lá?

Podemos solucionar esse problema utilizando a equação de gás ideal, mas é possível pegar um atalho utilizando o volume molar de um gás ideal na CNTP. Como 1 mol de um gás ideal na CNTP ocupa um volume de 22,4 L, uma amostra de 1,75 L de N_2 na CNTP contém consideravelmente menos de 1 mol. Podemos descobrir a quantidade de matéria utilizando a declaração equivalente

$$1,000 \text{ mol} = 22,4 \text{ L (CNTP)}$$

que leva ao fator de conversão de que precisamos:

$$1,75 \text{ L } N_2 \times \frac{1,000 \text{ mol } N_2}{22,4 \text{ L } N_2} = 7,81 \times 10^{-2} \text{ mol } N_2$$

AUTOVERIFICAÇÃO

Exercício 13.12 A amônia é muito utilizada como fertilizante para fornecer uma fonte de nitrogênio para as plantas. Uma amostra de $NH_3(g)$ ocupa um volume de 5,00 L a 25°C e 15,0 atm. Qual volume essa amostra ocupará na CNTP?

Consulte os Problemas 13.95 até 13.98. ■

As condições normais (CNTP) e o volume molar também são úteis para realizar cálculos estequiométricos nas reações que envolvem gases, como mostrado no Exemplo 13.17.

Exemplo resolvido 13.17

Estequiometria de gases: reações que envolvem gases na CNTP

A cal viva, CaO, é produzida ao se aquecer carbonato de cálcio, $CaCO_3$. Calcule o volume de CO_2 produzido na CNTP a partir da decomposição de 152 g de $CaCO_3$ de acordo com a reação:

$$CaCO_3(s) \rightarrow CaO(s) + CO_2(g)$$

SOLUÇÃO

Para onde vamos?

Queremos determinar o volume de dióxido de carbono produzido a partir de 152 g de $CaCO_3$.

O que sabemos?

- Sabemos a temperatura e a pressão do gás dióxido de carbono (CNTP).
- Sabemos a massa do $CaCO_3$.
- A equação balanceada: $CaCO_3(s) \rightarrow CaO(s) + CO_2(g)$.

De quais informações precisamos?

- CNTP = 1,00 atm, 0°C.
- Na CNTP, 1 mol de um gás ideal ocupa um volume de 22,4 L.
- Precisamos da quantidade de matéria do gás dióxido de carbono.
- Massa molar do $CaCO_3$.

Como chegamos lá?

A estratégia para solucionar esse problema está resumida no esquema a seguir:

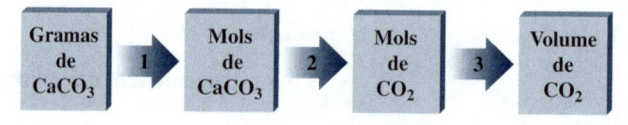

Gramas de $CaCO_3$ →[1] Mols de $CaCO_3$ →[2] Mols de CO_2 →[3] Volume de CO_2

Etapa 1 Utilizando a massa molar do $CaCO_3$ (100,1 g mol⁻¹), calculamos a sua quantidade de matéria.

$$152 \text{ g CaCO}_3 \times \frac{1 \text{ mol CaCO}_3}{100,1 \text{ g CaCO}_3} = 1,52 \text{ mol CaCO}_3$$

Etapa 2 Cada mol de $CaCO_3$ produz 1 mol de CO_2, portanto, será formado 1,52 mol de CO_2.

Etapa 3 Podemos converter a quantidade de matéria de CO_2 em volume utilizando o volume molar de um gás ideal, uma vez que as condições são CNTP.

$$1,52 \text{ mol CO}_2 \times \frac{22,4 \text{ L CO}_2}{1 \text{ mol CO}_2} = 34,1 \text{ L CO}_2$$

Assim, a decomposição de 152 g de $CaCO_3$ produz 34,1 L de CO_2 na CNTP. ■

Observe que a etapa final no Exemplo 13.17 envolve o cálculo do volume do gás a partir da quantidade de matéria. Como as condições foram especificadas como CNTP, podemos utilizar o volume molar de um gás na CNTP. Se as condições de um problema são diferentes das CNTP, devemos utilizar a lei de gás ideal para calcular o volume, como fizemos na Seção 13-5.

CAPÍTULO 13 REVISÃO

F direciona você para o segmento *Química em foco* do capítulo

Termos-chave

barômetro (13-1)
milímetros de mercúrio (mm de Hg) (13-1)
torr (13-1)
atmosfera-padrão (13-1)
pascal (13-1)
lei de Boyle (13-2)
zero absoluto (13-3)
lei de Charles (13-3)
lei de Avogadro (13-4)
constante universal dos gases (13-5)
lei de gás ideal (13-5)
gás ideal (13-5)
lei combinada dos gases (13-5)
pressão parcial (13-6)
lei de Dalton das pressões parciais (13-6)
teoria cinética molecular (13-8)
volume molar (13-10)
condições normais de temperatura e pressão (CNTP) (13-10)

Para revisão

- As unidades comuns para a pressão são mm de Hg (torr), atmosfera (atm) e pascal (Pa). A unidade do SI é o pascal.
- A lei de Boyle afirma que o volume de determinada quantidade de gás em temperatura constante varia inversamente com a sua pressão. $PV = k$
- A lei de Charles afirma que o volume de determinada quantidade de um gás ideal em pressão constante varia diretamente com a sua temperatura (em kelvins). $V = bT$
  - No zero absoluto (0 K; —273°C), o volume de um gás ideal extrapola para zero.
- A lei de Avogadro afirma que, em um gás ideal à temperatura e pressão constantes, o volume varia diretamente com a quantidade de matéria de gás (n). $V = an$

- A lei de gás ideal descreve a relação entre P, V, n e T para um gás ideal. $PV = nRT$

$$R = 0{,}08206 \frac{\text{L atm}}{\text{K mol}}$$

Um gás que obedece a exatamente essa lei é chamado de gás ideal.

- A partir da lei de gás ideal podemos obter a lei de gases combinados, que se aplica quando n é constante.

$$\frac{P_1 V_1}{T_1} = \frac{P_2 V_2}{T_2}$$

- A lei de Dalton das pressões parciais afirma que a pressão total de uma mistura de gases é igual à soma das pressões individuais (parciais) dos gases. $P_{\text{total}} = P_1 + P_2 + P_3 + \ldots$
- A teoria cinética molecular é um modelo com base nas propriedades dos componentes individuais do gás que explica a relação de P, V, T e n para um gás ideal.
- Uma lei é um resumo da observação experimental.
- Um modelo (teoria) é uma tentativa de explicar o comportamento observado.
- A temperatura de um gás ideal reflete a energia cinética média das partículas do gás.
- A pressão de um gás aumenta à medida que sua temperatura aumenta porque as partículas de gás aceleram.
- O volume de um gás deve aumentar porque as partículas de gás aceleram à medida que ele é aquecido.
- As condições normais de temperatura e pressão (CNTP) são definidas como $P = 1$ atm e $T = 273$ K (0°C).
- O volume de 1 mol de um gás ideal (o volume molar) é de 22,4 L na CNTP.

Questões de aprendizado ativo

Estas questões foram desenvolvidas para ser resolvidas por grupos de alunos em sala de aula. Normalmente, elas funcionam bem para introduzir um tópico específico em sala.

1. À medida que você aumenta a temperatura de um gás em um recipiente vedado e rígido, o que acontece com a densidade do gás? Os resultados seriam os mesmos se você fizesse o mesmo experimento em um recipiente com um pistão móvel a uma pressão constante? Explique.

2. Um diagrama em um livro de química mostra uma vista ampliada de um frasco de ar.

O que você acha que há entre os pontos (que representam as moléculas de ar)?

a. ar
b. poeira
c. poluentes
d. oxigênio
e. nada

3. Se você colocar um canudo na água, tampar com seu dedo a abertura e tirar o canudo da água, um pouco de água fica no canudo. Explique.

4. Um estudante de química relata a seguinte história: Percebi que meus pneus estavam um pouco murchos e fui até o posto de gasolina. Enquanto eu enchia os pneus, pensei sobre a teoria cinética molecular. Observei os pneus porque o volume estava baixo e percebi que eu estava aumentando tanto a pressão quanto o volume dos pneus. "Hummm", pensei, "isso vai contra o que aprendi em química, em que me disseram que a pressão e o volume são inversamente proporcionais". Qual é o erro da lógica do estudante de química nessa situação? Explique sob quais condições a pressão e o volume estão inversamente relacionados (faça desenhos e utilize a teoria cinética molecular).

5. As substâncias químicas X e Y (ambas gases) reagem para formar o gás XY, mas leva tempo para a reação ocorrer. X e Y são colocados em um recipiente com um pistão (livre para se mover), e você observa o volume. À medida que a reação ocorre, o que acontece com o volume do recipiente? Explique sua resposta.

6. Qual afirmação melhor explica por que um balão de ar quente sobe quando o ar é aquecido?

a. De acordo com a lei de Charles, a temperatura de um gás está diretamente relacionada ao seu volume. Assim, o volume do balão aumenta, diminuindo a densidade.
b. O ar quente sobe dentro do balão, o que o eleva.
c. A temperatura de um gás está diretamente relacionada à sua pressão. A pressão, portanto, aumenta, o que eleva o balão.
d. Parte do ar escapa do fundo do balão, diminuindo assim a massa do gás no seu interior. Isso diminui a densidade do gás no balão, elevando-o.
e. A temperatura está relacionada à velocidade das moléculas de gás. Dessa forma, as moléculas estão se movendo mais rápido, atingindo mais o balão e elevando-o.

Para as opções que você não escolheu, explique por que você achou que elas estavam erradas e justifique a sua escolha.

7. Se você libera um balão de hélio, ele sobe e, por fim, estoura. Explique esse acontecimento.

8. Se você tiver dois gases em recipientes diferentes com o mesmo tamanho na mesma pressão e temperatura, o que é verdade sobre as quantidades de matéria de cada gás? Por que isso é verdade?

9. Utilizando os postulados da teoria cinética molecular, dê uma interpretação molecular da lei de Boyle, da lei de Charles e da lei Dalton das pressões parciais.

10. Racionalize as observações a seguir:

a. As latas de aerosol explodirão se aquecidas.
b. Você pode beber utilizando um canudo.
c. Uma lata fina entrará em colapso quando o ar de seu interior for removido por uma bomba de vácuo.
d. Os fabricantes produzem tipos diferentes de bolas de tênis para altitudes altas e baixas.

11. Mostre por que a lei de Boyle e a lei de Charles são casos especiais da lei de gás ideal.

12. Observe a demonstração discutida na Fig. 13.1. Em que essa demonstração seria diferente se não fosse adicionada^{-1} água à lata? Explique.

13. Como a lei de Dalton das pressões parciais nos ajuda em nosso modelo de gases ideais? Isto é, quais postulados da teoria cinética molecular ela fundamenta?

14. Desenhe vistas do nível molecular que mostrem as diferenças entre sólidos, líquidos e gases.

15. Explique como o aumento da quantidade de matéria de um gás afeta a pressão (supondo volume e pressão constantes).

16. Explique como o aumento da quantidade de matéria de um gás afeta o volume (supondo pressão e temperatura constantes).

17. Diz-se que os gases exercem pressão. Forneça uma explicação a nível molecular para isso.

18. Por que é incorreto dizer que uma amostra de hélio a 50°C é duas vezes mais quente que uma amostra de hélio a 25°C?

19. Podemos utilizar unidades diferentes para pressão ou volume, mas devemos utilizar unidades de Kelvin para a temperatura. Por que devemos utilizar a escala Kelvin de temperatura?

20. Estime a massa de ar em condições normais que o volume da sua cabeça ocupa. Fundamente sua resposta.

21. Você está segurando dois balões de mesmo volume. Um balão contém 1,0 g de hélio, o outro contém neônio. Calcule a massa de neônio no balão.

22. Você tem gás hélio em um recipiente de dois bulbos conectados por uma válvula, como mostrado abaixo. Inicialmente, a válvula está fechada.

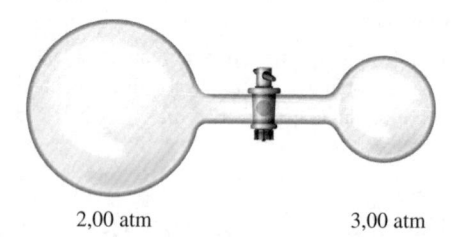

2,00 atm   3,00 atm

a. Quando a válvula for aberta, a pressão total no aparelho será menor que 5,00 atm, igual a 5,00 atm ou maior que 5,00 atm? Explique sua resposta.
b. O bulbo esquerdo tem um volume de 9,00 L, e o direito tem um volume de 3,00 L. Calcule a pressão final após a válvula ser aberta.

23. Utilize os gráficos abaixo para responder às perguntas a seguir:

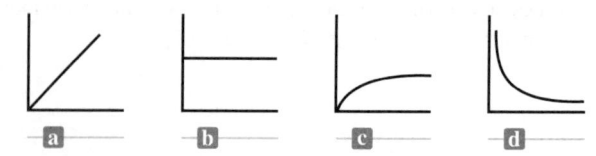

a   b   c   d

a. Qual dos gráficos representa melhor a relação entre a pressão e a temperatura (medida em kelvins) de 1 mol de um gás ideal?
b. Qual dos gráficos representa melhor a relação entre a pressão e o volume de 1 mol de um gás ideal?
c. Qual dos gráficos representa melhor a relação entre o volume e a temperatura (medida em kelvins) de 1 mol de um gás ideal?

Perguntas e problemas

13-1 Pressão

Perguntas

1. A introdução deste capítulo diz que "vivemos imersos em uma solução gasosa". O que isso significa?
2. Como os três estados da matéria se assemelham e como eles se diferem?
3. A Fig. 13.1 mostra um experimento que pode ser usado eficazmente para demonstrar a pressão exercida pela atmosfera. Escreva uma explicação desse experimento para um amigo que ainda não fez nenhum curso de ciências para ajudá-lo a entender o conceito de pressão atmosférica.
4. Descreva um barômetro de mercúrio simples. Como esse barômetro é utilizado para medir a pressão da atmosfera?
5. Se dois gases que não reagem entre si são colocados no mesmo recipiente, eles irão _____ completamente entre si.
6. Quais são as unidades comuns utilizadas para medir a pressão? Qual é uma unidade experimental derivada do dispositivo utilizado para medir a pressão atmosférica?

Problemas

7. Faça as conversões de pressão indicadas:
   a. 45,2 kPa para atmosferas.
   b. 755 mm de Hg para atmosferas.
   c. 802 torr para quilopascals.
   d. 1,04 atm para milímetros de mercúrio.
8. Faça as conversões de pressão indicadas:
   a. 14,9 psi para atmosferas.
   b. 795 torr para atmosferas.
   c. 743 mm de Hg para quilopascals.
   d. 99,436 Pa para quilopascals.
9. Faça as conversões de pressão indicadas:
   a. 699 mm de Hg para atmosferas.
   b. 18,2 psi para mm de Hg.
   c. 862 mm de Hg para torr.
   d. 795 mm de Hg para psi.
10. Faça as conversões de pressão indicadas:
    a. 17,3 psi para quilopascals.
    b. 1,15 atm para psi.
    c. 4,25 atm para mm de Hg.
    d. 224 psi para atmosferas.
11. Faça as conversões de pressão indicadas:
    a. $1,54 \times 10^5$ Pa para atmosferas.
    b. 1,21 atm para pascals.
    c. 97,345 Pa para mm de Hg.
    d. 1,32 kPa para pascals.
12. Converta as pressões a seguir em pascals:
    a. 774 torr.
    b. 0,965 atm.
    c. 112,5 kPa.
    d. 801 mm de Hg.

13-2 Pressão e volume: lei de Boyle

Perguntas

13. Imagine que você esteja conversando com uma amiga que ainda não fez nenhuma disciplina de ciências. Descreva como você explicaria a lei de Boyle para ela.
14. Na Fig. 13.4, quando mais mercúrio é acrescentado no braço direito do tubo em forma de J, o volume do gás aprisionado acima do mercúrio no braço esquerdo diminui. Explique.
15. O volume de uma amostra de um gás ideal é inversamente proporcional à _____ do gás à temperatura constante.
16. Uma expressão matemática que resume a lei de Boyle é _____.

Problemas

17. Para cada um dos conjuntos de dados de pressão/volume a seguir, calcule o novo volume da amostra do gás após ter sido feita a variação de pressão. Suponha que a temperatura e a quantidade de gás permaneçam as mesmas.
    a. $V = 125$ mL a 755 mm de Hg; $V = ?$ mL a 780 mm de Hg
    b. $V = 223$ mL a 1,08 atm; $V = ?$ mL a 0,951 atm
    c. $V = 3,02$ L a 103 kPa; $V = ?$ L a 121 kPa
18. Para cada um dos conjuntos de dados de pressão/volume a seguir, calcule o novo volume da amostra do gás após ter sido feita a variação de pressão. Suponha que a temperatura e a quantidade de gás permaneçam as mesmas.
    a. $V = 375$ mL a 1,15 atm; $V = ?$ mL a 775 mm de Hg
    b. $V = 195$ mL a 1,08 atm; $V = ?$ mL a 135 kPa
    c. $V = 6,75$ L a 131 kPa; $V = ?$ L a 765 mm de Hg
19. Para cada um dos conjuntos de dados de pressão/volume a seguir, calcule a quantidade faltante. Suponha que a temperatura e a quantidade de gás permaneçam constantes.
    a. $V = 19,3$ L a 102,1 kPa; $V = 10,0$ L a ? kPa
    b. $V = 25,7$ mL a 755 torr; $V = ?$ a 761 mm de Hg
    c. $V = 51,2$ L a 1,05 atm; $V = ?$ a 112,2 kPa
20. Para cada um dos conjuntos de dados de pressão/volume a seguir, calcule a quantidade faltante. Suponha que a temperatura e a quantidade de gás permaneçam constantes.
    a. $V = 53,2$ mL a 785 mm de Hg; $V = ?$ mL a 700 mm de Hg
    b. $V = 2,25$ L a 1,67 atm; $V = 2,00$ L a ? atm
    c. $V = 5,62$ L a 695 mm de Hg; $V = ?$ L a 1,51 atm

21. Qual volume de gás resultaria se 225 mL de gás neônio fosse comprimido de 1,02 atm para 2,99 atm à temperatura constante?

22. Se a pressão em uma amostra de 1,04 L de gás for duplicada à temperatura constante, qual será o novo volume do gás?

23. Uma amostra de gás hélio com um volume de 29,2 mL a 785 mm de Hg é comprimida à temperatura constante até que seu volume seja de 15,1 mL. Qual será a nova pressão na amostra?

24. Qual pressão (em atmosferas) é necessária para comprimir 1,00 L de gás à pressão de 760 mm de Hg para um volume de 50,0 mL?

13-3 Volume e temperatura: lei de Charles

Perguntas

25. Imagine que você esteja conversando com um amigo que ainda não fez nenhuma disciplina de ciências. Descreva como você explicaria o conceito do zero absoluto para ele.

26. As Figs. 13.7 e 13.8 mostram os dados de volume/temperatura de diversas amostras de gases. Por que todas as linhas parecem extrapolar o mesmo ponto a –273°C? Explique.

27. O volume de uma amostra de gás ideal é _____ proporcional à sua temperatura (K) em pressão constante.

28. Uma expressão matemática que resume a lei de Charles é _____.

Problemas

29. Uma amostra de gás em um balão tem uma temperatura inicial de 18°C e um volume de 1340 L. Se a temperatura passa para 87°C e não há variação geral de pressão ou quantidade de gás, qual é o novo volume do gás?

30. Suponha que uma amostra de 375 mL de gás neônio a 78°C é resfriada para 22°C à pressão constante. Qual será o novo volume da amostra de neônio?

31. Para cada um dos conjuntos de dados do volume/temperatura a seguir, calcule a quantidade faltante após ter sido feita a variação. Suponha que a pressão e a quantidade de gás permaneçam as mesmas.
    a. $V = 2,03$ L a 24°C; $V = 3,01$ L a ? °C
    b. $V = 127$ mL a 273 K; $V = ?$ mL a 373 K
    c. $V = 49,7$ mL a 34°C; $V = ?$ a 350 K

32. Para cada um dos conjuntos de dados do volume/temperatura a seguir, calcule a quantidade faltante. Suponha que a pressão e a massa do gás permaneçam constantes.
    a. $V = 25,0$ L a 0°C; $V = 50,0$ L a ? °C
    b. $V = 247$ mL a 25°C; $V = 255$ mL a ? °C
    c. $V = 925$ mL a 25 K; $V = ?$ a 273 K

33. Para cada um dos conjuntos de dados do volume/temperatura a seguir, calcule a quantidade faltante após ter sido feita a variação. Suponha que a pressão e a quantidade de gás permaneçam as mesmas.
    a. $V = 9,14$ L a 24°C; $V = ?$ a 48°C
    b. $V = 24,9$ mL a –12°C; $V = 49,9$ mL a ? °C
    c. $V = 925$ mL a 25 K; $V = ?$ a 273 K

34. Para cada um dos conjuntos de dados do volume/temperatura a seguir, calcule a quantidade faltante. Suponha que a pressão e a massa do gás permaneçam constantes.
    a. $V = 2,01 \times 10^2$ L a 1150°C; $V = 5,00$ L a ? °C
    b. $V = 44,2$ mL a 298 K; $V = ?$ a 0 K
    c. $V = 44,2$ mL a 298 K; $V = ?$ a 0°C

35. Suponha que 1,25 L de argônio é resfriado de 291 K para 78 K. Qual será o novo volume da amostra de argônio?

36. Suponha que uma amostra de 125 mL de argônio é resfriada de 450 K para 250 K a pressão constante. Qual será o volume da amostra na temperatura reduzida?

37. Se uma amostra de 375 mL de gás neônio é aquecida de 24°C para 72°C à temperatura constante, qual será o novo volume da amostra na temperatura elevada?

38. Uma amostra de gás tem um volume de 127 mL em um recipiente de água fervente a 100°C. Calcule o volume da amostra de gás em intervalos de 10°C após a fonte de calor ser desligada e a amostra de gás começar a esfriar para a temperatura do laboratório, 20°C.

13-4 Volume e quantidade de matéria: lei de Avogadro

Perguntas

39. Em condições de temperatura e pressão constantes, o volume de uma amostra de gás ideal é _____ proporcional à quantidade de matéria do gás presente.

40. Uma expressão matemática que resume a lei de Avogadro é _____.

Problemas

41. Se 0,00901 mol do gás neônio a uma temperatura e pressão específicas ocupa um volume de 242 mL, qual volume 0,00703 mol de neônio ocupará sob as mesmas condições?

42. Se 1,04 g do gás cloro ocupa um volume de 872 mL a uma temperatura e pressão específicas, qual volume 2,08 g de gás cloro terá sob as mesmas condições?

43. Se 3,25 mol do gás argônio ocupa um volume de 100 L a uma temperatura e pressão específicas, qual volume 14,15 mol de argônio ocupará sob as mesmas condições?

44. Se 2,71 g de gás argônio ocupa um volume de 4,21 L, qual volume 1,29 mol de argônio ocupará sob as mesmas condições?

13-5 A lei de gás ideal

Perguntas

45. O que queremos dizer com *gás* ideal?

46. Sob quais condições os gases *reais* se comportam da maneira mais ideal?

47. Mostre como a lei de gás de Boyle pode ser derivada da lei de gás ideal.

48. Mostre como a lei de gás de Charles pode ser derivada da lei de gás ideal.

Problemas

49. Dados os conjuntos de valores a seguir para as três variáveis do gás, calcule a quantidade desconhecida.

a. $P = 782,4$ mm de Hg; $V = ?$; $n = 0,1021$ mol; $T = 26,2°C$
b. $P = ?$ mm de Hg; $V = 27,5$ mL; $n = 0,007812$ mol; $T = 16,6 °C$
c. $P = 1,045$ atm; $V = 45,2$ mL; $n = 0,002241$ mol; $T = ?$ °C

50. Dados os conjuntos de valores a seguir para um gás ideal, calcule a quantidade desconhecida.

    a. $P = 782$ mm de Hg; $V = ?$; $n = 0,210$ mol; $T = 27$ °C
    b. $P = ?$ mm de Hg; $V = 644$ mL; $n = 0,0921$ mol; $T = 303$ K
    c. $P = 745$ mm de Hg; $V = 11,2$ L; $n = 0,401$ mol; $T = ?$ K

51. Qual massa de gás neônio é necessária para encher um recipiente de 5,00 L a uma pressão de 1,02 atm a 25°C?

52. Determine a pressão em um tanque de 125 L que contém 56,2 kg de gás oxigênio a 21°C.

53. Qual volume 2,04 g de gás hélio ocupará a 100°C e pressão de 785 mm de Hg?

54. Em que temperatura (em °C) uma amostra de 5,00 g de gás neônio exercerá uma pressão de 1,10 atm em um recipiente de 7,00 L?

55. Qual massa de gás hélio necessária para pressurizar um tanque de 100,0 L a 255 atm e 25°C? Qual massa de gás oxigênio seria necessária para pressurizar um tanque semelhante nas mesmas condições?

56. Suponha que uma amostra de 1,25 g de gás neônio esteja confinada em um recipiente de 10,1 L a 25°C. Qual será a pressão no recipiente? Suponha que, depois, a temperatura seja elevada a 50°C. Qual será a nova pressão após a temperatura ter aumentado?

57. Em que temperatura uma amostra de 1,0 g de gás neônio exercerá uma pressão de 500 torr em um recipiente de 5,0 L?

58. Em que temperatura 4,25 g de gás oxigênio, O_2, exercerá uma pressão de 784 mm de Hg em um recipiente de 2,51 L?

59. Qual é a pressão em um tanque de 200 L contendo 5,0 kg de gás neônio a 300 K?

60. Qual frasco terá a pressão mais alta: um de 5,00 L contendo 4,15 g de hélio a 298 K, ou um de 10,0 L contendo 56,2 g de argônio a 303 K?

61. Suponha que uma amostra de 24,3 mL de gás hélio a 25°C e 1,01 atm seja aquecida até 50°C e comprimida a um volume de 15,2 mL. Qual será a pressão da amostra?

62. Suponha que 1,29 g de gás argônio esteja confinado em um volume de 2,41 L a 29°C. Qual é a pressão no recipiente? Qual será a pressão se a temperatura for elevada para 42°C sem variação no volume?

63. Qual será o volume da amostra se 459 mL de um gás ideal a 27°C e 1,05 atm for resfriado para 15°C a 0,997 atm?

F 64. O segmento "Química em foco – *Os lanches também precisam de química!*" discute por que a pipoca "estoura". É possível estimar a pressão dentro de um milho de pipoca no momento do estouro utilizando a lei de gás ideal. Basicamente, você determina a massa da água liberada quando a pipoca estoura medindo a massa da pipoca antes e depois do estouro. Suponha que a diferença na massa seja a massa do vapor de água perdida no estouro. Assuma que a pipoca estoura à temperatura do óleo de cozinha (225°C) e que o volume do "recipiente" é o volume do milho não estourado. Embora você esteja fazendo inúmeras suposições, podemos pelo menos ter alguma ideia da grandeza da pressão dentro do milho.

Supondo um volume total de 2,0 mL para 20 milhos e uma massa de 0,250 g de água perdida por eles durante o estouro, calcule a pressão dentro dos milhos assim que eles "estouram".

13-6 Lei de Dalton das pressões parciais

Perguntas

65. Explique por que as propriedades medidas de uma mistura de gases dependem apenas da quantidade de matéria total de partículas e não da identidade das partículas individuais do gás. De que maneira essa observação é resumida como uma lei?

66. Muitas vezes, nós coletamos amostras pequenas de gases no laboratório fazendo o gás borbulhar em um frasco ou recipiente contendo água. Explique por que o gás se torna saturado com vapor de água e como devemos considerar a presença desse vapor no cálculo das propriedades da amostra de gás.

Problemas

67. Se uma mistura gasosa é composta por 2,41 g de He e 2,79 g de Ne em um recipiente evacuado de 1,04 L a 25°C, qual será a pressão parcial de cada gás e a pressão total no recipiente?

68. Suponha que 1,28 g de gás neônio e 2,49 g de gás argônio estejam confinados e um recipiente de 9,87 L a 27°C. Qual seria a pressão no recipiente?

69. Um tanque contém uma mistura de 52,5 g de gás oxigênio e 65,1 g de gás dióxido de carbono a 27°C. A pressão total do tanque é de 9,21 atm. Calcule a pressão parcial (em atm) de cada gás na mistura.

70. Qual massa de gás neônio seria necessária para encher um frasco de 3,00 L a uma pressão de 925 mm de Hg a 26°C? Qual massa de argônio seria necessária para encher um frasco semelhante na mesma pressão e temperatura?

71. Uma amostra de gás oxigênio é saturada com vapor de água a 27°C. A pressão total da mistura é de 772 torr e a pressão do vapor de água é de 26,7 torr a 27°C. Qual é a pressão parcial do gás oxigênio?

72. Determine a pressão parcial de cada gás mostrado nesta figura. *Observação*: os números relativos de cada tipo de gás estão ilustrados na figura.

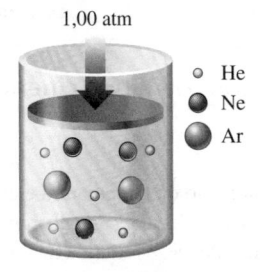

73. Uma amostra de 500 mL de gás O_2 a 24°C foi preparada ao decompor 3% de uma solução aquosa de peróxido de hidrogênio, H_2O_2, na presença de uma pequena quantidade do catalisador manganês pela reação:

$$2H_2O_2(aq) \rightarrow 2H_2O(g) + O_2(g)$$

O oxigênio preparado foi coletado pelo deslocamento da água. A pressão total do gás coletado foi de 755 mm de Hg. Qual é a pressão parcial de O_2 na mistura? Qual a quantidade de matéria de O_2 presente na mistura? (A pressão do vapor de água a 24°C é de 23 mm de Hg.)

74. Pequenas quantidades de gás hidrogênio podem ser preparadas no laboratório pela adição de ácido clorídrico aquoso ao zinco metálico:

$$Zn(s) + 2HCl(aq) \rightarrow ZnCl_2(aq) + H_2(g)$$

Normalmente, o gás hidrogênio borbulha na água para a coleta e fica saturado com o vapor de água. Suponha que 240 mL de gás hidrogênio seja coletado a 30°C e tenha uma pressão total de 1,032 atm nesse processo. Qual é a pressão parcial do gás hidrogênio na amostra? Qual a quantidade de matéria de gás hidrogênio presente na amostra? Quantos gramas de zinco reagiram para produzir essa quantidade de hidrogênio? (A pressão do vapor de água é de 32 torr a 30°C.)

13-7 Leis e modelos: revisão

Perguntas

75. O que é uma *lei* científica? O que é uma teoria? Qual a diferença entre esses conceitos? Uma lei explica uma *teoria* ou uma teoria tenta explicar uma lei?

76. Quando uma teoria científica é considerada bem-sucedida? Todas as teorias são bem-sucedidas? Uma teoria que foi bem-sucedida no passado será necessariamente bem-sucedida no futuro?

13-8 Teoria cinética molecular dos gases

Perguntas

77. O que supomos sobre o volume das próprias moléculas reais em uma amostra de gás em comparação ao volume bruto do gás em geral? Por quê?

78. As colisões das moléculas em uma amostra de gás com as paredes do recipiente são responsáveis pela _____ observada do gás.

79. A temperatura é uma medida da _____ média das moléculas em uma amostra de gás.

80. A teoria cinética molecular dos gases sugere que as partículas de um gás _____ exercem forças atrativas ou repulsivas entre si.

13-9 Implicações da teoria cinética molecular

Perguntas

81. Como o fenômeno da temperatura é explicado com base na teoria cinética molecular? Qual propriedade microscópica das moléculas de gás é refletida na temperatura medida?

82. Explique, em termos da teoria cinética molecular, como um aumento na temperatura de um gás confinado em um recipiente rígido provoca um aumento em sua pressão.

13-10 Estequiometria dos gases

Perguntas

83. Qual é o *volume molar* de um gás? Todos os gases que se comportam de modo ideal têm o mesmo volume molar?

84. Quais condições são consideradas "condições normais de temperatura e pressão[33] (CNTP) para os gases? Explique por que essas condições específicas devem ser escolhidas para CNTP.

Problemas

85. O óxido de cálcio pode ser usado para "purificar" o ar do dióxido de carbono.

$$CaO(s) + CO_2(g) \rightarrow CaCO_3(s)$$

Qual a massa de CO_2 que poderia ser absorvida por 1,25 g de CaO? Qual volume esse CO_2 ocuparia na CNTP?

86. Considere a reação a seguir:

$$C(s) + O_2(g) \rightarrow CO_2(g)$$

Qual volume do gás oxigênio a 25°C e 1,02 atm seria necessário para reagir completamente com 1,25 g de carbono?

87. Considere a reação a seguir para a combustão do octano, C_8H_{18}:

$$2C_8H_{18}(l) + 25O_2(g) \rightarrow 16CO_2(g) + 18H_2O(l)$$

Qual volume do gás oxigênio na CNTP seria necessário para a combustão completa de 10,0 g de octano?

88. Embora geralmente pensemos nas reações de combustão como aquelas que envolvem gás oxigênio, outras reações de oxidação rápidas também são consideradas como combustões. Por exemplo, se o magnésio metálico é colocado no gás cloro, ocorre uma oxidação rápida, e é produzido cloreto de magnésio:

$$Mg(s) + Cl_2(g) \rightarrow MgCl_2(s)$$

Qual volume do gás cloro, medido na CNTP, é necessário para reagir completamente com 1,02 g de magnésio?

89. A amônia e o cloreto de hidrogênio gasoso combinam para formar cloreto de amônio:

$$NH_3(g) + HCl(g) \rightarrow NH_4Cl(s)$$

Se 4,21 L de $NH_3(g)$ a 27°C e 1,02 atm é combinado com 5,35 L de $HCl(g)$ a 26°C e 0,998 atm, qual seria a massa de $NH_4Cl(s)$ produzida? Qual gás é o reagente limitante? Qual gás está presente em excesso?

90. O carbeto de cálcio, CaC_2, reage com água para produzir o gás acetileno, C_2H_2:

$$CaC_2(s) + 2H_2O(l) \rightarrow C_2H_2(g) + Ca(OH)_2(s)$$

Qual volume do acetileno a 25°C e 1,01 atm é gerado pela reação completa de 2,49 g do carbeto de cálcio? Qual volume essa quantidade de acetileno ocuparia na CNTP?

91. Muitos sais dos metais de transição são hidratos: eles contêm um número fixo de moléculas de água ligado por unidade de fórmula do sal. Por exemplo, o sulfato de cobre(II) existe mais comumente como o pentahidrato, $CuSO_4 \cdot 5H_2O$. Se 5,00 g de $CuSO_4 \cdot 5H_2O$ for vigorosamente aquecido de modo que afaste todas as águas de hidratação, como vapor de água, qual volume esse vapor de água ocuparia a 350°C e uma pressão de 1,04 atm?

92. Se água for adicionada ao nitreto de magnésio, o gás amônia é produzido quando a mistura for aquecida:

$$Mg_3N_2(s) + 3H_2O(l) \rightarrow 3MgO(s) + 2NH_3(g)$$

Se 10,3 g de nitreto de magnésio for tratado com água, qual volume do gás amônia seria coletado a 24°C e 752 mm de Hg?

93. Qual volume uma mistura de 14,2 g de He e 21,6 g de H_2 ocupa a 28°C e 0,985 atm?

94. Uma amostra de 10,0 g do sódio metálico reage com 2,50 L de gás nitrogênio a 0,976 atm e 28°C para produzir nitreto de sódio.
    a. Escreva uma equação química balanceada para essa reação. Não inclua as fases.
    b. Quantos gramas de nitreto de sódio são produzidos nessa reação?

95. Uma amostra de gás hélio ocupa um volume de 25,2 mL a 95°C e uma pressão de 892 mm de Hg. Calcule o volume do gás na CNTP.

96. O volume de um balão cheio de gás é 50,0 L a 20°C e 742 torr. Qual volume ele ocupará na CNTP?

97. Uma mistura contém 5,00 g de *cada* um dos gases O_2, N_2, CO_2 e Ne. Calcule o volume dessa mistura na CNTP. Calcule a pressão parcial de cada gás na mistura na CNTP.

98. Uma mistura gasosa contém 6,25 g de He e 4,97 g de Ne. Qual volume a mistura ocupará na CNTP? Calcule a pressão parcial de cada gás na mistura na CNTP.

99. Considere a equação química *não balanceada* a seguir para a reação da combinação do sódio metálico e do gás cloro:

$$Na(s) + Cl_2(g) \rightarrow NaCl(s)$$

Qual volume do gás cloro, medido na CNTP, é necessário para a reação completa de 4,81 g do sódio metálico?

100. Soldadores comumente utilizam um aparelho que contém um tanque de gás acetileno (C_2H_2) e um de gás oxigênio. Quando queimado em oxigênio puro, o acetileno gera uma grande quantidade de calor.

$$2C_2H_2(g) + 5O_2(g) \rightarrow 2H_2O(g) + 4CO_2(g)$$

Qual volume do gás dióxido de carbono na CNTP produzido se 1,00 g de acetileno queimar completamente?

101. Durante a fabricação do aço, o óxido de ferro(II) é reduzido para ferro metálico por tratamento com gás monóxido de carbono:

$$FeO(s) + CO(g) \rightarrow Fe(s) + CO_2(g)$$

Suponha que 1,45 kg de Fe reaja. Qual volume de $CO(g)$ é necessário e qual volume de $CO_2(g)$ produzido, cada um medido na CNTP?

102. Considere a reação a seguir:

$$Zn(s) + 2HCl(aq) \rightarrow ZnCl_2(aq) + H_2(g)$$

Qual massa de zinco metálico deve ser empregada para produzir 125 mL de H_2 na CNTP quando reagir com excesso de ácido clorídrico?

Problemas adicionais

103. Ao fazer qualquer cálculo que envolva amostras de gás, devemos expressar a temperatura em escala a _____ de temperatura.

104. Dois mols de gás ideal ocupam um volume que é a _____ o volume de 1 mol de gás ideal sob as mesmas condições de temperatura e pressão.

105. Resuma os postulados da teoria cinética molecular dos gases. Como a teoria cinética molecular é considerada nas propriedades observadas da temperatura e pressão?

106. Considere os frascos nos diagramas a seguir:

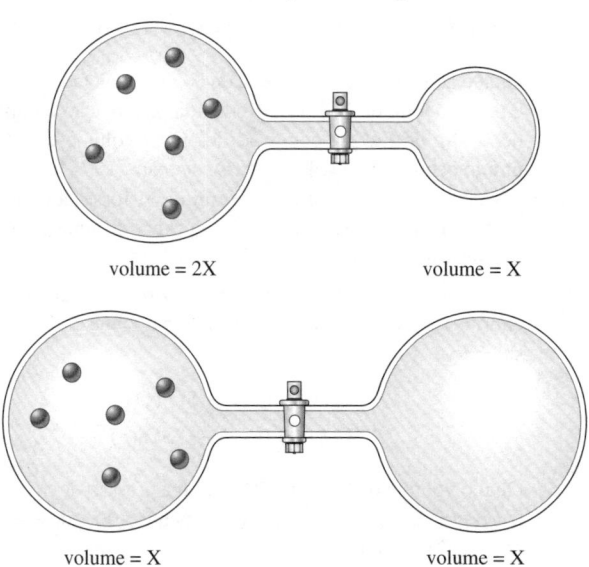

Supondo que o tubo de conexão tenha volume insignificante, desenhe como cada diagrama ficará após o registro entre os frascos ser aberto. Além disso, ache a pressão final em cada caso, em termos da pressão original. Suponha que a temperatura seja constante.

107. Para uma mistura de gases no mesmo recipiente, a pressão total exercida é a _____ das pressões que esses gases exerceriam se estivessem sozinhos no recipiente sob as mesmas condições.

108. Um tanque de hélio contém 25,2 L de hélio à pressão de 8,40 atm. Determine quantos balões de 1,50 L a 755 mm de Hg podem ser enchidos com o gás no tanque, supondo que o tanque também tenha He a 755 mm de Hg após os balões serem enchidos (isto é, não é possível esvaziar o tanque completamente). A temperatura é de 25°C em todos os casos.

109. À medida que balões meteorológicos se elevam na superfície da Terra, a pressão da atmosfera se torna menor, tendendo a fazer com que o volume dos balões expanda. No entanto, a temperatura é bem menor na atmosfera superior do que no nível do mar. O efeito dessa temperatura tenderia

a fazer o balão expandir ou contrair? Os balões meteorológicos, na realidade, expandem à medida que sobem. O que isso quer dizer?

110. Quando o carbonato de amônio é aquecido, três gases são produzidos pela sua decomposição:

$$(NH_4)_2CO_3(s) + 2NH_3(g) + CO_2(g) + H_2O(g)$$

Qual o volume total do gás produzido, medido a 453°C e 1,04 atm, se 52,0 g de carbonato de amônio for aquecido?

111. O gás dióxido de carbono, no estado seco, pode ser produzido ao aquecer carbonato de cálcio:

$$CaCO_3(s) \rightarrow CaO(s) + CO_2(g)$$

Qual o volume de CO_2 seco, coletado a 55°C e uma pressão de 774 torr, produzido pela completa decomposição térmica de 10,0 g de $CaCO_3$?

112. O gás dióxido de carbono, saturado com vapor de água, pode ser produzido pela adição de ácido aquoso ao carbonato de cálcio:

$$CaCO_3(s) + 2H^+(aq) \rightarrow Ca^{2+}(aq) + H_2O(l) + CO_2(g)$$

Qual é a quantidade de matéria de $CO_2(g)$, coletados a 60°C e pressão total de 774 torr, produzida pela reação completa de 10,0 g de $CaCO_3$ com o ácido? Qual volume esse CO_2 úmido ocupa? Qual volume o CO_2 ocuparia a 774 torr se um dessecante (um agente secante químico) fosse adicionado para remover a água? (A pressão do vapor de água a 60°C é de 149,4 mm de Hg.)

113. O trióxido de enxofre, SO_3, é produzido em quantidades enormes todos os anos para uso na síntese do ácido sulfúrico:

$$S(s) + O_2(g) \rightarrow SO_2(g)$$
$$2SO_2(g) + O_2(g) \rightarrow 2SO_3(g)$$

Qual o volume de $O_2(g)$ a 350°C e uma pressão de 5,25 atm necessário para converter completamente 5,00 g de enxofre em trióxido de enxofre?

114. Se você tiver quaisquer dois gases em recipientes diferentes rígidos e com o mesmo tamanho, na mesma pressão e temperatura, o que é verdade sobre a quantidade de matéria de cada gás? Escolha a melhor resposta.

   a. A quantidade de matéria de cada gás é a *mesma* porque eles estão em um recipiente de mesmo tamanho. Sempre existe uma relação direta entre o volume e a quantidade de matéria; portanto, desde que os recipientes tenham o mesmo volume, as quantidades de matéria devem ser as mesmas.
   b. A quantidade de matéria de cada gás é a *mesma* porque eles estão em um recipiente de mesmo tamanho, na mesma temperatura, e também exercem a mesma pressão nas paredes de cada recipiente.
   c. O gás com uma *massa molar* maior terá uma quantidade de matéria maior dentro do recipiente porque quanto maior a massa do gás presente na amostra, maior será a quantidade de matéria presente (de acordo com o número de Avogadro).
   d. O gás com uma *massa molar menor* terá uma quantidade de matéria maior porque mais partículas devem estar presentes para colidir com as paredes do recipiente e exercer a mesma pressão que a do outro gás.
   e. É *impossível* chegar a uma conclusão sobre a quantidade de matéria de cada gás sem conhecer as suas identidades reais e as quantidades iniciais presentes em cada recipiente.

115. Se 10,0 g de hélio líquido a 1,7 K for completamente vaporizado, qual volume o hélio ocupa na CNTP?

116. Se 0,214 mol de gás argônio ocupa um volume de 652 mL a temperatura e pressão específicas, qual volume 0,375 mol de argônio ocuparia sob as mesmas condições?

117. Converta as pressões a seguir em mm de Hg:
   a. 0,903 atm
   b. $2,1240 \times 10^6$ Pa
   c. 445 kPa
   d. 342 torr

118. Converta as pressões a seguir em pascals:
   a. 645 mm Hg
   b. 221 kPa
   c. 0,876 atm
   d. 32 torr

119. Para cada um dos conjuntos de dados de pressão/volume a seguir, calcule a quantidade faltante. Suponha que a temperatura e a quantidade de gás permaneçam constantes.
   a. $V = 123$ L a 4,56 atm; $V = ?$ a 1002 mm de Hg
   b. $V = 634$ mL a 25,2 mm de Hg; $V = 166$ mL a ? atm
   c. $V = 443$ L a 511 torr; $V = ?$ a 1,05 kPa

120. Para cada um dos conjuntos de dados de pressão/volume a seguir, calcule a quantidade faltante. Suponha que a temperatura e a quantidade de gás permaneçam constantes.
   a. $V = 255$ mL a 1,00 mm de Hg; $V = ?$ a 2,00 torr
   b. $V = 1,3$ L a 1,0 kPa; $V = ?$ a 1,0 atm
   c. $V = 1,3$ L a 1,0 kPa; $V = ?$ a 1,0 mm de Hg

121. Um determinado balão é projetado pelo seu fabricante para ser enchido a um volume de não mais que 2,5 L. Se o balão for enchido com 2,0 L de hélio ao nível do mar, for liberado e subir a uma altitude em que a pressão atmosférica seja de apenas 500 mm de Hg, ele explodirá?

122. Qual pressão é necessária para comprimir 1,52 L de ar a 755 mm de Hg para um volume de 450 mL (à temperatura constante)?

123. Um recipiente expansível contém 729 mL de gás a 22°C. Qual volume a amostra de gás no recipiente terá se for colocada em uma banheira de água fervente (100°C)?

124. Para cada um dos conjuntos de dados de volume/temperatura a seguir, calcule a quantidade faltante. Suponha que a pressão e a quantidade de gás permaneçam constantes.
   a. $V = 100,0$ mL a 74°C; $V = ?$ a -74°C
   b. $V = 500,0$ mL a 100°C; $V = 600,0$ mL a ? °C
   c. $V = 10,000$ L a 25°C; $V = ?$ a 0 K

125. Para cada um dos conjuntos de dados de volume/temperatura a seguir, calcule a quantidade faltante. Suponha que a pressão e a quantidade de gás permaneçam constantes.
   a. $V = 22,4$ L a 0°C; $V = 44,4$ L a ? K
   b. $V = 1,0 \times 10^{-3}$ mL a -272°C; $V = ?$ a 25°C
   c. $V = 32,3$ L a -40°C; $V = 1000$ L a ? °C

126. Uma amostra de 75,2 mL de hélio a 12°C é aquecida até atingir 192°C. Qual é o novo volume do hélio (assumindo pressão constante)?

127. Se 5,12 g de oxigênio ocupa uma volume de 6,21 L à temperatura e pressão específicas, qual volume 25,0 g de gás oxigênio ocupará sob as mesmas condições?

128. Você tem um gás em um recipiente com um pistão e, então, muda uma das condições do gás de modo que ocorra uma variação como a mostrada abaixo:

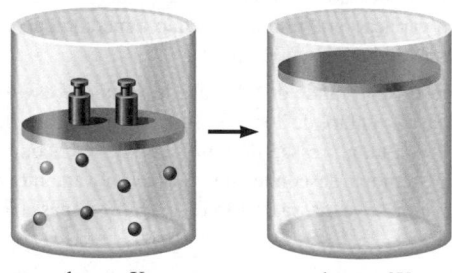

volume = X   volume = 2X

Escreva três variações diferentes que você pode fazer para conseguir isso e explique por que cada uma iria funcionar.

129. Dados os conjuntos de valores a seguir para três das variáveis do gás, calcule a quantidade desconhecida.

   a. $P = 21,2$ atm; $V = 142$ mL; $n = 0,432$ mol; $T = ?$ K
   b. $P = ?$ atm; $V = 1,23$ mL; $n = 0,000115$ mol; $T = 293$ K
   c. $P = 755$ mm Hg; $V = ?$ mL; $n = 0,473$ mol; $T = 131°C$

130. Dados os conjuntos de valores a seguir para três das variáveis do gás, calcule a quantidade desconhecida.

   a. $P = 1,034$ atm; $V = 21,2$ mL; $n = 0,00432$ mol; $T = ?$ K
   b. $P = ?$ atm; $V = 1,73$ mL; $n = 0,000115$ mol; $T = 182$ K
   c. $P = 1,23$ mm Hg; $V = ?$ L; $n = 0,773$ mol; $T = 152°C$

131. Qual é a pressão dentro de um frasco de 10,0 L contendo 14,2 g de N_2 a 26°C?

132. Suponha que três tanques de 100 L devem ser enchidos com os gases CH_4, N_2 e CO_2, respectivamente. Qual massa de cada gás é necessária para produzir uma pressão de 120 atm nos tanques a 27°C?

133. Em que temperatura 4,00 g de gás hélio tem uma pressão de 1,00 atm em um recipiente de 22,4 L?

134. Qual é a pressão em um frasco de 100 mL que contém 55 mg de gás oxigênio a 26°C?

135. Um balão meteorológico é enchido com 1,0 L de hélio a 23°C e 1,0 atm. Qual o volume do balão quando ele sobe a um ponto na atmosfera onde a pressão é 220 torr e a temperatura é de –31°C?

136. Se 3,20 g de gás nitrogênio ocupa um volume de 1,71 L a 0°C e pressão de 1,50 atm, qual seria o volume se 8,80 g de gás nitrogênio fosse *adicionado* em condições constantes de temperatura e pressão?

137. Se 1,0 mol de $N_2(g)$ for injetado em um tanque de 5,0 L já contendo 50 g de O_2 a 25°C, qual seria a pressão total no tanque?

138. Uma mistura a 33°C contém H_2 a 325 torr, N_2 a 475 torr e O_2 a 650 torr:

   a. Qual é a pressão total dos gases no sistema?
   b. Qual gás contém a maior quantidade de matéria?

139. Um frasco de gás hidrogênio é coletado a 1,023 atm e 35°C por deslocamento de água no frasco. A pressão do vapor de água a 35°C é de 42,2 mm de Hg. Qual é a pressão parcial do gás hidrogênio no frasco?

140. Considere a equação química a seguir:

$$N_2(g) + 3H_2(g) \rightarrow 2NH_3(g)$$

Quais volumes de gás nitrogênio e de gás hidrogênio, cada um medido a 11°C e 0,998 atm, são necessários para produzir 5,00 g de amônia?

141. Considere a equação química *não balanceada* a seguir:

$$C_6H_{12}O_6(s) + O_2(g) \rightarrow CO_2(g) + H_2O(g)$$

Qual volume de gás oxigênio, medido a 28°C e 0,976 atm, é necessário para reagir com 5,00 g de $C_6H_{12}O_6$? Qual volume de cada produto é produzido sob as mesmas condições?

142. Considere a equação química *não balanceada* a seguir:

$$Cu_2S(s) + O_2(g) \rightarrow Cu_2O(s) + SO_2(g)$$

Qual volume de gás oxigênio, medido a 27,5°C e 0,998 atm, é necessário para reagir com 25 g de sulfeto de cobre(I)? Qual volume do gás dióxido de enxofre é produzido sob as mesmas condições?

143. Quando o bicarbonato de sódio, $NaHCO_3(s)$, é aquecido, o carbonato de sódio é produzido com a evolução do vapor de água e do gás dióxido de carbono:

$$2NaHCO_3(s) \rightarrow Na_2CO_3(s) + H_2O(g) + CO_2(g)$$

Qual volume total do gás, medido a 29°C e 769 torr, é produzido quando 1,00 g de $NaHCO_3(s)$ é completamente convertido em $Na_2CO_3(s)$?

144. Qual volume 35 mol de N_2 ocupa na CNTP?

145. Uma amostra de gás oxigênio tem um volume de 125 L a 25°C e uma pressão de 0,987 atm. Calcule o volume dessa amostra de oxigênio na CNTP.

146. Considere os frascos no diagrama a seguir:

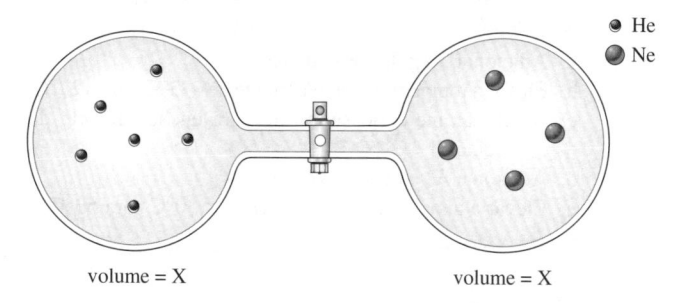

volume = X   volume = X

a. Qual é maior, a pressão inicial do hélio ou a do neônio? Qual é a diferença de pressão?
b. Supondo que o tubo de conexão tenha volume insignificante, desenhe como cada diagrama ficará após o registro entre os dois frascos ser aberto.
c. Ache as pressões parciais finais do hélio e do neônio em termos de suas pressões originais. Suponha que a temperatura seja constante.
d. Ache a pressão final em termos das pressões originais do hélio e do neônio. Suponha que a temperatura seja constante.

147. Qual o volume de CO_2 medido na CNTP produzido quando 27,5 g de $CaCO_3$ é decomposto?

$$CaCO_3(s) \rightarrow CaO(s) + CO_2(g)$$

148. As soluções concentradas de peróxido de hidrogênio são explosivamente decompostas por traços de íons de metais de transição (como Mn ou Fe):

$$2H_2O_2(aq) \rightarrow 2H_2O(l) + O_2(g)$$

Qual volume de $O_2(g)$ puro, coletado a 27°C e 764 torr, seria gerado pela decomposição de 125 g de 50,0% da massa da solução do peróxido de hidrogênio?

149. A seção "Química em foco – A *química dos airbags*" discute como a decomposição da azida de sódio enche o airbag. Utilize a equação química balanceada na seção para determinar a massa da azida de sódio necessária para encher um airbag de 70,0 L na CNTP.

150. A seção "Química em foco – *Impressão digital da exalação*" discute a análise que utiliza a exalação para diagnosticar doenças. O volume da respiração humana média é de aproximadamente 500 mL e o dióxido de carbono (CO_2) compõe 4% do que exalamos. Determine a massa do dióxido de carbono exalado em uma respiração humana média.

Problemas para estudo

151. Complete a tabela a seguir para um gás ideal:

P (atm)	V (L)	n (mol)	T
6,74	___	2,00	155°C
0,300	1,74	___	155 K
4,47	25,0	2,19	___ °C
___	2,25	10,5	93°C

152. Um recipiente de vidro contém 28 g de gás nitrogênio. Assumindo o comportamento ideal, qual dos processos listados abaixo duplicaria a pressão exercida nas paredes do recipiente?

  a. Adicionar 28 g de gás oxigênio.
  b. Elevar a temperatura do recipiente de –73°C para 127°C.
  c. Adicionar mercúrio suficiente para encher metade do recipiente
  d. Adicionar 32 g de gás oxigênio.
  e. Elevar a temperatura do recipiente de 30°C para 60°C.

153. Um cilindro de aço contém 150,0 mol de gás argônio a uma temperatura de 25°C e uma pressão de 8,93 MPa. Após parte do argônio ter sido usada, a pressão é de 2,00 MPa a uma temperatura de 19°C. Qual a massa de argônio que permanece no cilindro?

154. Certo balão meteorológico flexível contém gás hélio a um volume de 855 L. Inicialmente, o balão está ao nível do mar, onde a temperatura é de 25°C e a pressão barométrica é de 730 torr. O balão, então, eleva-se a uma altitude de 6000 pés, onde a pressão é de 605 torr e a temperatura, de 15°C. Qual é a variação no volume do balão à medida que ele ascende do nível do mar a 6000 pés?

155. Um frasco grande de 936 mL de volume é esvaziado e sua massa é, então, de 134,66 g. Em seguida, esse frasco é enchido a uma pressão de 0,967 atm a 31°C com um gás de massa molar desconhecida e pesado novamente, resultando em uma nova massa de 135,87 g. Qual é a massa molar desse gás?

156. Um recipiente de níquel de 20,0 L foi carregado com 0,859 atm de gás xenônio e 1,37 atm de gás flúor a 400°C. O xenônio e o flúor reagem para formar tetrafluoreto de xenônio. Qual a massa de tetrafluoreto de xenônio poderá ser produzida supondo um rendimento de 100%?

157. Considere a equação química *não balanceada*:

$$CaSiO_3(s) + HF(g) \rightarrow CaF_2(aq) + SiF_4(g) + H_2O(l)$$

Suponha que uma amostra de 32,9 g de $CaSiO_3$ reage com 31,8 L de HF a 27,0°C e 1,00 atm. Supondo que a reação seja concluída, calcule as massas de SiF_4 e de H_2O produzidas na reação.

158. Quais das afirmações a seguir são *verdadeiras*?

  a. Se a quantidade de matéria de um gás for duplicada, o volume duplicará, supondo que a pressão e a temperatura do gás permaneçam constantes.
  b. Se a temperatura de um gás aumenta de 25°C para 50°C, o volume do gás duplicará, supondo que a pressão e a quantidade de matéria do gás permaneçam constantes.
  c. O dispositivo que mede a pressão atmosférica é chamado de barômetro.
  d. Se o volume de um gás cair pela metade, a pressão duplicará, supondo que a quantidade de matéria e a temperatura do gás permaneçam constantes.

Líquidos e sólidos

CAPÍTULO 14

14-1 A água e suas mudanças de fase

14-2 Exigências de energia para as mudanças de estado

14-3 Forças intermoleculares

14-4 Evaporação e pressão de vapor

14-5 Estado sólido: tipos de sólidos

14-6 Ligação nos sólidos

O gelo, a forma sólida da água, proporciona diversão para esse alpinista. Gregg Epperson/Shutterstock.com

É necessário apenas pensar sobre a água para avaliar quão diferentes são os três estados da matéria. Voar, patinar no gelo e nadar são atividades feitas em contato com a água nos seus diversos estados. Nadamos na água líquida e patinamos na água em sua forma sólida (gelo). Os aviões voam em uma atmosfera que contém água em seu estado gasoso (vapor de água). Para permitir essas diversas atividades, os arranjos das moléculas de água devem ser significativamente diferentes em suas formas gasosa, líquida e sólida.

No Capítulo 13, vimos que as partículas de um gás ficam afastadas, estão em rápido movimento aleatório e têm pouco efeito umas sobre as outras. Os sólidos são obviamente muito diferentes dos gases. Os gases têm baixas densidades, altas compressibilidades e enchem por completo um recipiente. Os sólidos têm densidades muito maiores que os gases, são compressíveis somente a uma extensão muito pequena e são rígidos; um sólido mantém seu formato independentemente de seu recipiente. Essas propriedades indicam que os componentes de um sólido são próximos e exercem grandes forças atrativas uns sobre os outros.

As propriedades dos líquidos estão entre as dos sólidos e as dos gases – porém, não necessariamente no meio, como pode ser visto em algumas das propriedades dos três estados da água. Por exemplo, é preciso cerca de sete vezes mais energia para a água passar de líquido para vapor (um gás) a 100°C que para derreter o gelo para formar água líquida a 0°C.

$$H_2O(s) \rightarrow H_2O(l) \quad \text{energia necessária} \cong 6 \text{ kJ mol}^{-1}$$
$$H_2O(l) \rightarrow H_2O(g) \quad \text{energia necessária} \cong 41 \text{ kJ mol}^{-1}$$

Esses valores indicam que ir do estado líquido para o gasoso envolve uma mudança muito maior que ir do estado sólido para o líquido. Portanto, podemos concluir que os estados sólido e líquido são mais semelhantes entre si que os estados líquido e gasoso. Isso também é demonstrado pelas densidades dos três estados da água (Tabela 14.1). Observe que, em seu estado gasoso, a água é cerca de 2000 vezes menos densa que nos estados sólido e líquido e que esses dois estados possuem densidades muito similares.

Descobrimos, em geral, que os estados líquido e sólido mostram muitas semelhanças e são espantosamente diferentes do estado gasoso (Fig. 14.1). A melhor forma de ilustrar o estado sólido é como partículas empacotadas de forma compacta e muito bem ordenadas, em contraste com as amplamente espaçadas e aleatoriamente arranjadas partículas de gás. O estado líquido, por sua vez, encontra-se entre isso tudo; porém, suas propriedades indicam que ele se assemelha muito mais ao estado sólido que ao gasoso. É conveniente ilustrar um líquido como partículas que geralmente estão bem próximas umas das outras, mas com um arranjo mais desordenado que no estado sólido e com alguns espaços vazios. Na maioria das substâncias, o estado sólido possui uma densidade maior que o estado líquido, como a Fig. 14.1 sugere. No entanto, a água é uma exceção a essa regra. O gelo possui uma quantidade incomum de espaço vazio e, por isso, é menos denso do que a água líquida, como indicado na Tabela 14.1.

Neste capítulo, exploraremos as propriedades importantes dos líquidos e dos sólidos e ilustraremos muitas delas considerando uma das substâncias mais importantes da Terra: a água.

Praticantes de windsurfe usam água líquida como meio de recreação. Dmitry Tsvetkov/Shutterstock.com

Tabela 14.1 ▶ Densidades dos três estados da água

Estado	Densidade (g/cm³)
sólido (0°C, 1 atm)	0,9168
líquido (25°C, 1 atm)	0,9971
gasoso (100°C, 1 atm)	$5,88 \times 10^{-4}$

Gasoso Líquido Sólido

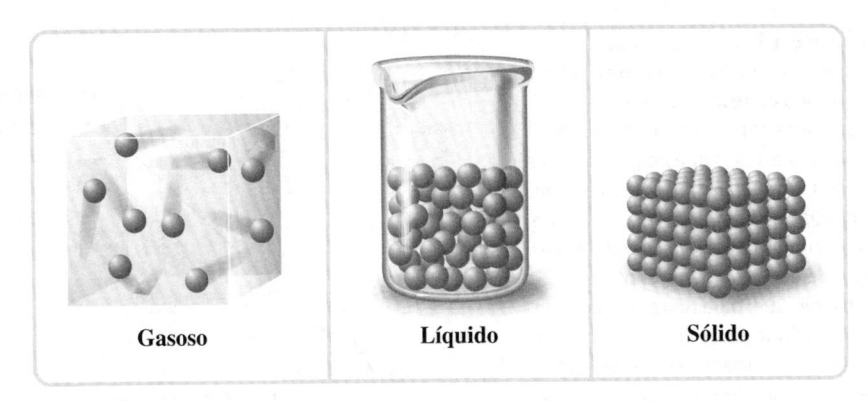

Figura 14.1 ▶ Representações dos estados gasoso, líquido e sólido.

14-1 A água e suas mudanças de fase

OBJETIVO Aprender algumas das características importantes da água.

No mundo ao nosso redor, vemos muitos sólidos (solo, rochas, árvores, concreto, e assim por diante) e estamos imersos nos gases da atmosfera. Contudo, o líquido que vemos com mais frequência é a água, que está praticamente em todo lugar, cobrindo 70% da superfície da Terra. Aproximadamente 97% da água do planeta é encontrada nos oceanos, que são, na verdade, misturas de água e enormes quantidades de sais dissolvidos.

A água é uma das substâncias mais importantes da Terra. Ela é fundamental para a manutenção das reações dentro dos corpos que nos mantêm vivos e, também, afeta nossas vidas indiretamente de muitas formas. Os oceanos ajudam a moderar a temperatura do planeta. A água resfria as usinas nucleares e os motores dos automóveis. A água também fornece um meio de transporte na superfície terrestre e age como um meio para o crescimento da miríade de criaturas que utilizamos como alimento, e muito mais.

A água pura é uma substância incolor e insípida que congela a 0°C a uma pressão de 1 atm para formar um sólido, e vaporiza completamente para formar um gás a 100°C. Isso significa que (a uma pressão de 1 atm) a água líquida existe na faixa de temperaturas entre 0°C e 100°C.

O que acontece quando aquecemos a água líquida? Primeiro, a temperatura se eleva. Exatamente como com as moléculas de gás, os movimentos das moléculas da água aumentam assim que ela é aquecida. Por fim, a temperatura da água atinge 100°C; então, aparecem bolhas no interior do líquido que flutuam para a superfície e explodem — o ponto de ebulição foi atingido. Uma coisa interessante acontece no ponto de ebulição: apesar de o aquecimento continuar, a temperatura permanece a 100°C até que toda a água se transforme em vapor. Somente quando toda a água passou para o estado gasoso, a temperatura volta a subir novamente (agora estamos aquecendo o vapor). A uma pressão de 1 atm, a água líquida sempre passa para o estado gasoso a 100°C, o **ponto de ebulição normal** para a água.

O experimento recém-descrito é representado na Fig. 14.2, chamado de **curva de aquecimento/resfriamento** da água. Ir da esquerda para a direita neste gráfico significa que está sendo adicionada energia (aquecimento). Ir da direita para a esquerda significa que a energia está sendo removida (resfriamento).

Quando a água líquida é resfriada, a temperatura diminui até que atinge 0°C, e o líquido começa a congelar (Fig. 14.2). A temperatura permanece a 0°C até que toda a água líquida tenha passado para gelo e, então, começa a cair novamente à medida que o resfriamento continua. A uma pressão de 1 atm, a água congela (ou, no processo oposto, o gelo derrete) a 0°C. Isso é chamado de **ponto de congela-**

A água que bebemos geralmente tem sabor devido às substâncias dissolvidas nela. Ela não é pura.

Figura 14.2 ▶ A curva de aquecimento/resfriamento da água aquecida ou resfriada a uma taxa constante. O patamar no ponto de ebulição é maior que no ponto de fusão, porque é preciso quase sete vezes mais energia (e, assim, sete vezes o tempo de aquecimento) para vaporizar a água líquida que para derreter o gelo. Observe que, para deixar o diagrama claro, a linha azul não é desenhada na escala. Na verdade, é necessária mais energia para derreter o gelo e ferver a água que para aquecer a água de 0°C para 100°C.

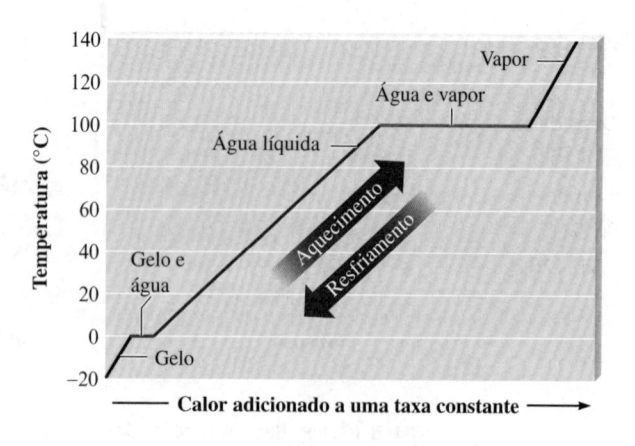

mento normal da água. A água líquida e sólida podem coexistir indefinidamente caso a temperatura seja mantida a 0°C. No entanto, a temperaturas abaixo de 0°C, a água líquida congela, enquanto a temperaturas acima de 0°C, o gelo derrete.

Curiosamente, a água expande quando congela. Isto é, 1 grama de gelo a 0°C possui um volume maior do que 1 grama de água líquida a 0°C. Isso tem implicações práticas muito importantes. Por exemplo, a água em um espaço confinado pode romper seu recipiente quando congela e expande. Isso explica o rompimento de tubulações e blocos de motor que são deixados desprotegidos sob temperaturas muito baixas.

A expansão da água quando congela também explica por que os cubos de gelo flutuam. Lembre-se de que a densidade é definida como massa/volume. Quando 1 grama de água líquida congela, seu volume torna-se maior (expande). Portanto, a *densidade* de 1 grama de gelo é menor que a densidade de 1 grama de água, porque no caso do gelo dividimos por um volume levemente maior. Por exemplo, a 0°C a densidade da água líquida é

$$\frac{1,00 \text{ g}}{1,00 \text{ mL}} = 1,00 \text{ g/mL}$$

e a densidade do gelo é

$$\frac{1,00 \text{ g}}{1,09 \text{ mL}} = 0,917 \text{ g/mL}$$

A densidade inferior também significa que o gelo flutua na superfície de lagos à medida que congelam, proporcionando uma camada de isolamento que ajuda a evitar que lagos e rios virem sólidos congelados no inverno. Isso significa que a vida aquática continua a ter água líquida disponível no inverno.

14-2 Exigências de energia para as mudanças de estado

OBJETIVOS
▶ Aprender sobre as interações entre as moléculas de água.
▶ Compreender e utilizar o calor de fusão e o calor de vaporização.

É importante reconhecer que as mudanças de estado sólido para líquido e de líquido para gasoso são mudanças *físicas*. Nenhuma ligação *química* é quebrada nesses processos. Gelo, água e vapor contêm moléculas de H_2O. Quando a água é fervida para formar vapor, suas moléculas são separadas umas das outras (Fig. 14.3), mas as moléculas individuais permanecem intactas.

QUÍMICA EM FOCO

As baleias precisam das mudanças de estado

Os cachalotes são mergulhadores extraordinários. Eles costumam mergulhar uma milha ou mais no oceano, permanecendo nessa profundidade à procura de lulas ou peixes. Para manter-se imóvel a uma determinada profundidade, a baleia deve ter a mesma densidade que a água circundante. Como a densidade da água do mar aumenta com a profundidade, o cachalote tem um sistema que aumenta automaticamente sua densidade assim que mergulha. Esse sistema envolve o órgão espermacete encontrado na cabeça da baleia. O espermacete é uma substância cerosa com a fórmula:

$$CH_3-(CH_2)_{15}-O-\underset{\underset{O}{\|}}{C}-(CH_2)_{14}-CH_3$$

que é um líquido acima de 30°C. Na superfície do oceano, o espermacete na cabeça da baleia é líquido, aquecido pelo fluxo sanguíneo pelo órgão espermacete. Quando a baleia mergulha, esse fluxo sanguíneo diminui e a água mais fria faz com que o espermacete comece a congelar. Como o espermacete sólido é mais denso que o líquido, a densidade do cachalote aumenta à medida que ele mergulha, emparelhando com o aumento na densidade da água.* Quando a baleia quer voltar à superfície, o fluxo sanguíneo aumenta, derretendo novamente o espermacete e tornando a baleia mais flutuante. Logo, o mecanismo sofisticado regulador de densidade do cachalote é fundamentado em uma simples mudança de estado.

*Para a maioria das substâncias, o estado sólido é mais denso que o líquido. A água é uma importante exceção.

Um cachalote-mãe mergulhando com seu filhote.

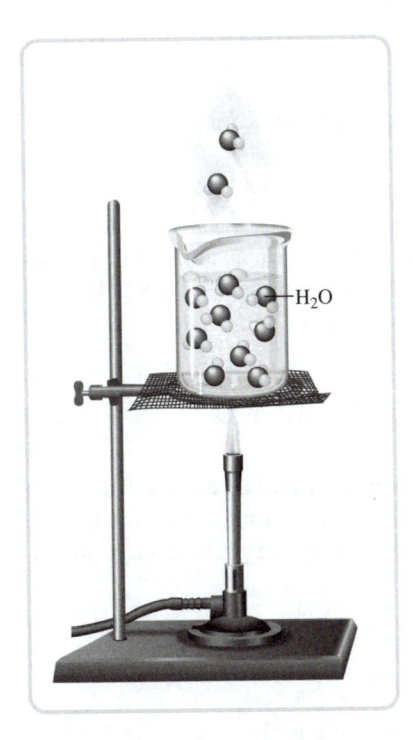

Figura 14.3 ▶ Tanto a água líquida quanto a gasosa contêm moléculas de H_2O. Na água líquida, as moléculas de H_2O estão próximas, ao passo que no estado gasoso as moléculas estão amplamente separadas. As bolhas contêm água gasosa.

As forças de ligação que mantêm os átomos de uma molécula unidos são chamadas de **forças intramoleculares** (dentro da molécula). As forças que ocorrem entre as moléculas, que as reúnem para formar um sólido ou um líquido, são chamadas de **forças intermoleculares** (entre as moléculas). Esses dois tipos de forças estão ilustrados na Fig. 14.4.

É preciso energia para derreter o gelo e para vaporizar a água, porque as forças intermoleculares entre as moléculas de água devem ser superadas. No gelo, as moléculas estão praticamente presas, embora possam vibrar sobre suas posições. Quando se adiciona energia, os movimentos vibracionais aumentam e as moléculas eventualmente atingem uma movimentação maior e uma desordem característica da água líquida, ou seja, o gelo derreteu. À medida que ainda mais energia é adicionada, o estado gasoso é, por fim, atingido, e as moléculas individuais são

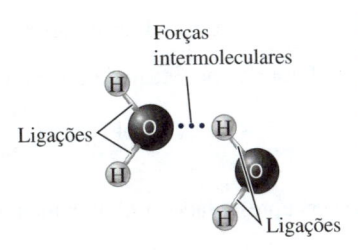

Figura 14.4 ▶ As forças intramoleculares (ligação) existem entre os átomos em uma molécula, mantendo-a unida. As forças intermoleculares existem entre as moléculas. Essas são as forças que fazem com que a água condense para um líquido ou forme um sólido a temperaturas suficientemente baixas. As forças intermoleculares normalmente são muito mais fracas que as forças intramoleculares.

Lembre-se de que a temperatura é uma medida dos movimentos aleatórios (energia cinética média) das partículas em uma substância.

afastadas e interagem relativamente pouco. No entanto, o gás ainda consiste em moléculas de água. Seria necessário *muito* mais energia para superar as ligações covalentes e decompor as moléculas de água em seus átomos componentes.

A energia necessária para derreter 1 mol de uma substância é chamada de **calor molar de fusão**. Para o gelo, o calor molar de fusão é de 6,02 kJ mol^{-1}. A energia necessária para passar 1 mol de líquido para seu vapor é chamada de **calor molar de vaporização**. Para a água, o calor molar de vaporização é de 40,6 kJ mol^{-1} a 100°C. Observe na Fig. 14.2 que o patamar que corresponde à vaporização da água é bem maior que aquele para o derretimento do gelo. Isso ocorre porque é preciso muito mais energia (quase sete vezes mais) para vaporizar um mol de água que para derreter um mol de gelo. Isso é coerente com nossos modelos de sólidos, líquidos e gases (Fig. 14.1). Nos líquidos, as partículas (moléculas) estão relativamente unidas, portanto, a maioria das forças intermoleculares ainda está presente. No entanto, quando as moléculas passam do estado líquido para o gasoso, elas se separam. Para separar as moléculas o suficiente a fim de formar um gás, praticamente todas as forças intermoleculares devem ser superadas, e isso exige grandes quantidades de energia.

Exemplo resolvido 14.1 — Calculando as variações de energia: sólido para líquido

Calcule a energia necessária para derreter 8,5 g de gelo a 0°C. O calor molar de fusão do gelo é de 6,02 kJ mol^{-1}.

SOLUÇÃO

Para onde vamos?

Queremos determinar a energia (em kJ) necessária para derreter 8,5 g de gelo a 0°C.

O que sabemos?

- Temos 8,5 g de gelo (H_2O) a 0°C.
- O calor molar de fusão do gelo é de 6,02 kJ mol^{-1}.

De quais informações precisamos?

- Precisamos saber a quantidade de matéria do gelo em 8,5 g.

Como chegamos lá?

O calor molar de fusão é a energia necessária para derreter *1 mol* de gelo. Nesse problema, temos 8,5 g de água sólida. Devemos descobrir a quantidade de matéria de gelo que essa massa representa. Como a massa molar da água é 16 + 2(1) = 18, sabemos que 1 mol de água tem uma massa de 18 g, portanto, podemos converter 8,5 g de H_2O em quantidade de matéria de H_2O.

$$8{,}5 \text{ g } H_2O \times \frac{1 \text{ mol } H_2O}{18 \text{ g } H_2O} = 0{,}47 \text{ mol de } H_2O$$

Como 6,02 kJ de energia é necessário para derreter 1 mol de água sólida, nossa amostra precisará de metade dessa quantidade (temos aproximadamente metade de um mol de gelo). Para calcular a quantidade exata de energia necessária, utilizaremos a declaração equivalente:

6,02 kJ necessários para 1 mol de H_2O

que leva ao fator de conversão de que precisamos:

$$0{,}47 \text{ mol } H_2O \times \frac{6{,}02 \text{ kJ}}{\text{mol } H_2O} = 2{,}8 \text{ kJ}$$

Isso pode ser representado simbolicamente como:

Líquidos e sólidos **441**

| 0,47 mol de gelo | → $\frac{6,02 \text{ kJ}}{\text{mol}}$ → | 2,8 kJ necessários |

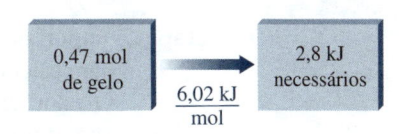

PROVA REAL Como temos pouco menos da metade de 1 mol de gelo, nossa resposta deve ser cerca de metade do calor molar de fusão do gelo. A resposta de 2,8 kJ é pouco menos da metade de 6,02 kJ, portanto, faz sentido. ■

Exemplo resolvido 14.2

Calculando as variações de energia: líquido para gás

A capacidade calorífica específica foi discutida na Seção 10-5.

Calcule a energia (em kJ) necessária para aquecer 25 g de água líquida de 25°C para 100°C e passá-la para vapor a 100°C. A capacidade calorífica específica da água líquida é de 4,18 J g^{-1} °C^{-1}, e o seu calor molar de vaporização é de 40,6 kJ mol^{-1}.

SOLUÇÃO

Para onde vamos?

Queremos determinar a energia (em kJ) necessária para aquecer e vaporizar determinada quantidade de água.

O que sabemos?

- Temos 25 g de H$_2$O a 25°C. A água deve ser aquecida a 100°C e vaporizada a 100°C.
- A capacidade calorífica específica da água líquida é de 4,18 J g^{-1} °C^{-1}.
- A vaporização molar da água é de 40,6 kJ mol^{-1}.
- $Q = s \times m \times \Delta T$.

De quais informações precisamos?

- Precisamos saber a quantidade de matéria em 25 g de água.

Como chegamos lá?

Esse problema pode ser dividido em duas partes: (1) aquecer a água até seu ponto de ebulição, e (2) converter a água líquida em vapor no ponto de ebulição.

Etapa 1 Aquecimento até a ebulição Primeiro, devemos fornecer energia para aquecer a água líquida de 25°C para 100°C. Como são necessários 4,18 J para aquecer *um* grau Celsius de *um* grama de água, devemos multiplicar tanto pela massa de água (25 g) quanto pela variação de temperatura (100°C −25°C = 75°C),

| Energia necessária (Q) | = | Capacidade calorífica específica (s) | × | Massa de água (m) | × | Variação de temperatura (ΔT) |

que podemos representar pela equação:

$$Q = s \times m \times \Delta T$$

Assim,

$$Q = 4{,}18 \frac{\text{J}}{\text{g} \cdot °\text{C}} \times 25 \text{ g} \times 75°\text{C} = 7{,}8 \times 10^3 \text{ J}$$

A energia necessária para aquecer 25 g de água de 25°C para 100°C — Capacidade calorífica específica — Massa de água — Variação de temperatura

$$= 7{,}8 \times 10^3 \text{ J} \times \frac{1 \text{ kJ}}{1000 \text{ J}} = 7{,}8 \text{ kJ}$$

Etapa 2 Vaporização Agora devemos utilizar o calor molar de vaporização para calcular a energia necessária para vaporizar 25 g de água a 100°C. O calor de vaporização é dado *por mol* e não por grama, portanto, devemos primeiro converter os 25 g de água para mols.

$$25 \text{ g H}_2\text{O} \times \frac{1 \text{ mol H}_2\text{O}}{18 \text{ g H}_2\text{O}} = 1{,}4 \text{ mol de H}_2\text{O}$$

Agora podemos calcular a energia necessária para vaporizar a água.

$$\underbrace{\frac{40{,}6 \text{ kJ}}{\text{mol H}_2\text{O}}}_{\text{Calor molar de vaporização}} \times \underbrace{1{,}4 \text{ mol H}_2\text{O}}_{\text{Mols de água}} = 57 \text{ kJ}$$

A energia total é a soma das duas etapas.

$$\underbrace{7{,}8 \text{ kJ}}_{\substack{\text{Aquecimento de}\\ \text{25°C para 100°C}}} + \underbrace{57 \text{ kJ}}_{\substack{\text{Mudança}\\ \text{para vapor}}} = 65 \text{ kJ}$$

AUTOVERIFICAÇÃO

Exercício 14.1 Calcule a energia total necessária para derreter 15 g de gelo a 0°C, aquecer a água para 100°C e vaporizá-la a 100°C.

DICA Divida o processo em três etapas e, em seguida, some.

Consulte os Problemas 14.15 até 14.18. ■

14-3 Forças intermoleculares

OBJETIVOS
- Aprender sobre a atração dipolo-dipolo, ligação de hidrogênio e forças de dispersão de London.
- Compreender o efeito dessas forças nas propriedades dos líquidos.

Vimos que as forças de ligação covalente dentro das moléculas surgem do compartilhamento de elétrons, mas como as forças intermoleculares surgem? Na verdade, existem diversas forças intermoleculares. Para ilustrar um tipo, consideraremos as forças que existem entre as moléculas de água.

Como vimos no Capítulo 12, a água é uma molécula polar — possui um momento dipolo. Quando as moléculas com momentos dipolos são unidas, elas se orientam para tirar proveito de suas distribuições de carga. As moléculas com momentos dipolos podem atrair umas às outras se alinhando de modo que as extremidades positivas e negativas fiquem próximas umas das outras, como mostrado na Fig. 14.5(a). Isso é chamado de **atração dipolo-dipolo**. No líquido, os dipolos encontram o melhor ajuste entre a atração e a repulsão, como mostrado na Fig. 14.5(b).

As forças dipolo-dipolo são, normalmente, apenas cerca de 1% da força das ligações covalentes ou iônicas, e ficam mais fracas à medida que aumenta a distância entre os dipolos. Na fase gasosa, em que as moléculas costumam estar bem afastadas, essas forças são relativamente insignificantes.

As maiores forças dipolo-dipolo, em especial, ocorrem entre as moléculas nas quais o hidrogênio está ligado a um átomo altamente eletronegativo, como nitrogênio, oxigênio ou flúor. Dois fatores são considerados para as resistências dessas interações: a grande polaridade da ligação e a grande proximidade dos dipolos, que é possibilitada pelo tamanho muito pequeno do átomo de hidrogênio. Como as atrações dipolo-dipolo desse tipo são extraordinariamente fortes, recebem um nome especial — **ligação de hidrogênio**. A Fig. 14.6 ilustra a ligação de hidrogênio entre as moléculas de água.

A polaridade de uma molécula foi discutida na Seção 12-3.

Veja a Seção 12-2 para uma discussão sobre eletronegatividade.

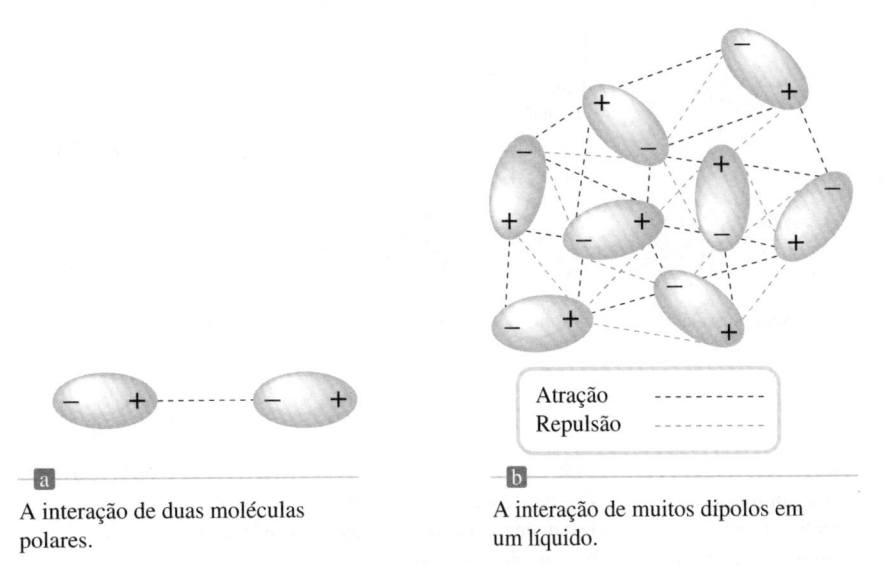

Líquidos e sólidos **443**

Figura 14.5 ▶
a) A interação de duas moléculas polares.
b) A interação de muitos dipolos em um líquido.

Atração ----------
Repulsão ----------

A ligação de hidrogênio tem um efeito muito importante em várias propriedades físicas. Por exemplo, os pontos de ebulição dos compostos covalentes do hidrogênio com os elementos do Grupo 6 são dados na Fig. 14.7. Observe que o ponto de ebulição da água é bem maior do que se esperaria diante da tendência mostrada pelos outros membros da série. Por quê? Porque o valor especialmente grande da eletronegatividade do átomo de oxigênio em comparação com o valor dos outros membros do grupo faz com que as ligações O—H sejam bem mais polares que as ligações S—H, Se—H ou Te—H. Isso leva a forças de ligação de hidrogênio muito fortes entre as moléculas de água. É necessária uma quantidade extraordinariamente grande de energia para superar essas interações, separar as moléculas e alcançar o estado gasoso. Isto é, as moléculas de água tendem a permanecer unidas no estado líquido mesmo a temperaturas relativamente altas — por isso, o ponto de ebulição da água é muito alto.

No entanto, mesmo as moléculas sem momentos dipolos devem exercer forças entre si. Sabemos disso porque todas as substâncias — mesmo os gases nobres — existem nos estados líquido e sólido a temperaturas bem baixas. Devem haver forças para manter os átomos ou as moléculas unidas assim que eles entram nesses estados condensados. As forças que existem entre os átomos do gás nobre e as moléculas apolares são chamadas de **forças de dispersão de London**.[1] Para compreender a origem dessas forças, considere um par de átomos de um gás nobre. Embora normalmente assumamos que os elétrons

---

[1] As forças de dispersão de London são também conhecidas como **forças de van der Waals**. (NdoRT)

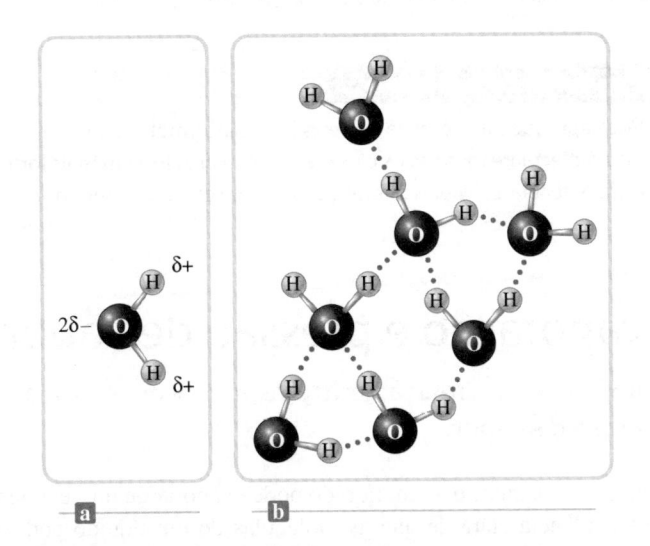

Figura 14.6 ▶ (a) Molécula polar da água. (b) Ligação de hidrogênio entre as moléculas de água. O tamanho pequeno dos átomos de hidrogênio permite que as moléculas fiquem bem próximas, produzindo, dessa forma, interações fortes.

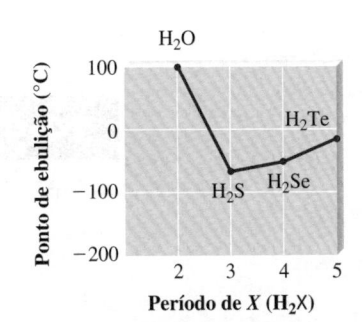

Figura 14.7 ▶ Pontos de ebulição dos hidretos covalentes dos elementos do Grupo 6.

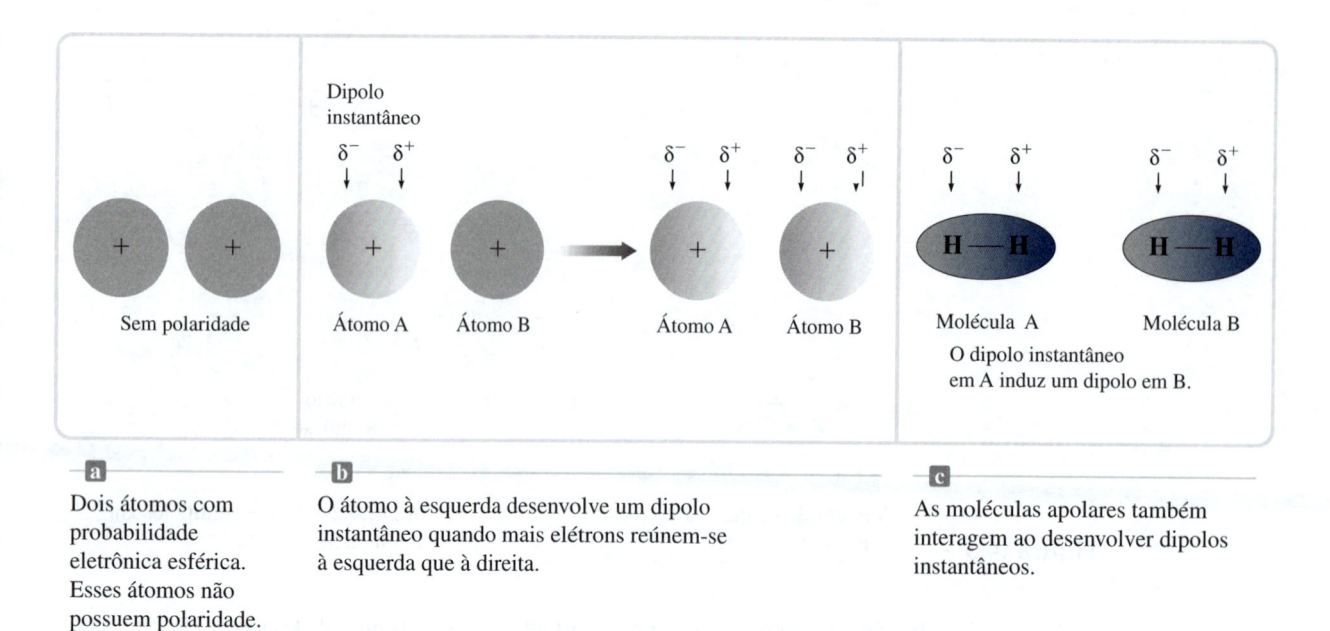

Figura 14.8

a Dois átomos com probabilidade eletrônica esférica. Esses átomos não possuem polaridade.

b O átomo à esquerda desenvolve um dipolo instantâneo quando mais elétrons reúnem-se à esquerda que à direita.

c As moléculas apolares também interagem ao desenvolver dipolos instantâneos.

Tabela 14.2 ▶ Os pontos de congelamento dos elementos do Grupo 8

Elemento	Ponto de congelamento
hélio*	−272,0 (25 atm)
neônio	−248,6
argônio	−189,4
criptônio	−157,3
xenônio	−111,9

*O hélio não congela a menos que a pressão esteja elevada acima de 1 atm.

de um átomo são uniformemente distribuídos em torno do núcleo [Fig. 14.8(a)], aparentemente isso não é verdade em todo momento. Os átomos podem desenvolver um arranjo dipolar de carga temporário à medida que os elétrons se movem em torno do núcleo [Fig. 14.8(b)]. Esse *dipolo instantâneo* pode *induzir* um dipolo semelhante em um átomo vizinho, como mostrado na Fig. 14.8(b). A atração interatômica formada dessa maneira é fraca e possui pouca duração, porém pode ser muito significativa em átomos e moléculas grandes, como veremos.

Os movimentos dos átomos devem ser bastante reduzidos antes que as forças de dispersão de London fracas possam aprisionar os átomos para produzir um sólido. Isso explica, por exemplo, por que os elementos do gás nobre têm pontos de congelamento tão baixos (Tabela 14.2).

Moléculas apolares como H_2, N_2 e I_2, que não possuem um momento dipolo permanente, também atraem umas às outras pelas forças de dispersão de London [Fig. 14.8(c)]. As forças de London ficam mais significativas à medida que os tamanhos dos átomos ou moléculas aumentam. Um tamanho maior significa que há mais elétrons disponíveis para formar os dipolos.

Pensamento crítico

Você aprendeu a diferença entre as forças intermoleculares e as ligações intramoleculares. E se as forças intermoleculares fossem mais fortes que as ligações intramoleculares? Quais diferenças você observaria no mundo?

14-4 Evaporação e pressão de vapor

OBJETIVO Compreender a relação entre vaporização, condensação e pressão de vapor.

Todos nós sabemos que um líquido pode evaporar de um recipiente aberto. Essa é uma evidência clara de que as moléculas de um líquido podem escapar de sua superfície e formar um gás. Esse processo, chamado de **vaporização** ou **evaporação**, exige energia para superar as forças intermoleculares relativamente fortes no líquido.

Líquidos e sólidos **445**

A água é usada para absorver o calor dos reatores nucleares. Depois disso, é resfriada em torres de resfriamento antes de ser devolvida para o ambiente.

O fato de que a vaporização exige energia tem um grande significado prático; na verdade, um dos papéis mais importantes que a água desempenha em nosso mundo é agir como um líquido refrigerante. Devido à forte ligação de hidrogênio entre suas moléculas no estado líquido, a água tem um calor de vaporização extraordinariamente alto (41 kJ mol^{-1}). Uma porção significativa da energia do Sol é gasta evaporando água dos oceanos, lagos e rios em vez de aquecer a Terra. A vaporização da água também é crucial para o sistema de controle de temperatura do nosso corpo, que depende da evaporação da transpiração.

Pressão de vapor

Vapor, e não *gás*, é o termo que costumamos utilizar para o estado gasoso de uma substância que existe naturalmente como um sólido ou líquido a 25°C e 1 atm.

Quando colocamos determinada quantidade de líquido em um recipiente e depois o fechamos, observamos que essa quantidade diminui ligeiramente no início, mas, eventualmente, torna-se constante. A diminuição ocorre porque há uma transferência de moléculas da fase líquida para a fase de vapor (Fig. 14.9). No entanto, à medida que o número de moléculas de vapor aumenta, torna-se cada vez mais provável que algumas delas retornem ao estado líquido. O processo pelo qual as moléculas de vapor formam um líquido é chamado de **condensação**. No fim, o mesmo número de moléculas que deixa o líquido retorna para ele: a taxa de condensação é igual à taxa de evaporação. *Nesse ponto, nenhuma outra mudança ocorre nas quantidades de líquido ou vapor, porque os dois processos opostos se equilibram exatamente entre si*; o sistema está em *equilíbrio*. Observe que esse sistema é altamente *dinâmico* no nível molecular — as moléculas estão constantemente escapando do líquido e voltando a ele. Entretanto, não há mudança *líquida* porque os dois processos opostos

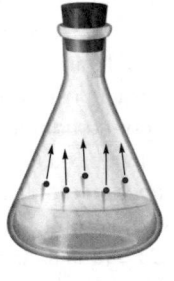

a A evaporação líquida (resultante) ocorre no início, portanto, a quantidade de líquido diminui ligeiramente.

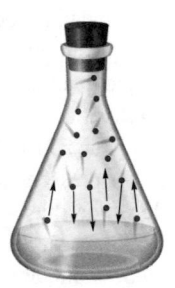

b À medida que o número de moléculas de vapor aumenta, a taxa de condensação também aumenta. No fim, a taxa de condensação é igual à taxa de evaporação. O sistema está em equilíbrio.

Figura 14.9 ▶ Comportamento de um líquido em um recipiente fechado.

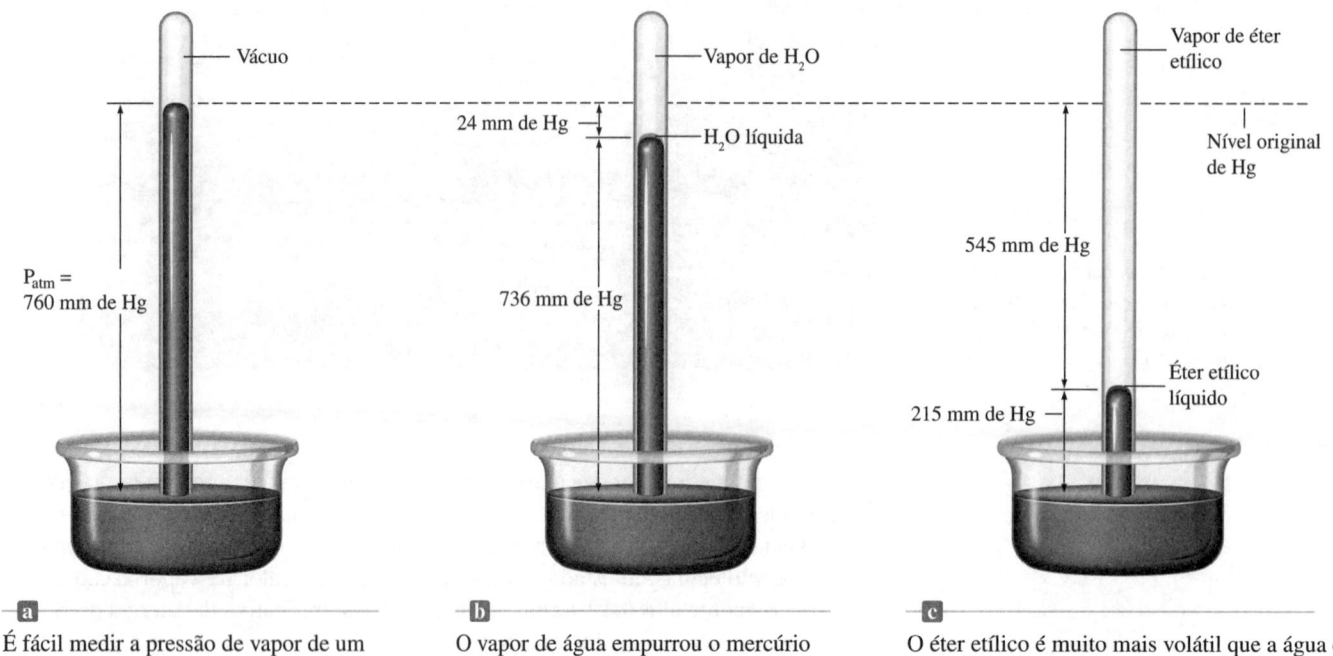

Figura 14.10 ▶

a É fácil medir a pressão de vapor de um líquido utilizando um barômetro simples do tipo mostrado aqui.

b O vapor de água empurrou o mercúrio 24 mm de Hg (760 − 736) para baixo, portanto, a pressão de vapor da água é de 24 mm de Hg nesta temperatura.

c O éter etílico é muito mais volátil que a água e, assim, mostra uma pressão de vapor maior. Nesse caso, o nível de mercúrio foi empurrado 545 mm (760 − 215) para baixo, portanto, a pressão de vapor de éter etílico é de 545 mm de Hg nesta temperatura.

apenas *se equilibram*. Como uma analogia, imagine duas cidades-ilha ligadas por uma ponte. Suponha que o fluxo de tráfego na ponte seja o mesmo em ambos os sentidos. Há movimento — podemos ver os carros passando pela ponte —, mas o número de carros em cada cidade não está mudando, porque a mesma quantidade entra e sai de cada uma delas. O resultado não é uma mudança *líquida* no número de automóveis em cada cidade: existe um equilíbrio.

A pressão do vapor presente em equilíbrio com seu líquido é chamada de *pressão de vapor de equilíbrio* ou, mais habitualmente, **pressão de vapor** do líquido. Um barômetro simples pode ser usado para medir a pressão de vapor de um líquido, como mostrado na Fig. 14.10. Como o mercúrio é muito denso, qualquer líquido comum injetado no fundo de uma coluna de mercúrio flutua para o topo, onde produz um vapor, e a pressão desse vapor empurra parte do mercúrio para fora do tubo. Quando o sistema atinge o equilíbrio, a pressão de vapor pode ser determinada pela variação na altura da coluna de mercúrio.

Na verdade, estamos utilizando o espaço acima do mercúrio no tubo como um recipiente fechado para cada líquido. Porém, nesse caso, à medida que o líquido vaporiza, o vapor formado cria uma pressão que empurra parte do mercúrio para fora do tubo e reduz o nível de mercúrio, que interrompe a variação quando o líquido em excesso flutuando no mercúrio entra em equilíbrio com o vapor. A variação no nível de mercúrio (em milímetros) de sua posição inicial (antes de o líquido ter sido injetado) para sua posição final é igual à pressão de vapor do líquido.

As pressões de vapor dos líquidos variam bastante (Fig. 14.10). Diz-se que os líquidos com pressões de vapor altas são *voláteis* — isto é, evaporam rapidamente.

A pressão de vapor de um líquido sob determinada temperatura é estipulada pelas *forças intermoleculares* que agem entre as moléculas. Os líquidos nos quais as forças intermoleculares são fortes possuem pressões de vapor relativamente baixas, porque essas moléculas precisam de energias altas para escapar para a fase de vapor. Por exemplo, embora a água seja uma molécula muito menor que o éter etílico, C_2H_5—O—C_2H_5, as grandes forças da ligação de hidrogênio na água fazem com que a pressão de vapor seja bem menor que a do éter (Fig. 14.10).

Exemplo resolvido 14.3
Utilizando o conhecimento das forças intermoleculares para prever a pressão de vapor

Preveja qual substância em cada um dos pares a seguir mostrará a maior pressão de vapor a uma determinada temperatura.

a. $H_2O(l)$, $CH_3OH(l)$
b. $CH_3OH(l)$, $CH_3CH_2CH_2CH_2OH(l)$

SOLUÇÃO

a. A água contém duas ligações polares O—H; o metanol (CH_3OH), apenas uma. Portanto, a ligação de hidrogênio entre as moléculas de H_2O deve ser mais forte que aquela entre as moléculas de CH_3OH. Isso dá à água uma pressão de vapor mais baixa que a do metanol.

b. Cada uma dessas moléculas tem uma ligação polar O—H. No entanto, como $CH_3CH_2CH_2CH_2OH$ é uma molécula bem maior que CH_3OH, ela possui forças de London bem maiores e, dessa forma, é menos passível de escapar de seu líquido. Assim, $CH_3CH_2CH_2CH_2OH(l)$ tem uma pressão de vapor menor que $CH_3OH(l)$. ∎

14-5 Estado sólido: tipos de sólidos

OBJETIVO Aprender sobre os diversos tipos de sólidos cristalinos.

Os sólidos desempenham um papel muito importante em nossas vidas. O concreto no qual dirigimos, as árvores que nos fornecem sombra, as janelas pelas quais olhamos, o diamante em um anel de noivado e as lentes plásticas em nossos óculos são sólidos importantes. A maioria dos sólidos, como madeira, papel e vidro, contém misturas de vários componentes. No entanto, alguns sólidos naturais, como os diamantes e o sal de cozinha, são substâncias quase puras.

Muitas substâncias formam **sólidos cristalinos** — aqueles com um arranjo regular de seus componentes. Isso é ilustrado pela estrutura parcial do cloreto de sódio representado na Fig. 14.11. O arranjo altamente ordenado dos componentes em um sólido cristalino produz belos cristais, de formatos regulares, como aqueles mostrados na Fig. 14.12.

Há muitos tipos diferentes de sólidos cristalinos. Por exemplo, tanto o açúcar quanto o sal possuem cristais lindos que podemos ver com facilidade. Porém, embora ambos dissolvam rapidamente na água, as propriedades das soluções resultantes são bem diferentes. A solução salina conduz facilmente uma corrente elétrica; a solução de açúcar, não. Esse comportamento surge das naturezas dife-

● = Cl^-
● = Na^+

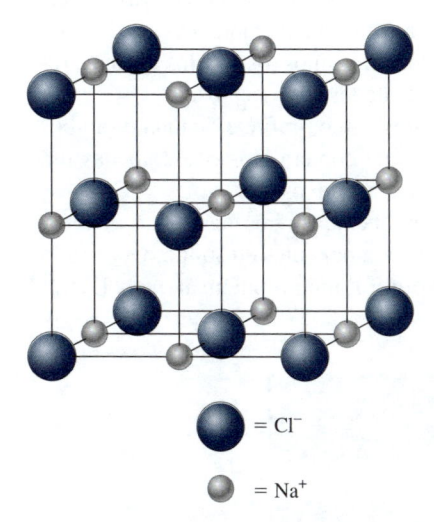

Figura 14.11 ▶ Arranjo regular dos íons sódio e cloreto no cloreto de sódio, um sólido cristalino.

a) Quartzo, SiO_2 b) Sal grosso, NaCl   c) Pirita de ferro, FeS_2

Figura 14.12 ▶ Diversos sólidos cristalinos.

QUÍMICA EM FOCO

Gorilla Glass

Quando você pensa em vidro, provavelmente pensa em um material relativamente frágil — que quebra facilmente quando uma bola de beisebol bate em uma janela. No entanto, o vidro pode ser fabricado para ser fino e resistente simultaneamente. Um exemplo desse tipo de vidro é usado em muitos dos dispositivos móveis atuais, como os smartphones.

O principal componente do vidro é o dióxido de silício. O vidro comum é fabricado fundindo-se o dióxido de silício e adicionando substâncias como Na_2O, Al_2O_3, CaO e B_2O_3. Os aditivos específicos utilizados influenciam muito as propriedades do vidro resultante. O Gorilla Glass® da Corning® é produzido colocando folhas de vidro em uma banheira de sais fundidos contendo íons K^+ a 400°C. Durante esse processo difusivo, alguns dos íons Na^+ no vidro comum são substituídos pelos íons K^+ maiores, resultando em uma camada de tensão de compressão superficial. Essa tensão de compressão na superfície do vidro o fortalece bastante, tornando-o resistente contra quebras e arranhões. O Gorilla Glass para os dispositivos eletrônicos está disponível em uma variedade de espessuras, alguns com apenas 0,4 mm. Ele pode ser usinado e modelado para uma multiplicidade de aplicações. Até o momento, o Gorilla Glass é utilizado em mais de um bilhão de produtos ao redor do mundo, incluindo smartphones, tablets, notebooks e TVs. É quase certo que você toca o Gorilla Glass muitas vezes durante suas atividades diárias.

rentes dos componentes nesses dois sólidos. O sal comum, NaCl, é um sólido iônico que contém os íons Na^+ e Cl^-. Quando o sólido cloreto de sódio é dissolvido em água, os íons sódio e os íons cloreto são distribuídos por toda a solução resultante. Esses íons são livres para se mover pela solução e conduzir corrente elétrica. O açúcar comum (sacarose), por outro lado, é composto por moléculas neutras dispersas pela água quando o sólido é dissolvido. Não há nenhum íon, e a solução resultante não conduz eletricidade. Esses exemplos ilustram dois tipos importantes de sólidos cristalinos: os **sólidos iônicos**, representados pelo cloreto de sódio; e os **sólidos moleculares**, representados pela sacarose.

Um terceiro tipo de sólido cristalino é representado por elementos como grafite e diamante (ambos carbono puro), boro, silício e todos os metais. Essas substâncias, que contêm átomos de apenas um elemento ligado de modo covalente entre si, são chamadas de **sólidos atômicos**.

Vimos que os sólidos cristalinos podem ser agrupados convenientemente em três classes, como mostrado na Fig. 14.13. Observe que os nomes das três classes vêm dos componentes do sólido. Um sólido iônico contém íons, um sólido molecular contém moléculas e um sólido atômico contém átomos. Exemplos dos três tipos de sólidos são mostrados na Fig. 14.14.

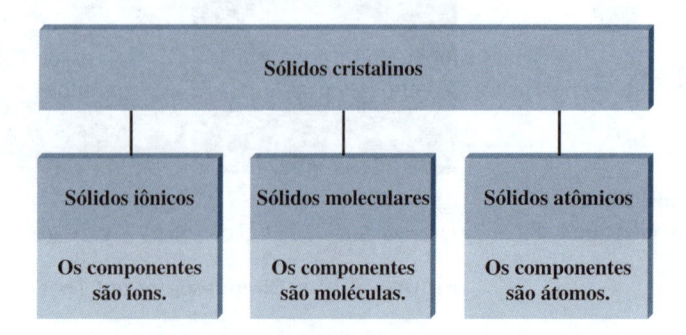

Figura 14.13 ▶ As classes dos sólidos cristalinos.

= Cl⁻
= C
= Na⁺
= H₂O
Diamante   Cloreto de sódio   Gelo

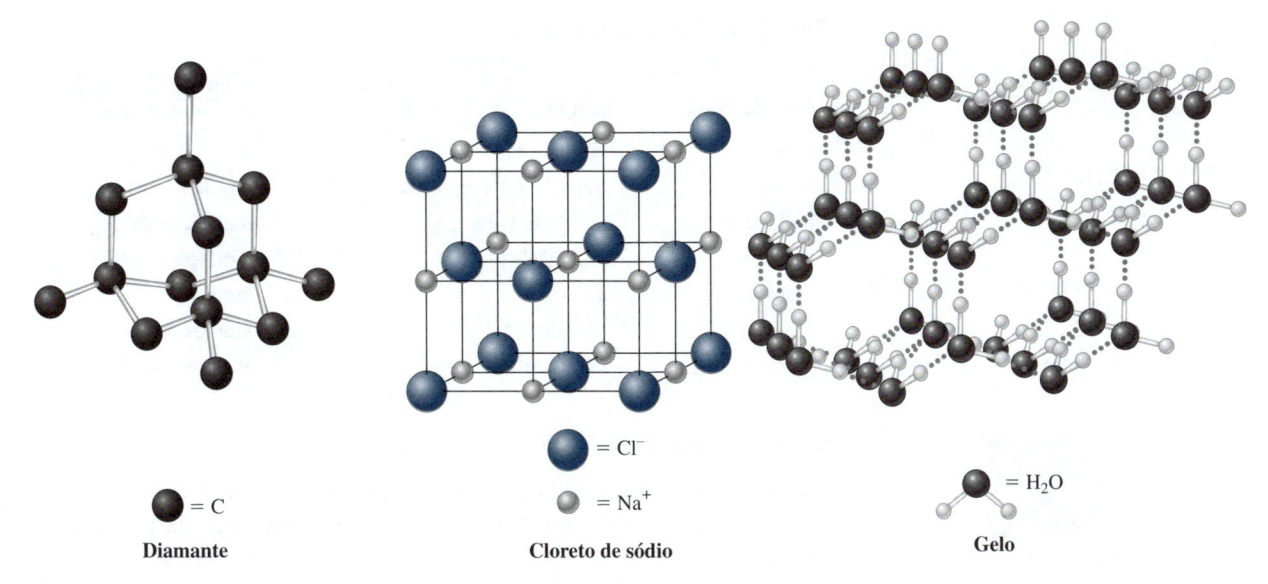

Figura 14.14 ▶ Exemplos dos três tipos de sólidos cristalinos. Apenas parte da estrutura é representada em cada caso. A estrutura continua em três dimensões com os mesmos padrões.

As propriedades de um sólido são determinadas principalmente pela natureza das forças que o mantém unido. Por exemplo, embora o argônio, o cobre e o diamante sejam sólidos atômicos (seus componentes são átomos), eles possuem propriedades muito diferentes. O argônio possui um ponto de fusão muito baixo (–189°C), ao passo que o diamante e o cobre fudem a temperaturas altas (cerca de 3500°C e 1083°C, respectivamente). O cobre é um excelente condutor de eletricidade (é amplamente utilizado em fios elétricos), ao passo que tanto o argônio como o diamante são isolantes. O formato do cobre pode ser facilmente modificado; ele é maleável (pode formar folhas finas) e dúctil (pode ser moldado em fio). O diamante, por outro lado, é a substância natural mais forte conhecida. As acentuadas diferenças nas propriedades entre esses três sólidos atômicos devem-se às diferentes ligações. Exploraremos a ligação nos sólidos na próxima seção.

14-6 Ligação nos sólidos

OBJETIVOS
▶ Compreender as forças interpartículas nos sólidos cristalinos.
▶ Aprender sobre como a ligação nos metais determina as propriedades metálicas.

Vimos que os sólidos cristalinos podem ser divididos em três classes, dependendo de sua partícula ou unidade fundamental. Os sólidos iônicos consistem em íons com cargas opostas compactados, os sólidos moleculares contêm moléculas, e os sólidos atômicos, átomos como suas partículas fundamentais. Os exemplos dos vários tipos de sólidos são mostrados na Tabela 14.3.

Os sólidos iônicos também foram discutidos na Seção 12-5.

Sólidos iônicos

Os sólidos iônicos são substâncias estáveis, com altos pontos de fusão, unidos pelas grandes forças que existem entre íons com cargas opostas. As estruturas dos sólidos iônicos podem ser melhor visualizadas pensando nos íons como esferas empacotadas da maneira mais eficiente possível. Por exemplo, no NaCl, os íons Cl⁻ maiores estão empacotados como bolas em uma caixa. Os íons Na⁺ menores ocupam os espaços ("buracos") pequenos deixados entre os íons Cl⁻ esféricos, como representado na Fig. 14.15.

Tabela 14.3 ▶ Exemplos de vários tipos de sólidos

Tipo do sólido	Exemplos	Unidade(s) fundamentae(is)
iônico	cloreto de sódio, NaCl(s)	íons Na^+, Cl^-
iônico	nitrato de amônio, $NH_4NO_3(s)$	íons NH_4^+, NO_3^-
molecular	gelo seco, $CO_2(s)$	moléculas de CO_2
molecular	gelo, $H_2O(s)$	moléculas de H_2O
atômico	diamante, C(s)	átomos de C
atômico	ferro, Fe(s)	átomos de Fe
atômico	argônio, Ar(s)	átomos de Ar

Sólidos moleculares

Em um sólido molecular, a partícula fundamental é uma molécula. Alguns exemplos de sólidos moleculares são o gelo (contém moléculas de H_2O), gelo seco (contém moléculas de CO_2), enxofre (contém moléculas de S_8) e fósforo branco (contém moléculas de P_4). As últimas duas substâncias são mostradas na Fig. 14.16.

Os sólidos moleculares tendem a fundir a temperaturas relativamente baixas porque as forças intermoleculares que existem são relativamente fracas. Se a molécula possui um momento dipolo, as forças dipolo-dipolo unem o sólido. Nos sólidos com moléculas apolares, as forças de dispersão de London os unem.

Parte da estrutura do fósforo sólido é representada na Fig. 14.17. Observe que a distância entre os átomos de P em determinada molécula são bem menores que as distâncias entre as moléculas de P_4, pois as ligações covalentes *entre os átomos* na molécula são muito mais fortes que as forças de dispersão de London *entre as moléculas*.

● = Cl^- ● = Na^+

Figura 14.15 ▶ O empacotamento de íons Cl^- e Na^+ no cloreto de sódio.

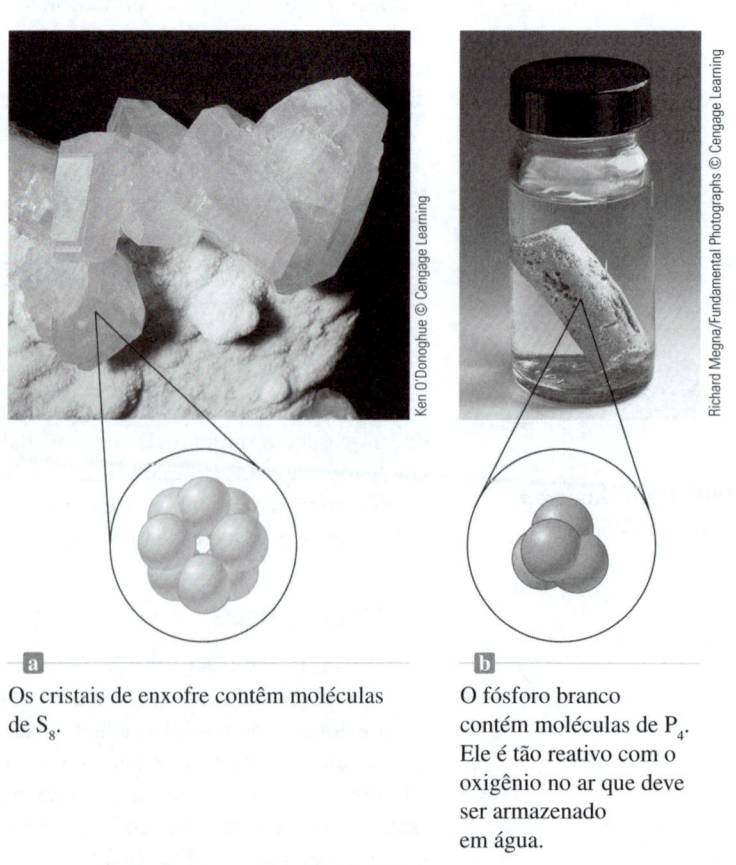

a Os cristais de enxofre contêm moléculas de S_8.

b O fósforo branco contém moléculas de P_4. Ele é tão reativo com o oxigênio no ar que deve ser armazenado em água.

Figura 14.16 ▶

* Você pode visualizar essas imagens em cores no final do livro.

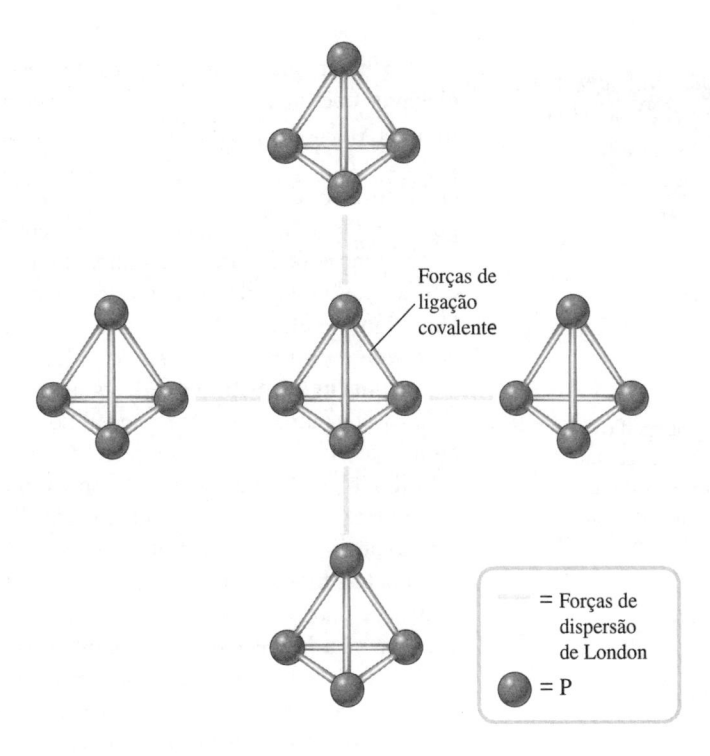

Figura 14.17 ▶ Representação de parte da estrutura do fósforo sólido, um sólido molecular que contém moléculas de P₄.

Sólidos atômicos

As propriedades dos sólidos atômicos variam bastante devido às diferentes maneiras com que as partículas fundamentais, os átomos, podem interagir. Por exemplo, os sólidos dos elementos do Grupo 8 têm pontos de fusão muito baixos (veja a Tabela 14.2), porque esses átomos, tendo preenchido os orbitais de valência, não podem formar ligações covalentes entre si. Portanto, as forças nesses sólidos são forças de dispersão de London relativamente fracas.

Por outro lado, o diamante, uma forma do carbono sólido, é uma das substâncias mais duras conhecidas e tem um ponto de fusão extremamente alto (cerca de 3500°C). A dureza incrível do diamante vem das ligações covalentes carbono-carbono muito fortes no cristal, que formam a uma molécula gigante. Na verdade, o cristal inteiro pode ser visualizado como uma molécula enorme. Uma pequena parte da estrutura do diamante é representada na Fig. 14.14. No diamante, cada átomo de carbono está ligado covalentemente a quatro outros átomos de carbono para produzir um sólido muito estável. Diversos outros elementos também formam sólidos por meio dos quais os átomos se unem covalentemente para formar moléculas gigantes. Alguns exemplos são o silício e o boro.

Neste ponto, você pode estar se perguntando: "Por que os sólidos como um cristal de diamante, que é uma 'molécula gigante', não são classificados como sólidos moleculares?". A resposta é que, por convenção, um sólido é classificado como um sólido molecular somente se (como gelo, gelo seco e fósforo) ele contiver moléculas pequenas. As substâncias como o diamante, que contêm moléculas gigantes, são chamadas de sólidos em rede.

Ligação nos metais

Os metais representam outro tipo de sólido atômico e têm propriedades físicas familiares: podem ser moldados em fios, podem ser forjados em folhas e são condutores eficientes de calor e eletricidade. No entanto, embora os formatos dos metais mais puros possam ser modificados de maneira relativamente fácil, eles também são resistentes e têm pontos de fusão altos. Esses fatos indicam que é difícil separar os átomos de metal, mas é relativamente fácil deslizá-los uns pelos outros. Em outras palavras, a ligação na maioria dos metais é *forte*, mas é *não direcional*.

452 Introdução à química: fundamentos

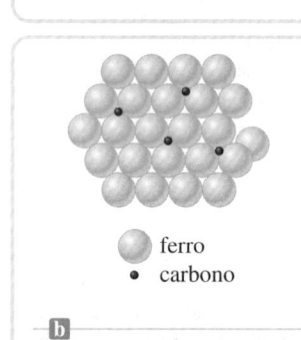

Figura 14.18 ▶ Dois tipos de ligas.

(a) cobre / zinco

O bronze é uma liga substitucional na qual os átomos de cobre no cristal hospedeiro são substituídos por um átomo de zinco de tamanho semelhante.

(b) ferro / carbono

O aço é uma liga intersticial na qual os átomos de carbono ocupam os interstícios (buracos) entre os átomos de ferro densamente empacotados.

O exemplo mais simples que explica essas observações é o modelo do **mar de elétrons**, que ilustra uma gama regular de átomos de metal em um "mar" de elétrons de valência compartilhados entre os átomos de uma maneira não direcional e que são bem móveis na estrutura cristalina do metal. Os elétrons móveis podem conduzir calor e eletricidade, e os átomos podem ser movidos facilmente, como, por exemplo, quando o metal é forjado em folha ou transformado em fio.

Em função da natureza cristalina do metal, outros elementos podem ser introduzidos de modo relativamente fácil para produzir substâncias chamadas ligas. Uma **liga** é melhor definida como *uma substância que contém uma mistura de elementos e propriedades metálicas*. Há dois tipos comuns de ligas.

Em uma **liga substitucional**, alguns dos átomos do metal hospedeiro são *substituídos* por outros átomos de metal de tamanhos semelhantes. Por exemplo, no bronze, aproximadamente um terço dos átomos no metal de cobre hospedeiro foi substituído por átomos de zinco, como representado na Fig. 14.18(a). Prata de lei (93% prata e 7% cobre) e estanho (85% estanho, 7% cobre, 6% bismuto e 2% antimônio) são outros exemplos de ligas substitucionais.

Uma **liga intersticial** é formada quando alguns dos interstícios (buracos) entre os átomos densamente empacotados do metal são ocupados por átomos muito menores que os átomos hospedeiros, como mostrado na Fig. 14.18(b). O aço, a liga intersticial mais conhecida, contém átomos de carbono nos "buracos" de uma estrutura cristalina de ferro. A presença de átomos intersticiais muda as propriedades do metal hospedeiro. O ferro puro é relativamente mole, dúctil e maleável por causa da ausência de ligação direcional forte. Os átomos esféricos do metal podem ser movidos facilmente uns em relação aos outros. No entanto, quando o carbono, que forma ligações direcionais fortes, é introduzido em uma estrutura cristalina de ferro, a presença das ligações direcionais carbono-ferro torna a liga resultante mais dura, mais forte e menos dúctil que o ferro puro. A quantidade de carbono afeta diretamente as propriedades do aço. *Aços de baixo teor de carbono* (contendo menos de 0,2% de carbono) ainda são dúcteis e maleáveis e são usados em pregos, cabos e correntes. *Aços de médio teor de carbono* (contendo 0,2 a 0,6% de carbono) são mais resistentes que os de baixo teor e são utilizados em trilhos e vigas de aço estruturais. *Aços de alto teor de carbono* (contendo 0,6 a 1,5% de carbono) são firmes e resistentes e utilizados em molas, ferramentas e cutelaria.

Muitos tipos de aço contêm outros elementos além de ferro e carbono, e são frequentemente chamados de *aços-liga*, podendo ser vistos como uma mistura de ligas intersticiais (carbono) e substitucionais (outros metais). Um exemplo é o aço inoxidável, que possui átomos de cromo e níquel substituindo alguns dos átomos de ferro. A adição desses metais aumenta bastante a resistência do aço à corrosão.

Uma escultura em aço em Chicago.

QUÍMICA EM FOCO

Metal com memória

Uma mãe aflita entra na óptica carregando seu par destroçado de óculos de $400. Seu filho mexeu em sua bolsa, encontrou os óculos e os torceu como se fossem um pretzel. Ela os entrega para o optometrista com pouca esperança de que eles pudessem ser salvos. O optometrista diz para ela não se preocupar e coloca os óculos em um prato com água quente e eles voltam, como mágica, para seu formato original. Ele entrega os óculos restaurados para a mulher e diz que não cobrará pelo reparo.

Como as armações "lembraram-se" de seu formato original quando colocadas na água quente? A resposta é uma liga de níquel-titânio chamada Nitinol, desenvolvida entre o final dos anos 1950 e início dos anos 1960 no Naval Ordnance Laboratory, em White Oak, Maryland, por William J. Buehler. (O nome Nitinol é formado por "ni" de níquel, "ti" de titânio e pelas iniciais "nol" de Naval Ordnance Laboratory).

A Nitinol tem a incrível habilidade de relembrar um formato originalmente impresso nela. Por exemplo, observe as fotos. O que faz com que a Nitinol se comporte dessa maneira? Embora os detalhes sejam muito complicados para descrever aqui, esse fenômeno resulta de duas formas sólidas diferentes de Nitinol. Quando aquecidos a uma temperatura suficientemente alta, os átomos de Ni e Ti arranjam-se de um modo que leva ao padrão mais compacto e regular de átomos — uma forma chamada austenita (A). Quando a liga é resfriada, seus átomos rearranjam-se ligeiramente para uma forma chamada martensita (M). O formato desejado (por exemplo, a palavra *ICE*) é ajustado na liga a uma alta temperatura (forma A), então, o metal é resfriado, fazendo com que ele assuma a forma M. Nesse processo, nenhuma mudança visível é notada. Em seguida, se a imagem for deformada, ela retornará como em um passe de mágica se a liga for aquecida (água quente é o suficiente) a uma temperatura que a mude novamente para a forma A.

A Nitinol tem muitas aplicações médicas, incluindo os ganchos utilizados por cirurgiões ortopédicos para unir os ligamentos e os tendões ao osso e "cestos" para coletar coágulos de sangue. No último caso, uma extensão de fio de Nitinol é modelada em um cesto minúsculo e esse formato é colocado a uma temperatura alta. Os fios que formam o cesto são esticados de modo que possam ser inseridos como um pequeno embrulho pelo cateter. Quando os fios se aquecem no sangue, o formato do cesto volta de novo e age como um filtro para impedir que os coágulos de sangue se movam para o coração.

Um dos usos de consumo mais promissores para a Nitinol é em armações de óculos. A Nitinol também tem sido usada em aparelhos para endireitar dentes tortos.

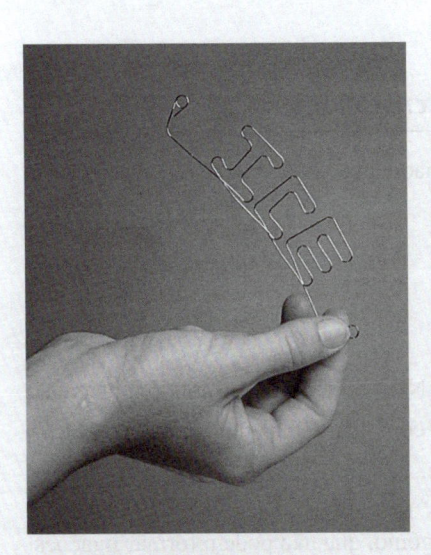

A palavra *ICE* (gelo, em inglês) é formada no fio de Nitinol.

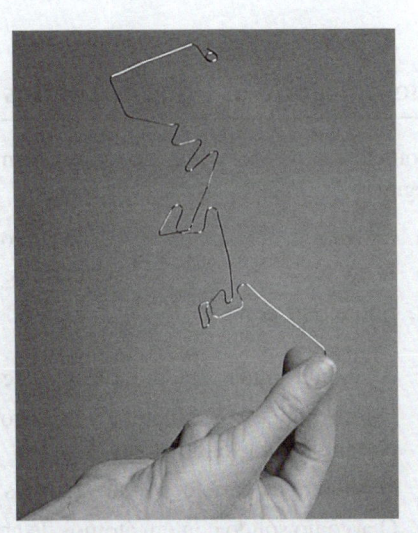

O fio é esticado para obliterar a palavra *ICE*.

O fio transforma-se de volta para *ICE* quando imerso em água quente.

QUÍMICA EM FOCO

Diamantes artificiais

Os diamantes foram valorizados ao longo dos séculos por seu brilho e durabilidade. Os diamantes naturais são formados nas profundezas da Terra, onde as altas temperaturas e pressões favorecem essa densa forma do carbono. Os diamantes são então lentamente trazidos para a superfície da Terra por processos geológicos normais, como aqueles que operam nos depósitos de kimberlito, na África do Sul.

Devido à sua raridade, os diamantes naturais são bem caros. Por isso, há uma forte motivação para fabricar diamantes sintéticos. Os primeiros diamantes sintéticos bem-sucedidos foram feitos em 1955 no General Electric Research and Development Center. Acredite ou não, o primeiro material utilizado para fabricar diamantes sintéticos foi manteiga de amendoim. Na realidade, quase qualquer fonte de carbono pode ser usada para fabricar diamantes sintéticos. Embora as primeiras tentativas tenham produzido um material como areia negra, os cientistas desde então aprenderam a fazer lindos diamantes com qualidade de joia praticamente idêntica aos diamantes naturais.

Os diamantes há muito tempo têm sido utilizados para expressar devoção entre os casais e costumam ser usados para formalizar noivados. No entanto, surgiu recentemente um novo uso para os diamantes sintéticos. Algumas pessoas os estão utilizando para homenagear seus entes queridos já falecidos. A ideia de transformar os restos cremados de um ente querido em diamantes artificiais começou há cerca de uma década. Agora, o crescimento dessa "indústria" está sendo alimentado pela transformação de cinzas de animais de estimação falecidos em diamantes. A empresa LifeGem em Elk Grove Village, Illinois, produziu mais de 1000 diamantes de animais na última década utilizando cinzas de cães, gatos, pássaros, coelhos, cavalos e um tatu. Os diamantes custam entre US$ 1500 e US$ 15.000, o preço depende da cor e do tamanho da pedra.

Produzir um diamante de um quilate exige menos que uma xícara de cinzas, e os diamantes podem ser feitos a partir dos pelos dos animais de estimação vivos. Muitos proprietários colocam os diamantes resultantes em anéis ou pingentes, que podem ser usados diariamente para lembrá-los de seus animais de estimação perdidos. As maravilhas da química agora possibilitam que animais de estimação preciosos se tornem joias preciosas.

Diamantes sintéticos.

Exemplo resolvido 14.4 — Identificando os tipos de sólidos cristalinos

Nomeie o tipo de sólido cristalino formado por cada uma das substâncias a seguir:

a. amônia
b. ferro
c. fluoreto de césio
d. argônio
e. enxofre

SOLUÇÃO

a. A amônia sólida contém moléculas de NH_3, portanto, é um sólido molecular.
b. O ferro sólido contém átomos de ferro como partículas fundamentais, portanto, é um sólido atômico.
c. O fluoreto de césio contém os íons Cs^+ e F^-, portanto, é um sólido iônico.
d. O argônio sólido contém átomos de argônio, que não podem formar ligações covalentes entre si. Portanto, é um sólido atômico.
e. O enxofre contém moléculas S_8, portanto, é um sólido molecular.

AUTOVERIFICAÇÃO Exercício 14.2 Nomeie o tipo de sólido cristalino formado por cada uma das substâncias a seguir:

a. trióxido de enxofre
b. óxido de bário
c. ouro

Veja os Problemas 14.41 e 14.42. ■

CAPÍTULO 14 REVISÃO

F direciona você para o segmento *Química em foco* do capítulo

Termos-chave

ponto de ebulição normal (14-1)
curva de aquecimento/resfriamento (14-1)
ponto de congelamento normal (14-1)
forças intramoleculares (14-2)
forças intermoleculares (14-2)
calor molar de fusão (14-2)
calor molar de vaporização (14-2)
atração dipolo-dipolo (14-3)
ligação de hidrogênio (14-3)
forças de dispersão de London (14-3)
vaporização (14-4)
evaporação (14-4)
condensação (14-4)
pressão de vapor (14-4)
sólidos cristalinos (14-5)
sólidos iônicos (14-5)
sólidos moleculares (14-5)
sólidos atômicos (14-5)
modelo do mar de elétrons (14-6)
liga (14-6)
liga substitucional (14-6)
liga intersticial (14-6)

Para revisão

▶ As mudanças de fase podem ocorrer quando energia é adicionada ou retirada de um composto.
- À medida que a energia é adicionada, uma substância pode passar de sólido para líquido e, então, para gás.

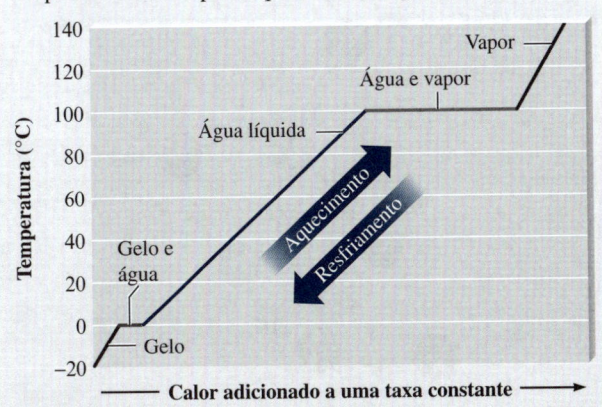

- O calor molar de fusão é a energia necessária para fundir 1 mol de uma substância sólida.
- O ponto de fusão normal é a temperatura sob a qual um sólido funde a uma pressão de 1 atm.
- O ponto de ebulição normal é a temperatura sob a qual um líquido entra em ebulição a uma pressão de 1 atm.
- Uma substância com forças intermoleculares relativamente altas exige quantidades relativamente grandes de energia para mudar de fase.
  - A água é um bom exemplo de uma substância com fortes forças intermoleculares (ligação de hidrogênio).

▶ Forças intermoleculares são as forças que existem entre as moléculas em uma substância.

▶ As classes de forças intermoleculares são:
- dipolo-dipolo: devido às atrações entre as moléculas que possuem momentos dipolos
- ligação de hidrogênio: forças dipolo-dipolo especialmente fortes que ocorrem quando o hidrogênio está ligado a um átomo altamente eletronegativo (como O, N, F)
- forças de dispersão de London: forças que ocorrem entre moléculas (ou átomos) apolares quando dipolos acidentais desenvolvem-se na "nuvem" de elétrons

▶ A pressão do vapor de equilíbrio sobre um líquido em um recipiente fechado é chamada de pressão de vapor.

▶ A pressão de vapor de um líquido é um equilíbrio entre a condensação e a evaporação.

▶ A pressão de vapor é relativamente baixa para uma substância (como a água) com forças intermoleculares fortes.

▶ O ponto de ebulição de um líquido ocorre a uma temperatura na qual a pressão de vapor do líquido se iguala à pressão atmosférica.

▶ Tipos de sólidos
- Sólido iônico — os componentes são íons.
- Sólido molecular — os componentes são moléculas.
- Sólido atômico — os componentes são átomos.

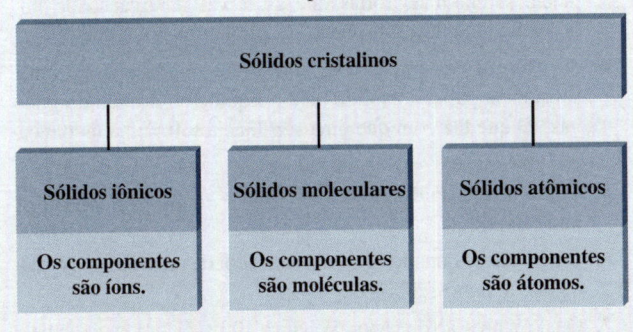

▶ Ligação nos sólidos
- Os sólidos iônicos são ligados pelas atrações entre os íons de carga oposta.
- Os sólidos moleculares são ligados pelas forças intermoleculares entre as moléculas.
- Sólidos atômicos
  - Os sólidos produzidos de gases nobres possuem forças de dispersão de London fracas.
  - Muitos sólidos atômicos formam "moléculas gigantes" que são unidas por ligações covalentes.

▶ Os metais são unidos por ligações covalentes não direcionais (chamadas de modelo do mar de elétrons) entre os átomos densamente empacotados.
- Os metais formam ligas de dois tipos:
  - Substitucional: os átomos diferentes são substituídos pelos átomos do metal hospedeiro.
  - Intersticial: pequenos átomos são introduzidos nos "buracos" da estrutura metálica.

Questões de aprendizado ativo

Estas questões foram desenvolvidas para ser resolvidas por grupos de alunos em sala de aula. Normalmente, elas funcionam bem para introduzir um tópico específico em sala.

1. Você veda um recipiente cheio até a metade com água. O que melhor descreve o que ocorre no recipiente?
   a. A água evapora até o ar ficar saturado com vapor de água; neste ponto, nada mais da água evapora.
   b. A água evapora até o ar se tornar excessivamente saturado (supersaturado) com a água, e a maior parte dessa água condensa novamente; esse ciclo continua até que determinada quantidade de vapor de água esteja presente e, então, o ciclo para.
   c. A água não evapora porque o recipiente está vedado.
   d. A água evapora, então, evapora mais uma vez e condensa novamente simultânea e continuamente.
   e. A água evapora até que esteja inteiramente na forma de vapor.

   Justifique sua escolha e, para as opções que você não escolher, explique o que está errado com elas.

2. Explique o seguinte: você adiciona, em um frasco de fundo redondo de 500 ml, 100 ml de água e a aquece até ferver. Depois, você remove a fonte de aquecimento, tampa o frasco, e a fervura para. Então, você joga água fria no gargalo do frasco e a fervura começa novamente. Parece que você está fervendo a água ao esfriá-la.

3. É possível para as forças de dispersão em determinada substância serem mais fortes que as forças da ligação de hidrogênio em outra substância? Explique sua resposta.

4. A natureza das forças intermoleculares muda quando uma substância passa do sólido para o líquido ou do líquido para gás? O que faz com que uma substância sofra uma mudança de fase?

5. Como a pressão de vapor varia com a variação de temperatura? Explique.

6. O que ocorre quando a pressão de vapor de um líquido é igual à pressão atmosférica? Explique.

7. Qual é a pressão de vapor da água a 100°C? Como você sabe?

8. Como as propriedades físicas a seguir dependem da resistência das forças intermoleculares? Explique.
   a. ponto de fusão
   b. ponto de ebulição
   c. pressão de vapor

9. Veja a Fig. 14.2. Por que a temperatura não aumenta continuamente ao longo do tempo? Isto é, por que a temperatura permanece constante por períodos de tempo?

10. Quais são mais fortes, as forças intermoleculares ou as forças intramoleculares em determinada molécula? Qual(is) observação(ões) você fez que fundamenta(m) essa posição? Explique.

11. Por que a água evapora de qualquer modo?

12. Esboce uma ilustração microscópica da água e faça a distinção entre as *ligações intramoleculares* e as *forças intermoleculares*. Qual corresponde às ligações que desenhamos nas estruturas de Lewis?

13. Qual possui as forças intermoleculares mais fortes: N_2 ou H_2O? Explique.

14. Qual gás se comportaria da maneira mais ideal nas mesmas condições de pressão e temperatura? CO ou N_2? Por quê?

15. Você viu que a molécula de água possui um forma angular e, portanto, é uma molécula polar. Isso se deve a muitas propriedades interessantes da água. E se ela fosse linear? Como isso afetaria as suas propriedades? Como a vida seria diferente?

16. Verdadeiro ou falso? O metano (CH_4) é mais passível de formar uma ligação de hidrogênio mais forte do que a água porque cada molécula de metano tem duas vezes a quantidade de átomos de hidrogênio. Dê uma explicação concisa da ligação de hidrogênio para complementar sua resposta.

17. Por que deve fazer sentido que o N_2 exista como um gás? Dada sua resposta, como é possível fazer nitrogênio líquido? Explique por que reduzir a temperatura funciona.

18. O fósforo branco e o enxofre são chamados de sólidos moleculares, apesar de cada um ser composto apenas de fósforo e de enxofre, respectivamente. Como eles podem ser considerados sólidos moleculares? Se for verdade, por que o diamante (que é composto por carbono apenas) não é um sólido molecular?

19. Por que é incorreto usar a expressão "molécula de NaCl", mas é correto usar "molécula de H_2O"? A expressão "molécula de diamante" está correta? Explique.

20. Qual você preveria ser maior para uma determinada substância: ΔH_{vap} ou ΔH_{fus}? Explique por quê.

21. No diagrama abaixo, quais linhas representam as ligações de hidrogênio?

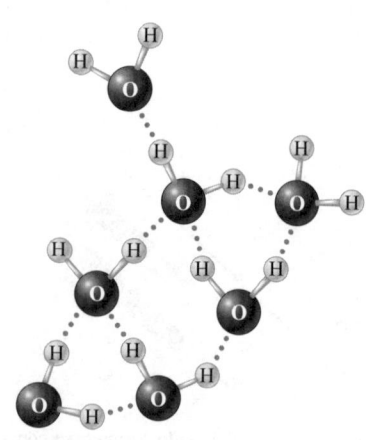

   a. As linhas pontilhadas entre os átomos de hidrogênio de uma molécula de água e os átomos de oxigênio de uma molécula de água diferente.
   b. As linhas contínuas entre um átomo de hidrogênio e um átomo de oxigênio na mesma molécula de água.
   c. Ambas as linhas sólidas e pontilhadas representam as ligações de hidrogênio.
   d. Não há ligações de hidrogênio representadas no diagrama.

22. Utilize a curva de aquecimento/resfriamento abaixo para responder às questões a seguir.

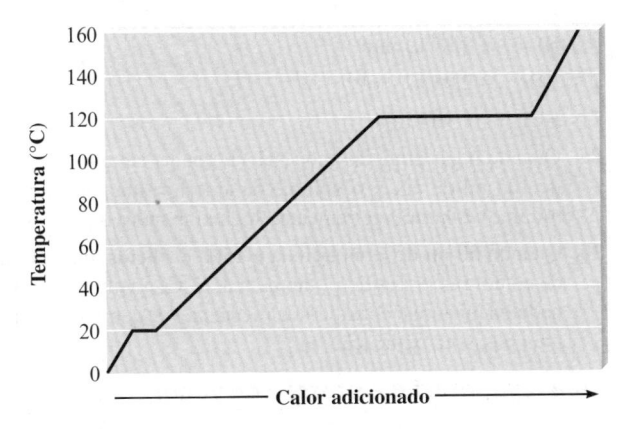

a. Qual é o ponto de congelamento do líquido?
b. Qual é o ponto de ebulição do líquido?
c. O que é maior: o calor de fusão ou o calor de vaporização? Explique.

23. Suponha que a estrutura bidimensional de um composto iônico, M_xA_y, seja

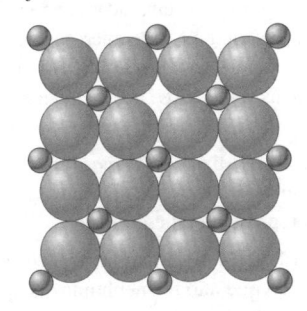

Qual é a fórmula empírica desse composto iônico?

Perguntas e problemas

14-1 A água e suas mudanças de fase

Perguntas

1. Os gases têm densidades (maiores/menores) que os líquidos ou os sólidos.
2. Os líquidos e os sólidos são (mais/menos) compressíveis do que os gases.
3. Que evidência temos de que a forma sólida da água é menos densa que a sua forma líquida em seu ponto de congelamento/fusão?
4. A entalpia (ΔH) de *vaporização* da água é cerca de sete vezes maior que a sua entalpia de *fusão* (41 kJ mol^{-1} versus 6 kJ mol^{-1}). O que isso nos diz sobre as similaridades relativas entre os estados sólido, líquido e gasoso da água?
5. Considere uma amostra de gelo sendo aquecida de –5°C para 15°C. Descreva tanto em uma base macroscópica quanto em uma base microscópica o que acontece com o gelo assim que a temperatura atinge 0°C.
6. Esboce uma curva de aquecimento/resfriamento para a água, começando em –20°C e subindo para 120°C, aplicando calor à amostra a uma velocidade constante. Marque em seu esboço as porções da curva que representam a fusão do sólido e a ebulição do líquido.

14-2 Exigências de energia para as mudanças de estado

Perguntas

7. As mudanças de estado são transformações *físicas* ou *químicas* para os sólidos moleculares? Por quê?
8. Descreva em detalhes os processos microscópicos que acontecem quando um sólido funde e quando um líquido entra em ebulição. Quais tipos de forças devem ser superadas? Há quebra de ligação química durante esses processos?
9. Explique a diferença entre as forças *intra*moleculares e *inter*moleculares.
10. As forças que ligam dois átomos de hidrogênio a um átomo de oxigênio em uma molécula de água são (intermoleculares/intramoleculares), mas as forças que mantêm as moléculas unidas em um cubo de gelo são (intermoleculares/intramoleculares).
11. Discuta as similaridades e as diferenças entre os arranjos das moléculas e as forças entre as moléculas na água líquida *versus* vapor, e na água líquida versus gelo.
12. O que representa o *calor molar de fusão* de uma substância?

Problemas

13. Os dados a seguir foram coletados da substância X. Construa uma curva de aquecimento para essa substância. (O desenho não precisa ser absolutamente em escala, mas deve mostrar claramente as diferenças relativas.)

ponto de fusão normal	–15°C
calor molar de fusão	2,5 kJ mol^{-1}
ponto de ebulição normal	134°C
calor molar de vaporização	55,3 kJ mol^{-1}

14. O calor molar de fusão do alumínio metálico é 10,79 kJ mol^{-1}, ao passo que seu calor de vaporização é 293,4 kJ mol^{-1}.
    a. Por que o calor de fusão do alumínio é muito menor que o calor de vaporização?
    b. Qual quantidade de calor seria necessária para vaporizar 1,00 g de alumínio em seu ponto de ebulição normal?
    c. Qual quantidade de calor estaria envolvida se 5,00 g de alumínio líquido congelasse em seu ponto de congelamento normal?
    d. Qual quantidade de calor seria necessária para fundir 0,105 mol de alumínio em seu ponto de fusão normal?

15. O calor molar de fusão do benzeno é de 9,92 kJ mol^{-1}. Seu calor molar de vaporização é de 30,7 kJ mol^{-1}. Calcule o calor necessário para fundir 8,25 g de benzeno em seu ponto de fusão normal. Calcule o calor necessário para vaporizar 8,25 g de benzeno em seu ponto de ebulição normal. Por que o calor de vaporização é três vezes maior que o calor de fusão?

16. Os calores molares de fusão e vaporização da prata são 11,3 kJ mol^{-1} e 250 kJ mol^{-1}, respectivamente. O ponto de fusão normal da prata é 962°C, e seu ponto de ebulição normal é 2212°C. Qual a quantidade de calor necessária para fundir 12,5 g de prata a 962°C? Qual a quantidade de calor liberada quando 4,59 g de vapor de prata condensam a 2212°C?

17. Os calores molares de fusão e vaporização da água são 6,02 kJ mol^{-1} e 40,6 kJ mol^{-1}, respectivamente, e a capacidade calorífica específica da água líquida é 18 J g^{-1} °C^{-1}. Qual a quantidade de energia de calor necessária para fundir 25,0 g de gelo a 0°C? Qual quantidade de calor necessária para vaporizar 37,5 g de água líquida a 100°C? Qual a quantidade de calor necessária para aquecer 55,2 g de água líquida de 0°C para 100°C?

18. São necessários 113 J para fundir 1,00 g de sódio metálico em seu ponto de fusão normal de 98°C. Calcule o *calor molar de fusão* do sódio.

14-3 Forças intermoleculares

Perguntas

19. Considere a molécula de monocloreto de iodo, ICl. Como o cloro é mais eletronegativo que o iodo, essa molécula é um dipolo. Como você esperaria que as moléculas de monocloreto de iodo no estado gasoso se orientassem entre si à medida que a amostra é resfriada e as moléculas começassem a se agregar? Esboce a orientação que você esperaria.

20. As forças dipolo-dipolo tornam-se _____ à medida que a distância entre os dipolos aumenta.

21. O livro sugere que a ligação de hidrogênio é um caso especial de interações dipolo-dipolo muito fortes, possíveis apenas entre certos átomos. Quais átomos, além do hidrogênio, são necessários para a ligação de hidrogênio? Como o pequeno tamanho do átomo de hidrogênio contribui com a resistência incomum das forças dipolo-dipolo envolvidas na ligação de hidrogênio?

22. O ponto de ebulição normal da água é excepcionalmente alto, em comparação com os pontos de ebulição do H$_2$S, H$_2$Se e H$_2$Te. Explique essa observação pela *ligação de hidrogênio* que existe na água, mas não existe nos outros compostos.

23. Por que as interações dipolo-dipolo entre as moléculas polares *não* são importantes na fase de vapor?

24. O que são forças de dispersão de London e como elas surgem?

Problemas

25. Qual tipo de forças intermoleculares está ativo no estado líquido de cada uma das substâncias a seguir?
    a. Ne
    b. CO
    c. CH$_3$OH
    d. Cl$_2$

26. Discuta os tipos de forças intermoleculares que agem no estado líquido de cada uma das substâncias a seguir.
    a. Kr
    b. S$_8$
    c. NF$_3$
    d. H$_2$O

27. Os pontos de ebulição dos gases nobres estão listados abaixo. Comente sobre a tendência nos pontos de ebulição. Por que variam dessa maneira?

He	-272°C	Kr	$-152,3$°C
Ne	$-245,9$°C	Xe	$-107,1$°C
Ar	$-185,7$°C	Rn	$-61,8$°C

28. Os calores de fusão de três substâncias estão listados abaixo. Explique a tendência que essa lista reflete.

HI	2,87 kJ mol^{-1}
HBr	2,41 kJ mol^{-1}
HCl	1,99 kJ mol^{-1}

29. Quando o gás amônia seco (NH$_3$) borbulha em uma amostra de 125 ml de água, o volume da amostra (inicialmente, no mínimo) *diminui* ligeiramente. Sugira um motivo para isso.

30. Quando 50 ml de água líquida a 25°C é adicionado a 50 ml de etanol (álcool etílico), também a 25°C, o volume combinado da mistura é consideravelmente *menor* que 100 mL. Dê uma possível explicação.

14-4 Evaporação e pressão de vapor

Perguntas

31. O que é *evaporação*? O que é *condensação*? Qual desses processos é endotérmico e qual é exotérmico?

32. Se você já abriu uma garrafa de álcool isopropílico ou outro solvente em um dia quente, pode ter ouvido um pequeno assobio enquanto o vapor que estava acumulado acima do líquido escapou. Descreva em uma base microscópica como uma pressão de vapor se acumula acima de um líquido em um recipiente fechado. Quais processos no recipiente dão vazão a esse fenômeno?

33. O que queremos dizer por *equilíbrio dinâmico*? Descreva como o desenvolvimento de uma pressão de vapor acima de um líquido representa tal equilíbrio.

34. Considere a Fig. 14.10. Imagine que você está conversando com um amigo que não fez nenhuma disciplina de ciências, e explique como a figura demonstra o conceito da pressão de vapor e permite medi-la.

Problemas

35. Qual substância em cada par esperaríamos ter um menor ponto de ebulição? Explique seu raciocínio.
    a. CH$_3$OH ou CH$_3$CH$_2$CH$_2$OH
    b. CH$_3$CH$_3$ ou CH$_3$CH$_2$OH
    c. H$_2$O ou CH$_4$

36. Qual substância em cada par esperíamos ser mais volátil a determinada temperatura? Explique seu raciocínio.
    a. H$_2$O(l) ou H$_2$S(l)
    b. H$_2$O(l) ou CH$_3$OH(l)
    c. CH$_3$OH(l) ou CH$_3$CH$_2$OH(l)

37. Embora a água e a amônia se distingam por apenas uma unidade na massa molar, o ponto de ebulição da água é mais de 100°C maior que o da amônia. Quais forças na água líquida que *não* existem na amônia líquida poderiam explicar essa observação?

38. Diz-se que duas moléculas que contêm o mesmo número de cada tipo de átomo, porém têm estruturas moleculares diferentes, são *isômeras* uma das outras. Por exemplo, tanto o álcool etílico quanto o éter dimetílico (mostrados abaixo) têm a fórmula C$_2$H$_6$O e são isômeros. Com base nas considerações das forças intermoleculares, qual substância você esperaria ser mais volátil? Qual você esperaria ter um ponto de ebulição maior? Explique.

    éterdimetríco   álcool etílico
    CH$_3$—O—CH$_3$ CH$_3$—CH$_2$—OH

14-5 Estado sólido: tipos de sólidos

Perguntas

39. O que são sólidos cristalinos? Que tipo de estrutura microscópica esses sólidos têm? Como essa estrutura microscópica se reflete na aparência macroscópica desses sólidos?

40. Com base nas unidades menores que compõem os cristais, cite três tipos de sólidos cristalinos. Para cada tipo, dê um exemplo de uma substância que forma aquele sólido.

14-6 Ligação nos sólidos

Perguntas

41. Como os sólidos *iônicos* diferem-se dos sólidos *moleculares* na estrutura? Quais são as partículas fundamentais em cada um? Dê dois exemplos de cada tipo de sólido e indique as partículas individuais que compõem os sólidos em cada um dos exemplos.

42. Uma pegadinha comum nos campus das universidades é trocar o sal e o açúcar nas mesas dos refeitórios, o que é bem fácil, já que as substâncias são bem parecidas. Contudo, apesar da semelhança na aparência, essas substâncias se diferem muito em suas propriedades, já que uma é um sólido molecular e a outra é um sólido iônico. Como as propriedades se diferem e por quê?

43. Os sólidos iônicos costumam ser consideravelmente mais duros do que a maioria dos sólidos moleculares. Explique.

44. Quais tipos de forças existem entre as partículas individuais em um sólido iônico? Essas forças são relativamente fortes ou relativamente fracas?

45. As forças que unem um sólido molecular são muito mais (fortes/fracas) do que as forças entre as partículas em um sólido iônico.

46. Explique a tendência geral nos pontos de fusão dados abaixo com base nas forças entre as partículas nos sólidos indicados.

Hidrogênio, H_2	$-259°C$
Álcool etílico, C_2H_5OH	$-114°C$
Água, H_2O	$0°C$
Sacarose, $C_{12}H_{22}O_{11}$	$186°C$
Cloreto de cálcio, $CaCl_2$	$772°C$

47. O que é um sólido de *rede*? Dê um exemplo de um sólido de rede e descreva a ligação nesse sólido. Como um sólido de rede difere-se de um sólido molecular?

48. Os sólidos iônicos não conduzem eletricidade no estado sólido, mas são condutores fortes no estado líquido e quando dissolvidos em água. Explique.

49. O que é uma *liga*? Explique as diferenças na estrutura das ligas substitucionais e intersticiais. Dê um exemplo de cada tipo.

50. A seção "Química em foco – *Metal com memória*" discute a Nitinol, uma liga que se "lembra" de um formato originalmente impresso nela. Quais elementos compõem a Nitinol e por que ela é classificada como uma liga?

Problemas adicionais

Combinando

Para os Exercícios 51 a 60, escolha um dos termos a seguir para combinar com a definição ou descrição dada.

a. liga
b. calor específico
c. sólido cristalino
d. atração dipolo-dipolo
e. pressão de vapor de equilíbrio
f. intermolecular
g. intramolecular
h. sólidos iônicos
i. forças de dispersão de London
j. calor molar de fusão
k. calor molar de vaporização
l. sólidos moleculares
m. ponto de ebulição normal
n. semicondutor

51. ponto de ebulição à pressão de 1 atm
52. energia necessária para derreter 1 mol de uma substância
53. forças entre os átomos em uma molécula
54. forças entre as moléculas em um sólido
55. forças dipolo instantâneas para as moléculas apolares
56. alinhamento das cargas opostas nas moléculas polares adjacentes
57. pressão de vapor máxima que se acumula em um recipiente fechado
58. mistura de elementos com propriedades metálicas gerais
59. arranjo repetido do elemento que compõe um sólido
60. sólidos que fundem a temperaturas relativamente baixas

61. Dadas as densidades e as condições do gelo, da água líquida e do vapor listadas na Tabela 14.1, calcule o volume de 1,0 g de água sob cada uma dessas circunstâncias.

62. Em compostos de carbono, um determinado grupo de átomos pode muitas vezes ser arranjado em mais de uma maneira. Isso significa que mais de uma estrutura pode ser possível para os mesmos átomos. Por exemplo, as moléculas do éter etílico e do 1-butanol têm o mesmo número de cada tipo de átomo, mas suas estruturas são diferentes e diz-se que são *isômeros* umas das outras.

éter etílico	$CH_3-CH_2-O-CH_2-CH_3$
1-butanol	$CH_3-CH_2-CH_2-CH_2-OH$

    Qual substância você esperaria ter uma pressão de vapor maior? Por quê?

63. Qual das substâncias em cada um dos conjuntos a seguir esperaríamos ter o ponto de ebulição mais alto? Explique por quê.

    a. Ga, KBr, O_2
    b. Hg, NaCl, He
    c. H_2, O_2, H_2O

64. Qual das substâncias abaixo exibem interações da ligação de hidrogênio?

    a. CCl_2H_2
    b. BeF_2

c. NO_3^-
d. HCN

65. Quando uma pessoa tem uma febre grave, um tratamento para reduzir essa febre é "aplicar álcool". Explique como a evaporação do álcool na pele da pessoa remove a energia de calor do corpo.

66. O bronze é um exemplo de uma liga _____, e o aço é um exemplo de uma liga _____.

67. Algumas propriedades do potássio metálico estão resumidas na tabela a seguir:

Ponto de fusão normal	63,5°C
Ponto de ebulição normal	765,7°C
Calor molar de fusão	2,334 kJ mol^{-1}
Calor molar de vaporização	79,87 kJ mol^{-1}
Calor específico do sólido	0,75 J KJ mol^{-1}g °C^{-1}

   a. Calcule a quantidade de calor necessária para aquecer 5,00 g de potássio de 25,3°C para 45,2°C.
   b. Calcule a quantidade de calor necessária para fundir 1,35 mol de potássio em seu ponto de fusão normal.
   c. Calcule a quantidade de calor necessária para vaporizar 2,25 g de potássio em seu ponto de ebulição normal.

68. Quais são alguns usos importantes da água, tanto na natureza quanto na indústria? Qual é a faixa líquida da água?

69. Descreva, em base microscópica e em base macroscópica, o que acontece com uma amostra de água que é resfriada da temperatura ambiente para 50°C abaixo de seu ponto de congelamento normal.

70. Misturas para bolo e outros alimentos embalados que exigem cozimento normalmente contêm instruções especiais para uso em altitudes mais elevadas. Normalmente essas instruções indicam que o alimento deve ser cozido por mais tempo acima de 5000 pés. Explique por que demora mais cozinhar algo em altitudes mais elevadas.

71. Por que não há mudança nas forças *intra*moleculares quando um sólido é fundido? As forças intramoleculares são mais fortes ou mais fracas que as forças intermoleculares?

72. Como chamamos as energias necessárias, respectivamente, para fundir e vaporizar 1 mol de uma substância? Qual dessas energias sempre é maior para determinada substância? Por quê?

73. O calor molar de vaporização do dissulfeto de carbono, CS_2, é de 28,4 kJ mol^{-1} em seu ponto de ebulição normal de 46°C. Quanta energia (calor) é necessária para vaporizar 1,0 g de CS_2 a 46°C? Quanto calor está envolvido quando 50 g de CS_2 é condensado de vapor para a forma líquida a 46°C?

74. O que é mais forte, uma atração dipolo-dipolo entre duas moléculas ou uma ligação covalente entre dois átomos dentro da mesma molécula? Explique.

75. Para um líquido entrar em ebulição, as forças intermoleculares no líquido devem ser superadas. Com base nos tipos de forças intermoleculares presentes, ordene os pontos de ebulição esperados dos estados líquidos das substâncias a seguir, do menor para o maior: NaCl(Z), He(Z), CO(Z), H_2O(Z).

76. O que são as *forças de dispersão de London* e como elas surgem em uma molécula apolar? As forças de London normalmente são mais fortes ou mais fracas que as atrações dipolo-dipolo entre as moléculas polares? As forças de London são mais fortes ou mais fracas que as ligações covalentes? Explique.

77. Discuta os tipos de forças intermoleculares que agem no estado líquido de cada uma das substâncias a seguir.
   a. N_2
   b. NH_3
   c. He
   d. CO_2 (linear, apolar)

78. Discuta os tipos de forças intermoleculares que agem no estado líquido de cada uma das substâncias a seguir.
   a. Ar
   b. H_2O
   c. SeO_2
   d. BF_3 (trigonal plana, apolar)

79. O que significa quando dizemos que um líquido é *volátil*? Os líquidos voláteis possuem pressões de vapor grandes ou pequenas? Que tipos de forças intermoleculares ocorrem em líquidos altamente voláteis?

80. Considere as moléculas de HF e HCl para responder às perguntas a seguir. Explique suas respostas.
   a. Qual das duas moléculas contém uma ligação polar *mais forte*?
   b. Para qual substância as interações dipolo-dipolo entre as moléculas são *mais fortes*?
   c. Começando com o HF líquido e HCl líquido, quando aquecemos essas amostras na mesma proporção, qual entraria em ebulição *primeiro*?

81. Que tipo de sólido é passível de ter o ponto de fusão mais alto — um sólido iônico, um sólido molecular ou um sólido atômico? Explique.

82. Quais tipos de forças intermoleculares existem em um cristal de gelo? Como essas forças diferem dos tipos de forças intermoleculares que existem em um cristal de oxigênio sólido?

83. Discuta o *modelo do mar de elétrons* para os metais. Como esse modelo considera o fato de os metais serem excelentes condutores de eletricidade?

84. A água é incomum nesse modelo; a sua forma sólida (gelo) é menos densa que sua forma líquida. Discuta algumas implicações desse fato.

85. Descreva em detalhes os processos microscópicos que acontecem quando um líquido entra em ebulição. Quais tipos de forças devem ser superadas? Qual ligação química é quebrada durante esses processos?

86. Você certamente pode se queimar feio se a água a 100°C (seu ponto de ebulição normal) espirrar em sua pele, mas pode ter uma queimadura *ainda pior* com o vapor a 100°C. Explique.

87. O que é uma *atração dipolo-dipolo*? Dê três exemplos de substâncias líquidas nas quais você esperaria que as atrações dipolo-dipolo fossem grandes.

88. O que significa *ligação de hidrogênio*? Dê três exemplos de substâncias que esperíamos exibir uma ligação de hidrogênio no estado líquido.

89. Embora os gases nobres sejam monoatômicos e não deem vazão às forças dipolo-dipolo ou à ligação de hidrogênio, eles ainda podem ser liquefeitos e solidificados. Explique.

90. Descreva, em uma base microscópica, os processos de *evaporação* e *condensação*. Qual exige fornecimento de energia? Por quê?

F 91. A seção "Química em foco – *Gorilla Glass*" discute o vidro atualmente utilizado para produtos como os smartphones. Qual adição feita ao vidro comum não é um sólido iônico?

F 92. A seção "Química em foco – *Diamantes artificiais*" discute o uso das cinzas de animais de estimação para produzir diamantes. Um diamante é um sólido atômico. Por quê? Por que os diamantes também são conhecidos como sólidos de rede?

Problemas para estudo

93. Quais dos compostos a seguir exibem apenas forças intermoleculares de dispersão de London? Quais exibem forças de ligação de hidrogênio? Considerando apenas os compostos sem interações de ligação de hidrogênio, quais deles têm forças intermoleculares dipolo-dipolo?

    a. SF_4
    b. CO_2
    c. CH_3CH_2OH
    d. HF
    e. ICl_5
    f. XeF_4

94. Quais das afirmações a seguir sobre as forças intermoleculares são *verdadeiras*?

    a. As forças de dispersão de London são o único tipo de força intermolecular que as moléculas apolares exibem.
    b. As moléculas que possuem apenas forças de dispersão de London sempre serão gases na temperatura ambiente (25°C).
    c. As forças de ligação de hidrogênio no NH_3 são mais fortes que aquelas na H_2O.
    d. As moléculas de $SO_2(g)$ exibem interações intermoleculares dipolo-dipolo.
    e. $CH_3CH_2CH_3$ tem forças de dispersão de London mais fortes que CH_4.

95. Identifique o tipo mais importante de forças (iônica, ligação de hidrogênio, dipolo-dipolo ou forças de dispersão de London) entre os átomos ou moléculas presentes nos sólidos de cada uma das substâncias a seguir.

Sólido	Forças
$CF_3(CF_2CF_2)_nCF_3$	_____
CO_2	_____
NaI	_____
NH_4Cl	_____
$MgCl_2$	_____

96. Classifique os compostos a seguir do ponto de ebulição mais baixo para o mais alto.

    a. $CH_3CH_2CH_2Cl$
    b. CH_3CH_2Cl
    c. $CH_3CH_2CH_2CH_2Cl$
    d. CH_3Cl

97. Classifique os compostos a seguir do ponto de fusão mais baixo para o mais alto.

    a. CH_4
    b. MgO
    c. H_2O
    d. H_2S

98. Quais das afirmações a seguir são *verdadeiras*?

    a. LiF terá a pressão de vapor mais alta a 25°C que H_2S.
    b. HF terá a pressão de vapor mais baixa a –50°C que HBr.
    c. Cl_2 terá um ponto de ebulição mais alto que Ar.
    d. HCl é mais solúvel em água que em CCl_4.
    e. MgO terá uma pressão de vapor mais alta a 25°C que CH_3CH_2OH.

15 Soluções

CAPÍTULO 15

- **15-1** Solubilidade
- **15-2** Composição das soluções: introdução
- **15-3** Composição das soluções: porcentagem em massa
- **15-4** Composição das soluções: concentração em quantidade de matéria
- **15-5** Diluição
- **15-6** Estequiometria de reações de soluções
- **15-7** Reações de neutralização
- **15-8** Composição das soluções: normalidade

A água salgada no Aquário da Baía de Monterey é uma solução aquosa.
© Ivan Tihelka/Shutterstock.com

Grande parte da importante química que mantém plantas, animais e seres humanos funcionando ocorre em soluções aquosas. Mesmo a água que sai de uma torneira não é água pura, mas uma solução de vários materiais. Por exemplo, a água da torneira pode conter cloro dissolvido para desinfetá-la, minerais dissolvidos que a tornam "dura" e traços de várias outras substâncias advindas de poluição natural e iniciada por humanos. Encontramos várias outras soluções químicas em nosso cotidiano: ar, xampu, refrigerante, café, gasolina, xarope expectorante e vários outros.

Uma **solução** é uma mistura homogênea na qual os componentes estão uniformemente mesclados. Isso significa que uma amostra de uma parte é igual a uma amostra de qualquer outra parte. Por exemplo, o primeiro gole de café é o mesmo que o último.

A atmosfera que nos circunda é uma solução gasosa contendo $O_2(g)$, $N_2(g)$ e outros gases dispersos de forma aleatória. As soluções também podem ser sólidas. Por exemplo, o bronze é uma mistura homogênea – uma solução – de cobre e zinco.

Esses exemplos mostram que uma solução pode ser um gás, um líquido ou um sólido (Tabela 15.1). A substância presente em maior quantidade é chamada de **solvente** e as outras são chamadas de **solutos**. Por exemplo, quando dissolvemos uma colher de chá de açúcar em um copo de água, o açúcar é o soluto e a água é o solvente.

As **soluções aquosas** possuem água como solvente. Por serem tão importantes, nos concentraremos nas propriedades das soluções aquosas neste capítulo.

O bronze, uma solução sólida de cobre e zinco, é usado para fabricar instrumentos musicais e muitos outros objetos. Pferd/Dreamstime.com

15-1 Solubilidade

OBJETIVOS
- Compreender o processo de dissolução.
- Aprender por que certos componentes se dissolvem em água.

O que acontece quando você coloca uma colher de açúcar em seu chá e mistura, ou quando adiciona sal na água para cozinhar vegetais? Por que o açúcar e o sal "desaparecem" na água? O que significa quando algo dissolve – isto é, quando uma solução se forma?

Vimos no Capítulo 7 que, quando o cloreto de sódio se dissolve na água, a solução resultante conduz corrente elétrica. Isso nos convence de que a solução contém *íons* que podem se mover (é assim que a corrente elétrica é conduzida). A dissolução do cloreto de sódio sólido na água é representada na Figura 15.1. Observe que no estado sólido os íons estão muito próximos. Entretanto, quando o sólido se

Tabela 15.1 ▶ Vários tipos de soluções

Exemplo	Estado da solução	Estado original do soluto	Estado do solvente
ar, gás natural	gasoso	gasoso	gasoso
vodca na água, anticongelante na água	líquido	líquido	líquido
bronze	sólido	sólido	sólido
água com gás (refrigerante)	líquido	gasoso	líquido
água do mar, solução de açúcar	líquido	sólido	líquido

Figura 15.1 ▶ Quando o cloreto de sódio sólido é dissolvido, os íons se dispersam aleatoriamente pela solução.

dissolve, eles são separados e dispersos em toda a solução. As fortes forças iônicas que mantêm o cristal de cloreto de sódio unido são superadas pelas fortes atrações entre os íons e as moléculas polares de água. Esse processo é representado na Figura 15.2. Observe que cada molécula polar de água se orienta para maximizar sua atração a um íon Cl⁻ ou Na⁺. A extremidade negativa da molécula de água é atraída por um íon Na⁺, enquanto a positiva é atraída por um íon Cl⁻. As fortes forças que seguram os íons positivos e negativos no sólido são substituídas por fortes interações água-íon e o sólido é dissolvido (os íons se dispersam).

É importante lembrar que, quando uma substância iônica (como um sal) é dissolvida na água, ela se quebra em cátions *individuais* (íons positivos) e ânions (íons negativos) que se dispersam. Por exemplo, quando o nitrato de amônia, NH_4NO_3, é dissolvido na água, a solução resultante contém íons NH_4^+ e NO_3^-, que se movem independentemente. Esse processo pode ser representado por:

$$NH_4NO_3(s) \xrightarrow{H_2O(l)} NH_4^+(aq) + NO_3^-(aq)$$

em que (*aq*) indica que os íons estão rodeados por moléculas de água.

A água também dissolve várias substâncias não iônicas. O açúcar é um exemplo de um soluto não iônico que é muito solúvel na água. Outro exemplo é o etanol, C_2H_5OH. Vinho, cerveja e bebidas misturadas são soluções aquosas de etanol (e outras substâncias). Por que o etanol é tão solúvel na água? A resposta está na sua estrutura molecular [Fig. 15.3(a)]. A molécula contém uma ligação polar O — H

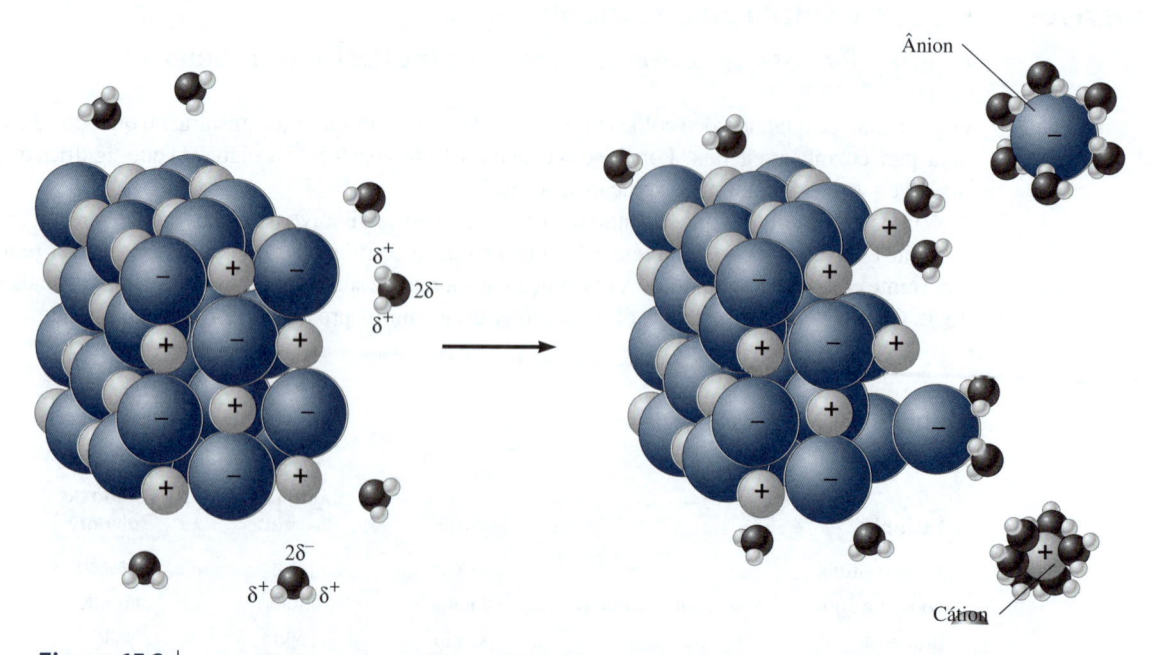

Figura 15.2 ▶ As moléculas polares de água interagem com os íons positivos e negativos de um sal. Essas interações substituem as fortes forças iônicas que mantêm os íons juntos no sólido não dissolvido, auxiliando, assim, no processo de dissolução.

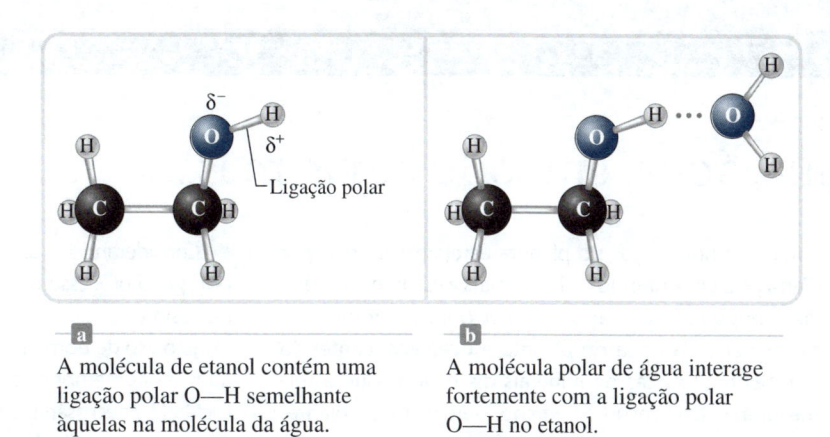

Soluções **465**

Figura 15.3 ▶

a A molécula de etanol contém uma ligação polar O—H semelhante àquelas na molécula da água.

b A molécula polar de água interage fortemente com a ligação polar O—H no etanol.

O óleo deste cargueiro se espalha na água enquanto os barcos de resgate jogam água para apagar o fogo.

como aquelas da água, que o torna muito compatível com a água. Da mesma forma que as ligações de hidrogênio se formam entre as moléculas de água na água pura (Fig. 14.6), as moléculas de etanol podem formar ligações de hidrogênio com moléculas de água em uma solução dos dois. Isso está representado na Figura 15.3(b).

A molécula de açúcar (o açúcar comum possui o nome químico de sacarose) é exibida na Figura 15.4. Note que essa molécula possui muitos grupos polares O — H, e que cada um deles pode ligar o hidrogênio a uma molécula de água. Por causa das atrações entre as moléculas de sacarose e água, a sacarose sólida é muito solúvel na água.

Muitas substâncias não se dissolvem na água. Por exemplo, quando o petróleo vaza de um cargueiro danificado, não se dispersa de maneira uniforme (não se dissolve), mas flutua na superfície por causa da sua densidade ser menor que a da água. O petróleo é uma mistura de moléculas como aquelas representadas na Figura 15.5. Como o carbono e o hidrogênio possuem eletronegatividades muito semelhantes, os elétrons ligantes são compartilhados quase que igualmente, e as ligações são essencialmente apolares. A molécula resultante com suas ligações apolares não pode formar atrações com as moléculas polares de água e isso evita que ela seja solúvel na água. Essa situação é representada na Figura 15.6.

Note, na Figura 15.6, que as moléculas de água na água líquida estão associadas entre si pelas interações de ligações de hidrogênio. Para um soluto se dissolver na

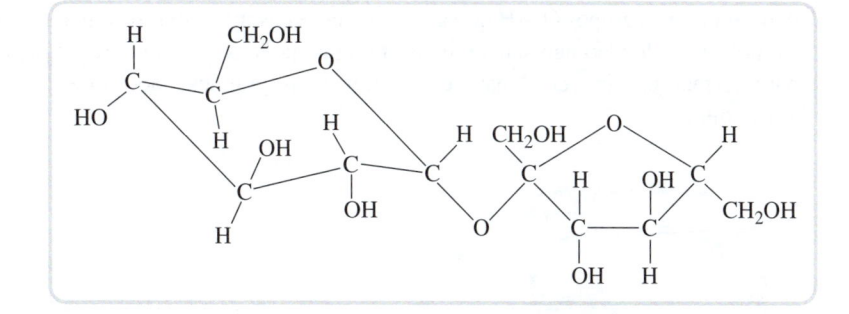

Figura 15.4 ▶ A estrutura do açúcar comum (chamado de sacarose). O grande número de grupos polares O — H na molécula faz que a sacarose seja muito solúvel na água.

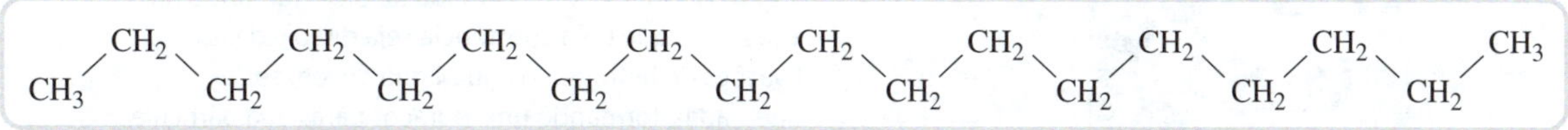

Figura 15.5 ▶ Uma molécula típica daquelas encontradas no petróleo. As ligações não são polares.

QUÍMICA EM FOCO

Água, água, em todo lugar, mas...

Embora mais de dois terços do planeta estejam cobertos por água, a Terra está enfrentando cada vez mais a escassez de água conforme a população global cresce. Por quê? O problema é que a maior parte da água do planeta é oceânica, contendo concentrações muito altas de minerais dissolvidos que a tornam imprópria para o consumo humano, além de matar plantações. Os humanos precisam de "água doce" para sustentar suas vidas. Essa água doce é derivada da chuva, que fornece água para lagos, rios e aquíferos subterrâneos. Entretanto, conforme a população cresce, nossa fonte de água utilizável vai se esgotando.

Como a Terra possui tanta "água salgada", a resposta óbvia a esse problema seria remover os minerais da água do mar, um processo chamado de "dessalinização." Podemos dessalinizar a água do mar forçando-a através de membranas especiais que aprisionam os íons dissolvidos, mas permitem que as moléculas de água passem, produzindo, assim, água utilizável. Esse é o método mais comum de processar água potável no Oriente Médio e em outras regiões áridas. No mundo todo, mais de 13.000 usinas de dessalinização produzem mais de 12 bilhões de galões de água utilizável todos os dias.

Considerando o uso difundido da dessalinização no mundo, por que o processo não é muito utilizado nos Estados Unidos? A resposta é simples: o custo. Como o processo de dessalinização exige o uso de bombas de alta pressão para forçar a água do mar através das membranas especiais, uma grande quantidade de eletricidade é necessária. Essas membranas também são muito caras. Assim, os custos de dessalinização são 30% maiores que os custos das fontes tradicionais de água. No entanto, como as fontes de água estão cada vez mais escassas, os maiores usuários de água estão cada vez mais dispostos a arcar com os maiores custos da dessalinização. A Califórnia, com sua escassez de água, é um bom exemplo. A Poseidon Resources Corporation recentemente assinou um contrato para construir uma usina de dessalinização de US$ 300 milhões na Califórnia, na cidade de Carlsbad, ao norte de San Diego. Essa instalação será a maior do Hemisfério Ocidental, produzindo água suficiente para 100.000 lares (50 milhões de galões por dia).

A Poseidon está planejando uma segunda usina em Huntington Beach, Califórnia, e cerca de 20 outros projetos semelhantes estão em fase de planejamento. Essa tecnologia pode ser muito útil para satisfazer nossa sede no futuro.

água, um "buraco" deve ser feito na estrutura da água para cada partícula de soluto. Isso ocorrerá somente se as interações perdidas de água-água forem substituídas por interações semelhantes de água-soluto. No caso do cloreto de sódio, fortes interações ocorrem entre as moléculas polares de água e os íons Na^+ e Cl^-. Isso permite que o cloreto de sódio seja dissolvido. No caso do etanol ou da sacarose, as interações de ligações de hidrogênio podem ocorrer entre os grupos O—H nessas moléculas e nas moléculas de água, tornando essas substâncias solúveis. Mas as moléculas de óleo não são solúveis em água, pois as várias interações água-água que teriam de ser quebradas para formar os "buracos" para essas moléculas grandes não são substituídas por interações favoráveis de água-soluto.

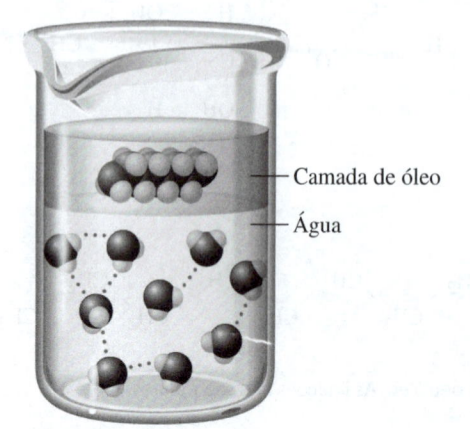

Figura 15.6 ▶ Uma camada de óleo flutuando na água. Para que uma substância seja dissolvida, as ligações de hidrogênio água-água devem ser quebradas, formando um "buraco" para cada partícula do soluto. Entretanto, as interações água-água somente se quebrarão se forem substituídas por interações fortes semelhantes ao soluto.

Água doce

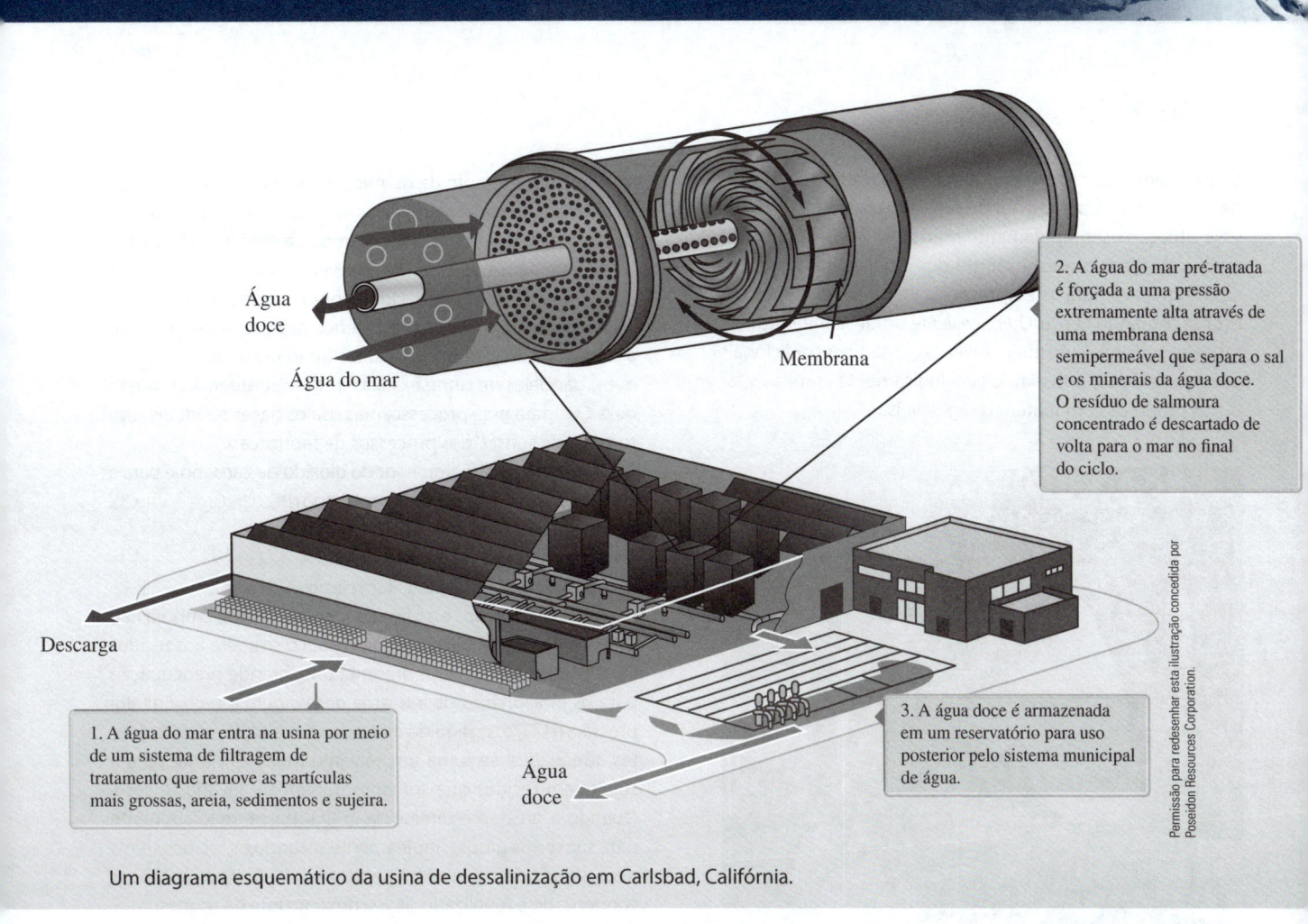

Água do mar

Membrana

1. A água do mar entra na usina por meio de um sistema de filtragem de tratamento que remove as partículas mais grossas, areia, sedimentos e sujeira.

2. A água do mar pré-tratada é forçada a uma pressão extremamente alta através de uma membrana densa semipermeável que separa o sal e os minerais da água doce. O resíduo de salmoura concentrado é descartado de volta para o mar no final do ciclo.

3. A água doce é armazenada em um reservatório para uso posterior pelo sistema municipal de água.

Descarga

Água doce

Um diagrama esquemático da usina de dessalinização em Carlsbad, Califórnia.

Essas considerações são responsáveis pelo comportamento observado *"semelhantes dissolvem semelhantes."* Em outras palavras, observamos que um dado solvente geralmente dissolve solutos que possuem polaridades semelhantes a suas próprias. Por exemplo, a água dissolve a maioria dos solutos polares, pois as interações soluto-solvente formadas na solução são semelhantes às interações água-água do solvente puro. Da mesma forma, solventes apolares dissolvem solutos apolares. Por exemplo, solventes de limpeza a seco usados para remover manchas de graxa de tecidos são líquidos apolares. A "graxa" é composta de moléculas apolares, portanto, é necessário um solvente apolar para remover uma mancha de graxa.

15-2 Composição das soluções: introdução

OBJETIVO Aprender os termos qualitativos associados à concentração de uma solução.

Mesmo para soluções muito solúveis, há um limite de quanto soluto pode ser dissolvido em uma certa quantidade de solvente. Por exemplo, quando você adiciona açúcar em um copo de água, ele desaparece rapidamente no início. No entanto, conforme você adiciona mais açúcar, em algum ponto, o sólido não se dissolve mais e se acumula no fundo do copo. Quando uma solução contém tanto soluto quanto será

QUÍMICA EM FOCO

Química verde

Embora algumas indústrias químicas tenham sido consideradas culpadas no passado por prejudicar o ambiente terrestre, essa situação está rapidamente mudando. Na verdade, uma revolução silenciosa está saindo dos laboratórios acadêmicos de química para as empresas da *Fortune* 500. A química está se tornando verde. *Química verde* significa minimizar os resíduos nocivos, substituir solventes orgânicos tradicionais por água e outras substâncias ecologicamente corretas e fabricar produtos com materiais recicláveis.

O agente de lavagem a seco PERC é uma preocupação de salubridade para trabalhadores da indústria.

Um bom exemplo de química verde é o aumento do uso do dióxido de carbono, um dos subprodutos da combustão de combustíveis fósseis. Por exemplo, a empresa Dow Chemical está agora usando CO_2 em vez de clorofluorcarbonos (CFCs; substâncias conhecidas como catalisadores da decomposição do ozônio estratosférico protetor) para produzir a "sensação de espuma" no poliestireno usado em caixas de ovos, bandejas de carne e caixas de hambúrguer. A Dow não gera CO_2 para esse processo, mas usa os gases residuais capturados de seus vários processos de fabricação.

Outro uso muito promissor do dióxido de carbono é para a substituição do solvente percloroetileno (PERC; $Cl_2C=CCl_2$), usado atualmente por cerca de 80% das lavanderias a seco nos Estados Unidos. A exposição crônica ao PERC foi relacionada a danos aos rins e ao fígado, além de câncer. Embora não seja um risco ao público em geral (pouco se adere aos tecidos lavados a seco), o PERC representa uma grande preocupação para os funcionários da indústria de lavagem a seco. Em alta pressão, o CO_2 é um líquido que, quando usado com detergentes adequados, se torna um solvente muito eficiente para a sujeira em tecidos que somente podem ser lavados a seco. Quando a pressão é diminuída, o CO_2 passa imediatamente para sua forma gasosa, rapidamente secando os tecidos sem a necessidade de aquecimento adicional. O gás pode então ser condensado e reutilizado para o próximo lote de roupas.

A boa notícia é que a química verde faz sentido economicamente. Quando se consideram todos os custos, a química verde geralmente sai mais barata. Todos ganham.

---

dissolvido naquela temperatura, dizemos que ela está **saturada**. Se um soluto sólido for adicionado a uma solução já saturada com aquele soluto, o sólido adicionado não é dissolvido. Uma solução que *não* atingiu o limite de soluto dissolvido nela é chamada de **insaturada**. Quando mais soluto for adicionado a uma solução insaturada, ele se dissolverá.

Embora um composto químico sempre tenha a mesma composição, uma solução é uma mistura e as quantidades de substâncias presentes podem variar em soluções diferentes. Por exemplo, o café pode ser forte ou fraco. Um café forte tem mais café dissolvido em uma certa quantidade de água que o café fraco. Para descrever completamente uma solução, devemos especificar as quantidades de solvente e soluto. Às vezes, usamos os termos qualitativos *concentrado* e *diluído* para descrever uma solução. Uma quantidade relativamente grande de soluto é dissolvida em uma solução **concentrada** (o café forte é concentrado). Uma quantidade relativamente pequena de soluto é dissolvida em uma solução **diluída** (o café fraco é diluído).

Embora esses termos qualitativos tenham uma finalidade útil, muitas vezes precisamos saber a quantidade exata do soluto presente em uma determinada quantidade de solução. Nas próximas seções, consideraremos várias formas de descrever a composição de uma solução.

15-3 Composição das soluções: porcentagem em massa

OBJETIVO Entender o termo de concentração *porcentagem em massa* e aprender como calculá-lo

Descrever a composição de uma solução significa especificar a quantidade de soluto presente em uma determinada quantidade de solução. Geralmente, fornecemos a quantidade de soluto em massa (gramas) ou em quantidade de matéria. A quantidade de solução é definida em massa ou volume.

Uma forma comum de descrever a composição de uma solução é a porcentagem em massa, que expressa a massa de soluto presente em uma determinada massa de solução. A definição de porcentagem em massa é:

$$\text{Porcentagem em massa} = \frac{\text{massa de soluto}}{\text{massa da solução}} \times 100\%$$

$$= \frac{\text{massa de soluto}}{\text{massa de soluto} + \text{massa de solvente}} \times 100\%$$

Por exemplo, suponha que uma solução seja preparada dissolvendo 1,0 g de cloreto de sódio em 48 g de água. A solução possui massa de 49 g (48 g de H_2O mais 1,0 g de NaCl), e há 1,0 g de soluto (NaCl) presente. A porcentagem em massa do soluto então é:

$$\frac{1,0 \text{ g de soluto}}{49 \text{ g de solução}} \times 100\% = 0,020 \times 100\% = 2,0\% \text{ de NaCl}$$

Exemplo resolvido 15.1 — Composição das soluções: calculando a porcentagem em massa

Uma solução é preparada misturando 1,00 g de etanol, C_2H_5OH, com 100,0 g de água. Calcule a porcentagem em massa de etanol nessa solução.

SOLUÇÃO

Para onde vamos?

Queremos determinar a porcentagem em massa de uma certa solução de etanol.

O que sabemos?

- Temos 1,00 g de etanol (C_2H_5OH) em 100,0 g de água (H_2O).
- Porcentagem em massa = $\dfrac{\text{massa do soluto}}{\text{massa da solução}} \times 100\%$.

Como chegamos lá?

Nesse caso, temos 1,00 g de soluto (etanol) e 100,0 g de solvente (água). Agora aplicamos a definição de porcentagem em massa.

$$\text{Porcentagem em massa de } C_2H_5OH = \left(\frac{\text{massa de } C_2H_5OH}{\text{massa da solução}}\right) \times 100\%$$

$$= \left(\frac{1,00 \text{ g de } C_2H_5OH}{100,0 \text{ g de } H_2O + 1,00 \text{ g de } C_2H_5OH}\right) \times 100\%$$

$$= \frac{1,00 \text{ g}}{101,0 \text{ g}} \times 100\%$$

$$= 0,990\% \text{ de } C_2H_5OH$$

PROVA REAL A porcentagem em massa está abaixo de 1%, o que faz sentido, pois temos 1,00 g de etanol em pouco mais de 100,0 g de solução.

AUTOVERIFICAÇÃO

Exercício 15.1 Uma amostra de 135 g de água do mar é evaporada até a secura, deixando 4,73 g de resíduo sólido (os sais anteriormente dissolvidos na água do mar). Calcule a porcentagem em massa de soluto originalmente presente na água do mar.

Consulte os Problemas 15.15 e 15.16. ■

Exemplo resolvido 15.2 — Composição das soluções: determinando a massa de soluto

Embora o leite não seja uma solução real (é na verdade uma suspensão de pequenos glóbulos de gordura, proteína e outros substratos na água), contém um açúcar dissolvido chamado de lactose. O leite de vaca geralmente contém 4,5% em massa de lactose, $C_{12}H_{22}O_{11}$. Calcule a massa de lactose presente em 175 g de leite.

SOLUÇÃO

Para onde vamos?

Queremos determinar a massa de lactose presente em 175 g de leite.

O que sabemos?

- Temos 175 g de leite.
- O leite contém 4,5% em massa de lactose, $C_{12}H_{22}O_{11}$.
- Porcentagem em massa $= \dfrac{\text{massa de soluto}}{\text{massa da solução}} \times 100\%$.

Como chegamos lá?

Usando a definição de porcentagem em massa, temos:

$$\text{Porcentagem em massa} = \dfrac{\text{massa de soluto}}{\text{massa da solução}} \times 100\%$$

Substituindo as quantidades, temos:

$$\text{Porcentagem em massa} = \dfrac{\overbrace{\text{massa de soluto}}^{\text{Massa da lactose}}}{\underbrace{175 \text{ g}}_{\text{Massa de leite}}} \times 100\% = \overbrace{4{,}5\%}^{\text{Porcentagem em massa}}$$

Agora encontramos a massa de soluto multiplicando ambos os lados por 175 g,

$$\cancel{175 \text{ g}} \times \dfrac{\text{massa de soluto}}{\cancel{175 \text{ g}}} \times 100\% = 4{,}5\% \times 175 \text{ g}$$

e, depois, dividindo ambos os lados por 100%,

$$\text{Massa de soluto} \times \dfrac{\cancel{100\%}}{\cancel{100\%}} = \dfrac{4{,}5\%}{100\%} \times 175 \text{ g}$$

para dar:

$$\text{Massa de soluto} = 0{,}045 \times 175 \text{ g} = 7{,}9 \text{ g de lactose}$$

AUTOVERIFICAÇÃO

Exercício 15.2 Que massa de água deve ser adicionada a 425 g de formaldeído para preparar uma solução de 40,0% (em massa) de formaldeído? Essa solução, chamada de formalina, é usada para preservar espécies biológicas.

DICA Substitua as quantidades conhecidas na definição de porcentagem em massa e, depois, encontre a quantidade desconhecida (massa de solvente).

Consulte os Problemas 15.17 e 15.18. ■

15-4 Composição das soluções: concentração em quantidade de matéria

OBJETIVOS
- Entender a concentração em quantidade de matéria
- Aprender a usar a concentração em quantidade de matéria para calcular a quantidade de matéria de soluto presente.

Quando uma solução é descrita em porcentagem em massa, a quantidade de solução é dada em massa. No entanto, na maioria das vezes, é mais conveniente medir o volume de uma solução que medir sua massa. Por isso, os químicos muitas vezes descrevem uma solução pela concentração. Definimos a *concentração* de uma solução como a quantidade de soluto em um *determinado volume* da solução. A expressão mais comumente usada de concentração é a **concentração em quantidade de matéria (c)**, que descreve a quantidade de matéria de soluto em mol e o volume da solução em litros. A concentração em quantidade de matéria é *a quantidade de matéria do soluto pelo volume da solução em litros*. Isto é:

$$c = \text{concentração em quantidade de matéria} = \frac{\text{quantidade de matéria de soluto}}{\text{volume da solução}} = \frac{\text{mol}}{\text{L}}$$

Uma solução de 1,0 mol L^{-1} contém 1,0 mol de soluto por litro de solução.

Exemplo resolvido 15.3 — Composição das soluções: calculando a concentração em quantidade de matéria – Parte I

Calcule a concentração em quantidade de matéria de uma solução preparada dissolvendo-se 11,5 g de NaOH sólido em água suficiente para fazer 1,50 L de solução.

SOLUÇÃO

Para onde vamos?

Queremos determinar a concentração (c) de uma solução de NaOH.

O que sabemos?

- 11,5 g de NaOH é dissolvido em 1,50 L de solução.
- $c = \dfrac{\text{quantidade de matéria de soluto}}{\text{volume da solução}}$.

Que informações precisamos?

- Precisamos saber a quantidade de matéria de NaOH em 11,5 g de NaOH.

Como chegamos lá?

Temos a massa (em gramas) do soluto, então, precisamos converter essa massa em quantidade de matéria (usando a massa molar do NaOH). Depois, podemos dividir a quantidade de matéria pelo volume em litros.

Massa do soluto → (Use a massa molar) → Massa do soluto → (Mol/Litros) → Molarity

Encontramos a quantidade de matéria de soluto usando a massa molar de NaOH (40,0 g):

$$11{,}5 \text{ g NaOH} \times \frac{1 \text{ mol de NaOH}}{40{,}0 \text{ g de NaOH}} = 0{,}288 \text{ mol de NaOH}$$

Depois, dividimos pelo volume da solução em litros.

$$\text{Concentração em quantidade de matéria} = \frac{\text{quantidade de matéria de soluto}}{\text{volume da solução}} = \frac{0{,}288 \text{ mol de NaOH}}{1{,}50 \text{ L de solution}} = 0{,}192 \text{ mol L}^{-1} \text{ de NaOH} \quad \blacksquare$$

Exemplo resolvido 15.4

Composição das soluções: calculando a concentração em quantidade de matéria – Parte II

Calcule a concentração em quantidade de matéria de uma solução preparada dissolvendo-se 1,56 g de HCl gasoso em água suficiente para fazer 26,8 mL de solução.

SOLUÇÃO

Para onde vamos?

Queremos determinar a concentração (c) de uma solução de HCl.

O que sabemos?

- 1,56 g de HCl é dissolvido em 26,8 mL de solução.

- $c = \dfrac{\text{massa do soluto}}{\text{volume da solução}}$

Que informações precisamos?

- Precisamos saber a quantidade de matéria de HCl em 1,56 g.
- Precisamos saber o volume da solução em litros.

Como chegamos lá?

Precisamos converter 1,56 g de HCl em mol de HCl e, depois, 26,8 mL em litros (pois a concentração em quantidade de matéria é definida em litros). Primeiro calculamos a quantidade de matéria de HCl (massa molar = 36,5 g)

$$1{,}56 \text{ g de HCl} \times \frac{1 \text{ mol de HCl}}{36{,}5 \text{ g de HCl}} = 0{,}0427 \text{ mol de HCl}$$

$$= 4{,}27 \times 10^{-2} \text{ mol de HCl}$$

Depois, precisamos converter o volume da solução de mililitros em litros usando a declaração de equivalência 1 L = 1000 mL, que resulta no fator de conversão adequado:

$$26{,}8 \text{ mL} \times \frac{1 \text{ L}}{1000 \text{ mL}} = 0{,}0268 \text{ L}$$

$$= 2{,}68 \times 10^{-2} \text{ L}$$

Finalmente, dividimos a quantidade de matéria do soluto pelo volume em litros da solução:

$$\text{concentração em quantidade de matéria} = \frac{4{,}27 \times 10^{-2} \text{ mol de HCl}}{2{,}68 \times 10^{-2} \text{ L de solução}} = 1{,}59 \text{ mol L}^{-1} \text{de HCl}$$

AUTOVERIFICAÇÃO

Exercício 15.3 Calcule a concentração em quantidade de matéria de uma solução preparada dissolvendo-se 1,00 g de etanol, C_2H_5OH, em água suficiente para atingir um volume final de 101 mL.

Consulte os Problemas 15.37 até 15.42. ∎

É importante perceber que a descrição da composição de uma solução pode não refletir com precisão a verdadeira natureza química do soluto presente no estado dissolvido. A concentração do soluto sempre é escrita na forma do soluto *antes* de ser dissolvido. Por exemplo, descrever uma solução como 1,0 mol L^{-1} de NaCl significa que a solução foi preparada dissolvendo-se 1,0 mol de NaCl sólido em água suficiente para fazer 1,0 L de solução; não significa que a solução contenha 1,0 mol de unidades de NaCl. Na verdade, a solução contém 1,0 mol de íons Na^+ e 1,0 mol de íons Cl^-. Isto é, contém 1,0 mol L^{-1} de Na^+ e 1,0 mol L^{-1} de Cl^-.

Exemplo resolvido 15.5

Composição das soluções: calculando a concentração de íons com base na concentração em quantidade de matéria

Encontre as concentrações de todos os íons em cada uma das seguintes soluções:

a. 0,50 mol L^{-1} de $Co(NO_3)_2$
b. 1 mol L^{-1} de $FeCl_3$

SOLUÇÃO

a. Quando o $Co(NO_3)_2$ sólido é dissolvido, produz os seguintes íons:

Lembre-se de que os compostos iônicos se separam em íons componentes quando se dissolvem na água.

$Co(NO_3)_2$
↓
Co^{2+}
NO_3^- NO_3^-

$FeCl_3$
↓
Fe^{3+}
Cl^- Cl^- Cl^-

$$Co(NO_3)_2(s) \xrightarrow{H_2O(l)} Co^{2+}(aq) + 2NO_3^-(aq)$$

que podemos representar como:

1 mol de $Co(NO_3)_2(s) \xrightarrow{H_2O(l)}$ 1 mol de $Co^{2+}(aq)$ + 2 mol de $NO_3^-(aq)$

Portanto, uma solução de 0,50 mol L^{-1} de $Co(NO_3)_2$ contém 0,50 mol L^{-1} de Co^{2+} e (2 × 0,50) mol L^{-1} de NO_3^- ou 1,0 mol L^{-1} de NO_3^-.

b. Quando o $FeCl_3$ sólido é dissolvido, produz os seguintes íons:

$$FeCl_3(s) \xrightarrow{H_2O(l)} Fe^{3+}(aq) + 3Cl^-(aq)$$

ou

1 mol de $FeCl_3(s) \xrightarrow{H_2O(l)}$ 1 mol de $Fe^{3+}(aq)$ + 3 mol de $Cl^-(aq$

Uma solução 1 mol L^{-1} de $FeCl_3$ contém 1 mol L^{-1} de íons Fe^{3+} e íons 3 mol L^{-1} de íons Cl^-.

Uma solução de nitrato de cobalto (II).

AUTOVERIFICAÇÃO

Exercício 15.4 Encontre as concentrações de íons em cada uma das seguintes soluções:

a. 0,10 mol L^{-1} de Na_2CO_3
b. 0,010 mol L^{-1} de $Al_2(SO_4)_3$

Consulte os Problemas 15.49 e 15.50. ■

Técnica para aumentar suas capacidades matemáticas

$$M = \frac{\text{quantidade de matéria do soluto}}{\text{volume da solução}}$$

Litros × Mol L^{-1} ➡ quantidade de matéria do soluto

Muitas vezes, precisamos determinar a quantidade de matéria do soluto presente em um determinado volume de uma solução de concentração em quantidade de matéria conhecida. Para isso, usamos a definição de concentração em quantidade de matéria. Quando multiplicamos a concentração em quantidade de matéria de uma solução pelo volume (em litros), temos a quantidade de matéria do soluto presente naquela amostra:

Volume da solução × concentração em quantidade de matéria = ~~volume da solução~~ × quantidade de matéria do soluto / ~~volume da solução~~

= quantidade de matéria do soluto

Exemplo resolvido 15.6 — Composição das soluções: calculando a quantidade de matéria com base na concentração em quantidade de matéria

Qual a quantidade de matéria de íons Ag^+ presente em 25 mL de uma solução de 0,75 mol L^{-1} de $AgNO_3$?

SOLUÇÃO

Para onde vamos?

Queremos determinar a quantidade de matéria de Ag^+ em uma solução.

O que sabemos?

- Temos 25 mL de 0,75 mol L^{-1} de $AgNO_3$.
- $c = \dfrac{\text{quantidade de matéria do soluto}}{\text{volume da solução}}$.

Como chegamos lá?

Uma solução de 0,75 mol L^{-1} de $AgNO_3$ contém 0,75 mol L^{-1} de íons Ag^+ e 0,75 mol L^{-1} de íons NO_3^-. Em seguida, precisamos expressar o volume em litros. Isto é, precisamos converter mL em L:

$$25 \text{ mL} \times \frac{1 \text{ L}}{1000 \text{ mL}} = 0,025 \text{ L} = 2,5 \times 10^{-2} \text{ L}$$

Agora multiplicamos o volume pela concentração em quantidade de matéria:

$$2,5 \times 10^{-2} \text{ L de solução} \times \frac{0,75 \text{ mol de } Ag^+}{\text{L de solution}} = 1,9 \times 10^{-2} \text{ mol de } Ag^+$$

AUTOVERIFICAÇÃO

Exercício 15.5 Calcule a quantidade de matéria de íons Cl^- em 1,75 L de $AlCl_3$ $1,0 \times 10^{-3}$ mol L^{-1}.

Consulte os Problemas 15.49 e 15.50. ■

Uma **solução padrão** é uma solução cuja *concentração é conhecida com precisão*. Quando o soluto adequado está disponível na forma pura, uma solução padrão pode ser preparada pesando uma amostra do soluto, transferindo-a completamente para um *balão volumétrico* (um frasco de volume preciso) e adicionando solvente suficiente para que o volume alcance a marca no gargalo do balão. Esse procedimento é representado na Figura 15.7.

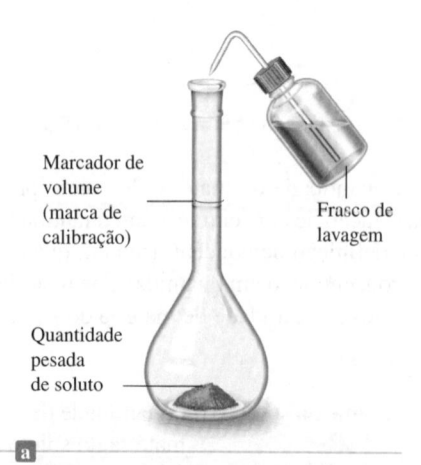

a Coloque uma quantidade pesada de uma substância (o soluto) no balão volumétrico e adicione uma pequena quantidade de água.

b Dissolva o sólido na água agitando gentilmente o balão (com a rolha no lugar).

c Adicione mais água (agitando levemente) até que o nível da solução atinja a marca no gargalo do balão. Então, misture a solução totalmente virando o balão várias vezes.

Figura 15.7 ▶ Etapas envolvidas no preparo de uma solução aquosa padrão.

Soluções **475**

| Exemplo resolvido 15.7 | **Composição das soluções: calculando a massa com base na concentração em quantidade de matéria** |

Para analisar o teor alcoólico de um determinado vinho, um químico precisa de 1,00 L de uma solução aquosa 0,200 mol L^{-1} de K$_2$Cr$_2$O$_7$ (dicromato de potássio). Quanto K$_2$Cr$_2$O$_7$ sólido (massa molar = 294,2 g mol^{-1}) deve ser pesado para preparar essa solução?

SOLUÇÃO   **Para onde vamos?**

Queremos determinar a massa de K$_2$Cr$_2$O$_7$ necessária para preparar uma certa solução.

O que sabemos?

- Queremos 1,00 L de K$_2$Cr$_2$O$_7$ 0,200 mol L^{-1}.
- A massa molar do K$_2$Cr$_2$O$_7$ é 294,2 g mol^{-1}.
- $c = \dfrac{\text{quantidade de matéria do soluto}}{\text{volume da solução}}$.

Como chegamos lá?

Precisamos calcular a massa do soluto (K$_2$Cr$_2$O$_7$) presente (e assim, a massa necessária para preparar a solução). Primeiro determinamos a quantidade de matéria de K$_2$Cr$_2$O$_7$ presente multiplicando o volume (em litros) pela concentração em quantidade de matéria.

Litros × mol L^{-1} ➡ Mol do soluto

$$1{,}00 \text{ L de solução} \times \dfrac{0{,}200 \text{ mol de K}_2\text{Cr}_2\text{O}_7}{\text{L de solution}} = 0{,}200 \text{ mol de K}_2\text{Cr}_2\text{O}_7$$

Depois, convertemos a quantidade de matéria de K$_2$Cr$_2$O$_7$ em gramas usando a massa molar do K$_2$Cr$_2$O$_7$ (294,2 g mol^{-1}).

$$0{,}200 \text{ mol de K}_2\text{Cr}_2\text{O}_7 \times \dfrac{294{,}2 \text{ g de K}_2\text{Cr}_2\text{O}_7}{\text{mol de K}_2\text{Cr}_2\text{O}_7} = 58{,}8 \text{ g de K}_2\text{Cr}_2\text{O}_7$$

Portanto, para fazer 1,00 L de 0,200 mol L^{-1} de K$_2$Cr$_2$O$_7$, um químico deve pesar 58,8 g de K$_2$Cr$_2$O$_7$ e dissolvê-los em água suficiente para preparar 1,00 L de solução. Isso é realizado mais facilmente usando um balão volumétrico de 1,00 L (Fig. 15.7).

AUTOVERIFICAÇÃO   **Exercício 15.6** A formalina é uma solução aquosa de formaldeído, HCHO, usada como conservante de amostras biológicas. Quantos gramas de formaldeído precisam ser usados para preparar 2,5 L de formalina 12,3 mol L^{-1} ?

Consulte os Problemas 15.51 and 15.52. ∎

15-5 Diluição

OBJETIVO   Aprender a calcular a concentração de uma solução preparada por diluição de uma solução padrão.

Para economizar tempo e espaço no laboratório, as soluções rotineiramente usadas são muitas vezes compradas ou preparadas na forma concentrada (chamadas de *soluções padrão*). Então, água (ou outro solvente) é adicionada para atingir a concentração em quantidade de matéria desejada em uma solução específica. O processo de adicionar mais solvente à solução é chamado de **diluição**. Por exemplo, os ácidos comuns de laboratório são comprados como soluções concentradas e diluídos em água conforme a necessidade. Um cálculo típico de diluição envolve determinar a quantidade de água que deve ser adicionada em uma quantidade de solução padrão para atingir uma solução na concentração desejada. A chave para esse cálculo é lembrar de que *somente água é adicionada em uma diluição*. A quantidade de soluto na solução final mais a solução diluída é a *mesma* que a quantidade de soluto na solução padrão original concentrada. Isto é,

Quantidade de matéria de soluto após a diluição = quantidade de matéria de soluto antes da diluição

A quantidade de matéria do soluto continua a mesma, porém, mais água foi adicionada, aumentando o volume, logo, a concentração em quantidade de matéria diminui.

$$c = \frac{\text{quantidade de matéria de soluto (Permanece constante)}}{\text{volume (L) (Aumenta, água adicionada)}}$$
(c Diminui)

Por exemplo, suponha que desejamos preparar 500 mL de ácido acético, $HC_2H_3O_2$, 1,00 mol L^{-1} a partir de uma solução padrão de ácido acético 17,5 mol L^{-1}. Qual é o volume de solução padrão necessário?

A primeira etapa é determinar a quantidade de matéria de ácido acético necessária na solução final. Fazemos isso multiplicando o volume da solução por sua concentração em quantidade de matéria.

Volume da solução diluída (litros) × concentração em quantidade de matéria da solução diluída = quantidade de matéria do soluto presente

A quantidade de matéria do soluto presente na solução mais diluída é igual à quantidade de matéria do soluto que deve estar presente na solução mais concentrada (padrão), que é a única fonte de ácido acético.

Como a concentração em quantidade de matéria é definida em litros, primeiro devemos converter 500 mL em litros e, depois, multiplicar o volume (em litros) pela concentração em quantidade de matéria.

$$500 \text{ mL solução} \times \frac{1 \text{ L de solução}}{1000 \text{ mL solução}} = 0{,}500 \text{ L de solution}$$

$V_{\text{solução diluída}}$ (em mL)   Converter mL em L

Técnica para aumentar suas capacidades matemáticas

Litros × mol L^{-1} ➡ Mol do soluto

$$0{,}500 \text{ L de solução} \times \frac{1{,}00 \text{ mol de } HC_2H_3O_2}{\text{L de solução}} = 0{,}500 \text{ mol de } HC_2H_3O_2$$

$c_{\text{solução diluída}}$

Agora, precisamos encontrar o volume de ácido acético 17,5 mol L^{-1} que contenha 0,500 mol de $HC_2H_3O_2$. Chamaremos esse volume desconhecido de V. Como volume × concentração em quantidade de matéria = quantidade de matéria, temos:

$$V \text{ (em litros)} \times \frac{17{,}5 \text{ mol de } HC_2H_3O_2}{\text{L de solution}} = 0{,}500 \text{ mol de } HC_2H_3O_2$$

Resolvendo para for V (ao dividir ambos os lados por $\frac{17{,}5 \text{ mol}}{\text{L solução}}$), temos:

$$V = \frac{0{,}500 \text{ mol de } HC_2H_3O_2}{\frac{17{,}5 \text{ mol de } HC_2H_3O_2}{\text{L de solução}}} = 0{,}0286 \text{ L, ou } 28{,}6 \text{ mL, de solução}$$

Portanto, para preparar 500 mL de uma solução 1,00 mol L^{-1} de ácido acético, tomamos 28,6 mL de ácido acético 17,5 mol L^{-1} e diluímos em um volume total de 500 mL. Esse procedimento é representado na Figura 15.8. Como a quantidade de matéria do soluto permanece a mesma antes e depois da diluição, podemos escrever:

Soluções **477**

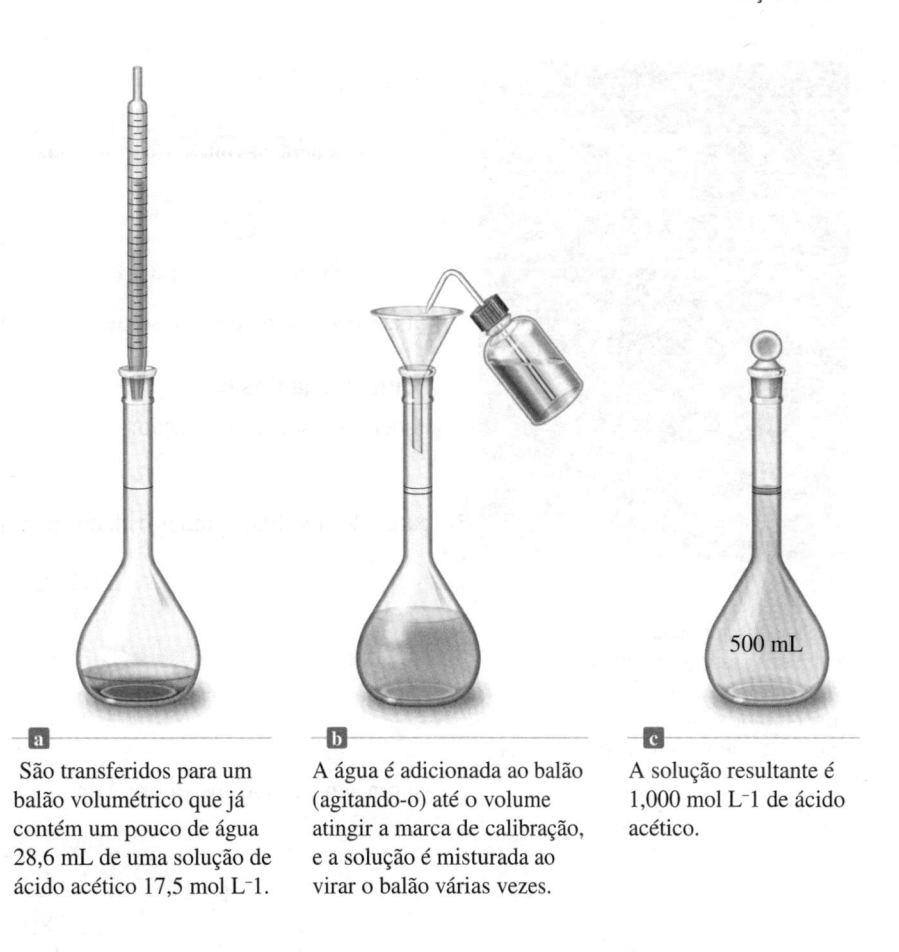

Figura 15.8 ▶

a	b	c
São transferidos para um balão volumétrico que já contém um pouco de água 28,6 mL de uma solução de ácido acético 17,5 mol L⁻¹.	A água é adicionada ao balão (agitando-o) até o volume atingir a marca de calibração, e a solução é misturada ao virar o balão várias vezes.	A solução resultante é 1,000 mol L⁻¹ de ácido acético.

$$\underbrace{c_1}_{\substack{\text{Concentração} \\ \text{em quantidade} \\ \text{de matéria antes} \\ \text{da diluição}}} \times \underbrace{V_1}_{\substack{\text{Volume} \\ \text{antes da} \\ \text{diluição}}} = \underbrace{\text{quantidade de}}_{\substack{\text{matéria} \\ \text{do soluto}}} = \underbrace{c_2}_{\substack{\text{Concentração} \\ \text{em quantidade} \\ \text{de matéria} \\ \text{após a diluição}}} \times \underbrace{V_2}_{\substack{\text{Volume} \\ \text{após a} \\ \text{diluição}}}$$

Condições iniciais — Condições finais

Podemos verificar nossos cálculos sobre o ácido acético mostrando que $c_1 \times V_1 = c_2 \times V_2$. No exemplo acima, $c_1 = 17,5$ mol L⁻¹, $V_1 = 0,0286$ L, $V_2 = 0,500$ L e $c_2 = 1,00$ mol L⁻¹, então:

$$c_1 \times V_1 = 17,5 \, \frac{\text{mol}}{\text{L}} \times 0,0286 \, \text{L} = 0,500 \, \text{mol}$$

$$c_2 \times V_2 = 1,00 \, \frac{\text{mol}}{\text{L}} \times 0,500 \, \text{L} = 0,500 \, \text{mol}$$

e, portanto:

$$c_1 \times V_1 = c_2 \times V_2$$

Isso mostra que o volume (V_2) que calculamos está correto.

Exemplo resolvido 15.8 — Calculando concentrações de soluções diluídas

Qual o volume de ácido sulfúrico 16 mol L⁻¹ deve ser usado para preparar 1,5 L de uma solução de H_2SO_4 0,10 mol L⁻¹?

SOLUÇÃO   **Para onde vamos?**

Queremos determinar o volume de ácido sulfúrico necessário para preparar um determinado volume de uma solução mais diluída.

As diluições aproximadas podem ser realizadas usando uma proveta calibrada. Aqui, o ácido sulfúrico concentrado está sendo adicionado à água para formar uma solução diluída.

É sempre melhor adicionar ácido concentrado à água, e não água ao ácido. Dessa forma, se houver qualquer respingo por acidente, é o ácido diluído que espirra.

O que sabemos?

Condições iniciais (concentrada)	Condições finais (diluída)
$c_1 = 16 \frac{\text{mol}}{\text{L}}$	$c_2 = 0{,}10 \frac{\text{mol}}{\text{L}}$
$V_1 = ?$	$V_2 = 1{,}5 \text{ L}$

Quantidade de matéria de soluto $= c_1 \times V_1 = c_2 \times V_2$

Como chegamos lá?

Podemos resolver a equação:

$$c_1 \times V_1 = c_2 \times V_2$$

para o V_1 dividindo ambos os lados por c_1

$$\frac{\cancel{c_1} \times V_1}{\cancel{c_1}} = \frac{c_2 \times V_2}{c_1}$$

para dar:

$$V_1 = \frac{c_2 \times V_2}{c_1}$$

Agora substituímos os valores conhecidos de c_2, V_2 e c_1.

$$V_1 = \frac{\left(0{,}10 \frac{\text{mol}}{\text{L}}\right)(1{,}5 \text{ L})}{16 \frac{\text{mol}}{\text{L}}} = 9{,}4 \times 10^{-3} \text{ L}$$

$$9{,}4 \times 10^{-3} \text{ L} \times \frac{1000 \text{ mL}}{1 \text{ L}} = 9{,}4 \text{ mL}$$

Portanto, $V_1 = 9{,}4 \times 10^{-3}$ L, ou 9,4 mL. Para preparar 1,5 L de H_2SO_4 0,10 mol L^{-1} usando H_2SO_4 16 mol L^{-1}, precisamos de 9,4 mL do ácido concentrado e diluí-lo em água até um volume final de 1,5 L. A forma correta de fazer isso é adicionar os 9,4 mL de ácido em cerca de 1 L de água e depois diluir até 1,5 L adicionando mais água.

AUTOVERIFICAÇÃO

Exercício 15.7 Que volume de HCl 12 mol L^{-1} que deve ser usado para preparar 0,75 L de HCl 0,25 mol L^{-1}?

Consulte os Problemas 15.57 e 15.58. ■

15-6 Estequiometria de reações de soluções

OBJETIVO Entender a estratégia para resolver problemas estequiométricos de reações de soluções.

Como muitas reações importantes ocorrem em soluções, é importante ser capaz de fazer cálculos estequiométricos de reações das soluções. Os princípios necessários para realizar esses cálculos são muito semelhantes àqueles desenvolvidos no Capítulo 9. É útil pensar nas seguintes etapas:

Soluções **479**

> **Etapas para resolver os problemas estequiométricos envolvendo soluções**
>
> **Etapa 1** Escreva a equação balanceada da reação. Para reações envolvendo íons, é melhor escrever a equação iônica líquida.
> **Etapa 2** Calcule a quantidade de matéria dos reagentes.
> **Etapa 3** Determine qual reagente é limitante.
> **Etapa 4** Calcule a quantidade de matéria de outros reagentes ou produtos, conforme necessário.
> **Etapa 5** Converta em gramas ou outras unidades, se necessário.

Veja a Seção 7-3 para uma discussão sobre equações iônicas líquidas.

Exemplo resolvido 15.9 — Estequiometria de soluções: calculando a massa de reagentes e produtos

Calcule a massa de NaCl sólido que deve ser adicionada a 1,50 L de uma solução de $AgNO_3$ 0,100 mol L^{-1} para precipitar todos os íons Ag^+ na forma de AgCl. Calcule a massa de AgCl formada.

SOLUÇÃO

Para onde vamos?

Queremos determinar a massa de NaCl.

O que sabemos?

- Temos 1,50 L de uma solução 0,100 mol L^{-1} de $AgNO_3$.

Que informações precisamos?

- Precisamos da equação balanceada entre $AgNO_3$ e NaCl.
- Precisamos da massa molar de NaCl.

Como chegamos lá?

Etapa 1 *Escreva a equação balanceada da reação.*

Quando adicionado à solução de $AgNO_3$ (que contém íons Ag^+ e NO_3^-), o NaCl sólido se dissolve para produzir íons Na^+ e Cl^-. O AgCl sólido se forma de acordo com a seguinte reação iônica líquida balanceada:

Essa reação foi discutida na Seção 7-2.

$$Ag^+(aq) + Cl^-(aq) \rightarrow AgCl(s)$$

Etapa 2 *Calcule a quantidade de matéria dos reagentes.*

Neste caso, precisamos adicionar íons Cl^- suficientes para reagir com todos os íons Ag^+ presentes, então, devemos calcular a quantidade de matéria de íons Ag^+ presentes em 1,50 L de uma solução 0,100 mol L^{-1} de $AgNO_3$. (Lembre-se de que uma solução 0,100 mol L^{-1} de $AgNO_3$ contém 0,100 mol L^{-1} de íons Ag^+ e 0,100 mol L^{-1} de íons NO_3^-).

Técnica para aumentar suas capacidades matemáticas
Litros × mol $^{L-1}$ ➡ Mol de soluto

$$1{,}50 \, \cancel{L} \times \frac{0{,}100 \text{ mol de } Ag^+}{\cancel{L}} = 0{,}150 \text{ mol de } Ag^+$$

Quantidade de Ag^+ presente em 1,50 L de $AgNO_3$ 0,100 mol L^{-1}

Etapa 3 *Determine qual reagente é limitante.*

Nesta situação, queremos adicionar somente o suficiente de Cl^- para reagir com o Ag^+ presente. Isto é, queremos precipitar *todo* o Ag^+ da solução. Assim, o Ag^+ presente determina a quantidade de Cl^- necessária.

Quando o cloreto de sódio aquoso é adicionado a uma solução de nitrato de prata, um precipitado branco de cloreto de prata se forma.

*Você pode visualizar essa imagem em cores no final do livro.

Etapa 4 *Calcule a quantidade de matéria de Cl⁻ necessária.*

Temos 0,150 mol de íons Ag^+ e, como um íon Ag^+ reage com um íon Cl^-, precisamos de 0,150 mol de Cl^-,

$$0{,}150 \text{ mol de Ag}^+ \times \frac{1 \text{ mol de Cl}^-}{1 \text{ mol de Ag}^+} = 0{,}150 \text{ mol de Cl}^-$$

logo, será formado 0,150 mol de AgCl.

$$0{,}150 \text{ mol de Ag}^+ + 0{,}150 \text{ mol de Cl}^- \rightarrow 0{,}150 \text{ mol de AgCl}$$

Etapa 5 *Converta em gramas de NaCl necessários.*

Para produzir 0,150 mol de Cl^-, precisamos de 0,150 mol de NaCl. Calculamos a massa de NaCl necessária da seguinte forma:

$$0{,}150 \text{ mol de NaCl} \times \frac{58{,}4 \text{ g de NaCl}}{\text{mol de NaCl}} = 8{,}76 \text{ g de NaCl}$$

Quantidade de matéria →(Vezes a massa molar)→ Massa

A massa de AgCl formada é:

$$0{,}150 \text{ mol de AgCl} \times \frac{143{,}3 \text{ g de AgCl}}{\text{mol de AgCl}} = 21{,}5 \text{ g de AgCl} \quad \blacksquare$$

Exemplo resolvido 15.10 — Estequiometria de soluções: determinando os reagentes limitantes e calculando a massa de produtos

Veja na Seção 7-2 uma discussão sobre esta reação.

Quando $Ba(NO_3)_2$ e K_2CrO_4 reagem em uma solução aquosa, o sólido amarelo de $BaCrO_4$ é formado. Calcule a massa de $BaCrO_4$ que se forma quando $3{,}50 \times 10^{-3}$ mol de $Ba(NO_3)_2$ sólido é dissolvido em 265 mL de uma solução 0,0100 mol L^{-1} de K_2CrO_4.

SOLUÇÃO

Para onde vamos?

Queremos determinar a massa de $BaCrO_4$ que se forma em uma reação de quantidades conhecidas de soluções.

O que sabemos?

- Reagimos $3{,}50 \times 10^{-3}$ mol de $BaNO_3$ com 265 mL de 0,0100 mol L^{-1} de K_2CrO_4.

Quais informações precisamos?

- Precisamos da equação balanceada entre $BaNO_3$ e K_2CrO_4.
- Precisamos da massa molar de $BaCrO_4$.

Como chegamos lá?

Etapa 1 A solução original de K_2CrO_4 contém os íons K^+ e CrO_4^{2-}. Quando $Ba(NO_3)_2$ estiver dissolvido nessa solução, os íons Ba^{2+} e NO_3^- são adicionados. Os íons Ba^{2+} e CrO_4^{2-} reagem para formar o $BaCrO_4$ sólido. A equação iônica líquida balanceada é:

$$Ba^{2+}(aq) + CrO_4^{2-}(aq) \rightarrow BaCrO_4(s)$$

Cromato de bário precipitando.

Etapa 2 Depois, determinamos a quantidade de matéria dos reagentes. Sabemos que $3,50 \times 10^{-3}$ mol de $Ba(NO_3)_2$ são adicionados à solução de K_2CrO_4. Cada unidade da fórmula de $Ba(NO_3)_2$ contém um íon Ba^{2+}, então $3,50 \times 10^{-3}$ mol de $Ba(NO_3)_2$ fornece $3,50 \times 10^{-3}$ mol de íons Ba^{2+} em solução.

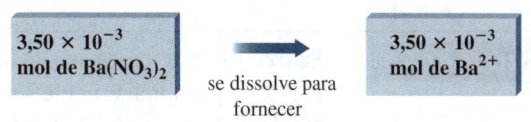

$$\boxed{3,50 \times 10^{-3} \text{ mol de } Ba(NO_3)_2} \xrightarrow{\text{se dissolve para fornecer}} \boxed{3,50 \times 10^{-3} \text{ mol de } Ba^{2+}}$$

Como $V \times c$ = quantidade de matéria do soluto, podemos encontrar a quantidade de matéria de K_2CrO_4 na solução a partir do volume e da concentração em quantidade de matéria da solução original. Primeiro, precisamos converter o volume da solução (265 mL) em litros.

$$265 \text{ mL} \times \frac{1 \text{ L}}{1000 \text{ mL}} = 0,265 \text{ L}$$

Depois, determinamos a quantidade de matéria de K_2CrO_4 usando a concentração em quantidade de matéria da solução de K_2CrO_4 ($0,0100$ mol L^{-1}).

$$0,265 \text{ L} \times \frac{0,0100 \text{ mol de } K_2CrO_4}{L} = 2,65 \times 10^{-3} \text{ mol de } K_2CrO_4$$

Sabemos que:

$$\boxed{2,65 \times 10^{-3} \text{ mol de } K_2CrO_4} \xrightarrow{\text{se dissolve para fornecer}} \boxed{2,65 \times 10^{-3} \text{ mol de } CrO_4^{2-}}$$

então, a solução contém $2,65 \times 10^{-3}$ mol de íons CrO_4^{2-}.

Etapa 3 A equação balanceada nos diz que um íon Ba^{2+} reage com um íon CrO_4^{2-}. Como a quantidade de matéria de íons CrO_4^{2-} ($2,65 \times 10^{-3}$) é menor que a quantidade de matéria de íons Ba^{2+} ($3,50 \times 10^{-3}$), o CrO_4^{2-} se esgotará primeiro.

$$Ba^{2+}(aq) + CrO_4^{2-}(aq) \longrightarrow BaCrO_4(s)$$

$$\boxed{3,50 \times 10^{-3} \text{ mol}} \quad \boxed{2,65 \times 10^{-3} \text{ mol}}$$

Menor
(se esgotará primeiro)

Portanto, o CrO_4^{2-} é limitante.

$$\boxed{\text{quantidade de matéria de } CrO_4^{2-}} \xrightarrow{\text{limita a}} \boxed{\text{quantidade de matéria de } BaCrO_4}$$

Etapa 4 $2,65 \times 10^{-3}$ mol de íon CrO_4^{2-} reagirá com $2,65 \times 10^{-3}$ mol de íons Ba^{2+} para formar $2,65 \times 10^{-3}$ mol de $BaCrO_4$.

$$\boxed{2,65 \times 10^{-3} \text{ mol de } Ba^{2+}} + \boxed{2,65 \times 10^{-3} \text{ mol de } CrO_4^{2-}} \longrightarrow \boxed{2,65 \times 10^{-3} \text{ mol de } BaCrO_4(s)}$$

Etapa 5 A massa de $BaCrO_4$ formada é obtida de sua massa molar (253,3 g):

$$2,65 \times 10^{-3} \text{ mol de BaCrO}_4 \times \frac{253,3 \text{ g de BaCrO}_4}{\text{mol de BaCrO}_4} = 0,671 \text{ g de BaCrO}_4$$

> **Pensamento crítico**
>
> E se todos os sólidos iônicos fossem solúveis em água? Como isso afetaria o cálculo estequiométrico das reações em solução aquosa?

AUTOVERIFICAÇÃO

Exercício 15.8 Quando as soluções aquosas de Na_2SO_4 e $Pb(NO_3)_2$ são misturadas, o $PbSO_4$ se precipita. Calcule a massa de $PbSO_4$ formada quando 1,25 L de $Pb(NO_3)_2$ 0,0500 mol L^{-1} e 2,00 L de Na_2SO_4 0,0250 mol L^{-1} são misturados.

DICA Calcule a quantidade de matéria de Pb^{2+} e SO_4^{2-} na solução misturada, verifique qual íon é limitante e calcule a quantidade de matéria de $PbSO_4$ formada.

Consulte os Problemas 15.65 até 15.68. ■

15-7 Reações de neutralização

OBJETIVO Aprender como fazer cálculos envolvidos em reações ácido-base.

Até agora consideramos a estequiometria das reações em soluções que resultam na formação de um precipitado. Outro tipo comum de reação de solução ocorre entre um ácido e uma base. Apresentamos essas reações na Seção 7-4. Lembre-se de que um ácido é uma substância que fornece íons H^+. Um ácido forte, como o ácido clorídrico, HCl, se desassocia (ioniza) completamente na água.

$$HCl(aq) \rightarrow H^+(aq) + Cl^-(aq)$$

Bases fortes são hidróxidos metálicos solúveis em água que estão completamente dissociados em água. Um exemplo é o NaOH, que se dissolve em água para formar íons Na^+ e OH^-.

$$NaOH(s) \xrightarrow{H_2O(l)} Na^+(aq) + OH^-(aq)$$

Quando um ácido forte e uma base forte reagem, a reação iônica líquida é:

$$H^+(aq) + OH^-(aq) \rightarrow H_2O(l)$$

Uma reação ácido-base é muitas vezes chamada de **reação de neutralização**. Quando uma quantidade suficiente de base forte é adicionada para reagir exatamente com o ácido forte em uma solução, dizemos que o ácido foi *neutralizado*. Um produto dessa reação é sempre água. As etapas para lidar com a estequiometria de qualquer reação de neutralização são as mesmas que as seguidas na seção anterior.

Exemplo resolvido 15.11

Estequiometria de soluções: calculando o volume em reações de neutralização

Qual o volume de uma solução 0,100 mol L^{-1} de HCl necessário para neutralizar 25,0 mL de uma solução 0,350 mol L^{-1} de NaOH?

SOLUÇÃO O que queremos?

Queremos determinar o volume de uma determinada solução de HCl necessária para reagir com uma quantidade conhecida de NaOH.

Para onde vamos?

- Temos 25,0 mL de NaOH 0,350 mol L^{-1}.
- A concentração da solução de HCl é de 0,100 mol L^{-1}.

Quais informações precisamos?

- Precisamos da equação balanceada entre HCl e NaOH.

Como chegamos lá?

Etapa 1 *Escreva a equação balanceada da reação.*

O ácido clorídrico é um ácido forte, portanto, todas as moléculas de HCl se dissociam para produzir íons H^+ e Cl^-. Também, quando a base forte NaOH se dissolve, a solução contém íons Na^+ e OH^-. Quando as duas soluções são misturadas, os íons H^+ do ácido clorídrico reagem com os íons OH^- da solução de hidróxido de sódio para formar água. A equação iônica líquida balanceada da reação é:

$$H^+(aq) + OH^-(aq) \rightarrow H_2O(l)$$

Etapa 2 *Calcule a quantidade de matéria dos reagentes.*

Neste problema, temos um volume (25,0 mL) de NaOH 0,350 mol L^{-1} e queremos adicionar o suficiente de HCl 0,100 mol L^{-1} a fim de fornecer íons suficientes de H^+ para reagir com todo OH^-. Portanto, precisamos calcular a quantidade de matéria de íons OH^- na amostra de 25,0 mL de NaOH 0,350 mol L^{-1}. Para isso, primeiro convertemos o volume em litros e multiplicamos pela concentração em quantidade de matéria.

$$25,0 \text{ mL de NaOH} \times \frac{1 \text{ L}}{1000 \text{ mL}} \times \frac{0,350 \text{ mol de OH}^-}{\text{L de NaOH}} = 8,75 \times 10^{-3} \text{ mol de OH}^-$$

Quantidade de matéria de OH^- presente em 25,0 mL de NaOH 0,350 mol L^{-1}

Etapa 3 *Determine qual reagente é limitante.*

Este problema exige a adição de íons H^+ suficientes para reagir exatamente com os íons OH^- presentes, portanto, a quantidade de matéria de íons OH^- presentes determina a quantidade de matéria de H^+ que precisa ser adicionada. Os íons OH^- são limitantes.

Etapa 4 *Calcule a quantidade de matéria de H^+ necessária.*

A equação balanceada nos diz que os íons H^+ e OH^- reagem em uma proporção de 1:1; logo, são necessários $8,75 \times 10^{-3}$ mol de íons H^+ para neutralizar (reagir exatamente com) $8,75 \times 10^{-3}$ mol de íons OH^- presentes.

Etapa 5 *Calcule o volume de HCl 0,100 mol L^{-1} necessário.*

Em seguida, precisamos encontrar o volume (V) de HCl 0,100 mol L^{-1} necessário para fornecer essa quantidade de íons H^+. Como o volume (em litros) vezes a concentração em quantidade de matéria resulta na quantidade de matéria, temos:

$$V \times \frac{0,100 \text{ mol de H}^+}{\text{L}} = 8,75 \times 10^{-3} \text{ mol de H}^+$$

Volume desconhecido (em litros) — quantidade de matéria de H^+ necessária

Agora, precisamos encontrar V dividindo ambos os lados da equação por 0,100.

$$V \times \frac{0,100 \text{ mol de H}^+}{0,100 \text{ L}} = \frac{8,75 \times 10^{-3} \text{ mol de H}^+}{0,100}$$

$$V = 8,75 \times 10^{-2} \text{ L}$$

Convertendo litros em mililitros, temos:

$$V = 8,75 \times 10^{-2} \text{ L} \times \frac{1000 \text{ mL}}{\text{L}} = 87,5 \text{ mL}$$

Portanto, são necessários 87,5 mL HCl de 0,100 mol L^{-1} para neutralizar 25,0 mL de NaOH 0,350 mol L^{-1}.

AUTOVERIFICAÇÃO

Exercício 15.9 Calcule o volume de HNO_3 0,10 mol L^{-1} necessário para neutralizar 125 mL de KOH 0,050 mol L^{-1}.

Consulte os Problemas 15.69 até 15.74. ■

15-8 Composição das soluções: normalidade[1]

OBJETIVOS
▶ Aprender sobre normalidade e equivalente grama.
▶ Aprender a usar esses conceitos em cálculos estequiométricos.

A normalidade é outra unidade de concentração que às vezes é utilizada, especialmente ao lidar com ácidos e bases. O uso da normalidade concentra-se principalmente no H^+ e OH^- disponíveis em uma reação ácido-base. Antes de discutirmos a normalidade, precisamos definir alguns termos. Um **equivalente de um ácido** é a *quantidade do ácido que pode conter 1 mol de íons H^+*. De forma semelhante, um **equivalente de uma base** é a *quantidade da base que pode conter 1 mol de íons OH^-*. O **equivalente grama** de um ácido ou base é a massa em gramas de 1 equivalente (equiv) do ácido ou base.

Os ácidos fortes comuns são HCl, HNO_3 e H_2SO_4. Para HCl e HNO_3, cada molécula de ácido fornece um íon H^+, portanto, 1 mol de HCl pode fornecer 1 mol de íons H^+. Isso significa que:

Fornece 1 mol H^+
↓
1 mol de HCl = 1 equiv de HCl

Massa molar (HCl) = equivalente grama (HCl)

Da mesma forma, para HNO_3,

1 mol de HNO_3 = 1 equiv de HNO_3

Massa molar (HNO_3) = equivalente grama (HNO_3)

No entanto, o H_2SO_4 pode fornecer *dois* íons H^+ por molécula, logo, 1 mol de H_2SO_4 pode fornecer *dois* mol de H^+. Isso significa que:

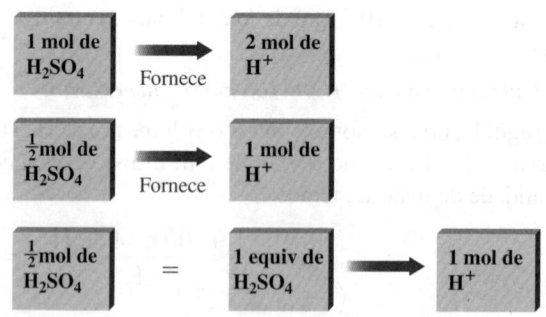

1 mol de H_2SO_4 → Fornece → 2 mol de H^+

$\frac{1}{2}$ mol de H_2SO_4 → Fornece → 1 mol de H^+

$\frac{1}{2}$ mol de H_2SO_4 = 1 equiv de H_2SO_4 → 1 mol de H^+

Como cada mol de H_2SO_4 pode fornecer 2 mol de H^+, precisamos apenas de $\frac{1}{2}$ mol de H_2SO_4 para obter 1 equiv de H_2SO_4. Portanto,

$\frac{1}{2}$ mol de H_2SO_4 = 1 equiv de H_2SO_4

e

Equivalente grama de (H_2SO_4) = $\frac{1}{2}$ massa molar (H_2SO_4)
$= \frac{1}{2}$ (98 g) = 49 g

O equivalente grama do H_2SO_4 é 49 g.

---
[1] Por recomendação da IUPAC, esta forma de expressar concentração tem sido abandonada no Brasil. (N do RT)

Tabela 15.2 ▶ As massas molares e equivalentes grama dos ácidos e bases fortes comuns

	Massa molar (g)	Equivalente grama (g)
Ácido		
HCl	36,5	36,5
HNO_3	63,0	63,0
H_2SO_4	98,0	$49,0 = \dfrac{98,0}{2}$
Base		
NaOH	40,0	40,0
KOH	56,1	56,1

As bases fortes comuns são NaOH e KOH. Para NaOH e KOH, cada unidade de fórmula fornece um íon OH^-, portanto, podemos dizer que:

$$1 \text{ mol de NaOH} = 1 \text{ equiv de NaOH}$$
$$\text{Massa molar do (NaOH)} = \text{equivalente grama do (NaOH)}$$
$$1 \text{ mol de KOH} = 1 \text{ equiv de KOH}$$
$$\text{Massa molar do (KOH)} = \text{equivalente grama do (KOH)}$$

Essas ideias estão resumidas na Tabela 15.2.

Exemplo resolvido 15.12 — Estequiometria de soluções: calculando o equivalente grama

O ácido fosfórico, H_3PO_4, pode fornecer três íons H^+ por molécula. Calcule o equivalente grama de H_3PO_4.

SOLUÇÃO

Para onde vamos?

Queremos determinar o equivalente grama do ácido fosfórico.

O que sabemos?

- A fórmula do ácido fosfórico é H_3PO_4.
- O equivalente grama de um ácido é a quantidade de ácido que pode fornecer 1 mol de íons H^+.

Quais informações precisamos?

- Precisamos saber a massa molar de H_3PO_4.

Como chegamos lá?

O ponto principal aqui envolve quantos prótons (íons H^+) cada molécula de H_3PO_4 pode fornecer.

$$H_3PO_4 \xrightarrow{\text{Fornece}} ? H^+$$

Como cada H_3PO_4 pode fornecer três íons H^+, 1 mol de H_3PO_4 pode fornecer 3 mol de íons H^+:

$$1 \text{ mol de } H_3PO_4 \xrightarrow{\text{Fornece}} 3 \text{ mol de } H^+$$

486 Introdução à química: fundamentos

Portanto, 1 equiv de H_3PO_4 (quantidade que pode fornecer 1 mol de H^+) é um terço de um mol.

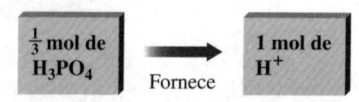

$$\frac{1}{3} \text{ mol de } H_3PO_4 \xrightarrow{\text{Fornece}} 1 \text{ mol de } H^+$$

Isso significa que o equivalente grama de H_3PO_4 é um terço de sua massa molar.

$$\boxed{\text{Equivalente grama}} = \boxed{\frac{\text{Massa molar}}{3}}$$

$$\text{Equivalente grama } (H_3PO_4) = \frac{\text{massa molar } (H_3PO_4)}{3}$$

$$= \frac{98,0 \text{ g}}{3} = 32,7 \text{ g} \quad \blacksquare$$

A **normalidade (N)** é definida como o número de equivalentes do soluto por litro da solução.

$$\text{Normalidade} = N = \frac{\text{número de equivalentes}}{1 \text{ litro da solução}} = \frac{\text{equivalentes}}{\text{litro}} = \frac{\text{equiv}}{L}$$

Isso significa que uma solução de 1 N contém 1 equivalente de soluto por litro de solução. Note que, ao multiplicar o volume de uma solução em litros pela normalidade, obtemos o número de equivalentes.

Técnica para aumentar suas capacidades matemáticas
Litros × Normalidade ➡ Equiv

$$N \times V = \frac{\text{equiv}}{\cancel{L}} \times \cancel{L} = \text{equiv}$$

Exemplo resolvido 15.13 — Estequiometria de soluções: calculando a normalidade

Uma solução de ácido sulfúrico contém 86 g de H_2SO_4 por litro de solução. Calcule a normalidade dessa solução.

SOLUÇÃO

Para onde vamos?

Queremos determinar a normalidade de uma determinada solução de H_2SO_4.

O que sabemos?

Sempre que você precisar calcular a concentração de uma solução, escreva primeiro a definição adequada. Depois, decida como calcular as quantidades mostradas na definição.

- Temos 86 g de H_2SO_4 por litro de solução.
- $N = \dfrac{\text{equivalentes}}{L}$.

Quais informações precisamos?

- Precisamos saber a massa molar do H_2SO_4.

Como chegamos lá?

Para encontrar o número de equivalentes presente, precisamos calcular o número de equivalentes representados por 86 g de H_2SO_4. Para fazer esse cálculo, focamos na definição de equivalente: é a quantidade de ácido que fornece 1 mol de H^+. Como H_2SO_4 pode fornecer dois íons H^+ por molécula, 1 equiv de H_2SO_4 é $\frac{1}{2}$ mol de H_2SO_4, portanto:

$$\text{Equivalente grama } (H_2SO_4) = \frac{\text{massa molar } (H_2SO_4)}{2}$$

$$= \frac{98,0 \text{ g}}{2} = 49,0 \text{ g}$$

Temos 86 g de H_2SO_4.

$$86 \text{ g de } H_2SO_4 \times \frac{1 \text{ equiv de } H_2SO_4}{49,0 \text{ g de } H_2SO_4} = 1,8 \text{ equiv de } H_2SO_4$$

$$N = \frac{\text{equiv}}{L} = \frac{1,8 \text{ equiv } H_2SO_4}{1,0 \text{ L}} = 1,8 \, N \, H_2SO_4$$

PROVA REAL Sabemos que 86 g é mais que 1 equiv de H_2SO_4 (49 g), logo, essa resposta faz sentido.

AUTOVERIFICAÇÃO

Exercício 15.10 Calcule a normalidade de uma solução contendo 23,6 g de KOH em 755 mL de solução.

Consulte os Problemas 15.79 e 15.80. ∎

A principal vantagem de usar equivalentes é que 1 equiv de ácido contém o mesmo número de íons H^+ disponíveis que o número de íons OH^- presentes em 1 equiv de base. Isto é,

0,75 equiv base reagirá exatamente com 0,75 equiv ácido.

0,23 equiv base reagirá exatamente com 0,23 equiv ácido.

E assim por diante.

Em cada um desses casos, o *número de* íons H^+ fornecidos pela amostra de ácido é o mesmo que o *número de* íons OH^- fornecidos pela amostra de base. O ponto é que *n equivalentes de qualquer ácido neutralizará exatamente n equivalentes de qualquer base.*

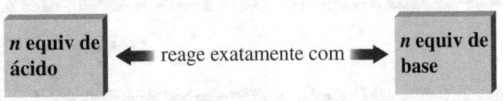

$$\boxed{n \text{ equiv de ácido}} \xleftarrow{\text{reage exatamente com}} \boxed{n \text{ equiv de base}}$$

Como sabemos que são necessários equivalentes iguais de ácidos e bases para a neutralização, podemos dizer que:

$$\text{equiv (ácido)} = \text{equiv (base)}$$

Isto é,

$$N_{\text{ácido}} \times V_{\text{ácido}} = \text{equiv (ácido)} = \text{equiv (base)} = N_{\text{base}} \times V_{\text{base}}$$

Portanto, para qualquer reação de neutralização, a seguinte relação é verdadeira:

$$N_{\text{ácido}} \times V_{\text{ácido}} = N_{\text{base}} \times V_{\text{base}}$$

Exemplo resolvido 15.14

Estequiometria de soluções: usando a normalidade em cálculos

Qual o volume de uma solução de KOH 0,075 N necessário para reagir exatamente com 0,135 L de H_3PO_4 0,45 N ?

SOLUÇÃO

Para onde vamos?

Queremos determinar o volume de uma determinada solução de KOH necessário para reagir com uma solução conhecida de H_3PO_4.

O que sabemos?

- Temos 0,135 L de H_3PO_4 0,45 N de.
- A concentração da solução de KOH é 0,075 N.
- Sabemos que equivalentes$_{\text{ácido}}$ = equivalentes$_{\text{base}}$.
- $N_{\text{ácido}} \times V_{\text{ácido}} = N_{\text{base}} \times V_{\text{base}}$

Como chegamos lá?

Sabemos que para a neutralização, equiv (ácido) = equiv (base) ou:

$$N_{ácido} \times V_{ácido} = N_{base} \times V_{base}$$

Queremos calcular o volume da base, V_{base}, portanto, encontramos V_{base} dividindo ambos os lados por N_{base}.

$$\frac{N_{ácido} \times V_{ácido}}{N_{base}} = \frac{\cancel{N_{base}} \times V_{base}}{\cancel{N_{base}}} = V_{base}$$

Agora podemos substituir os valores dados $N_{ácido} = 0{,}45$ N, $V_{ácido} = 0{,}135$ L e $N_{base} = 0{,}075$ N na equação:

$$V_{base} = \frac{N_{acid} \times V_{acid}}{N_{base}} = \frac{\left(0{,}45 \, \frac{\cancel{equiv}}{L}\right)(0{,}135 \, L)}{0{,}075 \, \frac{\cancel{equiv}}{L}} = 0{,}81 \, L$$

Isso resulta em $V_{base} = 0{,}81$ L, logo, é necessário 0,81 L de KOH 0,075 N para reagir exatamente com 0,135 L de H_3PO_4 0,45 N.

AUTOVERIFICAÇÃO

Exercício 15.11 Qual é o volume necessário de H_2SO_4 0,50 N para reagir exatamente com 0,250 L de KOH 0,80 N?

Consulte os Problemas 15.85 e 15.86. ■

CAPÍTULO 15 REVISÃO

F direciona para a seção *Química em Foco* do capítulo

Termos-chave

solução (15)
solvente (15)
solutos (15)
soluções aquosas (15)
saturado (15-2)
insaturado (15-2)
concentrado (15-2)
diluído (15-2)
porcentagem em massa (15-3)
concentração em quantidade de matéria (*M*) (15-4)
solução padrão (15-4)
diluição (15-5)
reação de neutralização (15-7)
equivalente de um ácido (15-8)
equivalente de uma base (15-8)
equivalente grama (15-8)
normalidade (*N*) (15-8)

Para revisão

▶ Uma solução é uma mistura homogênea de um soluto dissolvido em um solvente.
▶ As substâncias com polaridades semelhantes tendem a se dissolver entre si para formar uma solução.
▶ A água é uma substância muito polar e tende a dissolver sólidos iônicos ou outras substâncias polares.
▶ Vários termos são usados para descrever soluções:
  • Saturado–contém o máximo possível de sólidos dissolvidos.
  • Insaturado–não saturado.
  • Concentrado–contém uma quantidade relativamente grande de soluto.
  • Diluído–contém uma quantidade relativamente pequena de soluto.
▶ Descrições de composições das soluções:
  • Porcentagem em massa de soluto $= \dfrac{\text{massa de soluto}}{\text{massa de solução}} \times 100\%$
  • Concentração em quantidade de matéria $= \dfrac{\text{quantidade de matéria do soluto}}{\text{volume em litros da solução}}$
  • Normalidade $= \dfrac{\text{equivalentes do soluto}}{\text{volume em litros da solução}}$
▶ A diluição de uma solução ocorre quando mais solvente é adicionado para diminuir a concentração de uma solução.
  • Nenhum soluto é adicionado, portanto:

  quantidade de matéria de soluto (antes da diluição) = quantidade de matéria de soluto (após a diluição)

▶ Uma solução padrão pode ser diluída para produzir soluções com concentrações adequadas para vários procedimentos laboratoriais.
▶ A quantidade de matéria de um reagente ou produto dissolvido pode ser calculada com a concentração e o volume conhecidos da substância.

  Quantidade de matéria = (concentração)(volume)

▶ As propriedades de um solvente são afetadas quando um soluto é dissolvido.

Questões de aprendizado ativo

Estas questões foram desenvolvidas para serem resolvidas por grupos de alunos na sala de aula. Normalmente, elas funcionam bem para introduzir um tópico específico em sala.

1. Você tem uma solução de sal de cozinha em água. O que acontece com a concentração de sal (aumenta, diminui ou continua a mesma) quando a solução entra em ebulição? Desenhe figuras para explicar sua resposta.

2. Considere uma solução de açúcar (solução A) com uma concentração x. Você despeja um terço dessa solução em uma proveta e adiciona um volume equivalente de água (solução B).
   a. Qual é a proporção de açúcar nas soluções A e B?
   b. Compare os volumes das soluções A e B.
   c. Qual é a razão entre as concentrações de açúcar nas soluções A e B?

3. Você precisa fazer 150,0 mL de uma solução de NaCl 0,10 mol L^{-1}. Você tem NaCl sólido, e seu parceiro de laboratório tem uma solução de NaCl 2,5 mol L^{-1}. Explique como vocês fazem de forma independente a solução que precisam.

4. Você tem duas soluções contendo o soluto A. Para determinar qual solução possui a maior concentração em quantidade de matéria de A, o que você precisa saber? (Pode haver mais de uma resposta.)
   a. A massa em gramas de A em cada solução.
   b. A massa molar de A.
   c. O volume de água adicionado a cada solução.
   d. O volume total da solução.

   Explique sua resposta.

5. O que você precisa saber para calcular a concentração em quantidade de matéria de uma solução de sal? (Pode haver mais de uma resposta.)
   a. A massa do sal adicionado.
   b. A massa molar do sal.
   c. O volume de água adicionado.
   d. O volume total da solução.

   Explique sua resposta.

6. Considere soluções aquosas separadas de HCl e H_2SO_4 com as mesmas concentrações em quantidade de matéria. Você deseja neutralizar uma solução aquosa de NaOH. Em que solução ácida você precisaria adicionar mais volume (em mL) para neutralizar a base?
   a. Na solução de HCl.
   b. Na solução de H_2SO_4.
   c. É necessário saber as concentrações de ácido para responder esta questão.
   d. É necessário saber o volume e concentração da solução de NaOH para responder esta questão.
   e. c e d.

   Explique sua resposta.

7. Desenhe figuras em nível molecular para diferenciar soluções concentradas de diluídas.

8. Uma solução pode ter uma concentração maior que outra em porcentagem em massa, mas uma menor concentração em quantidade de matéria? Explique.

9. Explique porque a fórmula $c_1V_1 = c_2V_2$ funciona para resolver problemas de diluição.

10. Você tem massas iguais de solutos diferentes dissolvidos em volumes iguais de solução. Qual dos solutos listados abaixo deixaria a solução com a maior concentração em quantidade de matéria medida? Explique sua resposta.

    NaCl, $MgSO_4$, LiF, KNO_3

11. Qual das seguintes soluções contém o maior número de partículas? Explique sua resposta.
    a. 400,0 mL de cloreto de sódio 0,10 mol L^{-1}
    b. 300,0 mL de cloreto de cálcio 0,10 mol L^{-1}
    c. 200,0 mL de cloreto de ferro (III) 0,10 mol L^{-1}
    d. 200,0 mL de brometo de potássio 0,10 mol L^{-1}
    e. 800,0 mL de sacarose (açúcar comum) 0,10 mol L^{-1}

12. Como todos os problemas quantitativos em química, certifique-se de não "se perder na matemática". Especialmente, trabalhe visualizando as soluções em nível molecular. Por exemplo, considere o seguinte: você tem duas provetas separadas com soluções aquosas, uma com 4 "unidades" de sulfato de potássio e uma com 3 "unidades" de nitrato de bário.
    a. Desenhe diagramas em nível molecular de ambas as soluções.
    b. Desenhe um diagrama em nível molecular da mistura de duas soluções antes de uma reação ocorrer.
    c. Desenhe um diagrama em nível molecular do produto e solução formados após uma reação ocorrer.

13. As figuras abaixo são representações em nível molecular de quatro soluções aquosas do mesmo soluto. Classifique as soluções da mais para a menos concentrada.

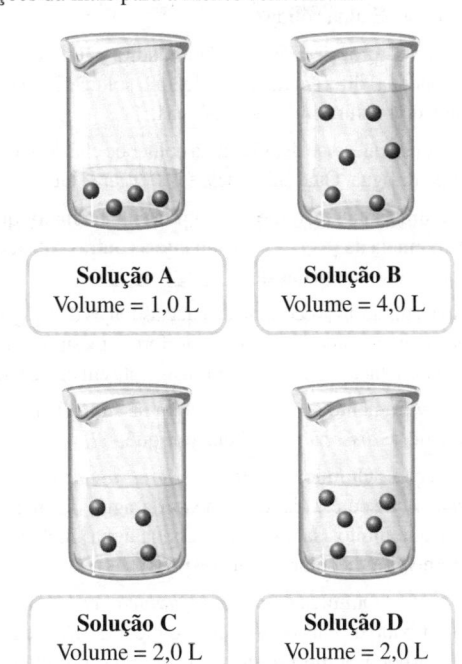

    Solução A — Volume = 1,0 L
    Solução B — Volume = 4,0 L
    Solução C — Volume = 2,0 L
    Solução D — Volume = 2,0 L

490 Introdução à química: fundamentos

14. Os desenhos abaixo representam soluções aquosas. A solução A tem 2,00 L de uma solução aquosa de nitrato de cobre(II) ,00 mol L^{-1}. A solução B tem 2,00 L de uma solução aquosa de hidróxido de potássio 3,00 mol L^{-1}.

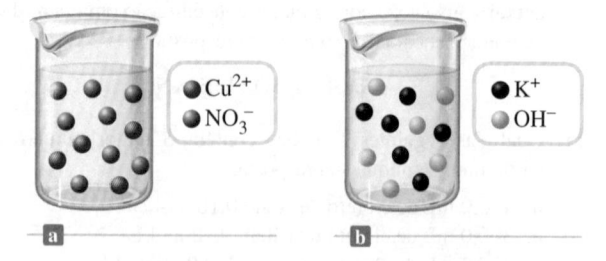

(a) Cu^{2+}, NO_3^-
(b) K^+, OH^-

a. Desenhe uma figura da solução preparada misturando-se as soluções A e B, após a reação de precipitação ter ocorrido. Certifique-se de que essa figura mostre o volume relativo correto comparado às soluções A e B e o número relativo de íons correto, juntamente com a quantidade relativa de sólido formado correta.
b. Determine as concentrações (em mol L^{-1}) de todos os íons restantes na solução (do item a) e a massa de sólido formado.

Perguntas e problemas

15-1 Solubilidade

Perguntas

1. Uma solução é uma *mistura homogênea*. Você poderia dar um exemplo de uma mistura homogênea gasosa? Uma líquida? E uma sólida?

2. Como as propriedades de uma mistura não homogênea (heterogênea) diferem daquelas de uma solução? Dê dois exemplos de misturas *não* homogêneas.

3. Suponha que você dissolva uma colher de chá de açúcar em um copo de água. Qual substância é o *solvente*? Qual é o *soluto*?

4. Em uma solução, a substância presente na maior quantidade é chamada de _____, enquanto as outras substâncias presentes são chamadas de _____.

5. No Capítulo 14, você aprendeu que as forças de ligação em sólidos iônicos como NaCl são muito fortes, mesmo assim, muitos sólidos iônicos se dissolvem prontamente em água. Explique.

6. Um vazamento de óleo se espalha na *superfície* da água em vez de se *dissolver*. Explique por quê.

F7. A seção "Química em foco – *água, água, em todo lugar, mas...*" discute a dessalinização da água do mar. Explique por que muitos sais são solúveis na água. Inclua diagramas em nível molecular em sua resposta.

F8. A seção "Química em foco – *Química verde*" discute o uso do dióxido de carbono gasoso no lugar do CFC e do dióxido de carbono líquido no lugar do produto químico para limpeza a seco PERC. Você espera que o dióxido de carbono seja muito solúvel em água? Explique sua resposta.

15-2 Composição das soluções: introdução

Perguntas

9. O que significa dizer que uma solução é *saturada* com um soluto?

10. Se mais soluto é adicionado a uma solução _____, ele dissolverá.

11. Uma solução é uma mistura homogênea e, diferentemente de um composto, possui composição _____.

12. O rótulo "H$_2$SO$_4$ concentrado" em uma garrafa significa que há uma quantidade relativamente _____ de H$_2$SO$_4$ presente na solução.

15-3 Composição das soluções: porcentagem em massa

Perguntas

13. Como definimos a composição de *porcentagem em massa* de uma solução? Dê um exemplo de uma solução e explique as quantidades relativas de soluto e solvente presentes nela em termos de composição de porcentagem em massa.

14. Uma solução 9% em massa de glicose contém 9 g de glicose em cada _____ g de solução.

Problemas

15. Calcule a porcentagem em massa de soluto de cada uma das seguintes soluções:
    a. 2,14 g de cloreto de potássio dissolvidos em 12,5 g de água
    b. 2,14 g de cloreto de potássio dissolvidos em 25,0 g de água
    c. 2,14 g de cloreto de potássio dissolvidos em 37,5 g de água
    d. 2,14 g de cloreto de potássio dissolvidos em 50,0 g de água

16. Calcule a porcentagem em massa de soluto de cada uma das seguintes soluções:
    a. 5,00 g de cloreto de cálcio dissolvidos em 95,0 g de água
    b. 1,00 g de cloreto de cálcio dissolvidos em 19,0 g de água
    c. 15,0 g de cloreto de cálcio dissolvidos em 285 g de água
    d. 2,00 mg de cloreto de cálcio dissolvidos em 0,0380 g de água

17. Calcule a massa, em gramas, de soluto presente em cada uma das seguintes soluções:
    a. 375 g de uma solução de cloreto de amônia 1,51%
    b. 125 g de uma solução de cloreto de sódio 2,91%
    c. 1,31 kg de uma solução de nitrato de potássio 4,92%
    d. 478 mg de uma solução de nitrato de amônia 12,5%

18. Calcule as massas de soluto e solvente necessárias para preparar as seguintes soluções:
    a. 525 g de uma solução de cloreto de ferro(III) 3,91%
    b. 225 g de uma solução de sacarose 11,9%
    c. 1,45 kg de uma solução de cloreto de sódio 12,5%
    d. 635 g de uma solução de nitrato de potássio 15,1%

19. Uma amostra de uma liga de ferro contém 92,1 g de Fe, 2,59 g de C e 1,59 g de Cr. Calcule a porcentagem em massa de cada componente presente na amostra da liga.

20. Considere a liga de ferro descrita na pergunta anterior. Suponha que você deseje preparar 1,00 kg dessa liga. Que massa de cada componente seria necessária?

21. Uma solução aquosa precisa ser preparada para ter 7,51% em massa de nitrato de amônia. Quais são as massas de NH$_4$NO$_3$ e de água necessárias para preparar 1,25 kg da solução?

22. Se 67,1 g de CaCl$_2$ forem adicionados a 275 g de água, calcule a porcentagem em massa de CaCl$_2$ na solução.

23. Uma solução precisa ser preparada para ter 4,50% em massa de cloreto de cálcio. Para preparar 175 g da solução, qual é a massa de cloreto de cálcio necessária?

24. Qual a massa de KBr contida em 125 g de uma solução de KBr 6,25% (em massa)?

25. Qual é a massa de cada soluto presente em 285 g de uma solução que contém 5,00% em massa de NaCl e 7,50% em massa de Na_2CO_3?

26. As soluções de peróxido de hidrogênio vendidas em farmácias como antissépticos geralmente contêm 3,0% do ingrediente ativo, H_2O_2. O peróxido de hidrogênio se decompõe em água e oxigênio gasoso quando aplicado a uma ferida de acordo com a equação química balanceada:

    $$2H_2O_2(aq) \rightarrow 2H_2O(l) + O_2(g)$$

    Qual é a massa aproximada de solução de peróxido de hidrogênio necessária para produzir 1,00 g de gás oxigênio?

27. O ácido sulfúrico possui uma grande afinidade com a água e, por essa razão, sua forma mais concentrada disponível é na verdade uma solução 98,3%. A densidade do ácido sulfúrico concentrado é de 1,84 g mL^{-1}. Qual é a massa de ácido sulfúrico presente em 1,00 L de solução concentrada?

28. Um solvente vendido para uso no laboratório contém 0,95% de um agente estabilizante que evita que ele reaja com o ar. Qual é a massa do agente estabilizante presente em 1,00 kg do solvente?

15-4 Composição das soluções: concentração em quantidade de matéria

Perguntas

29. Uma solução usada no experimento da semana passada no laboratório foi rotulada como "HCl 3 mol L^{-1}". Descreva em palavras a composição dessa solução.

30. Uma solução rotulada como "CaCl2 0,110 mol L^{-1}" contém _____ mol de Ca^{2+} e de Cl^- em cada litro da solução.

31. O que é uma *solução padrão*? Descreva as etapas envolvidas no preparo de uma solução padrão.

32. Para preparar 500 mL de uma solução de açúcar 1,02 mol L^{-1}, qual dos seguintes você precisaria?

    a. 500 mL de água e 1,02 mol de açúcar
    b. 1,02 mol de açúcar e água suficiente para atingir o volume total de 500 mL
    c. 500 g de água e 1,02 mol de açúcar
    d. 0,51 mol de açúcar e água suficiente para atingir o volume total de 500 mL

Problemas

33. Para cada uma das seguintes soluções, é dada a quantidade de matéria de soluto, seguida pelo volume total da solução preparada. Calcule a concentração em quantidade de matéria de cada solução:

    a. 0,521 mol de NaCl; 125 mL
    b. 0,521 mol de NaCl; 250 mL
    c. 0,521 mol de NaCl; 500 mL
    d. 0,521 mol de NaCl; 1,00 L

34. Para cada uma das seguintes soluções, é dada a quantidade de matéria de soluto, seguida pelo volume total da solução preparada. Calcule a concentração em quantidade de matéria de cada solução:

    a. 0,754 mol de KNO_3; 225 mL
    b. 0,0105 mol de $CaCl_2$; 10,2 mL
    c. 3,15 mol de NaCl; 5,00 L
    d. 0,499 mol de NaBr; 100 mL

35. Para cada uma das seguintes soluções, é dada a massa de soluto, seguida pelo volume total da solução preparada. Calcule a concentração em quantidade de matéria de cada solução:

    a. 3,51 g de NaCl; 25 mL   c. 3,51 g de NaCl; 75 mL
    b. 3,51 g de NaCl; 50 mL   d. 3,51 g de NaCl; 1,00 L

36. Para cada uma das seguintes soluções, é dada a massa de soluto, seguida pelo volume total da solução preparada. Calcule a concentração em quantidade de matéria de cada solução:

    a. 5,59 g de $CaCl_2$; 125 mL   c. 8,73 g de $CaCl_2$; 125 mL
    b. 2,34 g de $CaCl_2$; 125 mL   d. 11,5 g de $CaCl_2$; 125 mL

37. Um assistente de laboratório precisa preparar 225 mL de solução de $CaCl_2$ 0,150 mol L^{-1}. Qual é a massa de cloreto de cálcio necessária?

38. Que massa (em gramas) de NH_4Cl é necessária para preparar 450 mL de uma solução de NH_4Cl 0,251 mol L^{-1}?

39. As soluções padrão de íon de cálcio usadas para testar a dureza da água são preparadas dissolvendo-se carbonato de cálcio puro, $CaCO_3$, em ácido clorídrico diluído. Uma amostra de 1,745 g de $CaCO_3$ é colocada em um balão volumétrico de 250,0 mL e dissolvida em HCl. A solução é, então, diluída até a marca de calibragem do balão volumétrico. Calcule a concentração em quantidade de matéria resultante do íon de cálcio.

40. Uma solução alcoólica de iodo ("tintura" de iodo) é preparada pela dissolução de 5,15 g de cristais de iodo em álcool suficiente para fazer um volume de 225 mL. Calcule a concentração em quantidade de matéria de iodo na solução.

41. Se 42,5 g de NaOH for dissolvido em água e diluído em um volume final de 225 mL, calcule a concentração em quantidade de matéria da solução.

42. Soluções padrão de nitrato de prata são usadas na análise de amostras contendo íon cloreto. Qual é a massa de nitrato de prata necessária para preparar 250 mL de uma solução de $AgNO_3$ 0,100 mol L^{-1}.

43. Qual a *quantidade de matéria* do soluto indicado contida em cada uma das seguintes soluções?

    a. 4,25 mL de solução de $CaCl_2$ 0,105 mol L^{-1}
    b. 11,3 mL de solução de NaOH 0,405 mol L^{-1}
    c. 1,25 mL de solução de HCl 12,1 mol L^{-1}
    d. 27,5 mL de solução de NaCl 1,98 mol L^{-1}

44. Qual a quantidade de matéria do soluto indicado contida em cada uma das seguintes soluções?

    a. 12,5 mL de HCl 0,104 mol L^{-1}
    b. 27,3 mL de NaOH 0,223 mol L^{-1}
    c. 36,8 mL de HNO_3 0,501 mol L^{-1}
    d. 47,5 mL de KOH 0,749 mol L^{-1}

45. Que *massa* do soluto indicado cada uma das seguintes soluções contém?

    a. 2,50 mL de solução de HCl 13,1 mol L^{-1}
    b. 15,6 mL de solução de NaOH 0,155 mol L^{-1}
    c. 135 mL de solução de HNO_3 2,01 mol L^{-1}
    d. 4,21 mL de solução de $CaCl_2$ 0,515 mol L^{-1}

46. Qual é a *massa* do soluto indicado contida em cada uma das seguintes soluções?
    a. 17,8 mL de CaCl$_2$ 0,119 mol L^{-1}
    b. 27,6 mL de KCl 0,288 mol L^{-1}
    c. 35,4 mL de FeCl$_3$ 0,399 mol L^{-1}
    d. 46,1 mL de KNO$_3$ 0,559 mol L^{-1}

47. Qual é a massa de NaOH necessária para preparar 3,5 L de uma solução de NaOH 0,50 mol L^{-1}?

48. Qual a massa de soluto presente em 225 mL de solução de KBr 0,355 mol L^{-1} ?

49. Calcule a quantidade de matéria do íon indicado presente em cada uma das seguintes soluções:
    a. Íon Na$^+$ em 1,00 L de uma solução de Na$_2$SO$_4$ 0,251 mol L^{-1}
    b. Íon Cl$^-$ em 5,50 L de solução de FeCl$_3$ 0,10 mol L^{-1}
    c. Íon NO$_3^-$ em 100 mL de uma solução de Ba(NO$_3$)$_2$ 0,55 mol L^{-1}
    d. Íon NH$_4^+$ em 250 mL de uma solução de (NH$_4$)$_2$SO$_4$ 0,350 mol L^{-1}

50. Calcule a quantidade de matéria de *cada* íon presente em cada uma das seguintes soluções:
    a. 10,2 mL de solução de AlCl$_3$ 0,451 mol L^{-1}
    b. 5,51 L de uma solução de Na$_3$PO$_4$ 0,103 mol L^{-1}
    c. 1,75 mL de solução de CuCl$_2$ 1,25 mol L^{-1}
    d. 25,2 mL de solução de Ca(OH)$_2$ 0,00157 mol L^{-1}

51. Um experimento precisa de 125 mL de uma solução de NaCl 0,105 mol L^{-1}. Qual é a massa de NaCl necessária? Qual é a massa de NaCl necessária para 1,00 L da mesma solução?

52. Soluções de ácidos fortes podem ter sua concentração determinada pela reação com quantidades medidas de solução padrão de carbonato de sódio. Qual é a massa de Na$_2$CO$_3$ necessária para preparar 250 mL de uma solução de Na$_2$CO$_3$ 0,0500 mol L^{-1}?

15-5 Diluição

Perguntas

53. Quando uma solução padrão é diluída para preparar um reagente menos concentrado, a quantidade de matéria _____ é a mesma antes e depois da diluição.

54. Quando o volume de uma determinada solução é dobrado (ao adicionar água), a nova concentração de soluto é _____ concentração original.

Problemas

55. Calcule a nova concentração em quantidade de matéria se cada uma das seguintes dissoluções for feita. Suponha que os volumes sejam aditivos.
    a. 55,0 mL de água são adicionados em 25,0 mL de uma solução de NaCl 0,119 mol L^{-1}
    b. 125 mL de água são adicionados em 45,3 mL de uma solução de NaOH 0,701 mol L^{-1}
    c. 550 mL de água são adicionados em 125 mL de uma solução de KOH 3,01 mol L^{-1}
    d. 335 mL de água são adicionados em 75,3 mL de uma solução de CaCl$_2$ 2,07 mol L^{-1}

56. Calcule a nova concentração em quantidade de matéria que resulta quando 250 mL de água são adicionados em cada uma das seguintes soluções:
    a. 125 mL de HCl 0,251 mol L^{-1}
    b. 445 mL de H$_2$SO$_4$ 0,499 mol L^{-1}
    c. 5,25 L de HNO$_3$ 0,101 mol L^{-1}
    d. 11,2 mL de HC$_2$H$_3$O$_2$ 14,5 mol L^{-1}

57. Muitos laboratórios mantêm garrafas de soluções 3,0 mol L^{-1} de ácidos comuns a mão. Dadas as seguintes concentrações em quantidade de matéria dos ácidos concentrados, determine quantos mililitros de cada ácido concentrado seriam necessários para preparar 225 mL de uma solução 3,0 mol L^{-1} do ácido.

Ácido	Concentração em quantidade de matéria do reagente concentrado
HCl	12,1 mol L^{-1}
HNO$_3$	15,9 mol L^{-1}
H$_2$SO$_4$	18,0 mol L^{-1}
HC$_2$H$_3$O$_2$	17,5 mol L^{-1}
H$_3$PO$_4$	14,9 mol L^{-1}

58. Por uma questão de conveniência, uma forma de hidróxido de sódio vendida comercialmente é a solução saturada. Essa solução tem concentração de 19,4 mol L^{-1}, que é aproximadamente 50% em massa de hidróxido de sódio. Qual é o volume dessa solução necessário para preparar 3,50 L de uma solução de NaOH 3,00 mol L^{-1}?

59. Como preparar 275 mL de uma solução de NaCl 0,350 mol L^{-1} usando uma solução 2,00 mol L^{-1}?

60. Suponha que sejam necessários 325 mL de NaOH 0,150 mol L^{-1} para seu experimento. Como você prepararia isso se tudo o que está disponível é uma solução de NaOH 1,01 mol L^{-1}?

61. Qual volume de *água* deve ser adicionado a 500 mL de HCl 0,200 mol L^{-1} para produzir uma solução de 0,150 mol L^{-1}? (Suponha que os volumes sejam aditivos.)

62. Um experimento precisa de 100 mL de HCl 1,25 mol L^{-1}. Temos disponível no laboratório apenas uma garrafa de HCl concentrado, cujo rótulo indica 12,1 mol L^{-1}. Quanto do HCl concentrado seria necessário para preparar a solução desejada?

15-6 Estequiometria das reações de soluções

Problemas

63. A quantidade de níquel(II) presente em uma solução aquosa pode ser determinada precipitando o níquel com o reagente químico orgânico dimetilglioxima [CH$_3$C(NOH)C(NOH)CH$_3$, comumente abreviado como "DMG"]:

$$Ni^{2+}(aq) + 2DMG(aq) \rightarrow Ni(DMG)_2(s)$$

Qual é o volume (em mililitros) de uma solução de DMG 0,0703 mol L^{-1} necessário para precipitar todo o níquel(II) presente em 10,0 mL de uma solução de sulfato de níquel(II) 0,103 mol L^{-1}?

64. Geralmente, somente os carbonatos dos elementos do Grupo 1 e do íon amônio são solúveis em água; a maioria dos outros carbonatos é *insolúvel*. Qual é o volume (em mililitros) de uma solução de carbonato de sódio 0,125 mol L^{-1} necessário para precipitar o íon cálcio de 37,2 mL de uma solução 0,105 mol L^{-1} de CaCl$_2$?

$$Na_2CO_3(aq) + CaCl_2(aq) \rightarrow CaCO_3(s) + 2NaCl(aq)$$

65. Muitos íons metálicos são precipitados da solução pelo íon sulfeto. Como exemplo, considere o tratamento de uma

solução de sulfato de cobre(II) com uma solução de sulfeto de sódio:

$$CuSO_4(aq) + Na_2S(aq) \rightarrow CuS(s) + Na_2SO_4(aq)$$

Qual é o volume de uma solução de 0,105 mol L^{-1} de Na$_2$S necessário para precipitar todo o íon cobre(II) de 27,5 mL de uma solução de 0,121 mol L^{-1} de CuSO$_4$?

66. O oxalato de cálcio, CaC$_2$O$_4$, é muito insolúvel em água. Qual é a massa de oxalato de sódio, Na$_2$C$_2$O$_4$, necessária para precipitar os íons cálcio de 37,5 mL de uma solução de CaCl$_2$ 0,104 mol L^{-1}?

67. Quando soluções aquosas de íon chumbo(II) são tratadas com uma solução de cromato de potássio, um precipitado amarelo-claro de cromato de cobre(II), PbCrO$_4$, se forma. Qual a massa de cromato de chumbo que se forma quando uma amostra de 1,00 g de Pb(NO$_3$)$_2$ é adicionada em 25,0 mL de uma solução de K$_2$CrO$_4$ 1,00 mol L^{-1}?

68. O íon alumínio pode ser precipitado da solução aquosa pela adição de íon hidróxido, formando Al(OH)$_3$. No entanto, um grande excesso de íon hidróxido não deve ser adicionado, pois o precipitado de Al(OH)$_3$ se redissolverá em um composto solúvel contendo íons alumínio, e íons hidróxido começam a se formar. Qual a massa de NaOH sólido deve ser adicionada a 10,0 mL de AlCl$_3$ 0,250 mol L^{-1} para precipitar todo o alumínio?

15-7 Reações de neutralização

Problemas

69. Qual é o volume de uma solução 0,502 mol L^{-1} de NaOH necessário para neutralizar 27,2 mL de uma solução 0,491 mol L^{-1} de HNO$_3$?

70. Qual é o volume de uma solução 0,995 mol L^{-1} de HCl que pode ser neutralizado por 125 mL de uma solução 3,01 mol L^{-1} de NaOH?

71. Uma amostra de bicarbonato de sódio sólido pesando 0,1015 g requer 47,21 mL de uma solução de ácido clorídrico para reagir completamente:

$$HCl(aq) + NaHCO_3(s) \rightarrow NaCl(aq) + H_2O(l) + CO_2(g)$$

Calcule a concentração em quantidade de matéria da solução de ácido clorídrico.

72. A acidez total nas amostras de água pode ser determinada pela neutralização com solução padrão de hidróxido de sódio. Qual é a concentração do íon hidrogênio, H$^+$, presente em uma amostra de água se 100 mL da amostra requer 7,2 mL de NaOH 2,5 × 10^{-3} mol L^{-1} para ser neutralizada?

73. Qual é o volume NaOH de 1,00 mol L^{-1} necessário para neutralizar cada uma das soluções abaixo?
    a. 25,0 mL de ácido acético, HC$_2$H$_3$O$_2$, 0,154 mol L^{-1}
    b. 35,0 mL de solução de ácido fluorídrico, HF, 0,102 mol L^{-1}
    c. 10,0 mL de ácido fosfórico, H$_3$PO$_4$, 0,143 mol L^{-1}
    d. 35,0 mL de ácido sulfúrico, H$_2$SO$_4$, 0,220 mol L^{-1}

74. Qual é o volume de HNO$_3$ 0,101 mol L^{-1} necessário para neutralizar cada uma das soluções abaixo?
    a. 12,7 mL de NaOH 0,501 mol L^{-1}
    b. 24,9 mL de Ba(OH)$_2$ 0,00491 mol L^{-1}
    c. 49,1 mL de NH$_3$ 0,103 mol L^{-1}
    d. 1,21 L de KOH 0,102 mol L^{-1}

15-8 Composição das soluções: normalidade

Problemas

75. Um equivalente de um ácido é a quantidade do ácido necessária para fornecer _____.

76. Uma solução que contém 1 equivalente de ácido ou base por litro é chamada de solução _____.

77. Explique por que o equivalente grama do H$_2$SO$_4$ é metade da massa molar dessa substância. Quantos íons hidrogênio cada molécula de H$_2$SO$_4$ produz ao reagir com o excesso de íons OH$^-$?

78. Quantos equivalentes de íons hidróxido são necessários para reagir com 1,53 equivalentes do íon hidrogênio? Como você sabia disso se nenhuma equação química equilibrada foi fornecida para a reação?

Problemas

79. Para cada uma das soluções a seguir, calcule a normalidade:
    a. 25,2 mL de HCl 0,105 mol L^{-1} diluído com água em um volume total de 75,3 mL
    b. H$_3$PO$_4$ 0,253 mol L^{-1}
    c. Ca(OH)$_2$ 0,00103 mol L^{-1}

80. Para cada uma das seguintes soluções, a massa de soluto tomada é indicada, juntamente com o volume total da solução preparada. Calcule a normalidade de cada solução:
    a. 0,113 g de NaOH; 10,2 mL
    b. 12,5 mg de Ca(OH)$_2$; 100 mL
    c. 12,4 g de H$_2$SO$_4$; 155 mL

81. Calcule a normalidade de cada uma das seguintes soluções:
    a. HCl 0,250 mol L^{-1}
    b. H$_2$SO$_4$ 0,105 mol L^{-1}
    c. H$_3$PO$_4$ 5,3 × 10^{-2} mol L^{-1}

82. Calcule a normalidade de cada uma das seguintes soluções:
    a. NaOH 0,134 mol L^{-1}
    b. Ca(OH)$_2$ 0,00521 mol L^{-1}
    c. H$_3$PO$_4$ 4,42 mol L^{-1}

83. Descobriu-se que uma solução de ácido fosfórico, H$_3$PO$_4$, contém 35,2 g de H$_3$PO$_4$ por litro de solução. Calcule a concentração em quantidade de matéria e a normalidade dessa solução.

84. Uma solução de uma base pouco solúvel de Ca(OH)$_2$ é preparada em um balão volumétrico dissolvendo-se 5,21 mg de Ca(OH)$_2$ em um volume total de 1000 mL. Calcule a concentração em quantidade de matéria e a normalidade da solução.

85. Qual é o volume (em mililitros) de NaOH 0,50 N necessário para neutralizar exatamente 15,0 mL de H$_2$SO$_4$ 0,35 N?

86. Qual é volume de H$_2$SO$_4$ 0,104 N necessário para neutralizar 15,2 mL de KOH 0,152 N? Qual é o volume de H$_2$SO$_4$ 0,104 N necessário para neutralizar 15,2 mL de NaOH 0,152 N?

$$H_2SO_4(aq) + 2NaOH(aq) \rightarrow Na_2SO_4(aq) + 2H_2O(l)$$

87. Qual é o volume de NaOH 0,151 N necessário para neutralizar 24,2 mL de H$_2$SO$_4$ 0,125 N? Qual é o volume de NaOH 0,151 N necessário para neutralizar 24,2 mL de H$_2$SO$_4$ 0,125 M?

88. Suponha que sejam necessários 27,34 mL de NaOH 0,1021 M padrão para neutralizar 25,00 mL de uma solução desconhecida de H$_2$SO$_4$. Calcule a concentração em quantidade de matéria e a normalidade da solução desconhecida.

Problemas adicionais

89. Uma mistura é preparada com 50,0 g de etanol, 50,0 g de água e 5,0 g de açúcar. Qual é a porcentagem em massa de cada componente na mistura? Que massa (em gramas) da mistura

devemos tomar para ter 1,5 g de açúcar? Que massa da mistura devemos tomar para ter 10,0 g de etanol?

90. Explique a diferença de significado entre as duas soluções a seguir: "50 g de NaCl dissolvidos em 1,0 L de água" e "50 g de NaCl dissolvidos em água suficiente para perfazer 1,0 L de solução." Em qual solução a concentração em quantidade de matéria pode ser calculada diretamente (usando a massa molar de NaCl)?

91. Suponha que 50,0 mL de uma solução de $CoCl_2$ 0,250 mol L^{-1} sejam adicionados a 25,0 mL de uma solução de $NiCl_2$ 0,350 mol L^{-1}. Calcule a concentração, em mol por litro, de cada íon presente após misturá-las. Suponha que os volumes sejam aditivos.

92. Se 500 g de água forem adicionados a 75 g de uma solução 25% de NaCl, qual é a porcentagem em massa de NaCl na solução dissolvida?

93. Calcule a massa de AgCl formada e a concentração de íons de prata remanescentes na solução, quando 10,0 g de $AgNO_3$ sólido são adicionados em 50 mL de uma solução de NaCl $1,0 \times 10^{-2}$ mol L^{-1}. Suponha que não haja variações no volume com a adição do sólido.

94. O fermento químico (bicarbonato de sódio, $NaHCO_3$) é muitas vezes utilizado para neutralizar o derramamento de ácidos nas bancadas do laboratório. Qual é a massa de $NaHCO_3$ necessária para neutralizar um derramamento de 25,2 mL de uma solução de ácido clorídrico 6,01 mol L^{-1}?

95. Muitos íons metálicos formam compostos de sulfeto insolúveis quando uma solução do íon metálico é tratada com gás sulfeto de hidrogênio. Por exemplo, o níquel(II) precipita quase quantitativamente como NiS quando o gás H_2S é borbulhado através de uma solução de íons de níquel. Qual é o volume (em mililitros) de H_2S gasoso na CNTP necessário para precipitar todo o íon níquel presente em 10,0 mL de uma solução de $NiCl_2$ 0,050 mol L^{-1}?

96. A rigor, o solvente é o componente de uma solução presente na maior quantidade em termos de quantidade de matéria. A água é quase sempre o solvente em soluções que a envolvem, pois tende a haver muito mais moléculas de água presentes que moléculas de qualquer outro soluto concebível. Para ver por que isso ocorre, calcule a quantidade de matéria de água presente em 1,0 L de água. Lembre-se de que a densidade da água é bem próxima a 1,0 g mL^{-1} na maioria das condições.

97. A amônia aquosa é geralmente vendida por fornecedores químicos como solução saturada com uma concentração de 14,5 mol L^{-1}. Qual é o volume de NH_3 na CNTP necessário para preparar 100 mL da solução de amônia concentrada?

98. Qual é o volume de cloreto de hidrogênio na CNTP necessário para preparar 500 mL de uma solução de HCl 0,100 mol L^{-1}?

99. O que significa quando dizemos que "semelhantes dissolvem semelhantes"? Duas moléculas precisam ser idênticas para serem capazes de formar uma solução na outra?

100. A concentração de uma solução de HCl é de 33,1% em massa, e sua densidade foi medida como sendo 1,147 g mL^{-1}. Qual é o volume (em mililitros) da solução de HCl necessário para obter 10,0 g de HCl?

101. Um experimento exige 1,00 g de nitrato de prata, mas somente temos no laboratório uma solução 0,50% de $AgNO_3$. Supondo que a densidade da solução de nitrato de prata seja bem próxima a da água por ser tão diluída, determine qual é o volume (em mililitros) da solução que deve ser usado.

102. Você misturou 225,0 mL de uma solução de HCl 2,5 mol L^{-1} com 150,0 mL de uma solução de HCl 0,75 mol L^{-1}. Qual é a concentração em quantidade de matéria da solução final?

103. Uma solução possui 0,1% em massa de cloreto de cálcio. Portanto, 100 g da solução contém _____ g de cloreto de cálcio.

104. Calcule a massa, em gramas, de NaCl presente em cada uma das seguintes soluções:
   a. 11,5 g de uma solução 6,25% de NaCl
   b. 6,25 g de uma solução 11,5% de NaCl
   c. 54,3 g de uma solução 0,91% de NaCl
   d. 452 g de uma solução 12,3% de NaCl

105. Uma solução 15,0% (em massa) de NaCl está disponível. Determine a massa que deve ser usada para obter as seguintes quantidades de NaCl.
   a. 10,0 g   c. 100,0 g
   b. 25,0 g   d. 1,00 lb

106. Um certo grau de aço é feito dissolvendo-se 5,0 g de carbono e 1,5 g de níquel em 100 g de ferro fundido. Qual é a porcentagem em massa de cada componente no aço final?

107. Uma solução de açúcar é preparada de maneira que contenha 10% em massa de dextrose. Que quantidade dessa solução precisamos para obter 25 g de dextrose?

108. Qual é a massa de Na_2CO_3 contida em 500 g de uma solução 5,5% em massa de Na_2CO_3?

109. Qual é a massa de KNO_3 necessária para preparar 125 g de uma solução 1,5% de KNO_3?

110. Uma solução contém 7,5% em massa de NaCl e 2,5% em massa de KBr. Qual é a massa de *cada* soluto contida em 125 g da solução?

111. Qual é a quantidade de matéria de cada íon presente em 11,7 mL de uma solução de Na_3PO_4 0,102 mol L^{-1}?

112. Para cada uma das seguintes soluções, é dada a quantidade de matéria de soluto, seguida pelo volume total da solução preparada. Calcule a concentração em quantidade de matéria de cada solução:
   a. 0,50 mol de KBr; 250 mL   c. 0,50 mol de KBr; 750 mL
   b. 0,50 mol de KBr; 500 mL   d. 0,50 mol de KBr; 1,0 L

113. Para cada uma das seguintes soluções, é dada a massa de soluto, seguida pelo volume total da solução preparada. Calcule a concentração em quantidade de matéria:
   a. 5,0 g de $BaCl_2$; 2,5 L   c. 21,5 g de Na_2CO_3; 175 mL
   b. 3,5 g de KBr; 75 mL   d. 55 g de $CaCl_2$; 1,2 L

114. Se 125 g de sacarose, $C_{12}H_{22}O_{11}$, forem dissolvidos em água suficiente para perfazer 450 mL de solução, calcule sua concentração em quantidade de matéria.

115. O ácido clorídrico concentrado é preparado ao bombear gás de cloreto de hidrogênio em água destilada. Se o HCl concentrado contém 439 g de HCl por litro, qual é sua concentração em quantidade de matéria?

116. Uma grande béquer contém 1,50 L de uma solução de cloreto de ferro(III) 2,00 mol L^{-1}.
   a. Qual é a quantidade de matéria de íons ferro na solução? Qual é a quantidade de matéria de íons cloreto na solução?
   b. Você agora adicionou 0,500 L de uma solução de nitrato de chumbo(II) 4,00 mol L^{-1} na proveta. Determine a massa do produto sólido formado (em gramas).

117. Qual é a quantidade de matéria do soluto indicado contida em cada uma das seguintes soluções?
   a. ,5 L de uma solução de H_2SO_4 3,0 mol L^{-1}
   b. 35 mL de uma solução de NaCl 5,4 mol L^{-1}
   c. 5,2 L de uma solução de H_2SO_4 18 mol L^{-1}
   d. 0,050 L de uma solução de NaF $1,1 \times 10^{-3}$ mol L^{-1}

118. Qual é a quantidade de matéria e a massa do soluto indicado contidas em cada uma das soluções a seguir?
    a. 4,25 L de uma solução de KCl 0,105 mol L^{-1}
    b. 15,1 mL de uma solução de NaNO$_3$ 0,225 mol L^{-1}
    c. 25 mL de HCl 3,0 mol L^{-1}
    d. 100 mL de H$_2$SO$_4$ 0,505 mol L^{-1}

119. Se 10,0 g de AgNO$_3$ estão disponíveis, qual volume de uma solução de AgNO$_3$ 0,25 mol L^{-1} de poderá ser preparada?

120. Calcule a quantidade de matéria de *cada* íon presente em cada uma das seguintes soluções:
    a. 1,25 L de uma solução de Na$_3$PO$_4$ 0,250 mol L^{-1}
    b. 3,5 mL de uma solução de H$_2$SO$_4$ 6,0 mol L^{-1}
    c. 25 mL de solução de AlCl$_3$ 0,15 mol L^{-1}
    d. 1,50 L de uma solução de BaCl$_2$ 1,25 mol L^{-1}

121. O carbonato de cálcio, CaCO$_3$, pode ser obtido em um estado bem puro. As soluções padrão de íon cálcio são geralmente preparadas dissolvendo-se o carbonato de cálcio em ácido. Qual massa de CaCO$_3$ deve ser usada para preparar 500 mL de uma solução de 0,0200 mol L^{-1} de íon cálcio?

122. Calcule a nova concentração em quantidade de matéria quando 150 mL de água são adicionados em cada uma das seguintes soluções:
    a. 125 mL de HBr 0,200 mol L^{-1}
    b. 155 mL de Ca(C$_2$H$_3$O$_2$)$_2$ 0,250 mol L^{-1}
    c. 0,500 L de H$_3$PO$_4$ 0,250 mol L^{-1}
    d. 15 mL de H$_2$SO$_4$ 18,0 mol L^{-1}

123. Qual é o volume (em mililitros) de H$_2$SO$_4$ 18,0 mol L^{-1} necessário para preparar uma 35,0 mL de solução 0,250 mol L^{-1}?

124. Quando 50 mL de NaCl 5,4 mol L^{-1} forem diluídos em um volume final de 300 mL, qual será a concentração de NaCl na solução diluída?

125. Quando 10 L de água forem adicionados a 3,0 L de H$_2$SO$_4$ 6,0 mol L^{-1}, qual será a concentração em quantidade de matéria da solução resultante? Suponha que os volumes sejam aditivos.

126. Você adiciona 150,0 mL de uma solução de nitrato de chumbo(II) 0,250 mol L^{-1} em um balão volumétrico de 500 mL vazio.
    a. Qual é a concentração de íons nitrato na solução?
    b. Qual volume de fosfato de sódio 0,100 mol L^{-1} deve ser adicionado para precipitar os íons chumbo(II) da solução?

127. Qual é a massa de Ba(NO$_3$)$_2$ necessária para precipitar todo o íon sulfato presente em 15,3 mL de uma solução de H$_2$SO$_4$ 0,139 mol L^{-1}?

    Ba(NO$_3$)$_2$(aq) + H$_2$SO$_4$(aq) → BaSO$_4$(s) + 2HNO$_3$ (aq)

128. Qual o volume mínimo de ácido sulfúrico 16 mol L^{-1} deve ser usado para preparar 750 mL de uma solução de H$_2$SO$_4$ 0,10 mol L^{-1}?

129. Qual é o volume de HCl 0,250 mol L^{-1} necessário para neutralizar cada uma das soluções abaixo?
    a. 25,0 mL de hidróxido de sódio, NaOH, 0,103 mol L^{-1}
    b. 50,0 mL de hidróxido de cálcio, Ca(OH)$_2$, 0,00501 mol L^{-1}
    c. 20,0 mL de amônia, NH$_3$, 0,226 mol L^{-1}
    d. 15,0 mL de hidróxido de potássio, KOH, 0,0991 mol L^{-1}

130. Para cada uma das seguintes soluções, é indicada a massa de soluto usada, além do volume total da solução preparada. Calcule a normalidade de cada solução:
    a. 15,0 g de HCl; 500 mL
    b. 49,0 g de H$_2$SO$_4$; 250 mL
    c. 10,0 g de H$_3$PO$_4$; 100 mL

131. Calcule a normalidade de cada uma das seguintes soluções:
    a. ácido acético, HC$_2$H$_3$O$_2$, 0,50 mol L^{-1}
    b. ácido sulfúrico, H$_2$SO$_4$, 0,00250 mol L^{-1}
    c. hidróxido de potássio, KOH, 0,10 mol L^{-1}

132. Uma solução de dihidrogenofosfato de sódio foi preparada ao dissolver 5,0 g de NaH$_2$PO$_4$ em água suficiente para obter 500 mL. Qual é a concentração em quantidade de matéria e a normalidade da solução resultante?

133. Qual é o volume (em mililitros) de NaOH 0,105 mol L^{-1} necessário para neutralizar exatamente 14,2 mL de H$_3$PO$_4$ 0,141 mol L^{-1}?

134. Se 27,5 mL de Ca(OH)$_2$ 3,5 × 10^{-2} N de são necessários para neutralizar 10,0 mL de uma solução de ácido nítrico de concentração desconhecida, qual é a normalidade do ácido nítrico?

Considere as quatro soluções a seguir para as Perguntas 135 e 136.
Solução 1: 100,0 g de cloreto de césio dissolvidos em 1,0 L de água.
Solução 2: 100,0 g de sulfato de sódio dissolvidos em 1,0 L de água.
Solução 3: 100,0 g de fluoreto de césio dissolvidos em 1,0 L de água.
Solução 4: 100,0 g de fosfato de sódio dissolvidos em 1,0 L de água.

135. Qual das soluções acima possui a *maior* concentração?

136. Qual das soluções acima contém o *maior* número de partículas?

Problemas para estudo

137. Calcule a concentração de todos os íons presentes quando 0,160 g de MgCl$_2$ for dissolvido em água suficiente para formar 100,0 mL de solução.

138. Uma solução é preparada dissolvendo 0,6706 g de ácido oxálico (H$_2$C$_2$O$_4$) em água suficiente para formar 100,0 mL de solução. Uma alíquota (porção) de 10,00 mL dessa solução é, então, diluída em um volume final de 250,0 mL. Qual é a concentração em quantidade de matéria final da solução de ácido oxálico?

139. Qual é o volume de NaOH 0,100 mol L^{-1} necessário para precipitar todos os íons níquel(II) de 150,0 mL de uma solução de Ni(NO$_3$)$_2$ 0,249 mol L^{-1} ?

140. Uma amostra de 500,0 mL de fosfato de sódio 0,200 mol L^{-1} é misturada com 400,0 mL de cloreto de bário 0,289 mol L^{-1}. Qual é a massa do sólido produzido?

141. Uma amostra de 450,0 mL de uma solução de nitrato de prata 0,257 mol L^{-1} é misturada com 400,0 mL de cloreto de cálcio 0,200 mol L^{-1}. Qual é a concentração de Cl$^-$ na solução após a reação ser concluída?

142. Uma amostra de Ca(OH)$_2$ aquoso de 50,00 mL requer 34,66 mL de ácido nítrico 0,944 mol L^{-1} para a sua neutralização. Calcule a concentração em quantidade de matéria da solução original de hidróxido de cálcio.

143. Quando compostos orgânicos contendo enxofre são queimados, é produzido dióxido de enxofre. A quantidade de SO$_2$ formada pode ser determinada pela reação com o peróxido de hidrogênio:

    H$_2$O$_2$(aq) + SO$_2$(g) → H$_2$SO$_4$(aq)

    O ácido sulfúrico resultante é titulado com uma solução padrão de NaOH. Uma amostra de 1,302 g de carvão é queimada, e o SO$_2$ é coletado em uma solução de peróxido de hidrogênio. Foram necessários 28,44 mL de uma solução de NaOH 0,1000 mol L^{-1} para titular o ácido sulfúrico resultante. Calcule a porcentagem em massa de enxofre na amostra de carvão. O ácido sulfúrico possui dois hidrogênios ácidos.

REVISÃO CUMULATIVA DOS CAPÍTULOS 13 A 15

Perguntas

1. Quais são algumas das propriedades gerais dos gases que os distinguem dos líquidos e dos sólidos?

2. Como surge a pressão da atmosfera? Desenhe a representação de um dispositivo comumente utilizado para medir a pressão atmosférica. Seu livro descreve um experimento simples para demonstrar a pressão atmosférica. Explique esse experimento.

3. Qual é a unidade do SI para a pressão? Que unidades de pressão são geralmente usadas nos Estados Unidos? Quais são as unidades comuns mais convenientes para usar do que a unidade do SI? Descreva um *manômetro* e explique como esse dispositivo pode ser usado para medir a pressão de amostras de gás.

4. Seu livro possui várias definições e fórmulas para a lei de Boyle dos gases. Escreva com suas *próprias* palavras o que essa lei diz sobre os gases. Agora escreva duas expressões matemáticas para a lei de Boyle. Essas duas expressões nos dizem coisas diferentes ou são representações diferentes dos mesmos fenômenos? Desenhe a forma geral de um gráfico de pressão por volume de um gás ideal.

5. Ao usar a lei de Boyle para resolver problemas no livro, você pode ter notado que as perguntas muitas vezes afirmavam que "a temperatura e a quantidade de gás permanecem as mesmas." Por que essa afirmação é necessária?

6. O que a lei de Charles nos diz sobre como o volume de uma amostra de gás varia à medida que sua temperatura é variada? Como essa relação volume-temperatura *difere* da relação volume-pressão da lei de Boyle? Dê duas expressões matemáticas que descrevem a lei de Charles. Por que a pressão e a quantidade de gás precisam permanecer as mesmas para a lei de Charles ser verdadeira? Desenhe a forma geral de um gráfico de volume por temperatura (à pressão constante) para um gás ideal.

7. Explique como o conceito de zero absoluto surgiu nos estudos dos gases de Charles. *Dica:* O que aconteceria com o volume de uma amostra de gás no zero absoluto (se o gás não se liquefizer primeiro)? Qual escala de temperatura é definida com seu menor ponto como o zero absoluto de temperatura? Qual é o zero absoluto em graus Celsius?

8. O que a lei de Avogadro nos diz sobre a relação entre o volume de uma amostra de gás e o número de moléculas que o gás contém? Por que a temperatura e a pressão precisam permanecer constantes para comparações válidas usando a lei de Avogadro? A lei de Avogadro descreve uma relação direta ou inversa entre o volume e a quantidade de matéria do gás?

9. O que queremos dizer especificamente com gás *ideal*? Explique por que a *lei do gás ideal* ($PV = nRT$) é, na verdade, uma combinação das leis de gás de Boyle, Charles e Avogadro. Qual é o valor numérico e as unidades específicas da constante universal de gás, R? Por que é importante prestar muita atenção às *unidades* quando fazemos cálculos da lei de gás ideal?

10. A lei de Dalton de pressões parciais está relacionada às propriedades das misturas de gases. O que significa *pressão parcial* de um gás individual em uma mistura? Como a *pressão total* de uma mistura gasosa depende das pressões parciais dos gases individuais em uma mistura? Como a lei de Dalton nos ajuda a perceber que, em uma amostra de gás ideal, o volume das moléculas individuais é insignificante comparado ao volume bruto da amostra?

11. O que acontece com uma amostra de gás coletada por deslocamento ou bolhas de água? Como isso é considerado ao calcular a pressão do gás?

12. Sem consultar seu livro, liste e explique os principais postulados da teoria cinética molecular dos gases. Como esses postulados ajudam a explicar as seguintes propriedades globais de um gás: sua pressão e por que ela aumenta com o aumento da temperatura; o fato de que um gás preenche todo seu recipiente; e o fato de que o volume de uma certa amostra de gás aumenta conforme sua temperatura aumenta.

13. O que significa CNTP? Que condições correspondem às CNTP? Qual é o volume ocupado por um mol de um gás ideal na CNTP?

14. Em geral, como vemos as estruturas de sólidos e líquidos? Explique como as densidades e compressibilidades de sólidos e líquidos se contrastam com as propriedades das substâncias gasosas. Como sabemos que as estruturas de estados sólidos e líquidos de uma substância são mais comparáveis entre si que as propriedades das substâncias no estado gasoso?

15. Descreva algumas das propriedades físicas da água. Por que a água é uma das substâncias mais importantes da Terra?

16. Defina o ponto de ebulição *normal* da água. Por que uma amostra de água em ebulição permanece na mesma temperatura até que toda água tenha entrado em ebulição? Defina o ponto de fusão normal da água. Desenhe uma representação de uma curva de aquecimento/resfriamento da água, deixando claro os pontos de fusão e ebulição normais.

17. As mudanças de estado são mudanças físicas ou químicas? Explique. Que tipos de forças devem ser superados para fundir ou vaporizar uma substância (essas forças são *intra*moleculares ou *inter*moleculares)? Defina o *calor molar de fusão* e o *calor molar de vaporização*. Por que o calor molar de vaporização da água é muito maior que seu calor molar de fusão? Por que o ponto de ebulição de um líquido varia com a altitude?

18. O que é a *atração dipolo-dipolo?* Como a intensidade de forças dipolo-dipolo se comparam com a intensidade de ligações covalentes típicas? O que é *ligação de hidrogênio?* Quais condições são necessárias para que a ligação de hidrogênio exista em uma substância ou mistura? Quais evidências experimentais temos para a ligação de hidrogênio?

19. Defina as *forças de dispersão de London*. Desenhe uma figura mostrando como essas forças surgem. As forças de London são relativamente fortes ou fracas? Explique. Embora as forças de London existam entre todas as moléculas, em que tipo de molécula elas são as *únicas* principais forças intermoleculares?

20. Por que o processo de *vaporização* requer fornecimento de energia? Por que é tão importante que a água tenha um grande calor de vaporização? O que é *condensação?* Explique como os processos de vaporização e condensação representam um *equilíbrio* em um recipiente fechado. Defina a *pressão de vapor de equilíbrio* de um líquido. Descreva como esse processo surge em um recipiente fechado. Descreva um dispositivo que demonstre a pressão de vapor e permita medir a magnitude dessa pressão. Como a magnitude da pressão de vapor de um líquido se relaciona com as forças intermoleculares no líquido?

21. Defina um *sólido cristalino*. Descreva em detalhes alguns tipos importantes de sólidos cristalinos e dê o nome da substância que é um exemplo de cada tipo de sólido. Explique como as partículas são mantidas juntas em cada tipo de sólido (as forças interpartículas que existem). Como as forças interpartículas em um sólido influenciam as suas propriedades físicas globais?

22. Defina a ligação que existe nos metais e como esse modelo explica algumas das propriedades físicas únicas dos metais. O que são *ligas* metálicas? Identifique os dois principais tipos de liga e diferencie suas estruturas. Dê vários exemplos de cada tipo de liga.

23. Defina uma *solução*. Descreva como um soluto iônico como o NaCl se dissolve em água para formar uma solução. Como as fortes forças de ligação em um cristal de soluto iônico podem ser superadas? Por que os íons em uma solução não se atraem entre si de forma tão forte a ponto de reconstituir o soluto iônico? Como um sólido molecular, como açúcar, se dissolve em água? Quais forças entre as moléculas de água e as de um sólido molecular podem ajudar o soluto a se dissolver? Por que algumas substâncias *não* se dissolvem na água?

24. Defina uma *solução* saturada. Saturada significa a mesma coisa que dizer que uma solução é *concentrada?* Explique. Por que um soluto se dissolve somente até certo ponto em água? Como a formação de uma solução saturada representa um equilíbrio?

25. A concentração de uma solução pode ser expressa de várias formas. Suponha que 5,00 g de NaCl seja dissolvido em 15,0 g de água, resultando em 16,1 mL de solução após a mistura. Explique como você calcularia a *porcentagem em massa* e a *concentração em quantidade de matéria* do NaCl.

26. Quando uma solução é diluída adicionando-se um outro solvente, a *concentração* de soluto varia, mas a *quantidade* presente não. Explique. Suponha que 250 mL de água são adicionados em 125 mL de uma solução de NaCl 0,551 mol L^{-1}. Explique *como* você calcularia a concentração da solução após a diluição.

27. O que é um *equivalente* de um ácido? O que um equivalente de uma base representa? Como o equivalente grama de um ácido ou base se relaciona à massa molar da substância? Dê um exemplo de um ácido e uma base que possuam equivalentes grama *iguais* às suas massas molares. Dê um exemplo de um ácido e uma base que tenham equivalentes grama que *não sejam iguais* às suas massas molares. O que é uma solução *normal* de um ácido ou base? Como a *normalidade* de uma solução de um ácido ou base se relaciona à sua *concentração em quantidade de matéria?* Dê um exemplo de uma solução cuja normalidade seja igual à sua concentração em quantidade de matéria, e um exemplo de uma solução cuja normalidade *não* seja a mesma que sua concentração em quantidade de matéria.

Problemas

28. a. Se a pressão em uma amostra de 125 mL de gás for aumentada de 755 mm de Hg para 899 mm de Hg à temperatura constante, qual será o volume da amostra?
    b. Se uma amostra de gás for comprimida de um volume inicial de 455 mL a 755 mm de Hg para um volume final de 327 mL à temperatura constante, qual será a nova pressão na amostra de gás?

29. a. Se a temperatura em uma amostra de 255 mL de gás for aumentada de 35 °C para 55 °C à pressão constante, qual será o novo volume da amostra de gás?
    b. Se uma amostra de 325 mL de gás a 25 °C for imersa em nitrogênio líquido a –196 °C, qual será o novo volume da amostra de gás?

30. Calcule a quantidade indicada para cada amostra de gás:
    a. O volume ocupado por 1,15 g de gás hélio a 25 °C e 1,01 atm de pressão.
    b. A pressão parcial de cada gás se 2,27 g de H_2 e 1,03 g de He estão confinados em um recipiente de 5,00 L a 0 °C.
    c. A pressão existente em um tanque de 9,97 L contendo 42,5 g de gás argônio a 27 °C.

31. O cloro gasoso, Cl_2, pode ser gerado em quantidades pequenas pela adição de ácido clorídrico concentrado em óxido de manganês(IV).

    $MnO_2(s) + 4HCl(aq) \rightarrow MnCl_2(aq) + 2H_2O(l) + Cl_2(g)$

    O cloro gasoso é borbulhado na água para dissolver qualquer traço de HCl remanescente e, depois, é seco sendo borbulhado com ácido sulfúrico concentrado.

    Após secar, qual seria o volume esperado de gás Cl_2 na CNTP se 4,05 g de MnO_2 for tratado com excesso de HCl concentrado?

32. Quando o carbonato de cálcio é muito aquecido, ele libera dióxido de carbono gasoso

    $CaCO_3(s) \rightarrow CaO(s) + CO_2(g)$

    Se 1,25 g de $CaCO_3$ for aquecido, qual seria a massa de CO_2 produzida? Qual volume essa quantidade de CO_2 ocuparia na CNTP?

33. Se uma corrente elétrica for passada através de cloreto de sódio fundido, é gerado cloro gasoso elementar à medida que o cloreto de sódio se decompõe

$$2NaCl(l) \rightarrow 2Na(s) + Cl_2(g)$$

Qual é o volume gerado de cloro gasoso medido a 767 mm de Hg a 25 °C pela completa decomposição de 1,25 g de NaCl?

34. Calcule a quantidade indicada para cada solução:
    a. A porcentagem em massa de soluto quando 2,05 g de NaCl são dissolvidos em 19,2 g de água.
    b. A massa de soluto contida em 26,2 g de uma solução 10,5% de $CaCl_2$.
    c. A massa de NaCl necessária para preparar 225 g de uma solução 5,05% de NaCl.

35. Calcule a quantidade indicada para cada solução:
    a. A massa de soluto presente em 235 mL de uma solução de NaOH 0,251 mol L^{-1}.
    b. A concentração em quantidade de matéria da solução quando 0,293 mol de KNO_3 é dissolvido em água em um volume final de 125 mL.
    c. A quantidade de matéria de HCl presente em 5,05 L de uma solução de 6,01 mol L^{-1}.

36. Calcule as concentrações em quantidade de matéria das soluções resultantes quando as diluições indicadas são feitas. Suponha que os volumes sejam aditivos.
    a. 25 mL de água são adicionados em 12,5 mL de uma solução de NaOH 1,515 mol L^{-1}.
    b. 75,0 mL de HCl 0,252 mol L^{-1} são diluídos em água para um volume total de 225 mL.
    c. 52,1 mL de HNO_3 0,751 mol L^{-1} são adicionados em 250 mL de água.

37. Calcule o volume (em mililitros) de cada uma das soluções ácidas a seguir que seria necessário para neutralizar 36,2 mL de uma solução de NaOH 0,259 mol L^{-1}:
    a. HCl 0,271 mol L^{-1}
    b. H_2SO_4 0,119 mol L^{-1}
    c. H_3PO_4 0,171 mol L^{-1}

38. Se 125 mL de solução de ácido sulfúrico concentrado (densidade 1,84 g mL^{-1}, 98,3% em massa de H2SO4) for diluída em um volume final de 3,01 L, calcule as seguintes informações:
    a. A massa de H_2SO_4 puro na amostra de 125 mL.
    b. A concentração em quantidade de matéria da solução de ácido *concentrado*.
    c. A concentração em quantidade de matéria da solução de ácido *diluído*.
    d. A normalidade da solução de ácido diluído.
    e. A quantidade de solução de ácido diluído necessária para neutralizar 45,3mL de uma solução de NaOH 0,532 mol L^{-1}

Ácidos e bases

CAPÍTULO 16

16-1 Ácidos e bases
16-2 Força ácida
16-3 Água como um ácido e como uma base
16-4 A escala de pH
16-5 Calculando o pH de soluções ácidas fortes
16-6 Soluções tamponadas

As gárgulas na catedral de Notre Dame, em Paris, precisam de restauração em decorrência de décadas de chuva **ácida.** Witold Skrypczak/SuperStock

Os ácidos são substâncias muito importantes. São eles que fazem que os limões sejam azedos, a comida seja digerida pelo estômago (e às vezes causam azia), as rochas sejam dissolvidas para produzir fertilizantes, o esmalte de seu dente seja dissolvido formando cáries, e eles limpam os depósitos de sua cafeteira. Os ácidos são produtos químicos industriais essenciais. Na verdade, a substância química em primeiro lugar em termos de quantidade fabricada nos Estados Unidos é o ácido sulfúrico, H_2SO_4. Oito bilhões de libras desse material são utilizados todo ano na fabricação de fertilizantes, detergentes, plásticos, produtos farmacêuticos, baterias de armazenamento e metais.

Neste capítulo, consideraremos as propriedades mais importantes dos ácidos e seus opostos, as bases.

Um limão tem gosto ácido, pois contém ácido cítrico. Corbis livre de royalties

16-1 Ácidos e bases

OBJETIVO Aprender sobre dois modelos de ácidos e bases e a relação de pares conjugados ácido-base.

Não prove reagentes químicos!

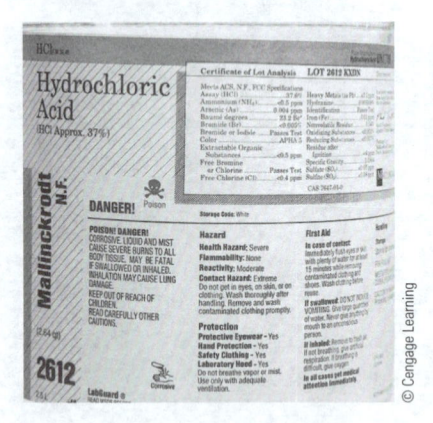

O rótulo em uma garrafa de ácido clorídrico concentrado.

Os ácidos foram primeiramente reconhecidos como substâncias que têm gosto azedo. O vinagre tem gosto azedo porque é uma solução diluída de ácido acético; o ácido cítrico é responsável pelo sabor azedo de um limão. As bases, às vezes chamadas de alcalinos, são caracterizadas por seu gosto amargo e sensação escorregadia. A maioria dos sabonetes e produtos comerciais para desentupir ralos é altamente básico.

A primeira pessoa a reconhecer a natureza essencial de ácidos e bases foi Svante Arrhenius. Com base em seus experimentos com eletrólitos, Arrhenius postulou que os **ácidos** *produzem íons hidrogênio em solução aquosa*, enquanto as **bases** *produzem íons hidróxido* (revise a Seção 7-4).

Por exemplo, quando o cloreto de hidrogênio gasoso é dissolvido em água, cada molécula produz íons da seguinte forma:

$$HCl(g) \xrightarrow{H_2O} H^+(aq) + Cl^-(aq)$$

Essa solução é o ácido forte conhecido como ácido clorídrico. Por outro lado, quando o hidróxido de sódio sólido é dissolvido em água, seus íons se separam produzindo uma solução contendo íons Na^+ e OH^-.

$$NaOH(s) \xrightarrow{H_2O} Na^+(aq) + OH^-(aq)$$

Essa solução é chamada de base forte.

Embora o **conceito de Arrhenius de ácidos e bases** tenha sido um grande passo na compreensão da química de ácido-base, esse conceito é limitado, pois leva em conta somente um tipo de base — o íon hidróxido. Uma definição mais geral de ácidos e bases foi sugerida pelo químico dinamarquês Johannes Brønsted e o químico inglês Thomas Lowry. No **modelo de Brønsted-Lowry**, *um ácido é um doador* *de próton* (H^+), *e uma base é um receptor de próton*. De acordo com o modelo de Brønsted-Lowry, a reação geral que ocorre quando um ácido é dissolvido em água pode ser mais bem representada como um ácido (HA) doando um próton a uma molécula de água para formar um novo ácido (o **ácido conjugado**) e uma nova base (a **base conjugada**).

$$HA(aq) + H_2O(l) \rightarrow H_3O^+(aq) + A^-(aq)$$
Ácido — Base — Ácido conjugado — Base conjugada

Lembre-se de que (*aq*) significa que a substância é hidratada — possui moléculas de água encrustadas ao seu redor.

Esse modelo enfatiza a função significativa da molécula polar de água em puxar o próton do ácido. Observe que a base conjugada é tudo que resta da molécula de ácido após o próton ter sido perdido. O ácido conjugado é formado quando o próton é transferido para a base. Um **par ácido-base conjugado** consiste em duas substâncias relacionadas entre si pela doação e recepção de um único próton. Na equação acima, há dois pares de ácido-base conjugados: HA (ácido) e A^- (base), e H_2O (base) e H_3O^+ (ácido). Por exemplo, quando dissolvido em água, o cloreto de hidrogênio se comporta como um ácido.

Par ácido-base conjugado
$$HCl(aq) + H_2O(l) \rightarrow H_3O^+(aq) + Cl^-(aq)$$
Par base-ácido conjugado

Neste caso, HCl é o ácido que perde um íon H^+ para formar Cl^-, sua base conjugada. Por outro lado, H_2O (comportando-se como base) ganha um íon H^+ para formar H_3O^+ (o ácido conjugado).

Como a água pode agir como uma base? Lembre-se de que o oxigênio da molécula de água possui dois pares de elétrons não compartilhados, cada um podendo formar uma ligação covalente com um íon H^+. Quando o HCl gasoso é dissolvido em água, ocorre a seguinte reação:

$$H-\ddot{O}: + H-Cl \rightarrow \left[H-\ddot{O}-H\right]^+ + Cl^-$$

Observe que um íon H^+ é transferido da molécula de HCl para a molécula de água para formar H_3O^+, que é chamado de **íon hidrônio**.

Exemplo resolvido 16.1 — Identificando pares ácido-base conjugados

Quais dos seguintes representam pares ácido-base conjugados?

a. HF, F^-
b. NH_4^+, NH_3
c. HCl, H_2O

SOLUÇÃO

a. e b. HF, F^- e NH_4^+, NH_3 são pares ácido-base conjugados, pois as duas espécies diferem entre si apenas por um H^+.

$$HF \rightarrow H^+ + F^-$$
$$NH_4^+ \rightarrow H^+ + NH_3$$

c. HCl e H_2O não são pares ácido-base conjugados, pois não estão relacionados pela remoção ou adição de um H^+. A base conjugada de HCl é Cl^-. O ácido conjugado da H_2O é H_3O^+. ∎

502 Introdução à química: fundamentos

Exemplo resolvido 16.2 — Escrevendo bases conjugadas

Escreva a base conjugada para os itens a seguir:

a. $HClO_4$ b. H_3PO_4 c. $CH_3NH_3^+$

SOLUÇÃO

Para obter a base conjugada de um ácido, precisamos remover um íon H^+.

a. $HClO_4 \rightarrow H^+ + ClO_4^-$
   Ácido   Base conjugada

b. $H_3PO_4 \rightarrow H^+ + H_2PO_4^-$
   Ácido   Base conjugada

c. $CH_3NH_3^+ \rightarrow H^+ + CH_3NH_2$
   Ácido   Base conjugada

AUTOVERIFICAÇÃO

Exercício 16.1 Quais dos seguintes representam pares ácido-base conjugados?

a. H_2O, H_3O^+
b. OH^-, HNO_3
c. H_2SO_4, SO_4^{2-}
d. $HC_2H_3O_2$, $C_2H_3O_2^-$

Consulte os Problemas 16.7 até 16.14. ■

16-2 Força ácida

OBJETIVOS
▸ Entender o que significa a força ácida.
▸ Entender a relação entre força ácida e força da base conjugada.

Vimos que, quando um ácido é dissolvido em água, um próton é transferido do ácido para a água:

$$HA\ (aq) + H_2O\ (l) \rightarrow H_3O^+\ (aq) + A^-\ (aq)$$

Nessa reação, um novo ácido, H_3O^+ (chamado de ácido conjugado), e uma nova base, A^- (a base conjugada), são formados. O ácido e base conjugados podem reagir entre si

$$H_3O^+\ (aq) + A^-\ (aq) \rightarrow HA\ (aq) + H_2O\ (l)$$

para novamente formar o ácido precursor e a molécula de água. Portanto, a reação pode ocorrer em ambos os sentidos. A reação direta é:

$$HA\ (aq) + H_2O\ (l) \rightarrow H_3O^+\ (aq) + A^-\ (aq)$$

e a reação inversa é:

$$H_3O^+\ (aq) + A^-\ (aq) \rightarrow HA\ (aq) + H_2O\ (l)$$

Observe que os produtos na reação direta são os reagentes na reação inversa. Geralmente representamos a situação na qual a reação pode ocorrer em ambos os sentidos com setas duplas:

$$HA\ (aq) + H_2O\ (l) \rightleftharpoons H_3O^+\ (aq) + A^-\ (aq)$$

Essa situação representa uma competição pelo íon H^+ entre a H_2O (na reação direta) e A^- (na reação inversa). Se a H_2O "ganhar" essa competição – isto é, se a H_2O atrair muito mais o H^+ comparado ao A^- – então, a solução conterá em sua maioria H_3O^+ e A^-. Descrevemos essa situação dizendo que a molécula de H_2O é uma base muito mais forte (mais atração pelo H^+) que A^-. Nesse caso, a reação direta predomina:

$$HA(aq) + H_2O(l) \rightarrow H_3O^+(aq) + A^-(aq)$$

Dizemos que o ácido HA está *completamente ionizado* ou *completamente dissociado*. Essa situação representa um **ácido forte**.

A situação oposta também pode ocorrer. Às vezes o A^- "vence" a competição pelo íon H^+. Nesse caso, A^- é uma base muito mais forte que H_2O e a reação inversa predomina:

$$HA(aq) + H_2O(l) \leftarrow H_3O^+(aq) + A^-(aq)$$

Aqui, A^- atrai muito mais o H^+ que H_2O, e a maioria das moléculas HA permanecem intactas. Essa situação representa um **ácido fraco**.

Podemos determinar o que está realmente acontecendo em uma solução medindo sua capacidade de conduzir corrente elétrica. Lembre-se do Capítulo 7 que a solução pode conduzir corrente na proporção do número de íons que estão presentes (Figura 7.2). Quando 1 mol de cloreto de sódio sólido é dissolvido em 1 L de água, a solução resultante é uma excelente condutora de corrente elétrica, pois os íons Na^+ e Cl^- se separam completamente. Chamamos o NaCl de eletrólito forte. De forma semelhante, quando 1 mol de cloreto de hidrogênio é dissolvido em 1 L de água, a solução resultante é uma excelente condutora. Portanto, o cloreto de hidrogênio também é um eletrólito forte, o que significa que cada molécula de HCl deve produzir íons H^+ e Cl^-. Isso nos diz que a reação direta predomina:

$$HCl(aq) + H_2O(l) \rightleftharpoons H_3O^+(aq) + Cl^-(aq)$$

(Da mesma forma, a seta apontando para a direita é maior que a seta apontando para a esquerda). Na solução, quase não há moléculas de HCl, somente íons H^+ e Cl^-. Isso mostra que o Cl^- é uma base muito pobre comparada com a molécula de H_2O; quase não tem capacidade de atrair íons H^+ na água. Essa solução aquosa de cloreto de hidrogênio (chamada de ácido clorídrico) é um ácido forte.

Em geral, a força de um ácido é definida pela posição de sua reação de ionização (dissociação):

$$HA(aq) + H_2O(l) \rightleftharpoons H_3O^+(aq) + A^-(aq)$$

Um ácido forte é aquele para o qual *a reação direta predomina*. Isso significa que quase todo o HA original está dissociado (ionizado) [Fig. 16.1(a)]. Há uma conexão importante entre a força de um ácido e aquela de sua base conjugada. *Um ácido forte contém uma base conjugada relativamente fraca* — uma que possui uma baixa atração por prótons. Um ácido forte pode ser descrito como um ácido

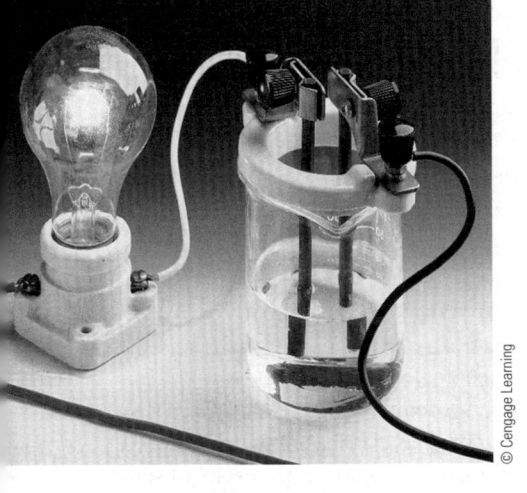

Uma solução de ácido clorídrico prontamente conduz corrente elétrica, como mostrado pela nitidez da lâmpada.

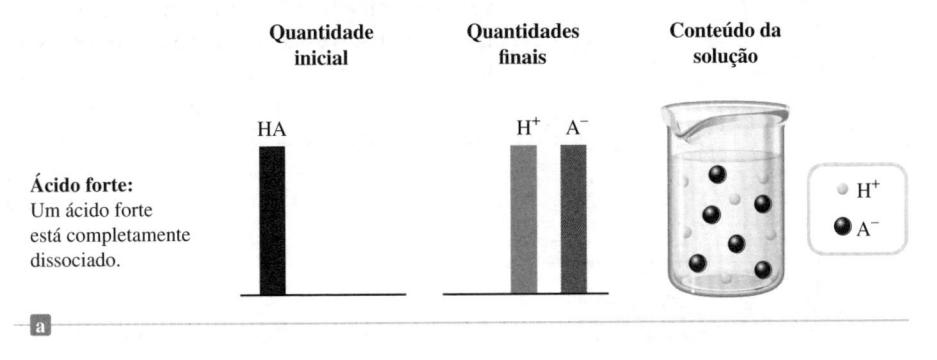

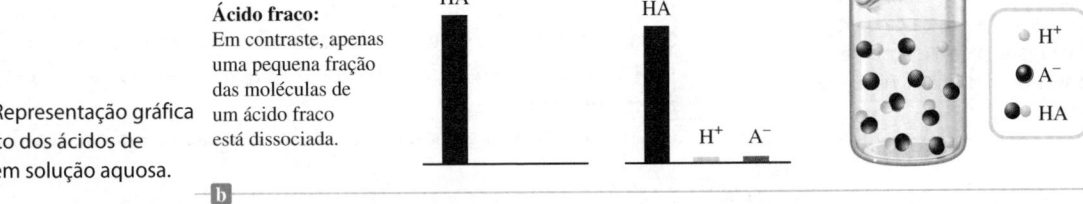

Figura 16.1 ▶ Representação gráfica do comportamento dos ácidos de diferentes forças em solução aquosa.

QUÍMICA EM FOCO

Carbonação: um truque legal

As sensações de paladar e olfato afetam muito nossa experiência diária. Por exemplo, as memórias são muitas vezes desencadeadas por um odor igual a outro que ocorreu quando o evento foi originalmente armazenado em nossos bancos de memórias. Da mesma forma, o sentido do paladar possui um efeito poderoso em nossas vidas. Por exemplo, muitas pessoas anseiam pela sensação intensa produzida pelos compostos encontrados em pimentas picantes.

Uma sensação que é muito refrescante para a maioria das pessoas é o efeito de uma bebida fria e carbonatada na boca. A sensação acentuada e de formigamento experimentada não está diretamente relacionada com o borbulhar do dióxido de carbono dissolvido na bebida. Na verdade, ela surge pois prótons são produzidos à medida que o CO_2 interage com a água nos tecidos da boca:

$$CO_2 + H_2O \rightleftharpoons H^+ + HCO_3^-$$

Essa reação é apressada por um catalisador biológico – uma enzima – chamada de anidrase carbônica. A acidificação dos fluidos nas terminações nervosas da boca leva à sensação acentuada produzida pelas bebidas carbonatadas.

O dióxido de carbono também estimula os nervos que detectam a "refrescância" na boca. Na verdade, os pesquisadores identificaram um reforço mútuo entre resfriamento e a presença de CO_2. Estudos mostram que a uma determinada concentração de CO_2, uma bebida mais fria é sentida como mais "pungente" que uma bebida mais quente. Quando testes foram realizados em bebidas nas quais a concentração de carbono era variada, os resultados mostraram que uma bebida tinha a sensação de mais fria com o aumento da concentração de CO_2, embora elas estivessem todas na mesma temperatura.

Assim, uma bebida pode parecer mais fria se possuir uma maior concentração de dióxido de carbono. Ao mesmo tempo, resfriar uma bebida carbonatada pode intensificar a sensação de formigamento causada pela acidez induzida pelo CO_2. Essa é uma sinergia muito boa.

cuja base conjugada seja uma base muito mais fraca que a água (Fig. 16.2). Nesse caso, as moléculas de água ganham a competição pelos íons H^+.

Em contraste com o ácido clorídrico, quando o ácido acético, $HC_2H_3O_2$, é dissolvido em água, a solução resultante conduz corrente elétrica somente de forma fraca. Isto é, o ácido acético é um eletrólito fraco, o que significa que estão presentes apenas alguns íons. Em outras palavras, para a reação:

$$HC_2H_3O_2(aq) + H_2O(l) \rightleftharpoons H_3O^+(aq) + C_2H_3O_2^-(aq)$$

predomina a reação inversa (assim, a seta apontando para a esquerda é maior). Na verdade, as medidas mostram que somente cerca de uma em cem (1%) das moléculas de $HC_2H_3O_2$ estão dissociadas (ionizadas) em uma solução de ácido acético 0,1 mol L^{-1}. Portanto, o ácido acético é um ácido fraco. Quando as moléculas de ácido acético são colocadas na água, quase todas permanecem não dissociadas. Isso nos diz que o íon acetato, $C_2H_3O_2^-$, é uma base eficaz – atrai com muito sucesso íons H^+ em água. Ou seja, o ácido acético permanece em grande parte na forma de moléculas $HC_2H_3O_2$ na solução. Um ácido fraco é aquele no qual *predomina a reação inversa*.

$$HA(aq) + H_2O(l) \twoheadleftarrow H_3O^+(aq) + A^-(aq)$$

A maioria do ácido originalmente colocado na solução ainda está presente como HA no equilíbrio. Isto é, um ácido fraco dissocia (ioniza) somente em uma extensão muito pequena na solução aquosa [Fig. 16.1(b)]. Em contraste com um ácido forte, um ácido fraco possui uma base conjugada que é uma base muito mais forte que a água. Nesse caso, a molécula de água não tem muito sucesso em puxar um íon H^+ para fora da base conjugada. *Um ácido fraco contém uma base conjugada relativamente forte* (Fig. 16.2).

As várias formas de descrever a força de um ácido estão resumidas na Tabela 16.1.

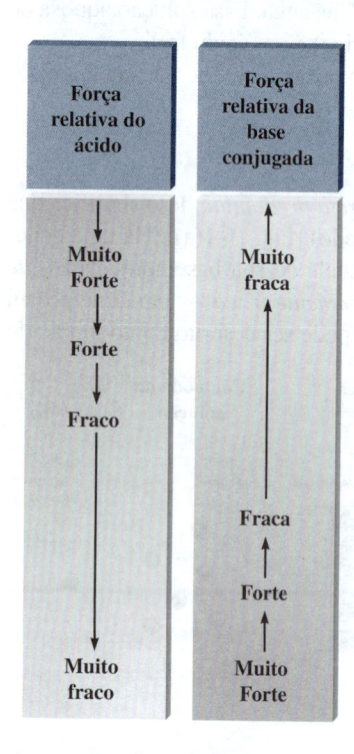

Figura 16.2 ▶ A relação entre a força ácida e a força da base conjugada para a reação de dissociação HA(aq) + H$_2$O(l) $\rightleftharpoons$ Ácido

H$_3$O$^+$(aq) + A$^-$(aq)
Base conjugada

Força relativa do ácido: Muito Forte → Forte → Fraco → Muito fraco

Força relativa da base conjugada: Muito fraca → Fraca → Forte → Muito Forte

QUÍMICA EM FOCO

As plantas reagem

As plantas às vezes não parecem receber muito respeito. Muitas vezes, pensamos nelas como formas de vida meio tediosas. Estamos acostumados aos animais se comunicando entre si, mas consideramos as plantas mudas. Entretanto, essa percepção está sendo alterada. Está ficando claro agora que as plantas se comunicam umas com as outras e também com os insetos. Ilya Roskin e seus colegas na Universidade Rutgers, por exemplo, descobriram que as plantas de tabaco quando são atacadas por doenças emitem um sinal de alerta liberando o produto químico ácido salicílico, um precursor da aspirina. Quando a planta de tabaco é infestada pelo vírus do mosaico do tabaco (TMV), que forma bolhas escuras nas folhas e faz que apodreçam e amarelem, a planta doente produz grandes quantidades de ácido salicílico para alertar seu sistema imunológico para combater o vírus. Além disso, parte do ácido salicílico é convertido em salicilato de metila, um composto volátil que evapora da planta doente. As plantas vizinhas absorvem esse produto químico e o transformam novamente em ácido salicílico, ativando assim seus sistemas imunológicos para protegê-las contra o ataque iminente do TMV. Assim, à medida que a planta de tabaco se prepara para lutar contra um ataque do TMV, também avisa suas vizinhas para estarem prontas para esse vírus.

Em outro exemplo de comunicação de plantas, uma folha de tabaco atacada por uma lagarta emite um sinal químico que atrai uma vespa parasita que pica e mata o inseto. Mais impressionante ainda é a capacidade da planta de customizar o sinal emitido para que a vespa atraída seja aquela que se especializa em matar a lagarta específica envolvida no ataque. A planta faz isso mudando as proporções de dois componentes químicos emitidos quando a lagarta mastiga uma folha. Os estudos mostraram que outras plantas, como o milho e o algodão, também emitem componentes químicos de atração de vespas quando enfrentam ataques de lagartas.

Essa pesquisa mostra que as plantas podem "se manifestar" para se proteger. Os cientistas esperam aprender a ajudá-las a fazer isso de forma mais eficiente.

Uma vespa põe seus ovos em uma lagarta de mariposa-cigana na folha de um pé de milho.

Ácido salicílico

Salicilato de metila

Pensamento crítico

O vinagre contém ácido acético e é usado em molhos para saladas. E se o ácido acético fosse um ácido forte ao invés de um ácido fraco? Seria seguro usar vinagre como tempero de saladas?

Tabela 16.1 ▶ Formas de descrever a força ácida

Propriedade	Ácido forte	Ácido fraco
a reação de ionização ácida (dissociação)	predomina a reação direta	predomina a reação inversa
a força da base conjugada comparada com a da água	A^- é uma base muito mais fraca que a H_2O	A^- é uma base muito mais forte que a H_2O

Os ácidos fortes comuns são o ácido sulfúrico, $H_2SO_4(aq)$; ácido clorídrico, $HCl(aq)$; ácido nítrico, $HNO_3(aq)$; e ácido perclórico, $HClO_4(aq)$. O ácido sulfúrico é na verdade um **ácido diprótico**, ou seja, pode fornecer dois prótons. O ácido H_2SO_4 é um ácido forte que está praticamente 100% dissociado na água:

$$H_2SO_4\,(aq) \rightarrow H^+\,(aq) + HSO_4^-\,(aq)$$

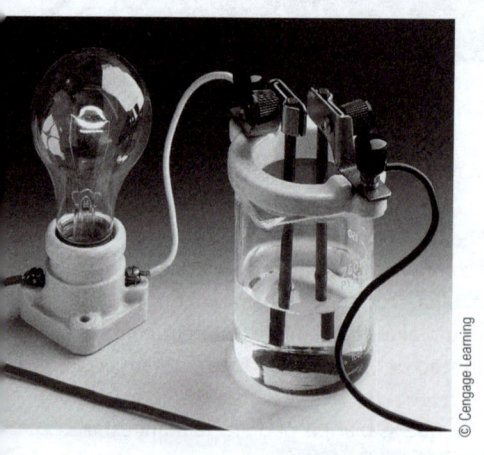

Uma solução de ácido acético conduz somente uma pequena quantidade de corrente, como mostrado pela lâmpada levemente acesa.

O íon HSO_4^- também é um ácido, mas é um ácido fraco:

$$HSO_4^-(aq) \rightleftharpoons H^+(aq) + SO_4^{2-}(aq)$$

A maioria dos íons HSO_4^- permanece não dissociada.

A maioria dos ácidos é **oxiácido**, em que o hidrogênio ácido está ligado a um átomo de oxigênio (vários oxiácidos são exibidos abaixo). Os ácidos fortes que mencionamos, exceto o ácido clorídrico, são exemplos típicos. Os ácidos orgânicos, aqueles com uma espinha dorsal de átomos de carbono, geralmente contêm um **grupo carboxila**:

Os ácidos desse tipo são geralmente fracos. Um exemplo é o ácido acético, CH_3COOH, que muitas vezes é escrito como $HC_2H_3O_2$.

Ácido fosfórico   Ácido acético

Ácido nitroso   Ácido hipocloroso

Há alguns ácidos importantes nos quais o próton ácido está ligado a um átomo que não seja o oxigênio. Os mais significativos são os ácidos hidrohálicos HX, nos quais o X representa um átomo de halogênio. Exemplos são HCl(*aq*), um ácido forte, e HF(*aq*), um ácido fraco.

16-3 Água como um ácido e como uma base

OBJETIVO Aprender sobre a ionização da água.

Uma substância é considerada *anfótera* se puder se comportar como ácido ou como base. A água é a **substância anfótera** mais comum. Podemos ver isso claramente na ionização da água, que envolve a transferência de um próton de uma molécula de água a outra para produzir um íon hidróxido e um íon hidrônio.

$$H_2O(l) + H_2O(l) \rightleftharpoons H_3O^+(aq) + OH^-(aq)$$

Nessa reação, uma molécula de água age como ácido fornecendo um próton, e a outra age como base recebendo o próton. A reação de ida para esse processo não ocorre em uma grande extensão. Isto é, em água pura, há somente uma pequena quantidade de H_3O^+ e OH^-. A 25 °C, as concentrações reais são:

$$[H_3O^+] = [OH^-] = 1{,}0 \times 10^{-7} \text{ mol L}^{-1}$$

Note que em água pura as concentrações de $[H_3O^+]$ e $[OH^-]$ são iguais, pois são produzidas em números iguais na reação de ionização.

Uma das coisas mais interessantes e importantes sobre a água é que o *produto matemático* das concentrações de H_3O^+ e OH^- sempre são constantes. Podemos encontrar essa constante multiplicando as concentrações de H_3O^+ e OH^- a 25 °C:

$$[H_3O^+][OH^-] = (1{,}0 \times 10^{-7})(1{,}0 \times 10^{-7}) = 1{,}0 \times 10^{-14}$$

Chamamos essa constante de **constante do produto iônico, K_w**. Assim, a 25 °C:

$$[H_3O^+][OH^-] = 1{,}0 \times 10^{-14} = K_w$$

Para simplificar a notação, muitas vezes escrevemos H_3O^+ como simplesmente H^+. Dessa forma, podemos escrever a expressão de K_w da seguinte forma:

$$[H^+][OH^-] = 1{,}0 \times 10^{-14} = K_w$$

As unidades geralmente são omitidas quando o valor da constante é dado e utilizado.

É importante reconhecer o significado de K_w. Em qualquer solução aquosa a 25 °C, *independente do que contenha*, o produto de $[H^+]$ e $[OH^-]$ sempre será igual a $1{,}0 \times 10^{-14}$. Isso significa que se $[H^+]$ subir, $[OH^-]$ deve diminuir para que o produto dos dois ainda seja $1{,}0 \times 10^{-14}$. Por exemplo, se HCl gasoso for dissolvido na água, aumentando $[H^+]$, $[OH^-]$ deve diminuir.

Há três situações possíveis em uma solução aquosa. Se adicionarmos um ácido (um doador H^+) na água, obteremos uma solução ácida. Nesse caso, como adicionamos uma fonte de H^+, $[H^+]$ será maior que $[OH^-]$. Por outro lado, se adicionarmos uma base (uma fonte de OH^-) na água, $[OH^-]$ será maior que $[H^+]$, essa é uma *solução básica*. Finalmente, podemos ter uma situação na qual $[H^+] = [OH^-]$, essa é uma *solução neutra*. A água pura é automaticamente neutra, mas também podemos obter uma solução neutra adicionando quantidades iguais de H^+ e OH^-. É muito importante compreender as definições de soluções neutras, ácidas e básicas. Resumindo:

Lembre-se de que H^+ representa H_3O^+.

1. Em uma **solução neutra**, $[H^+] = [OH^-]$
2. Em uma **solução ácida**, $[H^+] > [OH^-]$
3. Em uma **solução básica**, $[OH^-] > [H^+]$

Em cada caso, no entanto, $K_w = [H^+][OH^-] = 1{,}0 \times 10^{-14}$.

Exemplo resolvido 16.3 Calculando as concentrações iônicas na água

Calcule $[H^+]$ ou $[OH^-]$, conforme necessário para cada uma das seguintes soluções a 25 °C, e diga se a solução é neutra, ácida ou básica.

a. $OH^- 1{,}0 \times 10^{-5}$ mol L^{-1} b. $OH^- 1{,}0 \times 10^{-7}$ mol L^{-1} c. $H^+ 10{,}0$ mol L^{-1}

SOLUÇÃO

a. **Para onde vamos?**

Queremos determinar $[H^+]$ em uma solução de determinado $[OH^-]$ a 25 °C.

O que sabemos?

- A 25 °C, $K_w = [H^+][OH^-] = 1{,}0 \times 10^{-14}$
- $[OH^-] = 1{,}0 \times 10^{-5}$ mol L^{-1}

Como chegamos lá?

Sabemos que $K_w = [H^+][OH^-] = 1{,}0 \times 10^{-14}$. Precisamos calcular $[H^+]$. No entanto, $[OH^-]$ é dado – é de $1{,}0 \times 10^{-5}$ mol L^{-1} – então iremos encontrar $[H^+]$ dividindo ambos os lados por $[OH^-]$.

Técnica para aumentar suas capacidades matemáticas

$K_w = [H^+][OH^-]$

$\dfrac{K_w}{[OH^-]} = [H^+]$

$$[H^+] = \frac{1{,}0 \times 10^{-14}}{[OH^-]} = \frac{1{,}0 \times 10^{-14}}{1{,}0 \times 10^{-5}} = 1{,}0 \times 10^{-9} \text{ mol L}^{-1}$$

Como $[OH^-] = 1{,}0 \times 10^{-5}$ mol L^{-1} é maior que $[H^+] = 1{,}0 \times 10^{-9}$ mol L^{-1}, a solução é básica. (Lembre-se de que quanto mais negativo o exponente, menor é o número.)

b. **Para onde vamos?**

Queremos determinar [H$^+$] em uma solução de determinado [OH$^-$] a 25 °C.

O que sabemos?

- A 25 °C, K_w = [H$^+$][OH$^-$] = 1,0 × 10^{-14}
- [OH$^-$] = 1,0 × 10^{-7} mol L^{-1}

Como chegamos lá?

Novamente, [OH$^-$] é dado, então resolvemos a expressão K_w para [H$^+$].

$$[\text{H}^+] = \frac{1,0 \times 10^{-14}}{[\text{OH}^-]} = \frac{1,0 \times 10^{-14}}{1,0 \times 10^{-7}} = 1,0 \times 10^{-7} \text{ mol L}^{-1}$$

Aqui [H$^+$] = [OH$^-$] = 1,0 × 10^{-7} mol L^{-1}, então a solução é neutra.

c. **Para onde vamos?**

Queremos determinar [OH$^-$] em uma solução de determinado [H$^+$] a 25 °C.

O que sabemos?

- A 25 °C, K_w = [H$^+$][OH$^-$] = 1,0 × 10^{-14}
- [H$^+$] = 10,0 mol L^{-1}

Como chegamos lá?

Nesse caso, [H$^+$] é dado, então resolvemos [OH$^-$].

$$[\text{OH}^-] = \frac{1,0 \times 10^{-14}}{[\text{H}^+]} = \frac{1,0 \times 10^{-14}}{10,0} = 1,0 \times 10^{-15} \text{ mol L}^{-1}$$

Agora comparamos [H$^+$] = 10,0 mol L^{-1} com [OH$^-$] = 1,0 × 10^{-15} mol L^{-1}. Como [H$^+$] é maior que [OH$^-$], a solução é ácida.

Técnica para aumentar suas capacidades matemáticas

K_w = [H$^+$][OH$^-$]

$\dfrac{K_w}{[\text{H}^+]}$ = [OH$^-$]

AUTOVERIFICAÇÃO

Exercício 16.2 Calcule [H$^+$] em uma solução em que [OH$^-$] = 2,0 × 10^{-2} mol L^{-1}. Essa solução é ácida, neutra ou básica?

Consulte os Problemas 16.31 até 16.34.

Exemplo resolvido 16.4 | **Usando a constante do produto iônico em cálculos**

SOLUÇÃO

É possível em uma solução aquosa a 25 °C ter [H$^+$] = 0,010 mol L^{-1} e [OH$^-$] = 0,010 mol L^{-1}?

A concentração 0,010 mol L^{-1} também pode ser expressa como 1,0 × 10^{-2} mol L^{-1}. Assim, se [H$^+$] = [OH$^-$] = 1,0 × 10^{-2} mol L^{-1}, o produto:

$$[\text{H}^+][\text{OH}^-] = (1,0 \times 10^{-2})(1,0 \times 10^{-2}) = 1,0 \times 10^{-4}$$

Isso não é possível. O produto de [H$^+$] e [OH$^-$] sempre deve ser 1,0 × 10^{-14} em água a 25 °C, então uma solução não poderia ter [H$^+$] = [OH$^-$] = 0,010 mol L^{-1}. Se H$^+$ e OH$^-$ forem adicionados à água nessas quantidades, eles reagirão entre si para formar H$_2$O,

$$\text{H}^+ + \text{OH}^- \rightarrow \text{H}_2\text{O}$$

até o produto [H$^+$][OH$^-$] = 1,0 × 10^{-14}.

Esse é um resultado geral. Quando H$^+$ e OH$^-$ são adicionados à água em quantidades de tal forma que o produto de suas concentrações seja maior que 1,0 × 10^{-14}, reagirão para formar água até que H$^+$ e OH$^-$ suficientes sejam consumidos para que [H$^+$][OH$^-$] = 1,0 × 10^{-14}. ∎

QUÍMICA EM FOCO

Ferrugem de aviões

Como os aviões permanecem em serviço por muitos anos, é importante detectar a corrosão que pode enfraquecer a estrutura em um estágio inicial. No passado, a procura por sinais pequenos de corrosão era muito lenta e trabalhosa, especialmente em aviões grandes. Porém, essa situação mudou graças ao sistema de pintura desenvolvido por Gerald S. Frankel e Jian Zhang da Universidade de Ohio. A tinta que criaram se torna rosa em áreas que estão começando a ser corroídas, tornando-as fáceis de notar.

O segredo da tinta mágica é a fenolftaleína, o indicador comum de ácido-base que se torna rosa em uma solução básica. A corrosão da carcaça de alumínio do avião envolve uma reação que forma íons OH^-, produzindo uma área básica no local da corrosão que torna a fenolftaleína rosa. Como esse sistema é altamente sensível, a corrosão pode ser corrigida antes de danificar o avião.

Da próxima vez em que você for voar, se a aeronave estiver cheia de pontinhos rosa, pegue o próximo voo!

16-4 A escala de pH

OBJETIVOS
- Entender pH e pOH.
- Aprender a encontrar pOH e pH de várias soluções.
- Aprender a usar a calculadora para esses cálculos.

Para expressar números pequenos de forma conveniente, os químicos muitas vezes usam a "escala p", que é baseada em logaritmos comuns (logs de base 10). Nesse sistema, se N representa um número, então:

$$pN = -\log N = (-1) \times \log N$$

Isto é, o p significa que tomamos o log do número que o segue e multiplicamos o resultado por -1. Por exemplo, para expressar o número $1{,}0 \times 10^{-7}$ na escala p, precisamos usar o log negativo de $1{,}0 \times 10^{-7}$.

$$p(1{,}0 \times 10^{-7}) = -\log(1{,}0 \times 10^{-7}) = 7{,}00$$

Como $[H^+]$ em uma solução aquosa é tipicamente bem pequena, usando a escala p na forma da **escala de pH**, temos uma forma conveniente de representar a acidez da solução. O pH é definido como:

$$pH = -\log[H^+]$$

Para obter o valor do pH de uma solução, devemos calcular o negativo do log de $[H^+]$.

No caso em que $[H^+] = 1{,}0 \times 10^{-5}$ mol L^{-1}, a solução tem valor de pH de 5,00.

Para representar o pH com o número adequado de algarismos significativos, você precisa saber a seguinte regra de logaritmos: *o número de casas decimais para um log deve ser igual ao número de algarismos significativos no número original.* Assim,

2 algarismos significativos

$$[H^+] = 1{,}0 \times 10^{-5} \text{ mol L}^{-1}$$

e

$$pH = 5{,}00$$

2 casas decimais

Exemplo resolvido 16.5 — Calculando o pH

Calcule o valor do pH de cada uma das seguintes soluções a 25 °C.

a. Uma solução em que $[H^+] = 1,0 \times 10^{-9}$ mol L^{-1}
b. Uma solução em que $[OH^-] = 1,0 \times 10^{-6}$ mol L^{-1}

SOLUÇÃO

a. Para essa solução, $[H^+] = 1,0 \times 10^{-9}$.

$$-\log(1,0 \times 10^{-9}) = 9,00$$
$$pH = 9,00$$

b. Nesse caso, temos $[OH^-]$. Assim, precisamos calcular primeiro $[H^+]$ com base na expressão de K_w. Resolvemos:

$$K_w = [H^+][OH^-] = 1,0 \times 10^{-14}$$

para $[H^+]$ dividindo ambos os lados por $[OH^-]$.

$$[H^+] = \frac{1,0 \times 10^{-14}}{[OH^-]} = \frac{1,0 \times 10^{-14}}{1,0 \times 10^{-6}} = 1,0 \times 10^{-8}$$

Agora que sabemos $[H^+]$, podemos calcular o pH, pois $pH = -\log[H^+] = -\log(1,0 \times 10^{-8}) = 8,00$.

AUTOVERIFICAÇÃO

Exercício 16.3 Calcule o valor do pH para cada uma das seguintes soluções a 25 °C.

a. Uma solução em que $[H^+] = 1,0 \times 10^{-3}$ mol L^{-1}
b. Uma solução em que $[OH^-] = 5,0 \times 10^{-5}$ mol L^{-1}

Consulte os Problemas 16.41 até 16.44. ■

Tabela 16.2 ▶ A relação da concentração de H$^+$ de uma solução com seu pH

$[H^+]$(mol L^{-1})	pH
$1,0 \times 10^{-1}$	1,00
$1,0 \times 10^{-2}$	2,00
$1,0 \times 10^{-3}$	3,00
$1,0 \times 10^{-4}$	4,00
$1,0 \times 10^{-5}$	5,00
$1,0 \times 10^{-6}$	6,00
$1,0 \times 10^{-7}$	7,00

O símbolo p significa –log.

Como a escala de pH é uma escala de log na base 10, *o pH varia de 1 para cada variação na potência de 10 em $[H^+]$*. Por exemplo, uma solução de pH 3 possui uma concentração de H$^+$ de 10^{-3} mol L^{-1}, o que significa que é 10 vezes aquela de uma solução de pH 4 ($[H^+] = 10^{-4}$ mol L^{-1}) e 100 vezes aquela de uma solução de pH 5. Isso é mostrado na Tabela 16.2. Note também na Tabela 16.2 que *o pH diminui à medida que $[H^+]$ aumenta*. Isto é, um pH menor significa uma solução mais ácida. A escala de pH e os valores de pH de várias substâncias comuns estão representados na Figuras 16.3.

Muitas vezes medimos o pH de uma solução usando um medidor de pH, um dispositivo eletrônico com uma sonda que pode ser inserido em uma solução de pH desconhecido. Um medidor de pH é mostrado na Figura 16.4. O papel indicador colorido também é geralmente usado para medir o pH de uma solução quando não há necessidade de muita precisão. Uma gota da solução a ser testada é colocada nesse papel especial, que imediatamente se modifica para a cor característica de um determinado pH (Figura 16.5).

As escalas de log semelhantes à escala de pH são usadas para representar outras quantidades. Por exemplo,

$$pOH = -\log[OH^-]$$

Portanto, em uma solução em que:

$$[OH^-] = 1,0 \times 10^{-12} \text{ mol L}^{-1}$$

o pOH é:

$$-\log[OH^-] = -\log(1,0 \times 10^{-12}) = 12,00$$

Ácidos e bases **511**

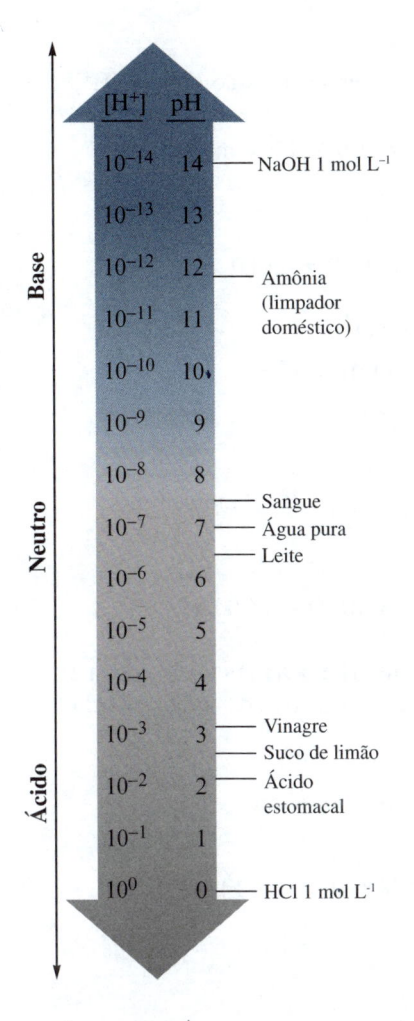

Figura 16.3 ▶ A escala de pH e os valores de pH de algumas substâncias comuns.

*Você pode visualizar essa imagem em cores no final do livro.

Figura 16.4 ▶ Um medidor de pH. Os eletrodos da direita são inseridos em uma solução com pH desconhecido. A diferença entre [H⁺] na solução selada em um dos eletrodos e [H⁺] na solução que está sendo analisada é traduzida em um potencial elétrico e registrada no medidor como uma leitura de pH.

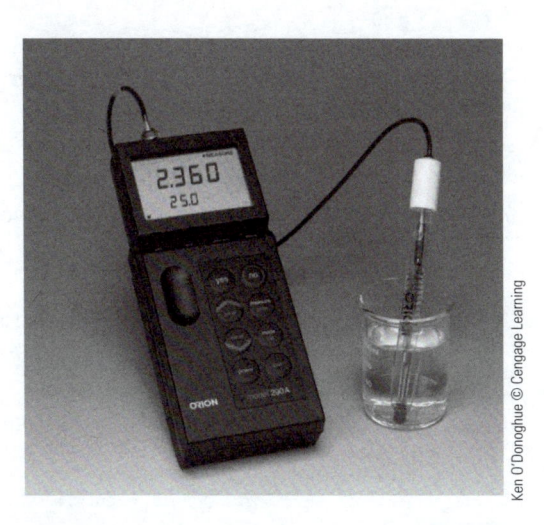

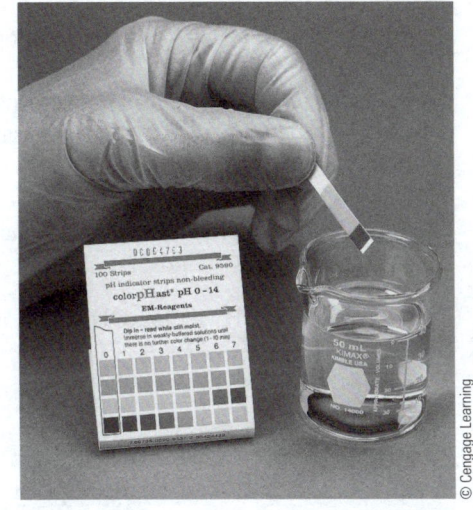

Figura 16.5 ▶ Papel indicador sendo usado para medir o pH de uma solução. O pH é determinado comparando-se a cor em que a solução transforma o papel com a cor na tabela.

*Você pode visualizar essa imagem em cores no final do livro.

Pensamento crítico

E se um político eleito decidisse banir todos os produtos com um pH fora da faixa de 6-8? Como isso afetaria os produtos que você pode comprar hoje? Dê alguns exemplos de produtos que não estariam mais disponíveis.

Exemplo resolvido 16.6 — Calculando o pH e o pOH

Calcule o valor de pH e pOH de cada uma das seguintes soluções a 25 °C.

a. $OH^- 1,0 \times 10^{-3}$ mol L^{-1}

b. $H^+ 1,0$ mol L^{-1}

SOLUÇÃO

a. Sabemos [OH⁻], então podemos calcular o valor do pOH obtido $-\log[OH^-]$.

$$pOH = -\log[OH^-] = -\log(1,0 \times 10^{-3}) = 3,00$$

Para calcular o pH, precisamos primeiro resolver a expressão K_w para $[H^+]$.

$$[H^+] = \frac{K_w}{[OH^-]} = \frac{1,0 \times 10^{-14}}{1,0 \times 10^{-3}} = 1,0 \times 10^{-11} \text{ mol L}^{-1}$$

Agora calculamos o pH.

$$pH = -\log[H^+] = -\log(1,0 \times 10^{-11}) = 11,00$$

b. Nesse caso, temos $[H^+]$ e podemos calcular o pH.

$$pH = -\log[H^+] = -\log(1,0) = 0$$

Depois, resolvemos a expressão K_w para $[OH^-]$.

$$[OH^-] = \frac{K_w}{[H^+]} = \frac{1,0 \times 10^{-14}}{1,0} = 1,0 \times 10^{-14} \text{ mol L}^{-1}$$

Agora calculamos o pOH.

$$pOH = -\log[OH^-] = -\log(1,0 \times 10^{-14}) = 14,00 \quad \blacksquare$$

Podemos obter uma relação conveniente entre pH e pOH iniciando com a expressão K_w $[H^+][OH^-] = 1,0 \times 10^{-14}$ e usando o log negativo de ambos os lados.

$$-\log([H^+][OH^-]) = -\log(1,0 \times 10^{-14})$$

Como o log de um produto é igual à soma dos logs dos termos – isto é, $\log(A \times B) = \log A + \log B$– temos:

$$\underbrace{-\log[H^+]}_{pH} \underbrace{-\log[OH^-]}_{pOH} = -\log(1,0 \times 10^{-14}) = 14,00$$

que resulta na equação:

$$\boxed{pH + pOH = 14,00}$$

Isso significa que, uma vez conhecido o pH ou o pOH de uma solução, podemos calcular o outro. Por exemplo, se uma solução possui pH de 6,00, o pOH é calculado por:

$$pH + pOH = 14,00$$
$$pOH = 14,00 - pH$$
$$pOH = 14,00 - 6,00 = 8,00$$

As hemácias podem existir somente em uma faixa muito estreita de pH.

Exemplo resolvido 16.7 — Calculando o pOH com base no pH

SOLUÇÃO

O pH do sangue é de cerca de 7,4. Qual é o pOH do sangue?

$$pH + pOH = 14,00$$
$$pOH = 14,00 - pH$$
$$= 14,00 - 7,4$$
$$= 6,6$$

O pOH do sangue é de 6,6.

AUTOVERIFICAÇÃO

Exercício 16.4 Uma amostra de chuva em uma área com grave poluição do ar possui um pH de 3,5. Qual é o pOH dessa água de chuva?

Consulte os Problemas 16.45 e 16.46. ∎

Também é possível encontrar [H⁺] ou [OH⁻] sabendo pH ou pOH. Para encontrar [H⁺] a partir do pH, devemos retornar à definição do pH:

$$pH = -\log [H^+]$$

ou

$$-pH = \log [H^+]$$

Para chegar à [H⁺] do lado direito dessa equação, precisamos "desfazer" a operação de log. Isso é chamado de *antilog* ou *inverso* do log.

$$\text{antlog} (-pH) = \text{antlog} (\log[H^+])$$
$$\text{antlog} (-pH) = [H^+]$$

Técnica para aumentar suas capacidades matemáticas

Essa operação pode envolver uma tecla 10ˣ em algumas calculadoras.

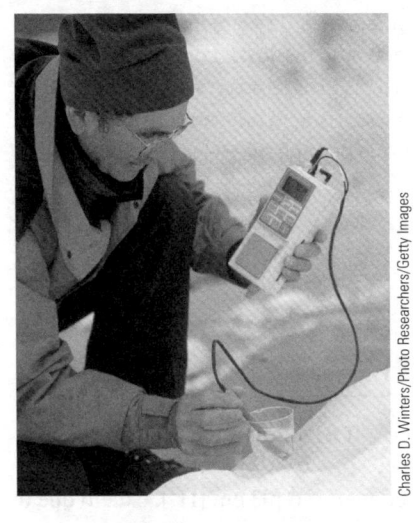

Há diferentes métodos de conduzir uma operação de antlog em várias calculadoras. Um método comum é a sequência de duas teclas [inv] [log] (Consulte o manual de usuário de sua calculadora para saber como realizar a operação de antlog ou inverso do log). As etapas para ir de pH para [H⁺] são as seguintes:

Etapas para calcular [H⁺] com base no pH

Etapa 1 Use o inverso do log (antilog) de –pH para ter [H⁺] apertando as teclas [inv] [log], nessa ordem. (Sua calculadora pode ter teclas diferentes para essa operação.)

Etapa 2 Pressione a tecla menos [–].

Etapa 3 Insira o pH.

Para praticar, converteremos o pH = 7,0 em [H⁺].

$$pH = 7,0$$
$$-pH = -7,0$$

O antlog de $-7,0$ resulta em 1×10^{-7}.

Medindo o pH de água do degelo glacial.

$$[H^+] = 1 \times 10^{-7} \text{ mol L}^{-1}$$

Esse processo é mostrado com mais detalhes no Exemplo 16.8.

Exemplo resolvido 16.8

Calculando [H⁺] com base no pH

O pH de uma amostra de sangue humano foi medido como 7,41. Qual é o [H⁺] desse sangue?

SOLUÇÃO
$$pH = 7,41$$
$$-pH = 27,41$$
$$[H^+] = \text{antlog de } -7,41 = 3,9 \times 10^{-8}$$
$$[H^+] = 3,9 \times 10^{-8} \text{ mol L}^{-1}$$

Note que por pH ter duas casas decimais, precisamos de dois algarismos significativos para [H⁺].

AUTOVERIFICAÇÃO

Exercício 16.5 O pH da água da chuva em uma área poluída é de 3,50. Qual é o [H⁺] dessa água?

Consulte os Problemas 16.49 e 16.50. ∎

Um procedimento semelhante é usado para converter de pOH em [OH⁻], como mostrado no Exemplo 16.9.

QUÍMICA EM FOCO

Indicadores ácido-base de variedades de jardins

O que as flores podem nos dizer sobre os ácidos e as bases? Na verdade, algumas flores podem nos dizer se o solo em que são cultivadas é ácido ou básico. Por exemplo, no solo ácido, as flores da hortênsia serão azuis; em solo básico (alcalino), as flores serão vermelhas. Qual é o segredo? O pigmento na flor é um indicador ácido-base.

Geralmente, indicadores ácido-base são tinturas que são ácidos fracos. Como os indicadores são geralmente moléculas complexas, muitas vezes os simbolizamos como HIn. A reação do indicador com a água pode ser escrita como:

$$HIn(aq) + H_2O(l) \rightleftharpoons H_3O^+(aq) + In^-(aq)$$

Para funcionar como um indicador ácido-base, as formas conjugadas de ácido-base dessas tinturas devem ter cores diferentes. O nível de acidez da solução determinará se o indicador está presente principalmente em sua forma ácida (HIn) ou básica (In⁻).

Quando colocada em uma solução ácida, a maioria das formas básicas do indicador é convertida em forma ácida pela reação:

$$In^-(aq) + H^+(aq) \rightarrow HIn(aq)$$

Quando colocada em uma solução básica, a maioria das formas ácidas do indicador é convertida em forma básica pela reação:

$$HIn(aq) + OH^-(aq) \rightarrow In^-(aq) + H_2O(l)$$

Temos, então, que muitas frutas, legumes e flores podem agir como indicadores ácido-base. Plantas vermelhas, azuis e roxas muitas vezes contêm uma classe de elementos químicos chamada de antocianinas, que mudam de cor com base no nível de acidez dos arredores. Talvez a mais famosa dessas plantas seja o repolho-roxo. O repolho-roxo contém uma mistura de antocianinas e outros pigmentos que permite que seja usado como "indi-

---

Exemplo resolvido 16.9 — **Calculando [OH⁻] com base no pOH**

O pOH da água em um aquário é 6,59. Qual é o [OH⁻] dessa água?

SOLUÇÃO

Usamos as mesmas etapas que usamos para converter o pH em [H⁺], exceto que o pOH é usado para calcular [OH⁻].

$$pOH = 6,59$$
$$-pOH = 26,59$$
$$[OH^-] = \text{antlog de } -6,59 = 2,6 \times 10^{-7}$$
$$[OH^-] = 2,6 \times 10^{-7} \text{ mol L}^{-1}$$

Observe que são necessários dois algarismos significativos.

AUTOVERIFICAÇÃO — **Exercício 16.6** O pOH de um limpador de esgotos líquido é de 10,50. Qual é o [OH⁻] desse produto?

Consulte os Problemas 16.51 e 16.52. ■

16-5 Calculando o pH de soluções de ácidos fortes

OBJETIVO Aprender a calcular o pH de soluções de ácidos fortes.

Nesta seção, aprenderemos a calcular o pH de uma solução que contém um ácido forte de concentração conhecida. Por exemplo, se sabemos que uma solução contém HCl 1,0 mol L⁻¹, como podemos encontrar o pH dessa solução? Para

cador universal". O suco de repolho-roxo é vermelho intenso com pH 1–2, roxo com pH 4, azul com pH 8 e verde com o pH 11.

Outros indicadores naturais incluem as cascas de beterraba (que mudam de vermelho para roxo em soluções muito básicas), mirtilos (que mudam de azul para vermelho em soluções ácidas) e uma variedade de pétalas de flores, incluindo gerânio, delfínios, ipomeias e, é claro, hortênsias.

responder essa pergunta, precisamos saber que, quando o HCl é dissolvido em água, cada molécula se dissocia (ioniza) em íons H$^+$ e Cl$^-$. Isto é, precisamos saber que o HCl é um ácido forte. Desse modo, embora o rótulo no frasco diga HCl 1,0 mol L^{-1}, a solução não contém quase nenhuma molécula de HCl. Uma solução de HCl 1,0 mol L^{-1} contém íons H$^+$ e Cl$^-$ em vez de moléculas de HCl. Geralmente, os rótulos das embalagens indicam a(s) substância(s) usada(s) para formar a solução, mas não necessariamente descrevem os seus componentes após a diluição. Nesse caso,

$$1{,}0 \text{ mol L}^{-1} \text{ de HCl} \rightarrow 1{,}0 \text{ mol L}^{-1} \text{ de H}^+ \text{ e } 1{,}0 \text{ mol L}^{-1} \text{ de Cl}^-$$

Portanto, [H$^+$] na solução é de 1,0 mol L^{-1}. O pH é, então:

$$\text{pH} = -\log [\text{H}^+] = -\log (1{,}0) = 0$$

Exemplo resolvido 16.10 — Calculando o pH de soluções de ácidos fortes

Calcule o pH de HNO$_3$ 0,10 mol L^{-1}.

SOLUÇÃO HNO$_3$ é um ácido forte, então, os íons na solução são H$^+$ e NO$_3^-$. Nesse caso,

$$0{,}10 \text{ mol L}^{-1} \text{ de HNO}_3 \rightarrow 0{,}10 \text{ mol L}^{-1} \text{ de H}^+ \text{ e } 0{,}10 \text{ mol L}^{-1} \text{ de NO}_3^-$$

Assim,

$$[\text{H}^+] = 0{,}10 \text{ mol L}^{-1} \quad \text{e} \quad \text{pH} = -\log(0{,}10) = 1{,}00$$

AUTOVERIFICAÇÃO **Exercício 16.7** Calcule o pH de uma solução HCl de $5{,}0 \times 10^{-3}$ mol L^{-1}.

Consulte os Problemas 16.57 e 16.58. ■

16-6 Soluções tamponadas

OBJETIVO Entender as características gerais de soluções tamponadas.

Uma **solução tamponada** é aquela que resiste à mudança em seu pH mesmo quando um ácido ou base forte é adicionado. Por exemplo, quando 0,01 mol de HCl é adicionado a 1 L de água pura, o pH passa de seu valor inicial de 7 para 2, uma variação de 5 unidades de pH. Entretanto, quando 0,01 mol de HCl é adicionado a uma solução contendo ácido acético ($HC_2H_3O_2$) 0,1 mol L^{-1} e acetato de sódio ($NaC_2H_3O_2$) 0,1 mol L^{-1}, o pH passa do valor inicial de 4,74 para 4,66, uma variação de apenas 0,08 unidade de pH. Essa última solução está tamponada – ela sofre somente uma variação muito pequena no pH quando um ácido ou uma base forte são adicionados.

As soluções tamponadas são essencialmente importantes para os organismos vivos cujas células podem funcionar somente em uma faixa muito estreita de pH. Muitos peixes dourados morrem porque seus donos não percebem a importância de manter a água do aquário em um pH adequado. Para os humanos sobreviverem, o pH do sangue deve ser mantido entre 7,35 e 7,45. Essa faixa estreita é mantida por vários sistemas diferentes de tamponamento.

Uma solução é tamponada pela *presença de um ácido fraco e sua base conjugada*. Um exemplo de solução tamponada é uma solução aquosa que contém ácido acético e acetato de sódio. O acetato de sódio é um sal que fornece íons acetato (a base conjugada do ácido acético) quando dissolvido. Para ver como esse sistema age como um tampão, devemos reconhecer que as espécies presentes nessa solução são:

$$HC_2H_3O_2, \quad \underbrace{Na^+, \quad C_2H_3O_2^-}_{\substack{\text{Quando } Na^+ C_2H_3O_2 \\ \text{é dissolvido, produz os} \\ \text{íons separados}}}$$

O que acontece nessa solução quando um ácido forte como o HCl é adicionado? Em água pura, os íons de H^+ do HCl se acumulariam, reduzindo assim o pH.

$$HCl \xrightarrow{100\%} H^+ + Cl^-$$

No entanto, essa solução tamponada contém íons de $C_2H_3O_2^-$, que são básicos. Isto é, $C_2H_3O_2^-$ tem uma forte afinidade por H^+, como evidenciado pelo fato de $HC_2H_3O_2$ ser um ácido fraco. Isso significa que íons $C_2H_3O_2^-$ e H^+ não existem juntos em grandes quantidades. Como o íon $C_2H_3O_2^-$ possui uma alta afinidade por H^+, os dois se combinam para formar moléculas de $HC_2H_3O_2$. Assim, o H^+ do HCl adicionado não se acumula na solução, mas reage com $C_2H_3O_2$ da seguinte forma:

$$H^+ (aq) + C_2H_3O_2^- (aq) \rightarrow HC_2H_3O_2 (aq)$$

Depois, considere o que acontece quando uma base forte como o hidróxido de sódio é adicionada a uma solução tamponada. Se essa base fosse adicionada em água pura, os íons de OH^- do sólido se acumulariam e mudariam muito (aumentariam) o pH.

$$NaOH \xrightarrow{100\%} Na^+ + OH^-$$

Entretanto, na solução tamponada, o íon OH^-, que possui uma *afinidade muito forte* por H^+, reage com as moléculas de $HC_2H_3O_2$ da seguinte forma:

$$HC_2H_3O_2 (aq) + OH^- (aq) \rightarrow H_2O (l) + C_2H_3O_2^- (aq)$$

Isso acontece porque, embora $C_2H_3O_2^-$ tenha uma forte afinidade por H^+, OH^- tem afinidade muito mais forte por H^+ e, assim, pode remover os íons H^+ de moléculas de ácido acético.

Observe que os materiais de tamponamento dissolvidos na solução evitam que H^+ ou OH^- adicionados se acumulem na solução. Qualquer H^+ adicionado é preso por $C_2H_3O_2^-$ para formar $HC_2H_3O_2$. Qualquer OH^- adicionado reage com $HC_2H_3O_2$ para formar H_2O e $C_2H_3O_2^-$.

As propriedades gerais de uma solução tamponada estão resumidas na Tabela 16.3.

Tabela 16.3 ▶ As características de um tampão

1. A solução contém um ácido fraco HA e sua base conjugada A⁻.
2. O tampão resiste às variações no pH reagindo com qualquer H⁺ ou OH⁻ adicionados, para que esses íons não se acumulem.
3. Qualquer H⁺ adicionado reage com a base A⁻.
$$H^+(aq) + A^-(aq) \rightarrow HA(aq)$$
4. Qualquer OH⁻ adicionado reage com o ácido fraco HA.
$$OH^-(aq) + HA(aq) \rightarrow H_2O(l) + A^-(aq)$$

CAPÍTULO 16 REVISÃO

F direciona para a seção *Química em Foco* do capítulo

Termos-chave

ácidos (16-1)
bases (16-1)
conceito de ácidos e bases de Arrhenius (16-1)
modelo de Brønsted-Lowry (16-1)
ácido conjugado (16-1)
base conjugada (16-1)
par de ácido-base conjugado (16-1)
íon hidrônio (16-1)
ácido forte (16-2)
ácido fraco (16-2)
ácido diprótico (16-2)
oxiácidos (16-2)
ácidos orgânicos (16-2)
grupo carboxila (16-2)
substância anfótera (16-3)
constante do produto iônico, K_w (16-3)
solução neutra (16-3)
solução ácida (16-3)
solução básica (16-3)
escala de pH (16-4)
solução tamponada (16-6)

Para revisão

▶ O modelo Arrhenius
  • Os ácidos produzem íons H⁺ em solução aquosa.
  • As bases produzem OH⁻ em solução aquosa.

▶ Modelo de Brønsted-Lowry
  • Ácido → doador de próton
  • Base → receptor de próton
  • $HA(aq) + H_2O(l) \rightleftharpoons H_3O^+(aq) + A^-(aq)$

▶ Força ácida
  • Um ácido forte está completamente dissociado (ionizado).
    • $HA(aq) + H_2O(l) \rightarrow H_3O^+(aq) + A^-(aq)$
    • Tem uma base conjugada fraca.
  • Um ácido fraco está levemente dissociado (ionizado).
    • Tem uma base conjugada forte.

▶ Água é um ácido e uma base (anfótera).

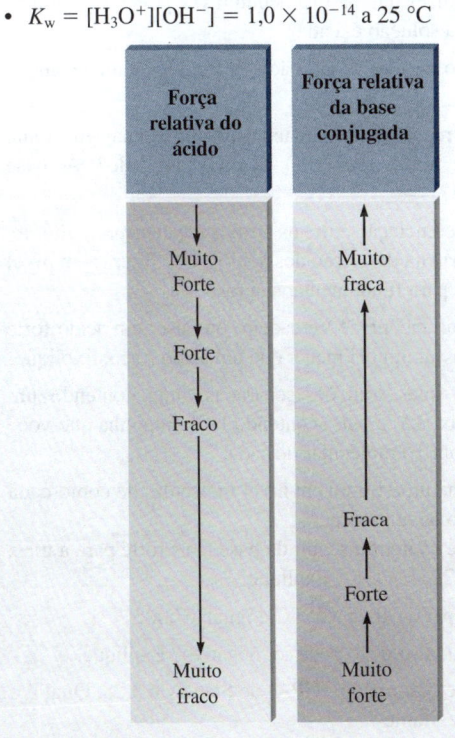

▶ $H_2O(l) + H_2O(l) \rightleftharpoons H_3O^+(aq) + OH^-(aq)$
  • $K_w = [H_3O^+][OH^-] = 1,0 \times 10^{-14}$ a 25 °C

Força relativa do ácido	Força relativa da base conjugada
Muito Forte ↓	Muito fraca ↑
Forte ↓	Fraca ↑
Fraco ↓	Forte ↑
Muito fraco	Muito forte

▶ A acidez de uma solução é expressa em termos de [H⁺].
▶ pH = −log [H⁺]
  • Menor pH significa maior acidez ([H⁺]).
▶ pOH = −log [OH⁻]
▶ Para uma solução neutra, [H⁺] = [OH⁻].
▶ Para uma solução ácida, [H⁺] > [OH⁻].
▶ Para uma solução básica, [H⁺] < [OH⁻].

- O pH de uma solução pode ser medido por:
  - Indicadores
  - Medidor de pH
- Para um ácido forte, a concentração de H⁺ na solução é igual à concentração inicial do ácido.
- Uma solução tamponada é uma solução que resiste à variação em seu pH quando um ácido ou base são adicionados.
- As soluções tamponadas contêm um ácido fraco e sua base conjugada.

As características de um tampão

1. A solução contém um ácido fraco HA e sua base conjugada A⁻.
2. O tampão resiste às variações no pH reagindo com qualquer H⁺ ou OH⁻ adicionados para que esses íons não se acumulem.
3. Qualquer H⁺ adicionado reage com a base A⁻.
$$H^+(aq) + A^-(aq) \rightarrow HA(aq)$$
4. Qualquer OH⁻ adicionado reage com o ácido fraco HA.
$$OH^-(aq) + HA(aq) \rightarrow H_2O(l) + A^-(aq)$$

Questões de aprendizado ativo

Estas questões foram desenvolvidas para serem resolvidas por grupos de alunos na sala de aula. Normalmente, elas funcionam bem para introduzir um tópico específico em sala.

1. Você precisa encontrar a concentração de H⁺ em uma solução de NaOH(aq). Como o hidróxido de sódio é uma base forte, podemos dizer que não há nenhum H⁺, pois ter H⁺ implicaria que a solução é ácida?

2. Explique o motivo de Cl⁻ não afetar o pH de uma solução aquosa.

3. Escreva a reação geral para um ácido agindo na água. Qual é a base nesse caso? O ácido conjugado? A base conjugada?

4. Faça a diferenciação entre os termos *concentrado*, *diluído*, *fraco* e *forte* na descrição dos ácidos. Use figuras em nível molecular para fundamentar sua resposta.

5. O que significa "pH"? Verdadeiro ou falso: um ácido forte sempre possui um pH menor que um ácido fraco. Explique.

6. Considere duas soluções separadas: uma contendo um ácido fraco, HA, e outra contendo HCl. Suponha que você comece com 10 moléculas de cada.
   a. Desenhe uma figura em nível molecular de como cada solução deve parecer.
   b. Arranje os itens a seguir da base mais forte para a mais fraca: Cl⁻, H₂O, A⁻. Explique.

7. Por que o pH da água a 25 °C é igual a 7,00?

8. O pH de uma solução pode ser negativo? Explique.

9. O ponto de grau médio (GPA) de Stanley é 3,28. Qual é o p(GPA) de Stanley?

10. Um amigo fez a seguinte pergunta: "Considere uma solução tamponada que consiste em um ácido fraco HA e seu sal NaA. Se uma base forte como NaOH for adicionada, HA reagiria com OH⁻ para formar A⁻. Assim, a quantidade de ácido (HA) diminuiria, e a quantidade de base (A⁻) aumentaria. De forma análoga, adicionar HCl à solução tamponada formaria mais do ácido (HA) pela reação com a base (A⁻). Como podemos alegar que uma solução tamponada resiste às mudanças no pH da solução?" Como você explicaria o tamponamento ao seu amigo?

11. A mistura de soluções aquosas de ácido acético e hidróxido de sódio pode formar uma solução tamponada. Explique.

12. Uma solução tamponada pode ser feita misturando soluções aquosas de HCl e NaOH? Explique.

13. Considere a equação: $HA(aq) + H_2O \rightleftharpoons H_3O^+(aq) + A^-(aq)$.
    a. Se a água é uma base melhor que A⁻, em que sentido teremos equilíbrio?
    b. Se a água é uma base melhor que A⁻, isso significa que o HA é um ácido forte ou fraco?
    c. Se a água é uma base melhor que A⁻, o valor de K_a é maior ou menor que 1?

14. Escolha a resposta que melhor completa a seguinte afirmativa e a defenda. Quando 100,0 mL de água são adicionados em 100,0 mL de uma solução de HCl 1,00 mol L⁻¹:
    a. o pH diminui, pois a solução é diluída.
    b. o pH não muda, pois a água é neutra.
    c. o pH dobra, pois o volume agora é o dobro.
    d. o pH aumenta, pois a concentração de H⁺ diminui.
    e. a solução é completamente neutralizada.

15. Você mistura uma solução de ácido forte com pH 4 e um volume igual de uma solução de ácido forte com pH 6. O pH final é maior que 4, entre 4 e 5, 5, entre 5 e 6, ou maior que 6? Explique.

16. As seguintes figuras são representações em nível molecular de soluções ácidas. Rotule cada uma como ácido forte ou fraco.

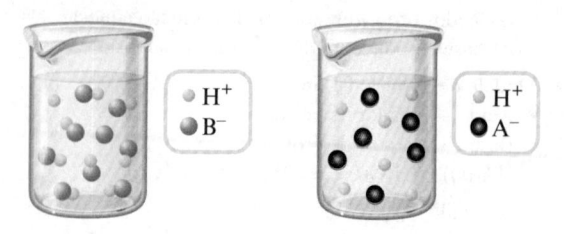

17. Responda as seguintes questões relacionadas a soluções tamponadas.
    a. Explique o que uma solução tamponada faz.
    b. Descreva as substâncias que constituem uma solução tamponada.
    c. Explique como uma solução tamponada funciona.

Perguntas e problemas

16-1 Ácidos e bases

Perguntas

1. Quais são algumas propriedades físicas que historicamente levaram os químicos a classificarem várias substâncias como ácidos e bases?

2. Escreva uma equação mostrando como HCl(*g*) se comporta como um ácido de Arrhenius quando dissolvido em água. Escreva uma equação mostrando como NaOH(*s*) se comporta como uma base de Arrhenius quando dissolvido em água.

3. De acordo com o modelo de Brønsted-Lowry, um ácido é um "doador de próton" e uma base é um "receptor de próton". Explique.

4. Como os componentes de um par ácido-base conjugado se diferem de outros? Dê um exemplo de um par ácido-base conjugado para ilustrar sua resposta.

5. Dada a equação geral que ilustra a reação do ácido HA na água,

$$HA(aq) + H_2O(l) \rightarrow H_3O^+(aq) + A^-(aq)$$

explique por que a água é considerada uma base no modelo de Brønsted-Lowry.

6. De acordo com Arrhenius, _____ produz íons hidrogênio em solução aquosa, enquanto _____ produz íons hidróxido.

Problemas

7. Quais dos seguintes *não* representam pares ácido-base conjugados? Para os que não são pares ácido-base conjugados, escreva o par ácido-base conjugado correto para cada espécie.
   a. HI, I$^-$
   b. HClO, HClO$_2$
   c. H$_3$PO$_4$, PO$_4^{3-}$
   d. H$_2$CO$_3$, CO$_3^{2-}$

8. Quais dos seguintes *não* representam pares ácido-base conjugados? Para os que não são pares ácido-base conjugados, escreva o par ácido-base conjugado correto para cada espécie.
   a. H$_2$SO$_4$, SO$_4^{2-}$
   b. H$_2$PO$_4^-$, HPO$_4^{2-}$
   c. HClO$_4$, Cl$^-$
   d. NH$_4^+$, NH$_2^-$

9. Em cada uma das equações químicas a seguir, identifique os pares de ácido-base conjugados.
   a. HF(*aq*) + H$_2$O(*l*) $\rightleftharpoons$ F$^-$(*aq*) + H$_3$O$^+$(*aq*)
   b. CN$^-$(*aq*) + H$_2$O(*l*) $\rightleftharpoons$ HCN(*aq*) + OH$^-$(*aq*)
   c. HCO$_3^-$(*aq*) + H$_2$O(*l*) $\rightleftharpoons$ H$_2$CO$_3$(*aq*) + OH$^-$(*aq*)

10. Em cada uma das equações químicas a seguir, identifique os pares de ácido-base conjugados.
    a. NH$_3$(*aq*) + H$_2$O(*l*) $\rightleftharpoons$ NH$_4^+$(*aq*) + OH$^-$(*aq*)
    b. PO$_4^{3-}$(*aq*) + H$_2$O(*l*) $\rightleftharpoons$ HPO$_4^{2-}$(*aq*) + OH$^-$(*aq*)
    c. C$_2$H$_3$O$_2^-$(*aq*) + H$_2$O(*l*) $\rightleftharpoons$ HC$_2$H$_3$O$_2$(*aq*) + OH$^-$(*aq*)

11. Escreva o ácido conjugado para as bases a seguir:
    a. PO$_4^{3-}$
    b. IO$_3^-$
    c. NO$_3^-$
    d. NH$_2^-$

12. Escreva o ácido conjugado para as bases a seguir.
    a. ClO$^-$
    b. Cl$^-$
    c. ClO$_3^-$
    d. ClO$_4^-$

13. Escreva a *base* conjugada para os ácidos a seguir:
    a. H$_2$S
    b. HS$^-$
    c. NH$_3$
    d. H$_2$SO$_3$

14. Escreva a *base* conjugada para os ácidos a seguir.
    a. HBrO
    b. HNO$_2$
    c. HSO$_3^-$
    d. CH$_3$NH$_3^+$

15. Escreva a equação química que mostra como cada uma das espécies a seguir pode se comportar conforme indicado quando dissolvida na água.
    a. HSO$_3^-$ como um ácido
    b. CO$_3^{2-}$ como uma base
    c. H$_2$PO$_4^-$ como um ácido
    d. C$_2$H$_3$O$_2^-$ como uma base

16. Escreva a equação química que mostra como cada uma das espécies a seguir pode se comportar conforme indicado quando dissolvida na água.
    a. O^{2-} como uma base
    b. NH$_3$ como uma base
    c. HSO$_4^-$ como um ácido
    d. HNO$_2$ como um ácido

16-2 Força ácida

Questões

17. O que significa dizer que um ácido é *forte* em uma solução aquosa? O que isso revela sobre a capacidade do ânion de um ácido em atrair prótons?

18. O que significa dizer que um ácido é *fraco* em uma solução aquosa? O que isso revela sobre a capacidade do ânion de um ácido em atrair prótons?

19. Como a força de um ácido está relacionada ao fato de existir uma competição por prótons entre moléculas de água e o ânion de um ácido em uma solução aquosa?

20. Um ácido forte possui uma base conjugada fraca, enquanto um ácido fraco possui uma base conjugada relativamente forte. Explique.

21. Escreva a fórmula do íon *hidrônio*. Escreva uma equação para a formação do íon hidrônio quando um ácido é dissolvido em água.

22. Dê o nome de quatro ácidos fortes. Para cada um deles, escreva a equação que mostra o ácido se dissociando em água.

23. Ácidos orgânicos contêm o grupo carboxila:

$$-C\begin{matrix}\nearrow O \\ \searrow O-H\end{matrix}$$

Usando o ácido acético, CH_3-COOH, e o ácido propiônico, CH_3CH_2-COOH, escreva equações que mostrem como o grupo carboxila permite que essas substâncias se comportem como ácidos fracos quando dissolvidos em água.

24. O que é um *oxiácido?* Escreva as fórmulas de três ácidos que são oxiácidos. Escreva as fórmulas de três ácidos que *não* são oxiácidos.

25. Quais dos ácidos a seguir possuem bases conjugadas relativamente fortes?
    a. HCN
    b. H_2S
    c. $HBrO_4$
    d. HNO_3

F 26. A seção "Química em Foco – *As plantas reagem*" discute como as plantas de tabaco atacadas por doenças produzem ácido salicílico. Examine a estrutura do ácido salicílico e preveja se ele se comporta como um ácido monoprótico ou diprótico.

16-3 Água como um ácido e como uma base

Perguntas

27. A água é a substância *anfótera* mais comum, isto é, dependendo das circunstâncias pode se comportar como um ácido ou uma base. Usando HF como exemplo de um ácido e NH_3 como exemplo de uma base, escreva equações dessas substâncias reagindo em água, em que a água se comporta como ácido e como base, respectivamente.

28. Ânions contendo hidrogênio (por exemplo, HCO_3^- e $H_2PO_4^{2-}$) mostram comportamento anfótero quando reagem com outras bases ou ácidos. Escreva equações que ilustrem o anfoterismo nesses ânions.

29. O que queremos dizer com *constante do produto iônico* da água, K_w? O que essa constante significa? Escreva uma equação para a reação química da qual a constante é derivada.

30. O que acontece com a concentração do íon hidróxido em soluções aquosas quando aumentamos a concentração do íon hidrogênio adicionando um ácido? O que acontece com a concentração do íon hidrogênio em soluções aquosas quando aumentamos a concentração do íon hidróxido adicionando uma base? Explique.

Problemas

31. Calcule $[H^+]$ em cada uma das soluções a seguir e indique se é ácida ou básica.
    a. $[OH^-] = 2,32 \times 10^{-4}$ mol L^{-1}
    b. $[OH^-] = 8,99 \times 10^{-10}$ mol L^{-1}
    c. $[OH^-] = 4,34 \times 10^{-6}$ mol L^{-1}
    d. $[OH^-] = 6,22 \times 10^{-12}$ mol L^{-1}

32. Calcule $[H^+]$ em cada uma das soluções a seguir e indique se é neutra, ácida ou básica.
    a. $[OH^-] = 3,99 \times 10^{-5}$ mol L^{-1}
    b. $[OH^-] = 2,91 \times 10^{-9}$ mol L^{-1}
    c. $[OH^-] = 7,23 \times 10^{-2}$ mol L^{-1}
    d. $[OH^-] = 9,11 \times 10^{-7}$ mol L^{-1}

33. Calcule $[OH^-]$ em cada uma das soluções a seguir e indique se é ácida ou básica.
    a. $[H^+] = 4,01 \times 10^{-4}$ mol L^{-1}
    b. $[H^+] = 7,22 \times 10^{-6}$ mol L^{-1}
    c. $[H^+] = 8,05 \times 10^{-7}$ mol L^{-1}
    d. $[H^+] = 5,43 \times 10^{-9}$ mol L^{-1}

34. Calcule $[OH^-]$ em cada uma das soluções a seguir e indique se é ácida ou básica.
    a. $[H^+] = 1,02 \times 10^{-7}$ mol L^{-1}
    b. $[H^+] = 9,77 \times 10^{-8}$ mol L^{-1}
    c. $[H^+] = 3,41 \times 10^{-3}$ mol L^{-1}
    d. $[H^+] = 4,79 \times 10^{-11}$ mol L^{-1}

35. Para cada par de concentrações, indique qual representa a solução mais ácida.
    a. $[H^+] = 1,2 \times 10^{-3}$ mol L^{-1} ou $[H^+] = 4,5 \times 10^{-4}$ mol L^{-1}
    b. $[H^+] = 2,6 \times 10^{-6}$ mol L^{-1} ou $[H^+] = 4,3 \times 10^{-8}$ mol L^{-1}
    c. $[H^+] = 0,000010$ mol L^{-1} ou $[H^+] = 0,0000010$ mol L^{-1}

36. Para cada par de concentrações, indique qual representa a solução mais básica.
    a. $[H^+] = 3,99 \times 10^{-6}$ mol L^{-1} ou $[OH^-] = 6,03 \times 10^{-4}$ mol L^{-1}
    b. $[H^+] = 1,79 \times 10^{-5}$ mol L^{-1} ou $[OH^-] = 4,21 \times 10^{-6}$ mol L^{-1}
    c. $[H^+] = 7,81 \times 10^{-3}$ mol L^{-1} ou $[OH^-] = 8,04 \times 10^{-4}$ mol L^{-1}

16-4 A escala de pH

Perguntas

37. Por que os cientistas tendem a expressar a acidez de uma solução pelo pH, em vez de expressar pela concentração em quantidade de matéria do íon hidrogênio presente? Como o pH é definido matematicamente?

38. Usando a Figura 16.3, liste o valor aproximado do pH de cinco soluções "cotidianas". De que maneira as propriedades familiares (como o sabor azedo para ácidos) dessas soluções correspondem ao seu pH indicado?

39. Para uma concentração de íon hidrogênio de $2,33 \times 10^{-6}$ mol L^{-1}, quantas *casas decimais* devemos exibir expressando o pH da solução?

F 40. A seção "Química em Foco – *Indicadores de ácido-base de variedades de jardins*" discute os indicadores ácido-base encontrados na natureza. Que cores são exibidas pelo suco de repolho-roxo em condições ácidas? E em condições básicas?

Problemas

41. Calcule o pH correspondente a cada uma das concentrações do íon hidrogênio dadas abaixo e indique se cada solução é ácida ou básica.
    a. $[H^+] = 4,02 \times 10^{-3}$ mol L^{-1}

b. $[H^+] = 8{,}99 \times 10^{-7}$ mol L^{-1}
c. $[H^+] = 2{,}39 \times 10^{-6}$ mol L^{-1}
d. $[H^+] = 1{,}89 \times 10^{-10}$ mol L^{-1}

42. Calcule o pH correspondente a cada uma das concentrações de íon hidrogênio dadas abaixo e indique se cada solução é ácida, básica ou neutra.
    a. $[H^+] = 0{,}00100$ mol L^{-1}
    b. $[H^+] = 2{,}19 \times 10^{-4}$ mol L^{-1}
    c. $[H^+] = 9{,}18 \times 10^{-11}$ mol L^{-1}
    d. $[H^+] = 4{,}71 \times 10^{-7}$ mol L^{-1}

43. Calcule o pH correspondente a cada uma das concentrações de íon hidróxido dadas abaixo e indique se cada solução é ácida ou básica.
    a. $[OH^-] = 4{,}73 \times 10^{-4}$ mol L^{-1}
    b. $[OH^-] = 5{,}99 \times 10^{-1}$ mol L^{-1}
    c. $[OH^-] = 2{,}87 \times 10^{-8}$ mol L^{-1}
    d. $[OH^-] = 6{,}39 \times 10^{-3}$ mol L^{-1}

44. Calcule o pH correspondente a cada uma das concentrações de íon hidróxido dadas abaixo e indique se cada solução é ácida ou básica.
    a. $[OH^-] = 8{,}63 \times 10^{-3}$ mol L^{-1}
    b. $[OH^-] = 7{,}44 \times 10^{-6}$ mol L^{-1}
    c. $[OH^-] = 9{,}35 \times 10^{-9}$ mol L^{-1}
    d. $[OH^-] = 1{,}21 \times 10^{-11}$ mol L^{-1}

45. Calcule o pH correspondente a cada uma das concentrações de íon hidróxido dadas abaixo e indique se cada solução é ácida, básica ou neutra.
    a. pOH = 4,32
    b. pOH = 8,90
    c. pOH = 1,81
    d. pOH = 13,1

46. Calcule o valor do pOH correspondente a cada um dos valores de pH correspondentes e indique se cada solução é ácida ou básica.
    a. pH = 9,78
    b. pH = 4,01
    c. pH = 2,79
    d. pH = 11,21

47. Para cada concentração do íon hidrogênio listada, calcule o pH da solução, além da concentração de íon hidróxido. Indique se cada solução é ácida ou básica.
    a. $[H^+] = 4{,}76 \times 10^{-8}$ mol L^{-1}
    b. $[H^+] = 8{,}92 \times 10^{-3}$ mol L^{-1}
    c. $[H^+] = 7{,}00 \times 10^{-5}$ mol L^{-1}
    d. $[H^+] = 1{,}25 \times 10^{-12}$ mol L^{-1}

48. Para cada concentração do íon hidrogênio listada, calcule o pH da solução, além da concentração de íon hidróxido na solução. Indique se cada solução é ácida ou básica.
    a. $[H^+] = 1{,}91 \times 10^{-2}$ mol L^{-1}
    b. $[H^+] = 4{,}83 \times 10^{-7}$ mol L^{-1}
    c. $[H^+] = 8{,}92 \times 10^{-11}$ mol L^{-1}
    d. $[H^+] = 6{,}14 \times 10^{-5}$ mol L^{-1}

49. Calcule a concentração do íon hidrogênio, em mol por litro, das soluções com os seguintes valores de pH.
    a. pH = 9,01
    b. pH = 6,89
    c. pH = 1,02
    d. pH = 7,00

50. Calcule a concentração do íon hidrogênio, em mol por litro, das soluções com os seguintes valores de pH.
    a. pH = 1,04
    b. pH = 13,1
    c. pH = 5,99
    d. pH = 8,62

51. Calcule a concentração do íon hidrogênio, em mol por litro, das soluções com os seguintes valores de pOH.
    a. pOH = 4,95
    b. pOH = 7,00
    c. pOH = 12,94
    d. pOH = 1,02

52. Calcule a concentração do íon hidrogênio, em mol por litro, das soluções com os seguintes valores de pH ou pOH.
    a. pOH = 4,99
    b. pH = 7,74
    c. pOH = 10,74
    d. pH = 2,25

53. Calcule o pH de cada uma das soluções a seguir com base nas informações fornecidas.
    a. $[H^+] = 4{,}78 \times 10^{-2}$ mol L^{-1}
    b. pOH = 4,56
    c. $[OH^-] = 9{,}74 \times 10^{-3}$ mol L^{-1}
    d. $[H^+] = 1{,}24 \times 10^{-8}$ mol L^{-1}

54. Calcule o pH de cada uma das soluções a seguir com base nas informações fornecidas.
    a. $[H^+] = 4{,}39 \times 10^{-6}$ mol L^{-1}
    b. pOH = 10,36
    c. $[OH^-] = 9{,}37 \times 10^{-9}$ mol L^{-1}
    d. $[H^+] = 3{,}31 \times 10^{-1}$ mol L^{-1}

16-5 Calculando o pH de soluções ácidas fortes

Questões

55. Quando 1 mol de cloreto de hidrogênio gasoso é dissolvido em água suficiente para formar 1 L da solução, aproximadamente quantas moléculas de HCl permanecem na solução? Explique.

56. Um frasco de solução ácida é rotulado como "HNO_3 3 mol L^{-1}." Quais são as substâncias realmente presentes na solução? Há alguma molécula de HNO_3 presente? Por que há ou por que não há?

Problemas

57. Calcule a concentração de íon hidrogênio e o pH de cada uma das soluções de ácidos fortes a seguir.
    a. HCl $1{,}04 \times 10^{-4}$ mol L^{-1} HCl
    b. HNO_3 0,00301 mol L^{-1} HNO_3
    c. $HClO_4$ $5{,}41 \times 10^{-4}$ mol L^{-1} $HClO_4$
    d. HNO_3 $6{,}42 \times 10^{-2}$ mol L^{-1} HNO_3

58. Calcule o pH de cada uma das soluções de ácidos fortes a seguir.
    a. HNO_3 $1{,}21 \times 10^{-3}$ mol L^{-1} HNO_3

b. $HClO_4$ 0,000199 mol L^{-1} $HClO_4$
c. $HClO_4$ 5,01 × 10^{-5} mol L^{-1} HCl
d. HNO_3 0,00104 mol L^{-1} HBr

16-6 Soluções tamponadas

Perguntas

59. Quais propriedades características as soluções tamponadas possuem?

60. Quais dois componentes constituem uma solução tamponada? Dê um exemplo de uma combinação que pode ser usada como uma solução tamponada.

61. Que componente de uma solução tamponada é capaz de se combinar com um ácido forte adicionado? Usando seu exemplo do Exercício 60, mostre como esse componente reagiria com o HCl adicionado.

62. Que componente de uma solução tamponada consome a base forte adicionada? Usando seu exemplo do Exercício 60, mostre como esse componente reagiria com NaOH adicionado.

Problemas

63. Quais das seguintes combinações podem agir como soluções tamponadas?
    a. HCl e NaCl
    b. CH_3COOH e KCH_3COO
    c. H_2S e NaHS
    d. H_2S e Na_2S

64. Uma solução tamponada é preparada contendo ácido acético, $HC_2H_3O_2$, e acetato de sódio, $NaC_2H_3O_2$, ambos 0,5 mol L^{-1}. Escreva uma equação química que mostre como essa solução tamponada resistiria a uma diminuição em seu pH se algumas gotas de uma solução de ácido forte HCl fossem adicionadas a ela. Escreva uma equação química que mostre como essa solução tamponada resistiria a um aumento em seu pH se algumas gotas de uma solução de base forte NaOH fossem adicionadas a ela.

Problemas adicionais

65. Os conceitos de equilíbrio ácido-base foram desenvolvidos neste capítulo para soluções aquosas (em soluções aquosas, a água é o solvente e está intimamente envolvida no equilíbrio). Entretanto, a teoria ácido-base de Brønsted-Lowry pode ser facilmente estendida a outros solventes. Um exemplo de solvente que foi investigado profundamente é a amônia líquida, NH_3.
    a. Escreva a equação química que indica como o HCl se comporta como um ácido na amônia líquida.
    b. Escreva a equação química que indica como o OH^- se comporta como uma base na amônia líquida.

66. *Bases fortes* são bases que se ionizam completamente em água para produzir o íon hidróxido, OH^-. As bases fortes incluem os hidróxidos dos elementos do Grupo 1. Por exemplo, se 1,0 mol de NaOH for dissolvido por litro, a concentração do íon OH^- é de 1,0 mol L^{-1}. Calcule $[OH^-]$, pOH e pH de cada uma das seguintes soluções básicas fortes.
    a. NaOH 0,10 mol L^{-1}
    b. KOH 2,0 × 10^{-4} mol L^{-1}
    c. CsOH 6,2 × 10^{-3} mol L^{-1}
    d. NaOH 0,0001 mol L^{-1}

67. Quais das seguintes condições indicam uma solução ácida?
    a. pH = 3,04
    b. $[H^+] > 1,0 \times 10^{-7}$ mol L^{-1}
    c. pOH = 4,51
    d. $[OH^-] = 3,21 \times 10^{-12}$ mol L^{-1}

68. Quais das seguintes condições indicam uma solução *básica*?
    a. pOH = 11,21
    b. pH = 9,42
    c. $[OH^-] > [H^+]$
    d. $[OH^-] > 1,0 \times 10^{-7}$ mol L^{-1}

69. As soluções tamponadas são misturas de um ácido fraco e sua base conjugada. Explique por que uma mistura de um ácido *forte* e sua base conjugada (como HCl e Cl^-) não é tamponada.

70. Quais dos ácidos a seguir possuem bases conjugadas relativamente fortes?
    a. CH_3COOH ($HC_2H_3O_2$)
    b. HF
    c. H_2S
    d. HCl

71. É possível para uma solução aquosa ter $[H^+]$ = 0,002 mol L^{-1} e $[OH^-]$ = 5,2 × 10^{-6} mol L^{-1} a 25 °C? Explique.

72. Apesar de o HCl ser um ácido forte, o pH de 1,00 × 10^{-7} mol L^{-1} de HCl *não é* exatamente 7,00. Você pode sugerir um motivo para isso?

73. De acordo com Arrhenius, as bases são espécies que produzem íons _____ em solução aquosa.

74. De acordo com o modelo de Brønsted-Lowry, uma base é uma espécie que _____ prótons.

75. Um par ácido-base conjugado consiste em duas substâncias relacionadas entre si pela doação e recebimento de um(a)_____.

76. O íon de acetato, $C_2H_3O^-$, possui maior afinidade por prótons que a água. Portanto, quando dissolvido em água, o íon acetato se comporta-se como uma_____.

77. Um ácido como o HCl, um forte condutor de corrente elétrica, quando dissolvido em água é considerado um ácido _____.

78. Desenhe a estrutura do grupo carboxila, —COOH. Mostre como uma molécula contendo o grupo carboxila se comporta como um ácido quando dissolvida em água.

79. Por causa da _____, mesmo água pura contém quantidades mensuráveis de H^+ e OH^-.

80. A constante do produto iônico da água, K_w, possui o valor _____ a 25 °C.

81. O número de _____ para um log deve ser igual ao número de algarismos significativos no número original.

82. Uma solução com pH = 9 possui uma (maior/menor) concentração de íons de hidrogênio que uma solução com pOH = 9.

83. Uma solução de HCl 0,20 mol L^{-1} contém concentrações de _____ mol L^{-1} de íon hidrogênio e _____ mol L^{-1} de íon cloreto.

84. Uma solução tamponada é aquela que resiste à mudança de _____ mesmo quando um ácido ou base forte é adicionado a ela.

85. Uma solução _____ contém um par ácido-base conjugado e com isso é capaz de resistir às mudanças em seu pH.

86. Quando o hidróxido de sódio, NaOH, é adicionado gota a gota a uma solução tamponada, o componente _____ do tampão consome o íon hidróxido adicionado.

87. Quando o ácido clorídrico, HCl, é adicionado gota a gota a uma solução tamponada, o componente _____ do tampão consome o íon hidrogênio adicionado.

88. A seguir temos representações de reações ácido-base:

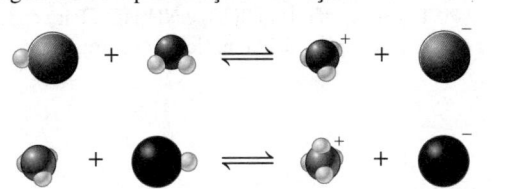

    a. Rotule cada uma das espécies como ácido ou base em ambas as equações e explique.
    b. Para as espécies ácidas, o que se aplicaria: ácido de Arrhenius ou ácido de Brønsted-Lowry? E para as bases?

89. Em cada uma das equações químicas a seguir, identifique os pares ácido-base conjugados.
    a. $CH_3NH_2 + H_2O \rightleftharpoons CH_3NH_3^+ + OH^-$
    b. $CH_3COOH + NH_3 \rightleftharpoons CH_3COO^- + NH_4^+$
    c. $HF + NH_3 \rightleftharpoons F^- + NH_4^+$

90. Escreva o ácido conjugado para cada espécie a seguir:
    a. NH_3
    b. NH_2^-
    c. H_2O
    d. OH^-

91. Escreva a *base* conjugada para cada espécie a seguir:
    a. H_3PO_4
    b. HCO_3^-
    c. HF
    d. H_2SO_4

92. Quais das seguintes combinações podem agir como soluções tamponadas?
    a. HCN e NaCN
    b. H_3PO_4 e K_3PO_4
    c. HF e KF
    d. $HC_3H_5O_2$ e $NaC_3H_5O_2$

93. Quais das bases a seguir possuem ácidos conjugados relativamente *fortes*?
    a. F^-
    b. Cl^-
    c. HSO_4^-
    d. NO_3^-

94. Calcule [H$^+$] em cada uma das soluções e indique se a solução é neutra, ácida ou básica.
    a. [OH$^-$] = 4,22 × 10^{-3} mol L^{-1}
    b. [OH$^-$] = 1,01 × 10^{-13} mol L^{-1}
    c. [OH$^-$] = 3,05 × 10^{-7} mol L^{-1}
    d. [OH$^-$] = 6,02 × 10^{-6} mol L^{-1}

95. Calcule [OH$^-$] em cada uma das soluções e indique se a solução é neutra, ácida ou básica.
    a. [H$^+$] = 4,21 × 10^{-7} mol L^{-1}
    b. [H$^+$] = 0,00035 mol L^{-1}
    c. [H$^+$] = 0,00000010 mol L^{-1}
    d. [H$^+$] = 9,9 × 10^{-6} mol L^{-1}

96. Calcule o pH correspondente de cada uma das concentrações de íon hidróxido dadas abaixo e indique se cada solução é ácida, básica ou neutra.
    a. pOH = 4,32
    b. pOH = 8,90
    c. pOH = 1,81
    d. pOH = 13,1

97. Calcule o pH de cada uma das soluções indicadas abaixo. Indique se a solução é ácida, básica ou neutra.
    a. [H$^+$] = 1,49 × 10^{-3} mol L^{-1}
    b. [OH$^-$] = 6,54 × 10^{-4} mol L^{-1}
    c. [H$^+$] = 9,81 × 10^{-9} mol L^{-1}
    d. [OH$^-$] = 7,45 × 10^{-10} mol L^{-1}

98. Calcule o pH correspondente a cada um dos íons hidróxido:
    a. [OH$^-$] = 1,4 × 10^{-6} mol L^{-1}
    b. [OH$^-$] = 9,35 × 10^{-9} mol L^{-1}
    c. [OH$^-$] = 2,21 × 10^{-1} mol L^{-1}
    d. [OH$^-$] = 7,98 × 10^{-12} mol L^{-1}

99. Calcule o pOH correspondente a cada um dos valores de pH listados e indique se cada solução é ácida, básica ou neutra.
    a. pH = 1,02
    b. pH = 13,4
    c. pH = 9,03
    d. pH = 7,20

100. Para cada concentração de íon hidrogênio ou hidróxido listada, calcule a concentração do íon complementar e o pH e pOH da solução.
    a. [H$^+$] = 5,72 × 10^{-4} mol L^{-1}
    b. [OH$^-$] = 8,91 × 10^{-5} mol L^{-1}
    c. [H$^+$] = 2,87 × 10^{-12} mol L^{-1}
    d. [OH$^-$] = 7,22 × 10^{-8} mol L^{-1}

101. Calcule a concentração do íon hidrogênio, em mol por litro, para as soluções com os seguintes valores de pH.
    a. pH = 8,34
    b. pH = 5,90
    c. pH = 2,65
    d. pH = 12,6

102. Calcule a concentração do íon hidrogênio, em mol por litro, para as soluções com os seguintes valores de pH ou pOH.
    a. pH = 5,41

b. pOH = 12,04
c. pH = 11,91
d. pOH = 3,89

103. Calcule a concentração do íon hidrogênio, em mol por litro, para as soluções com os seguintes valores de pH ou pOH.

    a. pOH = 0,90
    b. pH = 0,90
    c. pOH = 10,3
    d. pH = 5,33

104. Calcule a concentração do íon hidrogênio e o pH de cada uma das soluções a seguir de ácidos fortes.

    a. $HClO_4$ 1,4 × 10^{-3} mol L^{-1}
    b. HCl 3,0 × 10^{-5} mol L^{-1}
    c. HNO_3 5,0 × 10^{-2} mol L^{-1}
    d. HCl. 0,0010 mol L^{-1}

105. Escreva as fórmulas de *três* combinações de ácidos fracos e sais que agiriam como soluções tamponadas. Para cada uma delas, escreva as equações químicas que mostrem como os componentes da solução tamponada consomem o ácido e base adicionados.

Problemas para estudo

106. Escolha os pares nos quais a espécie listada primeiro é a base conjugada da espécie listada em segundo.

    a. S^{2-}, HS^-
    b. H^+, OH^-
    c. HBr, Br^-
    d. NO_2^-, HNO_2

107. Complete a tabela para cada uma das seguintes soluções:

	[H^+]	pH	pOH	[OH^-]
HNO_3 0,0070 mol L^{-1}	_____	_____	_____	_____
KOH 3,0 mol L^{-1}	_____	_____	_____	_____

108. Considere soluções 0,25 mol L^{-1} para os seguintes sais: NaCl; RbOCl, KI, $Ba(ClO_4)_2$ e NH_4NO_3. Para cada sal, indique se a solução é ácida, básica ou neutra.

Equilíbrio

CAPÍTULO 17

17-1 Como ocorrem as reações químicas

17-2 Condições que afetam as velocidades de reação

17-3 A condição de equilíbrio

17-4 Equilíbrio químico: uma condição dinâmica

17-5 A constante de equilíbrio: introdução

17-6 Equilíbrios heterogêneos

17-7 Princípio de Le Chatelier

17-8 Aplicações envolvendo a constante de equilíbrio

17-9 Equilíbrios de solubilidade

O equilíbrio pode ser análogo ao tráfego que flui em ambos os sentidos em uma ponte, como a Golden Gate Bridge, em São Francisco. James Martin/Stone/Getty Images

A química diz respeito, principalmente, aos processos de reações nos quais os grupos de átomos são reorganizados. Até agora, nós aprendemos a descrever as reações químicas por meio de equações balanceadas e a calcular as quantidades dos reagentes e dos produtos. No entanto, existem muitas características importantes das reações que nós ainda não consideramos.

Por exemplo, por que as geladeiras impedem que o alimento estrague? Isto é, porque que as reações químicas que provocam a decomposição dos alimentos ocorrem mais lentamente em temperaturas mais baixas? Por outro lado, como pode uma indústria química acelerar uma reação química que ocorre muito lentamente para ela ser econômica?

Outra questão que aparece é por que as reações químicas realizadas em um recipiente fechado parecem parar em um determinado ponto. Por exemplo, quando a reação do dióxido de nitrogênio castanho-avermelhado para formar o tetróxido de dinitrogênio incolor é

$$2NO_2(g) \rightarrow N_2O_4(g)$$
Castanho-avermelhado   Incolor

realizada em um recipiente fechado, a cor castanho-avermelhada primeiro desaparece, mas deixa de mudar depois de um tempo e, em seguida, mantém a mesma cor indefinidamente, se deixada em repouso (Figura 17.1). Nós explicaremos todas essas observações importantes sobre as reações neste capítulo.

A refrigeração impede a deterioração dos alimentos.
© Cengage Learning

17-1 Como ocorrem as reações químicas

OBJETIVO Compreender o modelo de colisão de como ocorrem as reações químicas.

Ao escrever a equação de uma reação química, nós colocamos os reagentes à esquerda e os produtos à direita, com uma seta entre eles. Mas como os átomos nos reagentes se reorganizam para formar os produtos?

Os químicos acreditam que as moléculas reagem colidindo umas com as outras. Algumas colisões são suficientemente violentas para quebrar as ligações, permitindo que os reagentes se rearranjem para formar os produtos. Por exemplo, considere a reação

$$2BrNO(g) \rightleftharpoons 2NO(g) + Br_2(g)$$

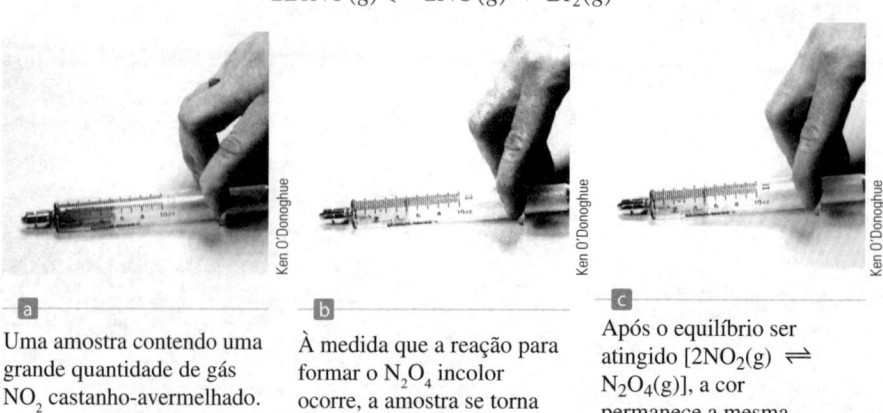

a) Uma amostra contendo uma grande quantidade de gás NO_2 castanho-avermelhado.

b) À medida que a reação para formar o N_2O_4 incolor ocorre, a amostra se torna castanho-clara.

c) Após o equilíbrio ser atingido [$2NO_2(g) \rightleftharpoons N_2O_4(g)$], a cor permanece a mesma.

Figura 17.1 ▶

*Você pode visualizar essas imagens em cores no final do livro.

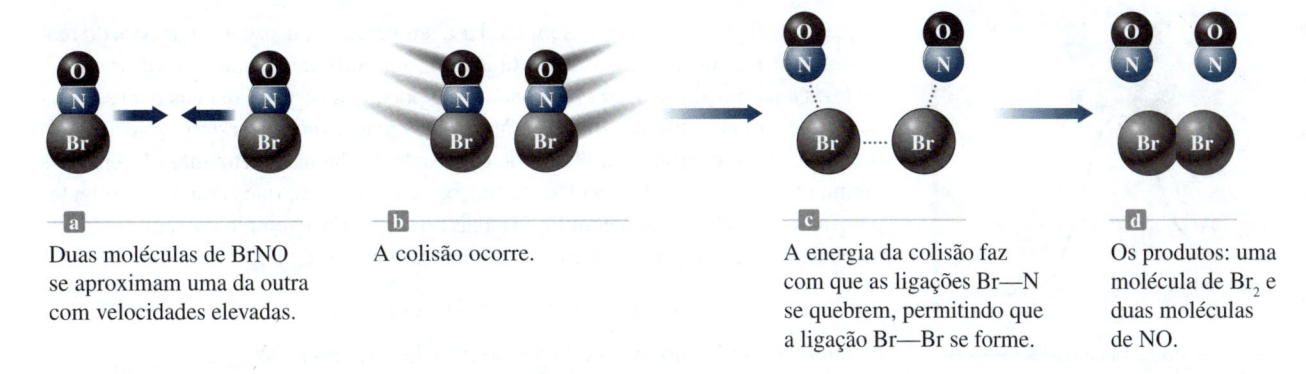

a Duas moléculas de BrNO se aproximam uma da outra com velocidades elevadas.

b A colisão ocorre.

c A energia da colisão faz com que as ligações Br—N se quebrem, permitindo que a ligação Br—Br se forme.

d Os produtos: uma molécula de Br_2 e duas moléculas de NO.

Figura 17.2 ▶ Visualizando a reação $2BrNO(g) \rightarrow 2NO(g) + Br_2(g)$.

que imaginamos ocorrer, como mostrado na Fig. 17.2. Observe que as ligações Br—N nas duas moléculas de BrNO devem ser quebradas e uma nova ligação Br—Br deve ser formada durante a colisão para os reagentes se tornarem produtos.

A ideia de que as reações ocorram durante as colisões moleculares, chamada de **modelo de colisão**, explica muitas das características das reações químicas. Por exemplo, ela explica por que uma reação prossegue mais rapidamente se as concentrações das moléculas dos reagentes forem aumentadas (concentrações mais elevadas conduzem a mais colisões e, portanto, a mais eventos de reação). O modelo de colisão também explica por que as reações são mais rápidas em temperaturas mais altas, como veremos na próxima seção.

> **Pensamento crítico**
>
> A maioria dos refrigeradores modernos tem uma temperatura interna de 7°C. E se os refrigeradores fossem programados em 13°C na fábrica? Como isso afetaria nossas vidas?

17-2 Condições que afetam as velocidades de reação

OBJETIVOS
▶ Compreender a energia de ativação.
▶ Compreender como um catalisador aumenta a velocidade de uma reação.

É fácil ver por que as reações aumentam a velocidade quando as *concentrações* de moléculas reagindo aumentam: concentrações mais elevadas (mais moléculas por unidade de volume) levam a mais colisões e, assim, a mais eventos de reação. Mas as reações também aumentam a velocidade quando a *temperatura* aumenta. Por quê? A resposta reside no fato de que nem todas as colisões possuem energia suficiente para quebrar as ligações. É necessária uma energia mínima, denominada **energia de ativação** (E_a), para que uma reação ocorra (Fig. 17.3). Se uma determinada colisão possui uma energia maior que E_a, essa colisão pode resultar em uma reação. Se uma colisão tem uma energia menor que E_a, as moléculas saltarão separadamente inalteradas.

A razão de uma reação ser mais rápida à medida que a temperatura aumenta é que as velocidades das moléculas aumentam com a temperatura. Assim, em temperaturas mais altas, a colisão média é mais enérgica. Isso torna mais provável que uma determinada colisão possua energia suficiente para quebrar as ligações e para produzir rearranjos necessários para que uma reação ocorra.

Lembre-se de que vimos na Seção 13-8 que a energia cinética média de um conjunto de moléculas é diretamente proporcional à temperatura (K).

Temperaturas mais elevadas → Velocidades mais altas → Mais colisões de alta energia → Mais colisões que quebram as ligações → Reação mais rápida

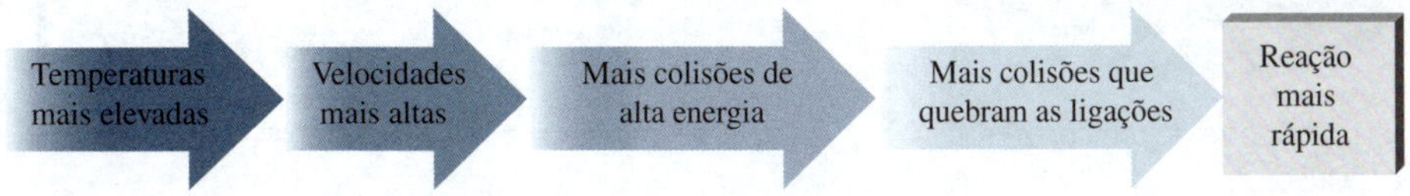

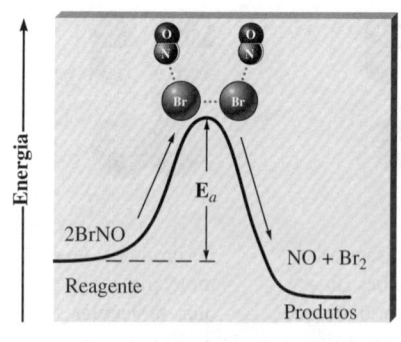

Figura 17.3 ▸ Quando as moléculas colidem, é necessária uma determinada energia mínima, chamada de energia de ativação (E_a), para que uma reação ocorra. Se a energia contida em uma colisão de duas moléculas de BrNO é maior que a E_a, a reação pode "superar a barreira" para formar os produtos. Se a energia de colisão é inferior à E_a, as moléculas que colidem seguem separadas e inalteradas.

Embora sejam muito reativos para existir próximo à superfície terrestre, os átomos de O existem na atmosfera superior.

É possível acelerar a reação sem mudar a temperatura ou as concentrações do reagente? Sim, usando algo chamado **catalisador**, *uma substância que aumenta a velocidade de uma reação sem ser consumida*. Isso pode parecer bom demais para ser verdade, mas é uma ocorrência muito comum. Na verdade, você não estaria vivo agora se o seu corpo não contivesse milhares de catalisadores chamados **enzimas**. As enzimas permitem que nosso corpo acelere as reações complicadas, que seriam muito lentas para manter a vida nas temperaturas normais do corpo. Por exemplo, a enzima anidrase carbônica acelera a reação entre o dióxido de carbono e a água,

$$CO_2(g) + H_2O(l) \rightleftharpoons H^+(aq) + HCO_3^-(aq)$$

evitando um acúmulo excessivo de dióxido de carbono no sangue.

Embora não possamos considerar os detalhes aqui, um catalisador funciona proporcionando uma nova via para a reação, um percurso que tem uma energia de ativação mais baixa que a via original, conforme ilustrado na Fig. 17.4. Devido à menor energia de ativação, mais colisões terão energia suficiente para permitir uma reação. Isso, por sua vez, conduz a uma reação mais rápida.

Um exemplo muito importante de uma reação envolvendo um catalisador que ocorre em nossa atmosfera é a quebra do ozônio, O_3, catalisado por átomos de cloro. O ozônio é um constituinte muito importante da atmosfera superior da Terra porque absorve a radiação de alta energia prejudicial do Sol. Existem processos naturais que resultam tanto na formação quanto na destruição do ozônio na atmosfera superior. O equilíbrio natural de todos esses processos opostos resultou em uma quantidade de ozônio que tem sido relativamente constante ao longo dos anos. No entanto, o nível de ozônio parece estar diminuindo agora, especialmente sobre a Antártida (Fig. 17.5), aparentemente porque os átomos de cloro atuam como catalisadores para a decomposição do ozônio em oxigênio por meio das seguintes reações:

$$Cl + O_3 \rightarrow ClO + O_2$$
$$O + ClO \rightarrow Cl + O_2$$
$$\text{Soma}: Cl + O_3 + O + ClO \rightarrow ClO + O_2 + Cl + O_2$$

Quando as espécies que aparecem em ambos os lados da equação são canceladas, o resultado final é a reação:

$$O + O_3 \rightarrow 2O_2$$

Note que um átomo de cloro é consumido na primeira reação, mas outro é formado novamente na segunda. Portanto, a quantidade de cloro não muda à medida que ocorre o processo global. Isso significa que o átomo de cloro é um verdadeiro catalisador: participa do processo, mas não é consumido. As estimativas mostram que *um átomo de cloro pode catalisar a destruição de cerca de um milhão de moléculas de ozônio por segundo.*

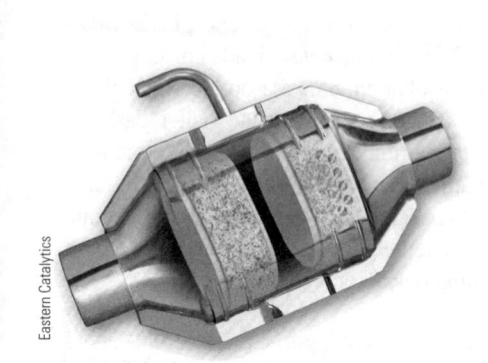

Vista em corte de um conversor catalítico.

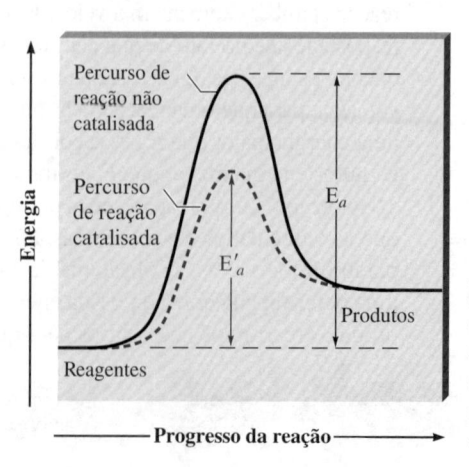

Figura 17.4 ▸ Comparação das energias de ativação em uma reação não catalisada (E_a) e na mesma reação com um catalisador (E'_a). Note que um catalisador funciona diminuindo a energia de ativação em uma reação.

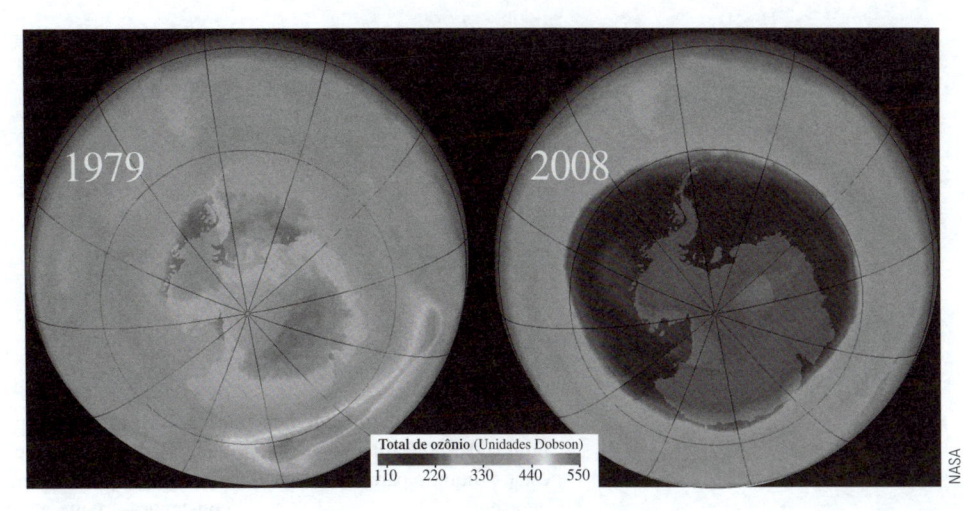

Figura 17.5 ▶ Uma foto mostrando o "buraco" na camada de ozônio sobre a Antártida.

Os átomos de cloro que promovem esse dano na camada do ozônio estão presentes por causa da poluição. Especificamente, eles provêm da decomposição dos compostos chamados Freons, como o CF_2Cl_2, que têm sido amplamente utilizados em refrigeradores e ares-condicionados. Os Freons têm vazado para a atmosfera, onde são decompostos pela luz e produzem átomos de cloro e outras substâncias. Como resultado, a produção de Freons foi proibida por um acordo entre as nações a partir do final de 1996. Agora, compostos substitutos estão sendo utilizados em refrigeradores e ares-condicionados recém-fabricados.

Pensamento crítico

Muitas condições precisam ser atendidas para produzir uma reação química entre moléculas. E se todas as colisões entre moléculas resultassem em uma reação química? Como a vida seria diferente?

17-3 A condição de equilíbrio

OBJETIVO Aprender como o equilíbrio é estabelecido.

Equilíbrio é uma palavra que implica balanceamento ou estabilidade. Quando dizemos que alguém está mantendo o seu equilíbrio, estamos descrevendo um estado de balanceamento entre várias forças opostas. O termo é usado de uma forma semelhante, porém mais específica, na química. Os químicos definem o **equilíbrio** como o *balanceamento exato de dois processos, um dos quais é o oposto do outro*.

Encontramos pela primeira vez o conceito de equilíbrio na Seção 14-4, quando descrevemos a maneira como a pressão de vapor se desenvolve sobre um líquido em um recipiente fechado (Fig. 14.9). Esse processo de equilíbrio está resumido na Fig. 17.6. O *estado de equilíbrio* ocorre quando a taxa de evaporação é exatamente igual à taxa de condensação.

Até agora neste livro, geralmente temos assumido que as reações prosseguem até sua conclusão — isto é, até que um dos reagentes "se esgote". Muitas reações de fato **prosseguem** essencialmente até a conclusão. Para essas reações, podemos assumir que os reagentes são convertidos em produtos até que o reagente limitante seja completamente consumido. Por outro lado, há muitas reações químicas que "param" muito aquém da conclusão quando estão em um recipiente fechado. Um exemplo é a reação do dióxido de nitrogênio para formar o tetróxido de dinitrogênio.

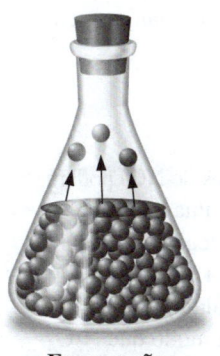

Evaporação   **Condensação**

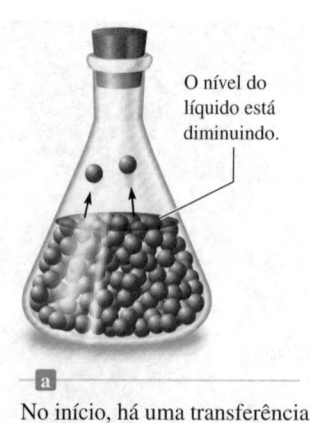

Figura 17.6 ▶ A criação da pressão de vapor de equilíbrio sobre um líquido em um recipiente fechado.

a No início, há uma transferência líquida de moléculas do estado líquido para o estado de vapor.

O nível do líquido está diminuindo.

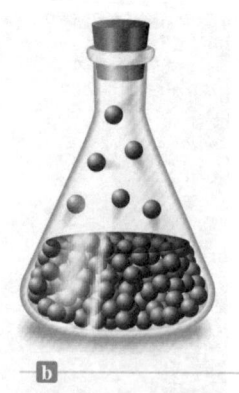

b Depois de algum tempo, a quantidade de substância no estado de vapor se torna constante — tanto a pressão de vapor quanto o nível do líquido permanecem iguais.

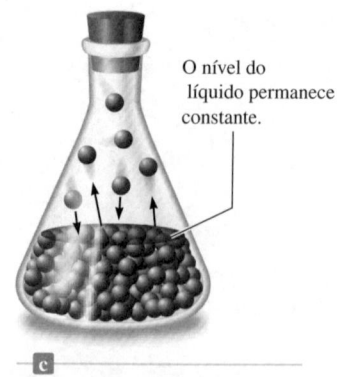

c O estado de equilíbrio é muito dinâmico. A pressão de vapor e o nível do líquido permanecem constantes porque exatamente o mesmo número de moléculas que escapa do líquido retorna a ele.

O nível do líquido permanece constante.

$$NO_2(g) + NO_2(g) \rightarrow N_2O_4(g)$$
Castanho-avermelhado Incolor

O reagente NO_2 é um gás castanho-avermelhado, e o produto N_2O_4 é um gás incolor. Imagine um experimento no qual NO_2 puro é colocado em um recipiente de vidro selado vazio a 25°C. A cor marrom-escura inicial diminuirá de intensidade à medida que o NO_2 é convertido em N_2O_4 incolor (Fig. 17.1). No entanto, mesmo em um longo período de tempo, os conteúdos do recipiente de reação não se tornam incolores. Em vez disso, a intensidade da cor castanha eventualmente se torna constante, o que significa que a concentração de NO_2 já não está mudando. Essa observação simples é uma clara indicação de que a reação "parou" perto da conclusão. Na verdade, a reação não parou. Em vez disso, o sistema atingiu o **equilíbrio químico**, *um estado dinâmico, em que as concentrações de todos os reagentes e produtos se mantêm constantes.*

Essa situação é similar a uma outra, na qual um líquido em um recipiente fechado desenvolve uma pressão de vapor constante, exceto, que, nesse caso, duas reações químicas opostas estão envolvidas. Quando o NO_2 puro é colocado primeiro no recipiente fechado, não existe qualquer N_2O_4 presente. Como ocorrem colisões entre as moléculas de NO_2, o N_2O_4 é formado e a concentração de N_2O_4 no recipiente aumenta. No entanto, a reação inversa também pode ocorrer. Uma determinada molécula de N_2O_4 pode se decompor em duas moléculas de NO_2:

$$N_2O_4(g) \rightarrow NO_2(g) + NO_2(g)$$

Isto é, as reações químicas são *reversíveis*; elas podem ocorrer em qualquer sentido. Nós geralmente indicamos esse fato usando setas duplas:

$$2NO_2(g) \underset{\text{Inversa}}{\overset{\text{Direta}}{\rightleftharpoons}} N_2O_4(g)$$

Nesse caso, as setas duplas significam que quaisquer duas moléculas de NO_2 podem combinar para formar uma molécula de N_2O_4 (a reação *direta*), ou uma molécula de N_2O_4 pode se decompor para resultar em duas moléculas de NO_2 (a reação *inversa*).

O equilíbrio é atingido se NO_2 puro, N_2O_4 puro ou uma mistura de NO_2 e N_2O_4 forem inicialmente colocados em um recipiente fechado. Em qualquer um desses casos, as condições acabarão sendo atingidas no recipiente de tal modo que N_2O_4 esteja sendo formado e decomposto exatamente na mesma velocidade. Isso conduz ao equilíbrio químico, uma situação dinâmica na qual as concentrações dos reagentes e dos produtos permanecem as mesmas indefinidamente, desde que as condições não sejam mudadas.

17-4 Equilíbrio químico: uma condição dinâmica

OBJETIVO Aprender sobre as características do equilíbrio químico.

Uma vez que não ocorrem variações nas concentrações dos reagentes ou dos produtos em um sistema de reação em equilíbrio, pode parecer que tudo tenha parado. No entanto, não é esse o caso. No nível molecular, há uma atividade frenética. O equilíbrio não é estático, mas é uma situação altamente *dinâmica*. Considere novamente a analogia entre o equilíbrio químico e duas cidades-ilha ligadas por uma única ponte. Suponha que o fluxo de tráfego sobre a ponte é o mesmo em ambos os sentidos. É óbvio que há movimento (podemos ver os carros que passam pela ponte), mas o número de carros em cada cidade não muda, porque há um fluxo igual de carros entrando e saindo. O resultado é nenhuma mudança *líquida* no número de carros em cada uma das duas cidades.

Para ver como esse conceito se aplica nas reações químicas, vamos considerar a reação entre o monóxido de carbono e o vapor em um recipiente fechado a uma temperatura elevada, em que a reação acontece rapidamente:

$$H_2O(g) + CO(g) \rightleftharpoons H_2(g) + CO_2(g)$$

> Uma seta dupla ($\rightleftharpoons$) é usada para mostrar que uma reação está ocorrendo em ambos os sentidos.

Assuma que a mesma quantidade de matéria de CO gasoso e H_2O gasosa é colocada em um recipiente fechado e deixada para reagir [Fig. 17.7(a)].

Quando o CO e a H_2O, os reagentes, são misturados, imediatamente começam a reagir para formar os produtos H_2 e CO_2. Isso conduz a uma diminuição nas

a As mesmas quantidades de matéria de H_2O e CO são misturadas em um recipiente fechado.

b A reação começa a ocorrer e alguns produtos (H_2 e CO_2) são formados.

c A reação continua enquanto o tempo passa e mais reagentes são convertidos em produtos.

d Embora o tempo continue a passar, o número de moléculas de reagentes e de produtos é o mesmo que em (c). Outras mudanças não são vistas à medida que o tempo passa. O sistema atingiu o equilíbrio.

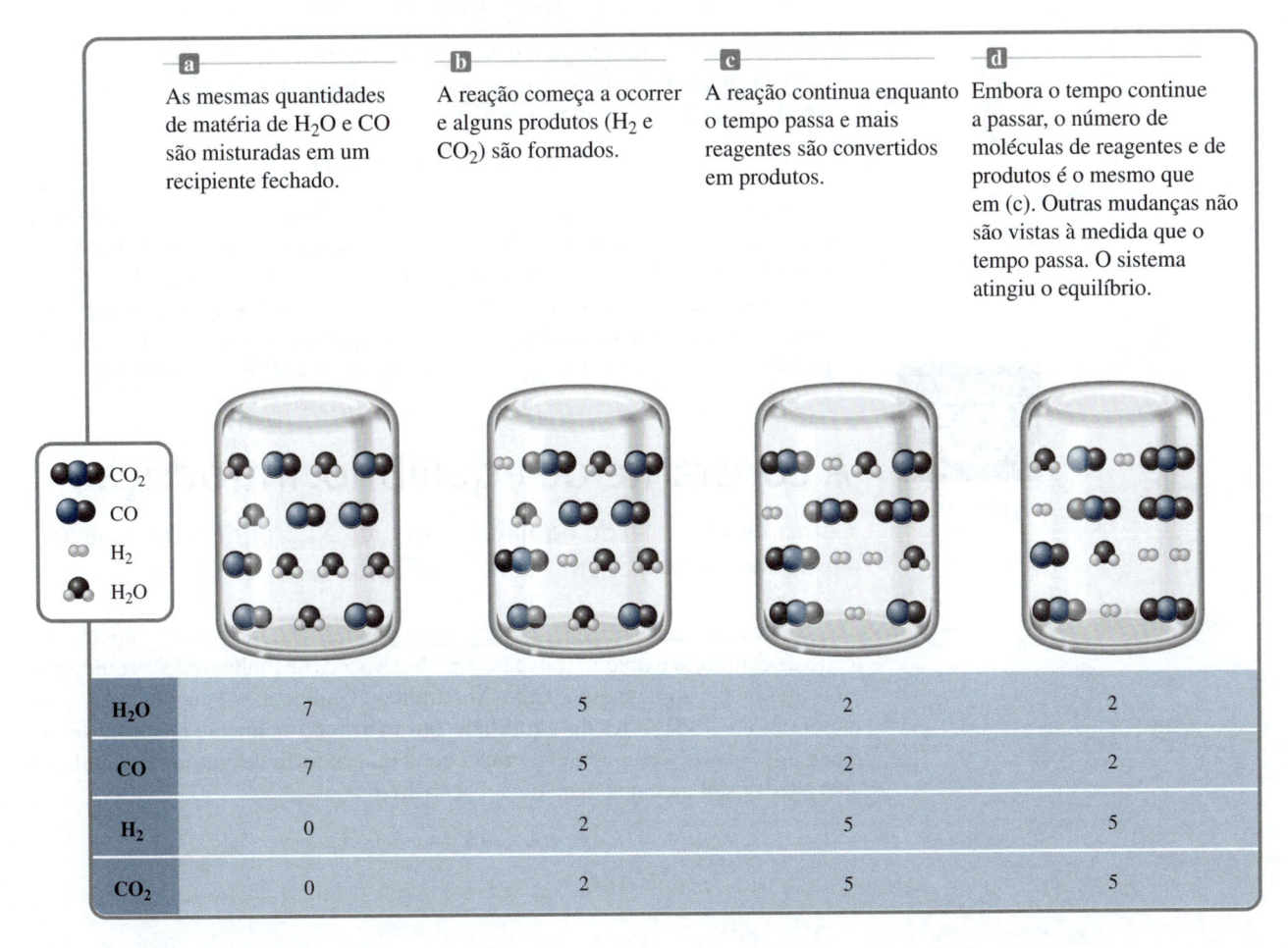

	a	b	c	d
H_2O	7	5	2	2
CO	7	5	2	2
H_2	0	2	5	5
CO_2	0	2	5	5

Figura 17.7 ▶ A reação de H_2O e CO para formar CO_2 e H_2 com o decorrer do tempo.

Figura 17.8 ▶ As variações com o tempo nas velocidades das reações direta e inversa para $H_2O(g) + CO(g) \rightleftharpoons H_2(g) + CO_2(g)$ quando as mesmas quantidades de matéria de $H_2O(g)$ e $CO(g)$ são misturadas. Primeiro, a velocidade da reação direta diminui e a velocidade da reação inversa aumenta. O equilíbrio é alcançado quando a velocidade direta e a velocidade inversa se igualam.

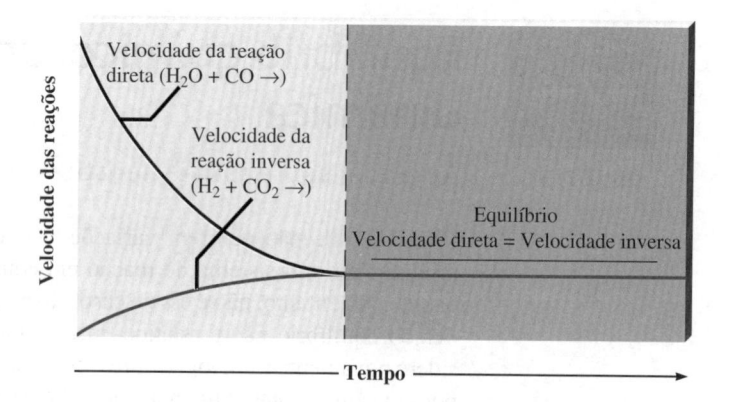

concentrações dos reagentes, mas as concentrações dos produtos, que estavam inicialmente no zero, estão aumentando [Fig. 17.7(b)]. Depois de um determinado período de tempo, as concentrações dos reagentes e dos produtos já não mudam — o equilíbrio foi atingido [Figs. 17.7(c) e (d)]. A menos que o sistema seja de algum modo perturbado, nenhuma variação adicional ocorrerá na concentração.

Por que ocorre o equilíbrio? Vimos neste capítulo que as moléculas reagem colidindo umas com as outras e que, quanto mais colisões, mais rápida é a reação. Essa é a razão pela qual a velocidade da reação depende das concentrações. Nesse caso, as concentrações de H_2O e CO são reduzidas à medida que ocorre a reação direta — isto é, com a formação dos produtos.

$$H_2O + CO \rightarrow H_2 + CO_2$$

À medida que as concentrações dos reagentes diminuem, a reação direta diminui a sua velocidade (Fig. 17.8). Mas, como na analogia do tráfego na ponte, existe também o movimento na direção inversa.

$$H_2 + CO_2 \rightarrow H_2O + CO$$

Inicialmente, nesse experimento, nenhum H_2 e CO_2 estão presentes, assim, essa reação inversa não pode ocorrer. No entanto, à medida que a reação direta prossegue, as concentrações de H_2 e CO_2 se desenvolvem e a velocidade -1 da reação inversa aumenta (Fig. 17.8) com a diminuição da velocidade da reação direta. Finalmente, as concentrações atingem *níveis nos quais a velocidade da reação direta é igual à velocidade da reação inversa*. O sistema atingiu o equilíbrio.

17-5

OBJETIVO

A constante de equilíbrio: introdução

Compreender a lei do equilíbrio químico e aprender como calcular os valores da constante de equilíbrio.

A ciência se baseia nos resultados dos experimentos. O desenvolvimento do conceito de equilíbrio é típico. Com base em observações de muitas reações químicas, dois químicos noruegueses, Cato Maximilian Guldberg e Peter Waage, propuseram, em 1864, a **lei do equilíbrio químico** (originalmente chamada *lei da ação das massas*) como uma descrição geral da condição de equilíbrio. Guldberg e Waage postularam que, para uma reação do tipo

$$aA + bB \rightleftharpoons cC + dD$$

em que A, B, C e D representam espécies químicas e a, b, c e d são os coeficientes da equação balanceada, a lei da ação das massas é representada pela seguinte **expressão de equilíbrio**:

$$K = \frac{[C]^c[D]^d}{[A]^a[B]^b}$$

Os colchetes indicam as concentrações das espécies químicas no equilíbrio (em unidades de mol L^{-1}) e K é uma constante chamada de **constante de equilíbrio**. Observe que a expressão de equilíbrio é uma razão especial entre as concentrações dos produtos e as concentrações dos reagentes. Cada concentração é elevada a uma potência correspondente ao seu coeficiente na equação balanceada.

A lei do equilíbrio químico proposta por Guldberg e Waage é baseada em observações experimentais. As experiências com muitas reações mostraram que a condição de equilíbrio sempre pode ser descrita por essa razão especial, chamada de expressão de equilíbrio.

Para ver como construir uma expressão de equilíbrio, considere a reação na qual o ozônio se converte em oxigênio:

$$\underset{\uparrow \text{Reagente}}{\overset{\downarrow \text{Coeficiente}}{2O_3(g)}} \rightleftharpoons \underset{\uparrow \text{Produto}}{\overset{\downarrow \text{Coeficiente}}{3O_2(g)}}$$

Para obter a expressão de equilíbrio, colocamos a concentração do produto no numerador e a concentração do reagente no denominador:

$$\frac{[O_2]}{[O_3]} \begin{array}{l} \leftarrow \text{Produto} \\ \leftarrow \text{Reagente} \end{array}$$

Então, usamos os coeficientes como potências:

$$K = \frac{[O_2]^3}{[O_3]^2} \leftarrow \text{Os coeficientes tornam-se potências}$$

Exemplo resolvido 17.1 — Escrevendo expressões de equilíbrio

Escreva a expressão de equilíbrio das seguintes reações:

a. $H_2(g) + F_2(g) \rightleftharpoons 2HF(g)$ b. $N_2(g) + 3H_2(g) \rightleftharpoons 2NH_3(g)$

SOLUÇÃO Aplicando a lei de equilíbrio químico, nós colocamos os produtos sobre os reagentes (usando colchetes para indicar as concentrações em unidades de mol por litro) e elevamos cada concentração à potência que corresponde ao coeficiente na equação química balanceada.

a. $K = \dfrac{[HF]^2}{[H_2][F_2]}$ $\begin{array}{l} \leftarrow \text{Produto (coeficiente 2 torna-se potência de 2)} \\ \leftarrow \text{Reagente (coeficiente 1 torna-se potência de 1)} \end{array}$

Observe que, quando um coeficiente (potência) 1 aparece, ele não é escrito, mas é subentendido.

b. $K = \dfrac{[NH_3]^2}{[N_2][H_2]^3}$

AUTOVERIFICAÇÃO **Exercício 17.1** Escreva a expressão de equilíbrio para a seguinte reação:

$$4NH_3(g) + 7O_2(g) \rightleftharpoons 4NO_2(g) + 6H_2O(g)$$

Consulte os Problemas 17.15 até 17.18. ∎

Tabela 17.1 ▶ Resultados de três experimentos da reação $N_2(g) + 3H_2(g) \rightleftharpoons 2NH_3(g)$ a 500°C

Experimento	Concentrações iniciais			Concentrações de equilíbrio			$\dfrac{[NH_3]^2}{[N_2][H_2]^3} = K^*$
	$[N_2]_0$	$[H_2]_0$	$[NH_3]_0$	$[N_2]$	$[H_2]$	$[NH_3]$	
I	1,000 mol L^{-1}	1,000 mol L^{-1}	0	0,921 mol L^{-1}	0,763 mol L^{-1}	0,157 mol L^{-1}	$\dfrac{(0,157)^2}{(0,921)(0,763)^3} = 0,0602$
II	0	0	1,000 mol L^{-1}	0,399 mol L^{-1}	1,197 mol L^{-1}	0,203 mol L^{-1}	$\dfrac{(0,203)^2}{(0,399)(1,197)^3} = 0,0602$
III	2,00 mol L^{-1}	1,00 mol L^{-1}	3,00 mol L^{-1}	2,59 mol L^{-1}	2,77 mol L^{-1}	1,82 mol L^{-1}	$\dfrac{(1,82)^2}{(2,59)(2,77)^3} = 0,0602$

*As unidades de K são habitualmente omitidas.

O que a expressão de equilíbrio significa? Significa que, para uma determinada reação a uma dada temperatura, a razão especial entre as concentrações dos produtos e dos reagentes definida pela expressão de equilíbrio será sempre igual ao mesmo número — isto é, a constante de equilíbrio K. Por exemplo, considere uma série de experimentos sobre a reação da síntese

$$N_2(g) + 3H_2(g) \rightleftharpoons 2NH_3(g)$$

da amônia realizada a 500°C para medir as concentrações de N_2, H_2 e NH_3 presentes no equilíbrio. Os resultados desses experimentos são apresentados na Tabela 17.1 em que os zeros como índices inferiores próximos dos colchetes são usados para indicar as *concentrações iniciais:* as concentrações dos reagentes e dos produtos originalmente misturados antes de qualquer reação ocorrer.

Considere os resultados do experimento I. Um mol de N_2 e um de H_2 foram selados dentro de um recipiente de 1 litro a 500°C até atingirem o equilíbrio químico. No equilíbrio, as concentrações no recipiente são $[N_2] = 0,921$ mol L^{-1}, $[H_2] = 0,763$ mol L^{-1} e $[NH_3] = 0,157$ mol L^{-1}. A expressão de equilíbrio para a reação

$$N_2(g) + 3H_2(g) \rightleftharpoons 2NH_3(g)$$

é

$$K = \frac{[NH_3]^2}{[N_2][H_2]^3} = \frac{(0,157)^2}{(0,921)(0,763)^3}$$
$$= 0,0602 = 6,02 \times 10^{-2}$$

Da mesma forma, como mostrado na Tabela 17.1, podemos calcular para os experimentos II e III que K, a constante de equilíbrio, tem o valor de $6,02 \times 10^{-2}$. Na verdade, sempre que N_2, H_2 e NH_3 são misturados nessa temperatura, o sistema chegará a uma posição de equilíbrio tal que

$$K = 6,02 \times 10^{-2}$$

independentemente das quantidades dos reagentes e dos produtos que são misturados inicialmente.

É importante observar a partir da Tabela 17.1 que *as concentrações no equilíbrio não são sempre as mesmas*. No entanto, mesmo que os conjuntos individuais das concentrações de equilíbrio sejam bastante diferentes para as diferentes situações, a *constante de equilíbrio que depende da razão entre as concentrações permanece a mesma*.

Cada conjunto de *concentrações no equilíbrio* é chamado de **posição de equilíbrio**. É essencial distinguir entre a constante de equilíbrio e as posições de equilíbrio de um determinado sistema de reação. Existe apenas *uma* constante de equilíbrio para um sistema em particular a uma temperatura específica, mas há um número *infinito* de posições de equilíbrio. A posição de equilíbrio específica adotada por um sistema depende das concentrações iniciais; a constante de equilíbrio, não.

Note que, na discussão anterior, a constante de equilíbrio foi dada sem unidades. Em certos casos, as unidades são incluídas quando os valores das constantes de equilíbrio são dados; em outros casos, são omitidas. Nós não discutiremos as razões disso e omitiremos as unidades neste livro.

Exemplo resolvido 17.2 — Calculando as constantes de equilíbrio

A reação do dióxido de enxofre com o oxigênio na atmosfera para formar trióxido de enxofre tem implicações ambientais importantes, pois o SO_3 combina com a umidade para formar gotículas de ácido sulfúrico, um importante componente da chuva ácida. Os seguintes resultados foram coletados em duas experiências que envolvem a reação entre o dióxido de enxofre gasoso e o oxigênio a 600°C para formar o trióxido de enxofre gasoso:

$$2SO_2(g) + O_2(g) \rightleftharpoons 2SO_3(g)$$

	Inicial	Equilíbrio
Experimento I	$[SO_2]_0 = 2{,}00$ mol L^{-1}	$[SO_2] = 1{,}50$ mol L^{-1}
	$[O_2]_0 = 1{,}50$ mol L^{-1}	$[O_2] = 1{,}25$ mol L^{-1}
	$[SO_3]_0 = 3{,}00$ mol L^{-1}	$[SO_3] = 3{,}50$ mol L^{-1}
Experimento II	$[SO_2]_0 = 0{,}500$ mol L^{-1}	$[SO_2] = 0{,}590$ mol L^{-1}
	$[O_2]_0 = 0$	$[O_2] = 0{,}045$ mol L^{-1}
	$[SO_3]_0 = 0{,}350$ mol L^{-1}	$[SO_3] = 0{,}260$ mol L^{-1}

A lei do equilíbrio químico prevê que o valor de K deve ser o mesmo em ambos os experimentos. Verifique isso calculando a constante de equilíbrio observada para cada um.

SOLUÇÃO   A equação balanceada da reação é:

$$2SO_2(g) + O_2(g) \rightleftharpoons 2SO_3(g)$$

Da lei do equilíbrio químico, podemos escrever a expressão de equilíbrio:

$$K = \frac{[SO_3]^2}{[SO_2]^2[O_2]}$$

Para o experimento I, calculamos o valor de K substituindo as concentrações observadas no *equilíbrio*,

$$[SO_3] = 3{,}50 \text{ mol L}^{-1}$$
$$[SO_2] = 1{,}50 \text{ mol L}^{-1}$$
$$[O_2] = 1{,}25 \text{ mol L}^{-1}$$

na expressão de equilíbrio:

$$K_I = \frac{(3{,}50)^2}{(1{,}50)^2(1{,}25)} = 4{,}36$$

Para o experimento II no equilíbrio:

$$[SO_3] = 0{,}260 \text{ mol L}^{-1}$$
$$[SO_2] = 0{,}590 \text{ mol L}^{-1}$$
$$[O_2] = 0{,}045 \text{ mol L}^{-1}$$

e

$$K_{II} = \frac{(0{,}260)^2}{(0{,}590)^2(0{,}045)} = 4{,}32$$

Observe que os valores calculados para K_I e K_{II} são quase os mesmos, como esperávamos. Isto é, o valor de K é constante, dentro das diferenças devidas ao arredondamento e ao erro experimental. Esses experimentos mostram *duas posições de equilíbrio diferentes* para esse sistema, mas K, a constante de equilíbrio, é, de fato, constante. ∎

17-6 Equilíbrios heterogêneos

OBJETIVO Compreender o papel que os líquidos e os sólidos assumem na construção da expressão de equilíbrio.

Até agora, temos discutido equilíbrios apenas para sistemas em estado gasoso, em que todos os reagentes e produtos são gases. Esses são exemplos de **equilíbrios homogêneos**, nos quais todas as substâncias estão no mesmo estado. No entanto, muitos equilíbrios envolvem mais de um estado e são chamados de **equilíbrios heterogêneos**. Por exemplo, a decomposição térmica do carbonato de cálcio na preparação da cal comercial ocorre através de uma reação que envolve sólidos e gases.

$$\underset{\text{Cal}}{CaCO_3(s) \rightleftharpoons CaO(s)} + CO_2(g)$$

A aplicação direta da lei do equilíbrio conduz à expressão de equilíbrio:

$$K = \frac{[CO_2][CaO]}{[CaCO_3]}$$

No entanto, os resultados experimentais mostram que a *posição de um equilíbrio heterogêneo não depende das quantidades de sólidos ou líquidos puros presentes*. A razão fundamental para esse comportamento é que as concentrações de sólidos e líquidos puros não podem variar. Em outras palavras, podemos dizer que as concentrações de sólidos e líquidos puros são constantes. Portanto, podemos escrever a expressão de equilíbrio para a decomposição do carbonato de cálcio sólido como:

$$K' = \frac{[CO_2]C_1}{C_2}$$

em que C_1 e C_2 são constantes que representam as concentrações dos sólidos CaO e $CaCO_3$, respectivamente. Essa expressão pode ser rearranjada para resultar:

$$\frac{C_2 K'}{C_1} = K = [CO_2]$$

em que as constantes C_2, K' e C_1 são combinadas em uma única constante K. Isso nos leva à seguinte afirmação geral: as concentrações de sólidos ou líquidos puros envolvidos em uma reação química *não são incluídas na expressão de equilíbrio* da reação. Isso se aplica *somente* aos sólidos ou líquidos puros. Não se aplica a soluções ou gases, porque suas concentrações podem variar.

Por exemplo, considere a decomposição da água líquida para o hidrogênio e oxigênio gasosos:

$$2H_2O(l) \rightleftharpoons 2H_2(g) + O_2(g)$$

em que

$$K = [H_2]^2[O_2]$$

A água não está incluída na expressão de equilíbrio, porque é um líquido puro. No entanto, quando a reação é realizada sob condições nas quais a água é um gás em vez de um líquido

$$2H_2O(g) \rightleftharpoons 2H_2(g) + O_2(g)$$

temos

$$K = \frac{[H_2]^2[O_2]}{[H_2O]^2}$$

pois a concentração do vapor de água pode variar.

Exemplo resolvido 17.3

Escrevendo as expressões de equilíbrio para equilíbrios heterogêneos

Escreva as expressões de K dos seguintes processos:

a. O pentacloreto de fósforo sólido é decomposto em tricloreto de fósforo líquido e cloro gasoso.

b. O sólido azul-escuro sulfato de cobre(II) penta-hidratado é aquecido para eliminar o vapor de água e formar o sólido branco sulfato de cobre(II).

SOLUÇÃO

a. A reação é:

$$PCl_5(s) \rightleftharpoons PCl_3(l) + Cl_2(g)$$

Nesse caso, nem o PCl_5 sólido puro nem o PCl_3 líquido puro são incluídos na expressão de equilíbrio. A expressão de equilíbrio é:

$$K = [Cl_2]$$

b. A reação é:

$$CuSO_4 \cdot 5H_2O(s) \rightleftharpoons CuSO_4(s) + 5H_2O(g)$$

Os dois sólidos não estão incluídos. A expressão de equilíbrio é:

$$K = [H_2O]^5$$

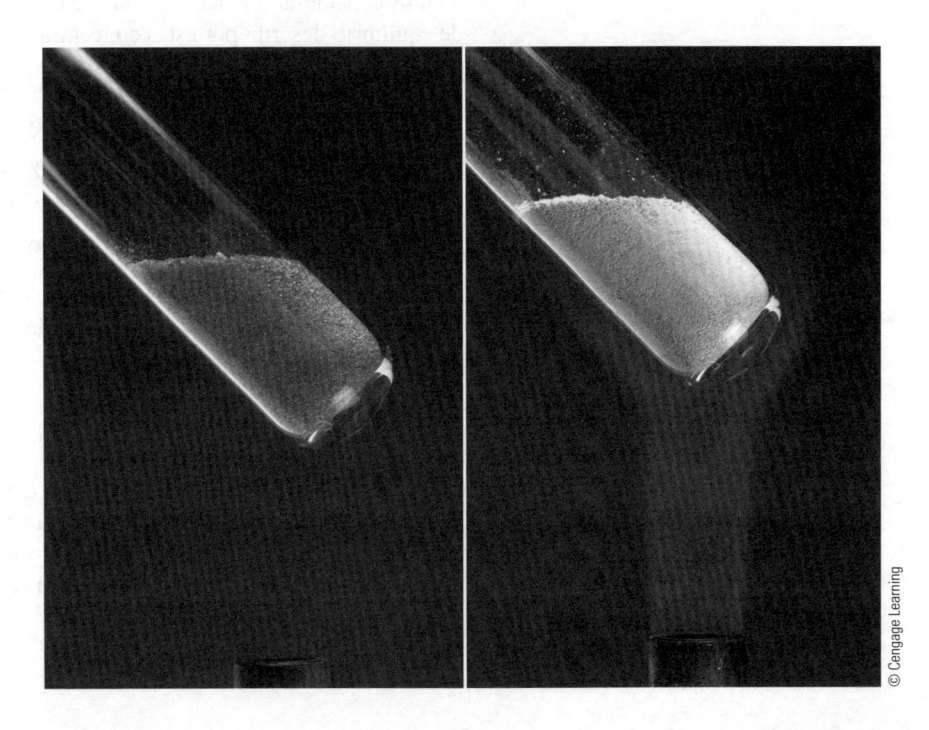

À medida que o sólido sulfato de cobre(II) penta-hidratado, CuSO$_4$[S]5H$_2$O, é aquecido, ele perde H$_2$O, eventualmente formando CuSO$_4$ branco.

*Você pode visualizar essas imagens em cores no final do livro.

AUTOVERIFICAÇÃO

Exercício 17.2 Escreva a expressão de equilíbrio para cada uma das seguintes reações:

a. $2KClO_3(s) \rightleftharpoons 2KCl(s) + 3O_2(g)$
Essa reação geralmente é usada para produzir gás oxigênio no laboratório.
b. $NH_4NO_3(s) \rightleftharpoons N_2O(g) + 2H_2O(g)$
c. $CO_2(g) + MgO(s) \rightleftharpoons MgCO_3(s)$
d. $SO_3(g) + H_2O(l) \rightleftharpoons H_2SO_4(l)$

Consulte os Problemas 17.25 até 17.28. ■

17-7 Princípio de Le Chatelier

OBJETIVO Aprender a prever as mudanças que ocorrem quando um sistema em equilíbrio é perturbado.

É importante compreender os fatores que controlam a *posição* de um equilíbrio químico. Por exemplo, quando uma substância química é fabricada, os químicos e engenheiros químicos responsáveis pela produção querem escolher as condições que favorecem o produto desejado tanto quanto possível. Ou seja, eles querem que o equilíbrio desloque mais para a direita (na direção dos produtos). Quando o processo para a síntese da amônia estava sendo desenvolvido, foram realizados estudos extensivos para determinar como a concentração da amônia no equilíbrio dependia das condições de temperatura e pressão.

Nesta seção, vamos explorar como as várias mudanças nas condições afetam a posição de equilíbrio de um sistema de reação. Podemos prever os efeitos das variações na concentração, pressão e temperatura de um sistema em equilíbrio utilizando o **princípio de Le Chatelier**, o qual afirma que, quando *uma variação é aplicada em um sistema em equilíbrio, a posição do equilíbrio se desloca em um sentido que tende a reduzir o efeito dessa variação.*

O efeito de uma variação na concentração

Vamos considerar a reação da síntese da amônia. Suponha que haja uma posição de equilíbrio descrita por estas concentrações:

$[N_2] = 0,399$ mol L^{-1} $[H_2] = 1,197$ mol L^{-1} $[NH_3] = 0,203$ mol L^{-1}

O que acontecerá se 1,000 mol L^{-1} de N_2 for subitamente injetado no sistema? Podemos começar a responder a essa pergunta lembrando que, para o sistema em equilíbrio, as velocidades das reações direta e inversa se equilibram exatamente,

$$N_2(g) + 3H_2(g) \rightleftharpoons 2NH_3(g)$$

como indicado aqui pelas setas de mesmo comprimento. Quando N_2 é adicionado, subitamente há mais colisões entre as moléculas de N_2 e H_2. Isso aumenta a velocidade da reação direta (representada aqui pelo maior comprimento da seta apontando nesse sentido),

$$N_2(g) + 3H_2(g) \rightleftharpoons 2NH_3(g)$$

e a reação produz mais NH_3. À medida que a concentração de NH_3 aumenta, a velocidade da reação inversa também aumenta (pois ocorrem mais colisões entre as moléculas de NH_3) e o sistema entra novamente em equilíbrio. No entanto, a nova posição do equilíbrio tem mais NH_3 que na posição original. Nós dizemos que o equilíbrio foi deslocado para a *direita*, na direção dos produtos. As posições de equilíbrio originais e novas são mostradas abaixo.

Posição de equilíbrio I		Posição de equilíbrio II
$[N_2] = 0,399$ mol L^{-1}		$[N_2] = 1,348$ mol L^{-1}
$[H_2] = 1,197$ mol L^{-1}	1,000 mol L^{-1} de N$_2$ adicionado	$[H_2] = 1,044$ mol L^{-1}
$[NH_3] = 0,203$ mol L^{-1}		$[NH_3] = 0,304$ mol L^{-1}

Note que o equilíbrio de fato se deslocou para a direita; a concentração de H$_2$ diminuiu (de 1,197 mol L^{-1} para 1,044 mol L^{-1}), a concentração de NH$_3$ aumentou (de 0,203 mol L^{-1} para 0,304 mol L^{-1}) e, é claro, como foi adicionado nitrogênio, a concentração de N$_2$ mostra um aumento em relação à quantidade original presente.

É importante observar neste ponto que, embora o equilíbrio tenha se deslocado para uma nova posição, o *valor de K não mudou*. Podemos demonstrar isso inserindo as concentrações de equilíbrio das posições I e II na expressão de equilíbrio:

▶ Posição I: $K = \dfrac{[NH_3]^2}{[N_2][H_2]^3} = \dfrac{(0,203)^2}{(0,399)(1,197)^3} = 0,0602$

▶ Posição II: $K = \dfrac{[NH_3]^2}{[N_2][H_2]^3} = \dfrac{(0,304)^2}{(1,348)(1,044)^3} = 0,0602$

Esses valores de K são os mesmos. Portanto, apesar de a posição de equilíbrio ter se deslocado quando adicionamos mais N$_2$, a *constante de equilíbrio K permaneceu a mesma*.

Poderíamos ter previsto esse deslocamento usando o princípio de Le Chatelier? Como a variação, nesse caso, foi adicionar nitrogênio, o princípio de Le Chatelier prevê que o sistema se deslocaria para uma direção que *consome* nitrogênio. Isso tende a compensar a variação inicial, a adição de N$_2$. Portanto, o princípio de Le Chatelier prevê corretamente que a adição de nitrogênio faria o equilíbrio se deslocar para a direita (Fig. 17.9), à medida que o nitrogênio adicionado é consumido.

Se tivesse sido adicionada amônia em vez de nitrogênio, o sistema se deslocaria para a esquerda, consumindo amônia. Outra maneira de explicar o princípio de Le Chatelier é, então, dizendo que, *quando um reagente ou produto é adicionado em um sistema em equilíbrio, o sistema se desloca para longe do componente adicionado*. Por outro lado, se *um reagente ou produto é removido, o sistema se desloca no sentido do componente removido*. Por exemplo, se tivéssemos removido o nitrogênio, o sistema teria se deslocado para a esquerda e a quantidade de amônia presente reduziria.

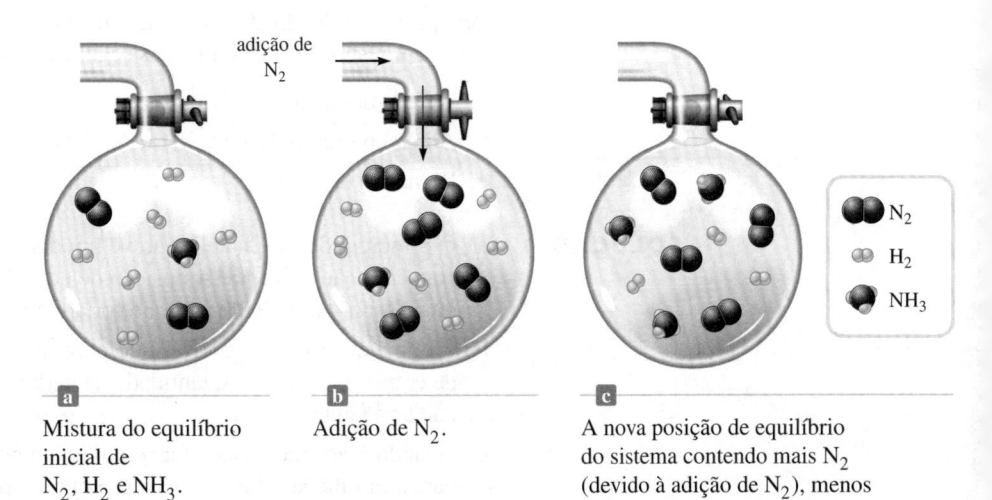

Figura 17.9 ▶

a) Mistura do equilíbrio inicial de N$_2$, H$_2$ e NH$_3$.

b) Adição de N$_2$.

c) A nova posição de equilíbrio do sistema contendo mais N$_2$ (devido à adição de N$_2$), menos H$_2$ −1 e mais NH$_3$ que em **a**.

Um exemplo da vida real que mostra a importância do princípio de Le Chatelier é o efeito das altas altitudes sobre o fornecimento de oxigênio para o corpo. Se você já viajou para as montanhas nas férias, pode ter sentido uma "tontura" e, especialmente, cansaço durante os primeiros dias de sua visita. Essas sensações resultaram de uma diminuição da oferta de oxigênio para o corpo, por causa da pressão mais baixa do ar em altitudes mais elevadas. Por exemplo, o fornecimento de oxigênio em Leadville, Colorado (altitude ~ 10.000 pés), é de apenas cerca de dois terços do fornecimento ao nível do mar. Podemos compreender os efeitos da diminuição do suprimento de oxigênio pelo seguinte equilíbrio:

$$Hb(aq) + 4O_2(g) \rightleftharpoons Hb(O_2)_4(aq)$$

em que Hb representa a hemoglobina, proteína contendo ferro que transporta o O_2 dos seus pulmões para os tecidos, onde ele é usado para manter o metabolismo. O coeficiente 4 na equação significa que cada molécula de hemoglobina capta quatro moléculas de O_2 nos pulmões. Observe que, pelo princípio de Le Chatelier, uma pressão de oxigênio menor fará com que esse equilíbrio se desloque para a esquerda, para longe da hemoglobina oxigenada. Isso gera um suprimento de oxigênio inadequado aos tecidos, que por sua vez resulta em fadiga e uma sensação de "tontura".

Esse problema pode ser resolvido em casos extremos, por exemplo, no momento de escalar o Monte Everest ou voar em um avião a altas altitudes, pelo fornecimento de oxigênio extra a partir de um tanque. Esse oxigênio extra empurra o equilíbrio para a sua posição normal. No entanto, carregar um tanque de oxigênio não seria muito prático para as pessoas que vivem nas montanhas. Na verdade, a natureza resolve este problema de uma forma muito interessante. O corpo se adapta para viver em altitudes elevadas produzindo hemoglobina adicional — outra maneira de deslocar esse equilíbrio para a direita. Assim, as pessoas que vivem em altitudes elevadas têm níveis de hemoglobina significativamente mais elevados que aquelas que vivem ao nível do mar. Por exemplo, os Sherpas, do Nepal, podem viver com o ar rarefeito do topo do Monte Everest sem uma fonte auxiliar de oxigênio.

Exemplo resolvido 17.4 — Usando o princípio de Le Chatelier: variações na concentração

O arsênio, As_4, é extraído da natureza primeiramente pela reação do seu minério com oxigênio (a chamada *calcinação*) para formar As_4O_6 sólido (um composto tóxico fatal em doses de 0,1 g ou mais conhecido como "arsênico", famoso em histórias de detetives). O As_4O_6 é então reduzido utilizando carbono:

$$As_4O_6(s) + 6C(s) \rightleftharpoons As_4(g) + 6CO(g)$$

Preveja o sentido do deslocamento da posição de equilíbrio desta reação que ocorre em resposta a cada uma das seguintes variações nas condições:

a. Adição de monóxido de carbono.

b. Adição ou remoção de $C(s)$ ou $As_4O_6(s)$.

c. Remoção de $As_4(g)$.

SOLUÇÃO

a. O princípio de Le Chatelier prevê um distanciamento da substância cuja concentração aumenta. A posição de equilíbrio se deslocará para a esquerda quando o monóxido de carbono for adicionado.

b. Como a quantidade de um sólido puro não tem efeito algum sobre a posição de equilíbrio, variar a quantidade de carbono ou hexóxido de tetra-arsênio não terá nenhum efeito.

c. Quando o arsênio gasoso for removido, a posição de equilíbrio se deslocará para a direita para formar mais produtos. Em processos industriais, o produto desejado é muitas vezes continuamente removido do sistema de reação para aumentar o rendimento.

AUTOVERIFICAÇÃO

Exercício 17.3 Dispositivos inovadores para a previsão de chuva contêm cloreto de cobalto(II) e são baseados no seguinte equilíbrio:

$$CoCl_2(s) + 6H_2O(g) \rightleftharpoons CoCl_2 \cdot 6H_2O(s)$$
$$\text{Azul} \qquad\qquad\qquad \text{Preto}$$

De que cor o indicador ficará quando houver probabilidade de chuva devido ao aumento do vapor de água no ar?

Consulte os Problemas 17.33 até 17.36. ■

Quando CoCl₂ anidro azul reage com água, CoCl₂[S]6H₂O rosa é formado.

*Você pode visualizar essa imagem em cores no final do livro.

O efeito de uma variação no volume

Quando o volume de um gás é reduzido (quando ele é comprimido), a pressão aumenta. Isso ocorre porque as moléculas presentes estão agora contidas em um espaço menor e elas batem nas paredes de seu recipiente com mais frequência, gerando uma pressão maior. Por isso, quando o volume de um sistema de reação gasosa em equilíbrio é subitamente reduzido, levando a um aumento súbito da pressão, pelo princípio de Le Chatelier, o sistema se desloca no sentido que reduz a pressão.

Por exemplo, considere a reação

$$CaCO_3(s) \rightleftharpoons CaO(s) + CO_2(g)$$

em um recipiente com um êmbolo móvel (Fig. 17.10). Se o volume é subitamente diminuído empurrando-se o êmbolo, a pressão do CO_2 gasoso aumenta inicialmente. Como o sistema pode compensar esse aumento de pressão? Deslocando-se para a esquerda, no sentido que reduz a quantidade de gás presente. Ou seja, um deslocamento para a esquerda consumirá as moléculas de CO_2, diminuindo assim a pressão. (Haverá, então, menos moléculas presentes para bater nas paredes, porque a maior parte das moléculas de CO_2 combinou com o CaO e, portanto, tornou-se parte do $CaCO_3$ sólido).

Por isso, quando o volume de um sistema de reação gasosa no equilíbrio é diminuído (aumentando, assim, a pressão), *o sistema se desloca no sentido que resulta no menor número de moléculas de gás*. Dessa forma, uma redução no volume do sistema conduz a uma variação que diminui o número total de moléculas gasosas no sistema.

Suponha que estamos executando a reação:

$$N_2(g) + 3H_2(g) \rightleftharpoons 2NH_3(g)$$

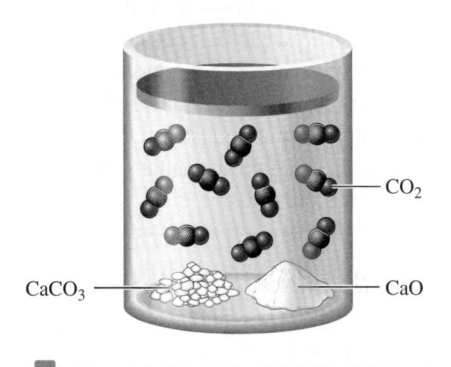

a O sistema está inicialmente no estado de equilíbrio.

b Então, o pistão é empurrado para baixo, diminuindo o volume e aumentando a pressão. O sistema se desloca no sentido que consome moléculas de CO_2, diminuindo assim a pressão novamente.

Figura 17.10 ▶ O sistema de reação $CaCO_3(s) \rightleftharpoons CaO(s) + CO_2(g)$.

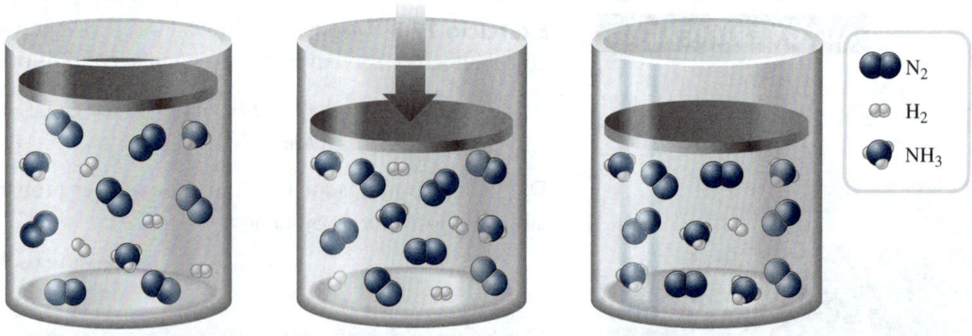

a Mistura de NH$_3$(g), N$_2$(g) e H$_2$(g) em equilíbrio.

b O volume é subitamente diminuído.

c A nova posição de equilíbrio para o sistema contendo mais NH$_3$ e menos N$_2$ e H$_2$. A reação N$_2$(g) + 3H$_2$(g) $\rightleftharpoons$ 2NH$_3$(g) se desloca para a direita (na direção do lado com menos moléculas) quando o volume do recipiente é diminuído.

Figura 17.11 ▶

e temos uma mistura de gases nitrogênio, hidrogênio e amônia em equilíbrio [Fig. 17.11 (a)]. Se, de repente, reduzimos o volume, o que acontecerá com a posição de equilíbrio? Como a diminuição do volume aumenta inicialmente a pressão, o sistema se desloca para o sentido que reduz a sua pressão. O sistema de reação pode reduzir a sua pressão reduzindo o número de moléculas de gás presentes. Isso significa que a reação

$$N_2(g) + 3H_2(g) \rightleftharpoons 2NH_3(g)$$
4 moléculas gasosas $\qquad$ 2 moléculas gasosas

se desloca para a direita, porque nesse sentido quatro moléculas (uma de nitrogênio e três de hidrogênio) reagem para produzir duas moléculas (de amônia), *reduzindo assim o número total de moléculas gasosas presentes*. A posição de equilíbrio se desloca para a direita — lado da reação que envolve o menor número de moléculas gasosas na equação balanceada.

O oposto também é verdadeiro. Quando o volume do recipiente aumenta (o que reduz a pressão), o sistema se desloca de modo a aumentar a sua pressão. Um aumento de volume no sistema de síntese da amônia produz um deslocamento para a esquerda a fim de aumentar o número total de moléculas gasosas presentes (para aumentar a pressão).

Exemplo resolvido 17.5

Usando o princípio de Le Chatelier: variações de volume

Preveja o deslocamento na posição de equilíbrio que ocorrerá para cada um dos seguintes processos quando o volume for reduzido.

a. Preparação de tricloreto de fósforo líquido pela reação

$$P_4(s) + 6Cl_2(g) \rightleftharpoons 4PCl_3(l)$$
6 moléculas gasosas $\qquad$ 0 molécula gasosas

SOLUÇÃO (a) P_4 e PCl_3 são um sólido puro e um líquido puro, respectivamente, portanto, nós precisamos considerar apenas o efeito sobre o Cl_2. Se o volume diminuiu, a pressão do Cl_2 inicialmente aumenta, de modo que a posição de equilíbrio se deslocará para a direita, consumindo Cl_2 gasoso e diminuindo a pressão (para neutralizar a variação inicial).

b. Preparação de pentacloreto de fósforo gasoso de acordo com a equação

$$\underset{\text{2 moléculas gasosas}}{PCl_3(g) + Cl_2(g)} \rightleftharpoons \underset{\text{1 molécula gasosa}}{PCl_5(g)}$$

SOLUÇÃO (b) A diminuição do volume (aumentando a pressão) deslocará esse equilíbrio para a direita, porque o lado do produto contém apenas uma molécula gasosa, enquanto o lado do reagente possui duas. Isto é, o sistema responderá à redução do volume (aumento da pressão) diminuindo o número de moléculas presentes.

c. Reação do tricloreto de fósforo com amônia:

$$PCl_3(g) + 3NH_3(g) \rightleftharpoons P(NH_2)_3(g) + 3HCl(g)$$

SOLUÇÃO (c) Ambos os lados da equação da reação balanceada têm quatro moléculas gasosas. A variação de volume não terá qualquer efeito sobre a posição de equilíbrio. Não há deslocamento nesse caso, porque o sistema não pode variar o número de moléculas presentes se deslocando em qualquer sentido.

AUTOVERIFICAÇÃO

Exercício 17.4 Para cada uma das seguintes reações, preveja o sentido no qual o equilíbrio se deslocará quando o volume do recipiente aumentar.

a. $H_2(g) + F_2(g) \rightleftharpoons 2HF(g)$
b. $CO(g) + 2H_2(g) \rightleftharpoons CH_3OH(g)$
c. $2SO_3(g) \rightleftharpoons 2SO_2(g) + O_2(g)$

Consulte os Problemas 17.33 até 17.36. ∎

O efeito de uma variação na temperatura

É importante lembrar que, embora as variações que acabamos de discutir possam mudar a *posição* de equilíbrio, elas não mudam a *constante* de equilíbrio. Por exemplo, a adição de um reagente desloca a posição de equilíbrio para a direita, mas não tem qualquer efeito sobre o valor da constante de equilíbrio; as novas concentrações de equilíbrio satisfazem a constante de equilíbrio original. Isso foi demonstrado anteriormente nesta seção para a adição de N_2 na reação da síntese de amônia.

No entanto, o efeito da temperatura sobre o equilíbrio é diferente, porque *o valor de K varia com a temperatura.* Podemos utilizar o princípio de Le Chatelier para prever o sentido da variação em *K*.

Para fazer isso, precisamos classificar as reações de acordo com sua produção ou absorção de calor. Uma reação que produz calor (calor é um "produto") é *exotérmica*. Uma reação que absorve o calor é *endotérmica*. Como o calor é necessário para uma reação endotérmica, a energia (calor) pode ser considerada como um "reagente" nesse caso.

Em uma reação exotérmica, o calor é tratado como um produto. Por exemplo, a síntese da amônia a partir de nitrogênio e de hidrogênio é exotérmica (produz calor). Podemos representar isso considerando a energia como um produto:

$$N_2(g) + 3H_2(g) \rightleftharpoons 2NH_3(g) + \underset{\substack{\text{Energia} \\ \text{liberada}}}{92 \text{ kJ}}$$

O princípio de Le Chatelier prevê que quando adicionamos energia nesse sistema em equilíbrio aquecendo-o, o deslocamento será no sentido que consome energia — isto é, para a esquerda.

Por outro lado, para uma reação endotérmica (a que absorve energia), tal como a decomposição do carbonato de cálcio,

$$CaCO_3(s) + \underbrace{556 \text{ kJ}}_{\text{Energia necessária}} \rightleftharpoons CaO(s) + CO_2(g)$$

a energia é tratada como um reagente. Nesse caso, um aumento da temperatura faz com que o equilíbrio se desloque para a direita.

Resumindo, para utilizar o princípio de Le Chatelier para descrever o efeito de uma variação de temperatura em um sistema no equilíbrio, *simplesmente trate a energia como um reagente (em um processo endotérmico) ou como um produto (em um processo exotérmico)*, e *preveja o sentido do deslocamento* da mesma forma que você faria se um reagente ou produto real estivesse sendo adicionado ou removido.

Exemplo resolvido 17.6

Usando o princípio de Le Chatelier: variações de temperatura

Para cada uma das seguintes reações, preveja como o equilíbrio se deslocará quando a temperatura aumentar.

a. $N_2(g) + O_2(g) \rightleftharpoons 2NO(g)$ (endotérmica)

SOLUÇÃO (a) Esta é uma reação endotérmica, por isso, a energia pode ser vista como um reagente.

$$N_2(g) + O_2(g) + \text{energia} \rightleftharpoons 2NO(g)$$

Assim, o equilíbrio se deslocará para a direita, à medida que a temperatura aumenta (energia adicionada).

b. $2SO_2(g) + O_2(g) \rightleftharpoons 2SO_3(g)$ (exotérmica)

SOLUÇÃO (b) Esta é uma reação exotérmica, por isso, a energia pode ser considerada como um produto.

$$2SO_2(g) + O_2(g) \rightleftharpoons 2SO_3(g) + \text{energia}$$

À medida que a temperatura aumenta, o equilíbrio se desloca para a esquerda.

AUTOVERIFICAÇÃO

Exercício 17.5 Para a reação exotérmica:

$$2SO_2(g) + O_2(g) \rightleftharpoons 2SO_3(g)$$

preveja o deslocamento de equilíbrio causado por cada uma das seguintes alterações.

a. SO_2 é adicionado.
b. SO_3 é removido.
c. O volume é reduzido.
d. A temperatura é reduzida.

Consulte os Problemas 17.33 até 17.42. ■

Vimos como o princípio de Le Chatelier pode ser usado para prever os efeitos de vários tipos de variações em um sistema em equilíbrio. Para resumir essas ideias, a Tabela 17.2 mostra como diversas variações afetam a posição de equilíbrio da reação endotérmica $N_2O_4(g) \rightleftharpoons 2NO_2(g)$. O efeito de uma variação na temperatura nesse sistema está representado na Fig. 17.12.

Tabela 17.2 ▶ Deslocamentos na posição de equilíbrio na reação $N_2O_4(g) + \text{energia} \rightleftharpoons 2NO_2(g)$

adição de $N_2O_4(g)$	direita
adição de $NO_2(g)$	esquerda
remoção de $N_2O_4(g)$	esquerda
remoção de $NO_2(g)$	direita
diminuição do volume do recipiente	esquerda
aumento do volume do recipiente	direita
aumento da temperatura	direita
diminuição da temperatura	esquerda

Figura 17.12 ▶ Deslocando o equilíbrio de $N_2O_4(g) \rightleftharpoons 2NO_2(g)$ pela variação da temperatura.

*Você pode visualizar essas imagens em cores no final do livro.

a) A 100°C, o recipiente está definitivamente castanho-avermelhado devido a uma grande quantidade de $NO_2(g)$ presente.

b) A 0°C, o equilíbrio é deslocado no sentido do $N_2O_4(g)$ incolor.

17-8 Aplicações envolvendo a constante de equilíbrio

OBJETIVO Aprender a calcular as concentrações no equilíbrio de constantes de equilíbrio.

Saber o valor da constante de equilíbrio de uma reação nos permite fazer muitas coisas. Por exemplo, a grandeza de K nos diz a tendência inerente de que a reação ocorra. Um valor de K muito maior que 1 significa que, no equilíbrio, o sistema de reação consistirá principalmente em produtos — o equilíbrio se encontra à direita. Por exemplo, considere uma reação geral do tipo:

$$A(g) \rightarrow B(g)$$

em que

$$K = \frac{[B]}{[A]}$$

Se K para esta reação é 10.000 (10^4), então, no equilíbrio:

$$\frac{[B]}{[A]} = 10.000 \quad \text{ou} \quad \frac{[B]}{[A]} = \frac{10.000}{1}$$

Isto é, no equilíbrio, [B] é 10.000 vezes maior que [A], o que significa que a reação favorece significativamente o produto B. Outra forma de dizer isso é que a reação vai essencialmente para a conclusão. Ou seja, praticamente todo A se transforma em B.

Por outro lado, um pequeno valor de K significa que o sistema em equilíbrio consiste em grande parte em reagentes — a posição de equilíbrio é claramente para a esquerda. A reação dada não ocorre em qualquer extensão significativa.

Outra maneira de utilizarmos a constante de equilíbrio é calcular as concentrações de equilíbrio dos reagentes e dos produtos. Por exemplo, se sabemos o valor de K e as concentrações de todos os reagentes e produtos, exceto um, podemos calcular a concentração que falta. Isso é ilustrado no Exemplo 17.7.

Exemplo resolvido 17.7

Calculando a concentração no equilíbrio usando as expressões de equilíbrio

Pentacloreto de fósforo gasoso se decompõe em cloro gasoso e tricloreto de fósforo gasoso. Em uma determinada experiência a uma temperatura na qual $K = 8,96 \times 10^{-2}$, as concentrações no equilíbrio de PCl_5 e PCl_3 são $6,70 \times 10^{-3}$ mol L^{-1} e $0,300$ mol L^{-1}, respectivamente. Calcule a concentração de Cl_2 presente no equilíbrio.

SOLUÇÃO

Para onde vamos?

Queremos determinar a $[Cl_2]$ presente no equilíbrio.

O que sabemos?

Para essa reação, a equação balanceada é

$$PCl_5(g) \rightleftharpoons PCl_3(g) + Cl_2(g)$$

e a expressão de equilíbrio é

$$K = \frac{[PCl_3][Cl_2]}{[PCl_5]} = 8,96 \times 10^{-2}$$

Sabemos que:

$$[PCl_5] = 6,70 \times 10^{-3} \text{ mol } L^{-1}$$
$$[PCl_3] = 0,300 \text{ mol } L^{-1}$$

Como chegamos lá?

Queremos calcular $[Cl_2]$. Reorganizaremos a expressão de equilíbrio para encontrar concentração de Cl_2. Primeiro, dividimos ambos os lados da expressão

$$K = \frac{[PCl_3][Cl_2]}{[PCl_5]}$$

por $[PCl_3]$ para resultar

$$\frac{K}{[PCl_3]} = \frac{[\cancel{PCl_3}][Cl_2]}{[\cancel{PCl_3}][PCl_5]} = \frac{[Cl_2]}{[PCl_5]}$$

Em seguida, multiplicamos ambos os lados por $[PCl_5]$:

$$\frac{K[PCl_5]}{[PCl_3]} = \frac{[Cl_2][\cancel{PCl_5}]}{[\cancel{PCl_5}]} = [Cl_2]$$

Então, podemos calcular $[Cl_2]$, substituindo a informação conhecida:

$$[Cl_2] = K \times \frac{[PCl_5]}{[PCl_3]} = (8,96 \times 10^{-2}) \frac{(6,70 \times 10^{-3})}{(0,300)}$$

$$[Cl_2] = 2,00 \times 10^{-3}$$

A concentração no equilíbrio do Cl_2 é $2,00 \times 10^{-3}$ mol L^{-1}. ∎

17-9 Equilíbrios de solubilidade

OBJETIVO Aprender a calcular o produto de solubilidade de um sal dada a sua solubilidade e vice-versa.

A solubilidade é um fenômeno muito importante. Considere os exemplos a seguir:

► Como o açúcar e o sal de mesa dissolvem-se facilmente em água, podemos temperar os alimentos facilmente.

► Por ser menos solúvel na água quente que na água fria, o sulfato de cálcio reveste os canos nas caldeiras, reduzindo a eficiência térmica.

► Quando os alimentos se alojam entre os dentes, os ácidos que se formam dissolvem seu esmalte, que contém a hidroxiapatita mineral $Ca_5(PO_4)_3OH$. A cárie dentária pode ser reduzida pela adição de flúor na pasta de dentes. O fluoreto substitui o hidróxido de hidroxiapatita para produzir a fluorapatita correspondente, $Ca_5(PO_4)_3F$, e o fluoreto de cálcio, CaF_2, que são menos solúveis em ácidos que o esmalte original.

► A utilização de uma suspensão de sulfato de bário melhora a visibilidade nos raios X do trato digestivo. O sulfato de bário contém o íon tóxico Ba^{2+}, mas sua solubilidade muito baixa torna a ingestão de $BaSO_4$ sólido segura.

Nesta seção, vamos considerar os equilíbrios associados com a dissolução de sólidos em água para formar as soluções aquosas. Quando dissolvido em água, um típico sólido iônico se dissocia completamente em cátions e ânions separados. Por exemplo, o fluoreto de cálcio se dissolve na água da seguinte forma:

$$CaF_2(s) \xrightarrow{H_2O(l)} Ca^{2+}(aq) + 2F^-(aq)$$

Quando o sal sólido é primeiro adicionado na água, nenhum íon Ca^{2+} e F^- está presente. No entanto, à medida que a dissolução ocorre, a concentração de Ca^{2+} e F^- aumenta e torna-se mais e mais provável que esses íons colidam e refaçam o sólido. Assim, dois processos opostos (concorrentes) estão ocorrendo — a reação de dissolução mostrada acima, e a reação inversa para voltar a formar o sólido

$$Ca^{2+}(aq) + 2F^-(aq) \rightarrow CaF_2(s)$$

No fim, o equilíbrio é atingido. Nenhum sólido mais se dissolve e a solução se torna saturada.

Podemos escrever uma expressão de equilíbrio para esse processo de acordo com a lei do equilíbrio químico

$$K_{ps} = [Ca^{2+}][F^-]^2$$

em que $[Ca^{2+}]$ e $[F^-]$ são expressos em mol L^{-1}. A **constante do produto de solubilidade** é também chamada de **produto de solubilidade** (K_{ps}).

Por ser um sólido puro, o CaF_2 não está incluído na expressão de equilíbrio. Pode parecer estranho, à primeira vista, que a quantidade de excesso de sólido presente não afete a posição do equilíbrio da solubilidade. Certamente, mais sólido significa mais área superficial exposta ao solvente, o que pareceria resultar em maior solubilidade. No entanto, não é esse o caso, porque tanto a dissolução quanto o restabelecimento do sólido ocorrem na superfície do sólido em excesso. Quando um sólido se dissolve, são os íons na superfície que entram na solução. E quando os íons na solução formam novamente o sólido, o fazem na superfície do sólido. Assim, dobrar a área de superfície do sólido dobra não apenas a taxa de dissolução, mas também a taxa de formação do sólido. A quantidade em excesso de sólido presente, portanto, não tem qualquer efeito sobre a posição de equilíbrio. Da mesma forma, embora tanto aumentar a área da superfície por moagem do sólido quanto agitar a solução acelere a obtenção do equilíbrio, nenhum procedimento varia a *quantidade* de sólido dissolvida no equilíbrio.

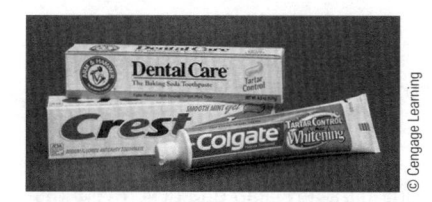

Cremes dentais contendo fluoreto de sódio, um aditivo que auxilia a prevenir a cárie dentária.

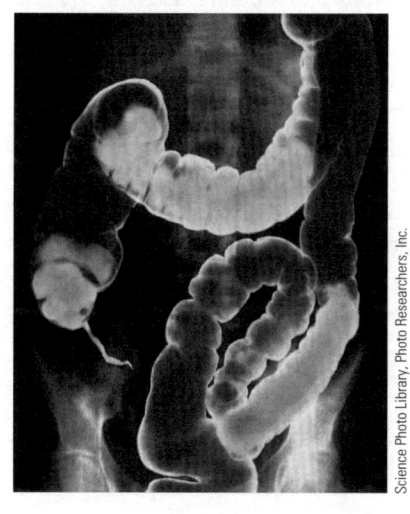

Esse raio X do intestino grosso foi melhorado pelo consumo de sulfato de bário pelo paciente.

Líquidos e sólidos puros nunca são incluídos em uma expressão de equilíbrio.

Exemplo resolvido 17.8 — Escrevendo expressões do produto de solubilidade

Escreva a equação balanceada que descreve a reação da dissolução de cada um dos seguintes sólidos em água. Escreva também a expressão de K_{ps} para cada um:

a. $PbCl_2(s)$ b. $Ag_2CrO_4(s)$ c. $Bi_2S_3(s)$

SOLUÇÃO

a. $PbCl_2(s) \rightleftharpoons Pb^{2+}(aq) + 2Cl^-(aq)$; $K_{sp} = [Pb^{2+}][Cl^-]^2$

b. $Ag_2CrO_4(s) \rightleftharpoons 2Ag^+(aq) + CrO_4^{2-}(aq)$; $K_{sp} = [Ag^+]^2[CrO_4^{2-}]$

c. $Bi_2S_3(s) \rightleftharpoons 2Bi^{3+}(aq) + 3S^{2-}(aq)$; $K_{sp} = [Bi^{3+}]^2[S^{2-}]^3$

AUTOVERIFICAÇÃO

Exercício 17.6 Escreva a equação balanceada para a reação que descreve a dissolução de cada um dos seguintes sólidos em água. Escreva também a expressão de K_{ps} para cada um:

a. $BaSO_4(s)$ b. $Fe(OH)_3(s)$ c. $Ag_3PO_4(s)$

Consulte os Problemas 17.57 e 17.58. ■

Exemplo resolvido 17.9 — Calculando os produtos de solubilidade

O brometo de cobre(I), CuBr, tem uma solubilidade de $2,0 \times 10^{-4}$ mol L^{-1} a 25 °C. Isto é, quando um excesso de CuBr(s) é colocado em 1,0 L de água, podemos determinar que $2,0 \times 10^{-4}$ mol do sólido se dissolve para produzir uma solução saturada. Calcule o valor de K_{ps} do sólido.

SOLUÇÃO

Para onde vamos?

Queremos determinar o valor de K_{ps} para o CuBr sólido a 25°C.

O que sabemos?

- A solubilidade do CuBr a 25°C é $2,0 \times 10^{-4}$ mol L^{-1}.
- $CuBr(s) \rightleftharpoons Cu^+(aq) + Br^-(aq)$
- $K_{sp} = [Cu^+][Br^-]$

Como chegamos lá?

Podemos calcular o valor de K_{ps} conhecendo [Cu$^+$] e [Br$^-$], as concentrações de equilíbrio dos íons. Sabemos que a solubilidade medida de CuBr é $2,0 \times 10^{-4}$ mol L^{-1}. Isso significa que $2,0 \times 10^{-4}$ mol de CuBr sólido se dissolve em 1,0 L de solução para entrar em equilíbrio. A reação é:

$$CuBr(s) \rightarrow Cu^+(aq) + Br^-(aq)$$

assim,

$2,0 \times 10^{-4}$ mol L^{-1} CuBr(s) →
       $2,0 \times 10^{-4}$ mol L^{-1} Cu$^+$(aq) + $2,0 \times 10^{-4}$ mol L^{-1} Br$^-$(aq)

Podemos agora escrever as concentrações de equilíbrio:

$$[Cu^+] = 2,0 \times 10^{-4} \text{ mol L}^{-1}$$

e

$$[Br^-] = 2,0 \times 10^{-4} \text{ mol L}^{-1}$$

Essas concentrações de equilíbrio nos permitem calcular o valor da K_{ps} para o CuBr:

$$K_{sp} = [Cu^+][Br^-] = (2,0 \times 10^{-4})(2,0 \times 10^{-4})$$
$$= 4,0 \times 10^{-8}$$

São omitidas as unidades para os valores de K_{ps}.

AUTOVERIFICAÇÃO

Exercício 17.7 Calcule o valor de K_{ps} para o sulfato de bário, $BaSO_4$, que tem uma solubilidade de $3,9 \times 10^{-5}$ mol L^{-1} a 25°C.

Consulte os Problemas 17.59 até 17.62. ∎

As solubilidades devem ser expressas em mol L^{-1} nos cálculos de K_{ps}.

Temos observado que a solubilidade conhecida de um sólido iônico pode ser utilizada para calcular o seu valor de K_{ps}. O inverso também é possível: a solubilidade de um sólido iônico pode ser calculada se o seu valor de K_{ps} for conhecido.

Exemplo resolvido 17.10

Calculando a solubilidade a partir de valores de K_{ps}

O valor de K_{ps} do AgI(s) sólido é $1,5 \times 10^{-16}$ a 25°C. Calcule a solubilidade do AgI(s) na água a 25°C.

SOLUÇÃO

Para onde vamos?

Queremos determinar a solubilidade do AgI a 25°C.

O que sabemos?

- $AgI(s) \rightleftharpoons Ag^+(aq) + I^-(aq)$
- Em 25°C, $K_{ps} = [Ag^+][I^-] = 1,5 \times 10^{-16}$

Como chegamos lá?

Como não sabemos a solubilidade desse sólido, iremos supor que x mols por litro se dissolvem para atingir o equilíbrio. Portanto,

$$x \frac{mol}{L} AgI(s) \rightarrow x \frac{mol}{L} Ag^+(aq) + x \frac{mol}{L} I^-(aq)$$

e no equilíbrio,

$$[Ag^+] = x \frac{mol}{L}$$
$$[I^-] = x \frac{mol}{L}$$

Substituindo essas concentrações na expressão de equilíbrio, temos:

$$K_{ps} = 1,5 \times 10^{-16} = [Ag^+][I^-] = (x)(x) = x^2$$

Assim

$$x^2 = 1,5 \times 10^{-16}$$
$$x = \sqrt{1,5 \times 10^{-16}} = 1,2 \times 10^{-8} \text{ mol/L}$$

A solubilidade do AgI(s) é $1,2 \times 10^{-8}$ mol L^{-1}.

AUTOVERIFICAÇÃO

Exercício 17.8 O valor do K_{ps} para o cromato de chumbo, $PbCrO_4$, é $2,0 \times 10^{-16}$ a 25°C. Calcule sua solubilidade a 25°C.

Consulte os Problemas 17.69 e 17.70. ∎

CAPÍTULO 17 REVISÃO

F direciona para a seção *Química em foco* do capítulo

Termos-chave

modelo de colisão (17-1)
energia de ativação (E_a) (17-2)
catalisador (17-2)
enzimas (17-2)
equilíbrio (17-3)
equilíbrio químico (17-3)
lei do equilíbrio químico (17-s)
expressão de equilíbrio (17-s)
constante de equilíbrio (17-5)

posição de equilíbrio (17-5)
equilíbrios homogêneos (17-6)
equilíbrios heterogêneos (17-6)
princípio de Le Chatelier (17-7)
constante do produto de solubilidade (17-9)
produto de solubilidade (K_{ps}) (17-9)

Para revisão

- No modelo de colisão das reações químicas:
  - os reagentes devem colidir para reagir.
  - um determinado mínimo de energia (a energia de ativação, E_a) deve ser fornecido pela colisão para uma reação ocorrer.
- Um catalisador:
  - aumenta a velocidade de uma reação sem ser consumido.
  - proporciona um novo caminho para a reação que tem uma menor E_a.
  - as enzimas são catalisadores biológicos.

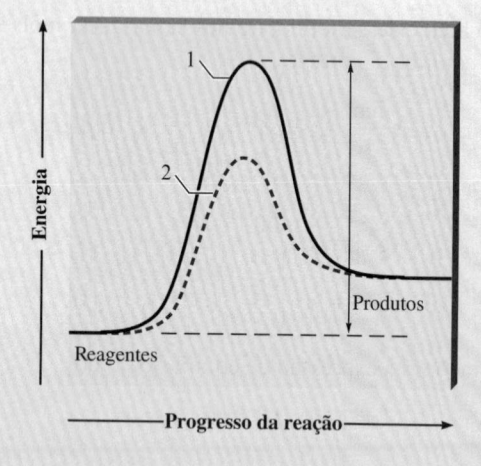

- O equilíbrio químico é estabelecido quando uma reação química é realizada em um recipiente fechado.
  - As concentrações dos reagentes e produtos permanecem constantes ao longo do tempo.
  - O equilíbrio é um estado altamente dinâmico no nível microscópico.
    - Velocidade direta = velocidade inversa
  - Nas reações homogêneas, todos os reagentes e produtos estão na mesma fase.
  - Nas reações heterogêneas, um ou mais reagentes ou produtos estão em fases diferentes.
- A expressão de equilíbrio é baseada na lei do equilíbrio químico.
  - Para a reação:

$$aA + bB \rightleftharpoons cC + dD$$

$$K = \frac{[C]^c[D]^d}{[A]^a[B]^b}$$

  - A constante de equilíbrio (K) é constante em um determinado sistema químico a uma determinada temperatura.
  - A posição de equilíbrio é um conjunto de concentrações de equilíbrio que satisfazem K.
  - Há um número infinito de posições de equilíbrio.
- Os equilíbrios heterogêneos contêm reagentes ou produtos em fases diferentes.
  - Um líquido ou sólido puro nunca aparece na expressão de equilíbrio.
- O princípio de Le Chatelier afirma que quando uma variação é aplicada em um sistema em equilíbrio, a posição do equilíbrio se desloca no sentido que reduz o efeito dessa variação.
- Aplicações de equilíbrios
  - O valor de K para um sistema pode ser calculado a partir de um conjunto conhecido de concentrações no equilíbrio.
  - As concentrações no equilíbrio desconhecidas podem ser calculadas se o valor de K e as outras concentrações no equilíbrio forem conhecidas.
  - As condições de equilíbrio também se aplicam em uma solução saturada contendo sólido em excesso, $MX(s)$.
    - $K_{ps} = [M^+][X^-]$ = constante do produto de solubilidade
    - O valor de K_{ps} pode ser calculado a partir da solubilidade medida de $MX(s)$.

Questões de aprendizado ativo

Estas questões foram desenvolvidas para ser resolvidas por grupos de alunos em sala de aula. Normalmente, elas funcionam bem para introduzir um tópico específico em sala.

1. Considere uma mistura em equilíbrio com quatro reagentes químicos (A, B, C e D, todos gases) reagindo em um recipiente fechado, de acordo com a seguinte equação:

$$A + B \rightleftharpoons C + D$$

a. Você adiciona mais A no recipiente. Como a concentração de cada substância química se compara com a sua concentração original depois que o equilíbrio for restabelecido? Justifique sua resposta.
b. Você tem a configuração inicial no equilíbrio e adiciona mais D no frasco. Como a concentração de cada reagente químico se compara com a sua concentração original depois que o equilíbrio for restabelecido? Justifique sua resposta.

2. Os quadros mostrados abaixo representam uma configuração das condições iniciais da reação:

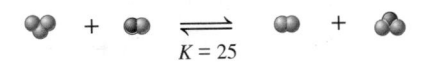

$$\text{○○} + \text{●●} \underset{K = 25}{\rightleftharpoons} \text{○●} + \text{●●●}$$

Desenhe uma representação molecular quantitativa que mostre como esse sistema fica depois que os reagentes forem misturados em um dos quadros e o sistema atinja o equilíbrio. Justifique sua resposta com cálculos.

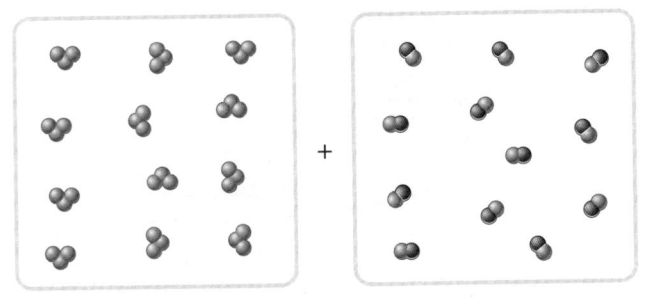

3. Para a reação $H_2 + I_2 \rightleftharpoons 2HI$, considere duas possibilidades: (a) você adiciona 0,5 mol de cada reagente, permite que o sistema entre em equilíbrio e, em seguida, adiciona 1 mol de H_2 e deixa que o sistema atinja o equilíbrio novamente, ou (b) você adiciona 1,5 mol de H_2 e 0,5 mol de I_2 e deixa que o sistema entre em equilíbrio. A mistura no equilíbrio final será diferente para os dois procedimentos? Explique.

4. Dada a reação $A + B \rightleftharpoons C + D$, considere as seguintes situações:
   a. Você tem 1,3 mol L^{-1} de A e 0,8 mol L^{-1} de B inicialmente.
   b. Você tem 1,3 mol L^{-1} de A, 0,8 mol L^{-1} de B e 0,2 mol L^{-1} de C inicialmente.
   c. Você tem 2,0 mol L^{-1} de A e 0,8 mol L^{-1} de B inicialmente.

   Coloque as situações anteriores em ordem crescente de concentração de D no equilíbrio e justifique sua resposta. Forneça a ordem crescente da concentração de B no equilíbrio e explique.

5. Considere a reação $A + B \rightleftharpoons C + D$. Um amigo pergunta o seguinte: "Foi dito para nós que se uma mistura de A, B, C e D está em equilíbrio e mais A é adicionado, mais C e D se formarão. Mas como pode mais C e D se formarem se não adicionarmos mais B?". O que você diz para o seu amigo?

6. Avalie as seguintes afirmações: "Considere a reação $A(g) + B(g) \rightleftharpoons C(g)$, que, quando em equilíbrio [A] = 2 mol L^{-1}, [B] = 1 mol L^{-1} e [C] = 4 mol L^{-1}. Você adiciona 3 mol de B em um recipiente de 1 L do sistema em equilíbrio. Uma condição de equilíbrio possível é [A] = 1 mol L^{-1}, [B] = 3 mol L^{-1} e [C] = 6 mol L^{-1}, porque, em ambos os casos, K = 2,0". Indique tudo o que você acha que está correto nestas afirmativas e tudo que está incorreto. Corrija as afirmações incorretas e explique.

7. O valor da constante de equilíbrio K depende de quê? (Pode haver mais de uma resposta.)
   a. Das concentrações iniciais dos reagentes.
   b. Das concentrações iniciais dos produtos.
   c. Da temperatura do sistema.
   d. Da natureza dos reagentes e dos produtos.

   Explique.

8. Você está lendo o "*Manual da química hipotética*" quando se depara com um sólido com um valor de K_{ps} de zero em água a 25°C. O que isso significa?

9. O que você acha que acontece com o valor de K_{ps} de um sólido com a variação da temperatura da solução? Considere o aumento e a diminuição da temperatura e explique a sua resposta.

10. Considere uma mistura em equilíbrio que consiste em $H_2O(g)$, $CO(g)$, $H_2(g)$ e $CO_2(g)$ reagindo em um recipiente fechado de acordo com a equação:

    $$H_2O(g) + CO(g) \rightleftharpoons H_2(g) + CO_2(g)$$

    a. Você adiciona mais H_2O no frasco. Como a nova concentração no equilíbrio de cada reagente químico se compara com a original depois que o equilíbrio for restabelecido? Justifique sua resposta.
    b. Você adiciona mais H_2 no frasco. Como a concentração de cada substância química se compara com a original depois que o equilíbrio for restabelecido? Justifique sua resposta.

11. O equilíbrio é microscopicamente dinâmico, mas macroscopicamente estático. Explique o que isso significa.

12. Na Seção 17-3 do seu livro, é mencionado que o equilíbrio é alcançado em um "sistema fechado". O que se entende pelo termo "sistema fechado", e por que ele é necessário para um sistema atingir o equilíbrio? Explique por que o equilíbrio não é alcançado em um sistema aberto.

13. Explique por que o desenvolvimento de uma pressão de vapor sobre um líquido em um recipiente fechado representa um equilíbrio. Quais são os processos opostos? Como reconhecemos quando o sistema alcançou um estado de equilíbrio?

14. Considere a figura abaixo para responder às próximas perguntas.

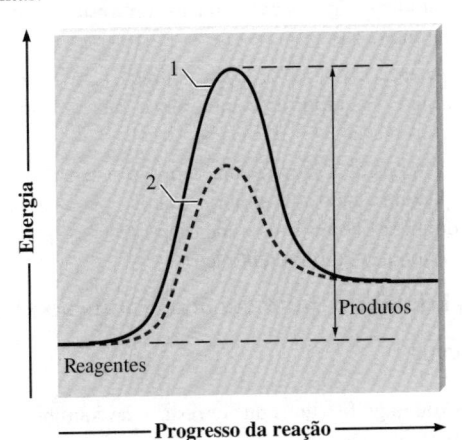

    a. O que um catalisador faz em uma reação química?
    b. Qual dos caminhos na figura é o caminho da reação catalisada? Como você sabe?
    c. O que a seta de ponta dupla representa?

Perguntas e problemas

17-1 Como ocorrem as reações químicas

Perguntas

1. Para que uma reação química ocorra, algumas ou todas as ligações químicas nos reagentes devem ser quebradas e novas ligações químicas devem se formar entre os átomos participantes para criar os produtos. Escreva uma equação química simples de sua própria escolha e liste as ligações que devem ser quebradas e as que devem se formar para que a reação ocorra.

2. Para a reação simples

$$CH_4(g) + 4Cl_2(g) \rightarrow CCl_4(l) + 4HCl(g)$$

   liste os tipos de ligações que devem ser quebradas e os tipos de ligações que devem se formar para que a reação química ocorra.

17-2 Condições que afetam as velocidades de reação

Perguntas

3. Como os químicos imaginam as reações ocorrendo em termos do *modelo de colisão*? Dê um exemplo de uma reação simples e como você imagina as reações acontecendo por meio de uma colisão entre as moléculas.

4. Na Fig. 17.3, a altura do pico da reação é indicada como E_a. O que o símbolo E_a significa e o que ele representa em uma reação química?

5. Como um catalisador atua para aumentar a velocidade da reação química?

6. O que são *enzimas* e por que elas são importantes?

17-3 A condição de equilíbrio

Perguntas

7. Como o *equilíbrio* representa o balanceamento de processos opostos? Forneça um exemplo de um "equilíbrio" encontrado na vida cotidiana, mostrando como os processos envolvidos se opõem.

8. Como os químicos definem um estado de equilíbrio químico?

9. Ao escrever uma equação química para uma reação que atinge o equilíbrio, como vamos indicar simbolicamente que a reação é *reversível*?

10. Como os químicos reconhecem um sistema que tenha atingido um estado de equilíbrio químico? Ao escrever equações químicas, como vamos indicar as reações que atingem um estado de equilíbrio químico?

17-4 Equilíbrio químico: uma condição dinâmica

Perguntas

11. O que significa dizer que um estado de equilíbrio químico ou físico é *dinâmico*?

12. Considere a mistura inicial dos gases N_2 e H_2, que pode ser representada como segue:

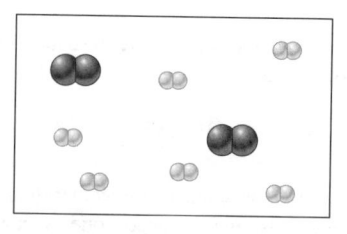

   Os gases reagem para formar amônia gasosa (NH_3) como representado pelo seguinte perfil de concentração:

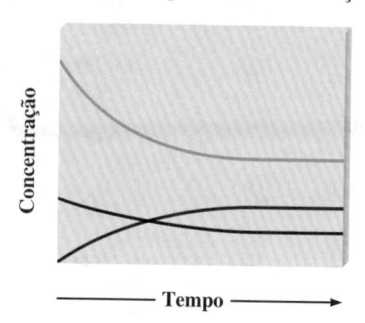

   a. Rotule cada curva no gráfico como N_2, H_2 ou NH_3 e explique suas respostas.
   b. Explique as formas relativas das curvas.
   c. Quando o equilíbrio é atingido? Como você sabe?

17-5 A constante de equilíbrio: introdução

Perguntas

13. Em termos gerais, o que a constante de equilíbrio representa para uma reação? Qual é a forma algébrica da constante de equilíbrio de uma reação típica? O que os colchetes indicam quando escrevemos uma constante de equilíbrio?

14. Existe apenas um valor de constante de equilíbrio para um determinado sistema a uma temperatura específica, mas há um número infinito de posições de equilíbrio. Explique.

Problemas

15. Escreva a expressão de equilíbrio para cada uma das seguintes reações:

   a. $C_2H_6(g) + Cl_2(g) \rightleftharpoons C_2H_5Cl(s) + HCl(g)$
   b. $4NH_3(g) + 5O_2(g) \rightleftharpoons 4NO(g) + 6H_2O(g)$
   c. $PCl_5(g) \rightleftharpoons PCl_3(g) + Cl_2(g)$

16. Escreva a expressão de equilíbrio para cada uma das seguintes reações:

   a. $N_2(g) + 3Cl_2(g) \rightleftharpoons 2NCl_3(g)$
   b. $H_2(g) + I_2(g) \rightleftharpoons 2HI(g)$
   c. $N_2(g) + 2H_2(g) \rightleftharpoons N_2H_4(g)$

17. Escreva a expressão de equilíbrio para cada uma das seguintes reações:

   a. $NO_2(g) + ClNO(g) \; ClNO_2(g) + NO(g)$
   b. $Br_2(g) + 5F_2(g) \; 2BrF_5(g)$
   c. $4NH_3(g) + 6NO(g) \; 5N_2(g) + 6H_2O(g)$

18. Escreva a expressão de equilíbrio para cada uma das seguintes reações:

   a. $CO(g) + 2H_2(g) \rightleftharpoons CH_3OH(g)$
   b. $2NO_2(g) \rightleftharpoons 2NO(g) + O_2(g)$
   c. $P_4(g) + 6Br_2(g) \rightleftharpoons 4PBr_3(g)$

19. Suponha que a reação:

$$PCl_5(g) \rightleftharpoons -1\, PCl_3(g) + Cl_2(g)$$

está a uma temperatura específica na qual as concentrações no equilíbrio são $[PCl_5(g)] = 0{,}0711$ mol L^{-1}, $[PCl_3(g)] = 0{,}0302$ mol L^{-1} e $[Cl_2(g)] = 0{,}0491$ mol L^{-1}. Calcule o valor de K da reação nessa temperatura.

20. A amônia, um produto químico industrial muito importante, é produzida pela combinação direta dos seguintes elementos, sob condições cuidadosamente controladas:

$$N_2(g) + 3H_2(g) \rightleftharpoons 2NH_3(g)$$

Suponha que em uma experiência a mistura da reação é analisada após o equilíbrio ser alcançado e, a uma determinada temperatura, encontra-se que $[NH_3] = 0{,}34$ mol L^{-1}, $[H_2] = 2{,}1 \times 10^{-3}$ mol L^{-1} e $[N_2] = 4{,}9 \times 10^{-4}$ mol L^{-1}. Calcule o valor de K nessa temperatura.

21. Em temperaturas elevadas, nitrogênio e oxigênio elementares reagiram entre si para formar o monóxido de nitrogênio:

$$N_2(g) + O_2(g) \rightleftharpoons 2NO(g)$$

Suponhamos que o sistema seja analisado a uma determinada temperatura e que as concentrações de equilíbrio sejam $[N_2] = 0{,}041$ mol L^{-1}, $[O_2] = 0{,}0078$ mol L^{-1} e $[NO] = 4{,}7 \times 10^{-4}$ mol L^{-1}. Calcule o valor de K para a reação.

22. Suponha que para a reação

$$2N_2O(g) + O_2(g) \rightleftharpoons 4NO(g)$$

determina-se, a uma temperatura em particular, -1 que as concentrações de equilíbrio sejam $[NO(g)] = 0{,}00341$ mol L^{-1}, $[N_2O(g)] = 0{,}0293$ mol L^{-1} e $[O_2(g)] = 0{,}0325$ mol L^{-1}. Calcule o valor de K para a reação nessa temperatura.

17-6 Equilíbrios heterogêneos

Perguntas

23. O que é um sistema de equilíbrio *homogêneo*? Dê um exemplo de uma reação de equilíbrio homogêneo. O que é um sistema de equilíbrio *heterogêneo*? Escreva duas equações químicas que representem equilíbrios heterogêneos.

24. Explique por que a posição de um equilíbrio heterogêneo não depende das quantidades dos reagentes sólidos ou líquidos puros, ou dos produtos presentes.

Problemas

25. Escreva a expressão de equilíbrio para cada um dos seguintes equilíbrios heterogêneos:
    a. $P_4(s) + 6F_2(g) \rightleftharpoons 4PF_3(g)$
    b. $Xe(g) + 2F_2(g) \rightleftharpoons XeF_4(s)$
    c. $2SiO(s) + 4Cl_2(g) \rightleftharpoons 2SiCl_4(l) + O_2(g)$

26. Escreva a expressão de equilíbrio para cada um dos seguintes equilíbrios heterogêneos:
    a. $2LiHCO_3(s) \rightleftharpoons Li_2CO_3(s) + H_2O(g) + CO_2(g)$
    b. $PbCO_3(s) \rightleftharpoons PbO(s) + CO_2(g)$
    c. $4Al(s) + 3O_2(g) \rightleftharpoons 2Al_2O_3(s)$

27. Escreva a expressão de equilíbrio para cada um dos seguintes equilíbrios heterogêneos:
    a. $C(s) + H_2O(g) \rightleftharpoons H_2(g) + CO(g)$
    b. $H_2O(l) \rightleftharpoons H_2O(g)$
    c. $4B(s) + 3O_2(g) \rightleftharpoons 2B_2O_3(s)$

28. Escreva a expressão de equilíbrio para cada um dos seguintes equilíbrios heterogêneos:
    a. $2NBr_3(s) \rightleftharpoons N_2(g) + 3Br_2(g)$
    b. $CuO(s) + H_2(g) \rightleftharpoons Cu(l) + H_2O(g)$
    c. $4Fe(s) + 3O_2(g) \rightleftharpoons 2Fe_2O_3(s)$

17-7 Princípio de Le Chatelier

Perguntas

29. Em suas próprias palavras, descreva o que princípio de Le Chatelier nos diz sobre como podemos mudar a posição de um sistema de reação em equilíbrio.

30. Considere a reação:

$$2CO(g) + O_2(g) \rightleftharpoons 2CO_2(g)$$

Suponhamos que o sistema já esteja em equilíbrio e em seguida, um mol adicional de $CO(g)$ é injetado no sistema a uma temperatura constante. A quantidade de $CO_2(g)$ no sistema aumenta ou diminui? O valor de K para a reação muda?

31. O que acontece, em termos gerais, em um equilíbrio envolvendo substâncias gasosas quando o volume do sistema é reduzido?

32. O que acontece com a posição do equilíbrio se uma reação endotérmica for realizada a uma temperatura mais elevada? A quantidade líquida do produto aumenta ou diminui? O valor da constante de equilíbrio varia se a temperatura aumentar?

Problemas

33. Para o sistema da reação:

$$C(s) + H_2O(g) \rightleftharpoons H_2(g) + CO(g)$$

que já atingiu um estado de equilíbrio, preveja o efeito que cada uma das seguintes variações terá sobre a posição do equilíbrio. Diga se o equilíbrio se deslocará para a direita, para a esquerda ou não será afetado.

   a. A pressão do hidrogênio é aumentada através da injeção de um mol adicional de gás hidrogênio no recipiente da reação.
   b. O monóxido de carbono gasoso é removido à medida que ele se forma com a utilização de um absorvente químico ou "depurador".
   c. Uma quantidade adicional de carbono sólido é adicionada ao recipiente da reação.

34. Para o sistema da reação:

$$P_4(s) + 6F_2(g) \rightleftharpoons 4PF_3(g)$$

que já atingiu um estado de equilíbrio, preveja o efeito que cada uma das seguintes variações terá sobre a posição do equilíbrio. Diga se o equilíbrio se deslocará para a direita, esquerda ou não será afetado.

   a. Mais flúor gasoso é adicionado ao sistema.
   b. Mais fósforo é adicionado ao sistema.
   c. Mais trifluoreto de fósforo é adicionado ao sistema.

35. Suponha que o sistema de reação

$$CH_4(g) + 2O_2(g) \rightleftharpoons CO_2(g) + 2H_2O(l)$$

já atingiu o equilíbrio. Preveja o efeito de cada uma das seguintes variações na posição do equilíbrio. Diga se o equilíbrio se deslocará para a direita, para a esquerda ou não será afetado.

a. Qualquer água líquida presente é removida do sistema.
b. CO_2 é adicionado ao sistema deixando cair um pedaço de gelo seco no interior do recipiente da reação.
c. A reação é realizada em um cilindro metálico equipado com um pistão que é comprimido para diminuir o volume total do sistema.
d. $O_2(g)$ é adicionado a partir de um cilindro de O_2 puro.

36. Considere a reação geral:

$$2A(g) + B(s) \rightleftharpoons C(g) + 3D(g) \quad \Delta H = +115 \text{ kJ mol}^{-1}$$

que já chegou ao equilíbrio. Preveja se o equilíbrio se deslocará para a esquerda, para a direita ou não será afetado se as variações indicadas abaixo forem realizadas no sistema.

a. $B(s)$ é adicionado ao sistema.
b. $C(g)$ é removido do sistema à medida que se forma.
c. O volume do sistema é reduzido por um fator de 2.
d. A temperatura aumenta.

37. Hidrogênio e cloro gasosos reagem explosivamente na presença de luz para formar cloreto de hidrogênio:

$$H_2(g) + Cl_2(g) \rightleftharpoons 2HCl(g)$$

A reação é fortemente exotérmica. Um aumento da temperatura do sistema tende a favorecer ou desfavorecer a produção de cloreto de hidrogênio?

38. Hidrogênio gasoso, oxigênio gasoso e vapor de água estão em equilíbrio em um recipiente fechado. Então, hidrogênio gasoso é injetado no recipiente e deixamos o sistema voltar ao equilíbrio. Qual das seguintes situações ocorre? Justifique a sua resposta.

$$2H_2(g) + O_2(g) \rightleftharpoons 2H_2O(g)$$

a. A concentração do gás oxigênio permanece constante.
b. O valor de K aumenta.
c. A concentração do gás oxigênio aumenta.
d. A concentração do vapor de água aumenta.
e. O valor de K diminui.

39. A reação

$$C_2H_2(g) + 2Br_2(g) \rightleftharpoons C_2H_2Br_4(g)$$

é exotérmica e direta. Um aumento na temperatura deslocará a posição do equilíbrio no sentido dos reagentes ou dos produtos?

40. Os antigos "sais de cheiro" consistem em carbonato de amônia, $(NH_4)_2CO_3$. A reação para a decomposição do carbonato de amônia

$$(NH_4)_2CO_3(s) \rightleftharpoons 2NH_3(g) + CO_2(g) + H_2O(g)$$

é endotérmica. Qual seria o efeito sobre a posição desse equilíbrio se a reação fosse realizada a uma temperatura mais baixa?

41. As plantas sintetizam o açúcar dextrose de acordo com a seguinte reação, pela absorção da energia radiante do Sol (fotossíntese):

$$6CO_2(g) + 6H_2O(g) \rightleftharpoons C_6H_{12}O_6(s) + 6O_2(g)$$

Um aumento da temperatura tenderia a favorecer ou a desfavorecer a produção de $C_6H_{12}O_6(s)$?

42. Considere a reação exotérmica:

$$CO(g) + 2H_2(g) \rightleftharpoons CH_3OH(l)$$

Preveja três variações que poderiam ser feitas no sistema que aumentariam o rendimento do produto em relação ao produzido por um sistema no qual nenhuma variação foi realizada.

17-8 Aplicações envolvendo a constante de equilíbrio

Perguntas

43. Suponhamos que uma reação tenha a constante de equilíbrio $K = 1,3 \times 10^8$. O que a magnitude dessa constante diz sobre as concentrações relativas dos produtos e dos reagentes que estarão presentes assim que o equilíbrio for atingido? Essa reação será provavelmente uma boa fonte dos produtos?

44. Suponha que uma reação tenha a constante de equilíbrio $K = 1,7 \times 10^{-8}$ a uma temperatura específica. Haverá uma quantidade grande ou pequena de material de partida que não reagiu quando essa reação atingir o equilíbrio? Essa reação pode ser uma boa fonte de produtos nessa temperatura?

Problemas

45. Para a reação

$$Br_2(g) + 5F_2(g) \rightleftharpoons 2BrF_5(g)$$

o sistema em equilíbrio a uma determinada temperatura é analisado e as seguintes concentrações são encontradas: $[BrF_5(g)] = 1,01 \times 10^{-9}$ mol L^{-1}, $[Br_2(g)] = 2,41 \times 10^{-2}$ mol L^{-1} e $[F_2(g)] = 8,15 \times 10^{-2}$ mol L^{-1}. Calcule o valor de K da reação nessa temperatura.

46. Considere a reação

$$SO_2(g) + NO_2(g) \rightleftharpoons SO_3(g) + NO(g)$$

que está a uma determinada temperatura na qual as concentrações no sistema em equilíbrio são $[SO_3(g)] = 4,99 \times 10^{-5}$ mol L^{-1}, $[NO(g)] = 6,31 \times 10^{-7}$ mol L^{-1}, $[SO_2(g)] = 2,11 \times 10^{-2}$ mol L^{-1} e $[NO_2(g)] = 1,73 \times 10^{-3}$ mol L^{-1}. Calcule o valor de K da reação nessa temperatura.

47. Para a reação

$$2CO(g) + O_2(g) \rightleftharpoons 2CO_2(g)$$

no equilíbrio a uma determinada temperatura na qual as concentrações são $[CO(g)] = 2,7 \times 10^{-4}$ mol L^{-1}, $[O_2(g)] = 1,9 \times 10^{-3}$ mol L^{-1} e $[CO_2(g)] = 1,1 \times 10^{-1}$ mol L^{-1}. Calcule o valor de K da reação nessa temperatura.

48. Para a reação:

$$CO_2(g) + H_2(g) \rightleftharpoons CO(g) + H_2O(g)$$

a constante de equilíbrio K tem o valor de $5,21 \times 10^{-3}$ a uma determinada temperatura. Se o sistema é analisado no equilíbrio nessa temperatura, verifica-se que [CO(g)] = 4,73 × 10^{-3} mol L^{-1}, [H$_2$O(g)] = 5,21 × 10^{-3} mol L^{-1} e [CO$_2$(g)] = 3,99 × 10^{-2} mol L^{-1}. Qual é a concentração de H$_2$ (g) no sistema em equilíbrio?

49. A constante de equilíbrio da reação

$$H_2(g) + F_2(g) \rightleftharpoons 2HF(g)$$

tem o valor de 2,1 × 10^3 a uma determinada temperatura. Quando o sistema é analisado no equilíbrio nessa temperatura, a concentração tanto do H$_2$(g) quanto do F$_2$(g) é 0,0021 mol L^{-1}. Qual é a concentração de HF(g) no sistema em equilíbrio sob essas condições?

50. Para a reação

$$2H_2O(g) \rightleftharpoons 2H_2(g) + O_2(g)$$

K = 2,4 × 10^{-3} a uma determinada temperatura. No equilíbrio, verificou-se que [H$_2$O(g)] = 1,1 × 10^{-1} mol L^{-1} e [H$_2$(g)] = 1,9 × 10^{-2} mol L^{-1}. Qual é a concentração de O$_2$(g) sob essas condições?

51. Para a reação:

$$3O_2(g) \rightleftharpoons 2O_3(g)$$

A constante de equilíbrio K tem o valor de 1,12 × 10^{-54} a uma determinada temperatura.

a. O que essa constante de equilíbrio muito pequena indica sobre a extensão na qual o gás oxigênio O$_2$(g) é convertido em gás ozônio O$_3$(g) nessa temperatura?

b. Se a mistura no equilíbrio é analisada e [O$_2$(g)] é 3,04 × 10^{-2} mol L^{-1}, qual é a concentração de O$_3$(g) na mistura?

52. Para a reação

$$N_2O_4(g) \rightleftharpoons 2NO_2(g)$$

a constante de equilíbrio K tem o valor de 8,1 × 10^{-3} a uma determinada temperatura. Se a concentração de NO$_2$(g) é 0,0021 mol L^{-1} no sistema em equilíbrio, qual é a concentração de N$_2$O$_4$(g) sob essas condições?

17-9 Equilíbrios de solubilidade

Perguntas

53. Explique como a dissolução de um soluto iônico na água representa um processo de equilíbrio.

54. Qual é o nome especial dado à constante de equilíbrio para a dissolução de um soluto iônico na água?

55. Por que a quantidade de excesso de soluto sólido presente em uma solução não afeta a quantidade de soluto que acaba se dissolvendo em uma determinada quantidade de solvente?

56. Qual dos seguintes afetará a quantidade total de soluto que pode se dissolver em uma determinada quantidade de solvente?
    a. Agitar a solução.
    b. Moer o soluto em partículas finas antes da dissolução.
    c. Variar a temperatura.

Problemas

57. Escreva a equação química balanceada descrevendo a dissolução de cada um dos seguintes sais pouco solúveis em água. Escreva a expressão de K$_{ps}$ para cada processo.

    a. AgIO$_3$(s)   c. Zn$_3$(PO$_4$)$_2$(s)
    b. Sn(OH)$_2$(s)   d. BaF$_2$(s)

58. Escreva a equação química balanceada descrevendo a dissolução de cada um dos seguintes sais pouco solúveis na água. Escreva a expressão de K$_{ps}$ para cada processo.

    a. NiS(s)   c. BaCrO$_4$(s)
    b. CuCO$_3$(s)   d. Ag$_3$PO$_4$(s)

59. O K$_{ps}$ do hidróxido de cobre(II), Cu(OH)$_2$, tem um valor de 2,2 × 10^{-20} a 25°C. Calcule a solubilidade do hidróxido de cobre(II) em mol L^{-1} e g/L a 25°C.

60. O K$_{ps}$ do carbonato de magnésio, MgCO$_3$, tem um valor de 3,5 × 10^{-8} a 25°C. Calcule a solubilidade do carbonato de magnésio em mol L^{-1} e g L^{-1} a 25°C.

61. Uma solução saturada de sulfeto de níquel(II) contém cerca 3,6 × 10^{-4} g de NiS dissolvido por litro a 20°C. Calcule o produto de solubilidade K$_{ps}$ para o NiS a 20°C.

62. A maioria dos hidróxidos não é muito solúvel na água. Por exemplo, o K$_{ps}$ do hidróxido de níquel(II), Ni(OH)$_2$, é 2,0 × 10^{-15} a 25°C. Qual é a massa de hidróxido de níquel(II) que se dissolve por litro a 25°C?

63. A constante do produto de solubilidade, K$_{ps}$, do carbonato de cálcio à temperatura ambiente é de aproximadamente 3,0 × 10^{-9}. Calcule a solubilidade do CaCO$_3$ em gramas por litro sob essas condições.

64. O sulfato de cálcio CaSO$_4$, é apenas solúvel em água na proporção de aproximadamente 2,05 g L^{-1} a 25°C. Calcule o valor de K$_{ps}$ para o sulfato de cálcio a 25°C.

65. Aproximadamente 1,5 × 10^{-3} g de hidróxido de ferro(II), Fe(OH)$_2$(s), se dissolve por litro de água a 18°C. Calcule o valor de K$_{ps}$ para o Fe(OH)$_2$(s) nessa temperatura.

66. O hidróxido de cromo(III) dissolve-se em água apenas na medida de 8,21 × 10^{-5} mol L^{-1} a 25°C. Calcule o valor de K$_{ps}$ para o Cr(OH)$_3$ nessa temperatura.

67. O fluoreto de magnésio dissolve-se em água na medida de 8,0 × 10^{-2} g L^{-1} a 25°C. Calcule a solubilidade do MgF$_2$(s) em mol por litro e o valor de K$_{ps}$ para o MgF$_2$ a 25°C.

68. O cloreto de chumbo(II), PbCl$_2$(s), dissolve-se em água na medida de aproximadamente 3,6 × 10^{-2} mol L^{-1} a 20°C. Calcule o valor de K$_{ps}$ para o PbCl$_2$(s) e sua solubilidade em gramas por litro.

69. O cloreto de mercúrio(I), Hg$_2$Cl$_2$, era administrado antigamente por via oral como um purgante. Embora geralmente pensemos nos compostos de mercúrio como altamente tóxicos, o K$_{ps}$ do cloreto de mercúrio(I) −1 é pequeno o suficiente (1,3 × 10^{-18}), de modo que a quantidade de mercúrio que se dissolve e entra na corrente sanguínea é minúscula. Calcule a concentração de íons mercúrio(I) presente em uma solução saturada de Hg$_2$Cl$_2$.

70. O produto de solubilidade do hidróxido de ferro(III) é muito pequeno, K$_{ps}$ = 5,4 × 10^{-38} a 25°C. Um método clássico para analisar amostras desconhecidas que contêm ferro é adicionando NaOH ou NH$_3$. Isso precipita o Fe(OH)$_3$, que pode então ser filtrado e pesado. Para demonstrar que a concentração de ferro remanescente na solução de tal amostra é muito pequena, calcule a solubilidade do Fe(OH)$_3$ em mol por litro e em gramas por litro.

Problemas adicionais

71. Antes que duas moléculas possam reagir, os químicos preveem que as moléculas devem primeiro *colidir* entre si. A colisão entre moléculas é a única condição para as moléculas reagirem umas com as outras?

72. Por que um aumento de temperatura favorece um aumento na velocidade de uma reação?

73. A energia mínima necessária para que as moléculas reajam umas com as outras é chamada de energia _____.

74. Um _____ aumenta a velocidade de uma reação sem ser consumido.

75. O equilíbrio pode ser definido como o _____ de dois processos, um dos quais é o oposto do outro.

76. Quando um sistema químico atinge o equilíbrio, as concentrações de todos os reagentes e produtos permanecem _____ ao longo do tempo.

77. O que significa dizer que todas as reações químicas são, de uma forma ou de outra, *reversíveis*?

78. O que significa dizer que o equilíbrio químico é um processo *dinâmico*?

79. No ponto de equilíbrio químico, a velocidade da reação direta _____ à velocidade da reação inversa.

80. Equilíbrios que envolvem reagentes ou produtos em mais de um estado são considerados _____.

81. De acordo com o princípio de Le Chatelier, quando um grande excesso de um reagente gasoso é adicionado a um sistema de reação em equilíbrio, as quantidades dos produtos _____.

82. A adição de uma substância inerte (que não participa da reação) não altera a _____ de um equilíbrio.

83. Quando o volume de um recipiente que contém um sistema em equilíbrio gasoso é diminuído, a _____ das substâncias gasosas presentes inicialmente aumenta.

84. Considere a seguinte reação a uma determinada temperatura:

$$H_2O(g) + CO(g) \rightleftharpoons H_2(g) + CO_2(g) \quad K = 2{,}0$$

Algumas moléculas de H_2O e CO são colocadas em um recipiente de 1,0 L, como mostrado abaixo.

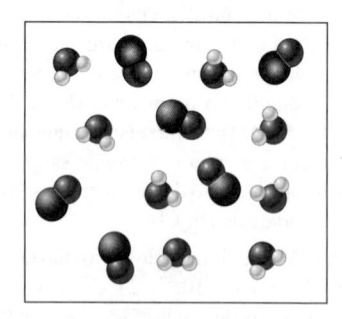

Quando o equilíbrio é atingido, quantas moléculas de H_2O, CO, H_2 e CO_2 estão presentes? Resolva esse problema por tentativa e erro — isto é, se duas moléculas de CO reagem, o sistema está em equilíbrio? Se três moléculas de CO reagem, o sistema está em equilíbrio? E assim por diante.

85. O que significa *produto de solubilidade* para um sal pouco solúvel? Escolha um sal pouco solúvel, mostre como ele ioniza quando dissolvido em água e escreva a expressão para o seu produto de solubilidade.

86. Para uma dada reação, a uma determinada temperatura, a proporção especial entre produtos e reagentes definida pela constante de equilíbrio é sempre igual ao mesmo número. Explique por que isso é verdade, não importando quais sejam as concentrações iniciais dos reagentes (ou produtos) no experimento.

87. Muitos açúcares passam por um processo chamado mutarrotação, no qual as moléculas de açúcar fazem a interconversão entre duas formas isoméricas, finalmente atingindo um equilíbrio entre elas. Isso acontece com a glicose do açúcar comum, $C_6H_{12}O_6$, que existe em solução em formas isoméricas denominadas alfa-glicose e beta-glicose. Se uma solução de glicose a uma determinada temperatura é analisada, verificando-se que a concentração de alfa-glicose é o dobro da concentração de beta-glicose, qual é o valor de K para a reação de interconversão?

88. Suponha que $K = 4{,}5 \times 10^{-3}$ em uma determinada temperatura para a reação:

$$PCl_5(s) \rightleftharpoons PCl_3(g) + Cl_2(g)$$

Se for verificado que a concentração de PCl_5 é o dobro da concentração de PCl_3, qual deve ser a concentração de Cl_2 sob essas condições?

89. Para a reação

$$CaCO_3(s) \rightleftharpoons CaO(s) + CO_2(g)$$

a constante de equilíbrio K tem a forma $K = [CO_2]$. Usando um livro para encontrar informações sobre as densidades do $CaCO_3(s)$ e do $CaO(s)$, mostre que as *concentrações* dos dois sólidos (as quantidades de matéria contidas em 1 L de volume) são constantes.

90. Como você aprendeu no Capítulo 7, a maioria dos sais de carbonatos metálicos é moderadamente solúvel em água. Abaixo, estão listados vários carbonatos metálicos, juntamente de os seus produtos de solubilidade K_{ps}. Para cada sal, escreva a equação que mostra a ionização do sal em água e calcule a solubilidade do sal em mol^{-1} L^{-1}.

Sal	K_{sp}
$BaCO_3$	$5{,}1 \times 10^{-9}$
$CdCO_3$	$5{,}2 \times 10^{-12}$
$CaCO_3$	$2{,}8 \times 10^{-9}$
$CoCO_3$	$1{,}5 \times 10^{-13}$

91. Dentes e ossos são constituídos basicamente de fosfato de cálcio, $Ca_3(PO_4)_2(s)$. O K_{ps} para esse sal é $1{,}3 \times 10^{-32}$ a 25°C. Calcule a concentração do íon cálcio em uma solução saturada de $Ca_3(PO_4)_2$.

92. Sob quais circunstâncias podemos comparar a solubilidade de dois sais comparando diretamente os valores de seus produtos de solubilidade?

93. Como o modelo de colisão considera o fato de que uma reação prossegue mais rapidamente quando as concentrações dos reagentes são aumentadas?

94. Como um aumento da temperatura resulta em um aumento no número de colisões bem-sucedidas entre as moléculas do

reagente? O que significa um aumento na temperatura em uma base molecular?

95. Explique por que o desenvolvimento de uma pressão de vapor sobre um líquido em um recipiente fechado representa um equilíbrio. Quais são os processos opostos? Como reconhecemos quando o sistema atingiu um estado de equilíbrio?

96. Escreva a expressão de equilíbrio de cada uma das seguintes reações:
   a. $H_2(g) + Br_2(g) \rightleftharpoons 2HBr(g)$
   b. $2H_2(g) + S_2(g) \rightleftharpoons 2H_2S(g)$
   c. $H_2(g) + C_2N_2(g) \rightleftharpoons 2HCN(g)$

97. Escreva a expressão de equilíbrio de cada uma das seguintes reações:
   a. $2O_3(g) \rightleftharpoons 3O_2(g)$
   b. $CH_4(g) + 2O_2(g) \rightleftharpoons CO_2(g) + 2H_2O(g)$
   c. $C_2H_4(g) + Cl_2(g) \rightleftharpoons C_2H_4Cl_2(g)$

98. Para a reação
$$N_2(g) + 3Cl_2(g) \rightleftharpoons 2NCl_3(g)$$
uma análise de uma mistura em equilíbrio a uma determinada temperatura é realizada. Verificou-se que $[NCl_3] = 1{,}9 \times 10^{-1}$ mol L^{-1}, $[N_2] = 1{,}4 \times 10^{-3}$ mol L^{-1} e $[Cl_2] = 4{,}3 \times 10^{-4}$ mol L^{-1}. Calcule o K da reação.

99. O pentacloreto de fósforo gasoso se decompõe de acordo com a reação:
$$PCl_5(g) \rightleftharpoons PCl_3(g) + Cl_2(g)$$
O sistema de equilíbrio foi analisado a uma determinada temperatura e as concentrações das substâncias presentes foram determinadas como sendo $[PCl_5] = 1{,}1 \times 10^{-2}$ mol L^{-1}, $[PCl_3] = 0{,}325$ mol L^{-1} e $[Cl_2] = 3{,}9 \times 10^{-3}$ mol L^{-1}. Calcule o valor de K da reação.

100. Escreva a expressão de equilíbrio para cada um dos seguintes equilíbrios heterogêneos:
   a. $4Al(s) + 3O_2(g) \rightleftharpoons 2Al_2O_3(s)$
   b. $NH_3(g) + HCl(g) \rightleftharpoons NH_4Cl(s)$
   c. $2Mg(s) + O_2(g) \rightleftharpoons 2MgO(s)$

101. Escreva a expressão de equilíbrio para cada um dos seguintes equilíbrios heterogêneos:
   a. $P_4(s) + 5O_2(g) \rightleftharpoons P_4O_{10}(s)$
   b. $CO_2(g) + 2NaOH(s) \rightleftharpoons Na_2CO_3(s) + H_2O(g)$
   c. $NH_4NO_3(s) \rightleftharpoons N_2O(g) + 2H_2O(g)$

102. Considere a seguinte reação genérica:
$$2A_2B(g) \rightleftharpoons 2A_2(g) + B_2(g)$$
Algumas moléculas de A_2B são colocadas em um recipiente de 1,0 L. À medida que o tempo passa, várias "fotos" da mistura de reação são tiradas, tal como ilustrado abaixo. Qual ilustração é a primeira a representar uma mistura no equilíbrio? Explique. Quantas moléculas de A_2B reagiram inicialmente?

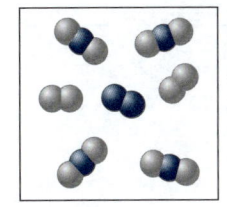

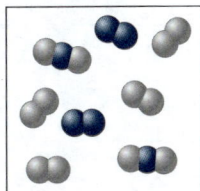

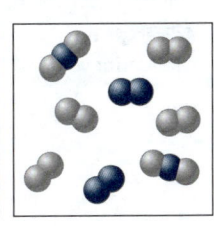

103. Suponha que o sistema de reação
$$2NO(g) + O_2(g) \rightleftharpoons 2NO_2(g)$$
já atingiu o equilíbrio. Preveja o efeito de cada uma das seguintes variações na posição do equilíbrio. Diga se o equilíbrio se deslocará para a direita, para a esquerda ou não será afetado.
   a. Oxigênio adicional é injetado no sistema.
   b. NO_2 é removido do recipiente de reação.
   c. 1,0 mol de hélio é injetado no sistema.

104. A reação
$$PCl_3(l) + Cl_2(g) \rightleftharpoons PCl_5(s)$$
libera 124 kJ de energia por mol de PCl_3 reagido. Um aumento da temperatura deslocará a posição de equilíbrio na direção dos produtos ou dos reagentes?

105. Para o processo
$$CO(g) + H_2O(g) \rightleftharpoons CO_2(g) + H_2(g)$$
verifica-se que as concentrações de equilíbrio a uma determinada temperatura são $[H_2] = 1{,}4$ mol L^{-1}, $[CO_2] = 1{,}3$ mol L^{-1}, $[CO] = 0{,}71$ mol L^{-1} e $[H_2O] = 0{,}66$ mol L^{-1}. Calcule a constante de equilíbrio K para a reação sob essas condições.

106. Para a reação
$$N_2(g) + 3H_2(g) \rightleftharpoons 2NH_3(g)$$
$K = 1{,}3 \times 10^{-2}$ a uma determinada temperatura. Se o sistema no equilíbrio é analisado e tanto a concentração de N_2 quanto a de H_2 é 0,10 mol L^{-1}, qual é a concentração de NH_3 no sistema?

107. A constante de equilíbrio da reação
$$2NOCl(g) \rightleftharpoons 2NO(g) + Cl_2(g)$$
é $9{,}2 \times 10^{-6}$ a uma determinada temperatura. O sistema é analisado no equilíbrio e as concentrações de $NOCl(g)$ e $NO(g)$ são 0,44 mol L^{-1} e $1{,}5 \times 10^{-3}$ mol L^{-1}, respectivamente. Qual é a concentração de $Cl_2(g)$ no sistema em equilíbrio sob essas condições?

108. Como você aprendeu no Capítulo 7, a maioria dos hidróxidos metálicos é pouco solúvel em água. Escreva equações químicas balanceadas descrevendo a dissolução dos seguintes hidróxidos metálicos em água. Escreva a expressão de K_{ps} para cada processo.
   a. $Cu(OH)_2(s)$ c. $Ba(OH)_2(s)$
   b. $Cr(OH)_3(s)$ d. $Sn(OH)_2(s)$

109. Os três haletos de prata comuns (AgCl, AgBr e AgI) são sais pouco solúveis. Dados os valores de K_{ps} para os sais abaixo, calcule a concentração de íons de prata em mol L^{-1} de uma solução aquosa saturada de cada sal.

Haletos de prata	K_{sp}
AgCl	$1{,}8 \times 10^{-10}$
AgBr	$5{,}0 \times 10^{-13}$
AgI	$8{,}3 \times 10^{-17}$

110. Aproximadamente $9,0 \times 10^{-4}$ g de cloreto de prata, AgCl(s), dissolve-se por litro de água a 10°C. Calcule o K_{ps} do AgCl(s) nessa temperatura.

111. Sulfeto de mercúrio, HgS, é um dos sais menos solúveis que se conhece, com $K_{ps} = 1,6 \times 10^{-54}$ a 25°C. Calcule a solubilidade do HgS em mol por litro e em gramas por litro.

112. Aproximadamente 0,14 g de hidróxido de níquel(II), Ni(OH)$_2$(s), dissolve por litro de água a 20°C. Calcule o K_{ps} do Ni(OH)$_2$(s) nessa temperatura.

113. Para a reação $N_2(g) + 3H_2(g) \rightarrow 2NH_3(g)$, liste os tipos de ligações que devem ser quebradas e os tipos de ligações que devem ser formadas para que a reação química ocorra.

114. O que representa a *energia de ativação* de uma reação? Como a energia de ativação está relacionada com o sucesso de uma colisão entre moléculas?

115. Como são chamados os catalisadores nas células vivas? Por que esses catalisadores biológicos são necessários?

116. Quando um sistema de reação atingiu o equilíbrio químico, as concentrações dos reagentes e dos produtos não variam mais com o tempo. Por que a quantidade do produto não aumenta mais, embora grandes concentrações de reagentes possam ainda estar presentes?

117. A amônia, um produto químico industrial muito importante, é produzida pela combinação direta dos elementos sob condições cuidadosamente controladas.

$$N_2(g) + 3H_2(g) \rightleftharpoons 2NH_3(g)$$

Suponha que, em um experimento, a mistura da reação é analisada após o equilíbrio ter sido atingido e a uma determinada temperatura encontra-se que $[NH_3(g)] = 0,34$ mol L^{-1}, $[H_2(g)] = 2,1 \times 10^{-3}$ mol L^{-1} e $[N_2(g)] = 4,9 \times 10^{-4}$ mol L^{-1}. Calcule o valor de K nessa temperatura.

118. Para a reação

$$2CO_2(g) \rightleftharpoons 2CO(g) + O_2(g)$$

uma análise de uma mistura no equilíbrio é realizada. A uma determinada temperatura, verificou-se que $[CO] = 0,11$ mol L^{-1}, $[O_2] = 0,055$ mol L^{-1} e $[CO_2] = 1,4$ mol L^{-1}. Calcule o valor de K da reação.

119. Suponha que uma reação tenha a constante de equilíbrio $K = 4,5 \times 10^{-6}$ a uma determinada temperatura. Se um experimento é configurado com essa reação, haverá grandes concentrações relativas de produtos presentes no equilíbrio? Essa reação é útil como um meio de produzir os produtos? Como a reação pode se tornar mais útil?

Problemas para estudo

120. A uma determinada temperatura, um recipiente de 3,50 L contém 1,16 mol de NH$_3$, 2,40 mol de H$_2$ e 1,14 mol de N$_2$ em equilíbrio. Calcule o valor de K para a reação:

$$3H_2(g) + N_2(g) \rightleftharpoons 2NH_3(g)$$

121. Suponha que para uma reação hipotética:

$$A_2(g) + 2B(g) \rightleftharpoons 2AB(g)$$

É determinado que a uma dada temperatura as concentrações de equilíbrio são: $[A_2] = 0,0090$, $[B] = 0,940$ e $[AB] = 5,3 \times 10^{-4}$. Calcule o valor numérico de K para a reação.

122. Para a reação:

$$3O_2(g) \rightleftharpoons 2O_3(g)$$

$K = 1,8 \times 10^{-7}$ a uma determinada temperatura. Se, em equilíbrio, $[O_2] = 0,062$ mol L^{-1}, calcule a concentração de O$_3$ de equilíbrio.

123. A reação de $H_2(g) + I_2(g) \rightleftharpoons 2HI(g)$ tem $K_p = 45,9$ a 763 K. Uma mistura no equilíbrio particular a 763 K contém HI a uma pressão de 4,94 atm, e H$_2$ a uma pressão de 0,628 atm. Calcule a pressão de de I$_2(g)$ no equilíbrio nessa mistura.

124. Para a reação:

$$H_2(g) + F_2(g) \rightleftharpoons 2HF(g)$$

$K = 2,1 \times 10^{-3}$ a uma determinada temperatura. Em equilíbrio, $[H_2] = [F_2] = 0,083$ mol L^{-1}. Qual é a concentração de HF sob essas condições?

125. Para a seguinte reação endotérmica no equilíbrio:

$$2SO_3(g) \rightleftharpoons 2SO_2(g) + O_2(g)$$

qual das seguintes variações aumentará o valor de K?

a. O aumento da temperatura.
b. A diminuição da temperatura.
c. A remoção de SO$_3(g)$ (T constante).
d. A diminuição do volume (T constante).
e. A adição de Ne(g) (T constante).
f. A adição de SO$_2(g)$ (T constante).
g. A adição de um catalisador (T constante).

126. Considere a seguinte reação exotérmica no equilíbrio:

$$N_2(g) + 3H_2(g) \rightleftharpoons 2NH_3(g)$$

Preveja como as seguintes variações afetam a quantidade de matéria de cada componente do sistema depois de o equilíbrio ser restabelecido. Complete a tabela com os termos *aumenta*, *diminui* ou *não muda*.

	N$_2$	H$_2$	NH$_3$
Adição de N$_2(g)$			
Remoção de H$_2(g)$			
Adição de NH$_3(g)$			
Adição de Ne(g) (V constante)			
Aumento da temperatura			
Diminuição do volume (T constante)			
Adição de um catalisador			

REVISÃO CUMULATIVA DOS CAPÍTULOS 16 E 17

Perguntas

1. Quais as diferenças e semelhancas entre as definições de ácidos e bases de Arrhenius e Brønsted-Lowry? Uma substância poderia ser um ácido de Arrhenius, mas não um ácido de Brønsted-Lowry? Uma substância poderia ser um ácido de Brønsted-Lowry, mas não um ácido de Arrhenius? Explique.

2. Descreva a relação entre um par ácido-base conjugado no modelo de Brønsted-Lowry. Escreva as equações químicas balanceadas mostrando as seguintes moléculas/íons se comportando como ácidos de Brønsted-Lowry na água: HCl, H_2SO_4, H_3PO_4, NH_4^+. Escreva as equações químicas balanceadas que mostram as seguintes moléculas/íons se comportando como bases de Brønsted-Lowry na água: NH_3, HCO_3^-, NH_2^-, $H_2PO_4^-$.

3. O ácido acético é um ácido fraco na água. O que isto indica sobre a afinidade do íon de acetato pelos prótons em comparação com a afinidade das moléculas da água pelos prótons? Se uma solução de acetato de sódio é dissolvida na água, a solução será básica. Explique. Escreva as equações da reação de equilíbrio para a ionização do ácido acético na água e para a reação do íon do acetato com água em uma solução de acetato de sódio.

4. Como a *força* de um ácido está relacionada com a *posição* do seu equilíbrio de ionização? Escreva as equações para a dissociação (ionização) do HCl, HNO_3 e $HClO_4$ em água. Uma vez que todos esses ácidos são ácidos fortes, o que isso indica sobre a basicidade dos íons Cl^-, NO_3^- e ClO_4^-? As soluções aquosas de NaCl, $NaNO_3$ ou $NaClO_4$ são básicas?

5. Explique como a água é uma substância *anfótera*. Escreva a equação química da autoionização da água. Escreva a expressão para a constante de equilíbrio K_w dessa reação. Qual o valor de K_w a 25°C? Quais são $[H^+]$ e $[OH^+]$ na água pura a 25°C? Como $[H^+]$ se compara com $[OH^-]$ em uma solução ácida? Como $[H^+]$ se compara com $[OH^-]$ em uma solução básica?

6. Como se define a escala de pH? Qual intervalo de valores de pH corresponde a soluções ácidas? Qual intervalo corresponde a soluções básicas? Por que o pH = 7,00 é considerado *neutro*? Quando o pH de uma solução varia em uma unidade, por qual fator a concentração de íons de hidrogênio varia na solução? Como se define pOH? Como o pH e pOH se relacionam em uma determinada solução? Explique.

7. Descreva uma solução *tamponada*. Dê três exemplos de soluções tamponadas. Para cada um dos seus exemplos, escreva as equações e explique como os componentes da solução tamponada consomem ácidos e bases fortes adicionados. Por que o tamponamento de soluções em sistemas biológicos é tão importante?

8. Explique o *modelo de colisão* das reações químicas. O que "colide"? Todas as colisões resultam na quebra de ligações e na formação de produtos? Por quê? Como o modelo de colisão explica por que as concentrações mais elevadas e as temperaturas mais altas tendem a fazer com que as reações ocorram mais rapidamente?

9. Esboce um gráfico para o progresso de uma reação ilustrando a *energia de ativação* da reação. Defina "energia de ativação". Explique como o aumento da temperatura de uma reação afeta o número de colisões que possuem uma energia superior a E_a. Um aumento da temperatura muda a E_a? Como um *catalisador* aumenta a velocidade de uma reação? Um catalisador muda a E_a da reação?

10. Explique o que significa que uma reação "alcançou um estado de equilíbrio químico". Explique por que o equilíbrio é um estado *dinâmico*: uma reação realmente "para" quando o sistema atinge um estado de equilíbrio? Explique por que, uma vez que um sistema químico tenha atingido o equilíbrio, as concentrações de todos os reagentes permanecem constantes ao longo do tempo. Por que essa *constância* de concentração não contradiz a nossa imagem do equilíbrio como sendo *dinâmico*? O que acontece com as *velocidades* das reações diretas e inversas à medida que um sistema avança para o equilíbrio de um ponto de partida em que apenas os reagentes estão presentes?

11. Descreva como escrevemos a expressão de equilíbrio de uma reação. Dê três exemplos de equações químicas balanceadas e as expressões correspondentes para as suas constantes de equilíbrio.

12. Embora a constante de equilíbrio de uma determinada reação tenha sempre o mesmo valor na mesma temperatura, as *concentrações* reais presentes no equilíbrio podem diferir de um experimento para outro. Explique. O que queremos dizer com *posição do equilíbrio*? A posição do equilíbrio é sempre a mesma para uma reação, independentemente das quantidades de reagentes usadas?

13. Compare equilíbrios *homogêneos* e *heterogêneos*. Forneça uma equação química balanceada e escreva a expressão da constante de equilíbrio correspondente como exemplo de cada um desses casos. Como o fato de um equilíbrio ser *heterogêneo* influencia na expressão que escrevemos para a constante de equilíbrio da reação?

14. Com suas próprias palavras, descreva o princípio de Le Chatelier. Forneça um exemplo (incluindo uma equação química balanceada) de como cada uma das seguintes variações pode afetar a posição do equilíbrio a favor de produtos adicionais em um sistema: a concentração de um dos reagentes é aumentada; um dos produtos é seletivamente removido do sistema; o sistema de reação é comprimido para um volume menor; a temperatura é aumentada para uma reação endotérmica; a temperatura é diminuída para um processo exotérmico.

15. Explique como a dissolução de um sal pouco solúvel para formar uma solução saturada é um processo de *equilíbrio*. Forneça três equações químicas balanceadas para processos de solubilidade e escreva as expressões para K_{ps} correspondentes às reações que você escolheu. Quando escrevemos expressões para K_{ps}, por que a concentração do sal pouco solúvel não é incluída na expressão? Dado o valor para o produto de solubilidade de um sal moderadamente solúvel, explique como a solubilidade molar e a solubilidade em g L^{-1} podem ser calculadas.

Problemas

16. Escolha dez espécies que esperaríamos se comportar como ácidos ou bases de Brønsted-Lowry em uma solução aquosa. Para cada uma das suas escolhas, (a) escreva uma equação demonstrando de que maneira a espécie se comporta como um ácido ou base na água; (b) escreva a fórmula da base ou ácido conjugado para cada uma das espécies que você escolheu.

17. a. Escreva a *base conjugada* para cada um dos seguintes ácidos de Brønsted-Lowry:

    HNO_3, H_2SO_4, $HClO_4$, NH_4^+, H_2CO_3

    b. Escreva o ácido *conjugado* para cada uma das seguintes bases de Brønsted-Lowry:

    Cl^-, HSO_4^-, NH_2^-, NH_3, CO_3^{2-}

18. Identifique os pares de ácido-base conjugados de Brønsted-Lowry para cada um dos seguintes:
    a. $NH_3(aq) + H_2O(l) \rightleftharpoons NH_4^+(aq) + OH^-(aq)$
    b. $H_2SO_4(aq) + H_2O(l) \rightleftharpoons HSO_4^-(aq) + H_3O^+(aq)$
    c. $O^{2-}(s) + H_2O(l) \rightleftharpoons 2OH^-(aq)$
    d. $NH_2^-(aq) + H_2O(l) \rightleftharpoons NH_3(aq) + OH^-(aq)$
    e. $H_2PO_4^-(aq) + OH^-(aq) \rightleftharpoons HPO_4^{2-}(aq) + H_2O(l)$

19. Para cada um dos seguintes, calcule a quantidade indicada:
    a. $[OH^-] = 2,11 \times 10^{-4}$ mol L^{-1}, $[H^+] = ?$
    b. $[OH^-] = 7,34 \times 10^{-6}$ mol L^{-1}, pH = ?
    c. $[OH^-] = 9,81 \times 10^{-8}$ mol L^{-1}, pOH = ?
    d. pH = 9,32, pOH = ?
    e. $[H^+] = 5,87 \times 10^{-11}$ mol L^{-1}, pH = ?
    f. pH = 5,83, $[H^+] = ?$

20. Calcule os valores de pH e pOH de cada uma das seguintes soluções:
    a. HNO_3 0,00141 mol L^{-1}
    b. NaOH $2,13 \times 10^{-3}$ mol L^{-1}
    c. HCl 0,00515 mol L^{-1}
    d. $Ca(OH)_2$ $5,65 \times 10^{-5}$ mol L^{-1}

21. Escreva a expressão da constante de equilíbrio de cada uma das seguintes reações:
    a. $4NO(g) \rightleftharpoons 2N_2O(g) + O_2(g)$
    b. $4PF_3(g) \rightleftharpoons P_4(s) + 6F_2(g)$
    c. $CO(g) + 3H_2(g) \rightleftharpoons CH_4(g) + H_2O(g)$
    d. $2BrF_5(g) \rightleftharpoons Br_2(g) + 5F_2(g)$
    e. $S(s) + 2HCl(g) \rightleftharpoons H_2S(g) + Cl_2(g)$

22. Suponha que para a seguinte reação:

    $Br_2(g) + Cl_2(g) \rightleftharpoons 2BrCl(g)$

    é determinado que a uma determinada temperatura as concentrações no equilíbrio são as seguintes: $[Br_2(g)] = 7,2 \times 10^{-8}$ mol L^{-1}, $[Cl_2(g)] = 4,3 \times 10^{-6}$ mol L^{-1}, $[BrCl(g)] = 4,9 \times 10^{-4}$ mol L^{-1}. Calcule o valor de K para a reação nessa temperatura.

23. Escreva as expressões para K_{ps} de cada uma das seguintes substâncias moderadamente solúveis:
    a. $Cu(OH)_2(s)$
    b. $Co_2S_3(s)$
    c. $Hg_2(OH)_2(s)$
    d. $CaCO_3(s)$
    e. $Ag_2CrO_4(s)$
    f. $Hg(OH)_2(s)$

24. O produto de solubilidade do carbonato de magnésio, $MgCO_3$, tem o valor de $K_{ps} = 6,82 \times 10^{-6}$ a 25°C. Qual é a massa de $MgCO_3$ que dissolverá em 1,00 L de água?

Reações de oxirredução e eletroquímica

CAPÍTULO 18

18-1 Reações de oxirredução

18-2 Estados de oxidação

18-3 Reações de oxirredução entre ametais

18-4 Balanceando reações de oxirredução pelo método da semirreação

18-5 Eletroquímica: introdução

18-6 Baterias

18-7 Corrosão

18-8 Eletrólise

Trabalhadores na China pintam uma parede para evitar a ferrugem. China Daily Information Corp/Reuters

O que um incêndio na floresta, aço enferrujado, combustão em um motor de carro e o metabolismo dos alimentos no corpo humano têm em comum? Todos esses processos importantes envolvem as reações de oxirredução. Na verdade, praticamente todos os processos que fornecem energia para aquecer edifícios, ligar carros e permitir que as pessoas trabalhem e divirtam-se dependem das reações de oxirredução. E todas as vezes que você dá a partida em seu carro, liga sua calculadora, olha seu smartphone ou ouve rádio na praia, você está dependendo de uma reação de oxirredução para alimentar a bateria em cada um desses dispositivos. Além disso, carros movidos à bateria tornaram-se mais comuns nas estradas norte-americanas. Isso levará a uma elevada dependência de nossa sociedade e estimulará a busca por baterias novas e mais eficientes. Neste capítulo, exploraremos as propriedades das reações de oxirredução e veremos como elas são utilizadas para alimentar baterias.

A energia gerada por uma pilha alcalina AA, uma bateria de lítio e uma bateria de mercúrio se baseia nas reações de oxirredução. © Cengage Learning

18-1 Reações de oxirredução

OBJETIVO Aprender sobre as reações de oxirredução de metal-ametal.

Na Seção 7-5, discutimos as reações químicas entre os metais e os ametais. Por exemplo, o cloreto de sódio é formado pela reação do sódio e do cloro elementares.

$$2Na(s) + Cl_2(g) \rightarrow 2NaCl(s)$$

Como o sódio e o cloro elementares contêm átomos sem carga e como o cloreto de sódio é conhecido por conter os íons Na^+ e Cl^-, essa reação deve envolver uma transferência de elétrons dos átomos de sódio para os átomos de cloro.

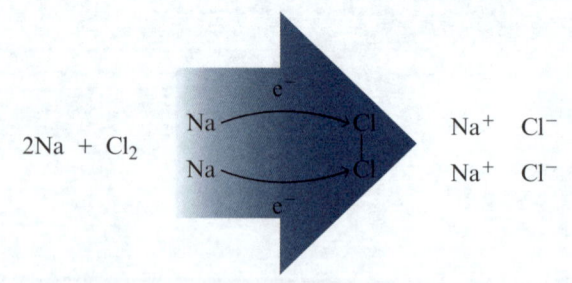

$$2Na + Cl_2 \quad \begin{array}{c} Na \xrightarrow{e^-} Cl \\ Na \xrightarrow{e^-} Cl \end{array} \quad \begin{array}{cc} Na^+ & Cl^- \\ Na^+ & Cl^- \end{array}$$

Reações como esta, na qual um ou mais elétrons são transferidos, são chamadas de **reações de oxirredução**, *ou* **reações redox**. A **oxidação** *é definida como uma perda de elétrons.* A **redução** *é definida como uma obtenção de elétrons.* Na reação do sódio e cloro elementares, cada átomo de sódio perde um elétron, formando um íon 1+. Portanto, o sódio é oxidado. Cada átomo de cloro ganha um elétron, formando um íon cloro negativo e, dessa forma, é reduzido. Sempre que um metal reage com um ametal para formar um composto iônico, os elétrons são transferidos do metal para o ametal. Logo, essas reações são sempre de oxirredução, na qual o metal é oxidado (perde elétrons) e o ametal é reduzido (ganha elétrons).

Exemplo resolvido 18.1 — Identificando a oxidação e a redução em uma reação

Nas reações a seguir, identifique qual elemento é oxidado e qual é reduzido:

a. $2Mg(s) + O_2(g) \rightarrow 2MgO(s)$

b. $2Al(s) + 3I_2(s) \rightarrow 2AlI_3(s)$

SOLUÇÃO

a. Aprendemos que os metais do Grupo 2 formam cátions 2+, e que os ametais do Grupo 6 formam ânions 2–, portanto, podemos prever que o óxido de magnésio irá conter íons Mg^{2+} e O^{2-}. Isso significa que, na reação dada, cada Mg perde dois elétrons para formar Mg^{2+} e, logo, é oxidado. Além disso, cada O ganha dois elétrons para formar O^{2-} e, logo, é reduzido.

a. O iodeto de alumínio contém os íons Al^{3+} e I^-. Os átomos do alumínio perdem elétrons (são oxidados). Os átomos do iodo ganham elétrons (são reduzidos).

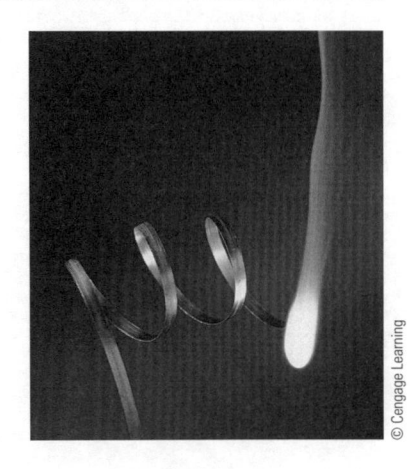

O magnésio queima no ar para formar uma chama branca e brilhante.

*Você pode visualizar essa imagem em cores no final do livro.

AUTOVERIFICAÇÃO

Exercício 18.1 Para as reações a seguir, identifique o elemento oxidado e o reduzido.

a. $2Cu(s) + O_2(g) \rightarrow 2CuO(s)$ b. $2Cs(s) + F_2(g) \rightarrow 2CsF(s)$

Consulte os Problemas 18.3 até 18.6. ■

Embora possamos identificar as reações entre os metais e os ametais como reações redox, é mais difícil decidir se determinada reação entre ametais é uma reação redox. Na verdade, muitas das reações redox mais significativas envolvem apenas ametais. Por exemplo, as reações de combustão, como o metano queimando no oxigênio,

$$CH_4(g) + 2O_2(g) \rightarrow CO_2(g) + 2H_2O(g) + \text{energia}$$

são reações de oxirredução. Apesar de nenhum dos reagentes ou produtos ser iônico, essa reação envolve uma transferência de elétrons do carbono para o oxigênio. Para explicar isso, devemos introduzir o conceito dos estados de oxidação

18-2 Estados de oxidação

OBJETIVO Aprender como atribuir os estados de oxidação.

O conceito dos **estados de oxidação** (às vezes chamados de *número de oxidação*) nos permite acompanhar os elétrons nas reações de oxirredução, atribuindo cargas aos vários átomos de um composto. Às vezes, essas cargas são bem aparentes. Por exemplo, em um composto binário os íons possuem cargas facilmente identificáveis: no cloreto de sódio, o sódio é +1 e o cloro é –1; no óxido de magnésio, o magnésio é +2 e o oxigênio é –2; e assim por diante. Nesses compostos binários, os estados de oxidação são simplesmente as cargas dos íons.

Íon	Estado de oxidação
Na^+	+1
Cl^-	−1
Mg^{2+}	+2
O^{2-}	−2

Em um elemento não combinado, todos os átomos são desprovidos de carga (neutros). Por exemplo, o sódio metálico contém átomos de sódio neutros, e o gás cloro é composto por moléculas Cl_2, cada uma das quais contém dois átomos neutros de cloro. Portanto, um átomo em um elemento puro não possui carga e seu estado de oxidação atribuído é de zero.

Em uma ligação covalente como a água, embora na verdade não haja íons, os químicos acham útil atribuir cargas imaginárias aos elementos no composto. Os estados de oxidação dos elementos nesses compostos são iguais às cargas imaginárias que determinamos ao assumir que o átomo mais eletronegativo (veja a Seção 12-2) em uma ligação controla ou possui *ambos* os elétrons compartilhados. Por exemplo, para as ligações O—H na água, assume-se, para fins de atribuição dos estados de oxidação, que o átomo de oxigênio muito mais eletronegativo controla ambos os elétrons compartilhados em cada ligação. Isso dá ao oxigênio oito elétrons de valência

$$H \overset{\leftarrow 2e^-}{\underset{\leftarrow 2e^-}{O:}} H$$

De fato, dizemos que cada hidrogênio perdeu seu único elétron para o oxigênio. Isso dá a cada hidrogênio um estado de oxidação de +1, e ao oxigênio um estado de oxidação de –2 (o átomo de oxigênio formalmente ganhou dois elétrons). Em praticamente todos os compostos covalentes, o estado de oxidação atribuído ao oxigênio é –2, e ao hidrogênio, +1.

Por ser bastante eletronegativo, assume-se que o flúor sempre controla qualquer elétron compartilhado. Portanto, presumimos que o flúor sempre tem um octeto completo de elétrons e estado de oxidação atribuído de –1. Isto é, para fins de atribuição dos estados de oxidação, o flúor sempre é tido como F⁻ em seus compostos covalentes.

Os elementos mais eletronegativos são F, O, N e Cl. No geral, damos a cada um desses elementos um estado de oxidação igual à sua carga como um ânion (o flúor é –1, o cloro é –1, o oxigênio é –2 e o nitrogênio é –3). Quando dois desses elementos são encontrados no mesmo composto, os atribuímos na ordem de eletronegatividade, começando com o que possui a maior eletronegatividade.

$$F > O > N > Cl$$
Maior eletronegatividade — Menor eletronegatividade

Por exemplo, no composto NO_2, como o oxigênio tem uma eletronegatividade maior que o nitrogênio, atribuímos a cada oxigênio um estado de oxidação de –2. Isso dá uma "carga" total de –4 (2 × –2) nos dois átomos de oxigênio. Como a molécula NO_2 tem carga líquida zero, o N deve ser +4 para balancear exatamente com o –4 nos oxigênios. Então, no NO_2, o estado de oxidação de *cada* oxigênio é –2 e o estado de oxidação do nitrogênio é + 4.

As regras para atribuir os estados de oxidação são dadas a seguir e estão ilustradas na Tabela 18.1. A aplicação dessas regras nos permite atribuir estados de oxidação à maioria dos compostos. Os princípios são ilustrados pelo Exemplo 18.2.

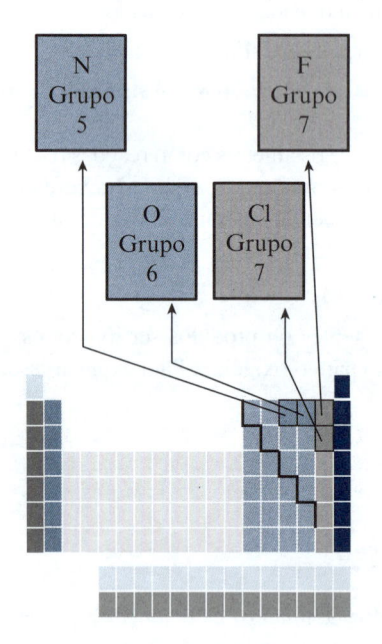

Pensamento crítico

E se o estado de oxidação do oxigênio fosse definido como –1 em vez de –2? Qual efeito, se houver, isso teria no estado de oxidação do hidrogênio?

Regras para a atribuição dos estados de oxidação

1. O estado de oxidação de um átomo em um elemento não combinado é 0.
2. O estado de oxidação de um íon monoatômico é o mesmo que sua carga.
3. O estado de oxidação atribuído ao oxigênio é –2 na maioria dos compostos covalentes. Exceção importante: peróxidos (compostos que contêm o grupo O_2^{2-}), em que o estado de oxidação atribuído a cada oxigênio é –1.
4. Em seus compostos covalentes com os ametais, o estado de oxidação atribuído ao hidrogênio é +1.
5. Nos compostos binários, ao elemento com a maior eletronegatividade é atribuído um estado de oxidação negativo igual à sua carga como um ânion em seus compostos iônicos.
6. Para um composto eletricamente neutro, a soma dos estados de oxidação deve ser zero.
7. Para uma espécie iônica, a soma dos estados de oxidação deve ser igual à carga líquida.

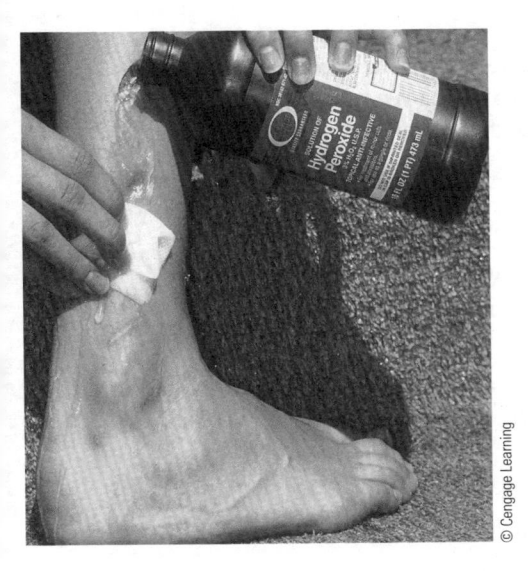

O peróxido de hidrogênio pode ser usado para desinfetar um ferimento.

Tabela 18.1 ▶ Exemplos de estados de oxidação

Substância	Estado de oxidação	Comentários
sódio metálico, Na	Na, 0	regra 1
fósforo, P	P, 0	regra 1
fluoreto de sódio, NaF	Na, +1	regra 2
	F, −1	regra 2
sulfeto de magnésio, MgS	Mg, +2	regra 2
	S, −2	regra 2
monóxido de carbono, CO	C, +2	
	O, −2	regra 3
dióxido de enxofre, SO_2	S, +4	
	O, −2	regra 3
peróxido de hidrogênio, H_2O_2	H, +1	
	O, −1	regra 3 (exceção)
amônia, NH_3	H, +1	regra 4
	N, −3	regra 5
sulfeto de hidrogênio, H_2S	H, +1	regra 4
	S, −2	regra 5
iodeto de hidrogênio, HI	H, +1	regra 4
	I, −1	regra 5
carbonato de sódio, Na_2CO_3	Na, +1	regra 2
	O, −2	regra 3
	C, +4	Para CO_3^{2-}, a soma dos estados de oxidação é $+4 + 3(-2) = -2$. regra 7
cloreto de amônia, NH_4Cl	N, −3	regra 5
	H, +1	regra 4
		Para NH_4^+, a soma dos estados de oxidação é $-3 + 4(+1) = +1$. regra 7
	Cl, −1	regra 2

Exemplo resolvido 18.2 — Atribuindo estados de oxidação

Atribua os estados de oxidação a todos os átomos nas moléculas ou íons a seguir:

a. CO_2 b. SF_6 c. NO_3^-

SOLUÇÃO

a. A regra 3 tem prioridade aqui: o estado de oxidação atribuído ao oxigênio é –2. Determinamos o estado de oxidação para o carbono reconhecendo que o CO_2 não tem carga, portanto, a soma dos estados de oxidação do oxigênio e do carbono deve ser 0 (regra 6). Cada oxigênio é –2 e há dois átomos de oxigênio, logo, o estado de oxidação atribuído ao átomo de carbono deve ser + 4.

$$CO_2$$
$+4$ ↑↑ -2 para *cada* oxigênio

VERIFICAÇÃO $+4 + 2(-2) = 0$

b. Como o flúor tem a maior eletronegatividade, atribuímos seu estado de oxidação primeiro. Sua carga como um ânion sempre é –1, portanto, atribuímos –1 como o estado de oxidação de cada átomo de flúor (regra 5). O estado de oxidação atribuído ao enxofre deve ser +6 para balancear o total de –6 dos seis átomos de flúor (regra 7).

$$SF_6$$
$+6$ ↑↑ -1 para *cada* flúor

VERIFICAÇÃO $+6 + 6(-1) = 0$

c. O oxigênio tem uma eletronegatividade maior que o nitrogênio, portanto, atribuímos primeiro seu estado de oxidação como –2 (regra 5). Uma vez que a carga líquida do NO_3^- é –1 e que a soma dos estados de oxidação dos três oxigênios é –6, o estado de oxidação do nitrogênio deve ser +5.

$$NO_3^-$$
$+5$ ↑↑ -2 para *cada* oxigênio, isto é, -6 no total

VERIFICAÇÃO $+5 + 3(-2) = -1$
Isso está correto; NO_3^- tem uma carga de -1.

AUTOVERIFICAÇÃO

Exercício 18.2 Atribua os estados de oxidação para todos os átomos nas moléculas ou íons a seguir:

a. SO_3 b. SO_4^{2-} c. N_2O_5 d. PF_3 e. C_2H_6

Consulte os Problemas 18.13 até 18.22. ■

18-3 Reações de oxirredução entre ametais

OBJETIVOS
- Compreender oxidação e redução em termos de estados de oxidação.
- Aprender a identificar agentes oxidantes e redutores.

Vimos que as reações de oxirredução são caracterizadas por uma transferência de elétrons. Em alguns casos, a transferência ocorre literalmente para formar íons, como na reação:

$$2Na(s) + Cl_2(g) \rightarrow 2NaCl(s)$$

Podemos utilizar os estados de oxidação para verificar que ocorreu a transferência de elétrons.

$$2\text{Na}(s) + \text{Cl}_2(g) \rightarrow 2\text{NaCl}(s)$$

Estado de oxidação: 0   0   +1   −1
                  (elemento) (elemento) (Na^+)(Cl^-)

Assim, nessa reação, representamos a transferência de elétrons da seguinte forma:

$$e^- \begin{matrix} \text{Na} \\ \text{Cl} \end{matrix} \Rightarrow \begin{matrix} \text{Na}^+ \\ \text{Cl}^- \end{matrix}$$

Em outros casos, a transferência de elétrons ocorre de um jeito diferente, como na combustão do metano (o estado de oxidação de cada átomo é dado abaixo de cada reagente e produto).

Estado de oxidação: $CH_4(g)$ + $2O_2(g)$ → $CO_2(g)$ + $2H_2O(g)$
                    −4 +1 (cada H)   0   +4 −2 (cada O)   +1 (cada H) −2

Observe que o estado de oxidação do oxigênio no O_2 é 0, porque o oxigênio está na forma elementar. Nessa reação, não há compostos iônicos, mas ainda podemos descrever o processo em termos de transferência de elétrons. Observe que o carbono sofre uma mudança no estado de oxidação de −4 no CH_4 para +4 no CO_2. Essa mudança pode ser representada por uma perda de oito elétrons:

$$\text{C (no CH}_4\text{)} \xrightarrow{\text{Perda de 8e}^-} \text{C (no CO}_2\text{)}$$
        −4   +4

ou, na forma de equação,

$$CH_4 \rightarrow CO_2 + 8e^-$$
  ↑   ↑
  −4   +4

Por outro lado, cada oxigênio passa de um estado de oxidação 0 no O_2 para −2 no H_2O e CO_2, o que significa o ganho de dois elétrons por átomo. Quatro átomos de oxigênio estão envolvidos, portanto, há um ganho de oito elétrons:

$$4 \text{ átomos (em } 2O_2) \xrightarrow{\text{Ganho de 8e}^-} 4O^{2-} \text{ (em } 2H_2O \text{ e } CO_2)$$

ou, na forma de equação,

$$2O_2 + 8e^- \rightarrow CO_2 + 2H_2O$$
  ↑   4(−2) = −8
  0

Observe que são necessários oito elétrons, pois quatro átomos de oxigênio estão passando do estado de oxidação 0 para −2. Logo, cada oxigênio precisa de dois elétrons. Nenhuma variação ocorre no estado de oxidação do hidrogênio, que não está envolvido no processo de transferência de elétrons.

Com esse histórico, agora podemos definir a *oxidação* e a *redução* em termos de estados de oxidação. A **oxidação** é um *aumento* no estado de oxidação (uma perda de elétrons). A **redução** é uma *diminuição* no estado de oxidação (um ganho de elétrons). Assim, na reação

$$2\text{Na}(s) + \text{Cl}_2(g) \rightarrow 2\text{NaCl}(s)$$

o sódio é oxidado e o cloro é reduzido. O Cl_2 é chamado de **agente oxidante (receptor de elétrons)**, e o Na é chamado de **agente redutor (doador de elétrons)**. Também podemos definir o *agente oxidante* como aquele que contém o elemento que é reduzido (ganha elétrons). O *agente redutor* pode ser definido da mesma forma, como aquele que contém o elemento que é oxidado (perde elétrons).

QUÍMICA EM FOCO

Envelhecemos por oxidação?

As pessoas (sobretudo as com mais de 30 anos) parecem obcecadas em permanecer jovens, porém a fonte da juventude buscada desde os dias de Ponce de León provou-se ilusória. O corpo inevitavelmente parece se desgastar após os 70 ou 80 anos. É nosso destino ou podemos encontrar maneiras de combater o envelhecimento?

Por que envelhecemos? Ninguém sabe ao certo, mas muitos cientistas acham que a oxidação desempenha um grande papel. Embora seja essencial para a vida, o oxigênio também pode ter um efeito prejudicial. A molécula do oxigênio e outras substâncias oxidantes no corpo podem extrair elétrons únicos de moléculas grandes que compõem as membranas celulares (paredes) fazendo, assim, com que se tornem muito reativas. Na realidade, essas moléculas ativadas podem reagir entre si para mudar as propriedades das membranas celulares. Se suficientes dessas mudanças forem acumuladas, o sistema imunológico do corpo passa a ver essa célula alterada como "estranha" e a destrói. Essa ação é especialmente nociva ao organismo caso as células envolvidas sejam insubstituíveis, como as células nervosas.

Como o corpo humano é muito complexo, é difícil apontar a causa ou as causas do envelhecimento. Os cientistas estão, portanto, estudando formas de vida mais simples. Por exemplo, Rajindar Sohal (atualmente da Universidade da Califórnia) e seus colegas da Universidade Southern Methodist, em Dallas, estão examinando o envelhecimento em moscas domésticas comuns. O trabalho deles indica que o dano acumulado pela oxidação está ligado tanto à vitalidade da mosca quanto à sua expectativa de vida. Um estudo descobriu que as moscas que foram forçadas a serem sedentárias (não podiam voar por aí) mostraram muito menos dano pela oxidação (por causa de seu baixo consumo de oxigênio) e viveram duas vezes mais que as moscas que tinham atividades normais.

O conhecimento acumulado de vários estudos indica que a oxidação provavelmente seja a principal causa do envelhecimento. Se isso for verdade, como podemos nos proteger? A me-

---

Com relação à reação:

$$CH_4(g) + 2O_2(g) \rightarrow CO_2(g) + 2H_2O(g)$$

CH_4: C = -4, H = $+1$; O_2: 0; CO_2: C = $+4$, O = -2; H_2O: H = $+1$, O = -2

podemos dizer o seguinte:

1. O carbono é oxidado porque há um aumento em seu estado de oxidação (o carbono aparentemente perdeu elétrons).
2. O reagente CH_4 contém o carbono que é oxidado, logo, o CH_4 é o agente redutor, ou seja, fornece os elétrons (aqueles perdidos pelo carbono).
3. O oxigênio é reduzido porque houve uma diminuição em seu estado de oxidação (o oxigênio aparentemente ganhou elétrons).
4. O reagente que contém os átomos de oxigênio é o O_2, logo, o O_2 é o agente oxidante. Isto é, o O_2 recebe os elétrons.

Observe que, quando o agente oxidante ou redutor é nomeado, o *composto inteiro* é especificado, não apenas o elemento que sofre a mudança no estado de oxidação.

Exemplo resolvido 18.3 — Identificando agentes oxidantes e redutores, I

Quando o alumínio metálico metálico em pó é misturado com cristais de iodo pulverizados e uma gota de água é adicionada, a reação resultante produz uma grande quantidade de energia. A mistura queima em chamas e uma fumaça violeta de vapor de I_2 é produzida do iodo em excesso. A equação da reação é:

$$2Al(s) + 3I_2(s) \rightarrow 2AlI_3(s)$$

Para essa reação, identifique os átomos que são oxidados e aqueles que são reduzidos, e especifique os agentes oxidantes e redutores.

lhor maneira de abordar a resposta para essa pergunta é estudar as defesas naturais do corpo contra a oxidação. Um estudo de Russel J. Reiter do Texas Health Science Center, em San Antonio, mostrou que a melatonina — uma substância química secretada pela glândula pineal no cérebro (mas somente à noite) — protege contra a oxidação. Além disso, há muito se sabe que a vitamina E é um antioxidante. Estudos mostraram que as hemácias deficientes em vitamina E envelhecem muito mais rápido que aquelas com níveis normais de vitamina E. Com base nesse tipo de evidência, muitas pessoas tomam doses diárias de vitamina E para repelir os efeitos do envelhecimento.

Estudos do Center for Human Nutrition and Aging, da Universidade Tufts, sugerem que uma dieta rica em antioxidantes pode reduzir os efeitos do envelhecimento cerebral. Os ratos que foram alimentados com uma dieta alta em antioxidantes pareceram ter uma memória e habilidades motoras melhores em comparação aos ratos que receberam uma dieta normal. Os ratos mais velhos alimentados com dietas à base de "blueberry" ainda recuperaram parte da memória e das habilidades motoras perdidas como resultado do envelhecimento cerebral normal.

A oxidação é apenas uma das causas possíveis do envelhecimento. As pesquisas continuam em muitas frentes para descobrir por que "envelhecemos" à medida que o tempo passa.

Alimentos que contêm antioxidantes naturais.

SOLUÇÃO A primeira etapa é atribuir os estados de oxidação.

$$2Al(s) + 3I_2(s) \rightarrow 2AlI_3(s)$$

0 (Elementos livres)   0   +3 −1 (cada I)

$AlI_3(s)$ é um sal que contém íons Al^{3+} e I^-.

Como cada átomo de alumínio muda seu estado de oxidação de 0 para +3 (um aumento no estado de oxidação), o alumínio é *oxidado* (perde elétrons). Por outro lado, o estado de oxidação de cada átomo de iodo diminui de 0 para −1, e o iodo é *reduzido* (ganha elétrons). Como o Al fornece elétrons para a redução do iodo, ele é o *agente redutor*. O I_2 é o *agente oxidante* (o reagente que recebe os elétrons).

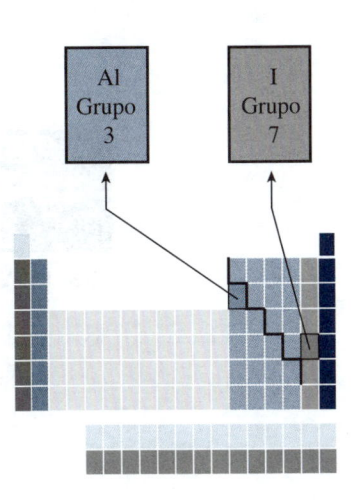

Exemplo resolvido 18.4   Identificando agentes oxidantes e redutores, II

A metalurgia, processo de produzir um metal a partir de seu minério, sempre envolve reações de oxirredução. Na metalurgia do galena (PbS), principal minério que contém chumbo, a primeira etapa é a conversão do sulfeto de chumbo em seu óxido (um processo chamado *calcinação*).

$$2PbS(s) + 3O_2(g) \rightarrow 2PbO(s) + 2SO_2(g)$$

O óxido então é tratado com monóxido de carbono para produzir o metal livre:

$$PbO(s) + CO(g) \rightarrow Pb(s) + CO_2(g)$$

Para cada reação, identifique os átomos que são oxidados e aqueles que são reduzidos, e especifique os agentes oxidantes e redutores.

SOLUÇÃO   Para a primeira reação, podemos atribuir os seguintes estados de oxidação:

$$\underset{+2\ -2}{PbS(s)} + \underset{0}{3O_2(g)} \rightarrow \underset{+2\ -2}{2PbO(s)} + \underset{+4\ -2\,(cada\ O)}{2SO_2(g)}$$

O estado de oxidação do átomo de enxofre aumenta de –2 para +4, logo, o enxofre é oxidado (perde elétrons). O estado de oxidação de cada átomo de oxigênio diminuiu de 0 para –2. O oxigênio é reduzido (ganha elétrons). O agente oxidante (receptor de elétrons) é o O_2, e o agente redutor (doador de elétrons) é o PbS.

Para a segunda reação, temos:

$$\underset{+2\ -2}{PbO(s)} + \underset{+2\ -2}{CO(g)} \rightarrow \underset{0}{Pb(s)} + \underset{+4\ -2\,(cada\ O)}{CO_2(g)}$$

O chumbo é reduzido (ganha elétrons; seu estado de oxidação diminui de +2 para 0) e o carbono é oxidado (perde elétrons; seu estado de oxidação aumenta de +2 para +4). O PbO é o agente oxidante (receptor de elétrons) e CO é o agente redutor (doador de elétrons).

AUTOVERIFICAÇÃO   **Exercício 18.3** A amônia, NH_3, muito usada como um fertilizante, é preparada pela seguinte reação:

$$N_2(g) + 3H_2(g) \rightarrow 2NH_3(g)$$

Essa é uma reação de oxirredução? Caso seja, especifique o agente oxidante e o agente redutor.

Consulte os Problemas 18.29 até 18.36. ■

18-4 Balanceando reações de oxirredução pelo método da semirreação

OBJETIVO   Aprender a balancear equações de oxirredução utilizando semirreações.

Muitas reações de oxirredução podem ser balanceadas facilmente por tentativa e erro. Isto é, utilizamos o procedimento descrito no Capítulo 6 para encontrar um conjunto de coeficientes que forneça o mesmo número de cada tipo de átomo em ambos os lados da equação.

No entanto, as reações de oxirredução que ocorrem em uma solução aquosa muitas vezes são tão complicadas que se tornam muito tediosas de balancear por tentativa e erro. Nesta seção, desenvolveremos uma abordagem sistemática para balancear as equações dessas reações.

Para balancear as equações das reações de oxirredução que ocorrem em uma solução aquosa, separamos a reação em duas semirreações. As **semirreações** são equações que têm elétrons como reagentes ou produtos. Uma semirreação representa um processo de redução e a outra semirreação representa um processo de oxidação. Em uma semirreação de redução, os elétrons são mostrados do lado dos reagentes (os elétrons são ganhos por um reagente na equação). Em uma semirreação de oxidação, os elétrons são mostrados do lado do produto (os elétrons são perdidos por um reagente na equação).

QUÍMICA EM FOCO

Jeans amarelo?

Parece que hoje em dia todo mundo usa jeans. Mas você sabia que sem a química de redox o clássico jeans azul seria amarelo? Como o pigmento azul-índigo é insolúvel em água, deve ser usada uma forma amarela oxidada do pigmento, o leucoíndigo, que é solúvel em água, para tingir o fio de algodão que, por fim, se torna o jeans. Portanto, quando o fio de algodão branco emerge da operação de tingimento, ele é inicialmente amarelo e depois fica azul, à medida que é oxidado pelo oxigênio no ar:

Leucoíndigo → Índigo

No entanto, no final dos anos 1800,+- quando Levi Strauss introduziu o jeans nos Estados Unidos, a peça ficou popular tão rapidamente que um processo sintético para a fabricação do índigo se tornou essencial. Hoje, são produzidos anualmente cerca de 50.000 tons de índigo sintético, dos quais 95% são destinados para tingir jeans.

O visual desbotado do jeans, tão popular atualmente, é feito com a aplicação de alvejante e pedra-pomes. Claramente o jeans seria muito diferente sem a química redox.

Por exemplo, considere a equação não balanceada da reação de oxirredução entre o íon cério(IV) e o íon estanho(II).

$$Ce^{4+}(aq) + Sn^{2+}(aq) \rightarrow Ce^{3+}(aq)\ Sn^{4+}(aq)$$

Essa reação pode ser separada em uma semirreação que envolve a substância sendo *reduzida*:

$$e^- + Ce^{4+}(aq) \rightarrow Ce^{3+}(aq) \quad \text{semirreação de redução}$$

O Ce^{4+} ganha 1e^- para formar Ce^{3+} e é, portanto, reduzido.

e uma semirreação que envolve a substância sendo oxidada:

$$Sn^{2+}(aq) \rightarrow Sn^{4+}(aq) + 2e^- \quad \text{semirreação de oxidação}$$

O Sn^{2+} perde 2e^- para formar Sn^{4+} e é, portanto, oxidado.

Observe que o Ce^{4+} deve ganhar um elétron para se tornar Ce^{3+}, portanto, um elétron é mostrado como um reagente junto do Ce^{4+} nessa semirreação. Por outro lado, para o Sn^{2+} se tornar Sn^{4+}, deve perder dois elétrons. Isso significa que os dois elétrons devem ser mostrados como produtos nessa semirreação.

O princípio fundamental das reações de oxirredução é que o número de elétrons perdidos (do reagente que é oxidado) deve ser igual ao número de elétrons obtidos (do reagente que é reduzido).

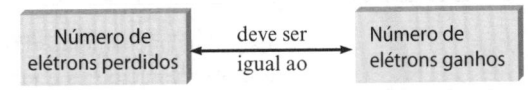

Número de elétrons perdidos ← deve ser igual ao → Número de elétrons ganhos

Nas semirreações mostradas acima, um elétron é ganho para cada Ce^{4+}, enquanto dois elétrons são perdidos para cada Sn^{2+}. Devemos igualar o número de elétrons obtidos e perdidos. Para fazer isso, primeiro devemos multiplicar a semirreação de redução por 2.

$$2e^- + 2Ce^{4+} \rightarrow 2Ce^{3+}$$

Em seguida, adicionamos essa semirreação à semirreação de oxidação:

$$2e^- + 2Ce^{4+} \rightarrow 2Ce^{3+}$$
$$Sn^{2+} \rightarrow Sn^{4+} + 2e^-$$
$$\overline{2e^- + 2Ce^{4+} + Sn^{2+} \rightarrow 2Ce^{3+} + Sn^{4+} + 2e^-}$$

Por fim, cancelamos o 2e⁻ de cada lado para ter a equação balanceada geral:

$$2e^- + 2Ce^{4+} + Sn^{2+} \rightarrow 2Ce^{3+} + Sn^{4+} + 2e^-$$

$$2Ce^{4+} + Sn^{2+} \rightarrow 2Ce^{3+} + Sn^{4+}$$

Agora podemos resumir o que dissemos sobre o método para balancear as reações de oxirredução em uma solução aquosa:

1. Separe a reação em uma semirreação de oxidação e uma de redução.
2. Faça o balanceamento das semirreações separadamente.
3. Iguale o número de elétrons ganhos e perdidos.
4. Some as semirreações e cancele os elétrons para ter a equação balanceada geral.

Acontece que a maioria das reações de oxirredução ocorre em soluções distintamente básicas ou distintamente ácidas. Cobriremos apenas o caso ácido neste livro, porque é o mais comum. O procedimento detalhado para balancear as equações de reações de oxirredução que ocorrem em solução ácida é dado abaixo, e o Exemplo 18.5 ilustra a aplicação dessas etapas.

Método de semirreação para balancear equações de reações de oxirredução que ocorrem em solução ácida

Etapa 1 Identifique e escreva as equações para as semirreações de oxidação e de redução.

Etapa 2 Para cada semirreação:
   a. Faça o balanceamento de todos os elementos, exceto o hidrogênio e o oxigênio.
   b. Faça o balanceamento do oxigênio usando H_2O.
   c. Faça o balanceamento do hidrogênio usando H^+.
   d. Faça o balanceamento das cargas usando os elétrons.

Etapa 3 Se necessário, multiplique uma ou ambas as semirreações por um número inteiro para igualar o número de elétrons transferidos nas duas semirreações.

Etapa 4 Some as semirreações e cancele as espécies idênticas que aparecem em ambos os lados.

Etapa 5 Verifique para ter certeza de que os elementos e as cargas estão balanceados.

Exemplo resolvido 18.5 — Balanceando reações de oxirredução pelo método de semirreação, I

Faça o balanceamento da equação da reação entre os íons permanganato e ferro(II) em solução ácida. A equação iônica líquida dessa reação é:

$$MnO_4^-(aq) + Fe^{2+}(aq) \xrightarrow{\text{Ácido}} Fe^{3+}(aq) + Mn^{2+}(aq)$$

Essa reação é utilizada para analisar o teor de ferro do minério.

H_2O e H^+ serão adicionados a essa equação enquanto a balanceamos. Não temos que nos preocupar com isso agora.

SOLUÇÃO

Etapa 1 *Identifique e escreva as equações das semirreações.*

Os estados de oxidação para a semirreação que envolve o íon permanganato mostram que o manganês é reduzido.

$$\underset{+7 \quad -2 \text{ (cada O)}}{MnO_4^-} \rightarrow \underset{+2}{Mn^{2+}}$$

Observe que o lado esquerdo contém oxigênio, mas o lado direito, não. Isso será resolvido mais tarde, quando adicionarmos água.

Como o manganês passa de um estado de oxidação de +7 para +2, ele é reduzido. Logo, essa é uma *semirreação de redução*. Ela terá os elétrons como reagentes, mas não a escreveremos ainda. A outra semirreação envolve a oxidação do íon ferro(II) para o íon ferro(III) e é a *semirreação de oxidação*.

$$Fe^{2+} \rightarrow Fe^{3+}$$
$$+2 \quad\quad +3$$

Essa reação terá os elétrons como produtos, mas não a escreveremos ainda.

Etapa 2 *Faça o balanceamento de cada semirreação.*

Para a reação de redução, temos:

$$MnO_4^- \rightarrow Mn^{2+}$$

a. O manganês já está balanceado.
b. Balanceamos o oxigênio adicionando $4H_2O$ do lado direito da equação.

$$MnO_4^- \rightarrow Mn^{2+} + 4H_2O$$

O H^+ vem da solução ácida na qual a reação está acontecendo.

c. Em seguida, balanceamos o hidrogênio adicionando $8H^+$ do lado esquerdo.

$$8H^+ + MnO_4^- \rightarrow Mn^{2+} + 4H_2O$$

d. Todos os elementos foram balanceados, mas precisamos balancear as cargas usando os elétrons. Neste ponto, temos as seguintes cargas para os reagentes e produtos na semirreação de redução:

$$8H^+ + MnO_4^- \rightarrow Mn^{2+} + 4H_2O$$
$$8+ \quad + \quad 1- \quad\quad 2+ \quad + \quad 0$$
$$7+ \quad\quad\quad\quad\quad 2+$$

Sempre adicione elétrons do lado da semirreação com excesso de carga positiva.

Podemos igualar as cargas adicionando cinco elétrons do lado esquerdo:

$$5e^- + 8H^+ + MnO_4^- \rightarrow Mn^{2+} + 4H_2O$$
$$2+ \quad\quad\quad\quad\quad 2+$$

Tanto os *elementos* quanto as *cargas* estão balanceados agora, logo, isso representa a semirreação de redução balanceada. O fato de que cinco elétrons aparecem do lado reagente da equação faz sentido, porque são necessários cinco elétrons para reduzir o MnO_4^- (no qual o Mn tem um estado de oxidação de +7) para Mn^{2+} (em que o Mn tem um estado de oxidação de +2).

Para a reação de oxidação,

$$Fe^{2+} \rightarrow Fe^{3+}$$

Uma solução que contém os íons MnO_4^- (*esquerda*) e uma solução que contém os íons Fe^{2+} (*direita*).

*Você pode visualizar essas imagens em cores no final do livro.

os elementos estão balanceados, logo, tudo o que temos de fazer é balancear as cargas.

$$Fe^{2+} \rightarrow Fe^{3+}$$
$$\underbrace{\phantom{Fe^{2+}}}_{2+} \quad \underbrace{\phantom{Fe^{3+}}}_{3+}$$

É necessário um elétron do lado direito para resultar em uma carga líquida de 2+ em ambos os lados.

$$Fe^{2+} \rightarrow Fe^{3+} + e^-$$
$$\underbrace{\phantom{Fe^{2+}}}_{2+} \quad \underbrace{\phantom{Fe^{3+} + e^-}}_{2+}$$

O número de elétrons ganhos na semirreação de redução deve ser igual ao número de elétrons perdidos na semirreação de oxidação.

Etapa 3 *Iguale o número de elétrons transferidos nas duas semirreações.*

Como a semirreação de redução envolve a transferência de cinco elétrons e a semirreação de oxidação envolve a transferência de apenas um elétron, a semirreação de oxidação deve ser multiplicada por 5.

$$5Fe^{2+} \rightarrow 5Fe^{3+} + 5e^-$$

Etapa 4 *Some as semirreações e cancele as espécies idênticas.*

$$5e^- + 8H^+ + MnO_4^- \rightarrow Mn^{2+} + 4H_2O$$
$$5Fe^{2+} \rightarrow 5Fe^{3+} + 5e^-$$
$$\overline{5e^- + 8H^+ + MnO_4^- + 5Fe^{2+} \rightarrow Mn^{2+} + 5Fe^{3+} + 4H_2O + 5e^-}$$

Observe que os elétrons cancelam-se (como devem) para formar a equação balanceada final:

$$5Fe^{2+}(aq) + MnO_4^-(aq) + 8H^+(aq) \rightarrow 5Fe^{3+}(aq) + Mn^{2+}(aq) + 4H_2O(l)$$

Observe que mostramos os estados físicos dos reagentes e dos produtos — *(aq)* e (l), nesse caso — somente na equação balanceada final.

Etapa 5 *Verifique para ter certeza de que os elementos e as cargas estão balanceados.*

Elementos 5Fe, 1Mn, 4O, 8H → 5Fe, 1Mn, 4O, 8H
Cargas   17+ → 17+

A equação está balanceada.

Exemplo resolvido 18.6

Balanceando reações de oxirredução pelo método de semirreação, II

Quando você dá a partida, o motor do automóvel usa a energia fornecida por uma bateria de chumbo-ácido. Essa bateria usa uma reação de oxirredução entre o chumbo elementar (chumbo metálico metálico) e o óxido de chumbo(IV) para fornecer energia para dar a partida no motor. A equação não balanceada para uma versão simplificada da reação é:

$$Pb(s) + PbO_2(s) + H^+(aq) \rightarrow Pb^{2+}(aq) + H_2O(l)$$

Faça o balanceamento dessa equação utilizando o método de semirreação.

SOLUÇÃO **Etapa 1** Primeiro, identificamos e escrevemos as duas semirreações. Uma semirreação deve ser

$$Pb \rightarrow Pb^{2+}$$

e a outra é

$$PbO_2 \rightarrow Pb^{2+}$$

Como o Pb²⁺ é o único produto que contém chumbo, ele deve ser o produto em ambas as semirreações.

A primeira reação envolve a oxidação de Pb para Pb^{2+}. A segunda reação envolve a redução de Pb^{4+} (em PbO_2) para Pb^{2+}.

Etapa 2 Agora, balanceamos cada semirreação separadamente.

A semirreação de oxidação.

$$Pb \rightarrow Pb^{2+}$$

a–c. Todos os elementos estão balanceados.

d. A carga à esquerda é zero e, à direita, é + 2, portanto, devemos adicionar $2e^-$ à direita para ter a carga geral zero.

$$Pb \rightarrow Pb^{2+} + 2e^-$$

Essa semirreação está balanceada.

A semirreação de redução

$$PbO_2 \rightarrow Pb^{2+}$$

a. Todos os elementos estão balanceados exceto O.

b. O lado esquerdo tem dois átomos de oxigênio e o lado direito não tem nenhum, portanto, adicionamos $2H_2O$ do lado direito.

$$PbO_2 \rightarrow Pb^{2+} + 2H_2O$$

c. Agora, balanceamos o hidrogênio adicionando $4H^+$ à esquerda.

$$4H^+ + PbO_2 \rightarrow Pb^{2+} + 2H_2O$$

d. Como o lado esquerdo tem uma carga geral +4 e o lado direito tem uma carga + 2, devemos adicionar $2e^-$ do lado esquerdo.

$$2e^- + 4H^+ + PbO_2 \rightarrow Pb^{2+} + 2H_2O$$

A semirreação está balanceada.

Etapa 3 Como cada semirreação envolve $2e^-$, podemos simplesmente somar as semirreações como elas são.

Etapa 4

$$Pb \rightarrow Pb^{2+} + 2e^-$$
$$2e^- + 4H^+ + PbO_2 \rightarrow Pb^{2+} + 2H_2O$$
$$\overline{2e^- + 4H^+ + Pb + PbO_2 \rightarrow 2Pb^{2+} + 2H_2O + 2e^-}$$

Cancelando os elétrons, obtemos a equação geral balanceada:

$$Pb(s) + PbO_2(s) + 4H^+(aq) \rightarrow 2Pb^{2+}(aq) + 2H_2O(l)$$

em que os estados apropriados também são indicados.

Etapa 5 Ambos os elementos e as cargas estão balanceados.

Elementos 2Pb, 2O, 4H → 2Pb, 2O, 4H
Cargas   4+ → 4+

A equação está corretamente balanceada.

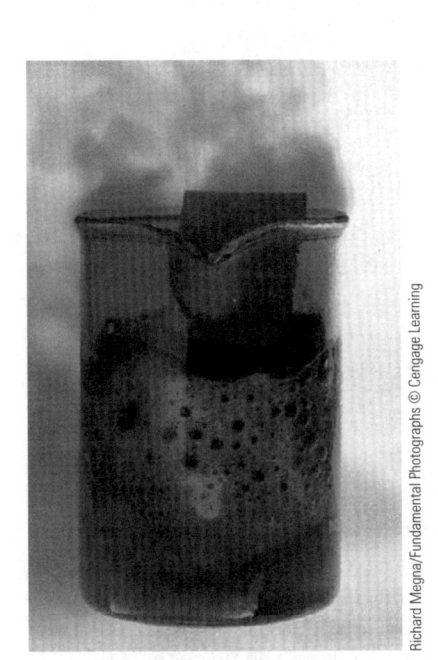

Cobre metálico reagindo com ácido nítrico. A solução é colorida pela presença de íons Cu^{2+}. O gás marrom é o NO_2, formado quando o NO reage com o O_2 no ar.

*Você pode visualizar essa imagem em cores no final do livro.

AUTOVERIFICAÇÃO

Exercício 18.4 O cobre metálico reage com ácido nítrico, $HNO_3(aq)$, formando nitrato de cobre(II) aquoso, água e gás monóxido de nitrogênio como produtos. Escreva e faça o balanceamento da equação dessa reação.

Consulte os Problemas 18.45 até 18.48. ∎

18-5 Eletroquímica: introdução

OBJETIVOS
- Compreender o termo *eletroquímica*.
- Aprender a identificar os componentes de uma célula eletroquímica (galvânica).

Nossas vidas seriam bem diferentes sem as baterias. Teríamos que acionar os motores em nossos carros manualmente, dar corda em nossos relógios e comprar cabos de longuíssima extensão se quiséssemos ouvir rádio em um piquenique. Na verdade, nossa sociedade às vezes parece funcionar a baterias. Nesta seção e na próxima, descobriremos como esses importantes dispositivos produzem energia elétrica.

Uma bateria utiliza a energia de uma reação de oxirredução para produzir uma corrente elétrica. Essa é uma importante ilustração de **eletroquímica**, *o estudo do intercâmbio entre uma substância química e a energia elétrica.*

A eletroquímica envolve dois tipos de processos:

1. A produção de uma corrente elétrica a partir da reação química (oxirredução) de uma substância.
2. O uso de uma corrente elétrica para produzir uma mudança química.

Para compreender como uma reação redox pode ser utilizada para gerar uma corrente, reconsideremos a reação aquosa entre o MnO_4^- e Fe^{2+} com que trabalhamos no Exemplo 18.5. Podemos quebrar essa reação redox nas semirreações a seguir:

$$8H^+ + MnO_4^- + 5e^- \rightarrow Mn^{2+} + 4H_2O \quad \text{redução}$$
$$Fe^{2+} \rightarrow Fe^{3+} + e^- \quad \text{oxidação}$$

Quando a reação entre MnO_4^- e Fe^{2+} ocorre em solução, os elétrons são transferidos diretamente à medida que os reagentes colidem. Nenhum trabalho útil é obtido da energia química envolvida na reação. Como podemos aproveitar essa energia? A chave é *separar o agente oxidante (receptor de elétrons) do agente redutor (doador de elétrons)*, exigindo, assim, que a transferência de elétrons ocorra através de um fio. Isto é, para ir do agente redutor para o agente oxidante, os elétrons devem viajar por um fio. A corrente produzida no fio por esse fluxo de elétrons pode ser direcionada por um dispositivo, como um motor elétrico, para realizar um trabalho útil.

Por exemplo, considere o sistema ilustrado na Fig. 18.1. Se nosso raciocínio estiver correto, os elétrons devem fluir pelo fio do Fe^{2+} para o MnO_4^-. No entanto,

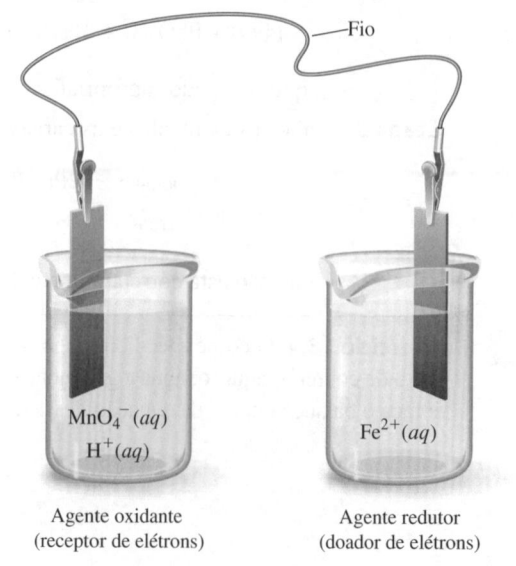

Figura 18.1 ▶ Esquema de um método para separar os agentes oxidantes e redutores em uma reação redox. (As soluções também contêm outros íons para balancear a carga.) Essa célula está incompleta neste ponto.

$MnO_4^-(aq)$
$H^+(aq)$
Agente oxidante (receptor de elétrons)

$Fe^{2+}(aq)$
Agente redutor (doador de elétrons)

Figura 18.2 ▶ O fluxo de elétrons sob essas condições levaria a um acúmulo de carga negativa à esquerda e de carga positiva à direita, o que não é viável sem uma enorme entrada de energia.

Torna-se negativo à medida que os elétrons chegam

Torna-se positivo à medida que os elétrons saem

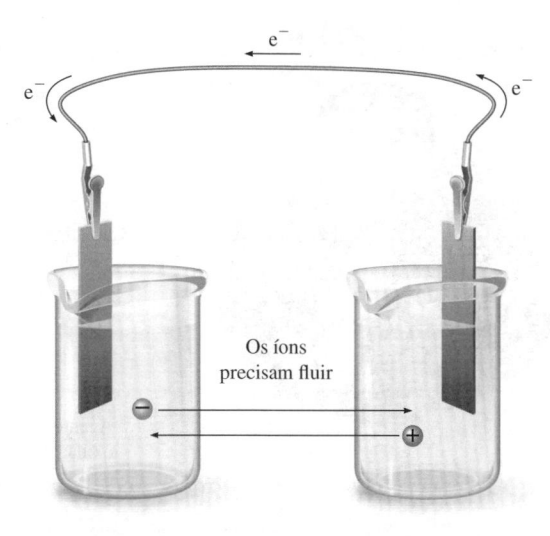

Figura 18.3 ▶ Aqui o fluxo de íons entre as duas soluções mantém a carga neutra à medida que os elétrons são transferidos. Isso pode ser realizado tendo um fluxo de íons negativos (ânions) no sentido oposto aos elétrons ou com um fluxo de íons positivos (cátions) no mesmo sentido dos elétrons. Ambos ocorrem, na realidade, em uma bateria funcionando.

Os íons precisam fluir

quando construímos o aparelho como mostrado, nenhum fluxo de elétrons ocorre. Por quê? O problema é que se os elétrons fluírem do compartimento direito para o esquerdo, o esquerdo se tornaria negativamente carregado e o direito teria um acúmulo de carga positiva (Fig. 18.2). Criar uma separação de carga desse tipo exigiria grandes quantidades de energia. Portanto, o fluxo de elétrons não ocorre sob essas condições.

Podemos, entretanto, solucionar esse problema de maneira bem simples. As soluções devem estar conectadas (sem permitir que elas se misturem extensivamente), de modo que os íons também possam fluir para manter a carga líquida em cada compartimento igual a zero (Fig. 18.3). Isso pode ser conseguido com o uso de uma ponte salina (um tubo em forma de U com um eletrólito forte) ou com um

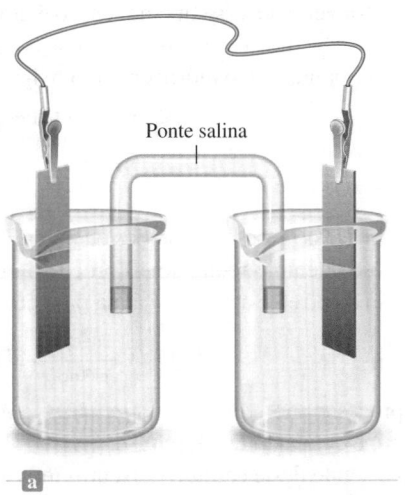

Figura 18.4 ▶ Uma conexão de ponte salina ou disco poroso permite o fluxo de íons, completando o circuito elétrico.

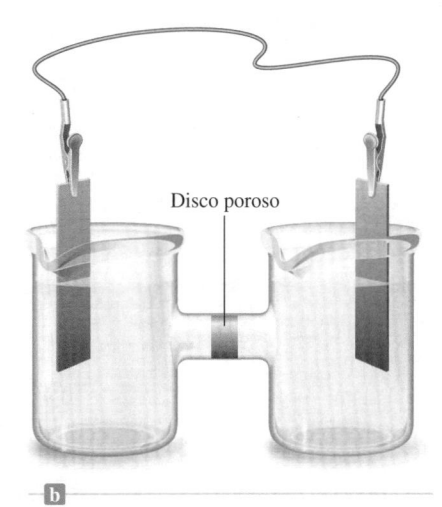

a A ponte salina contém um forte eletrólito, seja em um gel ou em solução; ambas as extremidades são cobertas com uma membrana que permite somente que os íons passem.

b O disco poroso permite o fluxo de íons, mas não permite a mistura geral das soluções nos dois compartimentos.

Alessandro Volta.

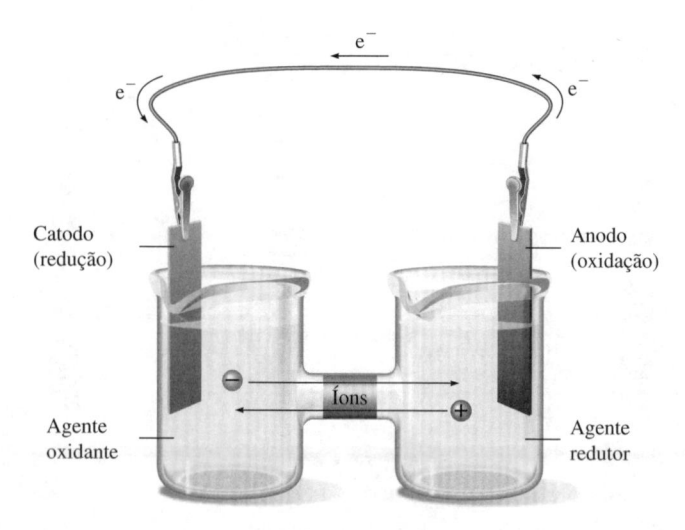

Figura 18.5 ► Esquema de uma bateria (célula galvânica).

O nome célula galvânica é uma homenagem a Luigi Galvani (1737-1798), cientista italiano geralmente creditado com a descoberta da eletricidade. Essas células são às vezes chamadas de células voltaicas em homenagem a Alessandro Volta (1745-1827), outro italiano, que foi o primeiro a construir células desse tipo por volta de 1800.

disco poroso em um tubo conectando às duas soluções (Fig. 18.4). Cada um desses dispositivos permite o fluxo de íons, porém, evita a mistura extensiva das soluções. Quando fazemos um suprimento para o fluxo de íons, o circuito está completo. Os elétrons fluem do agente redutor para o agente oxidante através do fio, e os íons nos dois tipos de soluções aquosas fluem de um compartimento para outro para manter a carga líquida zero.

Dessa forma, uma **bateria eletroquímica**, também chamada de **célula galvânica**, é um dispositivo alimentado por uma reação de oxirredução em que o agente oxidante é separado do agente redutor, de modo que os elétrons devam viajar por meio de um fio do agente redutor para o agente oxidante (Fig. 18.5).

Observe que, em uma bateria, o agente redutor perde elétrons (que fluem por meio do fio no sentido do agente oxidante) e, portanto, é oxidado. O eletrodo onde a oxidação ocorre é chamado de **anodo**. No outro eletrodo, o agente oxidante ganha elétrons e, dessa forma, é reduzido. O eletrodo onde a redução ocorre é chamado de **catodo**.

Vimos que uma reação de oxirredução pode ser utilizada para gerar uma corrente elétrica. Na verdade, esse tipo de reação é utilizada para produzir correntes elétricas em muitos veículos espaciais. Uma reação de oxirredução que pode ser utilizada para essa finalidade é o hidrogênio e o oxigênio reagindo para formar água.

$$^{1}_{0}n + ^{235}_{92}U \rightarrow ^{141}_{56}Ba + ^{92}_{36}Kr + 3\,^{1}_{0}n$$

Observe nas variações dos estados de oxidação que nessa reação o hidrogênio é oxidado e o oxigênio é reduzido. O processo oposto também pode ocorrer. Podemos *forçar* uma corrente através da água para produzir gás hidrogênio e oxigênio.

$$2H_2O(l) \xrightarrow{\text{Energia elétrica}} 2H_2(g) + O_2(g)$$

Esse processo, no qual a *energia elétrica é usada para produzir uma mudança química*, é chamado de **eletrólise**.

No restante deste capítulo, discutiremos ambos os tipos de processos eletroquímicos. Na próxima seção, iremos nos preocupar com as células galvânicas práticas que conhecemos como baterias.

18-6 Baterias

OBJETIVO Aprender sobre a composição e a operação das baterias comumente usadas.

Na seção anterior, vimos que uma célula galvânica é um dispositivo que utiliza uma reação de oxirredução para gerar uma corrente elétrica separando o agente oxidante do agente redutor. Nesta seção, consideraremos diversas células galvânicas específicas e suas aplicações.

Bateria de chumbo-ácido

Desde cerca de 1915, quando os arranques automáticos foram utilizados pela primeira vez em automóveis, a **bateria de chumbo-ácido** foi o principal fator em tornar o automóvel um meio de transporte prático. Esse tipo de bateria pode funcionar por muitos anos sob temperaturas extremas de –30°F a 100°F e sendo fustigada constantemente por estradas irregulares. O fato de que esse mesmo tipo de bateria é utilizado por muitos anos em face de todas as mudanças nas ciências e tecnologia durante tanto tempo atesta como ela desempenha bem seu trabalho.

Na bateria de chumbo-ácido, o agente redutor é o chumbo metálico, Pb, e o oxidante é o óxido de chumbo(IV), PbO_2. Já consideramos uma versão simplificada dessa reação no Exemplo 18.6. Em uma bateria de chumbo-ácido atual, o ácido sulfúrico, H_2SO_4, fornece o H^+ necessário na reação e, também, os íons SO_4^{2-} que reagem com os íons Pb^{2+} para formar o sólido $PbSO_4$. Um esquema de uma célula da bateria de chumbo-ácido é mostrado na Fig. 18.6.

Nessa célula, o anodo é construído com o chumbo metálico, que é oxidado. Na reação da célula, os átomos de chumbo perdem dois elétrons cada para formar os íons Pb^{2+}, que combinam com os íons SO_4^{2-} presentes na solução para resultar no sólido $PbSO_4$.

O catodo dessa bateria tem óxido de chumbo(IV) revestido em grades de chumbo. Os átomos de chumbo no estado de oxidação +4 no PbO_2 recebem dois elétrons cada (são reduzidos) para resultar nos íons Pb^{2+}, que também formam $PbSO_4$ sólido.

Na célula, o anodo e o catodo ficam separados (de modo que os elétrons fluam por um fio externo) e são banhados em ácido sulfúrico. As semirreações que ocorrem nos dois eletrodos e a reação global da célula são mostradas abaixo.

Reação do anodo:

$$Pb + H_2SO_4 \rightarrow PbSO_4 + 2H^+ + 2e^- \quad \text{oxidação}$$

Reação do catodo:

$$PbO_2 + H_2SO_4 + 2e^- + 2H^+ \rightarrow PbSO_4 + 2H_2O \quad \text{redução}$$

Figura 18.6 ▶ Em uma bateria de chumbo-ácido, cada célula consiste em diversas grades de chumbo conectadas por uma barra de metal. Essas grades de chumbo fornecem elétrons (os átomos de chumbo perdem elétrons para formar íons Pb^{2+}, que combinam com os íons SO_4^{2-} para resultar em $PbSO_4$ sólido). Por ser oxidado, o chumbo funciona como o anodo da célula. A substância que ganha elétrons é o PbO_2, que está no revestimento das grades de chumbo, muitas das quais estão unidas por uma barra de metal. O PbO_2 formalmente contém Pb^{4+}, que é reduzido para Pb^{2+} que, por sua vez, combina com SO_4^{2-} para formar o sólido $PbSO_4$. O PbO_2 recebe elétrons, portanto, funciona com o catodo.

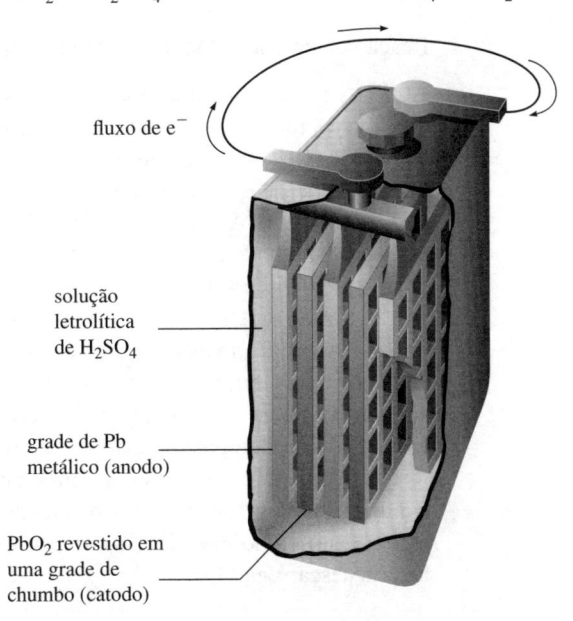

Reação geral:

$$Pb(s) + PbO_2(s) + 2H_2SO_4(aq) \rightarrow 2PbSO_4(s) + 2H_2O(l)$$

A tendência de os elétrons fluírem do anodo para o catodo em uma bateria depende da habilidade do agente redutor para liberar elétrons e da habilidade do agente oxidante para capturar elétrons. Se uma bateria consiste em um agente redutor que libera elétrons facilmente e em um agente oxidante com uma alta afinidade por elétrons, eles serão direcionados pelo fio conector com grande força e poderão fornecer muita energia elétrica. É útil pensar na analogia da água fluindo por um cano. Quanto maior a pressão da água, mais vigorosamente ela flui. A "pressão" dos elétrons para fluírem de um eletrodo para outro em uma bateria é chamada de **potencial** da bateria e é medida em volts. Por exemplo, cada célula em uma bateria de chumbo produz cerca de 2 volts de potencial. Em uma bateria de automóvel atual, seis dessas células estão conectadas para produzir cerca de 12 volts de potencial.

Baterias secas

Calculadoras, relógios eletrônicos, smartphones e MP3 players que nos são tão familiares são todos alimentados por pequenas e eficientes **baterias secas**. Elas são chamadas assim porque não contêm um eletrólito líquido. A pilha seca comum foi inventada há mais de 100 anos por Georges Leclanché (1839-1882), um químico francês. Em sua *versão ácida*, ela contém um compartimento interno de zinco que age como o anodo e uma haste de carbono (grafite) em contato com uma pasta úmida dos sólidos MnO_2, NH_4Cl sólido e carbono que age como o catodo (Fig. 18.7). As reações de semicélula são complexas, mas podem ser abordadas da seguinte forma:

Reação do anodo: $Zn \rightarrow Zn^{2+} + 2e^-$ oxidação

Reação do catodo:

$$2NH_4^+ + 2MnO_2 + 2e^- \rightarrow Mn_2O_3 + 2NH_3 + H_2O \quad \text{redução}$$

Essa célula produz um potencial de cerca de 1,5 volt.

Na *versão alcalina* da pilha seca, o NH_4Cl é substituído por KOH ou NaOH. Nesse caso, as semirreações podem ser abordadas da seguinte forma:

Reação do anodo: $Zn + 2OH^- \rightarrow ZnO(s) + H_2O + 2e^-$ oxidação

Reação do catodo: $2MnO_2 + H_2O + 2e^- \rightarrow Mn_2O_3 + 2OH^-$ redução

A pilha seca alcalina dura mais, principalmente porque o anodo de zinco corrói com menos rapidez sob condições básicas que sob condições ácidas.

Outros tipos de pilhas ou baterias secas incluem a *célula de prata*, que possui um anodo de Zn e um catodo que emprega Ag_2O como o agente oxidante em um ambiente básico. As *células de mercúrio*, muitas vezes usadas em calculadoras, possuem um anodo de Zn e um catodo que envolve HgO como o agente oxidante em um meio básico (Fig. 18.8).

Um tipo de bateria que agora é muito utilizada em todos os tipos de dispositivos eletrônicos, como smartphones e tablets, é a bateria lítio-íon. As baterias lítio-íon constituem uma família de baterias recarregáveis em que os íons Li^+ se movem do compartimento do anodo para o do catodo no eletrólito durante a descarga da bateria, e no sentido oposto quando a bateria é recarregada.

Em uma bateria lítio-íon comum, o anodo é uma forma porosa do grafite (C), em que os íons Li^+ foram inseridos (chamado de intercalação). O catodo normalmente é um óxido metálico, como o $LiCoO_2$. As reações que ocorrem quando a bateria descarrega são:

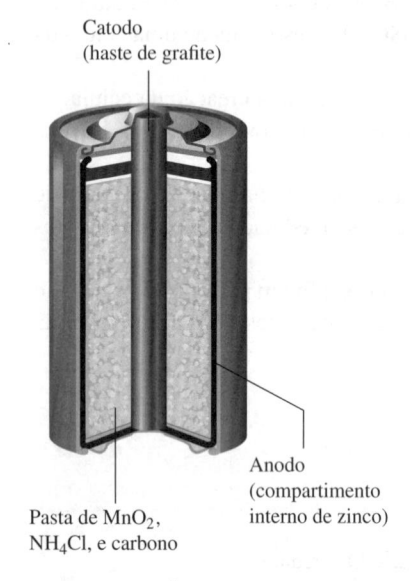

$$Li_nC \rightarrow C + ne^- + nLi^+ \quad \text{(Anodo)}$$
$$nLi^+ + ne^- + Li_{1-n}CoO_2 \rightarrow LiCoO_2 \quad \text{(Catodo)}$$

Figura 18.7 ▸ Pilha seca comum.

Catodo (haste de grafite)

Anodo (compartimento interno de zinco)

Pasta de MnO_2, NH_4Cl, e carbono

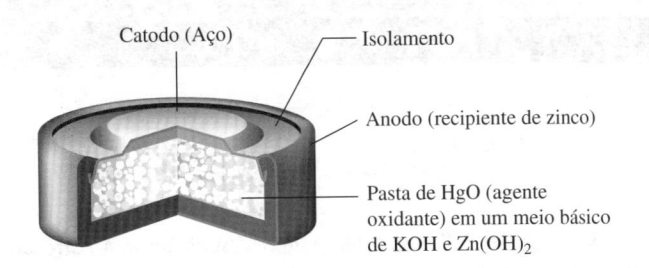

Figura 18.8 ▶ Tipo de bateria de mercúrio utilizada em pequenas calculadoras.

Catodo (Aço)
Isolamento
Anodo (recipiente de zinco)
Pasta de HgO (agente oxidante) em um meio básico de KOH e $Zn(OH)_2$

As baterias lítio-íon possuem muitas vantagens: estão disponíveis em muitos formatos diferentes para acomodar vários tipos de dispositivos eletrônicos, são mais leves que os tipos concorrentes de baterias e não possuem nenhum efeito de memória. Uma desvantagem desse tipo de bateria é que, se for superaquecida ou supercarregada, pode se romper, o que leva a incêndios em casos isolados.

18-7 Corrosão

OBJETIVO

Compreender a natureza eletroquímica da corrosão e aprender sobre as maneiras de evitá-la.

A maioria dos metais é encontrada em compostos com ametais, como oxigênio e enxofre. Por exemplo, o ferro existe como minério de ferro (que contém Fe_2O_3 e outros óxidos de ferro).

A **corrosão** pode ser vista como o processo de trazer os metais de volta ao seu estado natural — os minérios dos quais eles originalmente foram obtidos. A corrosão envolve a oxidação do metal. Como o metal corroído normalmente perde sua resistência e atratividade, esse processo provoca grande perda econômica. Por exemplo, aproximadamente um quinto do ferro e do aço produzido anualmente é utilizado para substituir o metal enferrujado.

Como a maioria dos metais reage com O_2, podemos esperar que eles corroam tão rapidamente no ar que deixem de ser úteis. Portanto, é surpreendente que o problema da corrosão não evite o uso de metais em contato com o ar. Parte da explicação é que a maioria dos metais desenvolve um fino revestimento de óxido, que tende a proteger seus átomos internos contra uma futura oxidação. O melhor exemplo disso é o alumínio. O alumínio perde elétrons facilmente, por isso deve ser facilmente oxidado pelo O_2. Então, por que o alumínio é tão útil para construir aviões, quadros de bicicleta, e assim por diante? O alumínio é um material estrutural tão valioso porque forma uma fina camada aderente de óxido de alumínio, Al_2O_3, que é um excelente inibidor de futuras corrosões. Dessa forma, ele se protege com esse resistente revestimento de óxido. Muitos outros metais, como cromo, níquel e estanho, fazem o mesmo.

O ferro também forma um revestimento protetor de óxido. No entanto, esse óxido não é uma blindagem muito eficaz contra corrosão, porque descama facilmente, expondo novas superfícies do metal à oxidação. Sob condições atmosféricas normais, o cobre forma uma camada externa de sulfato ou carbonato de cobre esverdeado chamada de *pátina*. O *escurecimento da prata* é sulfeto de prata, Ag_2S, que em finas camadas dá à superfície da prata uma aparência mais rica. O ouro não mostra corrosão apreciável em contato com o ar.

Evitar a corrosão é uma maneira importante de conservar nossas fontes naturais de metais e de energia. O principal meio de proteção é a aplicação de um revestimento — a maior parte sendo tinta ou laminação — para proteger o metal do oxigênio e da umidade. O cromo e o estanho são muitas vezes usados para galvanizar o aço por oxidarem e formarem um revestimento de óxido durável e eficaz.

> Alguns metais, como cobre, ouro, prata e platina, são relativamente difíceis de oxidar. Eles frequentemente são chamados de metais nobres.

QUÍMICA EM FOCO

Aço inoxidável: é o fundo do caroço[1]

Um dos gigantes de Nova York, o Chrysler Building, ostenta um pináculo de aço inoxidável art déco, muito admirado, que resiste com sucesso à corrosão desde que foi construído em 1929. O aço inoxidável é a nobreza entre os aços. Consistindo-se de ferro, cromo (pelo menos 13%) e níquel (com molibdênio e titânio adicionados aos tipos mais caros), o aço inoxidável é altamente resistente à ferrugem que consome o aço comum. No entanto, os tipos mais baratos de aço inoxidável possuem um calcanhar de Aquiles — a corrosão por pites. Em determinados ambientes, a corrosão por pites pode penetrar diversos milímetros em questão de semanas.

A metalurgia, ciência de produzir materiais metálicos úteis, quase sempre exige algum tipo de ajuste. No caso do aço inoxidável, inclusões de MnS tornam o aço mais fácil de usinar em peças úteis, porém essas inclusões também são a fonte da corrosão por pites. Recentemente, um grupo de pesquisadores britânicos analisou o aço inoxidável utilizando um feixe de íons de alta energia que explodiu os átomos soltos da superfície do aço. Os estudos do vapor resultante do átomo revelaram a fonte do problema. Acontece que, quando o aço inoxidável está esfriando, as inclusões de MnS "sugam" os átomos de cromo da área circundante, deixando para trás uma região deficiente desta substância. A corrosão ocorre nessa região, como ilustrado no diagrama anexo. O problema fundamental é que, para resistir à corrosão, o aço deve conter pelo menos 13% de átomos de Cr. A região baixa em cromo em torno da inclusão não é de aço inoxidável — por isso corrói como aço comum. Essa corrosão leva a um pite que provoca deterioração da superfície do aço.

Agora que o motivo para a corrosão por pites foi compreendido, os metalúrgicos devem conseguir desenvolver métodos de formulação do aço inoxidável que evite esse problema. A cientista britânica Mary P. Ryan sugere que o tratamento com calor do aço inoxidável possa solucionar o problema ao permitir que os átomos de Cr se propaguem da inclusão de volta para a área circundante. Como a corrosão do aço regular é tão importante, descobrir maneiras de tornar o aço inoxidável mais barato terá um impacto econômico significativo. Precisamos do inoxidável sem os pites.

Construído em Nova York em 1929, o pináculo de aço inoxidável do Chrysler Building foi limpo apenas algumas vezes. Apesar da configuração urbana, o material mostra poucos sinais de corrosão.

1 Depleção do Cr durante o processamento

2 A zona exaurida é dissolvida em solução aquosa

3 A zona se torna ácida e alta em Cl^-

4 Desenvolvimento dos pites, corte inferior da superfície do metal

Na corrosão, a depleção do cromo desencadeia a corrosão por pites.

[1] O autor faz aqui um trocadilho com a palavra em inglês "pit" usada para designar um tipo de corrosão comum no aço e que também tem o significado de caroço. (NdoRT)

Reações de oxirredução e eletroquímica **583**

Uma liga é uma mistura de elementos com propriedades metálicas.

A liga é usada para prevenir a corrosão. O *aço inoxidável* contém cromo e níquel, e ambos formam revestimentos de óxido que protegem o aço.

A **proteção catódica** é o método mais empregado para proteger o aço nos tanques de combustível e tubulações subterrâneas. Um metal que fornece elétrons mais facilmente que o ferro, como o magnésio, é conectado por um fio à tubulação ou tanque que deve ser protegido (Fig. 18.9). Como o magnésio é um agente redutor melhor que o ferro, os elétrons fluem pelo fio do magnésio para o tubo de ferro. Dessa forma, os elétrons são fornecidos pelo magnésio em vez de serem fornecidos pelo ferro, evitando sua oxidação. À medida que a oxidação ocorre, o magnésio dissolve; portanto, deve ser substituído periodicamente.

Pensamento crítico

O ar que respiramos é aproximadamente 80% de nitrogênio e 20% de oxigênio. E se o nosso ar fosse 80% de oxigênio e 20% de nitrogênio? Como isso afetaria nossas vidas?

Figura 18.9 ▶ Proteção catódica de um tubo subterrâneo.

18-8 Eletrólise

OBJETIVO

Compreender o processo de eletrólise e aprender sobre a preparação comercial do alumínio.

A menos que seja recarregada, uma bateria "esgota" porque as substâncias contidas nela que fornecem e recebem elétrons (para produzir o fluxo de elétrons) são consumidas. Por exemplo, na bateria de chumbo-ácido (veja a Seção 18-6), o PbO_2 e o Pb são consumidos para formar $PbSO_4$ enquanto a bateria funciona.

$$PbO_2(s) + Pb(s) + 2H_2SO_4(aq) \rightarrow 2PbSO_4(s) + 2H_2O(l)$$

Porém, uma das características mais úteis da bateria de chumbo-ácido é que ela pode ser recarregada. *Forçar* a corrente pela bateria no sentido oposto ao sentido normal reverte a reação de oxirredução. Isto é, o $PbSO_4$ é consumido e o PbO_2 e o Pb são formados no processo de carga. Essa recarga é feita continuamente pelo alternador do automóvel, que é alimentado pelo motor.

O processo de **eletrólise** envolve *forçar uma corrente por uma célula para produzir uma mudança química que não aconteceria de outra maneira.*

Um exemplo importante desse tipo de processo é a eletrólise da água. A água é uma substância bastante estável que pode ser quebrada em seus elementos com a utilização de uma corrente elétrica (Fig. 18.10).

Uma célula eletrolítica utiliza energia elétrica para produzir uma mudança química que não aconteceria de outra maneira.

$$2H_2O(l) \xrightarrow[\text{forçada}]{\text{Corrente elétrica}} 2H_2(g) + O_2(g)$$

A eletrólise da água para produzir hidrogênio e oxigênio ocorre sempre que uma corrente é forçada por meio de uma solução aquosa. Assim, quando a bateria de chumbo-ácido é carregada, são produzidas misturas potencialmente explosivas de H_2 e O_2 pelo fluxo da corrente através da solução na bateria. Por isso, é muito importante não produzir uma faísca próxima à bateria durante essas operações.

Outro uso importante da eletrólise é na produção de metais a partir de seus minérios. O metal produzido por eletrólise em maiores quantidades é o alumínio.

O *alumínio* é um dos elementos mais abundantes da Terra, ficando em terceiro, atrás do oxigênio e do silício. Como o alumínio é um metal muito reativo, ele é encontrado na natureza como seu óxido em um minério chamado de *bauxita* (em homenagem a Les Baux, que o descobriu na França em 1821). A produção do alumínio metálico a partir de seu minério provou-se mais difícil que a produção da

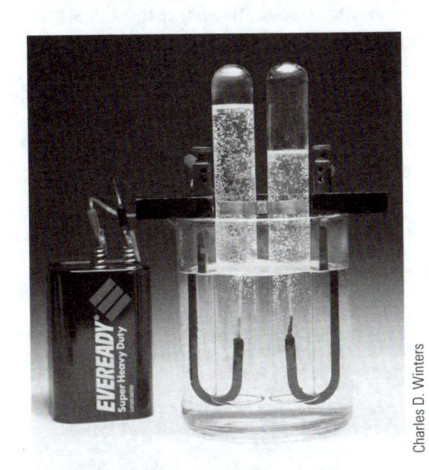

Figura 18.10 ▶ A eletrólise da água produz gás hidrogênio no catodo (à esquerda) e gás oxigênio no anodo (à direita). Um eletrólito forte que não reage, como o Na_2SO_4, é necessário para fornecer íons para permitir o fluxo da corrente.

QUÍMICA EM FOCO

Lareira movida a água

O gás hidrogênio vem sendo apontado como um combustível ecologicamente correto porque, diferentemente dos combustíveis fósseis, não produz o gás do efeito estufa dióxido de carbono. O único produto de combustão do H_2 é a água. Como resultado, o hidrogênio está sendo estudado como um possível combustível para carros, caminhões e ônibus. Agora surgiu um fabricante, Heat & Glo, que está apresentando uma lareira que utiliza água como combustível. A lareira Aqueon utiliza a eletrólise para decompor a água em $H_2(g)$ e $O_2(g)$; então, o hidrogênio é queimado para fornecer calor para a casa. A lareira de 31.000 Btus é feita em cobre e aço inoxidável e possui um design moderno (veja foto anexa). Para funcionar, basta ligar a lareira ao abastecimento de água e energia da casa.

Tabela 18.2 ▶ Preço do alumínio, 1855-1990

Data	Preço do alumínio (US$/lb)*
1855	US$100.000
1885	100
1890	2
1895	0,50
1970	0,30
1980	0,80
1990	0,74

*Observe a queda abrupta no preço após a descoberta do processo de Hall-Heroult em 1886.

maioria dos outros metais. Em 1782, Lavoisier, químico francês pioneiro, reconheceu o alumínio como um metal "cuja afinidade com o oxigênio é tão forte que não pode ser superada por nenhum agente redutor conhecido". Em consequência, o alumínio metálico puro permaneceu desconhecido. Finalmente, em 1854, foi descoberto um processo para produzir alumínio metálico que utiliza sódio, porém o alumínio era uma raridade muito cara. Inclusive, diz-se que Napoleão III serviu seus convidados mais honrados com garfos e colheres de alumínio, enquanto os outros tiveram que se contentar com talheres de ouro e prata!

A descoberta veio em 1886, quando dois homens, Charles M. Hall, dos Estados Unidos (Fig. 18.11) e Paul Heroult, da França, quase simultaneamente descobriram um processo prático de eletrólise para produzir alumínio, o que aumentou muito sua disponibilidade para diversos fins. A Tabela 18.2 mostra quão drasticamente o preço do alumínio caiu após essa descoberta. O efeito do processo de

Figura 18.11 ▶ Charles Martin Hall (1863-1914) era um estudante no Oberlin College em Ohio quando ficou interessado no alumínio. Um de seus professores comentou que quem encontrasse uma maneira de fabricar alumínio sem grandes custos ficaria rico, e Hall decidiu tentar. O jovem de 21 anos de idade trabalhou em um galpão de madeira próximo à sua casa com uma frigideira de ferro como recipiente, uma forja de ferreiro como fonte de calor e células galvânicas construídas com potes de frutas. Utilizando essas células galvânicas brutas, Hall descobriu que poderia produzir alumínio ao passar uma corrente por meio de uma mistura fundida de Al_2O_3 e Na_3AlF_6. Por uma estranha coincidência, Paul Heroult, um químico francês que nasceu e morreu nos mesmos anos que Hall, fez a mesma descoberta quase ao mesmo tempo.

eletrólise é reduzir os íons Al^{3+} em átomos neutros de Al que formam o alumínio metálico. O alumínio produzido nesse processo eletrolítico é 99,5% puro. Para ser útil como um material estrutural, o alumínio é ligado a metais, como o zinco (para construção de trailers e aeronaves) e o manganês (para utensílios de cozinha, tanques de armazenagem e placas de estradas). A produção do alumínio consome cerca de 4,5% de toda a eletricidade usada nos Estados Unidos.

CAPÍTULO 18 REVISÃO

F direciona você para a seção *Química em foco* do capítulo

Termos-chave

reações de oxirredução (18-1)
reações redox (18-1)
oxidação (18-1, 18-3)
redução (18-1, 18-3)
estados de oxidação (18-2)
agente oxidante (receptor de elétrons) (18-3)
agente redutor (doador de elétrons) (18-3)
semirreações (18-4)
eletroquímica (18-5)

pilha eletroquímica (18-5)
célula galvânica (18-5)
anodo (18-5)
catodo (18-5)
eletrólise (18-5, 18-8)
baterias de chumbo-ácido (18-6)
potencial (18-6)
baterias secas (18-6)
corrosão (18-7)
proteção catódica (18-7)

Para revisão

▶ As reações de oxirredução envolvem a transferência de elétrons.
  • Os estados de oxidação são usados para rastrear os elétrons.
  • Oxidação — um aumento no estado de oxidação (perda de elétrons).
  • Redução — uma diminuição no estado de oxidação (ganho de elétrons).
  • O agente oxidante recebe elétrons.
  • O agente redutor doa elétrons.

▶ O balanceamento das reações de oxirredução pode ser feito por dois métodos:
  • Inspeção (tentativa e erro)
  • Semirreações

▶ Eletroquímica é o estudo do intercâmbio entre energia química e elétrica.

▶ Uma célula galvânica é um dispositivo para converter a energia química em energia elétrica.
  • Consiste em separar compartimentos para os agentes oxidantes e redutores, que estão conectados por uma ponte salina e um fio.
  • Anodo — eletrodo onde ocorre a oxidação.
  • Catodo — eletrodo onde ocorre a redução.
  • Bateria — uma célula galvânica ou um grupo de células conectadas.

▶ Corrosão é a oxidação dos metais para formar, principalmente, óxidos e sulfetos.
  • Alguns metais, como o alumínio, protegem-se com seu revestimento de óxido.
  • A corrosão do ferro pode ser evitada por revestimentos, por liga e por proteção catódica.

▶ Eletrólise é o uso de energia elétrica para produzir uma mudança química.

Questões de aprendizado ativo

Essas questões foram desenvolvidas para ser discutidas pelos alunos em grupos em sala de aula. Muitas vezes, elas funcionam bem para introduzir um determinado tópico em sala.

1. Esboce uma célula galvânica e explique como ela funciona. Consulte as Figs. 18.1 e 18.5. Explique o que está ocorrendo em cada recipiente e por que a célula na Fig. 18.5 "funciona", mas a da Fig. 18.1, não.

2. Faça uma lista de compostos de nitrogênio com o máximo possível de estados de oxidação para o nitrogênio.

3. Quais das seguintes são reações de oxirredução? Explique.

   a. $PCl_3 + Cl_2 \rightarrow PCl_5$
   b. $Cu + 2AgNO_3 \rightarrow Cu(NO_3)_2 + 2Ag$
   c. $CO_2 + 2LiOH \rightarrow Li_2CO_3 + H_2O$
   d. $FeCl_2 + 2NaOH \rightarrow Fe(OH)_2 + 2NaCl$
   e. $MnO_2 + 4HCl \rightarrow Cl_2 + 2H_2O + MnCl_2$

4. Qual(is) das seguintes afirmativas é(são) *verdadeira(s)*? Explique. (Pode haver uma ou mais respostas.)

   a. A oxidação e a redução não podem ocorrer independentemente uma da outra.
   b. A oxidação e a redução acompanham todas as mudanças químicas.
   c. A oxidação e a redução descrevem a perda e o ganho de elétron(s), respectivamente.

5. Por que dizemos que, quando algo ganha elétrons, é reduzido? O que está sendo reduzido?
6. A equação $Ag^+ + Cu \rightarrow Cu^{2+} + Ag$ possui números iguais de cada tipo de elemento em cada lado da equação. Essa equação, no entanto, não está balanceada. Por que ela não está balanceada? Faça o balanceamento da equação.
7. Ao balancear as equações de oxirredução, por que é permissível adicionar água em cada lado da equação?
8. O que significa uma substância ser *oxidada*? O termo "oxidação" é originário das substâncias que reagem com o gás oxigênio. Explique por que uma substância que reage com o gás oxigênio sempre será oxidada.
9. Rotule as seguintes partes da célula galvânica.

   anodo

   catodo

   agente redutor

   agente oxidante

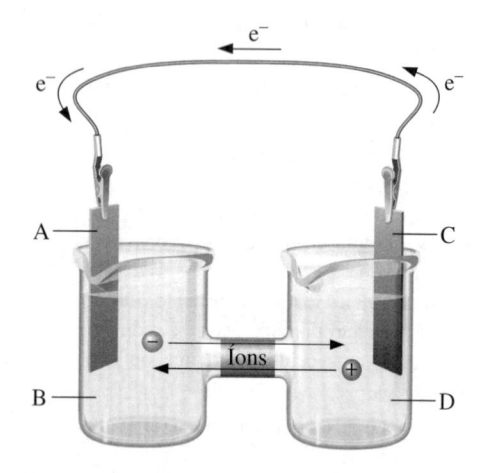

Perguntas e problemas

18-1 Reações de oxirredução

Perguntas

1. Dê alguns exemplos de como fazemos bom uso das reações de oxirredução no cotidiano.
2. Como os químicos definem os processos de *oxidação* e *redução*? Escreva uma equação simples que ilustre cada uma de suas definições.
3. Para cada uma das reações de oxirredução a seguir, identifique qual elemento está sendo oxidado e qual está sendo reduzido.
   a. $Cl_2(g) + I_2(g) \rightarrow 2ICl(g)$
   b. $Cl_2(g) + 2Li(s) \rightarrow 2LiCl(s)$
   c. $2Na(s) + 2H_2O(l) \rightarrow 2NaOH(aq) + H_2(g)$
   d. $Cl_2(g) + 2NaBr(aq) \rightarrow 2NaCl(aq) + Br_2(l)$
4. Para cada uma das reações de oxirredução, identifique qual elemento está sendo oxidado e qual está sendo reduzido.
   a. $6Na(s) + N_2(g) \rightarrow 2Na_3N(s)$
   b. $Mg(s) + Cl_2(g) \rightarrow MgCl_2(s)$
   c. $2Al(s) + 3Br_2(l) \rightarrow 2AlBr_3(s)$
   d. $CuSO_4(aq) + Mg(s) \rightarrow MgSO_4(aq) + Cu(s)$

5. Para cada uma das reações de oxirredução a seguir, identifique qual elemento está sendo oxidado e qual está sendo reduzido.
   a. $Ca(s) + 2H_2O(l) \rightarrow Ca(OH)_2(s, aq) + H_2(g)$
   b. $H_2(g) + F_2(g) \rightarrow 2HF(g)$
   c. $4Fe(s) + 3O_2(g) \rightarrow 2Fe_2O_3(s)$
   d. $2Fe(s) + 3Cl_2(g) \rightarrow 2FeCl_3(s)$
6. Para cada uma das reações de oxirredução, identifique qual elemento está sendo oxidado e qual está sendo reduzido.
   a. $Mg(s) + Br_2(l) \rightarrow MgBr_2(s)$
   b. $2Na(s) + S(s) \rightarrow Na_2S(s)$
   c. $CO_2(g) + H_2(g) \rightarrow CO(g) + H_2O(g)$
   d. $6K(s) + N_2(g) \rightarrow 2K_3N(s)$

18-2 Estados de oxidação

Perguntas

7. O que é um estado de oxidação? Por que definimos esse conceito?
8. Por que a soma de todos os estados de oxidação dos átomos em uma molécula neutra deve ser zero?
9. Explique por que, embora este não seja um composto iônico, ainda atribuímos para o oxigênio um estado de oxidação de –2 na água, H_2O. Dê um exemplo de um composto no qual o oxigênio *não* está no estado de oxidação –2.
10. Por que o estado de oxidação atribuído ao flúor sempre é –1? Qual número de oxidação *normalmente* é atribuído aos outros elementos halogênios quando eles aparecem nos compostos? Em um composto *entre halogênios* envolvendo flúor (como o ClF), qual átomo possui um estado de oxidação negativo?
11. A soma de todos os estados de oxidação de todos os átomos no H_3PO_4 é _____.

    Qual deve ser a soma dos estados de oxidação de todos os átomos em um íon poliatômico? Por exemplo, a soma de todos os estados de oxidação de todos os átomos no PO_4^{3-} é _____.

Problemas

13. Atribua os estados de oxidação para todos os átomos em cada um dos seguintes:
    a. CBr_4 c. K_3PO_4
    b. $HClO_4$ d. N_2O
14. Atribua os estados de oxidação para todos os átomos em cada um dos seguintes:
    a. NCl_3 c. PCl_5
    b. SF_6 d. SiH_4
15. Qual é o estado de oxidação do *enxofre* em cada uma das substâncias a seguir?
    a. S_8 c. $NaHSO_4$
    b. H_2SO_4 d. Na_2S
16. Qual é o estado de oxidação do *nitrogênio* em cada uma das substâncias a seguir?
    a. N_2 c. NO_2
    b. NH_3 d. $NaNO_3$
17. Qual é o estado de oxidação do *cloro* em cada uma das substâncias a seguir?

a. ClF
b. Cl_2
c. HCl
d. HClO

18. Qual é o estado de oxidação do *manganês* em cada uma das substâncias a seguir?

   a. $MnCl_2$
   b. $KMnO_4$
   c. MnO_2
   d. $Mn(C_2H_3O_2)_3$

19. Atribua os estados de oxidação para todos os átomos em cada um dos seguintes:

   a. $CuCl_2$
   b. $KClO_3$
   c. $KClO_4$
   d. Na_2CO_3

20. Atribua os estados de oxidação para todos os átomos em cada um dos seguintes:

   a. CaO
   b. Al_2O_3
   c. PF_3
   d. P_2O_5

21. Atribua os estados de oxidação para todos os átomos em cada um dos íons a seguir:

   a. CO_3^{2-}
   b. NO_3^-
   c. PO_4^{3-}
   d. SO_4^{2-}

22. Atribua os estados de oxidação para todos os átomos em cada um dos íons a seguir:

   a. HSO_4^-
   b. MnO_4^-
   c. ClO_3^-
   d. BrO_4^-

18-3 Reações de oxirredução entre ametais

Perguntas

23. A oxidação pode ser definida como uma perda de elétrons ou como um aumento no estado de oxidação. Explique por que as duas definições significam a mesma coisa e dê um exemplo para justificar sua explicação.

24. A redução pode ser definida como um ganho de elétrons ou como uma diminuição no estado de oxidação. Explique por que as duas definições significam a mesma coisa e dê um exemplo para justificar sua explicação.

25. O que é um agente oxidante? O que é um agente redutor?

26. Um agente oxidante aumenta ou diminui seu próprio estado de oxidação quando age em outro átomo? Um agente redutor aumenta ou diminui seu próprio estado de oxidação quando age em outra substância?

27. Um agente oxidante doa ou recebe elétrons? Um agente redutor doa ou recebe elétrons?

F 28. A seção "Química em foco – *Envelhecemos por oxidação?*" discute os antioxidantes. O que significa para uma substância química ser um antioxidante? Como ela funcionaria quimicamente?

Problemas

29. Em cada uma das reações a seguir, identifique qual elemento está sendo oxidado e qual está sendo reduzido pela atribuição de seus números de oxidação.

   a. $Fe(s) + CuSO_4(aq) \rightarrow FeSO_4(aq) + Cu(s)$
   b. $Cl_2(g) + 2NaBr(aq) \rightarrow 2NaCl(aq) + Br_2(l)$
   c. $3CuS(s) + 8HNO_3(aq) \rightarrow$
   $\qquad 3CuSO_4(aq) + 8NO(g) + 4H_2O(l)$
   d. $2Zn(s) + O_2(g) \rightarrow 2ZnO(s)$

30. Em cada uma das reações a seguir, identifique qual elemento está sendo oxidado e qual está sendo reduzido pela atribuição de seus números de oxidação.

   a. $2Al(s) + 3S(s) \rightarrow Al_2S_3(s)$
   b. $CH_4(g) + 2O_2(g) \rightarrow CO_2(g) + 2H_2O(g)$
   c. $2Fe_2O_3(s) + 3C(s) \rightarrow 3CO_2(g) + 4Fe(s)$
   d. $K_2Cr_2O_7(aq) + 14HCl(aq) \rightarrow$
   $\qquad 2KCl(aq) + 2CrCl_3(s) + 7H_2O(l) + 3Cl_2(g)$

31. Em cada uma das reações a seguir, identifique qual elemento está sendo oxidado e qual está sendo reduzido pela atribuição de seus estados de oxidação.

   a. $2Cu(s) + S(s) \rightarrow Cu_2S(s)$
   b. $2Cu_2O(s) + O_2(g) \rightarrow 4CuO(s)$
   c. $4B(s) + 3O_2(g) \rightarrow 2B_2O_3(s)$
   d. $6Na(s) + N_2(g) \rightarrow 2Na_3N(s)$

32. Em cada uma das reações a seguir, identifique qual elemento está sendo oxidado e qual está sendo reduzido pela atribuição de seus números de oxidação.

   a. $4KClO_3(s) + C_6H_{12}O_6(s) \rightarrow$
   $\qquad 4KCl(s) + 6H_2O(l) + 6CO_2(g)$
   b. $2C_8H_{18}(l) + 25O_2(g) \rightarrow 16CO_2(g) + 18H_2O(l)$
   c. $PCl_3(g) + Cl_2(g) \rightarrow PCl_5(g)$
   d. $Ca(s) + H_2(g) \rightarrow CaH_2(g)$

33. As moedas de centavos nos Estados Unidos consistem de um núcleo de zinco que é galvanizado com um fino revestimento de cobre. O zinco dissolve-se em ácido clorídrico, porém o cobre, não. Se um pequeno arranhão for feito na superfície de uma moeda de um centavo, é possível dissolver o núcleo de zinco, deixando apenas a fina casca de cobre. Identifique qual elemento é oxidado e qual é reduzido na reação da dissolução do zinco por ácido.

$$Zn(s) + 2HCl(aq) \rightarrow ZnCl_2(aq) + H_2(g)$$

34. Os minérios de ferro, normalmente óxidos de ferro, são convertidos em metal puro por reação em um alto-forno com carbono (coque). O carbono reage primeiro com ar para formar monóxido de carbono, que, por sua vez, reage com os óxidos de ferro da seguinte forma:

$$F_2O_3(s) + 3CO(g) \rightarrow 2Fe(l) + 3CO_2(g)$$

Identifique os átomos que são oxidados e reduzidos, e especifique os agentes oxidantes e redutores.

35. Embora não reaja com água na temperatura ambiente, o magnésio metálico reage vigorosamente com o vapor a temperaturas mais altas, liberando gás hidrogênio elementar da água.

$$Mg(s) + 2H_2O(g) \rightarrow Mg(OH)_2(s) + H_2(g)$$

Identifique qual elemento está sendo oxidado e qual está sendo reduzido.

36. O iodeto de potássio em solução reage facilmente com muitos reagentes. Nas reações a seguir, identifique os átomos que estão sendo oxidados e reduzidos, e especifique os agentes oxidantes e redutores.

   a. $Cl_2(g) + KI(aq) \rightarrow KCl(aq) + I_2(s)$
   b. $2FeCl_3(aq) + 2KI(aq) \rightarrow 2FeCl_2(aq) + 2KCl(aq) + I_2(s)$
   c. $2CuCl_2(aq) + 4KI(aq) \rightarrow 2CuI(s) + 4KCl(aq) + I_2(s)$

18-4 Balanceando reações de oxirredução pelo método de semirreação

Perguntas

37. Em quais *dois* aspectos as reações de oxirredução devem ser balanceadas?
38. Por que é necessário um método sistemático para balancear as reações de oxirredução? Por que essas equações não podem ser balanceadas facilmente por inspeção?
39. O que é uma semirreação? O que representa cada uma das duas semirreações que compõem um processo geral?
40. Por que o número de elétrons perdidos na oxidação deve ser igual ao número de elétrons ganhos na redução? É possível haver elétrons "sobrando" em uma reação?

Problemas

41. Faça o balanceamento de cada uma das semirreações a seguir:
    a. $Cu(s) \rightarrow Cu^{2+}(aq)$
    b. $Fe^{3+}(aq) \rightarrow Fe^{2+}(aq)$
    c. $Br^-(aq) \rightarrow Br_2(l)$
    d. $Fe^{2+}(aq) \rightarrow Fe(s)$

42. Faça o balanceamento de cada uma das semirreações a seguir:
    a. $3N_2(g) + 2e^- \rightarrow 2N_3^-(aq)$
    b. $O_2^{2-}(aq) \rightarrow O_2(g)$
    c. $Zn(s) \rightarrow Zn^{2+}(aq)$
    d. $F_2(g) \rightarrow F^-(aq)$

43. Faça o balanceamento de cada uma das semirreações a seguir, que ocorrem em uma solução ácida:
    a. $HClO(aq) \rightarrow Cl^-(aq)$
    b. $NO(aq) \rightarrow N_2O(g)$
    c. $N_2O(aq) \rightarrow N_2(g)$
    d. $ClO_3^-(aq) \rightarrow HClO_2(aq)$

44. Faça o balanceamento de cada uma das semirreações a seguir, que ocorrem em uma solução ácida:
    a. $O_2(g) \rightarrow H_2O(l)$
    b. $SO_4^{2-}(aq) \rightarrow H_2SO_3(aq)$
    c. $H_2O_2(aq) \rightarrow H_2O(l)$
    d. $NO_2^-(aq) \rightarrow NO_3^-(aq)$

45. Faça o balanceamento de cada uma das semirreações a seguir, que ocorrem em uma solução ácida, utilizando o método da "semirreação".
    a. $Mg(s) + Hg^{2+}(aq) \rightarrow Mg^{2+}(aq) + Hg_2^{2+}(aq)$
    b. $NO_3^-(aq) + Br^-(aq) \rightarrow NO(g) + Br_2(l)$
    c. $Ni(s) + NO_3^-(aq) \rightarrow Ni^{2+}(aq) + NO_2(g)$
    d. $ClO_4^-(aq) + Cl^-(aq) \rightarrow ClO_3^-(aq) + Cl_2(g)$

46. Faça o balanceamento de cada uma das semirreações a seguir, que ocorrem em uma solução ácida, utilizando o método da "semirreação".
    a. $Al(s) + H^+(aq) \rightarrow Al^{3+}(aq) + H_2(g)$
    b. $S^{2-}(aq) + NO_3^-(aq) \rightarrow S(s) + NO(g)$
    c. $I_2(aq) + Cl_2(aq) \rightarrow IO_3^-(aq) + HCl(g)$
    d. $AsO_4^-(aq) + S^{2-}(aq) \rightarrow AsO_3^-(aq) + S(s)$

47. O íon iodo, I^-, é uma das espécies mais facilmente oxidadas. Faça o balanceamento de cada uma das semirreações a seguir, que ocorrem em uma solução ácida, utilizando o método da "semirreação".
    a. $IO_3^-(aq) + I^-(aq) \rightarrow I_2(aq)$
    b. $Cr_2O_7^{2-}(aq) + I^-(aq) \rightarrow Cr^{3+}(aq) + I_2(aq)$
    c. $Cu^{2+}(aq) + I^-(aq) \rightarrow CuI(s) + I_2(aq)$

48. O ácido nítrico é um ácido muito forte, mas também é um agente oxidante muito forte, e geralmente se comporta como o último. Ele dissolve muitos metais. Faça o balanceamento das reações de oxirredução do ácido nítrico a seguir.
    a. $Cu(s) + HNO_3(aq) \rightarrow Cu^{2+}(aq) + NO_2(g)$
    b. $Mg(s) + HNO_3(aq) \rightarrow Mg^{2+}(aq) + H_2(g)$

18-5 Eletroquímica: introdução

Perguntas

49. Esboce uma representação esquemática de uma célula galvânica típica, utilizando uma reação de sua escolha. Indique a direção do fluxo de elétrons em sua célula. Como as soluções são colocadas em contato elétrico para permitir o balanceamento da carga entre as câmaras da célula?
50. O que é uma ponte salina? Por que uma ponte salina é necessária em uma célula galvânica? Outro método pode ser usado no lugar da ponte salina?
51. Em qual sentido os elétrons fluem em uma célula galvânica, do anodo para o catodo ou vice-versa?
52. Que tipo de reação acontece no catodo em uma célula galvânica? E no anodo?

Problemas

53. Considere a reação de oxirredução:

    $$Al(s) + Ni^{2+}(aq) \rightarrow Al^{3+}(aq) + Ni(s)$$

    Esboce uma célula galvânica que utiliza essa reação. Qual íon metálico é reduzido? Qual metal é oxidado? Qual semirreação acontece no anodo da célula? Qual semirreação acontece no catodo?

54. Considere a reação de oxirredução:

    $$Zn(s) + Pb^{2+}(aq) \rightarrow Zn^{2+}(aq) + Pb(s)$$

    Esboce uma célula galvânica que utiliza essa reação. Qual íon metálico é reduzido? Qual metal é oxidado? Qual semirreação acontece no anodo da célula? Qual semirreação acontece no catodo?

18-6 Baterias

Perguntas

55. Escreva a equação química para a reação geral da célula que ocorre em uma bateria de automóvel de chumbo. Qual espécie é oxidada nessa bateria? Qual é reduzida? Por que essa bateria pode ser "recarregada"?

56. As baterias de níquel-cádmio ("NiCd") são muito comuns porque, diferentemente das baterias secas comuns, elas podem ser recarregadas indefinidamente. Escreva as semirreações para as reações de oxidação e redução que ocorrem quando uma bateria NiCd opera.

18-7 Corrosão

Perguntas

57. Qual processo é representado pela *corrosão* de um metal? Por que a corrosão é indesejável?
58. Explique como alguns metais, notavelmente o alumínio, resistem naturalmente à oxidação completa pela atmosfera.
59. O ferro puro costuma enferrujar rapidamente, mas o aço não corrói com a mesma facilidade. Como o aço resiste à corrosão?
60. A seção "Química em foco – *Aço inoxidável: é o caroço*" discute o fato de que o aço inoxidável pode corroer se houver um déficit de cromo. Como o cromo protege o aço inoxidável?

18-8 Eletrólise

Perguntas

61. Em que uma célula *eletrolítica* difere de uma célula *galvânica*?
62. Quais reações ocorrem durante a recarga de uma bateria de automóvel?
63. Embora o alumínio seja um dos metais mais abundantes da Terra, seu preço até os anos 1890 fez dele um "metal precioso", como o ouro e a platina. Por quê?
64. A seção "Química em foco – *Lareira movida a água*" fala de uma lareira que utiliza a eletrólise da água para produzir o gás hidrogênio. Escreva a equação química balanceada para a eletrólise da água. Qual elemento na água é oxidado? Qual é reduzido? Encontre os estados de oxidação para responder a essas perguntas. Além disso, como o calor é gerado pela lareira?

Problemas adicionais

65. As reações nas quais um ou mais _____ são transferidos entre as espécies são chamadas de reações de oxirredução.
66. A oxidação pode ser descrita como uma _____ de elétrons ou como um aumento no _____.
67. A redução pode ser descrita como um _____ de elétrons ou como uma diminuição no _____.
68. Ao atribuir os estados de oxidação para uma molécula ligada de modo covalente, assumimos que o elemento mais _____ controla ambos os elétrons da ligação covalente.
69. A soma dos estados de oxidação dos átomos em um íon poliatômico é igual à _____ total do íon.
70. O que é um *agente oxidante*? Um agente oxidante em si é oxidado ou reduzido quando age em outra espécie?
71. Um agente oxidante provoca a (oxidação/redução) de outra espécie, e o agente oxidante em si é (oxidado/reduzido).
72. Para funcionar como um bom agente redutor, uma espécie deve _____ elétrons facilmente.
73. Quando balanceamos uma equação de oxirredução, o número de elétrons perdidos pelo agente redutor deve _____ ao número de elétrons obtidos pelo agente oxidante.
74. Para obter energia elétrica útil de um processo de oxirredução, devemos ajustar a reação de modo que a semirreação de oxidação e a semirreação de redução estejam fisicamente _____.
75. Uma célula eletroquímica que produz uma corrente de uma reação de oxirredução geralmente é chamada de célula _____.
76. Qual processo (oxidação/redução) acontece no anodo de uma célula galvânica?
77. Em qual eletrodo (anodo/catodo) a espécie ganha elétrons em uma célula galvânica?
78. Em uma célula galvânica, os elétrons fluem por um fio do agente _____ para o agente _____.
79. A "pressão" nos elétrons para fluírem de um eletrodo para outro em uma bateria é chamada de _____ da bateria.
80. O processo de _____ envolve forçar uma corrente por meio de uma célula para produzir uma mudança química que não aconteceria de outra maneira. Como esse processo difere do que ocorre em uma célula galvânica?
81. A bateria seca ácida comum normalmente contém um invólucro interno feito de _____ metálico que funciona como o anodo.
82. A corrosão de um metal representa sua _____ pela espécie presente na atmosfera.
83. Embora seja um metal reativo, o alumínio puro normalmente não corrói gravemente em contato com o ar porque uma camada protetora de _____ acumula-se na superfície do metal.
84. Para cada uma das equações de oxirredução não balanceadas a seguir, faça o balanceamento da equação por inspeção e identifique qual espécie está sofrendo oxidação e qual está sofrendo redução.
    a. $Fe(s) + O_2(g) \rightarrow Fe_2O_3(s)$
    b. $Al(s) + Cl_2(g) \rightarrow AlCl_3(s)$
    c. $Mg(s) + P_4(s) \rightarrow Mg_3P_2(s)$
85. Em cada uma das reações a seguir, identifique qual elemento é oxidado e qual é reduzido:
    a. $Zn(s) + 2HCl(aq) \rightarrow ZnCl_2(aq) + H_2(g)$
    b. $2CuI(s) \rightarrow CuI_2(s) + Cu(s)$
    c. $6Fe^{2+}(aq) + Cr_2O_7^{2-}(aq) + 14H^+(aq) \rightarrow 6Fe^{3+}(aq) + 2Cr^{3+}(aq) + 7H_2O(l)$
86. Em cada uma das reações a seguir, identifique qual elemento é oxidado e qual é reduzido:
    a. $2Al(s) + 6HCl(aq) \rightarrow 2AlCl_3(aq) + 3H_2(g)$
    b. $2HI(g) \rightarrow H_2(g) + I_2(s)$
    c. $Cu(s) + H_2SO_4(aq) \rightarrow CuSO_4(aq) + H_2(g)$

87. Os compostos de carbono que contêm ligações duplas (como os compostos chamados de alcenos) reagem facilmente com muitos outros reagentes. Em cada uma das reações a seguir, identifique quais átomos são oxidados e quais são reduzidos, e especifique os agentes oxidantes e redutores:

   a. $CH_2{=}CH_2(g) + Cl_2(g) \rightarrow ClCH_2{-}CH_2Cl(l)$
   b. $CH_2{=}CH_2(g) + Br_2(g) \rightarrow BrCH_2{-}CH_2Br(l)$
   c. $CH_2{=}CH_2(g) + HBr(g) \rightarrow CH_3{-}CH_2Br(l)$
   d. $CH_2{=}CH_2(g) + H_2(g) \rightarrow CH_3{-}CH_3(g)$

88. Faça o balanceamento de cada uma das seguintes reações de oxirredução por inspeção:

   a. $C_3H_8(g) + O_2(g) \rightarrow CO_2(g) + H_2O(g)$
   b. $CO(g) + H_2(g) \rightarrow CH_3OH(l)$
   c. $SnO_2(s) + C(s) \rightarrow Sn(s) + CO(g)$
   d. $C_2H_5OH(l) + O_2(g) \rightarrow CO_2(g) + H_2O(g)$

89. Faça o balanceamento de cada uma das seguintes reações de oxirredução que acontecem em solução ácida por inspeção.

   a. $MnO_4^-(aq) + H_2O_2(aq) \rightarrow Mn^{2+}(aq) + O_2(g)$
   b. $BrO_3^-(aq) + Cu^+(aq) \rightarrow Br^-(aq) + Cu^{2+}(aq)$
   c. $HNO_2(aq) + I^-(aq) \rightarrow NO(g) + I_2(aq)$

90. Para cada uma das reações de oxirredução de metais com ametais a seguir, identifique qual elemento é oxidado e qual é reduzido.

   a. $4Na(s) + O_2(g) \rightarrow 2Na_2O(s)$
   b. $Fe(s) + H_2SO_4(aq) \rightarrow FeSO_4(aq) + H_2(g)$
   c. $2Al_2O_3(s) \rightarrow 4Al(s) + 3O_2(g)$
   d. $3Mg(s) + N_2(g) \rightarrow Mg_3N_2(s)$

91. Para cada uma das reações de oxirredução de metais com ametais a seguir, identifique qual elemento é oxidado e qual é reduzido.

   a. $3Zn(s) + N_2(g) \rightarrow Zn_3N_2(s)$
   b. $Co(s) + S(s) \rightarrow CoS(s)$
   c. $4K(s) + O_2(g) \rightarrow 2K_2O(s)$
   d. $4Ag(s) + O_2(g) \rightarrow 2Ag_2O(s)$

92. Atribua os estados de oxidação para todos os átomos em cada um dos seguintes:

   a. NH_3
   b. CO
   c. CO_2
   d. NF_3

93. Atribua os estados de oxidação para todos os átomos em cada um dos seguintes:

   a. PBr_3
   b. C_3H_8
   c. $KMnO_4$
   d. CH_3COOH

94. Atribua os estados de oxidação para todos os átomos em cada um dos seguintes:

   a. MnO_2
   b. $BaCrO_4$
   c. H_2SO_3
   d. $Ca_3(PO_4)_2$

95. Atribua os estados de oxidação para todos os átomos em cada um dos seguintes:

   a. $CrCl_3$
   b. K_2CrO_4
   c. $K_2Cr_2O_7$
   d. $Cr(C_2H_3O_2)_2$

96. Atribua os estados de oxidação para todos os átomos em cada um dos seguintes:

   a. BiO^+
   b. PO_4^{3-}
   c. NO_2^-
   d. Hg_2^{2+}

97. Em cada uma das reações a seguir, identifique qual elemento é oxidado e qual é reduzido atribuindo seus estados de oxidação.

   a. $C(s) + O_2(g) \rightarrow CO_2(g)$
   b. $2CO(g) + O_2(g) \rightarrow 2CO_2(g)$
   c. $CH_4(g) + 2O_2(g) \rightarrow CO_2(g) + 2H_2O(g)$
   d. $C_2H_2(g) + 2H_2(g) \rightarrow C_2H_6(g)$

98. Em cada uma das reações a seguir, identifique qual elemento é oxidado e qual é reduzido atribuindo seus estados de oxidação.

   a. $2B_2O_3(s) + 6Cl_2(g) \rightarrow 4BCl_3(l) + 3O_2(g)$
   b. $GeH_4(g) + O_2(g) \rightarrow Ge(s) + 2H_2O(g)$
   c. $C_2H_4(g) + Cl_2(g) \rightarrow C_2H_4Cl_2(l)$
   d. $O_2(g) + 2F_2(g) \rightarrow 2OF_2(g)$

99. Faça o balanceamento de cada uma das semirreações a seguir:

   a. $I^-(aq) \rightarrow I_2(s)$
   b. $O_2(g) \rightarrow O^{2-}(s)$
   c. $P_4(s) \rightarrow P^{3-}(s)$
   d. $Cl_2(g) \rightarrow Cl^-(aq)$

100. Faça o balanceamento de cada uma das semirreações a seguir que ocorrem em uma solução ácida:

   a. $SiO_2(s) \rightarrow Si(s)$
   b. $S(s) \rightarrow H_2S(aq)$
   c. $NO_3^-(aq) \rightarrow HNO_2(aq)$
   d. $NO_3^-(aq) \rightarrow NO(g)$

101. Faça o balanceamento de cada uma das semirreações a seguir, que ocorrem em uma solução ácida, utilizando o método da "semirreação":

   a. $I^-(aq) + MnO_4^-(aq) \rightarrow I_2(aq) + Mn^{2+}(aq)$
   b. $S_2O_8^{2-}(aq) + Cr^{3+}(aq) \rightarrow SO_4^{2-}(aq) + Cr_2O_7^{2-}(aq)$
   c. $BiO_3^-(aq) + Mn^{2+}(aq) \rightarrow Bi^{3+}(aq) + MnO_4^-(aq)$

102. Considere uma célula galvânica com base na reação de oxirredução a seguir:

$$2Al^{3+}(aq) + 3Mg(s) \rightarrow 2Al(s) + 3Mg^{2+}(aq)$$

Do que será feito o eletrodo encontrado na porção do catodo da célula? Explique sua resposta.

   a. ar
   b. HCl
   c. Mg
   d. Al
   e. H_2SO_4

103. Considere a reação de oxirredução:

    $Mg(s) + Cu^{2+}(aq) \rightarrow Mg^{2+}(aq) + Cu(s)$

    Esboce uma célula galvânica que utiliza essa reação. Qual íon metálico é reduzido? Qual metal é oxidado? Qual semirreação acontece no anodo da célula? Qual semirreação acontece no catodo?

F 104. A seção "Química em foco – *Jeans amarelo?*" discute a reação de oxirredução necessária para mudar o corante utilizado no jeans de amarelo para azul. A reação é do leucoíndigo para o índigo e pode ser expressa como $Na_2C_{16}N_2H_{10}O_2$ $\rightarrow C_{16}N_2H_{10}O_2$. Explique como, a partir dessa reação, você sabe que o leucoíndigo é oxidado para formar o índigo.

Problema para estudo

105. Atribua o estado de oxidação para o elemento listado em cada um dos compostos a seguir:

	Estado de oxidação
S no $MgSO_4$	_____
Pb no $PbSO_4$	_____
O no O_2	_____
Ag no Ag	_____
Cu no $CuCl_2$	_____

19 Radioatividade e energia nuclear

CAPÍTULO 19

19-1 Decaimento radioativo

19-2 Transformações nucleares

19-3 Detecção de radioatividade e o conceito de meia-vida

19-4 Datação pela radioatividade

19-5 Aplicações médicas da radioatividade

19-6 Energia nuclear

19-7 Fissão nuclear

19-8 Reatores nucleares

19-9 Fusão nuclear

19-10 Efeitos da radiação

Vidro radioativo do mar Cortesia de Bay Treasures, foto de Charles Peden.

Como a química de um átomo é determinada pelo número e pelo arranjo dos seus elétrons, as propriedades do núcleo não afetam significativamente o seu comportamento químico. Portanto, você pode estar se perguntando por que há um capítulo sobre o núcleo em um livro de química. A razão para esse capítulo é que o núcleo é muito importante para todos nós – uma leitura rápida de qualquer jornal diário atestará isso. Os processos nucleares podem ser usados por companhias aéreas para detectar explosivos nas bagagens (veja a seção "Química em Foco – *Passado, presente e futuro*"), para gerar energia elétrica, além de estabelecer a idade de objetos muito antigos, como artefatos humanos, pedras e diamantes (veja a seção "Química em Foco" – *Datação de diamantes*). Este capítulo considera os aspectos do núcleo e as suas propriedades, que você deve conhecer.

Vários fatos sobre o núcleo são logo impressionantes: o seu tamanho muito pequeno, sua densidade muito grande e a energia que o mantém unido. O raio de um núcleo típico é de cerca de 10^{-13} cm, apenas um centésimo de milésimo do raio de um átomo típico. De fato, se os núcleos dos átomos de hidrogênio fossem do tamanho de uma bola de pingue-pongue, o elétron na órbita 1s estaria em média a 0,5 km (0,3 milha) de distância. A densidade do núcleo é igualmente impressionante; é de aproximadamente $1,6 \times 10^{14}$ g cm^{-3}. Uma esfera de material nuclear do tamanho de uma bola de pingue-pongue teria uma massa de *2,5 bilhões de toneladas*! Finalmente, as energias envolvidas nos processos nucleares são tipicamente milhões de vezes maiores que aquelas associadas com reações químicas normais, um fato que torna os processos nucleares potencialmente atrativos para a geração de energia.

Acredita-se que o núcleo seja constituído de partículas chamadas **nucleons** (que consistem em **nêutrons e prótons**).

Artefatos de madeira, como essa proa de um navio viking, podem ser datados com base em seus teores de carbono-14. Medioimages/Photodisc/Getty Images

Lembre-se, do Capítulo 4, que o número de prótons em um núcleo é chamado **número atômico (Z)** e que a soma dos números de nêutrons e prótons é o **número de massa (A)**. Os átomos que têm números atômicos idênticos, mas diferentes números de massa, são chamados **isótopos**. O termo geral **nuclídeo** é aplicado a cada átomo único e nós o representamos da seguinte forma:

Número de massa
↓
$^{A}_{Z}X$ ← Símbolo do elemento
↑
Número atômico

em que X representa o símbolo de um elemento em particular. Por exemplo, os seguintes nuclídeos constituem os isótopos comuns de carbono: carbono-12, $^{12}_{6}$C; carbono-13, $^{13}_{6}$C; e carbono-14, $^{14}_{6}$C. Observe que todos os nuclídeos de carbono têm seis prótons ($Z = 6$) e seis, sete e oito nêutrons, respectivamente.

19-1 Decaimento radioativo

OBJETIVOS
- Aprender os tipos de decaimento radioativo.
- Aprender a escrever as equações nucleares que descrevem o decaimento radioativo.

Muitos núcleos são **radioativos**; isto é, decompõem-se espontaneamente, formando um núcleo diferente, produzindo uma ou mais partículas. Um exemplo é o carbono-14, que se decompõe como mostrado na equação:

$$^{14}_{6}C \rightarrow {}^{14}_{7}N + {}^{0}_{-1}e$$

em que $^{0}_{-1}e$ representa um elétron, que é chamado de **partícula beta (β)** na terminologia nuclear. Essa **equação nuclear**, que é típica daquelas que representam o decaimento radioativo, é bastante diferente das equações químicas que escrevemos antes. Lembre-se de que em uma equação química balanceada os átomos devem ser conservados. Em uma equação nuclear, *tanto o número atômico (Z) quanto o número de massa (A) devem ser conservados*. Isto é, a soma dos valores de Z em ambos os lados da seta deve ser igual e a mesma restrição se aplica aos valores de A. Por exemplo, na equação acima, a soma dos valores de Z é 6 em ambos os lados da seta (6 e 7 − 1) e a soma dos valores de A é de 14 nos dois lados da seta (14 e 14 + 0). Observe que o número da massa para a partícula β é zero; a massa do elétron é tão pequena que pode ser negligenciada aqui. Dos cerca de 2000 nuclídeos conhecidos, apenas 279 não sofrem decaimento radioativo. O estanho tem o maior número de isótopos não radioativos—dez.

> Mais de 85% de todos os nuclídeos conhecidos são radioativos.

Tipos de decaimento radioativo

Existem vários tipos diferentes de decaimento radioativo. Um processo de decaimento frequentemente observado envolve a produção de uma **partícula α (alfa)**, que é um núcleo de hélio ($^{4}_{2}He$). A **produção de partículas alfa** é um modo muito comum de decaimento para nuclídeos radioativos pesados. Por exemplo, o $^{222}_{88}Ra$, o rádio-222, decai produzindo partícula α para fornecer o radônio-218.

$$^{222}_{88}Ra \rightarrow {}^{4}_{2}He + {}^{218}_{86}Rn$$

Observe nessa equação que o número de massa é conservado (222 = 4 + 218) e o número atômico também (88 = 2 + 86). Outro produtor de partícula α é o $^{230}_{90}Th$:

$$^{230}_{90}Th \rightarrow {}^{4}_{2}He + {}^{226}_{88}Ra$$

Observe que a produção de uma partícula α resulta em uma perda de 4 no número de massa (A) e uma perda de 2 no número atômico (Z).

A produção de partícula beta é outro processo comum de decaimento. Por exemplo, o nuclídeo tório-234 produz uma partícula β à medida que passa para protactínio-234.

$$^{234}_{90}Th \rightarrow {}^{234}_{91}Pa + {}^{0}_{-1}e$$

> Observe que Z e A estão balanceados em cada uma dessas equações nucleares.

O iodo-131 é também um produtor de partícula β:

$$^{131}_{53}I \rightarrow {}^{0}_{-1}e + {}^{131}_{54}Xe$$

Lembre-se de que a partícula β tem um número de massa atribuído de 0, pois sua massa é minúscula em comparação com a de um próton ou um nêutron. O valor de Z é −1 para a partícula β, de modo que o número atômico para o novo nuclídeo é 1 unidade maior que o número atômico do nuclídeo original. Portanto, *o efeito líquido da produção da partícula β é alterar um nêutron para um próton.*

A produção de uma partícula β não resulta em variação no número de massa (A), mas um aumento em 1 no número atômico (Z).

Um **raio gama (γ)** é um fóton de luz de alta energia. Um nuclídeo em um estado de energia nuclear excitado pode liberar o excesso de energia, o que leva à produção de um raio γ, que muitas vezes é acompanhado de decaimentos nucleares de vários tipos. Por exemplo, no decaimento da partícula α de $^{238}_{92}U$,

$$^{238}_{92}U \rightarrow {}^{4}_{2}He + {}^{234}_{90}Th + 2{}^{0}_{0}\gamma$$

dois raios γ de energias diferentes são produzidos além da partícula α ($^{4}_{2}He$). Os raios gama são fótons de luz e, por isso, têm carga zero e número de massa zero.

A produção de um raio γ não resulta em variação no número de massa (A) e também não altera o número atômico (Z).

O **pósitron** é uma partícula com a mesma massa do elétron, mas de carga oposta. Um exemplo de um nuclídeo que decai por **produção de pósitron** é o sódio-22:

$$^{22}_{11}Na \rightarrow {}^{0}_{1}e + {}^{22}_{10}Ne$$

Observe que a produção de um pósitron parece alterar um próton para um nêutron.

A produção de um pósitron não resulta em variação no número de massa (A), mas na diminuição em 1 no número atômico (Z).

A **captura de elétrons** é um processo no qual um dos elétrons de uma órbita mais interna é capturado pelo núcleo, como ilustrado pelo processo:

$$^{201}_{80}Hg + {}^{0}_{-1}e \rightarrow {}^{201}_{79}Au + {}^{0}_{0}\gamma$$
↑
Elétron de uma órbita mais interna

Essa reação teria sido de grande interesse para os alquimistas, mas infelizmente ela não ocorre com frequência suficiente para torná-la um meio prático para a transformação de mercúrio em ouro. Os raios gama sempre são produzidos com a captura de elétron.

A Tabela 19.1 lista os tipos comuns de decaimento radioativo com exemplos.

Muitas vezes, um núcleo radioativo não pode atingir um estado estável (não radioativo) por um único processo de decaimento. Em tal caso, uma **série de decaimento** ocorre até que um nuclídeo estável seja formado. Um exemplo bem conhecido é a série de decaimento que começa com o $^{238}_{92}U$ e termina com o $^{206}_{82}Pb$, como representado na Figura 19.1. Séries similares existem para o $^{235}_{92}U$:

$$^{235}_{92}U \xrightarrow{\text{Séries de decaimento}} {}^{207}_{82}Pb$$

e para $^{232}_{90}Th$:

$$^{232}_{90}Th \xrightarrow{\text{Séries de decaimento}} {}^{208}_{82}Pb$$

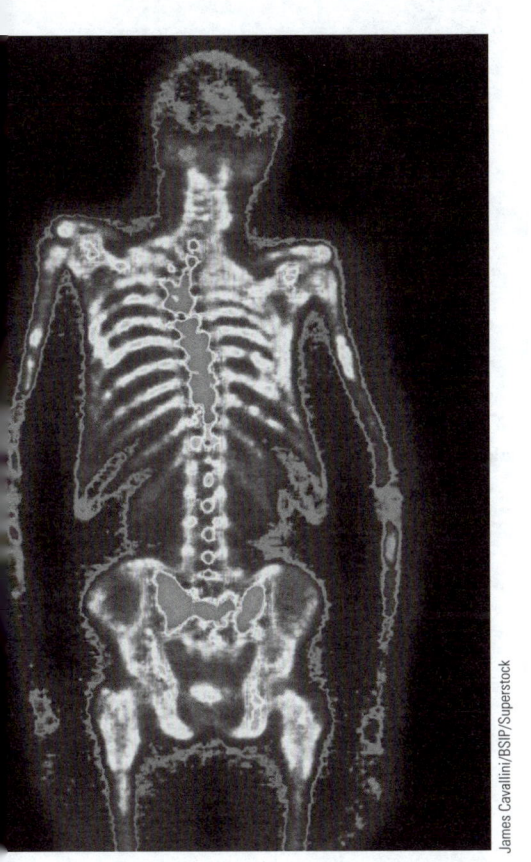

Cintilografia óssea após a administração do radiofármaco tecnécio-99.

*Você pode visualizar essa imagem em cores no final do livro.

Pensamento crítico

E se um nuclídeo sofresse dois decaimentos sucessivos de tal forma que se tornasse o nuclídeo original? Qual decaimento poderia explicar isto? Forneça um exemplo.

Tabela 19.1 ▶ Vários tipos de processos radioativos

Processo	Exemplo
produção de partícula β (elétron)	$^{227}_{89}Ac \rightarrow {}^{227}_{90}Th + {}^{0}_{-1}e$
produção de pósitron	$^{13}_{7}N \rightarrow {}^{13}_{6}C + {}^{0}_{1}e$
captura de elétron	$^{73}_{33}As + {}^{0}_{-1}e \rightarrow {}^{73}_{32}Ge$
produção de partícula α	$^{210}_{84}Po \rightarrow {}^{206}_{82}Pb + {}^{4}_{2}He$
produção de raio γ	núcleo excitado → núcleo no estado aterrado + ${}^{0}_{0}\gamma$ excesso de energia energia menor

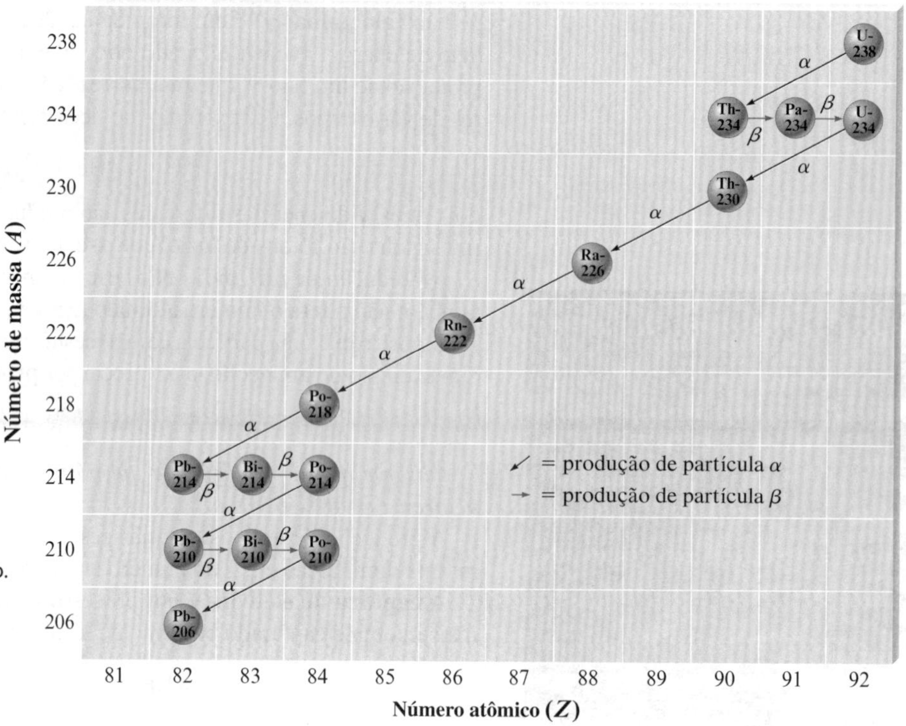

Figura 19.1 ▶ Série de decaimento de $^{238}_{92}$U para $^{206}_{82}$Pb. Cada nuclídeo na série, exceto o $^{206}_{82}$Pb, é radioativo e as transformações sucessivas (representadas pelas setas) continuam até que o $^{206}_{82}$Pb seja finalmente formado. As setas vermelhas horizontais indicam a produção de partículas β (Z aumenta em 1 e A não varia). As setas azuis diagonais significam produção de partícula α (ambos, A e Z diminuem).

↗ = produção de partícula α
→ = produção de partícula β

Exemplo resolvido 19.1 — Escrevendo equações nucleares I

Escreva equações nucleares balanceadas para cada um dos seguintes processos:

a. $^{11}_{6}$C produz um pósitron.
b. $^{214}_{83}$Bi produz uma partícula β.
c. $^{237}_{93}$Np produz uma partícula α.

SOLUÇÃO

a. Devemos encontrar o nuclídeo do produto representado por $^{A}_{Z}$X na seguinte equação:

$$^{11}_{6}\text{C} \rightarrow {}^{0}_{1}\text{e} + {}^{A}_{Z}\text{X}$$
                    ↑
                 Pósitron

A chave para resolver esse problema é reconhecer que ambos A e Z devem ser conservados. Isto é, podemos encontrar a identidade de $^{A}_{Z}$X reconhecendo que as somas dos valores de Z e A devem ser as mesmas em ambos os lados da equação. Assim, para X, Z deve ser 5 porque Z + 1 = 6. A deve ser 11, porque 11 + 0 = 11. Portanto, $^{A}_{Z}$X é $^{11}_{5}$B. (O fato de Z ser 5 nos diz que o nuclídeo é o boro. Veja a tabela periódica na Figura 4.9). Assim, a equação balanceada é $^{11}_{6}$C → $^{0}_{1}$e + $^{11}_{5}$B.

VERIFICAÇÃO

Lado esquerdo		Lado direito
Z = 6	→	Z = 5 + 1 = 6
A = 11		A = 11 + 0 = 11

b. Sabendo que uma partícula β é representada por $^{0}_{-1}$e, podemos escrever:

$$^{214}_{83}\text{Bi} \rightarrow {}^{0}_{-1}\text{e} + {}^{A}_{Z}\text{X}$$

em que $Z - 1 = 83$ e $A + 0 = 214$. Isso significa que $Z = 84$ e $A = 214$. Agora podemos escrever:

$$^{214}_{83}\text{Bi} \rightarrow ^{0}_{-1}\text{e} + ^{214}_{84}\text{X}$$

Usando a tabela periódica encontramos que $Z = 84$ para o elemento polônio, então $^{214}_{84}\text{X}$ deve ser $^{214}_{84}\text{Po}$.

VERIFICAÇÃO Lado esquerdo Lado direito
$Z = 83$ → $Z = 84 - 1 = 83$
$A = 214$ $A = 214 + 0 = 214$

c. Como uma partícula α é representada por $^{4}_{2}\text{He}$, podemos escrever:

$$^{237}_{93}\text{Np} \rightarrow ^{4}_{2}\text{He} + ^{A}_{Z}\text{X}$$

em que $A + 4 = 237$ ou $A = 237 - 4 = 233$ e $Z + 2 = 93$ ou $Z = 93 - 2 = 91$. Assim, $A = 233$, $Z = 91$ e a equação balanceada deve ser:

$$^{237}_{93}\text{Np} \rightarrow ^{4}_{2}\text{He} + ^{233}_{91}\text{Pa}$$

VERIFICAÇÃO Lado esquerdo Lado direito
$Z = 93$ → $Z = 91 + 2 = 93$
$A = 237$ $A = 233 + 4 = 237$

AUTOVERIFICAÇÃO

Exercício 19.1 A série de decaimento do $^{238}_{92}\text{U}$ está representada na Figura 19.1. Escreva a equação nuclear balanceada de cada um dos seguintes decaimentos radioativos:

a. Produção de partículas alfa pelo $^{226}_{88}\text{Ra}$
b. Produção de partícula beta pelo $^{214}_{82}\text{Pb}$

Consulte os Problemas 19.25 até 19.28 ■

Exemplo resolvido 19.2

Escrevendo equações nucleares II

Em cada uma das seguintes reações nucleares, forneça a partícula ausente:

a. $^{195}_{79}\text{Au} + ? \rightarrow ^{195}_{78}\text{Pt}$
b. $^{38}_{19}\text{K} \rightarrow ^{38}_{18}\text{Ar} + ?$

SOLUÇÃO

a. A não muda e Z para o Pt tem 1 unidade a menos que o Z para o Au, então, a partícula que deve estar faltando é um elétron.

$$^{195}_{79}\text{Au} + ^{0}_{-1}\text{e} \rightarrow ^{195}_{78}\text{Pt}$$

VERIFICAÇÃO Lado esquerdo Lado direito
$Z = 79 - 1 = 78$ → $Z = 78$
$A = 195 + 0 = 195$ $A = 195$

Esse é um exemplo de captura de elétrons.

b. Para que Z e A sejam conservados, a partícula ausente deve ser um pósitron.

$$^{38}_{19}\text{K} \rightarrow ^{38}_{18}\text{Ar} + ^{0}_{1}\text{e}$$

VERIFICAÇÃO Lado esquerdo Lado direito
$Z = 19$ → $Z = 18 + 1 = 19$
$A = 38$ $A = 38 + 0 = 38$

O potássio-38 decai pela produção de pósitron.

AUTOVERIFICAÇÃO

Exercício 19.2 Forneça as espécies ausentes em cada uma das seguintes equações nucleares:

a. $^{222}_{86}Rn \rightarrow {}^{218}_{84}Po + ?$

b. $^{15}_{8}O \rightarrow ? + {}^{0}_{1}e$

Consulte os Problemas 19.21 até 19.24. ■

19-2 Transformações nucleares

OBJETIVO Aprender como um elemento pode ser transformado em outro por bombardeio de partículas.

Em 1919, Lord Rutherford observou a primeira **transformação nuclear**, *a transformação de um elemento em outro*. Ele descobriu que bombardeando $^{14}_{7}N$ com partículas α produzia-se o nuclídeo $^{17}_{8}O$:

$$^{14}_{7}N + {}^{4}_{2}He \rightarrow {}^{17}_{8}O + {}^{1}_{1}H$$

com um próton ($^{1}_{1}H$) como um outro produto. Quatorze anos depois, Irène Curie e seu marido Frédéric Joliot observaram uma transformação similar do alumínio no fósforo:

$$^{27}_{13}Al + {}^{4}_{2}He \rightarrow {}^{30}_{15}P + {}^{1}_{0}n$$

em que $^{1}_{0}n$ representa um nêutron que é produzido no processo.

Observe que, em ambos os casos, a partícula de bombardeio é um núcleo de hélio (uma partícula alfa). Outros núcleos pequenos, tais como $^{12}_{6}C$ e $^{15}_{7}N$, também podem ser usados para bombardear os núcleos pesados e causar transformações. No entanto, como esses íons de bombardeio positivos são repelidos pela carga positiva do núcleo alvo, a partícula de bombardeio deve estar se movendo a uma velocidade muito alta para penetrar o alvo. Essas velocidades elevadas são alcançadas em vários tipos de *aceleradores de partículas*.

Os nêutrons também são empregados como partículas de bombardeio para efetuar transformações nucleares. No entanto, como os nêutrons não têm carga (e, portanto, não são repelidos por um núcleo alvo), são facilmente absorvidos por vários núcleos, produzindo novos nuclídeos. A fonte mais comum de nêutrons para essa finalidade é um reator de fissão (veja a Seção 19-8).

Usando bombardeio com nêutrons e íons positivos, os cientistas foram capazes de estender a tabela periódica, isto é, produzir elementos químicos que não estão presentes naturalmente. Antes de 1940, o elemento mais pesado conhecido era o urânio ($Z = 92$), mas em 1940, o netúnio ($Z = 93$) foi produzido por meio do bombardeio de nêutrons de $^{238}_{92}U$. O processo inicialmente resulta no $^{239}_{92}U$, o qual decai para $^{239}_{92}Np$ pela produção de partícula β:

$$^{238}_{92}U + {}^{1}_{0}n \rightarrow {}^{239}_{92}U \rightarrow {}^{239}_{93}Np + {}^{0}_{-1}e$$

A partir da década de 1940, os elementos com números atômicos de 93 até 118, chamados de **elementos transurânicos**, foram sintetizados. A Tabela 19.2 fornece alguns exemplos desses processos.

Irène Curie e Frédéric Joliot.

Tabela 19.2 ▶ Sínteses de alguns dos elementos transurânicos

Bombardeio de nêutron	netúnio ($Z = 93$)	$^{238}_{92}U + {}^{1}_{0}n \rightarrow {}^{239}_{92}U \rightarrow {}^{239}_{93}Np + {}^{0}_{-1}e$
	amerício ($Z = 95$)	$^{239}_{94}Pu + 2{}^{1}_{0}n \rightarrow {}^{241}_{94}Pu \rightarrow {}^{241}_{95}Am + {}^{0}_{-1}e$
Bombardeio de íon positivo	cúrio ($Z = 96$)	$^{239}_{94}Pu + {}^{4}_{2}He \rightarrow {}^{242}_{96}Cm + {}^{1}_{0}n$
	califórnio ($Z = 98$)	$^{242}_{96}Cm + {}^{4}_{2}He \rightarrow {}^{245}_{98}Cf + {}^{1}_{0}n$ ou $^{238}_{92}U + {}^{12}_{6}C \rightarrow {}^{246}_{98}Cf + 4{}^{1}_{0}n$
	rutherfórdio ($Z = 104$)	$^{249}_{98}Cf + {}^{12}_{6}C \rightarrow {}^{257}_{104}Rf + 4{}^{1}_{0}n$
	dubnio ($Z = 105$)	$^{249}_{98}Cf + {}^{15}_{7}N \rightarrow {}^{260}_{105}Db + 4{}^{1}_{0}n$
	seaborgio ($Z = 106$)	$^{249}_{98}Cf + {}^{18}_{8}O \rightarrow {}^{263}_{106}Sg + 4{}^{1}_{0}n$

19-3 Detecção de radioatividade e o conceito de meia-vida

OBJETIVOS
- Aprender sobre os instrumentos de detecção de radiação.
- Compreender a meia-vida.

O instrumento mais familiar para medir os níveis de radioatividade é o **contador Geiger-Müller,** ou o **contador Geiger** (Figura 19.2). Partículas de alta energia de decaimento radioativo produzem íons quando viajam através da matéria. A sonda do contador Geiger contém gás argônio. Os átomos de argônio não têm carga, mas podem ser ionizados por uma partícula que se move rapidamente.

$$Ar(g) \xrightarrow[\text{alta energia}]{\text{Partícula de}} Ar^+(g) + e^-$$

Ou seja, a partícula de alta velocidade "rebate" os elétrons para fora de alguns dos átomos de argônio. Embora uma amostra de átomos de argônio não carregados não conduza corrente, os íons e elétrons formados pela partícula de alta energia permitem um fluxo de corrente momentâneo, assim, um "pulso" de corrente flui cada vez que uma partícula entra na sonda. O contador Geiger detecta cada pulso de corrente e esses eventos são contados.

Um **contador de cintilação** é outro instrumento frequentemente empregado para detectar a radioatividade. Esse dispositivo utiliza uma substância, como o iodeto de sódio, que emite luz quando é atingido por uma partícula de alta energia. Um detector percebe os lampejos de luz e, assim, conta os eventos do decaimento.

Uma característica importante de um determinado tipo de nuclídeo radioativo é a sua meia-vida. A **meia-vida** é o *tempo necessário para que metade da amostra original de núcleos decaia.* Por exemplo, se uma determinada amostra radioativa contém 1000 núcleos em um dado momento e 500 núcleos (metade do número original) 7,5 dias mais tarde, esse nuclídeo radioativo tem uma meia-vida de 7,5 dias.

Um determinado tipo de nuclídeo radioativo tem sempre a mesma meia-vida. No entanto, os vários nuclídeos radioativos têm meias-vidas extremamente variadas. Por exemplo, o $^{234}_{91}Pa$, protactínio-234, tem uma meia-vida de 1,2 minuto e o $^{238}_{92}U$, urânio-238, tem uma meia-vida de $4,5 \times 10^9$ (4,5 *bilhões*) anos. Isso significa que uma amostra contendo 100 milhões de núcleos $^{234}_{91}Pa$ terá apenas 50 milhões de núcleos $^{234}_{91}Pa$ nela (a metade de 100 milhões) após ter passado 1,2 minuto. Em outro 1,2 minuto, o número de núcleos diminuirá para metade de 50 milhões, ou 25 milhões de núcleos.

100 milhões de $^{234}_{91}Pa$ $\xrightarrow[\text{minuto}]{1,2}$ 50 milhões de $^{234}_{91}Pa$ $\xrightarrow[\text{minuto}]{1,2}$ 25 milhões de $^{234}_{91}Pa$

(50 milhões de decaimentos) (25 milhões de decaimentos)

Figura 19.2 ▶ Representação esquemática de um contador Geiger-Müller. A partícula de alta velocidade se choca nos elétrons dos átomos de argônio para formar íons e um pulso de fluxo de corrente.

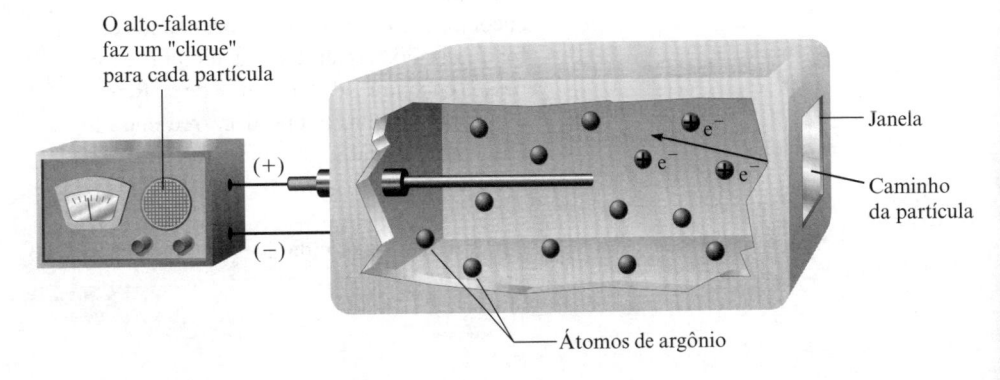

$$Ar \xrightarrow{\text{Partícula}} Ar^+ + e^-$$

Isso significa que uma amostra de $^{294}_{91}$Pa com 100 milhões de núcleos mostrará 50 milhões de eventos de decaimento (50 milhões de núcleos de $^{294}_{91}$Pa decairão) durante o período de 1,2 minuto. Por outro lado, uma amostra contendo 100 milhões de núcleos de $^{238}_{92}$U sofrerá 50 milhões de eventos de decaimento em 4,5 bilhões de anos. Portanto, o $^{294}_{91}$Pa mostra muito mais atividade que o $^{238}_{92}$U. Algumas vezes dizemos que o $^{294}_{91}$Pa é "mais quente" que o $^{238}_{92}$U.

Assim, em um dado momento, um núcleo radioativo com uma meia-vida curta é muito mais provável de decair que um com uma meia-vida longa.

Exemplo resolvido 19.3

Compreendendo a meia-vida

A Tabela 19.3 lista diferentes nuclídeos radioativos de rádio.

a. Ordene esses nuclídeos por atividade (dos que mais decaem por dia aos que menos decaem).

b. Quanto tempo levará para que uma amostra contendo 1,00 mol de $^{223}_{88}$Ra alcance um ponto no qual conterá apenas 0,25 mol de $^{223}_{88}$Ra?

Tabela 19.3 ▶ As meias-vidas de alguns dos nuclídeos radioativos de rádio

Nuclídeo	Meia-vida
$^{223}_{88}$Ra	12 dias
$^{224}_{88}$Ra	3,6 dias
$^{225}_{88}$Ra	15 dias
$^{226}_{88}$Ra	1600 anos
$^{228}_{88}$Ra	6,7 anos

SOLUÇÃO

a. A meia-vida mais curta indica maior atividade (mais decaimentos ao longo de um determinado período de tempo). Portanto, a ordem é:

Maior atividade (meia-vida mais curta) → Menor atividade (meia-vida mais longa)

$^{224}_{88}$Ra > $^{223}_{88}$Ra > $^{225}_{88}$Ra > $^{228}_{88}$Ra > $^{226}_{88}$Ra

3,6 dias   12 dias   15 dias   6,7 anos   1600 anos

b. Em uma meia-vida (12 dias), a amostra decairá de 1,00 mol de $^{223}_{88}$Ra para 0,50 mol de $^{223}_{88}$Ra. Na próxima meia-vida (mais 12 dias), ela decairá de 0,50 mol de $^{223}_{88}$Ra para 0,25 mol de $^{223}_{88}$Ra.

1,00 mol $^{223}_{88}$Ra $\xrightarrow{12\text{ dias}}$ 0,50 mol $^{223}_{88}$Ra $\xrightarrow{12\text{ dias}}$ 0,25 mol $^{223}_{88}$Ra

Portanto, demorará 24 dias (duas meias-vidas) para a amostra mudar de 1,00 mol de $^{223}_{88}$Ra para 0,25 mol de $^{223}_{88}$Ra.

AUTOVERIFICAÇÃO

Exercício 19.3 Antigamente, os relógios com algarismos que "brilham no escuro" eram feitos com rádio radioativo na tinta utilizada nos números do relógio. Suponha que para fazer o número 3 em um determinado relógio, foi utilizada uma amostra de tinta contendo $8,0 \times 10^{-7}$ mol de $^{228}_{88}$Ra. Esse relógio foi então colocado em uma gaveta e esquecido. Muitos anos mais tarde, alguém encontra o relógio e deseja saber quando ele foi fabricado. Analisando a pintura, essa pessoa encontra $1,0 \times 10^{-7}$ mol de $^{228}_{88}$Ra no número 3. Quanto tempo decorreu entre a fabricação e o dia em que o relógio foi encontrado?

Mostrador de relógio pintado com rádio.

*Você pode visualizar essa imagem em cores no final do livro.

DICA Use a meia-vida do $^{228}_{88}$Ra da Tabela 19.3.

Consulte os Problemas 19.37 até 19.42. ■

QUÍMICA EM FOCO

Datação de diamantes

Enquanto os conhecedores de pedras preciosas valorizam os diamantes mais claros possíveis, os geólogos aprendem o máximo com os diamantes impuros. Diamantes são formados na crosta da Terra a uma profundidade de cerca de 200 quilômetros, onde as altas pressões e temperaturas favorecem a forma mais densa de carbono. À medida que o diamante é formado, as impurezas são às vezes aprisionadas e podem ser usadas para determinar a data do "nascimento" do diamante. Uma valiosa impureza para a datação é o $^{238}_{92}U$, que é radioativo e decai em uma série de etapas para $^{206}_{82}Pb$, que é estável (não radioativo). Uma vez que o ritmo no qual o $^{238}_{92}U$ decai é conhecido, determinar a quantidade de $^{238}_{92}U$ que foi convertido em $^{206}_{82}Pb$ diz aos cientistas o tempo decorrido desde que o $^{238}_{92}U$ foi aprisionado no diamante quando formado.

Usando essas técnicas de datação, Peter D. Kinney, da Universidade Curtin, em Perth, na Austrália, e Henry O. A. Meyer, da Universidade de Purdue, em West Lafayette, Indiana, identificaram o diamante mais jovem já encontrado. Descoberto em Mbuji Mayi, no Zaire, o diamante tem 628 milhões de anos de idade, muito mais jovem do que todos os diamantes datados anteriormente, que variam de 2,4 a 3,2 bilhões de anos.

A idade avançada de todos os diamantes datados anteriormente tinha feito alguns geólogos especularem que toda a formação de diamantes ocorreu bilhões de anos atrás. Entretanto, esse "mais jovem" sugere que os diamantes se formaram ao longo do tempo geológico e provavelmente estão se formando agora na crosta terrestre. No entanto, nós não veremos esses diamantes por um longo tempo, pois eles normalmente permanecem enterrados profundamente na crosta terrestre por milhões de anos até que sejam trazidos à superfície por explosões vulcânicas chamadas erupções de kimberlito.

É bom saber que nas próximas eras ainda haverá uma abundância de diamantes para marcar os compromissos de futuros casais.

O diamante Hope.

19-4 Datação pela radioatividade

OBJETIVO Aprender como os objetos podem ser datados pela radioatividade.

Os arqueólogos, geólogos e outros profissionais envolvidos na reconstrução da história antiga da Terra dependem muito das meias-vidas de núcleos radioativos para fornecer datas precisas de artefatos e pedras. Um método para datar artefatos antigos feitos de madeira ou de tecido é a **datação por radiocarbono**, ou **datação por carbono-14**, uma técnica que teve origem na década de 1940 por Willard Libby, químico norte-americano que recebeu o Prêmio Nobel por seus esforços.

A datação por radiocarbono se baseia na radioatividade do $^{14}_{6}C$, que decai por produção de partículas β.

$$^{14}_{6}C \rightarrow ^{0}_{-1}e + ^{14}_{7}N$$

O carbono-14 é produzido continuamente na atmosfera quando nêutrons de alta energia do espaço colidem com o nitrogênio-14.

$$^{14}_{7}N + ^{1}_{0}n \rightarrow ^{14}_{6}C + ^{1}_{1}H$$

Assim como o carbono-14 é continuamente produzido por esse processo, ele se decompõe de forma contínua por meio da produção de partícula β. Ao longo dos anos, esses dois processos opostos entraram em equilíbrio, fazendo que a quantidade de $^{14}_{6}C$ presente na atmosfera permanecesse aproximadamente constante.

O carbono-14 pode ser utilizado para datar artefatos de madeira e de tecido porque o $^{14}_{6}C$, com os outros isótopos de carbono na atmosfera, reage com o oxigênio para formar o dióxido de carbono. Uma planta viva consome esse dióxido de carbono no processo da fotossíntese e incorpora o carbono, incluindo o $^{14}_{6}C$ nas suas moléculas. Enquanto as plantas viverem, o teor de $^{14}_{6}C$ nas suas moléculas permanecerá o mesmo que na atmosfera por causa da absorção contínua de carbono pela planta. No entanto, quando uma árvore é cortada para fazer uma tigela de madeira ou uma fibra de linho é colhida para fazer roupa, ela para de absorver carbono. Não há mais uma fonte de $^{14}_{6}C$ para substituir o perdido com o decaimento radioativo, então o conteúdo de $^{14}_{6}C$ começa a diminuir.

O pesquisador Brigham Young da Scott Woodward tomando uma amostra de osso para datação com carbono-14 em um sítio arqueológico no Egito.

Como a meia-vida do $^{14}_{6}C$ é de 5730 anos, uma tigela de madeira encontrada em uma escavação arqueológica que mostre um teor de $^{14}_{6}C$ de metade do encontrado em árvores vivas atualmente terá aproximadamente 5730 anos de idade. Isto é, como a metade do $^{14}_{6}C$ presente quando a árvore foi cortada desapareceu, a árvore deve ter sido derrubada há uma meia-vida de $^{14}_{6}C$.

19-5 Aplicações médicas da radioatividade

OBJETIVO Discutir o uso de marcadores radioativos na Medicina.

Embora os rápidos avanços das ciências médicas nas últimas décadas se deva a diversas causas, uma das mais importantes foi a descoberta e a utilização de **marcadores radioativos** – nuclídeos radioativos que podem ser introduzidos em organismos, nos alimentos ou nos medicamentos e posteriormente, *rastreados* pelo monitoramento de sua radioatividade. Por exemplo, a incorporação de nuclídeos, tais como $^{14}_{6}C$ e $^{32}_{15}P$, em nutrientes gerou informações importantes sobre como esses nutrientes são usados para fornecer energia ao corpo.

O iodo-131 tem se mostrado muito útil no diagnóstico e tratamento das doenças da glândula tireoide. Os pacientes bebem uma solução contendo uma pequena quantidade de NaI, que inclui ^{131}I, e a absorção do iodo pela glândula tireoide é monitorada com um digitalizador (Figura 19.3).

O tálio-201 pode ser utilizado para avaliar os danos no músculo do coração em uma pessoa que tenha sofrido um ataque cardíaco, pois fica concentrado no tecido

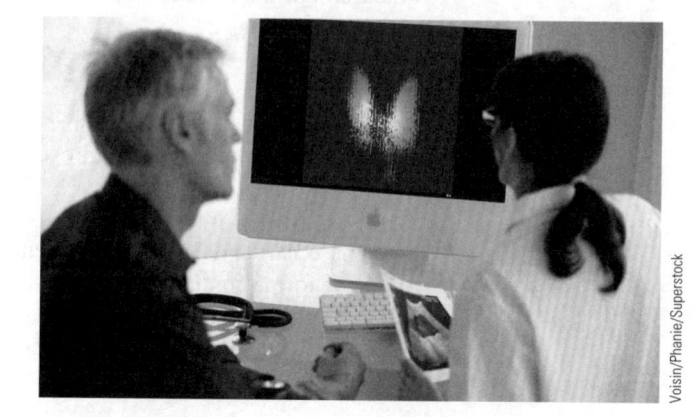

Figura 19.3 ▶ Médico discutindo com o paciente sobre a cintilografia da glândula tireoide.

QUÍMICA EM FOCO

PET, o melhor amigo do cérebro

Uma das aplicações mais importantes da radioatividade é na utilização de radioisótopos para diagnóstico médico. Marcadores radioativos são átomos radioativos que estão ligados a moléculas biologicamente ativas. A radioatividade resultante é monitorada para verificar o funcionamento dos órgãos, como o coração, ou rastrear o caminho e o destino final de um medicamento.

Uma técnica de marcadores radioativos particularmente valiosa é chamada de tomografia por emissão de pósitrons (PET, na sigla em inglês). Como o próprio nome sugere, a PET utiliza produtores de pósitrons, por exemplo, ^{18}F e ^{11}C, como "marcadores" em moléculas biológicas. A PET é especialmente útil para exames cerebrais. Por exemplo, uma forma modificada de glicose com ^{18}F anexado é comumente utilizada para mapear o metabolismo da glicose. As áreas do cérebro onde a glicose está sendo consumida rapidamente "acendem" na tela da PET. O cérebro de um doente que tem um tumor ou que sofre de doença de Alzheimer mostrará uma imagem muito diferente que a de um cérebro de um paciente sem a doença de Alzheimer. Outra aplicação da PET é a visualização da quantidade de um fármaco particular marcado que atinge o alvo a que se destina. Isso permite que as empresas farmacêuticas verifiquem a eficácia de um medicamento e definam as doses.

Um dos desafios da utilização da PET é a velocidade requerida para sintetizar a molécula marcada. Por exemplo, o ^{18}F tem uma meia-vida de 110 minutos. Assim, em um pouco menos de 2 horas após o ^{18}F ter sido produzido em um acelerador de partículas, metade dele já decaiu. Além disso, por causa dos perigos da manipulação de ^{18}F radioativo, as operações de síntese devem ser realizadas por meio de manipulações robóticas dentro de uma caixa revestida de chumbo. O lado positivo é que a PET é incrivelmente sensível – ela pode detectar quantidades de ^{18}F tão pequenas quanto 10^{-12} mol. O uso do ^{11}C é um desafio sinteticamente ainda maior que a utilização de ^{18}F, porque o ^{11}C tem uma meia-vida de apenas 20 minutos.

A PET é uma tecnologia em rápida ascensão. Particularmente, são necessários mais químicos nesse campo para melhorar os métodos de síntese e para desenvolver novos marcadores radioativos. Se isso for de seu interesse, pesquise para ver como se preparar para um trabalho nesse campo.

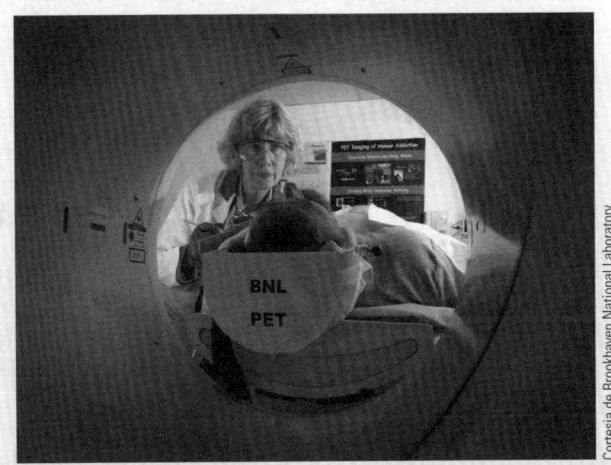

Um digitalizador para tomografia por emissão de pósitrons (PET).

Nuclídeos utilizados como rastreadores de rádio têm meia-vida curta, de modo que eles desaparecem rapidamente do corpo.

muscular saudável. O tecnécio 99, também absorvido pelo tecido normal do coração, é utilizado para a avaliação de danos de uma forma semelhante.

Os marcadores radioativos fornecem métodos sensíveis e não cirúrgicos para aprender sobre os sistemas biológicos, para a detecção de doenças e para o acompanhamento da ação e da eficácia dos medicamentos. Alguns marcadores radioativos úteis estão listados na Tabela 19.4.

Tabela 19.4 ▶ Alguns nuclídeos radioativos, sua meia-vida e suas aplicações médicas como marcadores radioativos*

Nuclídeo	Meia-vida	Área do corpo estudada
^{131}I	8,1 dias	tireoide
^{59}Fe	45,1 dias	hemácias do sangue
^{99}Mo	67 horas	metabolismo
^{32}P	14,3 dias	olhos, fígado, tumores
^{51}Cr	27,8 dias	hemácias do sangue
^{87}Sr	2,8 horas	ossos
^{99}Tc	6,0 horas	coração, ossos, fígado, pulmões
^{133}Xe	5,3 dias	pulmões
^{24}Na	14,8 horas	sistema circulatório

*Z algumas vezes não é escrito ao listar nuclídeos.

19-6 Energia nuclear

OBJETIVO Introduzir a fusão e a fissão como produtores de energia nuclear.

Os prótons e os nêutrons nos núcleos atômicos estão unidos por forças muito maiores que as forças que unem os átomos para formar as moléculas. Na verdade, as energias associadas com os processos nucleares são mais que um milhão de vezes maiores que aquelas associadas às reações químicas. Isso faz do núcleo uma fonte de energia potencialmente muito atraente.

Como os núcleos de dimensões médias contêm as forças de ligação mais fortes (o $^{56}_{26}Fe$ tem as forças de ligação mais forte de todos), existem dois tipos de processos nucleares que produzem energia:

1. Combinação de dois núcleos leves para formar um núcleo mais pesado. Esse processo é chamado de **fusão.**
2. Divisão de um núcleo pesado em dois núcleos com menores números de massa. Esse processo é chamado de **fissão.**

Como veremos nas próximas seções, esses dois processos podem fornecer quantidades incríveis de energia com massas de materiais consumidas relativamente pequenas.

19-7 Fissão nuclear

OBJETIVO Aprender sobre a fissão nuclear.

A fissão nuclear foi descoberta no final de 1930, quando foram observados nuclídeos de $^{235}_{92}U$ bombardeados com nêutrons se dividirem em dois elementos mais leves.

$$^{1}_{0}n + {}^{235}_{92}U \rightarrow {}^{141}_{56}Ba + {}^{92}_{36}Kr + 3\,{}^{1}_{0}n$$

Esse processo, ilustrado esquematicamente na Figura 19.4, libera $2,1 \times 10^{13}$ joules de energia por mol de $^{235}_{92}U$. Em comparação com o que obtemos de combustíveis típicos, essa é uma enorme quantidade de energia. Por exemplo, a fissão de 1 mol de $^{235}_{92}U$ produz cerca de *26 milhões de vezes* mais energia que a combustão de um mol de metano.

O processo mostrado na Figura 19.4 é apenas uma das muitas reações de fissão que o $^{235}_{92}U$ pode sofrer. Na verdade, mais de 200 isótopos diferentes de 35 elementos diferentes têm sido observados entre os produtos da fissão do $^{235}_{92}U$.

Além dos nuclídeos de produto, nêutrons são produzidos nas reações de fissão do $^{235}_{92}U$. Como esses nêutrons voam através da amostra sólida de urânio, eles podem colidir com outros núcleos de $^{235}_{92}U$, produzindo eventos adicionais de fissão. Cada

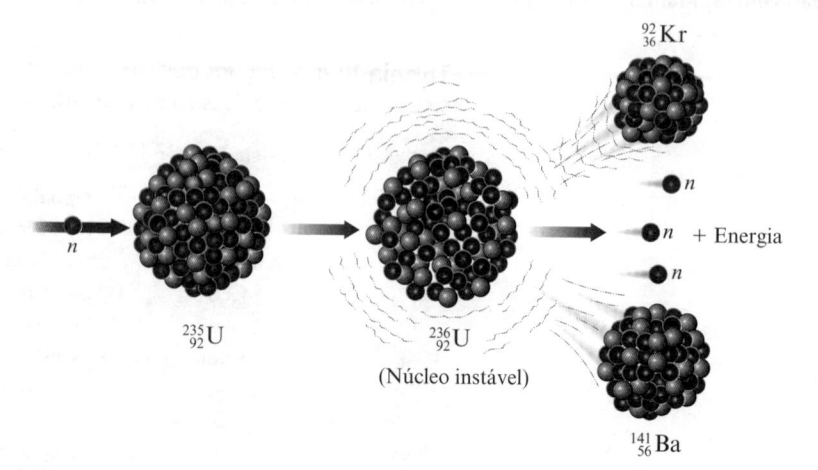

Figura 19.4 ▶ Após a captura de um nêutron, o núcleo de $^{235}_{92}U$ sofre fissão para produzir dois nuclídeos mais leves, mais nêutrons (geralmente três) e uma grande quantidade de energia.

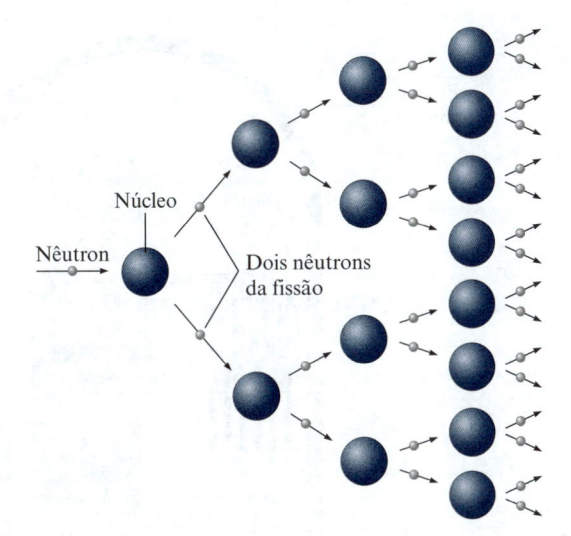

Figura 19.5 ▶ Representação de um processo de fissão em que cada evento produz dois nêutrons que podem continuar dividindo outros núcleos, conduzindo a uma reação em cadeia autossustentável.

um desses acontecimentos de fissão produz mais nêutrons que podem, por sua vez, produzir a fissão de mais núcleos de $^{235}_{92}U$. Como cada evento de fissão produz nêutrons, o processo pode ser autossustentável. Chamamos isso de **reação em cadeia** (Figura 19.5). Para o processo de fissão ser autossustentável, pelo menos um nêutron de cada evento de fissão deve continuar a dividir outro núcleo. Se, em média, *menos de um* nêutron provoca um outro evento de fissão, o processo se extingue. Se *exatamente um* nêutron de cada evento de fissão produz outro evento de fissão, o processo se sustenta no mesmo nível e é dito ser *crítico*. Se *mais de um* nêutron de cada evento de fissão produz outro evento de fissão, o processo rapidamente se intensifica e o acúmulo de calor provoca uma explosão violenta.

Para alcançar o estado crítico, é necessária uma determinada massa de material físsil, chamada **massa crítica**. Se a amostra é muito pequena, muitos nêutrons escapam antes que tenham a chance de causar um evento de fissão e o processo para.

Durante a Segunda Guerra Mundial, os Estados Unidos fizeram uma intensa pesquisa, chamada de Projeto Manhattan, para construir uma bomba com base nos princípios da fissão nuclear. Esse programa produziu a bomba de fissão, que foi usada com efeito devastador sobre as cidades de Hiroshima e Nagasaki, em 1945. Basicamente, uma bomba de fissão funciona pela combinação súbita de duas massas subcríticas, o que resulta em uma rápida escalada dos eventos de fissão, que produzem uma explosão de intensidade incrível.

19-8 Reatores nucleares

OBJETIVO Entender como funciona um reator nuclear.

O urânio natural é composto principalmente de $^{238}_{92}U$

O núcleo de uma instalação de usina nuclear.

Em virtude das gigantescas energias envolvidas, a fissão foi desenvolvida como uma fonte de energia para produzir eletricidade em reatores onde pode ocorrer a fissão controlada. A energia resultante é utilizada para aquecer a água para produzir vapor, o qual aciona geradores de turbinas, da mesma forma que uma usina a carvão gera energia por meio do aquecimento da água para produzir vapor. Um diagrama esquemático de uma central nuclear é mostrado na Figura 19.6.

No núcleo do reator (Figura 19.7), o urânio que foi enriquecido em aproximadamente 3% de $^{235}_{92}U$ (o urânio natural contém apenas 0,7% de $^{235}_{92}U$) está alojado em cilindros metálicos. Um *moderador* em torno dos cilindros desacelera os nêutrons para que o combustível de urânio possa capturá-los de forma mais eficiente. *Hastes de controle*, constituídas por substâncias (como o cádmio) que absorvem nêutrons, são usadas para regular o nível de potência do reator. O reator é projetado de modo que, se ocorrer um problema, as hastes de controle são inseridas automaticamente no núcleo para absorver os nêutrons e parar a reação. Um líquido

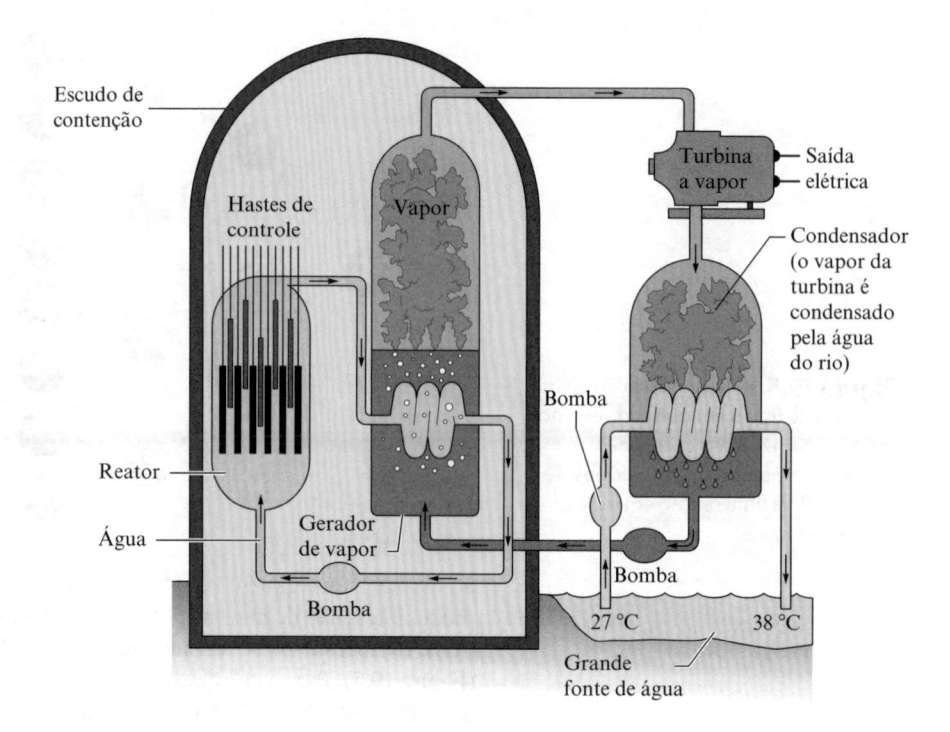

Figura 19.6 ▶ Diagrama esquemático de uma usina nuclear. A energia do processo de fissão é usada para ferver a água, produzindo vapor para uso em um gerador movido pela turbina. Água de resfriamento de um lago ou rio é usada para condensar o vapor depois que ele deixa a turbina.

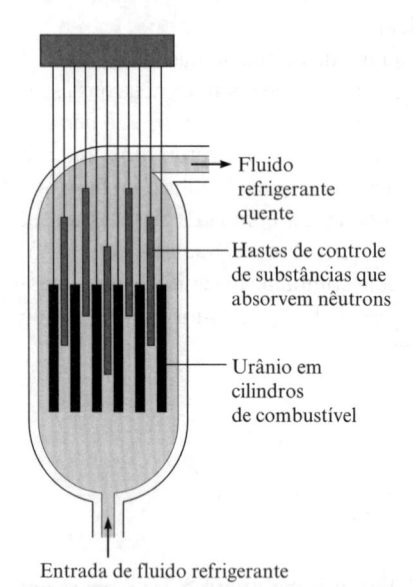

Figura 19.7 ▶ Diagrama esquemático do núcleo de um reator.

(geralmente água) circula através do núcleo para absorver o calor gerado pela energia de fissão. Essa energia térmica é então utilizada para transformar água em vapor, o qual aciona as turbinas que, por sua vez, acionam os geradores elétricos.

Embora a concentração de $^{235}_{92}U$ nos elementos de combustível não seja grande o suficiente para permitir uma explosão tal como a que ocorre em uma bomba de fissão, uma falha do sistema de resfriamento pode elevar a temperatura o suficientemente para derreter o núcleo do reator. Isso significa que o edifício que aloja o núcleo tem de ser projetado para conter o núcleo, mesmo no evento de tal "colapso". Uma grande controvérsia existe agora sobre a eficiência dos sistemas de segurança nas usinas nucleares. Acidentes como o da instalação de Three Mile Island, na Pensilvânia, em 1979, o de Chernobyl, na União Soviética, em 1986, e o de Fukushima, no Japão, em 2011, levaram muitas pessoas a questionar o conhecimento para continuar a construir instalações de energia com base na fissão.

Reatores regeneradores

Um problema potencial voltado para a indústria de energia nuclear é a oferta limitada de $^{235}_{92}U$. Alguns cientistas acreditam que temos quase esgotados os depósitos de urânio que são ricos o suficiente em $^{235}_{92}U$ para fazer a produção de combustível físsil economicamente viável. Por causa dessa possibilidade, foram desenvolvidos reatores nos quais o combustível físsil é realmente produzido enquanto o reator funciona. Nesses **reatores regeneradores,** o principal componente do urânio natural não físsil $^{238}_{92}U$ é alterado para $^{239}_{94}Pu$. A reação envolve a absorção de um nêutron, seguida pela produção de duas partículas β.

$$^{1}_{0}n + ^{238}_{92}U \rightarrow ^{239}_{92}U$$
$$^{239}_{92}U \rightarrow ^{239}_{93}Np + ^{0}_{-1}e$$
$$^{239}_{93}Np \rightarrow ^{239}_{94}Pu + ^{0}_{-1}e$$

À medida que o reator funciona e o $^{235}_{92}U$ é dividido, alguns dos nêutrons em excesso são absorvidos pelo $^{238}_{92}U$ para produzir $^{239}_{94}Pu$. O $^{239}_{94}Pu$ é então separado e usado para alimentar outro reator. Esse reator, portanto, "gera" combustível nuclear à medida que ele opera.

Embora os reatores regeneradores sejam usados agora na Europa, os Estados Unidos estão prosseguindo lentamente com seu desenvolvimento, porque a sua utilização envolve muita controvérsia. Um problema envolve os perigos que surgem na manipulação de plutônio, que é muito tóxico e inflama em contato com o ar.

> **Pensamento crítico**
>
> Os processos de fissão nuclear podem fornecer energia útil, mas também podem ser perigosos. E se o Congresso decidir banir todos os processos que envolvem a fissão? Como isso mudaria a nossa sociedade?

19-9 Fusão nuclear

OBJETIVO Aprender sobre a fusão nuclear

O processo de combinar dois núcleos leves – chamado de **fusão nuclear** – produz ainda mais energia por mol que a fissão nuclear. Na verdade, as estrelas produzem a sua energia por meio da fusão nuclear. Nosso Sol, que atualmente é constituído de 73% de hidrogênio, 26% de hélio e 1% de outros elementos, libera vastas quantidades de energia pela fusão de prótons para formar o hélio. Um esquema possível para esse processo é:

Partículas ^2_1H são chamadas de *dêuterons*.

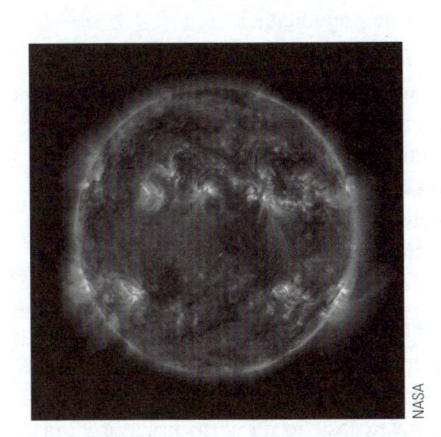

$$^1_1H + ^1_1H \rightarrow ^2_1H + ^0_1e + \text{energia}$$
$$^1_1H + ^2_1H \rightarrow ^3_2He + \text{energia}$$
$$^3_2He + ^3_2He \rightarrow ^4_2He + 2\,^1_1H + \text{energia}$$
$$^3_2He + ^1_1H \rightarrow ^4_2He + ^0_1e + \text{energia}$$

Intensos esforços estão em curso para desenvolver um processo de fusão viável baseado na disponibilidade de vários nuclídeos leves prontos (deutério, ^2_1H, na água do mar, por exemplo) que podem servir como combustível em reatores de fusão. No entanto, o início do processo de fusão é muito mais difícil que o início da fissão. As forças que ligam os nucleons em conjunto para formar um núcleo se tornam efetivas apenas a distâncias *muito pequenas* (aproximadamente 10^{-13} cm), então, para dois prótons se unirem e, assim, liberarem a energia, devem ficar muito próximos um do outro. Já os prótons, por serem carregados de forma idêntica, repelem-se. Isso sugere que para obter dois prótons (ou dois dêuterons) perto o suficiente para se unirem (a força de ligação nuclear forte *não* está relacionada com a carga), eles devem ser "disparados" um contra o outro em velocidades altas o suficiente para superar sua repulsão. As forças de repulsão entre dois núcleos ^2_1H são tão grandes que são consideradas necessárias temperaturas de cerca de 40 milhões K para que os núcleos estejam se movendo na velocidade suficiente para superarem as repulsões.

Atualmente, os cientistas estão estudando dois tipos de sistemas para produzir as temperaturas extremamente elevadas exigidas: laser de alta potência e aquecimento por correntes elétricas. No momento, muitos problemas técnicos permanecem por se resolver e não está claro se qualquer método será útil.

Uma explosão solar irrompe da superfície do astro.

19-10 Efeitos da radiação

OBJETIVO Ver como a radiação danifica o tecido humano.

Todo mundo sabe que ser atropelado por um trem é um evento catastrófico. A energia transferida em tal colisão é muito grande. Na verdade, qualquer fonte de energia é potencialmente nociva para os organismos. A energia transferida para as células pode quebrar as ligações químicas e causar mau funcionamento dos sistemas celulares. Esse fato está por trás de nossa atual preocupação com a manutenção da camada de ozônio na atmosfera superior da Terra, que reflete a radiação ultravioleta de alta energia que chega do Sol. Elementos radioativos que são fontes de partículas de alta energia também são potencialmente perigosos. No entanto, os efeitos são geralmente muito sutis, porque, apesar de estarem envolvidas partículas de alta energia, a quantidade de energia efetivamente depositada nos tecidos por *evento de decaimento* é muito pequena. O dano resultante não é menos real, mas os efeitos podem não ser aparentes por anos.

Os danos da radiação nos organismos podem ser classificados como somáticos ou genéticos. *Dano somático* é o dano ao próprio organismo, resultando em doença ou morte. Os efeitos podem aparecer quase imediatamente se uma dose maciça de radiação for recebida; para doses menores, os danos podem aparecer anos mais tarde, normalmente sob a forma de câncer. *Dano genético* é o dano ao mecanismo genético das células reprodutivas, criando problemas que muitas vezes afetam o organismo da prole.

Os efeitos biológicos de uma fonte específica de radiação dependem de vários fatores:

1. *A energia da radiação*. Quanto maior o conteúdo da energia de radiação, maior o dano que ela pode causar.

2. *A capacidade de penetração da radiação*. As partículas e os raios radioativos produzidos em processos variam na sua capacidade em penetrar nos tecidos humanos: raios γ são altamente penetrantes, partículas β podem penetrar aproximadamente 1 cm, e partículas α são interrompidas pela pele (Figura 19.8).

3. *A capacidade ionizante da radiação*. Como os íons se comportam de forma bastante diferente das moléculas neutras, a radiação que remove os elétrons das moléculas em tecidos vivos perturba gravemente suas funções. A capacidade ionizante da radiação varia drasticamente. Por exemplo, os raios γ penetram profundamente, mas causam apenas ionização ocasional. Por outro lado, as partículas α, embora não sejam muito penetrantes, são muito eficazes em causar ionização e produzir danos graves. Portanto, a ingestão de um produtor de partículas α, como o plutônio, é particularmente prejudicial.

4. *As propriedades químicas da fonte de radiação*. Quando um nuclídeo radioativo é ingerido, sua capacidade de causar danos depende de quanto tempo ele permanece no corpo. Por exemplo, ambos $^{85}_{36}$Kr e $^{90}_{38}$Sr são produtores de partícula β. Como o criptônio, sendo um gás nobre, é quimicamente inerte, ele passa através do corpo de forma rápida e não tem muito tempo para fazer estragos. O estrôncio, por outro lado, é quimicamente semelhante ao cálcio. Ele pode se acumular nos ossos, podendo causar leucemia e câncer ósseo.

Por causa das diferenças no comportamento das partículas e dos raios produzidos por decaimento radioativo, inventamos uma unidade chamada **rem** que indica o perigo que a radiação representa para os seres humanos.

A Tabela 19.5 mostra os efeitos físicos da exposição de curto prazo a várias doses de radiação, e a Tabela 19.6 fornece as fontes e as quantidades de radiação que uma pessoa normal nos Estados Unidos está exposta a cada ano. Observe que as fontes naturais contribuem com cerca de duas vezes mais que as atividades humanas para a exposição total. No entanto, embora a indústria nuclear contribua

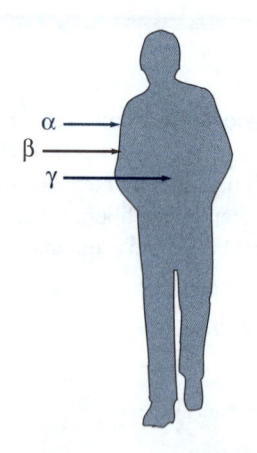

Figura 19.8 ▶ As partículas radioativas e os raios variam muito em poder de penetração. Os raios gama são, de longe, os mais penetrantes.

Tabela 19.5 ▶ Efeitos da exposição de curto prazo a radiações

Dose (rem)	Efeito clínico
0–25	não detectável
25–50	diminuição temporária do número de glóbulos brancos do sangue
100–200	forte diminuição do número de glóbulos brancos do sangue
500	morte de metade da população exposta no prazo de 30 dias após a exposição

Tabela 19.6 ▶ Exposições à radiação típicas para uma pessoa que vive nos Estados Unidos (1 milirem = 10⁻³ rem)

Fonte	Exposição (milirem/ano)
cósmico	50
Terra	47
materiais de construção	3
tecidos humanos	21
inalação de ar	5
Total de fontes naturais	*126*
Diagnóstico por raios X	50
radioterapia com raios X, radioisótopos	10
diagnóstico e terapia internos	1
indústria de energia nuclear	0,2
mostradores de relógios luminosos, tubos de TV, resíduos industriais	2
precipitação radioativa	4
Total das atividade humanas	*67*
Total	193 = 0,193 rem

com apenas uma pequena porcentagem do total da exposição, a controvérsia envolve usinas nucleares em função do seu *potencial* para a criação de riscos de radiação. Esses riscos surgem principalmente de duas fontes: acidentes, permitindo a liberação de materiais radioativos, e descarte inadequado dos produtos radioativos em elementos de combustível usados.

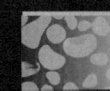

CAPÍTULO 19 REVISÃO

F direciona para a seção *Química em foco* do capítulo

Termos -chave

nucleons (19)
nêutrons (19)
prótons (19)
número atômico (Z) (19)
número de massa (A) (19)
isótopos (19)
nuclídeo (19)
radioativo (19-1)
partícula beta (β) (19-1)
equação nuclear (19-1)
partícula alfa (α) (19-1)
produção de partícula alfa (19-1)
produção de partícula beta (19-1)
raio gama (γ) (19-1)
pósitron (19-1)
produção de pósitron (19-1)
captura de elétrons (19-1)

série de decaimento (19-1)
transformação nuclear (19-2)
elementos transurânicos (19-2)
contador Geiger-Müller (19-3)
contador Geiger (19-3)
contador de cintilação (19-3)
meia-vida (19-3)
datação por radiocarbono (19-4)
datação por carbono-14 (19-4)
marcador radioativo (19-5)
fusão (19-6)
fissão (19-6)
reação em cadeia (19-7)
massa crítica (19-7)
reatores regeneradores (19-8)
fusão nuclear (19-9)
rem (19-10)

Para revisão

▶ A radioatividade é a decomposição espontânea de um núcleo para formar outro núcleo.
  • O número atômico (Z) e o número de massa atômica (A) são ambos conservados em um decaimento radioativo.

Número de massa
↓
$^A_Z X$ ← Símbolo do elemento
↑
Número atômico

• Tipos de decaimento radioativo
  • Produção de partícula alfa (α)
  • Produção de partícula beta (β)
  • Produção de raio gama (γ)
  • Captura de elétron
  • Produção de pósitron (β⁺)
• Frequentemente uma série de decaimentos ocorre até que um núcleo estável seja formado.
• A radioatividade é detectada por instrumentos como o contador Geiger-Müller.
• A meia-vida de um núcleo radioativo é o tempo necessário para que metade da amostra decaia.

- As transformações nucleares transformam um átomo em outro por bombardeio de partículas.
- A datação de objetos que contêm radiocarbono ou carbono-14 pode ser realizada medindo seu teor de $^{14}_{6}C$.
- Marcadores radioativos são nuclídeos radioativos que podem ser introduzidos em um organismo e rastreados pela observação de seu decaimento radioativo.
- A energia pode ser obtida do núcleo de duas maneiras.
  - A fusão é a combinação de dois núcleos leves para formar um núcleo mais pesado.
  - A fissão é a divisão de um núcleo pesado em dois núcleos mais leves.
    - Reatores nucleares atuais usam a fissão para produzir energia elétrica.
- A radiação nuclear pode causar danos:
  - Somáticos – danos a um organismo
  - Genéticos – danos ao organismo dos descendentes
  - Os efeitos biológicos da radiação dependem do seguinte:
    - Sua energia
    - Sua capacidade de penetração
    - As propriedades químicas da fonte

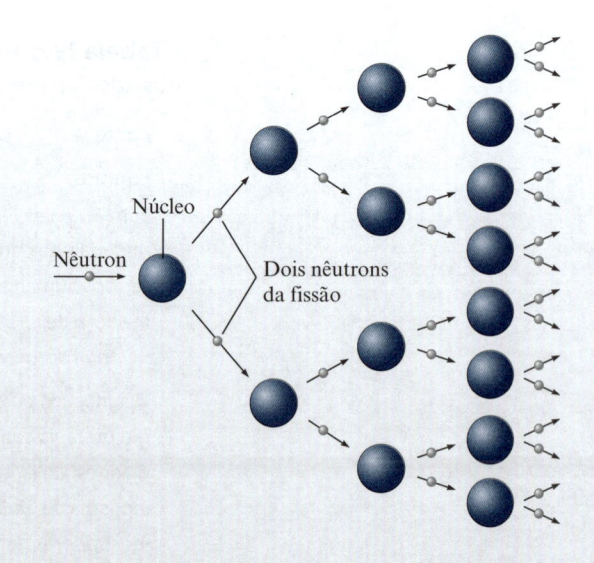

Questões de aprendizado ativo

Estas questões foram desenvolvidas para serem resolvidas por grupos de alunos na sala de aula. Normalmente, elas funcionam bem para introduzir um tópico específico em sala.

1. Afirma-se, na Seção 19-1 do livro, que são conhecidos aproximadamente 2000 nuclídeos. Como isso é possível, se existem apenas cerca de 100 elementos?
2. Em quantas unidades o número de massa de um núcleo muda quando ele produz uma partícula alfa? Em quantas unidades o número de massa de um núcleo muda quando ele produz uma partícula beta? Cada mudança é um aumento ou uma diminuição no número de massa?
3. Determine o número de meias-vidas que devem passar para apenas 1% de um radioisótopo específico permanecer.
4. Centenas de anos atrás, os alquimistas tentaram transformar chumbo em ouro. Essa transformação é possível? Caso contrário, por quê? Se sim, como você a faria?
5. Os marcadores radioativos geralmente possuem meias-vidas longas ou curtas? Por quê?
6. Por que o núcleo de um átomo é uma grande fonte de energia?
7. Discuta o que se entende pela expressão "massa crítica" e explique por que a capacidade de atingir uma massa crítica é essencial para sustentar uma reação nuclear.
8. O que torna a fusão preferível à fissão? O que torna a fusão mais complicada?
9. Por que é difícil determinar os efeitos da radiação sobre os seres humanos?
10. Qual tipo de decaimento radioativo deve ocorrer para cada uma das seguintes transformações?
    a. Transformação 1
    b. Transformação 2
    c. Transformação 3

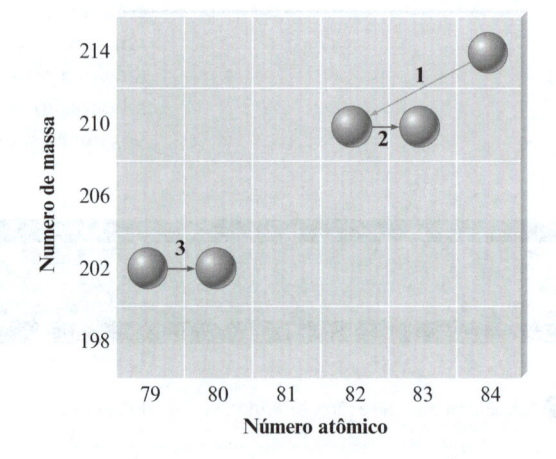

Perguntas e problemas

19-1 Decaimento radioativo

Problemas

1. O núcleo de um átomo afeta severamente as suas propriedades químicas? Explique.
2. Quão grande é um núcleo atômico típico e como a dimensão do núcleo de um átomo é comparada com a dimensão total do átomo?
3. O que o *número atômico* de um átomo representa?
4. O que representa o *número de massa* de um núcleo?
5. O que significa dizer que um elemento existe em várias formas isotópicas? Os isótopos de determinado elemento possuem propriedades químicas semelhantes? Explique.
6. Usando Z para representar o número atômico e A para representar o número de massa, forneça o símbolo geral para um nuclídeo do elemento X. Forneça também um exemplo específico da utilização de tal simbologia.

7. Escreva o símbolo nuclear para uma partícula *alfa*.

8. Quando um núcleo instável produz uma partícula α, em quantas unidades o número atômico do núcleo muda? O número atômico aumenta ou diminui?

9. Quando um núcleo emite uma partícula *beta*, em quantas unidades de massa atômica a massa do núcleo varia? Em quantas unidades o número atômico do núcleo varia? Explique.

10. Quando um núcleo emite um nêutron, o número atômico do núcleo muda? O número de massa do núcleo de muda? Explique.

11. O que é uma *série de decaimento*?

12. O que um *raio gama* representa? Um raio γ é uma partícula? Há uma mudança no número de massa ou atômico quando um núcleo produz apenas um raio γ?

13. O que é um *pósitron?* Qual é o número de massa e a carga de um pósitron? Como o número de massa e o número atômico de um núcleo mudam quando o núcleo produz um pósitron?

14. O que queremos dizer quando afirmamos que um núcleo passou por um *processo de captura de elétrons?* Que tipo de elétron é capturado pelo núcleo nesse processo?

Problemas

15. O enxofre de ocorrência natural consiste essencialmente do (94,9%) isótopo com número de massa 32, mas pequenas quantidades de isótopos com números de massa 33, 34 e 36 também estão presentes. Escreva o símbolo nuclear para cada um dos isótopos do enxofre. Quantos nêutrons estão presentes em cada isótopo? A massa atômica média do enxofre (32,07 g) é consistente com a abundância relativa dos isótopos?

16. Embora o potássio encontrado naturalmente consista principalmente do isótopo de número de massa 39 (93,25%), também estão presentes isótopos de número de massa 41 (6,73%) e 40 (0,01%). Escreva o símbolo nuclear para cada um dos isótopos do potássio. Quantos nêutrons estão presentes em cada isótopo? A massa atômica média do potássio (39,10 g) é consistente com a abundância relativa dos isótopos?

17. O magnésio encontrado naturalmente consiste basicamente em três isótopos de números de massa 24, 25 e 26. Quantos prótons cada um desses nuclídeos contém? Quantos nêutrons cada um desses nuclídeos contém? Escreva os símbolos nucleares para cada um desses isótopos.

18. Considere os três isótopos de magnésio discutidos no Exercício 17. Tendo em conta que a abundância natural relativa desses isótopos é 79%, 10% e 11%, respectivamente, sem olhar a contracapa do livro, qual é a massa atômica molar aproximada do magnésio? Explique como você fez a sua previsão.

19. Forneça o símbolo nuclear de cada um dos seguintes:
    a. uma partícula beta
    b. uma partícula alfa
    c. um nêutron
    d. um próton

20. Qual dos seguintes processos nucleares resulta em uma diminuição na relação entre nêutrons e prótons? Justifique sua resposta.
    a. Produção de partícula β.
    b. Produção de pósitron.
    c. Captura de elétron.
    d. Produção de partícula α.
    e. Produção de raio γ.

21. Complete cada uma das seguintes equações nucleares fornecendo a partícula que falta:
    a. $^{226}_{88}Ra \rightarrow ? + ^{222}_{86}Rn$
    b. $^{9}_{4}Be + ^{1}_{1}H \rightarrow ? + ^{4}_{2}He$
    c. $^{17}_{8}O + ? \rightarrow ^{14}_{6}C + ^{3}_{1}H$

22. Complete cada uma das seguintes equações nucleares fornecendo a partícula que falta:
    a. $^{196}_{85}At \rightarrow ^{4}_{2}He + ?$
    b. $^{208}_{84}Po \rightarrow ^{4}_{2}He + ?$
    c. $^{210}_{86}Rn \rightarrow ^{4}_{2}He + ?$

23. Complete cada uma das seguintes equações nucleares fornecendo a partícula que falta:
    a. $^{210}_{89}Ac \rightarrow ^{4}_{2}He + ?$
    b. $^{131}_{53}I \rightarrow ^{131}_{54}Xe + ?$
    c. $^{88}_{55}Br \rightarrow ^{87}_{35}Br + ?$

24. Complete cada uma das seguintes equações nucleares fornecendo a partícula que falta:
    a. $^{201}_{80}Hg + ? \rightarrow ^{201}_{79}Au$
    b. $^{210}_{82}Pb \rightarrow ^{210}_{83}Bi + ?$
    c. $? \rightarrow ^{210}_{84}Po + ^{0}_{-1}e$

25. Cada um dos seguintes nuclídeos é conhecido por sofrer decaimento radioativo pela produção de uma partícula beta $^{0}_{-1}e$. Escreva a equação nuclear balanceada para cada processo.
    a. $^{14}_{6}C$ b. $^{140}_{55}Cs$ c. $^{234}_{90}Th$

26. Cada um dos seguintes nuclídeos é conhecido por sofrer decaimento radioativo pela produção de uma partícula alfa $^{4}_{2}He$. Escreva a equação nuclear balanceada para cada processo.
    a. $^{234}_{92}U$ b. $^{222}_{86}Rn$ c. $^{162}_{75}Re$

27. Cada um dos seguintes nuclídeos é conhecido por sofrer decaimento radioativo pela produção de uma partícula β, $^{0}_{-1}e$. Escreva a equação nuclear balanceada para cada processo.
    a. $^{188}_{74}W$ b. $^{40}_{19}K$ c. $^{198}_{79}Au$

28. Cada um dos seguintes nuclídeos é conhecido por sofrer decaimento radioativo pela produção de uma partícula β, $^{0}_{-1}e$. Escreva a equação nuclear balanceada para cada processo.
    a. $^{136}_{53}I$ b. $^{133}_{51}Sb$ c. $^{117}_{49}In$

19-2 Transformações nucleares

Perguntas

29. O que uma *transformação nuclear* representa? Como é realizada uma transformação nuclear?

30. O que se entende por um *bombardeio nuclear*? Dê um exemplo deste processo e descreva qual é o seu resultado líquido.

31. Escreva a equação nuclear balanceada mostrando o bombardeio de $^{9}_{4}Be$ com partículas alfa para produzir $^{12}_{6}C$ e um nêutron.

32. Escreva a equação nuclear balanceada mostrando o bombardeio de $^{24}_{12}Mg$ com átomos de deutério (o isótopo de hidrogênio com $A = 2$, $^{2}_{1}H$) para produzir $^{22}_{11}Na$ e uma partícula alfa.

19-3 Detecção de radioatividade e o conceito de meia-vida

Perguntas

33. Descreva a operação de um contador Geiger. Como um contador Geiger detecta partículas radioativas? Em que um contador de cintilação difere de um contador Geiger?

34. O que é a *meia-vida* de um núcleo radioativo? Um determinado tipo de núcleo sempre tem a mesma meia-vida? Os núcleos de diferentes elementos têm a mesma meia-vida?

35. O que queremos dizer quando afirmamos que um núcleo radioativo é "mais quente" que outro? Qual elemento teria mais eventos de decaimento ao longo de determinado período de tempo?

36. Considere os isótopos de rádio listados na Tabela 19.3. Qual isótopo é mais estável contra o decaimento? Qual isótopo é "mais quente"?

Problemas

37. Os seguintes isótopos (listados com as suas meias-vidas) têm sido usados nas ciências médicas e biológicas. Organize esses isótopos na ordem de suas atividades de decaimento relativo: ^{3}H (12,2 anos), ^{24}Na (15 horas), ^{131}I (8 dias), ^{60}Co (5,3 anos), ^{14}C (5730 anos).

38. Uma lista dos vários radionuclídeos importantes é apresentada na Tabela 19.4. Qual é o "mais quente"? Qual é o mais estável em relação ao decaimento?

39. O nitrogênio-13 ($^{13}_{7}$N) é um radionuclídeo que decai por emissão de pósitron ($^{0}_{1}$e) para carbono-13 ($^{13}_{6}$C) com uma meia-vida muito próxima de 10 minutos. Se começarmos com uma amostra contendo 100 microgramas de nitrogênio-13, quanto N-13 permanecerá depois de um período de duas meias-vidas?

40. O cobalto-62 ($^{62}_{27}$Co) é um radionuclídeo com uma meia-vida de 1,5 minuto. Que fração de uma amostra inicial de Co-62 permanecerá após 6 minutos?

41. O elemento criptônio tem vários isótopos radioativos. Abaixo estão listados diversos deles, juntamente com as suas meias-vidas. Qual dos isótopos é mais estável? Qual dos isótopos é "mais quente"? Se tivéssemos de começar um experimento de meia-vida com amostras de 125 μg separadas de cada isótopo, aproximadamente quanto de cada isótopo permaneceria após 24 horas?

Isótopo	Meia-vida
Kr-73	27 s
Kr-74	11,5 min
Kr-76	14,8 h
Kr-81	2,1 × 10^5 anos

42. O tecnécio-99 tem sido usado como um agente radiográfico em exames ósseos (o $^{99}_{43}$Tc é absorvido pelos ossos). Se o $^{99}_{43}$Tc tem uma meia-vida de 6,0 horas, qual fração de uma dose administrada de 100 μg de Tc permanece no corpo de um paciente após 2,0 dias?

19-4 Datação pela radioatividade

Perguntas

43. Descreva em termos gerais como um artefato arqueológico é datado com carbono-14.

44. Como o $^{14}_{6}$C é produzido na atmosfera? Escreva uma equação balanceada para esse processo.

45. Na datação de artefatos usando carbono-14 é feita uma suposição sobre a quantidade de carbono-14 na atmosfera. Qual é essa suposição? Por que o pressuposto é importante?

46. Por que um artefato de madeira ou tecido antigo contém menos $^{14}_{6}$C que artigos contemporâneos ou fabricados mais recentemente com materiais semelhantes?

19-5 Aplicações médicas da radioatividade

Perguntas

47. A glândula tireoide é interessante, pois é praticamente o único lugar do corpo onde o elemento iodo é usado. Como os marcadores radioativos têm sido usados para estudar e tratar doenças da glândula tireoide?

F 48. A seção "Química em foco – *PET, o melhor amigo do cérebro*" discute o uso de marcadores radioativos para monitorar o funcionamento de órgãos ou para rastrear o caminho e o destino final de um medicamento. O isótopo ^{18}F é mencionado como um possível marcador radioativo e tem uma meia-vida de 110 minutos. Com base em uma amostra de 1 mol de ^{18}F, quantos átomos restam depois de um dia?

19-6 Energia nuclear

Perguntas

49. Como as resistências das forças que mantêm um núcleo atômico unido são comparadas com as forças entre os átomos em uma molécula?

50. Durante a _____ nuclear, um grande núcleo é transformado em núcleos mais leves. Durante a _____ nuclear, pequenos núcleos são combinados para formar um núcleo mais pesado. Ambos os processos liberam energia, mas a _____ nuclear libera muito mais energia que a _____ nuclear.

19-7 Fissão nuclear

Perguntas

51. Como as energias liberadas por processos nucleares se comparam com as energias de processos químicos comuns?

52. Escreva uma equação para a fissão do $^{235}_{92}$U por bombardeio com nêutrons.

53. O que é uma *reação em cadeia*? Como uma reação em cadeia envolvendo o ^{235}U se sustenta?

54. O que significa dizer que o material físsil possui uma *massa crítica*? Uma reação em cadeia pode ocorrer quando uma amostra tem menos que a massa crítica?

19-8 Reatores nucleares

Perguntas

55. Descreva o propósito de cada um dos principais componentes de um reator nuclear (moderador, hastes de controle, de contenção, o fluido refrigerante e assim por diante).

56. Pode ocorrer uma explosão nuclear em um reator? A concentração de material físsil usada em reatores grandes é suficiente para isso?

57. O que é um *colapso* e como ele ocorre? A maioria dos reatores nucleares utiliza água como fluido refrigerante. Existe algum perigo de uma explosão de vapor se o núcleo do reator sobreaquecer?

58. Em um _____ reator nuclear, o $^{238}_{92}U$ não físsil é convertido em $^{239}_{94}Pu$ físsil.

19-9 Fusão nuclear

Perguntas

59. O que é a *fusão* nuclear de núcleos pequenos? Como a energia liberada pela fusão é comparada com a liberada pela fissão?

60. Quais são algumas das razões pelas quais ainda não foi desenvolvido nenhum reator de fusão prático?

61. Qual tipo de "combustível" pode ser usado em um reator de fusão nuclear e por que isso é desejável?

62. O Sol irradia vastas quantidades de energia como consequência da reação de fusão nuclear de _____ para formar _____ núcleos.

19-10 Efeitos da radiação

Perguntas

63. Embora a energia transferida por evento quando um ser vivo é exposto à radiação seja pequena, por que essa exposição é perigosa?

64. Explique a diferença entre o dano *somático* e o dano *genético* da radiação. Que tipo causa dano imediato ao indivíduo exposto?

65. Descreva os poderes de penetração relativos das radiações alfa, beta e gama.

66. Explique por que, apesar de os raios gama serem muito mais penetrantes que as partículas alfa, estas últimas são realmente mais suscetíveis de causar danos em um organismo. Qual radiação é mais eficaz para causar a ionização de biomoléculas?

67. Como as propriedades químicas dos núcleos radioativos (em oposição ao decaimento nuclear que eles sofrem) influenciam o grau de dano que eles provocam em um organismo?

68. Embora os processos nucleares ofereçam o potencial para uma abundante fonte de energia, nenhuma usina nuclear foi construída nos Estados Unidos por algum tempo. Além do medo de um mau funcionamento de tal instalação (como aconteceu na usina nuclear de Three Mile Island, na Pensilvânia) ou a ameaça de um ataque terrorista contra uma instalação desse tipo, há o problema muito prático do descarte regular dos resíduos materiais de uma usina de energia nuclear. Discuta alguns dos problemas associados com os resíduos nucleares e algumas das propostas que foram apresentadas para a sua eliminação.

Problemas adicionais

69. O número de prótons contidos em um determinado núcleo é chamado de _____.

70. Um núcleo que se decompõe espontaneamente é dito ser _____.

71. Um _____, quando é produzido(a) por um núcleo em alta velocidade, é mais comumente chamado(a) de uma partícula beta.

72. Em uma equação nuclear, tanto o número atômico quanto o número _____ devem ser conservados.

73. A produção de um núcleo de hélio a partir de um átomo pesado é referido como decaimento _____.

74. O efeito líquido da produção de uma partícula beta é converter um _____ em um _____.

75. Além de partículas, muitos núcleos radioativos também produzem raios _____ de alta energia quando decaem.

76. Quando um nuclídeo se decompõe por meio de uma série de etapas antes de atingir a estabilidade, o nuclídeo é dito ter passado por uma série _____.

77. Quando um nuclídeo produz uma partícula beta, o número atômico do novo nuclídeo resultante é uma unidade _____ que a do nuclídeo original.

78. Quando um núcleo é submetido ao decaimento alfa, o _____ do núcleo diminui em quatro unidades.

79. Máquinas que aumentam a velocidade de espécies utilizadas para os processos de bombardeio nuclear são chamadas de _____.

80. Os elementos com números atômicos 93 ou superiores são designados como os elementos _____.

81. Um contador _____ contém gás argônio, que é ionizado pela radiação, possibilitando a medição das taxas de decaimento radioativo.

82. O tempo necessário para que metade de uma amostra original de um nuclídeo radioativo decaia é referido como a _____ do nuclídeo.

83. O nuclídeo radioativo usado para determinar a idade de artefatos de madeira históricos é o _____.

84. _____ são substâncias radioativas que os médicos introduzem no corpo para habilitá-los a estudar a absorção e o metabolismo da substância ou para analisar o funcionamento de um órgão ou glândula que podem fazer uso da substância.

85. Combinar dois pequenos núcleos para formar um núcleo maior é referido como o processo de _____ nuclear.

86. Um processo nuclear autossustentado, no qual as partículas de bombardeio necessárias para produzir a fissão de material adicional são produzidas como produto da fissão inicial, é chamado de uma reação _____.

87. O tipo mais comum de reator nuclear utiliza o nuclídeo _____ como seu material físsil.

88. Um determinado nuclídeo tem uma meia-vida de 35 anos. Depois de 140 anos, 3,0 g permanece. Qual era a massa original da amostra do nuclídeo?

89. A série de decaimento a partir do urânio -238 para o chumbo -206 está indicada na Figura 19.1. Para cada *passo* do processo indicado na figura, especifique qual tipo de partícula é produzida pelo núcleo específico envolvido nesse ponto na série.

90. Forneça a partícula ausente e indique o tipo de decaimento de cada um dos seguintes processos nucleares:

a.

$^{238}_{92}U \rightarrow {}^{4}_{2}He + ?$

b.

$\rightarrow {}^{234}_{90}Th \quad {}^{234}_{91}Pa + ?$

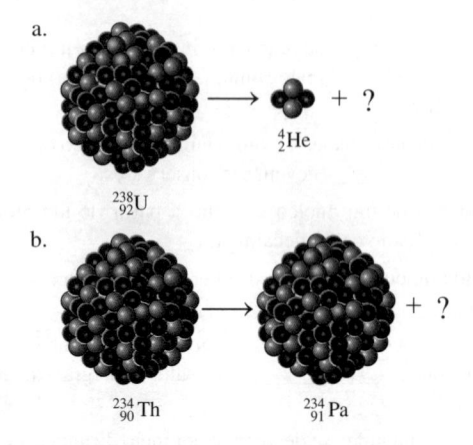

91. Cada um dos seguintes isótopos foi utilizado clinicamente com a finalidade indicada. Sugira as razões pelas quais o elemento em particular pode ter sido escolhido para essa finalidade.

   a. cobalto-57, para o estudo do uso no corpo da vitamina B_{12}.
   b. cálcio-47, para o estudo do metabolismo ósseo.
   c. ferro-59, para o estudo da função das hemácias do sangue.
   d. mercúrio-197, para exames cerebrais antes das tomografias se tornarem disponíveis.

92. A fissão de $^{235}_{92}U$ libera $2,1 \times 10^{13}$ joules por mol de $^{235}_{92}U$. Calcule a energia liberada por átomo e por grama de $^{235}_{92}U$.

93. Durante a pesquisa que levou à produção das duas bombas atômicas usadas contra o Japão na Segunda Guerra Mundial, foram investigados diferentes mecanismos de obtenção de uma massa supercrítica de material físsil. Em um tipo de bomba, o que é essencialmente um tipo de arma foi usada para atirar uma peça de material físsil em uma cavidade contendo outra peça de material físsil. No segundo tipo de bomba, o material físsil foi rodeado com explosivos que, quando detonados, comprimiram o material físsil em um volume menor. Discuta o que se entende por massa crítica e explique por que a capacidade de atingir uma massa crítica é essencial para sustentar uma reação nuclear.

94. O zircônio é composto de cinco isótopos primários de números de massa e abundâncias mostrados abaixo:

   Zr-90   51,5%
   Zr-91   11,2%
   Zr-92   17,1%
   Zr-94   17,4%
   Zr-96   2,8%

   Escreva o símbolo nuclear $^{A}_{Z}X$, para cada um desses isótopos de zircônio.

95. O elemento zinco na natureza é composto por cinco isótopos com abundância natural superior a 0,5%, com números de massa 64, 66, 67, 68 e 70. Escreva o símbolo nuclear para cada um desses isótopos. Quantos prótons cada um deles contém? Quantos nêutrons cada um deles contém?

96. O alumínio existe em diversas formas isotópicas, incluindo $^{27}_{13}Al$, $^{28}_{13}Al$ e $^{29}_{13}Al$. Indique o número de prótons e o número de nêutrons em cada um desses isótopos.

97. Complete cada uma das seguintes equações nucleares fornecendo a partícula ausente.

   a. $^{226}_{88}Ra \rightarrow {}^{222}_{86}Rn + ?$
   b. $^{226}_{86}Rn \rightarrow {}^{218}_{84}Po + ?$
   c. $^{2}_{1}H + {}^{3}_{1}H \rightarrow {}^{4}_{2}He + ?$

98. Quantas das seguintes afirmações sobre o decaimento de nuclídeos radioativos são *verdadeiras*?

   a. Durante determinado período de tempo, um núcleo radioativo com uma meia-vida curta é muito mais provável de decair que um com uma meia-vida longa.
   b. À medida que um nuclídeo decai, sua massa diminui.
   c. A fusão é um processo de decaimento natural.
   d. O decaimento continua até que um nuclídeo estável seja formado.

99. Escreva a equação nuclear balanceada para o bombardeio de $^{14}_{7}N$ com partículas alfa para produzir $^{17}_{8}O$ e um próton.

100. Escreva a equação nuclear que mostra o bombardeio de berílio-9 com partículas alfa, resultando na produção de carbono-12 e um nêutron.

101. Como o $^{131}_{53}I$ e o $^{201}_{81}Tl$ têm sido utilizados no diagnóstico médico? Por que esses nuclídeos específicos são bastante adequados para essa finalidade?

102. A reação mais comum usada em reatores regeneradores envolve o bombardeio de urânio-238 com nêutrons: o ^{238}U é convertido em ^{239}U por este bombardeio. O urânio-239 em seguida passa por dois decaimentos beta, primeiro para ^{239}Np e, em seguida, para ^{239}Pu, que é um material físsil e o produto desejado. Escreva equações nucleares balanceadas para a reação de bombardeio e as duas reações de decaimento beta.

103. Cada um dos seguintes nuclídeos é conhecido por sofrer decaimento radioativo por produção de uma partícula alfa, $^{4}_{2}He$. Escreva a equação nuclear balanceada para cada processo:

   a. $^{232}_{90}Th$ b. $^{220}_{86}Rn$ c. $^{216}_{84}Po$

Problemas para estudo

104. Complete a seguinte tabela com a partícula nuclear que é produzida em cada reação nuclear.

Nuclídeo inicial	Nuclídeo produto	Partícula produzida
$^{239}_{94}Pu$	$^{235}_{92}U$	_____
$^{214}_{82}Pb$	$^{214}_{83}Bi$	_____
$^{60}_{27}Co$	$^{60}_{28}Ni$	_____
$^{99}_{43}Tc$	$^{99}_{44}Ru$	_____
$^{239}_{93}Np$	$^{239}_{94}Pu$	_____

105. Quais das seguintes equações nucleares estão corretas?

   a. $^{7}_{4}Be \rightarrow {}^{7}_{3}Li + {}^{0}_{-1}e$
   b. $^{8}_{5}B \rightarrow {}^{8}_{4}Be + {}^{0}_{1}e$
   c. $^{239}_{94}Pu + {}^{4}_{2}He \rightarrow {}^{242}_{96}Cm + {}^{1}_{1}H$
   d. $^{97}_{43}Tc + {}^{0}_{-1}e \rightarrow {}^{97}_{42}Mo$
   e. $^{7}_{4}Be + {}^{0}_{-1}e \rightarrow {}^{7}_{3}Li$

106. Um certo nuclídeo radioativo tem uma meia-vida de 80,9 anos. Quanto tempo leva para 87,5% de uma amostra dessa substância decair?

107. Quais das seguintes afirmativas são *verdadeiras*?

   a. Um nuclídeo radioativo que se decompõe de $1,00 \times 10^{10}$ átomos para $2,5 \times 10^{9}$ átomos em 10 minutos tem uma meia-vida de 5,0 minutos.
   b. Nuclídeos com valores de Z grandes são observados para serem produtores de partícula α.
   c. À medida que Z aumenta, os nuclídeos necessitam de uma maior relação de próton para nêutron para a estabilidade.
   d. Espera-se que nuclídeos "leves", com o dobro de nêutrons que prótons, sejam estáveis.

Química orgânica

CAPÍTULO 20

- **20-1** Ligação de carbono
- **20-2** Alcanos
- **20-3** Fórmulas estruturais e isomeria
- **20-4** Nomeando alcanos
- **20-5** Petróleo
- **20-6** Reações de alcanos
- **20-7** Alcenos e alcinos
- **20-8** Hidrocarbonetos aromáticos
- **20-9** Nomeando compostos aromáticos
- **20-10** Grupos funcionais
- **20-11** Alcoóis
- **20-12** Propriedades e usos de alcoóis
- **20-13** Aldeídos e cetonas
- **20-14** Nomeando aldeídos e cetonas
- **20-15** Ácidos carboxílicos e ésteres
- **20-16** Polímeros

O Centro Aquático Nacional (também conhecido como "Water Cube") usado nos Jogos Olímpicos de Verão de 2008 em Pequim, na China. imagean/iStockphoto.com

O estudo de compostos contendo carbono e suas propriedades é chamado de **química orgânica**. As indústrias com base em substâncias orgânicas realmente revolucionaram nossas vidas. Em particular, o desenvolvimento de polímeros, tais como o Nylon para os tecidos; o Velcro para fechos; o Kevlar para os compósitos utilizados em carros, aviões e bicicletas exóticas; e o cloreto de polivinila (PVC) para tubos, tapumes e brinquedos produziram um admirável mundo novo.

Dois elementos do Grupo 4, carbono e silício, formam a base da maioria das substâncias naturais. O silício, com sua grande afinidade pelo oxigênio, forma cadeias e anéis contendo ligações Si—O—Si para produzir a sílica e os silicatos que formam as estruturas básicas da maioria das rochas, areias e solos. Portanto, os compostos do silício são os materiais inorgânicos fundamentais da Terra. O que o silício é para o mundo geológico, o carbono é para o mundo orgânico ou biológico. O carbono tem a habilidade incomum de se ligar fortemente a ele mesmo, formando longas cadeias ou anéis de átomos da substância. Além disso, o carbono forma ligações fortes com outros ametais, tais como hidrogênio, nitrogênio, oxigênio, enxofre e os halogênios. Devido a essas propriedades de ligação, existe uma quantidade extraordinária de compostos de carbono; vários milhões já são conhecidos, e o número continua a crescer rapidamente. Entre esses muitos compostos estão as **biomoléculas**, moléculas que tornam possível a manutenção e a reprodução da vida.

Apesar de alguns poucos compostos de carbono, como os óxidos de carbono e carbonatos, serem consideradas substâncias inorgânicas, a grande maioria dos compostos de carbono é designado como orgânico — compostos que normalmente contêm as cadeias ou anéis de átomos de carbono. Originalmente, a distinção entre substâncias orgânicas e inorgânicas era baseada em saber se elas eram produzidas por sistemas vivos. Por exemplo, até o início do século XIX, acreditava-se que os compostos orgânicos tinham algum tipo de "força de vida" e poderiam ser sintetizados apenas por organismos vivos. Esse equívoco foi dissolvido em 1828, quando o químico alemão Friedrich Wöhler (1800-1882) preparou ureia a partir do sal inorgânico de cianato de amônio por simples aquecimento.

$$NH_4OCN \xrightarrow{Calor} H_2N-\underset{\underset{O}{\|}}{C}-NH_2$$

Cianato de amônio   Ureia

A ureia é um componente da urina, por isso, é sem dúvida um material orgânico formado por seres vivos, embora aqui houvesse uma evidência forte de que ela também poderia ser produzida em laboratório.

A química orgânica desempenha um papel vital em nossa busca para compreender sistemas biológicos. Além disso, as fibras sintéticas, os plásticos, os adoçantes artificiais e os medicamentos do dia a dia são produtos da química orgânica industrial. Finalmente, a energia da qual nossa civilização tanto depende é baseada principalmente na combustão de materiais orgânicos encontrados no carvão e no petróleo.

Como a química orgânica é um tema vasto, será possível apresentá-lo apenas brevemente neste livro. Começaremos com a classe mais simples de compostos orgânicos, os hidrocarbonetos, e, em seguida, mostraremos como a maioria dos outros compostos orgânicos podem ser considerados como derivados de hidrocarbonetos.

Vista ampliada do Velcro, um material orgânico sintético utilizado em fechos. Dee Breger/Science Source

20-1 Ligação de carbono

OBJETIVO Entender os tipos de ligações formadas pelo átomo de carbono.

Existem muitos compostos que contêm carbono, pois ele forma fortes ligações consigo mesmo e com muitos outros elementos Um átomo de carbono pode formar ligações com até quatro outros átomos, os quais podem ser de carbono ou de outros elementos. Um dos materiais conhecidos mais duros e resistentes é o diamante, uma forma de carbono puro na qual cada átomo de carbono está ligado a quatro outros átomos de carbono (Fig. 4.16).

Um dos compostos de carbono mais conhecidos é o metano, CH_4, o principal componente do gás natural. A molécula do metano consiste em um átomo de carbono com quatro átomos de hidrogênio ligados a ele de forma tetraédrica. Ou seja, conforme previsto pelo modelo RPENV (veja a Seção 12-9), os quatro pares de elétrons ligados ao redor do carbono têm repulsão mínima quando estão localizados nos vértices de um tetraedro.

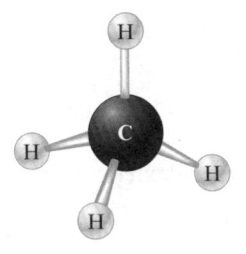

Figura 20.1 ▶ O metano é uma molécula tetraédrica.

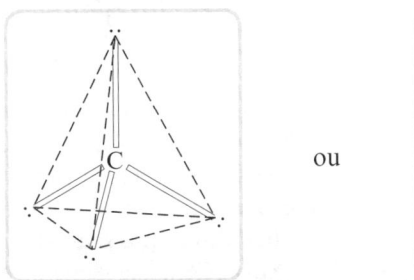

Isso leva à estrutura do CH_4 mostrada na Fig. 20.1. *Quando o carbono tem quatro átomos ligados a ele, eles sempre terão um arranjo tetraédrico em relação ao carbono.*

O carbono pode se ligar com menos de quatro elementos, formando uma ou mais ligações múltiplas. Lembre-se de que uma ligação múltipla envolve o compartilhamento de mais de um par de elétrons. Por exemplo, uma *ligação dupla* envolve o compartilhamento de dois pares de elétrons, como no dióxido de carbono:

$$:\ddot{O}=C=\ddot{O}:$$

CO_2 e CO são classificados como substância inorgânicas.

e uma *ligação tripla* envolve o compartilhamento de três pares de elétrons, como no monóxido de carbono:

$$:C\equiv O:$$

Observe que o carbono está ligado a dois outros átomos no CO_2 e a apenas um no CO.

As ligações múltiplas ocorrem também em moléculas orgânicas. O etileno, C_2H_4, tem uma ligação dupla:

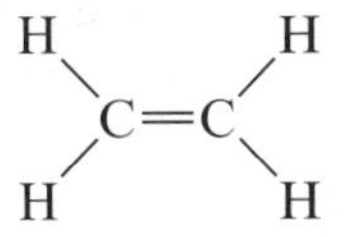

$$\begin{array}{c}H\\ \end{array}\!\!\!\!\!\!C=C\!\!\!\!\!\!\begin{array}{c}H\\ \end{array}$$
$$\begin{array}{c}H\\ \end{array}\begin{array}{c}H\\ \end{array}$$

Nesse caso, cada carbono está ligado a outros três átomos (um de C e dois de H). Uma molécula com uma ligação tripla é o acetileno, C_2H_2:

$$H-C\equiv C-H$$

Nesse caso, cada carbono está ligado a outros dois átomos (um de C um de H).

Mais do que qualquer outro elemento, o carbono tem a capacidade de formar cadeias de átomos, como ilustrado pelas estruturas do propano e butano representadas na Fig. 20.3. Nesses compostos, cada átomo de carbono está ligado a quatro átomos de forma tetraédrica. Vamos discutir essas moléculas em detalhes na próxima seção.

20-2 Alcanos

OBJETIVO Aprender sobre os alcanos — compostos que contêm átomos de carbono saturados.

Hidrocarbonetos, como o nome indica, são compostos formados por carbono e hidrogênio. Aqueles que apresentam apenas simples ligações carbono-carbono são chamados de saturados, porque cada carbono está ligado a quatro átomos, o número máximo. Os hidrocarbonetos contendo múltiplas ligações carbono-carbono são descritos como **insaturados**, porque os átomos de carbono envolvidos em ligações múltiplas podem ligar-se a um ou mais átomos. Isso é demonstrado pela *adição* de hidrogênio ao etileno.

Etileno   Etano

Insaturado   Saturado

Observe que cada carbono no etileno é ligado a três átomos (um carbono e dois hidrogênios), mas pode ligar-se a mais um átomo após uma ligação dupla carbono-carbono ser quebrada. Isto leva ao etano, um hidrocarboneto saturado (cada átomo de carbono está ligado a quatro átomos).

Hidrocarbonetos saturados são chamados de **alcanos**. O alcano mais simples é o *metano*, CH_4, que tem uma estrutura tetraédrica (Fig. 20.1). O próximo alcano, contendo dois átomos de carbono, é o *etano*, C_2H_6, mostrado na Fig. 20.2. Observe que cada átomo de carbono no etano está ligado a quatro átomos.

Os próximos dois membros da série são o *propano*, com três átomos de carbono e a fórmula C_3H_8, e o *butano*, com quatro átomos de carbono e a fórmula C_4H_{10}. Essas moléculas são mostradas na Fig. 20.3. Mais uma vez, elas são hidrocarbonetos saturados (alcanos); cada carbono está ligado a quatro átomos.

Os alcanos nos quais os átomos de carbono formam longas "fileiras" ou cadeias são chamados **hidrocarbonetos normais**, **hidrocarbonetos de cadeia linear** ou **hidrocarbonetos não ramificados**. Como ilustra a Fig. 20.3, as cadeias nos alcanos normais não são realmente retas, mas em zigue-zague porque o ângulo tetraédrico C—C—C é de 109,5°. Os alcanos normais podem ser representados pela estrutura

em que m é um número inteiro. Observe que cada membro é obtido com base no anterior pela inserção de um grupo metileno, CH_2. Podemos sintetizar as fórmulas

Figura 20.2 ▶ (a) A estrutura de Lewis do etano, C_2H_6. A estrutura molecular do etano representada por (b), um modelo estrutural de preenchimento de espaço, e (c), um modelo de bola e vareta.

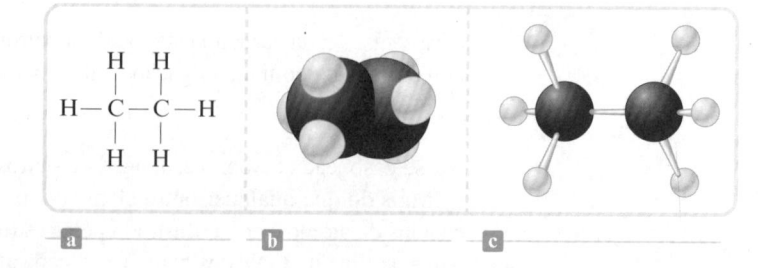

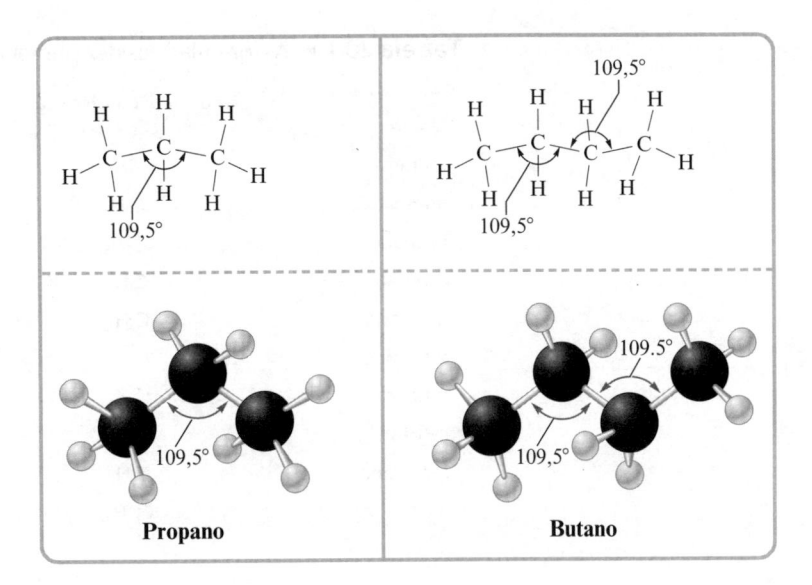

Figura 20.3 ▶ As estruturas do propano e do butano.

Propano **Butano**

estruturais omitindo algumas ligações C—H. Por exemplo, a fórmula geral para os alcanos normais pode ser condensada para:

$$CH_3-CH_2-CH_3$$

Exemplo resolvido 20.1 — Escrevendo as fórmulas para os alcanos

Forneça as fórmulas para os alcanos normais (ou de cadeia linear) com seis e oito átomos de carbono.

SOLUÇÃO O alcano com seis átomos de carbono pode ser escrito como:

$$CH_3CH_2CH_2CH_2CH_2CH_2CH_2CH_3$$

a qual pode ser condensada para:

$$CH_3-(CH_2)_4-CH_3$$

Observe que a molécula contém 14 átomos de hidrogênio, além dos seis átomos de carbono. Portanto, a fórmula é C_6H_{14}.

O alcano com oito carbonos é:

$$\underset{1\ \ 2\ \ 3\ \ 4\ \ 5\ \ 6\ \ 7\ \ 8}{CH_3CH_2CH_2CH_2CH_2CH_2CH_2CH_3}$$

a qual pode ser escrita na forma condensada como:

$$CH_3-(CH_2)_6-CH_3$$

Essa molécula tem 18 hidrogênios. A fórmula é C_8H_{18}.

AUTOVERIFICAÇÃO **Exercício 20.1** Dê as fórmulas moleculares para os alcanos com 10 e 15 átomos de carbono.

Consulte os Problemas 20.11 até 20.14. ■

Os dez primeiros alcanos de cadeia linear são mostrados na Tabela 20.1. Observe que todos os alcanos podem ser representados pela fórmula geral C_nH_{2n+2}, na qual n representa o número de átomos de carbono. Por exemplo, o nonano, que tem nove átomos de carbono, é representado por $C_9H_{(2\times9)+2}$, ou C_9H_{20}. A fórmula C_nH_{2n+2} reflete o fato de que cada carbono da cadeia tem dois átomos de hidrogênio, com exceção dos dois carbonos da extremidade, que têm três cada. Assim, o número de

Tabela 20.1 ▸ As fórmulas dos dez primeiros alcanos de cadeia linear

Nome	Fórmula condensada (C_nH_{2n+2})	Fórmula extendida
metano	CH_4	CH_4
etano	C_2H_6	CH_3CH_3
propano	C_3H_8	$CH_3CH_2CH_3$
n-butano	C_4H_{10}	$CH_3CH_2CH_2CH_3$
n-entane	C_5H_{12}	$CH_3CH_2CH_2CH_2CH_3$
n-hexano	C_6H_{14}	$CH_3CH_2CH_2CH_2CH_2CH_3$
n-heptano	C_7H_{16}	$CH_3CH_2CH_2CH_2CH_2CH_2CH_3$
n-octano	C_8H_{18}	$CH_3CH_2CH_2CH_2CH_2CH_2CH_2CH_3$
n-nonano	C_9H_{20}	$CH_3CH_2CH_2CH_2CH_2CH_2CH_2CH_2CH_3$
n-decano	$C_{10}H_{22}$	$CH_3CH_2CH_2CH_2CH_2CH_2CH_2CH_2CH_2CH_3$

átomos de hidrogênio presentes é o dobro do número de átomos de carbono mais dois (devido aos dois átomos de hidrogênio extras nas extremidades).

Exemplo resolvido 20.2 — Usando a fórmula geral para os alcanos

Mostre que o alcano com 15 átomos de carbono pode ser representado pela fórmula geral C_nH_{2n+2}.

SOLUÇÃO Nesse caso, $n = 15$. A fórmula é $C_{15}H_{2(15)+2}$, ou $C_{15}H_{32}$, encontrada no Exercício 20.1 de Autoverificação. ∎

20-3 Fórmulas estruturais e isomeria

OBJETIVO Aprender sobre isômeros estruturais e como desenhar suas fórmulas estruturais.

O butano e todos os alcanos subsequentes apresentam isomeria estrutural. A **isomeria estrutural** ocorre quando duas moléculas têm os mesmos átomos, mas ligações diferentes. Isto é, as moléculas têm as mesmas fórmulas, mas diferentes arranjos dos átomos. Por exemplo, o butano pode existir como uma molécula de cadeia linear (butano normal, ou n-butano) ou como uma estrutura de cadeia ramificada (chamada isobutano), como mostrado na Figura 20.4. Devido às suas diferentes estruturas, esses isômeros estruturais têm propriedades diferentes.

Exemplo resolvido 20.3 — Desenhando isômeros estruturais dos alcanos

Desenhe os isômeros estruturais do pentano, C_5H_{12}.

SOLUÇÃO Para encontrar as estruturas isoméricas do pentano, C_5H_{12}, primeiramente, escrevemos a cadeia linear do carbono e, em seguida, adicionamos os átomos de hidrogênio.

1. A estrutura de cadeia linear tem os cinco átomos de carbono em uma linha.

C—C—C—C—C

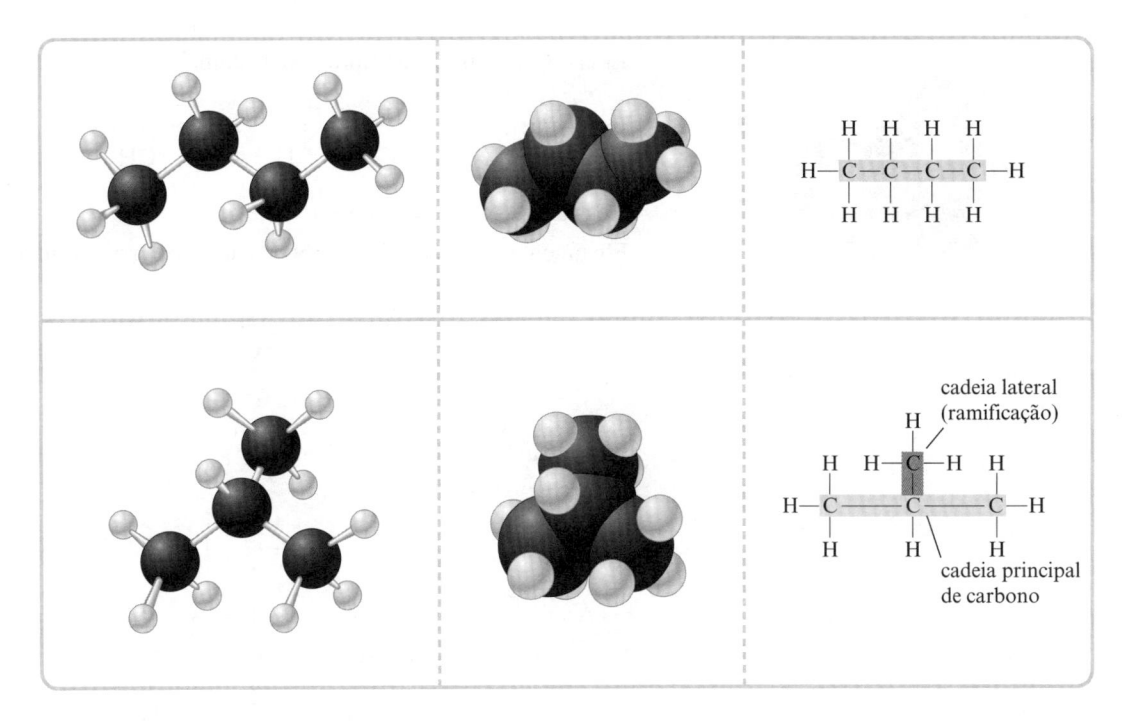

Figura 20.4 ▶ Os isômeros estruturais do C_4H_{10}. Cada molécula é representada de três maneiras: uma estrutura de bola e vareta, uma estrutura de preenchimento de espaço e um modelo que mostra os elétrons compartilhados como linhas (estrutura de Lewis). (Em cima) Butano normal (abreviatura *n*-butano). (Embaixo) O isômero ramificado de butano (chamado isobutano).

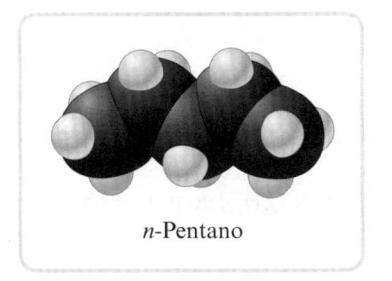

n-Pentano

Podemos agora acrescentar os átomos de H.

Isso pode ser escrito de forma abreviada como:

$$CH_3-CH_2-CH_2-CH_2-CH_3 \text{ ou } CH_3-(CH_2)_3-CH_3$$

e é chamado de *n*-pentano.

2. Em seguida, retire um átomo de C da cadeia principal e ligue-o ao segundo carbono da cadeia.

Depois, colocamos os átomos de H para que cada carbono tenha quatro ligações.

Essa estrutura pode ser representada como:

$$CH_3-\underset{\underset{\displaystyle CH_3}{|}}{CH}-CH_2-CH_3$$

e é chamada de isopentano.

3. Finalmente, retiramos dois carbonos da cadeia para resultar no arranjo:

$$C-\underset{\underset{\displaystyle C}{|}}{\overset{\overset{\displaystyle C}{|}}{C}}-C$$

Adicionando os átomos de H, temos:

$$\begin{array}{c} H \\ | \\ H-C-H \\ | \\ H \quad H \quad H \\ | \quad | \quad | \\ H-C-\!-\!C-\!-\!C-H \\ | \quad | \quad | \\ H \quad H \quad H \\ | \\ H-C-H \\ | \\ H \end{array}$$

o qual pode ser escrito na forma abreviada como:

$$CH_3-\underset{\underset{\displaystyle CH_3}{|}}{\overset{\overset{\displaystyle CH_3}{|}}{C}}-CH_3$$

Esta molécula é chamada de neopentano.

Os modelos de preenchimento de espaço para essas moléculas são mostrados na margem.

Observe que todas essas moléculas têm a fórmula C_5H_{12}, conforme requerido. Observe também que as estruturas

$$CH_3-CH_2-\underset{\underset{\displaystyle CH_3}{|}}{CH}-CH_3 \qquad CH_3-\underset{\underset{\displaystyle CH_3}{|}}{CH}-CH_2-CH_3 \qquad CH_3-CH_2-\underset{\underset{\displaystyle CH_3}{|}}{CH}-CH_3$$

as quais à primeira vista podem parecer ser isômeros adicionais, na verdade, são idênticas à estrutura 2. Essas três estruturas têm exatamente o mesmo esqueleto de carbono que a estrutura mostrada na parte 2. Todas essas estruturas têm quatro carbonos na cadeia com um carbono na lateral:

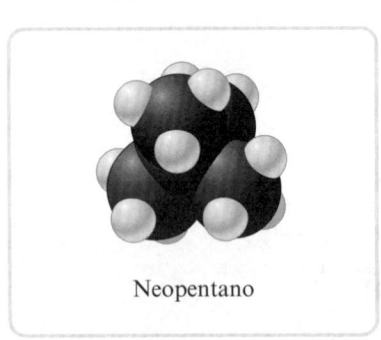

$$C-\underset{\underset{\displaystyle C}{|}}{C}-C-C$$

Isopentano

Neopentano

20-4 Nomeando alcanos

OBJETIVOS Aprender o sistema de nomenclatura para alcanos e alcanos substituídos.

Como existem literalmente milhões de compostos orgânicos, seria impossível lembrar os nomes comuns de todos eles. Assim, como fizemos no Capítulo 5 sobre compostos inorgânicos, devemos aprender um método sistemático para nomear os compostos orgânicos. Vamos considerar, em primeiro lugar, os princípios aplicados na nomenclatura dos alcanos e, em seguida, resumi-los em um conjunto de regras.

1. Os quatro primeiros membros da série dos alcanos são chamados de metano, etano, propano e butano. Os nomes dos alcanos depois do butano são obtidos pela adição do sufixo *-ano* ao radical grego do número de átomos de carbono.

Número	Radical grego
5	*pent*
6	*hex*
7	*hept*
8	*oct*
9	*non*
10	*dec*

   Portanto, o alcano

   $$CH_3CH_2CH_2CH_2CH_2CH_2CH_2CH_3$$

   que tem oito carbonos na cadeia, é chamado de octano.

   (oct — ano)
   Quer dizer que há oito carbonos | Quer dizer que é um alcano

   O nome completo para este alcano é *n*-octano; o *n* indica um alcano de cadeia linear.

2. Para um hidrocarboneto ramificado, a cadeia contínua mais longa de átomos de carbono é que dá nome ao hidrocarboneto. Por exemplo, no alcano

   ```
                CH_3
                 |
                CH_2   ⎫
                 |     ⎬ Seis carbonos
                CH_2   ⎭
                 |
   CH_3—CH_2—CH—CH_2—CH_3
   ─────────────────────→
         Cinco carbonos
   ```

   a cadeia contínua mais longa contém seis átomos de carbono. O nome específico para este composto não é importante neste momento, mas ele será nomeado como hexano (indicando uma cadeia de seis carbonos).

3. Alcanos que têm um átomo de hidrogênio faltando podem ser ligados a uma cadeia de hidrocarbonetos no lugar de um átomo de hidrogênio. Por exemplo, a molécula

   ```
       H   H   H   H   H
       |   |   |   |   |
   H—C—C—C—C—C—H
       |   |   |   |   |
       H   H   H  (CH_3) H
   ```
   H substituído pelo CH_3

Tabela 20.2 ▶ Os substituintes alquila mais comuns e seus nomes

Estrutura*	Nome
—CH$_3$	metil
—CH$_2$CH$_3$	etil
—CH$_2$CH$_2$CH$_3$	propil
CH$_3$CHCH$_3$	isopropil
—CH$_2$CH$_2$CH$_2$CH$_3$	butil
CH$_3$CHCH$_2$CH$_3$	sec-butil
—CH$_2$—C(H)(CH$_3$)—CH$_3$	isobutil
—C(CH$_3$)$_3$	tert-butil

*A ligação com uma extremidade aberta mostra o ponto de fixação dos substituintes.

pode ser vista como um pentano (cadeia de cinco carbonos) na qual um átomo de hidrogênio foi substituído por um grupo —CH$_3$, que é um uma molécula de metano, CH$_4$, com um hidrogênio a menos. Quando um hidrogênio na cadeia de um alcano é substituído por um grupo, chamamos este grupo de *substituinte*. Para nomear o substituinte —CH$_3$, começamos com o nome de seu alcano de origem, desconsideramos o *-ano* e adicionamos *-il*. Portanto, o —CH$_3$ é chamado *metil*. Da mesma forma, quando retiramos um hidrogênio do etano, CH$_3$CH$_3$, chegamos a —CH$_3$CH$_2$. Desconsiderando a terminação *-ano* e adicionando *–il*, damos a esse grupo o nome de *etil*. A retirada de um hidrogênio do carbono da extremidade do propano, CH$_3$CH$_2$CH$_3$, produz —CH$_3$CH$_2$CH$_2$, que é chamado de grupo *propil*.

Há duas maneiras pelas quais o grupo propil pode se ligar como um substituinte. Um hidrogênio pode ser removido de um carbono da extremidade para resultar no grupo propil, ou de um carbono do meio para resultar no grupo isopropil.

$$\begin{array}{cc} -CH_2-CH_2-CH_3 & H_3C-\overset{|}{\underset{H}{C}}-CH_3 \\ \text{Propil} & \text{Isopropil} \end{array}$$

Quando o hidrogênio é removido do butano, CH$_3$CH$_2$CH$_2$CH$_3$, obtemos o substituinte butil. No caso do grupo butil, há quatro maneiras nas quais os átomos podem ser organizados. Elas são mostradas, com seus respectivos nomes, na Tabela 20.2.

O nome geral de um alcano quando funciona como um substituinte é *alquila*. Todos os grupos alquila comuns são mostrados na Tabela 20.2.

4. Especificamos as posições dos grupos substituintes numerando sequencialmente os carbonos da maior cadeia de átomos de carbono, começando pela extremidade mais próxima à ramificação (o lugar onde o primeiro substituinte aparece). Por exemplo, o composto

Substituinte metil
CH$_3$
|
CH$_3$—CH$_2$—CH—CH$_2$—CH$_2$—CH$_3$

Numeração correta	1	2	3	4	5	6
Numeração incorreta	6	5	4	3	2	1

é chamado de 3-metilhexano. Observe que o conjunto superior de números está correto; a extremidade esquerda da molécula é a mais próxima da ramificação, e isto lhe dá o menor número para a posição do substituinte. Observe também que é escrito um hífen entre o número e o nome do substituinte.

5. Quando um determinado tipo de substituinte aparece mais de uma vez, indicamos isso usando um prefixo. O prefixo *di-* indica dois substituintes idênticos, e *tri-* indica três. Por exemplo, o composto

1   2   3   4   5
CH$_3$—CH—CH—CH$_2$—CH$_3$
        | |
        CH$_3$ CH$_3$

é nomeado como pentano (cinco carbonos na cadeia mais longa). Usamos *di-* para indicar os dois substituintes metil e números para localizá-los na cadeia. O nome é 2,3-dimetilpentano.

As regras a seguir resumem os princípios que acabamos de desenvolver.

> **Regras para a nomenclatura de alcanos**
>
> 1. Encontre a maior cadeia contínua de átomos de carbono. Essa cadeia (chamada de *cadeia principal*) determina o nome do alcano-base.
> 2. Numere os carbonos da cadeia principal, começando pela extremidade mais próxima a qualquer ramificação (o primeiro substituinte alquila). Quando um substituinte aparece com o mesmo número de carbonos a partir de cada extremidade, use o próximo substituinte (se houver) para determinar por qual extremidade iniciar a numeração.
> 3. Usando o nome apropriado para cada grupo alquila, especifique a sua posição na cadeia principal com um número.
> 4. Quando um determinado tipo de grupo alquila aparece mais de uma vez, inclua o prefixo apropriado (*di-* para dois, *tri-* para três, e assim por diante) ao nome do alquila.
> 5. Os grupos alquila são listados em ordem alfabética, *desconsiderando qualquer prefixo*.

Exemplo resolvido 20.4 — Nomeando isômeros de alcanos

Desenhe os isômeros estruturais para o alcano C_6H_{14} e dê o nome sistemático de cada um.

SOLUÇÃO Procedemos sistematicamente começando com a cadeia mais longa e, em seguida, reorganizando os carbonos para formar as cadeias ramificadas mais curtas.

1. $\underset{123456}{CH_3CH_2CH_2CH_2CH_2CH_3}$

    Esse alcano tem todos os seis carbonos na mesma cadeia contínua, por isso, é chamado de hexano ou, mais corretamente, *n*-hexano, indicando que todos os átomos de carbono estão na mesma cadeia.

2. Agora retiramos um carbono da cadeia principal e o transformamos em um substituinte metil.
    Isto gera a molécula:

    $$\underset{12345}{CH_3CH_2\underset{\underset{CH_3}{|}}{CH}CH_2CH_3}$$

    O esqueleto de carbono é apresentado a seguir:

    $$\underset{12345}{C-\underset{\underset{C}{|}}{C}-C-C-C}$$

Observe que a colocação do grupo —CH_3 no carbono 4 resulta na mesma molécula que se colocarmos no carbono 2.

Como a maior cadeia tem cinco átomos de carbono, o nome-base é pentano. Numeramos a cadeia a partir da esquerda, começando mais perto do substituinte, um grupo metila. Indicamos a posição do grupo metila na cadeia pelo número 2, o número do carbono ao qual ele está ligado. Assim, o nome é 2-metilpentano. Observe que, se numerássemos a cadeia a partir da extremidade direita, o grupo metila estaria no carbono 4. Queremos o menor número possível, para que a numeração mostrada seja correta.

3. O substituinte metil também pode estar no carbono número 3:

$$\underset{\underset{CH_3}{|}}{\overset{12345}{CH_3CH_2CHCH_2CH_3}}$$

O nome é 3-dimetilpentano. Esgotamos agora todas as possibilidades de colocação de um único grupo metila no pentano.

4. A seguir, retiramos dois carbonos da cadeia original de seis membros:

$$\underset{\underset{CH_3}{|}\underset{CH_3}{|}}{CH_3CH-CHCH_3}$$

O esqueleto de carbono é:

$$\underset{\underset{C}{|}\underset{C}{|}}{\overset{1234}{C-C-C-C}}$$

A cadeia mais longa dessa molécula tem quatro carbonos, portanto, o nome raiz é butano. Como existem dois grupos metila (nos carbonos 2 e 3), podemos utilizar o prefixo *di*-. O nome da molécula é 2,3-dimetilbutano. Observe que quando dois ou mais números são utilizados, eles são separados por uma vírgula.

5. Dois grupos metila também podem ser ligados ao mesmo átomo de carbono na cadeia de quatro carbonos para resultar na seguinte molécula:

$$\underset{\underset{CH_3}{|}}{\overset{\overset{CH_3}{|}}{CH_3-C-CH_2CH_3}}$$

O esqueleto de carbono é:

$$\underset{\underset{C}{|}}{\overset{\overset{C}{|}}{\overset{1234}{C-C-C-C}}}$$

O nome raiz é butano, e existem dois grupos metila no carbono número 2. O nome é 2,2-dimetilbutano.

2,2-dimetilbutano

6. Como procuramos por mais isômeros, podemos tentar colocar um substituinte etil na cadeia de quatro carbonos para resultar na molécula

$$\underset{\underset{\underset{CH_3}{|}}{\underset{CH_2}{|}}}{CH_3-CHCH_2CH_3}$$

O esqueleto de carbono é:

$$\underset{\underset{\underset{C}{|}}{\underset{C}{|}}}{C-C-C-C}$$

Podemos ser tentados a denominar esta molécula de 2-etilbutano, mas isso é incorreto. Observe que existem cinco átomos de carbono na cadeia mais longa.

$$\begin{array}{c} \text{C}-\underset{\underset{\underset{\text{C}|1}{|}}{\underset{\text{C}|2}{|}}}{\overset{3}{\text{C}}}-\text{C}-\text{C} \\ {\scriptstyle 4 \quad 5} \end{array}$$

Podemos reorganizar esse esqueleto de carbono para ter:

$$\begin{array}{c} \text{C} \\ | \\ \text{C}-\text{C}-\text{C}-\text{C}-\text{C} \\ {\scriptstyle 1 \quad 2 \quad 3 \quad 4 \quad 5} \end{array}$$

Essa molécula é, na verdade, um pentano (3-metilpentano), porque a cadeia mais longa tem cinco átomos de carbono, portanto, não é um novo isômero.

Na busca por mais isômeros, poderíamos tentar uma estrutura como:

$$\begin{array}{c} \text{CH}_3 \\ | \\ \text{CH}_3-\text{C}-\text{CH}_3 \\ | \\ \text{CH}_2 \\ | \\ \text{CH}_3 \end{array}$$

2,2-dimetilbutano

Da maneira que desenhamos, essa molécula pode parecer ser um propano. No entanto, a molécula tem quatro átomos na cadeia mais longa (olhe na vertical), de modo que o nome correto é 2,2-dimetilbutano.

Assim, existem cinco isômeros estruturais diferentes do C_6H_{14}: n-hexano, 2-metilpentano, 3-metilpentano, 2,3-dimetilbutano e 2,2-dimetilbutano.

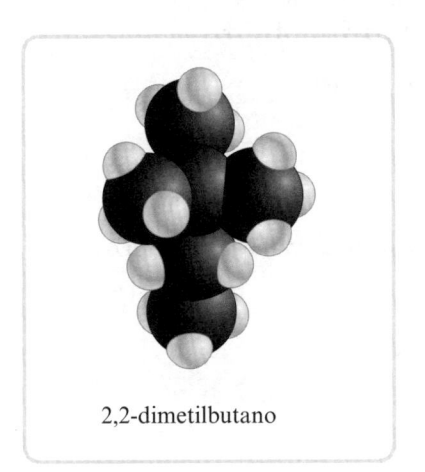

AUTOVERIFICAÇÃO

Exercício 20.2 Forneça os nomes das moléculas a seguir:

a. $$\begin{array}{c} \text{CH}_3-\text{CH}_2-\underset{\underset{\text{CH}_3}{|}}{\text{CH}}-\text{CH}_2-\underset{\underset{\underset{\text{CH}_3}{|}}{\underset{\text{CH}_2}{|}}}{\text{CH}}-\text{CH}_2-\text{CH}_2-\text{CH}_3 \end{array}$$

b. $$\begin{array}{c} \text{CH}_3-\text{CH}_2-\underset{\underset{\underset{\text{CH}_3}{|}}{\underset{\text{CH}_2}{|}}}{\text{CH}}-\text{CH}_2-\underset{\underset{\underset{\text{CH}_3}{|}}{\underset{\text{CH}_2}{|}}}{\text{CH}}-\text{CH}_3 \end{array}$$

Consulte os Problemas 20.25 e 20.26. ∎

Até agora, aprendemos como nomear um composto pela análise da sua fórmula estrutural. Também devemos ser capazes de fazer o inverso: escrever a fórmula estrutural com base no nome.

Exemplo resolvido 20.5

Escrevendo isômeros estruturais a partir dos nomes

Escreva as fórmulas estruturais para cada um dos seguintes compostos:

a. 4-etil-3,5-dimetilnonano   b. 4-*tert*-butil-heptano

SOLUÇÃO

a. O nome raiz nonano significa uma cadeia de nove carbonos. Assim, temos a seguinte cadeia principal de carbonos:

$$\begin{array}{c} {\scriptstyle 1 \quad 2 \quad 3 \quad 4 \quad 5 \quad 6 \quad 7 \quad 8 \quad 9} \\ \text{C}-\text{C}-\text{C}-\text{C}-\text{C}-\text{C}-\text{C}-\text{C}-\text{C} \end{array}$$

O nome indica um grupo etil ligado ao carbono 4 e dois grupos metil, um no carbono 3 e outro no carbono 5. Isso resulta no seguinte esqueleto de carbono:

$$\underset{1}{C}-\underset{2}{C}-\underset{3}{\overset{|}{C}}-\underset{4}{\overset{|}{C}}-\underset{5}{\overset{|}{C}}-\underset{6}{C}-\underset{7}{C}-\underset{8}{C}-\underset{9}{C}$$
$$\overset{}{\underset{\underset{C}{|}}{C}}\quad C\quad C$$

Quando adicionamos os átomos de hidrogênio, obtemos a estrutura final:

$$\underset{1}{CH_3}\underset{2}{CH_2}\underset{3}{CH}-\underset{4}{CH}-\underset{5}{CH}\underset{6}{CH_2}\underset{7}{CH_2}\underset{8}{CH_2}\underset{9}{CH_3}$$

Metil (CH$_3$) (CH$_2$) (CH$_3$) Metil

CH$_3$

Etil

b. Heptano significa uma cadeia com sete átomos de carbono, e o grupo *tert*-butil (veja a Tabela 20.2) é:

$$H_3C-\overset{|}{\underset{\underset{CH_3}{|}}{C}}-CH_3$$

Assim, temos a molécula:

$$\underset{1}{CH_3}\underset{2}{CH_2}\underset{3}{CH_2}\underset{4}{CH}\underset{5}{CH_2}\underset{6}{CH_2}\underset{7}{CH_3}$$
$$H_3C-\overset{|}{\underset{\underset{CH_3}{|}}{C}}-CH_3$$

AUTOVERIFICAÇÃO   **Exercício 20.3** Escreva a fórmula estrutural do 5-isopropil-4-metildecano.

Consulte os Problemas 20.27 e 20.28. ■

20-5 Petróleo

OBJETIVO Aprender sobre a composição e a utilização do petróleo.

As plantas lenhosas, o carvão, o petróleo e o gás natural fornecem um vasto recurso de energia que veio originalmente do Sol. Por meio do processo da fotossíntese, as plantas armazenam energia que nós reivindicamos pela queima das plantas em si ou, mais comumente, pela queima dos produtos de decomposição que foram convertidos em combustíveis fósseis. Embora os Estados Unidos atualmente dependam muito do petróleo para a produção de energia, esse fenômeno é relativamente recente (veja a Fig. 10.7).

As jazidas de petróleo e gás natural provavelmente se formaram de restos de organismos marinhos que viveram cerca de 500 milhões de anos atrás. O **petróleo** é um líquido grosso e escuro formado, em grande parte, por hidrocarbonetos contendo de 5 a mais de 25 átomos de carbono. O **gás natural**, geralmente associado às jazidas de petróleo, consiste principalmente em metano, mas também contém quantidades significativas de etano, propano e butano.

Para ser utilizado com eficiência, o petróleo tem de ser separado por ebulição em porções denominadas *frações*. Os menores hidrocarbonetos podem ser destilados a temperaturas relativamente baixas; as moléculas maiores exigem temperaturas sucessivamente mais elevadas. As principais utilizações das várias frações de petróleo são mostradas na Tabela 20.3.

A destilação (separação por ebulição) foi discutida na Seção 3-5.

Tabela 20.3 ▶ Usos das várias frações de petróleo

Fração do petróleo*	Principais usos
C_5–C_{12}	gasolina
C_{10}–C_{18}	querosene, combustível de avião
C_{15}–C_{25}	óleo diesel, óleo de aquecimento, óleo lubrificante
>C_{25}	asfalto

*Mostra os comprimentos das cadeias presentes em cada fração.

A era do petróleo começou quando a demanda por óleo para lâmpada durante a Revolução Industrial ultrapassou as fontes tradicionais: gorduras de origem animal e óleo de baleia. Em resposta a esse aumento da demanda, Edwin Drake perfurou o primeiro poço de óleo em 1859, em Titusville, Pensilvânia. O petróleo desse poço foi refinado para produzir *querosene* (fração C_{10}—C_{18}), que serviu como um excelente óleo para lâmpadas). A *gasolina* (fração C_5—C_{12}) era de uso limitado e, muitas vezes, descartada. No entanto, a importância dessas frações foi invertida quando o desenvolvimento da luz elétrica reduziu a necessidade de querosene, e o advento da "carruagem sem cavalo" marcou o nascimento da era da gasolina.

À medida que a gasolina se tornou mais importante, buscaram-se novas maneiras de aumentar seu rendimento obtido de cada barril de petróleo. William Burton inventou um processo chamado *craqueamento pirolítico* na Standard Oil de Indiana. Nesse processo, as moléculas mais pesadas da fração do querosene eram aquecidas a cerca de 700°C, o que faz com que elas se quebrem em moléculas menores, características da fração da gasolina. Como os carros se tornaram maiores, motores de combustão interna mais eficientes foram projetados. Devido à queima irregular da gasolina então disponível, esses motores "batiam", produzindo ruídos indesejados e até mesmo danos ao motor. Intensas pesquisas para encontrar aditivos que promovessem uma queima mais suave resultaram no tetraetila de chumbo, $(C_2H_5)_4Pb$, um agente "antibatimento" muito eficaz.

Adicionar o tetraetila de chumbo à gasolina se tornou uma prática comum e, por volta de 1960, a gasolina continha até 3 gramas de chumbo por litro. Como descobrimos tantas vezes nos últimos anos, os avanços tecnológicos podem produzir problemas ambientais. O chumbo na gasolina causa dois problemas importantes. Primeiro, ele "envenena" os catalisadores adicionados aos sistemas de exaustão para evitar a poluição do ar. Segundo, a utilização de gasolina com chumbo aumentou significativamente a quantidade desse elemento no ambiente, onde ele pode ser ingerido por animais e seres humanos. Por essas razões, o uso de chumbo na gasolina tem sido abandonado. Isso exigiu extensas (e caras) modificações nos motores e nos processos de refino da gasolina.

> **Pensamento crítico**
>
> O petróleo é uma matéria-prima muito valiosa para a síntese de polímeros. E se o Congresso decidisse que o petróleo deveria ser conservado como matéria-prima e não pudesse mais ser usado como combustível? O que a nossa sociedade poderia fazer para fontes alternativas de energia?

20-6 Reações de alcanos

OBJETIVO Aprender os vários tipos de reações químicas que os alcanos sofrem.

A baixas temperaturas, os alcanos não são muito reativos, porque suas ligações C—C e C—H são relativamente fortes. Por exemplo, a 25°C, os alcanos não reagem com ácidos, bases ou agentes oxidantes fortes. Essa inércia química torna os alcanos valiosos como materiais lubrificantes e como a espinha dorsal de materiais estruturais, como plásticos.

Em temperaturas suficientemente altas, no entanto, os alcanos *reagem vigorosamente com o oxigênio*. Essas **reações de combustão** são a base para o amplo uso dos alcanos como combustíveis. Por exemplo, a reação de combustão do butano com oxigênio é:

$$2C_4H_{10}(g) + 13O_2(g) \longrightarrow 8CO_2(g) + 10H_2O(g)$$

Os alcanos também podem sofrer **reações de substituição** — reações nas quais *um ou mais átomos de hidrogênio do alcano são substituídos por átomos diferentes*. Podemos representar a reação de substituição de um alcano com uma molécula de halogênio da seguinte forma:

$$R\text{—}H + X_2 \longrightarrow R\text{—}X + HX$$

em que R representa um grupo alquila e X, um átomo de halogênio. Por exemplo, o metano pode reagir sucessivamente com cloro da seguinte forma:

$$CH_4 + Cl_2 \xrightarrow{h\nu} \underset{\text{Clorometano}}{CH_3Cl} + HCl$$

$$CH_3Cl + Cl_2 \xrightarrow{h\nu} \underset{\text{Diclorometano}}{CH_2Cl_2} + HCl$$

$$CH_2Cl_2 + Cl_2 \xrightarrow{h\nu} \underset{\substack{\text{Triclorometano}\\\text{(clorofórmio)}}}{CHCl_3} + HCl$$

$$CHCl_3 + Cl_2 \xrightarrow{h\nu} \underset{\substack{\text{Tetraclorometano}\\\text{(tetracloreto de carbono)}}}{CCl_4} + HCl$$

> O símbolo *hν* significa luz ultravioleta usada para fornecer energia para a reação.

A *hν* acima de cada seta significa que a luz ultravioleta é necessária para fornecer a energia para quebrar a ligação Cl—Cl, a fim de produzir átomos de cloro:

$$Cl_2 \longrightarrow Cl\cdot + Cl\cdot$$

Um átomo de cloro tem um elétron desemparelhado, indicado pelo ponto, que o torna muito reativo e capaz de romper a ligação C—H.

Observe que cada etapa do processo envolve a substituição da ligação C—H por uma ligação C—Cl. Ou seja, um átomo de cloro *substitui* um átomo de hidrogênio. Os nomes dos produtos dessas reações usam o termo *cloro* para os substituintes desse elemento com um prefixo que indica o número de átomos de cloro presentes: *di-* para dois, *tri-* para três, e *tetra-* para quatro. Nenhum número é usado para descrever as posições do cloro nesse caso, porque o metano tem apenas um átomo de carbono. Observe que os produtos das duas últimas reações têm dois nomes, o nome sistemático e o comum entre parênteses.

Além de reações de substituição, os alcanos também podem sofrer **reações de desidrogenação**, nas quais *átomos de hidrogênio são removidos* e o produto é um hidrocarboneto insaturado. Por exemplo, na presença de um catalisador [óxido de cromo(III)] em temperaturas altas, o etano pode ser desidrogenado, produzindo etileno, C_2H_4.

$$CH_3CH_3 \xrightarrow[500\,°C]{Cr_2O_3} \underset{\text{Etileno}}{CH_2\!\!=\!\!CH_2} + H_2$$

20-7 Alcenos e alcinos

OBJETIVOS
- Aprender a nomear os hidrocarbonetos com ligações duplas (alcenos) e triplas (alcinos).
- Entender as reações de adição.

Vimos que os alcanos são hidrocarbonetos saturados — cada um dos átomos de carbono é ligado a quatro átomos por ligações simples. Os hidrocarbonetos que contêm *ligações duplas* carbono-carbono

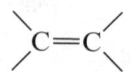

$$\diagdown C\!\!=\!\!C \diagup$$

são chamados de **alcenos**. Os hidrocarbonetos com *ligações triplas* carbono-carbono são chamados de **alcinos**.

Alcenos e alcinos são hidrocarbonetos insaturados.

As ligações múltiplas carbono-carbono surgem quando átomos de hidrogênio são removidos dos alcanos. Os alcenos que contêm uma ligação dupla carbono-carbono têm a fórmula geral C_nH_{2n}. O alceno mais simples, C_2H_4, comumente conhecido como etileno, tem a estrutura de Lewis

$$\begin{array}{c} H \\ \\ H \end{array} C=C \begin{array}{c} H \\ \\ H \end{array}$$

O modelo de bola e vareta do etileno está representado na Fig. 20.5.

O sistema para nomear alcenos e alcinos é semelhante ao que usamos para os alcanos. As regras a seguir são úteis.

A queima do gás acetileno. O acetileno é formado pela reação do carbeto de cálcio, CaC_2, com a água no frasco.

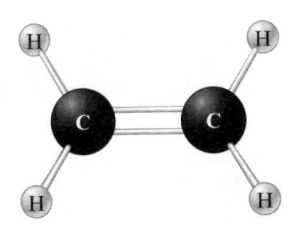

Figura 20.5 ▶ O modelo bola e vareta do etileno (eteno).

Ao escrever fórmulas abreviadas, os átomos de hidrogênio são muitas vezes escritos exatamente após o carbono ao qual estão ligados. Por exemplo, a fórmula para o H—C≡C—H é muitas vezes escrita como CH≡CH.

Regras para nomear alcenos e alcinos

1. Selecione a cadeia contínua mais longa de átomos de carbono que contenha ligação dupla ou tripla.
2. Para um alceno, o nome raiz da cadeia de carbono é o mesmo que para um alcano, exceto que a terminação *-ano* é substituída por *-eno*. Para um alcino, *-ano* é substituído por *-ino*. Por exemplo, para uma cadeia de dois carbonos temos:

$$\begin{array}{ccc} CH_3CH_3 & CH_2{=}CH_2 & CH{\equiv}CH \\ \text{Etano} & \text{Eteno} & \text{Etino} \end{array}$$

3. Numere a cadeia principal, começando pela extremidade mais próxima da ligação dupla ou tripla. A posição da ligação múltipla é dada pelo carbono com o menor número envolvido na ligação. Por exemplo,

$$\underset{1 2 3 4}{CH_2{=}CHCH_2CH_3}$$

é chamado de 1-buteno, e

$$\underset{1 2 3 4}{CH_3CH{=}CHCH_3}$$

é chamado de 2-buteno.

4. Substituintes na cadeia principal são tratados da mesma forma que na nomenclatura de alcanos.

Exemplo resolvido 20.6 — Nomeando alcenos e alcinos

Forneça os nomes de cada uma das moléculas a seguir:

a. $$\begin{array}{c} CH_3CH_2CHCH{=}CHCH_3 \\ | \\ CH_3 \end{array}$$

b. $$\begin{array}{c} CH_3CH_2C{\equiv}CCHCH_2CH_3 \\ | \\ CH_2 \\ | \\ CH_3 \end{array}$$

SOLUÇÃO

a. A cadeia mais longa contém seis átomos de carbono; numeramos os carbonos pela extremidade mais próxima da ligação dupla.

$$\begin{array}{c} \underset{6 5 4 3 2 1}{CH_3CH_2CHCH{=}CHCH_3} \\ | \\ CH_3 \end{array}$$

Assim, o nome raiz para o hidrocarboneto é 2-hexeno. (Lembre-se de usar o menor número dos dois átomos de carbono envolvidos na ligação dupla.) Existe um grupo metila ligado ao carbono número 4. Portanto, o nome do composto é 4-metil-2-hexeno.

b. A cadeia mais longa contém sete átomos de carbono, e a numeramos como mostrado (começando pela extremidade mais próxima da ligação tripla).

$$\overset{1}{C}H_3\overset{2}{C}H_2\overset{3}{C}\equiv\overset{4}{C}\overset{5}{C}H\overset{6}{C}H_2\overset{7}{C}H_3$$
$$|$$
$$CH_2$$
$$|$$
$$CH_3$$

O hidrocarboneto é um 3-heptino (nós usamos o carbono de menor número na ligação tripla). Como há um grupo etila no carbono 5, o nome completo é 5-etil-3-heptino.

AUTOVERIFICAÇÃO

Exercício 20.4 Forneça os nomes das moléculas a seguir:

a. $CH_3CH_2CH_2CH_2CH=CHCHCH_3$
$|$
CH_3

b. $CH_3CH_2CH_2C\equiv CH$

Consulte os Problemas 20.45 e 20.46. ■

Reações dos alcenos

Como alcenos e alcinos são insaturados, suas reações mais importantes são **reações de adição**, nas quais *novos átomos formam ligações simples com os carbonos anteriormente envolvidos nas ligações duplas ou triplas*. Uma reação de adição para um alceno muda a ligação dupla carbono-carbono para uma ligação simples, resultando em um hidrocarboneto saturado (cada carbono ligado a quatro átomos). Por exemplo, **reações de hidrogenação**, que usam H_2 como reagente, levam a adição de um átomo de hidrogênio para cada carbono anteriormente envolvido na ligação dupla.

$$\underset{\text{1-Propeno}}{CH_2=CHCH_3} + H_2 \xrightarrow{\text{Catalisador}} \underset{\text{Propano}}{CH_3CH_2CH_3}$$

A hidrogenação das moléculas com ligações duplas é um importante processo industrial, especialmente na fabricação de gorduras sólidas. Gorduras insaturadas (gorduras contendo ligações duplas) são geralmente líquidas à temperatura ambiente, enquanto gorduras saturadas (aquelas contendo ligações C—C) são sólidas. Gorduras insaturadas líquidas são convertidas em gorduras saturadas sólidas por hidrogenação.

A **halogenação** de hidrocarbonetos insaturados envolve a adição de átomos de halogênio. Veja um exemplo:

$$\underset{\text{1-Penteno}}{CH_2=CHCH_2CH_2CH_3} + Br_2 \rightarrow \underset{\text{1,2-Dibromopentano}}{CH_2BrCHBrCH_2CH_2CH_3}$$

Outra importante reação de certos hidrocarbonetos insaturados é a **polimerização**, um processo no qual várias moléculas pequenas se juntam para formar uma grande molécula. A polimerização será discutida na Seção 20-16.

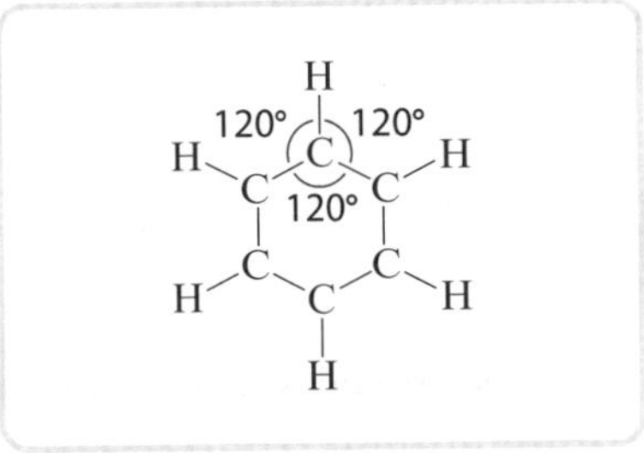

Figura 20.6 ▶ O benzeno, C_6H_6, é composto por seis átomos de carbono ligados entre si para formar um anel. Cada carbono tem um átomo de hidrogênio ligado a ele. Todos os átomos do benzeno se encontram no mesmo plano. Essa representação não mostra todas as ligações entre os átomos de carbono no anel.

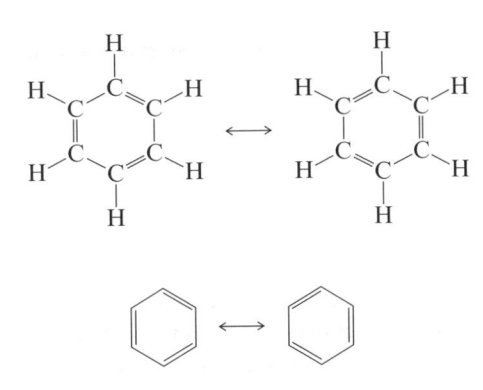

Figura 20.7 ▶ (Em cima) Duas estruturas de Lewis para o anel de benzeno. (Embaixo) Como uma notação abreviada, os anéis são normalmente representados sem rotular os átomos de hidrogênio e carbono.

Figura 20.8 ▶ Para mostrar que as ligações no anel de benzeno são uma combinação de diferentes estruturas de Lewis, o anel é desenhado com um círculo interno.

20-8 Hidrocarbonetos aromáticos

OBJETIVO Aprender sobre os hidrocarbonetos aromáticos.

Quando misturas de hidrocarbonetos provenientes de fontes naturais, como o petróleo ou o carvão, são separadas, certos compostos que emergem têm odores agradáveis e são, portanto, conhecidos como **hidrocarbonetos aromáticos**. Quando essas substâncias, que incluem pirola, canela e baunilha, são examinadas, todas apresentam uma característica comum: um anel com seis átomos de carbono chamado *anel de benzeno*. O **benzeno** tem a fórmula C_6H_6 e uma estrutura plana na qual todos os ângulos de ligações são de 120° (Fig. 20.6).

Quando examinamos as ligações no anel de benzeno, verificamos que mais de uma estrutura de Lewis pode ser desenhada. Ou seja, as ligações duplas podem ser localizadas em diferentes posições, conforme mostrado na Fig. 20.7. Como o conjunto de ligações é uma combinação das estruturas representadas na Fig. 20.7, o anel de benzeno geralmente é representado com um círculo (Fig. 20.8).

A canela é um hidrocarboneto aromático.

20-9 Nomeando compostos aromáticos

OBJETIVO Aprender o sistema de nomenclatura dos compostos aromáticos.

Moléculas de benzeno substituídas são formadas pela troca de um ou mais átomos de H no anel de benzeno por outros átomos ou grupos de átomos. Vamos considerar primeiramente anéis de benzeno com um substituinte (chamados *benzenos monossubstituídos*).

Benzenos monossubstituídos

O método sistemático para nomear benzenos monossubstituídos utiliza o nome do substituinte como um prefixo do benzeno. Por exemplo, a molécula

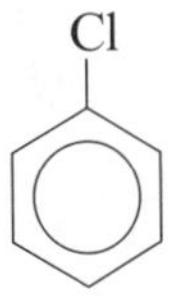

634 Introdução à química: fundamentos

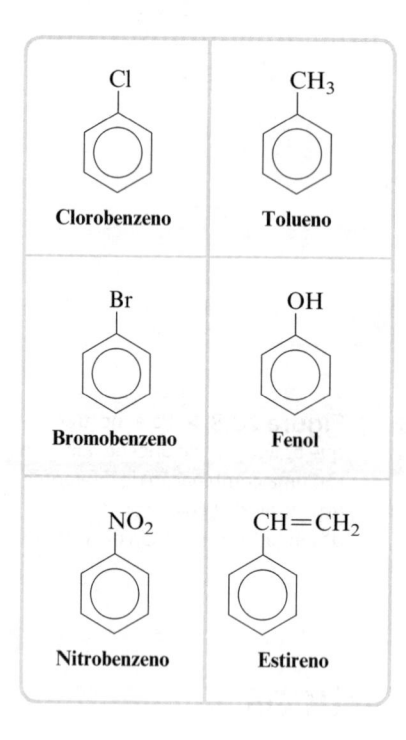

Cl–⬡ **Clorobenzeno**	CH₃–⬡ **Tolueno**
Br–⬡ **Bromobenzeno**	OH–⬡ **Fenol**
NO₂–⬡ **Nitrobenzeno**	CH=CH₂–⬡ **Estireno**

Figura 20.9 ▶ Nomes de alguns benzenos monossubstituídos comuns.

é chamada de clorobenzeno, e a molécula

$$CH_2CH_3-\text{⬡}$$

é chamada de etilbenzeno.

Algumas vezes, compostos de benzeno monossubstituídos têm nomes especiais. Por exemplo, a molécula

$$CH_3-\text{⬡}$$

tem o nome sistemático de metilbenzeno. No entanto, por uma questão de conveniência, o nome tolueno é usado. Da mesma forma, a molécula

$$OH-\text{⬡}$$

que poderia ser chamada hidroxibenzeno, tem o nome especial de fenol. Vários exemplos de benzenos monossubstituídos são mostrados na Fig. 20.9.

Às vezes, é mais conveniente nomear compostos, se encararmos o anel de benzeno em si como um substituinte. Por exemplo, o composto:

$$\overset{4}{C}H_3\overset{3}{C}H\overset{2}{C}H=\overset{1}{C}H_2$$
$$|$$
$$\text{⬡}$$

é mais facilmente nomeado como 1-buteno, com um anel de benzeno como substituinte no carbono número 3. Quando o anel de benzeno é usado como um substituinte, ele é chamado **fenil**. Portanto, o nome do composto anterior é 3-fenil-1-buteno. Um outro exemplo, o composto:

$$\overset{1}{C}H_3\overset{2}{C}H\overset{3}{C}H_2\overset{4}{C}H\overset{5}{C}H_2\overset{6}{C}H_3$$
$$\quad | \qquad\qquad |$$
$$\text{⬡} \qquad\quad Cl$$

é chamado de 4-cloro-2-fenil-hexano. Lembre-se de que começamos a numerar a cadeia pela extremidade mais próxima ao primeiro substituinte, e nomeamos os substituintes em ordem alfabética (cloro antes de fenil).

Benzenos dissubstituídos

Quando existir mais de um substituinte no anel de benzeno, são usados números para indicar a posição do substituinte. Por exemplo, o composto

é chamado 1,2-diclorobenzeno. Outro sistema de nomenclatura utiliza o prefixo *orto-* (*o-*) para dois substituintes adjacentes, *meta-* (*m-*) para dois substituintes com um carbono entre eles, e *para-* (*p-*) para dois substituintes opostos um ao outro. Isso significa que 1,2-diclorobenzeno pode também ser chamado *orto-*diclorobenzeno ou *o-*diclorobenzeno. Da mesma forma, o composto

pode ser chamado 1,3-diclorobenzeno ou *m-*diclorobenzeno. O composto

é chamado de 1,4-diclorobenzeno ou *p-*diclorobenzeno.

Benzenos que têm dois substituintes metila têm o nome especial xileno. Assim, o composto

que poderia ser chamado de 1,3-dimetilbenzeno, em vez disso, é chamado de *m-*-xileno (*meta*xileno).

Quando dois substituintes diferentes estiverem presentes no anel de benzeno, um será sempre considerado como o carbono número 1, e esse número não é especificado no nome. Por exemplo, o composto

é chamado de 2-bromoclorobenzeno, e não 2-bromo-1-clorobenzeno. Vários exemplos de benzenos dissubstituídos são mostrados na Fig. 20.10.

O benzeno é a molécula aromática mais simples. Sistemas aromáticos mais complexos podem ser entendidos como aqueles que contêm alguns anéis de benzeno "fundidos". Alguns exemplos são apresentados na Tabela 20.4.

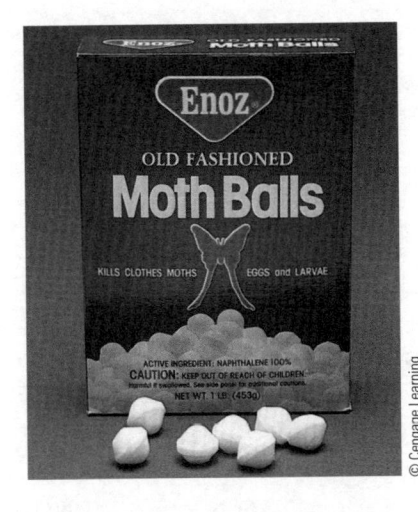

As bolas de naftalina de antigamente continham naftaleno, composto de anéis de benzeno "fundidos", mas agora contêm *p-*diclorobenzeno.

636 Introdução à química: fundamentos

Cordas de nylon tingidas.

*Você pode visualizar essa imagem em cores no final do livro.

Figura 20.10 ▸ Alguns benzenos dissubstituídos selecionados e seus nomes. Os nomes comuns são indicados entre parênteses.

1,2-Dibromobenzeno (*o*-dibromobenzeno)

1,3-Dibromobenzeno (*m*-dibromobenzeno)

1,4-Dibromobenzeno (*p*-dibromobenzeno)

1,4-Dimetilbenzeno (*p*-xileno)

1,2-Dimetilbenzeno (*o*-xileno)

1,3-Dimetilbenzeno (*m*-xileno)

2-Nitrotolueno (*o*-nitrotolueno)

3-Bromonitrobenzeno (*m*-bromonitrobenzeno)

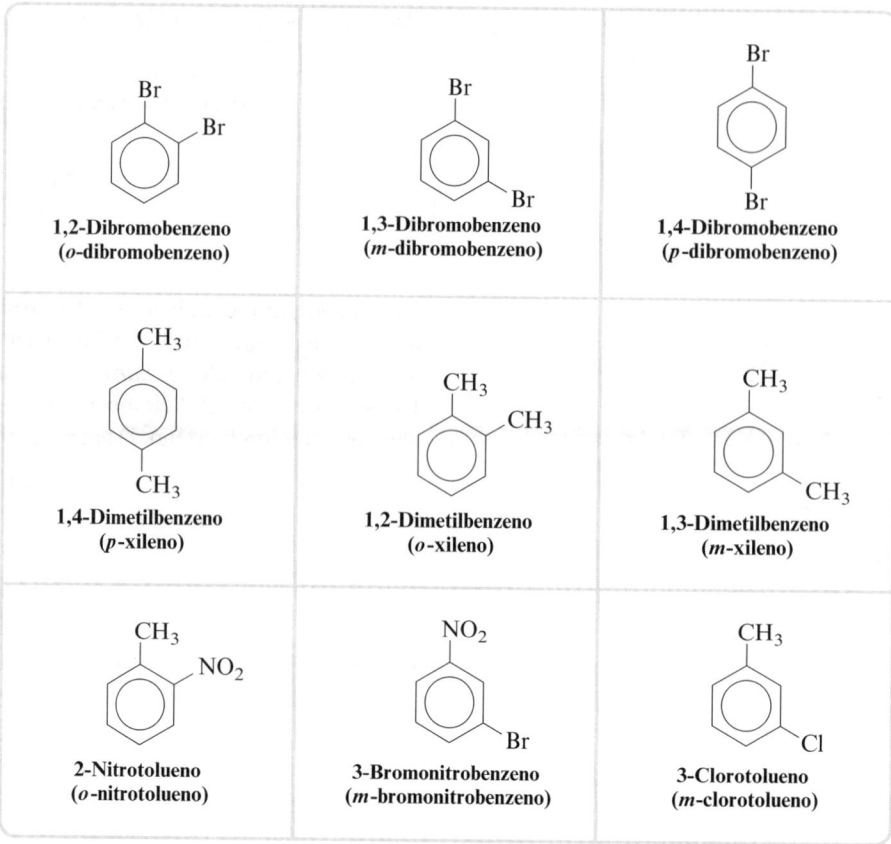

3-Clorotolueno (*m*-clorotolueno)

Tabela 20.4 ▸ Moléculas aromáticas mais complexas

Fórmula estrutural	Nome	Uso
	naftaleno	usado antigamente em bolas de naftalina
	antraceno	corantes
	fenantreno	corantes, explosivos e síntese de drogas

Exemplo resolvido 20.7 — **Nomeando compostos aromáticos**

Forneça os nomes dos compostos a seguir:

a. b. c. $CH_3-CH-C\equiv CH$ d.

QUÍMICA EM FOCO

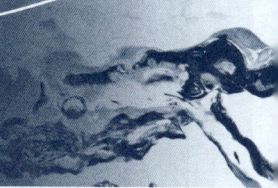

Cupins que usam naftalina

Os cupins normalmente não são muito respeitados. Eles são considerados banais e destrutivos. No entanto, os cupins são os primeiros insetos conhecidos a fazer a desinfestação de seus ninhos com naftaleno, um produto químico muito usado por seres humanos para evitar que as traças danifiquem suas roupas de lã. Embora os cupins não estejam preocupados com os buracos em seus suéteres, eles podem usar o naftaleno para repelir micróbios e formigas predadoras, entre outras pragas.

Gregg Henderson e Jian Chen, do Centro Agrícola da Universidade Estadual da Louisiana, em Baton Rouge, observaram que os cupins de Formosa são excepcionalmente resistentes ao naftaleno. De fato, esses insetos constroem suas galerias subterrâneas com madeira mascada colada com saliva e excremento. Essa "cola" (chamada de *carton*) contém quantidades significativas de naftaleno, que evapora e permeia o ar nos túneis subterrâneos. A fonte do naftaleno é desconhecida – pode ser um metabólito de uma fonte de alimento dos cupins ou pode ser produzido do *carton* por organismos presentes no ninho. Qualquer que seja a fonte do naftaleno, esse interessante exemplo mostra como os organismos usam a química para se proteger.

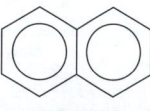

Naftaleno

Cupins subterrâneos de Formosa.

SOLUÇÃO

a. Existem grupos etílicos nas posições 1 e 3 (ou *meta*-), por isso o nome é o 1,3-dietilbenzeno ou *m*-dietilbenzeno.

b. O grupo é chamado tolueno. O bromo está na posição 4 (ou *para*-). O nome é 4-bromotolueno ou *p*-bromotolueno.

c. Nesse caso, nomeamos o composto como um butino com substituinte fenila. O nome é 3-fenil-1-butino.

d. Nomeamos esse composto como um tolueno substituído (assumindo que o grupo —CH_3 esteja no átomo de carbono 1). Assim, o nome é 2,4,6-trinitrotolueno. Esse composto é mais comumente conhecido como TNT, um componente de altos explosivos.

AUTOVERIFICAÇÃO **Exercício 20.5** Forneça os nomes dos compostos a seguir:

a. NO_2, Cl

b. $CH_3CH_2CH—CH=CHCH_3$

Consulte os Problemas 20.55 e 20.56. ∎

Tabela 20.5 ▸ Grupos funcionais comuns

Classe	Grupo funcional	Fórmula geral*	Exemplo
halohidrocarbonetos[†]	—X(F, Cl, Br, I)	R—X	CH_3I
alcoóis	—OH	R—OH	CH_3OH
éteres	—O—	R—O—R′	CH_3—O—CH_3
aldeídos	—C(=O)—H	R—C(=O)—H	H—C(=O)—H
cetonas	—C(=O)—	R—C(=O)—R′	CH_3—C(=O)—CH_3
ácidos carboxílicos	—C(=O)—OH	R—C(=O)—OH	CH_3—C(=O)—OH
ésteres	—C(=O)—O—	R—C(=O)—O—R′	CH_3—C(=O)—OCH_2CH_3
aminas	—NH_2	R—NH_2	CH_3NH_2

*R e R′ representam fragmentos de hidrocarbonetos, podendo ser os mesmos ou diferentes.
[†]Essas substâncias são também chamadas de haletos de alquila.

20-10 Grupos funcionais

OBJETIVO Aprender sobre os grupos funcionais comuns em moléculas orgânicas.

A grande maioria das moléculas orgânicas contém elementos além de carbono e hidrogênio. Porém, grande parte dessas substâncias podem ser vistas como **derivados de hidrocarbonetos**, moléculas que são fundamentalmente hidrocarbonetos, mas que contém outros átomos ou grupos de átomos chamados de **grupos funcionais**. Os grupos funcionais comuns estão na Tabela 20.5; um exemplo de um composto contendo o grupo funcional listado é dado para cada. Descreveremos brevemente alguns desses grupos funcionais nas próximas seções e aprenderemos a nomear os compostos que os contêm.

20-11 Alcoóis

OBJETIVO Aprender sobre alcoóis simples e explicar como nomeá-los.

Os **alcoóis** são caracterizados pela presença do grupo —OH. Alguns alcoóis comuns são apresentados na Tabela 20.6. O nome sistemático de um álcool é obtido por meio da substituição do final -*o* do nome do hidrocarboneto principal por -*ol*.

Tabela 20.6 ▸ Alguns alcoóis comuns

Fórmula	Nome sistemático	Nome comum
CH_3OH	metanol	álcool metílico
CH_3CH_2OH	etanol	álcool etílico
$CH_3CH_2CH_2OH$	1-propanol	álcool *n*-propílico
CH_3CHCH_3 | OH	2-propanol	álcool isopropílico

A posição do grupo —OH é especificada pelo menor número (onde necessário) escolhido entre os números dos substituintes.

As regras para nomear os alcoóis são como conforme descritos a seguir.

> **Regras para a nomenclatura de álcoois**
> 1. Selecione a cadeia contínua mais longa de átomos de carbono contendo o grupo —OH.
> 2. Numere a cadeia de modo que o carbono com o grupo —OH receba o menor número possível.
> 3. Obtenha o nome raiz a partir do nome da cadeia do hidrocarboneto pai, substituindo o final -o por -ol.
> 4. Numere os outros substituintes normalmente.

Por exemplo, o composto:

$$CH_3CHCH_2CH_2CH_3$$
$$|$$
$$OH$$

é chamado de 2-pentanol, porque a cadeia de carbono principal é o pentano. O composto

$$CH_3CH_2CHCH_2CH_2CH_3$$
$$|$$
$$OH$$

é chamado de 3-hexanol.

Os alcoóis são classificados de acordo com o número de fragmentos de hidrocarbonetos (grupos alquila) ligados ao carbono no qual o grupo —OH está ligado. Assim, temos:

$$R-CH_2OH \qquad \underset{R'}{\overset{R}{\diagdown}}CHOH \qquad R'-\underset{R''}{\overset{R}{\underset{|}{\overset{|}{C}}}}OH$$

Álcool *primário*   Álcool *secundário*   Álcool *terciário* R″
(um grupo R)   (dois grupos R)   (três grupos R)

em que R, R' e R″ (que podem ser os mesmos ou diferentes) representam fragmentos de hidrocarbonetos (grupos alquilas).

Exemplo resolvido 20.8

Nomeando alcoóis

Forneça o nome sistemático de cada um dos alcoóis a seguir e especifique se ele é primário, secundário ou terciário:

a. $CH_3CHCH_2CH_3$
        $|$
        OH

c. CH_3
        $|$
  $CH_3CCH_2CH_2CH_2CH_2Br$
        $|$
       OH

b. $ClCH_2CH_2CH_2OH$

SOLUÇÃO

a. A cadeia é numerada da seguinte forma:

$$\overset{1}{C}H_3\overset{2}{C}H\overset{3}{C}H_2\overset{4}{C}H_3$$
$$|$$
$$OH$$

O composto é chamado de 2-butanol, porque o grupo —OH está localizado na posição número 2 de uma cadeia de quatro carbonos. Observe que o carbono ao qual o —OH está ligado também tem dois grupos R (—CH₃ e —CH₂CH₃) ligados. Esse é, portanto, um álcool *secundário*.

b. A cadeia é numerada da seguinte forma:

$$\overset{3}{Cl-CH_2}-\overset{2}{CH_2}-\overset{1}{CH_2}-OH$$

Lembre-se de que, ao nomearmos um álcool, damos o menor número possível ao carbono com o —OH ligado. O nome é 3-cloro-1-propanol. Esse é um álcool *primário*.

c. A cadeia é numerada da seguinte forma:

O nome é 6-bromo-2-metil-2-hexanol. Esse é um álcool terciário, porque o carbono no qual o —OH está ligado também tem três grupos R ligados.

AUTOVERIFICAÇÃO

Exercício 20.6 Forneça o nome sistemático de cada um dos alcoóis a seguir e especifique se ele é primário, secundário ou terciário:

a. CH₃CH₂CH₂CH₂CH₂OH

b. $$CH_3-\underset{\underset{OH}{|}}{\overset{\overset{CH_3}{|}}{C}}-CH_3$$

c. $$CH_3-\underset{\underset{OH}{|}}{CH}-CH_2CH_2\overset{\overset{Br}{|}}{CH}CH_3$$

Consulte os Problemas 20.61 e 20.62. ■

20-12 Propriedades e usos de alcoóis

OBJETIVO Aprender como alguns alcoóis são feitos e utilizados.

Embora existam muitos alcoóis importantes, os mais simples, metanol e etanol, têm maior valor comercial. O metanol, também conhecido como *álcool de madeira*, porque antigamente era obtido pelo aquecimento da madeira na ausência de ar, é preparado industrialmente (mais de 20 milhões de toneladas anuais nos Estados Unidos), por hidrogenação de monóxido de carbono (catalisada por uma mistura de ZnO—Cr_2O_3).

$$CO + 2H_2 \xrightarrow[\text{ZnO-Cr}_2\text{O}_3]{400\ °C} CH_3OH$$

O metanol é usado como material de partida para a síntese do ácido acético e muitos tipos de adesivos, fibras e plásticos. Ele também pode ser usado como combustível para motores. Na verdade, o metanol puro foi usado por muitos anos nos motores dos carros que são pilotados nas 500 Milhas de Indianápolis e corridas similares. O metanol é especialmente útil em motores de corrida devido à sua resistência a batida no motor. Além disso, é vantajoso para os carros porque produz menos monóxido de carbono no escape (um gás tóxico) que a gasolina. O metanol é altamente tóxico para os seres humanos e sua ingestão pode levar à cegueira e à morte.

O etanol é o álcool encontrado nas bebidas como cerveja, vinho e uísque; é produzido pela fermentação do açúcar glicose do milho, cevada, uvas, e assim por diante.

$$\underset{\text{Glucose}}{C_6H_{12}O_6} \xrightarrow{\text{Levedura}} \underset{\text{Etanol}}{2CH_3CH_2OH} + 2CO_2$$

Essa reação é catalisada por enzimas (catalisadores biológicos), encontradas na levedura, e pode continuar apenas até que o teor alcoólico atinja cerca de 13% (o teor na maioria dos vinhos), ponto no qual a levedura não pode mais sobreviver. As bebidas com teor alcoólico mais alto são feitas por destilação da mistura da fermentação.

O etanol, como o metanol, pode ser queimado em motores de combustão interna de automóveis e agora é comumente adicionado à gasolina. Ele também é usado na indústria como um solvente e para a preparação de ácido acético. A produção comercial de etanol (meio milhão de toneladas por ano nos Estados Unidos) é realizada pela reação da água com o etileno.

$$CH_2=CH_2 + H_2O \xrightarrow[\text{catalisador}]{\text{Ácido}} CH_3CH_2OH$$

Muitos alcoóis são conhecidos por conter mais de um grupo —OH. O mais importante comercialmente é o etileno glicol,

$$\begin{array}{c} H_2C-OH \\ | \\ H_2C-OH \end{array}$$

O etileno glicol é um componente de anticongelantes, usado para proteger os sistemas de resfriamento de automóveis.

uma substância tóxica que é o principal constituinte da maioria dos anticongelantes para automóveis.

O álcool aromático mais simples é

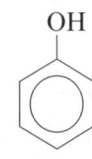

[estrutura: anel benzênico com grupo OH]

comumente chamado de **fenol**. A maior parte do um milhão de toneladas de fenol produzidas anualmente nos Estados Unidos é usada para produzir polímeros para adesivos e plásticos.

20-13 Aldeídos e cetonas

OBJETIVO Aprender as fórmulas gerais de aldeídos e cetonas e alguns de seus usos.

Aldeídos e cetonas contêm o **grupo carbonila**

$$-\underset{\underset{O}{\parallel}}{C}-$$

Nas **cetonas**, esse grupo está ligado a dois átomos de carbono; um exemplo é a acetona:

$$CH_3-\underset{\underset{O}{\parallel}}{C}-CH_3$$

A fórmula geral para uma cetona é

$$R-\underset{\underset{O}{\parallel}}{C}-R'$$

em que R e R' são grupos alquila que podem ou não ser os mesmos. Na cetona, o grupo carbonila nunca está no final da cadeia de hidrocarbonetos. (Se estivesse, seria um aldeído.)

Nos **aldeídos**, o grupo carbonila sempre aparece no final da cadeia de hidrocarbonetos. Existe sempre pelo menos um hidrogênio ligado ao átomo de carbono da carbonila. Um exemplo de um aldeído é o acetaldeído:

$$CH_3-\underset{\underset{O}{\parallel}}{C}-H$$

A fórmula geral para um aldeído é:

$$R-\underset{\underset{O}{\parallel}}{C}-H$$

Frequentemente usamos fórmulas compactas para aldeídos e cetonas. Por exemplo, o formaldeído (no qual R = H) e o acetaldeído (em que R = CH$_3$) são normalmente representados como HCHO e CH$_3$CHO, respectivamente. A acetona é muitas vezes escrita como CH$_3$COCH$_3$ ou (CH$_3$)$_2$CO.

Muitas cetonas têm propriedades de solventes (a acetona é frequentemente encontrada em removedores de esmalte, por exemplo) e são usadas com frequência na indústria para esse fim. Os aldeídos normalmente têm odores fortes. A vanilina é responsável pelo odor agradável das favas de baunilha; o cinamaldeído é responsável pelo odor característico da canela. Por outro lado, o cheiro desagradável da manteiga rançosa surge da presença de butiraldeído (e ácido butírico). A Fig. 20.11 mostra as estruturas desses compostos.

Os aldeídos e cetonas são na maioria das vezes produzidos comercialmente pela oxidação de alcoóis. A oxidação de um álcool *primário* fornece o aldeído correspondente, por exemplo:

$$R-CH_2OH \longrightarrow R-\underset{\underset{H}{}}{\overset{\overset{O}{\parallel}}{C}}$$

$$CH_3CH_2OH \xrightarrow{\text{Oxidação}} CH_3\underset{\underset{H}{}}{\overset{\overset{O}{\parallel}}{C}}$$

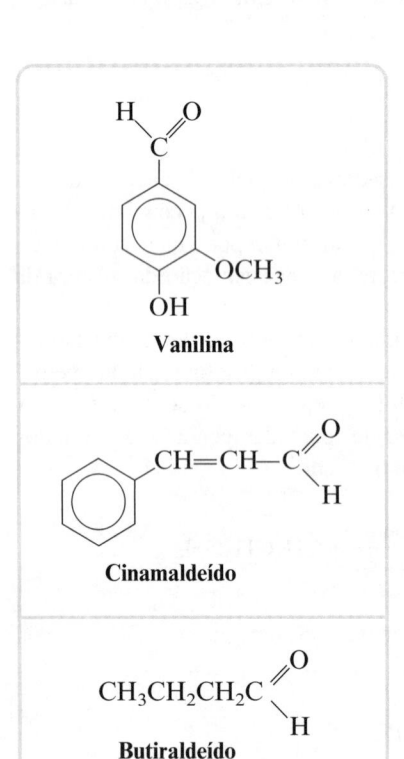

Figura 20.11 ▶ Alguns aldeídos comuns.

Vanilina

Cinamaldeído

Butiraldeído

Química orgânica **643**

$$R-\underset{OH}{\underset{|}{\overset{H}{\overset{|}{C}}}}-R' \longrightarrow R-\underset{O}{\overset{\|}{C}}-R'$$

A oxidação de um álcool *secundário* fornece uma cetona:

$$CH_3\underset{OH}{\underset{|}{CH}}CH_3 \xrightarrow{\text{Oxidação}} CH_3\underset{O}{\overset{\|}{C}}CH_3$$

20-14 Nomeando aldeídos e cetonas

OBJETIVO Aprender o sistema de nomenclatura de aldeídos e cetonas.

Obtemos o nome sistemático de um aldeído com base no alcano principal, retirando o último *-o* e acrescentando *-al*. Para cetonas, o final *-o* é substituído por *-ona*, e o número indica a posição do grupo carbonila quando necessário. A cadeia de carbonos nas cetonas é numerada, de modo que o carbono

$$-\underset{O}{\overset{\|}{C}}-$$

fique com o menor número possível. Em aldeídos,

$$-\underset{O}{\overset{\|}{C}}-H$$

está sempre no final da cadeia e é sempre considerado como carbono número 1. As posições de outros substituintes são especificadas normalmente por números. Os exemplos a seguir ilustram esses princípios:

$$H-\overset{O}{\overset{\|}{C}}-H \qquad CH_3-\overset{O}{\overset{\|}{C}}-H \qquad CH_3-\overset{O}{\overset{\|}{C}}-CH_3 \qquad CH_3-\overset{O}{\overset{\|}{C}}-CH_2CH_2CH_3 \qquad CH_3\underset{Cl}{\underset{|}{CH}}CH_2\overset{O}{\overset{\|}{C}}-H$$

Metanal   Etanal   Propanona   2-Pentanona   3-Clorobutanal
(formaldeído)   (acetaldeído)   (acetona)

Os nomes entre parênteses são aqueles comuns, são usados muito mais frequentemente do que os nomes sistemáticos.

Outro aldeído comum é o benzaldeído (um aldeído aromático), que tem a estrutura:

Benzaldeído

Um sistema alternativo para nomear cetonas especifica os substituintes ligados ao grupo C=O. Por exemplo, o composto

$$CH_3\overset{\|}{\underset{O}{C}}CH_2CH_3$$

é chamado de 2-butanona quando utilizamos o sistema que acabou de ser descrito. No entanto, essa molécula também pode ser chamada de metil etil cetona, comumente referida na indústria por MEK (da sigla em inglês, *m*etil *e*til *k*etone):

644 Introdução à química: fundamentos

Metil —CH₃   CH₂CH₃— Etil
        \\   /
         C
         ‖
         O
       Cetona

Outro exemplo é o uso do nome cetona para o composto:

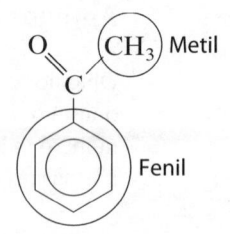

O   CH₃ — Metil
 \\ /
  C
  |
 (Fenil)

que é comumente chamado de metil fenil cetona.

Exemplo resolvido 20.9 — Nomeando aldeídos e cetonas

Forneça os nomes das moléculas a seguir:

a.
$$\text{CH}_3\text{C}(=O)-\text{CH}(\text{CH}_3)\text{CH}_3 \quad \text{(Dê dois nomes.)}$$

b. H—C(=O)—C₆H₄—NO₂ (meta-nitrobenzaldeído)

c. CH₃CH₂—C(=O)—C₆H₅

d. CH₃CHCH₂CH₂CHO
          |
          Cl

SOLUÇÃO   a. Podemos denominar esta molécula como 2-butanona, porque a maior cadeia possui quatro átomos de carbono (raiz de butano) com o

$$\text{C}=\text{O}$$

grupo na posição número 2 (o menor número possível). Como o grupo metila está na posição número 3, o nome é 3-metil-2-butanona. Também podemos chamar esse composto de metil isopropil cetona.

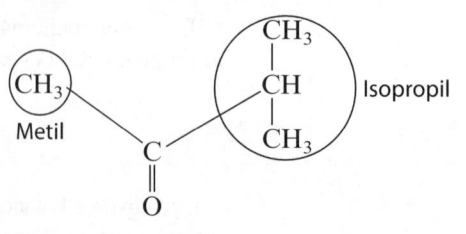

CH₃ — Metil
      \\
       C — CH(CH₃)CH₃ — Isopropil
       ‖
       O

b. Nomeamos esta molécula como um benzaldeído substituído (o grupo nitro está na posição número 3): 3-nitrobenzaldeído. Ela também pode ser denominada *m*-nitrobenzaldeído.

c. Nomeamos esta molécula como uma cetona: etil fenil cetona.

d. O nome é 4-cloropentanal. Observe que um grupo aldeído está sempre no final da cadeia e é automaticamente atribuído como o carbono número 1.

AUTOVERIFICAÇÃO

Exercício 20.7 Forneça os nomes das moléculas a seguir:

a. 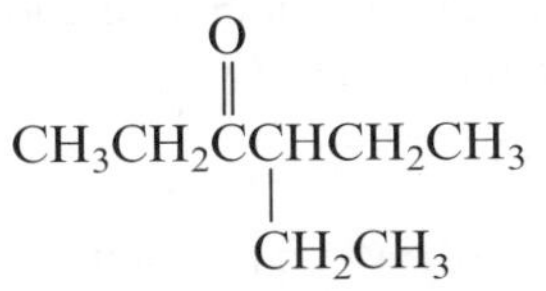
$$\text{CH}_3\text{CH}_2\overset{\overset{\text{O}}{\|}}{\text{C}}\underset{\underset{\text{CH}_2\text{CH}_3}{|}}{\text{CH}}\text{CH}_2\text{CH}_3$$

b. 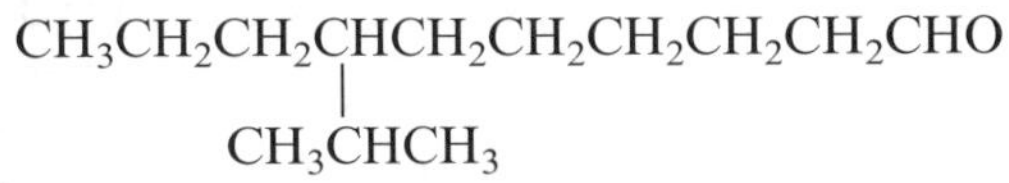
$$\text{CH}_3\text{CH}_2\text{CH}_2\underset{\underset{\text{CH}_3\text{CHCH}_3}{|}}{\text{CH}}\text{CH}_2\text{CH}_2\text{CH}_2\text{CH}_2\text{CHO}$$

Consulte os Problemas 20.73 e 20.74. ■

20-15 Ácidos carboxílicos e ésteres

OBJETIVO Aprender estruturas e nomes de ácidos carboxílicos comuns.

Ácidos carboxílicos são caracterizados pela presença do **grupo carboxila**, —COOH, que possui a estrutura:

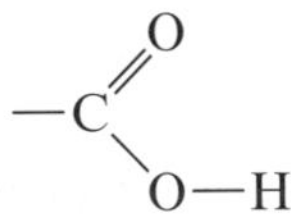

$$-\text{C}\overset{\overset{\text{O}}{\|}}{\underset{\text{O}-\text{H}}{}}$$

A fórmula geral de um ácido carboxílico é RCOOH, em que R representa o fragmento do hidrocarboneto. Essas moléculas são tipicamente ácidos fracos em soluções aquosas. Ou seja, o equilíbrio de dissociação (ionização) situa-se muito para a esquerda — apenas uma pequena porcentagem das moléculas RCOOH estão ionizadas.

$$\text{RCOOH}(aq) + \text{H}_2\text{O}(l) \rightleftharpoons \text{H}_3\text{O}^+(aq) + \text{RCOO}^-(aq)$$

Nomeamos os ácidos carboxílicos substituindo o último -*o* do alcano principal (a maior cadeia contendo o grupo —COOH) e adicionando a terminação -*oico*. Ácidos carboxílicos são frequentemente conhecidos por seus nomes comuns. Por exemplo, CH₃COOH, muitas vezes escrito como HC₂H₃O₂ e comumente chamado de ácido acético, tem o nome sistemático ácido etanoico, porque o alcano-pai é o etano. Alguns ácidos carboxílicos, seus nomes sistemáticos e seus nomes comuns são apresentados na Tabela 20.7. Outros exemplos de ácidos carboxílicos são mostrados na

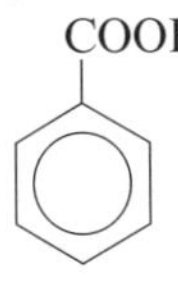

COOH (fenil)
Ácido benzoico

COOH (fenil com NO₂)
Ácido *p*-nitrobenzoico

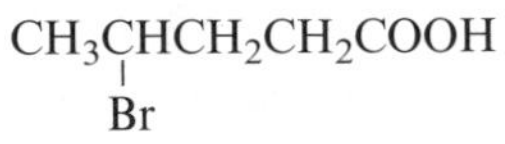

CH₃CHCH₂CH₂COOH
   |
   Br
Ácido 4-bromopentanoico

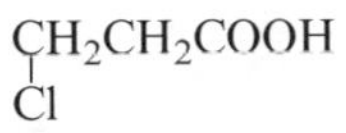

CH₂CH₂COOH
|
Cl
Ácido 3-cloropropanoico

Figura 20.12 ▶ Alguns ácidos carboxílicos.

Tabela 20.7 ▶ Alguns ácidos carboxílicos, seus nomes sistemáticos e seus nomes comuns

Fórmula	Nome sistemático	Nome comum
HCOOH	ácido metanoico	ácido fórmico
CH₃COOH	ácido etanoico	ácido acético
CH₃CH₂COOH	ácido propanoico	ácido propiônico
CH₃CH₂CH₂COOH	ácido butanoico	ácido butírico
CH₃CH₂CH₂CH₂COOH	ácido pentanoico	ácido valérico

Fig. 20.12. Observe que para o grupo —COOH é sempre atribuída a posição número 1 na cadeia.

Os ácidos carboxílicos podem ser produzidos pela oxidação de alcoóis primários com um forte agente oxidante. Por exemplo, podemos oxidar etanol em ácido acético usando permanganato de potássio.

$$CH_3CH_2OH \xrightarrow{KMnO_4(aq)} CH_3COOH$$

Um ácido carboxílico reage com um álcool para formar um éster e uma molécula de água. Por exemplo, a reação de ácido acético e de etanol produz o éster acetato de etila e água.

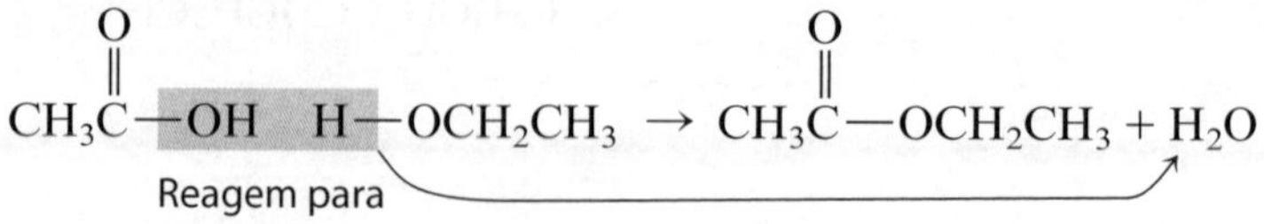

$$\underset{\text{Reagem para formar água}}{CH_3\overset{O}{\overset{\|}{C}}-OH \quad H-OCH_2CH_3} \rightarrow CH_3\overset{O}{\overset{\|}{C}}-OCH_2CH_3 + H_2O$$

Essa reação pode ser representada, de um modo geral, da seguinte forma:

$$\underset{\text{Ácido}}{RCOOH} + \underset{\text{Álcool}}{R'OH} \rightarrow \underset{\text{Éster}}{RCOOR'} + \underset{\text{Água}}{H_2O}$$

Um **éster** tem a seguinte fórmula geral:

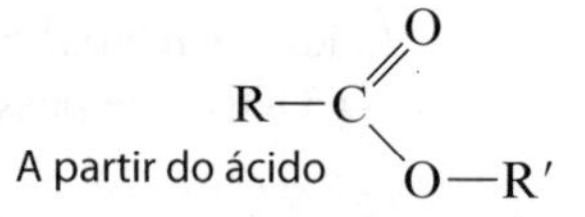

$$\underset{\text{A partir do ácido}}{R-C}\overset{O}{\underset{O-R'}{}}$$
A partir do álcool

Aml é um nome comum para $CH_3CH_2CH_2CH_2CH_2$—.

Os ésteres frequentemente têm cheiros doces e frutados que contrastam fortemente com os odores muitas vezes pungentes dos ácidos carboxílicos de origem. Por exemplo, o odor das bananas deriva do acetato de *n*-amila:

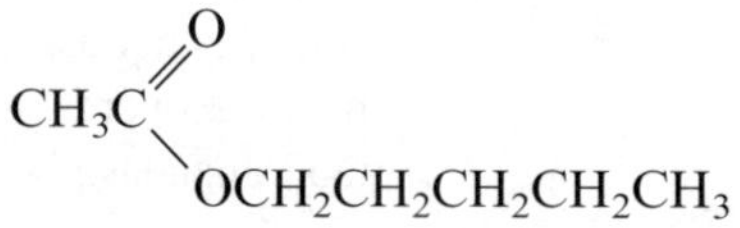

$$CH_3C\overset{O}{\underset{OCH_2CH_2CH_2CH_2CH_3}{}}$$

e o das laranjas, do acetato de *n*-octila:

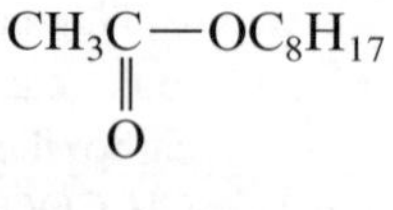

$$CH_3\overset{\|}{\underset{O}{C}}-OC_8H_{17}$$

Assim como os ácidos carboxílicos, os ésteres são frequentemente referidos pelos seus nomes comuns. O nome consiste do nome do ácido, no qual a terminação *-ico* é substituída por *-ato* seguido pelo nome alquila do álcool. Por exemplo, o ester

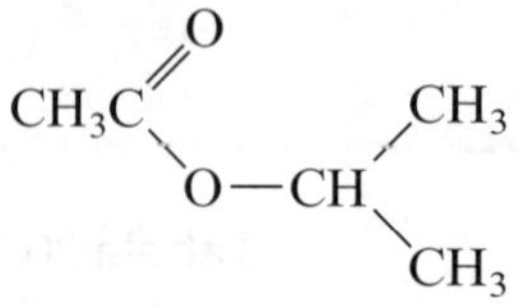

$$CH_3C\overset{O}{\underset{O-CH\underset{CH_3}{\overset{CH_3}{\diagup}}}{}}$$

é feito do ácido acético, CH_3COOH, e do álcool isopropílico,

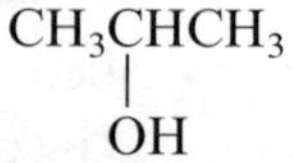

$$CH_3\underset{\underset{OH}{|}}{CH}CH_3$$

e é chamado de acetato de isopropila. O nome sistemático para esse éster é isopropiletanoato (do ácido etanoico, o nome sistemático para o ácido acético).

Um éster muito importante é formado pela reação do ácido salicílico com o ácido acético:

Ácido salicílico + Ácido acético → Ácido acetilsalicílico + H_2O

O produto é o ácido acetilsalicílico, popularmente conhecido como aspirina, produzido em grandes quantidades e amplamente utilizado como analgésico.

Modelo de preenchimento de espaço gerado por computador do ácido acetilsalicílico (aspirina).

20-16 Polímeros

OBJETIVO Aprender sobre alguns polímeros comuns.

Os **polímeros** são grandes moléculas, geralmente semelhantes a cadeias, construídas a partir de pequenas moléculas denominadas *monômeros*. Os polímeros formam a base para as fibras sintéticas, borrachas e plásticos e desempenham um papel muito importante na revolução ocorrida em nossas vidas proporcionada pela química durante os últimos 50 anos. (Muitas das biomoléculas importantes também são polímeros.)

O mais simples e um dos mais conhecidos polímeros sintéticos é o *polietileno*, construído com base em monômeros de etileno. Sua estrutura é

$$n\,CH_2=CH_2 \xrightarrow{\text{Catalisador}} -(CH_2-CH_2)_n-$$

Etileno → Polietileno

O "Plastiki", um barco feito de 12.500 garrafas de plástico.

em que n representa um número grande (normalmente vários milhares). O polietileno é um plástico flexível e resistente, utilizado para tubulação, garrafas, isolamento elétrico, filmes para embalagens, sacos de lixo e muitos outros fins. Suas propriedades podem ser modificadas utilizando-se monômeros de etileno substituídos. Por exemplo, quando o tetrafluoretileno é o monômero, o polímero Teflon é obtido:

Tetrafluoretileno → Teflon

Devido à resistência das fortes ligações C—F ao ataque químico, o Teflon é um material inerte, resistente e não inflamável que é muito usado para o isolamento elétrico, revestimentos antiaderentes para utensílios de cozinha e rolamentos para aplicações de baixa temperatura.

Outros tipos similares de polímeros de polietileno são feitos de monômeros contendo cloro, metil, ciano e substituintes fenílicos (Tabela 20.8). Em cada caso, a ligação dupla carbono-carbono no monômero de etileno substituído torna-se uma ligação simples no polímero. Os diferentes substituintes levam a uma grande variedade de propriedades.

Tabela 20.8 ▶ Alguns polímeros sintéticos comuns, seus monômeros e aplicações

Nome do monômero e fórmula	Nome do polímero e fórmula	Aplicações
etileno $H_2C{=}CH_2$	polietileno $\text{─}(CH_2\text{─}CH_2)_n\text{─}$	tubulações plásticas, garrafas, isolamento elétrico, brinquedos
propileno $H_2C{=}\underset{\underset{CH_3}{\|}}{\overset{\overset{H}{\|}}{C}}$	polipropileno $\text{─}(CH\text{─}CH_2CH\text{─}CH_2)_n\text{─}$ $\quad\;\;\|\qquad\qquad\|$ $\;\;CH_3\qquad\;\;CH_3$	filme para embalagem, tapetes, utensílios de laboratório, brinquedos
cloreto de vinila $H_2C{=}\underset{\underset{Cl}{\|}}{\overset{\overset{H}{\|}}{C}}$	cloreto de polivinila (PVC) $\text{─}(CH_2\text{─}CH)_n\text{─}$ $\qquad\quad\;\|$ $\qquad\quad Cl$	tubulações, tapume, pisos, roupas, brinquedos
acrilonitrila $H_2C{=}\underset{\underset{CN}{\|}}{\overset{\overset{H}{\|}}{C}}$	poliacrilonitrila (PAN) $\text{─}(CH_2\text{─}CH)_n\text{─}$ $\qquad\quad\;\|$ $\qquad\quad CN$	tapetes, tecidos
tetrafluoretileno $F_2C{=}CF_2$	Teflon $\text{─}(CF_2\text{─}CF_2)_n\text{─}$	revestimento para utensílios de cozinha, isolamento elétrico, rolamentos
estireno $H_2C{=}\overset{\overset{H}{\|}}{C}\text{─}C_6H_5$	poliestireno $\text{─}(CH_2CH)_n\text{─}$ $\qquad\;\|$ $\;\;\;C_6H_5$	recipientes, isolamento térmico, brinquedos
butadieno $H_2C{=}\overset{\overset{H}{\|}}{C}\text{─}\overset{\overset{H}{\|}}{C}{=}CH_2$	polibutadieno $\text{─}(CH_2CH{=}CHCH_2)_n\text{─}$	banda de rodagem do pneu, resinas de revestimento
butadieno e estireno (ver acima)	borracha de estireno-butadieno $(CH\text{─}CH_2\text{─}CH_2\text{─}CH{=}CH\text{─}CH_2)_n$ $\;\;\|$ $\;C_6H_5$	borracha sintética

    Os polímeros de polietileno ilustram um dos principais tipos de reações de polimerização, chamada **polimerização de adição**, na qual os monômeros simplesmente "se somam" para formar o polímero e não há outros produtos.

    Outro tipo comum de polimerização é a **polimerização de condensação**, na qual uma pequena molécula, como a água, é formada para cada extensão da cadeia polimérica. O polímero mais conhecido produzido pela condensação é o *nylon*. O nylon é um **copolímero**, porque dois tipos diferentes de monômeros combinam-se para formar a cadeia (um **homopolímero**, pelo contrário, resulta da polimerização de um único tipo de monômero). Uma forma comum de nylon é produzida quando a hexametilenodiamina e o ácido adípico reagem pela separação de uma molécula de água para formar uma ligação C—N:

$$\underset{\text{Hexametilenodiamina}}{\overset{H\qquad\qquad\;\;H}{\underset{H\qquad\qquad\;\;H}{N{-}(CH_2)_6{-}N}}} \;+\; \underset{\text{Ácido adípico}}{\overset{O\qquad\qquad\;\;O}{\underset{H{-}O\qquad\qquad O{-}H}{C{-}(CH_2)_4{-}C}}} \;\longrightarrow\; \overset{H\qquad\qquad\;\;H\quad\;O\qquad\qquad\;O}{\underset{H\qquad\qquad\qquad\qquad\qquad\qquad\;\;O{-}H}{N{-}(CH_2)_6{-}N{-}C{-}(CH_2)_4{-}C}} \;+\; H_2O$$

QUÍMICA EM FOCO

A química da música

Produzir boa música instrumental exige a combinação de talento musical do executante e um instrumento de alta qualidade. O principal componente dos instrumentos de cordas, como violões e violinos, é a madeira. A madeira é uma mistura de polímeros naturais, como celulose (um polissacarídeo linear de alta massa molar) e hemicelulose (um polissacarídeo ramificado com massa molar menor). Esses componentes permanecem unidos pela lignina, um polímero ramificado complexo. Em todos os instrumentos de madeira, boa parte do som vem do corpo do instrumento. A madeira utilizada pode ter um profundo efeito sobre o som pelo amortecimento de certas frequências e a potencialização de outras.

Um dos grandes mistérios relacionados a instrumentos musicais é a lendária qualidade dos violinos feitos no século XVII e início do XVIII em Cremona, Itália, por Antonio Stradivari, Nicolo Amati e Bartolomeo Giuseppe Guarneri. Os instrumentos criados por esses mestres têm sons sem paralelo ao de outros *luthiers* de violinos de antes ou desde então.

Joseph Nagyvary, um professor de bioquímica aposentado da Universidade Texas A&M, trabalhou durante os últimos 30 anos para compreender as propriedades únicas dos instrumentos cremonianos. Usando várias análises científicas, Nagyvary concluiu que os segredos se encontram principalmente no tratamento prévio da madeira à construção dos violinos. Em primeiro lugar, a madeira ficava encharcada quando flutuava rio abaixo até Cremona, em seguida, era aparentemente mergulhada em um produto químico para evitar mofo e matar pragas, como caruchos que podem perfurar a madeira. As análises de Nagyvary indicaram que esse composto químico era bastante complexo e foi provavelmente preparado por um químico local para os fabricantes de violinos. Os estudos também indicam que a madeira pode ter sido quimicamente tratada por uma solução de bórax, um antigo inseticida. Esse processo reduzia o teor de hemicelulose higroscópica da madeira.

Nagyvary usou os conhecimentos que adquiriu estudando esses instrumentos para construir mais de 150 violinos. Ele conseguiu diferentes graus de sucesso em estabelecer uma equivalência com os sons dos instrumentos cremonianos.

A química é igualmente importante para a construção de instrumentos modernos. Em violões acústicos, não somente o tipo de madeira é importante, mas o revestimento usado na madeira também influencia a qualidade do som. Um revestimento rígido tende a enfatizar as frequências altas, enquanto um revestimento suave vibra em frequências mais baixas.

Da mesma forma, a química é importante para os alto-falantes do seu sistema de áudio. Para produzir os sons, os componentes de um alto-falante vibram rapidamente, gerando uma enorme quantidade de calor. De fato, apenas 2% da energia do alto-falante é convertida em som, os 98% restantes são calor. Quanto mais alto o som, maior o calor. Para resistir a temperaturas de até 150°C, os polímeros usados no alto-falante devem ser materiais de alto desempenho.

Boa música exige boa química.

Joseph Nagyvary.

A molécula formada, chamada de **dímero** (dois monômeros ligados), pode sofrer novas reações de condensação uma vez que tem um grupo amino em uma extremidade e um grupo carboxila na outra. Assim, ambas as extremidades ficam livres para reagir com outro monômero. A repetição desse processo forma uma cadeia longa do tipo

$$\left(-\underset{H}{N}-(CH_2)_6-\underset{H}{N}-\underset{O}{C}-(CH_2)_4-\underset{O}{C}- \right)_n$$

a qual é a estrutura geral do nylon.

QUÍMICA EM FOCO

A mãe da invenção

Stephanie Kwolek não é muito alta (149,8 cm), mas ela causou um grande impacto na sociedade moderna. A Sra. Kwolek é a cientista responsável pela descoberta do Kevlar, uma fibra forte e leve usada em coletes à prova de balas que são usados por muitos agentes da lei. A empresa DuPont, que fabrica o Kevlar, estima que mais de 3.000 agentes sobreviveram a lesões graves por causa da fibra de cor dourada descoberta por Stephanie Kwolek. Além disso, inúmeros soldados foram salvos. Quase todos os membros das forças armadas dos EUA usam um capacete reforçado com Kevlar desde 1991. O Kevlar tem também muitos outros usos, incluindo reforço para pneus, cabos especiais para pontes suspensas, componente em roupas resistente a chamas e em diversos tipos de equipamentos esportivos.

A Sra. Kwolek tinha 42 anos de idade em 1965, quando descobriu o polímero (uma longa cadeia composta de muitas unidades pequenas) que constitui a base do Kevlar. Os testes mostraram que, libra por libra, o Kevlar é cinco vezes mais forte que o aço. A resistência incomum do Kevlar deve-se, principalmente, à forma como as cadeias longas ligam-se umas às outras por causa da forte atração entre átomos de cadeias adjacentes. Além disso, em vez de serem aleatórias como um prato de espaguete, as cadeias do Kevlar tendem ao alinhamento em paralelo para maximizar as interações entre as cadeias.

Stephanie Kwolek atribui sua curiosidade científica a seu pai, um naturalista amador que a levou em muitos passeios para coletar amostras biológicas em sua terra natal na Pensilvânia. Ela se especializou em química na faculdade e, inicialmente, queria tornar-se médica, mas como não podia pagar o curso de medicina, conseguiu um trabalho na indústria química com a DuPont, e o resto é história.

A Sra. Kwolek recebeu muitos prêmios em sua carreira, inclusive entrou para o Hall da Fama dos Inventores Nacionais, em Akron, Ohio, em 1995.

Stephanie Kwolek.

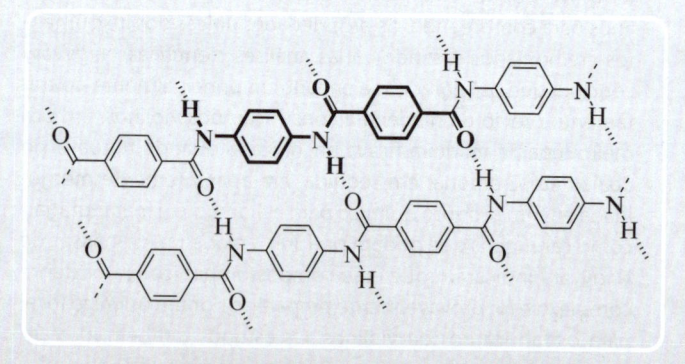

A estrutura do Kevlar. A parte em negrito é um monômero.

A reação de formação do nylon ocorre muito facilmente e é muitas vezes usada em aulas de demonstração (Fig. 20.13). As propriedades do nylon podem ser alteradas mudando o número de átomos de carbono na cadeia dos monômeros de ácidos ou aminas.

Figura 20.13 ▶ A reação da formação do nylon pode ser realizada na interface de duas camadas de líquidos imiscíveis em um béquer. A camada inferior contém cloreto de adipila

$$Cl-\underset{O}{\underset{\|}{C}}-(CH_2)_4-\underset{O}{\underset{\|}{C}}-Cl$$

dissolvido em CCl_4, e a camada superior contém hexametilenodiamina

$$H_2N-(CH_2)_6-NH_2$$

dissolvida em água. Uma molécula de HCl é formada à medida que cada ligação C—N se forma. Essa é uma variação da reação da formação do nylon discutida no livro.

Mais de um milhão de toneladas de nylon são produzidas anualmente nos Estados Unidos, para uso em roupas, carpetes, cordas, e assim por diante. Muitos outros tipos de polímeros de condensação também são produzidos. Por exemplo, o Dacron é um copolímero formado pela reação de condensação do etileno glicol (um diálcool) e o ácido *p*-tereftálico (um ácido dicarboxílico).

$$HOCH_2CH_2O-H \quad HO-\overset{\overset{O}{\|}}{C}-\underset{}{\bigcirc}-\overset{\overset{O}{\|}}{C}-O-H$$

Etilenoglicol → Ácido *p*-tereftálico
H₂O

A unidade de repetição do Dacron é:

$$+OCH_2CH_2-O-\overset{\overset{O}{\|}}{C}-\underset{}{\bigcirc}-\overset{\overset{O}{\|}}{C}+_n$$

Observe que essa polimerização envolve um ácido carboxílico e um álcool para formar um grupo éster:

$$-O-\overset{\overset{O}{\|}}{C}-$$

Assim, o Dacron é chamado de **poliéster**. Por si só, ou misturado com algodão, o Dacron é muito utilizado em fibras para a fabricação de roupas.

CAPÍTULO 20 REVISÃO

🅕 direciona para a seção *Química em foco* do capítulo

Termos-chave

química orgânica (20)
biomoléculas (20)
hidrocarbonetos (20-2)
saturados (20-2)
insaturados (20-2)
alcanos (20-2)
hidrocarbonetos normais (20-2)
hidrocarbonetos de cadeia linear (20-2)
hidrocarbonetos não ramificados (20-2)
isomeria estrutural (20-3)
petróleo (20-5)
gás natural (20-5)
reações de combustão (20-6)
reações de substituição (20-6)
reações de desidrogenação (20-6)
alcenos (20-7)

alcinos (20-7)
reações de adição (20-7)
reações de hidrogenação (20-7)
halogenação (20-7)
polimerização (20-7)
hidrocarbonetos aromáticos (20-8)
benzeno (20-8)
grupo fenila (20-9)
derivados de hidrocarbonetos (20-10)
grupos funcionais (20-10)
alcoóis (20-11)
fenol (20-12)
grupo carbonila (20-13)
cetonas (20-13)
aldeídos (20-13)
ácidos carboxílicos (20-15)
grupo carboxila (20-15)

éster (20-15)
polímeros (20-16)
polimerização de adição (20-16)
polimerização de condensação (20-16)

copolímero (20-16)
homopolímero (20-16)
dímero (20-16)
poliéster (20-16)

Para revisão

▶ A química orgânica é o estudo dos compostos contendo carbono e suas propriedades.
▶ A maioria dos compostos orgânicos contém cadeias ou anéis de átomos de carbono.
▶ Os hidrocarbonetos são compostos orgânicos formados de carbono e hidrogênio.
  • Os alcanos são chamados de hidrocarbonetos saturados, porque contêm quatro ligações simples (o máximo possível) para cada carbono.
    • Fórmula geral C_nH_{2n+2}
    • Apresentam isomeria estrutural: moléculas com o mesmo número de átomos, mas arranjos atômicos diferentes.
    • Sofrem reações de substituição.
  • O petróleo é uma mistura de hidrocarbonetos formados pela decomposição de antigos organismos marinhos, sendo usado como fonte de energia.
▶ Os alcenos são hidrocarbonetos insaturados que contêm uma ou duas ligações duplas carbono-carbono.

- São nomeados como os alcanos, mas com a terminação -ano substituída por -eno.
▶ Os alcinos são hidrocarbonetos insaturados que contêm uma ou duas ligações triplas carbono-carbono.
    - São nomeados como os alcanos, mas com a terminação -ano substituída por -ino.
▶ Sofrem reações de adição.
▶ Alguns alcenos formam anéis aromáticos especiais que são excepcionalmente estáveis.
▶ Os alcoóis contêm um ou mais grupos —OH.
▶ Os alcoóis são nomeados usando-se o radical do alcano principal e substituindo a terminação -o por -ol.
▶ Aldeídos e cetonas
    - Contêm os grupos carbonila
      $-\overset{\overset{\displaystyle \|}{O}}{C}-$
    - Aldeídos R$-\overset{\overset{\displaystyle \|}{O}}{C}-$H
    - São nomeadas usando-se o radical do alcano principal e a terminação -ona.
    - Cetonas R$-\overset{\overset{\displaystyle \|}{O}}{C}-$R'

- São nomeados usando-se o radical do alcano principal e a terminação -al.
▶ Ácidos carboxílicos
    - Contêm grupo de cabonila $-C\overset{\displaystyle \nearrow O}{\underset{\displaystyle \searrow O-H}{}}$
    - São nomeados adicionando a palavra *ácido* e trocando o -o do alcano de origem por -*oico*.
    - Reagem com alcoóis para formar ésteres.
    - Ésteres são compostos com cheiro adocicado nomeados usando-se o nome do ácido no qual o final -*ico* é substituído por -*ato* seguido da preposição "de" e do nome da alquila
▶ Polímeros
    - Grandes moléculas feitas pela agregação de pequenas moléculas (monômeros)
    - Tipos de reações de polimerização
        - Adição: na qual os monômeros simplesmente se adicionam
        - Condensação: na qual uma pequena molécula (normalmente água) é formada para cada extensão da cadeia polimérica

Questões de aprendizado ativo

Estas questões foram desenvolvidas para ser consideradas por grupos de alunos em sala de aula. Normalmente, elas funcionam bem para introduzir um tema específico em sala.

1. O que se entende por "hidrocarbonetos insaturados"? Que recurso estrutural caracteriza os hidrocarbonetos insaturados?

2. Os compostos a seguir estão nomeados incorretamente, mas uma estrutura correta pode ser feita com base no nome dado. Desenhe os seguintes compostos incorretamente nomeados e nomeie-os corretamente.
   a. 2-etil-3-metil-5-isopropilhexano
   b. 3-metil-4-isopropilpentano
   c. 2-etil-3-butino

3. Quando o propano sofre desidrogenação, qual é o produto? Nomeie e desenhe uma fórmula estrutural.

4. Quantos "tetrametilbenzenos" diferentes possíveis existem? Forneça as fórmulas estruturais e nomes para cada um.

5. Para a fórmula geral $C_6H_{14}O$, desenhe as estruturas de três alcoóis isoméricos que ilustrem a estrutura primária, secundária e terciária.

6. Estabeleça a diferença entre uma adição polimérica e uma condensação polimérica e forneça um exemplo de cada uma delas. Faça o mesmo para copolímero e homopolímero.

Perguntas e problemas

20-1 Ligação de carbono

Perguntas

1. O que torna o carbono capaz de formar tantos compostos diferentes?

2. O seu companheiro de quarto, um especialista em química, alega ter sintetizado o composto CH_5 no laboratório. Por que isso não é possível?

3. O que representa uma ligação dupla? Em uma ligação dupla, quantos pares de elétrons são compartilhados entre os átomos? Desenhe a estrutura de Lewis de uma molécula simples que contenha uma ligação dupla.

4. Quantos pares de elétrons são compartilhados quando existe uma ligação tripla entre dois átomos de carbono? Qual deve ser o arranjo geométrico ao redor dos átomos de carbono em uma ligação tripla? Desenhe a estrutura de Lewis de uma molécula simples que contenha uma ligação tripla.

5. Quando um átomo de carbono está ligado a quatro átomos, qual é o arranjo geométrico em torno do átomo de carbono? Por quê?

6. Desenhe as estruturas de Lewis para o dióxido de carbono e o monóxido de carbono.

20-2 Alcanos

Perguntas

7. Quais das moléculas a seguir são *insaturadas*?
   a. $CH_3—CH_2—CH_2—CH_3$
   b. $CH_3—CH=CH—CH_3$
   c. $CH_3—C\equiv CH_3$
   d. $CH_3—CH_2—CH_3$

8. Quais das moléculas a seguir são *saturadas*?
   a. $CH_3—CH_3$
   b. $CH_2=CH_2$
   c. $CH_3—CH_2—CH_2—CH_3$
   d. $CH_3—CH_2—CH=CH_2$

9. A Fig. 20.3 mostra as estruturas dos hidrocarbonetos propano e butano. Discuta os arranjos dos pares de elétrons ao redor de cada átomo de carbono nessas moléculas. Elas são lineares? Por que sim ou por que não?

10. As cadeias nos alcanos normais não são realmente retas, e sim em zigue-zague, porque os ângulos em torno dos átomos de carbono são de _____.

Problemas

11. Qual é fórmula "geral" de um alcano? Demonstre como esta fórmula geral pode ser usada para determinar o número de hidrogênios que estariam presentes em um alcano com vinte átomos de carbono.

12. Sem desenhar a fórmula estrutural, diga quantos átomos de hidrogênio estariam presentes nos alcanos de cadeia linear com os seguintes números de átomos de carbono.
    a. três
    b. cinco
    c. quinze
    d. dezoito

13. Dê o nome a cada um dos seguintes alcanos de cadeia linear:
    a. $CH_3-CH_2-CH_2-CH_2-CH_2-CH_2-CH_2-CH_3$
    b. $CH_3-CH_2-CH_2-CH_2-CH_2-CH_2-CH_2-CH_2-CH_2-CH_3$
    c. $CH_3-CH_2-CH_2-CH_2-CH_2-CH_3$
    d. $CH_3-CH_2-CH_2-CH_3$

14. Desenhe a fórmula estrutural para cada um dos seguintes alcanos de cadeia linear:
    a. pentano
    b. undecano (11 átomos de carbono)
    c. nonano
    d. heptano

20-3 Fórmulas estruturais e isomeria

Perguntas

15. O que são *isômeros* estruturais? Qual o menor alcano com um isômero estrutural? Desenhe estruturas para ilustrar os isômeros.

16. O que é um alcano *ramificado*? Desenhe a estrutura de um alcano ramificado e circule a ramificação.

Problemas

17. Sem olhar o livro, desenhe fórmulas estruturais e forneça os nomes comuns para os três isômeros do pentano C_5H_{12}.

18. Desenhe fórmulas estruturais para os três alcanos isoméricos com a fórmula C_6H_{14}.

20-4 Nomeando alcanos

Perguntas

19. Forneça os nomes para os alcanos com três, cinco, sete e nove átomos de carbono.

20. A que corresponde o nome raiz para um hidrocarboneto *ramificado*?

21. O que é um grupo *alquila*? Como um determinado grupo alquila relaciona-se com seu alcano de origem?

22. Como é a *posição* do substituinte ao longo da cadeia mais longa de um dado hidrocarboneto?

23. Quais *prefixos* seriam usados no nome sistemático de um alcano para indicar que ele contém os seguintes números de ramificações metila?
    a. dois
    b. quatro
    c. cinco
    d. três

24. Fornecendo o nome de um hidrocarboneto com vários substituintes, em qual ordem devemos listá-los?

Problemas

25. Forneça o nome sistemático de cada um dos seguintes alcanos ramificados:

   a. $CH_3-CH_2-CH_2-CH-CH-CH_2-CH_2-CH_2$ com CH_3, CH_3 nos 4º e 5º carbonos e CH_3 no último.

   b. $CH_3-CH_2-CH_2-C-C-CH_2-CH_3$ com dois CH_3 em cada um dos dois carbonos centrais.

   c. $CH_3-CH_2-CH-CH-C-CH_2-CH_2$ com CH_3 no 3º, CH_3 no 4º, CH_3 no 5º e CH_3 no último.

   d. $CH_3-CH_2-CH-CH-CH-CH_3$ com CH_3 no 3º, CH_3 no 4º (acima) e CH_3 no 4º (abaixo) e CH_3 no 5º.

26. Forneça o nome sistemático a cada um dos seguintes alcanos:

   a. $CH_3-CH_2-CH-CH_2-CH_3$ com CH_2-CH_3 ramificado.

   b. $CH_3-C(CH_3)(CH_3)-CH_2-CH_3$

   c. $C(CH_3)_4$ com quatro CH_3.

   d. $CH_3-CH-CH-CH-CH_3$ com CH_3, CH_3, CH_3 ramificados.

27. Desenhe a fórmula estrutural para cada um dos seguintes alcanos ramificados:
    a. 2,3-dimetilpentano
    b. 2,4-dimetilpentano
    c. 2,2-dimetilpentano
    d. 3,3-dimetilpentano

28. Desenhe a fórmula estrutural para cada um dos seguintes alcanos ramificados:
    a. 2,2,4-trimetiloctano

b. 2,3,4-trimetiloctano
c. 3,3,4-trimetiloctano
d. 2,4,4-trimetiloctano

20-5 Petróleo

Problemas

29. Quais são os principais constituintes do petróleo cru? Qual é o principal constituinte do gás natural? Como essas misturas foram formadas?

30. Liste várias frações do petróleo e cite o uso principal de cada uma.

31. O que é *craqueamento pirolítico* e por que o processo é aplicado à fração de querosene do petróleo?

32. Por que o tetraetila de chumbo $(C_2H_5)_4Pb$ era adicionado à gasolina no passado? Por que o uso dessa substância está sendo eliminado progressivamente?

20-6 Reações dos alcanos

Perguntas

33. Explique por que os alcanos são relativamente não reativos.

34. Escreva uma equação mostrando a *combustão* do propano C_3H_8. Como utilizamos as reações de combustão?

35. Indique a molécula que falta em cada uma das seguintes reações de substituição:
    a. $CH_4 + Cl_2 \xrightarrow{hv} HCl + ?$
    b. $CH_2Cl_2 + Cl_2 \xrightarrow{hv} CHCl_3 + ?$
    c. $? + Cl_2 \xrightarrow{hv} CCl_4 + HCl$
    d. $CH_3Cl + ? \xrightarrow{hv} CH_2Cl_2 + HCl$

36. Quando um alcano é *desidrogenado*, que tipo de característica é introduzida na molécula? Dê um exemplo.

Problemas

37. Complete e equilibre cada uma das seguintes reações de alcanos:
    a. $C_2H_6(g) + O_2(g) \rightarrow$
    b. $C_4H_{10}(g) + O_2(g) \rightarrow$
    c. $C_3H_8(g) + O_2(g) \rightarrow$

38. Complete e equilibre cada uma das seguintes reações químicas:
    a. $C_6H_{14}(l) + O_2(g) \rightarrow$
    b. $CH_4(g) + Cl_2(g) \rightarrow$
    c. $CHCl_3(l) + Cl_2(g) \rightarrow$

20-7 Alcenos e alcinos

Perguntas

39. O que é um *alceno*? Que característica estrutural caracteriza os alcenos? Forneça a fórmula geral dos alcenos.

40. O que é um *alcino*? Que característica estrutural caracteriza os alcinos? Forneça a fórmula geral dos alcinos.

41. Como é modificado o *nome raiz* de um alcano para indicar que um determinado hidrocarboneto contém uma ligação dupla ou tripla em sua cadeia contínua mais longa?

42. Como é indicada a *posição* de uma ligação dupla ou tripla na cadeia contínua mais longa de um hidrocarboneto insaturado?

43. Indique a molécula que falta em cada uma das seguintes reações de alcenos:
    a. $CH_2=CH-CH_3 + H_2 \xrightarrow{Pt} ?$
    b. $? + Br_2 \rightarrow CH_2Br-CHBr-CH_3$
    c. $2CH_2=CH-CH_3 + 9? \rightarrow 6CO_2 + 6H_2O$

44. Como a *hidrogenação* é usada na produção de gorduras sólidas para cozinhar? Forneça um exemplo de uma reação de hidrogenação.

Problemas

45. Forneça o nome sistemático para cada um dos seguintes hidrocarbonetos instaurados:
    a. $CH_3-CH=CH-CH_2-CH_3$
    b. $CH_3-CH_2-CH=CH-CH_3$
    c. $CH_3-CH-CH=CH-CH-CH_3$
        $\quad\quad\; |\quad\quad\quad\quad\quad\quad |$
        $\quad\quad CH_3\quad\quad\quad\quad\; CH_3$
    d. $CH_2=CH-CH-CH-CH-CH_2-CH_3$
        $\quad\quad\quad\quad\quad |\quad\; |\quad\; |$
        $\quad\quad\quad\quad CH_3\; CH_3\; CH_3$

46. Forneça o nome sistemático para cada um dos seguintes hidrocarbonetos instaurados:
    a. $CH_2=CH-CH-CH-CH-Cl$
        $\quad\quad\quad\quad\quad |\quad\; |\quad\; |$
        $\quad\quad\quad\quad CH_3\; CH_3\; Cl$
    b. $CH_3-CH=CH-CH-CH-CH_3$
        $\quad\quad\quad\quad\quad\quad\quad |\quad\; |$
        $\quad\quad\quad\quad\quad\quad Cl\; Cl$

    (com CH_3 acima do segundo CH)

    c. $CH_3-C-CH=CH-CH-CH_2-CH_3$
        $\quad\; |\quad\quad\quad\quad\quad\quad |$
        $CH_3\quad\quad\quad\quad\quad\; CH_3$
        (com CH_3 acima do C)
    d. $CH\equiv C-CH_2-CH_2-CH-CH_3$
        $\quad\quad\quad\quad\quad\quad\quad\quad |$
        $\quad\quad\quad\quad\quad\quad\quad\; CH_3$

47. Desenhe as fórmulas estruturais e forneça os nomes sistemáticos de pelo menos *quatro* hidrocarbonetos isoméricos contendo sete átomos de carbono e uma ligação dupla.

48. Desenhe as fórmulas estruturais mostrando todas as moléculas possíveis contendo seis átomos de carbono e uma ligação tripla.

20-8 Hidrocarbonetos aromáticos

Problemas

49. Qual estrutura todos os hidrocarbonetos aromáticos têm em comum?

50. O benzeno exibe ressonância. Explique esta afirmação pelas diferentes estruturas de Lewis que podem ser desenhadas para o benzeno.

20-9 Nomeando compostos aromáticos

Problemas

51. Como é nomeado um benzeno monossubstituído? Forneça as estruturas e os nomes de dois exemplos. Também dê dois exemplos de benzenos monossubstituídos que tenham nomes especiais.

52. Como é nomeado o anel de benzeno se ele for considerado um substituinte em outra molécula? Dê as estruturas e os nomes de dois exemplos.

53. Se um anel de benzeno contém vários substituintes, como são numeradas as posições relativas dos substituintes no nome sistemático dado à molécula?

54. A que se referem os prefixos *orto-*, *meta-* e *para-* em relação à posição relativa dos substituintes em um bezeno dissubstituído?

Problemas

55. Desenhe uma fórmula estrutural para cada um dos seguintes compostos aromáticos ou aromáticos substituídos.
    a. Naftaleno
    b. 2-bromofenol
    c. 3-metilestireno
    d. 4-nitroclorobenzeno
    e. 1,3-dinitrobenzeno

56. Nomeie os seguintes compostos aromáticos ou aromáticos substituídos.

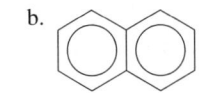

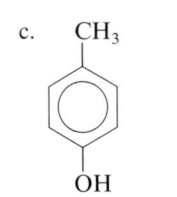

    a. CH_3 — anel — Br, Br
    b. naftaleno
    c. CH_3 — anel — OH (para)
    d. NO_2 — anel — NO_2

20-10 Grupos funcionais

Problemas

57. Sem olhar o livro, escreva a fórmula estrutural e o nome de um composto representante de cada uma das seguintes famílias (grupos funcionais).
    a. amina
    b. álcool
    c. ácido carboxílico
    d. aldeído
    e. éster
    f. cetona
    g. éter

58. Com base no grupo funcional que cada molécula abaixo contém, identifique a família de compostos orgânicos a que cada uma pertence.

    a. $CH_3-CH_2-C\begin{smallmatrix}O\\OH\end{smallmatrix}$

    b. $CH_3-CH_2-CH_2-C\begin{smallmatrix}O\\H\end{smallmatrix}$

    c. $CH_3-CH_2-CH_2-\underset{\parallel}{\overset{O}{C}}-CH_2-CH_3$

    d. $CH_3-CH_2-\underset{OH}{\overset{CH_2-CH_3}{C}}-CH_2-CH_3$

20-11 Alcoóis

Perguntas

59. Que grupo funcional caracteriza um álcool? Que terminação é adicionada ao nome do hidrocarboneto principal para mostrar que uma molécula é um álcool?

60. Diferencie os alcoóis primários, secundários e terciários. Forneça uma fórmula estrutural como exemplo de cada tipo.

Problemas

61. Escreva o nome sistemático para cada um dos seguintes alcoóis e indique se eles são primários, secundários ou terciários.

    a. $CH_3-CH_2-\underset{OH}{\overset{CH_2-CH_3}{C}}-CH_2-CH_3$

    b. $CH_3-\underset{}{\overset{CH_3}{CH}}-\underset{OH}{CH}-\overset{CH_3}{CH}-CH_3$

    c. $CH_3-\underset{OH}{CH}-CH_2-\underset{CH_3}{\overset{CH_3}{C}}-CH_3$

    d. $CH_3-\underset{CH_3}{CH}-CH_2-\underset{CH_3}{\overset{CH_3}{C}}-CH_2-OH$

62. Sem olhar o livro, desenhe as estruturas para exemplos de um álcool primário, um secundário e um terciário e nomeie cada um dos compostos que você escolher.

20-12 Propriedades e usos dos alcoóis

Perguntas

63. Por que o metanol é às vezes chamado de álcool de madeira? Descreva a síntese moderna do metanol e cite alguns de seus usos.

64. Escreva a equação da fermentação da glicose para formar etanol. Por que soluções de etanol com concentrações superiores a 13% não podem ser feitas diretamente por fermentação? Nas bebidas, como o teor de etanol pode ser aumentado para além deste nível?

65. Escreva a equação para a síntese do etanol com base no etileno. Cite alguns usos comerciais do etanol feito por esse processo.

66. Dê os nomes e fórmulas estruturais dos outros dois alcoóis comercialmente importantes. Cite a principal utilização de cada um deles.

20-13 Aldeídos e cetonas

Perguntas

67. Que grupo funcional é *comum* tanto nos aldeídos quanto nas cetonas?

68. Que característica estrutural *distingue* aldeídos de cetonas?

69. Mencione alguns usos comerciais de aldeídos e cetonas.

70. Escreva equações mostrando a oxidação de um álcool primário e a de um álcool secundário para produzir um aldeído e uma cetona, respectivamente. Indique a estrutura de cada álcool e dos principais produtos orgânicos das oxidações.

20-14 Nomeando aldeídos e cetonas

Perguntas

71. Tanto aldeídos como cetonas contêm o grupo carbonila, no entanto, as propriedades desses dois tipos de compostos são suficientemente diferentes para que eles sejam classificados separadamente. Sem olhar o livro, desenhe as estruturas da cetona e do aldeído que têm três átomos de carbono. Nomeie cada um desses compostos.

72. Descreva o sistema alternativo de nomenclatura de cetonas. Dê dois exemplos de cetonas, juntamente com seus nomes em ambos os sistemas.

73. Escreva o nome sistemático para cada um dos seguintes aldeídos e cetonas:

a. $CH_3-CH(CH_3)-CH_2-C(CH_3)-C(=O)H$

b. $CH_3-CH(CH_3)-C(=O)-CH(CH_3)-CH_3$

c. $CH_3-C(=O)-CH(CH_3)(Cl)-CH_2$ (with CH_3 and Cl substituents)

d. $CH_3-C(=O)H$

74. Desenhe as fórmulas estruturais para cada um dos seguintes aldeídos e cetonas:
   a. dimetil cetona
   b. 3-metil-2-butanona
   c. propanal
   d. 2,2-dimetil-3-pentanona

20-15 Ácidos carboxílicos e ésteres

Perguntas

75. Desenhe a estrutura do grupo que caracteriza ácidos orgânicos (carboxílicos). Forneça a fórmula condensada geral de um ácido orgânico.

76. Ácidos carboxílicos são tipicamente ácidos fortes ou ácidos fracos? Escreva uma equação mostrando o ácido CH_3CH_2COOH ionizando na água.

77. Que terminação sistemática é usada para mostrar que uma molécula é um ácido carboxílico? Dê um exemplo.

78. Complete as seguintes equações com a fórmula estrutural do principal produto orgânico.

a. $CH_3-CH_2-CH_2-CH_2-OH \xrightarrow{\text{oxidação suave}}$

b. $CH_3-CH_2-CH_2-OH \xrightarrow{\text{oxidação forte}}$

c. $CH_3-CH_2-CH_2-COOH + HO-CH_2-CH_2-CH_3 \longrightarrow$

79. Com base em quais duas famílias de compostos orgânicos os ésteres são sintetizados? Dê um exemplo específico de uma reação na qual um éster é formado e indique como seu nome é derivado de compostos usados para sintetizá-lo.

80. Escreva uma equação mostrando a síntese do ácido acetilsalicílico (aspirina).

Problemas

81. Escreva o nome sistemático para cada um dos seguintes ácidos orgânicos:

a. $CH_3-CH_2-CH(CH_3)-COOH$

b. $C_6H_5-CH_2-COOH$

c. $CH_3-CH_2-C(CH_3)_2-CH_2-COOH$

d. $HOOC-CH_2-C(CH_3)(Cl)-CH_2$ (with CH_3 and Cl substituents)

82. Desenhe a fórmula estrutural para cada um dos seguintes compostos:
    a. butanoato de metila
    b. acetato de etila
    c. ácido o-clorobenzoico
    d. ácido 2,2-dimetil-3-cloro-butanoico

20-16 Polímeros

Perguntas

83. Em termos gerais, o que é um polímero? O que é um monômero?
84. O que é *polimerização de adição*? Dê um exemplo de um polímero comum de adição.
85. O que é *polimerização de condensação* e como ela difere da polimerização de adição? Dê um exemplo de um polímero de adição comum.
86. A seção "Química em foco – A mãe da invenção" fala sobre Stephanie Kwolek e a invenção do Kevlar, que é um copolímero ou um homopolímero?

Problemas

87. Liste pelo menos cinco polímeros comuns discutidos neste capítulo bem como seus usos comuns.
88. Para as substâncias poliméricas nylon e Dacron, esboce as representações das unidades de repetição em cada uma.

Problemas adicionais

89. O primeiro composto "orgânico" a ser sintetizado em laboratório, em vez de ser isolado da natureza, foi _____, que foi preparado a partir de _____.
90. Um composto de carbono contendo ligações duplas ou triplas carbono-carbono é dito ser _____.
91. A orientação geral dos quatro pares de elétrons ao redor dos átomos de carbono nos alcanos é _____.
92. Alcanos nos quais os átomos de carbono formam uma única cadeia não ramificada são chamados de alcanos _____.
93. A isomeria estrutural ocorre quando duas moléculas têm o mesmo número de cada tipo de átomo, mas apresentam diferentes arranjos de _____ entre os átomos.
94. Os nomes sistemáticos de todos os hidrocarbonetos saturados têm a terminação _____ adicionada ao radical que indica o número de átomos de carbono na molécula.
95. O radical de um hidrocarboneto ramificado vem do número de átomos de carbono na cadeia contínua _____ da molécula.
96. As posições dos substituintes ao longo da estrutura de hidrocarboneto de uma molécula são indicadas pelo _____ do átomo de carbono no qual os substituintes estão ligados.
97. O querosene pode ser convertido em gasolina por _____, que significa que os maiores e mais pesados componentes do querosene são quebrados pelo calor em fragmentos de gasolina menores e mais leves.
98. O tetraetila de chumbo ($C_2H_5)_4Pb$ era adicionado à gasolina no passado como agente _____.
99. A principal utilização dos alcanos tem sido em reações _____ como uma fonte de calor e luz.
100. Com agentes muito reativos, como os elementos halogênios, os alcanos passam por reações de _____, nas quais um novo átomo substitui um ou mais átomos de hidrogênio do alcano.
101. Alcenos e alcinos caracterizam-se pela capacidade de submeterem-se a rápidas e completas reações de _____, nas quais outros átomos ligam-se aos átomos de carbono das ligações duplas ou triplas.
102. Gorduras insaturadas podem ser convertidas em gorduras saturadas pelo processo de _____.
103. O benzeno é membro de origem do grupo dos hidrocarbonetos chamados de _____.
104. Um átomo ou grupo de átomos que concede novas características e propriedades a uma molécula orgânica é chamado de _____.
105. Um álcool _____ é aquele no qual existe apenas um único grupo de hidrocarbonetos ligado ao átomo de carbono mantendo o grupo hidroxila.
106. O álcool mais simples, o metanol, é preparado industrialmente por hidrogenação de _____.
107. O etanol é comumente preparado pela _____ de determinados açúcares por leveduras.
108. Tanto os aldeídos quanto as cetonas contêm o grupo _____, mas se diferem quanto ao local onde esse grupo aparece ao longo da cadeia de hidrocarboneto.
109. Aldeídos e cetonas podem ser preparados pela _____ do álcool correspondente.
110. Qual das seguintes não é uma molécula orgânica?
    a. metanol
    b. acetona
    c. ácido acético
    d. sulfato de magnésio
    e. Todos os itens acima são moléculas orgânicas.
111. Os compostos de cheiro tipicamente doce, chamados _____, resultam da reação de condensação de um ácido orgânico com um _____.
112. Para cada um dos seguintes alcanos de cadeia linear, desenhe a fórmula estrutural.
    a. etano
    b. butano
    c. hexano
113. Mostre (desenhando as estruturas) como os membros de uma série de alcanos diferem do membro anterior ou do seguinte por meio da unidade —CH_2—.
114. O que significa dizer que um hidrocarboneto é *saturado*? A quantos outros átomos está ligado cada átomo de carbono em um hidrocarboneto saturado? Que nome é dado à família de hidrocarbonetos saturados?
115. Quantos dos seguintes grupos orgânicos funcionais *devem* conter dois átomos de oxigênio?
    a. alcoóis
    b. ésteres
    c. ácidos carboxílicos

d. cetonas
e. aldeídos

116. Dê o nome sistemático a cada um dos seguintes hidrocarbonetos insaturados e compostos insaturados substituídos:

   a. $CH_3—CH=CH—CH_3$

   b. $CH_3—CH—CH=CH_2$
              $|$
              CH_3

   c. $CH≡C—CH_2—CH_3$

   d. $CH_2=CH—CH——CH_3$
                  $|$
                  Cl

117. Dê alguns exemplos de moléculas que contenham anéis de benzeno "fundidos".

118. Escreva uma fórmula estrutural para cada um dos seguintes compostos:

   a. 2,3-dimetil-heptano
   b. 2,2-dimetil-3-cloro-1-octanol
   c. 2-cloro-1-hexeno
   d. 1-cloro-2-hexeno
   e. 2-metilfenol

119. Desenhe a fórmula estrutural e nomeie os produtos orgânicos de cada uma das seguintes reações. Se uma mistura de vários produtos similares é esperada, indique o tipo de produto esperado.

   a. $CH_3—CH_3 + Cl_2 \xrightarrow{Luz}$

   b. $CH_3—CH=CH—CH_3 + H_2 \xrightarrow{Pt}$

   c. $CH_3—CH_2$
                 $\diagdown$
                  $C=CH—CH_3 + Br_2 \longrightarrow$
                 $\diagup$
      $CH_3—CH_2$

120. Quantos dos seguintes alcoóis são terciários?

   a. etanol
   b. alcool isopropílico
   c. álcool *tert*-butílico
   d. metanol

121. O álcool glicerol (glicerina), que é produzido no corpo humano pela digestão de gorduras, tem a seguinte estrutura:

   $CH_2—CH—CH_2$
   $|$ $|$ $|$
   OH OH OH

   Dê o nome sistemático do glicerol.

122. Com base nos grupos funcionais da Tabela 20.5, qual dos seguintes grupos funcionais orgânicos *não* contêm quaisquer átomos de oxigênio?

   a. ácidos carboxílicos   d. aldeídos
   b. alcoóis   e. aminas
   c. cetonas

123. Desenhe uma estrutura correspondente a cada um dos seguintes compostos:

   a. 2-metilpentanal
   b. ácido 3-hidroxibutanoico
   c. 2-aminopropanal
   d. 2,4-hexanodiona
   e. 3-metilbenzaldeído

124. Escreva uma fórmula estrutural para cada um dos seguintes compostos:

   a. metil pentil cetona
   b. 3-metilpentanal
   c. 2-metil-1-pentanol
   d. 1,2,3-propanotriol
   e. 2-metil-3-hexanona

125. O ácido salicílico é uma molécula interessante; é um ácido e um álcool, tendo um grupo hidroxila ligado ao anel aromático (fenol). Por essa razão, o ácido salicílico pode sofrer duas diferentes reações de esterificação dependendo de qual grupo funcional reage. Por exemplo, como discutido no capítulo, quando tratado com ácido acético — um ácido mais forte —, o ácido salicílico comporta-se como um álcool, e o éster produzido é o ácido acetilsalicílico (aspirina). Por outro lado, quando reage com o álcool metílico, o ácido salicílico comporta-se como um ácido, produzindo o éster salicilato de metila (óleo de pirola). O salicilato de metila é também um analgésico e é parte da formulação de muitos linimentos para músculos doloridos. Escreva uma equação para a produção de cada um desses ésteres do ácido salicílico.

126. Aminoácidos alfa são moléculas de ácido orgânico que também contêm um grupo amino (—NH_2) no segundo átomo de carbono da cadeia do ácido. Proteínas são polímeros da condensação desses aminoácidos alfa. A reação na qual a cadeia longa da proteína se forma é muito semelhante com a reação de formação do nylon, resultando na formação da ligação

   $—N—C=O$
   $\ |$
   $\ H$

   que é chamada de ligação de "amida" (ou "peptídica"). Mostre como os dois aminoácidos seguintes podem reagir entre si para produzir uma ligação de amida, resultando na formação de um dímero (um "dipeptídeo").

   $\qquad HO—C=O$
   $\qquad\quad |$
   $CH_3—CH—N—H + HO—C=O$
   $\qquad\ \ |\qquad\qquad\quad |$
   $\qquad\ \ H\qquad\qquad CH_2—NH_2$

   Como esse dipeptídeo poderia reagir com outros aminoácidos para formar um polipeptídeo?

127. Complete a tabela a seguir com o nome ou a estrutura, conforme necessário.

Nome	Estrutura
pentano	
_____	$CH_3CH_2CH_2CH_2CH_2CH_2CH_2CH_3$
decano	
_____	$CH_3CH_2CH_2CH_2CH_3$
heptano	

128. Desenhe a fórmula estrutural para cada um dos seguintes compostos aromáticos:

   a. 1,2-diclorobenzeno

b. 1,3-dimetilbenzeno
c. 3-nitrofenol
d. *p*-dibromobenzeno
e. 4-nitrotolueno

129. Desenhe fórmulas estruturais para todos os alcanos isoméricos com a fórmula geral C_7H_{16}.

130. Dê o nome sistemático a cada um dos seguintes alcanos:

a.
$$CH_3-CH-CH-CH_3$$
com CH_3 acima do primeiro CH e CH_3 abaixo do segundo CH

b.
$$CH_3-CH_2 \quad CH_2-CH_3$$
$$\quad\quad\quad C$$
$$CH_3-CH_2 \quad CH_2-CH_3$$

c.
$$CH-C-CH_2-CH_2-CH_3$$
com CH_3, CH_3 no topo e CH_3, CH_3 abaixo

d.
$$CH_3-CH-CH-CH-CH-CH-CH_3$$
com CH_3 abaixo de cada CH interno

131. Desenhe uma fórmula estrutural para cada um dos seguintes compostos:

a. 2,2-dimetil-hexano
b. 2,3-dimetil-hexano
c. 3,3-dimetil-hexano
d. 3,4-dimetil-hexano
e. 2,4-dimetil-hexano

132. Escreva a fórmula para o reagente ou produto que falta em cada uma das seguintes equações químicas:

a. $CH_4(g) + Cl_2(g) \rightarrow$ _____ $+ HCl(g)$
b. $CH_3CH_2CH_3(g) \rightarrow CH_3CH=CH_2(g) +$ _____
c. $CHCl_3(l) + Cl_2(g) \rightarrow CCl_4(l) +$ _____

133. Desenhe as estruturas para cinco hidrocarbonetos *insaturados* diferentes ou hidrocarbonetos substituídos e nomeie suas moléculas.

134. Desenhe as fórmulas estruturais mostrando todos os isômeros do alcino de cadeia linear com oito átomos de carbono. Nomeie cada isômero.

135. Nomeie cada um dos seguintes compostos aromáticos ou aromáticos substituídos.

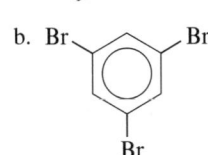

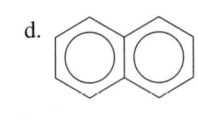

a. benzeno com CH_3 e CH_3 em posições adjacentes
b. benzeno com Br, Br, Br em posições 1,3,5
c. benzeno com NO_2 e Cl em posições adjacentes
d. naftaleno

136. Com base nos grupos funcionais apresentados na Tabela 20.5, identifique a família de compostos orgânicos à qual cada um dos seguintes pertence:

a. benzeno$-CH_2-CH_2-C=O$ com OH

b. $CH_3-CH_2-CH_2-C=O$ ligado a benzeno

c. $CH_3-CH_2-C=O$ com $O-CH_2-CH_2-$benzeno

d. benzeno com OH e CH_2-CH_3

137. Desenhe a fórmula estrutural para cada um dos seguintes alcoóis e indique se é primário, secundário ou terciário.

a. 2-propanol
b. 2-metil-2-propanol
c. 4-isopropil-2-heptanol
d. 2-3-dicloro-1-pentanol

138. Um éster é similar a um ácido carboxílico da mesma forma que

a. um álcool primário é similar a um álcool secundário.
b. uma amina é similar a uma cetona.
c. um éter é similar a um aldeído.
d. um anel aromático é similar a um polímero.
e. uma cetona é similar a um aldeído.

Explique sua resposta.

139. Como os ácidos carboxílicos são sintetizados? Dê um exemplo de um ácido orgânico e da molécula da qual ele é sintetizado. Que tipo de reação é essa?

140. Desenhe uma fórmula estrutural para cada um dos seguintes compostos:

a. ácido 3-metilbutanoico
b. ácido 2-clorobenzoico
c. ácido hexanoico
d. ácido acético

141. Desenhe a estrutura do monômero e a unidade de repetição básica para cada uma das substâncias poliméricas.

a. polietileno
b. cloreto de polivinila
c. Teflon
d. polipropileno
e. poliestiereno

Problemas para estudo

142. Nomeie cada um dos seguintes alcanos:

a. $CH_3-CH_2-CH_2-CH_2-CH_3$

b. 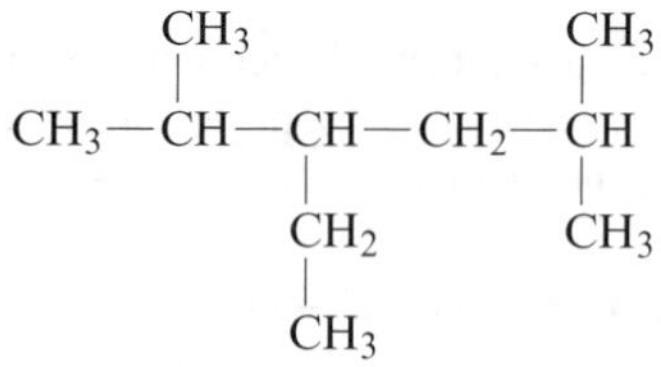 $CH_3-CH(CH_3)-CH(CH_2CH_3)-CH_2-CH(CH_3)_2$

CH₃—CH—CH—CH₂—CH
      | | |
     CH₃   CH₂   CH₃
              |
             CH₃

c. 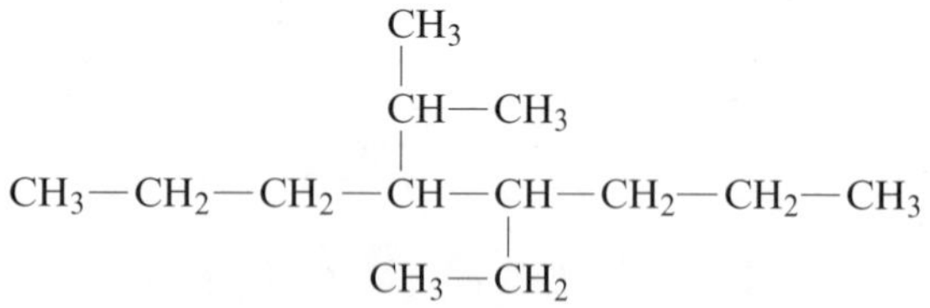 $CH_3-CH_2-CH_2-CH(CH(CH_3)_2)-CH(CH_2CH_3)-CH_2-CH_2-CH_3$

143. Nomeie cada um dos seguintes alcanos:

a. 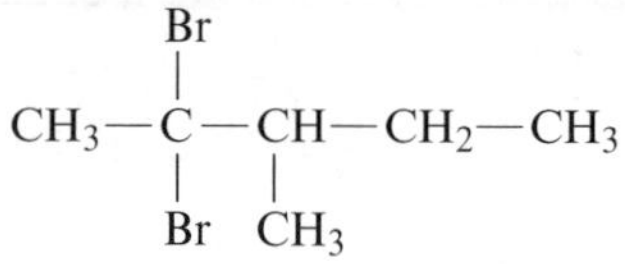 $CH_3-CBr_2-CH(CH_3)-CH_2-CH_3$

b. 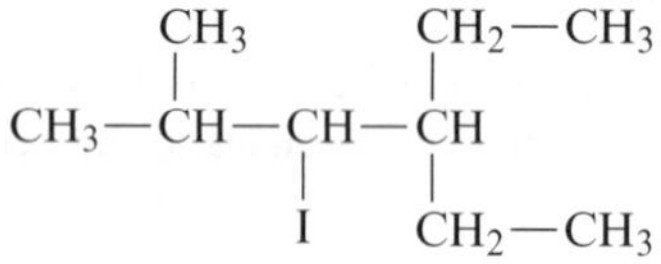
CH₃   CH₂—CH₃
 | |
CH₃—CH—CH—CH
           | |
           I   CH₂—CH₃

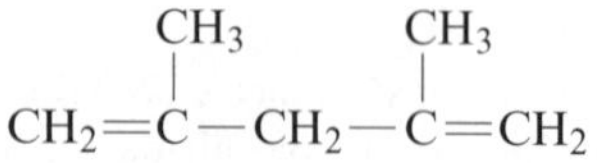

c. $CH_3-CH(CH_3)-CH_2-CHF-CH_2-CH_2-CH_2-CH_2-CH_3$

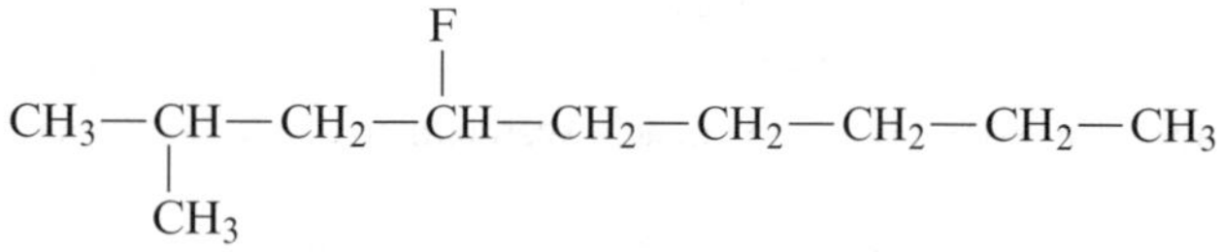

144. Nomeie cada um dos seguintes alcenos e alcinos:

a. 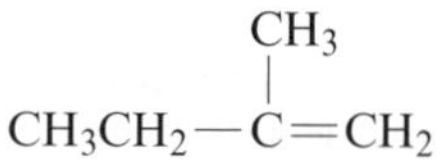 $CH_3CH_2-C(CH_3)=CH_2$

b. $CH_2=C(CH_3)-CH_2-C(CH_3)=CH_2$

c. $CH_3CH_2CH(CH_2CH_3)-CH=CH-CH_2CH(CH_3)_2$

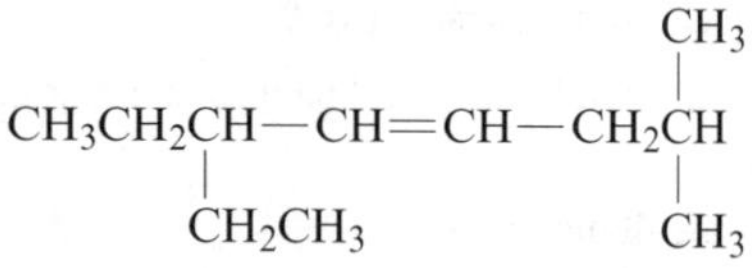

d. 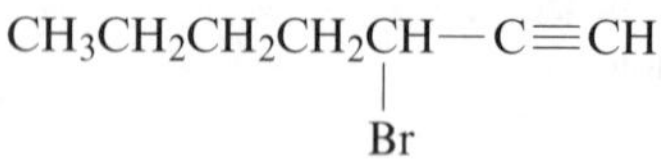 $CH_3CH_2CH_2CH_2CH(Br)-C\equiv CH$

e. 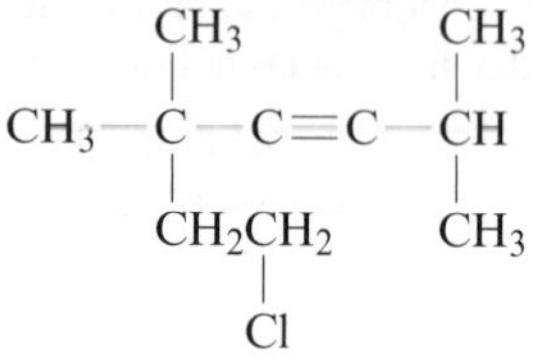 CH₃—C(CH₃)(CH₂CH₂Cl)—C≡C—CH(CH₃)(CH₃)

f. 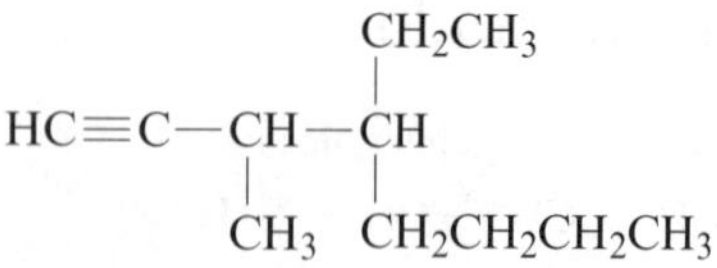 $HC\equiv C-CH(CH_3)-CH(CH_2CH_3)(CH_2CH_2CH_2CH_3)$

145. Nomeie cada um dos seguintes compostos orgânicos:

a.  $CH_3CH_2CH_2CH_2CH_2CH_2CHO$

b. 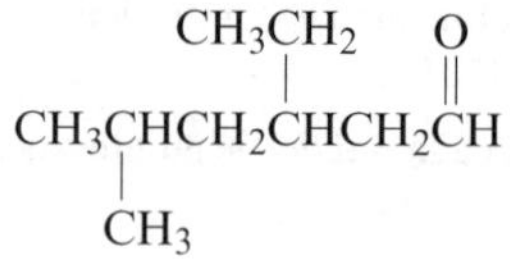 $CH_3CH(CH_2CH_3)CH_2CH(CH_3)CH_2CHO$

c. 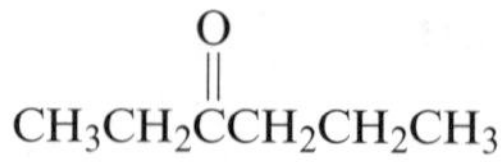 $CH_3CH_2COCH_2CH_2CH_3$

d. 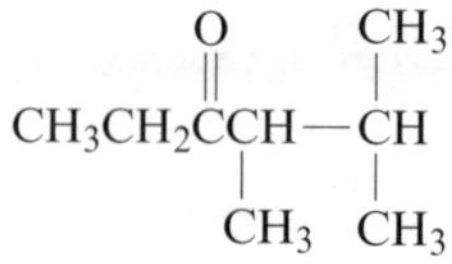 $CH_3CH_2COCH(CH_3)CH(CH_3)_2$

e. 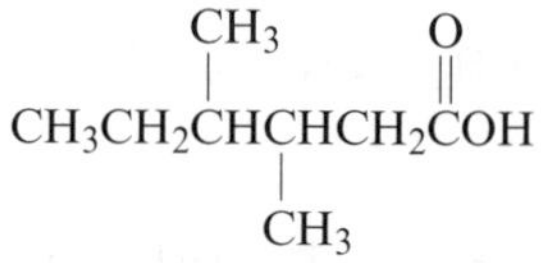 $CH_3CH_2CH(CH_3)CH(CH_3)CH_2COOH$

146. As reações de esterificação são realizadas na presença de um ácido forte como o H_2SO_4. Um ácido carboxílico é aquecido com um álcool, e são formados um éster e água. Você pode ter feito um éster com cheiro de frutas no laboratório quando estudou grupos orgânicos funcionais. Nomeie o ácido carboxílico necessário para completar a seguinte reação de esterificação:

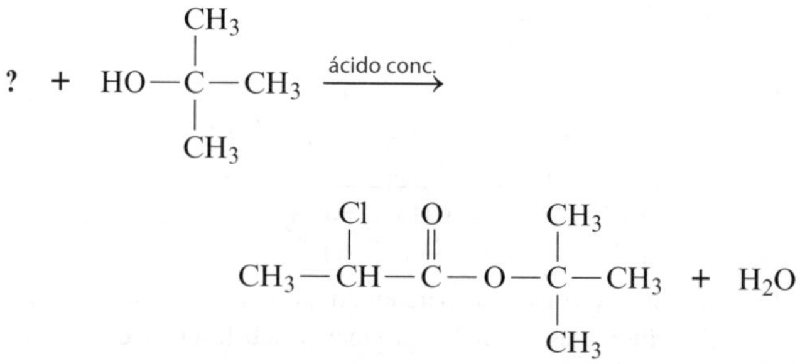

? + HO—C(CH₃)₃ $\xrightarrow{\text{ácido conc.}}$ CH₃—CH(Cl)—CO—O—C(CH₃)₃ + H_2O

147. Classifique estes compostos orgânicos em termos de solubilidade crescente em água (do menos solúvel ao mais solúvel):

a.  $CH_3CH_2CH_2COOH$

b. 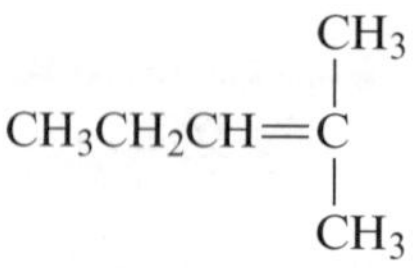 $CH_3CH_2CH=C(CH_3)_2$

c. $CH_3CH_2CH_2COCH_3$

Bioquímica

21

CAPÍTULO 21

- **21-1** Proteínas
- **21-2** Estrutura primária das proteínas
- **21-3** Estrutura secundária das proteínas
- **21-4** Estrutura terciária das proteínas
- **21-5** Funções das proteínas
- **21-6** Enzimas
- **21-7** Carboidratos
- **21-8** Ácidos nucleicos
- **21-9** Lipídeos

Em 28 de janeiro de 2011, Tatyana McFadden, dos Estados Unidos, competiu na final dos 1500 m T54 feminino durante o sétimo dia do Campeonato IPC de Atletismo no Parque QE II, em Christchurch, Nova Zelândia. Foto de Martin Hunter/Getty Images

A **bioquímica,** o estudo da química dos sistemas vivos, é um campo vasto e emocionante no qual cada dia são feitas descobertas importantes sobre como a vida se mantém e como ocorrem as doenças. Em particular, tem-se entendido cada vez melhor como células vivas processam e usam as moléculas necessárias para a vida. Isso é importante não apenas para a identificação e o tratamento de doenças, mas também possibilitou a formação de um novo campo – **a biotecnologia,** que utiliza as "máquinas" da natureza para sintetizar as substâncias desejadas. Por exemplo, a insulina é uma biomolécula complexa usada no organismo para regular o metabolismo de açúcares. Pessoas com diabetes têm uma deficiência natural de insulina e precisam tomá-la por injeções ou outros meios. No passado, a insulina era obtida dos tecidos animais (particularmente, de vacas). No entanto, nosso melhor entendimento dos processos bioquímicos das células permitiu-nos "cultivar" a insulina. Nós aprendemos a inserir as "instruções" para fazer insulina nas células de bactérias, como a *Escherichia coli*, de modo que, à medida que elas crescem, produzem insulina, que pode ser coletada para o uso por diabéticos. Muitos outros produtos, inclusive pesticidas naturais, também estão sendo produzidos com as técnicas da biotecnologia.

O entendimento da bioquímica também permite que nossa sociedade produza alimentos processados mais saudáveis. Por exemplo, a indústria alimentícia está fazendo grandes esforços para reduzir os níveis de gordura nos alimentos sem acabar com o sabor agradável que ela dá à comida.

Não é possível abordar todos os aspectos importantes desse campo neste capítulo; queremos nos concentrar nos principais tipos de biomoléculas que ajudam os organismos vivos. Primeiro, porém, vamos estudar os elementos encontrados em sistemas vivos e descrever resumidamente a constituição de uma célula.

Essa amostra da bactéria *E. coli* foi geneticamente modificada para produzir insulina humana. As bactérias são cultivadas e produzem insulina humana pura, que então é coletada. Volker Steger/SPL/Science Source

Atualmente, conhecem-se 30 elementos definitivamente essenciais para a vida humana. Esses **elementos essenciais** estão indicados em cores na Figura 21.1. Os mais abundantes são hidrogênio, carbono, nitrogênio e oxigênio; sódio, magnésio, potássio, cálcio, fósforo, enxofre e cloro também estão presentes em quantidades relativamente grandes. Embora estejam presentes apenas em quantidades mínimas, os metais de transição na primeira linha são essenciais para a ação de muitas enzimas (catalisadores biológicos). Por exemplo, o zinco, um dos **microelementos**, é encontrado em quase 200 moléculas biologicamente importantes. A Tabela 21.1 resume as funções dos elementos essenciais. Com o tempo, provavelmente se verificará que outros elementos também são essenciais.

A vida se organiza em torno das funções da **célula**, a menor unidade dos seres vivos e que apresenta as propriedades normalmente associadas à vida, como reprodução, metabolismo, mutação e sensibilidade a estímulos externos.

Como blocos de construção fundamentais de todos os sistemas vivos, os agregados de células formam tecidos, que por sua vez se reúnem nos órgãos que compõem sistemas vivos complexos. Por essa razão, para entender como a vida se mantém e se reproduz, precisamos saber como as células funcionam no nível molecular. Esse é o principal objetivo da bioquímica.

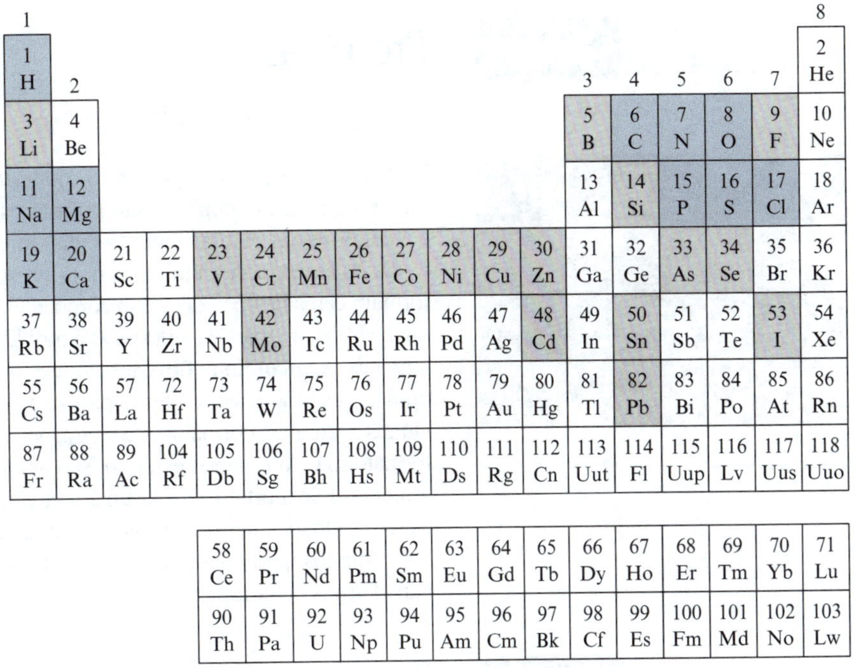

Figura 21.1 ▶ Os elementos químicos essenciais para a vida. Os elementos mais abundantes em sistemas vivos estão ilustrados em azul. Dezenove elementos, chamados de *microelementos*, estão ilustrados em cinza.

Tabela 21.1 ▶ Alguns elementos essenciais e suas principais funções

Elemento	Porcentagem em massa no corpo humano	Função
oxigênio	65	na água e muitos compostos orgânicos
carbono	18	em todos os compostos orgânicos
hidrogênio	10	na água e muitos compostos inorgânicos e orgânicos
nitrogênio	3	tanto em compostos inorgânicos quanto orgânicos
cálcio	1,5	nos ossos; essencial para algumas enzimas e para a ação dos músculos
fósforo	1,2	essencial em membranas celulares e para a transferência de energia nas células
potássio	0,2	cátion no fluido celular
cloro	0,2	ânion dentro e fora das células
enxofre	0,2	nas proteínas
sódio	0,1	cátion no fluido celular
magnésio	0,05	essencial para algumas enzimas
ferro	<0,05	em moléculas que transportam e armazenam oxigênio
zinco	<0,05	essencial para muitas enzimas
cobalto	<0,05	encontrado na vitamina B_{12}
iodo	<0,05	essencial para os hormônios da tireoide
flúor	<0,01	nos dentes e ossos

21-1 Proteínas

OBJETIVO Aprender sobre as proteínas.

No Capítulo 20, vimos que muitos materiais sintéticos úteis são polímeros. Muitos materiais naturais também são polímeros: amido, cabelo, seda, fibras de algodão e a celulose em plantas lenhosas, para mencionar apenas alguns.

Nesta seção, apresentaremos uma classe de polímeros naturais, as **proteínas**, que formam cerca de 15% do nosso corpo e têm massas molares que vão de aproximadamente 6000 até mais de 1.000.000 g mol^{-1}. As proteínas têm muitas funções no corpo humano. As **proteínas fibrosas** oferecem integridade estrutural e força para muitos tipos de tecidos e são os principais componentes de músculos, pelos e cartilagens. Outras proteínas, normalmente chamadas de **proteínas globulares,** por causa de seu formato mais ou menos esférico, são as moléculas "trabalhadoras" do corpo. Essas proteínas transportam e armazenam oxigênio e nutrientes, atuam como catalisadores para as milhares de reações que tornam a vida possível, combatem invasões de objetos estranhos, participam dos muitos sistemas reguladores do organismo e transportam elétrons no complexo processo de metabolização de nutrientes.

A seda é um polímero natural.

21-2 Estrutura primária das proteínas

OBJETIVO Entender a estrutura primária das proteínas.

Os blocos de construção de todas as proteínas são os **aminoácidos(α) alfa:**

$$NH_2-\underset{R}{\underset{|}{\overset{H}{\overset{|}{C}}}}-\underset{OH}{\overset{O}{\overset{\parallel}{C}}}$$

(α-Carbono indicado no C central)

O R nessa estrutura pode representar H, CH$_3$ ou substituintes mais complexos. Essas moléculas são chamadas de aminoácidos alfa, porque o grupo amino (—NH$_2$) sempre está ligado ao carbono alfa, aquele próximo do grupo carboxila (—COOH). A Figura 21.2 mostra os 20 aminoácidos mais comuns em proteínas.

Observe na Figura 21.2 que os aminoácidos estão agrupados em classes polares e apolares com base na composição dos grupos R, também chamados de **cadeias laterais.** Cadeias laterais apolares contêm principalmente átomos de carbono e hidrogênio; cadeias laterais polares contêm átomos de nitrogênio e oxigênio. Essa diferença é importante porque cadeias laterais polares são *hidrofílicas* (gostam de água), mas as cadeias laterais apolares são *hidrofóbicas* (têm medo de água). Isso afeta significativamente a estrutura tridimensional das proteínas resultantes, porque elas existem em meios aquosos de organismos vivos.

O polímero da proteína é formado por reações entre aminoácidos. Por exemplo, dois aminoácidos podem reagir do seguinte modo, formando uma ligação C—N com a eliminação de água:

> **No pH de fluidos biológicos, os aminoácidos ilustrados na Figura 21.2 se apresentam de forma diferente, com o próton do grupo—COOH transferido para o grupo—NH$_2$. Por exemplo, a glicina estaria na forma H$_3$$^+NCH_2COO^-$.**

$$\underset{\underset{H}{|}}{\overset{\overset{H}{|}}{N}}-\underset{R}{\underset{|}{\overset{H}{\overset{|}{C}}}}-\overset{O}{\overset{\parallel}{C}}-OH \;+\; \underset{H}{\overset{H}{N}}-\underset{R'}{\underset{|}{\overset{H}{\overset{|}{C}}}}-\overset{O}{\overset{\parallel}{C}}-OH \longrightarrow \underset{H}{\overset{H}{N}}-\underset{R}{\underset{|}{\overset{H}{\overset{|}{C}}}}-\overset{O}{\overset{\parallel}{C}}-\underset{H}{N}-\underset{R'}{\underset{|}{\overset{H}{\overset{|}{C}}}}-\overset{O}{\overset{\parallel}{C}}-OH \;+\; H_2O$$

(Ligação peptídica destacada)

Grupos R apolares (hidrofóbicos)

Glicina (gly)   Alanina (ala)   Prolina (pro)   Valina (val)

Triptofano (trp)   Isoleucina (ile)   Metionina (met)   Leucina (leu)   Fenilalanina (phe)

Grupos polares R (hidrofílicos)

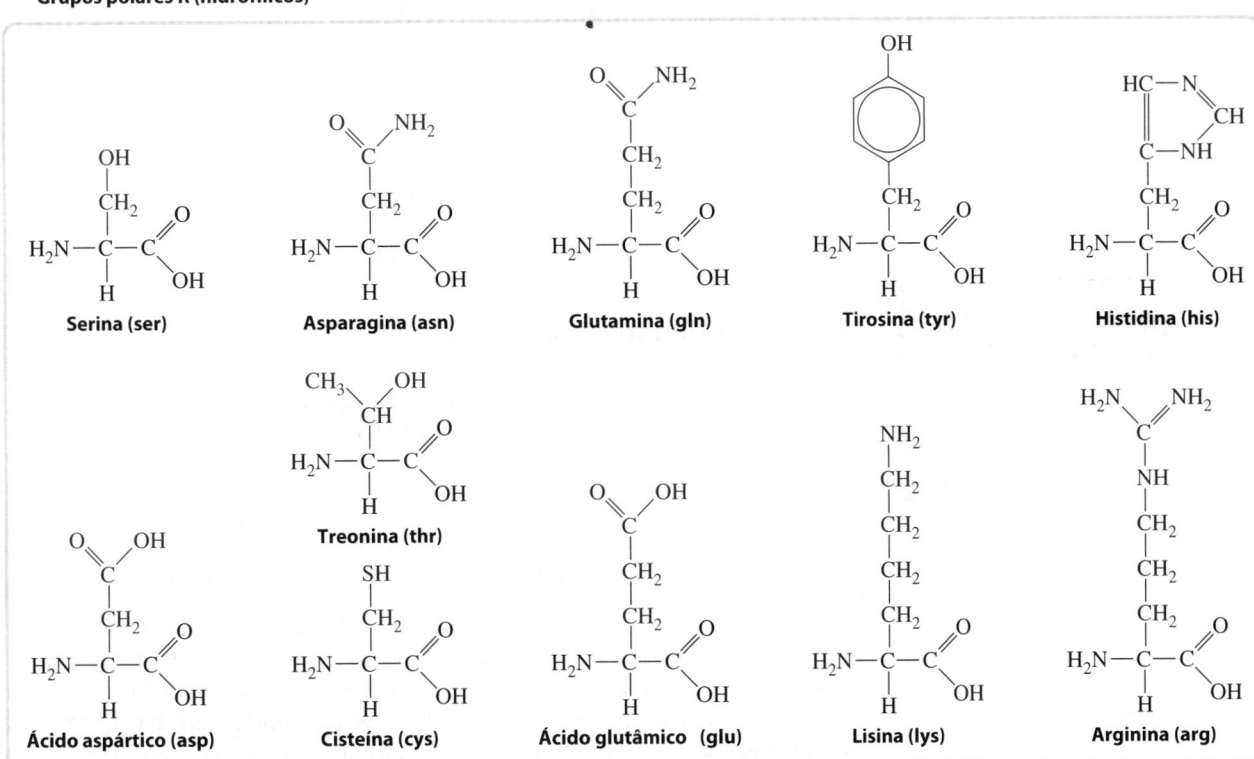

Serina (ser)   Asparagina (asn)   Glutamina (gln)   Tirosina (tyr)   Histidina (his)

Treonina (thr)

Ácido aspártico (asp)   Cisteína (cys)   Ácido glutâmico (glu)   Lisina (lys)   Arginina (arg)

Figura 21.2 ▶ Os 20 aminoácidos α encontrados na maioria das proteínas. O grupo R está ilustrado em azul.

O produto formado quando dois aminoácidos reagem para fazer uma ligação C—N é chamado de **dipeptídeo**. O termo *peptídeo* deve-se à sua estrutura:

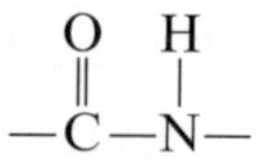

$$-\underset{\|}{C}-\underset{|}{N}-$$
$$\overset{O}{}\overset{H}{}$$

a qual os químicos chamam de **ligação peptídica** ou união peptídica. O prefixo *di* indica que dois aminoácidos se uniram. Reações adicionais prolongam a cadeia para produzir um **polipeptídeo** e, finalmente, uma proteína.

Os 20 aminoácidos podem ser reunidos em qualquer ordem, o que torna possível um enorme número de diferentes proteínas. Essa variedade é responsável pelos muitos tipos de proteína necessários para as funções que o organismo realiza.

A *ordem* ou *sequência* dos aminoácidos na cadeia de proteínas é chamada de **estrutura primária**. Indicamos a cadeia primária usando códigos de três letras para os aminoácidos (Figura 21.2), em que se entende que o grupo carboxila terminal está à direita e o grupo amino terminal está à esquerda. Por exemplo, uma sequência possível para um tripeptídeo contendo os aminoácidos lisina, alanina e leucina é:

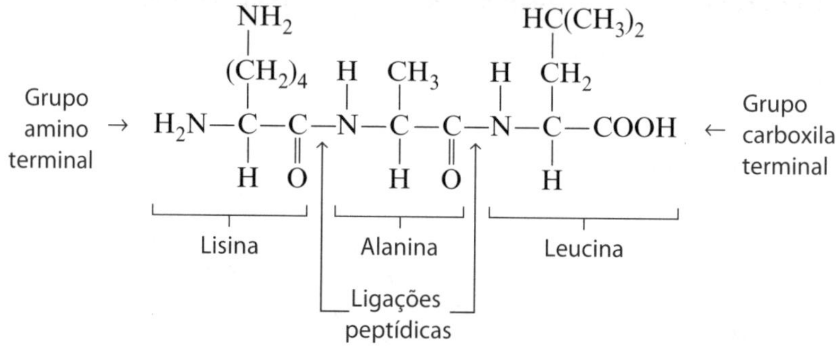

Grupo amino terminal → H₂N—C—C—N—C—C—N—C—COOH ← Grupo carboxila terminal

Lisina — Alanina — Leucina

Ligações peptídicas

que é representado pela notação abreviada (códigos de três letras) como:

lys-ala-leu

Exemplo resolvido 21.1 — Compreendendo a estrutura primária

Escreva as sequências de todos os possíveis tripeptídeos compostos dos aminoácidos tirosina (tyr), histidina (his) e cisteína (cys).

SOLUÇÃO Existem seis sequências possíveis:

tyr-his-cys   his-tyr-cys   cys-tyr-his
tyr-cys-his   his-cys-tyr   cys-his-tyr ■

Exemplos notáveis da importância da estrutura primária de polipeptídeos são as diferenças entre a *ocitocina* e a *vasopressina*. A ocitocina é um hormônio que desencadeia contrações do útero e a secreção de leite. A vasopressina aumenta a pressão sanguínea e regula a função renal. Essas duas moléculas são polipeptídeos de nove unidades, e diferem somente em dois aminoácidos (Figura 21.3); entretanto, têm funções completamente diferentes no corpo humano.

cys-tyr-ile-gin-asn-cys-pro-leu-gly   cys-tyr-phe-gin-asn-cys-pro-arg-gly
(a)   (b)

Figura 21.3 ▶ As sequências de aminoácidos na (a) ocitocina e na (b) vasopressina. Os aminoácidos diferentes estão destacados em boxes.

21-3 Estrutura secundária das proteínas

OBJETIVO

Compreender a estrutura secundária de proteínas.

Até aqui examinamos a estrutura primária das proteínas – a ordem dos aminoácidos na cadeia [Figura 21.4(a)]. Um segundo nível na estrutura das proteínas é a disposição no espaço da cadeia molecular longa. Ela é chamada de **estrutura secundária** da proteína [Figura 21.4(b)].

Um tipo comum de estrutura secundária se parece com uma escada em espiral. Essa estrutura em espiral é chamada de **hélice(α) alfa** (Figura 21.5). Uma estrutura secundária semelhante a uma espiral confere elasticidade à proteína e é encontrada nas proteínas fibrosas da lã, pelos e tendões. Outro tipo de estrutura secundária envolve a união de várias cadeias de proteínas diferentes em uma disposição chamada de **folha pregueada**, conforme ilustra a Figura 21.6. A seda tem essa disposição de proteínas, o que torna suas fibras flexíveis, mas muito fortes e resistentes ao estiramento. A folha pregueada também está presente em fibras musculares.

Como você pode imaginar, uma molécula grande como a de uma proteína tem muita flexibilidade e pode assumir várias formas. A função da proteína influi no formato específico que ela terá. Estruturas longas e finas como fibras de cabelos, lã, seda e tendões exigem um formato alongado. Isso pode envolver uma estrutura secundária alfa-helicoidal, como a encontrada na proteína α-queratina de pelos e lã ou no colágeno que ocorre em tendões [Figura 21.7(a)], ou pode envolver uma estrutura

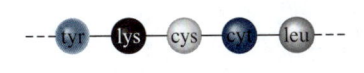

A estrutura primária de uma proteína descreve a ordem dos aminoácidos na cadeia. Mostramos um exemplo.

A estrutura secundária de uma proteína descreve a disposição da cadeia no espaço. A figura mostra uma disposição em espiral (hélice) da cadeia de proteína.

Figura 21.4

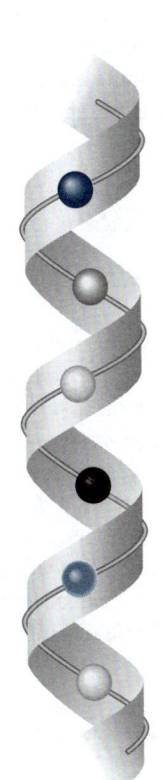

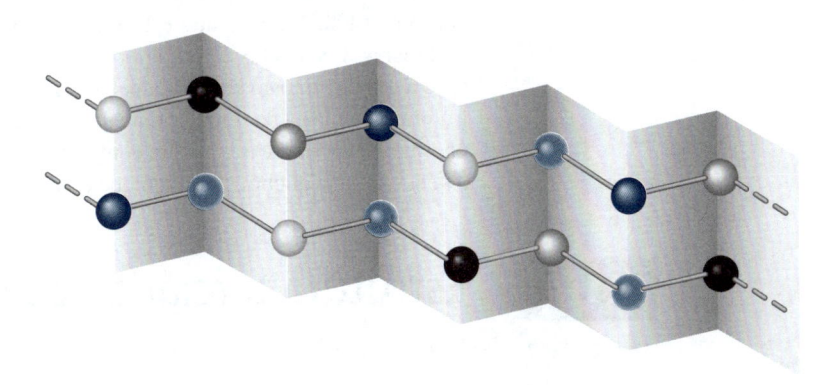

Figura 21.6 Duas cadeias de proteínas ligadas entre si na estrutura secundária de folha pregueada. Cada esfera representa um aminoácido.

Figura 21.5 Um tipo de estrutura secundária das proteínas parece uma escada em espiral e é chamada de hélice-α. Os círculos representam os aminoácidos individuais.

Figura 21.7 (a) O colágeno, uma proteína encontrada nos tendões, consiste em três cadeias de proteínas (cada uma com uma estrutura α-helicoidal) entrelaçadas formando uma super-hélice. O resultado é uma proteína longa, relativamente estreita. (b) Muitas proteínas se unem na disposição de folha pregueada para formar a proteína alongada que se encontra em fibras de seda.

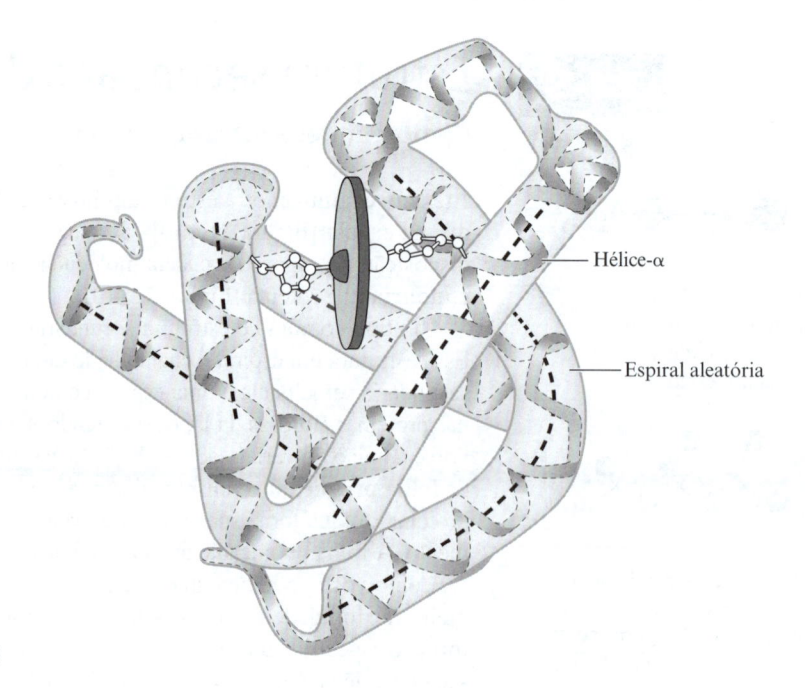

Figura 21.8 ▶ A proteína mioglobina. Observe que a estrutura secundária é basicamente α-helicoidal, exceto nas dobras. A estrutura terciária é globular.

secundária de folha pregueada, como a da seda [Figura 21.7(b)]. Muitas proteínas do corpo que têm funções não estruturais (como as que servem como enzimas) são globulares. Uma delas é a mioglobina (Figura 21.8), que absorve uma molécula de O_2 e a armazena para ser usada pelas células quando necessário. Observe que a estrutura secundária da mioglobina é basicamente alfa-helicoidal. Contudo, nas áreas nas quais a cadeia se dobra para conferir à proteína sua estrutura globular compacta, a hélice-alfa se quebra, de modo que a proteína possa "virar a esquina".

21-4 Estrutura terciária das proteínas

OBJETIVO Compreender a estrutura terciária das proteínas.

O formato geral da proteína, longo e estreito ou globular, é chamado de **estrutura terciária.** Para garantir que a diferença entre estrutura secundária e terciária fique clara, examine novamente a Figura 21.8. A estrutura secundária da proteína mioglobina é helicoidal, exceto nas regiões onde ela se dobra sobre si mesma para formar a estrutura geral compacta (globular) terciária. Se não houvesse dobra, a estrutura terciária seria como um longo tubo (tubular). Em ambos arranjos terciários (globular e tubular), a estrutura secundária da proteína é essencialmente helicoidal.

O aminoácido *cisteína* (cys) tem um papel especial na estabilização da estrutura terciária de muitas proteínas, porque os grupos O—H de duas cisteínas podem reagir para formar uma ligação —SH denominada **ligação de dissulfeto.**

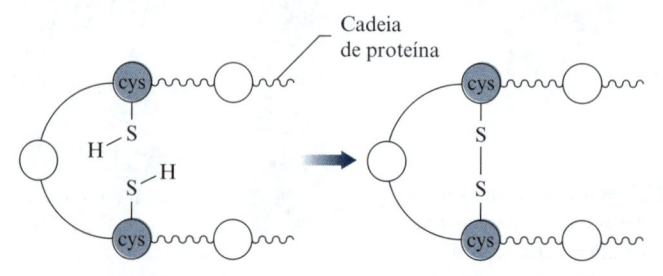

A formação de uma ligação de dissulfeto pode unir duas partes de uma cadeia de proteína para formar e manter uma dobra na cadeia, por exemplo. Uma aplicação

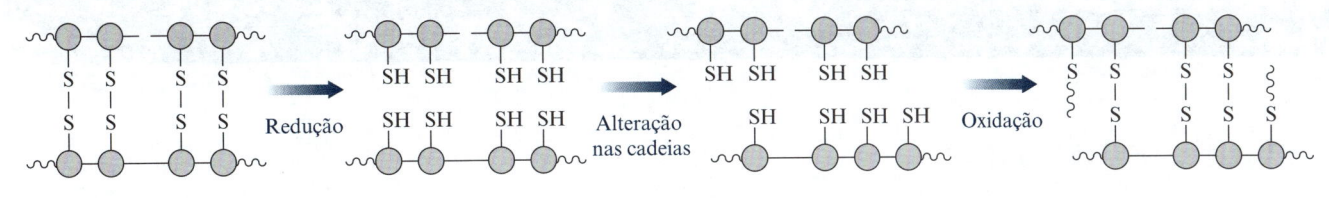

Figura 21.9 ▶ Permanente de cabelo.

prática da química de ligações de dissulfeto são os permanentes de cabelo (Figura 21.9). As ligações S—S na proteína do cabelo são quebradas pelo tratamento com um agente redutor. Em seguida, o cabelo é preso em rolos para mudar a estrutura terciária das proteínas e deixá-lo no formato encaracolado desejado. Depois disso, o tratamento com um agente oxidante leva à formação de novas ligações S—S, o que faz que as proteínas no cabelo mantenham a nova estrutura.

21-5 Funções das proteínas

OBJETIVO Aprender sobre as diversas funções desempenhadas pelas proteínas.

A estrutura tridimensional de uma proteína é vital para sua função. O processo de desmembramento dessa estrutura é chamado de **desnaturação** (Figura 21.10). Por exemplo, o calor causa a desnaturação das proteínas do ovo quando cozido. Qualquer fonte de energia pode causar a desnaturação de proteínas, o que é potencialmente perigoso para organismos vivos. Por exemplo, a radiação ultravioleta, a radiação de raios X ou radioatividade nuclear podem quebrar a estrutura das proteínas, podendo causar câncer ou danos genéticos. Os metais chumbo e mercúrio, que têm uma afinidade muito grande pelo enxofre, levam à desnaturação de proteínas ao quebrarem ligações de dissulfeto.

A enorme variabilidade nos diversos níveis da estrutura proteica permite que as proteínas se adaptem especificamente para realizar uma grande diversidade de funções, algumas estão indicadas na Tabela 21.2.

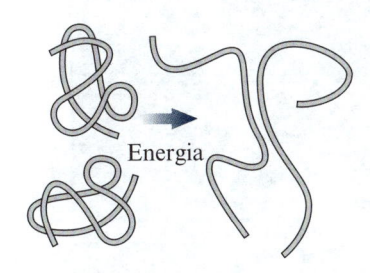

Figura 21.10 ▶ Representação esquemática da desnaturação térmica de uma proteína.

Tabela 21.2 ▶ Funções comuns das proteínas

Função	Comentário/exemplo
Estrutura	As proteínas são responsáveis pela força dos tendões, ossos e pele. Cartilagem, cabelo, lã, unhas e garras são essencialmente proteínas. Os vírus têm uma camada externa de proteína.
Movimento	Proteínas são o principal componente dos músculos e são diretamente responsáveis pela sua capacidade de contração. O nado dos espermatozoides é resultado da contração de filamentos de proteínas em suas caudas.
Catálise	Quase todas as reações químicas nos organismos vivos são catalisadas por enzimas, que quase sempre são proteínas.
Transporte	O oxigênio é levado dos pulmões para os tecidos pela proteína hemoglobina nas células vermelhas do sangue.
Armazenamento	A proteína *ferritina* armazena ferro no fígado, no baço e na medula óssea.
Transformação de energia	Citocromos são proteínas encontradas em todas as células. Eles extraem energia das moléculas de alimento ao transferir elétrons em uma série de reações de oxidação e redução.
Proteção	Os *anticorpos* são proteínas especiais sintetizadas em resposta a substâncias e células estranhas, como células de bactérias. Eles se unem a essas substâncias e nos conferem imunidade a diversas doenças. O interferon, uma pequena proteína produzida e liberada pelas células quando expostas a um vírus, protege as outras células contra infecções virais. Proteínas que coagulam o sangue protegem contra sangramentos (hemorragias).
Controle	Muitos *hormônios* são proteínas produzidas no corpo que têm efeitos específicos na atividade de alguns órgãos.
Tamponamento	Como as proteínas contêm tanto grupos ácidos quanto básicos em suas cadeias laterais, elas são capazes de neutralizar ácidos e bases, e assim oferecem o efeito de tamponamento para o sangue e tecidos.

QUÍMICA EM FOCO

Cultivando urina

A natureza é um ótimo químico—os organismos fazem centenas de produtos químicos complexos a cada segundo para sobreviver. A ciência da biotecnologia, em rápida expansão, está aprendendo mais a cada dia sobre como usar caminhos químicos naturais para produzir moléculas valiosas. Por exemplo, hoje a insulina para diabéticos é feita quase exclusivamente com o "cultivo" de *Escherichia coli* ou levedura geneticamente modificadas.

Fazer de animais criados para pecuária uma indústria farmacêutica de quatro patas parece ser uma opção atraente depois que aprendemos a exercer a "engenharia genética". Na verdade, há um grande esforço para criar vacas, ovelhas e cabras geneticamente modificadas para produzir as proteínas secretadas no leite desses animais, de onde elas podem ser coletadas, e que são úteis ao ser humano. Criar um animal transgênico é caro (custa aproximadamente US$ 60 mil), mas técnicas de reprodução padrão podem gerar um rebanho inteiro de animais programados para produzir moléculas comercialmente interessantes.

Como um meio, o leite tem algumas desvantagens. Ele é produzido somente por fêmeas adultas e contém uma grande variedade de proteínas que complicam o processo de purificação para obter o produto desejado. A urina pode ser uma alternativa melhor, pois contém menos proteínas naturais e é produzida por animais machos e fêmeas desde jovens. Robert J. Wall e seus colegas do Departamento de Agricultura dos EUA em Beltsville, Maryland, desenvolveram camundongos transgênicos que produzem hormônios humanos de crescimento nas paredes de suas bexigas. Por razões óbvias, camundongos não são ideais para a produção em larga escala de produtos químicos, no entanto, os experimentos de Wall demonstraram que o conceito funciona. No momento é cedo demais para saber se o cultivo de urina será viável, pois o rendimento é aproximadamente 10.000 vezes menor que o das glândulas mamárias. Além disso, coletar a urina de animais em fazendas pode ser uma atividade muito complicada.

Uma cabra da Nova Zelândia, um dos animais usados para o cultivo de urina.

21-6 Enzimas

OBJETIVO Entender como as enzimas funcionam.

As **enzimas** são proteínas que catalisam reações biológicas específicas. Sem as centenas de enzimas que conhecemos, a vida seria impossível. Quase todas as reações químicas essenciais seriam lentas demais nas temperaturas em que a vida ocorre. As enzimas impressionam por sua tremenda eficiência (de modo geral, elas são até 10 milhões de vezes mais eficientes que os catalisadores inorgânicos) e sua incrível seletividade (uma enzima "ignora" as milhares de moléculas em fluidos corporais que não estão envolvidas na reação que ela catalisa).

Embora os mecanismos da atividade enzimática sejam complexos e não sejam compreendidos totalmente na maioria dos casos, uma teoria simples chamada **modelo chave-fechadura** (Figura 21.11) parece se adequar à maioria das enzimas. Esse modelo postula que os formatos da molécula reagente (o **substrato**) e da enzima combinam como uma chave com sua determinada fechadura. O substrato e a enzima se prendem um ao outro de modo que a parte do substrato onde a reação ocorre ocupe o **centro ativo** da enzima. Depois de a reação ocorrer, os produtos

Uma enzima muitas vezes muda ligeiramente seu formato à medida que se liga ao substrato. Isso "segura" o substrato no lugar.

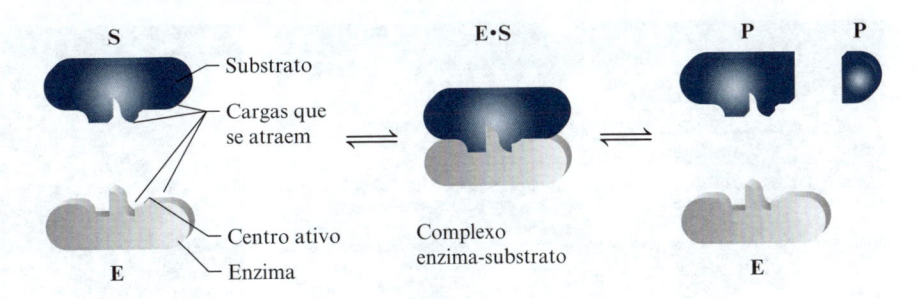

Figura 21.11 ▶ Diagrama do modelo chave-fechadura para o funcionamento de uma enzima.

são liberados e a enzima está pronta para um novo substrato. Podemos representar a catálise enzimática pelas seguintes etapas:

Etapa 1 A enzima E e o substrato S se unem.

$$E + S \rightleftharpoons E \cdot S$$

Etapa 2 A reação ocorre e resulta no produto P, que é liberado da enzima.

$$E \cdot S \rightarrow E + P$$

Assim que o produto é liberado, a enzima está livre para se unir a outro substrato. Como acontece tão rapidamente, esse processo exige uma quantidade muito pequena de enzimas.

Em alguns casos, outra substância além do substrato pode se unir ao centro ativo da enzima. Quando isso ocorre, dizemos que a enzima está *inibida*. Quando a inibição é permanente, diz-se que a enzima está inativa. Algumas das toxinas mais poderosas agem inibindo ou inativando enzimas-chave.

Como as enzimas são essenciais para a vida e por esperarmos descobrir como imitar sua eficiência em nossos catalisadores industriais, seu estudo ocupa um lugar proeminente na pesquisa química.

21-7 Carboidratos

OBJETIVO Compreender as propriedades fundamentais dos carboidratos.

Os **carboidratos** são outra classe de moléculas biologicamente importantes. Eles servem como fonte de alimento para a maioria dos organismos e como material estrutural para as plantas. Uma vez que muitos carboidratos possuem a fórmula empírica CH_2O, acreditava-se originalmente que essas substâncias eram hidratos de carbono ($C \cdot H_2O$), o que explica seu nome.

Assim como as proteínas, os carboidratos são encontrados em uma variedade quase desconcertante. Muitos dos mais importantes são polímeros—grandes moléculas formadas por muitas moléculas menores unidas entre si. Vimos que as proteínas são polímeros formados por aminoácidos. Os carboidratos poliméricos são formados por moléculas denominadas **açúcares simples** ou, mais precisamente, **monossacarídeos**. Os monossacarídeos são aldeídos ou cetonas que contêm vários substituintes hidroxila (—OH). Um exemplo de monossacarídeo é a frutose cuja estrutura é:

$$\begin{array}{c} CH_2OH \\ | \\ C=O \quad \leftarrow \text{Cetona} \\ | \\ HO-C-H \\ | \\ H-C-OH \\ | \\ H-C-OH \\ | \\ CH_2OH \end{array}$$

Frutose

Pão, uma fonte de carboidratos.

Frutas, uma fonte de frutose na alimentação.

A frutose é um açúcar encontrado no mel e nas frutas. Os monossacarídeos podem ter vários números de átomos de carbono, e nós os denominados de acordo com isso, acrescentando prefixos ao radical -ose. A Tabela 21.3 mostra os nomes genéricos dos monossacarídeos. Observe que a frutose é uma cetona com seis átomos de carbono e cinco substituintes—OH. A frutose é um membro da família das hexoses, sendo que o prefixo *hex* significa seis.

Os monossacarídeos mais importantes encontrados nos organismos vivos são as pentoses e as hexoses, as mais comuns estão indicadas na Tabela 21.4.

Embora até aqui tenhamos representado os monossacarídeos como moléculas de cadeias lineares, em geral, eles formam estruturas anelares em soluções aquosas. A Figura 21.12 mostra como se forma o anel da frutose. Observe que uma nova ligação se forma entre o oxigênio de um grupo hidroxila e o carbono do grupo cetona. Na forma cíclica, a frutose é um anel de cinco membros que contém uma ligação C—O—C. A glicose, uma hexose que é um aldeído, forma uma estrutura anelar de seis membros. A Figura 21.13(a) mostra um anel de glicose de seis membros. Observe que o anel não é plano.

Tabela 21.3 ▶ Os nomes genéricos dos monossacarídeos

Número de átomos de carbono	Prefixo	Nome genérico do açúcar
3	tri-	triose
4	tetr-	tetrose
5	pent-	pentose
6	hex-	hexose
7	hept-	heptose
8	oct-	octose
9	non-	nonose

Tabela 21.4 ▶ Alguns monossacarídeos importantes

Pentoses (cinco átomos de carbono)		
Ribose	Arabinose	Ribulose
CHO	CHO	CH_2OH
H—C—OH	HO—C—H	C=O
H—C—OH	H—C—OH	H—C—OH
H—C—OH	H—C—OH	H—C—OH
CH_2OH	CH_2OH	CH_2OH

Hexose (seis átomos de carbono)			
Glicose	Manose	Galactose	Frutose
CHO	CHO	CHO	CH_2OH
H—C—OH	HO—C—H	H—C—OH	C=O
HO—C—H	HO—C—H	HO—C—H	HO—C—H
H—C—OH	H—C—OH	HO—C—H	H—C—OH
H—C—OH	H—C—OH	H—C—OH	H—C—OH
CH_2OH	CH_2OH	CH_2OH	CH_2OH

Figura 21.12 ▶ A formação de uma estrutura anelar da frutose.

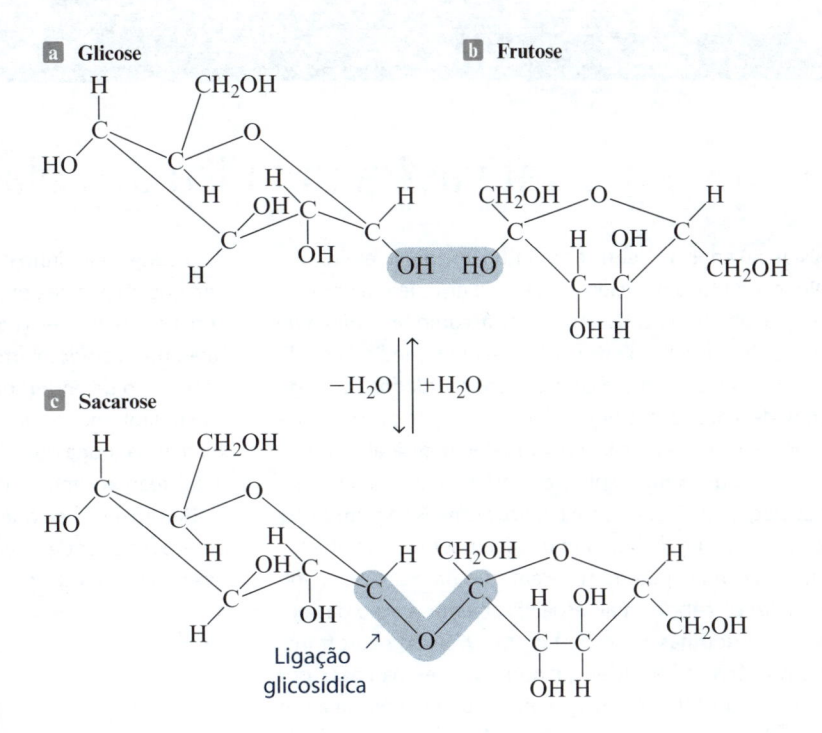

Figura 21.13 ▶ A sacarose (c) é um dissacarídeo formado de glicose (a) e frutose (b).

Carboidratos mais complexos são formados pela combinação de monossacarídeos. Por exemplo, dois monossacarídeos podem se combinar para formar um **dissacarídeo**. A **sacarose**, o açúcar comum, é um dissacarídeo formado por glicose e frutose por meio da eliminação da água para formar uma ligação C—O—C entre os anéis, denominada de **ligação glicosídica** [Figura 21.13(c)]. Quando a sacarose é consumida no alimento, essa reação se reverte (a ligação glicosídica é quebrada). Uma enzima na saliva catalisa a quebra da sacarose em seus dois monossacarídeos.

Grandes polímeros contendo muitas unidades de monossacarídeos são chamados de **polissacarídeos** e podem se formar quando cada anel forma duas ligações glicosídicas como mostra a Figura 21.14. Três desses polímeros mais importantes são o amido, a celulose e o glicogênio. Todas essas substâncias são polímeros da glicose; a diferença é o modo como os anéis de glicose estão unidos entre si.

O **amido** (Figura 21.14) é o reservatório de carboidratos nas plantas. É a forma em que a planta armazena glicose para usá-la mais tarde como combustível celular – tanto pelas próprias plantas como pelos organismos que se alimentam delas.

Figura 21.14 ▶ O amido se forma pelo encadeamento de muitos anéis de glicose. Aqui mostramos apenas uma pequena parte da cadeia.

QUÍMICA EM FOCO

Grandes expectativas? A química dos placebos

Por mais de 50 anos os cientistas se intrigam com o "efeito placebo". Por exemplo, um paciente que se queixa de uma dor recebe um placebo (uma substância inativa, como uma pílula de açúcar), mas lhe dizem que na verdade é um remédio para aliviar a dor. Em cerca de um terço dos casos estudados ao longo de muitas décadas, o paciente relata que a dor passou. Mas como o placebo, que não tem nenhum valor medicinal inerente, alivia a dor? As primeiras explicações estavam mais relacionadas à psicologia que à química. A explicação mais comum é que um paciente se sente melhor porque *espera* sentir-se melhor.

Estudos recentes, porém, sugerem que há química envolvida no efeito placebo— mais especificamente, a ação das endorfinas. As endorfinas, descobertas em 1975, são neurotransmissores no cérebro liberados quando uma pessoa passa por estresse. Essas endorfinas têm uma propriedade de aliviar a dor muito semelhante à da codeína e da morfina.

Pesquisadores da Universidade de Michigan descobriram que o efeito placebo está relacionado a um aumento das endorfinas liberadas no cérebro. Em seu estudo, eles injetaram soluções salinas altamente concentradas nas mandíbulas de 14 voluntários saudáveis para produzir dor. Enquanto isso ocorria, os cérebros dos voluntários eram examinados. Durante essas análises, os participantes avaliaram sua dor em uma escala de 0 a 100 e ficaram sabendo que receberiam um analgésico.

Os exames do cérebro revelaram que o sistema de endorfinas foi ativado quando os voluntários souberam que o alívio da dor estava a caminho e quando receberam o placebo. Ao ouvirem que o alívio da dor era iminente, os participantes responderam preparando seus corpos para liberar um analgésico natural. Diferentes estudos corroboraram o elo entre o efeito placebo e a liberação de endorfina mostrando que, quando um paciente que relatou menos dor por causa de um placebo recebe naloxona (uma droga que bloqueia as endorfinas), essa pessoa relatará o reaparecimento da dor.

Da próxima vez que alguém lhe disser que a dor "é da sua cabeça", você pode responder dizendo que a química tem muito a ver com o seu alívio.

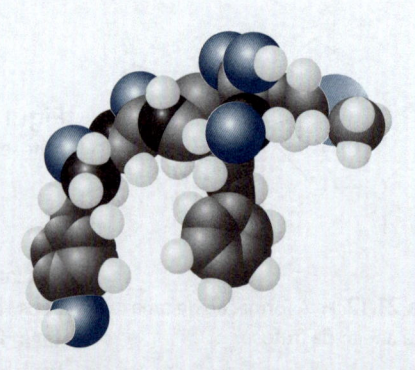

A estrutura de uma molécula de endorfina.

A **celulose**, principal componente estrutural de plantas lenhosas e fibras naturais como o algodão, também é um polímero da glicose. Entretanto, na celulose, o modo como os anéis de glicose estão ligados é diferente do modo como se ligam no amido. A diferença na ligação tem consequências muito importantes. O sistema digestivo humano contém enzimas que podem catalisar a quebra das ligações glicosídicas entre as moléculas de glicose no amido. Essas enzimas, porém, *não* têm efeito sobre as ligações glicosídicas da celulose provavelmente porque a estrutura diferente resulta em um encaixe mais frouxo entre o centro ativo da enzima e o carboidrato. O interessante é que as enzimas necessárias para separar as ligações glicosídicas da celulose estão em bactérias que existem no trato digestivo de cupins, bovinos, cervos e muitos outros animais. Portanto, diferentemente dos humanos, esses animais são capazes de obter nutrientes da celulose em madeira, feno e em outras substâncias semelhantes.

O **glicogênio** é o principal reservatório de carboidratos nos animais. Por exemplo, ele é encontrado nos músculos, onde pode ser decomposto em unidades de glicose quando há necessidade de energia para atividades físicas.

21-8 Ácidos nucleicos

OBJETIVO Compreender as estruturas fundamentais do ácido nucleico.

A vida só é possível porque cada célula, quando se divide, é capaz de transmitir as informações vitais sobre o que ela é para a próxima geração de células. Sabe-se há muito tempo que esse processo envolve os cromossomos no núcleo celular. Contudo, somente após 1953 os cientistas entenderam a base molecular desse "talento" intrigante das células.

A substância que armazena e transmite as informações genéticas é um polímero chamado **ácido desoxirribonucleico (DNA)**, uma imensa molécula com uma massa molar de vários bilhões de gramas por mol^{-1}. Juntamente com outros ácidos nucleicos semelhantes, chamados de **ácidos ribonucleicos (RNA)**, o DNA traz as informações necessárias para a síntese das diversas proteínas que a célula precisa para realizar suas funções vitais. As moléculas de RNA, que se encontram no citoplasma fora do núcleo da célula, são muito menores que os polímeros de DNA, com valores de massa molar de apenas 20.000 a 40.000 g mol^{-1}.

Tanto o DNA quanto o RNA são polímeros—são formados pelo encadeamento de muitas unidades menores. A unidade fundamental desses polímeros é chamada de **nucleotídeo**. Por sua vez, cada nucleotídeo divide-se em três partes:

1. *Uma base orgânica que contém nitrogênio*
2. *Um açúcar de cinco carbonos*
3. *Um grupo fosfato*

Um nucleotídeo pode ser representado da seguinte forma:

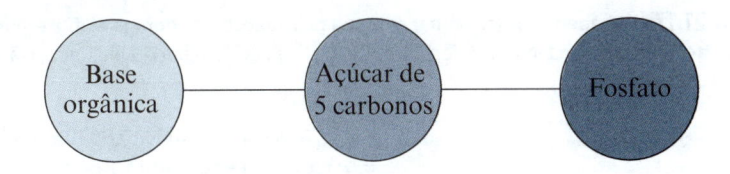

Base orgânica — Açúcar de 5 carbonos — Fosfato

No polímero DNA, o açúcar de cinco carbonos é a desoxirribose (Figura 21.15, em cima); no polímero RNA, é a ribose (Figura 21.15, embaixo). Essa diferença nas moléculas de açúcar presentes nos polímeros é responsável pelos nomes DNA (ácido desoxirribonucleico) e RNA (ácido ribonucleico).

A Figura 21.16 ilustra as moléculas orgânicas que formam a base nos nucleotídeos do DNA e RNA. Observe que algumas dessas bases se encontram somente no DNA, algumas somente no RNA e outras encontram-se em ambos. A Figura

Figura 21.15 ▶ A estrutura das pentoses desoxirribose (em cima) e ribose (embaixo). A desoxirribose é a molécula de açúcar presente no DNA; a ribose é encontrada no RNA. A diferença entre esses açúcares é a substituição, na ribose, de um OH por um H na desoxirribose (indicada em azul).

Uracila (U) RNA

Citosina (C) DNA RNA

Tiamina (T) DNA

Adenina (A) DNA RNA

Guanina (G) DNA RNA

Figura 21.16 ▶ As bases orgânicas encontradas no DNA e no RNA. Note que a uracila é encontrada apenas no RNA e a tiamina, somente no DNA.

Figura 21.17 ▶ A adenosina (em cima) se forma pela reação de adenina e ribose. A reação (embaixo) do ácido fosfórico com adenosina para formar o éster ácido adenosina-5-fosfórico, um nucleotídeo. (Em um pH biológico, o ácido fosfórico não seria totalmente protonado conforme ilustrado aqui.)

21.17 mostra a formação de um nucleotídeo específico que contém a base adenina e o açúcar ribose. Para formar os polímeros DNA e RNA, os nucleotídeos se encadeiam. Os polímeros de DNA podem conter até um *bilhão* de unidades de nucleotídeo. A Figura 21.18 mostra uma pequena parte de uma cadeia de DNA.

A chave para o funcionamento do DNA é sua *estrutura helicoidal dupla com bases complementares nos dois filamentos*. As bases complementares formam ligações de hidrogênio entre si como mostra a Figura 21.19. Observe que as estruturas da citosina e da guanina fazem delas parceiras perfeitas (complementares) para ligações de hidrogênio e elas *sempre* são encontradas em pares nos dois filamentos do DNA. A timina e a adenina formam pares semelhantes de ligações de hidrogênio.

Existem muitas evidências sugerindo que os dois filamentos de DNA se desenrolam durante a divisão da célula e que novos filamentos complementares se formam nos filamentos desenrolados (Figura 21.20). Uma vez que as bases dos filamentos sempre formam pares da mesma maneira – citosina com guanina e tiamina com adenina –, cada filamento desenrolado serve como modelo para unir cada base complementar (juntamente com o restante do nucleotídeo). Esse processo resulta em duas novas estruturas de DNA com hélice dupla, idênticas à original. Cada novo filamento duplo contém um filamento da hélice dupla original do DNA e um filamento recém sintetizado. A replicação do DNA torna possível a transmissão de informações genéticas quando as células se dividem.

O DNA e a síntese de proteínas

Além da replicação, a outra grande função do DNA é a **síntese de proteínas.** As proteínas consumidas por um organismo em sua alimentação em geral não são as proteínas específicas que esse organismo precisa para se manter vivo. As proteínas do nutriente são quebradas em seus aminoácidos constituintes, que em seguida são usados

Um modelo molecular de parte da estrutura do DNA.

Figura 21.18 ▶ Uma parte de uma típica cadeia de ácido nucleico, metade da hélice dupla de DNA mostrada na Figura 21.19.

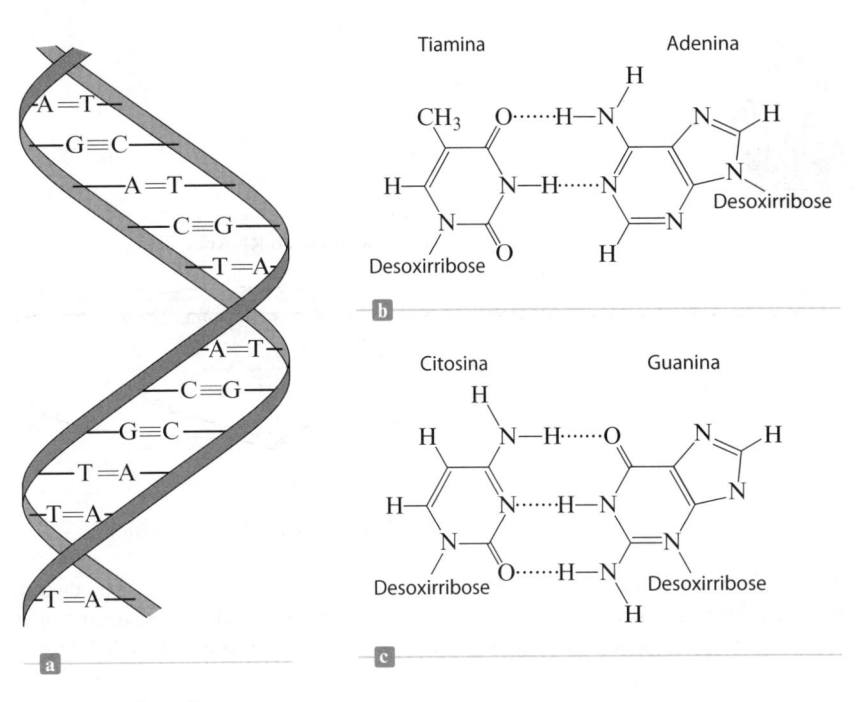

Figura 21.19 ▶ (a) A hélice dupla do DNA contém dois esqueletos açúcar-fosfato, e as bases dos dois filamentos são mantidas juntas pelas ligações de hidrogênio. Os pares (b) tiamina-adenina e (c) citosina-guanina aparecem de forma complementar. As linhas pontilhadas mostram as interações das ligações de hidrogênio.

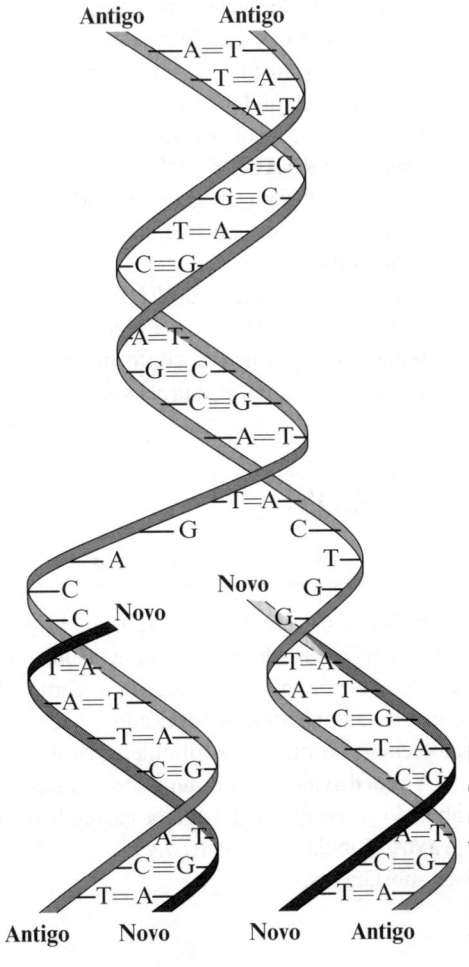

Figura 21.20 ▶ Durante a divisão da célula, a hélice dupla do DNA se desenrola, e novos filamentos complementares se formam em cada filamento original. Desse modo, as duas células resultantes da divisão possuem cópias exatas do DNA da célula original.

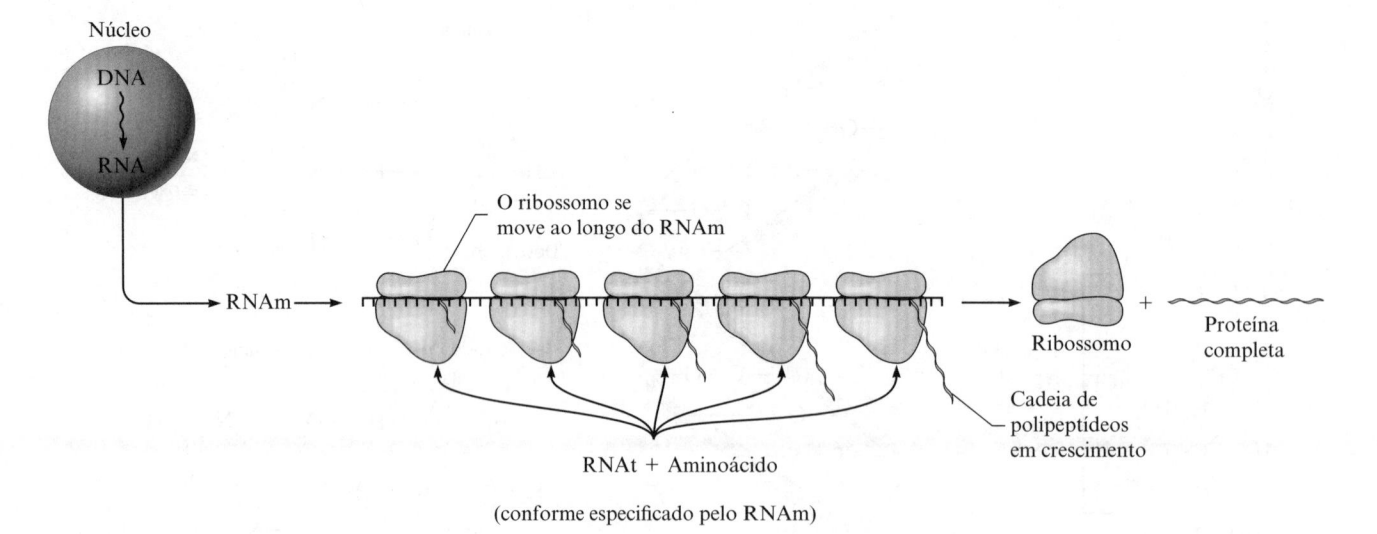

Figura 21.21 ▶ A molécula do RNAm, formada de um gene específico do DNA, é usada como padrão para a construção de uma determinada proteína com a assistência dos ribossomos. As moléculas de RNAt se unem a aminoácidos específicos e os colocam no lugar certo, de acordo com os padrões do RNAm. Essa sequência (da esquerda para a direita) mostra o crescimento da cadeia de proteínas.

para formar as proteínas que o organismo precisa. A informação para construir cada proteína necessária para um determinado organismo está armazenada no seu DNA. Um segmento específico do DNA, denominado **gene**, contém o código para uma proteína específica. Esse código para a estrutura primária da proteína (a sequência de aminoácidos) pode ser transmitido para construir a "máquina" da célula.

O DNA armazena as informações genéticas, e as moléculas do RNA são responsáveis por transmitir essas informações para os componentes da célula chamados *ribossomos*, onde a síntese de proteínas de fato acontece. Esse processo envolve, primeiro, a construção de uma molécula especial de RNA chamada **RNA mensageiro (RNAm)**. O RNAm se forma no núcleo da célula, onde um segmento específico do DNA (um gene) é usado como padrão. Em seguida o RNAm migra do núcleo para o citoplasma da célula, onde a proteína é sintetizada com a ajuda dos ribossomos.

Pequenos fragmentos do RNA, chamados de moléculas de **RNA transportador (RNAt)**, prendem-se a aminoácidos específicos e os levam até a cadeia de proteína em crescimento, conforme determina o padrão formado no RNAm. A Figura 21.21 resume esse processo.

21-9 Lipídeos

OBJETIVO Aprender sobre as quatro classes de lipídeos.

Os **lipídeos** são um grupo de substâncias definido de acordo com suas características de solubilidade. São substâncias insolúveis em água que podem ser extraídas das células por solventes orgânicos, como o benzeno. Os lipídeos encontrados no corpo humano podem ser divididos em quatro classes, de acordo com sua estrutura molecular: gorduras, fosfolipídeos, ceras e esteroides.

As **gorduras** mais comuns são os ésteres compostos pelo álcool trihidróxi conhecido como glicerol e ácidos carboxílicos de cadeia longa denominados **ácidos graxos** (Tabela 21.5). A *tristearina*, gordura animal mais conhecida, é típica dessas substâncias.

Tabela 21.5 ▸ Alguns ácidos graxos comuns e suas principais fontes

Nome	Fórmula	Principal fonte
Saturados		
ácido araquídico	$CH_3(CH_2)_{18}$—COOH	óleo de amendoim
ácido butírico	$CH_3(CH_2)_2$—COOH	manteiga
ácido caproico	$CH_3(CH_2)_4$—COOH	manteiga
ácido láurico	$CH_3(CH_2)_{10}$—COOH	óleo de coco
ácido esteárico	$CH_3(CH_2)_{16}$—COOH	gorduras animais e vegetais
Insaturados		
ácido oleico	$CH_3(CH_2)_7CH=CH(CH_2)_7$—COOH	óleo de milho
ácido linoleico	$CH_3(CH_2)_4CH=CH-CH_2=CH(CH_2)_7$—COOH	óleo de linhaça
ácido linolênico	$CH_3CH_2CH=CH-CH_2CH=CH-CH_2-CH=CH-(CH_2)_7COOH$	óleo de linhaça

$$\begin{array}{c} CH_2-O\boxed{H+H-O}\overset{O}{\underset{\|}{C}}-(CH_2)_{16}-CH_3 \\ CH-O\boxed{H+H-O}\overset{O}{\underset{\|}{C}}-(CH_2)_{16}-CH_3 \\ CH_2-O\boxed{H+H-O}\overset{O}{\underset{\|}{C}}-(CH_2)_{16}-CH_3 \end{array} \rightarrow \begin{array}{c} CH_2-O-\overset{O}{\underset{\|}{C}}-(CH_2)_{16}-CH_3 \\ CH-O-\overset{O}{\underset{\|}{C}}-(CH_2)_{16}-CH_3 +3H_2O \\ CH_2-O-\overset{O}{\underset{\|}{C}}-(CH_2)_{16}-CH_3 \end{array}$$

Glicerol   Três moléculas de ácidos esteáricos   Tristearina (gordura)

Gorduras que são ésteres de glicerol são chamadas de **triglicérides** e têm a estrutura geral:

$$\begin{array}{c} CH_2-O-\overset{O}{\underset{\|}{C}}-R \\ CH-O-\overset{O}{\underset{\|}{C}}-R' \\ CH_2-O-\overset{O}{\underset{\|}{C}}-R'' \end{array}$$

na qual os três grupos R podem ser os mesmos ou diferentes e podem ser saturados ou insaturados. As gorduras vegetais tendem a ser insaturadas (contêm uma ou mais ligações C=C) e em geral são encontradas como líquidos oleosos; a maioria das gorduras animais é saturada (contém apenas ligações C—C únicas) e se solidificam a temperatura ambiente.

Os triglicérides podem ser quebrados pelo tratamento com uma solução aquosa de hidróxido de sódio. Os produtos são glicerol e os sais de ácidos graxos; esses últimos são conhecidos como *sabões*. Esse processo é chamado de **saponificação**.

$$\begin{array}{l} CH_2-O-\overset{O}{\underset{\|}{C}}-R \\ CH-O-\overset{O}{\underset{\|}{C}}-R' \ +\ 3NaOH \\ CH_2-O-\overset{O}{\underset{\|}{C}}-R'' \end{array} \quad \begin{array}{l} CH_2OH + RCOONa \\ CHOH + R'COONa \\ CH_2OH + R''COONa \end{array}$$

Triglicéride   Hidróxido de sódio   Glicerol   Sabões

Semelhante dissolve semelhante.

Grande parte do que chamamos de sujeira gordurosa é apolar. A graxa, por exemplo, consiste em sua maioria de hidrocarbonetos de cadeia longa. No entanto, a água, o solvente mais comum e disponível para nós, é muito polar e não dissolve a "sujeira gordurosa". Precisamos acrescentar alguma coisa à água que seja de algum modo compatível tanto com a água polar quanto com a graxa apolar. Ânions de ácidos graxos são perfeitos para esse papel, porque têm uma longa cauda apolar e uma cabeça polar. Por exemplo, o ânion estearato pode ser representado como:

Cauda apolar   Cabeça polar

Esses íons se dispersam na água porque formam **micelas** (Figura 21.22). Esses agregados de ânions de ácidos graxos têm as caudas incompatíveis com água no interior; as partes aniônicas (as cabeças polares) apontam para fora e interagem com as moléculas polares da água. Uma solução de sabão não contém ânions de ácidos graxos *individuais* dispersos na água, e sim grupos de íons (micelas).

O sabão dissolve a gordura conduzindo essas moléculas para o interior apolar da micela (Figura 21.23), de modo que possam ser levadas pela água. Portanto, o sabão age suspendendo a gordura normalmente incompatível na água. Por causa dessa capacidade de suspender materiais apolares, o sabão também é chamado de *agente umectante*, ou **surfactante.**

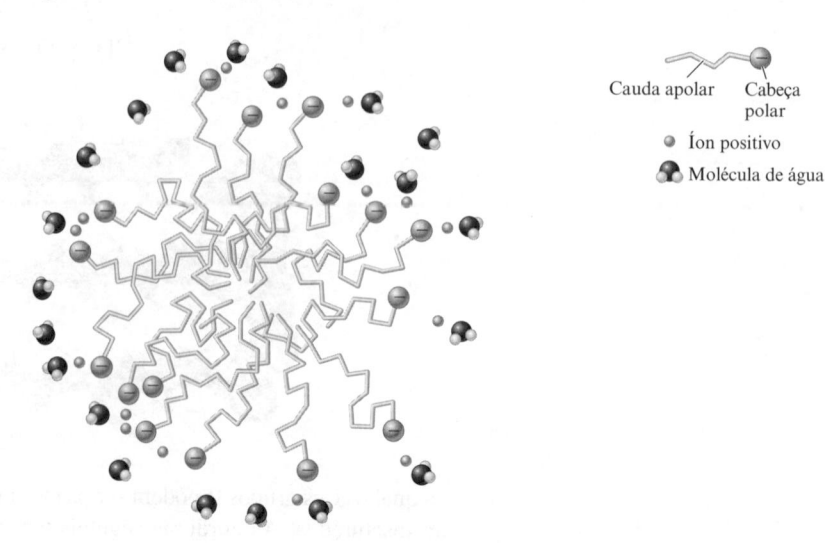

Cauda apolar   Cabeça polar
• Íon positivo
🝇 Molécula de água

Figura 21.22 ▶ Uma "fatia" bidimensional da estrutura de uma micela de ânions de ácidos graxos.

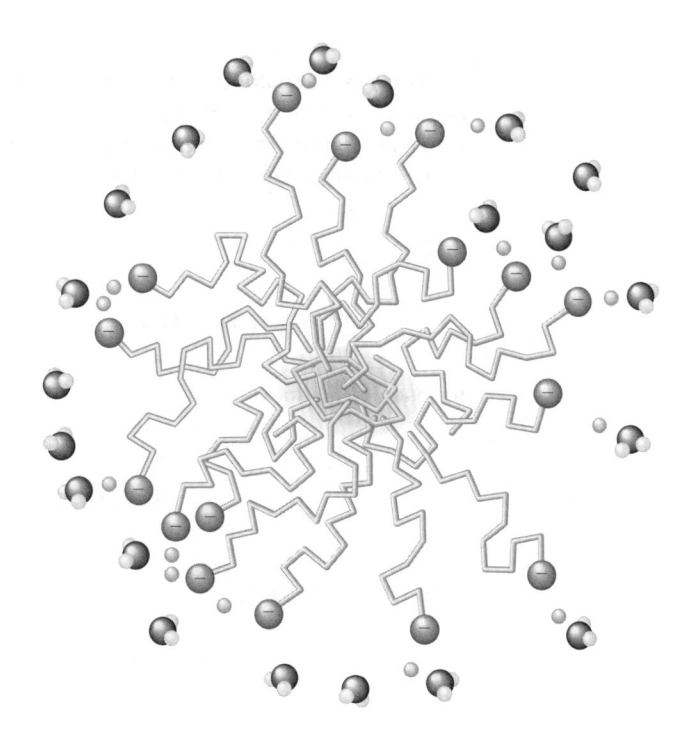

Figura 21.23 ▶ As micelas de sabão absorvem as moléculas de gordura em seu interior de modo que as moléculas fiquem suspensas na água e possam ser levadas embora.

Uma grande desvantagem é que os ânions de sabão formam precipitados em água dura (água que contém grandes concentrações de íons, como Ca^{2+} e Mg^{2+}). Esses precipitados aparecem porque os íons Ca^{2+} e Mg^{2+} formam sólidos insolúveis com os ânions de sabão. Esses precipitados ("espuma de sabão") endurecem a roupa e reduzem drasticamente a eficiência do sabão na limpeza. Para ajudar a reduzir esse problema, uma enorme indústria desenvolveu-se para criar sabões artificiais, chamados *detergentes*. Detergentes são semelhantes a sabões naturais por terem uma longa cauda apolar e uma cabeça iônica. Entretanto, os ânions de detergente têm a vantagem de não formar sólidos insolúveis com íons Ca^{2+} e Mg^{2+}.

Os **fosfolipídeos** têm estrutura semelhante à das gorduras, pois também são ésteres de glicerol. Diferentemente das gorduras, contudo, eles contêm apenas dois ácidos graxos. Um terceiro grupo ligado ao glicerol é um grupo de fosfatos, o que confere aos fosfolipídeos duas partes distintas: a longa "cauda" apolar e a "cabeça" polar substituída por fosfato (Figura 21.24).

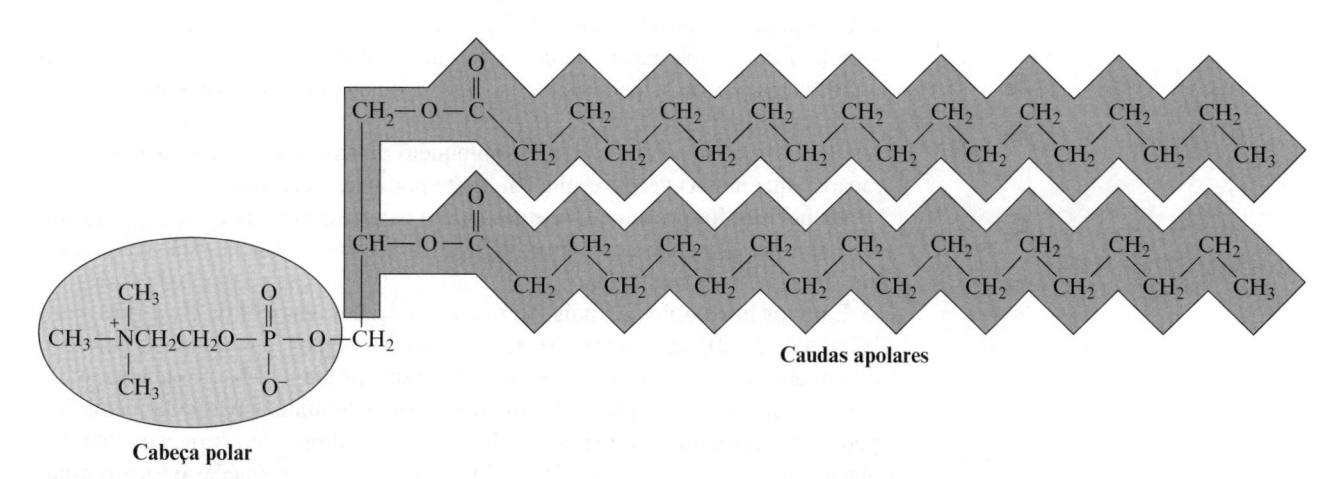

Figura 21.24 ▶ Lecitina, um fosfolipídeo, com suas longas caudas apolares e cabeça polar substituída por fosfato.

As **ceras** são outra classe de lipídeos. Assim como as gorduras e os fosfolipídeos, as ceras são ésteres, mas diferentemente desses outros lipídeos, elas envolvem alcoóis monoidróxi em lugar do glicerol. Por exemplo, a *cera de abelha*, uma substância secretada pelas glândulas de cera das abelhas, é principalmente palmitato de miricila,

$$CH_3(CH_2)_{14}-\overset{\overset{O}{\|}}{C}-O-(CH_2)_{29}-CH_3$$

formado de ácido palmítico,

$$CH_3(CH_2)_{14}-C\overset{O}{\underset{OH}{\diagdown}}$$

e álcool de carnaubila,

$$CH_3(CH_2)_{29}-OH$$

As ceras são sólidos que oferecem coberturas à prova de água a folhas e frutas, peles e penas de animais. Elas também são importantes comercialmente. Por exemplo, o óleo de baleia é composto principalmente da cera palmitato de cetila e tem sido usado em tantos produtos, incluindo cosméticos e velas, que a baleia-azul foi caçada quase até à extinção.

Os **esteroides** são uma classe de lipídeos com uma estrutura de anéis de carbono do tipo:

Os esteroides compreendem quatro grupos: colesterol, hormônios adrenocorticoides, hormônios sexuais e ácidos biliares.

O **colesterol** [Figura 21.25(a)] é encontrado em praticamente todos os organismos, sendo o material básico para a formação das muitas outras moléculas baseadas em esteroides, como a vitamina D [Figura 21.25(b)]. Embora seja essencial para a vida humana, o colesterol está envolvido na formação de placas nas paredes das artérias (um processo chamado *aterosclerose,* ou endurecimento das artérias), que pode levar a entupimentos. Esse efeito parece especialmente sério nas artérias que levam sangue ao coração, pois o bloqueio dessas artérias causa danos ao coração, o que muitas vezes resulta em morte por ataque cardíaco.

Os **hormônios adrenocorticoides**, como o cortisol [Figura 21.25(c)], são sintetizados nas glândulas adrenais (que ficam próximas dos rins) e estão envolvidos em várias funções reguladoras.

Entre os **hormônios sexuais**, o principal hormônio masculino é a *testosterona* [Figura 21.25(d)], que controla o crescimento dos órgãos reprodutores e pelos e o desenvolvimento da estrutura dos músculos e da voz grave, que são características dos homens. Há dois tipos de hormônios sexuais femininos particularmente importantes: a *progesterona* [Figura 21.25(e)] e um grupo de estrógenos, um dos quais é o *estradiol* [Figura 21.25(f)]. Mudanças nas concentrações desses hormônios causam as alterações periódicas nos ovários e no útero que são responsáveis pelo ciclo menstrual. Durante a gravidez, a mulher mantém um nível elevado de progesterona, o que impede a ovulação. Esse efeito tem levado ao uso de compostos do tipo progesterona como drogas para controle de natalidade. Uma dessas drogas mais comuns é o diacetato de etinodiol [Figura 21.25(g)].

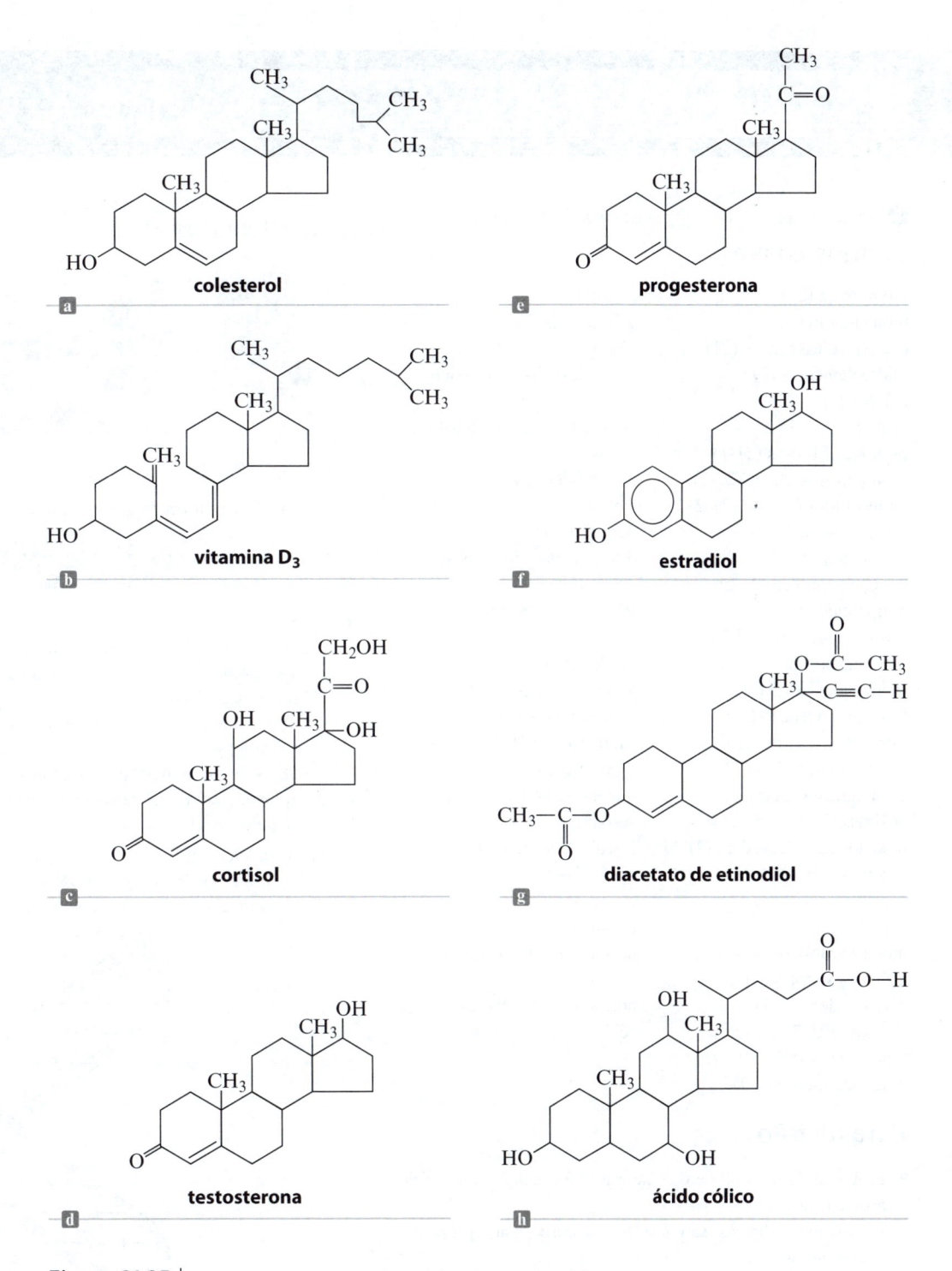

Figura 21.25 ▶ Vários esteroides comuns e derivados de esteroides.

Pensamento crítico

E se a água pudesse dissolver moléculas apolares? Como isso afetaria o funcionamento do nosso corpo?

Os **ácidos biliares** são produzidos com o colesterol no fígado e armazenados na vesícula biliar. O ácido biliar humano primário é o *ácido cólico* [Figura 21.25(h)], uma substância que ajuda na digestão de gorduras ao emulsificá-las no intestino. Os ácidos biliares também podem digerir o colesterol ingerido na comida e, portanto, são importantes para seu controle no corpo.

CAPÍTULO 21 REVISÃO

F direciona para a seção *Química em foco* do capítulo

Termos-chave

bioquímica (21)
biotecnologia (21)
elementos essenciais (21)
microelementos (21)
célula (21)
proteínas (21-1)
proteínas fibrosas (21-1)
proteínas globulares (21-1)
aminoácidos (α) alfa (21-2)
cadeias laterais (21-2)
dipeptídeo (21-2)
ligação peptídica (21-2)
polipeptídeo (21-2)
estrutura primária (21-2)
estrutura secundária (21-3)
-hélice alfa (α) (21-3)
folha pregueada (21-3)
estrutura terciária (21-4)
ligação dissulfídica (21-4)
desnaturação (21-5)
enzimas (21-6)
modelo chave-fechadura (21-6)
substrato (21-6)
centro ativo (21-6)
carboidratos (21-7)
monossacarídeos (21-7)
açúcares simples (21-7)
dissacarídeo (21-7)
sacarose (21-7)
ligação glicosídica (21-7)
polissacarídeos (21-7)

amido (21-7)
celulose (21-7)
glicogênio (21-7)
ácido desoxirribonucleico (DNA) (21-8)
ácido ribonucleico (RNA) (21-8)
nucleotídeo (21-8)
síntese de proteínas (21-8)
gene (21-8)
RNA mensageiro (RNAm) (21-8)
RNA transportador (RNAt) (21-8)
lipídeos (21-9)
gorduras (21-9)
ácidos graxos (21-9)
triglicérides (21-9)
saponificação (21-9)
micelas (21-9)
surfactante (21-9)
fosfolipídeos (21-9)
ceras (21-9)
esteroides (21-9)
colesterol (21-9)
hormônios adrenocorticoides (21-9)
hormônios sexuais (21-9)
ácidos biliares (21-9)

Para revisão

▶ Proteínas são polímeros naturais formados por vários aminoácidos-α.
  • Proteínas fibrosas são usadas no corpo para propósitos estruturais.
  • Proteínas globulares são moléculas "trabalhadoras" que agem como: catalisadoras, sistema de armazenamento de O_2, reguladoras de funções biológicas e assim por diante.
  • A estrutura das proteínas tem vários níveis.
    • Primário: a ordem dos aminoácidos-α. 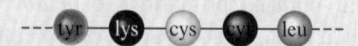
    • Secundário: a organização da proteína no espaço
      • α-hélice

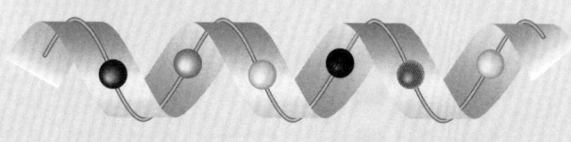

  • Folha pregueada

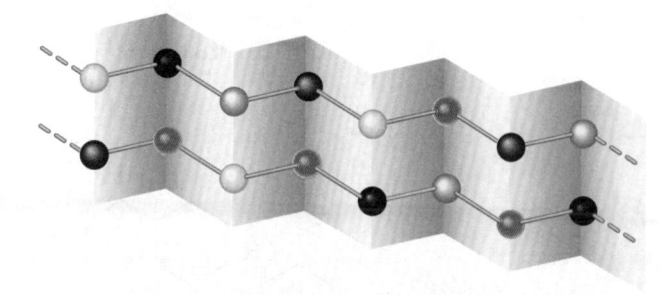

  • Terciário: formato geral da proteína

▶ Carboidratos
  • Servem como fontes de alimento para a maioria dos organismos e como material estrutural para plantas
  • Monossacarídeos
    • Em geral, cetonas e aldeídos poli-hidroxi com cinco e seis carbonos
    • Eles se combinam para formar carboidratos mais complexos, como a sacarose (açúcar de mesa), amido e celulose
▶ Ácidos nucleicos
  • Ácido desoxirribonucleico (DNA)
  • Possui uma estrutura em hélice dupla

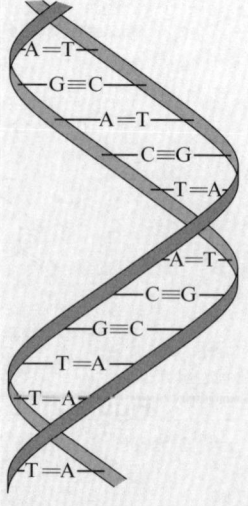

  • Durante a divisão da célula, a hélice dupla se desenrola para possibilitar a formação de uma cópia do DNA.
  • Contém segmentos chamados genes que armazenam a estrutura primária de diversas proteínas
▶ Lipídeos
  • Substâncias solúveis em água encontradas nas células divididas em unidades
  • Quatro classes
    • Gorduras
    • Fosfolipídeos
    • Ceras
    • Esteroides

Questões de aprendizado ativo

Estas questões foram desenvolvidas para serem resolvidas por grupos de alunos na sala de aula. Normalmente, elas funcionam bem para introduzir um tópico específico em sala.

1. Diferencie entre estrutura primária, secundária e terciária de proteínas.
2. Desenhe as estruturas dos dipeptídeos simples *gly-ala* e *ala-gly*.
3. Como as proteínas são capazes de ter um efeito de tamponamento?
4. O que significa a inibição de uma enzima? O que acontece quando uma enzima é inibida irreversivelmente?
5. Explique a diferença entre monossacarídeo e dissacarídeo. Dê um exemplo de cada.
6. Desenhe a representação da sacarose e identifique claramente a parte que se origina da glicose, a que se origina da frutose e a ligação glicosídica entre os anéis.
7. O que é um polissacarídeo? Que unidade de monômero forma o amido e a celulose?
8. Descreva a estrutura de um nucleotídeo típico.
9. Desenhe as estruturas dos açúcares ribose e desoxirribose. Qual molécula, RNA ou DNA, contém cada um dos açúcares?
10. Desenhe a estrutura geral de um triglicéride. Quais são os componentes de um triglicéride típico?
11. Descreva o mecanismo pelo qual os sais de ácidos graxos são capazes de exercer uma função de limpeza.

Perguntas e problemas

1. _____ é o estudo da química de sistemas vivos.
2. O que são *microelementos* e por que eles são importantes para a saúde do corpo?

21-1 Proteínas

Perguntas

3. O que são *proteínas*? Proteínas são *polímeros*? Explique. Quais as massas molares mínimas e máximas de proteínas? Quais partes de nossos corpos se compõem de proteínas?
4. Quais são as funções gerais das proteínas *fibrosas* e *globulares* no corpo?

21-2 Estrutura primária das proteínas

Perguntas

5. Considere os 20 aminoácidos mais comuns ilustrados na Figura 21.2. Embora, provavelmente, não se exija que você *memorize* todas essas estruturas, seus estudos se tornarão mais fáceis se você se *familiarizar* com elas. Escolha cinco aminoácidos quaisquer e desenhe suas estruturas. Escreva também a fórmula de um aminoácido *genérico*. Circule o grupo R em cada um de seus desenhos.
6. Escreva as fórmulas de dois aminoácidos com cadeias laterais polares e dois aminoácidos com cadeias laterais apolares. Explique *por que* as cadeias laterais que você escolheu têm suas respectivas polaridades.
7. Cadeias laterais apolares nos aminoácidos-α tendem a ser_____, enquanto cadeias laterais polares em geral são_____ em meio aquoso.
8. Considerando as estruturas dos aminoácidos da Figura 21.2, escolha dois aminoácidos que, em sua opinião, têm cadeias laterais hidrofóbicas e dois aminoácidos que, em sua opinião, têm cadeias laterais hidrofílicas e explique suas escolhas em termos das estruturas das cadeias laterais envolvidas.
9. Considerando as estruturas dos aminoácidos *alanina* e *serina* ilustradas na Figura 21.2, desenhe as estruturas de cada um dos dois dipeptídeos que esses aminoácidos podem formar.
10. De que forma muitas sequências únicas de aminoácidos são possíveis em um tripeptídeo que contém apenas os aminoácidos *gly, ala* e *cys*, com cada aminoácido aparecendo apenas uma vez em cada molécula?

Problemas

11. O que é uma *ligação peptídica*? Escolha dois aminoácidos da Figura 21.2 e desenhe as estruturas para os dois dipeptídeos que esses aminoácidos são capazes de formar, assinalando com um círculo a ligação peptídica de cada uma.
12. O que representa a *estrutura primária* de uma proteína? Como as unidades individuais que compõem a estrutura primária geral de uma proteína se mantêm juntas?

21-3 Estrutura secundária das proteínas

Perguntas

13. Em termos gerais, o que representa a estrutura secundária de uma proteína?
14. Como a estrutura secundária de uma proteína está relacionada à sua função no corpo? Dê exemplos.
15. Descreva a estrutura secundária da proteína colágeno.
16. Descreva a estrutura secundária da proteína encontrada na seda.

21-4 Estrutura terciária das proteínas

Perguntas

17. Em termos gerais, o que a estrutura terciária de uma proteína descreve? Explique claramente a diferença entre as estruturas secundárias e terciárias.
18. O que é uma ligação *dissulfídica*? Quais são os aminoácidos que, em geral, formam essas ligações? Por que essa ligação é importante?

21-5 Funções das proteínas

Perguntas

19. O que significa a *desnaturação* de uma proteína? Dê três exemplos de situações em que as proteínas são desnaturadas.
20. Qual proteína é responsável pelo transporte de oxigênio pela corrente sanguínea?

21. Qual é o nome dado às proteínas que catalisam reações bioquímicas na célula?

22. Qual é o nome da proteína que armazena ferro no fígado, baço e medula óssea?

23. _____ são proteínas especiais sintetizadas em resposta a substâncias estranhas e células, como células de bactérias.

24. Como as proteínas são capazes de atuar como agentes tampão no sangue e tecidos?

21-6 Enzimas

Perguntas

25. Como a eficiência de uma enzima se compara à dos catalisadores inorgânicos? As enzimas são mais ou menos eficientes?

26. O que significa dizer que uma enzima é muito *seletiva*?

27. Que nome se dá à parte específica da molécula de enzima onde a catálise ocorre de fato?

28. Descreva o modelo *chave-fechadura* para enzimas. Por que os *formatos* da enzima e seu substrato são importantes nesse modelo? O que significa dizer que uma enzima é *inibida* por uma determinada molécula? O que acontece quando essa inibição é irreversível? Você é capaz de imaginar uma situação na qual pode ser vantajoso conseguir inibir uma enzima?

21-7 Carboidratos

Perguntas

29. Desenhe as representações da cadeia linear do açúcar de aldeído glicose e do açúcar de cetona frutose. Assinale com um círculo o grupo funcional aldeído ou cetona em suas estruturas.

30. Quais grupos funcionais estão presentes nos açúcares simples (monossacarídeos)?

31. Desenhe as estruturas em anel da glicose e frutose. Com base no par de elétrons que rodeiam os átomos dos anéis, poderíamos esperar que esses anéis fossem planos (achatados)?

32. O que é um açúcar *pentose*? Desenhe a cadeia linear que representa a pentose *ribose*.

33. O que é um dissacarídeo? Quais unidades de monossacarídeos compõem o dissacarídeo sacarose? Como se chama a ligação formada entre as unidades de monossacarídeos?

34. Tanto o amido quanto a celulose são polímeros de glicose sintetizados por plantas. Para que as plantas usam amido? Para que elas usam celulose? Por que o amido pode ser digerido por humanos, mas a celulose não?

Problemas

35. Desenhe uma representação do dissacarídeo sacarose (açúcar de mesa). Identifique claramente a parte do dissacarídeo que se origina da glicose, a que se origina da frutose e a ligação glicosídica entre os anéis.

36. Além de usar prefixos *numéricos* nos nomes genéricos de açúcares para indicar quantos átomos de carbono estão presentes, muitas vezes usamos os prefixos *ceto* e *aldo* para indicar se o açúcar é uma cetona ou um aldeído. Por exemplo, o monossacarídeo frutose muitas vezes é chamado ceto-hexose para enfatizar que contém o grupo funcional das cetonas. Para cada um dos monossacarídeos mostrados na Tabela 21.4, classifique os açúcares em aldo-hexoses, aldopentoses, ceto hexoses ou cetopentoses.

21-8 Ácidos nucleicos

Perguntas

37. _____ leva as informações necessárias para a síntese das diversas proteínas que a célula precisa para realizar suas funções vitais.

38. Moléculas de RNA, encontradas no citoplasma do lado de fora do núcleo, são muito (menores/maiores) que polímeros de DNA.

39. Nucleotídeos de DNA contêm a pentose _____, enquanto nucleotídeos de RNA contêm a pentose _____.

40. Cite as cinco bases de nitrogênio encontradas no DNA e no RNA. Qual base normalmente é encontrada no RNA, mas não no DNA? Qual base normalmente é encontrada no DNA, mas não no RNA?

41. Descreva a estrutura de dupla hélice do DNA. Que tipo de ligação ocorre *dentro* da cadeia de cada filamento da dupla hélice? Que tipo de ligação existe *entre* os filamentos para uni-los?

42. O livro afirma que a chave para o funcionamento do DNA é sua *estrutura em hélice dupla com bases complementares* nos dois filamentos. Explique, com referência específica ao modo como o DNA é replicado.

43. O que é um *gene*?

21-9 Lipídeos

Perguntas

44. Lipídeos são um grupo de substâncias definidas por suas características _____.

45. Quais são as quatro *classes* de lipídeos? Dê um exemplo de um membro de cada classe.

46. Desenhe a estrutura geral de um triglicéride. Quais são os componentes de um triglicéride típico?

47. Ao analisar a Tabela 21.5, dê um exemplo de um ácido graxo *saturado* e um ácido graxo *insaturado*. De modo geral, os triglicérides de fonte animal são saturados ou insaturados? De modo geral, os triglicérides de fonte vegetal são saturados ou insaturados?

48. Usando a fórmula genérica de um triglicéride, escreva uma equação demonstrando o processo de *saponificação*. O que é um *sabão*?

49. Descreva o mecanismo por meio do qual um sabão é capaz de remover sujeira gordurosa das roupas.

50. O que é uma *micela*? Como as micelas formadas por moléculas de sabão suspendem a sujeira gordurosa em uma solução?

51. O que é um *esteroide*? Qual estrutura em anéis básica é comum a todos os esteroides? Desenhe um exemplo de

esteroide encontrado no corpo e destaque a estrutura em anel básica que faz da molécula um esteroide.

52. Qual esteroide serve como material básico no corpo para a síntese de outros esteroides? Quais são os perigos envolvidos em ter uma concentração excessiva dessa substância no corpo?

53. Dê os nomes de vários hormônios sexuais e indique suas funções no corpo.

54. O que são ácidos biliares e a partir do que são sintetizados pelo corpo? Qual é o ácido biliar mais comum e qual é sua função?

Problemas adicionais

Correspondência

Para os Exercícios 55-76, escolha um dos termos seguintes correspondente à descrição.

a. aldo-hexose
b. anticorpo
c. celulose
d. CH_2O
e. cisteína
f. desnaturação
g. dissacarídeos
h. dissulfeto
i. DNA
j. enzimas
k. fibroso
l. globular
m. glicogênio
n. ligação glicosídica
o. hormônio
p. hidrofóbico
q. inibição
r. ceto-hexoses
s. oxitocina
t. folha pregueada
u. polipeptídeo
v. polissacarídeos
w. estrutura primária
x. saliva
y. substrato
z. sacarose

55. polímero constituído de muitos aminoácidos
56. ligação que se forma entre duas espécies de cisteína
57. hormônio peptídico que induz a secreção de leite
58. proteínas com formato aproximadamente esférico
59. sequência de aminoácidos em uma proteína
60. estrutura secundária da proteína da seda
61. cadeia lateral de aminoácido hidrofóbico
62. aminoácido responsável pelo permanente de cabelo
63. catalisadores biológicos
64. quebra da estrutura terciária e/ou secundária de uma proteína
65. molécula que sofreu a ação de uma enzima
66. ocorre quando o centro ativo de uma enzima é bloqueado por uma molécula estranha
67. proteína especial sintetizada em resposta a uma substância estranha
68. substância que tem um efeito especial sobre um determinado órgão-alvo
69. polímero animal de glicose
70. ligação —C—O—C entre anéis em açúcares dissacarídeos
71. fórmula empírica que levou ao nome carboidrato
72. onde se encontram as enzimas que catalisam a quebra de ligações glicosídicas
73. açúcares cetonas com seis carbonos
74. componente estrutural de plantas, polímero da glicose
75. açúcares constituídos de duas unidades de monômeros
76. açúcares aldeídos com seis carbonos

77. A substância no núcleo da célula que armazena e transmite informações genéticas é o DNA, sigla que significa _____.

78. Qual é o tamanho de uma molécula de DNA? Onde esta molécula se encontra na célula?

79. A pentose desoxirribose é encontrada no DNA, ao passo que _____ é encontrada no RNA.

80. A ligação básica no DNA ou RNA entre a molécula de açúcar e o ácido fosfórico é uma ligação fosfato_____.

81. Dizemos que as bases nos filamentos opostos do DNA são _____ entre si, o que significa que as bases se encaixam especificamente pela ligação de hidrogênio entre elas.

82. Em um filamento de DNA normal, a base _____ sempre forma par com a base adenina, enquanto _____ sempre forma par com a citosina.

83. Um determinado segmento da molécula de DNA, que contém o código molecular para a síntese de uma proteína específica, é chamado de _____.

84. Durante a síntese de proteína, moléculas de RNA se prendem a aminoácidos específicos e os transportam para a posição apropriada no padrão fornecido pelas moléculas de RNA _____.

85. Os códigos especificados por _____ são responsáveis por compor a estrutura primária correta de proteínas.

86. Escreva a sequência de aminoácidos possível para um tripeptídeo que contém os aminoácidos *cys, ala* e *phe*, sendo que cada aminoácido só pode ser usado uma vez em cada tripeptídeo.

87. _____ são ésteres do álcool poli-hidroxi glicerol, com ácidos carboxílicos de cadeia longa.

88. Óleos vegetais tendem a conter _____ ácidos graxos, enquanto gorduras animais tendem a ser _____.

89. O processo de _____ envolve tratar uma gordura com hidróxido de sódio, de modo que os ácidos graxos presentes se convertam em seus sais de sódio.

90. Ânions de ácidos graxos fazem bons sabões porque contêm uma parte _____ que é miscível com água e uma parte _____ que é miscível com gordura.

91. Os agregados de ânions de ácidos graxos que se formam quando se acrescenta sabão à água são chamados de _____.

92. Quais são os quatro grupos de esteroides?

93. O material básico no corpo para a síntese de outros esteroides é _____.

94. Ao analisar a Figura 21.25, qual a característica comum entre as estruturas de esteroides?

95. O ácido cólico e outros ácidos biliares atuam como agentes _____ durante a digestão, ajudando a quebrar as gorduras em partículas menores que então podem sofrer a ação das enzimas.

96. Descreva a estrutura secundária da proteína conhecida como hélice alfa α. Quais tipos de proteína têm essa estrutura secundária?
97. Quantas estruturas primárias possíveis existem para um pequeno polipeptídeo que contém quatro aminoácidos individuais?
98. Relacione três usos estruturais das proteínas no corpo.
99. Qual proteína específica leva o oxigênio dos pulmões para outros tecidos do corpo?
100. Descreva a estrutura da proteína colágeno. Quais são as funções do colágeno no corpo?
101. O que significa a *inibição* de uma enzima? O que acontece quando uma enzima é inibida irreversivelmente?
102. Que nome genérico se dá a açúcares que contêm cinco átomos de carbono? Seis átomos de carbono? Três átomos de carbono?
103. Embora tanto o amido quanto a celulose sejam polímeros de glicose, o amido pode ser digerido por humanos e a celulose não. Como as estruturas desses polissacarídeos se diferenciam resultando em sua digestibilidade diferente?
104. Na formação de um polinucleotídeo (uma pequena parte da molécula de DNA), quais componentes (açúcar, base ou fosfato) de nucleotídeos adjacentes se unem entre si?
105. Descreva a estrutura de uma *cera*. Onde as ceras são encontradas naturalmente em criaturas vivas e quais são as suas funções?
106. O que é um *fosfolipídeo*? No que a estrutura de um fosfolipídeo se distingue da de um triglicéride? Qual é a função do fosfolipídeo lecitina?

Apêndice

Usando sua calculadora

Nesta seção, revisaremos como utilizar sua calculadora para realizar operações matemáticas comuns. Esta discussão supõe que sua calculadora utiliza o sistema de operação algébrico, o sistema usado pela maioria das marcas.

Um princípio muito importante para se ter em mente quando for usar sua calculadora é que ela não substitui seu cérebro. Continue pensando enquanto faz os cálculos. Continue se perguntando: "A resposta faz sentido?".

Adição, subtração, multiplicação e divisão

Realizar essas operações em um par de números sempre envolve as seguintes etapas:

1. Insira o primeiro número, utilizando as teclas numeradas e a tecla decimal(.), se necessário.
2. Insira a operação a ser realizada.
3. Insira o segundo número.
4. Pressione a tecla "igual" para exibir a resposta.

Por exemplo, a operação

$$15,1 + 0,32$$

é realizada da seguinte forma:

Pressione	Tela
15,1	15,1
+	15,1
0,32	0,32
=	15,42

A resposta dada na tela é 15,42. Se este for o resultado final de um cálculo, você deve arredondá-lo para o número correto de algarismos significativos (15,4), como discutido na Seção 2-5. Se este número tiver que ser usado em outros cálculos, utilize-o exatamente como ele aparece na tela. Arredonde apenas a resposta final no cálculo.

Faça as seguintes operações para praticar. Os procedimentos detalhados são dados a seguir.

a. $1,5 + 32,86$ b. $23,5 - 0,41$

c. $0,33 \times 153$ d. $\dfrac{9,3}{0,56}$ ou $9,3 \div 0,56$

Procedimentos

a. Pressione	Tela	b. Pressione	Tela
1,5	1,5	23,5	23,5
+	1,5	−	23,5
32,86	32,86	0,41	0,41
=	34,36	=	23,09
Arredondado:	34,4	Arredondado:	23,1

c. Pressione	Tela	d. Pressione	Tela
0,33	0,33	9,3	9,3
×	0,33	÷	9,3
153	153	0,56	0,56
=	50,49	=	16,607143
Arredondado:	50	Arredondado	17

Quadrados, raízes quadradas, inversos e logaritmos

Agora iremos considerar quatro operações adicionais de que normalmente precisamos para solucionar problemas de química.

O *quadrado* de um número é obtido com uma tecla denominada X². A tecla de *raiz quadrada* normalmente é denominada $\sqrt{X}$. Para obter o *inverso* de um número, você precisa da tecla 1/X. O *logaritmo* de um número é determinado pela utilização de uma tecla denominada log ou logX.

Para realizar essas operações, siga as seguintes etapas:

1. Insira o número.
2. Pressione a tecla da função apropriada.
3. A resposta é exibida automaticamente.

Por exemplo, calculemos a raiz quadrada de 235.

Pressione	Tela
235	235
$\sqrt{X}$	15,32971
Arredondamento:	15,3

Podemos obter o log de 23 da seguinte forma:

Pressione	Tela
23	23
log	1,3617278
Arredondamento:	1,36

Geralmente, uma tecla na calculadora tem duas funções. Neste caso, a primeira função é listada na tecla e a segunda é mostrada na calculadora imediatamente acima da chave. Por exemplo, em algumas calculadoras, a fileira superior de teclas aparece da seguinte forma:

$$\boxed{2nd} \quad \boxed{\underset{R/S}{1/X}} \quad \boxed{\underset{\sqrt{X}}{X^2}} \quad \boxed{off} \quad \boxed{on/C}$$

Para a calculadora fazer o quadrado de um número, devemos usar 2nd e, em seguida, $\sqrt{X}$; pressionar 2nd informa à calculadora que queremos a função que está listada *acima* da tecla. Dessa forma, podemos obter o quadrado de 11,56 nesta calculadora da seguinte forma:

Pressione	Tela
11,56	11,56
2nd, então $\sqrt{X}$	133,6336
Arredondado:	133,6

Obtemos o inverso de 384 (1/384) nesta calculadora da seguinte forma:

Pressione	Tela
384	384
2nd, então R/S	0,0026042
Arredondado:	0,00260

Sua calculadora pode ser diferente. Consulte o manual do usuário caso você tenha problemas com essas operações.

Cálculos em cadeia

Ao solucionar problemas, é preciso realizar uma série de cálculos, um cálculo em cadeia. Isso geralmente é bem fácil caso sua tecla em cadeia mostre os números e as operações em ordem. Por exemplo, para realizar o cálculo

$$\frac{14{,}68 + 1{,}58 - 0{,}87}{0{,}0850}$$

você deve utilizar as teclas apropriadas da maneira que lê para si:

14,68 mais 1,58 igual; menos 0,87 igual; dividido por 0,0850 igual

Os detalhes seguem.

Pressione	Tela
14,68	14,68
+	14,68
1,58	1,58
=	16,26
−	16,26
0,87	0,87
=	15,39
÷	15,39
0,0850	0,0850
=	181,05882
Arredondamento:	181

Observe que você deve pressionar $\boxed{=}$ após cada operação para manter o cálculo "atualizado".

Para mais prática, considere o cálculo

$$(0{,}360)(298) + \frac{(14{,}8)(16{,}0)}{1{,}50}$$

Aqui, você está adicionando dois números, porém cada um deve ser obtido pelos cálculos indicados. Um procedimento é calcular cada número primeiro e, depois, adicioná-los. O primeiro termo é

$$(0{,}360)(298) = 107{,}28$$

O segundo termo,

$$\frac{(14{,}8)(16{,}0)}{1{,}50}$$

pode ser calculado facilmente ao lê-lo para si. Ele "lê"

14,8 vezes 16,0 igual; dividido por 1,50 igual

e é resumido da seguinte forma:

Pressione	Tela
14,8	14,8
×	14,8
16,0	16,0
=	236,8
÷	236,8
1,50	1,50
=	157,86667

Agora podemos manter este último número na calculadora e adicioná-lo a 107,28, do primeiro cálculo.

Pressione	Tela
+	157,86667
107,28	107,28
=	265,14667
Arredondamento:	265

Para resumir,

$$(0{,}360)(298) + \frac{(14{,}8)(16{,}0)}{1{,}50}$$

fica

$$107{,}28 + 157{,}86667$$

e a soma é 265,14667 ou, arredondado para o número correto de algarismos significativos, 265. Há outras formas de fazer esse cálculo, mas esta é a maneira mais segura (supondo que você seja cuidadoso).

Um tipo comum de cálculo em cadeia envolve um número de termos multiplicados juntos no numerador e no denominador, como em

$$\frac{(323)(0{,}0821)(1{,}46)}{(4{,}05)(76)}$$

Há muitas sequências possíveis pelas quais este cálculo pode ser feito, mas a seguinte parece ser a mais natural.

323 vezes 0,0821 igual; vezes 1,46 igual; dividido por 4,05 igual; dividido por 76 igual

Esta sequência é resumida da seguinte forma:

Pressione	Tela
323	323
×	323
0,0821	0,0821
=	26,5183
×	26,5183
1,46	1,46
=	38,716718
÷	38,716718
4,05	4,05
=	9,5596835
÷	9,5596835
76	76
=	0,1257853

A resposta é 0,1257853, que, quando arredondada para o número correto de algarismos significativos, é 0,13. Observe que, quando dois ou mais números são multiplicados no denominador, você deve dividir por *cada* um.

Aqui estão alguns cálculos em cadeia adicionais (com soluções) para que você possa praticar mais.

a. $15 - (0,750)(243)$

b. $\dfrac{(13,1)(43,5)}{(1,8)(63)}$

c. $\dfrac{(85,8)(0,142)}{(16,46)(18,0)} + \dfrac{(131)(0,0156)}{10,17}$

d. $(18,1)(0,051) - \dfrac{(325)(1,87)}{(14,0)(3,81)} + \dfrac{1,56 - 0,43}{1,33}$

Soluções

a. $15 - 182 = -167$
b. $5,0$
c. $0,0411 + 0,201 = 0,242$
d. $0,92 - 11,4 + 0,850 = -9,6$

Ao realizar os cálculos em cadeia, siga as etapas a seguir na ordem listada.

1. Realize quaisquer adições e subtrações que aparecem entre parênteses.
2. Complete as multiplicações e divisões de termos individuais.
3. Adicione e subtraia os termos individuais conforme necessário.

Álgebra básica

Na solução de problemas de química você irá usar, repetidamente, relativamente poucos procedimentos matemáticos. Nesta seção, revisamos as poucas manipulações algébricas de que você precisará.

Solucionando uma equação

Durante a resolução de um problema de química, muitas vezes construímos uma equação algébrica que inclui a quantidade desconhecida (o que queremos calcular). Um exemplo é

$$(1,5)V = (0,23)(0,08206)(298)$$

Precisamos "solucionar esta equação para V." Isto é, precisamos isolar V de um lado do sinal de igual com todos os números do outro lado. Como podemos fazer isso? A ideia principal na solução de uma equação algébrica é que *fazer a mesma coisa de ambos os lados do sinal de igual* não altera a igualdade. Isto é, é sempre "certo" fazer a mesma coisa em ambos os lados da equação. Aqui queremos solucionar para V, portanto, devemos colocar o número 1,5 do outro lado do sinal de igual. Podemos fazer isso dividindo *ambos os lados* por 1,5.

$$\dfrac{(1,5)V}{1,5} = \dfrac{(0,23)(0,08206)(298)}{1,5}$$

Agora, o 1,5 no denominador à esquerda cancela o 1,5 no numerador:

$$\dfrac{(\cancel{1,5})V}{\cancel{1,5}} = \dfrac{(0,23)(0,08206)(298)}{1,5}$$

Para dar

$$V = \dfrac{(0,23)(0,08206)(298)}{1,5}$$

Utilizando os procedimentos em "Usando sua calculadora" para os cálculos em cadeia, podemos obter agora o valor para V com uma calculadora.

$$V = 3,7$$

Às vezes, é necessário solucionar uma equação que consiste em símbolos. Por exemplo, considere a equação

$$\dfrac{P_1 V_1}{T_1} = \dfrac{P_2 V_2}{T_2}$$

Assumamos que queremos solucionar para T_2. Isto é, queremos isolar T_2 de um lado da equação. Há diversas formas de proceder, tendo em mente que sempre fazemos a mesma coisa em ambos os lados do sinal de igual. Primeiro, multiplicamos ambos os lados por T_2.

$$T_2 \times \dfrac{P_1 V_1}{T_1} = \dfrac{P_2 V_2}{\cancel{T_2}} \times \cancel{T_2}$$

Isso cancela T_2 à direita. Em seguida, multiplicamos ambos os lados por T_1.

$$T_2 \times \dfrac{P_1 V_1}{\cancel{T_1}} \times \cancel{T_1} = P_2 V_2 T_1$$

Isso cancela T_1 à esquerda. Agora, dividirmos ambos os lados por $P_1 V_1$.

$$T_2 \times \dfrac{\cancel{P_1 V_1}}{\cancel{P_1 V_1}} = \dfrac{P_2 V_2 T_1}{P_1 V_1}$$

Isso produz a equação desejada,

$$T_2 = \dfrac{P_2 V_2 T_1}{P_1 V_1}$$

Para prática, solucione cada uma das equações a seguir para a variável indicada.

a. $PV = k$; solucionar para P
b. $1{,}5x + 6 = 3$; solucionar para x
c. $PV = nRT$; solucionar para n
d. $\dfrac{P_1V_1}{T_1} = \dfrac{P_2V_2}{T_2}$; solucionar para V_2
e. $\dfrac{°F - 32}{°C} = \dfrac{9}{5}$; solucionar para $°C$
f. $\dfrac{°F - 32}{°C} = \dfrac{9}{5}$; solucionar para $°F$

c. $\dfrac{PV}{RT} = \dfrac{nRT}{RT}$
$\dfrac{PV}{RT} = n$

d. $\dfrac{P_1V_1}{T_1} \times T_2 = \dfrac{P_2V_2}{T_2} \times T_2$
$\dfrac{P_1V_1T_2}{T_1P_2} = \dfrac{P_2V_2}{P_2}$
$\dfrac{P_1V_1T_2}{T_1P_2} = V_2$

e. $\dfrac{°F - 32}{°\cancel{C}} \times °\cancel{C} = \dfrac{9}{5}°C$
$\dfrac{5}{9}(°F - 32) = \dfrac{\cancel{5}}{\cancel{9}} \times \dfrac{\cancel{9}}{\cancel{5}}°C$
$\dfrac{5}{9}(°F - 32) = °C$

Soluções

a. $\dfrac{PV}{V} = \dfrac{k}{V}$
$P = \dfrac{k}{V}$

b. $1{,}5x + 6 - 6 = 3 - 6$
$1{,}5x = -3$
$\dfrac{\cancel{1{,}5}x}{\cancel{1{,}5}} = \dfrac{-3}{1{,}5}$
$x = -\dfrac{3}{1{,}5} = -2$

f. $\dfrac{°F - 32}{°\cancel{C}} \times °\cancel{C} = \dfrac{9}{5}°C$
$°F - \cancel{32} + \cancel{32} = \dfrac{9}{5}°C + 32$
$°F = \dfrac{9}{5}°C + 32$

Notação científica (exponencial)

Os números que devemos trabalhar nas medições científicas muitas vezes são muito grandes ou muito pequenos; por isso, é conveniente expressá-los usando potências de 10. Por exemplo, o número 1.300.000 pode ser expresso como $1{,}3 \times 10^6$, o que significa multiplicar 1,3 por 10 seis vezes ou

$1{,}3 \times 10^6 = 1{,}3 \times \underbrace{10 \times 10 \times 10 \times 10 \times 10 \times 10}_{10^6 = 1 \text{ milhão}}$

Um número escrito em notação científica sempre tem a forma:

Um número (entre 1 e 10) vezes
a potência de 10 apropriada

Para representar um número grande como 20.500 em notação científica, devemos mover a vírgula de modo a obter um número entre 1 e 10 e, em seguida, multiplicar pelo resultado por uma potência de 10 para compensar a mudança da vírgula. Neste caso, devemos mover vírgula quatro casas para a esquerda.

$2\ 0\ 5\ 0\ 0$
$\quad\ \ 4\ 3\ 2\ 1$

para obter um número entre 1 e 10:

$2{,}05$

em que mantemos apenas os algarismos significativos (o número 20.500 possui três algarismos significativos). Para compensar a mudança da vírgula quatro casas para a esquerda, devemos multiplicar por 10^4. Assim,

$20{,}500 = 2{,}05 \times 10^4$

Como outro exemplo, o número 1985 pode ser expresso como $1{,}985 \times 10^3$. Para obtermos o número 1,985, que fica entre 1 e 10, tivemos de mover a vírgula três casas para a esquerda. Para compensar isto, devemos multiplicar por 10^3. Alguns outros exemplos são dados na lista a seguir.

Número	Notação exponencial
5,6	$5{,}6 \times 10^0$ ou $5{,}6 \times 1$
39	$3{,}9 \times 10^1$
943	$9{,}43 \times 10^2$
1126	$1{,}126 \times 10^3$

Até agora, consideramos números maiores que 1. Como representamos um número como 0,0034 em notação exponencial? Primeiro, atingimos um número entre 1 e 10, começamos com 0,0034 e movemos a vírgula três casas para a direita.

$0{,}0\ 0\ 3\ 4$
$\quad\ \ 1\ 2\ 3$

Isso produz 3,4. Em seguida, para compensar a mudança da vírgula para a direita, devemos multiplicar por uma potência de 10 com um expoente negativo — neste caso, 10^{-3}. Assim,

$0{,}0034 = 3{,}4 \times 10^{-3}$

De um modo semelhante, o número 0,00000014 pode ser escrito como $1{,}4 \times 10^{-7}$, porque ir de 0,00000014 para 1,4 exige que movamos a vírgula sete casas para a direita.

Operações matemáticas com exponenciais

Consideramos a seguir como diversas operações matemáticas são realizadas utilizando números exponenciais. Primeiro, cobrimos as várias regras para essas operações; em seguida, consideramos como realizá-las em sua calculadora.

Multiplicação e divisão

Quando dois números expressos em notação exponencial são multiplicados, os números iniciais são multiplicados e o expoentes de 10 são *somados*.

$$(M \times 10^m)(N \times 10^n) = (MN) \times 10^{m+n}$$

Por exemplo (para dois algarismos significativos, conforme necessário),

$$(3,2 \times 10^4)(2,8 \times 10^3) = 9,0 \times 10^7$$

Quando os números são multiplicados, se um resultado maior que 10 for obtido para o número inicial, a vírgula é movida uma casa para a esquerda e o expoente de 10 é aumentado em 1.

$$(5,8 \times 10^2)(4,3 \times 10^8) = 24,9 \times 10^{10}$$
$$= 2,49 \times 10^{11}$$
$$= 2,5 \times 10^{11} \text{ (para dois algarismos significativos)}$$

A divisão de dois números expressos em notação exponencial envolve a divisão normal dos números iniciais e a *subtração* do expoente do divisor pelo do dividendo. Por exemplo,

$$\frac{4,8 \times 10^8}{\underbrace{2,1 \times 10^3}_{\text{Divisor}}} = \frac{4,8}{2,1} \times 10^{(8-3)} = 2,3 \times 10^5$$

Se o número inicial resultante da divisão for menor que 1, a vírgula é movida uma casa para a direita e o expoente de 10 é reduzido em 1. Por exemplo,

$$\frac{6,4 \times 10^3}{8,3 \times 10^5} = \frac{6,4}{8,3} \times 10^{(3-5)} = 0,77 \times 10^{-2}$$
$$= 7,7 \times 10^{-3}$$

Adição e subtração

Para podermos adicionar ou subtrair os números expressos em notação exponencial, *os expoentes dos números devem ser os mesmos*. Por exemplo, para adicionar $1,31 \times 10^5$ e $4,2 \times 10^4$, devemos reescrever um número de modo que os expoentes de ambos sejam os mesmos. O número $1,31 \times 10^5$ pode ser escrito $13,1 \times 10^4$: reduzir o expoente em 1 compensa a mudança da vírgula uma casa para a direita. Agora podemos somar os números.

$$\begin{array}{r} 13,1 \times 10^4 \\ + \ 4,2 \times 10^4 \\ \hline 17,3 \times 10^4 \end{array}$$

Na notação exponencial correta, o resultado é expresso como $1,73 \times 10^5$.

Para realizar a adição ou subtração com os números expressos em notação exponencial, somamos ou subtraímos apenas os números iniciais. O expoente do resultado é o mesmo que os expoentes dos números sendo somados ou subtraídos. Para subtrair $1,8 \times 10^2$ de $8,99 \times 10^3$, primeiro convertemos $1,8 \times 10^2$ para $0,18 \times 10^3$ de modo que ambos os números tenham o mesmo expoente. Então, subtraímos.

$$\begin{array}{r} 8,99 \times 10^3 \\ -0,18 \times 10^3 \\ \hline 8,81 \times 10^3 \end{array}$$

Potências e raízes

Quando um número expresso em notação exponencial é elevado a alguma potência, o número inicial é elevado à potência apropriada e o expoente de 10 é *multiplicado* por aquela potência.

$$(N \times 10^n)^m = N^m \times 10^{m \times n}$$

Por exemplo,

$$(7,5 \times 10^2)^2 = (7,5)^2 \times 10^{2 \times 2}$$
$$= 56, \times 10^4$$
$$= 5,6 \times 10^5$$

Quando uma raiz é obtida de um número expresso em notação exponencial, a raiz do número inicial é obtida e o expoente de 10 é dividido pelo número que representa a raiz. Por exemplo, obtemos a raiz quadrada de um número da seguinte forma:

$$\sqrt{N \times 10^n} = (N \times 10^n)^{1/2} = \sqrt{N} \times 10^{n/2}$$

Por exemplo,

$$(2,9 \times 10^6)^{1/2} = \sqrt{2,9} \times 10^{6/2}$$
$$= 1,7 \times 10^3$$

Usando uma calculadora para realizar operações matemáticas em exponenciais

Ao lidar com números exponenciais, é preciso primeiro aprender a inseri-los em sua calculadora. Primeiro, o número é teclado, depois, o expoente. Há uma tecla especial que deve ser pressionada imediatamente antes do expoente ser inserido. Esta tecla costuma ser denominada $\boxed{EE}$ ou $\boxed{exp}$. Por exemplo, o número $1,56 \times 10^6$ é inserido da seguinte forma:

Pressione	Tela
1,56	1,56
EE ou exp	1,56 00
6	1,56 06

Para inserir um número com um expoente negativo, utilize a tecla troca de sinal $\boxed{+/-}$ após inserir o número do expoente. Por exemplo, o número $7,54 \times 10^{-3}$ é inserido da seguinte forma:

Pressione	Tela
7,54	7,54
EE ou exp	7,54 00
3	7,54 03
+/−	7,54 −03

Uma vez que um número com um expoente é inserido em sua calculadora, as operações matemáticas são realizadas exatamente da mesma forma que com um número "comum". Por exemplo, os números $1{,}0 \times 10^3$ e $1{,}0 \times 10^2$ são multiplicados da mesma forma:

Pressione	Tela	
1,0	1,0	
EE ou exp	1,0	00
3	1,0	03
×	1	03
1,0	1,0	
EE ou exp	1,0	00
2	1,0	02
=	1	05

A resposta é representada corretamente como $1{,}0 \times 10^5$.

Os números $1{,}50 \times 10^5$ e $1{,}1 \times 10^4$ são adicionados da seguinte forma:

Pressione	Tela	
1.5	1,50	
EE ou exp	1,50	00
5	1,50	05
+	1,5	05
1,1	1,1	
EE ou exp	1,1	00
4	1,1	04
=	1,61	05

A resposta é representada corretamente como $1{,}61 \times 10^5$. Observe que, quando os números exponenciais são adicionados, a calculadora automaticamente leva em consideração qualquer diferença nos expoentes.

Para obter a potência, raiz ou inverso de um número exponencial, insira o número primeiro, depois pressione a(s) tecla(s) apropriada(s). Por exemplo, a raiz quadrada de $5{,}6 \times 10^3$ é obtida da seguinte forma:

Pressione	Tela	
5,6	5,6	
EE ou exp	5,6	00
3	5,6	03
$\sqrt{X}$	7,4833148	01

A resposta é representada corretamente como $7{,}5 \times 10^1$.

Pratique realizando as seguintes operações que envolvem números exponenciais. As respostas acompanham os exercícios.

a. $7{,}9 \times 10^2 \times 4{,}3 \times 10^4$

b. $\dfrac{5{,}4 \times 10^3}{4{,}6 \times 10^5}$

c. $1{,}7 \times 10^2 + 1{,}63 \times 10^3$

d. $4{,}3 \times 10^{-3} + 1 \times 10^{-4}$

e. $(8{,}6 \times 10^{-6})^2$

f. $\dfrac{1}{8{,}3 \times 10^2}$

g. $\log(1{,}0 \times 10^{-7})$

h. $-\log(1{,}3 \times 10^{-5})$

i. $\sqrt{6{,}7 \times 10^9}$

Soluções

a. $3{,}4 \times 10^7$
b. $1{,}2 \times 10^{-2}$
c. $1{,}80 \times 10^3$
d. $4{,}4 \times 10^{-3}$
e. $7{,}4 \times 10^{-11}$

f. $1{,}2 \times 10^{-3}$
g. $-7{,}00$
h. $4{,}89$
i. $8{,}2 \times 10^4$

Funções gráficas

Ao interpretar os resultados de um experimento científico, é comum fazer um gráfico. Se possível, a função a ser colocada em um gráfico deve estar na forma que forneça uma linha reta. A equação para uma linha reta (uma *equação linear*) pode ser representada na forma geral

$$y = mx + b$$

em que y é a *variável dependente*, x é a *variável independente*, m é a *inclinação* e b é a *interseção* com o eixo y.

Para ilustrar as características de uma equação linear, a função $y = 3x + 4$ é colocada no gráfico na Fig. A.1. Para esta equação, $m = 3$ e $b = 4$. Observe que a y interseção ocorre quando $x = 0$. Neste caso, a y interseção é 4, como pode ser visto na equação (b = 4).

A inclinação de uma linha reta é definida como a relação da razão entre a variação em y e em x:

$$m = \text{inclinação} = \frac{\Delta y}{\Delta x}$$

Para a equação $y = 3x + 4$, y varia três vezes tão rápido quanto x (porque x tem um coeficiente de 3). Assim, a inclinação neste caso é 3. Isso pode ser verificado no gráfico. Para o triângulo mostrado na Fig. A.1,

$$\Delta y = 15 - 16 = 36 \quad \text{e} \quad \Delta x = 15 - 3 = 12$$

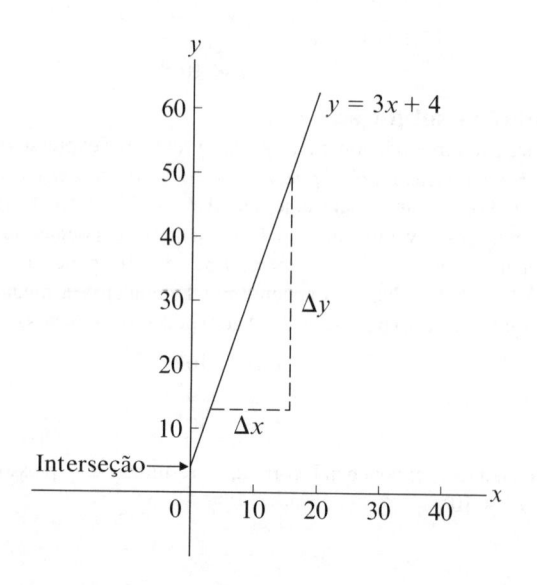

Figura A.1 ▶ Gráfico da equação linear $y = 3x + 4$.

Assim,

$$\text{inclinação} = \frac{\Delta y}{\Delta x} = \frac{36}{12} = 3$$

Este exemplo ilustra um método geral para se obter a inclinação de uma linha a partir do gráfico daquela linha. Simplesmente desenhar um triângulo com um lado paralelo ao eixo y e o outro lado paralelo ao eixo x, como mostrado na Fig. A.1. Em seguida, determinar as extensões dos lados para obter Δy e Δx, respectivamente, e calcular a relação $\Delta y/\Delta x$.

Unidades SI e fatores de conversão

Estes fatores de conversão são dados com mais algarismos significativos do que aqueles utilizados normalmente no corpo do texto.

Comprimento ▶ Unidade SI: Metro (m)

1 metro	=	1,0936 jardas
1 centímetro	=	0,39370 polegada
1 polegada	=	2,54 centímetros (exatamente)
1 quilômetro	=	0,62137 milha
1 milha	=	5280, pés
	=	1,6093 quilômetro

Massa ▶ Unidade SI: Quilograma (kg)

1 quilograma	=	1000 gramas
	=	2,2046 libras
1 libra	=	453,59 gramas
	=	0,45359 quilograma
	=	16 onças
1 unidade de massa atômica	=	$1,66057 \times 10^{-27}$ quilogramas

Volume ▶ Unidade SI: Metro Cúbico (m³)

1 litro	=	10^{-3} m³
	=	1 dm³
	=	1,0567 quarto
1 galão	=	4 quartos
	=	8 pints
	=	3,7854 litros
1 quarto	=	32 onças fluídas
	=	0,94635 litro

Pressão ▶ Unidade SI: Pascal (Pa)

1 atmosfera	=	101,325 quilopascals
	=	760, torr (mm Hg)
	=	14,70 libras por polegada quadrada

Energia ▶ Unidade SI: Joule (J)

1 joule	=	0,23901 caloria
1 caloria	=	4,184 joules

Soluções para os exercícios de autoverificação

Capítulo 2

Exercício de autoverificação 2.1
$357 = 3,57 \times 10^2$
$0,0055 = 5,5 \times 10^{-3}$

Exercício de autoverificação 2.2
a. Três algarismos significativos. Os zeros à esquerda (à esquerda do 1) não contam, mas os zeros à direita sim.
b. Cinco algarismos significativos. O zero entre inteiros e os dois zeros à direita contam.
c. Este é um número exato obtido pela contagem dos carros. Ele tem um número ilimitado de algarismos significativos.

Exercício de autoverificação 2.3
a. $12,6 \times 0,53 = 6,678 = 6,7$
  Limitante
b. $12,6 \times 0,53 = 6,7$; $6,7$ Limitante
  Limitante $-4,59$
  $\overline{2,11} = 2,1$
c. $25,36$ $\dfrac{21,21}{2,317} = 9,15408 = 9,154$
  $\dfrac{-4,15}{21,21}$

Exercício de autoverificação 2.4

$$0,750 \; \cancel{L} \times \dfrac{1,06 \text{ qt}}{1 \; \cancel{L}} = 0,795 \text{ qt}$$

Exercício de autoverificação 2.5

$$225 \; \dfrac{\cancel{\text{mi}}}{\text{h}} \times \dfrac{1760 \; \cancel{\text{yd}}}{1 \; \cancel{\text{mi}}} \times \dfrac{1 \; \cancel{\text{m}}}{1,094 \; \cancel{\text{yd}}} \times \dfrac{1 \text{ km}}{1000 \; \cancel{\text{m}}} = 362 \; \dfrac{\text{km}}{\text{h}}$$

Exercício de autoverificação 2.6
A melhor maneira de resolver este problema é converter 172 K para graus Celsius. Para fazer isso, utilizaremos a fórmula $T_{°C} = T_K - 273$.
Nesse caso,

$$T_{°C} = T_K - 273 = 172 - 273 = -101$$

Assim, 172 K = $-101°$C, que é uma temperatura inferior a $-75°$C. Assim, 172 K é mais frio que $-75°$C.

Exercício de autoverificação 2.7
O problema é $41°$C = ? $°$F.
Usando a fórmula

$$T_{°F} = 1,80(T_{°C}) + 32$$

temos

$$T_{°F} = ? \, °F = 1,80(41) + 32 = 74 + 32 = 106$$

Isto é, $41°$C = $106°$F.

Exercício de autoverificação 2.8
Esse problema pode ser representado como $239°$F = ? $°$C.
Usando a fórmula

$$T_{°C} = \dfrac{T_{°F} - 32}{1,80}$$

temos neste caso,

$$T_{°C} = ? \, °C = \dfrac{239 - 32}{1,80} = \dfrac{207}{1,80} = 115$$

Isto é, $239°$F = $115°$C.

Exercício de autoverificação 2.9
Obtemos a densidade do líquido de limpeza, dividindo a massa pelo seu volume.

$$\text{Densidade} = \dfrac{\text{massa}}{\text{volume}} = \dfrac{28,1 \text{ g}}{35,8 \text{ mL}} = 0,785 \text{ g/mL}$$

Esta densidade identifica o líquido como álcool isopropílico.

Capítulo 3

Exercício de autoverificação 3.1
Os itens (a) e (c) são as propriedades físicas. Quando o gálio sólido funde, ele forma gálio líquido. Não há variação na composição. Os itens (b) e (d) refletem a capacidade de variar a composição e são, assim, propriedades químicas. A afirmação (b) significa que a platina não reage com o oxigênio para formar alguma nova substância. A afirmação (d) significa que o cobre reage no ar para formar uma nova substância, que é verde.

Exercício de autoverificação 3.2
a. O leite azeda porque novas substâncias são formadas. Esta é uma mudança química.
b. Derreter a cera é uma mudança física (uma mudança de estado). Quando a cera queima, novas substâncias são formadas. Esta é uma mudança química.

Exercício de autoverificação 3.3
a. O xarope de plátano é uma mistura homogênea de açúcar e outras substâncias dispersas uniformemente em água.
b. Hélio e oxigênio formam uma mistura homogênea.
c. O molho de azeite e vinagre para salada é uma mistura heterogênea. (Observe as duas camadas distintas da próxima vez que você olhar para uma garrafa de molho).
d. O sal comum é uma substância pura (cloreto de sódio), de modo que sempre tem a mesma composição. (Note que outras substâncias tais como o iodo são muitas vezes adicionadas nas preparações comerciais do sal comum, o qual é principalmente cloreto de sódio. Assim, o sal comum comercial é uma mistura homogênea.)

Capítulo 4

Exercício de autoverificação 4.1
a. P_4O_{10} b. UF_6 c. $AlCl_3$

Exercício de autoverificação 4.2
No símbolo $^{90}_{38}Sr$, o número 38 é o número atômico, o qual representa o número de prótons no núcleo de um átomo de estrôncio. Como o átomo é neutro no geral, ele também deve ter 38 elétrons. O número 90 (o número de massa) representa o número de prótons mais o número de nêutrons. Assim o número de nêutrons é $A - Z$ = 90 − 38 = 52.

Exercício de autoverificação 4.3
O átomo $^{201}_{80}Hg$ tem 80 prótons, 80 elétrons e 201 − 80 = 121 nêutrons.

Exercício de autoverificação 4.4
O número atômico do fósforo é 15 e o número de massa é 15 + 17 = 32. Assim, o símbolo para o átomo é $^{32}_{15}P$.

Exercício de autoverificação 4.5

Elemento	Símbolo	Atômico Número	Metal ou Metaloide	Nome da Família
a. argônio	Ar	18	ametal	gás nobre
b. cloro	Cl	17	ametal	halogênio
c. bário	Ba	56	metal	metal alcalino terroso
d. césio	Cs	55	metal	metal alcalino

Exercício de autoverificação 4.6
a. KI $(1+) + (1-) = 0$
b. Mg_3N_2 $3(2+) + 2(3-) = (6+) + (6-) = 0$
c. Al_2O_3 $2(3+) + 3(2-) = 0$

Capítulo 5

Exercício de autoverificação 5.1
a. óxido de rubídio
b. iodeto de estrôncio
c. sulfeto de potássio

Exercício de autoverificação 5.2
a. O composto $PbBr_2$ deve conter Pb^{2+} —chamado chumbo(II) — para equilibrar as cargas dos dois íons de Br^-. Assim, o nome é, brometo de (II)chumbo. O composto $PbBr_4$ deve conter Pb^{4+} — chamado chumbo(IV) — para equilibrar as cargas dos quatro íons de Br^-. O nome é portanto, brometo de chumbo(IV).
b. O composto FeS contém o íon S^{2-} (sulfeto) e assim, o cátion de ferro presente deve ser Fe^{2+}, ferro(II). O nome é sulfeto de ferro(II). O composto Fe_2S_3 contém três íons S^{2-} e dois cátions de ferro de carga desconhecida. Podemos determinar a carga de ferro do seguinte:

$$2(?+) + 3(2-) = 0$$
↑   ↑
Carga S^{2-}
do ferro carga

Nesse caso, ? deve representar 3 porque

$$2(3+) + 3(2-) = 0$$

Assim Fe_2S_3 contém Fe^{3+} e S^{2-} e o seu nome é sulfureto de ferro(III).
c. O composto $AlBr_3$ contém Al^{3+} e Br^-. Como o alumínio forma apenas um íon (Al^{3+}), nenhum numeral romano é necessário. O nome é o brometo de alumínio.
d. O composto Na_2S contém íons Na^+ e S^{2-} O nome é sulfureto de sódio. (Como o sódio forma apenas Na^+, não é necessário nenhum numeral romano).
e. O composto $CoCl_3$ contém três íons Cl^- Assim, o cátion do cobalto deve ser Co^{3+}, que é chamado de cobalto(III), porque o cobalto é um metal de transição e pode formar mais que um tipo de cátion. Assim o nome de $CoCl_3$ é cloreto de cobalto(III).

Exercício de autoverificação 5.3

Composto	Nomes individuais	Prefixos	Nome
a. CCl_4	carbono de cloreto	nenhum *tetra-*	tetracloreto carbono
b. NO_2	nitrogênio óxido	nenhum *di-*	dióxido de nitrogênio
c. IF_5	iodo fluoreto	nenhum *penta-*	pentafluoreto de iodo

Exercício de autoverificação 5.4
a. difluoreto de dioxigênio   c. hexafluoreto de xenônio
b. difluoreto de dioxigênio

Exercício de autoverificação 5.5
a. trifluoreto de cloro   d. óxido de manganês(IV)
b. fluoreto de vanádio(V)   e. óxido de magnésio
c. cloreto de cobre(I)   f. água

Exercício de autoverificação 5.6
a. hidróxido de cálcio   c. permanganato de potássio
b. fosfato de sódio   d. dicromato de amônio
e. perclorato de cobalto(II), (Perclorato tem uma carga 1−, de modo que o cátion deve ser Co^{2+} para equilibrar os dois íons de ClO_4^-).
f. clorato de potássio
g. nitrito de cobre(II), (Este composto contém dois íons (nitrito) NO_2^- e portanto, deve conter um cátion Cu^{2+})

Exercício de autoverificação 5.7

Composto	Nome
a. $NaHCO_3$	hidrogenocarbonato de sódio

Contém Na^+ e HCO_3^-; muitas vezes chamado de bicarbonato de sódio (nome comum).
b. $BaSO_4$ sulfato de bário
Contém Ba^{2+} e SO_4^{2-}.
c. $CsClO_4$ perclorato de césio
Contém Cs^+ e ClO_4^-.
d. BrF_5 pentafluoreto de bromo
Ambos ametais (Tipo III binário).
e. NaBr   brometo de sódio
Contém Na^+ e Br^- (Tipo I binário).
f. KOCl   hipoclorito de potássio

Contém K^+ e OCl^-.

g. $Zn_3(PO_4)_2$ fosfato de zinco(II)
Contém Zn^{2+} e PO_4^{3-}; Zn é um metal de transição e oficialmente requer um numeral romano. No entanto, devido ao Zn formar apenas o cátion Zn^{2+}, o II é geralmente omitido. Assim, o nome do composto é geralmente dado como fosfato de zinco.

Exercício de autoverificação 5.8

    Nome   **Fórmula Química**

a. sulfato de amônio $(NH_4)_2SO_4$
Dois íons de amônio (NH_4^+) são necessários para cada íon de sulfato (SO_4^{2-}) alcançar o equilíbrio de carga.

b. fluoreto de vanádio(V) VF_5
O composto contém íons V^{5+} e requer cinco íons F^- para o equilíbrio de carga.

c. dicloreto de dienxofre S_2Cl_2
O prefixo *di-* indica dois de cada átomo.

d. peróxido de rubídio Rb_2O_2
Porque rubídio está no Grupo 1, ele forma apenas 1+ íons. Assim, dois íons Rb^+ são necessários para equilibrar a carga 2− no íon de peróxido (O_2^{2-}).

e. óxido de alumínio Al_2O_3
O alumínio forma somente íons 3+. Dois íons Al^{3+} são necessários para equilibrar a carga nos três íons O^{2-}

Capítulo 6

Exercício de autoverificação 6.1

a. $Mg(s) + H_2O(l) \rightarrow Mg(OH)_2(s) + H_2(g)$
Note que o magnésio (que está no Grupo 2) sempre forma o cátion Mg^{2+} e assim, requer dois ânions de OH^- para uma carga líquida zero.

b. O dicromato de amônio contém os íons poliatômicos NH_4^+ e $Cr_2O_7^{2-}$ (você deve ter isto memorizado). Porque NH_4^+ tem uma carga 1+, dois cátions de NH_4^+ são necessários para cada $Cr_2O_7^{2-}$, com ele a carga 2−, para dar a fórmula $(NH_4)_2Cr_2O_7$. O óxido de cromo (III) contém íons de Cr^{3+} —representado pelo cromo (III) —e O^{2-} (o íon óxido). Para obter uma carga líquida igual a zero, o sólido deve conter dois íons de Cr^{3+} por cada três íons de O^{2-}, então a fórmula é Cr_2O_3. O gás nitrogênio contém moléculas diatômicas e é escrito $N_2(g)$ e a água gasosa é escrita $H_2O(g)$. Assim, a equação não balanceada para a decomposição do dicromato de amônio é

$$(NH_4)_2Cr_2O_7(s) \rightarrow Cr_2O_3(s) + N_2(g) + H_2O(g)$$

c. A amônia gasosa $NH_3(g)$ e o oxigênio gasoso $O_2(g)$, reagem para formar o gás monóxido de nitrogênio, $NO(g)$, além de água gasosa, $H_2O(g)$. A equação não balanceada é

$$NH_3(g) + O_2(g) \rightarrow NO(g) + H_2O(g)$$

Exercício de autoverificação 6.2

Passo 1 Os reagentes são o propano $C_3H_8(g)$ e o oxigênio, $O_2(g)$; os produtos são o dióxido de carbono $CO_2(g)$ e água, $H_2O(g)$. Todos estão no estado gasoso.

Passo 2 A equação não balanceada para a reação é

$$C_3H_8(g) + O_2(g) \rightarrow CO_2(g) + H_2O(g)$$

Passo 3 Começamos com C_3H_8 porque ela é a molécula mais complexa. C_3H_8 contém três átomos de carbono por molécula, então um coeficiente 3 é necessário para CO_2.

$$C_3H_8(g) + O_2(g) \rightarrow 3CO_2(g) + H_2O(g)$$

Além disso, cada molécula de C_3H_8 contém oito átomos de hidrogênio, de modo que é necessário um coeficiente 4 para H_2O.

$$C_3H_8(g) + O_2(g) \rightarrow 3CO_2(g) + 4H_2O(g)$$

O último elemento a ser balanceado é o oxigênio. Note que o lado esquerdo da equação agora tem dois átomos de oxigênio e o lado direito tem dez. Podemos balancear o oxigênio usando um coeficiente 5 para o O_2.

$$C_3H_8(g) + 5O_2(g) \rightarrow 3CO_2(g) + 4H_2O(g)$$

Passo 4 *Verificação:*

$$3\ C,\ 8\ H,\ 10\ O \rightarrow 3\ C,\ 8\ H,\ 10\ O$$
    átomos dos   átomos
    reagentes   dos produtos

Não podemos dividir todos os coeficientes por um determinado número inteiro para conseguir coeficientes inteiros menores.

Exercício de autoverificação 6.3

a. $NH_4NO_2(s) \rightarrow N_2(g) + H_2O(g)$ (não balanceado)
$NH_4NO_2(s) \rightarrow N_2(g) + 2H_2O(g)$ (balanceado)

b. $NO(g) \rightarrow N_2O(g) + NO_2(g)$ (balanceado)
$3NO(g) \rightarrow N_2O(g) + NO_2(g)$ (balanceado)

c. $HNO_3(l) \rightarrow NO_2(g) + H_2O(l) + O_2(g)$ (não balanceado)
$4HNO_3(l) \rightarrow 4NO_2(g) + 2H_2O(l) + O_2(g)$ (balanceado)

Capítulo 7

Exercício de autoverificação 7.1

a. Os íons presentes são

$$Ba^{2+}(aq) + 2NO_3^-(aq) + Na^+(aq) + Cl^-(aq) \rightarrow$$

    Íons em   Íons em
    $Ba(NO_3)_2(aq)$ $NaCl(aq)$

Trocando os ânions obtêm-se os possíveis produtos sólidos $BaCl_2$ e $NaNO_3$. Usando a Tabela 7.1, vemos que ambas as substâncias são muito solúveis (regras 1, 2 e 3). Assim, nenhum sólido se forma.

b. Os íons presentes na solução misturada antes de qualquer reação ocorrer são

$$2Na^+(aq) + S^{2-}(aq) + Cu^{2+}(aq) + 2NO_3^-(aq) \rightarrow$$

    Íons em   Íons em
    $Na_2S(aq)$ $Cu(NO_3)_2(aq)$

Trocando os ânions obtêm-se os possíveis produtos sólidos CuS e $NaNO_3$. De acordo com as regras 1 e 2 da Tabela 7.1, $NaNO_3$ é solúvel e pela regra 6, CuS deve ser insolúvel. Assim, CuS precipitará. A equação balanceada é

$$Na_2S(aq) + Cu(NO_3)_2(aq) \rightarrow CuS(s) + 2NaNO_3(aq)$$

c. Os íons presentes são

$$NH_4^+(aq) + Cl^-(aq) + Pb^{2+}(aq) + 2NO_3^-(aq) \rightarrow$$

Íons em NH$_4$Cl(aq) | Íons em Pb(NO$_3$)$_2$(aq)

Trocando os ânions obtêm-se os possíveis produtos sólidos NH$_4$NO$_3$ e PbCl$_2$. NH$_4$NO$_3$ é solúvel (regras 1 e 2) e PbCl$_2$ é insolúvel (regra 3). Assim, PbCl$_2$ precipitará. A equação balanceada é

$$2NH_4Cl(aq) + Pb(NO_3)_2(aq) \rightarrow PbCl_2(s) + 2NH_4NO_3(aq)$$

Exercício de autoverificação 7.2

a. *Equação molecular:*
$$Na_2S(aq) + Cu(NO_3)_2(aq) \rightarrow CuS(s) + 2NaNO_3(aq)$$
Equação iônica completa:
$$2Na^+(aq) + S^{2-}(aq) + Cu^{2+}(aq) + 2NO_3^-(aq) \rightarrow$$
$$CuS(s) + 2Na^+(aq) + 2NO_3^-(aq)$$
Equação iônica líquida:
$$S^{2-}(aq) + Cu^{2+}(aq) \rightarrow CuS(s)$$

b. *Equação molecular:*
$$2NH_4Cl(aq) + Pb(NO_3)_2(aq) \rightarrow PbCl_2(s) + 2NH_4NO_3(aq)$$
Equação iônica completa:
$$2NH_4^+(aq) + 2Cl^-(aq) + Pb^{2+}(aq) + 2NO_3^-(aq) \rightarrow$$
$$PbCl_2(s) + 2NH_4^+(aq) + 2NO_3^-(aq)$$
Equação iônica líquida:
$$2Cl^-(aq) + Pb^{2+}(aq) \rightarrow PbCl_2(s)$$

Exercício de autoverificação 7.3

a. O composto NaBr contém os íons Na$^+$ e Br$^-$. Assim, cada átomo de sódio perde um elétron (Na $\rightarrow$ Na$^+$ + e$^-$) e cada átomo de bromo ganha um elétron (Br + e$^-$ $\rightarrow$ Br$^-$).

$$Na + Na + Br - Br \rightarrow (Na^+Br^-) + (Na^+Br^-)$$

b. O composto CaO contém os íons Ca^{2+} e O^{2-}. Assim, cada átomo de cálcio perde dois elétrons (Ca $\rightarrow$ Ca^{2+} + 2e$^-$) e cada átomo de oxigênio ganha dois elétrons (O + 2e$^-$ $\rightarrow$ O^{2-}).

$$Ca + Ca + O - O \rightarrow (Ca^{2+}O^{2-}) + (Ca^{2+}O^{2-})$$

Exercício de autoverificação 7.4

a. oxidação–reação de redução; reação de combustão
b. reação de síntese; reação de oxidação–redução; reação de combustão
c. reação de síntese; oxidação - reação de redução
d. reação de decomposição; reação de oxidação–redução
e. reação de precipitação (e dupla troca)
f. reação de síntese; reação de oxidação–redução
g. reação ácido–base (e dupla troca)
h. reação de combustão; reação de oxidação–redução

Capítulo 8

Exercício de autoverificação 8.1

A massa média do nitrogênio é 14,01 u. A afirmação de equivalência apropriada é 1 átomo N = 14,01 u, a qual produz o fator de conversão que precisamos:

$$23 \text{ N átomos} \times \frac{14,01 \text{ U}}{\text{N átomos}} = 322,2 \text{ U}$$

(exato)

Exercício de autoverificação 8.2

A massa média do oxigênio é 16,00 u, que dá a afirmação de equivalência 1 O átomo = 16,00 u. O número de átomos de oxigênio presente é

$$288 \text{ U} \times \frac{1 \text{ átomo de O}}{16,00 \text{ U}} = 18,0 \text{ átomos de O}$$

Exercício de autoverificação 8.3

Note que a amostra de 5,00 $\times$ 10^{20} átomos de cromo é inferior a 1 mol (6,022 $\times$ 10^{23} átomos) de cromo. A fração de um mol que ela representa pode ser determinada como segue:

$$5,00 \times 10^{20} \text{ átomos de Cr} \times \frac{1 \text{ mol de Cr}}{6,022 \times 10^{23} \text{ átomos de Cr}} =$$
$$8,30 \times 10^{-4} \text{ mol Cr}$$

Porque a massa de 1 mol de átomos de cromo é 52,00 g, a massa de 5,00 $\times$ 10^{20} átomos pode ser determinada como segue:

$$8,30 \times 10^{-4} \text{ mol de Cr} \times \frac{52,00 \text{ g Cr}}{1 \text{ mol de Cr}} = 4,32 \times 10^{-2} \text{ g Cr}$$

Exercício de autoverificação 8.4

Cada molécula de C$_2$H$_3$Cll contém dois átomos de carbono, três átomos de hidrogênio e um átomo de cloro, de modo que um mol de moléculas de C$_2$H$_3$Cl contém dois mols de átomos de C, 3 mol de átomos de H e um mol de átomos de Cl.

Massa de 2 mol de átomos de C : 2 $\times$ 12,01 = 24,02 g
Massa de 3 mol de átomos de H : 3 $\times$ 1,008 = 3,024 g
Massa de 1 mol de átomos de Cl : 1 $\times$ 35,45 = 35,45 g
                                                 ─────────
                                                 62,494 g

A massa molar de C$_2$H$_3$Cl é 62,49 g (arredondamento para o correto número de algarismos significativos).

Exercício de autoverificação 8.5

A fórmula para o sulfato de sódio é Na$_2$SO$_4$. Um mol de Na$_2$SO$_4$. Contém dois mols de íons de sódio e 1 mol de íons de sulfato.

1 mol de Na$_2$SO$_4$ $\rightarrow$ 1 mol of [Na$^+$, SO$_4^{2-}$, Na$^+$] $\rightarrow$ 2 mol de Na$^+$, 1 mol de SO$_4^{2-}$

Massa de 2 mol Na$^+$ = 2 $\times$ 22,99   = 45,98 g
Massa de 1 mol SO$_4^{2-}$ = 32,07 + 4(16,00) = 96,07 g
Massa de 1 mol de Na$_2$SO$_4$ = 142,05 g

A massa molar do sulfato de sódio é 142,05 g.

Uma amostra de sulfato de sódio com uma massa de 300,0 g representa mais do que 1 mol. (Compare 300,0 g com a massa molar de Na$_2$SO$_4$). Calculamos a quantidade de matéria de Na$_2$SO$_4$ presente em 300,0 g como segue:

$$300,0 \text{ g Na}_2\text{SO}_4 \times \frac{1 \text{ mol Na}_2\text{SO}_4}{142,05 \text{ g Na}_2\text{SO}_4} = 2,112 \text{ mol Na}_2\text{SO}_4$$

Exercício de autoverificação 8.6

Em primeiro lugar, devemos calcular a massa de 1 mol de moléculas de C_2F_4 (a massa molar) Porque um mol de C_2F_4 contém dois mols de átomos de C e 4 mol de átomos de F, temos

$$2 \text{ mol de C} \times \frac{12{,}01 \text{ g}}{\text{mol}} = 24{,}02 \text{ g de C}$$

$$4 \text{ mol de F} \times \frac{19{,}00 \text{ g}}{\text{mol}} = 76{,}00 \text{ g de F}$$

Massa de 1 mol de C_2F_4: 100,02 g = massa molar

Usando a declaração de equivalência 100,02 g de C_2F_4 = 1 mol C_2F_4, calculamos as quantidades de matéria das unidades de C_2F_4 em 135 g de Teflon.

$$135 \text{ g de } C_2F_4 \text{ unidades} \times \frac{1 \text{ mol de } C_2F_4}{100{,}02 \text{ g de } C_2F_4} = 1{,}35 \text{ mol de } C_2F_4 \text{ unidades}$$

Em seguida, usando a declaração de equivalência 1 mol = 6,022 × 10²³ unidades, calculamos o número de unidades de C_2F_4 em 135 mol de Teflon.

$$135 \text{ mol } C_2F_4 \times \frac{6{,}022 \times 10^{23} \text{ units}}{1 \text{ mol}} = 8{,}13 \times 10^{23} \, C_2F_4 \text{ units}$$

Exercício de autoverificação 8.7

A massa molar da penicilina F é calculada como se segue:

C: $14 \text{ mol} \times 12{,}01 \frac{\text{g}}{\text{mol}} = 168{,}1 \text{ g}$

H: $20 \text{ mol} \times 1{,}008 \frac{\text{g}}{\text{mol}} = 20{,}16 \text{ g}$

N: $2 \text{ mol} \times 14{,}01 \frac{\text{g}}{\text{mol}} = 28{,}02 \text{ g}$

S: $1 \text{ mol} \times 32{,}07 \frac{\text{g}}{\text{mol}} = 32{,}07 \text{ g}$

O: $4 \text{ mol} \times 16{,}00 \frac{\text{g}}{\text{mol}} = 64{,}00 \text{ g}$

Massa de 1 mol de $C_{14}H_{20}N_2SO_4$ = 312,39 g = 312,4 g

Massa percentual de C = $\frac{168{,}1 \text{ g C}}{312{,}4 \text{ g } C_{14}H_{20}N_2SO_4} \times 100\%$
= 53,81%

Massa percentual de H = $\frac{20{,}16 \text{ g H}}{312{,}4 \text{ g } C_{14}H_{20}N_2SO_4} \times 100\%$
= 6,453%

Massa percentual de N = $\frac{28{,}02 \text{ g N}}{312{,}4 \text{ g } C_{14}H_{20}N_2SO_4} \times 100\%$
= 8,969%

Massa percentual de S = $\frac{32{,}07 \text{ g S}}{312{,}4 \text{ g } C_{14}H_{20}N_2SO_4} \times 100\%$
= 10,27%

Massa percentual de O = $\frac{64{,}00 \text{ g O}}{312{,}4 \text{ g } C_{14}H_{20}N_2SO_4} \times 100\%$
= 20,49%

Verificação: Os percentuais somam até 99,99%.

Exercício de autoverificação 8.8

Passo 1 0,6884 g de chumbo e 0,2356 g de cloro

Passo 2 $0{,}6884 \text{ g Pb} \times \frac{1 \text{ mol Pb}}{207{,}2 \text{ g Pb}} = 0{,}003322 \text{ mol Pb}$

$0{,}2356 \text{ g Cl} \times \frac{1 \text{ mol Cl}}{35{,}45 \text{ g Cl}} = 0{,}006646 \text{ mol Cl}$

Passo 3 $\frac{0{,}003322 \text{ mol Pb}}{0{,}003322} = 1{,}000 \text{ mol Pb}$

$\frac{0{,}006646 \text{ mol Cl}}{0{,}003322} = 2{,}001 \text{ mol Cl}$

Estes números são muito próximos de inteiros, assim o passo 4 não é necessário. A fórmula empírica é $PbCl_2$.

Exercício de autoverificação 8.9

Passo 1 0,8007 g C, 0,9333 g N, 0,2016 g H, and 2,133 g O

Passo 2 $0{,}8007 \text{ g C} \times \frac{1 \text{ mol de C}}{12{,}01 \text{ g C}} = 0{,}06667 \text{ mol de C}$

$0{,}9333 \text{ g N} \times \frac{1 \text{ mol de N}}{14{,}01 \text{ g N}} = 0{,}06662 \text{ mol de N}$

$0{,}2016 \text{ g H} \times \frac{1 \text{ mol de H}}{1{,}008 \text{ g H}} = 0{,}2000 \text{ mol de H}$

$2{,}133 \text{ g O} \times \frac{1 \text{ mol de O}}{16{,}00 \text{ g O}} = 0{,}1333 \text{ mol de O}$

Passo 3 $\frac{0{,}06667 \text{ mol de C}}{0{,}06667} = 1{,}001 \text{ mol de C}$

$\frac{0{,}06662 \text{ mol de N}}{0{,}06667} = 1{,}000 \text{ mol de N}$

$\frac{0{,}2000 \text{ mol de H}}{0{,}06662} = 3{,}002 \text{ mol de H}$

$\frac{0{,}1333 \text{ mol de O}}{0{,}06662} = 2{,}001 \text{ mol de O}$

A fórmula empírica é CNH_3O_2.

Exercício de autoverificação 8.10

Passo 1 Em 100,00 g de Nylon-6 as massas dos elementos presentes são 63,68 g de C, 12,38 g de N, 9,80 g de H e 14,14 g de O.

Step 2 $63{,}68 \text{ g C} \times \frac{1 \text{ mol de C}}{12{,}01 \text{ g C}} = 5{,}302 \text{ mol de C}$

$12{,}38 \text{ g N} \times \frac{1 \text{ mol de N}}{14{,}01 \text{ g N}} = 0{,}8837 \text{ mol de N}$

$9{,}80 \text{ g H} \times \frac{1 \text{ mol de H}}{1{,}008 \text{ g H}} = 9{,}72 \text{ mol de H}$

$14{,}14 \text{ g O} \times \frac{1 \text{ mol de O}}{16{,}00 \text{ g O}} = 0{,}8838 \text{ mol de O}$

Step 3 $\frac{5{,}302 \text{ mol de C}}{0{,}8836} = 6{,}000 \text{ mol de C}$

$\frac{0{,}8837 \text{ mol de N}}{0{,}8837} = 1{,}000 \text{ mol de N}$

$$\frac{9{,}72 \text{ mol de H}}{0{,}8837} = 11{,}0 \text{ mol de H}$$

$$\frac{0{,}8838 \text{ mol de O}}{0{,}8837} = 1{,}000 \text{ mol de O}$$

A fórmula empírica para Nylon-6 é $C_6NH_{11}O$.

Exercício de autoverificação 8.11

Passo 1 Primeiro vamos converter as porcentagens em massa para massa em gramas. Em 100,0 g do composto, há 71,65 g de cloro, 24,27 g de carbono e 4,07 g de hidrogênio.

Passo 2 Usamos essas massas para computar os mol de átomos presentes.

$$71{,}65 \text{ g Cl} \times \frac{1 \text{ mol de Cl}}{35{,}45 \text{ g Cl}} = 2{,}021 \text{ mol de Cl}$$

$$24{,}27 \text{ g C} \times \frac{1 \text{ mol de C}}{12{,}01 \text{ g C}} = 2{,}021 \text{ mol de C}$$

$$4{,}07 \text{ g H} \times \frac{1 \text{ mol de H}}{1{,}008 \text{ g H}} = 4{,}04 \text{ mol de H}$$

Passo 3 Dividindo cada valor por 2,021 mol (o menor quantidade de matéria presente), obtém-se a fórmula empírica $ClCH_2$.

Para determinar a fórmula molecular, devemos comparar a massa da fórmula empírica com a massa molar. A massa da fórmula empírica é 49,48.

Cl: 35,45
C: 12,01
2 H: 2 × (1,008)

$ClCH_2$:   49,48 = massa da fórmula empírica

A massa molar é conhecida como sendo 98,96. Sabemos que

Massa molar = n × (massa da fórmula empírica)

Portanto, podemos obter o valor de n como segue:

$$\frac{\text{Massa molar}}{\text{Massa da fórmula empírica}} = \frac{98{,}96}{49{,}48} = 2$$

Fórmula molecular = $(ClCH_2)_2 = Cl_2C_2H_4$

Esta substância é composta de moléculas com a fórmula $Cl_2C_2H_4$.

Capítulo 9

Exercício de autoverificação 9.1

O problema pode ser esquematizado como segue:

$$4{,}30 \text{ mol de } C_3H_8 \rightarrow \text{ ? mol de } CO_2$$
$$\text{resulta}$$

Da equação balanceada

$$C_3H_8(g) + 5O_2(g) \rightarrow 3CO_2(g) + 4H_2O(g)$$

derivamos a declaração de equivalência

$$1 \text{ mol de } C_3H_8 = 3 \text{ mol de } CO_2$$

O fator de conversão apropriado (mol de C_3H_8 deve cancelar) é de 3 mol de CO_2/1 mol de C_3H_8 e o cálculo é

$$4{,}30 \text{ mol } C_3H_8 \times \frac{3 \text{ mol de } CO_2}{1 \text{ mol de } C_3H_8} = 12{,}9 \text{ mol de } CO_2$$

Assim, podemos dizer

4,30 mol de C_3H_8 resulta 12,9 mol de CO_2

Exercício de autoverificação 9.2

O problema pode ser esboçado como segue:

$$C_3H_8(g) + 5O_2(g) \rightarrow 3CO_2(g) + 4H_2O(g)$$

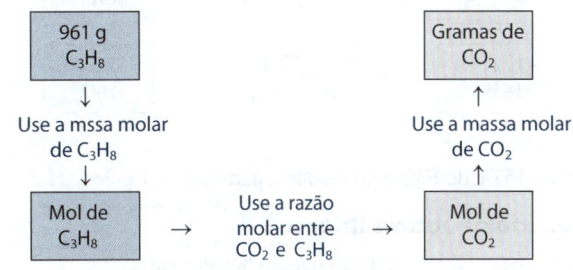

961 g C_3H_8 → Use a massa molar de C_3H_8 → Mol de C_3H_8 → Use a razão molar entre CO_2 e C_3H_8 → Mol de CO_2 → Use a massa molar de CO_2 → Gramas de CO_2

Já fizemos o primeiro passo no Exemplo 9.4.

96,1 g C_3H_8 → $\frac{1 \text{ mol de}}{44{,}09 \text{ g}}$ → 2,18 mol de C_3H_8

Para descobrir a quantidade de matéria de CO_2 que pode ser produzida a partir de 2,18 mol de C_3H_8, vemos a partir da equação balanceada que 3 mol de CO_2 é produzido para cada mol de C_3H_8 que reagiu. A razão molar que precisamos é de 3 mol de CO_2/1 mol de C_3H_8. A conversão é, portanto,

$$2{,}18 \text{ mol } C_3H_8 \times \frac{3 \text{ mol de } CO_2}{1 \text{ mol } C_3H_8} = 6{,}54 \text{ mol de } CO_2$$

Em seguida, usando a massa molar de CO_2, que é 12,01 + 32,00 = 44,01 g, calculamos a massa de CO_2 produzido.

$$6{,}54 \text{ mol de } CO_2 \times \frac{44{,}01 \text{ g } CO_2}{1 \text{ mol de } CO_2} = 288 \text{ g } CO_2$$

A sequência de passos que tomamos para encontrar a massa de dióxido de carbono produzido a partir de 96,1 g de propano é resumida a seguir no diagrama.

96,1 g de C_3H_8 → $\frac{1 \text{ mol } C_3H_8}{44{,}09 \text{ g } C_3H_8}$ → 2,18 mol de C_3H_8

2,18 mol de C_3H_8 → $\frac{3 \text{ mol } CO_2}{1 \text{ mol } C_3H_8}$ → 6,54 mol de CO_2

6,54 mol de CO_2 → $\frac{44{,}01 \text{ g } CO_2}{1 \text{ mol } CO_2}$ → 288 g de CO_2

Massa   Mol

Exercício de autoverificação 9.3

Nós esboçamos o problema da seguinte forma:

$$C_3H_8(g) + 5O_2(g) \rightarrow 3CO_2(g) + 4H_2O(g)$$

96,1 g de C_3H_8 → $\frac{1 \text{ mol de } C_3H_8}{44{,}09 \text{ g}}$ → Mols de C_3H_8 → $\frac{4 \text{ mol de } H_2O}{1 \text{ mol de } C_3H_8}$ → Mols de H_2O → $\frac{18{,}02 \text{ g}}{\text{mol de } H_2O}$ → Gramas de H_2O

Em seguida, fazemos os cálculos.

$$96{,}1 \text{ g de } C_3H_8 \rightarrow \frac{1 \text{ mol de } C_3H_8}{44{,}09 \text{ g}} \rightarrow 2{,}18 \text{ mol } C_3H_8$$

$$2{,}18 \text{ mol de } C_3H_8 \rightarrow \frac{4 \text{ mol de } H_2O}{1 \text{ mol de } C_3H_8} \rightarrow 8{,}72 \text{ mol de } H_2O$$

$$8{,}72 \text{ mol de } H_2O \rightarrow \frac{18{,}02 \text{ g}}{\text{mol de } H_2O} \rightarrow 157 \text{ g de } H_2O$$

Assim, 157 g de H_2O é produzido a partir de 96,1 g de C_3H_8.

Exercício de autoverificação 9.4

a. Primeiro, escrevemos a equação balanceada.

$$SiO_2(s) + 4HF(aq) \rightarrow SiF_4(g) + 2H_2O(l)$$

O mapa dos passos necessários é

$$SiO_2(s) + 4HF(aq) \rightarrow SiF_4(g) + 2H_2O(l)$$

5,68 g de SiO_2 ↓ Use a massa molar de SiO_2 ↓ Mols de SiO_2 → Use a relação molar entre HF e SiO_2 → Mols de HF ↑ Use massa molar de HF ↑ Gramas de HF

Convertemos 5,68 g de SiO_2 para quantidade de matéria como segue:

$$5{,}68 \text{ g } SiO_2 \times \frac{1 \text{ mol de } SiO_2}{60{,}09 \text{ g } SiO_2} = 9{,}45 \times 10^{-2} \text{ mol de } SiO_2$$

Usando a equação balanceada, obtemos a razão molar apropriada e convertemos para quantidade de matéria de HF.

$$9{,}45 \times 10^{-2} \text{ mol de } SiO_2 \times \frac{4 \text{ mol de HF}}{1 \text{ mol de } SiO_2} = 3{,}78 \times 10^{-1} \text{ mol de HF}$$

Por fim, calculamos a massa de HF usando sua massa molar.

$$3{,}78 \times 10^{-1} \text{ mol de HF} \times \frac{20{,}01 \text{ g de HF}}{\text{mol de HF}} = 7{,}56 \text{ g de HF}$$

b. O mapa para este problema é

$$SiO_2(s) + 4HF(aq) \rightarrow SiF_4(g) + 2H_2O(l)$$

5,68 g de SiO_2 ↓ Use a massa molar de SiO_2 ↓ Mols de SiO_2 → Use a relação molar entre H_2O e SiO_2 → Mols de H_2O ↑ Use a massa molar de H_2O ↑ Gramas de H_2O

Já realizamos a primeira conversão no item a. Usando a equação balanceada, obtemos a quantidade de matéria de H_2O como segue:

$$9{,}45 \times 10^{-2} \text{ mol de } SiO_2 \times \frac{2 \text{ mol de } H_2O}{1 \text{ mol de } SiO_2} = 1{,}89 \times 10^{-1} \text{ mol de } H_2O$$

A massa de água formada é

$$1{,}89 \times 10^{-1} \text{ mol de } H_2O \times \frac{18{,}02 \text{ g de } H_2O}{\text{mol de } H_2O} = 3{,}41 \text{ g de } H_2O$$

Exercício de autoverificação 9.5

Neste problema, sabemos a massa do produto a ser formada pela reação

$$CO(g) + 2H_2(g) \rightarrow CH_3OH(l)$$

e queremos encontrar as massas dos reagentes necessários. O procedimento é o mesmo que temos seguido. Devemos primeiramente, converter a massa de CH_3OH para quantidade de matéria, em seguida, usamos a equação balanceada para obter a quantidade de matéria de H_2 e CO necessários e, depois, convertermos essas quantidades de matéria para massas. Utilizando a massa molar de CH_3OH (32,04 g mol⁻¹), que convertemos para quantidades de matéria de CH_3OH

Primeiro convertemos quilogramas em gramas.

$$6{,}0 \text{ kg } CH_3OH \times \frac{1000 \text{ g}}{\text{kg}} = 6{,}0 \times 10^3 \text{ gr de } CH_3OH$$

Em seguida, convertemos $6{,}0 \times 10^3$ g CH_3OH para quantidade de matéria de CH_3OH, usando o fator de conversão 1 mol de CH_3OH/32,04 g de CH_3OH.

$$6{,}0 \times 10^3 \text{ g } CH_3OH \times \frac{1 \text{ mol de } CH_3OH}{32{,}04 \text{ g } CH_3OH} = 1{,}9 \times 10^2 \text{ mol de } CH_3OH$$

Então temos duas questões para responder:

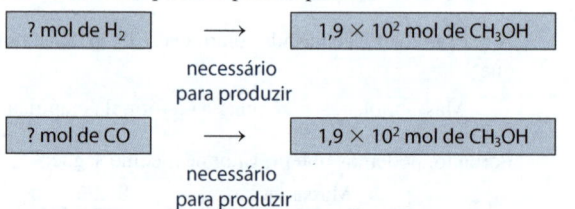

? mol de H_2 ⟶ $1{,}9 \times 10^2$ mol de CH_3OH
necessário para produzir

? mol de CO ⟶ $1{,}9 \times 10^2$ mol de CH_3OH
necessário para produzir

Para responder a essas perguntas, usamos a equação balanceada

$$CO(g) + 2H_2(g) \rightarrow CH_3OH(l)$$

para se obter as proporções molares entre os reagentes e os produtos. Na equação balanceada os coeficientes para ambos, CO e CH_3OH é 1, então podemos escrever a declaração de equivalência

1 mol de CO = 1 mol de CH_3OH

Usando a relação molar de 1 mol CO/1 mol de CH_3OH, agora podemos converter de quantidade de matéria de CH_3OH para quantidade de matéria de CO.

$$1{,}9 \times 10^2 \text{ mol de } CH_3OH \times \frac{1 \text{ mol de CO}}{1 \text{ mol de } CH_3OH} = 1{,}9 \times 10^2 \text{ mol de CO}$$

Para calcular a quantidade de matéria de H_2 necessários, construímos a declaração de equivalência entre CH_3OH e H_2, utilizando os coeficientes da equação balanceada.

2 mol de H_2 = 1 mol de CH_3OH

Utilizando a razão molar de 2 mol de H_2/1 mol de CH_3OH, podemos converter quantidade de matéria de CH_3OH, para quantidade de matéria de H_2,

$$1,9 \times 10^2 \text{ mol de CH}_3\text{OH} \times \frac{2 \text{ mol de H}_2}{1 \text{ mol de CH}_3\text{OH}} = 3,8 \times 10^2 \text{ mol de H}_2$$

Temos agora as quantidades de matéria de reagentes necessários para produzir 6,0 kg de CH_3OH. Uma vez que precisamos das massas dos reagentes, devemos usar as massas molares para converter de quantidade de matéria para massa.

$$1,9 \times 10^2 \text{ mol de CO} \times \frac{28,01 \text{ g de CO}}{1 \text{ mol de CO}} = 5,3 \times 10^3 \text{ g de CO}$$

$$3,8 \times 10^2 \text{ mol de H}_2 \times \frac{2,016 \text{ g de H}_2}{1 \text{ mol de H}_2} = 7,7 \times 10^2 \text{ g de H}_2$$

Portanto, precisamos de $5,3 \times 10^3$ g de CO para reagir com $7,7 \times 10^2$ g de H_2 para formar $6,0 \times 10^3$ g (6,0 kg) de CH_3OH. Todo este processo é mapeado no diagrama a seguir.

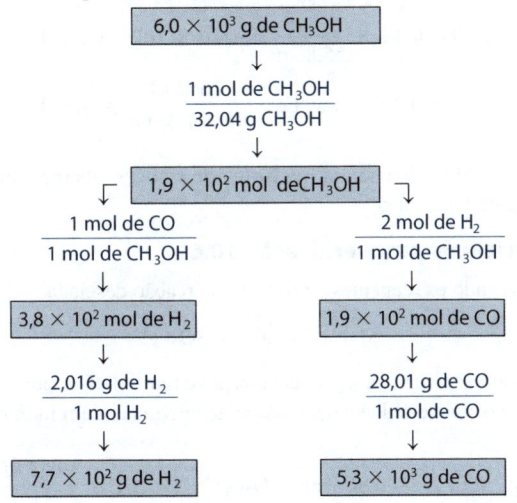

```
                6,0 × 10³ g de CH₃OH
                         ↓
                  1 mol de CH₃OH
                  ──────────────
                   32,04 g CH₃OH
                         ↓
              1,9 × 10² mol de CH₃OH
              ↙                    ↘
     1 mol de CO              2 mol de H₂
     ──────────────           ──────────────
     1 mol de CH₃OH           1 mol de CH₃OH
         ↓                          ↓
   3,8 × 10² mol de H₂       1,9 × 10² mol de CO
         ↓                          ↓
     2,016 g de H₂              28,01 g de CO
     ──────────────             ──────────────
     1 mol H₂                   1 mol de CO
         ↓                          ↓
   7,7 × 10² g de H₂          5,3 × 10³ g de CO
```

Exercício de autoverificação 9.6

Passo 1 A equação balanceada para a reação é

$$6\text{Li}(s) + \text{N}_2(g) \rightarrow 2\text{Li}_3\text{N}(s)$$

Passo 2 Para determinar o reagente limitante, temos que converter as massas de lítio (massa atômica = 6,941 g) e de nitrogênio (massa molar = 28,02 g) para mol.

$$56,0 \text{ g Li} \times \frac{1 \text{ mol de Li}}{6,941 \text{ g Li}} = 8,07 \text{ mol de Li}$$

$$56,0 \text{ g N}_2 \times \frac{1 \text{ mol de N}_2}{28,02 \text{ g N}_2} = 2,00 \text{ mol de N}_2$$

Passo 3 Utilizando a razão molar da equação balanceada, podemos calcular a quantidade de matéria de lítio necessário para reagir com 200 mol de nitrogênio.

$$2,00 \text{ mol de N}_2 \times \frac{6 \text{ mol de Li}}{1 \text{ mol de N}_2} = 12,0 \text{ mol de Li}$$

Portanto, 12,0 mol de Li são necessários para reagir com as quantidades de matéria de N_2. No entanto, temos apenas 8,07 mol de Li, de modo que o lítio é o limitante. Ele será consumido antes do nitrogênio se esgotar.

Passo 4 Porque o lítio é o reagente limitante, devemos utilizar os 8,07 mol de Li para determinar a quantidade de matéria de Li_3N podem ser formados.

$$8,07 \text{ mol de Li} \times \frac{2 \text{ mol de Li}_3\text{N}}{6 \text{ mol de Li}} = 2,69 \text{ mol Li}_3\text{N}$$

Passo 5 Podemos agora usar a massa molar de Li_3N (34,83 g), para calcular a massa de Li_3N formada.

$$2,69 \text{ mol de Li}_3\text{N} \times \frac{34,83 \text{ g de Li}_3\text{N}}{1 \text{ mol de Li}_3\text{N}} = 93,7 \text{ g de Li}_3\text{N}$$

Exercício de autoverificação 9.7

a. **Passo 1** A equação balanceada é

$$\text{TiCl}_4(g) + \text{O}_2(g) \rightarrow \text{TiO}_2(s) + 2\text{Cl}_2(g)$$

Passo 2 As quantidades de matéria dos reagentes são

$$6,71 \times 10^3 \text{ g TiCl}_4 \times \frac{1 \text{ mol TiCl}_4}{189,68 \text{ g TiCl}_4} = 3,54 \times 10^1 \text{ mol TiCl}_4$$

$$2,45 \times 10^3 \text{ g O}_2 \times \frac{1 \text{ mol O}_2}{32,00 \text{ g O}_2} = 7,66 \times 10^1 \text{ mol O}_2$$

Passo 3 Na equação balanceada tanto $TiCl_4$ quanto O_2 têm coeficientes de 1, de modo que

$$1 \text{ mol de TiCl}_4 = 1 \text{ mol de O}_2$$

e

$$3,54 \times 10^1 \text{ mol de TiCl}_4 \times \frac{1 \text{ mol de O}_2}{1 \text{ mol de TiCl}_4}$$
$$= 3,54 \times 10^1 \text{ mol de O}_2 \text{ requerido}$$

Temos $7,66 \times 10^1$ mol de O_2, de modo que o O_2 está em excesso e o $TiCl_4$ é o limitante. Isso faz sentido. $TiCl_4$ e O_2 reagem em uma proporção de 1:1 mol, então $TiCl_4$ é limitante porque está presentes menos quantidade de matéria de $TiCl_4$ que de O_2.

Passo 4 Agora iremos usar as quantidades de matéria de $TiCl_4$ (o reagente limitante) para determinar as quantidades de matéria de TiO_2 que se formam se a reação produziu 100% do rendimento esperado (o rendimento teórico).

$$3,54 \times 10^1 \text{ mol de TiCl}_4 \times \frac{1 \text{ mol de TiO}_2}{1 \text{ mol de TiCl}_4} = 3,54 \times 10^1 \text{ mol de TiO}$$

A massa de TiO_2 esperada para 100% de rendimento é

$$3,54 \times 10^1 \text{ mol de TiO}_2 \times \frac{79,88 \text{ g de TiO}_2}{1 \text{ mol de TiO}_2} = 2,83 \times 10^3 \text{ g de TiO}_2$$

Esse valor representa o rendimento teórico.

b. Como diz-se que a reação fornece apenas um rendimento de 75,0% de TiO_2, usamos a definição de rendimento percentual,

$$\frac{\text{Rendimento real}}{\text{Rendimento teórico}} \times 100\% = \% \text{ de rendimento}$$

para escrever a equação

$$\frac{\text{Rendimento real}}{2,83 \times 10^3 \text{ g TiO}_2} \times 100\% = 75,0\% \text{ de rendimento}$$

Queremos agora resolver para o rendimento real. Primeiro dividimos ambos os lados por 100%.

$$\frac{\text{Rendimento real}}{2{,}83 \times 10^3 \text{ g TiO}_2} \times \frac{100\%}{100\%} = \frac{75{,}0}{100} = 0{,}750$$

Depois multiplicamos ambos os lados por $2{,}83 \times 10^3$ g de TiO_2.

$$2{,}83 \times 10^3 \text{ g de TiO}_2 \times \frac{\text{Rendimento real}}{2{,}83 \times 10^3 \text{ g de TiO}_2}$$
$$= 0{,}750 \times 2{,}83 \times 10^3 \text{ g de TiO}_2$$

Rendimento real $= 0{,}750 \times 2{,}83 \times 10^3$ g de TiO_2
$$= 2{,}12 \times 10^3 \text{ g de TiO}_2$$

Assim $2{,}12 \times 10^3$ g de TiO_2 (s) é na verdade, obtido nesta reação.

Capítulo 10

Exercício de autoverificação 10.1

O fator de conversão necessário é $\frac{1 \text{ cal}}{4{,}184 \text{ J}}$, e a conversão é

$$28{,}4 \text{ J} \times \frac{1 \text{ cal}}{4{,}184 \text{ J}} = 6{,}79 \text{ cal}$$

Exercício de autoverificação 10.2

Sabemos que é preciso 4,184 J de energia para mudar a temperatura de cada grama de água em 1°C, por isso devemos multiplicar 4,184 pela massa de água (454 g) e a mudança de temperatura (98,6°C − 5,4°C = 93,2°C).

$$4{,}184 \frac{\text{J}}{\text{g °C}} \times 454 \text{ g} \times 93{,}2 \text{ °C} = 1{,}77 \times 10^5 \text{ J}$$

Exercício de autoverificação 10.3

Da Tabela 10.1, a capacidade calorífica específica para o ouro sólido é de $0{,}13 \text{ J g}^{-1} \text{ °C}^{-1}$. Porque é preciso 0,13 J para variar a temperatura de um grama de ouro em *um* grau Celsius, devemos multiplicar 0,13 pela dimensão da amostra (5,63 g) e a variação da temperatura (32°C − 21°C = 11°C).

$$0{,}13 \frac{\text{J}}{\text{g °C}} \times 5{,}63 \text{ g} \times 11 \text{ °C} = 8{,}1 \text{ J}$$

Nós podemos transformar esta energia para unidades de calorias da seguinte forma:

$$8{,}1 \text{ J} \times \frac{1 \text{ cal}}{4{,}184 \text{ J}} = 1{,}9 \text{ cal}$$

Exercício de autoverificação 10.4

A Tabela 10.1 lista os calores específicos de vários metais. Queremos calcular a capacidade calorífica específica (*s*) para este metal e então usamos a Tabela 10.1 para identificar o metal. Utilizando a equação

$$Q = s \times m \times \Delta T$$

podemos resolver para *s* dividindo ambos os lados por *m* (a massa da amostra) e por ΔT:

$$\frac{Q}{m \times \Delta T} = s$$

Nesse caso,

Q = energia (calor) necessário = 10,1 J
m = 2,8 g
ΔT = variação de temperatura = 36 °C − 21 °C = 15 °C

assim

$$s = \frac{Q}{m \times \Delta T} = \frac{10{,}1 \text{ J}}{(2{,}8 \text{ g})(15 \text{ °C})} = 0{,}24 \text{ J/g °C}$$

A Tabela 10.1 mostra que a prata tem uma capacidade calorífica específica de $0{,}24 \text{ J g}^{-1} \text{ °C}^{-1}$. O metal é prata.

Exercício de autoverificação 10.5

Dizem-nos que 1,652 kJ de energia é *liberada* quando 4 mol de Fe reage. Primeiro precisamos determinar qual o quantidade de matéria 1,00 g de Fe representa.

$$1{,}00 \text{ g de Fe} \times \frac{1 \text{ mol}}{55{,}85 \text{ g}} = 1{,}79 \times 10^{-2} \text{ mol de Fe}$$

$$1{,}79 \times 10^{-2} \text{ mol de Fe} \times \frac{1652 \text{ kJ}}{4 \text{ mol de Fe}} = 7{,}39 \text{ kJ}$$

Assim 7,39 kJ de energia (na forma de calor) é liberada quando 1,00 g de ferro reage.

Exercício de autoverificação 10.6

Observando os reagentes e produtos da reação desejada

$$S(s) + O_2(g) \rightarrow SO_2(g)$$

Precisamos inverter a segunda equação e multiplicá-la por $\frac{1}{2}$. Isso inverte o sinal e reduz a quantidade de energia em um fator de 2.

$$\tfrac{1}{2}[2SO_3(g) \rightarrow 2SO_2(g) + O_2(g)] \quad \Delta H = \frac{198{,}2 \text{ kJ}}{2}$$

ou

$$SO_3(g) \rightarrow SO_2(g) + \tfrac{1}{2}O_2(g) \quad \Delta H = 99{,}1 \text{ kJ}$$

Agora vamos adicionar essa reação à primeira reação.

$S(s) + \tfrac{3}{2}O_2(g) \rightarrow SO_3(g)$ $\Delta H = -395{,}2$ kJ
$SO_3(g) \rightarrow SO_2(g) + \tfrac{1}{2}O_2(g)$ $\Delta H = 99{,}1$ kJ
$S(s) + O_2(g) \rightarrow SO_2(g)$ $\Delta H = -296{,}1$ kJ

Capítulo 11

Exercício de autoverificação 11.1

a. Rotas circulares para os elétrons no modelo de Bohr.
b. Mapas de probabilidade tridimensionais que representam a probabilidade de que o elétron ocupará um determinado ponto no espaço.
c. A superfície que contém 90% da probabilidade eletrônica total.
d. Um conjunto de orbitais de um determinado tipo de orbital dentro de um nível de energia principal. Por exemplo, há três subníveis no nível de energia principal 3 (*s, p, d*).

Exercício de autoverificação 11.2

Elemento	Configuração eletrônica	Diagrama Orbital

(com colunas $1s$, $2s$, $2p$, $3s$, $3p$)

Al: $1s^22s^22p^63s^23p^1$ — $1s$ [↑↓] $2s$ [↑↓] $2p$ [↑↓][↑↓][↑↓] $3s$ [↑↓] $3p$ [↑][ ][ ]

Si [Ne]$3s^23p^1$
[Ne]$3s^23p^2$ — [↑↓] [↑↓] [↑↓][↑↓][↑↓] [↑↓] [↑][↑][ ]

P [↑]: [Ne]$3s^23p^3$ — [↑↓] [↑↓] [↑↓][↑↓][↑↓] [↑↓] [↑][↑][↑]

S [↑]: [Ne]$3s^23p^4$ — [↑↓] [↑↓] [↑↓][↑↓][↑↓] [↑↓] [↑↓][↑][↑]

Cl [↑]: [Ne]$3s^23p^5$ — [↑↓] [↑↓] [↑↓][↑↓][↑↓] [↑↓] [↑↓][↑↓][↑]

Ar [↑↓]: [Ne]$3s^23p^6$ — [↑↓] [↑↓] [↑↓][↑↓][↑↓] [↑↓] [↑↓][↑↓][↑↓]

Exercício de autoverificação 11.3

F: $1s^22s^22p^5$ ou [He]$2s^22p^5$

Si: $1s^22s^22p^63s^23p^2$ ou [Ne]$3s^23p^2$

Cs: $1s^22s^22p^63s^23p^64s^23d^{10}4p^65s^24d^{10}5p^66s^1$ ou [Xe]$6s^1$

Pb: $1s^22s^22p^63s^23p^64s^23d^{10}4p^65s^24d^{10}5p^66s^24f^{14}5d^{10}6p^2$ ou [Xe]$6s^24f^{14}5d^{10}6p^2$

I: $1s^22s^22p^63s^23p^64s^23d^{10}4p^65s^24d^{10}5p^5$ ou [Kr]$5s^24d^{10}5p^5$

Silício (*Si*): No Grupo 4 e Período 3, é o segundo dos "elementos $3p$". A configuração é $1s^22s^22p^63s^23p^2$ ou [Ne]$3s^23p^2$.

Césio (*Cs*): No Grupo 1 e Período de 6, é o primeiro dos "elementos $6s$". A configuração é
$1s^22s^22p^63s^23p^64s^23d^{10}4p^65s^24d^{10}5p^66s^1$, ou [Xe]$6s^1$.

Chumbo (*Pb* : No Grupo 4 e Período 6, é o segundo dos "elementos $6p$". A configuração é [Xe]$6s^24f^{14}5d^{10}6p^2$.

Iodo (I): No Grupo 7 e Período 5, é o quinto dos "elementos $5p$". A configuração é [Kr]$5s^24d^{10}5p^5$.

Capítulo 12

Exercício de autoverificação 12.1

Utilizando os valores de eletronegatividade dados na Fig. 12.3, nós escolhemos a ligação na qual os átomos apresentam a maior diferença em eletronegatividade. (Valores da eletronegatividade são mostrados entre parênteses.)

a. H—C > H—P
   (2,1)(2,5) (2,1)(2,1)
   (3,5)

c. S—O > N—O
   (2,5)(3,5) (3,0)

b. O—I > O—F
   (3,5)(2,5) (3,5)(4,0)
   Si—H
   (2,1)

d. N—H > (1,8)
   (3,0)(2,1)

Exercício de autoverificação 12.2

H tem um elétron e Cl tem sete elétrons de valência. Isto dá um total de oito elétrons de valência. Nós, primeiramente, desenhamos no par de ligação:

H—Cl, o qual pode ser desenhado como H: Cl

Temos ainda seis elétrons para colocar. O H já tem dois elétrons, por isso colocamos três pares de elétrons em torno do cloro para satisfazer a regra do octeto.

H—C̈l: ou H : C̈l:

Exercício de autoverificação 12.3

Passo 1 O_3: 3(6) = 18 elétrons de valência

Passo O—O—O

Passo Ö=Ö—Ö: e :Ö—Ö=Ö

Esta molécula mostra ressonância (ela tem duas estruturas de Lewis válidas).

Exercício de autoverificação 12.4

Veja a Tabela A.1 para a resposta do Exercício de autoverificação 12.4.

Exercício de autoverificação 12.5

a. NH_4^+

A estrutura de Lewis é $\left[\begin{array}{c} H \\ H-N-H \\ H \end{array} \right]^+$

(Veja o Exercício de autoverificação 12.4). Existem quatro pares de elétrons em torno do nitrogênio. Isso requer um arranjo tetraédrico dos pares de elétrons. O íon NH_4^+ tem uma estrutura molecular tetraédrica (linha 3 da Tabela 12.4), porque todos os pares de elétrons estão compartilhados.

b. SO_4^{2-}

A estrutura de Lewis é: $\left[\begin{array}{c} :\ddot{O}: \\ :\ddot{O}-S-\ddot{O}: \\ :\ddot{O}: \end{array} \right]^{2-}$

(Veja o Exercício de autoverificação 12.4). Os quatro pares de elétrons em torno do enxofre requerem um arranjo tetraédrico. O SO_4^{2-} tem uma estrutura molecular tetraédrica (linha 3 da Tabela 12.4).

c. NF_3

A estrutura de Lewis é: :F̈—N̈—F̈:
                             |
                             F̈:

(Veja o Exercício de autoverificação 12.4). Os quatro pares de elétrons no nitrogênio requerem um arranjo tetraédrico. Neste caso, apenas três dos pares são compartilhados com os átomos de flúor, deixando um par solitário. Assim, a estrutura molecular é uma pirâmide trigonal (linha 4 da Tabela 12.4).

d. H_2S

A estrutura de Lewis é H—S̈—H

(Veja o Exercício de autoverificação 12.4). Os quatro pares de elétrons em torno do enxofre requerem um arranjo tetraédrico. Neste caso, dois pares são compartilhados com átomos de hidrogênio, deixando dois pares isolados. Assim, a estrutura molecular é angular ou em forma de V (linha 5 na Tabela 12.4).

e. ClO_3^-

A estrutura de Lewis é $\left[\begin{array}{c} :\ddot{O}-\ddot{C}l-\ddot{O}: \\ | \\ :\ddot{O}: \end{array} \right]^-$

(Veja o Exercício de autoverificação 12.4). Os quatro pares de elétrons requerem um arranjo tetraédrico. Neste caso, três pares são compartilhados com átomos de oxigênio, deixando um par solitário. Assim, a estrutura molecular é uma pirâmide trigonal (linha 4 da Tabela 12.4).

Molécula ou Íon	Elétrons de Valência Total	Desenhar as Ligações Simples	Calcule o Numero de Elètrons Remanescentes	Utilize os Elétrons Remanescentes para Atingir as Configurações do Gás Nobre	Verifique átomos	Elétrons
a. NF_3	$5 + 3(7) = 26$	F–N(F)(F)	$26 - 6 = 20$	:F–N(–F:)(–F:) com pares	N, F	8, 8
b. O_2	$2(6) = 12$	—O O	$12 - 2 = 10$	$:\ddot{O}=\ddot{O}:$	O	8
c. CO	$4 + 6 = 10$	—O C	$10 - 2 = 8$	$:C\equiv O:$	C, O	8, 8
d. PH_3	$5 + 3(1) = 8$	H–P–H, H	$8 - 6 = 2$	H–P̈–H, H	P, H	8, 2
e. H_2S	$2(1) + 6 = 8$	—S—H H	$8 - 4 = 4$	$H-\ddot{\ddot{S}}-H$	S, H	8, 2
f. SO_4^{2-}	$6 + 4(6) + 2 = 32$	O–S(–O)(–O)–O	$32 - 8 = 24$	$[:\ddot{O}-\ddot{S}(-\ddot{O}:)(-\ddot{O}:)-\ddot{O}:]^{2-}$	S, O	8, 8
g. NH_4^+	$5 + 4(1) - 1 = 8$	H–N(–H)(–H)–H	$8 - 8 = 0$	$[H-N(-H)(-H)-H]^+$	N, H	8, 2
h. ClO_3^-	$7 + 3(6) + 1 = 26$	O–Cl(–O)–O	$26 - 6 = 20$	$[:\ddot{O}-\ddot{Cl}-\ddot{O}:, :\ddot{O}:]^-$	Cl, O	8, 8
i. SO_2	$6 + 2(6) = 18$	—S—O O	$18 - 4 = 14$	$\ddot{O}=\ddot{S}-\ddot{O}:$ e $:\ddot{O}-\ddot{S}=\ddot{O}$	S, O	8, 8

Tabela A.1 ▸ Resposta do Exercício de autoverificação 12.4

f. BeF_2
A estrutura de Lewis é : $\ddot{F}$—Be—$\ddot{F}$:

Os dois pares de elétrons no berílio requerem um arranjo linear. Porque ambos os pares são compartilhados por átomos de flúor, a estrutura molecular é também linear (linha 1 da Tabela 12.4).

Capítulo 13

Exercício de autoverificação 13.1

Sabemos que 1,000 atm 5 760,0 mm de Hg. Assim

$$525 \text{ mm Hg} \times \frac{1,000 \text{ atm}}{760,0 \text{ mm Hg}} = 0,691 \text{ atm}$$

Exercício de autoverificação 13.2

Condições Iniciais
$P_1 = 635$ torr
$V_1 = 1,51$ L

Condições Finais
$P_2 = 785$ torr
$V_2 = ?$

Resolvendo a lei de Boyle ($P_1V_1 = P_2V_2$ para V_2 resulta

$$V_2 = V_1 \times \frac{P_1}{P_2}$$

$$= 1,51 \text{ L} \times \frac{635 \text{ torr}}{785 \text{ torr}} = 1,22 \text{ L}$$

Note que o volume diminuiu, como o aumento da pressão nos levou a esperar.

Exercício de autoverificação 13.3

Como a temperatura do gás no interior da bolha diminuiu (a uma pressão constante), a bolha fica menor. As condições são

Condições Iniciais
$T_1 = 28 °C = 28 + 273 = 301$ K
$V_1 = 23$ cm^3

Condições Finais
$T_2 = 18 °C = 18 + 273 = 291$ K
$V_2 = ?$

Resolvendo a lei de Charles,
$$\frac{V_1}{T_1} = \frac{V_2}{T_2}$$

para V_2 resulta

$$3(2+) + 2(3-) = (6+) + (6-) = 0$$

Exercício de autoverificação 13.4

Como a temperatura e a pressão das duas amostras são as mesmas, pode-se usar a lei de Avogadro, na forma

$$\frac{V_1}{n_1} = \frac{V_2}{n_2}$$

A seguinte informação é dada:

Amostra 1	Amostra 2
$V_1 = 36{,}7$ L	$V_2 = 16{,}5$ L
$n_1 = 1{,}5$ mol	$n_2 = ?$

Podemos agora resolver a lei de Avogadro para o valor de n_2 (a quantidade de matéria de N_2 na amostra 2):

$$n_2 = n_1 \times \frac{V_2}{V_1} = 1{,}5 \text{ mol} \times \frac{16{,}5 \text{ L}}{36{,}7 \text{ L}} = 0{,}67 \text{ mol}$$

Aqui n_2 é menor que n_1, o que faz sentido, tendo em vista o fato de que V_2 é menor que V_1.

Observação Nós isolamos n_2 da lei de Avogadro como dado acima multiplicando ambos os lados da equação por n_2 e em seguida por n_1/V_1,

$$\left(n_2 \times \frac{n_1}{V_1}\right)\frac{V_1}{n_1} = \left(n_2 \times \frac{n_1}{V_1}\right)\frac{V_2}{n_2}$$

Para obter $n_2 = n_1 \times V_2/V_1$.

Exercício de autoverificação 13.5

Recebemos as seguintes informações:

$$P = 1{,}00 \text{ atm}$$
$$V = 2{,}70 \times 10^6$$
$$n = 1{,}10 \times 10^5 \text{ mol}$$

Resolvemos para T, dividindo ambos os lados da lei do gás ideal por nR:

$$\frac{PV}{nR} = \frac{nRT}{nR}$$

para obter

$$T = \frac{PV}{nR} = \frac{(1{,}00 \text{ atm})(2{,}70 \times 10^6 \text{ L})}{(1{,}10 \times 10^5 \text{ mol})\left(0{,}08206 \frac{\text{L atm}}{\text{K mol}}\right)}$$
$$= 299 \text{ K}$$

A temperatura do hélio é 299 K ou $299 - 273 = 26°C$.

Exercício de autoverificação 13.6

Estamos fornecendo as seguintes informações sobre a amostra de radônio:

$$n = 1{,}5 \text{ mol}$$
$$V = 21{,}0 \text{ L}$$
$$T = 33 \text{ °C} = 33 + 273 = 306 \text{ K}$$
$$P = ?$$

Nós resolvemos a lei dos gases ideais ($PV = nRT$) para P dividindo ambos os lados da equação por V:

$$P = \frac{nRT}{V} = \frac{(1{,}5 \text{ mol})\left(0{,}08206 \frac{\text{L atm}}{\text{K mol}}\right)(306 \text{ K})}{21{,}0 \text{ L}}$$
$$= 1{,}8 \text{ atm}$$

Exercício de autoverificação 13.7

Para resolver este problema, tomamos a lei do gás ideal e separamos essas quantidades que variam daquelas que permanecem constantes (em lados opostos da equação). Neste caso, o volume e as variações de temperatura e a quantidade de matéria e a pressão (e, é claro, R) permanecem constantes. Assim $PV=nRT$ se torna $V/T = nR/P$, o que conduz para

$$\frac{V_1}{T_1} = \frac{nR}{P} \quad \text{e} \quad \frac{V_2}{T_2} = \frac{nR}{P}$$

Combiná-los dá

$$\frac{V_1}{T_1} = \frac{nR}{P} = \frac{V_2}{T_2} \quad \text{e} \quad \frac{V_1}{T_1} = \frac{V_2}{T_2}$$

Temos

Condições Iniciais

$T_1 = 5 \text{ °C} = 5 + 273 = 278 \text{ K}$
$V_1 = 3{,}8 \text{ L}$

Condições Finais

$T_2 = 86 \text{ °C} = 86 + 273 = 359 \text{ K}$
$V_2 = ?$

Assim

$$V_2 = \frac{T_2 V_1}{T_1} = \frac{(359 \text{ K})(3{,}8 \text{ L})}{278 \text{ K}} = 4{,}9 \text{ L}$$

Verificação: A resposta é sensata? Neste caso, a temperatura foi aumentada (a uma pressão constante), de modo que o volume deve aumentar. A resposta faz sentido.

Observe que esse problema poderia ser descrito como um "problema da lei de Charles". A vantagem real de usar a lei do gás ideal é que você precisa lembrar-se de *uma* única equação para praticamente qualquer problema que envolve gases.

Exercício de autoverificação 13.8

Recebemos as seguintes informações:

Condições Iniciais

$P_1 = 0{,}747$ atm
$T_1 = 13 \text{ °C} = 13 + 273 = 286 \text{ K}$
$V_1 = 11{,}0$ L

Condições Finais

$P_2 = 1{,}18$ atm
$T_2 = 56 \text{ °C} = 56 + 273 = 329 \text{ K}$
$V_2 = ?$

Neste caso, a quantidade de matéria permanece constante. Assim, podemos dizer

$$\frac{P_1 V_1}{T_1} = nR \quad \text{e} \quad \frac{P_2 V_2}{T_2} = nR$$

ou

$$\frac{P_1 V_1}{T_1} = \frac{P_2 V_2}{T_2}$$

Resolvendo para V_2 resulta

$$V_2 = V_1 \times \frac{T_2}{T_1} \times \frac{P_1}{P_2} = (11{,}0 \text{ L}) \left(\frac{329 \text{ K}}{286 \text{ K}}\right) \left(\frac{0{,}747 \text{ atm}}{1{,}18 \text{ atm}}\right)$$
$$= 8{,}01 \text{ L}$$

Exercício de autoverificação 13.9

Como de costume quando se trata de gases, podemos usar a equação do gás ideal $PV = nRT$. Primeiro, considere a informação dada:

$$P = 0{,}91 \text{ atm} = P_{total}$$
$$V = 2{,}0 \text{ L}$$
$$T = 25 \,°C = 25 + 273 = 298 \text{ K}$$

Dada esta informação, podemos calcular a quantidade de matéria de gás na mistura: $n_{total} = n_{N_2} + n_{O_2}$. Resolvendo para n na equação do gás ideal resulta

$$n_{total} = \frac{P_{total} V}{RT} = \frac{(0{,}91 \text{ atm})(2{,}0 \text{ L})}{\left(0{,}08206 \frac{\text{L atm}}{\text{K mol}}\right)(298 \text{ K})} = 0{,}074 \text{ mol}$$

Sabemos também que 0,050 mol de N_2 está presente. Porque

$$n_{total} = n_{N_2} + n_{O_2} = 0{,}074 \text{ mol}$$
$$\uparrow$$
$$(0{,}050 \text{ mol})$$

podemos calcular a quantidade de matéria de O_2 presente.

$$0{,}050 \text{ mol} + n_{O_2} = 0{,}074 \text{ mol}$$
$$n_{O_2} = 0{,}074 \text{ mol} - 0{,}050 \text{ mol} = 0{,}024 \text{ mol}$$

Agora que sabemos que a quantidade de matéria de oxigênio presente, podemos calcular a pressão parcial do oxigênio a partir da equação do gás ideal.

$$P_{O_2} = \frac{n_{O_2} RT}{V} = \frac{(0{,}024 \text{ mol})\left(0{,}08206 \frac{\text{L atm}}{\text{K mol}}\right)(298 \text{ K})}{2{,}0 \text{ L}}$$
$$= 0{,}29 \text{ atm}$$

Embora não seja requerido, note que a pressão parcial de N_2 deve ser 0,62 atm, porque

$$\underbrace{0{,}62 \text{ atm}}_{P_{N_2}} + \underbrace{0{,}29 \text{ atm}}_{P_{O_2}} = \underbrace{0{,}91 \text{ atm}}_{P_{total}}$$

Exercício de autoverificação 13.10

O volume é de 0,500 L, a temperatura é de 25°C (ou 25 + 273 = 298 K) e a pressão total é dada como 0,950 atm. Dessa pressão total, 24 torr é devido ao vapor de água. Podemos calcular a pressão parcial do H_2, porque sabemos que

$$P_{total} = P_{H_2} + P_{H_2O} = 0{,}950 \text{ atm}$$
$$\uparrow$$
$$24 \text{ torr}$$

Antes de realizar o cálculo no entanto, devemos converter as pressões para as mesmas unidades. Convertendo P_{H_2O} para atmosferas resulta

$$24 \text{ torr} \times \frac{1{,}000 \text{ atm}}{760{,}0 \text{ torr}} = 0{,}032 \text{ atm}$$

Assim

$$P_{total} = P_{H_2} + P_{H_2O} = 0{,}950 \text{ atm} = P_{H_2} + 0{,}032 \text{ atm}$$

e

$$P_{H_2} = 0{,}950 \text{ atm} - 0{,}032 \text{ atm} = 0{,}918 \text{ atm}$$

Agora que sabemos a pressão parcial do gás hidrogênio, podemos usar a equação do gás ideal para calcular a quantidade de matéria de H_2.

$$n_{H_2} = \frac{P_{H_2} V}{RT} = \frac{(0{,}918 \text{ atm})(0{,}500 \text{ L})}{\left(0{,}08206 \frac{\text{L atm}}{\text{K mol}}\right)(298 \text{ K})}$$
$$= 0{,}0188 \text{ mol} = 1{,}88 \times 10^{-2} \text{ mol}$$

A amostra de gás contém $1{,}88 \times 10^{-2}$ mol de H_2, a qual exerce uma pressão parcial de 0,918 atm.

Exercício de autoverificação 13.11

Vamos resolver este problema, tomando os seguintes passos:

Gramas de zinco → Mols de zinco → Mols de H_2 → Volume de H_2

Passo 1 Usando a massa atômica do zinco (65,38), calculamos a quantidade de matéria de zinco em 26,5 gr.

$$26{,}5 \text{ g Zn} \times \frac{1 \text{ mol de Zn}}{65{,}38 \text{ g Zn}} = 0{,}405 \text{ mol de Zn}$$

Passo 2 Usando a equação balanceada, calculamos depois a quantidade de matéria de H_2 produzido.

$$0{,}405 \text{ mol de Zn} \times \frac{1 \text{ mol de H}_2}{1 \text{ mol de Zn}} = 0{,}405 \text{ mol de H}_2$$

Passo 3 Agora que sabemos a quantidade de matéria de H_2, podemos calcular o volume de H_2, usando a lei dos gases ideais, onde

$$P = 1{,}50 \text{ atm}$$
$$V = ?$$
$$n = 0{,}405 \text{ mol}$$
$$R = 0{,}08206 \text{ L atm/K mol}$$
$$T = 19 \,°C = 19 + 273 = 292 \text{ K}$$

$$V = \frac{nRT}{P} = \frac{(0{,}405 \text{ mol})\left(0{,}08206 \frac{\text{L atm}}{\text{K mol}}\right)(292 \text{ K})}{1{,}50 \text{ atm}}$$
$$= 6{,}47 \text{ L de H}_2$$

Exercício de autoverificação 13.12

Embora existam várias formas possíveis para resolver este problema, o método mais conveniente envolve o uso do volume molar na CNTP. Primeiro usamos a equação do gás ideal para calcular a quantidade de matéria de NH_3 presente:

$$n = \frac{PV}{RT}$$

onde $P = 15,0$ atm, $V = 5,00$ L e $T = 25°C + 273 = 298$ K.

$$n = \frac{(15,0 \text{ atm})(5,00 \text{ L})}{\left(0,08206 \frac{\text{L atm}}{\text{K mol}}\right)(298 \text{ K})} = 3,07 \text{ mol}$$

Sabemos que na CNTP cada mol de gás ocupa 22,4 L. Portanto, 3,07 mol tem o volume

$$3,07 \text{ mol} \times \frac{22,4 \text{ L}}{1 \text{ mol}} = 68,8 \text{ L}$$

O volume de amônia na CNTP é de 68,8 L.

Capítulo 14

Exercício de autoverificação 14.1

Energia para fundir o gelo:

$$15 \text{ g H}_2\text{O} \times \frac{1 \text{ mol de H}_2\text{O}}{18 \text{ g H}_2\text{O}} = 0,83 \text{ mol de H}_2\text{O}$$

$$0,83 \text{ mol de H}_2\text{O} \times 6,02 \frac{\text{kJ}}{\text{mol de H}_2\text{O}} = 5,0 \text{ kJ}$$

Energia para aquecer a água de 0°C para 100°C:

$$4,18 \frac{\text{J}}{\text{g °C}} \times 15 \text{ g} \times 100 \text{ °C} = 6300 \text{ J}$$

$$6300 \text{ J} \times \frac{1 \text{ kJ}}{1000 \text{ J}} = 6,3 \text{ kJ}$$

Energia para vaporizar a água a 100°C:

$$0,83 \text{ mol de H}_2\text{O} \times 40,6 \frac{\text{kJ}}{\text{mol de H}_2\text{O}} = 34 \text{ kJ}$$

A energia total requerida:

$$5,0 \text{ kJ} + 6,3 \text{ kJ} + 34 \text{ kJ} = 45 \text{ kJ}$$

Exercício de autoverificação 14.2

a. Contém moléculas de SO_3 — um sólido molecular.
b. Contém íons de Ba^{2+} e O^{2-} — um sólido iônico.
c. Contém átomos de Au — um sólido atômico.

Capítulo 15

Exercício de autoverificação 15.1

$$\text{Percentual de massa} = \frac{\text{massa de soluto}}{\text{massa de solução}} \times 100\%$$

Para esta amostra, a massa da solução é de 135 g e a massa do soluto é 4,73 g, assim

$$\text{Porcentagem em massa} = \frac{4,73 \text{ g soluto}}{135 \text{ g solução}} \times 100\%$$

$$= 3,50\%$$

Exercício de autoverificação 15.2

Usando a definição de porcentagem em massa, temos

$$\frac{\text{Massa de soluto}}{\text{Massa de solução}} =$$

$$\frac{\text{gramas de soluto}}{\text{gramas de soluto + gramas de solvente}} \times 100\% = 40,0\%$$

Existem 425 g de soluto (formaldeído). Substituindo, temos

$$\frac{425 \text{ g}}{425 \text{ g + gramas de solvente}} \times 100\% = 40,0\%$$

Devemos agora resolver para gramas de solvente (água). Isso vai tomar um pouco de paciência, mas podemos fazê-lo se avançarmos passo a passo. Primeiro dividimos ambos os lados por 100%.

$$\frac{425 \text{ g}}{425 \text{ g + gramas de solvente}} \times \frac{100\%}{100\%} = \frac{40,0\%}{100\%} = 0,400$$

Agora temos

$$288 \text{ U} \times \frac{1 \text{ átomo de O}}{16,00 \text{ U}} = 18,0 \text{ átomos de O}$$

Em seguida, multiplicamos ambos os lados por (425 g + gramas de solvente).

$$(425 \text{ g + gramas de solvente}) \times \frac{425 \text{ g}}{425 \text{ g + gramas de solvente}}$$
$$= 0,400 \times (425 \text{ g + gramas de solvente})$$

Isto resulta

$$425 \text{ g} = 0,400 \times (425 \text{ g + gramas de solvente})$$

Realizando a multiplicação resulta

$$425 \text{ g} = 170, \text{g} + 0,400 \text{ (gramas de solvente)}$$

Agora vamos subtrair 170 g de ambos os lados,
$$425 \text{ g} - 170, \text{g} = 170, \text{g} - 170, \text{g} + 0,400 \text{ (gramas de solvente)}$$

$$255 \text{ g} = 0,400 \text{ (gramas de solvente)}$$

e dividimos ambos os lados por 0,400.

$$\frac{255 \text{ g}}{0,400} = \frac{0,400}{0,400} \text{ (gramas de solvente)}$$

Finalmente temos a resposta:

$$\frac{255 \text{ g}}{0,400} = 638 \text{ g} = \text{gramas de solvente}$$

$$= \text{massa de água necessária}$$

Exercício de autoverificação 15.3

A quantidade de matéria de etanol pode ser obtida a partir da sua massa molar (46,1).

$$1,00 \text{ g C}_2\text{H}_5\text{OH} \times \frac{1 \text{ mol de C}_2\text{H}_5\text{OH}}{46,1 \text{ g C}_2\text{H}_5\text{OH}} = 2,17 \times 10^{-2} \text{ mol de C}_2\text{H}_5\text{OH}$$

$$\text{Volume em litros} = 101 \text{ mL} \times \frac{1 \text{ L}}{1000 \text{ mL}} = 0,101 \text{ L}$$

$$\text{Concentração em quantidade de matéria de C}_2\text{H}_5\text{OH} = \frac{\text{mols de C}_2\text{H}_5\text{OH}}{\text{litros da solução}}$$

$$= \frac{2,17 \times 10^{-2} \text{ mol}}{0,101 \text{ L}}$$

$$0,215 \, M$$

Exercício de autoverificação 15.4

Quando Na_2CO_3 e $Al_2(SO_4)_3$ dissolvem em água, eles produzem íons como segue:

$$Na_2CO_3(s) \xrightarrow{H_2O(l)} 2Na^+(aq) + CO_3^{2-}(aq)$$

$$Al_2(SO_4)_3(s) \xrightarrow{H_2O(l)} 2Al^{3+}(aq) + 3SO_4^{2-}(aq)$$

Portanto, em uma solução de Na_2CO_3 0,10 mol L^{-1}, a concentração de íons Na^+ é $2 \times 0,10$ mol $L^{-1} = 0,20$ mol L^{-1} e a concentração de íons CO_3^{2-} é 0,10 mol L^{-1}. Em uma solução de $Al_2(SO_4)_3$ 0.010 mol L^{-1}, a concentração de íons Al^{3+} é $2 \times 0,010$ mol $L^{-1} = 0,020$ mol L^{-1} e a concentração de íons SO_4^{2-} é $3 \times 0,010$ mol $L^{-1} = 0,030$ mol L^{-1}.

Exercício de autoverificação 15.5

Quando $AlCl_3$ sólido dissolve-se, ele produz íons como segue:

$$AlCl_3(s) \xrightarrow{H_2O(l)} Al^{3+}(aq) + 3Cl^-(aq)$$

assim uma solução de $AlCl_3$ $1,0 \times 10^{-3}$ mol L^{-1} contém $1,0 \times 10^{-3}$ mol L^{-1} de íons Al^{3+} e $3,0 \times 10^{-3}$ mol L^{-1} de íons Cl^-.

Para calcular o quantidade de matéria de íons de Cl^- em 1,75 L da solução $1,0 \times 10^{-3}$ mol L^{-1} $AlCl_3$, devemos multiplicar o volume pela concentração em quantidade de matéria.

1,75 L de $\times$ $3,0 \times 10^{-3}$ mol de Cl^-
solução

$= 1,75 \text{ L de solução} \times \dfrac{3,0 \times 10^{-3} \text{ mol de } Cl^-}{\text{L de solução}}$

$= 5,25 \times 10^{-3}$ mol de $Cl^- = 5,3 \times 10^{-3}$ mol de Cl^-

Exercício de autoverificação 15.6

Devemos primeiramente, determinar a quantidade de matéria de formaldeído em 2,5 L de 12,3 mol L^{-1} de formol. Lembre que o volume de solução (em litros) vezes a concentração em quantidade de matéria resulta na quantidade de matéria do soluto. Neste caso, o volume da solução é 2,5 L e a concentração em quantidade de matéria é 12,3 mol de HCHO, por litro de solução.

$2,5 \text{ L de solução} \times \dfrac{12,3 \text{ mol de HCHO}}{\text{L de solução}} = 31$ mol de HCHO

Em seguida, usando a massa molar de HCHO (30,0 g), convertemos 31 mol de HCHO para gramas.

$31 \text{ mol de HCHO} \times \dfrac{30,0 \text{ g HCHO}}{1 \text{ mol de HCHO}} = 9,3 \times 10^2$ g de HCHO

Portanto, 2,5 L de formalina 12,3 mol L^{-1} contem $9,3 \times 10^2$ g de formaldeído. Devemos pesar 930 g de formaldeído e dissolvê-lo em água suficiente para perfazer 2,5 L de solução.

Exercício de autoverificação 15.7

Recebemos as seguintes informações:

$C_1 = 12 \dfrac{\text{mol}}{\text{L}}$ $C_2 = 0,25 \dfrac{\text{mol}}{\text{L}}$

$V_1 = ?$ (o que precisamos encontrar) $V_2 = 0,75$ L

Usando o fato de que a quantidade de matéria de soluto não varia durante a diluição, sabemos que

$$C_1 \times V_1 = C_2 \times V_2$$

Resolvendo para V_1, dividindo ambos os lados por c_1 resulta

$$V_1 = \dfrac{C_2 \times V_2}{C_1} = \dfrac{0,25 \dfrac{\text{mol}}{\text{L}} \times 0,75 \text{ L}}{12 \dfrac{\text{mol}}{\text{L}}}$$

e

$$V_1 = 0,016 \text{ L} = 16 \text{ mL}$$

Exercício de autoverificação 15.8

Passo 1 Quando as soluções aquosas de Na_2SO_4 (contendo íons de Na^+ e SO_4^{2-}) e $Pb(NO_3)_2$ (contendo íons de Pb^{2+} e NO_3^-) são misturadas, $PbSO_4$ sólido é formado.

$$Pb^{2+}(aq) + SO_4^{2-}(aq) \rightarrow PbSO_4(s)$$

Passo 2 Precisamos primeiro determinar se Pb^{2+} ou SO_4^{2-} é o reagente limitante calculando as quantidades de matéria de íons Pb^{2+} e SO_4^{2-} presentes. Devido 0,0500 mol L^{-1} $Pb(NO_3)_2$ conter 0,0500 mol L^{-1} de íons Pb^{2+}, podemos calcular a quantidade de matéria de íons Pb^{2+} em 1,25 L desta solução como segue:

$1,25 \text{ L} \times \dfrac{0,0500 \text{ mol de } Pb^{2+}}{\text{L}} = 0,0625$ mol de Pb^{2+}

A solução de Na_2SO_4 0.0250 mol L^{-1} contém 0.0250 mol L^{-1} de íons SO_4^{2-} e a quantidade de matéria de íons SO_4^{2-} em 2,00 L desta solução é

$2,00 \text{ L} \times \dfrac{0,0250 \text{ mol de } SO_4^{2-}}{\text{L}} = 0,0500$ mol de SO_4^{2-}

Passo 3 Pb^{2+} e SO_4^{2-} reagem em uma relação de 1:1, assim a quantidade de íons SO_4^{2-} é limitante porque SO_4^{2-} está presente em menor quantidade de matéria.

Passo 4 Os íons de Pb^{2+} estão presentes em excesso e apenas 0,0500 mol de $PbSO_4$ sólido será formado.

Passo 5 Calculamos a massa de $PbSO_4$ usando a massa molar do $PbSO_4$ (303,3 g).

$0,0500 \text{ mol PbSO}_4 \times \dfrac{303,3 \text{ g PbSO}_4}{1 \text{ mol de PbSO}_4} = 15,2$ g $PbSO_4$

Exercício de autoverificação 15.9

Passo 1 Porque o ácido nítrico é um ácido forte, a solução de ácido nítrico contém íons H^+ e NO_3^- A solução de KOH contém íons K^+ e OH^- Quando estas soluções são misturadas, H^+ e OH^- reagem para formar água.

$$H^+(aq) + OH^-(aq) \rightarrow H_2O(l)$$

Passo 2 A quantidade de matéria de OH^- presente em 125 mL de KOH 0,050 mol L^{-1} é

$125 \text{ mL} \times \dfrac{1 \text{ L}}{1000 \text{ mL}} \times \dfrac{0,050 \text{ mol de OH}^-}{\text{L}} = 6,3 \times 10^{-3}$ mol de OH^-

Passo 3 H^+ e OH^- reagem em uma relação de 1:1, assim precisamos $6,3 \times 10^{-3}$ mol de H^+ de HNO_3 0,100 mol L^{-1}.

Passo 4 $6,3 \times 10^{-3}$ mol de OH^- requer $6,3 \times 10^{-3}$ mol de H^+ para formar $6,3 \times 10^{-3}$ mol de H_2O.

Portanto,

$$V \times \frac{0{,}100 \text{ mol de H}^+}{L} = 6{,}3 \times 10^{-3} \text{ mol de H}^+$$

onde V representa o volume em litros de HNO_3 0,100 mol L^{-1} necessários. Resolvendo para V, temos

$$V = \frac{6{,}3 \times 10^{-3} \text{ mol de H}^+}{\frac{0{,}100 \text{ mol de H}^+}{L}} = 6{,}3 \times 10^{-2} \text{ L}$$

$$= 6{,}3 \times 10^{-2} \text{ L} \times \frac{1000 \text{ mL}}{L} = 63 \text{ mL}$$

Exercício de autoverificação 15.10

A partir da definição de normalidade, N = equiv/L, necessitamos calcular (1) os equivalentes de KOH e (2) o volume da solução em litros. Para encontrar o número de equivalentes, utilizamos o equivalente grama de KOH, que é de 56,1 g (veja Tabela 15.2).

$$23{,}6 \text{ g KOH} \times \frac{1 \text{ equiv de KOH}}{56{,}1 \text{ g KOH}} = 0{,}421 \text{ equiv de KOH}$$

Em seguida, convertermos o volume para litros.

$$755 \text{ mL} \times \frac{1 \text{ L}}{1000 \text{ mL}} = 0{,}755 \text{ L}$$

Finalmente, substituímos esses valores na equação que define a normalidade.

$$\text{Normalidade} = \frac{\text{equiv}}{L} = \frac{0{,}421 \text{ equiv}}{0{,}755 \text{ L}} = 0{,}558 \, N$$

Exercício de autoverificação 15.11

Para resolver este problema, usamos a relação.

$$N_{\text{ácid}} \times V_{\text{ácid}} = N_{\text{base}} \times V_{\text{base}}$$

onde

$$N_{\text{ácido}} = 0{,}50 \, \frac{\text{equiv}}{L}$$

$$V_{\text{ácido}} = ?$$

$$N_{\text{base}} = 0{,}80 \, \frac{\text{equiv}}{L}$$

$$V_{\text{base}} = 0{,}250 \text{ L}$$

Nós resolvemos a equação

$$N_{\text{ácido}} \times V_{\text{ácido}} = N_{\text{base}} \times V_{\text{base}}$$

para o $V_{\text{ácido}}$ dividindo ambos os lados por $N_{\text{ácido}}$.

$$\frac{N_{\text{ácido}} \times V_{\text{ácido}}}{N_{\text{ácido}}} = \frac{N_{\text{base}} \times V_{\text{base}}}{N_{\text{ácido}}}$$

$$V_{\text{ácido}} = \frac{N_{\text{base}} \times V_{\text{base}}}{N_{\text{ácido}}} = \frac{\left(0{,}80 \, \frac{\text{equiv}}{L}\right) \times (0{,}250 \text{ L})}{0{,}50 \, \frac{\text{equiv}}{L}}$$

$$V = 0{,}40 \text{ L}$$

Portanto, 0,40 L de H_2SO_4 0,50 N é requerido para neutralizar 0,250 L de KOH 0,80 N.

Capítulo 16

Exercício de autoverificação 16.1

Os pares ácido-base conjugados são

$$H_2O, \qquad H_3O^+$$
Base   Ácido conjugado

e

$$HC_2H_3O_2, \qquad C_2H_3O_2^-$$
Ácid   Ácido conjugado

Os membros de ambos os pares diferem por um H^+.

Exercício de autoverificação 16.2

Devido $[H^+][OH^-] = 1{,}0 \times 10^{-14}$, podemos resolver para $[H^+]$.

$$[H^-] = \frac{1{,}0 \times 10^{-14}}{[OH^-]} = \frac{1{,}0 \times 10^{-14}}{2{,}0 \times 10^{-2}} = 5{,}0 \times 10^{-13} \text{ m L}^{-1}$$

Esta solução é básica: $[OH^-] = 2{,}0 \times 10^{-2}$ mol L^{-1} é maior que $[H^+] = 5{,}0 \times 10^{-13}$ mol L^{-1}.

Exercício de autoverificação 16.3

a. Devido $[H^+] = 1{,}0 \times 10^{-3}$ mol L^{-1}, obtemos pH = 3,00 porque
pH = $-\log[H^+]$ = $-\log[1{,}0 \times 10^{-3}]$ = 3,00.
b. Devido $[OH^-] = 5{,}0 \times 10^{-5}$ mol L^{-1}, podemos encontrar $[H^+]$ da expressão de K_w.

$$[H^+] = \frac{K_w}{[OH^-]} = \frac{1{,}0 \times 10^{-14}}{5{,}0 \times 10^{-5}} = 2{,}0 \times 10^{-10} \, M$$

$$\text{pH} = -\log[H^+] = -\log[2{,}0 \times 10^{-10}] = 9{,}70$$

Exercício de autoverificação 16.4

$$\text{pOH} + \text{pH} = 14{,}00$$
$$\text{pOH} = 14{,}00 - \text{pH} = 14{,}00 - 3{,}5$$
$$\text{pOH} = 10{,}5$$

Exercício de autoverificação 16.5

Passo 1 pH = 3,50
Passo 2 $-$pH = $-3{,}50$
Passo 3 [inv] [log] $-3{,}50 = 3{,}2 \times 10^{-4}$
$[H^+] = 3{,}2 \times 10^{-4}$ mol L^{-1}

Exercício de autoverificação 16.6

Passo 1 pOH = 10,50
Passo 2 $-$pOH = $-10{,}50$
Passo 3 [inv] [log] $-10{,}50 = 3{,}2 \times 10^{-11}$
$[OH^-] = 3{,}2 \times 10^{-11}$ mol L^{-1}

Exercício de autoverificação 16.7

Uma vez que o HCl é um ácido forte, ele está completamente dissociado:

$$5{,}0 \times 10^{-3} \text{ mol L}^{-1} \text{ de HCl} \rightarrow 5{,}0 \times 10^{-3} \text{ mol L}^{-1} \text{ de H}^+ \text{ e } 5{,}0 \times 10^{-3} \text{ mol L}^{-1} \text{ de Cl}^-$$

assim $[H^+] = 5{,}0 \times 10^{-3}$ mol L^{-1}.

$$\text{pH} = -\log(5{,}0 \times 10^{-3}) = 2{,}30$$

Capítulo 17

Exercício de autoverificação 17.1

Aplicando a lei de equilíbrio químico resulta

$$K = \frac{[NO_2]^4[H_2O]^6}{[NH_3]^4[O_2]^7}$$

Coeficiente de NO_2 — numerador, primeiro fator; Coeficiente de H_2O — numerador, segundo fator; Coeficiente de NH_3 — denominador, primeiro fator; Coeficiente de O_2 — denominador, segundo fator.

Exercício de autoverificação 17.2

a. $K = [O_2]^3$ — Os sólidos não estão incluídos.
b. $K = [N_2O][H_2O]^2$ — O sólido não está incluído. A água é gasosa nesta reação, por isso está incluída.
c. $K = \dfrac{1}{[CO_2]}$ — Os sólidos não estão incluídos.
d. $K = \dfrac{1}{[SO_3]}$ — Água e H_2SO_4 são líquidos puros e assim não estão incluídos.

Exercício de autoverificação 17.3

Quando a chuva está iminente, a concentração de vapor de água no ar aumenta. Isto desloca o equilíbrio para a direita, formando $CoCl_2 \cdot 6H_2O$ (s), que é cor de rosa.

Exercício de autoverificação 17.4

a. Sem variação. Ambos os lados da equação contêm o mesmo número de componentes gasosos. O sistema não pode variar sua pressão deslocando sua posição de equilíbrio.
b. Desloca para a esquerda. O sistema pode aumentar o número de componentes gasosos presentes e assim aumentar a pressão, deslocando para a esquerda.
c. Desloca para a direita para aumentar o número de componentes gasosos e assim, a sua pressão.

Exercício de autoverificação 17.5

a. Desloca-se para a direita afastado de SO_2 adicionado.
b. Desloca-se para a direita para substituir SO_3 removido.
c. Desloca-se para a direita para diminuir a sua pressão.
d. Desloca para a direita. A energia é um produto neste caso, portanto, uma diminuição da temperatura favorece a reação direta (que produz energia).

Exercício de autoverificação 17.6

a. $BaSO_4(s) \rightleftharpoons Ba^{2+}(aq) + SO_4^{2-}(aq)$; $K_{sp} = [Ba^{2+}][SO_4^{2-}]$
b. $Fe(OH)_3(s) \rightleftharpoons Fe^{3+}(aq) + 3OH^-(aq)$; $K_{sp} = [Fe^{3+}][OH^-]^3$
c. $Ag_3PO_4(s) \rightleftharpoons 3Ag^+(aq) + PO_4^{3-}(aq)$; $K_{sp} = [Ag^+]^3[PO_4^{3-}]$

Exercício de autoverificação 17.7

$(3,9 \times 10^{-5})^2 = 1,5 \times 10^{-9} = K_{sp}$

Exercício de autoverificação 17.8

$PbCrO_4(s) \rightleftharpoons Pb^{2+}(aq) + CrO_4^{2-}(aq)$
$K_{sp} = [Pb^{2+}][CrO_4^{2-}] = 2,0 \times 10^{-16}$
$[Pb^{2+}] = x$
$[CrO_4^{2-}] = x$
$K_{sp} = 2,0 \times 10^{-16} = x^2$
$x = [Pb^{2+}] = [CrO_4^{2-}] = 1,4 \times 10^{-8}$

Capítulo 18

Exercício de autoverificação 18.1

a. CuO contém íons de Cu^{2+} e O^{2-}, assim o cobre é oxidado ($Cu \rightarrow Cu^{2+} + 2e^-$) e o oxigênio é reduzido ($O + 2e^- \rightarrow O^{2-}$).
b. CsF contém íons de Cs^+ e F^-. Assim o césio é oxidado ($Cs \rightarrow Cs^+ + e^-$) e o flúor é reduzido ($F + e^- \rightarrow F^-$).

Exercício de autoverificação 18.2

a. SO_3
Nós atribuímos primeiro o oxigênio. Para cada O é atribuído um estado de oxidação de -2, dando um total de -6 (3×-2) para os três átomos de oxigênio. Porque a molécula tem carga zero geral, o enxofre deve ter um estado de oxidação de +6.
Verificação: $+6 + 3(-2) = 0$

b. SO_4^{2-}
Como no item a, para cada oxigênio é atribuído um estado de oxidação de -2, dando um total de -8 (4×-2) nos quatro átomos de oxigênio. O ânion tem uma carga líquida de -2, de modo que o enxofre deve ter um estado de oxidação de +6.
Verificação: $+6 + 4(-2) = -2$
SO_4^{2-} tem uma carga de -2, então isso está correto.

c. N_2O_5
Nós atribuímos o oxigênio antes do nitrogênio porque o oxigênio é mais eletronegativo. Assim, para cada O é atribuído um estado de oxidação de -2, dando um total de -10 (5×-2) nos cinco átomos de oxigênio. Por conseguinte, os estados de oxidação dos *dois* átomos de nitrogênio devem totalizar +10 porque N_2O_5 não tem carga global. Para cada N é atribuído um estado de oxidação de +5.
Verificação: $2(+5) + 5(-2) = 0$

d. PF_3
Em primeiro lugar, atribuímos ao flúor um estado de oxidação de -1, dando um total de -3 ($3 - \times 1$) nos três átomos de flúor. Assim P deve ter um estado de oxidação de +3.
Verificação: $+3 + 3(-1) = 0$

e. C_2H_6
Neste caso, é melhor reconhecer que o hidrogênio é sempre +1 em compostos com ametais. Assim, para cada H é atribuído um estado de oxidação de +1, o que significa que os seis átomos de H representam um total de +6 ($6 \times +1$). Portanto, os *dois* átomos de carbono devem representar -6 e para cada carbono é atribuído um estado de oxidação de -3.
Verificação: $2(-3) + 6(+1) = 0$

Exercício de autoverificação 18.3

Nós podemos dizer se esta é uma reação de oxirredução comparando os estados de oxidação dos elementos nos reagentes e nos produtos:

$$N_2 + 3H_2 \rightarrow 2NH_3$$

Estados de oxidação: 0, 0, −3, +1 (cada H)

O nitrogênio vai de 0 a − 3. Assim, ele ganha três elétrons e é reduzido. Cada átomo de hidrogênio vai de 0 a + 1 e é assim oxidado, por isso, esta é uma reação de oxirredução. O agente oxidante é N_2 (ele tira elétrons de H_2). O agente redutor é H_2 (ele fornece elétrons para N_2).

$$N_2 + 3H_2 \rightarrow 2NH_3$$
$$\underbrace{\qquad\qquad}_{6e^-}$$

Exercício de autoverificação 18.4

A equação não balanceada para esta reação é

$$\underset{\text{Cobre metálico}}{Cu(s)} + \underset{\text{Ácido nítrico}}{HNO_3(aq)} \rightarrow \underset{\substack{\text{Nitrato de}\\\text{cobre aquoso (II)}\\\text{(contém Cu}^{2+}\text{)}}}{Cu(NO_3)_2(aq)} + \underset{\text{água}}{H_2O(l)} + \underset{\substack{\text{Monóxido de}\\\text{nitrogênio}}}{NO(g)}$$

Passo 1 A semirreação de oxidação é

$$Cu + HNO_3 \rightarrow Cu(NO_3)_2$$

Estado de oxidação: 0   +1 +5 −2   +2 +5 −2
                              (cada 0)   (cada 0)

O cobre vai de 0 a +2 e portanto, é oxidado. Esta reação de redução é

$$HNO_3 \rightarrow NO$$

Estados de oxidação: +1 +5 −2   +2 −2
                                   (cada 0)

Neste caso, o nitrogênio vai de + 5 em HNO_3 para +2 em NO e assim é reduzido. Observe duas coisas sobre essas reações:

1. O HNO_3 deve ser incluído na semirrreação de oxidação para fornecer NO_3^- no produto $Cu(NO_3)_2$.
2. Embora a água seja um produto na reação geral, ela não necessita ser incluída em qualquer semirreação no início. Ela aparecerá mais tarde, à medida que balanceamos a equação.

Passo 2 *Balanceamento da semirreação de oxidação.*

$$Cu + HNO_3 \rightarrow Cu(NO_3)_2$$

  a. Balanceamento do nitrogênio primeiro.

$$Cu + 2HNO_3 \rightarrow Cu(NO_3)_2$$

  b. O balanceamento do nitrogênio também causou o balanceamento do oxigênio.
  c. Balancear o hidrogênio usando H^+.

$$Cu + 2HNO_3 \rightarrow Cu(NO_3)_2 + 2H^+$$

  d. Balancear a carga usando e^-.

$$Cu + 2HNO_3 \rightarrow Cu(NO_3)_2 + 2H^+ + 2e^-$$

Esta é a semirreação de oxidação balanceada.
Balancear a semirreação de redução.

$$HNO_3 \rightarrow NO$$

  a. Todos os elementos estão balanceados, exceto o hidrogênio e o oxigênio.
  b. Balancear o oxigênio usando H_2O.

$$HNO_3 \rightarrow NO + 2H_2O$$

  c. Balancear o hidrogênio usando H^+.

$$3H^+ + HNO_3 \rightarrow NO + 2H_2O$$

  d. Balancear a carga usando e^-.

$$3e^- + 3H^+ + HNO_3 \rightarrow NO + 2H_2O$$

Esta é a semirreação de redução balanceada.

Passo 3 Nós balanceamos os elétrons multiplicando a semirreação de oxidação por 3:

$$3 \times [Cu + 2HNO_3 \rightarrow Cu(NO_3)_2 + 2H^+ + 2e^-]$$

fornece

$$3Cu + 6HNO_3 \rightarrow 3Cu(NO_3)_2 + 6H^+ + 6e^-$$

Multiplicando a semirreação de redução por 2:

$$2 \times [3e^- + 3H^+ + HNO_3 \rightarrow NO + 2H_2O]$$

fornece

$$6e^- + 6H^+ + 2HNO_3 \rightarrow 2NO + 4H_2O$$

Passo 4 Podemos agora somar as semirreações balanceadas, ambas as quais envolvem uma variação de seis elétrons.

$$3Cu + 6HNO_3 \rightarrow 3Cu(NO_3)_2 + 6H^+ + 6e^-$$
$$6e^- + 6H^+ + 2HNO_3 \rightarrow 2NO + 4H_2O$$
$$\overline{6e^- + 6H^+ + 3Cu + 8HNO_3 \rightarrow 3Cu(NO_3)_2 + 2NO + 4H_2O + 6H^+ + 6e^-}$$

O cancelamento de espécies comuns a ambos os lados resulta na equação global balanceada:

$$3Cu(s) + 8HNO_3(aq) \rightarrow 3Cu(NO_3)_2(aq) + 2NO(g) + 4H_2O(l)$$

Passo 5 Verifique os elementos e as cargas.

Elementos   3Cu, 8H, 8N, 24O → 3Cu, 8H, 8N, 24O
Cargas   0 → 0

Capítulo 19

Exercício de autoverificação 19.1

a. Uma partícula alfa é um núcleo de hélio ^4_2He. Podemos inicialmente representar a produção de uma partícula α por $^{226}_{86}Ra$ como segue:

$$^{226}_{88}Ra \rightarrow {^4_2He} + {^A_Z X}$$

Porque sabemos que ambos *A* e *Z* são conservados, podemos escrever

$$A + 4 = 226 \quad \text{and} \quad Z + 2 = 88$$

Resolvendo para *A* resulta 222 e para *Z* resulta 86, assim $^A_Z X$ é $^{222}_{86} X$. Porque Rn tem *Z* = 86, $^A_Z X$ é $^{222}_{86}Rn$. A equação global balanceada é

$$^{226}_{88}Ra \rightarrow {^4_2He} + {^{222}_{86}Rn}$$

Verificação: $Z = 88$ $Z = 86 + 2 = 88$
$$\rightarrow$$
$A = 226$ $A = 222 + 4 = 226$

b. Usando uma estratégia semelhante, temos

$$^{214}_{82}Pb \rightarrow ^{0}_{-1}e + ^{A}_{Z}X$$

Porque $Z - 1 = 82$, $Z = 83$ e porque $A + 0 = 214$, $A = 214$.
Portanto, $^{A}_{Z}X = ^{214}_{83}Bi$. A equação balanceada é

$$^{214}_{82}Pb \rightarrow ^{0}_{-1}e + ^{214}_{83}Bi$$

Verificação: $Z = 82 \quad Z = 83 - 1 = 82$
$\rightarrow$
$A = 214 \quad A = 214 + 0 = 214$

Exercício de autoverificação 19.2

a. A partícula faltante deve ser $_2H$ (uma partícula α), porque

$$^{222}_{86}Rn \rightarrow ^{218}_{84}Po + ^{4}_{2}He$$

é uma equação balanceada.
Verificação: $Z = 86 \quad Z = 84 + 2 = 86$
$\rightarrow$
$A = 222 \quad A = 218 + 4 = 222$

b. As espécies faltantes devem ser $^{15}_{7}X$ ou $^{15}_{7}N$, porque a equação balanceada é

$$^{15}_{8}O \rightarrow ^{15}_{7}N + ^{0}_{1}e$$

Verificação: $Z = 8 \quad Z = 7 - 1 = 8$
$\rightarrow$
$A = 15 \quad A = 15 + 0 = 15$

Exercício de autoverificação 19.3

Vamos fazer esse problema pensando sobre o número de meias-Vidas necessárias para ir de $8,0 \times 10^{-7}$ mol para $1,0 \times 10^{-7}$ mol de $^{228}_{88}Ra$

$8,0 \times 10^{-7}$ mol $\longrightarrow$ $4,0 \times 10^{-7}$ mol $\longrightarrow$
Primeira meia-vida   Segunda meia-vida

$2,0 \times 10^{-7}$ mol $\longrightarrow$ $1,0 \times 10^{-7}$ mol
Terceira meia-vida

Leva três meias-vidas, então, para a amostra ir de $8,0 \times 10^{-7}$ mol de $^{228}_{88}Ra$ para $1,0 \times 10^{-7}$ mol de $^{228}_{88}Ra$. Pela Tabela 19.3, sabemos que a meia-vida de $^{228}_{88}Ra$ é 6,7 anos. Portanto, o tempo decorrido é 3(6,7 anos) = 20,1 anos ou $2,0 \times 10^{1}$ anos, quando usamos o número correto de algarismos significativos.

Capítulo 20

Exercício de autoverificação 20.1

O alcano com dez átomos de carbono pode ser representado como $CH_3-(CH_2)_8-CH_3$ e sua fórmula é $C_{10}H_{22}$. O alcano com quinze carbonos,

$$CH_3-(CH_2)_{13}-CH_3$$

tem a fórmula $C_{15}H_{32}$.

Exercício de autoverificação 20.2

a.
```
  1    2    3    4    5    6    7    8
 CH3—CH2—CH—CH2—CH—CH2—CH2—CH3
              |         |
              CH3       CH2
                        |
                        CH3
             Metil      Etil
```

Esta molécula é 5-etil-3-metiloctano.

b.
```
  7    6    5    4    3
 CH3—CH2—CH—CH2—CH—(CH3)  Metil
         |         |
        (CH2)      CH2    2
         |         |
         CH3       CH3    1
         Etil
```

Esta molécula é 5-etil-3-metilheptano. Note que esta cadeia pode ser numerada a partir do sentido oposto para fornecer o nome 3-etil-5-metilheptano. Esses dois nomes estão igualmente corretos.

Exercício de autoverificação 20.3

O nome raiz *decate* indica uma cadeia de dez carbonos. Há um grupo metil na posição número 4 e um grupo isopropil na posição número 5. A fórmula estrutural é

```
                      Metil
       H   H   H   CH3  H   H   H   H   H
       |   |   |   |    |   |   |   |   |
     —C — C — C — C — C — C — C — C — C —H
       |   |   |   |    |   |   |   |   |
       H   H   H   H    H   H   H   H   H
                        |
                     H3C—C—CH3
                        |
                        H
                     Isopropil
```

Exercício de autoverificação 20.4

a. A cadeia mais longa tem oito átomos de carbono com uma ligação dupla, então o nome raiz é octeno. Existe a ligação dupla entre os átomos de carbono 3 e 4, então o nome é 3-octeno. Há um grupo metil no carbono número 2. O nome é 2-metil-3-octeno.
b. A cadeia de carbono tem cinco carbonos com uma ligação tripla entre os carbonos 1 e 2. O nome é 1-pentino.

Exercício de autoverificação 20.5

a. 2-cloronitrobenzeno ou *o*-cloronitrobenzeno
b. 4-fenil-2-hexeno

Exercício de autoverificação 20.6

a. 1-pentanol; álcool primário
b. 2-metil-2-propanol (mas este álcool é geralmente chamado de álcool *tert*-butílico); álcool terciário
c. 5-bromo-2-hexanol; álcool secundário

Exercício de autoverificação 20.7

a. 4-etil-3-hexanona
   Uma vez que o composto é aqui denominado como uma hexanona, ao grupo carbonila está atribuído o número mais baixo possível.
b. 7-isopropildecanal

Respostas às perguntas e exercícios de números pares de final de capítulo

Capítulo 1

2. A resposta depende de experiências dos alunos.
4. As respostas dependerão das respostas do aluno.
6. As respostas dependerão das escolhas do aluno.
8. Reconheça o problema e expresse-o claramente; proponha possíveis soluções ou explicações; decida qual solução / explicação é melhor através de experimentos.
10. As respostas dependerão das respostas do aluno. A observação quantitativa deve incluir um número, tal como "Há três janelas nesta sala". A observação qualitativa poderia incluir algo como "A cadeira é azul".
12. Falso As teorias podem ser refinadas e alteradas porque elas são interpretações. Elas representam possíveis explicações de por que a natureza se comporta de uma maneira particular. As teorias são refinadas através da realização de experiências e novas observações, não pela prova das observações já existentes como falsas (o que é algo que pode ser testemunhado e registrado).
14. Quando um cientista formula uma hipótese, ele ou ela quer que ela seja provada correta. Sucesso e prestígio financeiro são dependentes da publicação e da produção de tais ideias.
16. A química é o estudo das interações bem reais entre diferentes amostras do assunto. Quando começamos a estudar química, tentamos ser o mais geral e não específico quanto possível, tentando aprender os princípios básicos para a aplicação em muitas situações no futuro. No início do estudo, a solução para um problema não é tão importante como aprender a reconhecer e interpretar o problema e como propor hipóteses razoáveis, testáveis.
18. Um bom aluno aprenderá a base e os fundamentos do assunto das aulas e livros didáticos; desenvolverá a capacidade de reconhecer e resolver problemas e ampliar o que foi aprendido em sala de aula para situações "reais"; aprenderá a fazer observações cuidadosas; e será capaz de se comunicar eficazmente. Considerando que alguns assuntos acadêmicos podem enfatizar o uso de uma ou mais dessas habilidades, a química faz uso extensivo de todas elas.

Capítulo 2

2. "Notação científica" significa que temos que colocar a vírgula após o primeiro algarismo significativo e depois expressar a ordem de grandeza do número como uma potência de 10. Por isso, queremos colocar a vírgula após o primeiro 2:

2421 → 2,421 × 10$^{\text{á alguma potência}}$

Para ser capaz de mover a vírgula três casas para a esquerda, indo de 2.421 para 2,421 significa que você necessitará uma potência de 10^3 após o número, onde o expoente 3 mostra que moveu a vírgula três casas para a esquerda:

2421 → 2,421 × 10$^{\text{á alguma potência}}$ = 2,421 × 10^3

4. (a) 10^6; (b) 10^{-2}; (c) 10^{-4}; (d) 10^9
6. (a) negativo; (b) zero; (c) negativo; (d) positivo
8. (a) 2789; (b) 0.002789; (c) 93,000,000; (d) 42,89; (e) 99,990; (f) 0,00009999
10. (a) três casas para a esquerda; (b) uma casa para a esquerda; (c) cinco casas para a direita; (d) uma casa para a esquerda; (e) duas casas para a direita; (f) duas casas para a esquerda
12. (a) 6244; (b) 0,09117; (c) 82.99; (d) 0,0001771; (e) 545,1; (f) 0,00002934
14. (a) $3,1 \times 10^3$; (b) 1×10^6; (c) 1 or 1×10^0; (d) $1,8 \times 10^{-5}$; (e) 1×10^7; (f) $1,00 \times 10^6$; (g) $1,00 \times 10^{-7}$; (h) 1×10^1

16. (a) quilo; (b) mili; (c) nano; (d) mega; (e) deci; (f) micro
18. cerca de ¼ libras 20. cerca de uma polegada 22. 161 km
24. a mulher 26. (a) polegada; (b) jarda; (c) milha 28. b
30. Tipicamente lemos a escala em dispositivos de medição para 0,1 de unidade da menor divisão da escala no dispositivo. Nós estimamos este algarismo significativo final, o que faz o algarismo significativo final incerto na medição.
32. A escala da régua está marcada para o décimo mais próximo de um centímetro. Escrevendo 2,850 implicaria que a escala foi marcada para o centésimo mais próximo de um centímetro (e que o zero na casa dos milésimos havia sido estimado).
34. (a) provavelmente apenas dois; (b) infinito (definição); (c) infinito (definição); (d), provavelmente um; (e) três (a corrida está definida para ser de 500 milhas)
36. É melhor arredondar apenas a resposta final e conservar os dígitos extras nos cálculos intermediários Se existem passos suficientes para o cálculo, o arredondamento em cada passo pode levar a um erro acumulativo na resposta final.
38. (a) $1,57 \times 10^6$; (b) $2,77 \times 10^{-3}$; (c) $7,76 \times 10^{-2}$; (d) $1,17 \times 10^{-3}$
40. (a) $3,42 \times 10^{-4}$; (b) $1,034 \times 10^4$; (c) $1,7992 \times 10^1$; (d) $3,37 \times 10^5$
42. 170. mL; 18 mL limita a precisão para a casa das unidades.
44. três; b, c e d; a contém dois algarismos significativos.
46. nenhum
48. (a) 2,3; (b) $9,1 \times 10^2$; (c) $1,323 \times 10^3$; (d) $6,63 \times 10^{-13}$
50. (a) um; (b) quatro; (c) dois; (d) três
52. (a) 2,045; (b) $3,8 \times 10^3$; (c) $5,19 \times 10^{-5}$; (d) $3,8418 \times 10^{-7}$
54. um número infinito, uma definição
56. $\frac{5280 \text{ ft}}{1 \text{ mi}}$; $\frac{1 \text{ mi}}{5280 \text{ ft}}$ 58. $\frac{1 \text{ lb}}{\$1,75}$
60. (a) 2,44 jardas; (b) 42,2 m; (c) 115 polegadas; (d) 2.238 cm; (e) 648,1 milhas; (f) 716,9 km; (g) 0,0362 km; (h) $5,01 \times 10^4$ cm
62. (a) 0,2543 kg; (b) $2,75 \times 10^3$ g; (c) 6,06 libras; (d) 97,0 onças; (e) 1,177 libras; (f) 794 g; (g) $2,5 \times 10^2$ g; (h) 1,62 onças
64. 4117 km 66. 1×10^{-8} cm; 4×10^{-9} polegadas.; 0,1 nm
68. congelamento / fusão 70. 373
72. Fahrenheit (F)
74. (a) 144 K; (b) 72 K; (c) 664 °F; (d) −101 °C
76. (a) 173 °F; (b) 104 °F; (c) −459 °F; (d) 90. °F
78. (a) 2 °C; (b) 28 °C; (c) −5,8 °F (−6 °F); (d) −40 °C (−40 é é onde ambas as escalas de temperatura têm o mesmo valor)
80. g/cm^3 (g/mL) 82. 100 pol.^{3}
84. A densidade é uma propriedade característica de uma substância pura.
86. prata
88. (a) 20,1 g cm^{-3}; (b) 1,05 g cm^{-3}; (c) 0,907 g cm^{-3}; (d) 1,30 g cm^{-3}
90. 4140 g; 0,408 L 92. flutuante 94. 14,6 mL
96. (a) 966 g; (b) 394 g; (c) 567 g; (d) 135 g
98. (a) 301.100.000.000.000.000.000.000; (b) 5.091.000.000; (c) 720; (d) 123.400; (e) 0.000432002; (f) 0.03001; (g) 0.00000029901; (h) 0,42
100. e
102. (a) $5,07 \times 10^4$ kryll; (b) 0,12 blim; (c) $3,70 \times 10^{-5}$ blim^2
104. $\frac{45 \text{ mi}}{\text{hr}} \times \frac{1,61 \text{ km}}{1 \text{ mi}} \times \frac{1000 \text{ m}}{1 \text{ km}} \times \frac{1 \text{ hr}}{3600 \text{ s}}$ = 20, m/s
106. Porque $1 = 1,44 euros e 1 kg =2,2 lb, os pêssegos custarão $0,87

108. °X = 1,26 °C + 14
110. 3,50 g L⁻¹ (3,50 × 10⁻³ g cm³)   112. 959 g
114. (a) negativo; (b) negativo; (c) positivo; (d) zero; (e) negativo
116. (a) 2, positivo; (b) 11, negativo; (c) 3, positivo; (d) 5, negativo; (e) 5, positive; (f) 0, zero; (g) 1, negativo; (h) 7, negativo
118. (a) 1, positivo; (b) 3, negativo; (c) 0, zero; (d) 3, positivo; (e) 9, negativo
120. (a) 0,0000298; (b) 4.358.000.000; (c) 0,0000019928; (d) 602.000.000.000.000.000.000.000; (e) 0,101; (f) 0,00787; (g) 98.700.000; (h) 378,99; (i) 0,1093; (j) 2,9004; (k) 0,00039; (l) 0,00000001904
122. (a) 1 × 10⁻²; (b) 1 × 10²; (c) 5,5 × 10⁻²; (d) 3,1 × 10⁹; (e) 1 × 10³; (f) 1 × 10⁸; (g) 2,9 × 10²; (h) 3,453 × 10⁴
124. A resposta do estudante depende do material de vidro utilizado. Duas respostas possíveis são:
Utilizando uma bureta, onde 0 mL começa no topo:

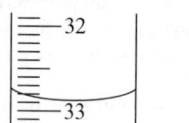

Usando um cilindro graduado, onde 0 mL inicia na parte inferior:

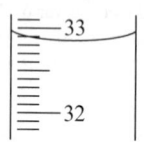

126. 1 L = 1 dm³ = 1.000 cm³ = 1.000 mL   128. 0,105 m
130. Eles têm a mesma massa.   132. 5 × 10¹¹ nm   134. 0,830 m
136. (a) 0,000426; (b) 4,02 × 10⁻⁵; (c) 5,99 × 10⁶; (d) 400.; (e) 0,00600
138. (a) 2149,6; (b) 5,37 × 10³; (c) 3,83 × 10⁻²; (d) −8,64 × 10⁵
140. (a) 7,6166 × 10⁶; (b) 7,24 × 10³; (c) 1,92 × 10⁻⁵; (d) 2,4482 × 10⁻³
142. $\frac{1 \text{ ano}}{12 \text{ meses}} ; \frac{12 \text{ meses}}{1 \text{ ano}}$
144. (a) 25,7 kg; (b) 3,38 gal; (c) 0,132 qt; (d) 1,09 × 10⁴ mL; (e) 2,03 × 10³ g; (f) 0.58 qt
146. 2,4 toneladas
148. (a) 352 K; (b) −18 °C; (c) −43 °C; (d) 257 °F
150. 78,2 g   152. 0,59 g cm⁻³
154. (a) 23 °F; (b) 32 °F; (c) −321 °F; (d) −459 °F; (e) 187 °F; (f) −459 °F
156. (a) $100 \text{ km} \times \frac{1 \text{ milha}}{1,6093 \text{ km}} = 62$ milhas ou cerca de 60 milhas, levando os algarismos significativos em conta.

(b) $22{,}300 \text{ kg} \times \frac{2{,}2046 \text{ lbs}}{1 \text{ kg}} = 49{,}200$ lbs. de combustível foram necessárias;

22.300. foram adicionados, assim foram necessárias 26.900 libras adicionais.

158. $\frac{10^{-8} \text{ g}}{\text{L}} \times \frac{3{,}7854 \text{ L}}{1 \text{ gallon}} \times \frac{1 \text{ lb.}}{453{,}59 \text{ g}} \approx 8 \times 10^{-11}$ lb/gal
160. 2, 0.51; 3, 29.1; 3, 8.61; 3, 1.89; 4, 134.6; 3, 14.4
162. 16.9 m s⁻¹
164. líquido
166. 24 g cm⁻³

Capítulo 3

2. forças entre as partículas na matéria
4. sólidos   6. gasoso   8. mais forte
10. Porque gases são principalmente espaço vazio, eles podem ser *comprimidos* facilmente para pequenos volumes. Nos sólidos e líquidos, a maior parte do volume a granel da amostra é preenchida com as moléculas, deixando pouco espaço vazio.
12. mudança química   14. maleável; dúctil   16. d
18. (a) físico; (b) produtos químicos; (c) produtos químicos; (d) produtos químicos; (e) físico; (f) físico; (g) produtos químicos; (h) físico; (i) físico; (j) físico; (k) produtos químicos
20. Os compostos consistem de dois ou mais elementos combinados quimicamente em uma composição fixa, não importa qual possa ser sua origem. Por exemplo, a água na Terra consiste de moléculas contendo um átomo de oxigênio e dois átomos de hidrogênio. A água em Marte (ou qualquer outro planeta) tem a mesma composição.
22. compostos   24. He, F₂, S₈
26. não; o aquecimento provoca uma reação para formar sulfeto de ferro (II), uma substância pura
28. Misturas heterogêneas: molho de salada, jujubas, a mudança no meu bolso; soluções: limpador de janelas, xampu, álcool
30. (a) mistura; (b) mistura; (c) mistura; (d) substância pura
32. O concreto é uma mistura. É constituído de areia, cascalho, água e cimento (que consiste de calcário, argila, xisto e gesso). A composição do concreto pode variar.
34. Considere- uma mistura de sal (cloreto de sódio) e areia. O sal é solúvel em água; a areia não é. A mistura é adicionada na água e agitada para dissolver o sal e então é filtrada. A solução de sal passa através do filtro; a areia permanece no filtro. A água pode então ser evaporada do sal.
36. Cada componente da mistura mantém a sua identidade própria durante a separação.
38. (a) composto, substância pura; (b) elemento, substância pura, (c) mistura homogênea
40. físico
42. Falso; nenhuma reação ocorreu. As substâncias são meramente separadas, não se transformando em substâncias diferentes. Este é um exemplo de uma mistura heterogênea.
44. b   46. físico   48. substância pura; composto; elemento
50. (a) heterogênea; (b) homogênea; (c) heterogênea; (d) heterogênea; (e) homogênea
52. As respostas dependem de respostas dos alunos.
54. falso
56. O₂ e P₄ são ambos ainda elementos, embora as formas comuns destes elementos consistam de moléculas que contêm mais do que um átomo (mas todos os átomos em cada respectiva molécula são os mesmos). P₂O₅ é um composto, uma vez que é constituído por dois ou mais elementos diferentes (nem todos os átomos da molécula de P₂O₅ são os mesmos).
58. Assumindo que existe suficiente água presente na mistura para ter dissolvido todo o sal, filtre a mistura para separar a areia da mistura. Em seguida, destile o filtrado (que consiste de sal e água), o que ferverá a água, deixando o sal.
60. A diferença mais óbvia é o estado físico: a água é um líquido sob condições ambiente, o hidrogênio e o oxigênio são ambos gases. O hidrogênio é inflamável. O oxigênio favorece a combustão. Água não faz nenhum dos dois.
62. (a) falso; (b) falso; (c) verdadeiro; (d) falso; (e) verdadeiro
64. a, d

Capítulo 4

2. Robert Boyle   4. oxigênio; carbono; hidrogênio
6. (a) Os oligoelementos são elementos que estão presentes em pequenas quantidades. Oligoelementos no corpo, enquanto presentes em pequenas quantidades, são essenciais. (b) As respostas variarão. Por exemplo, o cromo auxilia no metabolismo dos açúcares e o cobalto está presente na vitamina B₁₂.
8. A resposta depende das escolhas / exemplos do estudante.
10. (a) cobre; (b) cobalto; (c) cálcio; (d) carbono, (e) cromo; (f) césio; (g) cloro; (h) cádmio
12. silício; Ni; prata; K; cálcio
14. B: bário, Ba; berquélio, Bk; berílio, Be; bismuto, Bi; bóhrio, Bh; boro, B; bromo, Br

N:neodímio, Nd; neônio, Ne; netúnio, Np; níquel, Ni; nióbio, Nb; nitrogênio, N; nobélio, No
P: paládio, Pd; fósforo, P; platina, Pt; plutônio, Pu; polônio, Po; potássio, K; praseodímio, Pr; promécio, Pm; protactínio, Pa
S: samário, Sm; escândio Sc; seabórgio, Sg; selênio, Se; silício, Si; prata, Ag; sódio, Na; estrôncio, Sr; enxofre, S

16. (a) Os elementos são compostos de pequenas partículas chamadas átomos; (b) Todos os átomos de um dado elemento são idênticos; (c) Os átomos de um dado elemento são diferentes dos de qualquer outro elemento; (d) Um dado composto sempre tem os mesmos números e tipos de átomos; (e) Os átomos não são criados nem destruídos em processos químicos. Uma reação química simplesmente altera a forma como os átomos estão agrupados em conjunto.

18. De acordo com Dalton, todos os átomos do mesmo elemento são *idênticos*; em particular, todos os átomos de um dado elemento têm a mesma *massa* que todos os outros átomos do elemento. Se um determinado composto contém sempre os *mesmos números relativos* de átomos de cada tipo e esses átomos sempre têm a mesma *massa*, então, o composto feito a partir desses elementos contém sempre as mesmas massas relativas dos seus elementos.

20. (a) CO_2; (b) CO; (c) $CaCO_3$; (d) H_2SO_4; (e) $BaCl_2$; (f) Al_2S_3
22. Falso; Experimentos de bombardeio de Rutherford com folha de metal sugeriram que as partículas alfa eram desviadas ao se aproximarem de um *denso* núcleo atômico *carregado positivamente*.
24. prótons   26. nêutrons; elétrons   28. Elétrons
30. Falso; o número de massa representa o número total de prótons e nêutrons no núcleo.
32. Os nêutrons não têm carga e contribuem apenas para a massa.
34. Os átomos do mesmo elemento (átomos com o mesmo número de prótons no núcleo) podem ter diferentes números de nêutrons e por isso terão diferentes massas.

36.
Z	Símbolo	Nome
32	Ge	germânio
30	Zn	zinco
24	Cr	cromo
74	W	tungstênio
38	Sr	estrôncio
27	Co	cobalto
4	Be	berílio

38. (a) $^{54}_{26}Fe$; (b) $^{56}_{26}Fe$; (c) $^{57}_{26}Fe$; (d) $^{14}_{7}N$; (e) $^{15}_{7}N$; (f) $^{15}_{7}N$
40. Os pesquisadores descobriram que as concentrações de hidrogênio-2 (deutério) e oxigênio-18 em água potável variam significativamente de região para região nos Estados Unidos. Ao coletar amostras de cabelo em todo o país, eles também descobriram que 86% das variações em isótopos de hidrogênio e oxigênio nas amostras de cabelo resultam da composição isotópica da água local.

42.
Nome	Símbolo	Número Atômico	Número de Massa	Número de Nêutrons
oxigênio	$^{17}_{8}O$	8	17	9
oxigênio	$^{17}_{8}O$	8	17	9
neônio	$^{20}_{10}Ne$	10	20	10
ferro	$^{56}_{26}Fe$	26	56	30
plutônio	$^{244}_{94}Pu$	94	244	150
mercúrio	$^{202}_{80}Hg$	80	202	122
cobalto	$^{59}_{27}Co$	27	59	32
níquel	$^{56}_{28}Ni$	28	56	28
flúor	$^{19}_{9}F$	9	19	10
cromo	$^{50}_{24}Cr$	24	50	26

44. vertical; grupos   46. verdadeiro
48. elementos ametálicos gasosos: oxigênio, nitrogênio, flúor, cloro, hidrogênio e os gases nobres; Não há nenhum elemento gasoso metálico em condições ambientais
50. metaloides ou semimetais
52. (a) flúor, cloro, bromo, iodo, astato; (b) lítio, sódio, potássio, rubídio, césio, frâncio; (c) berílio, magnésio, cálcio, estrôncio, bário, rádio; (d) hélio, neônio, argônio, criptônio, xenônio, radônio

54. O arsênico é um metaloide. Outros elementos do mesmo grupo (5A) incluem nitrogênio (N), fósforo (P), antimônio (Sb) e bismuto (Bi).
56. A maior parte dos elementos são demasiado reativos para ser encontrados na forma não combinada na natureza e são encontrados apenas nos compostos.
58. Estes elementos são encontrados não combinados na natureza e não reagem rapidamente com outros elementos. Embora esses elementos fossem antes pensados para não formarem nenhum composto, isto agora tem sido mostrado ser falso.
60. gases diatômicos: H_2, N_2, O_2, F_2, Cl_2; gases monatômicos: He, Ne, Kr, Xe, Rn, Ar
62. cloro   64. carbono   66. elétrons   68. 2-   70. –eto
72. Falso; N^{3-} contém sete prótons e 10 elétrons; P^{3-} contém 15 prótons e 18 elétrons.
74. número de prótons = 26; número de elétrons = 23; número de nêutrons = 30
76. (a) dois elétrons adquiridos; (b) três elétrons adquiridos; (c) três elétrons perdidos; (d) dois elétrons perdidos; (e) um elétron perdido; (f) dois elétrons perdidos
78. (a) P^{3-}; (b) Ra^{2+}; (c) At^-; (d) sem íon; (e) Cs^+; (f) Se^{2-}
80. O cloreto de sódio é um composto iônico, que consiste de íons de Na^+ e Cl^- Quando NaCl é dissolvido em água, estes íons são liberados e podem se mover independentemente para conduzir a corrente elétrica.
82. O número total de cargas positivas deve ser igual ao número total de cargas negativas de modo que os cristais de um composto iônico não têm *carga líquida*. Uma amostra macroscópica de composto normalmente não tem carga líquida.
84. (a) CsI, BaI_2, AlI_3; (b) Cs_2O, BaO, Al_2O_3; (c) CsaP, BaP_2, AlP; (d) Cs_2Se, BaSe, Al_2Se_3; (e)CsH, BaH_2, AlH_3
86. (a) 7, halogênio; (b) 8, gases nobres; (c) 2, elementos alcalino terrosos; (d) 2, elementos alcalino terrosos; (e) 4; (f) 6; (g) 8, gases nobres; (h) 1, metais alcalinos
88. d
90. A maioria da massa de um átomo está concentrada no núcleo: os *prótons* e os *nêutrons*, que constituem o núcleo têm massas semelhantes e são cada um cerca de 2.000 vezes mais massivos que os elétrons. As propriedades químicas de um átomo dependem do número e da localização dos *elétrons* que ele possui. Os elétrons são encontrados nas regiões exteriores do átomo e estão envolvidos nas interações entre os átomos.
92. $C_6H_{12}O_6$
94. (a) 29 elétrons, 34 nêutrons, 29 elétrons; (b) 35 prótons, 45 nêutrons, 35 elétrons; (c) 12 prótons, 12 nêutrons, 12 elétrons
96. A utilização principal do ouro nos tempos antigos era como *ornamentação*, seja na estatuária ou em joias. O ouro possui um brilho especialmente bonito; uma vez que é relativamente macio e maleável, ele pode ser trabalhado finamente por artesões. Entre os metais, o ouro é inerte ao ataque pela maior parte das substâncias no ambiente.
98. $^{81}_{35}Br-Br$ 100. a, b, c, d   102. Cu^{2+}; número de massa = 63
104. (a) CO_2; (b) $AlCl_3$; (c) $HClO_4$; (d) SCl_6
106. (a) $^{13}_{6}C$; (b) $^{13}_{6}C$; (c) $^{13}_{6}C$; (d) $^{44}_{19}K$; (e) $^{41}_{20}Ca$; (f) $^{35}_{19}K$

108.
Símbolo	Número de Prótons	Número de Nêutrons	Número de Massa
$^{41}_{20}Ca$	20	21	41
$^{55}_{25}Mn$	25	30	55
$^{109}_{47}Ag$	47	62	109
$^{45}_{21}Sc$	21	24	45

110. Cu-63: 29 prótons, 29 elétrons, 34 nêutrons, $^{63}_{29}Cu$
Cu-65: 29 prótons, 29 elétrons, 36 nêutrons, $^{65}_{29}Cu$
112. Sn; Be; H; Cl; Ra; Xe; Zn; O

114.
Átomo	G ou L	Íon
O	G	O^{2-}
Mg	L	Mg^{2+}
Rb	L	Rb^+
Br	G	Br^-
Cl	G	Cl^-

718 Introdução à química: fundamentos

116.

#p	#n	#e
50	70	50
12	13	10
26	30	24
34	45	34
17	18	17
29	34	29

Capítulo 5

2. Um composto químico binário contém apenas dois elementos; os principais tipos são iônicos (constituídos de um metal e um ametal) e não iônico ou molecular (constituído de dois ametais). As respostas dependem de respostas dos alunos.
4. cátion (íon positivo)
6. O cloreto de sódio consiste de íons de Na$^+$ e íons de Cl$^-$ em uma matriz de malha rede cristalina estendida. Pares de NaCl discretos não estão presentes.
8. Numeral romano
10. (a) iodeto de lítio; (b) fluoreto de magnésio; (c) o óxido de estrôncio; (d) brometo de alumínio; (e) sulfeto de cálcio; (f) óxido de sódio
12. (a) correto; (b) incorreto, óxido de prata; (c) incorreto, óxido de lítio; (d) correto; (e) incorreto, sulfeto de césio
14. (a) iodeto (III) de ferro; (b) cloreto de manganês (II); (c) óxido de mercúrio (II); (d) sulfeto de cobre (I); (e) óxido de cobalto (II); (f) brometo de estanho (IV)
16. (a) cloreto de cobaltoso; (b) brometo crômico; (c) óxido plumboso; (d) óxido estânico; (e) óxido cobáltico; (f) cloreto de férrico
18. (a) tetraidreto de germânio; (b) tetrabrometo de dinitrogênio; (c) pentóxido de difósforo; (d) dióxido de carbono; (e) amônia; (f) dióxido de silício
20. Na$_2$O: óxido de sódio; N$_2$O: monóxido de dinitrogênio. Para Na$_2$O, o composto contém um metal e um ametal, no qual as cargas devem ser balanceadas. Ao formar este composto, Na sempre forma uma carga 1+ e o oxigênio sempre forma uma carga 2-. Portanto, os prefixos não são necessários. Para N$_2$O, o composto contém apenas ametais e as cargas não têm que se balancear. Portanto, os prefixos são necessários para nos dizer quantos de cada átomo estão presentes.
22. (a) cloreto de rádio, iônico; (b) dicloreto de selênio, não iônico; (c) tricloreto de fósforo, não iônico; (d) fosfeto de sódio, iônico; (e) fluoreto de manganês (II), iônico; (f) óxido de zinco, iônico.
24. Um oxiânion é um íon poliatômico contendo um dado elemento e um ou mais átomos de oxigênio. Os oxiânions de cloro e bromo são os seguintes:

Oxiânion	Nome	Oxiânion	Nome
ClO$^-$	hipoclorito	BrO$^-$	hipobrometo
ClO$_2^-$	clorito	BrO$_2^-$	bromito
ClO$_3^-$	clorato	BrO$_3^-$	bromato
ClO$_4^-$	perclorato	BrO$_4^-$	perbromato

26. hipo- (menor número); per- (maior número)
28. IO$^-$, hipoiodito; IO$_2^-$, iodito; IO$_3^-$, iodato; IO$_4^-$, periodato
30. (a) Cl$^-$; (b) ClO$^-$; (c) ClO$_3^-$; (d) ClO$_4^-$
32. CN$^-$, cianeto; CO$_3^{2-}$, carbonato; HCO$_3^-$, hidrogenocarbonato; C$_2$H$_3$O$_2^-$, acetato
34. (a) íon amônio; (b) íon dihidrogenofosfato; (c) íon sulfato; (d) íon hidrogenosulfito (íon bissulfito); (e) íon perclorato; (f) íon iodato
36. (a) permanganato de sódio; (b) fosfato de alumínio, (c) carbonato de cromo (II), carbonato cromoso; (d) hipoclorito de cálcio; (e) carbonato de bário; (f) cromato de cálcio
38. oxigênio
40. (a) ácido hipocloroso; (b) ácido sulfuroso; (c) ácido brômico, (d) ácido hipoiodoso; (e) ácido perbrômico; (f) ácido sulfídrico; (g) ácido hidroselênico; (h) ácido fosforoso
42. (a) MgF$_2$; (b) FeI$_3$; (c) HgS; (d) Ba$_3$N$_2$; (e) PbCl$_2$; (f) SnF$_4$; (g) Ag$_2$O; (h) K$_2$Se
44. (a) N$_2$O; (b) NO$_2$; (c) N$_2$O$_4$; (d) SF$_6$; (e) PBr$_3$; (f) CI$_4$; (g) OCl$_2$

46. (a) NH$_4$C$_2$H$_3$O$_2$; (b) Fe(OH)$_2$; (c) Co$_2$(CO$_3$)$_3$; (d) BaCr$_2$O$_7$; (e) PbSO$_4$; (f) KH$_2$PO$_4$; (g) Li$_2$O$_2$; (h) Zn(ClO$_3$)$_2$
48. (a) HCN; (b) HNO$_3$; (c) H$_2$SO$_4$; (d) H$_3$PO$_4$; (e) HClO ou HOCl; (f) HBr; (g) HBrO$_2$; (h) HF
50. (a) Ca(HSO$_4$)$_2$; (b) Zn$_3$(PO$_4$)$_2$; (c) Fe(ClO$_4$)$_3$; (d) Co(OH)$_3$; (e) K$_2$CrO$_4$; (f) Al(H$_2$PO$_4$)$_3$; (g) LiHCO$_3$; (h) Mn(C$_2$H$_3$O$_2$)$_2$ (i) MgHPO$_4$; (j) CsClO$_2$; (k) BaO$_2$; (l) NiCO$_3$
52. Uma pasta úmida de NaCl conteria íons Na$^+$ e Cl$^-$em solução e serviria como um *condutor* de impulsos elétricos.
54. H → H$^+$ (íon hidrogênio) + e$^-$; H + e$^-$ → H$^-$ (íon hidreto)
56. ClO$_4^-$, HClO$_4$; IO$_3^-$, HIO$_3$; ClO$^-$, HClO; BrO$_2^-$, HBrO$_2$; ClO$_2^-$, HClO$_2$
58. (a) brometo de ouro(III) (brometo áurico); (b) cianeto de cobalto(III) (cianeto cobáltico); (c) hidrogenofosfato de magnésio, (d) hexahidreto de diboro (nome comum diborano); (e) amônia; (f) sulfato de prata(I) (geralmente denominado sulfato de prata); (g) hidróxido de berílio
60. b
62. (a) M(C$_2$H$_3$O$_2$)$_2$; (b) M(MnO$_4$)$_2$; (c) MO; (d) MHPO$_4$;(e) M(OH)$_2$; (f) M(NO$_2$)$_2$
64. (a) Mn^{2+}; (b) Cl$^-$; 18 elétrons; (c) MnCl$_2$; cloreto de manganês(II)
66.

Ca(NO$_3$)$_2$	CaSO$_4$	Ca(HSO$_4$)$_2$	Ca(H$_2$PO$_4$)$_2$	CaO	CaCl$_2$
Sr(NO$_3$)$_2$	SrSO$_4$	Sr(HSO$_4$)$_2$	Sr(H$_2$PO$_4$)$_2$	SrO	SrCl$_2$
NH$_4$NO$_3$	(NH$_4$)$_2$SO$_4$	NH$_4$HSO$_4$	NH$_4$H$_2$PO$_4$	(NH$_4$)$_2$O	NH$_4$Cl
Al(NO$_3$)$_3$	Al$_2$(SO$_4$)$_3$	Al(HSO$_4$)$_3$	Al(H$_2$PO$_4$)$_3$	Al$_2$O$_3$	AlCl$_3$
Fe(NO$_3$)$_3$	Fe$_2$(SO$_4$)$_3$	Fe(HSO$_4$)$_3$	Fe(H$_2$PO$_4$)$_3$	Fe$_2$O$_3$	FeCl$_3$
Ni(NO$_3$)$_2$	NiSO$_4$	Ni(HSO$_4$)$_2$	Ni(H$_2$PO$_4$)$_2$	NiO	NiCl$_2$
AgNO$_3$	Ag$_2$SO$_4$	AgHSO$_4$	AgH$_2$PO$_4$	Ag$_2$O	AgCl
Au(NO$_3$)$_3$	Au$_2$(SO$_4$)$_3$	Au(HSO$_4$)$_3$	Au(H$_2$PO$_4$)$_3$	Au$_2$O$_3$	AuCl$_3$
KNO$_3$	K$_2$SO$_4$	KHSO$_4$	KH$_2$PO$_4$	K$_2$O	KCl
Hg(NO$_3$)$_2$	HgSO$_4$	Hg(HSO$_4$)$_2$	Hg(H$_2$PO$_4$)$_2$	HgO	HgCl$_2$
Ba(NO$_3$)$_2$	BaSO$_4$	Ba(HSO$_4$)$_2$	Ba(H$_2$PO$_4$)$_2$	BaO	BaCl$_2$

68. (NH$_4$)$_3$PO$_4$ 70. F$_2$, Cl$_2$ (gás); Br$_2$ (líquido); I$_2$, At$_2$ (sólido)
72. 1+   74. 2−
76. (a) Al(13e) → Al^{3+}(10e) + 3e$^-$; (b) S(16e) + 2e$^-$ → S^{2-}(18e); (c) Cu(29e) → Cu$^+$(28e) + e$^-$; (d) F(9e) + e$^-$ → F$^-$(10e); (e) Zn(30e) → Zn^{2+}(28e) + 2e$^-$; (f) P(15e) + 3e$^-$ → P^{3-}(18e)
78. (a) Na$_2$S; (b) KCl; (c) BaO; (d) MgSe; (e) CuBr$_2$; (f) AlI$_3$; (g) Al$_2$O$_3$; (h) Ca$_3$N$_2$
80. (a) oxido de prata(I) ou óxido de prata apenas; (b) correta; (c) óxido de ferro(III); (d) óxido plúmbico; (e) correta
82. (a) cloreto estanhoso; (b) óxido de ferro; (c) óxido estânico, (d) sulfeto plumboso; (e) sulfeto cobáltico; (f) cloreto cromoso
84. (a) acetato de ferro(III); (b) monofluoreto de bromo; (c) peróxido de potássio; (d) tetrabrometo de silício; (e) permanganato de cobre(II), (f) cromato de cálcio
86. a
88. (a) carbonato; (b) clorato; (c) sulfato; (d) fosfato, (e) perclorato; (f) permanganato
90. SrBr$_2$
92. (a) NaH$_2$PO$_4$; (b) LiClO$_4$; (c) Cu(HCO$_3$)$_2$; (d) KC$_2$H$_3$O$_2$; (e) BaO$_2$; (f) Cs$_2$SO$_3$
94.

Átomo	G ou L	Íon
K L	K$^+$	
Cs	L	Cs$^+$
Br	G	Br$^-$
S G	S^{2-}	
Se	G	Se^{2-}

96. nitrito de cobalto (II); pentafluoreto de arsênio; cianeto de lítio; sulfeto de potássio; nitreto de lítio; cromato de chumbo(II)
98. b, d

Capítulo 6

2. A maior parte destes produtos contém um peróxido, que se decompõe e libera gás oxigênio.

4. Borbulhamento ocorre à medida que o peróxido de hidrogênio se decompõe quimicamente em água e gás oxigênio.
6. O aparecimento da cor negra, na verdade, sinaliza a repartição de amidos e de açúcares no pão em carbono elementar. Você também pode ver o vapor saindo do pão (água produzida pela decomposição dos hidratos de carbono).
8. (a) N_2, H_2; os reagentes estão no lado esquerdo da seta. (b) NH_3; os produtos estão no lado direito da seta.
10. Balancear uma equação assegura que átomos alguns são criados ou destruídos durante a reação. A massa total após a reação deve ser a mesma que a massa total antes da reação.
12. gasoso   14. $CaCO_3(s) \rightarrow CaO(s) + CO_2(g)$
16. $N_2H_4(l) \rightarrow N_2(g) + H_2(g)$ 18. $Ag_2O(s) \rightarrow Ag(s) + O_2(g)$
20. $CaCO_3(s) + HCl(aq) \rightarrow CaCl_2(aq) + H_2O(l) + CO_2(g)$
22. $SiO_2(s) + C(s) \rightarrow Si(s) + CO(g)$
24. $Zn(s) + HCl(aq) \rightarrow H_2(g) + ZnCl_2(aq)$
26. $SO_2(g) + H_2O(l) \rightarrow H_2SO_3(aq)$; $SO_3(g) + H_2O(l) \rightarrow H_2SO_4(aq)$
28. $NO(g) + O_3(g) \rightarrow NO_2(g) + O_2(g)$
30. $P_4(s) + O_2(g) \rightarrow P_2O_5(s)$ 32. $Xe(g) + F_2(g) \rightarrow XeF_4(s)$
34. $NH_3(g) + O_2(g) \rightarrow HNO_3(aq) + H_2O(l)$
36. Para balancear uma equação química devemos ter o mesmo número de cada tipo de átomo em ambos os lados da equação. Além disso, é preciso balancear a equação que nos é dada ou seja, não devemos mudar a natureza das substâncias.
Por exemplo, a equação $2H_2O_2\,(aq) \rightarrow 2H_2O\,(l) + O_2(g)$ pode ser representada como

A equação $H_2O_2\,(aq) \rightarrow H_2(g) + O_2(g)$ pode ser representada como

38. $2K(s) + 2H_2O(l) \rightarrow H_2(g) + 2KOH(aq)$
40. (a) $Na_2SO_4(aq) + CaCl_2(aq) \rightarrow CaSO_4(s) + 2NaCl(aq)$;
(b) $3Fe(s) + 4H_2O(g) \rightarrow Fe_3O_4(s) + 4H_2(g)$;
(c) $Ca(OH)_2(aq) + 2HCl(aq) \rightarrow CaCl_2(aq) + 2H_2O(l)$;
(d) $Br_2(g) + 2H_2O(l) + SO_2(g) \rightarrow 2HBr(aq) + H_2SO_4(aq)$;
(e) $3NaOH(s) + H_3PO_4(aq) \rightarrow Na_3PO_4(aq) + 3H_2O(l)$;
(f) $2NaNO_3(s) \rightarrow 2NaNO_2(s) + O_2(g)$;
(g) $2Na_2O_2(s) + 2H_2O(l) \rightarrow 4NaOH(aq) + O_2(g)$;
(h) $4Si(s) + S_8(s) \rightarrow 2Si_2S_4(s)$
42. (a) $4NaCl(s) + 2SO_2(g) + 2H_2O(g) + O_2(g) \rightarrow 2Na_2SO_4(s) + 4HCl(g)$;   (b) $3Br_2(l) + I_2(s) \rightarrow 2IBr_3(s)$;
(c) $Ca(s) + 2H_2O(g) \rightarrow Ca(OH)_2(aq) + H_2(g)$;
(d) $2BF_3(g) + 3H_2O(g) \rightarrow B_2O_3(s) + 6HF(g)$;
(e) $SO_2(g) + 2Cl_2(g) \rightarrow SOCl_2(l) + Cl_2O(g)$;
(f) $Li_2O(s) + H_2O(l) \rightarrow 2LiOH(aq)$;
(g) $Mg(s) + CuO(s) \rightarrow MgO(s) + Cu(l)$;
(h) $Fe_3O_4(s) + 4H_2(g) \rightarrow 3Fe(l) + 4H_2O(g)$
44. (a) $Ba(NO_3)_2(aq) + Na_2CrO_4(aq) \rightarrow BaCrO_4(s) + 2NaNO_3(aq)$;
(b) $PbCl_2(aq) + K_2SO_4(aq) \rightarrow PbSO_4(s) + 2KCl(aq)$;
(c) $C_2H_5OH(l) + 3O_2(g) \rightarrow 2CO_2(g) + 3H_2O(l)$;
(d) $CaC_2(s) + 2H_2O(l) \rightarrow Ca(OH)_2(s) + C_2H_2(g)$;
(e) $Sr(s) + 2HNO_3(aq) \rightarrow Sr(NO_3)_2(aq) + H_2(g)$;
(f) $BaO_2(s) + H_2SO_4(aq) \rightarrow BaSO_4(s) + H_2O_2(aq)$;
(g) $2AsI_3(s) \rightarrow 2As(s) + 3I_2(s)$;   (h) $2CuSO_4(aq) + 4KI(s) \rightarrow 2CuI(s) + I_2(s) + 2K_2SO_4(aq)$
46. a   48. números inteiros
50. $2Al_2O_3(s) + 3C(s) \rightarrow 4Al(s) + 3CO_2(g)$
52. Verdadeiro; os coeficientes podem ser frações quando balanceando uma equação química, porque os coeficientes representam uma proporção de quantidade de matéria necessária para a reação ocorrer. Como resultado, a quantidade de matéria pode ser fracionária, uma vez que representam uma quantidade. A chave é certificar-se de que os átomos são conservados dos reagentes para os produtos. Observe que a convenção aceita é que a "melhor" equação balanceada é aquela com os menores números inteiros (embora não obrigatório).
54. $BaO_2(s) + H_2O(l) \rightarrow BaO(s) + H_2O_2(aq)$
56. $2KClO_3(s) \rightarrow 2KCl(s) + 3O_2(g)$
58. $4FeO(s) + O_2(g) \rightarrow 2Fe_2O_3(s)$

60. $3LiAlH_4(s) + AlCl_3(s) \rightarrow 4AlH_3(s) + 3LiCl(s)$
62. $Fe(s) + S(s) \rightarrow FeS(s)$
64. $K_2CrO_4(aq) + BaCl_2(aq) \rightarrow BaCrO_4(s) + 2KCl(aq)$
66. $2NaCl(aq) + 2H_2O(l) \rightarrow Cl_2(g) + H_2(g) + 2NaOH(aq, s)$
$2NaBr(aq) + 2H_2O(l) \rightarrow Br_2(l) + H_2(g) + 2NaOH(aq, s)$
$2NaI(aq) + 2H_2O(l) \rightarrow I_2(s) + H_2(g) + 2NaOH(aq, s)$
68. e   70. $CuO(s) + H_2SO_4(aq) \rightarrow CuSO_4(aq) + H_2O(l)$
72. a   74. $2Na_2S_2O_3(aq) + I_2(aq) \rightarrow Na_2S_4O_6(aq) + 2NaI(aq)$
76. As respostas podem variar, mas a seguinte equação balanceada deve ser reportada: $4NH_3(g) + 3O_2(g) \rightarrow 2N_2(g) + 6H_2O(g)$
78. $4Fe(s) + 3O_2(g) \rightarrow 2Fe_2O_3(s)$; $2PbO_2(s) \rightarrow 2PbO(s) + O_2(g)$;
$2H_2O_2(l) \rightarrow O_2(g) + 2H_2O(l)$

Capítulo 7

2. Forças motrizes são os tipos de *variações* em um sistema que puxam uma reação na *direção da formação do produto*; forças motoras incluem a formação de um *sólido*, a formação de *água*, a formação de um *gás* e a transferência de elétrons.
4. Um reagente em solução aquosa é indicado com (*aq*); a formação de um sólido é indicada com (*s*).
6. Há duas vezes mais íons cloreto que íons de magnésio.
8. A evidência mais simples é que as soluções de substâncias iônicas conduzem eletricidade.
10. a
12. (a) solúvel, Regra 1; (b) solúvel, Regra 2; (c) insolúvel, Regra 4; (d) insolúvel, Regra 5; (e) solúvel, Regra 2; (f) insolúvel, Regra 3; (g) solúvel, Regra 2; (h) insolúvel, Regra 6
14. (a) Regra 5; (b) Regra 6; (c) Regra 6; (d) Regra 3; (e) Regra 4
16. (a) $MnCO_3$, Regra 6; (b) $CaSO_4$, Regra 4; (c) Hg_2Cl_2, Regra 3; (d) nenhum precipitado, a maioria dos sais de sódio e de nitrato são solúveis; (e) $Ni(OH)_2$, Regra 5; (f) $BaSO_4$, Regra 4
18. (a) $Na_2CO_3(aq) + CuSO_4(aq) \rightarrow Na_2SO_4(aq) + \underline{CuCO_3(s)}$
(b) $HCl(aq) + AgC_2H_3O_2(aq) \rightarrow HC_2H_3O_2(aq) + \underline{\tfrac{65}{29}}$
(c) (c) nenhum precipitado
(d) $3(NH_4)_2S(aq) + 2FeCl_3(aq) \rightarrow 6NH_4Cl(aq) + \underline{Fe_2S_3(s)}$
(e) $H_2SO_4(aq) + Pb(NO_3)_2(aq) \rightarrow 2HNO_3(aq) + \underline{PbSO_4(s)}$
(f) $2K_3PO_4(aq) + 3CaCl_2(aq) \rightarrow 6KCl(aq) + \underline{Ca_3(PO_4)_2(s)}$
20. (a) $CaCl_2(aq) + 2AgNO_3(aq) \rightarrow Ca(NO_3)_2(aq) + 2AgCl(s)$;
(b) $2AgNO_3(aq) + K_2CrO_4(aq) \rightarrow Ag_2CrO_4(s) + 2KNO_3(aq)$;
(c) $BaCl_2(aq) + K_2SO_4(aq) \rightarrow BaSO_4(s) + 2KCl(aq)$
22. O precipitado é fosfato de chumbo(II). A equação balanceada é $2Na_3PO_4(aq) + 3Pb(NO_3)_2(aq) \rightarrow Pb_3(PO_4)_2(s) + 6NaNO_3(aq)$
24. e
26. molecular: $K_2SO_4(aq) + Pb(NO_3)_2(aq) \rightarrow 2KNO_3(aq) + PbSO_4(s)$
ônica completa: $2K^+(aq) + SO_4^{2-}(aq) + Pb^{2+}(aq) + 2NO_3^-(aq) \rightarrow 2K^+(aq) + 2NO_3^-(aq) + PbSO_4(s)$
iônica líquida: $SO_4^{2-}(aq) + Pb^{2+}(aq) \rightarrow PbSO_4(s)$
28. $Ag^+(aq) + Cl^-(aq) \rightarrow AgCl(s)$; $Pb^{2+}(aq) + 2Cl^-(aq) \rightarrow PbCl_2(s)$; $Hg_2^{2+}(aq) + 2Cl^-(aq) \rightarrow Hg_2Cl_2(s)$
30. $Co^{2+}(aq) + S^{2-}(aq) \rightarrow CoS(s)$; $2Co^{3+}(aq) + 3S^{2-}(aq) \rightarrow Co_2S_3(s)$; $Fe^{2+}(aq) + S^{2-}(aq) \rightarrow FeS(s)$; $2Fe^{3+}(aq) + 3S^{2-}(aq) \rightarrow Fe_2S_3(s)$
32. As bases fortes são os compostos de hidróxido que se dissociam completamente quando dissolvidos em água. As bases fortes que são altamente solúveis em água (NaOH, KOH), também são eletrólitos fortes.
34. ácidos: HCl (clorídrico), HNO_3 (nítrico), H_2SO_4 (sulfúrico); bases: hidróxidos dos elementos do Grupo 1A: NaOH, KOH, RbOH, CsOH
36. Um sal é o produto iônico que permanece na solução quando um ácido neutraliza uma base. Por exemplo, na reação HCl (aq) + NaOH $(aq) \rightarrow$ NaCl $(aq) + H_2O(l)$, o cloreto de sódio é o sal produzido pela reação de neutralização.
38. $HBr(aq) \rightarrow H^+(aq) + Br^-(aq)$; $HClO_4(aq) \rightarrow H^+(aq) + ClO_4^-(aq)$
40. (a) $H_2SO_4(aq) + 2KOH(aq) \rightarrow K_2SO_4(aq) + 2H_2O(l)$
(b) $HNO_3(aq) + NaOH(aq) \rightarrow NaNO_3(aq) + H_2O(l)$
(c) $2HCl(aq) + Ca(OH)_2(aq) \rightarrow CaCl_2(aq) + 2H_2O(l)$
(d) $2HClO_4(aq) + Ba(OH)_2(aq) \rightarrow Ba(ClO_4)_2(aq) + 2H_2O(l)$

42. A resposta depende da escolha do exemplo pelo estudante: 2Na (s) + Cl$_2$(g) → 2NaCl (s) é um exemplo.
44. Os três átomos de alumínio perdem elétrons para se tornarem íons Al^{3+}; os íons Fe^{3+} ganham três elétrons para se tornarem átomos de Fe.
46. Cada átomo de magnésio perderia dois elétrons. Cada átomo de oxigênio ganharia dois elétrons (de modo que a molécula de O$_2$ ganharia quatro elétrons). Dois átomos de magnésio seriam necessários para reagir com cada molécula de O$_2$. Íons de magnésio têm carga 2+, íons óxidos têm carga 2–.
48. AlBr$_3$ é composto de íons Al^{3+} e íons Br$^-$. Cada um dos átomos de alumínio perde três elétrons e cada um dos átomos de bromo ganha um elétron (Br$_2$ ganha dois elétrons).
50. (a) P$_4$(s) + 5O$_2$(g) → P$_4$O$_{10}$(s);
    (b) MgO(s) + C(s) → Mg(s) + CO(g);
    (c) Sr(s) + 2H$_2$O(l) → Sr(OH)$_2$(aq) + H$_2$(g);
    (d) Co(s) + 2HCl(aq) → CoCl$_2$(aq) + H$_2$(g)
52. A reação inclui alumínio metálico como um reagente e produtos que contêm íons de alumínio. Para esta reação, os elétrons devem ser transferidos. Ou seja, para fazer um cátion de alumínio, os elétrons devem ser removidos do metal. Uma oxirredução é aquela que envolve a transferência de elétrons.
54. (a) oxirredução; (b) de oxirredução; (c) ácido-base; (d) ácido-base, precipitação; (e) precipitação; (f) precipitação; (g) oxirredução; (h) oxirredução, (i) ácido-base
56. oxirredução
58. A reação de decomposição é a que um determinado composto é dividido em compostos mais simples ou em elementos constitutivos. As reações CaCO$_3$ (s) → CaO (s) + CO$_2$(g) e 2HgO (s) → 2Hg (l) + O$_2$(g) representam reações de decomposição. Tais reações podem ser, muitas vezes classificadas de outras maneiras. Por exemplo, a reação de HgO (s) é também uma reação de oxirredução.
60. (a) C$_3$H$_8$(g) + 5O$_2$(g) → 3CO$_2$(g) + 4H$_2$O(g);
    (b) C$_2$H$_4$(g) + 3O$_2$(g) → 2CO$_2$(g) + 2H$_2$O(g);
    (c) 2C$_8$H$_{18}$(l) + 25O$_2$(g) → 16CO$_2$(g) + 18H$_2$O(g)
62. A resposta depende da escolha do aluno.
64. (a) 8Fe(s) + S$_8$(s) → 8FeS(s);   (b) 4Co(s) + 3O$_2$(g) → 2Co$_2$O$_3$(s);
    (c) Cl$_2$O$_7$(g) + H$_2$O(l) → 2HClO$_4$(aq)
66. (a) 2Al(s) + 3Br$_2$(l) → 2AlBr$_3$(s)
    (b) Zn(s) + 2HClO$_4$(aq) → Zn(ClO$_4$)$_2$(aq) + H$_2$(g)
    (c) 3Na(s) + P(s) → Na$_3$P(s)
    (d) CH$_4$(g) + 4Cl$_2$(g) → CCl$_4$(l) + 4HCl(g)
    (e) Cu(s) + 2AgNO$_3$(aq) → Cu(NO$_3$)$_2$(aq) + 2Ag(s)
68. c apenas
70. (a) HNO$_3$(aq) + KOH(aq) → H$_2$O(l) + KNO$_3$(aq);
    (b) H$_2$SO$_4$(aq) + Ba(OH)$_2$(aq) → BaSO$_4$(s) + 2H$_2$O(l);
    (c) HClO$_4$(aq) + NaOH(aq) → H$_2$O(l) + NaClO$_4$(aq);
    (d) 2HCl(aq) + Ca(OH)$_2$(aq) → CaCl$_2$(aq) + H$_2$O(l)
72. (a) 2AgNO$_3$(aq) + H$_2$SO$_4$(aq) → Ag$_2$SO$_4$(s) + 2HNO$_3$(aq);
    (b) Ca(NO$_3$)$_2$(aq) + H$_2$SO$_4$(aq) → CaSO$_4$(s) + 2HNO$_3$(aq);
    (c) Pb(NO$_3$)$_2$(aq) + H$_2$SO$_4$(aq) → PbSO$_4$(s) + 2HNO$_3$(aq)
74. (a) H$_2$SO$_4$(aq) + 2NaOH(aq) → 2H$_2$O(l) + Na$_2$SO$_4$(aq);
    (b) HNO$_3$(aq) + RbOH(aq) → H$_2$O(l) + RbNO$_3$(aq);
    (c) HClO$_4$(aq) + KOH(aq) → 2H$_2$O(l) + KClO$_4$(aq);
    (d) HCl(aq) + KOH(aq) → H$_2$O(l) + KCl(aq)
76. molecular: Na$_2$SO$_4$(aq) + CaCl$_2$(aq) → CaSO$_4$(s) + 2NaCl(aq)
    iônica completa: 2Na$^+$(aq) + SO$_4^{2-}$(aq) + Ca^{2+}(aq) + 2Cl$^-$(aq) → CaSO$_4$(s) + 2Na$^+$(aq) + 2Cl$^-$(aq)
    net ionic: SO$_4^{2-}$(aq) + Ca^{2+}(aq) → CaSO$_4$(s)
78. Os átomos de alumínio perdem três elétrons para se tornarem íons Al^{3+}; átomos de iodo ganham um elétron cada para se tornarem íons I$^-$.
80. (a) 2Na(s) + O$_2$(g) → Na$_2$O$_2$(s);
    (b) Fe(s) + H$_2$SO$_4$(aq) → FeSO$_4$(aq) + H$_2$(g);
    (c) 2Al$_2$O$_3$(s) → 4Al(s) + 3O$_2$(g);
    (d) 2Fe(s) + 3Br$_2$(l) → 2FeBr$_3$(s);
    (e) Zn(s) + 2HNO$_3$(aq) → Zn(NO$_3$)$_2$(aq) + H$_2$(g)
82. a, b, c
84. (a) 2NaHCO$_3$(s) → Na$_2$CO$_3$(s) + H$_2$O(g) + CO$_2$(g);
    (b) 2NaClO$_3$(s) → 2NaCl(s) + 3O$_2$(g);
    (c) 2HgO(s) → 2Hg(l) + O$_2$(g);
    (d) C$_{12}$H$_{22}$O$_{11}$(s) → 12C(s) + 11H$_2$O(g);
    (e) 2H$_2$O$_2$(l) → 2H$_2$O(l) + O$_2$(g)
86. 6Na + N$_2$ → 2Na$_3$N
88. (a), um; (b) um; (c) dois; (d) dois; (e) três
90. Falso; a equação molecular balanceada é: Ba(OH)$_2$ (aq) + H$_2$SO$_4$ (aq) → BaSO$_4$ (s) + 2H$_2$O (l). A equação iônica completa é: Ba^{2+} (aq) + 2OH$^-$ (aq) + 2H+ (aq) + SO$_4^{2-}$ (aq) → BaSO$_4$ (s) + 2H$_2$O (l). A equação iônica líquida inclui todas as espécies que fazem parte da reação química. Os íons de OH$^-$ e H$^+$ formam água, de forma que também estão incluídos na equação iônica líquida. Assim, a equação iônica completa e a equação iônica líquida são as mesmas.
92. 3Na$_2$CrO$_4$(aq) + 2AlBr$_3$(aq) → Al$_2$(CrO$_4$)$_3$(s) + 6NaBr(aq)
94. PbCl$_2$; PbSO$_4$; Pb$_3$(PO$_4$)$_2$; AgCl; Ag$_3$PO$_4$
96. PbSO$_4$; AgCl; nenhum

Capítulo 8

2. A fórmula empírica é a mais baixa relação de número inteiro de átomos no composto. O gráfico de PVDF mostra quatro de cada tipo de átomo (carbono, hidrogênio e flúor), de modo que a fórmula empírica é CHF.
4. A massa atômica média leva em conta os vários isótopos de um elemento e as abundâncias relativas em que esses isótopos são encontrados.
6. (a), um; (b) cinco; (c) dez; (d) 50; (e) dez
8. A amostra contendo 54átomos de Br pesaria 4.315 u; 5672,9 u de Br representaria 71 átomos de Br.
10. 118,7   12. 1,674 × 10^{24} átomos deAg, 176,7 g Cu   14. 177 g
16. 5,90 × 10^{-23} g   18. 2,0 mol de carbono
20. (a) 1,53 mol S; (b) 3,59 x 10^5 mol Pb; (c) 9,22 × 10^{-5} mol de Cl; (d)0,578 mol de Li; (e) 1,574 mol de Cu; (f) 9,43 × 10^{-4} mol de Sr
22. (a) 0,221 g; (b) 0,0676 g; (c) 3,64 x 10^3 g; (d) 1,84 × 10^{-5} g; (e) 86,4 g; (f) 7,47 × 10^{-3} g
22. (a) 0,221 g;   (b) 0,0676 g;   (c) 3,64 × 10^3 g;   (d) 1,84 × 10^{-5} g;   (e) 86,4 g;   (f) 7,47 × 10^{-3} g
24. (a) 1,16 × 10^{-20} g; (b) 6,98 × 10^3 u; (c) 2,24 mol; (d) 6,98 x 10^3 g; (e) 1,35 x 10^{24} átomos; (f) 7,53 × 10^{25} átomos
26. A massa molar é calculada pela soma das massas atômicas dos átomos individuais na fórmula. No composto CH$_4$, a massa atômica do carbono e a massa atômica de quatro hidrogênios são somadas (dando uma massa molar de 16,042 g mol^{-1}).
28. (a) hidrogenocarbonato de potássio; 100,12 g; (b) cloreto de mercúrio(I), cloreto de mercúrio; 472,1 g; (c) peróxido de hidrogênio, 34,02 g; (d) cloreto de berílio; 79,91 g; (e) sulfato de alumínio; 342,2 g; (f) clorato de potássio; 122,55 g.
30. (a) Ba(ClO$_4$)$_2$, 336,2 g;   (b) MgSO$_4$, 120,38 g;   (c) PbCl$_2$, 278,1 g;   (d) Cu(NO$_3$)$_2$, 187,57 g;   (e) SnCl$_4$, 260,5 g
32. (a) 0,463 mol;   (b) 11,3 mol;   (c) 7.18 × 10^{-3} mol; (d) 2,36 × 10^{-7} mol;   (e) 0,362 mol;   (f) 0,0129 mol
34. (a) 2,64 × 10^{-5} mol;   (b) 38,1 mol;   (c) 7,76 × 10^{-6} mol; (d) 3,49 × 10^{-2} mol;   (e) 2,09 × 10^{-3} mol;   (f) 2,69 × 10^{-2} mol
36. (a) 49,2 mg; (b) 7,44 X 10^4 kg; (c) 59,1 g;(d) 3,27 μg; (e) 4,00 g; (f) 521 g
38. (a) 77,6 g;   (b) 177 g;   (c) 6,09 × 10^{-3} g;   (d) 0,220 g; (e) 1,26 × 10^3 g;   (f) 3,78 × 10^{-2} g
40. (a) 2,13 × 10^{24} moléculas;   (b) 3,33 × 10^{22} moléculas; (c) 1,58 × 10^{18} moléculas;   (d) 2,69 × 10^{19} moléculas; (e) 3,93 × 10^{19} moléculas
42. (a) 0,0141 mol de S;   (b) 0,0159 mol de S;   (c) 0,0258 mol deS; (d) 0,0254 mol de S
44. A composição percentual de cada elemento no composto não é alterada, porque o composto tem a mesma composição percentual em massa, independentemente da quantidade inicial na amostra.
46. (a) 80,34% de Zn; 19,66% de O;(b) 58,91% de Na; 41,09% de S; (c)41,68% de Mg; 54,86% de O; 3,456% de H;(d) 5,926% de H; 94,06% de O; (e) 95,20% de Ca; 4,789% de H;(f) 83,01% de K; 16,99% de O
48. (a)28,45% de Cu;(b) 44,30% de Cu;(c) 44,06% de Fe;(d)34,43% de Fe; (e)18,84% de Co;(f) 13,40% de Co;(g) 88,12% de Sn; (h) 78,77% de Sn

50. (a) 57,12%; (b) 36,81%; (c) 39,17%; (d) 22,27%; (e) 43,19%
52. (a) 47,06% de S^{2-}; (b) 63,89% de Cl^-; (c) 10,44% de O^{2-};(d) 62,08% de $SO4^{2-}$
54. A fórmula empírica indica a menor relação de número inteiro do número e tipo de átomos presentes em uma molécula. Por exemplo, NO_2 e N_2O_4 ambos têm dois átomos de oxigênio para cada átomo de nitrogênio e portanto, têm a mesma fórmula empírica.
56. a, c   58. NCl_3 60. BH_3 62. $SnCl_4$ 64. Co_2S_3
66. AlF_3 68. Li_2O 70. Li_3N
72. $C_3H_6O_2$ 74. PCl_3, PCl_5
76. fórmula molecular = $C_6H_{12}O_6$; fórmula empírica= CH_2O
78. C_6H_6
80. $C_4H_{10}O_2$
82. A fórmula molecular é C_3H_8, que é a mesma que a fórmula empírica.
84. 5,00 g de Al, 0,185 mol, 1,12 x 10^{23} átomos; 0,140 g de Fe, 0,00250 mol, 1,51 X 10^{21} átomos; 2,7 x 10^2 g de Cu, 4,3 mol, 2,6 X 10^{24} átomos; 0,00250 g de Mg, 1,03 X 10^{-4} mol, 6,19 X 10^{19} átomos; 0,062 g de Na, 2,7 X 10^{-3} mol, 1,6 x 10^{21} átomos; 3,95 X 10^{-18} g de U, 1,66 X 10^{-20} mol, 1,00 X 10^4 átomos
86. 24,8% de X, 17,4% de Y, 57,8% de Z. Se a fórmula molecular foi realmente $X_4Y_2Z_6$, a composição percentual seria a mesma: a *massa relativa* de cada elemento presente não seria alterada. A fórmula molecular é sempre um número inteiro múltiplo da fórmula empírica.
88. Cu_2O, CuO
90. (a) 2,82 x 10^{23} átomos de H, 1,41 × 10^{23} átomos de O; (b) 9,32 × 10^{22} átomos de C, 1,86 × 10^{23} átomos de O; (c)1,02 × 10^{19} átomos de C e átomos de H;(d) 1,63 × 10^{25} átomos de C, 2,99 × 10^{25} átomos de H, 1,50 x 10^{25} átomos de O
92. (a) 4,141 g de C, 52,96% de C, 2,076 × 10^{23} átomos de C; (b) 0,0305 g de C, 42,88% de C, 1,53 × 10^{21} átomos de C; (c)14,4 g de C, 76,6% de C, 7,23 × 10^{23} átomos de C
94. Todos são verdadeiros (a, b, c, d, e)
96. a
98. 2,554 x 10^{-22} g
100. a
102. $C_7H_6O_3$
104. A massa média leva em conta não apenas as massas exatas dos isótopos de um elemento, mas também a abundância relativa dos isótopos na natureza.
106. 8,61 x 10^{11} átomos de sódio; 6,92 x 10^{24} u
108. (a) 2,0 × 10^2 g de K;(b) 0,0612 g de Hg;(c) 1,27 × 10^{-3} g de Mn; (d)325 g de P;(e) 2,7 × 10^6 g de Fe;(f) 868 g de Li;(g) 0,2290 g de F
110. (a) 151,9 g;(b) 454,4 g;(c) 150,7 g;(d) 129,8 g; (e) 187,6 g
112. (a) 0,311 mol; (b) 0,270 mol;(c) 0,0501 mol;(d) 2,8 mol; (e) 6,2 mol
114. $CuCO_3$, Na_3PO_4, P_4O_{10}
116. (a) 1,15 × 10^{22} moléculas; (b) 2,08 × 10^{24} moléculas; (c) 4,95 × 10^{22} moléculas; (d) 2,18 × 10^{22} moléculas; (e) 6,32 × 10^{20} fórmulas unitárias (a substância é iônica)
118. 5,97 × 10^{22} átomos
120. (d) A massa percentual de um elemento em um composto é independente da quantidade de composto presente.
122. 124,9 g de NaOH   124. enxofre (s)   126. $BaCl_2$
128. (a) 1355,37 g mol^{-1};(b) 1,8 × 10^{-4} mol; (c) 810 g; (d)5,3 × 10^{25} átomos de H; (e) 2,3 × 10^{-14} g; (f) 2,3 × 10^{-21}g
130. (a) 1,9 x 10^{22}; (b) 2,6 × 10^{22}; (c) 5,01 × 10^{23}
132. 60,00% de C, 4,476% de H, 35,53% de O
134. fórmula empírica = CH_2O; fórmula molecular = $C_6H_{12}O_6$

Capítulo 9

2. Os coeficientes desta equação química balanceada indicam o número relativo de moléculas (ou quantidade de matéria) de cada reagente que combina, bem como a número de moléculas (ou quantidade de matéria) do produto formado.
4. e
6. (a) $3MnO_2 (s) + 4Al (s)$ S $3Mn (s) + 2Al_2O_3 (s)$.
Três fórmulas unitárias (ou três mols) de óxido de manganês (IV) reagem com quatro átomos (ou quatro mols) de alumínio, produzindo três átomos (ou três mols) de manganês e duas fórmulas unitárias (ou dois mols) de óxido de alumínio.
(b)$B_2O_3 (s) + 3CaF_2 (s) \rightarrow 2BF_3(g) + 3CaO (s)$.
Uma molécula (ou um mol) de trióxido de diboro reage com três fórmulas unitárias (ou três mols) de fluoreto de cálcio, produzindo duas moléculas (ou dois mols) de trifluoreto de boro e três fórmulas unitárias (ou três mols) de óxido de cálcio.
(c) $3NO_2(g) + H_2O(l \rightarrow 2HNO_3 (aq) + NO(g)$.
Três moléculas (ou três mols) de dióxido de nitrogênio reagem com uma molécula (ou um mol) de água, produzindo duas moléculas (ou dois mols) de ácido nítrico e uma molécula (ou um mol) de monóxido de nitrogênio.
(d) $C_6H_6(g) + 3H_2(g) \rightarrow C_6H_{12}(g)$.
Uma molécula (ou um mol) de benzeno (C_6H_6) reage com três moléculas (ou três mols) de gás hidrogênio, produzindo uma molécula (ou um mol) de ciclohexano (C_6H_{12}).
8. Equações químicas balanceadas nos dizem em quais razões molares as substâncias combinam para formar produtos, não em que proporções em massa elas combinam. Como poderia um total de 3 g de reagentes produzir 2 g de produto?
10. $\dfrac{2\ mol\ O_2}{1\ mol\ CH_4} ; \dfrac{1\ mol\ CO_2}{1\ mol\ CH_4} , \dfrac{2\ mol\ H_2O}{1\ mol\ CH_4}$
12. (a) 0,125 mol de Fe, 0,0625 mol de CO_2; (b) 0,125 mol de KCl,0,0625 mol de I_2; (c) 0,500 mol de H_3BO_3, 0,125 mol de Na_2SO_4;(d) 0,125 mol de $Ca(OH)_2$, 0,125 mol de C_2H_2
14. (a) 0,50 mol de NH_4Cl (27 g);(b) 0,125 mol de CS_2 (9,5 g),0,25 mol de H_2S (8,5 g);(c) 0,50 mol de H_3PO_3 (41 g), 1.5 mol de HCl (55 g);(d) 0,50 mol de $NaHCO3$ (42 g)
16. (a) 0,469 mol de O_2; (b) 0,938 mol de Se; (c) 0,625 mol de CH_3CHO; (d) 1,25 mol de Fe
18. A estequiometria é o processo de utilização de uma equação química para calcular as massas relativas dos reagentes e produtos envolvidos na reação.
20. (a) 1,86 x 10^{-4} mol de Ag;(b) 6,63 x 10^{-4} mol de $(NH_4)_2S$;(c) 2,59 X 10^{-7} mol de U;(d) 81,6 mol de SO_2; (e)1,12 mol de $Fe(NO_3)_3$
22. (a) 44,8 g;(b) 0,0529 g;(c) 0,319 g;(d) 4,31 X 10^7 g;(e) 0,0182 gr
24. (a) 0,0310 mol;(b) 0,00555 mol;(c) 0,00475 mol; (d) 0,139 mol
26. 7,87 g de H_2O
28. 1,52 g de C_2H_2
30. 0,959 g de Na_2CO_3
32. 2,68 g de álcool etílico
34. 4,704 g de O_2
36. 8,62 kg de Hg
38. 0,501 g de C
40. O consumo de gasolina é cerca de 19 milhas por galão.
Equação balanceada
$2C_8H_{18} + 25O_2 \rightarrow 16CO_2 + 18H_2O$

1 galão de gasolina × $\dfrac{3,7854\ L}{1\ galão}$ × $\dfrac{1000\ mL}{1\ L}$ ×

$\dfrac{0,75\ g\ de\ C_8H_{18}}{1\ mL}$ × $\dfrac{1\ mol\ de\ C_8H_{18}}{114,224\ g\ de\ C_8H_{18}}$ × $\dfrac{16\ mol\ de\ CO_2}{2\ mol\ de\ C_8H_{18}}$ ×

$\dfrac{44,01\ g\ de\ CO_2}{1\ mol\ de\ CO_2}$ × $\dfrac{1\ lb\ de\ CO_2}{453,59\ g\ de\ CO_2}$ × $\dfrac{1\ milha}{1\ 1\ lb\ de\ CO_2}$ = 19,29 milhas percorridas

42. Para determinar o reagente limitante, em primeiro lugar calcule a quantidade de matéria de cada reagente presente. Em seguida, determine como estas quantidades de matéria correspondem à relação estequiométrica indicada pela equação química balanceada para a reação. Para cada reagente, utilize as relações estequiométricas a partir da equação química balanceada para calcular quanto dos outros reagentes seria requerido para reagir completamente.
44. a
46. (a) H_2SO_4 é limitante, 4,90 g de SO_2, 0,918 g de H_2O; (b) H_2SO_4 é limitante, 6,30 g de $Mn(SO_4)_2$, 0,918 g de H_2O; (c) O_2 é limitante, 6,67 g de SO_2, 1,88 g de H_2O; (d) $AgNO_3$ é limitante, 3,18 g de Ag, 2,09 g de $Al(NO_3)$;
48. (a) O_2 é limitante, 0,458 g de CO_2;   (b) CO_2 é limitante, 0,409 g de H_2O;(c) MnO_2 é limitante, 0,207 g de H_2O; (d) I_2 é limitante, 1,28 g de ICl

50. (a) HCl é o reagente limitante; 18,3 g de AlCl₃; 0,415 g de H₂; (b) NaOH é o reagente limitante; 19,9 g de Na₂CO₃; 3,38 g de H₂O; (c) Pb(NO₃)₂ é o reagente limitante; 12,6 g de PbCl₂; 5,71 g de HNO₃; (d) I₂ é o reagente limitante; 19,6 g de KI
52. CuO 54. 1,79 g de Fe₂O₃
56. O sulfato de sódio é o reagente limitante; o cloreto de cálcio está presente em excesso.
58. 0,67 kg de SiC
60. Se a reação ocorre em um solvente, o produto pode ter uma substancial solubilidade no solvente; a reação pode entrar em equilíbrio antes do rendimento total do produto ser alcançado; perda de produto pode ocorrer através de erro do operador.
62. 3,71 g na teoria; 76.5% de rendimento
64. 2LiOH (s) + CO₂(g) → Li₂CO₃ (s) + H₂O(g). 142 g de CO₂ pode ser absorvido em última análise; 102 g é 71,8% da capacidade do recipiente.
66. teórico, 72,4 g de Cu; percentual, 62,6%
68. 28,6 g de NaHCO₃
70. C₆H₁₂O₆ + 6O₂ → 6CO₂ + 6H₂O; 1.47 g CO₂
72. pelo menos 325 mg
74. (a) UO₂ (s) + 4HF (aq) → UF₄ (aq) + 2H₂O(l). Uma fórmula unitária de óxido de urânio (IV) combina com quatro moléculas de ácido fluorídrico, produzindo uma molécula de fluoreto de urânio (IV) e duas moléculas de água. Um mol de óxido de urânio (IV) combina com quatro mols de ácido fluorídrico para produzir um mol de fluoreto de urânio (IV) e dois mols de água; (b) 2NaC₂H₃O₂ (aq) + H₂SO₄ (aq) → Na₂SO₄ (aq) + 2HC₂H₃O₂ (aq). Duas moléculas de (fórmulas unitárias) acetato de sódio reagem exatamente com uma molécula de ácido sulfúrico, produzindo uma molécula (fórmula unitária) de acetato de sódio e duas moléculas de ácido acético. Dois mols de acetato de sódio combinam com um mol de ácido sulfúrico, produzindo um mol de sulfato de sódio e dois mols de ácido acético; (c) Mg (s) + 2HCl (aq) → MgCl₂ (aq) + H₂(g). Um átomo de magnésio reage com duas moléculas de ácido clorídrico (fórmulas unitárias) para produzir uma molécula (fórmula unitária) de cloreto de magnésio e uma molécula de gás hidrogênio. Um mol de magnésio combina com dois mols de ácido clorídrico, produzindo um mol de cloreto de magnésio e um mol de hidrogênio gasoso; (d) B₂O₃ (s) + 3H₂O (l → 2B(OH)₃ (s). Uma molécula (fórmula unitária) de trióxido de diboro reage exatamente com três moléculas de água, produzindo duas moléculas de trihidróxido de boro (ácido bórico). Um mol de trióxido de diboro combina com três mols de água para produzir dois mols de trihidróxido de boro (ácido bórico).
76. para O₂, 5 mol de O₂/1 mol de C₃H₈; para CO₂, 3 mol de CO₂/1 mol de C₃H₈; para H₂O, 4 mol de H₂O/1 mol de C₃H₈
78. (a) 0,0588 mol de NH₄Cl; (b) 0,0178 mol de CaCO₃; (c) 0,0217 mol de Na₂O;(d) 0,0323 mol de PCl₃
80. (a) 3,2 x 10² g de HNO₃; (b) 0,0612 g de Hg; (c) 4,49 x 10⁻³gr de K₂CrO₄; (d) 1,40 x 10³ g de AlCl₃; (e) 7,2 x 10⁶ g de SF₆;(f) 2,13 x 10³ g de NH₃; (g) 0,9397 g de Na₂O₂
82. 1,9 x 10² kg de SO₃
84. 0,667 g de O₂ 86. 0,0771 g de H₂
88. Br₂ é o reagente limitante, 6,4 g de NaBr; (b) CuSO₄ é o reagente limitante, 5,1 g de ZnSO₄, 2,0 g de Cu; (c) NH₄Cl é o reagente limitante, 1,6 g de NH₃, 1,7 g de H₂O, 5,5 g de NaCl; (d) Fe₂O₃ é o reagente limitante, 3,5 g de Fe, 4,1 g de CO₂
90. 0,624 mol de N₂, 17,5 g de N₂; 1,25 mol de H₂O, 22,5 g de H₂O
92. 5,0 g 94. 68,12%
96. (a) 36,73 g de Fe₂O₃; (b) 12,41 g de At; (c) 23,45 g de Al₂O₃
98. 28,2 g de NaNH₂; 0,728 g de H₂.
100. (a) 660. g de C₃H₃N;(b) 672 g de H₂O;(c) 0 g de propileno, 289 g de amônia, 405 g de oxigênio

Capítulo 10

2. A **energia potencial** é a energia devida à posição ou à composição. Uma pedra no topo de uma colina possui energia potencial, pois a pedra pode eventualmente rolar para baixo do morro. Um galão de gasolina possui energia potencial porque calor será liberado quando a gasolina é queimada.
4. constante
6. A esfera A inicialmente possui energia potencial em virtude de sua posição no topo da colina. À medida que a esfera A rola morro abaixo, sua energia potencial é convertida em energia cinética e energia (calor) de atrito. Quando a esfera A alcança o fundo da colina e bate na esfera B, ela transfere sua energia cinética para a esfera B. A esfera A então só tem energia potencial correspondente à sua nova posição.
8. O chá quente está a uma temperatura mais elevada, o que significa que as partículas no chá quente têm energias cinéticas médias mais elevadas. Quando o chá quente transborda sobre a pele, a energia flui do chá quente para a pele, até que o chá e pele estejam na mesma temperatura. Este súbito afluxo de energia provoca a queimadura.
10. A temperatura é o conceito pelo qual expressamos a energia térmica contida em uma amostra. Não podemos medir diretamente os movimentos das partículas / energia cinética em uma amostra de matéria. Sabemos, no entanto que, se dois objetos se encontram em diferentes temperaturas, o que tem a temperatura mais elevada tem moléculas que têm energias cinéticas médias mais elevadas que as moléculas do objeto a uma temperatura inferior.
12. Quando o sistema químico desenvolve energia, a energia desenvolvida pelos produtos químicos que reagem é transferida para a vizinhança.
14. (a) endotérmico; (b) exotérmico; (c) exotérmico, (d) endotérmico
16. interno 18. perda 20. −21 kJ
22. (a) $\frac{1 \text{ J}}{4,184 \text{ cal}}$; (b) $\frac{4,184 \text{ cal}}{1 \text{ J}}$; (c) $\frac{1 \text{ kcal}}{1000 \text{ cal}}$; (d) $\frac{1000 \text{ J}}{1 \text{ kJ}}$
24. 6540 J = 6.54 kJ
26. (a) 8,254 kcal; (b) 0,0415 kcal; (c) 8,231 kcal; (d) 752,9 kcal
28. (a) 32.820 J; 32,82 kJ; (b) 1,90 × 10⁵ J; 190. kJ;(c) 2,600 × 10⁵ J; 260,0 kJ;(d) 1,800 × 10⁵ J; 180,0 kJ
30. (a) 190,9 kJ; (b) 17.43 kcal; (c) 657,5 cal; (d) 2,394 × 10⁴ J
32. 5,8 x 10² J (dois algarismos significativos)
34. 29°C
36. exotérmico
38. 14,6 kJ (-15 kJ para um algarismo significativo)
40. calorímetro
42. (a) - 9,23 kJ; (b) -148 kJ; (c) +296 kJ mol⁻¹
44. (a) -29,5 kJ; (b) ΔH = -1.360 kJ; (c) 453 kJ mol⁻¹H₂O
46. −220 kJ 48. 226 kJ
50. Uma vez que tudo no universo está na mesma temperatura, nenhum trabalho adicional termodinâmico pode ser feito. Embora a energia total do universo seja a mesma, a energia terá sido dispersa uniformemente, tornando-a inútil efetivamente.
52. Fontes concentradas de energia como o petróleo, estão sendo utilizadas de forma a dispersar a energia que elas contêm, fazendo esta energia indisponível para uso humano ulterior.
54. O petróleo consiste essencialmente de hidrocarbonetos, que são moléculas contendo cadeias de átomos de carbono com átomos de hidrogênio ligados às cadeias. As frações são baseadas no número de átomos de carbono nas cadeias: por exemplo, a gasolina é uma mistura de hidrocarbonetos com 5-10 átomos de carbono nas cadeias, enquanto o asfalto é uma mistura de hidrocarbonetos com 25 ou mais átomos de carbono nas cadeias. Diferentes frações têm diferentes propriedades físicas e utilizações, mas todas podem ser queimadas para produzir energia. Veja a Tabela 10.3.
56. O tetraetila de chumbo foi utilizado como aditivo para a gasolina para promover um funcionamento mais suave do motor. Ele não é mais amplamente utilizado devido a preocupações com o chumbo sendo liberado para o meio ambiente, à medida que a gasolina com chumbo queima.
58. O efeito estufa é um efeito de aquecimento devido à presença de gases na atmosfera que absorvem a radiação no infravermelho que atingiu a Terra vinda do Sol; os gases não permitem que a energia passe de volta para o espaço. Um efeito estufa limitado é desejável porque ele modera as variações de temperatura na atmosfera que seriam mais drásticas entre o dia em que o sol está brilhando e à noite. Ter uma concentração demasiadamente elevada de gases de efeito estufa no entanto,

elevará a temperatura da terra demais, afetando o clima, as culturas, as calotas polares, as temperaturas dos oceanos e assim por diante. O dióxido de carbono produzido pelas reações de combustão é a nossa maior preocupação como um gás de efeito estufa.

60. A segunda lei da termodinâmica diz que a entropia do universo está sempre aumentando. A propagação de energia e da matéria leva a maior entropia (maior desordem) no universo.
62. A formação de um precipitado sólido representa uma concentração de matéria.
64. As moléculas na água líquida estão se movimentando livremente e estão portanto mais "desordenadas" que quando as moléculas são mantidas rigidamente em uma estrutura sólida em gelo. A entropia aumenta durante a fusão.
66. $-55{,}5$ kJ   68. 7,65 kcal
70. $2{,}0 \times 10^2$ J (dois algarismos significativos)
72. $3{,}8 \times 10^5$ J
74. $62{,}5\,°C = 63\,°C$ 76. $0{,}711$ J g^{-1} °C^{-1}
78. w = 1.168 kJ   80. -252 kJ
82. $\tfrac{1}{2}C + F \to A + B + D$ $\Delta H = 47{,}0$ kJ
84. c   86. $5{,}1 \times 10^2$ J   88. $3{,}97 \times 10^3$ kJ

Capítulo 11

2. Rutherford não foi capaz de determinar onde os elétrons estavam no átomo ou o que estavam fazendo.
4. Todas as diferentes formas de radiação eletromagnética apresentam o mesmo comportamento em forma de onda e são propagadas através do espaço com a mesma velocidade (a "velocidade da luz"). Os tipos de radiação eletromagnética diferem na sua frequência (e comprimento de onda) e no valor resultante da energia transportada por fóton.
6. A frequência da radiação eletromagnética representa quantas ondas passam em um determinado local por segundo. A velocidade da radiação eletromagnética representa o quão rápido as ondas se propagam pelo espaço. A frequência e a velocidade não são as mesmas.
8. Os gases de efeito estufa não absorvem luz nos comprimentos de onda visíveis. Portanto, esta luz passa através da atmosfera e aquece a Terra, mantendo a Terra muito mais quente do que seria sem estes gases. Como estamos aumentando nosso uso de combustíveis fósseis, o nível de CO_2 na atmosfera está aumentando gradualmente, mas de forma significativa. Um aumento no nível de CO_2 aquecerá a Terra ainda mais, eventualmente alterando os padrões climáticos na superfície da Terra e o derretimento das calotas polares.
10. exatamente igual a
12. Ela é emitida como um fóton.
14. absorve
16. Quando os átomos de hidrogênio excitados emitem seu excesso de energia, os fótons da radiação emitida sempre têm exatamente o mesmo comprimento de onda e energia. Isto significa que o átomo de hidrogênio possui apenas certos estados de energia permitidos e que os fótons emitidos correspondem à mudança do elétron de um destes estados de energia permitidos para um outro estado de energia permitido. A energia do fóton emitido corresponde à diferença de energia entre estados permitidos. Se o átomo de hidrogênio *não* possui níveis de energia discretos, então os fótons emitidos terão comprimentos de onda e energias aleatórios.
18. Eles são idênticos.
20. A energia é emitida nos comprimentos de onda correspondentes às transições específicas para o elétron, entre os níveis de energia do hidrogênio.
22. O elétron se desloca para uma órbita mais distante do núcleo do átomo.
24. A teoria de Bohr explicou exatamente o espectro da linha observado experimentalmente do hidrogênio. A teoria foi descartada porque as propriedades calculadas não correspondem aproximadamente às medidas experimentais para os átomos diferentes do hidrogênio.
26. Uma órbita refere-se a um definitivo, caminho circular exato em torno do núcleo, no qual Bohr postulou que um elétron seria encontrado. Um orbital representa uma região de espaço em que existe uma elevada probabilidade de encontrar o elétron.
28. A analogia do vaga-lume é destinada para demonstrar o conceito de um mapa de probabilidade para a densidade do elétron. No modelo mecânico de onda do átomo, não podemos dizer especificamente onde o elétron está no átomo; podemos dizer apenas onde há uma alta probabilidade de encontrar o elétron. A analogia é imaginar uma fotografia de tempo de exposição de um vaga-lume em uma sala fechada. Na maioria das vezes, o pirilampo será encontrado perto do centro da sala.
30. b
32. dois lóbulos (em forma de "halter"); inferior em energia e mais perto do núcleo; forma semelhante
34. excitado
36.

Valor de n	Possíveis Subníveis
1	$1s$
2	$2s$, $2p$
3	$3s$, $3p$, $3d$
4	$4s$, $4p$, $4d$, $4f$

38. Os elétrons têm uma rotação intrínseca (eles giram em seus próprios eixos). Geometricamente, existem apenas dois sentidos possíveis para o giro (sentido horário ou anti-horário). Isso significa que apenas dois elétrons podem ocupar um orbital, com o sentido ou direção de rotação oposta. Esta ideia é chamada de princípio da exclusão de Pauli.
40. aumenta
42. emparelhado (giro oposto)
44. (a) impossível; (b) possível; (c) impossível; (d) possível
46. Para um átomo de hidrogênio no seu estado fundamental, o elétron está no orbital. $1s$. O orbital $1s$ tem a energia mais baixa de todos os orbitais de hidrogênio.
48. tipo semelhante de orbitais sendo preenchidos da mesma maneira; as propriedades químicas dos membros do grupo são semelhantes
50. (a) silício; (b) berílio; (c) neônio; (d) argônio
52. (a) selênio; (b) escândio; (c) enxofre; (d) iodo
54. (a)–(d) diagramas de caixa de orbitais para $1s$, $2s$, $2p$, $3s$, $3p$, $4s$, $3d$, $4p$
56. Respostas específicas dependem da escolha pelo estudante dos elementos. Qualquer elemento do Grupo 1 teria um elétron de valência. Qualquer elemento do Grupo 3 teria três elétrons de valência. Qualquer elemento do Grupo 5 teria cinco elétrons de valência. Qualquer elemento do Grupo 7 teria sete elétrons de valência.
58. As propriedades do Rb e Sr sugerem que eles são membros dos Grupos 1 e 2 respectivamente e assim devem estar preenchendo o orbital 5s. O orbital 5s é mais baixo em energia que (e enche antes) os orbitais $4d$.
60. (a) alumínio; (b) potássio; (c) bromo; (d) estanho
62. (a) 1 elétron de valência; (b) 5 elétrons de valência (elétrons d não são contados como elétrons de valência); (c) 3 elétrons de valência; (d) 2 elétrons de valência (elétrons d não são contados como elétrons de valência)
64. (a) 6; (b) 8; (c) 10; (d) 0
66. (a) [Rn]$7s^2 6d^1 5f^3$; (b) [Ar]$4s^2 3d^5$; (c) [Xe]$6s^2 4f^{14} 5d^{10}$; (d) [Rn]$7s^1$
68. [Rn]$7s^2 5f^{14} 6d^5$
70. Os elementos metálicos perdem elétrons e formam íons positivos (cátions); os elementos ametálicos ganham elétrons e formam íons negativos (ânions).
72. Todos existem como moléculas diatômicas (F_2, Cl_2, Br_2, I_2); são ametais; têm relativamente elevada eletronegatividade; e formam íons 1 — ao reagir com elementos metálicos.

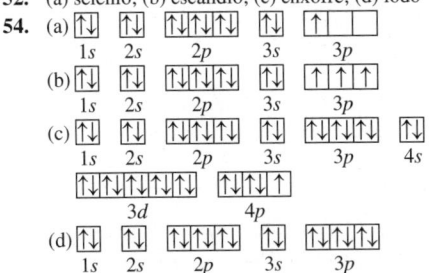

74. Elementos ao lado esquerdo de um período (linha horizontal) perdem elétrons mais facilmente; no lado esquerdo de um período (dado o nível principal de energia) a carga nuclear é a menor e os elétrons estão menos firmemente mantidos.
76. Os elementos de um determinado período (linha horizontal) têm elétrons de valência nos mesmos subníveis, mas a carga nuclear aumenta através de um período, indo da esquerda para a direita. Átomos no lado esquerdo têm cargas nucleares menores e vinculam os seus elétrons de valência menos fortemente.
78. Quando as substâncias absorvem a energia, os elétrons se tornam excitados (se movem para níveis mais elevados de energia). Ao voltar para o estado fundamental, a energia é liberada, algumas delas estão no espectro visível. Porque vemos cores, isto nos diz apenas que certos comprimentos de onda de luz são liberados, o que significa que apenas algumas transições são permitidas. Isto é o que se entende por níveis de energia quantizados. Se todos os comprimentos de onda de luz fossem emitidos, veríamos a luz branca.
84. velocidade da luz
86. fótons
88. quantizado
90. orbital
92. metal de transição
94. rotações
96. (a) $1s^22s^22p^63s^23p^64s^1$; [Ar]$4s^1$;

↑↓	↑↓	↑↓↑↓↑↓	↑↓	↑↓↑↓↑↓	↑
1s	2s	2p	3s	3p	4s

(b) $1s^22s^22p^63s^23p^64s^23d^2$; [Ar]$4s^23d^2$;

↑↓	↑↓	↑↓↑↓↑↓	↑↓	↑↓↑↓↑↓	↑↓
1s	2s	2p	3s	3p	4s

↑ ↑				
3d				

(c) $1s^22s^22p^63s^23p^2$; [Ne]$3s^23p^2$;

↑↓	↑↓	↑↓↑↓↑↓	↑↓	↑ ↑
1s	2s	2p	3s	3p

(d) $1s^22s^22p^63s^23p^64s^23d^6$; [Ar]$4s^23d^6$;

↑↓	↑↓	↑↓↑↓↑↓	↑↓	↑↓↑↓↑↓	↑↓
1s	2s	2p	3s	3p	4s

↑↓ ↑ ↑ ↑ ↑				
3d				

(e) $1s^22s^22p^63s^23p^64s^23d^{10}$; [Ar]$4s^23d^{10}$;

↑↓	↑↓	↑↓↑↓↑↓	↑↓	↑↓↑↓↑↓	↑↓
1s	2s	2p	3s	3p	4s

↑↓↑↓↑↓↑↓↑↓				
3d				

98. (a) ns^2; (b) ns^2np^5; (c) ns^2np^4; (d) ns^1; (e) ns^2np^4
100. (a) $2{,}7 \times 10^{-12}$ m; (b) $4{,}4 \times 10^{-34}$ m; (c) 2×10^{-35} m; os comprimentos de onda para a esfera e a pessoa são infinitamente pequenos, enquanto que o comprimento de onda para o elétron é quase da mesma ordem de grandeza do diâmetro de um átomo típico.
102. A luz é emitida do átomo de hidrogênio apenas em certos comprimentos de onda fixos. Se os níveis de energia do hidrogênio foram contínuos, um átomo de hidrogênio emitiria energia em todos os comprimentos de onda possíveis.
104. 3
106. (a) [Ne]$3s^23p^4$; 16 elétrons neste átomo no seu estado fundamental, o que corresponde ao enxofre. (b) [He]$2s^12p^4$; 7 elétrons em seu estado excitado, o que corresponde ao nitrogênio. Um elétron foi excitado de 2s para 2p. (c) [Ar]$4s^23d^{10}4p^5$; 35 elétrons no seu estado fundamental. Uma carga de -1 significa que um elétron foi adquirido, tornando-se assim íon Se$^-$, o que corresponde a 34 prótons.
108. (a) $1s^22s^22p^63s^23p^64s^23d^{10}4p^5$
  (b) $1s^22s^22p^63s^23p^64s^23d^{10}4p^65s^24d^{10}5p^6$
  (c) $1s^22s^22p^63s^23p^64s^23d^{10}4p^65s^24d^{10}5p^66s^2$
  (d) $1s^22s^22p^63s^23p^64s^23d^{10}4p^4$
110. (a) cinco (2s, 2p); (b) sete (3s, 3p); (c) um (3s); (d) três (3s, 3p)
112. (a) ns^2np^3; (b) ns^1; (c) ns^2np^5; (d) ns^2np^4; (e) ns^2
114. a < c < b
116. metais, baixo; ametais, alto
118. (a) Ca; (b) P; (c) K
120. b, c, e
122. (a) Te; (b) Ge; (c) F

126.

Símbolo		IE	RA
$1s^22s^22p^63s^2$	Mg	0,738	160
$1s^22s^22p^63s^23p^4$	S	0.999	104
$1s^22s^22p^63s^23p^64s^2$	Ca	0.590	197

Capítulo 12

2. A *energia de ligação* representa a energia necessária para quebrar uma ligação química.
4. A ligação covalente representa o *compartilhamento* de elétrons por núcleos.
6. No H_2 e HF, a ligação é covalente na natureza, com um par de elétrons sendo compartilhados entre os átomos. No H_2, os dois átomos são idênticos e assim o compartilhamento é igual; no HF, os dois átomos são diferentes e assim a ligação é covalente polar. Ambos estão em nítido contraste com a situação no NaF: NaF é um composto iônico e um elétron é completamente transferido do sódio para o flúor, produzindo assim os íons separados.
8. Uma ligação é polar se os centros de carga positiva e negativa não coincidem no mesmo ponto. A ligação tem um lado negativo e um lado positivo. Qualquer molécula na qual os átomos nas ligações não são idênticos, terão ligações polares (embora a molécula como um todo, possa não ser polar). Dois exemplos simples são HCl e HF.
10. A diferença na eletronegatividade entre os átomos na ligação
12. (a) At é mais eletronegativo, Cs é menos eletronegativo; (b) Sr é mais eletronegativo, Ba e Ra têm as mesmas eletronegatividades; (c) O é mais eletronegativo, Rb é menos eletronegativo
14. (a) covalente; (b) covalente polar; (c) iônica
16. d
18. (a)O—Br; (b)N—F; (c) P—O; (d) H—O
20. (a)Na—N; (b)K—P; (c) Na—Cl; (d) Mg—Cl
22. A presença de fortes dipolos de ligação e um grande momento dipolo global torna a água uma substância muito polar. As propriedades da água que são dependentes de seu momento dipolo envolvem o seu ponto de congelamento, o ponto de fusão, a pressão de vapor e a capacidade para dissolver várias substâncias.
24. (a) H; (b) Cl; (c) I
26. (a) $^{\delta-}S \to P^{\delta+}$; (b) $^{\delta+}S \to F^{\delta-}$; (c) $^{\delta+}S \to Cl^{\delta-}$; (d) $^{\delta+}S \to Br^{\delta-}$
28. (a) $^{\delta+}H \to C^{\delta-}$; (b) $^{\delta+}N \to O^{\delta-}$; (c) $^{\delta+}S \to N^{\delta-}$; (d) $^{\delta+}C \to N^{\delta-}$
30. precedendo
32. Átomos em moléculas covalentes ganham uma configuração semelhante a de um gás nobre por partilhar um ou mais pares de elétrons entre os átomos: tais pares de elétrons compartilhados "pertencem" a cada um dos átomos de ligação, ao mesmo tempo. Na ligação iônica, um átomo doa completamente um ou mais elétrons a um outro átomo e então os íons resultantes se comportam de forma independente um do outro (eles não estão "ligados" uns aos outros, apesar deles se atraírem mutuamente).
34. (a) Br$^-$ [Kr]; (b) Cs$^+$ [Xe]; (c) P^{3-} [Ar]; (d) S^{2-} [Ar]
36. (a) Cl$^-$, S^{2-}, P^{3-}; (b) F$^-$, O^{2-}, N^{3-}; (c) Br$^-$, Se^{2-}, As^{3-}; (d) I$^-$, Te^{2-}
38. (a) AlBr$_3$; (b) Al$_2$O$_3$; (c) AlP; (d) AlH$_3$
40. As respostas dependem de escolha de exemplos pelo estudante.
42. Um sólido iônico como o NaCl consiste em um conjunto de íons carregados positiva e negativamente de forma alternada, ou seja, cada íon positivo tem como vizinhos mais próximos um grupo de íons negativos e cada íon negativo tem um grupo de íons positivos que o rodeia. Na maioria dos sólidos iônicos, os íons estão empacotados tão firmemente quanto possível.
44. Na formação de um ânion, um átomo ganha elétrons adicionais no seu nível mais externo (valência). Tendo elétrons adicionais no nível de valência, aumenta as forças de repulsão entre os elétrons e o nível mais externo torna-se maior para acomodar isso.
46. (a) Mg é maior que Mg^{2+}. Os íons positivos são sempre menores que os átomos dos quais eles são formados. (b) K$^+$ é maior que Ca^{2+}. Ambas as espécies contêm o mesmo número de elétrons, mas

a carga nuclear do K⁺ é menor que a carga nuclear do Ca²⁺ (19 prótons versus 20 prótons), assim os elétrons não são puxados para tão perto dos núcleos. (c) Br⁻ é maior que Rb⁺. Ambas as espécies contêm o mesmo número de elétrons, mas a carga nuclear do Br⁻ é inferior (35 prótons versus 37 prótons), assim os elétrons não são puxados para tão perto dos núcleos. (d) Se²⁻ é maior que Se. Os íons negativos tendem a serem maiores que a forma neutra deste átomo, porque os íons negativos contêm um maior número de elétrons no nível de valência.

48. (a) I; (b) F⁻; (c) F⁻

50. Quando átomos formam ligações covalentes, eles tentam atingir uma configuração eletrônica de valência semelhante a do elemento do gás nobre seguinte. Quando os elementos nas primeiras poucas linhas horizontais da tabela periódica formam ligações covalentes, eles tentam obter as configurações dos gases nobres hélio (dois elétrons de valência, regra do dueto), neônio e argônio (oito elétrons de valência, regra do octeto).

52. Estes elementos atingem um total de oito elétrons de valência, dando as configurações eletrônicas de valência dos gases nobres Ne e Ar.

54. Dois átomos em uma molécula estão conectados por uma ligação tripla se os átomos compartilham três pares de elétrons (seis elétrons) para completar seus níveis mais externos. Uma molécula simples contendo uma ligação tripla é o acetileno, C_2H_2 (H:C:::C:H).

56. (a) Mg: ; (b) :Br: ; (c) :S: ; (d) :Si

58. (a) 24; (b) 16; (c) 20; (d) 17

60. (a) H_2S ; (b) SiF_4 ; (c) C_2H_4 (H₂C=CH₂); (d) C_3H_8

62. (a) PCl_3 :Cl—P—Cl: with :Cl: ; (b) $CHCl_3$; (c) $C_2H_4Cl_2$; (d) N_2H_4 H—N—N—H with H's

64. :O≡C—O:⁻ ↔ O=C=O ↔ :O—C≡O:

66. (a) ClO_3^- (:O—Cl—O: with :O: below)⁻
(b) O_2^{2-} (:O—O:)²⁻
(c) $C_2H_3O_2^-$ (two resonance structures)

68. (a) CO_3^{2-} (three resonance structures)²⁻
(b) NH_4^+ [H—N—H with H's]⁺
(c) ClO^- [:Cl—O:]⁻

70. A estrutura geométrica do NH_3 é a de uma pirâmide trigonal. O átomo de nitrogênio do NH_3 é rodeado por quatro pares de elétrons (três são ligantes, um é um par solitário). O ângulo de ligação H—N—H é um pouco inferior a 109,5° (devido à presença do par solitário).

72. SiF_4 tem uma estrutura geométrica tetraédrica; quatro pares de elétrons no Si; ~109,5°

74. A estrutura molecular geral de uma molécula é determinada pela quantidade de pares de elétrons que circundam o átomo central na molécula e por qual destes pares são utilizados para se ligarem aos outros átomos da molécula.

76. A geometria mostra que apenas dois pontos no espaço são necessários para indicar uma linha reta. Uma molécula diatômica representa dois pontos no espaço.

78. No NF_3, o átomo de nitrogênio tem *quatro* pares de elétrons de valência; no BF_3, apenas três pares de elétrons de valência circundam o átomo de boro. O par não ligante no nitrogênio no NF_3 empurra os três átomos de F para fora do plano do átomo de N.

80. (a) quatro pares de elétrons em um arranjo tetraédrico (distorcido); (b) quatro pares de elétrons em um arranjo tetraédrico (ligeiramente distorcido); (c) quatro pares de elétrons em um arranjo tetraédrico

82. (a) tetraédrico; (b) piramidal trigonal; (c) angular ou em forma de V

84. (a) arranjo basicamente tetraédrico dos oxigênios em torno do fósforo; (b) tetraédrico; (c) pirâmide trigonal

86. (a) aproximadamente tetraédrico (um pouco menor que 109,5°); (b) aproximadamente tetraédrico (um pouco menor que 109,5°); (c) tetraédrico (109,5°); (d) trigonal plana (120°), devido à ligação dupla

88. (a) angular ou em forma de V; 120°; (b) trigonal plana; 120°; (c) angular ou em forma de V; 120°; (d) linear; 180°

90. duplo

92. C é a resposta correta. N—N contém compartilhamento igual de elétrons, assim ele é covalente apolar.

94. A energia de ligação é a energia necessária para quebrar a ligação.

96. (a) Be; (b) N; (c) F   **98.** a, c

100. (a) O; (b) Br; (c) I   **102.** d

104. (a) Na_2Se; (b) RbF; (c) K_2Te; (d) BaSe; (e) KAt; (f) FrCl

106. (a) Na⁺; (b) Al³⁺; (c) F⁻; (d) Na⁺

108. (a) 24; (b) 32; (c) 32; (d) 32

110. (a) N_2H_4 H—N—N—H with H's
(b) C_2H_6 H—C—C—H with H's
(c) NCl_3 :Cl—N—Cl: with :Cl: below
(d) $SiCl_4$:Cl—Si—Cl: with :Cl: above and below

112. (a) NO_3^- [O=N—O:]⁻ ↔ [:O—N—O:]⁻ ↔ [:O—N=O]⁻ (three resonance structures with :O:)
(b) CO_3^{2-} [:O—C—O:]²⁻ ↔ [:O—C=O]²⁻ ↔ [:O—C—O:]²⁻ (three resonance structures)

(c) NH_4^+ $\begin{bmatrix} & H & \\ & | & \\ H-&N&-H \\ & | & \\ & H & \end{bmatrix}^+$

114. (a) quatro pares dispostos tetraedricamente; (b) quatro pares dispostos tetraedricamente; (c) três pares dispostos trigonalmente (plano)
116. (a) pirâmide trigonal; (b) não linear (em forma de V); (c) tetraédrico
118. (a) não linear (em forma de V); (b) trigonal plana; (c) basicamente trigonal plana em torno de C, distorcido um pouco pelo H; (d) linear
120. Os compostos iônicos tendem a serem rígidos, substâncias cristalinas com pontos de fusão e de ebulição relativamente elevados. Substâncias ligadas covalentemente tendem a serem gases, líquidos ou sólidos relativamente macios, com pontos de fusão e ebulição muito mais baixos.
122. (a) covalente apolar; (b) iônico; (c) iônico; (d) covalente polar, (e) covalente polar; (f) covalente apolar; (g) covalente apolar; (h) iônico
124. O—F, P—Cl, P—F, Si—F
126. Na^+: $1s^2 2s^2 2p^6$; K^+: $1s^2 2s^2 2p^6 3s^2 3p^6$; Li^+: $1s^2$; Cs^+: $1s^2 2s^2 2p^6 3s^2 3p^6 4s^2 3d^{10} 4p^6 5s^2 4d^{10} 5p^6$

128.

Fórmula	Nome do Composto	Estrutura Molecular
CO_2	dióxido de carbono	linear
NH_3	amônia	piramidal trigonal
SO_3	trióxido de enxofre	trigonal plana
H_2O	água	angular ou em forma de V
ClO_4^-	íon perclorato	tetraédrico

Capítulo 13

2. Os sólidos são rígidos e incompressíveis e têm formas e volumes definidos. Os líquidos são menos rígidos que os sólidos; apesar de terem volumes definidos, os líquidos tomam a forma dos seus recipientes. Os gases não têm volume ou forma fixa; eles tomam o volume e forma do seu recipiente e são mais afetados por variações na sua pressão e temperatura do que são os sólidos ou os líquidos.
4. Um barômetro de mercúrio consiste de um tubo cheio de mercúrio que é então invertido sobre um reservatório de mercúrio, a superfície do qual é aberta para a atmosfera. A pressão da atmosfera é refletida na altura para a qual a coluna de mercúrio no tubo é suportada.
6. As unidades de pressão incluem mm de Hg, torr, pascal e psi. A unidade "mm de Hg" é derivada do barômetro, porque em um barômetro de mercúrio tradicional, medimos a altura da coluna de mercúrio (em milímetros) acima do reservatório de mercúrio.
8. (a) 1,01 atm; (b) 1,05 atm; (c) 99,1 kPa; (d) 99,436 kPa
10. (a) 119 kPa; (b) 16,9 psi; (c) 3,23 x10^3 mm de Hg; (d) 15,2 atm
12. (a) 1,03 X 10^5 Pa; (b) 9,78 X 10^4 Pa; (c)1,125 X 10^5 Pa; (d)1,07 X 10^5 Pa
14. Mercúrio adicional aumenta a pressão na amostra de gás, fazendo com que o volume do gás em que a pressão é exercida diminua (lei de Boyle).
16. $PV = k$; $P_1V_1 = P_2V_2$
18. (a) 423 mL; (b) 158 mL; (c) 8,67 L
20. (a) 59,7 mL; (b) 1,88 atm; (c) 3,40 L
22. 0,520 L   24. 20,0 atm
26. A lei de Charles indica que um gás ideal diminui em 1/273 do seu volume por cada grau Celsius que sua temperatura é reduzida. Isto significa que um gás ideal se aproximaria de um volume zero em -273°C.
28. $V = bT$; $V_1/T_1 = V_2/T_2$
30. 315 mL
32. (a) 273°C; (b) 35°C; (c) 0,117 mL
34. (a) 35,4 K = -238°C; (b) 0 mL (zero absoluto, um gás real condensaria em um sólido ou líquido); (c) 40,5 mL
36. 69,4 mL (69 mL para dois dígitos significativos)
38. 90°C, 124 mL; 80°C, 120. mL; 70°C, 117 mL; 60°C, 113 mL; 50°C, 110. mL; 40°C, 107 mL; 30°C, 103 mL; 20°C, 99.8 mL
40. $V = an$; $V_1/n_1 = V_2/n_2$
42. 1.744 mL (1,74 X 10^3 mL)
44. 80,1 L
46. Gases reais se comportam mais idealmente de preferência em temperaturas relativamente elevadas e pressões relativamente baixas. Geralmente supomos que o comportamento de um gás real se aproxima do comportamento ideal se a temperatura é superior a 0°C (273 K) e a pressão é de 1 atm ou inferior.
48. Para um gás ideal, $PV = nRT$ é verdade sob quaisquer condições. Considere uma amostra particular de gás (n se mantém constante) a uma pressão fixa específica (P se mantém constante). Suponha que na temperatura T_1 o volume da amostra de gás é V_1. Para este conjunto de condições, a equação de gás ideal seria determinada por $PV_1 = nRT_1$. Se a temperatura da amostra de gás varia para uma nova temperatura, T_2, então o volume da amostra de gás varia para um novo volume, V_2. Para este novo conjunto de condições, a equação de gás ideal seria dada por $PV_2 = nRT_2$. Se fizermos uma *relação* entre essas duas expressões para a equação do gás ideal para esta amostra de gás e anularmos os termos que são constantes para este situação (P, n e R), obtemos
$$\frac{PV_1}{PV_2} = \frac{nRT_1}{nRT_2}, \text{ ou } \frac{V_1}{V_2} = \frac{T_1}{T_2},$$
que podem ser rearranjados para a forma familiar da lei de Charles,
$$\frac{V_1}{T_1} = \frac{V_2}{T_2}.$$
50. (a) 5,02 L; (b) 3,56 atm = 2,70 x 10^3 mm de Hg; (c) 334 K
52. 339 atm
54. 106°C
56. 0,150 atm; 0,163 atm
58. 238 K/-35°C
60. O hélio (5,07 atm) está a uma pressão mais elevada que o argônio (3,50 atm).
62. 0,332 atm; 0,346 atm
64. ~ 283 atm (2,8 x 10^2 atm)
66. Conforme o gás é borbulhado através da água, as bolhas de gás se tornam saturadas com vapor de água, formando assim uma mistura gasosa. A pressão total para uma amostra de gás que foi recolhida por borbulhamento através de água é constituída por dois componentes: a pressão do gás da amostra e a pressão do vapor de água. A pressão parcial do gás é igual à pressão total da amostra menos a pressão de vapor da água.
68. 0,314 atm
70. 3,00 g d Ne; 5,94 g de Ar
72. $P_{Ar} = 2(0,100 \text{ atm}) = 0,20 \text{ atm}$; $P_{Ne} = 3(0,100 \text{ atm}) = 0,30 \text{ atm}$; $P_{He} = 5(0,100 \text{ atm}) = 0,50 \text{ atm}$
74. $P_{\text{hidrogênio}} = 0.990$ atm; 9.55×10^{-3} mol de H_2; 0.625 g de Zn
76. A teoria é bem sucedida se explica observações experimentais conhecidas. Teorias que têm sido bem sucedidas no passado podem não ser bem sucedidas no futuro (por exemplo, à medida que a tecnologia evolui, experimentos mais sofisticados podem ser possíveis no futuro).
78. pressão
80. não
82. Se a temperatura de uma amostra de gás é aumentada, a energia cinética média das partículas do gás aumenta. Isto significa que a velocidade das partículas aumenta. Se as partículas têm uma velocidade mais alta, elas atingem as paredes do recipiente com mais frequência e com maior força, aumentando assim a pressão.
84. CNTP = 0°C, 1 atm de pressão. Essas condições foram escolhidas porque são fáceis de alcançar e reproduzir *experimentalmente*. A pressão barométrica em um laboratório será geralmente próxima de 1 atm, e 0°C pode ser alcançado com um banho de gelo simples.
86. 2,50 L de O_2
88. 0,940 L
90. 0,941 L; 0,870 L
92. 5,03 L (volume seco)
94. (a) $6Na + N_2 \rightarrow 2Na_3N$; (b) 12.0 g Na_3N
96. 45,5 L

Respostas às perguntas e exercícios de números pares de final de capítulo **727**

98. 40,5 L; $P_{He} = 0,864$ atm; $P_{Ne} = 0,136$ atm
100. 1,72 L
102. 0,365 g
104. duas vezes
106. Em ambos os casos, as partículas de gás se distribuirão uniformemente pelos dois frascos.
No caso 1, $P_{final} = (2/3)P_{inicial}$.
No caso 2, $P_{final} = (1/2)P_{inicial}$.
108. 125 recipientes
110. 124 L
112. 0,0999 mol de CO_2; 3,32 L úmido; 2,68 L seco
114. b
116. 1,14 L
118. (a) $8,60 \times 10^4$ Pa; (b) $2,21 \times 10^5$ Pa; (c) $8,88 \times 10^4$ Pa; (d) $4,3 \times 10^3$ Pa
120. (a) 128 mL; (b) $1,3 \times 10^{-2}$ L; (c) 9,8 L
122. $2,55 \times 10^3$ mm de Hg
124. (a) 57,3 mL; (b) 448 K = 175°C; (c) zero (zero absoluto, um gás real seria condensado em um sólido ou líquido)
126. 123 mL
128. Três variações que você pode fazer para duplicar o volume são:
aumentar a temperatura (o dobro da temperatura na escala Kelvin). Se a temperatura é aumentada, as partículas de gás têm mais energia cinética e atingirão o pistão com mais força (e mais pressão). Portanto, o pistão se moverá para cima até que a pressão dentro do recipiente seja a mesma que no exterior do recipiente (provocando o aumento do volume).
adicionar mol de gás no recipiente (o dobro da quantidade). Ao adicionar moles de gás no recipiente, as partículas de gás irão bater nas paredes do recipiente com mais frequência (e assim exercer mais pressão). O pistão se move para cima até que a pressão dentro do recipiente seja a mesma que no exterior do recipiente (provocando o aumento do volume).
diminuir a pressão do lado de fora do recipiente (pela metade). Por diminuir a pressão do lado de fora do recipiente, a pressão interior se torna maior que a pressão do lado de fora. As partículas de gás no interior empurrarão o pistão para cima até que a pressão dentro do recipiente seja a mesma que no exterior do recipiente (provocando o aumento do volume).
130. (a) 61,8 K;   (b) 0,993 atm; (c) $1,66 \times 10^4$ L
132. 487 mol de gás necessários; 7,79 kg de CH_4; 13,6 kg de N_2; 21,4 kg de CO_2
134. 0,42 atm
136. 6,41 L
138. (a) P_{Total} = 325 torr + 475 torr + 650. torr = 1.450 torr
Uma vez que o volume e a temperatura são constantes, há uma relação direta entre a pressão e a quantidade de matéria. O gás com a pressão mais elevada (que é O_2) deve conter uma maior quantidade de matéria e colidir com as paredes mais frequentemente.
140. 3,43 L de N_2; 10,3 L de H_2
142. 5,8 L de O_2; 3,9 L de SO_2 144. $7,8 \times 10^2$ L
146. (a) A pressão do hélio é 1,5 vezes maior do que a pressão do neônio.   (b) Quando a válvula é aberta, os gases dispersam uniformemente ao longo de todo o aparelho.

(c) $P_{f(Ne)} = P_{o(Ne)}$ e $P_{f(He)} = P_{o(He)}$

(d) A pressão original do hélio é de 1,5 vezes a pressão original do neônio.

$P_f = P_{o(Ne)} + P_{o(He)} = P_{o(Ne)} + P_{o(Ne)} = P_{o(Ne)} = 1.25 P_{o(Ne)}$

148. 22,4 L de O_2 150. 0,04 g de CO_2 152. b; c; d
154. $\Delta V = 142$ L   156. 51,4 g de XeF_4 158. a; c; d

Capítulo 14

2. menos
4. Porque ele requer muito mais energia para vaporizar a água do que para derreter o gelo, isto sugere que o estado gasoso é significativamente diferente do estado líquido, mas que os estados líquido e sólido são relativamente semelhantes.
6. Veja Fig. 14.2.
8. Quando um sólido é aquecido, as moléculas começam a vibrar / mover mais rapidamente. Quando suficiente energia tiver sido adicionada para vencer as forças intermoleculares que mantêm as moléculas em uma rede cristalina, o sólido funde. À medida que o líquido é aquecido, as moléculas começam se mover mais rapidamente e de forma mais aleatória. Quando foi adicionado o suficiente de energia, as moléculas que têm a energia cinética suficiente começarão a escapar da superfície do líquido. Uma vez que a pressão de vapor proveniente do líquido é igual à pressão acima do líquido, o líquido entra em ebulição. Apenas forças intermoleculares precisam ser superadas neste processo: ligações químicas não são quebradas.
10. intramolecular; intermolecular
12. A quantidade de energia que deve ser aplicada para derreter um mol de substância.
14. (a) Ao passar de um líquido para um gás, uma quantidade consideravelmente maior de calor sendo aplicada tem de ser convertida em energia cinética dos átomos que escapam do líquido;   (b) 10,9 kJ;   (c) - 2,00 kJ (calor é liberado); (d) 1,13 kJ
16. 2,44 kJ; -10,6 kJ (calor é liberado)
18. 2,60 kJ mol^{-1} 20.   mais fraco
22. A ligação de hidrogênio que pode existir quando H é ligado a O (ou N ou F) é uma força intermolecular adicional, o que significa que energia adicional deve ser adicionada para separar as moléculas durante a fervura.
24. Forças de dispersão de London são forças de dipolo instantâneas que surgem quando a nuvem de elétrons de um átomo é momentaneamente distorcida por um dipolo nas proximidades, separando temporariamente os centros da carga positiva e negativa no átomo.
26. (a) forças de dispersão de London   (b) forças de dispersão de London; (c) forças dipolo-dipolo, forças de dispersão de London;   (d) ligação de hidrogênio (H ligado a O), forças de dispersão de London
28. Observa-se um aumento do calor de fusão para um aumento na dimensão do átomo de halogênio (a nuvem de elétrons de um átomo maior é mais facilmente polarizada por um dipolo vizinho, fornecendo assim maiores forças de dispersão de London).
30. Para formar uma mistura homogênea, as forças entre as moléculas das duas substâncias sendo misturadas devem ser pelo menos *comparáveis em magnitude* com as forças intermoleculares dentro de cada substância separada. No caso de uma mistura de etanol-água, as forças que existem quando a água e o etanol são misturados são mais fortes que as forças água-água ou etanol-etanol nas substâncias separadas. Moléculas de etanol e água podem se aproximar umas das outras mais de perto na mistura que quaisquer moléculas da substância poderiam se aproximar de uma molécula semelhante nas substâncias separadas. Forte ligação de hidrogênio ocorre em ambos, etanol e água.
32. Quando um líquido é colocado dentro de um recipiente fechado, um equilíbrio dinâmico é constituído, no qual a vaporização do líquido e a condensação do vapor ocorrem na mesma taxa. Uma vez que o equilíbrio foi atingido, existe uma concentração líquida de moléculas no estado de vapor, o que dá origem à pressão de vapor observada.
34. Um líquido é injetado na parte inferior da coluna de mercúrio e sobe para a superfície do mercúrio, onde o líquido evapora no vácuo acima da coluna de mercúrio. À medida que o líquido evapora, a pressão do vapor aumenta no espaço acima do mercúrio e pressiona para baixo o mercúrio. O nível de mercúrio por conseguinte, cai e a quantidade pela qual o nível de mercúrio cai (em mm de Hg) é equivalente à pressão de vapor do líquido.
36. (a) H_2S. H_2O apresenta ligações de hidrogênio e H_2S não.
(b) CH_3OH. H_2O apresenta ligação mais forte com hidrogênio que CH_3OH, porque existem dois locais onde a ligação de hidrogênio é possível na água.   (c) CH_3OH. Ambos são capazes de ligação com hidrogênio, mas geralmente moléculas mais leves são mais voláteis que as moléculas mais pesadas.
38. Ambas as substâncias possuem a mesma massa molar. Álcool etílico contém um átomo de hidrogênio ligado diretamente a um átomo de oxigênio, no entanto. Portanto, a ligação de hidrogênio pode existir no álcool etílico, ao passo que apenas forças dipolo-dipolo fracas

existem no éter dimetílico. O éter dimetílico é mais volátil; o álcool etílico tem um ponto de ebulição mais elevado.

40. *Sólidos iônicos têm íons positivos e negativos como suas partículas fundamentais; um exemplo simples é o cloreto de sódio, no qual os íons Na+ e Cl– são mantidos juntos por fortes forças eletrostáticas.* Sólidos *moleculares* apresentam moléculas como as suas partículas elementares, com as moléculas sendo mantidas juntas no cristal por forças dipolo-dipolo, forças de ligação de hidrogênio ou forças de dispersão de London (dependendo da identidade da substância); exemplos simples de sólidos moleculares incluem gelo (H_2O) e açúcar de mesa comum (sacarose). Sólidos *atômicos* têm átomos simples como as suas partículas fundamentais, com os átomos sendo mantidos juntos no cristal ou por ligações covalentes (como no grafite ou diamante) ou ligação metálica (como no cobre ou outros metais).

42. açúcar: sólido molecular relativamente "macio", funde a uma temperatura relativamente baixa, dissolve como moléculas, não conduz eletricidade quando dissolvido ou fundido; sal: sólido iônico, relativamente "duro", funde a uma temperatura elevada, dissolve como íons carregados positiva e negativamente, conduz eletricidade quando dissolvido ou fundido.

44. Existem fortes forças eletrostáticas entre íons de cargas opostas em sólidos iônicos.

46. No hidrogênio líquido, as únicas forças intermoleculares são as fracas forças de dispersão de London. No álcool etílico e água, a ligação de hidrogênio é possível, mas as forças de ligação de hidrogênio são mais fracas no álcool etílico devido a influência do restante da molécula. Na sacarose, ligação de hidrogênio também é possível, mas agora em vários lugares na molécula, levando a forças mais fortes. No cloreto de cálcio, existe uma rede cristalina iônica com forças ainda mais fortes entre as partículas.

48. Embora os íons existam em ambos, estados sólido e líquido, no estado sólido os íons são rigidamente mantidos no lugar na estrutura de cristal e não podem se mover, de modo a conduzir uma corrente elétrica.

50. Nitinol é uma liga de níquel e titânio. Quando níquel e titânio são aquecidos a uma temperatura suficientemente elevada durante a produção de Nitinol, os átomos se dispõem por si em um padrão compacto e regular dos átomos.

52. j 54. f 56. d 58. a 60. l

62. Éter dietílico possui a maior pressão de vapor. Nenhuma ligação de hidrogênio é possível porque o átomo de O não tem um átomo de hidrogênio ligado. A ligação de hidrogênio pode ocorrer apenas quando um átomo de hidrogênio está *diretamente* ligado em um átomo fortemente eletronegativo (tal como N, O ou F). A ligação de hidrogênio é possível em 1-butanol (1-butano contém um grupo—OH).

64. Nenhuma das substâncias listadas apresenta interações por ligação de hidrogênio.

66. substitucional; intersticial

68. A água é o solvente no qual os processos celulares ocorrem em seres vivos. A água nos oceanos modera a temperatura da Terra. A água é utilizada na indústria como um agente de arrefecimento e ela serve como um meio de transporte. A faixa de líquido é de 0°C a 100°C à pressão de 1 atm.

70. Em altitudes mais elevadas, os pontos de ebulição dos líquidos são menores, porque existe uma pressão atmosférica mais baixa acima do líquido. A temperatura na qual se cozinha o alimento é determinada pela temperatura na qual a água no alimento pode ser aquecida antes de escapar na forma de vapor. Assim, o alimento cozinha a uma temperatura mais baixa em altitudes mais altas, onde o ponto de ebulição da água é reduzido.

72. Calor de fusão (derretimento); calor de vaporização (fervura). O calor de vaporização é sempre maior, porque praticamente todas as forças intermoleculares devem ser superadas para formar um gás. Em um líquido, forças intermoleculares consideráveis permanecem. Indo de um sólido para um líquido necessita de menos energia do que indo de um líquido para um gás.

74. Interações dipolo-dipolo são normalmente 1% tão fortes quanto uma ligação covalente. Interações dipolo-dipolo representam atrações eletrostáticas entre porções de moléculas que carregam apenas uma carga positiva ou negativa parcial e essas forças exigem que as moléculas que estão interagindo se aproximem uma da outra.

76. Forças de dispersão de London são forças relativamente fracas que surgem entre os átomos de gás nobre e em moléculas apolares. As forças de London surgem de *dipolos instantâneos* que se desenvolvem quando um átomo (ou molécula) momentaneamente distorce a nuvem de elétrons de outro átomo (ou molécula). As forças de London são tipicamente mais fracas que as forças dipolo-dipolo permanentes ou as ligações covalentes.

78. (a) as forças de dispersão de London (átomos apolares); (b) ligação de hidrogênio (H ligado a O), forças de dispersão de London; (c) dipolo-dipolo (moléculas polares), forças de dispersão de London; (d) Forças de dispersão de London (moléculas apolares)

80. (a) HF contém uma ligação polar mais forte em comparação com HCl, devido à maior diferença de eletronegatividade entre seus dois átomos; portanto, tem distribuição mais desigual de elétrons. (b) HF contém interações dipolo-dipolo mais fortes, porque a própria molécula é mais polar. Ela tem mais a separação da carga no interior da molécula, o que leva a interações dipolo-dipolo mais fortes entre as moléculas. (c) HCl ferveria primeiro porque as forças intermoleculares não são tão fortes como no HF. HCl exibe interações dipolo-dipolo, mas HF exibe ligação de hidrogênio (que é uma forma mais forte de interações dipolo-dipolo). Seria preciso menos energia para perturbar as interações dipolo-dipolo no HCl e fazê-lo ir para a fase gasosa. (HF requereria mais energia e portanto, tem um ponto de ebulição mais elevado).

82. Fortes forças de ligação de hidrogênio estão presentes em um cristal de gelo, enquanto que apenas *forças de London* mais fracas existem no cristal de uma substância apolar como o oxigênio.

84. O gelo flutua na água líquida; a água se expande quando é congelada.

86. Embora estejam na mesma *temperatura*, vapor a 100°C contém uma maior quantidade de energia que a água quente, igual ao calor de vaporização da água.

88. Ligação de hidrogênio é um caso especial de interações dipolo-dipolo que ocorrem entre as moléculas que contêm átomos de hidrogênio ligados a átomos altamente eletronegativos, tais como flúor, oxigênio ou nitrogênio. As ligações são muito polares e a pequena dimensão do átomo de hidrogênio (em comparação com outros átomos) permite que os dipolos se aproximem uns dos outros estreitamente. Exemplos H_2O, NH_3, HF.

90. A evaporação e a condensação são processos opostos. A evaporação é um processo endotérmico; condensação é um processo exotérmico. A evaporação requer uma entrada de energia para proporcionar o aumento de energia cinética possuída pelas moléculas quando eles se encontram no estado gasoso. Isso ocorre quando as moléculas em um líquido estão se movendo bastante rápidas e bastante aleatoriamente, que as moléculas são capazes de escapar da superfície do líquido e entrar na fase de vapor.

92. Diamantes são feitos de apenas um elemento (carbono). As ligações covalentes muito fortes entre os átomos de carbono no diamante conduzem para uma molécula gigante e este tipo de substâncias são referidas como sólidos entrelaçados.

94. a, d, e e são verdadeiras.

96. CH_3Cl, CH_3CH_2Cl, $CH_3CH_2CH_2Cl$, $CH_3CH_2CH_2CH_2Cl$

98. b, c, e d são verdadeiras.

Capítulo 15

2. Uma mistura *não* homogênea pode diferir na composição em vários locais na mistura, enquanto que uma solução (uma mistura homogênea) tem a mesma composição por toda parte. Exemplos de misturas não homogêneas incluem molho de espaguete, um pote de jujubas e uma mistura de sal e açúcar.

4. solvente; solutos

6. "semelhante dissolve semelhante". Os hidrocarbonetos no petróleo têm forças intermoleculares que são muito diferentes daquelas na água, de modo que o óleo se espalha em vez de dissolver na água.

8. O dióxido de carbono é um pouco solúvel em água, especialmente se pressurizado (caso contrário, o refrigerante que você pode estar bebendo enquanto estudava química seria "insípido"). A solubilidade do dióxido de carbono na água é aproximadamente 1,5 g L^{-1}

a 25°C sob uma pressão de aproximadamente 1 atm. A molécula de dióxido de carbono total é apolar, porque os dois dipolos C — O individuais se anulam mutuamente devido à linearidade da molécula. No entanto, estes dipolos ligados são capazes de interagir com a água, fazendo o CO_2 mais solúvel em água que as moléculas apolares, tal como O_2 ou N_2, que não possuem dipolos de ligação individuais.

10. insaturada   12. grande   14. 100.
16. (a) 5,00%;   (b) 5,00%;   (c) 5,00%;   (d) 5,00%
18. (a) 20,5 g de $FeCl_3$; 504,5 g (505 g) de água;(b) 26.8 g de sacarose; 198,2 g (198 g) de água;(c) 181,3 g (181 g) de NaCl; 1268,7 (1,27 × 10^3) g de água;(d) 95,9 g de KNO_3; 539,1 (539) g de água
20. 957 g de Fe; 26,9 g de C; 16,5 g de Cr   22. 19,6% de $CaCl_2$
24. 7,81 g de KBr   26. aproximadamente 71 g   28. 9,5 g
30. 0,110 mol; 0,220 mol   32. b
34. (a) 3,35 mol L^{-1}; (b) 1,03 mol L^{-1}; (c) 0,630 mol L^{-1}; (d) 4,99 mol L^{-1}
36. (a) 0,403 mol L^{-1}; (b) 0,169 mol L^{-1}; (c) 0,629 mol L^{-1}; (d) 0,829 mol L^{-1}
38. 6,04 g de NH_4Cl 40. 0,0902 mol L^{-1} 42. 4,25 g $AgNO_3$
44. (a) 0,00130 mol;   (b) 0,00609 mol;   (c) 0,0184 mol;   (d) 0,0356 mol
46. (a) 0,235 g;   (b) 0,593 g;   (c) 2,29 g;   (d) 2,61 g
48. 9,51 g
50. (a) 4,60 × 10^{-3} mol de Al^{3+}, 1,38 x 10^{-2} mol de Cl^-; (b) 1,70 mol de Na^+, 0,568 mol de PO_4^{3-}; (c) 2,19 × 10^{-3} mol de Cu^{2+}, 4,38 x 10^{-3} mol de Cl^-; (d) 3,96 × 10^{-5} mol de Ca^{2+}, 7,91 × 10^{-5} mol de OH^-
52. 1,33 g   54. metade
56. (a) 0,0837 mol L^{-1} (b)0,320 mol L^-;   (c) 0,0964 mol L^{-1};   (d) 0,622 mol L^{-1}
58. 0,541 L (541 mL)
60. Dilua 48,3 mL da solução 1,01 mol L^{-1} para um volume final de 325 mL.
62. 10,3 mL   64. 31,2 mL   66. 0,523 g
68. 0,300 g   70. 378 mL   72. 1,8 × 10^{-4} mol L^{-1}
74. (a) 63,0 mL;   (b) 2,42 mL;   (c) 50,1 mL;   (d) 1,22 L
76. 1 N
78. 1,53 equivalentes de íon de OH^-. Por definição, um equivalente de íon de OH^- neutraliza exatamente um equivalente de íon H^+.
80. (a) 0,277 N;   (b) 3,37 × 10^{-3} N;   (c) 1,63 N
82. (a) 0,134 N;   (b) 0,0104 N;   (c) 13,3 N
84. 7,03 × 10^{-5} mol L^{-1}, 1,41 × 10^{-4} N
86. 22,2 mL, 11,1 mL   88. 0,05583 M, 0,1117 N
90. A concentração em quantidade de matéria é definida como a quantidade de matéria do soluto contida em 1 litro de volume *total* de solução (soluto mais solvente após a mistura). No primeiro exemplo, o volume total após a mistura *não* é conhecido e a concentração em quantidade de matéria não pode ser calculada. No segundo exemplo, o volume final depois de mistura é conhecido e a concentração em quantidade de matéria pode ser calculada de forma simples.
92. 3,3%   94. 12,7 g $NaHCO_3$ 96. 56 mol
98. 1,12 L HCl na STP   100. 26.3 mL   102. 1,8 mol L^{-1} HCl
104. (a) 0,719 g NaCl;   (b) 0,719 g NaCl;   (c) 0,49 g NaCl;   (d) 55,6 g NaCl
106. 4,7% de C, 1,4% de Ni, 93,9% de Fe
108. 28 g de Na_2CO_3 110. 9,4 g de NaCl, 3,1 g de KBr
112. (a) 2,0 mol L^{-1};(b) 1,0 mol L^{-1};(c) 0,67 mol L^{-1}; (d) 0,50 mol L^{-1}
114. 0,812 mol L^{-1}
116. (a) 3,00 mol de Fe^{3+}, 9,00 mol de Cl^-; (b) 556 g de $PbCl_2$
118. (a) 0,446 mol, 33.3 g; (b) 0,00340 mol, 0,289 g; (c) 0,075 mol,g; (d) 0,0505 mol, 4,95 g
120. (a) 0,938 mol de Na^+, 0,313 mol de PO_4^{3-}; (b) 0,042 mol de H^+, 0,021 mol de SO_4^{2-}; (c) 0,0038 mol de Al^{3+}, 0,011 mol de Cl^-; (d) 1,88 mol de Ba^{2+}, 3,75 mol de Cl^-
122. (a) 0,0909 mol L^{-1}; (b) 0,127 mol L^{-1}; (c) 0,192 mol L^{-1}; (d) 1,6 mol L^{-1}
124. 0,90 mol L^{-1}
126. (a) 0,500 mol L^{-1}; (b) 250. mL 128. 4,7 mL
130. (a) 0,822 N de HCl; (b) 4,00 N de H_2SO_4; (c) 3,06 N de H_3PO_4
132. 0,083 mol L^{-1} de NaH_2PO_4, 0,17 N de NaH_2PO_4
134. 9,6 x 10^{-2} N de HNO_3
136. A solução 4 contém o maior número de íons.
138. 2,979 x 10^{-3} mol L^{-1} 140. 23,2 g de $Ba_3(PO_4)_2$
142. 0,327 mol L^{-1} de $Ca(OH)_2$

Capítulo 16

2. $HCl(g) \xrightarrow{H_2O} H^+(aq) + Cl^-(aq)$; $NaOH(s) \xrightarrow{H_2O} Na^+(aq) + OH^-(aq)$
4. Um par ácido-base conjugado difere em um íon hidrogênio, H^+. Por exemplo, $HC_2H_3O_2$ (ácido acético) é diferente da sua base conjugada, $C_2H_3O_2^-$ (íon acetato), em um único íon H^+.
$$HC_2H_3O_2(aq) \rightleftharpoons C_2H_3O_2^-(aq) + H^+(aq)$$
6. ácidos; bases
8. (a) par não conjugado; H_2SO_4, HSO_4^-; HSO_4^-, SO_4^{2-}; (b) par conjugado; (c) par não conjugado; $HClO_4$, ClO_4^-; HCl, Cl^-; (d) par não conjugado; NH_4^+, NH_3; NH_3, NH_2^-
10. (a) NH_3 (base), NH_4^+ (ácido); H_2O (ácido), OH^- (base); (b) PO_4^{3-} (base), H_2O (ácido); HPO_4^{2-} (ácido), OH^- (base); (c) $C_2H_3O_2^-$ (base), H_2O (acid); $HC_2H_3O_2$ (acid), OH^- (base)
12. (a) HClO;   (b) HCl;   (c) $HClO_3$;   (d) $HClO_4$
14. (a) BrO^-;   (b) NO_2^-;   (c) SO_3^{2-};   (d) CH_3NH_2
16. (a) $O^{2-}(aq) + H_2O(l) \rightleftharpoons OH^-(aq) + OH^-(aq)$;
(b) $NH_3(aq) + H_2O(l) \rightleftharpoons NH_4^+(aq) + OH^-(aq)$;
(c) $HSO_4^-(aq) + H_2O(l) \rightleftharpoons SO_4^{2-}(aq) + H_3O^+(aq)$;
(d) $HNO_2(aq) + H_2O(l) \rightleftharpoons NO_2^-(aq) + H_3O^+(aq)$
18. Se um ácido é fraco em solução aquosa, ele não transfere facilmente prótons para a água (e não ioniza totalmente). Se um ácido não perde prótons facilmente, então o ânion do ácido deve atrair fortemente prótons.
20. Um ácido forte perde os seus prótons facilmente e ioniza totalmente na água; a base conjugada do ácido é fraca para atrair e manter os prótons e é uma base relativamente fraca. Um ácido fraco resiste à perda dos seus prótons e não ioniza em grande medida na água; a base conjugada do ácido atrai e mantém os prótons firmemente e é uma base relativamente forte.
22. H_2SO_4 (sulfúrico): $H_2SO_4 + H_2O \rightarrow HSO_4^- + H_3O^+$;
HCl (clorídrico): $HCl + H_2O \rightarrow Cl^- + H_3O^+$;
HNO_3 (nítrico): $HNO_3 + H_2O \rightarrow NO_3^- + H_3O^+$;
$HClO_4$ (perclórico): $HClO_4 + H_2O \rightarrow ClO_4^- + H_3O^+$
Um oxiácido é um ácido que contém um elemento particular que está ligado a um ou mais átomos de oxigênio. HNO_3, H_2SO_4, e $HClO_4$ são oxiácidos. HCl, HF e HBr não são oxiácidos.
26. O ácido salicílico é um ácido monoprótico: apenas o hidrogênio do grupo carboxila ioniza.
28. HCO_3^- pode se comportar como um ácido, se ele reage com uma substância que ganha mais fortemente prótons que o próprio HCO_3^- Por exemplo, HCO_3^- se comportaria como um ácido ao reagir com o íon hidróxido (uma base muito mais forte): HCO_3^- (aq) + OH^- (aq) → CO_3^{2-} (aq) + H_2O (l). Por outro lado, HCO_3^- se comportaria como uma base quando reage com uma substância que perde mais prontamente prótons que o próprio HCO_3^-. Por exemplo, HCO_3^- se comportaria como uma base quando reage com ácido clorídrico (um ácido muito forte): HCO_3^- (aq) + HCl (aq) → H_2CO_3 (aq) + Cl^- (aq). $H_2PO_4^- + OH^- \rightarrow HPO_4^{2-} + H_2O$ e $H_2PO_4^- + H_3O^+ \rightarrow H_3PO_4 + H_2O$.
30. As concentrações de íons de H^+ e OH^- em água e em soluções aquosas diluídas *não* são independentes uma da outra. Em vez disso, eles estão relacionados pela constante de equilíbrio do produto iônico, K_w. $K_w = [H^+ (aq)] [OH^- (aq)] = 1,00$ x 10^{-14} a 25°C. Se a concentração de um íon é aumentada pela adição de um reagente produzindo H^+ ou OH^-, então a concentração do íon complementar *diminui* de modo que o valor da constante será mantido verdadeiro. Se um ácido é adicionado a uma solução, a concentração do íon hidróxido na solução diminuirá. Da mesma forma, se uma base é adicionada a uma solução, então a concentração do íon hidrogênio diminuirá.
32. (a) $[H^+] = 2,5 \times 10^{-10}$ mol L^{-1}; básico;
(b) $[H^+] = 3,4 \times 10^{-6}$ mol L^{-1}; ácido;
(c) $[H^+] = 1,4 \times 10^{-13}$ mol L^{-1}; básico;
(d) $[H^+] = 1,1 \times 10^{-8}$ mol L^{-1}; básico

34. (a) $[OH^-] = 9,8 \times 10^{-8}$ mol L^{-1}; ácido;
    (b) $[OH^-] = 1,02 \times 10^{-7}$ mol L^{-1} (1,0 x 10^{-7} mol L^{-1}); básico
    (c) $[OH^-] = 2,9 \times 10^{-12}$ mol L^{-1}; ácido;
    (d) $[OH^-] = 2,1 \times 10^{-4}$ mol L^{-1}; básico
36. (a) $[OH^-] = 6,03 \times 10^{-4}$ mol L^{-1}; (b) $[OH^-] = 4,21 \times 10^{-6}$ M; (c) $[OH^-] = 8,04 \times 10^{-4}$ mol L^{-1}
38. As respostas dependerão das escolhas dos alunos.
40. pH 1-2, vermelho escuro; pH 4, púrpura; pH 8, azul; pH 11, verde
42. (a) 3,000 (ácido); (b) 3,660 (ácido); (c) 10,037 (básico); (d) 6,327 (ácido)
44. (a) pH = 11,94 (básico); (b) pH = 8,87 (básico); (c) pH = 5,97 (ácido); (d) pH = 3,08 (ácido)
46. (a) 4,22, básico; (b) 9,99, ácido; (c) 11,21, ácido; (d) 2,79, básico
48. (a) pH = 1,719, $[OH^-] = 5,2 \times 10^{-13}$ mol L^{-1};
    (b) pH = 6,316, $[OH^-] = 2,1 \times 10^{-8}$ mol L^{-1};
    (c) pH = 10,050, $[OH^-] = 1,1 \times 10^{-4}$ mol L^{-1};
    (d) pH = 4,212, $[OH^-] = 1,6 \times 10^{-10}$ mol L^{-1}
50. (a) 0,091 mol L^{-1}; (b) 8×10^{-14} mol L^{-1}; (c) $1,0 \times 10^{-6}$ mol L^{-1}; (d) $2,4 \times 10^{-9}$ mol L^{-1}
52. (a) $9,8 \times 10^{-10}$ mol L^{-1}; (b) $1,8 \times 10^{-8}$ mol L^{-1}; (c) $5,5 \times 10^{-4}$ mol L^{-1}; (d) $5,6 \times 10^{-3}$ mol L^{-1}
54. (a) 5,358; (b) 3,64; (c) 5,97; (d) 0,480
56. A solução contém moléculas de água, íons H$_3$O$^+$ (prótons) e íons NO$_3^-$. Porque HNO$_3$ é um ácido forte que está completamente ionizado em água, nenhuma molécula de HNO$_3$ está presente.
58. (a) pH = 2,917; (b) pH = 3,701; (c) pH = 4,300; (d) pH = 2,983
60. Uma solução tamponada é constituída por uma mistura de um ácido fraco e sua base conjugada; um exemplo de uma solução tamponada é uma mistura de ácido acético (HC$_2$H$_3$O$_2$) e acetato de sódio (NaC$_2$H$_3$O$_2$).
62. O componente ácido fraco de uma solução tamponada é capaz de reagir com a base forte adicionada. Por exemplo, utilizando a solução tamponada dada como um exemplo no Exercício 60, o ácido acético consumiria o hidróxido de sódio adicionado como segue: HC$_2$H$_3$O$_2$ (aq) + NaOH (aq) → NaC$_2$H$_3$O$_2$ (aq) + H$_2$O (l). O ácido acético *neutraliza* o NaOH adicionado e o impede de afetar o pH global da solução.
64. HCl: H$_3$O$^+$ + C$_2$H$_3$O$_2^-$ → HC$_2$H$_3$O$_2$ + H$_2$O;
    NaOH: OH$^-$ + HC$_2$H$_3$O$_2$ → C$_2$H$_3$O$_2^-$ + H$_2$O
66. (a) $[OH^-(aq)] = 0,10$ mol L^{-1}, pOH = 1.00, pH = 13,00;
    (b) $[OH^-(aq)] = 2,0 \times 10^{-4}$ mol L^{-1}, pOH = 3,70, pH = 10,30;
    (c) $[OH^-(aq)] = 6,2 \times 10^{-3}$ mol L^{-1}, pOH = 2,21, pH = 11,79;
    (d) $[OH^-(aq)] = 0,0001$ mol L^{-1}, pOH = 4,0, pH = 10,0
68. b, c, d
70. (a) CH$_3$COO$^-$ é uma base relativamente forte; (b) F$^-$ é uma base relativamente forte; (c) HS$^-$ é uma base relativamente forte (d) Cl$^-$ é uma base muito fraca
72. Tendo uma concentração tão pequena quanto 10^{-7} mol L^{-1} para HCl significa que a contribuição para a concentração total de íons hidrogênio da dissociação da água também deve ser considerada na determinação do pH da solução.
74. recebe   76. base
78. —C(=O)(OH) ; CH$_3$COOH + H$_2$O ⇌ C$_2$H$_3$O$_2^-$ + H$_3$O$^+$
80. $1,0 \times 10^{-14}$ mol L^{-1} 82. menor   84. pH   86. ácido fraco
88. (a) Equação 1: (ácido1) + (base1) → (ácido1 conjugado) + (base1 conjugada)
    Equação 2: (base2) + (ácido2) → (ácido2 conjugado) + (base2 conjugada)
    Os ácidos são os doadores de prótons e as bases são as receptoras de prótons. Ao olhar para quais espécies estão carregadas positivamente ou negativamente nos produtos, é possível determinar qual reagente é o doador de prótons e qual o receptor de prótons.
    (b) Um ácido de Arrhenius produz íons hidrogênio. (Uma base de Arrhenius produz íons hidróxido). Portanto, ácido1 é considerado um ácido de Arrhenius. Um ácido Br[S]nsted - Lowry é um doador de prótons, e uma base de Br[S]nsted - Lowry é um receptor de prótons. Assim, ácido1 e ácido2 são ambos ácidos Brønsted-Lowry e base1 e base2 são ambos base Brønsted-Lowry.
90. (a) NH$_4^+$; (b) NH$_3$; (c) H$_3$O$^+$; (d) H$_2$O
92. a) Um tampão: HCN e NaCN são conjugados. (b) Não é um tampão: PO$_4^{3-}$ (de K$_3$PO$_4$) não é a base conjugada de H$_3$PO$_4$. (c) Um tampão: HF e KF são conjugados. (d) Um tampão: HC$_3$H$_5$O$_2$ e NaC$_3$H$_5$O$_2$ são conjugados.
94. (a) $[H^+(aq)] = 2,4 \times 10^{-12}$ mol L^{-1}, a solução é básica;
    (b) $[H^+(aq)] = 9,9 \times 10^{-2}$ mol L^{-1}, a solução é básica;
    (c) $[H^+(aq)] = 3,3 \times 10^{-8}$ mol L^{-1}, a solução é básica;
    (d) $[H^+(aq)] = 1,7 \times 10^{-9}$ mol L^{-1}, a solução é básica
96. (a) 9,68 (básico); (b) 5,10 (ácido); (c) 12,19 (básico); (d) 0,9 (ácido)
98. (a) pH = 8,15; a solução é básica; (b) pH = 5,97; a solução é ácida; (c) pH = 13,34; a solução é básica; (d) pH = 2,90; a solução é ácida.
100. (a) $[OH^-(aq)] = 1,8 \times 10^{-11}$ mol L^{-1}, pH = 3,24, pOH = 10,76;
    (b) $[H^+(aq)] = 1,1 \times 10^{-10}$ mol L^{-1}, pH = 9,95, pOH = 4,05;
    (c) $[OH^-(aq)] = 3,5 \times 10^{-3}$ mol L^{-1}, pH = 11,54, pOH = 2,46;
    (d) $[H^+(aq)] = 1,4 \times 10^{-7}$ mol L^{-1}, pH = 6,86, pOH = 7,14
102. (a) $[H^+] = 3,9 \times 10^{-6}$ mol L^{-1}; (b) $[H^+] = 1,1 \times 10^{-2}$ mol L^{-1}; (c) $[H^+] = 1,2 \times 10^{-12}$ mol L^{-1}; (d) $[H^+] = 7,8 \times 10^{-11}$ mol L^{-1}
104. (a) $[H^+(aq)] = 1,4 \times 10^{-3}$ mol L^{-1}, pH = 2,85;
    (b) $[H^+(aq)] = 3,0 \times 10^{-5}$ mol L^{-1}, pH = 4,52;
    (c) $[H^+(aq)] = 5,0 \times 10^{-2}$ mol L^{-1}, pH = 1,30;
    (d) $[H^+(aq)] = 0,0010$ mol L^{-1}, pH = 3,00
106. a e d
108. NaCl: neutro; RbOCl: básico; KI: neutro; Ba(ClO$_4$)$_2$: neutro; NH$_4$NO$_3$: ácido

Capítulo 17

2. Quatro ligações C—H e quatro ligações Cl—Cl devem ser quebradas; quatro ligações C—Cl e quatro ligações H—Cl devem se formar.
4. E_a representa a *energia de ativação* para a reação, que é a energia mínima necessária para a reação poder ocorrer.
6. As enzimas são catalisadores bioquímicos que aceleram as reações complicadas que seriam muito lentas para manter a vida nas temperaturas normais do corpo.
8. Um estado de equilíbrio é atingido quando dois processos opostos são exatamente equilibrados. O desenvolvimento de uma pressão de vapor sobre um líquido em um recipiente fechado, é um exemplo de um equilíbrio físico. Qualquer reação química que parece "parar" antes da conclusão é um exemplo de um equilíbrio químico.
10. Um sistema atingiu o equilíbrio, quando não há mais formação de produto, apesar de quantidades significativas de todos os reagentes necessários estarem presentes. Esta falta de formação adicional de produto indica que o processo inverso está ocorrendo agora na mesma velocidade que o processo direto—isto é, cada vez que se forma uma molécula de produto no sistema, outra molécula de produto reage para devolver os reagentes originais em outras partes do sistema. Reações que vêm para o equilíbrio são indicadas por uma seta dupla.
12. (a) A linha cinza-clara é H$_2$, porque hidrogênio está inicialmente presente na concentração maior. A linha azul é N$_2$, porque algum nitrogênio está inicialmente presente, mas não tanto quanto H$_2$ (um terço da quantidade). A linha cinza-escura é NH$_3$, porque primeiramente nenhum produto está presente, mas então, N$_2$ e H$_2$ reagem para formar NH$_3$. (b) As concentrações de ambos N$_2$ e H$_2$ diminuem primeiramente porque eles reagem para formar NH$_3$ (que então faz a concentração de NH$_3$ subir). Nenhuma das concentrações se torna zero ao longo do tempo, porque eventualmente algum NH$_3$ se desloca de volta para formar N$_2$ e H$_2$ novamente. Eventualmente, a concentração de cada espécie permanece constante, porque a velocidade da reação direta é igual à velocidade da reação inversa (o equilíbrio é atingido). (c) O equilíbrio é alcançado quando as linhas se tornam retas (a concentração ao longo do tempo não varia). Tal como indicado em b, a velocidade da reação direta é igual à velocidade da reação inversa.

14. A constante de equilíbrio é a *razão* entre as concentrações de produtos e as concentrações dos reagentes, todos em equilíbrio. Dependendo da quantidade de reagente que estava originalmente presente, diferentes quantidades de reagentes e de produtos estarão presentes no estado de equilíbrio, mas a sua *proporção será sempre a mesma para uma dada reação* em uma dada temperatura. Por exemplo, as razões de 4/2 e 6/3 envolvem números diferentes, mas cada uma destas razões tem o valor 2.

16. (a) $K = [NCl_3(g)]^2/[N_2(g)][Cl_2(g)]^3$;
    (b) $K = [HI(g)]^2/[H_2(g)][I_2(g)]$;   (c) $K = [N_2H_4(g)]/[N_2(g)][H_2(g)]^2$

18. (a) $K = \dfrac{[CH_3OH(g)]}{[CO(g)][H_2(g)]^2}$;   (b) $K = \dfrac{[NO(g)]^2[O_2(g)]}{[NO_2(g)]^2}$;
    (c) $K = \dfrac{[PBr_3(g)]^4}{[P_4(g)][Br_2(g)]^6}$

20. $K = 2{,}5 \times 10^{10}$ 22. $K = 4{,}85 \times 10^{-6}$

24. Constantes de equilíbrio representam as proporções das concentrações de produtos e reagentes presentes no ponto de equilíbrio. A concentração de um sólido puro ou um líquido puro é constante e é determinada pela densidade do sólido ou líquido.

26. (a) $K = [H_2O(g)][CO_2(g)]$;   (b) $K = [CO_2(g)]$;   (c) $K = 1/[O_2(g)]^3$

28. (a) $K = [N_2(g)][Br_2(g)]^3$;   (b) $K = [H_2O(g)]/[H_2(g)]$;
    (c) $K = 1/[O_2(g)]^3$

30. $[CO_2]$ aumenta; K não varia

32. Se calor é aplicado em uma reação endotérmica (a temperatura é elevada), o equilíbrio é deslocado para a direita. Mais produto estará presente no equilíbrio do que se a temperatura não tivesse sido aumentada. O valor de K aumenta.

34. (a) deslocamento para a direita; (b) nenhuma mudança; (c) deslocamento para a esquerda

36. (a) nenhuma alteração (B é sólido); (b) deslocamento para a direita; (c) deslocamento para a esquerda, (d) deslocamento para a direita

38. (d) Quando o gás hidrogênio é adicionado, o equilíbrio deslocará para longe da adição do reagente e na direção do lado do produto, produzindo mais vapor de água. O valor de K não muda.

40. Para uma reação endotérmica, uma diminuição na temperatura deslocará a posição de equilíbrio para a esquerda (na direção dos reagentes).

42. Adicione mais $CO(g)$; adicione mais $H_2(g)$; reduza o volume do sistema, diminua a temperatura.

44. Uma pequena constante de equilíbrio implica que não se forma muito produto antes que o equilíbrio seja atingido. A reação não seria uma boa fonte dos produtos a não ser que o princípio de Le Chatelier possa ser utilizado para forçar a reação para a direita.

46. $K = 8{,}63 \times 10^{-7}$ 48. $[H_2] = 0{,}119$ mol L^{-1}
50. $[O_2(g)] = 8{,}0 \times 10^{-2}$ mol L^{-1} 52. $5{,}4 \times 10^{-4}$ mol L^{-1}
54. produto de solubilidade, K_{ps} 56. apenas a temperatura
58. (a) $NiS(s) \rightleftharpoons Ni^{2+}(aq) + S^{2-}(aq)$;
    $K_{sp} = [Ni^{2+}(aq)][S^{2-}(aq)]$;
    (b) $CuCO_3(s) \rightleftharpoons Cu^{2+}(aq) + CO_3^{2-}(aq)$;
    $K_{sp} = [Cu^{2+}(aq)][CO_3^{2-}(aq)]$;
    (c) $BaCrO_4(s) \rightleftharpoons Ba^{2+}(aq) + CrO_4^{2-}(aq)$;
    $K_{sp} = [Ba^{2+}(aq)][CrO_4^{2-}(aq)]$;
    (d) $Ag_3PO_4(s) \rightleftharpoons 3Ag^+(aq) + PO_4^{3-}(aq)$;
    $K_{sp} = [Ag^+(aq)]^3[PO_4^{3-}(aq)]$

60. $1{,}9 \times 10^{-4}$ mol·L^{-1}; 0,016 g/L   62. $7{,}4 \times 10^{-4}$ g L^{-1}
64. $K_{sp} = 2{,}27 \times 10^{-4}$ 66. $K_{sp} = 1{,}23 \times 10^{-15}$
68. $K_{sp} = 1{,}9 \times 10^{-4}$; 10. g L^{-1} 70. 4×10^{-17} mol·L^{-1}, 4×10^{-15} g L^{-1}
72. Um aumento da temperatura aumenta a fração de moléculas com energia $> E_a$.
74. catalisador   76. constante
78. A reação ainda está ocorrendo, mas em sentidos opostos, com as mesmas velocidades.
80. heterogêneo   82. posição
84. $H_2O = 4$; $CO = 6 - x = 6 - 4 = 2$; $H_2 = x = 4$; $CO_2 = x = 4$
86. Uma reação de equilíbrio pode vir de muitas posições de equilíbrio, mas o valor numérico da constante de equilíbrio é cumprido em cada posição possível. Se diferentes experiências variam as quantidades dos reagentes, as quantidades absolutas dos reagentes e dos produtos presentes no ponto de equilíbrio serão diferentes de uma experiência para a outra, mas a relação que define a constante de equilíbrio permanecerá a mesma.

88. $9{,}0 \times 10^{-3}$ mol L^{-1}
90. $BaCO_3(s) \rightleftharpoons Ba^{2+}(aq) + CO_3^{2-}(aq)$; $7{,}1 \times 10^{-5}$ mol L^{-1}
    $CdCO_3(s) \rightleftharpoons Cd^{2+}(aq) + CO_3^{2-}(aq)$; $2{,}3 \times 10^{-6}$ mol L^{-1}
    $CaCO_3(s) \rightleftharpoons Ca^{2+}(aq) + CO_3^{2-}(aq)$; $5{,}3 \times 10^{-5}$ mol L^{-1}
    $CoCO_3(s) \rightleftharpoons Co^{2+}(aq) + CO_3^{2-}(aq)$; $3{,}9 \times 10^{-7}$ mol L^{-1}

92. Embora um produto de solubilidade pequena geralmente implique em uma pequena solubilidade, comparações de solubilidade baseadas diretamente nos valores de K_{ps} são válidas apenas se os sais produzem o mesmo número de íons positivos e negativos por fórmula quando eles se dissolvem. Por exemplo, as solubilidades de $AgCl (s)$ e $NiS (s)$ podem ser comparadas diretamente usando K_{ps}, uma vez que cada sal produz um íon positivo e um íon negativo por fórmula quando dissolvido. $AgCl (s)$ não pode no entanto ser diretamente comparado com um sal, tal como $Ca_3(PO_4)_2$.

94. Em temperaturas mais elevadas, a energia cinética média das moléculas do reagente é maior, como é a probabilidade de uma colisão entre moléculas ser suficientemente energética para a reação ter lugar. Em uma base molecular, uma temperatura mais alta significa que uma determinada molécula estará se movendo mais rápido.

96. (a) $K = \dfrac{[HBr(g)]^2}{[H_2(g)][Br_2(g)]}$;   (b) $K = \dfrac{[H_2S(g)]^2}{[H_2(g)]^2[S_2(g)]}$;
    (c) $K = \dfrac{[HCN(g)]^2}{[H_2(g)][C_2N_2(g)]}$

98. $K = 3{,}2 \times 10^{11}$

100. (a) $K = \dfrac{1}{[O_2(g)]^3}$;   (b) $K = \dfrac{1}{[NH_3(g)][HCl(g)]}$;   (c) $K = \dfrac{1}{[O_2(g)]}$

102. A segunda "foto" é a primeira a representar uma mistura em equilíbrio, porque após este ponto, as concentrações de reagente e produtos permanecem constantes. Seis moléculas de A_2B reagidas inicialmente.

104. A reação é *exo*térmica. Um aumento na temperatura (adição de calor) deslocará a reação para a esquerda (na direção dos reagentes).

106. $[NH_3(g)] = 1{,}1 \times 10^{-3}$ mol L^{-1}

108. (a) $Cu(OH)_2(s) \rightleftharpoons Cu^{2+}(aq) + 2OH^-(aq)$;
     $K_{sp} = [Cu^{2+}(aq)][OH^-(aq)]^2$;
     (b) $Cr(OH)_3(s) \rightleftharpoons Cr^{3+}(aq) + 3OH^-(aq)$;
     $K_{sp} = [Cr^{3+}(aq)][OH^-(aq)]^3$;
     (c) $Ba(OH)_2(s) \rightleftharpoons Ba^{2+}(aq) + 2OH^-(aq)$;
     $K_{sp} = [Ba^{2+}(aq)][OH^-(aq)]^2$;
     (d) $Sn(OH)_2(s) \rightleftharpoons Sn^{2+}(aq) + 2OH^-(aq)$;
     $K_{sp} = [Sn^{2+}(aq)][OH^-(aq)]^2$

110. $K_{sp} = 3{,}9 \times 10^{-11}$ 112. $K_{sp} = 1{,}4 \times 10^{-8}$

114. A energia de ativação é a energia mínima que duas moléculas colidindo devem possuir para a colisão resultar em uma reação.

116. Uma vez que um sistema atingiu o equilíbrio, a concentração líquida do produto já não aumenta porque as moléculas de produto já presentes reagem para formar os reagentes originais.

118. (a) $K = \dfrac{[CO]^2[O_2]}{[CO_2]^2} = \dfrac{[0{,}11\,M]^2[0{,}055\,M]}{[1{,}4\,M]^2} = 3{,}4 \times 10^{-4}$

120. $K = 1{,}05$ 122. $[O_3] = 6{,}5 \times 10^{-6}$ mol L^{-1}
124. $[HF] = 3{,}8 \times 10^{-3}$ mol L^{-1}

126.

	N_2	H_2	NH_3
Adicione N_2	Aumenta	Diminui	Aumenta
Remova H_2	Aumenta	Diminui	Diminui
Adicione NH_3	Aumenta	Aumenta	Aumenta
Adicione Ne	Sem alteração	Sem alteração	Sem alteração
Aumente T	Aumenta	Aumenta	Diminui
Diminua V	Diminui	Diminui	Aumenta
Adicione catalisador	Sem alteração	Sem alteração	Sem alteração

Capítulo 18

2. A oxidação é uma perda de um ou mais elétrons por um átomo ou íon. Redução é a obtenção de um ou mais elétrons por um átomo ou íon. Equações dependem das respostas dos alunos.

4. (a) sódio é oxidado, nitrogênio é reduzido; (b) magnésio é oxidado, cloro é reduzido; (c) alumínio é oxidado, bromo é reduzido; (d) magnésio é oxidado, cobre é reduzido.

6. (a) magnésio é oxidado, bromo é reduzido; (b) sódio é oxidado, enxofre é reduzido; (c) hidrogênio é oxidado, carbono é reduzido; (d) potássio é oxidado, nitrogênio é reduzido.

8. Uma molécula neutra tem uma carga global de zero.

10. Porque flúor é o elemento mais eletronegativo, o seu estado de oxidação é sempre negativo em relação a outros elementos; porque o flúor ganha apenas um elétron para completar o seu nível mais externo, o seu número de oxidação em compostos é sempre — 1. Os outros elementos de halogênio são quase sempre mais eletronegativos que os átomos aos quais se encontram ligados e quase sempre têm números de oxidação — 1. No entanto, em um composto entre halogênios envolvendo flúor e algum outro halogênio, uma vez que o flúor é o elemento mais eletronegativo de todos, os outros halogênios no composto terão estados de oxidação positivos em relação ao flúor.

12. A soma de todos os estados de oxidação dos átomos de um íon poliatômico deve ser igual à carga total no íon. A soma de todos os estados de oxidação de todos os átomos no PO_4^{3-} é –3.

14. (a) N, +3; Cl, −1; (b) S, +6; F, −1; (c) P, +5; Cl, −1; (d) Si, −4; H, +1

16. (a) 0; (b) −3; (c) +4; (d) +5

18. (a) +2; (b) +7; (c) +4; (d) +3

20. (a) Ca, +2; O, −2; (b) Al, +3; O, −2; (c) P, +3; F, −1; (d) P, +5; O, −2

22. (a) H, +1; S, +6; O, −2; (b) Mn, +7; O, −2; (c) Cl, +5; O, −2; (d) Br, +7; O, −2

24. Os elétrons são negativos; quando um átomo ganha elétrons, ele ganha uma carga negativa para cada elétron que ganhou. Por exemplo, na reação de redução $Cl + e^- \rightarrow Cl^-$, o estado de oxidação de cloro diminuiu de 0 para - 1 à medida que o elétron é ganho.

26. Um agente oxidante diminui o seu estado de oxidação. Um agente redutor aumenta o seu estado de oxidação.

28. Um antioxidante é uma substância que evita a oxidação de alguma molécula no corpo. Não é certo como todos os antioxidantes funcionam, mas um exemplo é impedir as moléculas de oxigênio e outras substâncias remover elétrons das membranas das células, o que as deixa vulneráveis à destruição pelo sistema imunológico.

30. (a) alumínio é oxidado; enxofre é reduzido; (b) carbono é oxidado; oxigênio é reduzido; (c) carbono é oxidado; ferro é reduzido, (d) cloro é oxidado; cromo é reduzido.

32. (a) carbono é oxidado, cloro é reduzido; (b) carbono é oxidado, oxigênio é reduzido; (c) fósforo é oxidado, cloro é reduzido; (d) cálcio é oxidado, hidrogênio é reduzido.

34. Ferro é reduzido [+3 no Fe_2O_3 (s), 0 no Fe (l)]; carbono é oxidado [+2 no CO(g), +4 no CO_2(g)]. Fe_2O_3 (s) é o agente oxidante; CO(g) é o agente redutor.

36. (a) cloro é reduzido, iodo é oxidado; cloro é o agente oxidante, íon iodeto é o agente redutor; (b) ferro é reduzido, iodo é oxidado; ferro (III) é o agente oxidante, íon iodeto é o agente redutor; (c) cobre é reduzido, iodo é oxidado; cobre (II) é o agente oxidante, íon iodeto é o agente redutor

38. As reações de oxirredução são muitas vezes mais complicadas que as reações "regulares"; os coeficientes necessários para balancear o número de elétrons transferidos são muitas vezes números grandes.

40. Em condições normais, é impossível ter elétrons "livres" que não fazem parte de algum átomo, íon ou molécula. Assim, o número total de elétrons perdidos pelas espécies sendo oxidadas deve ser igual ao número total de elétrons ganhos pela espécie sendo reduzida.

42. (a) $3N_2(g) + 2e^- \rightarrow 2N_3^-(aq)$; (b) $O_2^{2-}(aq) \rightarrow O_2(g) + 2e^-$; (c) $Zn(s) \rightarrow Zn^{2+}(aq) + 2e^-$; (d) $F_2(g) + 2e^- \rightarrow 2F^-(aq)$

44. (a) $4H^+ + 4e^- + O_2 \rightarrow 2H_2O$; (b) $4H^+ + 2e^- + SO_4^{2-} \rightarrow H_2SO_3 + H_2O$; (c) $2H^+ + 2e^- + H_2O_2 \rightarrow 2H_2O$; (d) $H_2O + NO_2^- \rightarrow NO_3^- + 2H^+ + 2e^-$

46. (a) $2Al + 6H^+ \rightarrow 2Al^{3+} + 3H_2$; (b) $8H^+ + 2NO_3^- + 3S^{2-} \rightarrow 3S + 2NO + 4H_2O$; (c) $6H_2O + I_2 + 5Cl_2 \rightarrow 2IO_3^- + 2H^+ + 10HCl$; (d) $2H^+ + AsO_4^- + S^{2-} \rightarrow S + AsO_3^- + H_2O$

48. $Cu(s) + 2HNO_3(aq) + 2H^+(aq) \rightarrow Cu^{2+}(aq) + 2NO_2(g) + 2H_2O(l)$; $Mg(s) + 2HNO_3(aq) \rightarrow Mg(NO_3)_2(aq) + H_2(g)$

50. Uma ponte salina normalmente consiste de um tubo em forma de U cheio com um eletrólito inerte (um com íons que não fazem parte da reação de oxirredução). A ponte salina completa o circuito elétrico em uma célula. Qualquer método que permite a transferência de carga sem permitir mistura total das soluções pode ser utilizado (outro método comum é a criação de uma semicélula em uma cápsula porosa, que é então colocada na proveta contendo a segunda semicélula).

52. A redução tem lugar no catodo e a oxidação ocorre no anodo.

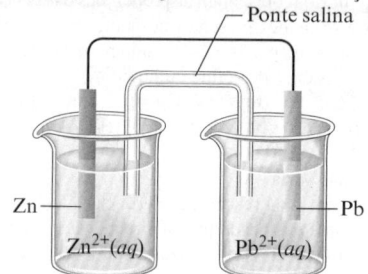

54. O íon Pb^{2+} (aq) é reduzido; Zn (s) é oxidado. A reação no anodo é Zn (s) [S] Zn^{2+} (aq) + 2e⁻. A reação no catodo é Pb^{2+} (aq) + 2e⁻ → Pb (s).

56. $Cd + 2OH^- \rightarrow Cd(OH)_2 + 2e^-$ (oxidação); $NiO_2 + 2H_2O + 2e^- \rightarrow Ni(OH)_2 + 2OH^-$ (redução)

58. O alumínio é um metal muito reativo, quando recém isolado no estado puro. Após repouso, mesmo por um período de tempo relativamente curto, o alumínio metálico forma uma fina camada de Al_2O_3 na sua superfície pela reação com o oxigênio atmosférico. Esta camada de Al_2O_3 é muito menos reativa que o metal e protege a superfície do metal de ataque adicional.

60. O cromo protege o aço inoxidável através da formação de uma fina camada de óxido de cromo sobre a superfície do aço, o que impede a oxidação do ferro no aço.

62. A reação principal de recarregamento da bateria de armazenamento de chumbo é $2PbSO_4$ (s) + $2H_2O$ (l) → Pb (s) + PbO_2 (s) + $2H_2SO_4$ (aq). Uma reação secundária importante é a eletrólise da água, $2HO$ (l) → $2H_2(g) + O_2(g)$, que produz uma mistura explosiva de hidrogênio e oxigênio que é responsável por muitos acidentes durante a recarga dessas baterias.

64. A equação balanceada é $2H_2O$ (l) → $2H_2(g) + O_2(g)$. O oxigênio é oxidado (–indo do estado de oxidação -2 na água para estado de oxidação zero no elemento livre). O hidrogênio é reduzido (indo de estado de oxidação + 1 na água para estado de oxidação zero no elemento livre). Calor é produzido pela queima do gás de hidrogênio produzido pela eletrólise. Porque energia tem de ser aplicada na água para a eletrólise da mesma, energia é liberada quando o gás hidrogênio produzido pela eletrólise e o gás oxigênio se combinam para formar água na lareira.

66. perda; estado de oxidação   68. eletronegativo

70. Um agente oxidante é um átomo, molécula ou íon que causa a oxidação de algumas outras espécies, enquanto está sendo reduzido.

72. perda   74. separado de

76. oxidação   78. redução; oxidante

80. Eletrólise. Em uma célula galvânica, a energia química é convertida em energia elétrica por meio de uma reação de oxirredução. Na eletrólise, a energia elétrica é usada para produzir uma mudança química.

82. oxidação

84. (a) $4Fe$ (s) + $3O_2(g) \rightarrow 2Fe_2O_3$ (s); ferro é oxidado, oxigênio é reduzido; (b) $2Al$ (s) + $3Cl_2(g) \rightarrow 2AlCl_3$ (s); alumínio é oxidado, cloro é reduzido; (c) $6Mg$ (s) + P_4 (s) → $2Mg_3P_2$ (s); magnésio é oxidado, fósforo é reduzido

86. (a) Al é oxidado (0 → +3); H é reduzido (+1 → 0);
(b) H é reduzido (+1 → 0); I é oxidado (−1 → 0);
(c) Cu é oxidado (0 → +2); H é reduzido (+1 → 0)
88. (a) $C_3H_8(g) + 5O_2(g) \rightarrow 3CO_2(g) + 4H_2O(g)$;
(b) $CO(g) + 2H_2(g) \rightarrow CH_3OH(l)$;
(c) $SnO_2(s) + 2C(s) \rightarrow Sn(s) + 2CO(g)$;
(d) $C_2H_5OH(l) + 3O_2(g) \rightarrow 2CO_2(g) + 3H_2O(g)$
90. (a) sódio é oxidado, oxigênio é reduzido; (b) ferro é oxidado, hidrogênio é reduzido; (c) oxigênio (O_2) é oxidado, alumínio (Al^{3+}) é reduzido; (d) magnésio é oxidado, nitrogênio é reduzido
92. (a) H, +1; N, −3; (b) C, +2; O, −2; (c) C, +4; O, −2; (d) N, +3; F, −1
94. (a) Mn, +4; O, −2; (b) Ba, +2; Cr, +6; O, −2; (c) H, +1; S, +4; O, −2; (d) Ca, +2; P, +5; O, −2
96. (a) Bi, +3; O, −2; (b) P, +5; O, −2; (c) N, +3; O, −2; (d) Hg, +1
98. (a) oxigênio é oxidado, cloro é reduzido; (b) germânio é oxidado, oxigênio é reduzido; (c) carbono é oxidado, cloro é reduzido; (d) oxigênio é oxidado, flúor é reduzido
100. (a) $SiO_2(s) + 4H^+(aq) + 4e^- \rightarrow Si(s) + 2H_2O(l)$;
(b) $S(s) + 2H^+(aq) + 2e^- \rightarrow H_2S(g)$;
(c) $NO_3^-(aq) + 3H^+(aq) + 2e^- \rightarrow HNO_2(aq) + H_2O(l)$;
(d) $NO_3^-(aq) + 4H^+(aq) + 3e^- \rightarrow NO(g) + 2H_2O(l)$
102. d. Íon $Al^{3+}(aq)$ é reduzido. Mg (s) é oxidado. A redução ocorre no catodo e a oxidação ocorre no anodo. A reação no catodo é $2Al^{3+} (aq) + 6e^- \rightarrow 2Al (s)$. A reação no anodo é $3Mg (s)$ S $3Mg^{2+} (aq) + 6e^-$.
104. Observe que ambos os corantes incluem "$C_{16}N_2H_{10}O_2$". Uma vez que o leucoíndigo é $Na_2C_{16}N_2H_{10}O_2$, a porção "$C_{16}N_2H_{10}O_2$" tem uma carga 2-, enquanto que o índigo ($C_{16}N_2H_{10}O_2$) é neutro. Uma vez que a soma dos estados de oxidação é igual à carga, o estado de oxidação de um ou mais dos elementos deve aumentar, assim, a molécula deve ser oxidada.

Capítulo 19

2. O raio de um núcleo atômico típico é da ordem de 10^{-13} cm, o que é cerca de 100.000 vezes menor que o raio de um átomo global.
4. O número de massa representa o número total de prótons e nêutrons em um núcleo.
6. O número atômico (Z) é escrito como um índice inferior esquerdo, enquanto que o número de massa (A) é escrito como um índice superior esquerdo. Isto é, o símbolo geral para um nuclídeo é ^A_ZX. Como um exemplo, considere o isótopo de oxigênio com 8 prótons e 8 nêutrons: seu símbolo seria $^{16}_8O$.
8. Quando um núcleo produz uma partícula alfa, o número atômico do núcleo fonte diminui em duas unidades.
10. A emissão de um nêutron, [S], não altera o número atômico do núcleo fonte, mas ele faz o número de massa do núcleo fonte diminuir em uma unidade.
12. Os raios gama são fótons de alta energia da radiação eletromagnética; eles não são normalmente considerados como partículas. Quando um núcleo produz apenas radiação gama, o número atômico e o número de massa permanecem inalterados.
14. A captura de elétron ocorre quando um dos elétrons do orbital mais interno é puxado para dentro e se torna parte do núcleo.
16. O fato de a massa atômica média do potássio ser apenas ligeiramente acima de 39 u, reflete o fato de que o isótopo de número de massa 39 predomina.

Isótopo	Número de Nêutrons
$^{39}_{19}K$	20 nêutrons
$^{40}_{19}K$	21 nêutrons
$^{41}_{19}K$	22 nêutrons

18. Com base na predominância do Mg-24, mas com quantidades significativas de outros isótopos, seria de se esperar que a massa molar média atômica fosse um pouco maior que 24 (24,31 g).
20. (a) Na produção de partícula beta, é produzido $^{\ 0}_{-1}e$ is produced (i.e., $^{234}_{90}Th \rightarrow ^{234}_{90}e + ^{\ 0}_{-1}Pa$). O número atômico do nuclídeo fonte sobe, decrescendo assim a relação nêutron-próton.

22. (a) $^{192}_{83}Bi$; (b) $^{204}_{82}Pb$; (c) $^{206}_{84}Po$
24. (a) $^{\ 0}_{-1}e$; (b) $^{\ 0}_{-1}e$; (c) $^{210}_{83}Bi$
26. (a) $^{234}_{92}U \rightarrow ^{4}_{2}He + ^{230}_{90}Th$; (b) $^{222}_{86}Rn \rightarrow ^{4}_{2}He + ^{218}_{84}Po$;
(c) $^{162}_{75}Re \rightarrow ^{4}_{2}He + ^{158}_{73}Ta$
28. (a) $^{136}_{53}I \rightarrow ^{\ 0}_{-1}e + ^{136}_{54}Xe$; (b) $^{133}_{51}Sb \rightarrow ^{\ 0}_{-1}e + ^{133}_{52}Te$;
(c) $^{117}_{49}In \rightarrow ^{\ 0}_{-1}e + ^{117}_{50}Sn$
30. Em um processo de bombardeio nuclear, um núcleo alvo é bombardeado com partículas de alta energia (geralmente partículas subatômicas ou pequenos átomos) de um acelerador de partículas. Isto pode resultar na transmutação do núcleo alvo em algum outro elemento. Por exemplo, nitrogênio-14 pode ser transmutado em oxigênio-17 por bombardeamento com α partículas.
32. $^{24}_{12}Mg + ^{2}_{1}H \rightarrow ^{22}_{11}Na + ^{4}_{2}He$
34. A meia-vida de um núcleo é o tempo necessário para metade da amostra original de núcleos decair. Um dado isótopo de um elemento sempre tem a mesma meia-vida, embora diferentes isótopos do mesmo elemento possam ter meias-vidas muito diferentes. Núcleos de diferentes elementos têm diferentes meias-vidas.
36. $^{226}_{88}Ra$ é o mais estável (meia-vida mais longa); $^{224}_{88}Ra$ é o "mais quente" (meia-vida mais curta).
38. Com uma meia-vida de 2,8 horas, o estrôncio-87 é o mais quente; com um meia-vida de 45,1 dias, o ferro-59 é o mais estável para decair.
40. Quatro meias-vidas; 1/16 ($0,5^4$) permanece
42. Para uma dose administrada de 100 μg, 0,39 μg permanece após 2 dias. A fração restante é de 0,39 / 100 = 0,0039; em uma base percentual, menos de 0,4% do radioisótopo original permanece.
44. O carbono-14 é produzido na atmosfera superior pelo bombardeio de nitrogênio com nêutrons do espaço:
$$^{14}_{7}N + ^{1}_{0}n \rightarrow ^{14}_{6}C + ^{1}_{1}H$$
46. Assumimos que a concentração de C-14 na atmosfera é efetivamente constante. Um organismo vivo está constantemente repondo C-14 por meio de um dos processos, metabolismo (açúcares ingeridos em alimentos contêm C-14) ou fotossíntese (dióxido de carbono contém C-14). Quando uma planta morre, ela não mais se reabastece com C-14 da atmosfera Como o C-14 sofre decaimento radioativo, a sua quantidade diminui com o tempo.
48. 1 dia é cerca de 13 meias-vidas para $^{18}_{9}F$. Se começarmos com 6,02 × 10^{23} átomos (1 mol), então, após 13 meias-vidas, 7,4 × 10^{19} átomos de $^{18}_{9}F$ permanecerão.
50. fissão, fusão, fusão, fissão
52. $^{1}_{0}n + ^{235}_{92}U \rightarrow ^{142}_{56}Ba + ^{91}_{36}Kr + 3^{1}_{0}n$
54. A massa crítica de um material físsil é a quantidade necessária para proporcionar um fluxo de nêutrons interno alto bastante para manter a reação em cadeia (produção de nêutrons suficientes para causar a fissão contínua de mais material). Uma amostra com menos que uma massa crítica é ainda radioativa, mas não pode sustentar uma reação em cadeia.
56. Uma explosão nuclear real, do tipo da produzida por uma arma nuclear, não pode ocorrer em um reator nuclear, porque a concentração de materiais fissionáveis não é suficiente para formar uma massa supercrítica.
58. regenerador
60. Em um tipo de reator de fusão, dois átomos de $^{2}_{1}H$ fundem para produzir $^{4}_{2}He$. Uma vez que os núcleos de hidrogênio são carregados positivamente, energias extremamente altas (temperaturas de 40 milhões de K) são necessárias para superar a repulsão entre os núcleos à medida que são disparados um contra o outro.
62. prótons (hidrogênio), hélio
64. Dano somático é dano diretamente ao próprio organismo, causando doença ou morte quase imediata do organismo. Dano genético é dano ao maquinário genético do organismo, que irá se manifestar em futuras gerações de descendentes.
66. Os raios gama penetram longas distâncias, mas raramente causam a ionização das moléculas biológicas. Porque elas são muito mais pesadas, embora menos penetrantes, as partículas alfas ionizam moléculas biológicas muito efetivamente e deixam um rastro denso de danos no organismo. Isótopos que decaem liberando partículas alfa podem ser ingeridos ou respirados para o corpo, onde o dano das partículas alfa será mais agudo.

68. A maioria dos resíduos de reator ainda está em armazenamento "temporário". Várias sugestões foram feitas para uma solução mais permanente, como fundir o combustível usado em tijolos de vidro para contê-los e, em seguida, armazenar os tijolos em recipientes de metal resistente à corrosão no subsolo profundo.

70. radioativo   **72.** massa   **74.** nêutron; próton
76. decaimento radioativo   **78.** número de massa   **80.** transurânio
82. meia-vida   **84.** marcadores radioativos   **86.** cadeia

88. Cada 35 anos, a amostra tem uma meia massa do que ele tinha no início destes 35 anos. Durante 140 anos, a amostra será cortada pela metade quatro vezes, por isso deve ter tido 48 g inicialmente para ter 3,0 g depois de 140 anos.

90. (a) $^{234}_{90}$Th, produção de partícula alfa; (b) $_{-1}^{0}$e, produção de partículas beta

92. $3,5 \times 10^{-11}$ J átomo^{-1}; $8,9 \times 10^{10}$ J/g

94. $^{90}_{40}$Zr, $^{91}_{40}$Zr, $^{92}_{40}$Zr, $^{94}_{40}$Zr, $^{96}_{40}$Zr

96. $^{27}_{13}$Al: 13 prótons, 14 nêutrons; $^{28}_{13}$Al: 13 prótons, 15 nêutrons; $^{29}_{13}$Al: 13 prótons, 16 nêutrons

98. Três das afirmações são verdadeiras. a, b e d são verdadeiras.

100. $^{9}_{4}$Be + $^{4}_{2}$He → $^{12}_{6}$C + $^{1}_{0}$n

102. $^{238}_{92}$U + $^{1}_{0}$n → $^{239}_{92}$U; $^{239}_{92}$U → $^{239}_{93}$Np + $^{0}_{-1}$e; $^{239}_{93}$Np → $^{239}_{94}$Pu + $^{0}_{-1}$e

104. $^{4}_{2}$He; $^{0}_{-1}$e; $^{0}_{-1}$e; $^{0}_{-1}$e; $^{0}_{-1}$e   **106.** 243 anos

Capítulo 20

2. O carbono tem quatro elétrons de valência e só pode fazer quatro ligações.

4. A ligação tripla representa o compartilhamento de três pares de elétrons entre dois átomos ligados. O compartilhamento de três pares implica em uma geometria linear na região da ligação tripla.

6. O=C=O ; :C≡O:

8. a e c   **10.** 109,5°

12. (a) 8; (b) 12; (c) 32; (d) 38

14. (a) CH$_3$—CH$_2$—CH$_2$—CH$_2$—CH$_3$;
(b) CH$_3$—CH$_2$—CH$_2$—CH$_2$—CH$_2$—CH$_2$—CH$_2$—CH$_2$—CH$_2$—CH$_2$—CH$_3$;
(c) CH$_3$—CH$_2$—CH$_2$—CH$_2$—CH$_2$—CH$_2$—CH$_2$—CH$_2$—CH$_3$;
(d) CH$_3$—CH$_2$—CH$_2$—CH$_2$—CH$_2$—CH$_2$—CH$_3$

16. Um alcano ramificado contém uma ou mais cadeias de átomos de carbono mais curtas ligadas no lado da cadeia de átomos de carbono (mais longa) principal. O mais simples alcano ramificado é o 2-metilpropano,

CH$_3$—CH—CH$_3$
       |
       CH$_3$

18. esqueletos de carbono são mostrados:

C—C—C—C
    |
    C

C—C—C—C—C
    |
    C

C—C—C—C
|
C
|
C

C—C—C—C—C—C

    C   C
    | |
C—C—C—C

20. O nome raiz é derivado do número de átomos de carbono na *cadeia contínua mais longa* de átomos de carbono.

22. A posição de um substituinte é indicada por um número que corresponde ao átomo de carbono na cadeia mais longa na qual o substituinte está conectado.

24. Vários substituintes são listados em ordem alfabética, desconsiderando qualquer prefixo.

26. (a) 3-etilpentano;   (b) 2,2-dimetilbutano;
(c) 2,2-dimetilpropano;   (d) 2,3,4-trimetilpentano

28. (a)
        CH$_3$
        |
CH$_3$—C—CH$_2$—CH—CH$_2$—CH$_2$—CH$_2$—CH$_3$;
        | |
        CH$_3$ CH$_3$

(b)
        CH$_3$
        |
CH$_3$—CH—CH—CH—CH$_2$—CH$_2$—CH$_2$—CH$_3$;
            | |
            CH$_3$ CH$_3$

(c)
              CH$_3$
              |
CH$_3$—CH$_2$—C—CH—CH$_2$—CH$_2$—CH$_2$—CH$_3$;
              | |
              CH$_3$ CH$_3$

(d)
        CH$_3$ CH$_3$
        | |
CH$_3$—CH—CH$_2$—C—CH$_2$—CH$_2$—CH$_2$—CH$_3$
                  |
                  CH$_3$

30.

Número de Átomos C	Uso
C$_5$–C$_{12}$	gasolina
C$_{10}$–C$_{18}$	querosene, combustível de aviação
C$_{15}$–C$_{25}$	óleo diesel, óleo para aquecimento
>C$_{25}$	asfalto

32. O tetraetila de chumbo foi adicionado à gasolina para evitar "batimento" em motores de automóveis de alta eficiência. Seu uso está sendo interrompido por causa do perigo para o ambiente do chumbo nesta substância.

34. As reações de combustão são utilizadas como uma fonte de calor e luz: $C_3H_8(g) + 5O_2(g) \rightarrow 3CO_2(g) + 4H_2O(g)$

36. Uma ligação dupla é introduzida; o exemplo depende da escolha do aluno.

38. (a) $2C_6H_{14}(l) + 19O_2(g) \rightarrow 12CO_2(g) + 14H_2O(g)$;
(b) $CH_4(g) + Cl_2(g) \rightarrow CH_3Cl(l) + HCl(g)$;
(c) $CHCl_3(l) + Cl_2(g) \rightarrow CCl_4(l) + HCl(g)$

40. Um alcino é um hidrocarboneto contendo uma ligação tripla carbono-carbono. A fórmula geral é C_nH_{2n-2}.

42. A localização de uma ligação dupla ou tripla na cadeia mais longa de um alceno ou alcino é indicada fornecendo o *número* do átomo de carbono de número mais baixo envolvido na ligação.

44. A hidrogenação converte compostos insaturados em compostos saturados (ou menos insaturados). No caso de um óleo vegetal líquido, esta é susceptível de converter o óleo em um sólido. $C_2H_4(g) + H_2(g) \rightarrow C_2H_6(g)$

46. (a) 3,4-dimetil-5,5-dicloro-1-penteno;
(b) 4,5-dicloro-2-hexeno;   (c) 2,2,5-trimetil-3-hepteno;
(d) 5-metil-1-hexino

48. Os esqueletos de carbono são

C≡C—C—C—C—C

C≡C—C—C—C
        |
        C

C—C≡C—C—C

C—C—C≡C—C—C

C—C≡C—C—C
        |
        C

C≡C—C—C
      |
      C
      |
      C

C≡C—C—C—C
      |
      C

50. Para o benzeno, um *conjunto* de estruturas de Lewis equivalentes pode ser extraído, com cada estrutura diferindo apenas na posição das três ligações duplas no anel. Experimentalmente, o benzeno

não demonstra as propriedades químicas esperadas para moléculas que têm *quaisquer* ligações duplas.
52. Quando denominado como um substituinte, o anel de benzeno é chamado o grupo fenil. Dois exemplos são

$CH_2=CH-CH-CH_3$ (3-fenil-1-buteno)

$CH_3-CH-CH_2-CH_2-CH_2-CH_3$ (2-fenil-hexano)

54. *orto-:* substituintes adjacentes (1,2-); *meta-:* dois substituintes, com um átomo de carbono não substituídos entre eles (1,3); *para-:* dois substituintes com dois átomos de carbono não substituídos entre eles (1,4)
56. (a) 3,4-dibromo-1-metilbenzeno, 3,4-dibromotolueno;
(b) naftaleno; (c) 4-metilfenol; 4-hidroxitolueno;
(d) 1,4-dinitrobenzeno, *p*-dinitrobenzeno
58. (a) ácido carboxílico; (b) aldeído; (c) cetona; (d) álcool
60. Os álcoois primários têm um fragmento de hidrocarboneto (grupo alquila) ligado ao átomo de carbono, onde o grupo —OH está ligado. Alcoóis secundários têm dois grupos alquilo ligados e alcoóis terciários contêm três grupos alquila. Exemplos são

etanol (primário) CH_3-CH_2-OH

2-propanol (secúndario) $CH_3-CH(OH)-CH_3$

2-metil-2-propanol (terciário) $CH_3-C(CH_3)_2-OH$

62. As estruturas dependem da escolha do aluno. $CH_3-CH_2-CH_2OH$ (1°), $CH_3-CH(OH)-CH_3$ (2°), e $CH_3-C(CH_3)(OH)-CH_3$ (3°) são bons exemplos
64. $C_6H_{12}O_6 \xrightarrow{\text{levedura}} 2CH_3-CH_2-OH + 2CO_2$
A levedura necessária para o processo de fermentação é morta se a concentração de etanol é superior a 13%. Soluções de etanol mais concentrado são mais comumente fabricadas por destilação.
66. O metanol (CH_3OH): material de partida para a síntese do ácido acético e de muitos plásticos; etileno glicol (CH_2OH-CH_2OH): anticongelante para automóvel; álcool isopropílico (2-propanol, $CH_3-CH(OH)-CH_3$): álcool de massagem
68. Ambos, os aldeídos e as cetonas contêm o grupo carbonila (C=O). Aldeídos e cetonas diferem na *localização* da função do carbonila: aldeídos contêm o grupo carbonila na extremidade de uma cadeia de hidrocarboneto (o átomo de carbono do grupo carbonila está ligado a um máximo de um outro átomo de carbono); o grupo carbonila das cetonas representa um dos átomos de carbono interiores de uma cadeia (o átomo de carbono do grupo carbonila está ligado a dois outros átomos de carbono).
70. A resposta depende da escolha dos alcoóis pelo estudante.
72. Em adição aos seus nomes sistemáticos (baseado na raiz de hidrocarboneto, com a terminação *-ona*), as cetonas podem ser nomeadas de acordo com os grupos ligados em ambos os lados do carbono da carbonila como grupos alquila, seguidas pela palavra *cetona*.

metiletilcetona (or 2-butanona) $CH_3-CO-CH_2-CH_3$

dietilcetona (ou 3-pentanona) $CH_3-CH_2-CO-CH_2-CH_3$

74. (a) $CH_3-CO-CH_3$;
(b) $CH_3-CO-CH(CH_3)-CH_3$;
(c) CH_3-CH_2-CHO;
(d) $CH_3-C(CH_3)_2-CO-CH_2-CH_3$;

76. Os ácidos carboxílicos são tipicamente ácidos *fracos*.
$CH_3-CH_2-COOH + H_2O \rightleftharpoons CH_3-CH_2-COO^- + H_3O^+$
78. (a) $CH_3-CH_2-CH_2-CHO$;
(b) CH_3-CH_2-COOH;
(c) $CH_3-CH_2-CH_2-COO-CH_2-CH_2-CH_3$

80. (salicílico-COOH, OH) + CH_3COOH → (acetilsalicílico) + H_2O

82. (a) $CH_3-CH_2-CH_2-CO-O-CH_3$;
(b) $CH_3-CO-O-CH_2-CH_3$;
(c) ácido 2-clorobenzoico (COOH, Cl no anel)
(d) $CH_3-CHCl-C(CH_3)_2-COOH$

84. Na polimerização de adição, as unidades monoméricas se adicionam em conjunto para formar o polímero, sem outros produtos. Polietileno e politetrafluoroetileno (Teflon) são exemplos.
86. Kevlar é um copolímero, pois dois tipos diferentes de monômeros se combinam para gerar a cadeia de polímero.
88. nylon $-[-N(H)-(CH_2)_6-N(H)-CO-(CH_2)_6-CO-]-$

Dacron $-[-O-CH_2-CH_2-O-CO-C_6H_4-CO-]-$

90. insaturado   92. cadeia linear ou normal
94. -ano   96. número   98. antibatimento
100. substituição   102. hidrogenação
104. funcional   106. monóxido de carbono   108. carbonila
110. d. As moléculas orgânicas devem conter carbono. A fórmula para o sulfato de magnésio é $MgSO_4$.
112. (a) etano, CH_3-CH_3

(estrutura com H's)

(b) butano, $CH_3-CH_2-CH_2-CH_3$

(c) hexano, $CH_3-CH_2-CH_2-CH_2-CH_2-CH_3$

114. Um hidrocarboneto saturado é aquele no qual todas as ligações carbono-carbono são ligações simples, com cada átomo de carbono formando ligações com outros quatro átomos. Os hidrocarbonetos saturados são chamados de alcanos.

116. (a) 2-buteno; (b) 3-metil-1-buteno; (c) 1-butino; (d) 3-cloro-1-buteno

118. (a) $CH_3-CH-CH-CH_2-CH_2-CH_2-CH_3$
$||$
CH_3CH_3

(b) $CH_3-CH_2-CH_2-CH_2-CH_2-CH-C(CH_3)_2-CH_3-OH$
with Cl and CH$_3$ substituents

(c) $CH_3-CH_2-CH_2-CH_2-C=CH_2$
$|$
Cl

(d) $CH_3-CH_2-CH_2-CH=CH-CH_2-Cl$

(e) 2-metilfenol (o-cresol, com OH e CH$_3$)

120. 1; Apenas o álcool *tert*-butílico é um álcool terciário.

122. e. Aminas contêm grupos —NH$_2$.

124. (a) $CH_3-C(=O)-CH_2-CH_2-CH_2-CH_2-CH_3$

(b) $CH_3-CH_2-CH(CH_3)-CH_2-CHO$

(c) $CH_3-CH_2-CH_2-CH(CH_3)-CH_2-OH$

(d) $CH_2(OH)-CH(OH)-CH_2(OH)$

(e) $CH_3-CH(CH_3)-C(=O)-CH_2-CH_2-CH_3$

126. $HO-C=O$
$|$
$CH_3-CH-N(H)-\overbrace{H+HO}-C=O \rightarrow$
$||$
HCH_2-NH_2

$HO-C=O$
$|$
$CH_3-CH-N-C=O + H_2O$
$||$
HCH_2-NH_2

Uma extremidade tem —NH$_2$, o qual pode reagir com a extremidade de —COOH de outro destes dipeptídeos.

128. (a) 1,2-diclorobenzeno (b) 1,3-dimetilbenzeno

(c) 3-nitrofenol (d) *p*-dibromobenzeno

(e) 4-nitrotolueno

130. (a) 2,3-dimetilbutano; (b) 3,3-dietilpentano;
(c) 2,3,3-trimetilhexano; (d) 2,3,4,5,6-penta-metilheptano

132. (a) $CH_3Cl(g)$; (b) $H_2(g)$; (c) $HCl(g)$

134. $CH\equiv C-CH_2-CH_2-CH_2-CH_2-CH_2-CH_3$, 1-octino;
$CH_3-C\equiv C-CH_2-CH_2-CH_2-CH_2-CH_3$, 2-octino;
$CH_3-CH_2-C\equiv C-CH_2-CH_2-CH_2-CH_3$, 3-octino;
$CH_3-CH_2-CH_2-C\equiv C-CH_2-CH_2-CH_3$, 4-octino

136. (a) ácido carboxílico; (b) cetona; (c) éster; (d) álcool (fenol)

138. e. Um éster tem a fórmula geral R—COO—R' e um ácido carboxílico tem a fórmula geral R—COOH. Uma cetona tem a fórmula geral R—CO—R' e um aldeído tem a fórmula geral R—COH.

140. (a) $CH_3-CH(CH_3)-CH_2-COOH$

(b) ácido benzóico com substituinte Cl (C(=O)—OH e Cl no anel)

(c) $CH_3-CH_2-CH_2-CH_2-CH_2-COOH$
(d) CH_3-COOH

142. (a) pentano; (b) 3-etil-2,5-dimetilhexano; (c) 4-etil-5-isopropiloctano

144. (a) 2-metil-1-buteno; (b) 2,4-dimetil-1,4-pentadieno; (c) 6-etil-2-metil-4-octeno; (d) 3-bromo-1-heptino; (e) 7-cloro-2,5,5-trimetil-3-heptino; (f) 4-etil-3-metil-1-octino

146. ácido 2-cloropropanóico

Capítulo 21

2. Os oligoelementos são aqueles elementos presentes no corpo em quantidades apenas muito pequenas, mas que são essenciais para muitos processos bioquímicos no corpo.

4. As proteínas fibrosas proporcionam integridade e resistência estrutural para muitos tipos de tecidos e são os principais componentes do músculo, do cabelo e da cartilagem. Proteínas globulares são as moléculas "trabalhadoras" do corpo, realizando funções tais como o transporte de oxigênio em todo o corpo, catalisando muitas das reações no corpo, combatendo infecções, e transportando elétrons durante o metabolismo dos nutrientes.

6. As estruturas dos aminoácidos são apresentadas na Fig. 21.2. Uma cadeia lateral é apolar se ela é principalmente hidrocarboneto na natureza (como a alanina). Cadeias laterais polares podem conter o grupo hidroxila (—OH), o grupo sulfidrila (—SH) ou um segundo amino (—NH$_3$) ou grupo carboxila (—COOH).

8. A resposta depende da escolha dos aminoácidos pelo estudante.

10. seis

12. A estrutura primária de uma proteína é a sequência específica de aminoácidos na cadeia peptídica. Aminoácidos adjacentes estão ligados uns aos outros por ligações (amida) peptídicas.

14. Proteínas longas, finas e resistentes (como o cabelo) normalmente contêm moléculas de proteína [S]-helicoidal, elásticas alongadas. Outras proteínas (tal como seda), que formam folhas ou placas contêm tipicamente moléculas de proteínas que possuem a estrutura secundária de folha plissada beta. As proteínas que não têm uma função estrutural no corpo (tal como a hemoglobina) têm tipicamente uma estrutura globular.

16. A seda é constituída por uma estrutura de folhas, na qual as cadeias individuais de aminoácidos estão alinhadas longitudinalmente próximas uma da outra para formar a folha.

18. Uma ligação de bissulfito representa uma ligação S — S entre dois aminoácidos, contendo enxofre, em uma cadeia peptídica. O aminoácido cisteína forma tais ligações. A presença de ligações de dissulfeto produz curvas e dobras na cadeia de peptídeo e contribui grandemente para a estrutura terciária de uma proteína.

20. hemoglobina 22. ferritina

24. Os aminoácidos contêm tanto um grupo ácido fraco quanto um grupo de base fraca e assim eles podem neutralizar ambos, os ácidos e as bases, respectivamente.

26. Uma determinada enzima tipicamente pode reagir apenas com uma molécula específica — o substrato da enzima.

28. O modelo de fechadura e chave para as enzimas indica que as estruturas de uma enzima e seu substrato devem ser *complementares*, de modo que o substrato pode aproximar-se e unir-se ao longo do comprimento da enzima em locais ativos da enzima. Uma determinada enzima destina-se a atuar sobre um substrato específico: o substrato se liga à enzima, é atuado e então se afasta da enzima. Se uma molécula diferente tem uma estrutura semelhante à do substrato, esta outra molécula pode também ser capaz de se ligar à enzima. Uma vez que esta molécula não é o substrato apropriado da enzima, no entanto, a enzima pode não ser capaz de agir sobre a molécula e a molécula pode permanecer ligada a enzima, evitando que moléculas de substrato adequadas se aproximem da enzima (inibição irreversível). Se a enzima não pode atuar sobre o seu substrato apropriado, então a enzima é dita ser *inibida*. Inibição irreversível pode ser uma característica desejável em um antibiótico, o qual se ligaria às enzimas de bactérias e impediria as bactérias de se reproduzirem, impedindo ou curando assim uma infecção.
30. Os açúcares simples, tipicamente contêm vários grupos hidroxila, bem como o grupo funcional carbonila.
32. Um açúcar de pentose é um carboidrato contendo cinco átomos de carbono na cadeia.

$$\begin{array}{c} \text{CHO} \\ | \\ \text{H—C—OH} \\ | \\ \text{H—C—OH} \\ | \\ \text{H—C—OH} \\ | \\ \text{CH}_2\text{OH} \end{array}$$
ribose

34. O amido é a forma na qual a glicose é armazenada pelas plantas para utilização posterior como combustível celular. A celulose é utilizada pelas plantas como o seu principal componente estrutural. Embora o amido e a celulose sejam ambos polímeros de glicose, as ligações entre as unidades de glicose adjacentes diferem em dois polissacarídeos. Os seres humanos não possuem a enzima necessária para hidrolisar a ligação na celulose.
36. ribose (aldopentose); arabinose (aldopentose); ribulose (cetopentose); glicose (aldohexose); manose (aldohexose); galactose (aldohexose); frutose (cetohexose)
38. menor
40. uracilo (RNA apenas); citosina (DNA, RNA); timina (DNA apenas); adenina (DNA, RNA); guanina (DNA, RNA)
42. Uma molécula de DNA consiste de duas cadeias de nucleotídeos, com as bases orgânicas nos nucleotídeos dispostas em pares complementares (citosina com guanina, adenina com timina). As estruturas e as propriedades das bases orgânicas são tais que estes pares encaixam bem juntos e permitem as duas cadeias de nucleotídeos formarem a estrutura de dupla hélice. Quando o DNA se replica, a dupla hélice se desenrola, e então novas moléculas das bases orgânicas entram e emparelham com o seu respectivo parceiro nas cadeias de nucleotídeos separados, deste modo replicando a estrutura original. Veja Fig. 21.20.
44. solubilidade
46. Um triglicerídeo normalmente consiste de uma espinha dorsal de glicerol, a qual três moléculas de ácido graxoso separadas estão ligadas por ligações de éster.

$$\begin{array}{c} \text{O} \\ \| \\ \text{R—C—O—CH}_2 \quad \text{O} \\ \quad\quad\quad\quad | \quad\quad\quad \| \\ \text{O} \quad\quad \text{CH—O—C—R}' \\ \| \quad\quad\quad | \\ \text{R}''\text{—C—O—CH}_2 \end{array}$$

48. Um sabão é o sal de um ácido (gorduroso) orgânico de uma cadeia longa.

$$\begin{array}{c} \text{O} \\ \| \\ \text{CH}_2\text{—O—C—R} \\ \text{O} \\ \| \\ \text{CH—O—C—R}' \quad + \quad 3\text{NaOH} \rightarrow \\ \text{O} \\ \| \\ \text{CH}_2\text{—O—C—R}'' \end{array}$$
$$\begin{array}{c} \text{CH}_2\text{—OH} \\ | \\ \text{CH—OH} \\ | \\ \text{CH}_2\text{—OH} \end{array} \quad \begin{array}{c} \text{RCOONa} \\ + \text{R}'\text{COONa} \\ \text{R}''\text{COONa} \end{array}$$

50. Os sabões têm uma tanto uma natureza apolar (da cadeia do ácido gorduroso) quanto uma natureza iônica (da carga sobre o grupo carboxila). Em água, os ânions de sabão formam agregados denominados micelas, nos quais as cadeias de hidrocarbonetos repelentes de água são orientadas na direção do interior do agregado, com os grupos carboxila iônicos que atraem água orientados para o exterior. A maioria da sujeira tem uma natureza gordurosa. Uma micela de sabão interage com uma molécula de graxa, puxando a molécula de graxa para o interior do hidrocarboneto da micela. Quando a roupa é lavada, a micela contendo a gordura é lavada (veja Figs. 21.22 e 21.23).
52. O colesterol é um esteroide natural a partir do qual o corpo sintetiza outros esteroides necessários. Porque o colesterol é insolúvel em água, tendo uma muito grande concentração da substância no fluxo sanguíneo pode levar à sua deposição e acúmulo nas paredes dos vasos sanguíneos, causando seus eventuais bloqueios.
54. Os ácidos biliares são sintetizados a partir do colesterol no fígado e são armazenados na vesícula biliar. Os ácidos biliares, como o ácido eólico agem como agentes emulsificadores de lipídios e auxiliam na digestão.
56. i 58. m 60. u 62. f 64. g 66. r
68. p 70. o 72. b 74. d 76. a
78. A massa molar do DNA depende da complexidade das espécies, mas o DNA humano pode ter uma massa molar tão grande como 2 mil milhões g mol^{-1}. O DNA encontra-se no núcleo de cada célula.
80. éster 82. timina; guanina 84. transportador, mensageiro
86. cys-ala-phe; cys-phe-ala; phe-ala-cys; phe-cys-ala; ala-cys-phe; ala-phe-cys
88. insaturado, saturado
90. iônico, apolar
92. colesterol, hormônios adreno-corticoides, hormônios sexuais e ácidos biliares
94. As estruturas dos esteroides têm uma estrutura de anel de carbono característica do tipo

96. A cadeia polipeptídica forma uma bobina ou espiral. Tais proteínas são encontradas na lã, pelos e tendões.
98. tendões, ossos (com constituintes minerais), pele, cartilagens, cabelos, unhas
100. O colágeno é composto por três cadeias de proteínas (cada uma com uma estrutura helicoidal) torcidas em conjunto para formar um super hélice. O resultado é uma longa proteína, relativamente estreita. O colágeno funciona como a matéria prima da qual os tendões são construídos.
102. pentoses (5 carbonos); hexoses (6 carbonos); trioses (3 carbonos)
104. Em uma cadeia de DNA, o grupo fosfato e a molécula de açúcar de nucleotídeos adjacentes se ligam um ao outro. A porção da cadeia da molécula de DNA, consiste portanto de grupos de fosfato alternantes e moléculas de açúcar. As bases nitrogenadas furam para fora do lado desta cadeia de fosfato-açúcar e estão ligadas às moléculas de açúcar.
106. Fosfolipídios são os ésteres de glicerol. Dois ácidos graxos são ligados aos grupos — OH da espinha dorsal do glicerol, com o terceiro grupo — OH de glicerol ligado a um grupo fosfato. Tendo os dois ácidos graxos, mas também o grupo fosfato polar, faz da lecitina fosfolipídio um bom agente emulsificante.

Respostas dos exercícios de números pares de revisão cumulativa

Capítulos 1-3

2. Depois de ter percorrido três capítulos deste livro, você deve ter adotado uma abordagem "ativa" para o seu estudo de química. Você não pode apenas sentar e tomar notas em sala de aula ou apenas rever os exemplos resolvidos do livro. Você deve aprender a interpretar problemas e reduzi-los para relações matemáticas simples.

4. Algumas disciplinas, particularmente aquelas no campo do seu curso, tem utilidade óbvia e imediata. Outras disciplinas— incluindo a química — fornecem um conhecimento de *segundo plano* geral, que será útil para a compreensão de seu próprio curso ou outros assuntos relacionados com o seu curso.

6. Sempre que uma medição científica é realizada, sempre empregarmos o instrumento ou dispositivo de medição nos limites de sua precisão. Isso normalmente significa que *estimamos* o último algarismo significativo da medição. Um exemplo da incerteza no último algarismo significativo é dado pela medição do comprimento de um pino no texto na Fig. 2.5. Cientistas apreciam os limites das técnicas e instrumentos experimentais e sempre *assumem* que o último dígito em um número que representa uma medição foi estimado. Como instrumentos ou dispositivos de medição sempre tem um limite para a sua precisão, a incerteza não pode ser completamente excluída das medições.

8. A análise dimensional é um método de resolução de problemas que presta especial atenção às unidades de medições e usa essas unidades como se fossem símbolos algébricos que multiplicam, dividem e cancelam. Considere o seguinte exemplo: Uma dúzia de ovos custa US$1,25. Suponha que queremos saber o quanto custa um ovo e também quanto custarão três dúzias de ovos. Para resolver estes problemas, precisamos de duas declarações de equivalência:
1 dúzia de ovos = 12 ovos
1 dúzia de ovos = US$1,25
Os cálculos são

$$\frac{\$1,25}{12 \text{ ovos}} = \$0,104 = \$0,10$$

como o custo de um ovo e

$$\frac{\$1,25}{1 \text{ dúzia}} \times 3 \text{ dúzias} = \$3,75$$

como o custo de três dúzias de ovos. Consulte a Seção 2-6 do texto para como construímos fatores de conversão de declarações de equivalência.

10. Os cientistas dizem que a matéria é qualquer coisa que "tem massa e ocupa lugar no espaço". A matéria é o "material" de que tudo é feito. Ela pode ser classificada e subdividida de várias maneiras, dependendo do que estamos tentando demonstrar. Todos os tipos de matéria que estudamos são feitas de átomos. Eles diferem no sentido de que todos os átomos são de um elemento ou são de mais de um elemento e também se estes átomos estão em misturas físicas ou combinações químicas. A matéria também pode ser classificada de acordo com seu estado físico (sólido, líquido ou gás). Além disso, ela pode ser classificada como uma substância pura (um tipo de molécula) ou uma mistura (mais de um tipo de molécula).

12. Um elemento é uma substância fundamental que não pode ser decomposta em substâncias mais simples por métodos químicos. Um elemento consiste de átomos de apenas um tipo. Os compostos, por outro lado, *podem* ser divididos em substâncias mais simples. Por exemplo, ambos, enxofre e oxigênio são *elementos*. Quando o enxofre e o oxigênio são colocados juntos e aquecidos, se forma o composto dióxido de enxofre (SO_2). Cada molécula de dióxido de enxofre contém um átomo de enxofre e dois átomos de oxigênio. Numa base de massa, SO_2 sempre consiste de 50% de cada um, em massa, enxofre e oxigênio, isto é, o dióxido de enxofre tem uma composição constante. O dióxido de enxofre de qualquer fonte terá a mesma composição (ou ele não será dióxido de enxofre!).

14. (a) $8,917 \times 10^{-4}$;
(b) 0,0002795;
(c) 4,913;
(d) $8,51 \times 10^7$;
(e) $1,219 \times 10^2$;
(f) $3,396 \times 10^{-9}$

16. (a) dois; (b) dois; (c) três; (d) três; (e) um; (f) dois; (g) dois; (h) três

18. (a) 0,785 g mL^{-1}; (b) 2,03 L; (c) 1,06 kg; (d) 9,33 cm^3; (e) $2,0 \times 10^2$ g

Capítulos 4-5

2. Embora você não tenha que memorizar todos os elementos, você deve pelo menos ser capaz de fornecer o símbolo ou nome para os elementos mais comuns (listados na Tabela 4.3).

4. Os principais postulados da teoria de Dalton são: (1) os elementos são compostos de pequenas partículas chamadas átomos; (2) todos os átomos de um dado elemento são idênticos; (3) apesar de todos os átomos de um dado elemento serem idênticos, estes átomos são diferentes dos átomos de todos os outros elementos; (4) átomos de um elemento podem se combinar com os átomos de outro elemento, para formar um composto que terá sempre os mesmos números relativos e tipos de átomos para a sua composição; e (5) os átomos são apenas reorganizados em novos agrupamentos durante uma reação química comum e nenhum átomo nunca é destruído e nenhum novo átomo nunca é criado durante essa reação.

6. A expressão "átomo nuclear" indica que o átomo tem um centro denso de carga positiva (núcleo) em torno do qual os elétrons se deslocam no espaço essencialmente vazio. O experimento de Rutherford envolveu o disparo de um feixe de partículas a em uma folha fina de tiras de metal. De acordo com o modelo de "pudim de ameixa" do átomo, estas partículas [S], carregadas positivamente devem ter passado através da folha. Rutherford detectou que um pequeno número de partículas ricocheteou para trás, para a origem das partículas a ou foram defletidas da folha em grandes ângulos. Rutherford percebeu que a sua observação poderia ser explicada se os átomos da folha metálica tivessem um pequeno núcleo denso, carregado positivamente, com uma quantidade significativa de espaço vazio entre os núcleos. O espaço vazio entre os núcleos iria permitir que a maioria das partículas passasse através da folha. Se uma partícula α atingisse um núcleo de frente, ela seria desviada para trás. Se uma partícula carregada positivamente passou *perto* de um núcleo positivamente carregado, então uma partícula [S] seria desviada pelas forças repulsivas. O experimento de Rutherford refutou o modelo de "pudim de ameixa", que previu o átomo como uma esfera uniforme de carga positiva, com muitos elétrons carregados negativamente totalmente espalhados para equilibrar a carga positiva.

8. Isótopos representam átomos de um mesmo elemento que têm diferentes massas atômicas. Isótopos resultam dos diferentes números de nêutrons nos núcleos dos átomos de um dado elemento. Eles têm o mesmo número atômico (número de prótons no núcleo), mas têm diferentes números de massa (número total de prótons e nêutrons no núcleo). Os isótopos diferentes de um átomo são indicados pela forma $^A_Z X$, onde Z representa o número atômico e A o número de massa do

elemento X. Por exemplo, $^{13}_{6}CC$ representa um nuclídeo de carbono com número atômico 6 (6 prótons no núcleo) e número de massa 13 (6 prótons, mais 7 nêutrons no núcleo). Os vários isótopos de um elemento têm propriedades *químicas* idênticas. As propriedades *físicas* dos isótopos de um elemento podem ser ligeiramente diferentes, devido à pequena diferença na massa.

10. A maior parte dos elementos são demasiado reativos para ser encontrado na natureza, em outra que na forma combinada. Ouro, prata, platina e alguns dos elementos gasosos (tal como O_2, N_2, He e Ar) são encontrados na forma elementar.

12. Os compostos iônicos geralmente são rígidos, sólidos cristalinos com altos pontos de fusão e ebulição. A capacidade das soluções aquosas de substâncias iônicas para conduzir eletricidade significa que as substâncias iônicas consistem de partículas carregadas positiva e negativamente (íons). Uma amostra de uma substância iônica não tem carga elétrica líquida porque o número total de cargas positivas é *balanceado* por um número igual de cargas negativas. Um composto iônico não pode consistir de cátions ou ânions apenas, porque uma carga líquida de zero não pode ser obtida quando todos os íons têm a mesma carga. Além disso, os íons de carga igual se repelem uns aos outros.

14. Quando nomeando compostos iônicos, o íon positivo (cátion) é nomeado em segundo lugar. Para os compostos iônicos binário simples Tipo I, o final *-eto* é adicionado ao nome raiz do íon negativo (ânion). Por exemplo, o nome para K_2S seria "sulfeto de potássio" - potássio é o cátion, sulfeto é o ânion. Compostos do tipo II, que envolvem elementos que formam mais de um íon estável, são nomeados por um dos dois sistemas: o sistema numeral romano (que é o preferido pela maioria dos químicos) e o sistema *--oso/-ico*. Por exemplo, o ferro pode reagir com oxigênio para formar qualquer um dos dois óxidos estáveis, FeO ou Fe_2O_3. Sob o sistema de numeral romano, FeO seria chamado óxido de ferro (II) para mostrar que ele contém íons Fe^{2+}; Fe_2O_3 seria chamado de óxido de ferro (III) para indicar que contém íons Fe^{3+}. Sob o sistema *-oso/-ico*, FeO é chamado óxido ferroso e Fe_2O_3 é chamado óxido férrico. Compostos do tipo II envolvem geralmente metais de transição e ametais.

16. Um íon poliatômico é um íon que contem mais que um átomo. Alguns íons poliatômicos comuns estão listados na Tabela 5.4. Os parênteses são usados ao escrever fórmulas contendo íons poliatômicos para indicar quantos íons poliatômicos estão presentes. Por exemplo, a fórmula correta para o fosfato de cálcio é $Ca_3(PO_4)_2$, o que indica que três íons de cálcio são combinados para cada dois íons de fosfato. Se não escrevermos os parênteses em torno da fórmula para o íon fosfato (isto é, se nós escrevermos $Ca_3PO_4_2$), as pessoas podem pensar que 42 átomos de oxigênio estavam presentes!

18. Ácidos são substâncias que produzem prótons (íons H^+) quando dissolvidos na água. Para ácidos que não contêm oxigênio, o sufixo *-ídrico* é usado com o nome raiz do elemento presente no ácido (por exemplo: HCl, ácido *clorídrico*; H, S, ácido *sulfídrico*; HF, ácido *fluorídrico*). Para ácidos cujos ânions contêm oxigênio, uma série de prefixos e sufixos é usada com o nome do átomo central no ânion: estes prefixos e sufixos indicam o número relativo (não real) de átomos de oxigênio presentes no ânion. A maioria dos elementos que formam oxiânions formam dois desses ânions, por exemplo, enxofre forma o íon sulfito (SO_3^{2-}) e o íon sulfato (SO_4^{2-}). Para um elemento que forma dois oxiânions, o ácido contendo os ânions terá o final -oso se o ânion -ito está envolvido e o final -ico se o ânion -ato está presente. Por exemplo, H_2SO_3 é ácido sulfuroso e H_2SO_4 é ácido sulfúrico. Os elementos do Grupo 7, cada forma oxiânions / oxiácidos *quatro*. O prefixo *hipo-* é utilizado para o oxiácido que contém menos átomos de oxigênio que o ânion *-ito* e o prefixo *per-* é utilizado para o oxiácido que contém mais átomos de oxigênio que o ânion *-ato*. Por exemplo,

Ácido	Nome	Ânion	Nome
HBrO	ácido hipobromoso	BrO^-	hipobromito
$HBrO_2$	ácido bromoso	BrO_2^-	bromito
$HBrO_3$	ácido brômico	BrO_3^-	bromato
$HBrO_4$	ácido perbrômico	BrO_4^-	perbromato

20. Os elementos da mesma família têm a mesma configuração eletrônica e tendem a sofrer reações químicas semelhantes com outros grupos. Por exemplo, Li, Na, K, Rb, e Cs todos reagem com gás cloro elementar Cl_2, para formar um composto iônico de fórmula geral M^+Cl^-.

22. (a) 8, 8, 9; (b) 92, 92, 143; (c) 17, 17, 20; (d) 1, 1, 2; (e) 2, 2, 2; (f) 50, 50, 69; (g) 54, 54, 70; (h) 30, 30, 34

24. (a) 12 prótons, 10 elétrons; (b) 26 prótons, 24 elétrons, (c) 26 prótons, 23 elétrons; (d) 9 prótons, 10 elétrons; (e) 28 prótons, 26 elétrons; (f) 30 prótons, 28 elétrons; (g) 27 prótons, 24 elétrons; (h) 7 prótons, 10 elétrons; (i) 16 prótons, 18 elétrons; (j) 37 prótons, 36 elétrons; (k) 34 prótons, 36 elétrons; (l) 19 prótons, 18 elétrons

26. (a) CuI; (b) $CoCl_2$; (c) Ag_2S; (d) Hg_2Br_2; (e) HgO; (f) Cr_2S_3; (g) PbO_2; (h) K_3N; (i) SnF_2; (j) Fe_2O_3

28. (a) NH_4^+, íon amônio; (b) SO_3^{2-}, íon sulfito; (c) NO_3^-, íon nitrato; (d) SO_4^{2-}, íon sulfato; (e) NO_2^-, íon nitrito; (f) CN^-, íon cianeto; (g) OH^-, íon hidróxido; (h) ClO_4^-, íon perclorato; (i) ClO^-, íon hipoclorito; (j) PO_4^{3-}, íon fosfato

30. (a) dióxido de xenônio; (b) pentacloreto de iodo; (c) tricloreto de fósforo; (d) monóxido de carbono; (e) difluoreto de oxigênio; (f) pentóxido difosforoso; (g) triiodeto de arsênio; (h) trióxido de enxofre

Capítulos 6-7

2. A equação química indica as substâncias necessárias para uma dada reação química e as substâncias produzidas por esta reação química. As substâncias para a esquerda da seta são chamadas de *reagentes*; aquelas à direita da seta são chamadas de *produtos*. Uma equação *balanceada* indica os números relativos de moléculas na reação.

4. Nunca mude os índices inferiore*s* de uma *fórmula*: mudar os índices inferiores muda a *identidade* de uma substância e torna a equação inválida. Ao balancear uma equação química, ajustamos apenas os *coeficientes* na frente de uma fórmula: mudar um coeficiente altera o *número* de moléculas sendo utilizado na reação, sem alterar a *identidade* da substância.

6. A reação de precipitação é aquela na qual um sólido é produzido quando duas soluções aquosas são combinadas. A força motriz em tal reação é a formação do sólido, removendo assim íons da solução. Os exemplos dependem de entrada dos alunos.

8. Quase todos os compostos que contêm íons nitrato, sódio, potássio e amônio são solúveis em água. A maioria dos sais contendo os íons cloreto e sulfato são solúveis em água, com exceções específicas (veja Tabela 7.1). A maior parte dos compostos contendo íons hidróxido, carbonato, sulfito e fosfato não são solúveis em água (a menos que o composto também contenha Na^+, K^+, ou NH_4^+). Por exemplo, suponha que combinamos soluções de cloreto de bário e ácido sulfúrico:

$$BaCl_2(aq) + H_2SO_4(aq) \rightarrow BaSO_4(s) + 2HCl(aq)$$
$$Ba^{2+}(aq) + SO_4^{2-}(aq) \rightarrow BaSO_4(s) \text{ [net ionic reaction]}$$

Porque o sulfato de bário não é solúvel em água, se forma um precipitado de $BaSO_4(s)$.

10. Os ácidos (tais como o ácido acético encontrado no vinagre) foram observados primeiro principalmente por causa do seu sabor amargo, ao passo que as bases foram caracterizadas em primeiro lugar pelo seu gosto amargo e sensação escorregadia na pele. Ácidos e bases neutralizam um ao outro, formando água: $H^+(aq) + OH^-(aq) \rightarrow H_2O(l)$. Ácidos e bases fortes ionizam *totalmente* quando dissolvidos em água, o que significa que eles também são eletrólitos fortes.
Ácidos fortes: HCl, HNO_3 e H_2SO_4
Bases fortes: Grupo 1 hidróxidos (por exemplo, NaOH e KOH)

12. Reações de oxirredução; oxidação; redução; Não: se uma espécie vai perder elétrons, deve haver outra espécie presente capazes de ganhar os mesmos; Exemplos dependem da entrada dos alunos.

14. Em uma reação de síntese, os elementos ou compostos simples reagem para produzir substâncias mais complexas. Por exemplo,

$$N_2(g) + 3H_2(g) \rightarrow 2NH_3(g)$$
$$NaOH(aq) + CO_2(g) \rightarrow NaHCO_3(s)$$

As reações de decomposição representam a quebra de substâncias em substâncias mais simples. Por exemplo, $2H_2O_2(aq) \rightarrow 2H_2O(l) + O_2(g)$. Reações de síntese e de decomposição são frequentemente reações de oxirredução, embora nem sempre. Por exemplo, a reação de síntese entre NaOH e CO_2 *não* representa oxirredução.

16. (a) $C(s) + O_2(g) \rightarrow CO_2(g)$; (b) $2C(s) + O_2(g) \rightarrow 2CO(g)$; (c) $2Li(l) + 2C(s) \rightarrow Li_2C_2(s)$; (d) $FeO(s) + C(s) \rightarrow Fe(l) + CO(g)$; (e) $C(s) + 2F_2(g) \rightarrow CF_4(g)$

18. (a) $Ba(NO_3)_2(aq) + K_2CrO_4(aq) \rightarrow BaCrO_4(s) + 2KNO3(aq)$; (b) $NaOH(aq) + HC_2H_3O_2(aq) \rightarrow H_2O(l) + NaC_2H_3O_2(aq)$ (então, evapora a água da solução); (c) $AgNO_3(aq) + NaCl(aq) \rightarrow AgCl(s) + NaNO_3(aq)$; (d) $Pb(NO_3)_2(aq) + H_2SO_4(aq) \rightarrow PbSO_4(s) + 2HNO_3(aq)$; (e) $2NaOH(aq) + H_2SO+(aq) \rightarrow Na2SO_4(aq) + 2H_2O(l$ (então, evapora a água da solução); (f) $Ba(NO_3)_2(aq) + 2Na_2CO_3(aq) \rightarrow BaCO_3(s) + 2NaNO_3(aq)$

20. (a) $FeO(s) + 2HNO_3(aq) \rightarrow Fe(NO_3)_2(aq) + H_2O(l)$; ácido-base; dupla troca; (b) $2Mg(s) 1 2CO_2(g) + O_2(g) \rightarrow 2MgCO_3(s)$; síntese; oxirredução; (c)$2NaOH(aq) + CuSO_4(aq) \rightarrow Cu(OH)_5(s) + Na_2SO_4(aq)$; precipitação; dupla troca; (d) $HI(aq) + KOH(aq) \rightarrow KI(aq) + H_2O(l$; ácido-base; dupla troca;(e)$C_3H_8(g) + 5O_2(g) \rightarrow 3CO_2(g) + 4H_2O(g)$; combustão; oxirredução; (f) $Co(NH_3)_6Cl_2(s) \rightarrow CoCl_2(s) + 6NH_3(g)$; decomposição; (g) $2HCl(aq) + Pb(C_2H_3O_2)_2(aq) \rightarrow 2HC_2H_3O_2(aq) + PbCl_2(aq)$; precipitação; dupla troca; (h)$C_{12}H_{22}O_{11}(s) \rightarrow 12C(s) + 11H_2O(g)$; decomposição; oxirredução;$2Al(s) + 6HNO_3(aq) \rightarrow 2Al(NO_3)_3(g)$; oxirredução; deslocamento simples; (j) $4B(s) + 3O_2(g) \rightarrow 2B_2O_3(s)$; síntese; oxirredução

22. A resposta dependerá dos exemplos do estudante.

24. (a) nenhuma reação (todas as combinações são solúveis)
(b) $Ca^{2+}(aq) + SO_4^{2-}(aq) \rightarrow CaSO_4(s)$
(c) $Pb^{2+}(aq) + S^{2-}(aq) \rightarrow PbS(s)$
(d) $2Fe^{3+}(aq) + 3CO_3^{2-}(aq) \rightarrow Fe_2(CO_3)_3(s)$
(e) $Hg_2^{2+}(aq) + 2Cl^-(aq) \rightarrow Hg_2Cl_2(s)$
(f) $Ag^+(aq) + Cl^-(aq) \rightarrow AgCl(s)$
(g) $3Ca^{2+}(aq) + 2PO_4^{3-}(aq) \rightarrow Ca_3(PO_4)_2(s)$
(h) nenhuma reação (todas as combinações são solúveis)

Capítulos 8-9

2. Em uma base microscópica, um mol de uma substância representa o número de Avogadro ($6,022 \times 10^{23}$) de unidades individuais (átomos ou moléculas) da substância. Em uma base macroscópica, um mol de uma substância representa a quantidade de substância presente quando a massa molar da substância em gramas é tomada. Os químicos escolheram essas definições para que uma relação simples exista entre os valores mensuráveis de substâncias (gramas) e o número real de átomos ou moléculas presentes e de modo que o número de partículas presentes em amostras de *diferentes* substâncias possa ser facilmente comparado.

4. A massa molar de um composto é a massa em gramas de um mol do composto e é calculada pela soma das massas atômicas média de todos os átomos presentes em uma molécula do composto. Por exemplo, para H_3PO_4: massa molar de $H_3PO_4 = 3(1,008 g) + 1(30,97 g) + 4(16,00 g) = 97,99 g$.

6. A fórmula *empírica* de um composto representa o número relativo de átomos de cada tipo presente em uma molécula do composto, ao passo que a fórmula *molecular* representa o número *real* de átomos de cada tipo presente na molécula real. Por exemplo, tanto o acetileno (fórmula molecular C_2H_2) quanto o benzeno (fórmula molecular C_6H_6) têm o mesmo número relativo de átomos de carbono e hidrogênio e, portanto, têm a mesma fórmula empírica (CH). A massa molar do composto deve ser determinada antes de calcular a fórmula molecular real. Desde que moléculas reais não podem conter partes fracionárias de átomos, a fórmula molecular é sempre um *número inteiro múltiplo* da fórmula empírica.

8. A resposta depende dos exemplos do estudante escolhidos para o Exercício 7.

10. para O_2: $\dfrac{5 \text{ mol } O_2}{1 \text{ mol } C_3H_8}$; $0,55 \text{ mol de } C_3H_8 \times \dfrac{5 \text{ mol } O_2}{1 \text{ mol } C_3H_8} =$ 2,8 (2,75) mol de O_2

para CO_2: $\dfrac{3 \text{ mol } CO_2}{1 \text{ mol } C_3H_8}$; $0,55 \text{ mol de } C_3H_8 \times \dfrac{3 \text{ mol } CO_2}{1 \text{ mol } C_3H_8} =$ 1,7 (1,65) mol de CO_2

para H_2O: $\dfrac{4 \text{ mol } H_2O}{1 \text{ mol } C_3H_8}$; $0,55 \text{ mol de } C_3H_8 \times \dfrac{4 \text{ mol } H_2O}{1 \text{ mol } C_3H_8} =$ 2,2 mol de H_2O

12. Quando quantidades arbitrárias de reagentes são utilizadas, um reagente estará presente estequiometricamente, na menor quantidade: esta substância é chamada de *reagente limitante*. Ela *limita a quantidade de produto que pode se formar na experiência*, porque uma vez que esta substância tenha reagido completamente, a reação deve parar. Os outros reagentes no ensaio estão presentes *em excesso*, o que significa que uma parte destes reagentes estará presente inalterada após a reação terminar.

14. O *rendimento teórico* para uma experiência é a massa de produto calculada supondo que o reagente limitante para a experiência é completamente consumido. O *rendimento real* para um experimento é a massa de produto recolhida na realidade pelo experimentador. Qualquer experiência é limitada pela capacidade do experimentador e pelas limitações inerentes ao método experimental: por estas razões, o rendimento real é muitas vezes menor que o rendimento teórico. Embora seja esperado que o rendimento real nunca deva exceder o rendimento teórico, em experiências reais, às vezes isso acontece. No entanto, um rendimento efetivo superior a um rendimento teórico normalmente significa que algo está *errado* tanto no experimento (por exemplo, impurezas podem estar presentes) ou nos cálculos.

16. (a) 92,26% de C; (b) 32,37% de Na; (c) 15,77% de C; (d) 20,24% de Al; (e) 88,82% de Cu; (f) 79,89% de Cu; (g) 71,06% de Co; (h) 40,00% de C

18. (a) 53,0 g de $SiCl_4$, 3,75 g de C; (b) 20,0 g de LiOH; (c) 12,8 g de NaOH, 2,56 g de O_2; (d) 9,84 g de Sn, 2,99 g de H_2O

20. 11,7 g de CO; 18,3 g de CO_2

Capítulos 10-12

2. A temperatura é uma medida dos movimentos aleatórios de os componentes de uma substância; em outras palavras, a temperatura é uma medida da energia cinética média das partículas em uma amostra. As moléculas da água quente devem mover-se mais rapidamente do que as moléculas da água fria (as moléculas possuem a mesma massa, então se a temperatura é mais elevada, a velocidade média das partículas deve ser mais elevada na água quente). O calor é a energia que flui devido a uma diferença de temperatura.

4. Termodinâmica é o estudo da energia e das mudanças de energia. A primeira lei da termodinâmica é a lei da conservação da energia: a energia do universo é constante. A energia não pode ser criada ou destruída, apenas transferidos de um lugar para outro ou de uma forma para outra. A energia interna de um *sistema E*, representa o total das energias cinéticas e potenciais de todas as partículas em um sistema. Um fluxo de calor pode ser produzido quando existe uma mudança na energia interna do sistema, mas não é correto afirmar que o sistema "contém" o calor, uma parte da energia interna é *convertida* em energia térmica durante o processo (sob outras condições, a variação da energia interna pode ser expressa como o trabalho em vez de um fluxo de calor).

6. A variação de entalpia representa a energia de calor que flui (a uma pressão constante), em uma base molar, quando ocorre uma reação. A variação de entalpia é uma função de estado (da qual fazemos grande uso nos cálculos na lei de Hess). Mudanças de entalpia são tipicamente medidas em vasos de reação isolados calorímetros (um calorímetro simples é mostrado na Figura 10.6.).

8. Considere o petróleo. Um galão de gasolina contém energia concentrada, armazenada. Podemos usar essa energia para fazer um carro se mover, mas quando o fazemos, a energia armazenada na gasolina é dispersa por todo o ambiente. Embora a energia ainda esteja lá (é conservada), já não está uma forma concentrada, útil. Assim, embora o conteúdo de energia do universo permaneça constante, a energia que agora está concentrada nas formas de petróleo, carvão, madeira e outras fontes está sendo gradualmente dispersa no universo, onde ela não pode fazer trabalho algum.

10. A força motriz é um efeito que tende a fazer um processo ocorrer. Duas forças motrizes importantes são a dispersão de energia durante um processo ou a dispersão de matéria durante um a processo (ener-

gia espalhada e matéria espalhada). Por exemplo, uma lenha arde em uma lareira porque a energia contida na lenha é dispersa para o universo quando ele queima. Se colocarmos uma colher de chá de açúcar em um copo de água, a dissolução do açúcar é um processo favorável, pois a matéria do açúcar é dispersa quando ela dissolve. A entropia é uma medida da aleatoriedade ou desordem em um sistema. A entropia do universo está constantemente aumentando por causa da propagação da matéria e da propagação da energia. Um processo espontâneo é aquele que ocorre sem uma intervenção externa: a espontaneidade de uma reação depende da propagação da energia e da matéria se a reação tem lugar. Uma reação que dispersa energia e também dispersa energia será sempre espontânea. Reações que requerem uma entrada de energia podem ainda ser espontâneas, se a matéria propagada é suficientemente grande.

12. (a) 464 kJ; (b) 69,3 kJ; (c) 1,40 mol (22,5 g)

14. Um átomo em seu *estado fundamental* está em seu nível mais baixo de energia possível. Quando um átomo possui mais energia que em seu estado fundamental, o átomo está em um *estado excitado*. Um átomo é promovido de seu estado fundamental para um estado excitado por absorção de energia; quando o átomo volta de um estado excitado para seu estado fundamental emite o excesso de energia como radiação eletromagnética. Os átomos não ganham ou emitem radiação de forma aleatória, mas sim o fazem apenas em feixes discretos de radiação chamados *fótons*. Os fótons de radiação emitida pelos átomos são caracterizados pelo comprimento de onda (cor) da radiação: fótons de comprimento de onda mais longo transportam menos energia que fótons de comprimento de onda mais curto. A energia de um fóton emitido por um átomo corresponde exatamente à diferença de energia entre os dois estados de energia permitidos em um átomo.

16. Bohr retratou o elétron em movimento em certas órbitas circulares em torno do núcleo, com cada órbita sendo associada com uma energia específica (resultante da atração entre o núcleo e o elétron e da energia cinética do elétron). Bohr assumiu que, quando um átomo absorve energia, os elétrons se movem do seu estado fundamental (n = 1) para uma órbita mais distante do núcleo (n = 2, 3, 4, . . .). Bohr postulou que quando um átomo excitado retorna ao seu estado fundamental, o átomo emite o excesso de energia como radiação. Porque as órbitas de Bohr estão localizadas a distâncias fixas a partir do núcleo e umas das outras, quando o elétron se move de uma órbita fixa para outra, a mudança de energia é de uma determinada quantidade, a qual corresponde à emissão de um fóton com um comprimento de onda e energia característicos particulares. Quando o modelo de Bohr simples para o átomo foi aplicado ao espectro de emissão de outros elementos, entretanto, a teoria não poderia predizer ou explicar o espectro da emissão observada destes elementos.

18. A orbita atômica do hidrogênio de menor energia é chamada de orbital 1s. O orbital 1s é de forma esférica (a densidade de elétrons em torno do núcleo é uniforme em todas as direções). O orbital *não* tem uma beirada afiada (ele parece difuso) porque a probabilidade de encontrar o elétron gradualmente decresce à medida que a distância do núcleo aumenta. Um orbital não representa apenas uma superfície esférica na qual os elétrons se movem (isso seria semelhante à teoria original de Bohr) — em vez disso, o orbital 1s representa um mapa de probabilidade de densidade de elétrons em torno do núcleo para o primeiro nível de energia principal.

20. O terceiro nível de energia principal do hidrogênio é dividido em três subníveis: os subníveis 3 s, 3p e 3d. O subnível 3s consiste do orbital 3s simples, o qual é de forma esférica. O subnível 3p consiste de um conjunto de três orbitais 3p de igual de energia: cada um destes orbitais 3p tem a mesma forma ("halteres"), mas cada um dos orbitais 3p é orientado em uma direção diferente no espaço. O subnível 3d consiste de um conjunto de cinco orbitais 3d com formas conforme indicado na Fig. 11.28, as quais estão orientadas em diferentes direções em torno do núcleo. O quarto nível de energia principal do hidrogênio é dividido em quatro subníveis: os orbitais 4s, 4p, 4d e 4f. O subnível 4s consiste apenas do orbital 4s. O subnível 4p consiste em um conjunto de três orbitais 4p. O subnível 4d consiste de um conjunto de cinco orbitais 4d. As formas dos orbitais 4s, 4p e 4d são as mesmas que as formas dos orbitais do terceiro nível de energia principal — as orbitas do quarto nível principal de energia são *maiores* e *mais distantes do núcleo* que as orbitas do terceiro nível, no entanto. O quarto nível principal de energia também contém um subnível 4f com sete orbitais 4f (as formas dos orbitais 4f estão fora do escopo deste texto).

22. Os átomos têm uma série de *níveis principais de energia* indexados pela letra n. O nível n = 1 está mais próximo do núcleo e as energias dos níveis aumentam à medida que o valor de n (e distância do núcleo) aumenta. Cada nível de energia principal é dividido em *subníveis* (conjuntos de orbitais) de diferentes formas características designadas pelas letras s, p, d e f. Cada subnível é constituído de um orbital s simples; cada subnível p consiste de um conjunto de três orbitais p; cada subnível d consiste de um conjunto de cinco orbitais d; e assim por diante. Um orbital pode estar vazio ou ele pode conter um ou dois elétrons, mas nunca mais de dois elétrons (se um orbital contém dois elétrons, os elétrons devem ter rotações opostas). A forma de um orbital representa um mapa de probabilidade para encontrar elétrons—ela não representa uma trajetória ou um caminho para os movimentos dos elétrons.

24. Os elétrons de valência são os elétrons no nível mais externo de um átomo. Os elétrons de valência são os mais propensos a se envolver em reações químicas, porque eles estão na borda externa do átomo.

26. A tabela periódica geral que você desenhou para a Pergunta 25 deve ser semelhante àquela encontrada na Fig. 11.31. A partir da localização da coluna e linha de um elemento, você deve ser capaz de determinar a sua configuração de valência. Por exemplo, o elemento na terceira fila horizontal da segunda coluna vertical tem $3s^2$ como a sua configuração de valência. O elemento na sétima coluna vertical da segunda linha horizontal tem a configuração de valência $2s^2 2p^5$.

28. A energia de ionização de um átomo representa a energia necessária para remover um elétron do átomo na fase gasosa. Movendo-se de cima para baixo em um grupo vertical na tabela periódica, as energias de ionização diminuem. As energias de ionização aumentam quando se passa da esquerda para a direita dentro de uma linha horizontal na tabela periódica. As dimensões relativas dos átomos também variam sistematicamente com a localização de um elemento na tabela periódica. Dentro de um determinado grupo vertical, os átomos se tornam progressivamente maiores quando passam da parte superior do grupo para a parte inferior. Movendo-se da esquerda para a direita dentro de uma linha horizontal na tabela periódica, os átomos se tornam progressivamente menores.

30. Para formar um composto iônico, um elemento metálico reage com um elemento ametálico, com o elemento metálico perdendo elétrons para formar um íon positivo e o elemento ametálico ganhando elétrons para formar um íon negativo. A forma agregada de tal composto consiste de uma estrutura cristalina de íons carregados positiva e negativamente alternativamente: um determinado íon positivo é atraído por íons circundantes carregados negativamente e um determinado íon negativo é atraído por íons circundantes carregados positivamente. Atrações eletrostáticas similares existem em três dimensões em todo o cristal do sólido iônico, levando a um sistema muito estável (com ponto de fusão e ebulição muito elevado, por exemplo). Como evidência para a existência da ligação iônica, sólidos iônicos não conduzem eletricidade (os íons são rigidamente mantidos), mas fundidos ou em soluções, tais substâncias conduzem corrente elétrica. Por exemplo, quando o sódio metálico e o gás de cloro reagem, uma substância iônica típica (cloreto de sódio) resulta: $2Na\ (s) + Cl_2(\ g) \rightarrow 2Na^+Cl^-\ (s)$.

32. Eletronegatividade representa a capacidade relativa de um átomo em uma molécula para atrair elétrons compartilhados para si. Quanto maior a diferença de eletronegatividade entre dois átomos unidos em uma ligação, mais polar é a ligação. Exemplos dependem da escolha dos elementos pelo estudante.

34. Tem-se observado ao longo de muitos, muitos ensaios que, quando um metal ativo como o sódio ou o magnésio reage com um ametal, os átomos de sódio sempre formam íons Na^+ e os átomos de magnésio sempre formam íons Mg^{2+}. Também foi observado que, quando os elementos ametálicos, como o nitrogênio, o oxigênio ou flúor formam íons simples, os íons são sempre N^{3-}, O^{2-} e F^-, respectivamente. Observando que estes elementos formam sempre os mesmos íons e todos esses íons contêm oito elétrons na camada mais externa, os cientistas especulam que uma espécie que tem um octeto de elétrons (como o gás nobre neônio) deve ser muito fundamentalmente estável. A observação *repetida* de que tantos elementos ao reagir, tendem a atingir uma configuração eletrônica que é isoeletrônica com um gás nobre

levou os químicos a especularem que *todos* os elementos tentam alcançar tal configuração para os seus níveis mais externos. Moléculas ligadas de forma covalente e covalente polar também se esforçam para atingir configurações eletrônicas de gás pseudonobre. Para uma molécula ligada de forma covalente como F_2, cada átomo de F fornece um elétron do par de elétrons, que constitui a ligação covalente. Cada átomo de F sente também a influência do outro elétron do átomo de F no par compartilhado e cada átomo de F preenche efetivamente seu nível mais externo.

36. As ligações entre os átomos para formar uma molécula apenas envolvem os elétrons externos dos átomos, assim somente estes elétrons de valência são mostrados nas estruturas de Lewis das moléculas. O requisito mais importante para a formação de um composto estável é que cada átomo de uma molécula atinja a configuração eletrônica de gás nobre. Nas estruturas de Lewis, organize os elétrons de valência ligantes e não ligantes para tentar completar o octeto (ou dueto) para o maior número de átomos quanto possível.

38. Você pode escolher praticamente qualquer molécula para a sua discussão. Vamos ilustrar o método para a amônia, NH_3. Em primeiro lugar, contamos o número total de elétrons de valência disponíveis na molécula (sem ter em conta a sua fonte). Para NH_3, uma vez que o nitrogênio está no Grupo 5, um átomo de nitrogênio contribuiria com cinco elétrons de valência. Uma vez que os átomos de hidrogênio têm apenas um elétron cada, os três átomos de hidrogênio fornecem mais três elétrons de valência adicionais, para um total de oito elétrons de valência em geral. Em seguida, anote os símbolos para os átomos na molécula e use um par de elétrons (representado por uma linha) para formar uma ligação entre cada par de átomos ligados.

$$H-N-H$$
$$|$$
$$H$$

Estas três ligações usam seis dos oito elétrons de valência. Porque cada hidrogênio já tem o seu dueto e o átomo de nitrogênio tem apenas seis elétrons em torno dele até agora, os dois elétrons de valência finais devem representar um par solitário no nitrogênio.

$$H-\ddot{N}-H$$
$$|$$
$$H$$

40. Compostos de boro e berílio por vezes, não se encaixam na regra do octeto. Por exemplo, no BF_3, o átomo de boro tem apenas seis elétrons de valência em seu nível mais externo, ao passo que no BeF_2, o átomo de berílio tem apenas quatro elétrons no seu nível mais externo. Outras exceções à regra do octeto incluem qualquer molécula com um número ímpar de elétrons de valência (tal como NO ou NO_2).

42.
Número de Pares de Valência	ângulos de Ligação	Exemplo
2	180°	BeF_2, BeH_2
3	120°	BCl_3
4	109,5°	CH_4, CCl_4, GeF_4

44. (a) $[Kr]5s^2$; (b) $[Ne]3s^23p^1$; (c) $[Ne]3s^23p^5$; (d) $[Ar]4s^1$; (e) $[Ne]3s^23p^4$; (f) $[Ar]4s^23d^{10}4p^3$

46.
$H-\ddot{O}-H$ — 4 pares de elétrons tetraedricamente orientados no O; geometria (angular, em forma de V) não linear; H—P—H ângulo de ligação ligeiramente inferior a 109,5° por causa dos pares livres

$H-\ddot{P}-H$ com H abaixo — 4 pares de elétrons tetraedricamente orientados no P; geometria piramidal trigonal; H—P—H ângulos de ligação ligeiramente inferiores a 109,5° por causa do par livre

$:Br-C(Br)(Br)-Br:$ — 4 pares de elétrons tetraedricamente orientados no C; geometria tetraédrica geral; Br—C—Br ângulos de ligação 109,5°.

$[ClO_4]$ estrutura — 4 pares de elétrons tetraedricamente orientados no Cl; geometria tetraédrica geral; O—Cl—O ângulos de ligação 109,5°

$:\ddot{F}-B-\ddot{F}:$ (com F abaixo) — 3 pares de elétrons trigonalmente orientados no B (exceção à regra do octeto); trigonal geral *geometria*; F—B—F ângulos de ligação de 120°

$:\ddot{F}-Be-\ddot{F}:$ — 2 pares de elétrons linearmente orientados no Be (exceção à regra do octeto); geometria linear geral; F—Be—F ângulo de ligação de 180°

Capítulos 13-15

2. A pressão da atmosfera representa a massa dos gases na atmosfera pressionando para baixo sobre a superfície da terra. O dispositivo mais frequentemente utilizado para medir a pressão da atmosfera é o barômetro de mercúrio, mostrado na Fig. 13.2. Um experimento simples para demonstrar a pressão da atmosfera está representado na Fig. 13.1.

4. A lei de Boyle diz que o volume de uma amostra de gás diminuirá se você apertá-lo vigorosamente (em temperatura constante, para uma quantidade fixa de gás). Duas afirmações matemáticas da lei de Boyle são

$$P \times V = \text{constant}$$
$$P_1 \times V_1 = P_2 \times V_2$$

Estas duas fórmulas matemáticas dizem a mesma coisa: se a pressão sobre uma amostra de gás é aumentada, o volume da amostra diminuirá. Um gráfico de dados de lei de Boyle é dado como mostra a Fig. 13.5: este tipo de gráfico ($xy = k$ é conhecido pelos matemáticos como uma *hipérbole*).

6. A lei de Charles diz que se você aquecer uma amostra de gás, o volume da amostra aumentará (assumindo que a pressão e a quantidade de gás permanecem as mesmas). Quando a temperatura é dada em Kelvin, a lei de Charles expressa uma proporcionalidade *direta* (se você aumenta T, então V aumenta), ao passo que a lei de Boyle expressa uma proporcionalidade inversa (se você *aumenta* P, então V *diminui*). Duas afirmações matemáticas da lei de Charles são $V = bT$ e $(V_1/T_1) = (V_2/T_2)$. Com esta segunda formulação, podemos determinar a informação de volume-temperatura para uma determinada amostra de gás sob dois conjuntos de condições. A lei de Charles é válida apenas quando a quantidade de gás permanece a mesma (o volume de uma amostra de gás aumentaria se mais gás estivesse presente) e também se a pressão mantivesse a mesma (uma mudança na pressão também altera o volume de uma amostra de gás). Um gráfico do volume *versus* temperatura (em uma pressão constante) para um gás ideal é uma linha reta, com uma interseção em -273°C (veja a Fig. 13.7).

8. A lei de Avogadro diz que o volume de uma amostra de gás é diretamente proporcional à quantidade de matéria (ou moléculas) do gás presente (em temperatura e pressão constante). A lei de Avogadro é válida apenas para as amostras de gás em comparação nas mesmas condições de temperatura e pressão. A lei de Avogadro expressa uma proporcionalidade direta: quanto mais gás em uma amostra, maior o volume da amostra.

10. A pressão "parcial" de um gás individual em uma mistura de gases representa a pressão que o gás exerceria no mesmo recipiente, à mesma temperatura, se estivesse *apenas* o gás presente. A pressão *total* em uma mistura de gases é a soma das pressões parciais individuais dos gases presentes na mistura. O fato de as pressões parciais dos gases em uma mistura serem aditivas sugere que a pressão total em um recipiente é uma função do *número* de moléculas presentes e não da identidade das moléculas ou de qualquer outra propriedade (tal como a dimensão atômica inerente das moléculas).

12. Os principais postulados da teoria cinética molecular para os gases são: (a), os gases consistem de pequenas partículas (átomos ou moléculas) e a dimensão destas partículas é insignificante em comparação com o volume total de uma amostra de gás; (b) as partículas em um gás estão em constante movimento aleatório, colidindo umas com as outras e com as paredes do recipiente; (c) as partículas em uma amostra de gás não exercem quaisquer forças de atração ou repulsão umas sobre as outras; e (d) a energia cinética média das partículas de gás está

diretamente relacionada com a temperatura absoluta da amostra do gás. A pressão exercida por um gás resulta das moléculas colidindo com (e empurrando) as paredes do recipiente; a pressão aumenta com a temperatura porque em uma temperatura mais elevada, as moléculas se movem mais rapidamente e atingem as paredes do recipiente com uma força maior. Um gás enche o volume disponível para ele porque as moléculas de um gás estão em movimento aleatório constante: a aleatoriedade do movimento das moléculas significa que elas eventualmente se moverão para fora, para o volume disponível até que a distribuição das moléculas seja uniforme; a pressão constante, o volume de uma amostra de gás aumenta à medida que a temperatura é aumentada, porque com cada colisão com maior força, o recipiente deve expandir de modo que as moléculas estão mais afastadas, se a pressão deve permanecer constante.

14. As moléculas estão muito mais próximas em sólidos e líquidos que em substâncias gasosas e interagem umas com as outras, em muito maior extensão. Sólidos e líquidos têm densidades muito maiores que os gases e são muito menos compressíveis, porque muito pouco espaço existe entre as moléculas nos estados sólido e líquido (o volume de um sólido ou líquido não é muito afetado pela temperatura ou pela pressão). Sabemos que os estados sólido e líquido de uma substância são semelhantes uns aos outros na estrutura, desde que normalmente utilizem-se apenas alguns quilos joules de energia para fundir um mol de um sólido, enquanto pode-se utilizar 10 vezes mais energia para converter um líquido para o estado de vapor.

16. O ponto de ebulição *normal* da água — isto é, o ponto de ebulição da água a uma pressão de exatamente 760 mm de Hg — é 100°C. A água continua a 100°C durante a ebulição, porque a energia extra adicionada à amostra é utilizada para superar as forças de atração entre as moléculas de água à medida que elas avançam do estado líquido, condensado para o estado gasoso. O ponto de congelamento normal (760 mm de Hg) da água é exatamente 0°C. A curva de resfriamento para a água é dada na Fig. 14.2.

18. Forças dipolo - dipolo surgem quando moléculas com momentos de dipolo permanentes tentam orientar-se de modo que a extremidade positiva de uma molécula polar possa atrair a extremidade negativa de outra molécula polar. Forças dipolo-dipolo não são aproximadamente tão fortes quanto as forças iônicas ou de ligação covalente (apenas cerca de 1% mais forte que as forças de ligação covalente) desde que a atração eletrostática está relacionada com a *magnitude* das cargas das espécies que se atraem e caem rapidamente com a distância. A ligação de hidrogênio é uma força atrativa dipolo-dipolo especialmente forte que pode existir quando os átomos de hidrogênio estão diretamente ligados aos átomos mais eletronegativos (N, O e F). Como o átomo de hidrogênio é tão pequeno, dipolos envolvendo ligações N—H, O—H e F—H podem se aproximar uns dos outros muito mais perto do que podem outros dipolos; porque a magnitude das forças dipolo-dipolo está relacionada com a distância, forças de atração anormalmente fortes podem existir. O ponto de ebulição muito mais elevado da água que dos outros compostos de hidrogênio covalentes dos elementos do Grupo 6 é evidência para a força especial da ligação de hidrogênio.

20. A vaporização de um líquido requer uma entrada de energia para superar as forças intermoleculares que existem entre as moléculas no estado líquido. O grande calor de vaporização da água é essencial à vida, pois grande parte do excesso de energia atingindo a terra do sol é dissipada na vaporização de água. A condensação refere-se ao processo pelo qual moléculas no estado de vapor formam um líquido. Em um recipiente fechado contendo um líquido com algum espaço vazio acima do líquido, ocorre um equilíbrio entre a vaporização e a condensação. Quando o líquido é colocado em primeiro lugar no recipiente, a fase de líquido começa a evaporar para o espaço vazio. À medida que o número de moléculas na fase de vapor aumenta, entretanto, algumas destas moléculas começam a reentrar na fase líquida. Eventualmente, cada vez que uma molécula de líquido em algum lugar no recipiente entra na fase de vapor, outra molécula de vapor reentra na fase líquida. Nenhuma alteração líquida ocorre na quantidade da fase líquida. A pressão do vapor em tal situação de equilíbrio é característica para o líquido a cada temperatura. Uma experiência simples para determinar a pressão de vapor de um líquido é mostrada na Fig. 14.10. Normalmente, os líquidos com fortes forças intermoleculares têm pressões de vapor menores (eles têm mais dificuldade de evaporação) que os líquidos com forças intermoleculares muito fracas.

22. O *modelo de mar de elétrons* explica muitas propriedades dos elementos metálicos. Este modelo esboça uma matriz regular de átomos metálicos colocados em um "mar" de elétrons de valência móveis. Os elétrons podem se mover facilmente ao longo do metal para conduzir o calor ou a energia elétrica e a estrutura dos átomos e cátions pode ser deformada com pouco esforço, permitindo que o metal seja trabalhado para formar uma folha ou esticado em fio. Uma liga é um material que contém uma mistura de elementos que, em geral tem propriedades metálicas. Ligas *substitucionais* consistem de um metal de acolhimento no qual alguns dos átomos na estrutura cristalina do metal são substituídos por átomos de outros elementos metálicos. Por exemplo, a prata esterlina é uma liga na qual alguns átomos de prata foram substituídos por átomos de cobre. Uma *liga intersticial* é formada quando outros átomos menores entram nos interstícios (buracos) entre os átomos na estrutura cristalina dos metais hospedeiros. O aço é uma liga intersticial na qual átomos de carbono entram nos interstícios de um cristal de átomos de ferro.

24. Uma solução saturada contém tanto soluto quanto possível de dissolver em uma temperatura particular. Dizer que a solução está *saturada,* não significa *necessariamente* que o soluto está presente em uma concentração elevada — por exemplo, hidróxido de magnésio dissolve-se apenas em uma muito pequena extensão, antes que a solução esteja saturada. Uma solução saturada está em equilíbrio com soluto não dissolvido: à medida que as moléculas de soluto dissolvem do sólido em um lugar na solução, as moléculas dissolvidas regressam à fase sólida, em outra parte da solução. Uma vez que as velocidades de dissolução e a formação de sólidos tornam-se iguais, nenhuma alteração líquida adicional ocorre na concentração da solução e a solução está saturada.

26. A adição de mais solvente em uma solução para diluir a solução *não* muda a quantidade de matéria do soluto presente, mas modifica apenas o *volume* no qual o soluto está disperso. Se a concentração em quantidade de matéria é usada para descrever a concentração da solução, então o volume em *litros* é alterado quando o solvente é adicionado e a quantidade de matéria *por litro* (concentração em quantidade de matéria) muda, mas a quantidade de matéria real do soluto *não* muda. Por exemplo, 125 mL de NaCl 0,551 mol L^{-1} contém 0,0689 mol de NaCl. A solução *ainda* conterá 0,0689 mol de NaCl após 250 mL de água ser adicionada a ela. O volume e a concentração mudarão, mas a quantidade de matéria do soluto na solução *não* mudará. Os 0,0689 mol de NaCl, divididos pelo volume total da solução diluída em litros, dá a nova concentração em quantidade de matéria (0,184 mol L^{-1}).

28. (a) 105 mL; (b) 1,05 X 10^3 mm de Hg
30. (a) 6,96 l; (b) $P_{\text{hidrogênio}}$ = 5,05 atm; $P_{\text{hélio}}$ = 1,15 atm; (c) 2,63 atm
32. 0,550 g de CO$_2$; 0,280 l de CO$_2$ a CNTP (mesma temperatura e pressão)
34. (a) 9,65% NaCl; (b) 2,75 g de CaCl$_2$; (c) 11,4 g de NaCl
36. (a) 0,505 mol L^{-1}; (b) 0,0840 mol L^{-1}; (c) 0,130 mol L^{-1}
38. (a) 226 g ;(b) 18,4 mol L^{-1}; (c) 0,764 mol L^{-1}; (d) 1,53 N; (e) 15,8 mL

Capítulos 16–17

2. Um par ácido-base conjugado consiste de duas espécies relacionadas uma com a outra pela doação ou recepção de um único próton, H$^+$. Um ácido tem um H$^+$ a mais que a sua base conjugada; uma base tem um H$^+$ a menos que o seu ácido conjugado.

Ácidos Brønsted-Lowry:

HCl(aq) + H$_2$O(l) → Cl$^-$(aq) + H$_3$O$^+$(aq)
H$_2$SO$_4$(aq) + H$_2$O(l) → HSO$_4^-$(aq) + H$_3$O$^+$(aq)
H$_3$PO$_4$(aq) + H$_2$O(l) → H$_2$PO$_4^-$(aq) + H$_3$O$^+$(aq)
NH$_4^+$(aq) + H$_2$O(l) → NH$_3$(aq) + H$_3$O$^+$(aq)

Bases Brønsted–Lowry:

NH$_3$(aq) + H$_2$O(l) → NH$_4^+$(aq) + OH$^-$(aq)
HCO$_3^-$(aq) + H$_2$O(l) → H$_2$CO$_3$(aq) + OH$^-$(aq)
NH$_2^-$(aq) + H$_2$O(l) → NH$_3$(aq) + OH$^-$(aq)
H$_2$PO$_4^-$(aq) + H$_2$O(l) → H$_3$PO$_4$(aq) + OH$^-$(aq)

4. A força de um ácido é um resultado direto da posição de dissociação (ionização) do equilíbrio do ácido. Ácidos cujas posições de equilíbrio de dissociação estão mais para a direita são chamados ácidos *fortes*. Ácidos cujas posições de equilíbrio estão apenas ligeiramente para a direita são chamados de ácidos *fracos*. Por exemplo, HCl, HNO_3 e $HClO_4$ são ácidos fortes, o que significa que eles estão completamente dissociados em solução aquosa (a posição de equilíbrio é muito longe para a direita):

$$HCl(aq) + H_2O(l) \rightarrow Cl^-(aq) + H_3O^+(aq)$$
$$HNO_3(aq) + H_2O(l) \rightarrow NO_3^-(aq) + H_3O^+(aq)$$
$$HClO_4(aq) + H_2O(l) \rightarrow ClO_4^-(aq) + H_3O^+(aq)$$

Uma vez que estes são ácidos muito fortes, seus ânions (Cl^-, NO_3^-, ClO_4^-) devem ser bases muito *fracas* e as soluções dos seus sais de sódio não serão básicas.

6. 'O pH de uma solução é definido como pH = -log[H^+ (aq)] para uma solução. Em água pura, a quantidade de íon H^+ (aq) presente é *igual* à quantidade de íon OH^- (aq) — isto é, a água pura é neutra. Uma vez que [H^+] = 1.0×10^{-7} mol L^{-1} em água pura, o pH da água pura é — log [1.0×10^{-7} mol L^{-1}] = 7,00. Soluções nas quais [H^+] > $1,0 \times 10^{-7}$ mol L^{-1} (pH < 7,00) são ácidas; soluções nas quais [H^+] < $1,0 \times 10^{-7}$ mol L^{-1} (pH > 7,00) são básicas. A escala de pH é logarítmica: a variação de uma unidade no pH corresponde a uma mudança na concentração de íons hidrogênio, em um fator de *dez*. Uma expressão logarítmica análoga é definida pela concentração de íon hidróxido na solução: pOH = — log[OH^- (aq)]. As concentrações de íon hidrogênio e de íon hidróxido na água (e em soluções aquosas) *não* são independentes uma da outra, mas sim estão relacionadas pela constante de dissociação de equilíbrio para a água, K_w = [H^+][OH^-] = $1,0 \times 10^{-14}$ a 25°C. A partir desta expressão resulta que pH + pOH = 14,00 para a água (ou uma solução aquosa) a 25°C.

8. Os químicos imaginam que uma reação pode ter lugar entre as moléculas apenas se as moléculas colidem fisicamente umas com as outras. Além disso, quando as moléculas colidem, as moléculas devem colidir com força suficiente para que a reação seja bem sucedida (deve haver energia suficiente para romper as ligações nos reagentes) e as moléculas de colisão devem ser posicionadas com a orientação relativa correta para os produtos (ou intermediários) se formarem. As reações tendem a ser mais rápidas se concentrações mais elevadas são utilizadas para a reação porque, se houver mais moléculas presentes por volume unitário, haverá mais colisões entre as moléculas em um determinado período de tempo. As reações são mais rápidas a temperaturas mais elevadas, porque em temperaturas mais altas as moléculas dos reagentes têm uma maior energia cinética média e o número de moléculas que irão colidir com uma força suficiente para quebrar as ligações aumenta.

10. Os químicos definem equilíbrio como o balanceamento exato de dois processos exatamente opostos. Quando uma reação química é iniciada pela combinação de reagentes puros, o único processo possível inicialmente é
reagentes → produtos
No entanto, para muitas reações, à medida que a concentração de moléculas de produto aumenta, torna-se mais e mais provável que as moléculas do produto colidirão e reagirão umas com as outras,
produtos → reagentes
devolvendo as moléculas dos reagentes originais. Em algum ponto do processo as velocidades das reações direta e inversa tornam-se iguais e o sistema atinge o equilíbrio químico. Para um observador de fora, o sistema parece ter parado de reagir. Em uma base microscópica porém, ambos os processos, direto e inverso ainda estão em andamento. Toda vez que moléculas adicionais do produto se formam, no entanto, em outro lugar do sistema, moléculas do produto reagem para devolver as moléculas de reagente.
Uma vez que é atingido o ponto no qual as moléculas do produto estão reagindo com a mesma velocidade com que elas se formam, não há mudança líquida adicional na concentração. No início da reação, a velocidade da reação direta está no seu máximo, enquanto que a velocidade da reação inversa é zero. À medida que a reação prossegue, a velocidade de reação direta diminui gradualmente à medida que a concentração dos reagentes diminui, ao passo que a velocidade de reação inversa aumenta conforme a concentração de produtos aumenta. Uma vez que as duas velocidades se tornaram iguais, a reação atingiu um estado de equilíbrio.

12. A constante de equilíbrio para uma reação é uma razão entre as concentrações dos produtos presentes no ponto de equilíbrio e as concentrações dos reagentes ainda presentes. Uma *razão* significa que temos um número dividido por outro número (por exemplo, a densidade de uma substância é a razão entre uma massa de substância e o seu volume). Uma vez que a constante de equilíbrio é a razão, há um número infinito de conjuntos de dados que podem indicar a mesma razão: por exemplo, as razões de 8/4, 6/3, 100/50 têm todas o mesmo valor 2. As concentrações reais de produtos e reagentes será diferente de uma experiência para outra envolvendo uma reação química particular, mas a razão entre as quantidades de produtos e reagentes no equilíbrio deve ser a mesma para cada experiência.

14. Sua paráfrase do princípio de Le Chatelier deve ser algo como isto: "Quando você fizer qualquer alteração em um sistema no equilíbrio, isto leva o sistema temporariamente para fora do equilíbrio e o sistema responde reagindo em qualquer direção e ele será capaz de alcançar a uma nova posição de equilíbrio". Há diversas modificações que podem ser feitas para um sistema em equilíbrio. Aqui estão exemplos de alguns delas.
   a. A concentração de um dos reagentes é aumentada.
   $2SO_2(g) + O_2(g) \rightleftharpoons 2SO_3(g)$
   Se SO_2 ou O_2 extra é adicionado ao sistema em equilíbrio, então resultará mais SO_3 que se nenhuma alteração fosse feita.
   b. A concentração de um dos produtos é reduzida por removê-lo seletivamente do sistema.
   $CH_3COOH + CH_3OH \rightleftharpoons H_2O + CH_3COOCH_3$
   Se H_2O tivesse sido removido do sistema, por exemplo, utilizando um agente de secagem, então mais CH_3COOCH_3 resultaria do que se nenhuma mudança fosse feita.
   c. O sistema de reação é comprimido para um volume menor.
   $3H_2(g) + N_2(g) \rightleftharpoons 2NH_3(g)$
   Se este sistema é comprimido para um volume menor, então mais NH_3 seria produzido do que se nenhuma mudança fosse feita.
   d. A temperatura é aumentada para uma reação endotérmica.
   $2NaHCO_3 + heat \rightleftharpoons Na_2CO_3 + H_2O + CO_2$
   Se calor é adicionado a este sistema, então mais produto seria produzido do que se nenhuma alteração fosse feita.
   e. A temperatura é diminuída para um processo exotérmico.
   $PCl_3 + Cl_2 \rightleftharpoons PCl_5 + calor$
   Se o calor e removido deste sistema (por resfriamento), então mais PCl_5 seria produzido do que se nenhuma mudança fosse feita.

16. A resposta específica depende das escolhas dos alunos. Em geral, para um ácido fraco
    $HA + H_2O \rightleftharpoons A^- + H_3O^+$
    $B + H_2O \rightleftharpoons HB^+ + OH^-$

18. (a) $NH_3(aq)$(base) + $H_2O(l)$(ácido) $\rightleftharpoons NH_4^+(aq)$(ácido) + OH^- (aq)(base);
    (b) $H_2SO_4(aq)$(ácido) + $H_2O(l)$(base) $\rightleftharpoons HSO_4^-(aq)$(base) + H_3O^+ (aq)(ácido);
    (c) $O^{2-}(s)$(base) + $H_2O(l)$(acid) $\rightleftharpoons OH^-(aq)$(ácido) + OH^- (aq)(base);
    (d) $NH_2^-(aq)$(base) + $H_2O(l)$(acid) $\rightleftharpoons NH_3(aq)$(ácido) + OH^- (aq)(base);
    (e) $H_2PO_4^-(aq)$(ácido) + $OH^-(aq)$(base) $\rightleftharpoons HPO_4^{2-}(aq)$(base) + $H_2O(l)$(ácido)

20. (a) pH = 2,851; pOH = 11,149; (b) pOH = 2,672; pH = 11,328;
    (c) pH = 2,288; pOH = 11,712; (d) pOH = 3,947; pH = 10,053

22. $7,8 \times 10^5$

24. 0,220 g/L

Índice remissivo e glossário

Abelhas, 363
Abundância dos elementos, 74-76
Acetato de isopentila, 218-219
Acetato de isoproprila, 646
Acetileno, 617
Ácido acético, 504, 646-647
Ácido carboxílicos *Compostos orgânicos que contêm o grupo carboxila*, 645-647
Ácido cólico, 683
Ácido conjugado *A espécie formada quando um próton é adicionado a uma base*, 501
Ácido desoxirribonucleico (DNA) *Um enorme polímero de nucleotídeos com uma estrutura helicoidal dupla com bases complementares nas duas cadeias. Suas principais funções são a síntese proteica e o armazenamento e transporte de informações genéticas*, 675-678
Ácido diprótico *Um ácido com dois prótons ácidos*, 505-506
Ácido fraco *Um ácido que se dissocia somente a uma ligeira extensão em solução aquosa*, 503-506
Ácido forte *Um ácido que dissocia-se (ioniza) completamente para produzir o íon H^+ e a base conjugada*, 177, 179, 503-506
  pH do, 514-515
Ácido fosfórico, 485-486
Ácido clorídrico, 472
  como um ácido forte, 503
  reações de neutralização, 482-483
Ácido fluorídrico, 254
Ácido nítrico, 177
Ácido ribonucleico (RNA) *Um grande polímero nucleotídeo que junto com o DNA tem como função transportar o material genético*, 675-678
Ácido salicílico, 505, 647
Ácido sulfúrico, 391, 486-487, 500, 505-506
Ácidos *Substâncias que produzem íons hidrogênio em solução aquosa; doador de prótons*, 129-130, 499-518
  água como, 506-508
  biliares, 683
  Conceito de Arrhenius de, 500-502
  bile, 683
  conjugados, 501
  escala pH e, 509-514
  resistência, 502-506
  fortes, 177, 179, 503-506, 514-515
  fracos, 503-506
  graxos, 678-680
  minerais, 177
  nomenclatura, 129-131

normalidade, 484-488
nucleicos, 675-677
orgânicos, 506
Ácidos graxos *Ácidos carboxílicos de cadeia longa*, 678-680
Aço, 452
  de alto teor de carbono, 452
  de baixo teor de carbono, 452
  de médio teor de carbono, 454
  inoxidável, 582
Acree, Terry E., 373
Açúcar(es), 465
  simples, 671
  comum, 673
Adição (matemática), 27, 689
Agente oxidante (receptor de elétrons) *Um reagente que recebe elétrons de outro reagente*, 567-570
Agente redutor (doador de elétrons) *Um reagente que doa elétrons para outra substância, reduzindo o estado de oxidação de um e seus próprios átomos*, 567-570
Água. *Consulte também* Líquido
  arsênio na, 92
  aumento de temperatura e energia, 289-290
  calculando concentrações iônicas na, 507-508
  como um ácido e uma base, 506-508
  da chuva, 513
  decomposição, 245-246
  destilação da, 64
  diluição pela, 475-478
  dissolução da, 464
  dissolução do composto iônico em, 166-167
  dissolução do nitrato de bário em, 166
  dura, 681
  eletrólise da, 583
  escassez, 466
  estrutura de Lewis, 364
  formação da, 150-152
  modelo RPENV, 376-377
  moléculas, 93
  mudanças de fase, 437-438
  mudanças físicas e químicas, 58-59
  reação com metano, 260-261
  reação do potássio com, 154
Air bags, 421
Álcoois *Compostos orgânicos nos quais o grupo hidroxila é um substituinte em um hidrocarboneto*, 638-640
  nomenclatura, 639-641
  propriedades e usos de, 640-642
Alcanos *Hidrocarbonetos saturados com a fórmula geral C_nH_{2n+2}*, 618-620
  nomenclatura, 623-628

  reações de, 629-630
Alcenos *Hidrocarbonetos insaturados que contêm uma ligação dupla carbono-carbono. A fórmula geral é C_nH_{2n}*, 630-632
Alcinos *Hidrocarbonetos insaturados que contêm uma ligação tripla carbono-carbono. A fórmula geral é C_nH_{2n-2}*, 630-632
Aldeídos *Compostos orgânicos que contêm o grupo carbonila ligado a pelo menos um átomo de hidrogênio*, 642-643
  nomenclatura, 643-645
aminoácidos Alfa(α) *Ácidos orgânicos nos quais um grupo amina, um átomo de hidrogênio e um grupo R estão ligados ao átomo de carbono próximo ao grupo carboxila*, 664-666
α-hélice, 667
Algarismos significativos *Os dígitos certos e o primeiro dígito incerto de uma medida*, 23-28
Álgebra, básica, 691-692
Algodão, 4
Alótropos, 95
Alumínio, 91, 206
  eletrólise, 583-584
  fórmula empírica para a reação com oxigênio, 225-226
  íons, 97
  reações de oxirredução, 568-569
Alvarez, Luis W., 2
Ametais *Elementos que não exibem características metálicas. Quimicamente, um ametal típico recebe elétrons de um metal*, 91. *Consulte também* Reações de oxirredução
  compostos binários que contêm apenas, 121-123
  compostos binários que contêm metais e, 113-121
  energias de ionização, 339
  propriedades atômicas, 338-339
  reações com metais, 179-182
  reações de oxirredução entre, 566-570
Amido *O principal reservatório de carboidrato nas plantas; um polímero da glicose*, 673
Aminoácidos, 664-666
Amônia
  lei do gás ideal e, 410
  modelo RPENV, 375-376
  princípio de Le Châtelier e, 538-539
  reação com oxigênio, 154-155
  reagente limitante na produção de, 261-264

Análise dimensional *A mudança de uma unidade para outra por meio dos fatores de conversão que são fundamentados nas declarações equivalentes entre as unidades*, 29-33
Andar Sobre Fogo, 293
Ângulo de ligação *O ângulo formado através de duas ligações adjacentes em uma molécula*, 371
Ânion *Um íon negativo*, 97-98, 100, 113-115
  oxi-7, 129-130
Anodo *O eletrodo em uma célula galvânica na qual ocorre a oxidação*, 578
Antracito, 301
Aplicações médicas da radioatividade, 602-603
Ar, 93
  volume, 401-402
Argônio, 93
Arranjo tetraédrico, 374
Arredondamento, 25-26
Vizinhança *Tudo no universo em torno de um sistema termodinâmico*, 286
Arrhenius, Svante, 500
Arsênio, 92
  princípio de Le Châtelier e, 540
Aspartame, 201
Atmosfera padrão *Uma unidade de medida para pressão igual a 760 mm Hg*, 394
Atmosfera, 302, 320-321
Átomo *A unidade fundamental da qual os elementos são compostos*
  calculando o número de, 205
  conceito moderno da estrutura do, 84
  emissão de energia pelo, 318-319
  energias de ionização, 339
  estrutura, 81-84
  fórmulas químicas e, 79-80
  íons, 96-99
  isótopos, 84-88
  massa atômica, 204-206
  modelo da mecânica ondulatória do, 323-324
  modelo de Rutherford do, 315
  modelo de Bohr do, 322-323
  quantidade de matéria e o número de, 208-210
  nas reações químicas, 146, 150
  nuclear, 83
  propriedades e a tabela periódica, 337-342
  tamanho, 340-341
  teoria atômica de Dalton do, 78-79
Átomo nuclear *O conceito moderno do átomo como tendo um centro denso de carga positiva (o núcleo) e elétrons movendo-se em torno do exterior*, 83
Atração dipolo-dipolo *A força atrativa resultante quando as moléculas polares alinham-se de modo que as extremidades positiva e negativa fiquem próximas uma da outra*, 442-443
Automóveis, 256-257
  air bags, 421
  baterias, 574-576, 579-580
Balanceamento de uma equação química
  Certificar-se de que todos os átomos presentes nos reagentes sejam contabilizados entre os produtos, 146-147, 150-157
  coeficientes no, 151
  pelo método da semirreação, 570-575
Baleias, 439
Bando, Yoshio, 37
Barômetro *Um dispositivo para medir a pressão atmosférica*, 392
Base conjugada *O que permanece de uma molécula de ácido após ela perder um próton*, 501
Base forte *Um composto de hidróxido metálico que dissocia-se completamente em seus íons na água*, 178-179
Bases *Substâncias que produzem íons hidróxido em solução aquosa; receptores de prótons*, 177-178
  água como, 506-508
  conceito de Arrhenius das, 500-502
  conjugadas, 501
  escala pH e, 509-514
  fortes, 178-179
  normalidade, 484-488
Baterias
  automóvel, 574
  carro híbrido, 256
  de armazenamento de chumbo, 574-575, 579-580
  secas, 562, 580
Bateria de armazenamento de chumbo *Uma bateria (utilizada em carros) na qual o anodo é o chumbo, o catodo é o revestimento de chumbo com dióxido de chumbo e o eletrólito é uma solução de ácido sulfúrico*, 574-575, 579-580
Bateria eletroquímica *Uma bateria comum utilizada em calculadoras, relógios e players. Consulte também célula galvânica*, 578
Bateria seca *Uma bateria comum utilizada em calculadoras, relógios, rádios e players. Consulte também bateria eletroquímica*, 562, 580-581
Baterias de prata, 580
Bauxita, 583
Becquerel, Henri, 126
Benerito, Ruth Rogan, 4
Benzaldeído, 643-645
Benzenos, 633
  dissubstituídos, 635-636
  monossubstituídos, 633-634
Berílio, 330, 372
Besouros, 152
Bicarbonato de sódio, 254
Biomolécula *Uma molécula que funciona na manutenção e/ou reprodução da vida*, 616
Bioquímica *O estudo da química dos sistemas vivos*
  carboidratos na, 671-674
  definição, 662
  enzimas na, 670-671
  proteínas na, 664-669
Biotecnologia, 662
Bohr, Niels, 322
Bóhrio, 335
Boyle, Robert, 74, 395
Brócolis, 367
Brometo de cobre, 548
Bromo, 94
  íons, 98
Buckminsterfulereno, 95
Buehler, William J., 453
Burton, William, 629
Butano, 624

Cadeias laterais, 664
Café, 289
Cal, 536
Cálcio, 333
Cálculos de cadeia, 690-691
Cálculos estequiométricos
  comparando duas reações, 254-256
  Misturas estequiométricas, 258-259
  notação científica, 252-254
  reações que envolvem massas de dois reagentes, 265-266
  reagentes limitantes nos, 260-267
  rendimento percentual, 267-269
Calor *O fluxo de energia em função de uma diferença de temperatura*, 285
  bolsas térmicas para ferimentos, 295
  calorimetria, 296
  capacidade específica de, 290-293
  como entalpia, 294-297
  de fusão, molar, 440
  radiação, 302
Calor molar de fusão *A energia necessária para fundir 1 mol de um sólido*, 440
Calor molar de vaporização *A energia necessária para vaporizar 1 mol de líquido*, 440
Caloria *Uma unidade de medida para energia; 1 caloria é a quantidade de energia necessária para aquecer 1 grama de água em 1 grau Celsius*, 288, 296
Calorias dos alimentos, 296
Calorimetria, 296
Calorímetro *Um dispositivo utilizado para determinar o calor associado a uma variação química ou física*, 296
Campos magnéticos, 332
Capacidade calorífica específica *A quantidade de energia necessária para elevar a temperatura de um grama de uma substância em um grau Celsius*, 290-293
Carboidratos *Poli-hidroxi-cetonas ou poli-hidroxi-aldeídos ou um polímero composto por estes*, 671-674
Carbonação, 504
Carbonato de cálcio, 216-217
  em temperatura e pressão padrão, 424-425
  equilíbrios heterogêneos e, 536
Carbono, 75, 206
  alótropos, 95
  arranjo de elétrons, 330
  isótopos, 88
  lei de Hess e, 298
  ligação, 617
  no etanol, 220
Carros, 256-257
  air bags, 421
  baterias, 574-576, 579-580
  híbridos, 256
Carvão *Um combustível fóssil sólido que consiste principalmente de carbono*, 186, 301-302, 616
Carvona, 221

Índice remissivo e glossário **747**

Catalisador *Uma substância que acelera uma reação sem ser consumida*, 528
Cátion *Um íon positivo*, 96-97, 100, 113-114
Catodo *Em uma célula galvânica, o eletrodo no qual ocorre a redução*, 578
Célula *A menor unidade nas coisas vivas que exibe as propriedades normalmente associadas à vida, como reprodução, metabolismo, mutação e sensibilidade para os estímulos externos*, 165, 568
Célula galvânica *Um dispositivo no qual a energia química de uma reação de oxirredução espontânea é transformada em energia elétrica que pode ser usada para realizar trabalho*, 578
Células de combustível hidrogênio-oxigênio, 256
Celulose *O principal componente estrutural das plantas lenhosas e fibras naturais, como o algodão; um polímero da glicose*, 674
Centro ativo *A parte da enzima à qual o substrato específico está ligado enquanto uma reação é catalisada*, 670-671
Ceras *Uma classe de lipídios que envolve álcoois monohidróxi*, 682
Cério, 571
Cetonas *Um composto orgânico que contém o grupo carbonila ligado a dois átomos de carbono*, 642-643
   nomenclatura, 643-645
Charles, Jacques, 400
Chen, Jian, 637
Chrysler Building, 582
Chumbo
   Arseniato de, 227-228
   Envenenamento por, 6-7, 114
   nas baterias de carro, 574-576
Chuva ácida, 391
Cianato de amônio, 616
Cianeto, 366
Cisplatina, 229-230
Cisteína, 666
Classificação das reações, 183-185
Cloro, 93-94
   íons, 98
   ozônio e, 528-529
Cloreto de hidrogênio, 501
Cloreto de prata, 172, 180
Cloreto de potássio, 170-172
Cloreto de sódio, 100
   massa molar, 216
   nas soluções, 479-480
   regras de solubilidade, 169
   síntese, 187
   sólido, 447-448
Clorofluorocarbonetos (CFCs), 3-4, 468
Cobalto, 77
Cobre, 77, 91, 206
Coeficientes, 151
Colesterol *Um esteroide que é um material de partida para a formação de muitas outras moléculas baseados em esteroides, como a vitamina D*, 682
Combustíveis de biomassa, 304
Combustíveis fósseis *Combustíveis que consistem de moléculas à base de carbono derivadas da decomposição de organismos extintos; carvão, petróleo ou gás natural*, 300-301
Combustíveis sintéticos, 304
Composição percentual dos compostos, 220-222
   calculando fórmulas empíricas a partir da, 229-230
Composição química
   composição percentual e, 220-222, 229-230
   contagem por pesagem e, 201-204
   fórmulas dos compostos e, 222-224
   fórmulas empíricas e, 223-230
   fórmulas moleculares e, 223, 230-232
   massa atômica e, 204-206
   massa molar e, 214-219
   quantidade de matéria e, 207-211
   solução do problema conceitual e, 211-215
   soluções, 467-478
Composto *Uma substância com composição constante que pode ser quebrada em elementos por processos químicos*, 60-61, 75
   balanceamento de equações químicas e fórmulas para, 150
   binário, 113-127, 226-227
   composição percentual do, 220-222, 229-230
   escrevendo fórmulas a partir dos nomes do, 131-132
   fórmulas do, 79-80, 101-102, 150, 222-224
   massa molar do, 214-219
   nomenclatura, 113-127
   que contém íons poliatômicos, 127-129
   que contém íons, 99-102
Composto binário iônico *Um composto de dois elementos que consiste em um cátion e um ânion*, 113-115
Composto binário *Um composto de dois elementos*, 113-129
Composto iônico *Um composto resultante da reação de um metal com um ametal para formar cátions e ânions*, 100-102
   configurações eletrônicas estáveis e, 357-358
   contendo íons poliatômicos, 359
   dissolução na água, 166-168
   ligação iônica e estruturas de, 358-359
   ligação iônica, 351
   produtos de reação química, 167-168
   regras de solubilidade, 169-171
Compostos iônicos binários
   contendo metal e ametal, 113-121
   contendo apenas ametais, 121-123
   fórmulas empíricas para, 226-227
   tipo I, 115-116
   tipo II, 117-120
   tipo III, 121-123
Comprimento de onda *A distância entre dois picos ou depressões consecutivos em uma onda*, 316-318
Conceito de Arrhenius dos ácidos e bases *Um conceito postulando que os ácidos produzem íons hidrogênio em soluções aquosas, enquanto as bases produzem íons hidróxido*, 500-502
Concentração e o princípio de Le Châtelier, 538-540

Concetração em quantidade de matéria (c) *Quantidade de matéria do soluto por volume da solução em litros*, 471-475
Concentrada *Refere-se a uma solução em que uma quantidade relativamente grande de soluto é dissolvida em uma solução*, 468
Concreto, 62
Condensação *O processo pelo qual as moléculas de vapor retornam a um líquido*, 445-446
Condições padrão de temperatura e pressão (CNTP) *A condição 0°C e 1 atmosfera de pressão*, 423-425
Condutividade elétrica, 99-100
Configurações eletrônicas estáveis, 355-358
Constante de equilíbrio *O valor obtido quando as concentrações de equilíbrio das espécies químicas são substituídas na expressão de equilíbrio*, 532-536, 545-546
Constante do produto de solubilidade (K_{ps}). *Consulte* produto de solubilidade (K_{ps}), 547
Constante do produto iônico (K_w) *A constante do equilíbrio para a autoionização da água; $K_w=[H^+][OH^-]$. A 25°C, K_w igual a $1,0 \times 10^{-14}$*, 507
Constante universal dos gases *A constante de proporcionalidade combinada na lei do gás ideal; 0,08206 l atm K^{-1} mol^{-1}, ou 8,314 J K^{-1} mol^{-1}*, 407-408
Contador de cintilação *Um instrumento que mede o decaimento radioativo ao sentir os flashes de luz que a radiação produz em um detector*, 599
Contador Geiger. *Consulte* Contador Geiger-Müller, 599
Contador Geiger-Müller *Um instrumento que mede a taxa de decaimento radioativo ao registrar os íons e os elétrons produzidos enquanto uma partícula radioativa passa por uma câmara cheia de gás*, 599
Contagem por pesagem, 201-204
   átomos, 204-206
Conversão, unidade, 19
   fator, 29-31
   pressão, 394-395
   problemas de múltiplas etapas, 32-33
   problemas de uma etapa, 31-32
   temperatura, 33-40
Copolímero *Um polímero que consiste em dois tipos diferentes de monômeros*, 648
Corantes, 571
Corrosão *O processo pelo qual os metais são oxidados na atmosfera*, 581-583
Craqueamento pirolítico, 301, 629
Cromato de potássio, 166-168
Cromo, 77
Cultivo, urina, 670
Cultura de urina, 670
Cupins, 637
Curie, Marie, 126
Curie, Pierre, 126
Curva de aquecimento/resfriamento *Um gráfico da temperatura versus o tempo para uma substância onde a*

energia é adicionada a uma taxa constante, 437

Da Silva, William, 412
Dacron, 651
Dalton, John, 78-79, 413
Dano somático, 608
Datação por carbono-14, 601-602
Datação por radiocarbono *Um método para datar madeira ou tecido antigo com base no decaimento radioativo do nuclídeo carbono-14*, 601-602
Datação, radiocarbono, 601-602
Davis, Cristina, 393
De Broglie, Louis Victor, 323
Decaimento radioativo (radioatividade) *A decomposição espontânea de um núcleo para formar um núcleo diferente*, 594-598
Declaração equivalente *Uma declaração que relaciona diferentes unidades de medida*, 29-30
Densidade *Uma propriedade da matéria que representa a massa por unidade de volume*, 41-44
  mudanças de fase da água e, 437-438
Derivados do hidrocarboneto *Moléculas orgânicas que contêm um ou mais elementos além de carbono e hidrogênio*, 638
Desnaturação *A quebra da estrutura tridimensional de uma proteína, o que resulta na perda de suas funções*, 669
Destilação *O método para separar os componentes de uma mistura líquida que depende das diferenças na facilidade da vaporização dos componentes*, 64
Detergentes, 681
Diamagnetismo, 332
Diamante, 298, 454
  datação, 601
  sintético, 454
Dígitos diferentes de zero, 24
Diluição *Processo de adição de solvente para reduzir a concentração de soluto em uma solução*, 475-478
Diluída *Refere-se a uma solução onde uma quantidade relativamente pequena de soluto é dissolvida*, 468, 477-478
Dímero *Uma molécula que consiste em dois monômeros unidos*, 649
Dióxido de carbono
  efeitos climáticos, 302-304
  estrutura de Lewis, 365-366
  lei do gás ideal e, 409
  massa atômica, 204-205
  modelo RPENV, 378-379
  na carbonação, 504
  sequestro de, 365
Dióxido de enxofre, 215
  constante de equilíbrio, 535
Dióxido de nitrogênio, 529
Dióxido de silício, 448
Dipeptídeo, 666
Dipolo instantâneo, 444
Dispositivos à base de papel para medida, 21
Dissacarídeo *Um açúcar formado de dois monossacarídeos unidos por uma ligação glicosídica*, 673

Dissolução. *Consulte* Soluções
Divisão (matemática), 26, 689
Doadores, de elétrons, 567
Dow Chemical Company, 468
Drake, Edwin, 301
Ductal, 62
Dureza da água, 681

Efeito estufa *O efeito de aquecimento exercido por certas moléculas na atmosfera da terra (sobretudo o dióxido de carbono e a água)*, 302, 320-321
Efeitos climáticos do dióxido de carbono, 302-304
Efeitos da radiação, 607-609
Ehleringer, James, 86
Eklund, Bart, 3
Elemento *Uma substância que não pode ser decomposta em substâncias mais simples pelo meio químico ou físico. Consiste em átomos que possuem o mesmo número atômico*, 60-61
  abundância e nomes do, 74-76
  composição percentual nos compostos, 220-222
  essencial, 662-663
  grupo principal, 337
  estados naturais do, 92-95
  nas reações de síntese, 187
  oligo, 77, 662
  tabela periódica do, 89-91
  teoria atômica de Dalton e, 78-79
  transurânico, 598
Elementos do grupo principal, 337
Elementos essenciais *Os elementos conhecidos por serem essenciais para a vida humana*, 662-663
Elementos representativos *Elementos no grupo rotulado como 1, 2, 3, 4, 5, 6, 7 e 8 na tabela periódica. O número do grupo dá a soma dos elétrons de valência s e p*, 337
Elementos transurânicos *Os elementos além do urânio que são produzidos artificialmente pelo bombardeamento de partículas*, 598
Eletrólise *Um processo que envolve forçar uma corrente por meio de uma célula para fazer com que ocorra uma reação química não espontânea*, 578, 583-585
Eletrólito forte *Um material que quando dissolvido em água, dá uma solução que conduz uma corrente elétrica de maneira muito eficiente*, 166
Eletrólitos, fortes, 166
Elétron *Uma partícula com carga negativa que ocupa o espaço em torno do núcleo de um átomo*, 81-82, 84
  arranjo nos primeiros dezoito átomos na tabela periódica, 329-332
  captura, 595
  configurações, 329, 333-337, 355-358
  doadores, 567
  isótopos e, 84-88
  núcleo, 332
  receptores, 567
  transferência nas reações de oxirredução, 181-182
  valência, 332

Eletronegatividade *A tendência de um átomo em uma molécula a atrair elétrons compartilhados para si*, 352-354
Elétrons de valência *Os elétrons no exterior ocupando o principal nível quântico de um átomo*, 331. *Consulte também* Estruturas de Lewis
  modelo da mecânica ondulatória e, 336-337
Elétrons do núcleo *Elétrons internos em um átomo; não no nível quântico principal exterior (valência)*, 332
Eletroquímica *O estudo do interconversão entre energia química e elétrica*, 576-578
Elevação e princípio de Le Châtelier, 540
Endotérmico *Refere-se a um processo no qual a energia (como o calor) flui das vizinhanças no sistema*, 286
Energia *A capacidade de realizar trabalho ou provocar o fluxo de calor*, 282-309
  ativação, 527
  capacidade calorífica específica e, 290-293
  cinética, 283
  como uma força motriz, 304-309
  definição, 283
  emissão por átomos, 318-320
  entropia, 307-308
  interna, 287
  ionização, 339
  lei da conservação de, 283
  lei de Hess, 297-298
  ligação, 350-351
  medida de variação, 288-294
  natureza da, 283-284
  níveis de, do hidrogênio, 319-322
  novas fontes de, 304
  nuclear, 604
  potencial, 283
  processos exotérmicos e endotérmicos e, 286
  qualidade versus quantidade de, 299
  recursos, 300-304
  requisitos para mudanças de estado, 438-442
  requisitos de, 289
  solar, 299, 304
  temperatura e calor na, 284-285
  termodinâmica e, 287
  termoquímica e, 294-296
Energia cinética *Energia em função do movimento de um objeto*, 283
Energia de ativação (E_a) *A energia limite que deve ser superada para produzir uma reação química*, 527
Energia de ionização *A quantidade de energia necessária para remover um elétron de um átomo ou íon gasoso*, 339
Energia de ligação *A energia necessária para quebrar uma determinada ligação química*, 350-351
Energia interna *A soma das energias cinéticas e potenciais de todas as partículas no sistema*, 287
Energia nuclear, 604
Energia potencial *Energia em função da posição ou composição*, 283
Energia solar, 299, 304

Índice remissivo e glossário **749**

Entalpia *Em pressão constante, uma variação na entalpia é igual ao fluxo de energia como calor*, 294-296
   lei de Hess, 297-298
Entropia *Uma função utilizada para acompanhar a tendência natural para os componentes do universo se tornarem desordenados; uma medida de desordem e aleatoriedade*, 307-308
Envelhecimento, 568-569
Envenenamento, chumbo, 6-7, 114
Enxofre
   configuração eletrônica, 335
Enzimas *Moléculas grandes, normalmente proteínas, que catalisam reações biológicas*, 528, 670-671
   na produção de etanol, 641
Equação iônica completa *Uma equação que mostra como íons todas as substâncias que são eletrólitos fortes*, 175
Equação iônica líquida *Uma equação para uma reação em solução, representando eletrólitos fortes como íon e mostrando apenas aqueles componentes que estão diretamente envolvidos na variação química*, 175
Equação molecular *Uma equação que representa uma reação em solução e mostra os reagentes e produtos na forma dissociada, sejam eles eletrólitos fortes ou fracos*, 175
Equação nuclear, 594
Equação química *Uma representação de uma reação química mostrando os números relativos das moléculas do reagente e do produto*
   balanceamento, 146, 150-157
   cálculos de massa, 248-256
   relações molares na, 245-248
   informações dadas pela, 146-151, 243-244
   reconhecendo reagente e produtos na, 148-150
Equações. *Consulte* Equações químicas
Equilíbrio *Um sistema dinâmico de reação no qual as concentrações de todos os reagentes e produtos permanecem constantes como uma função de tempo*, 525-550
   variação na concentração e, 538-540
   variação na temperatura e, 543-544
   variação no volume e, 541-543
   condição, 529-530
   definição, 529
   heterogêneo, 536-537
   homogêneo, 536
   modelo de colisão e, 526-527
   pressão de vapor, 446
   princípio de Le Châtelier e, 538-544
   químico, 530-532
   solubilidade, 547-549
   velocidades de reação e, 527-529
Equilíbrio químico *Um sistema dinâmico de reação no qual as concentrações de todos os reagentes e produtos permanecem constantes como uma função do tempo*, 530-532
Equilíbrios heterogêneos *Sistemas de equilíbrio que envolvem reagentes e/ou produtos em mais de um estado*, 536-538
Equilíbrios *Sistemas de equilíbrio no qual todos os reagentes e produtos estão no mesmo estado*, 536
Equivalente de um ácido *A quantidade do ácido que pode fornecer um mol de íons hidrogênio (H^{+1})*, 484-485
Equivalente de uma base *A quantidade da base que pode fornecer um mol de íons hidróxido (OH^{-1})*, 484-485
Escala Celsius, 33-40, 400-401
Escala Fahrenheit, 33, 38-40
Escala Kelvin (absoluta), 34-38, 400-401
Escala pH *Uma escala logarítmica na base 10 e igual a $-\log [H^{+1}]$*, 509-514
Espaço potencial, 326
Estados da matéria *As três formas diferentes nas quais a matéria pode existir: sólido, líquido e gasoso*, 56-60, 147-148
   requisitos de energia para as mudanças de fase e, 438-442
Estados de oxidação *Um conceito que fornece uma maneira de acompanhar os elétrons nas reações de oxirredução de acordo com certas regras*, 563-566
Estados físicos
   equações químicas e, 147-148
   requisitos de energia para mudanças dos, 438-442
   gás, líquido ou sólido, 56-60
Estados naturais dos elementos, 92-95
Estanho, 571
Estequiometria *O processo de utilizar uma equação química balanceada para determinar as massas relativas dos reagentes e dos produtos envolvidos em uma reação*
   gás, 421-425
   reações da solução, 478-482
Éster *Um composto orgânico produzido pela reação entre um ácido carboxílico e um álcool*, 645-647, 679, 682
Esteroides, 682
Estradiol, 682
Estratégias para aprender química, 9-10
Estrutura de Lewis *Um diagrama de uma molécula mostrando como os elétrons de valência são arranjados entre os átomos na molécula*, 360-364
   de moléculas com ligações múltiplas, 365-370
   moléculas simples, 364
   regra do octeto, 361, 369-370
Lâmpadas
   como um atrativo sexual, 317
   de bulbo, 303
Estrutura geométrica. *Consulte* estrutura molecular, 371
Estrutura linear, 371-372
Estrutura molecular *O arranjo tridimensional dos átomos em uma molécula*, 371-372
   modelo RPENV, 372-377
   moléculas com ligações duplas, 378-379
Estrutura trigonal plana, 371
Estrutura primária *A ordem (sequência) dos aminoácidos na cadeia proteica*, 664-666

Estrutura secundária *A estrutura tridimensional da cadeia proteica (por exemplo, alfa-hélice, espirais aleatórias ou folha pregueada)*, 667-668
Estrutura terciária *O formato geral de uma proteína, longa e estreita ou globular, mantida pelos tipos diferentes das interações intramoleculares*, 668-669
Estrutura tetraédrica, 371
Estruturas de ressonância *Diversas estruturas de Lewis*, 366-368
Etanol, 151-153, 641
   percentual da massa, 469
   percentual da massa de carbono no, 220-221
Etileno, 617, 631
Etilenoglicol, 651
Evaporação. *Consulte* vaporização, 444-447
Evidência para reações químicas, 144-145
Exotérmico *Refere-se a um processo no qual a energia (como o calor) flui para fora do sistema nas vizinhanças*, 286
Expressão de equilíbrio *A expressão (da lei da ação de massa) igual ao produto das concentrações do produto dividido pelo produto das concentrações de reação, cada concentração tendo sido primeiro elevada a uma potência representada pelo coeficiente na equação balanceada*, 533

Fenol *O álcool aromático mais simples*, 641
Fenolftaleína, 509
Ferro, 91
   compostos iônicos binários tipo II, 117-118
   corrosão, 581
   energia exigida para aquecer, 291-292
   no aço, 452-454
   reações de oxirredução, 572-574
Filtração *Um método para separar os componentes de uma mistura que contém um sólido e um líquido*, 64-65
Fissão *O processo de utilizar um nêutron para dividir um núcleo pesado em dois núcleos com números de massa menores*, 604-605
Flúor, 77, 94
   arranjo de elétrons, 331
   estado de oxidação, 564
   íons, 98
Fluorescência, 317
Fluoreto de magnésio, 187
Fluoreto de polivinilideno (PVDF), 202
Fogo/Incêndio, 304-305, 584
Fogos de Artifício, 340
Folha pregueada, 667
Forças de dispersão de London *As forças relativamente fracas, que existem entre os átomos do gás nobre e as moléculas apolares que envolvem um dipolo acidental que induz um dipolo momentâneo em um vizinho*, 444
Forças intermoleculares *Interações relativamente fracas que ocorrem entre as moléculas*, 439, 442-444, 446

Forças intramoleculares *Interações que ocorrem dentro de uma determinada molécula*, 439
Forças, intramolecular e intermolecular, 439, 442-444, 446
Formaldeído, 470
Fórmula empírica *A relação do número inteiro mais simples dos átomos em um composto*, 223-224
   calculada a partir da composição percentual, 229-230
   cálculo, 224-230
   Endorfinas, 674
   para compostos binários, 226-227
   para compostos que contêm três ou mais elementos, 227-229
Fórmula molecular *A fórmula exata de uma molécula, dando os tipos de átomos e o número de cada tipo*, 223
   cálculo, 230-233
Fórmula química *Uma representação de uma molécula na qual os símbolos para os elementos são usados para indicar os tipos de átomos presentes e os índices inferiores são usados para mostrar o número relativo de átomos*, 79-80, 101-102
Fórmulas
   balanceamento de equações químicas e, 150
   composto, 79-80, 101-102, 222-224
   empíricas, 223-230
   escrita dos nomes, 131-132
   estruturais, 620-621
   moleculares, 223-224, 230-232
Fosfolipídeos *Ésteres de glicerol que contêm dois ácidos graxos; consistem em "caudas" apolares longas e "cabeças" polares de fosfato substituído*, 681
Fótons *"Partículas" de radiação eletromagnética*, 317
Frankel, Gerald S., 509
Fraturamento Hidráulico, 300-301
Frequência *O número de ondas (ciclos) por segundo que passa por um determinado ponto no espaço*, 316
Frutose, 672
Função de estado *Uma propriedade que é independente do caminho*, 284
Funções gráficas, 694-695
Grafite, 95, 298
Fusão
   calor molar de, 440
   nuclear, 604, 607
Fusão nuclear *o processo de combinar dois núcleos leves para formar um mais pesado, um núcleo mais estável*, 604, 607

Gálio, 335
Gao, Yihua, 37
Gás *Um dos três estados da matéria; não possui forma nem volume fixo*, 390-425
   condições padrão de temperatura e pressão (CNTP), 423-425
   diborano, 411
   estado, 56-60
   estequiometria, 421-424
   lei combinada dos gases, 413

lei de Boyle, 395-399
lei de Dalton das pressões parciais e, 413-417
lei do gás ideal, 407-413
variações de energia do líquido para, 441-442
nobre, 90, 94
pressão e volume, 395-399
pressão, 391-395
princípio de Le Châtelier e, 541-543
revisão das leis e modelos, 417-418
temperatura e volume, 400-405
teoria molecular cinética do, 418-420
volume e quantidade de matéria, 405-407
Gás ideal *Um gás hipotético que obedece exatamente a lei do gás ideal. Um gás real aborda o comportamento ideal a alta temperatura e/ou baixa pressão*, 408
Gás natural *Um combustível fóssil gasoso que consiste principalmente em metano e costuma ser associado com depósitos de petróleo*, 300-301, 628-629. *Consulte também* Metano
Gás, natural, 300-301, 628-630. *Consulte também* Metano
Gases nobres *Elementos do Grupo 8*, 90, 93
Gasolina, 186, 213, 299, 301, 629
   alternativas para a, 255-257
   pressão e lei de Boyle, 399
gelo, 439-441
Gene *Um determinado segmento da molécula DNA que contém o código para uma proteína específica*, 678
Gipsita, 113
Glicerol, 679
Glicogênio *O principal reservatório de carboidrato no animal; um polímero de glicose*, 674
Glicose, 672
Gorduras *Ésteres compostos do glicerol e ácidos graxos*, 678-680
Gorilla glass, 448
Grama, 22
Gravidade específica *A relação da densidade de um determinado líquido com a densidade da água a 4°C*, 44
Graxa, 680
Grupo carbonila, 642
Grupo carboxila *O grupo -COOH em um ácido orgânico*, 506, 645-647
Grupo *Uma coluna vertical de elementos, na tabela periódica, tendo a mesma configuração eletrônica de valência e propriedades químicas semelhantes*, 90
Grupo fenila *A molécula de benzeno menos um átomo de hidrogênio*, 634
Grupos funcionais *Um átomo ou grupo de átomos nos derivados do hidrocarboneto que contém elementos além do carbono e do hidrogênio*, 638
Guldberg, Cato Maximilian, 532-533

Háfnio, 335
Hall, Charles M., 584
Halogenação *Uma reação de adição na qual um halogênio é um reagente*, 632
Halogênios *Elementos do Grupo 7*, 90
Hélio, 206

lei de Dalton das pressões parciais e, 415
Henderson, Gregg, 637
Herbicidas, 217
Hexoses, 672
Hidrocarbonetos *Compostos de carbono e hidrogênio*, 618, 623-628
   aromáticos, 633-636
   de cadeia linear, 618
   não ramificados, 618
   normais, 618
Hidrocarbonetos aromáticos *Membros de uma classe especial de hidrocarbonetos insaturados cíclicos, sendo o benzeno o mais simples*, 633
   nomenclatura, 633-637
Hidrogênio, 75, 93
   gás e lareiras, 584
   lei do gás ideal e, 408
   na formação da água, 150-151
   nas reações de substituição, 630
   níveis de energia do, 319-322
   orbitais, 324-327
Hidrômetro, 44
Hidróxido de lítio, 252-254
Hidróxido de sódio, 471-472
Histidina, 666
Homopolímero *Um polímero que consiste em um único tipo de monômero*, 648
Hormônios adrenocorticoides, 682
Hormônios sexuais, 682
Hormônios, adrenocorticoide, 682
Hurt, Robert, 303

Imagens cerebrais, 603
Importância do aprendizado de química, 2-5
Impressão digital, respiração, 393
Impressões digitais da exalação, 393
Incerteza na medida, 22-24
Indicadores ácido-base, 514-515
Insaturado *Refere-se a uma solução na qual mais soluto pode ser dissolvido do que já está dissolvido; descreve um hidrocarboneto que contém ligações múltiplas carbono-carbono*, 468, 618
Inseticidas, 227-228
Iodo, 77, 94, 173, 602
   íons, 98
Íon *Um átomo ou um grupo de átomos que possui uma carga líquida positiva ou negativa*, 96-99
   cargas e a tabela periódica, 98-99
   compostos que contêm, 99-102
   concentração calculada a partir da concentração em quantidade de matéria, 473
   concentração na água, 507-508
   configurações eletrônicas estáveis e cargas no, 355-358
   espectador, 175
   nomenclatura de compostos que contêm, poliatômico, 127-129
   poliatômico, 127-129, 359
Íon hidrônio *O íon H_3O^+; um próton hidratado*, 501
Íon poliatômico *Um íon que contém um número de átomos*, 127-129, 359
Íons espectadores *Íons presentes na solução que não participam diretamente de uma reação*, 175
Isomerismo estrutural *Descreve o que ocorre quando duas moléculas têm os*

mesmos átomos, porém ligações diferentes, 620-622
Isomerismo, 620-622
Isótopos *Átomos do mesmo elemento (o mesmo número de prótons) que tem números diferentes de nêutrons. Eles têm números atômicos idênticos, porém números de massa diferentes*, 84-88, 593
Jeans, 571
Joule *Uma unidade de medida para a energia; 1 caloria = 4,184 joules*, 288
Juglone, 217-218
Julian, Percy L., 126

Kevlar, 201, 650
Kinney, Peter D., 601
Kwolek, Stephanie, 650

Lâmpada fluorescente compacta, 303
Lavoisier, Antoine, 584
Leclanché, George, 580
Lei combinada dos gases *Lei que descreve o comportamento de uma determinada quantidade de matéria de gás quando a pressão, o volume e/ou a temperatura é variada*, 413
Lei da composição constante *Um determinado composto sempre contém elementos exatamente na mesma proporção em massa*, 78-79
Lei de Avogadro *Volumes iguais de gases na mesma temperatura e pressão contêm o mesmo número de partículas (átomos ou moléculas)*, 405-407
Lei de Boyle *O volume de uma determinada amostra de gás a temperatura constante varia inversamente com a pressão*, 395-399
Lei de Charles *O volume de uma determinada amostra de gás em pressão constante é diretamente proporcional à temperatura em kelvins*, 401, 412
Lei de conservação de energia *A energia pode ser convertida de uma forma para outra, porém não pode ser criada nem destruída*, 283-284
Lei de Dalton das pressões parciais *Para uma mistura de gases em um recipiente, a pressão total exercida é a soma das pressões que cada gás exerceria se estivesse sozinho*, 413-417
Lei de Hess *A variação na entalpia ao ir de um determinado grupo de reagentes para um determinado grupo de produtos não depende do número de etapas na reação*, 297-298
Lei do equilíbrio químico *Uma descrição geral da condição de equilíbrio; define a expressão de equilíbrio*, 532-533
Lei do gás ideal *Uma equação que relaciona as propriedades de um gás ideal, expresso como PV = nRT, onde P = pressão, V = volume, n = quantidade de matéria do gás, R = a constante universal dos gases T = temperatura na escala Kelvin. A equação expressa o comportamento abordado intimamente pelos gases reais a alta temperatura e/ou baixa pressão*, 407-413
Lei natural *Uma afirmação que geralmente expressa o comportamento observado*, 8-9
Liga *Uma substância que contém uma mistura de elementos e possui propriedades metálicas*, 452
aços, 452
intersticial, 452
substitucional, 452
Liga intersticial *Uma liga formada quando alguns interstícios (orifícios) em uma rede metálica são ocupados pelos átomos menores*, 452
Liga substitucional *Uma liga formada quando alguns átomos de metais são substituídos por outros átomos de metais de tamanho semelhante*, 452
Ligação *A força que mantém dois átomos unidos em um composto*, 350, 354-360
Ligação covalente *Um tipo de ligação na qual os átomos compartilham elétrons*, 351-352. Consulte também Ligação química
Ligação covalente polar *Uma ligação covalente na qual os elétrons não são compartilhados igualmente porque um átomo os atrai com mais força do que os outros*, 352
Ligação de hidrogênio *Atrações dipolo-dipolo anormalmente fortes que ocorrem entre as moléculas nas quais o hidrogênio está ligado a um átomo altamente eletronegativo*, 442-443, 465-466
Ligação dissulfeto *Uma ligação S-S entre dois aminoácidos cisteína em uma proteína*, 668-669
Ligação dupla *Uma ligação na qual dois átomos compartilham dois pares de elétrons*, 366, 378-379
Ligação glicosídica *A ligação C-O-C formada entre os anéis de monossacarídeo em um dissacarídeo*, 673
Ligação iônica *A atração entre íons de cargas opostas*, 351. Consulte também
Ligação peptídica, 666
Ligação química.
  carbono, 617
  configurações eletrônicas estáveis e cargas nos íons, 355-358
  dupla, 366, 378-379
  eletronegatividade e, 352-354
  estrutura molecular e, 371-379
  estruturas de Lewis, 360-370
  estruturas dos compostos iônicos e, 358-359
  hidrogênio, 442-443, 465-466
  modelo RPENV, 372-379
  momentos dipolo, 354-355
  nos metais, 451-452
  nos sólidos, 449-453
  polaridade, 352-355
  tipos de, 350-352

Ligação tripla *Uma ligação na qual dois átomos compartilham três pares de elétrons*, 366
Ligação única *Uma ligação na qual dois átomos compartilham um par de elétrons*, 366
Ligeiramente solúvel, 169
Lipídios *Substâncias insolúveis em água que podem ser extraídas das células por solventes orgânicos apolares*, 678-683
Líquido *Um dos estados da matéria; tem um volume fixo, mas assume a forma do recipiente*, 74, 74(f), 435-447. Consulte também Água
  estado, 56-60
  forças intermoleculares no, 439, 442-444
  litro, 20
  variações de energia de sólido para, 438-441
    evaporação e pressão de vapor, 444-447
    filtração do, 65
    requisitos de energia para as mudanças de estado, 438-442
  mudanças de fase da água, 437-438
  para as mudanças de energia do gás, 438-442
Lítio, 74, 318, 330
  baterias de íon, 580-581
Logs (matemática), 689-690
Lord Kelvin, 82

Ma, Lena Q., 92
Magnésio, 331
Manganês, 77
Marcadores radioativos *Nuclídeos radioativos, introduzidos em um organismo para fins de diagnósticos. Os caminhos dos marcadores radioativos podem ser rastreados pelo monitoramento de sua radioatividade*, 602-603
Massa *A quantidade de material presente em um objeto*, 21-22
  atômica, 204-206
  calculada a partir da concetração em quantidade de matéria, 475
  calculado a partir da quantidade de matéria, 216-217
  calculando a quantidade de matéria a partir da, 217-218
  cálculos estequiométricos, 252-254
  cálculos nas reações químicas, 248-256
  contagem por pesagem e, 201-204
  -quantidade de matéria, conversões com relações molares, 249-252
  densidade e, 41-44
  dos reagentes e dos produtos, 479-482
  dos solutos, 470
  molar, 214-219
  porcentagem em, nas soluções, 469-470
Massa atômica média, 204
Massa atômica, 204-206
Massa crítica *Uma massa de material físsil necessária para produzir uma reação em cadeia autossustentável*, 605
Massa molar *A massa em gramas de 1 mol de um composto*, 214-219
Matemática, 27, 689-691
Matéria *O material do universo*
  definição, 56

estados da, 56-60, 147-149
nas misturas, 61-63
substâncias puras na, 61-63
Medida *Uma observação quantitativa*, 8, 15
algarismos significativos, 23-28
comprimento, volume e massa, 19-22
conversões de temperatura, 33-40
densidade, 41-44
incerteza na, 22-24
mudança de energia, 288-294
notação científica, 15-18
recursos naturais do mundo para, 21
solução de problemas e análise dimensional, 29-33
unidades, 18-19
utilizando dispositivos à base de papel, 21
Meia-vida *O período exigido para o número de nuclídeos em uma amostra radioativa alcançar metade do número original de nuclídeos*, 599-600
Melatonina, 569
Mendeleev, Dmitri, 90, 126
Metais *Elementos que livram-se de elétrons de um modo relativamente fácil e são tipicamente lustrosos, maleáveis e bons condutores de calor e eletricidade. Consulte também Reações de oxirredução*
com memória, 453
compostos binários que contêm ametais e, 113-121
energias de ionização, 339
ligação nos, 451-452
ligas, 452
na tabela periódica, 90
nobres, 92
propriedades atômicas, 338-339
propriedades físicas, 90-91
reações com ametais, 179-182
Metais alcalinos *Metais do Grupo 1*, 90
Metais alcalinos terrosos *Metais do Grupo 2*, 90
Metais de transição *Diversas séries de elementos nos quais os orbitais internos (orbitais d e f) estão sendo preenchidos*, 90
Metais nobres, 92
Metaloides *Um elemento que possui propriedades metálicas e ametálicas*, 91
Metano, 260-261
entalpia, 295
ligação de carbono e, 617
reações de oxirredução, 567
Metanol, 243-244, 640-641
rendimento percentual na produção de, 267-269
Metalurgia, 569, 582
Metileno, 618
Método científico *Um processo de estudo dos fenômenos naturais que envolve fazer observações, formar leis e teorias, e testar teorias por experimentação*, 8-9
Metro, 19-20
Meyer, Henry O. A., 601
Micelas, 680
Microscópio de varredura por tunelamento (STM), 81
Mililitro, 21

Milímetros de mercúrio (mm Hg) *Uma unidade de medida para pressão, também chamada de torr; 760 mm Hg = 760 torr = 101.325 Pa = 1 atmosfera padrão*, 393-394
Mistura *Um material de composição variável que contém duas ou mais substâncias*, 61-63
estequiométrica, 259
heterogênea, 63
homogênea, 63
separação de, 64-65
Mistura heterogênea *Uma mistura que possui propriedades diferentes em regiões diferentes da mistura*, 63
Mistura homogênea *Uma mistura que é a mesma em um todo; uma solução*, 62-63
Modelo chave-fechadura *Teoria postulando que os formatos do substrato e da enzima são tais que se encaixam como uma chave se encaixa em uma fechadura específica*, 670
Modelo da mecânica ondulatória do átomo, 323-324
configurações eletrônicas de valência e, 336-337
desenvolvimento futuro, 327-329
Modelo de Bohr do átomo, 322-323
Ponto de ebulição, normal, 437
Modelo de Br\onsted-Lowry *Um modelo propondo que um ácido é um doador de prótons e que uma base é um receptor de prótons*, 500-501
Modelo de colisão *Um modelo com base na ideia de que as moléculas devem colidir para reagir; utilizado para as características observadas das velocidades de reação*, 526-527
Modelo de repulsão dos pares de elétrons nos níveis de valência (RPENV) *Um modelo do principal postulado do qual é aquele que a estrutura em torno de um determinado átomo em uma molécula é determinada principalmente pela tendência para minimizar as repulsões dos pares eletrônicos*, 372-377
Modelo do mar de elétrons *Um modelo para metais que postula uma gama regular de cátions em um "mar" de elétrons*, 452
Moléculas. *Consulte também* Estruturas de Lewis
calculando o número de, 218-219
com ligações duplas, 378-379
diatômicas, 93-94
estrutura molecular, 371-379
reagentes limitantes e, 258-259
Molécula diatômica *Uma molécula composta por dois átomos*, 93-94
Momento dipolo *Uma propriedade de uma molécula pela qual a distribuição da carga pode ser representada por um centro de carga positiva e um centro de carga negativa*, 354-355
Monossacarídeos, 671-672
Monóxido de carbono, 244
reação de vapor com, 531-532
Multiplicação (matemática), 26, 689
Música, química da, 649

Nagyvary, Joseph, 649
Nanocarros, 81
Nave espacial, 184
Neônio, 331
Nêutron *Uma partícula no núcleo atômico com uma massa aproximadamente igual àquela do próton, porém sem carga*, 83-84
isótopos e, 84-88
Níquel, 224-225
Nitinol, 201, 453
Nitrato de bário, 166-169
Nitrogênio, 75
arranjo de elétrons, 330
em temperatura e pressão padrão, 423
estado de oxidação, 564
gás, 265-267
no ar, 93
em air bags, 421
dióxido, 526
Níveis de energia quantizada *Níveis de energia nos quais somente certos valores são permitidos*, 321
Cal viva, 424
Níveis de energia principal *Níveis de energia discreta*, 324-325, 328
Nomenclatura
ácidos, 129-130
alcanos, 623-629
álcoois, 639-641
aldeídos e cetonas, 643-645
compostos binários que contêm apenas ametais, 121-123
compostos binários que contêm metais e ametais, 113-121
compostos que contêm íons poliatômicos, 127-129
compostos, 113, 123-127
escrevendo fórmulas a partir da nomenclatura, 131-132
hidrocarbonetos aromáticos, 633-638
Normalidade (N) *O número de equivalente de uma substância dissolvida em um litro de solução*, 484-488
Notação científica *Expressa um número na forma $N \times 10^M$; um método conveniente para representar um número muito grande ou muito pequeno e para indicar facilmente o número de algarismos significativos*, 15-18, 692-694
cálculos estequiométricos, 252-254
Núcleo *O pequeno centro denso de carga positiva em um íon*, 83
Nucleons *Partículas em um núcleo atômico, sejam nêutrons ou prótons*, 593
Nucleotídeo *Um monômero de DNA e RNA consistindo em uma base que contém nitrogênio, um açúcar de cinco carbonos e um grupo fosfato*, 675
Nuclídeo *o termo geral aplicado para cada átomo exclusivo; representado por AX, onde X é o símbolo para um determinado elemento*, 593
meia-vida, 599-600
Nuclídeo radioativo *Um nuclídeo que se decompõe espontaneamente, formando um núcleo diferente e produzindo uma ou mais partículas*, 599, 602

Número atômico (Z) *O número de prótons no núcleo de um átomo; cada elemento possui um número atômico único,* 85, 90, 593

Número de Avogadro *O número de átomos em exatamente 12 gramas de ^{12}C puro, igual a 6,022 X 10^{23},* 207

Número de massa (A) *O número total de prótons e nêutrons no núcleo atômico de um átomo,* 85, 88, 593

Números exatos, 24
Números inteiros não nulos, 24
Números inteiros, diferente de zero, 24
Nylon, 201, 648-651
Observações, 8

Oligoelementos *Metais presentes apenas nas quantidades vestigiais no corpo humano,* 77, 662

Orbital *Uma representação do espaço ocupado por um elétron em um átomo; a probabilidade de distribuição para o elétron,* 324-327
  orbital 1s, 324-325
Orbitais, hidrogênio, 324-327
  diagrama, 329
Ouro, 91-92
  calor específico, 292-294

Oxiácidos *Ácidos nos quais o próton ácido está ligado a um átomo de oxigênio,* 506

Oxiânion *Um íon poliatômico que contém pelo menos um átomo de oxigênio e um ou mais átomos de pelo menos outro elemento,* 127, 129-130

Oxidação *Um aumento no estado de oxidação; uma perda de elétrons,* 562

Óxido de titânio, 62
Oxigênio, 75-76
  arranjo de elétrons, 330
  estado de oxidação, 564
  estequiometria de gás e volume, 421-423
  íons, 98
  isótopos, 86
  lei de Avogadro e, 406-407
  lei de Dalton das pressões parciais e, 415
  na formação da água, 150-151
  no ar, 93
  reação com alumínio, 225
  reação da amônia com, 154-155
Ozônio, 320, 528
Paladar, 373

Par ácido-base conjugado *Duas espécies relacionadas entre si pela doação e recepção de um único próton,* 501

Par ligante *Um par de elétrons encontrado no espaço entre dois átomos,* 361
  Boro, 330
  Diagrama de caixas, 329
Par não compartilhado. *Consulte* pares solitários, 361

Pares solitários *Os pares de elétrons que estão localizados em um determinado átomo; os pares de elétrons não estão envolvidos na ligação,* 361
Pares, ligante, 361

Partícula alfa (α) *Um núcleo de hélio produzido no decaimento radioativo,* 594

Partícula beta (β) *Um elétron produzido no decaimento radioativo,* 594

Pascal *A unidade SI de medida para pressão; igual a um newton por metro quadrado,* 394
Pauling, Linus C., 126
Pensamento científico, 5-7
Pentacloreto de fósforo, 546
Pentano, 620-621
Pentoses, 672

Porcentagem em massa *A Porcentagem em massa de um componente de uma mistura ou de um determinado elemento em um composto,* 220-222
Perclorato de amônio, 184
Permanganato, 572-574
Peróxido de hidrogênio, 152
Pesagem, contagem por, 201-204
  átomos, 204-206
  peso, equivalente, 484-486
Peso-fórmula, 216

Equivalente-grama *A massa (em gramas) de um equivalente de um ácido ou uma base,* 484-486

Petróleo *Um líquido espesso e escuro composto principalmente por compostos de hidrocarbonetos,* 299-301, 616, 628-629
pH das soluções de ácido forte, 514-515
Placebos, 674
Plantas
  como indicadores ácido-base, 514-515
  termogênico, 291
Plástico, 202
Platina, 92
pOH, 510-513
Polaridade, ligação, 352-354
  momentos dipolo e, 354-355
Cloreto de polivinila, 201, 215-216
Poliéster, 651
Polietileno, 647

Polimerização por adição *O processo no qual os monômeros simplesmente "adicionam-se" para formar polímeros,* 647

Polimerização por condensação *O processo no qual uma pequena molécula, como a água, é produzida para cada extensão da cadeia do polímero,* 648

Polimerização *Um processo no qual muitas moléculas pequenas (monômeros) são unidas para formar uma molécula grande,* 632, 647-649

Polímeros *Moléculas grandes, normalmente como cadeias, construídas a partir de muitas moléculas pequenas (monômeros),* 647-651, 675
Polipeptídeo, 666

Polissacarídeos *Polímeros que contêm muitas unidades de monossacarídios,* 673

Ponto de congelamento (fusão) normal *O ponto de fusão/congelamento de um sólido a uma pressão total de uma atmosfera,* 437-438
Ponto de congelamento, normal, 437-438
Freons, 397, 529

Ponto de ebulição normal *A temperatura na qual a pressão de vapor de um líquido é exatamente uma atmosfera; a temperatura de ebulição sob uma atmosfera de pressão,* 437

Posição de equilíbrio *Um determinado grupo de concentrações de equilíbrio,* 534-535

Pósitron *Uma partícula que possui a mesma massa como um elétron, porém com carga oposta,* 595
Potássio, 148
Clorato de potássio, 416
  reação com água, 154

Potencial *A "pressão" nos elétrons para fluir do anodo para o catodo em uma bateria,* 580
Prata, 92
Precipitado, 165
  identificação nas reações onde os sólidos se formam, 170-172
Pressão, 391-395
  atmosférica, 392
  calculada utilizando a lei de Boyle, 399
  conversões de unidade, 394-395
  evaporação e vapor, 444-447
  teoria cinética molecular e, 419
  unidades, 393-394
  volume e, 395-399

Pressão de vapor *A pressão do vapor sobre um líquido no equilíbrio em um recipiente fechado,* 444-447

Pressão parcial *As pressões independentes exercidas por gases diferentes em uma mistura,* 413-417
Prevendo reações químicas, 165
Priestley, Joseph, 126

Primeira lei da termodinâmica *Uma lei afirmando que a energia do universo é constante,* 287

Princípio de exclusão de Pauli *Em um determinado átomo, dois elementos não podem ocupar o mesmo orbital atômico e ter o mesmo spin,* 328

Princípio de Le Châtelier *Se uma variação é imposta a um sistema em equilíbrio, a posição do equilíbrio irá variar para um sentido que tende a reduzir o efeito daquela variação,* 538-544

Processo espontâneo *Um processo que ocorre na natureza sem intervenção externa (acontece "sozinho"),* 308

Produção da partícula alfa *Um modo comum de decaimento para os nuclídeos radioativos nos quais o número de massa varia,* 594

Produção da partícula beta *Um processo de decaimento para nuclídeos radioativos no qual o número de massa permanece constante e o número atômico aumenta em um. O efeito resultante é a transformação de um nêutron em um próton,* 594

Produção de pósitrons *Um modo de decaimento nuclear no qual uma partícula que é formada possui a mesma massa que um elétron, porém com carga oposta. O efeito líquido é a transformação de um próton em um nêutron,* 595

Produto de solubilidade *A constante para a expressão de equilíbrio que representa a dissolução de um sólido iônico em água,* 547

Produtos *Substâncias que resultam das reações químicas. Elas são*

mostradas à direita da seta em uma equação química, 146, 148-150
cálculos de massa e, 248-256, 479-482
relações molares e, 245-248
solubilidade, 547
utilizando as regras de solubilidade para prever, 172-174
Progesterona, 682
Propagação da matéria *As moléculas de uma substância são propagadas e ocupam um volume maior*, 306
Propagação de energia *Em um determinado processo, a energia concentrada é amplamente dispersada*, 305-306
Propano, 155, 186, 245, 618
conversões massa-quantidade de matéria com relações molares, 249-251
massa de água formada pela reação com oxigênio, 252
relação molar na reação com oxigênio, 247-248
Propriedades físicas *Uma característica de uma substância que pode mudar sem a substância se tornar uma substância diferente*, 57-60
metais, 90-91
Propriedades químicas *A habilidade de uma substância de se transformar em uma substância diferente*, 57-60
Proteção catódica *A conexão de um metal ativo, como o magnésio, com o aço para proteger o aço da corrosão*, 583
Proteína *Um polímero natural formado pela condensação entre os aminoácidos*, 664
estrutura primária da, 664-666
estrutura secundária da, 667-668
estrutura terciária da, 668-669
fibrosa, 664
funções da, 669
globular, 664
síntese e DNA, 676-678
Próton *Uma partícula com carga positiva em um núcleo atômico*, 83-84
isótopos e, 84-88
Quadrados (matemática), 689-690
Qualidade *versus* quantidade de energia, 299
Quantidade de matéria (mol) *Número igual ao número de átomos de carbono em exatamente 12 gramas de ^{12}C puro: número de Avogadro. Um mol representa 6,022 X 10^{23} unidades*, 206-211
calculado a partir da massa, 217-218
calculado a partir da concentração em quantidade de matéria, 474
calculando a massa a partir da, 216-217
-massa, conversões com relações molares, 249-252
volume e, 405-407
Quantidades químicas
cálculos de massa e, 248-255
informações da equação química e, 243-245
reagentes limitantes e, 256-266
relações molares e, 245-248
rendimento percentual e, 267-269
Querosene, 301
Quilograma, 22
Química
ambiental, 3-4

antiga, 74
da música, 649
de placebos, 674
definição, 5
estratégias bem sucedidas para a aprendizagem, 9-10
importância de aprender, 2-5
método científico na, 8-9
quimiofilatelia e, 126
solucionar problemas utilizando uma abordagem científica, 5-7
verde, 468
Química orgânica *O estudo dos compostos que contêm carbono (normalmente contendo cadeias de átomos de carbono) e suas propriedades*, 616
ácidos carboxílicos e ésteres na, 645-647
ácidos nucleicos na, 675-678
alcanos na, 618-620, 623-629
alcenos e alcinos na, 630-632
álcoois na, 638-641
aldeídos e cetonas na, 642-645
fórmulas estruturais e isomerismo, 620-622
grupos funcionais, 638
hidrocarbonetos aromáticos na, 633-638
ligação de carbono e, 617
lipídeos, 678-684
petróleo e, 628-629
polímeros na, 647-651
Quimiofilatelia, 126
Radiação eletromagnética *Energia radiante que exibe um comportamento como uma onda e viaja pelo espaço na velocidade da luz em um vácuo*, 316-317
Radiação no infravermelho, 302
Radian Corporation, 3
Rádio, 335
meia-vida, 600
Radioativo *Refere-se a um núcleo que se decompõe espontaneamente para formar um núcleo diferente*, 594
Raio gama γ *Um fóton de alta energia produzido no decaimento radioativo*, 595
Raízes quadradas (matemática), 689-690
Reação de decomposição *Uma reação na qual um composto pode ser quebrado em compostos mais simples ou por inteiro nos elementos do composto por aquecimento ou pela aplicação de uma corrente elétrica*, 187-188
relações molares na, 245-247
Reação de deslocamento duplo, 183
Reação de neutralização *Uma reação ácido-base*, 482-483
Reação em cadeia *Um processo de fissão autossustentável provocado pela produção de nêutrons que procedeu para dividir outros núcleos*, 605
Reação química *Um processo no qual uma ou mais substâncias são transformadas em uma ou mais novas substâncias pela reorganização dos átomos componentes*, 144-151. *Consulte também* Reações ácido-base;
Reação termite, 181
Reações ácido-base. *Consulte também* Classificando as reações químicas, 183

reações de neutralização, 482-483
escrevendo equações, 178-179
Reações de adição *Reações nas quais novos átomos formam ligações únicas aos átomos de carbono em hidrocarbonetos saturados que estavam envolvidos em ligações duplas ou triplas*, 632
Reações de combustão *Reações de oxirredução vigorosas e exotérmicas que acontecem entre certas substâncias (sobretudo os compostos orgânicos) e o oxigênio*, 186
Reações de desidrogenação *Reações nas quais os átomos de hidrogênio são removidos dos alcanos, o que resulta em um hidrocarboneto insaturado*, 630
Reações de hidrogenação *Reações de adição nas quais o H_2 é um reagente*, 632
Reações de oxirredução *Reações nas quais um ou mais elétrons são transferidos*, 179-182, 562-563. *Consulte também* Reações químicas e reações redox
alcanos, 629-630
alcenos, 632
balanceamento pelo método da semirreação, 570-575
baterias e, 574-576, 579-581
classificação, 183
combustão, 186
condições que afetam as velocidades de, 527-529
corrosão e, 581-583
de metais com ametais, 179-182
decomposição, 187-188
definições, 60
eletrólise e, 578, 583-585
eletroquímica e, 576-578
nas quais um sólido se forma, 165-174
em soluções aquosas, 174-176
entre os ametais, 566-571
envelhecimento e, 568-569
equações químicas e, 146-150
estados de oxidação nas, 563-566
evidência para, 144
formas de classificar, 183-185
identificando os precipitados na formação do sólido, 170-172
modelo de colisão, 526-527
nave espacial e, 184
neutralização, 482-483
prevendo, 165
que formam água, 177-179
regras de solubilidade, 169-171
síntese, 186-187
soluções, 478-482
transferência de elétrons nas, 181-182
utilizando as regras de solubilidade para prever os produtos de, 172-174
Reações de síntese (combinação), 186-187
proteína, 676-678
Reações de substituição *Reações nas quais um átomo, normalmente um halogênio, substitui um átomo de hidrogênio em um hidrocarboneto*, 630
Reações redox *Reações nas quais um ou mais elétrons são transferidos*, 562. *Consulte também* Reações de oxirredução

Recíprocas (matemática), 689-690
Reagente limitante *O reagente que é completamente consumido quando uma reação está seguindo para a conclusão*, 256-259, 480-482
  cálculos envolvendo, 260-267
Reagentes *Substâncias iniciantes nas reações químicas. Eles aparecem à esquerda da seta em uma equação química*, 146, 148-150
  cálculos de massa e, 248-256, 479-482
  limitantes, 256-266, 480-482
  nas reações de precipitação, 165-166
  relações molares e, 245-248
Reatores nucleares, 605-607
Reatores regeneradores *Reatores nucleares nos quais o combustível físsil é produzido enquanto o reator funciona*, 606-607
Receptor, elétrons, 567
Redução *Uma diminuição no estado de oxidação; um ganho em elétrons*, 562
Regra do dueto *A observação de que algumas moléculas que se formam onde os átomos combinam-se de modo a terem dois elétrons em seus níveis de valência; a molécula de hidrogênio (H_2) é o principal exemplo*, 361
Regra do octeto *A observação de que os átomos dos ametais formam as moléculas mais estáveis quando estão cercadas por oito elétrons (para preencher suas órbitas de valência)*, 361
  exceções, 369-370
Reiter, Russel J., 569
Relações molares *A relação da quantidade de matéria de uma substância com a quantidade de matéria de outra substância em uma equação química balanceada*, 245-248
Rem *Uma unidade de dosagem de radiação que representa a energia da dose e sua eficácia em provocar dano biológico (de roentgen equivalent for man)*, 608
Rendimento percentual *O rendimento real de um produto como uma porcentagem do rendimento teórico*, 267-269
Rendimento teórico *A quantidade máxima de um determinado produto que pode ser formada quando o reagente limitante é completamente consumido*, 267
Ressonância *Uma condição que ocorre quando, mais de uma estrutura de Lewis válida pode ser escrita para uma determinada molécula. A estrutura eletrônica real não é representada por uma das estruturas de Lewis, mas pela média de todas elas*, 366
RNA de transferência (tRNA), 678
RNA mensageiro (mRNA), 678
Rutherford, Ernest, 82-83, 315
Ryan, Mary P., 582
Sabão, 680-681
Sais *Compostos iônicos*, 179
Água salgada, 466

Sangue, humano, 513
Saponificação *O processo de quebra de um triglicerídeo por tratamento com hidróxido de sódio aquoso para produzir glicerol e sais de ácido graxo; os sais de ácido graxo produzido são os sabões*, 679
Saturado *Refere-se a uma solução que contém o máximo de soluto que pode ser dissolvido naquela solução; · descreve um hidrocarboneto onde todas as ligações carbono-carbono são ligações simples*, 468, 618
Schrödinger, Erwin, 323
Segunda lei da termodinâmica *A entropia do universo está sempre aumentando*, 307
Selênio, 303
Semimetais, 91
Semirreações *As duas partes de uma reação de oxirredução, uma representando a oxidação, a outra representando a redução*, 570-575
Separação das misturas, 64-65
Série de decaimento, 595
Série de lantanídeos *Um grupo de catorze elementos acompanhando o lantânio na tabela periódica, no qual os orbitais 4f estão sendo preenchidos*, 334
Série dos actinídeos *Um grupo de catorze elementos seguindo o actínio na tabela periódica, no qual os orbitais 5f estão sendo preenchidos*, 334
Sevin, 228
Shallenberger, Robert S., 373
Silício, 210
Símbolos
  elemento, 76-78
  isótopo, 87
Símbolos do elemento *Abreviações para os elementos químicos*, 76-78
Sistema *Aquela parte do universo onde a atenção está sendo concentrada*, 286
Sistema inglês (unidades), 18-19
  medidas de comprimento, volume e massa, 19-22
Sistema Internacional (SI), 18, 695
Sistema métrico, 18-19
  medidas de comprimento, volume e massa, 19-22
Sódio
  arranjo de elétrons, 331
  íons, 97
Sohal, Rajindar, 568
Sólido *Um dos três estados da matéria; possui forma e volume fixos*
  atômico, 448, 451
  cristalino, 447-449
  estado, 56-60
  forças intermoleculares, 439, 442-444
  identificando precipitados nas reações que formam, 170-172
  iônico, 448-449
  ligação no, 449-452
  molecular, 448, 450-451
  nas reações de precipitação, 166
  para as mudanças de energia do líquido, 438-441
  reações químicas que formam, 165-174
  regras de solubilidade, 169-171

  tipos de, 447-449
Sólido insolúvel *Um sólido onde uma minúscula quantidade dissolve-se em água e é indetectável a olho nu*, 169
Sólido solúvel *Um sólido que se dissolve facilmente em água*, 169
Sólidos atômicos *Sólidos que contêm átomos em retículos*, 448-449, 452
Sólidos cristalinos *Sólidos caracterizados pelo arranjo regular de seus componentes*, 447-449
Sólidos iônicos *Sólidos que contêm cátions e ânions que se dissolvem em água para dar uma solução que contém os íons separados, que são móveis e, dessa forma, livres para conduzir uma corrente elétrica*, 448-450
Sólidos moleculares *Sólidos compostos por pequenas moléculas*, 448, 450-451
Solubilidade, 463-467
  equilíbrios, 547-549
  regras, 169-171
Solução *Uma mistura homogênea*, 63
  composição, 467-478
  definição, 463
  diluição, 475-478
  estequiometria das reações com, 478-482
  concetração em quantidade de matéria, 471-475
  normalidade, 484-488
  porcentagem em massa, 469-470
  reações de neutralização, 482-483
  solubilidade, 463-467
  tampão, 516-517
Solução ácida *Uma solução para qual [H^+] > [OH^-]*, 507, 510, 514-515
Solução aquosa *Solução na qual a água é o meio de dissolução ou o solvente*
  definição, 463
  descrevendo reações em, 174-176
Solução básica *Uma solução para qual [OH^-] > [H^+]*, 507
Solução de problemas conceituais, 211-215
  análise dimensional e, 29-33
  conversões de temperatura, 33-40
Solução do problema conceitual, 211-215
Solução neutra *Uma solução para qual [H^{+1}] =[OH^{-1}]*, 507
Solução padrão *Uma solução na qual a concentração é precisamente conhecida*, 474
Solução tampão *Uma solução onde há uma presença de um ácido fraco em sua base conjugada; uma solução que resiste uma variação em seu pH quando íons hidróxido ou prótons são adicionados*, 516-517
Solutos *Substâncias que são dissolvidas em um solvente para formar uma solução*, 463, 470
Solvente *O meio de dissolução em uma solução*, 463
Strauss, Levi, 571
Subníveis *Subdivisões do nível de energia principal*, 324-325, 328
Substância anfótera *A substância que pode funcionar tanto como ácido ou quanto base*, 506
Este conceito está errado no original em inglês.

Substância pura *Uma substância com composição constante*, 61-63
Substrato *A molécula que interage com uma enzima*, 670-671
Subtração (matemática), 27, 689
Sacarose *Açúcar comum; um dissacarídeo formado entre a glicose e a frutose*, 673
Sulfato de sódio, 217
Sulforafano, 367
  íons, 98
Surfactante *Um agente úmido que auxilia a água a suspender materiais apolares; o sabão é um surfactante*, 680
Tabela periódica *Um gráfico mostrando todos os elementos arranjados em colunas de modo que todos os elementos em uma determinada coluna exibam propriedades químicas semelhantes*, 89-92
  arranjos eletrônicos nos primeiro dezoito átomos, 329-332
  cargas do íon e, 98-99
  configurações eletrônicas e, 333-337
  energias de ionização e, 339
  grupos, 90
  interpretação, 91-92
  propriedades atômicas e, 337-341
  tamanho atômico e, 340-341
Tálio-201, 602
Tamanho atômico, 340-341
Velocidades, reação, 527-529
Tecnécio-99, 603
Teflon, 201
Temperatura *Medida dos movimentos aleatórios (energia cinética média) dos componentes de uma substância*, 284-285, 285(f)
  cálculo utilizando a lei de Charles, 404-405
  conversões, 33-40
  definição, 284-285
  mudanças de fase da água e, 437-438
  princípio de Le Châtelier e, 543-544
  velocidades de reação e, 527
  teoria cinética molecular e, 419-420
  volume e, 400-405
Teoria atômica de Dalton *Uma teoria estabelecida por John Dalton no início dos anos 1800, usada para explicar a natureza dos materiais*, 78-79
Teoria *Um conjunto de suposições estendido para explicar algum aspecto do comportamento observado da matéria*, 8-9

Teoria atômica, 78-79
  arranjos eletromagnéticos nos primeiro dezoito átomos na tabela periódica, 329-332
  átomo de Rutherford e, 315
  configurações eletrônicas e, 333-337
  emissão de energia pelos átomos e, 318-319
  modelo da mecânica ondulatória, 323-328
  modelo de Bohr do átomo e, 322-323
  níveis de energia do hidrogênio e, 319-322
  orbitais do hidrogênio e, 324-327
  propriedades atômicas e a tabela periódica na, 337-341
  radiação eletromagnética e, 316-317
Teoria cinética molecular *Um modelo que assume que um gás ideal é composto por minúsculas partículas (moléculas) em movimento constante*, 418-419
  implicações da, 419
Termodinâmica *O estudo da energia*, 287
Termômetros, 37
Termoquímica, 294-296
Testosterona, 682
Tetróxido de dinitrogênio, 529
Thomson, J. J., 81-82
Thomson, William, 82
Tirosina, 666
Tomografia por emissões de pósitrons (PET), 603
Torr *Outro nome para milímetros de mercúrio (mm Hg)*, 393
Torricelli, Evangelista, 392
Trabalho *Força agindo sobre uma distância*, 283
Transformação nuclear *A transformação de um elemento em outro*, 598
Tricloreto de fósforo, 542-543
Triglicérides *Gorduras que são ésteres do glicerol*, 679
Tristearina, 678-679
Unidade de massa atômica (u) *Uma pequena unidade de massa igual a 1,66 X 10⁻²⁴ gramas*, 204
Unidades *Parte de uma medida que nos diz qual escala ou padrão está sendo utilizado para representar os resultados da medida*, 18-19
  conversões, 19, 394-395
  pressão, 393-394
Unidades SI *Sistema Internacional de unidades com base no sistema métrico e nas unidades derivadas do sistema métrico*, 18-19
Urânio, 605-606
Ferrugem de aviões, 509
Uso da calculadora, 689-695
Variação física *Uma variação na forma de uma substância, porém não na sua natureza; as ligações químicas não são quebradas em uma variação física*, 58-59
  requisitos de energia para, 438-442
Variação química *A mudança das substâncias para outras substâncias por meio de uma reorganização dos átomos; uma reação química*, 59-60
Vírus do mosaico do tabaco (TMV), 505
Vagalumes, 323-324
Vanádio, 227
Vapor, 441-442
  reação com monóxido de carbono, 531-532
Vaporização *O processo no qual um líquido é convertido para um gás (vapor)*, 444-447
  calor molar de, 440
Vidro, 156
  Gorila glass, 448
Vinagre, 177
Vitamina E, 569
Voodoo lily, 291
Volume *Quantidade do espaço tridimensional ocupado por uma substância*, 20
  densidade e, 41-44
  estequiometria de gás e, 421-423
  molar, 423
  quantidade de matéria e, 405-407
  variações e e lei do gás ideal, 411-412
  pressão e, 395-399
  princípio de Le Châtelier e, 541-543
  temperatura e, 400-405
  teoria cinética molecular e, 420
Volume molar *O volume de 1 mol de um gás ideal; igual a 22,42 litros na temperatura e pressão padrão*, 423
Waage, Peter, 532-533
Wall, Robert J., 670
Walsh, William, 77
Xileno, 635
Zero(s), 24
  à direita, 24
  à esquerda, 24
  absoluto, 400
  ao centro, 24
Zhang, Jian, 509
Zinco, 185

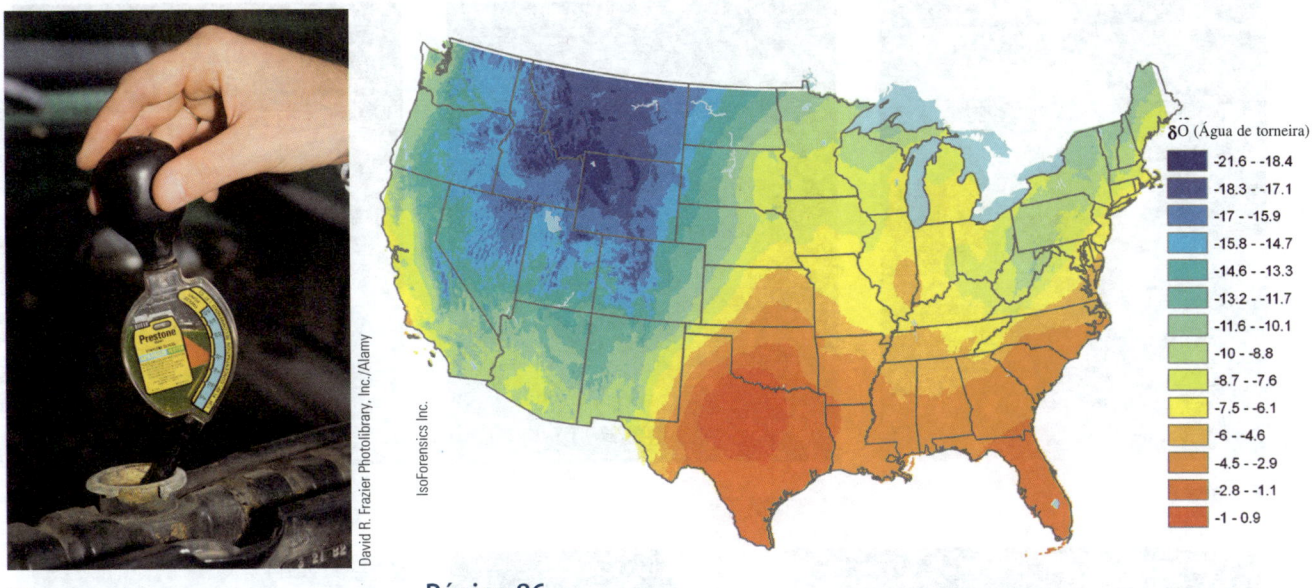

Figura 2.11

Página 86

Página 122

Figura 6.3

Figura 6.5

Figura 7.1

Página 164

Figura 7.7

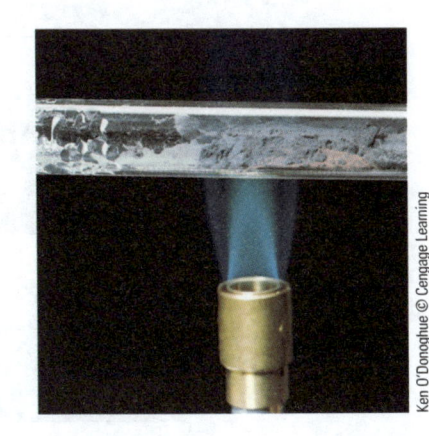

Página 265

Página 249

Página 314

Comprimento de onda em metros

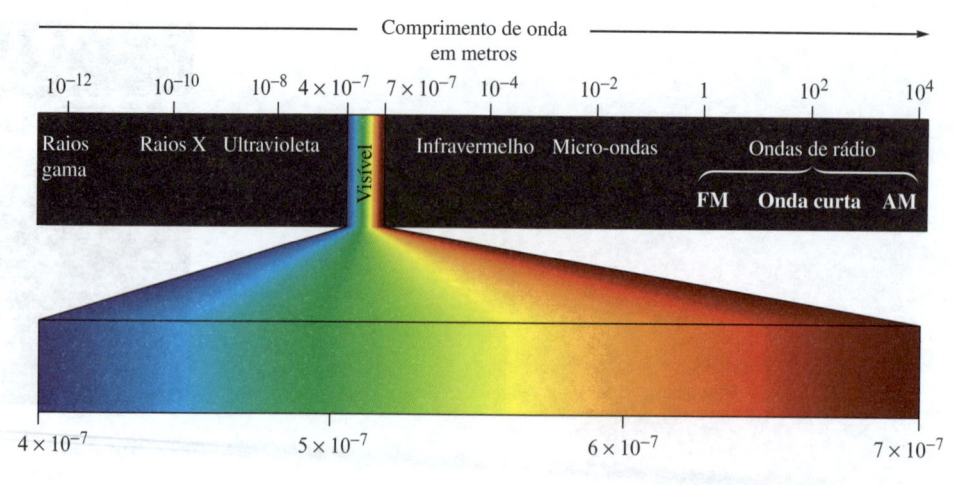

10^{-12} 10^{-10} 10^{-8} 4×10^{-7} 7×10^{-7} 10^{-4} 10^{-2} 1 10^{2} 10^{4}

Raios gama | Raios X | Ultravioleta | Visível | Infravermelho | Micro-ondas | Ondas de rádio

FM   Onda curta   AM

4×10^{-7} 5×10^{-7} 6×10^{-7} 7×10^{-7}

Figura 11.4

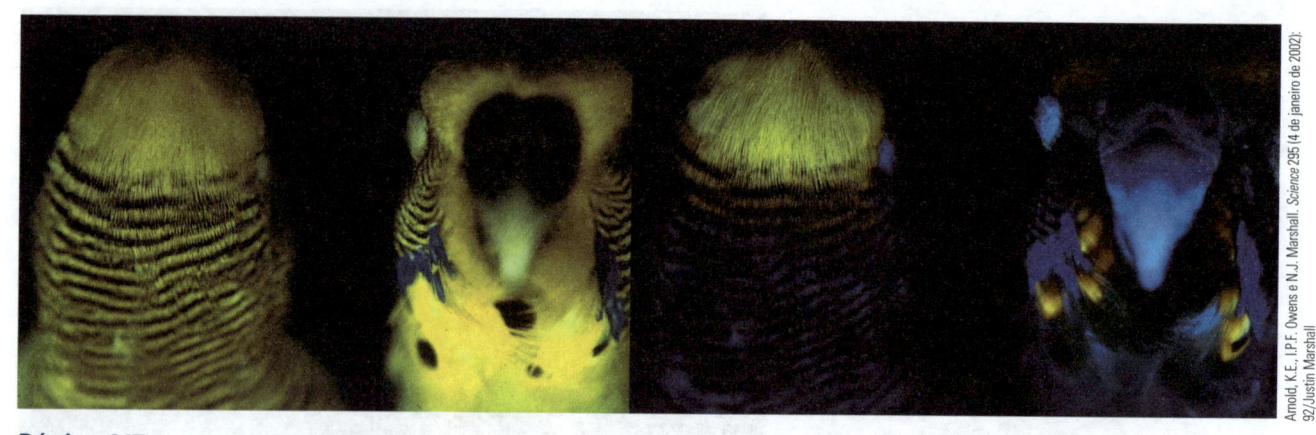

Página 317

Energia

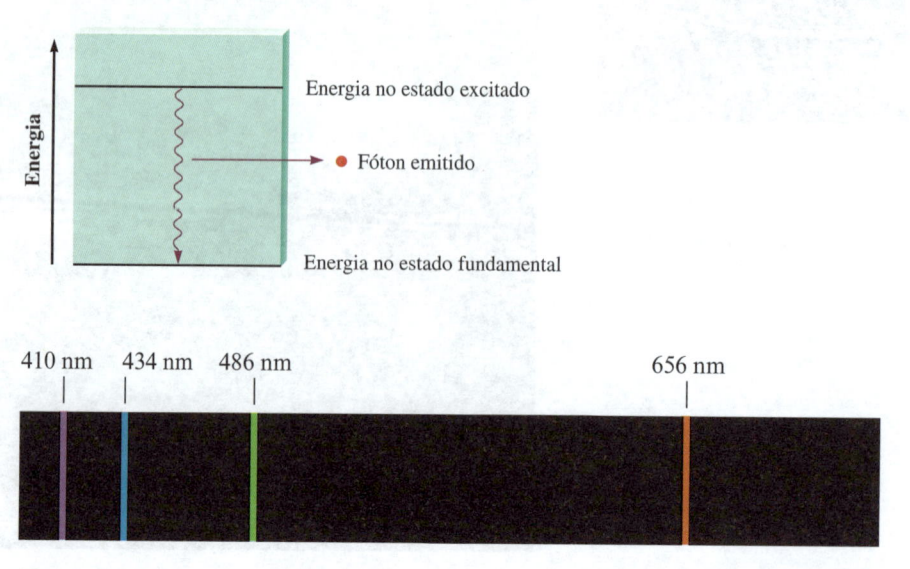

Energia no estado excitado

● Fóton emitido

Energia no estado fundamental

410 nm   434 nm   486 nm   656 nm

Figura 11.10

Figura 11.13

Comprimentos de onda da radiação visível, ultravioleta e outras.
Sol
CO_2, H_2O, CH_4, N_2O etc.
Absorve e emite novamente infravermelho
Radiação no infravermelho

Página 340

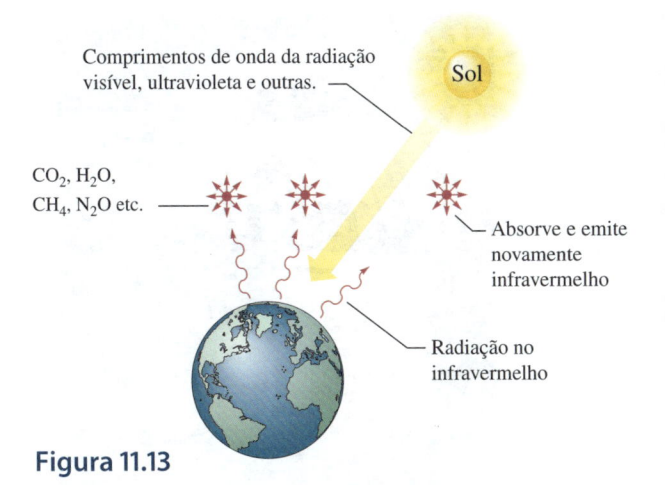

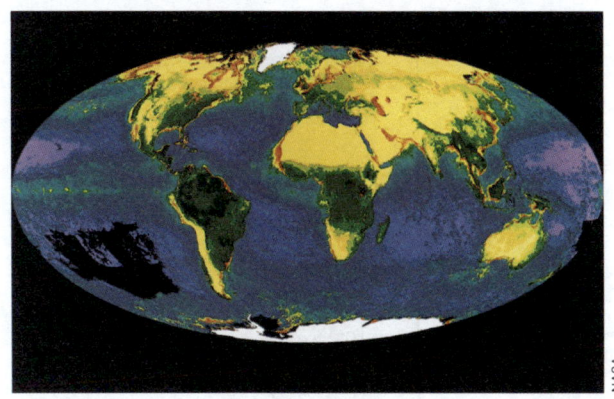

Figura 11.18

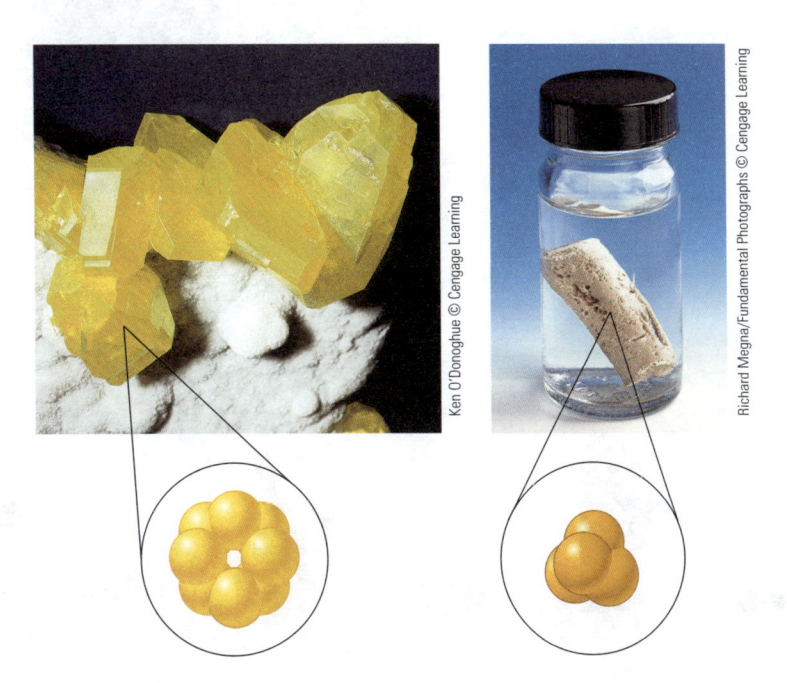

Figura 14.16

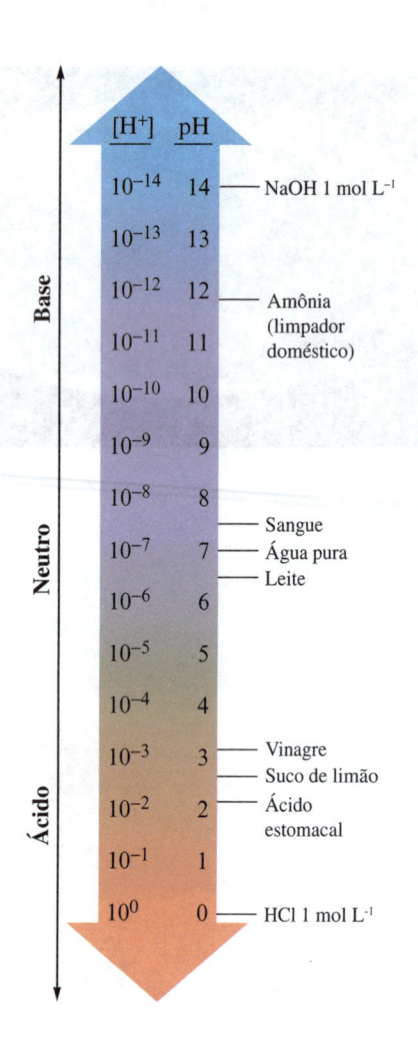

[H⁺]	pH	
10^{-14}	14	NaOH 1 mol L⁻¹
10^{-13}	13	
10^{-12}	12	Amônia
10^{-11}	11	(limpador doméstico)
10^{-10}	10	
10^{-9}	9	
10^{-8}	8	Sangue
10^{-7}	7	Água pura
10^{-6}	6	Leite
10^{-5}	5	
10^{-4}	4	
10^{-3}	3	Vinagre / Suco de limão
10^{-2}	2	Ácido estomacal
10^{-1}	1	
10^{0}	0	HCl 1 mol L⁻¹

Base — Neutro — Ácido

Figura 16.3

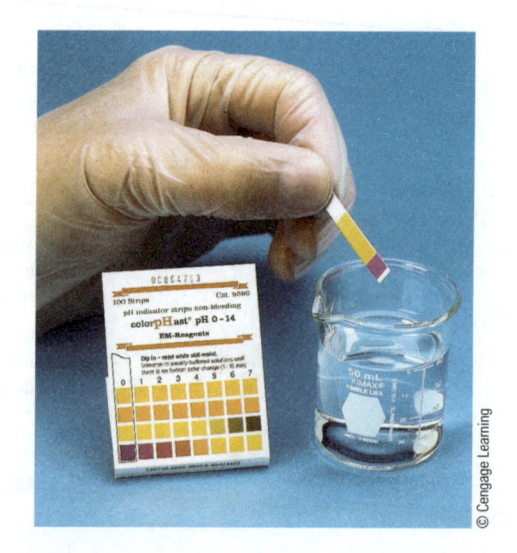

Figura 16.5

Página 480

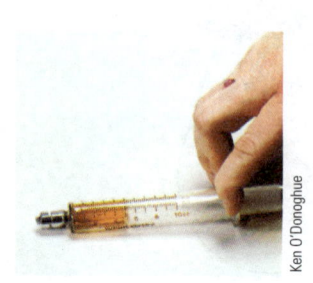

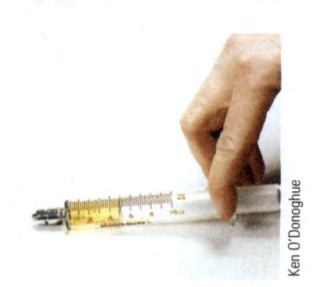

Figura 17.1 ▶

Página 537

Figura 17.12

Página 541

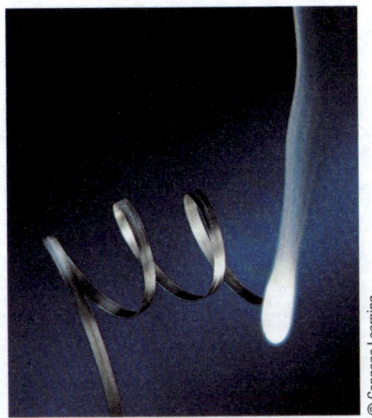

Página 563

Página 573

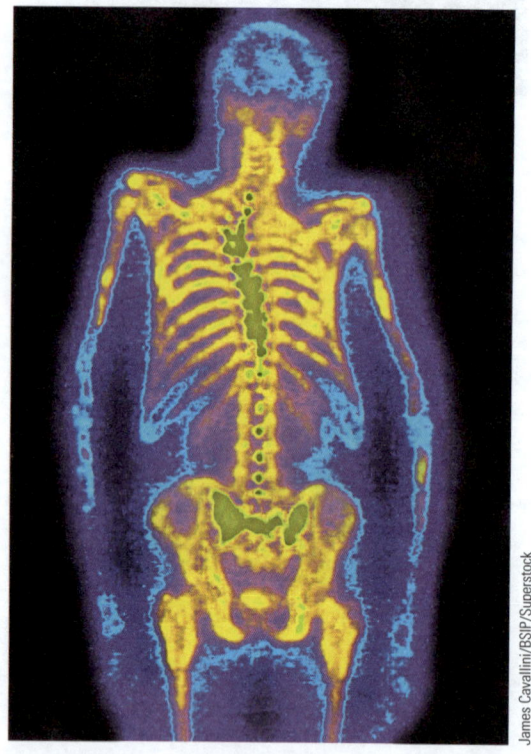

Página 595

Página 575

Página 600

Página 636